Carl Gegenbauer

Lehrbuch der Anatomie des Menschen

1. Band

Carl Gegenbauer

Lehrbuch der Anatomie des Menschen
1. Band

ISBN/EAN: 9783743473133

Hergestellt in Europa, USA, Kanada, Australien, Japan

Cover: Foto ©berggeist007 / pixelio.de

Weitere Bücher finden Sie auf **www.hansebooks.com**

LEHRBUCH

DER

ANATOMIE DES MENSCHEN.

LEHRBUCH

DER

ANATOMIE DES MENSCHEN

VON

C. GEGENBAUR

O. Ö. PROFESSOR DER ANATOMIE UND DIRECTOR DER ANATOMISCHEN ANSTALT
ZU HEIDELBERG.

FÜNFTE VERBESSERTE AUFLAGE.

ERSTER BAND.

MIT 329 ZUM THEIL FARBIGEN HOLZSCHNITTEN.

LEIPZIG
VERLAG VON WILHELM ENGELMANN
1892.

Vorwort zur ersten Auflage.

Die Anatomie des Menschen hat seit langer Zeit aufgehört, nur eine Sammlung von Thatsachen zu sein, welche die Zergliederung des Körpers bezüglich dessen Zusammensetzung an den Tag brachte. Als wissenschaftliche Grundlage diente ihr die Physiologie. Diese verknüpfte die losen Befunde jener Thatsachen, und so lange man Organe anatomisch beurtheilen wird, bleibt auch die Frage nach deren Function ein wichtiger Factor. Seit das Mikroskop in die Reihe der Hilfsmittel anatomischer Untersuchung trat, fügten sich unzählige, auf dem neuen Wege gewonnene Erfahrungen dem alten Grundstocke zu, und mit der allmählichen Ausbildung der Histologie auf dem Fundamente der Zellenlehre gewöhnte man sich, nicht nur den Körper aus Organen, sondern diese wiederum aus Geweben zusammengesetzt sich vorzustellen: aus Gebilden, die von Zellen sich ableiten, denselben Formelementen, aus denen die Organismenwelt hervorgeht. Was die Histologie für die Textur der Organe erwies, das zeigte die vergleichende Anatomie an letzteren selbst: die Übereinstimmung des Typischen der Organisation des Menschen mit jener der Wirbelthiere, und damit den Zusammenhang mit dem Thierreiche. Endlich lehrte auch die Entwickelungsgeschichte bei der Entstehung des Körpers dieselben Vorgänge kennen, wie sie im Bereiche anderer Vertebraten bestehen. Aus der Verschiedenheit des Einzelnen leuchtet überall das Walten der gleichen Bildungsgesetze hervor.

So gewann die Auffassung des Menschen als eines in seinem Körperbau keineswegs isolirt dastehenden, sondern mit anderen verwandten Organismus, von verschiedenen Seiten her festere Begründung, und dem anatomischen Horizonte ward eine fast unermessliche Erweiterung zu Theil. Den mächtigen Einfluss jener Disciplinen auf die Anatomie des Menschen in Abrede zu stellen, hieße ebenso die Tragweite von deren Bedeutung unterschätzen, wie es ein Niederhalten der anatomischen Wissenschaft wäre, wenn sie jener sich nicht bedienen dürfte. Das eben gehört doch zum innersten Wesen einer Wissenschaft, dass sie nicht blos aus sich selbst sich weiterbildet, sondern, mit verwandten Disciplinen in steter Wechselwirkung, von da aus neues Licht empfängt und neue Aufgaben für ihre Forschung. Bei allem Festhalten an diesem Grundsatze darf jedoch nicht verkannt werden, dass das Ziel noch nicht erreicht ist, wenn wir es auch in der Ferne schon erblicken. Oftmals täuscht die Wegstrecke, die zurückzulegen ist, und nicht selten sind es Umwege, die allein uns jenem näher bringen. Daher ist Vorsicht für jeden Fortschritt geboten. Wie auf das Ziel muss der Blick auch auf den Weg gerichtet sein.

Von diesem Standpunkte unternahm ich die Bearbeitung des vorliegenden Buches, nachdem ich mich von dem hohen didaktischen Werthe der genetischen Methode längst überzeugt hatte. Sie war maßgebend für die Behandlungsweise, wie auch für die vom Hergebrachten nicht selten abweichende Gruppirung des Stoffes. Wie das Eingehen auf das Wichtigste des feineren Baues die Voranstellung einer kurzen Schilderung der Gewebe erforderte, so hat die genetische Darstellung der Organe die Zufügung einer Entwickelungs-Skizze zu dem einleitenden Abschnitte nothwendig gemacht. In beiden sollten nur die allgemeinsten Umrisse gegeben werden. Über noch unentschiedene, oder erst durch tieferes Eindringen verständlich werdende Punkte bin ich hinweggegangen, denn es handelte sich hier nur um Gewinnung von Anknüpfungen für die Behandlung der Organe in jenem Sinne und für die Darstellung von deren Textur. Ausführlicheres bieten Lehr- und Handbücher jener Fächer, auf welche verwiesen ist. Wo vergleichend-anatomische Thatsachen Wichtiges erklären konnten, ist ihrer Erwähnung geschehen. Größere Excurse in dieser Richtung habe ich vermieden, ebenso auch die Bezugnahme auf solche Verhältnisse, die nur eine umfassendere Behandlung darzustellen vermag.

Der Zweck dieses Buches als eines einführenden bestimmte den Umfang des Ganzen, wie der einzelnen Abschnitte. Vieles konnte daher nur in der Kürze gegeben, Manches nur angedeutet werden. In den kleiner gedruckten Noten fand auch Wichtiges eine Stelle, so dass der Kleindruck häufig nur einer Raumersparnis gedient hat.

Zur Erläuterung des Textes hat der Herr Verleger eine Anzahl von Figuren in Holzschnitt beizugeben gestattet, durch welche wenigstens für die wichtigsten Dinge, für Alles, was für die anatomische Anschauung als grundlegend gelten muss, auch bildliche Darstellungen geboten sind. Dem peripherischen Nervensysteme die gleiche Ausstattung zu geben hielt ich für minder nöthig, da bei erlangter Kenntnis der übrigen Organsysteme die Vorstellung jener Nervenbahnen keine schwierige ist. Eine Anzahl von Figuren ist anderen Werken des gleichen Verlages entnommen. Viele derselben sind modificirt, oder stellen nur Theile jener Abbildungen dar. Deshalb nahm ich bei den einzelnen Holzschnitten

Umgang von der Angabe ihrer Herkunft und gebe in einem besonderen Nachweise darüber im Zusammenhange Rechenschaft. Dass ich die übliche Figurenbezeichnung mit der, meines Wissens zuerst in GRAY's »Anatomy« angewendeten vertauschte, wird man nicht für unzweckmäßig halten. Die längere, von der Vorbereitung des Buches beanspruchte Zeit hat die Ausführung der Illustrationen in verschiedene Hände gelangen lassen, woraus nicht blos einige Ungleichheit der Behandlung der Figuren entsprang. Auch die Drucklegung hat sich aus mehrfachen Gründen über einen längeren Zeitraum erstreckt, und hat sogar eine ausgedehnte Unterbrechung erfahren müssen. Für viele hiedurch, sowie bei der Herstellung der Holzschnitte entstandene Mühewaltungen bin ich dem Herrn Vertreter der Verlags-Firma zu großem Danke verpflichtet. Solcher gebührt auch dem Prosector der hiesigen anatomischen Anstalt, Herrn Dr. G. RUGE, der mit manchen für die Abbildungen benützten Präparationen mich bereitwillig unterstützt hat. Mehrfache Corrigenda sind am Schlusse des Buches angeführt. Andere, hoffentlich nur unwesentliche, wolle der Leser selbst berichtigen.

So übergebe ich denn das Buch seinem Interessenten-Kreise mit dem Wunsche, dass es nach jenen Gesichtspunkten, die mich bei seiner Abfassung leiteten, beurtheilt werden möge und seinen Zweck erfülle.

Heidelberg, Mittsommer 1883.

C. Gegenbaur.

Vorwort zur vierten Auflage.

In der Theilung dieser neuen Auflage in zwei Bände soll nicht sowohl eine bedeutende Vermehrung des Inhaltes, als die Absicht einer bequemeren Benutzung des Buches zum Ausdruck kommen.

Von den im Texte vorgenommenen Veränderungen darf ich Kürzungen aufführen, durch welche für manche neue Einfügung Raum gewonnen ward. Die bedeutendste der letzteren umfasst einen dem ersten Abschnitte zugegebenen historischen Abriss. Es erschien mir als Pflicht, den Studirenden auch auf die Vergangenheit der Anatomie einen Blick zu eröffnen, durch den das Interesse an einer Disciplin nur gewinnen kann, welche die Spuren einer langen Geschichte allenthalben an sich trägt. Die Wandelungen, die sie erfahren, erwecken Theilnahme und flößen Achtung vor dem allmählich Gewordenen ein, und indem sich der historischen Betrachtung auch die Gegenwart nur als eine Phase des großen Entwickelungsganges darstellt, bildet sich für das Alte ein billiges Urtheil, und das Neue bleibt vor Überschätzung bewahrt. Wie mir für diese Skizze der zugemessene Raum Beschränkung auferlegte, so ergab sich solche bezüglich der Vermehrung des übrigen Textes in der Aufgabe des Buches.

Ich kann die Meinung nicht theilen, dass Alles, was die Forschung zu Tage fördert, sofort auch als Lehrstoff zu dienen habe: dass eine neue Auflage eines Lehrbuches auch stets das »Neueste« bringen solle. Mir scheint, dass hier vor Allem die Qualität des Neuen in Betracht zu kommen hat. Von der ungeheuren Masse der für alle Organsysteme bestehenden, täglich sich mehrenden Einzelerfahrungen eignet sich doch nur ein geringer Theil zu jener Verwerthung. Wie interessant auch Vieles sein mag, vielleicht auch Wichtigkeit verheißend, daraus für sich geht noch kein Grund zur Vermehrung des Lehrstoffes hervor. Als Kriterium dafür mag theils die Bedeutung gelten, welche sich entweder für das physiologische oder das morphologische Verständnis eines Objectes ergiebt, theils der Werth der betreffenden Kenntnis für den künftigen Arzt. Zur Innehaltung solcher Grenzen drängt auch die fortschreitende Specialisirung der Lehrfächer, in welcher mit der Ausbildung und Vertiefung der verschiedenen Disciplinen auch das Ungenügen des Einzelnen zur völligen Beherrschung des Gesammtumfanges derselben Ausdruck erhält. Was aber für den Lehrer nicht für möglich gilt, wird doch noch viel weniger von dem Lernenden verlangt werden dürfen!

Bezüglich der die Holzschnittfiguren betreffenden Veränderungen muss ich vor Allem dankbar anerkennen, dass der Vertreter der Verlagsfirma, Herr Reinicke, zum Ersatze minderwerthiger und zur Herstellung neuer Darstellungen keine Opfer gescheut hat. So wurden fast sämmtliche Figuren des dritten Abschnittes durch neue ersetzt. Ich verdanke die in größerem Maßstabe hergestellten Zeichnungen zu diesen, wie zu den meisten anderen neu hinzugekommenen Figuren der Künstlerhand des Herrn C. Pausch, der mit voller Hingebung und richtigem Verständnisse seine Aufgabe gelöst hat. Die xylographischen Institute der Herren Käseberg & Örtel, von F. Tegetmeyer, sowie jenes von J. G. Flegel haben die Ausführung in anerkennenswerther Weise gefördert. In der auf eine längere Zeit sich erstreckenden nicht geringen Mühewaltung bei der Herstellung der Objecte sowohl, als auch bei den vielartigen, bei einem solchen Unternehmen erforderlichen Dispositionen erfreute ich mich des bewährten Beistandes des Herrn Prof. G. Ruge, nach dessen Weggang von Heidelberg Herr Prosector Dr. Maurer bereitwillige Hülfe bot. Allen Genannten gebührt mein Dank!

Durch die angestrebte Vervollkommnung und die Vermehrung der Abbildungen wollte ich den Theil des Studiums des Buches erleichtern, der ausschließlich die anatomischen Thatsachen betrifft. Eine Abbildung giebt raschere Orientirung als lange Beschreibungen. Aber man muss sich hüten, das höchste und letzte Ziel in jener Orientirung zu sehen. Nicht einmal diese wird immer aus jenen gewonnen, und überall da, wo an der Stelle der Beständigkeit eine größere Mannigfaltigkeit der Befunde waltet, tragen Abbildungen mehr zur Erzeugung irrthümlicher Vorstellungen bei, als dass sie aufklärend wirkten. Daher ist übel berathen, wer in solchen Fällen seine Kenntnisse nur aus Bildern schöpft. Abbildungen stellen doch nur etwas Nebensächliches dar, sie sind nützliches Beiwerk für den Unterricht. Dieser hat seinen praktischen Schwerpunkt in der Vorführung des Naturobjectes und theoretisch in der Methode, welche hier nicht blos innerhalb der Schranken reiner Beschreibung sich hält.

Welche Meinung man auch über den Umfang der Anthropotomie, über ihr Verhalten zu den Grenzgebieten, sowie über ihre wissenschaftliche Ausgestaltung haben mag: das Eine bleibt doch unwiderlegt, dass die genetische Methode anatomische Thatsachen zu erklären vermag und dass ihre Anwendung auf den anatomischen Unterricht denselben erleuchtet. Lehren heißt entwickeln. Ob es vortheilhaft sei, im Unterrichte mit der beschreibenden Darstellung auch die erläuternde, erklärende zu verbinden, kann man daher nur dann bezweifeln, wenn man auf das Verständnis der Darstellung keinen Werth legt und das Hauptziel des Unterrichtes in der bloßen Routine sucht. Wenn jene Methode die Thatsachen verständlicher macht, so erschwert sie aber den Unterricht nicht, sondern sie erleichtert ihn, und zwar um ebensoviel, als sie mit dem Urtheile erfassen lässt, was ohne sie nur dem Gedächtnisse einzuprägen, somit bloßer Memorirstoff wäre. Das wird auch dadurch nicht anders, dass die Objecte durch unmittelbare Anschauung zur Kenntnis kommen, denn es ist doch nur das Gedächtnis, dem die reale Vorstellung des Objectes übergeben wird.

Mit diesen Bemerkungen, die schon einer früheren Auflage vorangestellt waren, schließe ich auch das Vorwort für diese ab und möchte bezüglich alles Übrigen auf das Buch selbst verwiesen haben.

Heidelberg, im November 1889.

Der Verfasser.

Vorwort zur fünften Auflage.

Ich habe diese Auflage nur mit einigen Worten zu begleiten, da über umfassendere Umgestaltungen nicht zu berichten ist. Dagegen hat die bessernde Hand auch diesmal nicht fehlen dürfen. und meist kleinere Umänderungen fanden überall statt, wo es sich um größere Präcision des Ausdruckes oder um eine leicht einfügbare wichtigere Angabe handelte. Größere Veränderungen wurden manchen Paragraphen im zweiten Bande zu Theil, da wo Fortschritte der anatomischen Erkenntnis zum Ausdruck zu kommen hatten. Auch die Abbildungen erfuhren eine kleine Vermehrung. Bei Allem aber ist die Erhaltung des das anatomische Studium fördern sollenden Zweckes des Buches meine stete Sorge geblieben. So mag denn auch diese Auflage, welche der Verlagshandlung ein vergrößertes Papierformat zu danken hat, sich Freunde erwerben.

Heidelberg, im März 1892.

Der Verfasser.

INHALTS-VERZEICHNIS.

Einleitung.

Begriff und Aufgabe.

§ 1.

Die Anatomie ist die Lehre vom Baue oder von der Structur der lebenden Körper. Ihr Object sind die geformten Theile, welche den Körper räumlich zusammensetzen. Behufs Erforschung dieser Zusammensetzung nimmt sie die Zergliederung der Körper vor, wird somit Zergliederungskunde. So entstand ihr Name (von ἀνατέμνειν). Die Zergliederung selbst ist also nur Mittel, während das durch diese gewonnene Ergebnis, der Einblick in die Zusammensetzung und deren Verständnis, der Zweck ist.

Die den Körper zusammensetzenden geformten Theile sind die Träger während des Lebens an ihnen sich äußernder Vorgänge, sie sind die materiellen Substrate für Verrichtungen, welche im Organismus sich vollziehen und in ihrem Wechselspiel das Leben bedingen. Damit erscheinen die Körpertheile als Werkzeuge, *Organe*. Indem die Anatomie den Körper aus solchen Organen zusammengesetzt darstellt, zeigt sie uns denselben als einheitlichen Complex von Organen: als *Organismus*.

In der Structur eines Organismus lehrt die Anatomie formale Befunde kennen, die Formbeschaffenheit der Theile in ihrer räumlichen Anordnung und ihrem gegenseitigen Bedingtsein. Damit bildet sie einen Theil der *Morphologie*, der Wissenschaft von dem Zusammenhange der Formerscheinungen. Von dieser wird ein anderer Theil durch die *Entwickelungsgeschichte* vorgestellt. Diese hat die Vorgänge der allmählichen Veränderung des Organismus im Auge, sowohl bei seinem individuellen Werden, als auch in Bezug auf die Entstehung der engeren oder weiteren Abtheilung, welcher der Organismus angehört. Darnach gliedert sie sich wieder in *Ontogenie*, Entwickelungsgeschichte des Individuums aus seinem Keime (Keimesgeschichte), und *Phylogenie*, Entwickelungsgeschichte der Organismen aus anderen Organismen, somit Abstammungslehre (Stammesgeschichte) (HAECKEL).

Diesen morphologischen Disciplinen stellt sich die *Physiologie* gegenüber, welche die Prüfung der an den Organen sich äußernden, zur Erhaltung des Lebens des Individuums oder zur Erhaltung der Fortdauer der Art dienenden Functionen und deren gesetzmäßigen Ablauf zur Aufgabe hat. Wie die Aufgabe verschieden, so ist es auch die Methode der Forschung.

Die Anatomie findet in jedem Organismus ein Object ihrer Forschung. Auf den Bau der thierischen Organismen sich erstreckend wird sie zur *Zootomie;* dem menschlichen Körper zugewendet wird sie *Anthropotomie.* In beiden Fällen kann sie sich auf die nächsten Ergebnisse der Zergliederung beschränken: sie stellt diese beschreibend dar, ist damit *descriptive Anatomie.* Wird das Object der Beschreibung den aus der vergleichenden Zusammenstellung mehrerer Organismen sich ergebenden Verhältnissen untergeordnet, so gestaltet sich daraus die *vergleichende Anatomie.*

§ 2.

In ihrer Methode bleibt die Anatomie dieselbe, welchen Organismus sie auch zum Gegenstand ihrer Untersuchung nimmt. Zootomie und Anthropotomie sind nur nach ihrem Objecte verschieden. Aber dennoch ist dem anthropotomischen Zweige der Structurlehre eine separate Stellung einzuräumen. Es ist unser eigener Organismus, um dessen Erkenntnis es sich handelt, und diese eröffnet uns den Blick auf die Stellung des Menschen in der Natur und lehrt uns die Beziehungen kennen, welche zwischen jenem und der Organismenwelt bezüglich der organologischen Einrichtungen obwalten.

Nicht minder wichtig wird die Anatomie des Menschen durch die Beziehungen zur Heilkunde. Für alle Zweige der Medicin bildet die Kenntnis des Baues des menschlichen Körpers das erste und unerlässlichste Fundament. Kein anderer höherer Organismus hat bezüglich seiner Structur eine so sorgfältige und vielseitige, aufs geringste Detail gerichtete Durchforschung erfahren, als der des Menschen, so dass er unbedingt als der am genauesten gekannte gelten muss. Tritt so die Anthropotomie in reicher Ausstattung und mächtig durch ihre Beziehungen zur Medicin überall in den Vordergrund, wo es sich um anatomische Dinge handelt, so entspringen doch eben aus dem Wesen ihres Objectes vielfache und bedeutungsvolle Beziehungen, derart, dass die Kenntnis des ausgebildeten Organismus zu seiner Beurtheilung wie zu seinem wissenschaftlichen Verständnis keineswegs ausreicht. Denn der menschliche Organismus steht nicht isolirt in der Natur, sondern ist nur ein Glied einer unendlichen Reihe, in welcher durch die Erkenntnis des Zusammenhanges auch das Einzelne erleuchtet wird.

Andre Behandlung des anatomischen Stoffes charakterisirt die *topographische Anatomie.* Sie hat zum Zwecke genaue topographische Orientirung, sieht daher von der Behandlung des Körperbaues nach den Organsystemen ab, so dass sie diese vielmehr als schon bekannt voraussetzt und sich wesentlich an die Beschreibung aller in bestimmten Körperabschnitten oder an gewissen Regionen vorkommenden Einrichtungen hält, bei denen die verschiedensten Organsysteme concurriren können. Mit Bezug auf operativ wichtig werdende Regionen wird sie zur *chirurgischen Anatomie,* die mehr oder minder mit der topographischen zusammenfällt. Diese beiden Abzweigungen der Anthropotomie haben durch ihre exclusiven Beziehungen zur praktischen Medicin für diese die große Wichtigkeit und können von diesem Gesichtspunkte aus auch als eigene Disciplinen gelten, denen aber die Bedeutung selbständiger Wissenschaften in dem Maße abgeht, als sie nur die Anwendung der Anatomie auf rein praktische Zwecke vorstellen.

Geschichtlicher Abriss.

Anfänge im Alterthum.

§ 3.

Die Anfänge der Anatomie reichen weit ins Alterthum zurück. Dunkle Vorstellungen von der Organisation sind es, denen wir bei allen Culturvölkern begegnen. Bei manchen bleibt es bei jenen, wie bei den Indern, deren Heilkunst ohne Anatomie in eigener Art, und zu nichts weniger als zu hoher Vollkommenheit sich entwickelte. Bei den Ägyptern scheint der Todtencult auf anatomische Kenntnisse zu verweisen, denn er erforderte eine gewisse Behandlung selbst innerer Körpertheile, diese lag aber ausschließlich in den Händen unwissender Männer und wurde als bloßes Handwerk ausgeübt. Es geht zwar die Sage, dass schon in älterer Zeit Forschungen über den Bau des Körpers bestanden hätten, welcher Art diese waren, ist uns nicht überliefert.

Bei den Griechen setzte die in religiösen Vorstellungen begründete Unverletzbarkeit des menschlichen Leichnams der Forschung an letzterem eine Schranke. Wo bei den Naturphilosophen des griechischen Alterthums das Bedürfnis eines Eindringens in die Organisation auftrat, da wurde es an der Untersuchung von Thieren befriedigt. So wird von EMPEDOKLES aus Agrigent (geboren um 504 v. Chr.) berichtet, dass er Thiere zergliedert habe, und das gleiche von DEMOKRIT dem Abderiten (ca. 460—370 v. Chr.). Aber auch für den Bau des Menschen bestehen schon in jener Zeit mehrere Angaben, die wohl größtentheils theoretisch construirt aus jenen Thierzergliederungen Grundlagen empfingen, wie die Schilderungen des Gefäßsystems von DIOGENES aus Apollonia (um 450 v. Chr.). Von dem Kreise der anatomischen Kenntnisse jener Periode ist nur wenig erhalten geblieben, nur soviel, als davon in die Schriften Späterer überging. Aber auch daraus ist zu ersehen, dass nicht blos im Allgemeinen eine rege Forschung bestand, sondern auch manche feinere Structuren nicht unbekannt waren, wie z. B. EMPEDOKLES die Schnecke des Ohrlabyrinthes gesehen zu haben scheint.

Erst das Bedürfnis der allmählich sich entwickelnden Heilkunst nach einer genaueren Kenntnis des menschlichen Körpers eröffnete den Weg zu den ersten Stufen einer umfänglicheren anatomischen Erfahrung, und führte nach und nach zur schärferen Unterscheidung der Körpertheile. So finden wir die ersten genaueren anatomischen Angaben mit dem Namen des berühmtesten Arztes im Alterthume, HIPPOKRATES aus Kos (ca. 439—377 v. Chr.) verknüpft. Obwohl nur einige der ihm zugeschriebenen Schriften für echt gelten, andere einer noch früheren Zeit angehören, oder später vielfach überarbeitet sind, noch andere endlich völlig die Producte einer späteren Zeit sind, so geben die ersteren doch ein Bild der anatomischen Vorstellungen, die, in den Schulen der Asklepiaden gepflegt, in jener Zeit herrschten. Diese meist nur gelegentlich eingestreuten anatomischen Bemerkungen gründeten sich jedoch nicht auf Zergliederungen von menschlichen Leichnamen, sondern auf Untersuchung von Thieren, und nur für Skelettheile gab der menschliche Körper die Grundlage ab. So sind unter Anderen die Deckknochen des Schädels bekannt, auch deren Diploë und die Nahtverbindungen. Die Muskeln bergen sich größtentheils unter dem allgemeinen Begriffe der Fleischtheile (σάρκες), worunter auch andere Weichtheile verstanden werden. Blutgefäße jeder Art sind Adern (φλέβες). Sie gehen von der Leber aus, dem Organe der Blutbereitung, auch von der Milz. Verworrene Vorstellungen bestehen noch vom Darm. Die Luftröhre (ἀρτηρίη) führt Luft in die Lungen, die von da aus zum linken Herzen gelangt, von wo sie als Pneuma sich vertheilt. Nerv, Sehne und Band werden abwechselnd νεῦρον oder τόνος benannt. Das Gehirn ist der Sammelort von Schleim, doch wird es schon von manchen Hippokratikern als Sitz des Denkens und der Empfindung angesehen. Von größter Bedeutung ist aber, dass HIPPOKRATES, wie er die Medicin von mystischen Banden befreite, damit auch die Anatomie auf den Boden der Erfahrung gestellt hat, und ihr den richtigen Weg zu ihrer Ausbildung wies.

Beträchtlicher wird der Kreis anatomischer Vorstellungen durch ARISTOTELES (384—323 v. Chr.) erweitert. Aus ärztlicher Familie stammend (sein Vater war Arzt am macedonischen Hofe) war er als Lehrer und Freund des großen Alexander von diesem in den Stand gesetzt, aus zahlreichen Zergliederungen zum Theile seltener Thiere eine Kenntnis der Organisation zu gewinnen, die noch heute Staunen erregt. Wohl mögen die Arbeiten von Vorgängern in der »Thiergeschichte« wie in der Schrift »über die Theile der Thiere« Verwerthung gefunden haben, die geistige Durchdringung und Sichtung des hier niedergelegten ungeheueren Materials ist gewiss des ARISTOTELES eigenstes Werk. Er scheidet die Theile des Körpers in gleichartige (ὁμοιομερῆ) (Blut, Schleim, Fett, Fasern, Knorpel, Knochen etc.), die nicht wieder in verschiedene zerlegt werden können, und in „ungleichartige“ (ἀνομοιομερῆ), die aus verschiedenen zusammengesetzt sind. »Fleisch kann man wieder in Fleisch zerlegen, aber eine Hand nicht in Hände.« Die Theile der letzteren Art werden in ihrer Bedeutung für den Körper beurtheilt, und daraus entsteht der Organbegriff. Die mannigfaltigen Organe nach ihren Verrichtungen geordnet, werden auch mit jenen des Menschen verglichen, aber es ist kaum zweifelhaft, dass ARISTOTELES keinen menschlichen Leichnam zergliedert hat, wenn er auch manches richtig darstellt. Wie die Organisation, so ist es auch die Entstehung der Thiere, die er behandelte, und für deren Entwicklung er manche wichtige Beobachtung mitgetheilt hat. Das gilt auch bezüglich des Menschen.

Von zahlreichen über den Bau des Menschen gemachten Angaben heben wir die über das Gefäßsystem hervor. Die Blutgefäße werden vom Herzen abgeleitet, welches drei Höhlen besitzt. Aus dem Herzen geht die große Ader (μεγάλη φλέψ, die Hohlvene) und ein zweites Gefäß, die Aorta, hervor. Es sind also, da die Aorta sich wieder vertheilt, wie die Hohlvene, Venen und Arterien unterschieden, wenn auch letztere noch nicht benannt sind. Hohlvene und Aorta sind auch durch die Beschaffenheit ihrer Wand verschieden. Durch die erstere wird das Blut im Körper vertheilt, ob auch durch die Aorta, ist unklar. Aus den Lungen, die mit dem Herzen durch Röhren (πόροι) in Verbindung stehen, theilt sich dem Blute »Pneuma« mit, aber nicht durch directen Uebergang, sondern durch Berührung. Das Herz ist auch Sitz der Empfindung, und Auge und Ohr fungiren nur durch die zu ihnen gehenden Adern. Das Gehirn dagegen ist empfindungslos, blutleer. Seine Function ist Niederschlag von Schleim. Von dem Gehirn setzt sich das Rückenmark fort, es ist aber anderer Art als das Gehirn.

Die vom Gehirne ausgehenden Röhren (πόροι τοῦ ἐγκεφάλου) haben als Nerven zu gelten, die aber noch nicht in ihrer Bedeutung bekannt sind. Empfindung und Bewegung sind mehr immanente Eigenschaften der Körpertheile.

Die drei von Aristoteles dem Herzen zugeschriebenen Räume pflegen so gedeutet zu werden, dass einer derselben der ungetheilt aufgefasste Vorhof sei. Das scheint mir nicht richtig. Die Beschreibung des Herzens lässt keinen Zweifel: der rechte und der linke Hohlraum (κοιλία) sind die beiden Kammern, die mittlere ist der Conus arteriosus der linken Kammer, aus dem die Aorta entspringt (ἡ δὲ ἀορτὴ ἀπὸ τῆς μέσης [κοιλίας]). »Dieser Raum enthält das dünnste Blut.« Die Vorhöfe sind gar nicht als besondere Herztheile unterschieden, wie sie es auch später noch nicht sind. Der rechte ist ein Theil des rechten Herzens, jener, durch den die Hohlvene geht; diese ist hier ein Theil des Herzens, d. h. der rechten Kammer, wie diese ein Theil der Hohlvene ist. In dieser Auffassung wird auch die Angabe verständlich, dass die Hohlvene zur Lunge einen Canal entsende, worunter nur die Lungenarterie gemeint sein kann. Also ist nur der mittelbare Zusammenhang ins Auge gefasst. Die Verbindung des linken Herzens mit der Lunge geschieht durch das, was später der linke Vorhof ist. Die Scheidewand der linken und der mittleren Höhle des Aristoteles würde dann vom medialen Segel der Mitralis und den dazugehörigen Chordae tendineae und Papillarmuskeln gebildet, wäre also durchbrochen, wie es von den Späteren für die eigentliche Kammerscheidewand angenommen wird.

Nach dem Zerfall des Alexandrinischen Weltreiches fanden Künste und Wissenschaften an manchem der kleineren Höfe sorgfältige Pflege. In dieser Richtung erscheinen die Könige von Syrien und Pergamus, besonders aber jene Aegyptens als thätige Förderer, und Alexandria gestaltet sich unter den ersten Ptolemäern zum Hauptsitze hellenischer Geistesbildung. Die weltberühmte Bibliothek, sowie zahlreiche in Alexandria sich sammelnde Gelehrte verbreiteten Kenntnisse in allen Wissenszweigen jener Zeit. An der für die Medicin gegründeten Schule fand die Anatomie glänzende Vertretung durch Herophilus (um 300 v. Chr.), wahrscheinlich aus Chalcedon gebürtig, und seinen Nebenbuhler Erasistratus aus Julis auf der Insel Keos (gest. um d. J. 280). Unter ihnen bildet die zum Zwecke der Forschung gestattete Zergliederung menschlicher Leichen ein epochemachendes Ereignis. Auch lebende Verbrecher sollen secirt worden sein. Von den Schriften der Beiden ist uns wenig erhalten geblieben, die des Einen waren schon zu Galen's Zeit verloren, aber von wichtigen Entdeckungen hat sich Kunde erhalten.

Durch Herophilus war das Duodenum unterschieden und benannt (dodekadaktylon), auch manches im Baue des Auges und des Gehirns (Calamus scriptorius, Plexus chorioidei, Hirnhäute und Venensinusse). Auch die Verschiedenheit der

Arterien und Venen wird betont. Nach ihm wird die aus dem rechten Herzen zur Lunge leitende Bahn durch die φλὲψ ἀρτηριώδης (Art. pulmonalis) gebildet. Damit steht im Zusammenhang, dass das aus den Lungen zum Herzen leitende Gefäß ἀρτηρία φλεβώδης (Lungenvenen mit linkem Vorhofe) bekannt wird. ERASISTRATUS betrachtet die Nerven — er nennt sie noch πόροι — als Werkzeuge der Empfindung, zum Theile auch der Bewegung, wie er sie auch in weiche und in harte schied. Aber jene Bedeutung der Nerven ist noch keineswegs geklärt und die Vorstellung, dass sie auch der Verbindung der Gelenke dienten, zeigt noch die Vermischung der Begriffe. Er erkannte die Herzklappen (Valv. triglochin) als den Rücktritt des Blutes hindernde Apparate, und beschrieb sie genau. Von den Blutadern (φλέβες) beständen mit den Arterien Verbindungen (Synanastomosen), durch welche unter gewissen Umständen auch Blut in die Arterien gelangen könne. Aus den Blutadern wird Blut in die Zwischenräume der Organe ergossen, dieses bildet das *Parenchym*, ein Begriff, der von nun an eine wichtige Rolle spielt. Auch die Chylusgefäße, die schon HEROPHILUS gesehen hatte, wurden von ERASISTRATUS wahrgenommen.

Noch mehrere Jahrhunderte hindurch blühte die medicinische Schule in Alexandria neben denen, die auf Kos, Tenedos etc. bestanden. Aber für die Anatomie erwuchsen daraus keine Fortschritte, denn die Heilkunst schien bald der Kenntnis des Körperbaues entbehren zu können, was sogar in einer zu Alexandria stattgehabten Disputation zum öffentlichen Ausdruck gelangte.

§ 4.

Wenige Namen sind es, welche nunmehr in einem langen Zeitraume die Geschichte noch als Förderer anatomischer Kenntnisse nennt, unter diesen MARINUS einen Zeitgenossen Nero's, dann RUFUS aus Ephesus, der zur Zeit Trajan's lebte und bei der Zergliederung von Thieren manches Neue fand. Mit der Ausbreitung der Römer-Herrschaft waren auch römische Anschauungen maßgebend geworden, unter denen die Heilkunst eine untergeordnete Stellung einnahm.

Nur einmal noch im Alterthume leuchtet uns ein glänzender Name entgegen, der eines Griechen: CLAUDIUS GALENUS aus Pergamus (geb. 131 n. Chr.). Philosophisch vorgebildet hatte er sich in Alexandria dem Studium der Medicin gewidmet und ward nach manchen Reisen Arzt an der Gladiatoren-Schule seiner Vaterstadt. Bald trieb es ihn nach Rom, wo er durch glückliche Kuren unter den Kaisern Marc Aurel und Commodus rasch zu Berühmtheit gelangte. Eine größere und bedeutungsvollere Thätigkeit entfaltete er als Lehrer und Schriftsteller. Seinen zahlreichen, über alle Gebiete der Medicin sich erstreckenden Schriften verdankt die Anatomie vielfach die Kenntnis des Zustandes der früheren Forschung und in den der Anatomie selbst gewidmeten eine methodische und lichtvolle Behandlung der Organsysteme. Aus sorgfältiger Untersuchung und schärferer Unterscheidung erwuchs eine bedeutende Summe des Fortschrittes, besonders im Gebiete des Nervensystems. Zahlreich sind aber auch die an anderen Organsystemen angestellten Beobachtungen. Dass die Arterien Blut führen mit dem Pneuma vermischt, ist eine der wichtigsten.

Wie die meisten seiner Vorgänger hatte GALEN seine Kenntnisse nicht an menschlichen Leichnamen, sondern, wie er selbst mehrfach erwähnt, an Thieren, zumeist an den menschenähnlichsten, den Affen erworben. Daraus entsteht ihm kein Vorwurf, denn es war selbstverständlich, dass nur Thiere zur Zergliederung dienen durften, und dass aus ihnen für die Anatomie des Menschen Erfahrungen zu gewinnen seien. Somit kann von dem Gesichtspunkte jener Zeit aus von einer Fälschung der menschlichen Anatomie durch GALEN keine Rede sein.

In einzelnen durch die ärztliche Praxis dargebotenen Fällen fand GALEN Gelegenheit, auch am Menschen anatomische Beobachtungen anzustellen (Anatomia fortuita); auch einige Skelette hatte er sich zu verschaffen vermocht. Es kann daher auffallen, dass er die Knochen von Affen beschreibt, wie aus der Rippenzahl, aus der Gliederung des Brustbeins, aus dem Vorkommen des Zwischenkiefers u. a. hervorgeht. Aber er schrieb für Solche, die Anatomie studieren wollten, und da ist es begreiflich, dass er sich auch an solche Objecte hielt, die allein jenen zugänglich sein konnten.

Von den das Nervensystem betreffenden Mittheilungen sind jene über die Gehirnnerven die wichtigsten. Am Gehirne wird zwar eine Anzahl von Thatsachen gut dargestellt, aber er lässt es noch durch das Infundibulum mit der Nasenhöhle communiciren. Die Rückenmarksnerven unterscheidet er nach den Regionen. Die vom Gehirne abgehenden Nerven trennte er in 7 Paare. Es sind in der heutigen Bezeichnung folgende: 1. Opticus, 2. Oculomotorius, 3. Ramus I trigemini, 4. Ram. II et III trigemini, 5. Acustico-facialis, 6. Vago-Accessorius mit Glossopharyngeus und dem Grenzstrang des Sympathicus, und 7. Hypoglossus (?). Vom 5. Paare werden beide Bestandtheile auseinandergehalten, der Facialis in seiner peripheren Vertheilung genau dargestellt. Das sechste Paar fasst bereits GALEN nicht als einheitlichen Nerv auf, denn er spricht von drei Nerven, die da vereinigt seien. Vom Grenzstrang (N. intercostalis) giebt er den Zusammenhang mit dem Vagus an, wobei er wohl die enge Anlagerung des letzteren an das erste Cervicalganglion meint, das ihm, wie auch andere Ganglien des Sympathicus bekannt war. Auch mit dem Trigeminus soll der Sympathicus in Verbindung stehen. Den Olfactorius der Späteren (Bulbus olfact.) beurtheilte GALEN bereits richtig als einen Theil des Gehirns. Auch das Muskelsystem findet gute Beschreibung, und einzelne Muskeln werden sogar benannt.

Die Werke GALEN's wurden zur Grundlage des gesammten anatomischen Wissens für dreizehn Jahrhunderte, während welcher es um die Anatomie da noch am besten stand, wo jene nicht gänzlich in Vergessenheit gerathen waren.

Die nächsten Jahrhunderte nach GALEN kennen keinen Anatomen mehr, der diesen Namen verdiente. Die wenigen medicinischen Schriftsteller, welche anatomischer Dinge gedenken, wie ORIBASIUS aus Pergamus (unter Julian) und AETIUS aus Mesopotamien (im 6. Jahrhundert), waren Compilatoren. Die Zeit des untergehenden Römerreiches, über dessen Provinzen bald die Ströme höherer Geistescultur noch gänzlich fremder Völker sich ergossen, war wenig geeignet, die Wissenschaft eine Stätte finden zu lassen, und mit dem 7. Jahrhundert begann auch die alte Cultur des Orients unter den zerstörenden Händen des Islam ihr Ende zu finden. Was vom Griechenthum noch in Byzanz sich erhielt, blieb ohne wesentlichen Einfluss auf den Gang der Geschichte unserer Wissenschaft.

Zustand der Anatomie im Mittelalter.

§ 5.

Während im Abendlande das Licht der Wissenschaft nur trübe glomm und mehr das Dunkel sichtbar machte, als es dasselbe erhellte, begann im Orient auf den Ruinen des Alterthums eine neue Cultur sich einzurichten und zog ihre Nahrung aus den der Vernichtung entgangenen Schätzen hellenischer Geisteswerke. Von den Arabern gegründete gelehrte Schulen pflegen und verbreiten jetzt eigenartige Bildung und Wissenschaft. Unter den daselbst cultivirten Wissenszweigen nimmt die Heilkunst zwar eine nicht geringe Stelle ein, aber es galt mehr, die Schriften des Alterthums durch Übersetzung und Bearbeitung dem eigenen Volke zugänglich zu machen, durch Commentare sie ihm anzupassen, als in eigenem Geistesstreben auf den alten Grundlagen weiterzubauen. Nicht blos einer Weiterbildung der Anatomie, sondern auch jeder anatomischen Forschung waren die Satzungen des Koran ein festes Hindernis. Die Anatomie wird nur nebensächlich behandelt, sie dient nur zur Einleitung medicinischer Abhandlungen, seltener kommt es zur Betrachtung ganzer Organsysteme, oder des größten Theiles der Anatomie, wie in der dem Almansor gewidmeten Schrift des in Bagdad lebenden RAZES (Muhamet-Ben-Zakarijja-Er-Razi) (850—923) und in einigen Büchern des Canon der Medicin des Persers AVICENNA (Abu-Ali-Al-Hosain-Ibn-Abdallah-Ibn-Sina) (980—1037), welcher als Philosoph wie als Arzt eine weit über seine Zeit hinausragende Bedeutung besass.

Mussten auch jene Schulen bei dem Verzichte auf selbstthätige Forschung in vielen Gebieten dem Verfalle entgegengehen, so sind sie doch für die Folgezeit von großer Bedeutung, denn durch sie wurden Keime der Wissenschaft für die Zukunft bewahrt. Ihre Schriften sind für lange Zeit maßgebend. In das christliche Abendland verbreitet, bringen sie dorthin Kenntnisse des Alterthums. In meist barbarisches Latein übertragen, bilden die Schriften arabischer Ärzte durch das ganze Mittelalter die Grundlage ärztlichen Wissens und den Inbegriff anatomischer Kenntnisse. War aber die Lehre des GALEN schon von den Arabern vielfach umgewandelt und durch mystische Zuthaten entstellt, so ward sie jetzt durch die Unkunde der Übersetzer oder auch der Abschreiber aufs neue verdunkelt. Eine Menge unklarer Vorstellungen über den Bau des Körpers gewinnt dadurch Verbreitung. Fast die ganze anatomische Terminologie erscheint in arabischem Gewande und bleibt darin bis zur Restaurationsperiode. In manchen Benennungen haben sich Reste jenes Zustandes bis heute erhalten. Auch viele Latino-Barbarismen sind auf diese Zeit zurückleitbar, in welcher die anatomischen Leistungen hauptsächlich in Commentaren der Galenischen Anatomie im Avicenna bestanden. An einzelnen Orten (z. B. in Süditalien) erhielt sich zwar die griechische Medicin noch länger, allein zu Ende des 11. Jahrhunderts war der Arabismus zur allgemeinen Herrschaft gelangt.

Die damalige Medicin hatte nur geringe anatomische Bedürfnisse. In vielen Ländern bestehende Gesetze, welche die Untersuchung menschlicher Leichname verhinderten, sind gewiss nur als der Ausdruck jenes Zustandes anzusehen. Hunde oder Schweine dienten zur oberflächlichen Orientirung über innere Organe. Zu diesem Zwecke hatte ein Salernitaner Arzt, COPHOS, der zu Ende des 11. Jahrhunderts lebte, eine „Anatome porci" geschrieben, einige Seiten an Umfang. Dieser fortdauernde Zustand der Anatomie lässt verstehen, dass die vom Papste Bonifaz VIII. im Jahre 1300 erlassene Bulle, in der er die Zubereitung von menschlichen Knochen verbot, nicht etwa anatomischen Eifer einschränken sollte, der noch im Schlummer lag. Sie galt vielmehr der Abstellung einer während der Kreuzzüge entstandenen barbarischen Sitte: die Gebeine der unterwegs Verstorbenen durch Auskochen zum Transporte in die Heimat geeignet zu machen.

In langsamer Vorbereitung erscheint zu derselben Zeit in Italien ein allmählicher Umschwung. An einzelnen Orten werden wieder Sectionen vorgenommen und die Leichen hingerichteter Verbrecher dazu zur Verfügung gestellt. Manche Städte (z. B. Venedig) thaten sich darin hervor. Kaiser Friedrich II. empfahl der von ihm gegründeten Universität Neapel (1224) die Sorge für den anatomischen Unterricht und verfügte (1238) für Sicilien, dass alle 5 Jahre eine Section abzuhalten sei, an der die Ärzte und Wundärzte theilzunehmen hätten. Die bedeutendste Förderung kam jedoch von der Gründung von Hochschulen, die sich zum Theile aus älteren Anstalten hervorbildeten, so dass ihr Anfang in Dunkel gehüllt ist. Salerno wird schon im 9. Jahrhundert als medicinische Schule bekannt und im 10. berühmt. Aber daraus geht kein Fortschritt für die Anatomie hervor, für welche Bologna, Padua, Montpellier, später auch Paris viel wichtiger werden. Obwohl die Anatomie vom Arabismus beherrscht wird, ist doch schon der Weg sichtbar, auf dem die Rückkehr zur Forschung sich bewegt. Für die Langsamkeit des Aufschwunges der Anatomie zu Ende des 13. und zum Beginn des 14. Jahrhunderts geben noch erhaltene Schriften Zeugnis, in denen der Bau des Körpers größten Theils nach AVICENNA dargestellt ist. So die von Magister RICHARDUS und jene von HEINRICH VON MONDEVILLE (1304). Bald aber folgen die ersten wieder an directe Beobachtung anknüpfenden Versuche. Der Bolognese MUNDINUS (Raimondo dei Liuzzi) (ca. 1275—1326) gilt als der erste auf dem neuen Wege. Seine „Anathomia", in welcher nach fünfzehn Jahrhunderten der menschliche Bau wieder annähernd nach der Wirklichkeit beschrieben wird, war daher ein epochemachendes Werk, welches, später in vielen Ausgaben durch den Druck vervielfältigt, sein Ansehen bis ins 16. Jahrhundert behielt.

Die Anatomie des MUNDINUS bietet aneinander gereihte Beschreibungen von Körpertheilen, vorzüglich von Eingeweiden. Die Disposition folgt dem Gange einer Section, wobei es nicht an Anleitung fehlt, die verschiedenen Organe sich sichtbar zu machen. Mit der Bauchhöhle wird begonnen, dann folgt die Brust, der die Theile des Kopfes angereiht sind, die mit dem Gehirn, dem „Os basilare", dem auch das Auge zugetheilt ist, und dem Ohre abschließen. Einiges von den Wirbeln ist beigefügt und ein kurzer Abschnitt über die Gliedmaßen endet das Buch, dessen Umfang sich in bescheidenen Grenzen hält. Ist auch eine etwas treuere Darstellung des menschlichen Baues gegeben, so geht diese doch nicht über die allgemeinen Umrisse, und wenn der Autor beim Gehörorgan schreibt, dass er gewisse am zubereiteten Schädel an dessen Basis sichtbare Knochen *»propter peccatum«* nicht habe untersuchen können, so kann unser Bedauern über jene Unterlassung nicht sehr lebhaft sein. Das ganze Werk durchweht der Geist der Scholastik. Wir lesen auch noch vom Mirach (Abdomen) und Siphac (Peritoneum) und Caib (Talus) und begegnen in diesen arabistischen Bezeichnungen der Nachwirkung einer geschichtlichen Periode, der noch eine längere Dauer beschieden ist.

Restauration der Anatomie.

§ 6.

Die in Italien schon frühzeitig beginnende, später über Deutschland und Frankreich sich ausbreitende geistige Bewegung, welche das Zeitalter der Renaissance ankündigte, ist in der Geschichte der Anatomie von tiefgreifender Bedeutung. Der bei freierer Geistesrichtung erwachte Forschungstrieb suchte und fand in der Erfahrung die Grundlegungen für die Wissenschaft. An die Stelle der trockenen Commentare der Arabisten tritt allmählich die anatomische Untersuchung, und die wiedergewonnene Kenntnis der griechischen Sprache bringt die Schriften des GALEN in den Horizont der Zeitgenossen, welche durch deren Studium bald mehr zur kritischen Sichtung als zur blinden Nachfolge angeregt werden. Manchen Anatomen begegnen wir in den Kreisen der Humanisten. Die meisten sind nicht nur, wie früher, Ärzte oder Philosophen, sondern cultiviren auch andere Zweige der damals noch jungen Naturwissenschaft. Manchen finden wir zeitweise sogar als Lehrer des Griechischen! Die Zeit hatte der Erkenntnis viele Pforten auf einmal geöffnet und der lebensfrohe Forschungseifer bahnte sich überall neue Pfade.

War auch bei solch' getheilter Thätigkeit des Einzelnen und bei der Neuheit der Forschung selbst, welche für die Menschheit erst wieder gewonnen werden musste, der Fortschritt in der ersten Hälfte dieser Periode nur gering, so entstanden daraus doch ebenso mannigfaltige Anregungen, wie sie auch aus dem Wechselverkehr der Lehrer an den sich mehrenden Universitäten der verschiedenen Länder und aus dem Zuströmen von Studierenden aus fast allen Theilen Europas an die italienischen Hochschulen hervorgingen. Diese sind es denn auch, an denen wir einer Reihe von Männern begegnen, die zwar mehr oder minder noch dem Alten zugethan, doch durch Wort und Schrift als die Vorläufer der Reformation der Anatomie sich erwiesen.

Wir nennen hiervon MATTEO FERRARIO (Matthaeus de Gradibus) aus dem Geschlechte der Grafen von Ferrara, der in Pavia lehrte († 1480), dann den Mönch GABRIEL DE ZERBIS († 1505), der in Padua, Bologna und Rom, zuletzt wieder in Padua thätig war. Er geht zwar in seiner Beschreibung von den großen Cavitäten (den »tres ventres« des Mittelalters) aus, sondert aber doch die Organe nach den Systemen aus einander, und hat manche richtige Beobachtung selbst über relativ feinere Verhältnisse wie z. B. die Muskulatur des Magens,

Alessandro Benedetti lehrte erst in Padua, wo er das erste anatomische Amphitheater errichtete, dann zu Venedig († um 1525). Alessandro Achillini (1462—1512) zu Padua, dann in Bologna, Philosoph und Anatom, galt seiner Zeit als zweiter Aristoteles. Bedeutender als diese und jedenfalls der erste Anatom, dem eine größere Zahl von Zergliederungen eine reichere anthropotomische Erfahrung verlieh, ist Jacobus Berengar von Carpi (J. Carpus) († 1527), der erst in Pavia, dann in Bologna Anatomie lehrte, und zahlreiche Entdeckungen machte, die er in seinen »Commentaria super Mundinum« und in den »Isagogae«, die ein zum Ersatz des Mundinus dienendes Lehrbuch darstellen, niederlegte.

In Frankreich ragte Sylvius (Jaques du Bois) (1478—1555) hervor und erwarb sich dort den Namen des Neubegründers der Anatomie. Er verbesserte die Nomenclatur, führte später auch Zergliederungen von Leichnamen ein, und entfaltete eine bedeutende Lehrgabe. Diese Verdienste werden durch die Art geschmälert, mit der er sich dem mächtigen Fortschritte widersetzte, den sein großer Schüler Vesal anzubahnen begann.

Außer den Schriften der Anatomen in dieser Periode dienten zur Verbreitung anatomischer Kenntnisse auch bildliche Darstellungen, die, wenn auch meist von fraglichem Werthe, doch als Anfänge eines in stetiger Ausbildung weiter schreitenden Hilfsmittels anatomischer Belehrung, selbst in ihrer rohesten Form und abgeschmacktesten Behandlung von Bedeutung sind. Auch sie verleihen den herrschenden Vorstellungen Ausdruck. Solche der Natur noch gänzlich fremde Holzschnittfiguren enthält eine Reihe von Büchern jener Zeit, von denen wir nur die Philosophia naturalis des Joh. Peylick aus Leipzig (1499), und die Anthropologie des Magnus Hundt (1501) ebendaher, anführen. Es sind willkürliche, nur auf der oberflächlichsten Kenntnis der Lage einzelner Eingeweide beruhende Constructionen. Die ersten nach der Natur gefertigten Abbildungen gab Berengar von Carpi 1521, wenn wir von jenen berühmten anatomischen Handzeichnungen absehen, die Leonardo da Vinci zu einem von seinem Freunde, dem Anatomen Marc Antonio della Torre (1473—1506) in Padua beabsichtigten Werke in bewundernswerther Treue ausgeführt hatte.

Auch ärztlichen Werken beigegebene oder als fliegende Blätter erschienene Holzschnitte, zumeist das Skelet darstellend oder auch den Situs viscerum, kommen im Beginne des 16. Jahrhunderts in Verbreitung. Solche enthält die erste in deutscher Sprache gedruckte anatomische Notiz des Laurentius Phryesius (Fries) von Kolmar: »Spiegel der Artzney« 1517. Wie bei den älteren Abbildungen ist auch hier die Benennung der Theile diesen selbst beigegeben.

Später sind noch ähnliche Darstellungen üblich. Sie behandeln allmählich einen größeren Umfang der Anatomie, indem abhebbar übereinandergeklebte Figuren die Organe in ihrer Übereinanderlagerung wiedergeben, bald auf den Körperstamm beschränkt: den Situs viscerum, bald den ganzen Körper umfassend: auch andere Organsysteme. Eine solche Darstellung gab u. a. ein Ulmer Arzt, Joh. Remmelin (geb. 1583) unter dem Titel: »Catoptron microcosmicum« heraus. Sie fand auch in deutscher Sprache und in Übersetzungen in anderen Sprachen bis ins 18. Jahrhundert Verbreitung.

So laufen neben der großen Heerstraße der Anatomie auch manche kleinere Pfade, auf denen die Kenntnis des Körperbaues breiteren Volksschichten zur Vorstellung kommt.

Der empirische Ausbau unserer Wissenschaft, wie er im 15. Jahrhundert und zum Beginn des sechzehnten sich gestaltet hatte, bewegte sich in engen Schranken. Er lehnte sich schüchtern an das Gebäude Galen's, dessen Autorität in voller Geltung war. Zur gründlichen Umgestaltung bedurfte es eines Mannes, der mit unermüdetem Eifer und eiserner Thatkraft die Kühnheit verband, nicht blos herrschenden Irrthümern entgegenzutreten, sondern auch der Forschung breitere Wege, als die bisherigen waren, zu bahnen. Ein solcher Mann entstand in ANDREAS VESAL. In dem von ihm im 28. Lebensjahre vollendeten, wie aus einem Gusse geformten großen Werke: De humani corporis fabrica, Basil. 1543, mit Holzschnitten nach Zeichnungen von STEPHAN VON CALCAR, brachte er die Ergebnisse seiner Zergliederungen aus allen Organsystemen des Körpers in klarer Sprache zur Darstellung. Fast überall kommt Neues oder bisher nur unvollkommen Erkanntes zu Tage, und so wird der menschliche Organismus zum erstenmale in seinem wahren Baue gezeigt, und VESAL ward in dieser Beziehung der Begründer der späteren Anatomie. Dieser Erfolg erhöhte VESAL über die bedeutendsten Anatomen seiner Periode, aber VESAL überragt sie nicht in allen Stücken, am wenigsten in der richtigen Würdigung der Verdienste GALEN's, für dessen Zeit er kein Verständnis besaß, und gegen den er keineswegs überall Recht behielt. So ist seine Darstellung der Nerven, besonders der feineren Verhältnisse jener des Kopfes, viel weniger genau, als sie GALEN gegeben hatte. In der Bekämpfung GALEN's hat er aber gegen das unkritische Festhalten am Hergebrachten, gegen die stete Berufung auf die Tradition als eine Quelle der Erkenntnis den Sieg errungen, und darin liegt unbestritten sein bleibendes und schönstes Verdienst.

VESAL war 1514 zu Brüssel geboren. Seine aus Wesel stammende Familie (daher der Name?) hat in mehreren Generationen Ärzte hervorgebracht. In Löwen vorgebildet, besuchte er noch sehr jung die Universitäten zu Montpellier und Paris, um dann in Löwen als anatomischer Demonstrator zu wirken. Als Wundarzt in der kaiserlichen Armee nahm er Theil an dem dritten gegen Franz I. geführten Kriege in Italien und wurde, bald durch seine anatomischen Kenntnisse bekannt geworden, von der Republik Venedig nach Padua berufen (1537), wo er, abwechselnd auch in Pisa und Bologna, öffentlich Anatomie lehrte. Ein siebenjähriger Aufenthalt in Italien bot ihm Zeit und Gelegenheit zur Abfassung seines berühmten Werkes, zu dem der Zustand der in Deutschland zumeist in den Händen von Barbieren (Tonsores) und Abenteurern befindlichen Chirurgie den ersten Antrieb gegeben hatte. Wieder in die Niederlande zurückgekehrt, suchte er später noch einmal Italien auf, um seinen dortigen Gegnern persönlich Rede zu stehen und sie von der Richtigkeit seiner Angaben zu überzeugen. Inzwischen war sein Ruf aufs höchste gestiegen und auch als Arzt war er gefeiert, so dass Karl V. ihn nach Madrid berief, wo er auch unter dessen Sohn Philipp II. verblieb, nur beklagend, dass ihm zu seiner Wissenschaft die Muße und Gelegenheit fehle. Ob eine noch nicht aufgeklärte Begebenheit am Hofe, oder das auch durch häusliche Verhältnisse genährte Gefühl des Missbehagens in dem düster gestimmten Manne den Entschluss, Spanien zu verlassen, zur Reife brachte, ist ungewiss. Sicher ist, dass es ihn nach Italien zog, der „ingeniorum vera altrix“, und dass er, in Padua nochmals mit hohen Ehren empfangen, unter der Angabe ein Gelübde zu lösen von Venedig aus eine Pilgerfahrt nach Jerusalem unternahm. Auf der Rückreise litt er bei Zante Schiffbruch, und aller Mittel beraubt und durch Krankheit gebrochen starb er hier im Elende am 2. Oct. 1564. Ein Goldschmied, der ihn von Madrid her kannte, sorgte für seine Bestattung.

§ 7.

Wie jeder große Fortschritt Hemmungen und Anfeindungen begegnet von Seite Solcher, die ihn nicht begreifen, oder Jener, die ihre eigene Bedeutung geschmälert sehen, so hatte auch VESAL's Werk zahlreiche Gegner erweckt. Sein alter Lehrer SYLVIUS verfolgte ihn mit einer Streitschrift voll bitteren Hasses und bediente sich der absurdesten Behauptungen zur Rechtfertigung der Angaben des GALEN. Der menschliche Körper sollte damals anders organisirt gewesen sein! Wenn GALEN den Gliedmaßenknochen eine gekrümmte Gestalt zuschreibt, so sollten die engen Kleider diese Krümmung haben verschwinden lassen! Zu den Gegnern zählte auch DRYANDER (Eichmann) in Marburg († 1560), nicht unverdienter Anatom, auch Mathematiker und Astronom, einer der letzten Herausgeber der Anatomie des MUNDINUS, die er auch mit Abbildungen versah (1541). In Italien führte BARTHOLOMAEUS EUSTACHIUS (Eustacchi) († 1574) die Gegnerschaft. Erst Leibarzt des Herzogs von Urbino, kam er dann als Stadtarzt und Professor der Anatomie nach Rom. Selbst ein Mann des anatomischen Fortschrittes, bekämpfte er VESAL's gegen GALEN gerichtete Angriffe, manchmal mit allzugroßem Eifer, wie er in späterer Zeit freimüthig zugestand. Während seines Lebens ward nur wenig von ihm publicirt (Opuscula anatomica. Venetiis 1564), aber dieses ist vortrefflicher Art. Er behandelt das Gehörorgan, die Bildung der Zähne, die der Bewegung des Kopfes dienenden Muskeln; auch die Vena azygos und die feinere Structur der Nieren u. a. Ueberall sehen wir den sorgfältigen Beobachter, der, zugleich über einen weiteren Horizont gebietend, sowohl die erste Bildung der Organe als auch deren Vergleichung mit thierischen Befunden ins Auge fasst. Nicht sowohl zur Begründung seiner besseren Meinung über GALEN, als vielmehr zum Beweise der Unvollkommenheit der VESAL'schen Anatomie hatte er ein großes Werk begonnen, das zwar nicht das Ganze der Anatomie, aber doch die Controverspunkte in den wichtigsten Organen und Systemen begreifen sollte. Das Werk ging verloren und auch 38 dazu gehörige Tafeln, die ersten, die der Kupferstich in solchem Umfange der Anatomie leistete, blieben in langer Verborgenheit, bis 1714 LANCISIUS die wiedergefundenen herausgab. Jetzt war zu ersehen, wie EUSTACHIUS um vieles genauer als VESAL beobachtet hatte, und auch in zahlreichen Entdeckungen (er bildet u. a. schon den Ductus pancreaticus ab) ihn überragte. So hat er als einer der bedeutendsten Meister zu gelten.

Neben EUSTACHIUS glänzt VESAL's würdiger Schüler GABRIEL FALLOPIUS (Falloppio) aus Modena (1523—1562). Geistlichen Standes und zuerst in Ferrara, dann in Pisa, zuletzt zu Padua lehrend, zeigte er sich ebenso unermüdlich im Forschen als mild im Urtheile über Andere und von Pietät gegen seinen Lehrer erfüllt, auch da wo er ihm widersprechen zu müssen in der Lage war. Viele Thatsachen wurden durch ihn entdeckt oder festgestellt (Observationes anatomicae, Venetiis 1561). Noch eine große Anzahl bedeutender Anatomen brachte das Jahrhundert hervor, besonders in Italien, auf dessen hohen Schulen, vor Allem zu Bologna und Padua, die Anatomie herrliche Blüthen entfaltete. Wir nennen MATTHIAS REALDUS COLUMBUS den Cremonesen, VESAL's Prosector und Nachfolger in Padua, dann in Pisa und Rom († 1577). Nicht viele Entdeckungen, aber präcise Beschreibungen sind ihm zu danken, auch eine richtige Beurtheilung der Lungenvenen. De re anatomica libri XV. Venet. 1559. VIDUS VIDIUS (Guido Guidi) aus Florenz († 1569), Arzt am Hofe Franz I. von Frankreich, wo er der Vorgänger des SYLVIUS war, dann Prof. zu Pisa. HIERONYMUS FABRICIUS AB AQUAPENDENTE (1537—1619) war Professor zu Padua, wo er das noch vorhandene Theatrum anatomicum errichtete und bei einer fast fünfzigjährigen Thätigkeit, von der Republik Venedig für chirurgische Dienste reich belohnt, auch einer glänzenden äußeren Stellung sich erfreute. In Bologna ragten zu derselben Zeit hervor COSTANZO VAROLIO (1544—1575), der die Kenntnis der Gehirnbasis und der Abgangsstellen der Nerven förderte, und GIULIO CESARE ARANZIO (Aranzi) († 1589), der zum erstenmale die Trennung der fötalen und der mütterlichen Blutgefässe aussprach. Wir nennen noch JULIUS CASSERIUS aus Piacenza († 1616), seit 1604 Nachfolger des FABRICIUS, den vielgewanderten VOLCHER COYTER aus Gröningen (1534—1600), der, mit FALLOPIUS und EUSTACHIUS befreundet, in Bologna unter ARANZI lehrend auftrat, dann eine Zeit lang Stadtarzt zu Nürnberg war. Ein anderer Niederländer, SPIGELIUS (Adrian van den Spieghel, 1578—1625) folgte dem CASSERIUS in Padua und hat sich wie sein Vorgänger auch durch die Herausgabe prächtig gestochener Tafeln um die Verbreitung anatomischer Kenntnisse verdient gemacht.

Unter diesen Patres anatomiae, zu denen noch viele Andere kommen, die hier zu nennen kein Raum ist, gestaltete sich die Anatomie allmählich zu einem Baue, der aus umfänglichem Fundamente sich stattlich erhob. Er war gegründet auf die wiedergekehrte Forschung, und wenn auch die Gelehrsamkeit die Meinung des Aristoteles und des Galen oder der Araber zu befragen nicht unterlassen konnte, so blieb doch stets der Untersuchung die Entscheidung gesichert und die Thatsachen, einmal erkannt und festgestellt, gelangten zu ihrem Rechte. Es ist auch nicht blos die oberflächliche anatomische Kenntnis der Körpertheile, welche als Ziel gilt, auch deren Leistungen werden genauer geprüft, und während vordem der „Nutzen" (Juvamentum, MUNDINUS) der Organe zumeist nur mit wenigen allgemeinen Sätzen behandelt wird, treffen wir jetzt eingehendere Erwägungen. Damit tritt die physiologische Seite der Structur näher in den Gesichtskreis und wirkt fördernd auf die Anatomie zurück.

Wie VESAL in seinem Reformationswerke durch das Bedürfnis der Heilkunde geleitet ward, so ist auch später noch dieser Zweck maßgebend, zumal die Anatomie sich in den Händen von Ärzten befand. Aber es sind nicht mehr ausschließlich praktische Absichten, aus denen der Antrieb zur Forschung entspringt, es ist nicht blos, um den Chirurgen die Theile kennen zu lehren, an denen er zu operiren hat, nicht blos um dem Arzte den Sitz der Krankheit zu zeigen, sondern es ist die Freude an der Naturerkenntnis, welche, zu einem mächtigen Impulse geworden, die Forschung führte. Die Zergliederung von Thieren, von allen jenen Anatomen geübt, dient nicht mehr als Ersatz für jene menschlicher

Leichname, sie soll die Organisation des Menschen erleuchten, ja sie wird auch zum Selbstzweck, wie das auch durch des berühmten Chirurgen CASSERIUS große Monographie über die Sinneswerkzeuge und das Gehörorgan, und durch viele andere ähnliche Arbeiten bezeugt wird. Auch zu den früheren Zuständen des Organismus wendet sich die Forschung und sowohl die Eihüllen, welche schon ARISTOTELES von Thieren kannte und GALEN von solchen genau beschrieben hatte, als auch den Bau der fötalen Organe aufzuklären wird versucht. Am eingehendsten hat sich mit diesen Fragen FABRICIUS AB AQUAPENDENTE beschäftigt. Dessen Buch: de formato foetu. Patav. 1600, sowie die nachgelassene Schrift über die Entwickelung des Hühnchens (de formatione pulli in ovo) sind bei aller Unvollkommenheit Zeugnisse für das Streben nach tieferer Einsicht in die Organisation.

Wie unrichtig und unvollkommen auch die Vorstellungen waren, welche die Ergebnisse jener Forschungen bildeten, so lagen in ihnen doch Keime, zu deren Entfaltung spätere Jahrhunderte bestimmt sind. Deshalb beginnt mit dieser Periode eine neue Zeit. Die Forschung bildet die Grundlage der Erkenntnis und diese ringt nach Vervollkommnung, indem sie aus dem erweiterten Forschungsgebiete die neuen Erfahrungen in befruchtende Wechselwirkung treten lässt.

Die Summe anatomischer Thatsachen, welche diese Periode feststellte, war groß in Vergleichung mit jener im 15. Jahrhundert vorhandenen, wie weit sie auch noch vom Endziele entfernt war. Am vollständigsten war das Skelet bekannt. Für die Muskeln begann man besondere Benennungen einzuführen an Stelle der für die Muskeln der einzelnen Regionen bisher meist nur mit Zahlen gegebenen Unterscheidung. Größtentheils rohe Präparationen hatten den Darstellungen zu Grunde gelegen. Wie es um die Kenntnis des Darmsystems stand, zeigt die Unbekanntschaft mit der Bauchspeicheldrüse, die doch schon von GALEN erwähnt wird. Was zumeist als Pancreas galt, waren die Lymphdrüsenmassen in der Wurzel des Gekröses. Die Valvula ileo-colica hatte zuerst FALLOPIUS bei Affen aufgefunden, dann VAROLIUS beim Menschen. Undeutlich war sie schon von ACHILLINI erwähnt.

Die Nieren dachte man sich von Nerven durchzogen. Dass Canälchen in der Marksubstanz vorkommen, zeigte FALLOPIUS, der auch die Oviducte genauer beschrieb und richtig beurtheilte, während man sie vorher den Uterushörnern der Säugethiere verglich. Die Ovarien galten als samenbereitende Organe, gleich den Hoden. Ein blasiger Bau ward von VESAL, auch von FALLOPIUS geschildert, der auch die Vesiculae seminales entdeckt hat. Die Nebennieren beschrieb EUSTACHIUS zuerst, dem auch die Kehlkopftaschen bekannt waren. Am Kehlkopfe waren die Arytaenoidknorpel bis auf BERENGAR VON CARPI für eine einzige Masse gehalten.

Bedeutend waren die Ergebnisse im Gebiete des Gefäßsystems. Für den Bau des Herzens und seiner Klappen war durch BERENGAR, ARANZI u. A. schon vieles geleistet. Der dritte oder mittlere, durch ARISTOTELES eingeführte Ventrikel verschwand, und es erheben sich Zweifel an der übrigens schon von GALEN in Abrede gestellten Permeabilität der Kammerscheidewand, deren man zu den damaligen Vorstellungen vom Blutlaufe benöthigt war. Das Herz stellte man sich noch immer wesentlich durch die Kammern gebildet vor, die Herzohren als Anhänge, das rechte an der Hohlvene, die einheitlich aufgefasst, nur in zwei Abschnitte getrennt wird. Sie führt in die rechte Kammer, wie in die linke die „Arteria venosa“ führt, die nach beiden Lungen sich verzweigt, d. i. linker Vorhof mit den Lungenvenen. Die Venen waren noch die wichtigeren

Gefäße; sie werden daher vor den Arterien behandelt. Dass das Blut sich in den Venen in beiden Richtungen bewege, war bis jetzt die geltende Meinung, die durch die Entdeckung der Venenklappen erschüttert werden musste. An dem Nachweise der Klappen waren viele Forscher betheiligt: CANNANUS, EUSTACHIUS, POSTHIUS, am meisten FABRICIUS AB AQUAPENDENTE, der ihre große Verbreitung demonstrirte. (De venarum ostiolis.) Auch die Bahnen des Gefäßsystemes waren in der Hauptsache erkannt, und wenn VESAL noch die Sinusse der dura mater mit Arterien in Zusammenhang dachte, so fand diese Vorstellung schon durch FALLOPIUS Correctur.

Nicht minder zahlreiche, aber weniger tief eingreifende Entdeckungen ergaben sich für das Nervensystem. Für das Gehirn ward Rinde und Mark unterschieden (MASSA, VESAL), auch die Binnenräume genauer erkannt. Sie dienen zur Aufnahme des Spiritus animalis. Die Nerven werden zwar noch als die Leiter des letzteren angesehen, allein sie gelten nicht mehr im Ganzen als Röhren, sondern werden aus solchen zusammengesetzt gedacht. Nur für den Sehnerv wird noch hin und wieder ein Canal demonstrirt. Das peripherische Nervensystem bietet besonders am Kopfe noch bedeutende Schwierigkeiten, und wenn auch vielfach untersucht und in manchem Einzelnen richtig erkannt (EUSTACH giebt in seinen Tafeln die Ansprüche seiner Zeit weit übertreffende Darstellungen der Nerven, besonders der Austrittsstellen an der Gehirnbasis, und FALLOPIUS betrachtete den Trigeminus als einheitlichen Nerven), so ist doch die Darstellung nur bezüglich der peripheren Verbreitung einzelner Nerven etwas weiter von GALEN entfernt. Den Trochlearis entdeckte ACHILLINI.

Der anatomische Unterricht bewegte sich ziemlich allgemein noch im alten Geleise. Wie er früher aus Vorlesung gewisser Bücher des AVICENNA, später des MUNDINUS oder des GALEN bestand, und nur in seltenen Zergliederungen von Leichnamen praktische Erläuterung empfing, so war er nun neben den theoretischen Vorträgen, denen VESAL die Grundlage bot, auf Demonstrationen an Leichen verwiesen, deren Häufigkeit eine zeitlich und örtlich recht verschiedene war. Die jeweiligen anatomischen Kenntnisse zusammenfassende Lehrbücher unterstützten den Unterricht. Von solchen Büchern verdient das des Baseler Anatomen J. CASPAR BAUHIN (1560—1624) rühmliche Erwähnung.

Fortschritte im 17. und 18. Jahrhundert.

§ 8.

Nicht nur in dem angesammelten Erfahrungsschatze, sondern auch an Problemen, welche der Lösung harrten, hatte das siebzehnte Jahrhundert eine reiche Erbschaft angetreten. Von allen schwebenden Fragen war aber keine bedeutungsvoller, keine folgenschwerer und dringender, als jene von der Bewegung des Blutes. Von daher musste auch das anatomische Verständnis des Gefäßsystems beginnen. Die überkommene Vorstellung dachte sich das Blut in einer Art von Oscillation. In der Leber sollte es entstehen und, durch die Körpervenen verbreitet, der Ernährung des Körpers dienen, sowie das Blut der Lungenarterie (Vena arteriosa) die Lungen ernähren sollte. Die in den letzteren bereiteten Lebensgeister (Spiritus vitalis, das Pneuma der Alten) kämen zum linken Ventrikel durch die Arteria venosa, welche zugleich Auswurfsstoffe (fuligines) in die Lunge zurückleiten sollte. Die Lebensgeister mischten sich in der linken Kammer mit Blut, welches von der rechten Kammer her durch Poren der Scheidewand transsudirt sei, und so vertheilten sie sich durch die große Arterie im Körper. Aber es waren bereits fast alle Bedingungen erfüllt, welche die Widerlegung dieser

Lehre erheischte, die schon in sich so viele der Widersprüche barg. Auch die Vorboten einer neuen Lehre waren seit Langem schon erschienen. MICHAEL SERVET († 1552) hatte den Durchgang von Blut durch das Septum in Abrede gestellt, auch die Lungenarterie nicht blos als die Lunge ernährend beurtheilt, und der scharfsinnige A. CESALPINI (1517—1603), des REALDUS COLUMBUS Schüler, Arzt und Botaniker zu Pisa, bekämpfte die Vorstellung von der Vena arteriosa und Arteria venosa. Die letztere, d. h. die Lungenvenen und der linke Vorhof, könnten doch nicht dem Herzen Luft (Pneuma) zuführen und zugleich die Fuligines entfernen. Es war somit hinsichtlich des kleinen Kreislaufes die Bahn zur richtigen Erkenntnis gebrochen, aber bezüglich des großen waltete noch der alte Wahn. Die Arterien galten Jenen, wie auch dem REALDUS COLUMBUS, noch nicht als vollkommene Blutbahnen, und damit musste auch das Herz unverständlich bleiben. Erst WILLIAM HARVEY war es vorbehalten, die neue Lehre vom Kreislauf zu begründen. Geboren 1578 in Folkestone, hatte er zu Padua unter FABRICIUS studirt und wohl eben da, wo die Entdeckung der Venenklappen ausgegangen, auch die Anregung zu seiner großen Entdeckung empfangen, die er in der Schrift: Exercitatio anatomica de motu cordis et sanguinis in animalibus (Francof. 1628) verkündete. Was er in der Vorrede als Grundsatz äußert: »*Tum quod non ex libris sed ex dissectionibus, non ex placitis philosophorum sed fabrica naturae discere et docere Anatomen, profitear*«, das hatte ihn auf dem Wege der Entdeckung begleitet, die er, auch auf zahlreiche Experimente an vielerlei Thieren gestützt, in streng logischer Verwerthung der bekannten anatomischen Thatsachen unwiderlegbar darstellte. Indem er zeigte, dass die letzteren genügten, um den früheren Irrthum darzuthun, lieferte er einen glänzenden Beweis dafür, dass nicht die Thatsachen allein, sondern deren richtige Beurtheilung und das daraus abgeleitete Verständnis derselben zur Erkenntnis der Wahrheit führen. Ueber diesen neuen Sturz alter Vorurtheile, die manchem medicinischen Lehrgebäude als Stütze gedient hatten, erhob sich ein Sturm der Entrüstung. HARVEY ward als Ruhestörer, als Rebell angesehen. »*O medicae reipublicae seditiosum civem, qui sententiam post tot saecula omnium consensu confirmatam primus convellere est ausus!*« so heißt es in einer zeitgenössischen Schilderung des Widerstandes gegen HARVEY. Es währte Decennien, bis seine Lehre allgemeinen Eingang fand. Von den zahlreichen Gegnern ging der bedeutendste aus der Pariser Facultät hervor: JOH. RIOLAN d. J. (1577—1657), dem sonst die Geschichte für zahlreiche Entdeckungen einen ehrenvollen Platz anweist. Auf der anderen Seite finden wir in dem Jenenser Anatomen WERNER ROLFINCK aus Hamburg (1599—1672) den eifrigsten Vorkämpfer für die neue Lehre und ihre Verbreitung in Deutschland. Auch CARTESIUS hatte sich alsbald zu ihr bekannt.

Die Entdeckung des Kreislaufes, obwohl zuerst in physiologischer Beziehung sich geltend machend, war dennoch nicht minder für die Anatomie von größter Bedeutung, da sie nicht nur anatomische Vorstellungen berichtigte, sondern auch zu neuen Forschungen auf diesem Gebiete Anstoß gab. Das Herz, als Centralorgan für die Circulation, wird wieder in seiner muskulösen Beschaffenheit gewürdigt, die nach GALEN fast in Vergessenheit gerathen war. Die Anordnung dieser Muskulatur sucht NIC. STENONIS ans Licht zu ziehen, RICHARD LOWER in London (1631—1691) und RAIMUND VIEUSSENS in Montpellier (1641—1718) machen bisher unbeachtete Structuren an ihm bekannt.

Neue Entdeckungen im Bereiche des Gefäßsystems erweiterten bald den Horizont nach einer anderen Richtung und bahnten zugleich der gewonnenen Kenntnis des Blutkreislaufs physiologische Vertiefung an. Dass HEROPHILUS und ERASISTRATUS besondere Gefäße im Gekröse gefunden hatten, schien vergessen zu sein, bis CASPAR ASELLI aus Cremona, der in Pavia lehrte, sie 1622 bei Thieren auffand. Er nannte sie, da sie Milchsaft führten, Venae lacteae, sie sollten der dort angenommenen Bluthereitung dienen. So groß war das Aufsehen, welches dieser Fund erregte, dass der durch den Philosophen GASSEND mit ASELLI's Entdeckung bekannt gewordene Senator DE PEIRESC in Aix, ein an allen geistigen Interessen seiner Zeit sich lebhaft betheiligender Mann, nicht blos jene Schrift an befreundete Aerzte vertheilte, sondern auch die Bestätigung jener Angaben für den Menschen persönlich unternahm (1631). Aber der Weg, den jene Gefäße nahmen, blieb noch dunkel, bis JEAN PECQUET aus Dieppe, noch als Student in Montpellier, gleichzeitig mit OLAUS RUDBECK, Prof. zu Upsala (1620—1702), den Milchbrustgang entdeckte, den übrigens schon EUSTACH beim Pferde gesehen und durch das Zwerchfell bis zu seinem Anfange verfolgt, aber für eine Vene gehalten hatte. Durch PECQUET ward sowohl die Aufnahme des Chylus in den Ductus thoracicus als auch dessen Entleerung in die obere Hohlvene außer Zweifel gestellt (1647), während RUDBECK die Bedeutung des Ganges nicht blos für den Chylus erkannte, und auch bereits größere Bahnstrecken der Lymphgefäße, die er »Vasa serosa« nannte, unterschied (1650). Wenn auch bald nach RUDBECK der als der erste Anatom seiner Zeit geltende THOMAS BARTHOLIN in Kopenhagen (1616—1680) die Ergebnisse seiner in gleicher Richtung sich bewegenden Studien mit jenen RUDBECK's zu conformiren versuchte, so gebührt ihm doch in dieser zu einem langen Streite ausgesponnenen Frage nicht die Priorität. Dadurch bleiben seine Verdienste um die Kenntnis der Verbreitung jener Gefäße, die er zuerst »Vasa lymphatica« nannte, ungemindert. Von zahlreichen anderen, die an der Behandlung der neu hervorgetretenen Aufgabe sich betheiligten, verdient noch der Amsterdamer VAN HORNE Erwähnung. Somit waren für neue Theile des Gefäßsystems die ersten Grundlagen festgestellt, welche der Folgezeit zum Weiterbau dienen konnten.

Für die Kenntnis der größeren Drüsen wurden gleichfalls bemerkenswerthe Anfänge gemacht durch das Auffinden von deren Ausführgängen, die sie in ihrer wahren Beziehung erscheinen ließen. So fand JOH. GEORG WIRSUNG aus Augsburg († 1643) in Padua 1642 den Ductus pancreaticus beim Menschen, nachdem er durch einen anderen Studierenden, MORITZ HOFFMANN aus Fürstenwalde, späteren Professor zu Altdorf, der den Gang zuvor beim Truthahn entdeckt hatte, darauf aufmerksam geworden war. Obschon man den Gang noch längere

Zeit für ein Gefäß hielt, welches den Chylus der Bauchspeicheldrüse zuführen sollte, so war doch durch seine Entdeckung eine neue Bahn gebrochen, die für eine ganze Kategorie von Organen wichtig war. Durch THOMAS WHARTON's Werk über die Drüsen wird deren Verbreitung genauer bekannt, sowie der Ausführgang der Gl. submaxillaris. Den Ductus parotideus entdeckte der Londoner Arzt WALTHER NEEDHAM 1655, während STENONIS, nach dem er benannt wird, ihn später beschrieb. Nun war es möglich, die mannigfaltigen als Drüsen bezeichneten Organe abzutheilen und jene mit Ausführgang von den Lymphdrüsen zu unterscheiden (FR. SYLVIUS), welch' letzteren man auch bald die Thymus beizuzählen begann.

Auch auf andere Organsysteme fiel allmählich helleres Licht. Am meisten wird das bemerkbar am Nervensystem, für dessen Centralorgan der Mangel genauer anatomischer Kenntnisse durch abstruse Vorstellungen über seine Function schlecht verhüllt war. Es bezeichnet daher schon einen Fortschritt, als durch den mehr noch als Iatrochemiker berühmten Leydener Professor FRANCISCUS SYLVIUS (De le Boë, geb. zu Hanau, 1614—1672) die wirklichen Verhältnisse der Binnenräume nebst manchen anderen Gebilden des Gehirns klargelegt werden, und der Schaffhauser JOHANN WEPFER die Erzeugung der animalen Geister in jenen Höhlen bestreitet, auch die bisher herrschende Meinung vom Abfluss von Schleim aus dem Gehirn in die Nasenhöhle erfolgreich widerlegt (1658). Aber erst durch THOMAS WILLIS in Oxford (1622—1675) empfängt der Bau des gesammten Gehirns eine genauere Darstellung. Er betrachtet es als ein in der Reihe der Thiere allmählich sich ausbildendes Organ, daher liefert die Zootomie die Grundlagen für das Verständnis des menschlichen Gehirns, und, was bei letzterem durch dessen Complication und Volumen schwer zu prüfen ist, *»veluti in epitomen redacta magis commode et plane refert«*. Die Functionen des Gehirns setzt er an bestimmte Theile desselben und giebt auch eine genauere Beschreibung der Hirnnerven, wobei er zum erstenmale den als Nervus intercostalis bekannten Grenzstrang des Sympathicus von seinem achten Paare (Vagus) trennt, und auch den Accessorius unterscheidet. Auch VIEUSSENS ist an den Fortschritten in der Kenntnis des Nervensystems, sowohl des centralen als des peripherischen, rühmlich betheiligt.

Von einem neuen Gesichtspunkte aus werden auch die Muskeln betrachtet, nachdem durch den Mathematiker ALPHONSO BORELLI zu Pisa (später in Messina und Rom, 1608—1679) deren Beziehung zur Bewegung und unter Berücksichtigung der Gelenke der Mechanismus der Bewegung selbst erläutert ward.

Für den Geschlechtsapparat knüpft sich an REGNIER DE GRAAF in Delft (1641—1673) besonders dadurch ein Fortschritt, dass er die »Testes muliebres« als Ovarien bestimmt, indem er die in denselben vorhandenen Bläschen, wenn auch irrig, als Eier deutete. Noch zahlreiche andere Männer haben sich in dieser Periode durch Zergliederung verdient gemacht. Wir nennen von diesen: LORENZO BELLINI in Pisa, dann in Florenz (1643—1704), JOSEPH GUICHARD DUVERNEY in Paris (1648—1730), GOTTFRIED BIDLOO in Amsterdam (1649—1713), JOH.

CONR. PEYER in Schaffhausen (1653—1712), dessen Landsmann J. C. BRUNNER in Heidelberg (1653—1727), ANTONIO PACCHIONI in Rom (1665—1726), ANT. VALSALVA in Bologna (1666—1723), GIOV. DOM. SANTORINI in Venedig (1681—1737), JAMES DOUGLAS in London (1675—1742), endlich den Dänen JAC. BENIGNUS WINSLOW in Paris (1669—1760), dessen »Exposition anatomique« als vortreffliches Handbuch lange in großem Ansehen blieb.

Einer der genialsten Männer dieser Periode war der obengenannte NICOLAUS STENONIS (Nils Stensen) aus Kopenhagen (1638—1686), der auf merkwürdige Lebenswege gerieth. Unter TH. BARTHOLIN der Anatomie sich widmend, setzte er später in Paris seine Studien fort und begab sich dann nach Italien. In Florenz fungirte er als Arzt, blieb aber dabei immer mit Forschungen beschäftigt. Ebendort trat er zum Katholicismus über, folgte später einem Rufe nach Kopenhagen, dann einem solchen als Erzieher des Erbprinzen nach Florenz, wo er Priester ward. Später lebte er in Hannover, mit Leibniz verkehrend, dann als Titularbischof in Münster und als apostolischer Vicar in Hamburg; in Schwerin erlag er einer Krankheit und im Domo von Florenz liegt er begraben. Sein der Forschung gewidmeter Lebensabschnitt zeigte ihn nüchtern und besonnen, als Feind haltloser Speculation. Die Structur der Organe ist ihm die Voraussetzung von deren Function. So wird nach seiner Meinung das Gehirn erst aus den Nervenbahnen verständlich werden. Auch die Structur und die Action der Muskeln beschäftigen ihn, sowie manche Organisationsverhältnisse von Thieren, und wenn er in den Petrefacten Zeugnisse für Veränderungen der Erdoberfläche erblickte, so war er auch darin seiner Zeit vorausgeeilt.

§ 9.

Bisher bestanden nur spärliche Versuche, in das Innere der Organe einzudringen. Man begnügte sich, sie je nach ihrer Consistenz als »fleischige« oder »sehnige« Gebilde zu betrachten, und über das, was man eigentlich darunter verstand, walteten noch unklare und verworrene Vorstellungen, die erst der Anwendung einer besseren Untersuchungstechnik weichen konnten. Solche ward durch die Erfindung des Mikroskops geboten. Wie primitiv auch der erste Zustand dieses Instrumentes war, so bot es doch schon ein Mittel zu gewaltigem Fortschritte in der anatomischen Erkenntnis, und diente zur Enthüllung unendlichen Reichthums organischer Structur. Daraus entsprangen zahlreiche neue Ideen, auch über die Bedeutung der Organe für den Organismus. Bald begegnet uns eine Reihe von Männern, welche den neuen Weg anbahnen und verfolgen. MARCELLO MALPIGHI, »Philosophus et medicus Bononiensis« (1628—1694), zuletzt päpstlicher Leibarzt in Rom, legt in seiner Anatomia plantarum nicht nur die Fundamente der neueren Botanik, sondern gewinnt durch diese Forschungen auch die ihn bei der Untersuchung thierischer Organe leitenden Principien. Wie durch BORELLI erfolgt auch hier *aus der Einwirkung anderer Disciplinen* ein bedeutsamer Fortschritt, den wir fernerhin bei gleichen Anlässen nie ausbleiben sehen. Im Gehirn lässt MALPIGHI die graue Substanz als die eigentlich thätige gelten. Sie besteht aus Drüsen, in welchen das Nervenfluidum gebildet wird. Dieses wird durch Röhrchen geleitet, welche die weiße Substanz zusammensetzen. In den Lungen verfolgt er die Wege der Luft nahe an ihr Ende, obgleich dies selbst ihm unklar blieb. Die Lungen sind also nicht blos schwammige Organe, so wenig als die Drüsen aus

»Substantia carnosa« bestehen. Der noch von WHARTON angewandte Begriff des »Parenchym« weicht überall bestimmten Structuren, deren Verschiedenheit in den Drüsen die Grundlage für eine Eintheilung derselben abgiebt. Auch die Entwickelung des Hühnchens im bebrüteten Ei findet an MALPIGHI einen sorgfältigen Beobachter, und an viele Organe und Theile von solchen ist noch heute sein Name geknüpft.

Von nun an sehen wir die Niederlande, und von den dortigen Hochschulen vornehmlich Leyden, eine wichtige Rolle spielen, die auch noch in dem folgenden Jahrhundert andauert. Wir treffen JOH. SWAMMERDAM in Leyden (1627—1680) mit mikroskopischen Forschungen über die Entwickelung niederer Thiere, u. a. auch des Frosches, beschäftigt und der feinen Structur der Organe nachgehend, wie auch der Autodidact ANT. VAN LEEUWENHOEK aus Delft (1632—1723) mit von ihm verbesserten Instrumenten die Zusammensetzung der Organe aus kleinsten Bestandtheilen ermittelt. Er bestätigt den Kreislauf des Blutes durch directe Beobachtung an Froschlarven (auch MALPIGHI hatte an der Froschlunge den Übergang des Blutes aus den Arterien in die Venen gesehen) und lehrt die Blutkörperchen in ihrer Eigenart kennen, und die Verbreitung der kleinsten Blutgefäße in verschiedenen Organen, vor allem im Gehirn. Auch um die Kenntnis der Formelemente des Sperma, die ein Student in Leyden, JOH. HAM aus Arnheim, 1677 entdeckt hatte, erwarb er sich Verdienste, sah in jenen Gebilden jedoch die eigentlichen Keime der Frucht. Wie SWAMMERDAM und LEEUWENHOEK bedient sich auch der Amsterdamer Anatom und Botaniker FRIEDRICH RUYSCH (1638—1701) feinerer Injectionen zur Darstellung der Verbreitung der Blutgefäße und bringt diese Technik zu einer in jener Zeit großes Aufsehen erregenden Vollkommenheit. Durch zu ausschließliche Beachtung der Blutgefäße und überrascht durch den Reichthum der Organe an solchen, verfällt er in den Irrthum, viele Organe nur aus ihnen zusammengesetzt sich vorzustellen, wie er denn z. B. in den Drüsen die Blutgefäße sogar in die Ausführgänge übergehen ließ.

Durch diese und viele ihnen vorausgegangene Forschungen, die sich nicht blos in dem engeren Rahmen des menschlichen Körpers bewegten, erwächst allmählich die Vorstellung von der Gemeinsamkeit in der Organisation. Diese Idee gelangte auch durch HARVEY zum Ausdruck, als er in seiner berühmten Schrift »De generatione animalium« der Aristotelischen Lehre von der Urzeugung entgegen trat und das Ei als das »primordium commune« betrachtete (Omne vivum ex ovo!). So war diese Periode, die wegen des in Deutschland, England und den Niederlanden herrschenden Leichenmangels als eine der Anthropotomie ungünstige gilt, und deshalb noch viele Deutsche zum anatomischen Studium nach Padua führte, doch überaus fruchtbar an wichtigen Entdeckungen und an neuen Arten der Untersuchung, welche die Anatomie auch fernerhin auf dem Gange zu ihrer Ausbildung begleiten.

§ 10.

Der noch im siebzehnten Jahrhundert beginnende Streit der medicinischen Schulen ließ zur Genüge erkennen, wie unzureichend die Erfahrung war, auf welche man sich stützte. Wie in der Physiologie der Versuch nöthig ward, so war in der Anatomie größere Sorgfalt und Genauigkeit bei der Untersuchung geboten. Das Augenmerk ist daher immer mehr aufs Einzelne gerichtet, dessen Richtigstellung und präcise Beschreibung die Forscher in Anspruch nimmt. Wie dadurch das empirische Wissen nicht unbedeutend anwächst, so wird auch für manche Organe complicirter Natur, wie die Sinnesorgane, erst jetzt eine genauere Kenntnis erworben. Im ausschließlichen Dienste der Heilkunst stehend, bleibt die Anatomie deren treueste Führerin und zeigt ihr Richtung und Ziele. GIOVANNI BATTISTA MORGAGNI in Padua (geb. zu Forli, 1682—1771) glänzt nicht nur durch seine Verdienste um die präcise Kenntnis vieler Organe, sondern am meisten durch sein Werk: »De sedibus et causis morborum«, mit welchem er die pathologische Anatomie begründet hat. Hierdurch wird die Medicin allmählich auf wissenschaftliche Bahnen geleitet, und auch ihr praktisches Bedürfnis wird durch die Anatomen, die zugleich Chirurgen sind, befriedigt. Dies gilt vor Allem für Frankreich, wo wir JOSEPH LIEUTAUD (1700—1760) in beiden Richtungen hervorragen sehen.

Durch diese bald auch in weiterem Umfange Platz greifende praktische Richtung der Anatomie erfolgt zwar für sie selbst kein Umschwung, aber es entwickelt sich daraus ein der Medicin nützlicher Zweig, der theils mehr specieller sich formend die chirurgische, theils ohne jene unmittelbaren Beziehungen die topographische Anatomie vorstellt. Von da an sehen wir in Frankreich durch zahlreiche bedeutende Männer jenen Zweig der Anatomie weitergebildet bis in das 19. Jahrhundert, in welchem er an VELPEAU, BLANDIN, MALGAIGNE und PÉTREQUIN hervorragende Förderer findet.

Die nicht ausschließlich jenen Bedürfnissen zugekehrte Zergliederung erlitt dadurch keine Einbuße, sie ging den gleichen empirischen Weg, auf dem der Zuwachs an Erfahrungen sich fortwährend mehrte. Von hervorragenden Anatomen treffen wir in Leyden BERNHARD SIEGFRIED ALBIN (geb. zu Frankfurt a. O., 1697—1770), dessen Untersuchungen über das Muskelsystem für lange Zeit die Grundlage der besseren Kenntnis jenes Organsystems bildete. Aus ALBIN's Schule ging ALBRECHT V. HALLER hervor (1708—1777), der durch stupende Gelehrsamkeit, Vielseitigkeit des Wissens und emsige Thätigkeit die Bewunderung der Zeitgenossen erregte, auch durch Gründlichkeit in der eigenen Forschung sich auszeichnete, für höhere Probleme jedoch wenig Verständnis besaß, wie sein Streit mit WOLFF gelehrt hat. Vieler Organe Bau lehrte er genauer kennen. Das Arteriensystem ward von ihm in einem großen Werke dargestellt, die Entwickelung des Herzens beim Hühnchen sorgfältig geschildert. Die Organe des Körpers haben für ihn nur Bedeutung durch ihre Function. Diese gilt ihm als das höhere, und dadurch ordnet er die Anatomie der Physiologie unter und giebt davon in seinen umfänglichen »Elementa physiologiae« Ausdruck, indem er das gesammte anatomische Wissen seiner Zeit darin niederlegt. So groß der Fortschritt ist, der sich durch die physiologische Betrachtung der Organe auch der Anatomie bemächtigte, so ist jener doch größer zu erachten, der daraus für die Begründung der Selbständigkeit der Physiologie hervorging.

So sehen wir denn auch ferner die Anatomie in ihrem bisherigen Geleise und haben nur die wachsende Theilnahme zu verzeichnen, die wir überall an ihrem Weiterbau antreffen. In Großbritannien waltet eine gewisse Vielseitigkeit auch nach der praktischen Seite vor. Der menschliche Körper ist noch nicht exclusiver Gegenstand der Untersuchung, deren Objecte vielfach thierische Organisationen bilden, sei es, dass der damals bestehende Leichenmangel, sei es, dass ein höheres Interesse dazu bestimmte. In Edinburg hatte der ältere ALEXANDER MONRO (1697—1767) den Grund zu einer Anatomenschule gelegt, in welcher der gleichnamige Sohn (1733—1818) wie der Enkel (1773—1859) den ererbten Ruhm des Namens bewahren, während in London die Brüder WILLIAM und JOHN HUNTER (1718—1783 und 1729—1793) neben ihrem ärztlichen Berufe in der mannigfaltigsten Richtung anatomische Thätigkeit entfalten. Durch die Gründung einer weltberühmten anatomischen Sammlung, die nach JOHN's Tode an das College of Surgeons überging und zeitgemäß weiter gebildet ward, ist dessen Wirken ein dauerndes geblieben. Wir nennen noch von Engländern J. HUNTER's Gehilfen und Freund WILLIAM CRUIKSHANK (1745—1800), welcher sich, wie PAOLO MASCAGNI (1752—1815), der in Pisa, dann in Florenz lebte, um die Kenntnis der Verbreitung der Lymphgefäße verdient gemacht hat. Noch ein Italiener glänzt zu dieser Zeit als Anatom: der auch als Chirurg berühmte ANTONIO SCARPA in Pavia (1747—1830), ein Schüler MORGAGNI's.

In Holland hatte die Anatomie durch PETER CAMPER (1722—1789) in Amsterdam eine der englischen ähnliche, nicht minder glänzende Vertretung gefunden, während in Deutschland mit größerer Beschränkung des Umfanges der Aufgaben mehr intensive Bestrebungen die Anatomie zu leiten beginnen. Dieser Standpunkt bildet einen Gegensatz zu dem universelleren der anderen Nationen, ist aber doch mit schönen Erfolgen gekrönt. Die genauere Kenntnis vieler Organe, vorzüglich subtilere Structuren des Nervensystems gelangen zu Tage. Die sämmtlichen Ganglien der Kopfnerven werden nach und nach von Deutschen entdeckt und aus dem Complexe des sechsten Galen'schen Nervenpaares wird nochmals ein Nerv, der Glossopharyngeus gesondert (ANDERSCH). Auch die anatomische Kenntnis der Menschen-Rassen beginnt in Deutschland durch den Gottinger BLUMENBACH (1752—1840). Von den bedeutenderen Anatomen dieser Periode nennen wir den zu Schorndorf geborenen JOSIAS WEITBRECHT in Petersburg (1702—1747), der zum ersten Male Gelenke und Bänder methodisch durchforscht hat, dann JOH. FRIEDR. MECKEL in Berlin (1713—1774), den um die Anatomie des Auges hochverdienten JOH. HEINR. ZINN in Göttingen (1727—1759), ebenda HEINR. AUGUST WRISBERG (1739—1808), ferner JOH. FRIEDR. LOBSTEIN in Straßburg (1736—1784) und als letzten den, der am meisten hervorragt, SAMUEL THOMAS SÖMMERING (1755—1830).

In Thorn geboren, lehrte SÖMMERRING zu Kassel und Mainz, siedelte dann nach München, zuletzt nach Frankfurt a./M. über, eine reiche litterarische Thätigkeit überall entfaltend. Vieles wurde von ihm entdeckt, die Nerven des Kopfes in seiner berühmten Schrift: De basi encephali in ihren Abgangsstellen neu geprüft, und in neuer Disposition gegeben, die bis jetzt maßgebend gilt. Auch der Bau des Gehirns liefert seiner Forschung ein fruchtbares Feld, und in seinem großen Handbuche der menschlichen Anatomie tritt uns dieselbe neu geordnet und überall bereichert in verjüngter Gestalt entgegen.

Einem Rückblicke auf die letzten drei Jahrhunderte bieten sich mit den Veränderungen der Doctrin auch solche der Lehrmethode und des äußeren Apparates, wenn auch bezüglich der ersteren den primitiven Zuständen eine viel längere Dauer, als man glauben möchte, beschieden war. Der anatomische Unterricht bildet nur einen oft sehr kleinen Theil der Lehrthätigkeit der Anatomen, die nicht nur zugleich Ärzte blieben, sondern auch noch andere, manchmal sogar weit abliegende Disciplinen vertraten. Wie im späteren Mittelalter blieben Sectionen das Hauptmittel des Unterrichtes. Je nach den Umständen währten sie mehrere Tage, von denen jeder einen Abschnitt, etwa in der schon bei MUNDINUS aufgeführten Reihenfolge, zur Aufgabe hatte. Die Handlung vollzog der »*Prosector*«, während der Professor dazu Erläuterungen gab. Als Local diente das entsprechend eingerichtete »*Theatrum anatomicum*«. Sehr frühe wurden solche in Italien errichtet. Später finden wir sie verbreitet, auch in manchen Orten, die keine Hochschule besaßen.

Außerordentlich verschieden nach Zeit und Ort war die Zahl der jährlich stattfindenden Sectionen. An vielen deutschen Hochschulen verflossen oft Jahre, bis es zu einer kam. Viel günstiger erwiesen sich diese Verhältnisse in Italien (Bologna, Padua), auch in Montpellier. Mit der Seltenheit der Sectionen nahmen dieselben, besonders in Deutschland während des 17. und 18. Jahrhunderts, den Charakter außerordentlicher Schaustellungen an, an denen sich Studierende und Ärzte betheiligten. Eine wissenschaftliche Abhandlung diente oft als Programm, mit welchem wie zu einer Festlichkeit eingeladen wurde, und an manchen Orten verkündete Glockengeläute den Beginn des Actes, zu welchem auch die Behörden, zuweilen sogar Fürstlichkeiten sich einfanden. Ein solches Bild bot sich an vielen Hochschulen Deutschlands. Der Mangel menschlicher Leichname verwies die Lernbegierigen noch vielfach auf die Zergliederung von Thieren, (Schweinen, Hunden etc.).

Aus dem »anatomischen Theater« und den sich ihm allmählich beigesellenden Nebenräumen entstanden zumeist gegen das Ende des 18. Jahrhunderts die anatomischen Anstalten, in denen auch Sammlungen von anatomischen Präparaten Platz fanden, und nach und nach zu wesentlichen Bestandtheilen jener Anstalten wurden. Die Abhaltung regelmäßiger Vorträge, an denen es übrigens schon in der früheren Periode nicht fehlte, wandelte das »Theater« allmählich in den »Hörsaal« um, an welchem hin und wieder auch in neuen Formen die ältere Benennung haften blieb. Gleichen Schritt mit der Entwickelung der Anstalten hielt die Ausbildung anatomischer Übungen der Studirenden, die in Deutschland erst zu Ausgang vorigen Jahrhunderts in methodischer Gestaltung allgemeinere Verbreitung fanden, und in die Secir- oder Präparirübungen übergingen. Deren Leitung war bis zur Lösung der Anatomie aus dem Verbande mit praktisch-medicinischen oder auch anderen Lehrfächern in der Regel dem Prosector anvertraut.

So ging aus den, praktische Demonstrationen am Leichnam und Lehrvortrag zugleich umfassenden »Sectionen« der älteren Zeit ein doppelter Weg der anatomischen Unterweisung hervor, der von nun an durch das Auditorium wie durch den Präparirsaal führend gründliche anatomische Schulung zum Endziele hat.

Neuere Grundlegungen.

§ 11.

Durch zahlreiche auf allen Theilgebieten thätige Forscher war gegen den Schluss des vorigen Jahrhunderts die Summe der Erfahrungen der Anatomie zu bedeutendem Umfange angewachsen, zu deren Ordnung und Sichtung es neuer Gesichtspunkte, neuer Ideen bedarfte. Denn die Feststellung der Thatsachen bildet zwar den ersten Schritt zur Erkenntnis, dieser kann aber niemals zum Verständnis genügen, und ihm muss ein weiterer folgen, der zur Verknüpfung der Thatsachen und damit zur Enthüllung aller ihrer Beziehungen führt. Bis jetzt war nur jener erste Schritt gethan. Er war der mühevollste, denn die Forschung als solche musste zu seinem Vollzuge manche Vorstufe überschreiten, und es dauerte lange, bis auch nur ein einziges Organ befriedigend gekannt war. Jetzt war es begreiflich, dass neben der Vermehrung der Erfahrungen auch zu deren geistiger Bewältigung der Weg gesucht wurde. Neue Impulse hierzu gingen zuerst von Frankreich aus. FELIX VICQ D'AZYR's (1748—1794) bemerkenswerthe Versuche einer Zusammenfassung der Thatsachen waren schon auf ein höheres Ziel gerichtet, und XAVIER BICHAT (1775—1802) suchte in seiner »Anatomie générale« den Bau des Organismus von einer neuen Seite zu beleuchten, indem er den Geweben und den allgemeinen Beziehungen der Organsysteme ihre Bedeutung in physiologischer und pathologischer Hinsicht zumaß. Dabei wird dem Capillarsystem zum ersten Male besondere Beachtung. Der streng consequente Verfolg der Betrachtung des Allgemeinen unter Anschluss aller Mikrologieen trennt BICHAT's Richtung von dem, was später als »Allgemeine Anatomie« gilt und das Speciellste behandelt; nur darin, dass auch ihr die Gewebe Object sind, besteht eine lose Verknüpfung.

Auch auf diesem Wege war nur ein Theil der Thatsachen zu bewältigen; zu ihrer Umfassung war ein weiterer Rahmen erforderlich, wie solchen nur die Vergleichung bot, die bereits VICQ D'AZYR versucht hatte. Aber erst dem Genie GEORGE CUVIER's (1769—1832) gelang es, in seiner »Anatomie comparée«, von den Grundzügen der gesammten thierischen Organisation ein Bild zu entwerfen, das, auch den Menschen mit umfassend, die Beziehungen mannigfaltiger Organisationen zu einander darstellte. Sein »Gesetz der Correlation der Organe« lässt die letzteren in ihrer wechselseitigen Abhängigkeit betrachten und bringt damit Verständnis in die einzelne Organisation. Jede einzelne Thatsache hatte dadurch einen höheren Werth erhalten, sie war mit anderen verbunden, zum Gliede einer Kette geworden, bedeutungsvoll für das nächste, von welchem sie selbst wieder Bedeutung empfing. So musste auch die Organisation des Menschen in einem neuen Lichte erscheinen. Aber man begann die Anthropotomie immer mehr als etwas ganz Unabhängiges der vergleichenden Anatomie gegenüber zu stellen und dadurch ging der Vortheil verloren, der der ersteren aus letzterer zufloss.

Die vergleichende Anatomie gewann allmählich nicht blos in Frankreich, wo eine Reihe von Männern, zum Theile aus CUVIER's Schule, zum Theile im

Gegensatze zu derselben ETIENNE GEOFFROY ST. HILAIRE, den Zusammenhängen der Organisation nachging, große Bedeutung. Auch in Deutschland, wo GOETHE sein Interesse jener Forschung zugewendet und es durch eigene Versuche glänzend bethätigt, sowie durch die vergleichende Betrachtung das Verständnis der Formerscheinung in der Morphologie begründet hatte, entfaltete sich bald reger Eifer für die vergleichende Anatomie. Unter Vielen, die auf diesem Arbeitsfeld thätig sind, ragt besonders JOH. FRIEDR. MECKEL d. J. durch sein großes Handbuch hervor, sowie in England etwas später RICHARD OWEN (geb. 1804).

Von einer anderen Seite drängte die geistig bewegte Zeit nicht minder zu Neugestaltungen, welche auch die Anatomie erfassen mussten. Es galt den früheren Zuständen des Organismus und der Frage, wie er sich bilde. In dem langen Streite zwischen den »Animalculisten«, welche den Körper aus den »Samenthierchen« hervorgehen ließen, und den »Ovisten«, welche im Eie den Ausgangspunkt sich dachten, blieb für beide Parteien das Gemeinsame, dass sie den Körper präformirt annahmen. In dem einen oder dem anderen Substrate sollte er bereits vollständig bestehen und als solcher wieder für künftige Generationen ähnlich eingeschachtelte Zustände umschließen. Der Vorgang, durch den der eingeschachtelte Körper zur Wahrnehmung kam, bildete die »Evolution«, Auswickelung. Dieser Evolutionstheorie trat 1759 der geistvolle CASPAR FRIEDRICH WOLFF (geb. 1733 zu Berlin, Akademiker in Petersburg, † 1794) mit seiner »Theoria generationis« entgegen, in welcher er zeigte, dass die ersten Zustände des Körpers ganz andere als die späteren seien, dass Umgestaltungen und Neubildungen die Bahn des allmählichen Werdens bezeichneten. Diesen Vorgang nannte er Epigenesis. Blieb auch diesem bedeutsamen Fortschritte die Anerkennung der Zeitgenossen versagt, nachdem HALLER, der an der Spitze der Evolutionisten stand, mit »nulla est epigenesis« das Verdikt über ihn gesprochen, so war doch eine neue Bahn eröffnet, auf der das kommende Jahrhundert zu immer tieferen Einsichten in den Aufbau des Organismus gelangen sollte. So lange aber war WOLFF's Entdeckung in Vergessenheit gerathen, dass selbst noch die ersten, durch die beginnende neue Naturphilosophie angeregten Forschungen auf jenem Gebiete selbständig auf den richtigen Weg gelangten. Es waren LORENZ OKEN und DIETRICH KIESER, denen wir dort begegnen, bis später durch CHR. PANDER und V. BAER, beide von IGNAZ DÖLLINGER (1770—1841) in Würzburg zu entwickelungsgeschichtlichen Studien angeregt, die Wolff'sche Lehre volle Bestätigung und methodische Weiterbildung empfing. Sie erlangte ihr Fundament in der Aufstellung der der Entstehung der Organe zum Ausgange dienenden Schichten der ersten Körperanlagen, die als »Keimblätter« von nun an ihre bedeutungsvolle Stellung bewahren. Den bei weitem größten Antheil an diesem Fortschritte hatte KARL ERNST VON BAER (1792—1876, Akademiker in Petersburg), der in seinen »Beobachtungen und Reflexionen über die Entwickelungsgeschichte der Thiere« (1828—1837) nicht blos die Fundamente vertiefte, sondern auch die ganze Tragweite der Entwickelung in ihrem vollen Umfange erkannte und für die wissenschaftliche Methode der Forschung mustergültig bleibt. Der damit gegebene Impuls hatte eine rasche

Verbreitung embryologischer Untersuchungen zur Folge, und Deutschland ist es, wo eine Embryologenschule erstand, die auf allen Theilen dieses Forschungsgebietes nach und nach neue Wege eröffnete. War bisher die Entwickelung des Hühnchens fast ausschließliches Object, so treten bald auch andere Abtheilungen in den Bereich der Forschung und wie durch HEINRICH RATHKE (1793—1860) Fische und Reptilien, so finden durch THEODOR WILHELM BISCHOFF (1807—1882) die Säugethiere in vortrefflichen Monographien embryologische Behandlung. Auch CARL VOGT's Arbeiten über Fische und Amphibien, nicht minder jene A. KÖLLIKER's über wirbellose Thiere, gehören zu den grundlegenden. Hierbei dürfen wir noch jener MAURO RUSCONI's in Pavia (1776—1849) gedenken.

Zu diesen Arbeiten gesellten sich zahlreiche über die Entwickelung einzelner Organsysteme oder Organe, die dadurch, wie der von seinem ersten Aufbau an betrachtete gesammte Körper, die Grundlinien ihrer Geschichte empfingen. Die Organe waren nicht mehr einfach gegebene Dinge, die als solche nur zu beschreiben waren, sie stellten sich jetzt als gewordene dar, als Zustände, denen andere vorausgingen, und im Lichte des allmählichen Werdens erhellten sich manche durch ihre Complication verdunkelte Structuren des ausgebildeten Körpers. RATHKE's Abhandlung über das Venensystem und C. BOGISLAUS REICHERT's Untersuchungen über die Metamorphose der Kiemenbogen sind glänzende Specimina für die Erleuchtung der Organisation durch die Entwickelungsgeschichte. Auf dem Boden solcher Erfahrungen entstanden immer neue Probleme, aus denen die Forschung fortgesetzt Anregungen erhielt.

Wie durch die vergleichende Anatomie hatte sich auch durch die Entwickelungsgeschichte der Umfang des Arbeitsfeldes vergrößert, und es war die Zeit gekommen, in der an die Thätigkeit der Anatomen höhere Ansprüche erwuchsen. Die durch Jahrhunderte fast allgemein bestandene Verbindung der Anatomie mit Lehrfächern der praktischen Heilkunde (zuletzt noch mit der Chirurgie) hatte sich zu lösen begonnen und diese Trennung war allmählich, in Deutschland am frühesten und vollständigsten im Beginne dieses Jahrhunderts zum Vollzuge gelangt. Dadurch war der Anatomie eine freiere Bahn eröffnet in der Richtung nach wissenschaftlicher Gestaltung. Aus der Anatomie hatten sich aber seit HALLER die Anfänge der Physiologie immer selbständiger entfaltet; sie bildete, indem sie die Organe aus ihren Functionen erklärte, eine höhere Instanz als die damalige Anatomie, und ihrem weiteren Begriffe wurden auch vergleichende Anatomie und Entwickelungsgeschichte als die Anatomie erleuchtende Disciplinen untergeordnet. Die Anatomie selbst galt als eine Vorstufe für die Physiologie, in der sie ihre wissenschaftliche Bedeutung fand.

So sehen wir denn die Anatomen, die zugleich Physiologen waren, nach mannigfachen Seiten beschäftigt und mit der Anatomie auch alle jene Gebiete erweitern und ausbilden, die aus der letzteren hervorgegangen waren. Sie alle beherrschte eine Zeit lang die Naturphilosophie, welche in den ersten Decennien dieses Jahrhunderts in Deutschland sich verbreitet hatte. Damit trat aber Speculation an die Stelle der mangelnden Erfahrung. Wie verfehlt dieser Weg auch war, so entstanden auf ihm doch bedeutungsvolle Anregungen, deren oben schon bei der Entwickelungsgeschichte gedacht ist. Die werthvollste Frucht jener Lehre war die Erkenntnis der Nothwendigkeit eines Zusammenhanges der Thatsachen. Wo diese einigermaßen genügend vorlagen, entstanden auch im Allgemeinen richtige Vorstellungen, wie jene: dass die Entwickelung höherer Organisationen die dauernden Zustände niederer durchläuft. Aber durch die Speculation als Forschungsprincip war jene Richtung unhaltbar, und bald erfolgte die Reaction, die wieder zum Empirismus führte.

Von den hervorragenden Vertretern der Anatomie dieser Periode sehen wir die meisten ihre Thätigkeit mit embryologischen Forschungen beginnen. So Joh. Friedr. Meckel d. J. in Halle (1781—1833), dessen Bedeutung für die vergleichende Anatomie wir schon hervorhoben. Er hat zugleich das Verdienst, C. Fr. Wolff der Vergessenheit entrissen zu haben. Sein Streben nach allgemeinen Gesichtspunkten in der Anatomie bekundet der erste Band seines Handbuchs der Anatomie des Menschen, nicht minder die vergleichend-anatomischen Arbeiten. Friedrich Tiedemann (1781—1861) verdanken wir die erste umfassendere Darstellung der Entwickelung des Gehirns und neben zahlreichen kleineren Entdeckungen eine grundlegende Beschreibung des Arteriensystems. Durch den auch als Physiolog sich auszeichnenden Ernst Heinrich Weber (1795—1878) ward die Kenntnis der Drüsen gefördert, seine vergleichenden Untersuchungen verbreiteten auf die Geschlechtsorgane neues Licht und durch seine Bearbeitung des Handbuches der Anatomie von Fr. Hildebrandt hat er die anatomische Litteratur mit einem höchst schätzbaren Werke bereichert. Emil Huschke (1797—1858) gewinnt durch embryologische Arbeiten, vorzüglich über das Auge, Bedeutung, auch durch Untersuchungen über das Darmsystem sowie über Schädel und Gehirn. Karl Fr. Th. Krause (1797—1868) hat sich vorzüglich durch erfolgreiche Benutzung des Mikroskops zur anatomischen Untersuchung verdient gemacht, sowie durch sorgfältige Angaben über Maßverhältnisse der Körpertheile in einem geschätzten anatomischen Handbuche. Johannes Müller (1801—1858), nach der anatomischen wie nach der physiologischen Seite eine großartige und fruchtbare Thätigkeit entfaltend, wird dadurch für beide von größtem Einflusse. Seine Untersuchungen über die Entwickelung der Geschlechtsorgane sind in diesem Gebiete bahnbrechend. Die Kenntnis der Drüsen im Thierreiche fördert ein großes Werk, auch das peripherische Nervensystem, die Bildung des Netzes und der Mesenterien und viele andere Theile verdanken ihm Aufklärung. Friedrich Arnold (1803—1890) nimmt vorzüglich durch seine Untersuchungen über das Nervensystem eine hervorragende Stelle ein. Sowohl in der Structur des Gehirns werden die durch Vicq d'Azyr, Reil und Burdach angebahnten Kenntnisse wesentlich fortgebildet, als auch für das periphere Nervensystem manche neue Bahnen festgestellt. Er entdeckte das Ganglion oticum. Seine »Icones nervorum capitis« sind mit den Tabulae anatomicae Muster iconographischer Darstellung und bereichern, wie auch ein werthvolles Handbuch, die Anatomie aller Theile des Körpers. Von Joseph Hyrtl (geb. 1811) gingen zahlreiche, die

Kenntnis der meisten Organsysteme fördernde Untersuchungen aus. Durch ein treffliches Handbuch der topographischen Anatomie wird dieser in Deutschland Eingang bereitet, und sein Lehrbuch der Anatomie des Menschen erwarb sich durch Rücksichtnahme auf vergleichende Anatomie und Entwickelungsgeschichte sowie durch belebte Darstellung weiteste und dauernde Verbreitung.

In England ist CHARLES BELL (1774—1842) für die physiologische Seite des Nervensystems von größter Wichtigkeit. In Schweden besitzt ANDREAS RETZIUS (1796—1860) vielseitige Verdienste, von denen wir nur jene um die Rassenunterschiede des Schädels hervorheben. In Frankreich förderte GILBERT BRESCHET (1796—1860) die Anatomie durch Untersuchungen über das Gehörorgan und das Venensystem, während Andere, wie JULES GERMAIN CLOQUET (1790—1883) und JEAN CRUVEILHIER (1791—1874) durch ihre umfassenden Handbücher der descriptiven Anatomie Bedeutung besitzen, neben jenen, die wir schon oben als Förderer der chirurgischen Anatomie aufführten. Diese exclusiv praktischen Zielen zugewendete Richtung der Anatomie behält in Frankreich wie auch in England die Oberhand.

Während die zum Beginne des Jahrhunderts entstandenen Disciplinen die Anatomie als Ganzes mehr unberührt ließen, sollte es bald zu einer eingreifenderen Einwirkung kommen, die von Deutschland aus ihren Weg nahm.

§ 12.

Nachdem durch MALPIGHI und LEEUWENHOEK in der Kenntnis der feineren Structur der Organe die Anfänge gemacht waren, folgten zahlreiche Untersuchungen auf diesem Gebiete und drangen Schritt für Schritt in allen Theilen des Körpers zum genaueren Einblicke in dieselben vor. Es wären viele Namen zu nennen, an welche sich diese Forschungen anknüpfen, die von jener Zeit an bis ins gegenwärtige Jahrhundert sich reihen. Aber es waren bezüglich der kleinsten Bestandtheile nur sehr unvollkommen erkannte Thatsachen, die sich gehäuft hatten ohne inneren Verband. Kügelchen oder Körnchen sollten die kleinsten Theile bilden, aus deren verschiedenartiger Combination, durch Aneinanderreihen u. s. w. wieder andere Gebilde: Fasern u. a. entstehen sollten. Am meisten war OKEN durch die Annahme lebender Bestandtheile, die er als »Infusorien« auffasste, der Wahrheit nahe gekommen. Diese Auffassung blieb aber, unbegründet wie sie war, eine Meinung. Erst mit der allmählichen Vervollkommnung der Mikroskope beginnen wirkliche Fortschritte und durch den Nachweis eines gemeinsamen Ausgangs jener mannigfaltigen, den Körper zusammensetzenden kleinsten Gebilde kam Licht in die feinere Structur, indem sich jene Formbestandtheile einem einheitlichen Gesichtspunkte unterordnen ließen. M. J. SCHLEIDEN (1838) und THEODOR SCHWANN (1839), ein Schüler JOH. MÜLLER's, hatten in der Zusammensetzung des pflanzlichen wie des thierischen Organismus wesentlich gleiche lebende Elemente in der Form von »Bläschen« erkannt, aus deren Veränderung und Umbildung die mannigfachen Gewebe und daraus wieder die Organe bestanden. Jene Bläschen waren die Zellen. Schon den älteren Forschern waren sie nicht unbekannt, LEEUWENHOEK hatte sie »Klöschen« genannt, aber ihre Bedeutung war ihnen entgangen.

Die Zelle bildete den letzten einheitlichen Formbestandtheil mit Lebenserscheinungen, von ihr leiteten sich alle zusammengesetzteren Gebilde des Organismus ab, sowie die niedersten Organismen auf der Stufe der Zelle stehen blieben (C. TH. V. SIEBOLD). Der in der Zellentheorie gegebene gewaltige Fortschritt, der zu Ausgang der dreißiger Jahre begann, bestand also nicht blos in der Erkenntnis eines gemeinsamen Aufbaues der gesammten Organismenwelt, sondern in der Bedeutung jener »Formelemente« als der Träger des Lebens, indem sowohl die ersten Zustände des Körpers und sein Wachsthum, als auch die mannigfaltigen Verrichtungen der Organe von der Thätigkeit der Zellen oder ihren Abkömmlingen, den Geweben, ausgingen. Deshalb hat es die Bedeutung der Zelltheorie nicht beeinträchtigt, dass der Zellbegriff selbst erst nach und nach richtig gestellt werden konnte, indem man die Zelle nicht mehr als hohles, mit einem Fluidum erfülltes »Bläschen«, sondern als ein Gebilde auffasste, dessen Körper aus lebender Materie bestand, die H. MOHL (1846) bei den gleichen Formelementen der Pflanzen »Protoplasma« genannt hatte.

Auf die Zellenlehre gründete sich die Erforschung der Gewebe, der Textur derselben, und daraus entstand ein neuer anatomischer Wissenszweig, die Gewebelehre oder *Histologie*. Von da aus gingen für die Structur der Organe neue Grundlagen hervor, die in der sogenannten »mikroskopischen Anatomie« sich vereinigten. Es ist begreiflich, dass die neue, in rascher Folge die wichtigsten Thatsachen vom Baue des Organismus erschließende Richtung bald die gesammte anatomische Forschung beherrschte und die Fragen nach der Natur der Zelle, nach der Entstehung der Gewebe aus Zellen und die subtilere Structur der Gewebetheile selbst überall in den Vordergrund stellte, sowie andererseits in der Zusammensetzung der Organe aus mannigfaltigen Geweben neue Aufgaben in großer Anzahl erwuchsen. Diese Richtung fand tiefere Begründung und erfolgreiche Weiterbildung durch JACOB HENLE (1809—1885) und ALBERT KÖLLIKER (geb. 1817). Der erstere gab in seiner »allgemeinen Anatomie« (1841) die erste gründliche Darstellung des neuen Wissenszweiges, der letztere lenkte zuerst die Zellenlehre auf die Bahn der Entwickelungsgeschichte und bereitete damit der später von ROBERT REMAK (1815—1865) in seinen wichtigen Untersuchungen über die Entwickelung der Wirbelthiere begründeten Histogenie den Weg. Damit klärte sich der Begriff des Blastems, worunter man Bildungsmaterial verstand, aus dem die Organe hervorgingen. Es ward jetzt in seinen Formelementen, Zellen, verständlich. Beide erstgenannte Forscher haben mit vielen Anderen durch zahlreiche Untersuchungen dauernd eingewirkt auf die Weiterbildung der Histologie, die auch durch FRANZ LEYDIG's Arbeiten mit bedeutender Ausdehnung über das Thierreich manchen neuen Grundstein empfing. Während diese Fortschritte nur die Gewebe betrafen, so ward auch der Zellenlehre eine bedeutungsvolle Umgestaltung zu Theil durch MAX SCHULTZE (1825—1874), der zugleich durch vortreffliche Arbeiten über die feinere Structur der Sinnesorgane hervorragt.

Dem auf deutschem Boden entstandenen Forschungsgebiete ward nach und nach auch in anderen Ländern Pflege, besonders in England, durch WILLIAM SHARPEY (1802—1880) und WILL. BOWMAN (1816).

Die aus der Fülle der neuen Thatsachen ersichtliche große Tragweite der mikroskopischen Forschung verlieh dieser bald ein Uebergewicht über jene, deren Zwecke des Mikroskopes nicht bedurfte. So entstand die Meinung eines höheren Werthes der ersteren und, in der Verwechselung von Mittel und Zweck, die Unterscheidung von höherer und niederer, gröberer und feinerer Anatomie. Beide gewannen jedoch bald Verknüpfung und wir begegnen in den anatomischen Lehrbüchern auf die Histologie sich stützenden Darstellungen der feineren Structuren. Dadurch ward jedoch der alte Grundstock nicht berührt. Wenn auf diesem Gebietstheile auch fernerhin noch manche Entdeckung gelang und HENLE in seinem großen Handbuche der Anatomie mit präciseren Unterscheidungen auch manche neue Beobachtung geben konnte, so ward doch die »grobe Anatomie« als zur völligen Ausgestaltung gelangt angesehen und galt als ein erschöpftes Feld, auf welchem die Forschung nur noch spärliche Frucht erzielen konnte.

§ 13.

Während der Veränderungen der Anatomie seit ihrer Begründung sind manche neue Gesichtspunkte hervorgetreten, welche aus der Anatomie wohl neue Disciplinen hervorriefen, aber bis dahin ohne Einwirkung auf einander sowohl, als auch auf die Anatomie selbst geblieben sind. Der ganze durch Jahrhunderte sich erstreckende Fortschritt lag in der Ermittelung und Präcisirung der anatomischen Thatsachen, und auch bei der mikroskopischen Durchforschung des Körpers hat es sich nur um Analyse gehandelt. War es denn in der Behandlung etwas wesentlich anderes, wenn eine Drüse in ihrer Lage und Form, in der Gestalt ihrer Läppchen und dem Befunde ihres Ausführganges makroskopisch beschrieben, oder die Elemente ihres Epithels in Form und Anordnung, im Verhalten des Kerns und der Besonderheit ihres Plasma etc. mikroskopisch dargestellt wurden? Wenn aus dem letzteren eine bestimmte, makroskopisch nicht erkennbare Beziehung zur Function sich ergab, was nicht zu unterschätzen ist, so ist doch der Weg beider Darstellungen, und das ist hier die Hauptsache, die Analyse. Die Ergebnisse dieser Analyse gab die Anatomie in den Beschreibungen der Körpertheile. »Und doch konnte erwartet werden«, wie LUDWIG FICK (1845) wenn auch nur in Bezug auf die Verbindung mit der Physiologie sich äußerte, »dass der nach besonderen Richtungen und verschiedenen Gegenständen forschende (in besonderen Wissenschaften) zerstreute Geist sich wieder zum lebendigen Bewusstsein seiner ursprünglichen Einheit sammelt«.

Die geistige Durchdringung und damit das wissenschaftliche Gepräge lieh die Anatomie nur von der Physiologie. So entstand die »physiologische Anatomie«, wobei aber die früher von der Physiologie mit umfassten Disciplinen der vergleichenden Anatomie und der Entwickelungsgeschichte von ihr ausgeschlossen wurden. Inzwischen war die Physiologie durch FRANÇOIS MAGENDIE (1783—1855) auf die experimentelle Bahn gelenkt, auch in Deutschland besonders durch JOHANNES MÜLLER und seine Schule mit eigenen Methoden und Aufgaben zur Selbständigkeit gelangt, und es löste sich nach MÜLLER's Tode die bis dahin zwischen Anatomie und Physiologie fast allgemein bestandene Personalunion.

Die Anatomie hatte das, was sie als ihre Aufgabe betrachtete: einzig die Theile des Körpers analytisch zu ermitteln und sie zu beschreiben, bisher mit Beharrlichkeit festgehalten. War auch der Physiologie Einfluss gestattet, so galten doch alle synthetischen Gesichtspunkte in der Regel als fremde. Aber schon längst bestanden die Vorbereitungen zu einem neuen und größeren Umschwunge, zunächst durch die Vergleichung. Wie schon in der älteren Zeit die Anatomen in der Organisation der Thiere eine Quelle von Licht für jene des Menschen richtig erkannt hatten, so trat auch in der letzten Periode, die wir behandeln, die Bedeutung der Vergleichung in Deutschland überall da in den Vordergrund, wo die Anatomie nach einem höheren Standpunkte suchte. Durch TIEDEMANN wird das voll anerkannt; ihm ist die vergleichende Anatomie mit der Entwickelungsgeschichte der Ariadnefaden im Labyrinthe der Formerscheinungen. Seine zahlreichen Untersuchungen bestätigen sein hohes Interesse an jenen Disciplinen. Andere hervorragende Anatomen, wie E. H. WEBER, BISCHOFF, HENLE, KÖLLIKER treffen wir kürzer oder länger auf den Pfaden der vergleichenden Anatomie und manche wichtige Entdeckung ist ihnen zu danken. RATHKE hatte zwischen der vergleichenden Anatomie und der Embryologie sein Leben getheilt, und HYRTL durch zahlreiche zootomische Untersuchungen die laut erklärte hohe Meinung von dem Werthe der vergleichenden Anatomie bethätigt. Die größte Bedeutung jedoch besitzt auch in dieser Hinsicht JOH. MÜLLER. Wie er das Thierreich in allen seinen Abtheilungen anatomisch durchforscht hat, und ihm daraus ein tiefer Einblick in die Organisation und, wie keinem Anderen, ein volles Verständnis aller ihrer Seiten entsprang, so hat er auch stets die Vergleichung als den wichtigsten Factor anatomischer Beurtheilung erachtet. Seine »vergleichende Anatomie der Myxinoiden« enthält manchen bedeutenden, auch die Anatomie der Säugethiere in sich begreifenden Excurs, aus welchem die Wichtigkeit der Vergleichung für die Anatomie des Menschen hervorleuchtet. Die vergleichende Anatomie hat er die »denkende Anatomie« genannt. Aus ihr bildet sich der Maßstab der Beurtheilung, und je gründlicher und vielseitiger die Vergleichung ist, desto mehr Instanzen ergeben sich für das Urtheil, welches sich dadurch vervollkommnet. Sind doch schon die einfachsten Urtheile, die wir über irgend ein Ding fassen, Ergebnisse einer Vergleichung durch Zusammenstellen und Betrachten verschiedener Dinge.

So trat durch MÜLLER die Bedeutung der vergleichenden Anatomie immer mehr in den Vordergrund. Zur Wirksamkeit ihres wie auch der Entwickelungsgeschichte umgestaltenden Einflusses bedurfte es nur eines Anstoßes, und dieser blieb nicht lange aus. Er kam aus England, in CHARLES DARWIN's (1809—1882) berühmten Buche (1858), welches durch die Begründung der Descendenzlehre allen organischen Naturwissenschaften mächtigste Impulse verlieh.

Es sind keine wesentlich neuen Thatsachen, welche uns da geboten werden, vielmehr nur die größtentheils schon längst bekannten Ergebnisse der vergleichenden Anatomie und der Entwickelungsgeschichte, welche hier in Wechselbeziehung gebracht zu logischer Verwerthung kommen. Was sie vereinzelt zu leisten nicht vermochten, ward durch ihre Verknüpfung ausführbar: die Begründung jener Lehre, in deren Licht auch der Mensch nicht ein isolirter Theil der Schöpfung, sondern ein Glied der unendlichen Organismenreihe ist, und aus niederen Zuständen hervorging. Vererbung und Anpassung werden als die beiden großen Principien dargestellt, aus denen die Mannigfaltigkeit der Organisation entsteht. Die Vererbung ist das erhaltende, die Anpassung das umgestaltende Princip, das im Kampfe ums Dasein den Körper auf höhere Stufen hebt. Was der Körper mit anderen gemeinsam hat, ist Ererbtes, was ihn von anderen unterscheidet, ist durch Anpassung entstanden, aber ursprünglich gleichfalls aus Ererbtem hervorgegangen. Wie der ganze Körper, so haben auch dessen Organe eine Geschichte, jedes einzelne seine besondere bis zu dem gegenwärtigen Zustande.

Dadurch muss die Aufgabe der Anatomie sich erweitern. Die Organe sind nicht blos nach ihrer Function zu beurtheilen, sondern auch nach ihrem successiven Werden, dessen einzelne Phasen ihre Spuren mehr oder minder deutlich ihnen aufprägten. Die Organe erscheinen dadurch in einem neuen Verhältnisse. Der Körper kann, durch die Anatomie in seine Theile zerlegt, nicht mehr rein descriptiv oder mit exclusiver Beziehung auf seine Functionen demonstrirt werden. Die Erkennung der an ihm stattgehabten und überall nachweisbaren Umgestaltungen und die Prüfung der Bedingungen und der Einflüsse, durch welche sie erfolgten, bildet eine neue Aufgabe, die zu der alten, längst bestehenden hinzutrat.

Die Anatomie des Menschen ist durch die Descendenzlehre zum Beginne einer neuen Epoche geführt. Diese zeigt sich verschieden von den vorangegangenen, insofern ihr Ziel ein höheres ist. Dadurch wird von dem, was bisher den Fortschritt bedingte, nichts hinweggenommen. Unverändert bleiben die von der Erfahrung gelieferten Grundlagen, die auch ferner auszubauen und zu festigen sind. Aber auf ihnen hat sich eine Verknüpfung der Thatsachen zu gestalten. Darin zeigt sich der Weg zu einer Vervollkommnung der Anatomie, die in dem Maße zur Wissenschaft wird, als ihre Thatsachen, höheren Gesichtspunkten untergeordnet, in gesetzmäßigem Zusammenhange erscheinen.

Mit diesem Ausblicke sind wir zum gegenwärtigen Abschlusse der Geschichte der Anatomie gelangt. Sie hat uns die Anatomie in ihren Anfängen gezeigt, aus der Heilkunde hervorgegangen, mit ihr sinkend und mit ihr sich hebend, die Impulse zu ihrer Restauration von ihr empfangend, in allen ihren Wandelungen ihr dienstbar. Das wird sie auch bleiben in der anzustrebenden Ausbildung, und der Dienst wird ein besserer sein, je vollkommener sie selbst geworden ist.

Dem Bedürfnisse einer Orientirung in der oft sehr unverständlichen anatomischen Terminologie entsprechen Hyrtl's Schriften:

Onomatologia anatomica. Geschichte und Kritik der anatomischen Sprache der Gegenwart. Wien 1880. und: Das Arabische und Hebräische in der Anatomie. Wien 1870. Beide können Jedem, welcher der Anatomie auch historisches Interesse entgegenbringt, warm empfohlen werden.

Stellung des Menschen.

§ 14.

Die Aufgabe der Anthropotomie rechtfertigt das Bedürfnis einer Orientirung über die Stellung des Menschen in der Natur, das Verhältnis des menschlichen Organismus zu anderen Organismen. Wie man diese nach den aus ihrem Baue und ihrer Entwickelung sich ergebenden Befunden in nähere oder entferntere Beziehungen zu einander bringt und sie damit systematisch gruppirt, so ist auch dem menschlichen Organismus aus jenen Befunden seine Stellung angewiesen. Mag man den Abstand zwischen »Mensch und Thier« bezüglich der psychischen Sphäre wie immer man will sich vorstellen: in der physischen Beschaffenheit des Menschen findet sich kein Grund zur Annahme einer fundamentalen Verschiedenheit. Im Baue des menschlichen Körpers begegnen wir nicht etwa bloßen Anklängen an die Organisation von Thieren, wir finden vielmehr vielfältige und große Übereinstimmung in allen Organsystemen, an denen wir auch dieselben Functionen sich abspielen sehen. Diese Übereinstimmung reicht bis in die feinsten Verhältnisse der Structur. Wenn sie nicht überall völlige Gleichheit ist, so ist sie das ebensowenig bei einander ganz nahe stehenden Thieren. Auch die allmähliche Ausbildung des menschlichen Körpers während seiner Ontogenese zeigt sich in demselben Maße mit der Entwickelung thierischer Organismen im Einklang. Das Ei bildet den gleichen Ausgangspunkt. Die ersten Differenzirungen mit der Entfaltung der Organe, soweit wir sie kennen, liefern keinerlei tiefgreifende Unterschiede, so wenig als solche in den späteren, genauer durchforschten Entwickelungsstadien bestehen.

Bau und Entwickelung des Menschen geben den Charakter der Vertebraten, und unter diesen den der Mammalia kund. Innerhalb dieser Klasse zeigen die einzelnen Ordnungen wiederum nähere oder entferntere Beziehungen zur menschlichen Organisation, und von den die Abtheilung der placentalen Säugethiere zusammensetzenden Ordnungen ist es die der Quadrumana, an welche die meisten Anschlüsse sich darbieten. Das ist keine neue Meinung, bereits LINNÉ hat es ausgesprochen, als er die Affen mit dem Genus Homo zur Ordnung der Primaten verband. Wenn damals eine solche Vereinigung mehr durch die äußerlichen Verhältnisse begründet wurde, so ist sie gegenwärtig, nach Gewinnung umfassender Aufschlüsse über die innere Organisation, vorzüglich der höheren Quadrumanen, als sicher bestätigt. In welcher Richtung wir immer die Organisation der Primaten vergleichen, überall begegnen wir Berührungspunkten: in den großen Grundzügen der Organsysteme wie in den kleinsten Verhältnissen. Dieses Maß der Übereinstimmung der Organisation des Menschen vorzüglich mit den als »Anthropoide« bezeichneten Quadrumanen wird nicht durch die Unterschiede verkümmert, welche zwischen beiden bestehen. Es sind wiederum keine wesentlich anderen, als sonst innerhalb aller einzelnen anderen Abtheilungen vorkommen, und uns eben die Sonderung der Thierwelt nach Stämmen, Klassen, Ordnungen, Gattungen und Arten ermöglichen. Der ausgesprochenen Zusammengehörigkeit gibt man Ausdruck durch die Annahme verwandtschaftlicher Beziehungen, die auf gemeinsame Abstammung gegründet sind. Von diesem Gesichtspunkte aus ergeben sich jene Verschiedenheiten theils als Rückbildungen von Einrichtungen, welche bei niederen Abtheilungen noch bestehen, theils als Ausbildungen von solchen, welche dort in niederem Organisationsbefunde getroffen werden.

Die durch jene anderen, niederen Zustände hindurchgegangene Organisation des Menschen trägt von diesem Wandlungsvorgange noch vielfache und deutliche Spuren an sich und ihre embryonalen Zustände lassen sogar noch viel weiter zurück verweisende Einrichtungen wahrnehmen. Damit erhebt sich der Organismus des Menschen nicht nur über die übrigen Thiere, sondern auch über die Quadrumanen, und tritt an die Spitze der Organismenwelt. Jene Merkmale sind die Exuvien eines überwundenen Zustandes. Dem rückwärts gewendeten Blicke zeigen sie die zurückgelegten Stadien eines langen Weges, der aber nicht abwärts, sondern aufwärts, vom Niederen zum Höheren geführt hat, und den vorwärts Schauenden die Fortsetzung in der gleichen Richtung erwarten lässt. Jenem Steigen von Stufe zu Stufe gilt die *Vervollkommnung* als Ziel. Sie ist das Ideal, welches auch der durch die körperliche Entwickelung angebahnten und bedingten Entfaltung dessen, was wir Psyche nennen, vorschwebt, und welchem nachstrebend das Menschengeschlecht in seinen vervollkommnungsfähigen Rassen immer weiter vom dunklen Orte der ersten Herkunft sich entfernt.

Die überall in der organischen Natur in allmählicher Entwickelung sich zeigende Vervollkommnung ist ein Ziel, welches erreicht wird, und rückbezogen als Endzweck erscheint. So wenig die Betrachtung der einzelnen Schritte an sich den ganzen Weg kennen lehrt, der nur einem Blicke über die gesammte Strecke sich erschließt, eben so wenig wird jener Endzweck aus der Einzelerscheinung völlig erkannt, obschon er ebenso in ihr liegt wie auf jedem Schritte eine Strecke des durchmessenen Weges. Aber die Betrachtung des Ganzen legt ihn uns vor Augen und begründet von diesem Standpunkte aus die Teleologie in einem anderen Sinne, als man früher diesen Begriff erfasst hatte.

Die Stellung, welche wir nach dem oben Dargelegten dem menschlichen Organismus in Bezug auf verwandte Organisationen einräumen müssen, kann als höchste Stufe nicht für sämmtliche Einrichtungen gelten. Wir können nicht sagen, dass alle Organsysteme einen höheren Grad der Ausbildung (Differenzirung) erlangt haben, als bei anderen Thieren, auch für Organcomplexe, für ganze Körpertheile gilt das. So ist z. B. der Fuß des Menschen bei weitem nicht so reich mit mannigfaltigen Functionen ausgestattet und demgemäß organisirt, wie bei den Quadrumanen. Die Sinnesorgane des Menschen sind nicht so scharf wie die vieler Thiere. Viele diesen zukommende Einrichtungen gelangen hier gar nicht zur Entfaltung. Überall begegnen uns rückgebildete, verkümmerte Theile. Auf dem langen Wege der Phylogenie ist vieles erworben worden, dessen der Organismus allmählich nicht mehr bedurfte. Geringeres ist aufgegeben zu Gunsten der Entfaltung höherer, werthvollerer Einrichtungen. Und doch stellen wir den Menschen mit Recht an die Spitze der Organismen. Die Quelle dieser Präponderanz bietet Ein Organsystem. Es ist seinen Functionen gemäß das höchste; innerhalb des Nervensystems das Gehirn, welchem die übrigen dienstbar sind. Die an dessen Ausbildung geknüpfte reiche Entfaltung der psychischen Functionen lässt verstehen, wie unter deren Einfluss auch der übrige Organismus Umgestaltungen einging, und wie damit Einrichtungen sich verloren, die außer Function gesetzt wurden, weil Besseres an ihre Stelle trat. Das Rückgebildete oder auch gänzlich Fehlende drückt also keinen absoluten Mangel aus, es drängt den Theil, den es betrifft, keineswegs auf eine tiefere Stufe seines functionellen Werthes. Denn für solche Rückbildungen treten nicht blos anderwärts Compensationen auf, sondern jene eröffnen sogar vielfache Wege zu neuen, und für den Organismus wichtigeren Gestaltungen. So wird also auch dadurch nur für die Vervollkommnung des Organismus Bahn gebrochen.

Th. H. Huxley, Evidence as to man's place in Nature. London 1863. Deutsche Übersetzung von J. V. Carus, Braunschweig 1863. Haeckel, Anthropogenie. 4. Aufl. 1891.

Grundlagen der Anatomie des Menschen.

§ 15.

Die Beziehungen, welche der menschliche Organismus gemäß seiner Stellung in der organischen Natur wahrnehmen lässt, werden zu werthvollen Erkenntnisquellen für die Anthropotomie. Die Geschichte der Anatomie hat uns gezeigt, wie die Disciplinen der *Ontogenie* (Entwickelung des Individuums) und der *vergleichenden Anatomie* schon längst in jenem Werthe erkannt wurden, so dass es sich nur darum handeln kann, ihren Einfluss auch wirken zu lassen. Wie groß dieser ist, ersehen wir aus dem Reichthum der Beziehungen, die der menschliche Körper in jenen beiden Richtungen darbietet. Wie nach der Geburt, während des ganzen Kindesalters, noch in allen Organsystemen Veränderungen Platz greifen, die unter den Begriff der Entwickelung zu subsumiren sind, so gehen von da ab noch fernere Processe im Körper vor sich, die von jenen nur durch ihre Stetigkeit und durch das geringere Maß, mit dem sie ins Auge fallen, sich unterscheiden. Die Entwickelung, als ein innerhalb des Breitegrades des Normalen Neugestaltungen producirender Vorgang, sistirt also nie. Sie leitet allmählich in Processe über, die gegen den Ausgang des Lebens zur Rückbildung führen. Wenn selbst die Anatomie sich also auch nur auf den erwachsenen Organismus beschränken wollte, müsste sie doch auch mit jenen Vorgängen rechnen, die, wie unscheinbar sie sich auch darstellen mögen, doch allerorts verkünden, dass es im Organismus keinen Stillstand gibt. Auch eine beschränktere Auffassung der Anatomie kann also die Rücksicht auf Entwickelungsvorgänge nicht zurückweisen. Noch dringender wird aber das Eingehen auf die Entwickelung durch die Thatsache, dass der ausgebildete Organismus zahlreiche, für sich betrachtet völlig unverständliche Einrichtungen besitzt. Es gibt Theile von Organen, ja selbst ganze Organe, welche ihre Bedeutung nur in früheren Zuständen aufweisen, während welcher sie in Function standen. Die Entwickelungsgeschichte zeigt diese Organe in ihrer Thätigkeit, bringt sie damit zu näherem Verständnis und deckt die Bedingungen auf, unter denen sie sich umgestalteten, um in veränderter Form fortzubestehen oder die Rückbildung anzutreten. Aber auch die Gesammtheit des Organismus als ein auf dem Wege der Entwickelung Gewordenes fordert zu einem Einblick in seine Genese auf. Diese zeigt uns das Complicirte in seinen einfachen Anfängen, lehrt sonst unverständliche Befunde der Lage und der Verbindung der Theile verstehen, und lässt die Anatomie auf diesem Fundamente eine *wissenschaftliche* Gestaltung gewinnen, weil sie causale Beziehungen aufdeckt.

Von demselben Werthe ist die Kenntnis der thierischen Organismen, und zwar in dem Maße, als diese mit dem Menschen gleiche oder ähnliche Einrichtungen darbieten. Die Beziehungen der Zootomie, ober vielmehr der die Erfahrungen derselben verwerthenden vergleichenden Anatomie zur Anthropotomie sind aber doppelter Art. Für's erste ergibt sich durch die vergleichende Anatomie eine enge Verknüpfung mit der Ontogenie des menschlichen Organismus. In dieser begegnen wir vielen Einrichtungen, die nur durch die Vergleichung mit der Organisation von Thieren verständlich werden, indem sie bei diesen in Function stehende Bildungen sind. Das hier bleibend Realisirte tritt beim Menschen — wie in den ihm nächststehenden Thieren — nur vorübergehend auf und bezeichnet Durchgangsstufen, welche als ererbte Zustände sich kundgeben. So treten ganze Reihen von Einrichtungen in frühen ontogenetischen Stadien in Übereinstimmung mit solchen bei Thieren bestehenden hervor. Das in höheren Organismen anscheinend Isolirte und Fremdartige gewinnt naturgemäßen Zusammenhang. Die Ontogenie bedarf also der vergleichenden Anatomie zu ihrem vollen Verständnis. Damit ist auch eine nahe Beziehung zur Anthropotomie dargethan, nachdem wir vorhin die fundamentale Bedeutung der Ontogenie für die Anthropotomie erörtert haben.

Unmittelbarer ist die zweite Beziehung der vergleichenden Anatomie. Wenn es sich in der Anthropotomie nicht blos um reine Beschreibung, sondern auch um erklärende Beurtheilung der Befunde handelt, so ist für diese Beurtheilung ein Maßstab zu suchen. Dieser kann im Objecte selbst nicht gefunden werden, denn kein Ding ist aus sich selbst beurtheilbar, sondern nur aus den Beziehungen, die es zu anderen bietet. Wir suchen jenen Maßstab also in anderen, dem Objecte verwandten Organisationen, und bringen so den menschlichen Organismus in den Bereich der vergleichenden Anatomie. Damit gewinnen wir eine neue Grundlage für die Beurtheilung seiner Organisation, und es erschließen sich uns neue und wichtige Kategorieen für die Erkenntnis der Organe. Wir vermögen dieselben als mehr oder minder ausgebildet, oder auch rückgebildet zu deuten, wir erkennen sie auf vollkommener oder unvollkommener, höherer oder niederer Stufe, und nicht wenige anatomische Thatsachen klären sich erst durch Verbindungen auf, welche die vergleichende Anatomie ihnen zuweist. Dadurch erweitert sich der anatomische Gesichtskreis, und die Summe der an sich zusammenhangslosen Wissenstheile gestaltet sich zu einem wohlgegliederten Ganzen.

Außer der Erklärung, welche uns die vergleichende Anatomie und Entwickelungsgeschichte für die als normal geltenden Einrichtungen des menschlichen Körpers geben, wird von jenen Disciplinen her auch eine Erleuchtung vieler dunkler Verhältnisse, die als *abnorme Zustände* gelten. So wird durch die Entwickelungsgeschichte das große Gebiet der Missbildungen aufgehellt, welches von einer eigenen Disciplin, der *Teratologie* umfasst wird. In geringerem Maße entfaltete, auf der Entwickelung begründete Abweichungen vom Normalen spielen ins Gebiet der Anatomie, erscheinen als Persistenz fötaler Zustände oder als solche, die jenen genähert sind. Darin liegen also Hemmungen der Ausbildung vor, deren Beurtheilung schon durch die Vergleichung mit dem ausgebildeten Zustande der Anatomie zufällt. Eine andere Reihe von Zuständen begreift Schwankungen der anatomischen Verhältnisse der Organe, oder auch anscheinend neue, dem normalen menschlichen Organismus fremdartige Zustände, die nicht immer von ontogenetischen Verhältnissen ableitbar sind. Das sind die mannigfaltigen »*Varietäten*«, welche fast an allen Organsystemen vorkommen. Man pflegt seit langer Zeit viele von ihnen als »Thierähnlichkeiten« aufzufassen. Mit Unrecht hielt man sie für untergeordnete und unwichtige Dinge, indem man das Maß des Werthes eines Organs einseitig von der functionellen Bedeutung desselben für den Organismus hernahm. Einer großen Anzahl jener »Varietäten« kommt ein hoher morphologischer Werth zu. Sie stellen nämlich häufig Reihen von Zuständen vor, welche den normalen Befund beim Menschen mit jenem mancher Thiere in engeren Anschluss bringen. Sie sind demgemäß durch die vergleichende Anatomie zu verstehen, und führen auf einen Weg, der uns Ausblicke auf den Zusammenhang animalischer Organisation eröffnet. Weshalb dieser Weg noch wenig beschritten ist, liegt zum Theil darin, dass es sich keineswegs allgemein um Vergleichung handelt, indem ein Theil jener Befunde unter einen anderen Gesichtspunkt fällt, und dass da, wo ein bestimmtes Verhalten die Wiederholung eines niederen Befundes vorstellt, die vielfach noch dunklen phylogenetischen Beziehungen des Menschen sowie die vorerst noch sehr oberflächliche anatomische Kenntnis der ihm näher stehenden Organismen einer Vergleichung Schwierigkeiten darbieten.

Die Organe.

§ 16.

Jeder thierische Organismus beginnt seine individuelle Existenz in einem einfachsten Zustande.

Der Organismus des Menschen macht hievon keine Ausnahme. In jenem Zustande bestehen noch keine anatomisch unterscheidbaren Organe. Dennoch lebt ein solcher Organismus und äußert bestimmte Verrichtungen als Erscheinungen seines Lebens. Allmählich werden einzelne Theile unterscheidbar. Das den Körper darstellende Material wird ungleichartig, und die Lebenserscheinungen, die vorher am gesammten Körper auftraten, sind jetzt an jene unterscheidbar gewordenen Theile geknüpft. Dieser Vorgang ist die *Differenzirung* oder *Sonderung*. An dem gleichartigen Organismus sind von einander *differente* Theile entstanden, *der Organismus hat sich differenzirt*. Mit Bezug auf diesen Zustand war der vorhergehende ein *indifferenter*, da seine Theile sich im Zustande anscheinender Gleichartigkeit fanden. Jene aus der Differenzirung hervorgegangenen, räumlich gesonderten Theile, welche nunmehr ganz bestimmte Lebenserscheinungen äußern und damit Leistungen für den Organismus vollziehen, sind die Werkzeuge des Körpers, die *Organe*. Deren Verrichtungen sind ihre *Functionen*. Diese sind also jetzt an bestimmte Körpertheile geknüpft, sind localisirt. Dieser

Process der Differenzirung begleitet die Entwickelung, welche sich durch ihn manifestirt. Entwickelung und Differenzirung sind damit sich theilweise deckende Begriffe. Der erstere bezeichnet die Gesammtheit der Erscheinungen, während der letztere auf das Einzelne der Vorgänge gegründet ist. Aus dem verschiedenen Maße und der mannigfachen Art der Differenzirung entspringt die unendliche Mannigfaltigkeit der Organismenwelt.

Indem durch diesen Vorgang Organe aus einem indifferenten Zustande hervortreten, bildet er eine Thatsache von fundamentaler Bedeutung auch für das ausgebildete Verhalten jedes einzelnen Organismus. Darauf gründet sich der Werth der Entwickelungsgeschichte. Die Differenzirung wird eingeleitet durch eine Theilung der physiologischen Arbeit. Die ursprünglich vom gesammten, noch indifferenten Körper vollzogenen Leistungen sondern sich auf einzelne Theile des Körpers, die dadurch von einander verschieden werden, eben sich differenziren. *Die Arbeitstheilung erscheint also als Princip der Differenzirung* und bildet damit auch den Ausgangspunkt der Entwickelung. Dasselbe Princip der Arbeitstheilung waltet ferner an den im Körper entstandenen Organen. Durch Spaltung einer Function in eine Summe einzelner, der ersten als der Hauptverrichtung untergeordneter Functionen, und Localisirung jeder derselben an einem bestimmten Theil, wird der letztere wieder in eine Anzahl von Organen zerlegt, welche dem ihnen zukommenden Functionsantheil vorstehen. Gleichartiges geht in Ungleichartiges über, indem das Ganze entweder in eine Anzahl verschiedener Abschnitte sich theilt, oder indem ein neuer Abschnitt auftritt, der vom ursprünglichen Ganzen verschieden ist.

Im Weiterschreiten dieses Processes erfährt der Organismus immer bedeutendere Veränderungen. Aus einfachen Organen, die, den Hauptfunctionen gemäß angelegt, *Primitivorgane* vorstellen, ist eine größere Summe von Organen entstanden, welche mit Bezug auf erstere, von denen sie sich ableiteten, *Secundärorgane* sind. Jedes Primitivorgan ist so in einen Organcomplex übergegangen, der mit Bezug auf die sowohl functionelle, als auch morphologische Zusammengehörigkeit seiner Bestandtheile ein »*Organsystem*« bildet. Diese Differenzirung von Organen — von primären aus dem indifferenten Organismus, und von secundären aus den primären Organen — wandelt den einfachen Organismus in einen complicirteren um. So kann jedes Primitivorgan in eine Anzahl untergeordneter Organe und jedes derselben wieder in andere noch niederer Ordnung etc. gesondert werden. Die Reihenfolge dieser Sonderungsvorgänge am Organismus bezeichnet den Weg seiner Entwickelung. Die Ausbildung der Organe und die dadurch bedingte Complication des Organismus wird aber immer von der Arbeitstheilung begleitet. Eine Verrichtung, die in ihrer Gesammtheit durch Ein Primitivorgan vollzogen ward, wird nach aufgetretener Differenzirung in ihren einzelnen Componenten von gesonderten Organen geleistet. Je ausschließlicher ein solches Organ eine Function besorgt, desto mehr wird die Einrichtung des Organes dem Dienste der Verrichtung gemäß sich gestalten können, und desto *vollkommener* wird die Function von ihm geleistet werden. Die Leistungsfähigkeit eines

Organes in bestimmter Richtung steigert sich mit der Minderung der Ansprüche, welche andere Verrichtungen an das Organ stellen.

Dieselbe Erscheinung der Differenzirung, wie sie an den einheitlichen Primitivorganen auftritt, zeigt sich auch an solchen Organen, welche in Mehrzahl angelegt werden. Die Gleichheit solcher Organe ist der ursprüngliche Zustand, ist aber selbst da keine ganz vollkommene, als solche Organe schon durch ihre Lage im Organismus, hinter einander gereiht, und damit Folgestücke, Metameren vorstellend, unter einander verschieden sind. Daran knüpft sich ein ferneres Verschiedenwerden, eine formale Differenzirung derselben. Die anfängliche Gleichheit wird damit aufgehoben, und wir sehen den Organismus auch darin auf eine höhere Stufe gelangen.

Die Theilung der physiologischen Arbeit auf verschiedene Organe, deren jedes der einzelnen Verrichtung gemäß sich ausbildet und dieser sich anpasst, erzielt eine höhere Leistungsfähigkeit des Organs. Die Complication des Organismus führt so zu einer organologischen *Vervollkommnung* desselben. Demgemäß unterscheiden wir auch höhere und niedere Organismen, und an diesen wieder höhere und niedere Grade der *Ausbildung*. Der ausgebildete Organismus ist somit das Product einer an ihm allmählich zum Vollzug gelangten Differenzirung, die in einer Theilung der physiologischen Arbeit ihre Grundlage hat.

Aus der Bedeutung der Function für das Organ ergibt sich die Stellung der *Physiologie* als *Functionslehre* zur Anatomie. Die Function ist an das Organ geknüpft, eine Äußerung desselben, derart, dass weder das Organ ohne Function, noch die Function ohne Organ vernünftigerweise gedacht werden kann. Die Physiologie bestimmt also den Werth der Organe für den Organismus.

Die Leistung eines Organes steht aber mit dem morphologischen Befunde desselben, mit der Gestaltung und Structur im innigsten Connexe; sie ist das jene Bestimmende. Da der Organismus durch die Verrichtungen der Organe existirt und mit der Sistirung jener abstirbt, erschiene die Function als das Bedeutungsvollere, ja sogar als das Wesentliche, wenn nicht eben wieder die Function vom Organ abhängig wäre, welches die Bedingungen für erstere in sich trägt.

Dieser innige Connex gibt sich im gesammten Organismus an allen Organen kund, und fast überall erblicken wir das Verhalten der Organisation von der functionellen Thätigkeit abhängig, wie sich schon der allmähliche Aufbau des Körpers von der Ausbildung der Function nach dem Princip der Arbeitstheilung abhängig erweist. Die physiologische Betrachtung des Organismus verleiht somit der rein anatomischen tieferes Verständnis, und daraus entsprang die Vorstellung von der Unterordnung der Anatomie unter die Physiologie. Diese Auffassung ist da vollkommen begründet, wo die Anatomie von keiner anderen Idee als der des functionellen Werthes des Einzelorganes beherrscht wird. Hier liefert ihr die Physiologie das wissenschaftliche Moment, indem sie Thatsachen in Zusammenhang bringt. Anders gestaltet sich die Stellung zur Physiologie, wenn deren Normen nicht mehr den *ausschließlichen* Maßstab der Beurtheilung anatomischer Verhältnisse abgeben, indem man von den letzteren auch die Beziehungen zu anderen Organisationszuständen würdigt. Damit stellt sich die Anatomie auf den morphologischen Boden dessen Umfang und Bedeutung im § 15 dargelegt wurde. Es ist also unnütz darüber zu streiten, welche Wissenschaft über der anderen stehe, denn *jede* bedient sich der anderen und steht dann über derselben. Damit ergibt sich ein Wechselverhältnis, wie es ähnlich in anderen Wissenschaften längst anerkannt ist.

§ 17.

Durch die Differenzirung empfängt jedes Organsystem und jedes Organ eine gewisse Höhe der Ausbildung. Diesen Zustand stellt man dem vorhergehenden gegenüber und pflegt ihn als den vollkommeneren anzusehen. Die exclusive Beurtheilung des menschlichen Organismus kommt dadurch zu der Annahme des Zusammentreffens der höchsten Organentfaltung mit der höchsten Ausbildung des Gesammtorganismus. Schon die Ontogenie des Menschen lehrt in vielen Beispielen Organe kennen, deren höchster Ausbildungszustand einer früheren Entwickelungsperiode angehört. Es gibt Organe, die sowohl im Volum als auch in Bezug auf ihre Structur im Verlaufe der individuellen Entwickelung eine rückschreitende Veränderung eingehen, so dass der Zustand, in welchem wir ihnen im ausgebildeten Organismus begegnen, keineswegs dem einer Ausbildung entspricht. Andere Organe wieder erfahren auf dem Wege regressiver Umwandlung eine völlige Auflösung, sie verschwinden. Der ausgebildete Zustand des Organismus entspricht also keineswegs dem aller Organe, und wir dürfen sagen, dass von den zuerst sich sondernden Organen nur ein Theil, wenn auch der größere, durch fortgesetzte Differenzirung zur definitiven Entfaltung gelangt, indes ein anderer sich mehr oder minder zurückbildet. Der uns für die Prüfung des Ausbildungsgrades eines Organes sich darbietende Maßstab empfängt eine feinere Scala durch die Rücksichtnahme auf den Bau verwandter Organismen. Indem wir dort die gleichen Organe, die uns der menschliche Körper in einem Zustand der Rückbildung bietet, in einem mehr oder minder ausgebildeten antreffen, vermögen wir auch den Grad der Rückbildung durch die Vergleichung mit jenem schärfer zu präcisiren.

Wir lernen daraus das Bestehen von Organen kennen, welche im menschlichen Organismus eine viel geringere Ausbildung erleiden als in dem verwandter Thiere; sie erscheinen meist in einem Befunde, der als ein Überrest jenes anderen ausgebildeten Zustandes sich darstellt; daher werden sie *rudimentäre Organe* benannt. Die Rückbildung ihrer formalen Einrichtungen geht Hand in Hand mit der Modification ihres functionellen Werthes. Die meisten dieser Organe fungiren nicht mehr in der ihnen ursprünglich zukommenden Weise, oder stehen in gar keiner nachweisbaren Function. Daraus ergibt sich kein Widerspruch mit unserer Betonung des Connexes von Organ und Function, vielmehr wird derselbe dadurch nur bekräftigt, denn jene Organrudimente sind nicht mehr das, was sie waren. Wie eine Steigerung der Leistung als das ein Organ ausbildende Princip gilt, so muss eine Minderung der Function oder eine Sistirung derselben als das die Rückbildung bedingende angesehen werden. Die rudimentären Organe sind demnach als außer Gebrauch gestellt zu betrachten.

Der Einfluss des Cessirens der Function auf das Organ darf jedoch nicht als ein plötzlicher oder rasch auftretender gedacht werden. So wenig ein Muskel verschwindet, wenn er bei einem Individuum selbst lange Zeit hindurch außer Thätigkeit steht, ebenso wenig erfährt irgend ein anderes Organ eine sofortige

Rückbildung. Wie bei der Ausbildung der Organe wirkt auch hier als ein mächtiger Factor die Zeit. Lange Zeiträume sind es, innerhalb derer die phylogenetische Entfaltung im Organismus erfolgte, und ähnlich lange Abschnitte erfordert auch die Rückbildung. Daher gehen sich rückbildende Organe nicht mit dem Individuum zu Grunde, sondern sie vererben sich mit den übrigen Einrichtungen, um erst durch Generationsfolgen dem gänzlichen Schwinden entgegen zu gehen.

Die rudimentären Organe verweisen uns also auf Zustände, in denen sie auch im ausgebildeten Organismus fungirten und in ausgebildeter Form bestanden. Sie sind damit Zeugnisse für die Verwandtschaft des menschlichen Organismus mit niederer stehenden, in denen jenen Organen eine Bedeutung zukam. Diese Beziehungen behandelt: Wiedersheim, Der Bau des Menschen als Zeugnis für seine Vergangenheit. Freiburg, 1887.

Die Beziehungen der rudimentären Organe zu anderen Thieren sind außerordentlich mannigfaltig. Es bestehen solche, die auf sehr entfernt stehende Abtheilungen, andere, die auf näher verwandte, und wieder andere, die auf nächst verwandte schließen lassen; die ersteren sind als in früheren, die anderen als in späteren Zuständen erworbene Einrichtungen anzusehen.

§ 18.

Wie das Äußere des Körpers sowohl in den Proportionen seiner einzelnen Theile, als auch in der speciellen Gestaltung derselben bedeutende individuelle Verschiedenheiten kundgibt, so offenbart sich auch bei den Organen des Inneren ein nicht unbeträchtlicher Breitegrad der Schwankung des speciellen Verhaltens. Bei dem Feststehen gewisser, die Grundzüge der Organisation ausmachender Verhältnisse, dem Typischen der Organisation, erscheint eine Veränderlichkeit in der speciellen Ausführung des Einzelnen: die *Variabilität*. Ihre Producte sind die *Varietäten*. Die Anatomie hat lange Zeit hindurch diese Erscheinungen als gleichgültige, dann als zufällige Befunde angesehen, sie als »Naturspiele« aufgeführt, oder sie als Abnormitäten und Missbildungen gedeutet. Während manche der hierher zählenden Dinge in der That durch pathologische Processe veranlasst sind und außerhalb unserer Aufgabe fallen, sind andere Abweichungen von dem als Regel Aufgestellten für uns von mehrfachem Interesse. Solche Varietäten belehren uns über die gedachten Schwankungen, beschränken die Annahme einer absoluten Constanz des Typus und deuten auf die Beziehungen des Organismus zu anderen Organisationen.

In letzterer Hinsicht können diese Befunde, soweit sie genauer geprüft sind, nach zwei Gesichtspunkten gesondert werden. Ein Theil davon bezieht sich auf niedere Entwickelungsstadien. Ontogenetisch vergängliche Einrichtungen persistiren und erlangen in einzelnen Fällen sogar eine mächtige Ausbildung. Man kann diese Befunde als *embryonale Varietäten* von anderen unterscheiden. Sie beruhen entweder auf einer Hemmung der Weiterentwickelung eines Organes oder Organtheiles, oder die an ihnen sich kundgebende Weiterentwickelung schlägt nicht die Richtung ein, die zur normalen Ausbildung führt, oder sie gehen in Missbildungen, Deformitäten über.

Die andere Gruppe umfasst während des Embryonallebens nicht regelmäßig vorkommende, nicht durch die Entwickelung an sich bedingte, oder doch noch nicht dort beobachtete Zustände, welche dagegen mit der Organisation anderer Thiere Übereinstimmungen darbieten (z. B. viele Varietäten des Muskelsystems). Sie repräsentiren bald niedere Stufen, bald auch Weiterbildungen, und geben wissenschaftlich behandelt vielfach Aufschlüsse über die allmähliche Entstehung der als Norm geltenden Einrichtungen. Sie müssen als Rückschläge (Atavismus) angesehen und als *atavistische Varietäten* unterschieden werden, wenn man annimmt, dass sie nicht directer Vererbung ihre Entstehung verdanken. Letztere Möglichkeit bleibt wenigstens für manche Fälle nicht ausgeschlossen. Die atavistischen Varietäten fallen mit einem Theile der embryonalen zusammen, insofern als eine große Anzahl embryonaler Organisationserscheinungen eine Wiederholung der Befunde darbietet, welche bei anderen Thieren bleibend realisirt sind.

§ 19.

Die durch Sonderung aus einer gemeinsamen Anlage entstehenden Organe behalten ihren Zusammenhang mehr oder minder vollständig auch im ausgebildeten Zustande. Aber selbst wenn sie anatomisch sich vollständig trennen, besteht doch in Bezug auf ihre Leistungen das Gemeinsame, und es verknüpft sie auch dann noch die Verrichtung, welcher sie dienen. Solche in gleicher Richtung fungirende, oder bei verschiedenen Functionen doch in Bezug auf die letzteren zusammengehörende Complexe von Organen bezeichnet man als *Organsysteme*, *Organapparate*.

Die Organsysteme bieten sich naturgemäß zur Eintheilung und Ordnung der den Organismus zusammensetzenden Theile dar. Wir unterscheiden folgende:

1. Das *Skeletsystem*. Es liefert dem Körper die Stützorgane und ist mit dem folgenden Systeme für die Locomotion wirksam, indem es den passiven Theil der Bewegungsorgane bildet.

2. Das *Muskelsystem*. Dieses stellt durch seine Verbindung mit dem Skeletsystem den activen Bewegungsapparat vor.

3. Das *Darmsystem* umfasst einen wesentlich die Nahrungsaufnahme und die Veränderung der Nahrung besorgenden Canal, der mannigfaltig differenzirt das Darmrohr vorstellt. Von seinem erstem Abschnitte ist ein besonderes, der Athmung dienendes Hohlraumsystem abgezweigt, die Lungen mit den Luftwegen, welche die *Athmungsorgane* bilden.

4. Das *Uro-Genitalsystem* umfasst die Organe der Ausscheidung unbrauchbarer stickstoffhaltiger Stoffe aus dem Blute (Excretionsorgane: Nieren), sowie jene Organe, welche der Fortpflanzung dienen (Geschlechtsorgane). Beide sind von ihrer ersten Sonderung an in inniger morphologischer wie physiologischer Verbindung.

5. Das *Gefäßsystem* leitet den Umlauf und die Vertheilung der aus dem Nahrungsmaterial gewonnenen ernährenden Flüssigkeit (Blut) im Körper, in welchem es überall seine Verbreitung hat (Kreislaufsorgane).

6. Das *Nervensystem* regulirt durch seinen Zusammenhang mit den übrigen Systemen die Thätigkeit derselben, nimmt durch die Sinnesorgane Eindrücke von außen her auf und erzeugt Vorstellungen und Willensimpulse.

7. Das *Integumentsystem* bildet die äußerliche Abgrenzung des Körpers. Außer mancherlei Schutzorganen sind seine wichtigsten Differenzirungsproducte die *Sinneswerkzeuge*, welche mittelbar oder unmittelbar von ihm abstammen.

In dieser Eintheilung ist den Verhältnissen Rechnung getragen, welche die meisten Organsysteme bei ihrem Differentwerden darbieten. Zugleich musste aber auch auf die Darstellbarkeit in einem anthropotomischen Lehrbuche Rücksicht genommen werden. Andere Eintheilungen nehmen von den hier festgehaltenen morphologischen Beziehungen Umgang und folgen einem vorwiegend physiologischen Principe.

So theilt man die Organe in *Organe zur Erhaltung des Individuums* und *Organe zur Erhaltung der Art*. Die letzteren sind die Geschlechtsorgane; die ersteren umfassen alle übrigen. Diese können wieder in Organe, welche die Beziehungen zur Außenwelt vermitteln (*Beziehungsorgane*), und Organe der Ernährung getrennt werden. Die Beziehungsorgane sind Nervensystem und Sinnesorgane, Muskelsystem und Skelet. Sie werden auch als *animale Organe* unterschieden. Die Ernährungsorgane umfassen die Organe der Verdauung, der Athmung, des Kreislaufs und der Excretion. Diese werden auch mit den Geschlechtsorganen als *vegetative Organe* zusammengefasst.

Mit den Bezeichnungen »animal« und »vegetativ« ist nur das Allgemeinste der Verrichtungen der Organe gegeben, das Vorwaltende der Functionen im Thier- und Pflanzenreiche. Auf die Organe als solche, ihr morphologisches Verhalten, nimmt jene Unterscheidung keine Rücksicht, denn der Pflanze kommt keines der vegetativen Organsysteme in der Gestaltung zu, wie wir sie bei den Thieren unterscheiden, und die animalen Systeme sind bei den niedersten Thieren noch indifferent.

In einer älteren Auffassungsweise der Organe ergab sich eine andere Behandlung der Systematik derselben, welche zum Theil noch gegenwärtig Verwendung findet. Man trennte die Skeletlehre in eine Osteologie (Knochenlehre) und Syndesmologie (Bänderlehre), von denen die letztere jeglicher Selbständigkeit entbehrt, da die »Bänder« nur durch das, was sie zu verbinden haben, Bedeutung erhalten, nur aus dem Skelete verständlich sind. Das Darmsystem brachte man mit dem Uro-Genital-System unter den Begriff der »Eingeweide« oder »Viscera« (τὰ σπλάγχνα), als solche alle Theile, die in Körperhöhlen liegen, zusammenfassend. So theilte man der »Splanchnologie« auch das Herz zu, und riss es damit aus seinem morphologischen und physiologischen Verbande mit den Gefäßen, die man häufig separat in einer »Angiologie« behandelte. Selbst das Gehirn, ja sogar die Sinneswerkzeuge wurden jenem Collectivbegriff untergeordnet. Das Schwankende in dem Begriff eines »Eingeweides«, wie es sich in dessen sehr verschiedenartiger Verwendung zeigt, so wie der Mangel jedes wissenschaftlichen Princips bei seiner Aufstellung lässt ihn wenigstens für die anatomische Systematik gänzlich werthlos und unhaltbar erscheinen, wenn man auch immerhin von »Eingeweiden« als dem Gesammtinhalte eines Körperhohlraums sprechen kann.

§ 20.

Für die Darstellung der gegenseitigen Lagebeziehungen der einzelnen Körpertheile wird die Anwendung bestimmter Bezeichnungen nöthig, welche jene Beziehungen ausdrücken. Wir scheiden den Körper in den Stamm und die Gliedmaßen (Extremitäten), die in obere und untere sich sondern. Am Stamme, der aus dem Rumpfe und dem durch den Hals mit jenem zusammenhängenden Kopfe besteht, unterscheiden wir bei aufrechter Stellung des Körpers die gesammte vordere Fläche als *ventrale*, die hintere als *dorsale*. Eine Ebene, welche man sich in dorso-ventraler Richtung so durch den Stamm gelegt vorstellt, dass sie ihn in zwei seitliche Hälften theilt, heißt die *Medianebene*. In dieser Ebene liegende Theile bezeichnet man als *mediane*. Außerhalb dieser Medianebene befindliche Theile treffen sich *lateral* zu ihr. Die Richtung zur Medianebene wird als *medial* bezeichnet. Ein lateral befindlicher Theil kann also eine mediale Fläche haben, jene, die der Medianebene zugekehrt ist, ebenso wie ein medianer Theil laterale Flächen bieten kann. Eine mit der Medianebene parallele dorsoventral verlaufende Ebene oder Linie wird als *sagittal* unterschieden. Sagittale Ebenen, die man sich durch den Körper gelegt, oder Linien, die man sich in diesen Ebenen in horizontalem Verlaufe gezogen denkt, verbinden die dorsale mit der ventralen Fläche. Die Richtung von Ebenen, welche rechtwinkelig die Medianebene in ihrer Länge schneiden, wird *frontal* benannt. Horizontale Linien innerhalb solcher frontalen Ebenen sind quere, *transversal*.

An den Gliedmaßen sind wieder in Bezug auf die Medianebene des Stammes mediale und laterale Theile unterscheidbar, wobei man sich die Gliedmaßen in ruhender Haltung am stehenden Körper denkt. Auch die Bezeichnungen sagittal, frontal und transversal sind in ähnlichem Sinne wie am Stamme verwendbar. Dorsale und ventrale Flächen sind an den Gliedmaßen in anderen Verhältnissen. Infolge der erworbenen functionellen Ungleichwerthigkeit der oberen und unteren Gliedmaßen entsprechen dorsale und ventrale Flächen nicht mehr genau einer vorderen und hinteren. Die obere Gliedmaße bietet ihre dorsale Fläche bei ruhender Haltung in lateraler Richtung und lässt sie an der Hand lateral und nach vorne gekehrt sehen. An der unteren Gliedmaße ist die Dorsalfläche vorwärts gekehrt, die ursprünglich ventrale Fläche sieht nach hinten. Durch das Abtreten der Gliedmaßen vom Rumpfe, mit dem sie zusammenhängen, ergeben sich neue Beziehungen, für welche andere Termini nöthig sind. An den Gliedmaßen wie an ihren Theilen wird demgemäß die dem Stamme nähere Strecke als *proximale*, die entferntere als *distale* unterschieden.

Literatur.

§ 21.

Bezüglich der *Literatur* der Anatomie müssen wir uns hier auf wenige Angaben beschränken. Da hervorragende Monographien bei den bezüglichen Organen und Organsystemen citirt sind, wo auch wichtige Abhandlungen oder Artikel wissenschaftlicher Zeitschriften Erwähnung finden, so haben wir es hier hauptsächlich mit den größeren Handbüchern und umfassenderen Werken zu thun. Von solchen führen wir auf:

S. Th. v. Sömmering, Vom Baue des menschlichen Körpers. Neue umgearbeitete und vervollständigte Originalausgabe, besorgt von Bischoff, Huschke, Theile, Valentin, Vogel u. Wagner. 9 Bde. Leipzig 1839—44.

J. Fr. Meckel, Handb. der menschl. Anatomie. 4 Bände. Halle u. Berlin 1815—20.

Fr. Hildebrandt, Handb. der Anatomie des Menschen. Vierte umgearbeitete und sehr vermehrte Ausgabe, besorgt von E. H. Weber. 4 Bde. Braunschweig 1830—32.

A. Lauth, Neues Handb. der prakt. Anatomie vom Verfasser nach der 2ten franz. Ausgabe bearbeitet. 2 Bde. mit 11 Tafeln. Stuttgart u. Leipzig 1835—36.

C. F. Th. Krause, Handb. der menschl. Anat. 2. Aufl. 2 Bde. Hannover 1842—43. In neuer Bearbeitung von W. Krause, mit Holzschnitten. 3 Bde. mit Nachtrag. Hannover 1876—81.

Fr. Arnold, Handb. d. Anatomie des Menschen. 2 Bde. mit Abb. (Bd. 2 in zwei Abth.) Freiburg i. Br. 1845—51.

J. Henle, Handb. der systematischen Anatomie mit zahlreichen mehrfarbigen Holzschnitten. 3 Bde. Braunschweig. Bd. I. 2. u. 3. Aufl. 1871, Bd. II. 2. Aufl. 1876, Bd. III. 2. Aufl. 1876—79.

C. E. E. Hoffmann, Lehrb. der Anat. des Menschen. 2 Bde., aus einer Übersetzung des folgenden englischen Werkes entstanden, fortgesetzt von G. Schwalbe, zugleich in selbständiger Bearbeitung, von der bis jetzt Bd. 2 1. (Neurologie) und 2. Abtheilung (Sinnesorgane) erschienen ist. Erlangen 1881—87.

Von englischen Handbüchern:

Quain's Elements of Anatomy, edited by Allen Thomson, Edw. Alb. Schäfer and George Davison Thane. Ninth Edition. 2 Vols. London 1882. 10. Aufl. 1890—91.

Französische Werke:

J. Cruveilhier, Traité d'anatomie descriptive. Quatrième Édition. T. I—III. Paris 1863—71.
Ph. C. Sappey, Traité d'anatomie descriptive. T. I—IV. Troisième Édition. Paris 1876—79.

Von Werken, deren Bedeutung vorwiegend in den Abbildungen liegt, führe ich an:

J. M. Bourgery, Traité complet de l'anatomie de l'homme, comprenant la médecine opératoire. Avec planches par N. H. Jacob. 6 Bde. gr. Fol. Paris 1832—44.

Dann:

Fr. Arnold, Tabulae anatomicae. 3 Fasc. Turici 1838—43.

Viel benützt wird von Studirenden:

E. Bock, Handatlas der Anatomie des Menschen. 7. Aufl. Leipzig 1888, 89.
C. Heitzmann, Descriptive und topogr. Anatomie in 637 Abbildungen. 6. Aufl. Wien 1890.

Für topographische Anatomie:

J. Hyrtl, Handb. der topogr. Anatomie und ihrer praktischen, medicinisch-chirurgischen Anwendungen. 7. Aufl. 2 Bde. Wien 1882. — W. Braune, Topographisch-anatomischer Atlas nach Durchschnitten an gefrornen Cadavern. gr. Fol. 3. Aufl. Leipzig 1887, 88. Auch in kleinerer Ausgabe. — W. Henke, Topogr. Anatomie des Menschen in Abbildung und Beschreibung. Lehrbuch mit fortlaufender Verweisung auf den Atlas. Berlin 1884. Atlas, Fol. mit 80 Tafeln in 2 Abth. Berlin 1878—79. — G. Joessel, Lehrbuch der topogr. Anatomie, mit Einschluss der Operationsübungen an der Leiche. Bonn 1884. 88. Bis jetzt 1.—2. Theil 1. Abth. erschienen. — Merkel, Handb. der topogr. Anat. Bd. I. 1.—3. Lieferung. Braunschweig 1885—91. — F. J. Weisse, Practical human Anatomy. New York 1886.

Für ältere Studirende:

Pansch, Anatomische Vorlesungen. Th. I Berlin 1884.

Zum Gebrauche im Präparirsaale schließen sich G. Ruge's Anleitungen zu Präparirübungen an der menschlichen Leiche. 2 Theile. Leipzig 1888, an das vorliegende Lehrbuch an und enthalten auch manche speciellere topographische Angaben.

Erster Abschnitt.

Vom ersten Aufbau und von der feineren Zusammensetzung des Körpers.

A. Von den Formelementen.

§ 22.

Die den ausgebildeten Körper darstellenden Organe sind zusammengesetzt aus kleinsten Bestandtheilen von mannigfaltiger Beschaffenheit. Diese nicht weiter in gleichartige Theile zerlegbaren Gebilde stellen die *Formelemente* des Körpers dar. Ihre Mannigfaltigkeit ist das Product einer Differenzirung, die an ihnen ebenso wie an den Organen und somit im ganzen Organismus waltet. Dadurch haben sie sich mehr oder minder weit von einem gemeinsamen Ausgangspunkt entfernt, in welchem sie gleichartig waren. So zeigen sich diese Formelemente in der ersten Anlage des Organismus, unter gewissen Verhältnissen auch später noch. Es sind dem unbewaffneten Auge unsichtbare, mikroskopische Gebilde, die man als *Zellen* (Cellulae) bezeichnet.

Jede Zelle (Fig. 1) besteht aus einem Klümpchen weicher, lebender Substanz, dem *Plasma* oder *Protoplasma*, welches ein festeres Gebilde, den *Kern* (Nucleus) einschließt. Im Zustande der Indifferenz und bei mangelnder Druckwirkung benachbarter Formelemente kommt der Zelle eine sphärische Form zu. Das Plasma ist eine scheinbar homogene, oder nur feine Molekel führende, eiweißhaltige Substanz von pellucider Beschaffenheit. Dass sie nicht gleichartig ist, gewann immer weitere Begründung. Zweierlei Substanzen sind auseinander zu halten, indem in dem zähflüssigen Protoplasma noch eine leichtflüssige sich findet, welche wabenartige Räume einnimmt (*Paraplasma*). An dem ersteren besteht also bereits eine gewisse Structur, mit deren Erkenntnis die Zusammensetzung des Protoplasma einen wohl nur provisorischen Abschluss gefunden hat. Die wesentlichsten Lebenserscheinungen kommen dem Protoplasma zu.

Fig. 1.

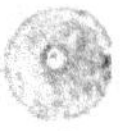

Kern

Eine Zelle.

Der Kern bildet einen scharf abgegrenzten kugeligen oder länglichen Körper, der größere Resistenz als das ihn umgebende Protoplasma besitzt. An ihm ist eine äußere Hülle als *Kernmembran* unterscheidbar. Sie umschließt, wie an günstigen Objecten erkannt ist, ein Netzwerk einer dem Protoplasma ähnlichen Substanz (*Kernplasma*), zwischen welcher eine weichere, halbflüssige, der *Kernsaft* sich findet. Das Kernnetz bietet an bestimmten Stellen Verdichtungen, die Netzknoten, von denen wieder ein oder mehrere andere im Kerne vorkommende feste Körperchen, *Kernkörperchen* (Nucleoli), verschieden sind. Der Kern der Zelle ist demnach ein ziemlich zusammengesetztes Gebilde und lässt selbst die indifferente Zelle in einer Art hoher Organisation erkennen. Er stellt für die Zelle ein Organ vor, dessen Beziehungen zur Zelle zwar noch nicht nach allen Seiten erkannt, aber jedenfalls für das Leben der Zelle von großer Bedeutung sind. Wie seine Betheiligung am Vermehrungsacte der Zellen kundgiebt, ist er ein Regulator dieser Lebenserscheinung. In wiefern gewisse andere feste Gebilde, die im Protoplasma vorkommen, Producte des Stoffwechsels sind oder nicht, ist noch nicht entschieden.

Fig. 2.

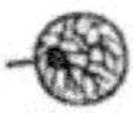

Nucleolus

Kern einer Zelle.

Bei dieser durch das Verhalten des Kerns und des Protoplasma gegebenen Complication der Zelle dürfte nur in sehr bedingter Weise von einer »Einfachheit« dieser Formelemente zu sprechen sein.

Diese Gebilde existiren im Bereiche niederer Lebensformen als selbständige Wesen: *einzellige Organismen* der mannigfaltigsten Art; aus solchen Gebilden baut sich der Thier- wie der Pflanzenleib auf; sie sind somit grundlegend für die gesammte Organismenwelt. Daraus erhellt die Bedeutung dieser Formelemente auch für den Organismus des Menschen.

§ 23.

Die Zelle äußert *Lebenserscheinungen*, die theils vom Protoplasma, theils vom Kern ausgehen. Sie geben sich in ähnlicher Weise kund, wie wir sie am gesammten Organismus sehen. Wir nehmen an der Zelle *Bewegungen* wahr, indem wir sie ihre Form verändern sehen: wie sie da einen Fortsatz ihres Protoplasma hervortreibt, dort eine Einbuchtung zeigt, durch welche Vorgänge sogar ein Ortswechsel, eine Locomotion, zu Stande kommen kann. Solche Bewegungen heißen *amöboide*, da einzellige Organismen, die Amöben, sie in gleicher Weise kundgeben. Auch am Kern sind Bewegungsvorgänge nachgewiesen, wenn sie auch bei der Resistenz der Kernmembran zu keinem so intensiven Gestaltwechsel führen, wie solcher am Protoplasma sich kundgibt. Sowohl Temperatur als auch andere Einwirkungen beeinflussen die Bewegungsvorgänge. Somit werden äußere Zustände vom Protoplasma wahrgenommen, und man kann sagen, dass ihm eine Art von *Empfindung* niederster Qualität innewohnt.

Fig. 4.

Lymphzellen in verschiedenen Zuständen der Bewegung. Nach Frey.

Aus der Thatsache, dass die Zellen ihr Volum vergrößern, wachsen, kann auf eine *Ernährung* geschlossen werden. In der Regel findet die Aufnahme von Nahrung auf endosmotischem Wege statt, allein in gewissen Fällen ist eine Aufnahme geformter Theile ins Innere des Protoplasma direct zu beobachten. Die aufgenommenen Stoffe erfahren von dem sie umgebenden Protoplasma eine Umwandlung und werden in vielen Fällen im Protoplasma aufgelöst, zur Vermehrung desselben verwendet. In wiefern alle Molekel des Protoplasma solchen von außen aufgenommenen Substanzen entstammen, bleibt noch zu ermitteln. Aus dem Protoplasma gehen chemisch und physikalisch von ihm verschiedene Stoffe hervor: es scheidet Stoffe ab. Dieser Process ist entweder eine Umwandlung des Protoplasma selbst, und dann ist räumlich ein allmählicher Übergang der different gewordenen Substanz ins indifferente Protoplasma zu erkennen, oder es treten vorher im Protoplasma enthaltene Stoffe aus demselben heraus, ohne jenen räumlichen Übergang erkennen zu lassen. Die *Abscheidung* geht entweder im Innern des Protoplasma vor sich, oder nach außen; die Producte der Abscheidung bleiben im ersten Falle in der Zelle liegen und stellen für bestimmte Zustände der Zelle charakteristische Bestandtheile derselben vor. So finden sich Farbstoffe in Körnchenform, z. B. in den sogenannten Pigmentzellen und vielen anderen Zellformationen. Wenn der Vorgang der Abscheidung jedoch nach der Oberfläche zu stattfindet, so entsteht eine vom Protoplasma differente, und damit von letzterem unterscheidbare Schichte um den Protoplasmaleib der Zelle, welche Schichte als *Zellmembran* erscheint. Diese geht meist ganz allmählich in das indifferente Protoplasma über. An gewissen Zellformen kommt sie sehr allgemein vor und wurde demgemäß früher als ein wesentliches Kriterium der Zelle, als ein Theil des Zellbegriffs betrachtet. In einem anderen Falle erscheint der aus dem Protoplasma different gewordene Stoff mehr oder minder formlos und fließt mit dem auf gleiche Weise von benachbarten Zellen her entstandenen zusammen. Aus solchem Materiale gehen die sogenannten *Intercellularsubstanzen* hervor.

Endlich bietet die Zelle noch *Fortpflanzung* dar, sie vermehrt sich, woran in der Regel der Kern innigen Antheil nimmt. Die allgemein verbreitete und deshalb wichtigste Vermehrung geschieht durch *Theilung der Zelle*. Der Kern erleidet dabei Veränderungen, welche als Vorbereitung und Einleitung zu jenem Processe erscheinen. Eine Umformung der Kernsubstanz, theilweise Auflösung derselben, spielt hier eine Rolle, wobei die Kernstructur eine bemerkenswerthe Umgestaltung erfährt (s. Anmerkung). Die Entstehung zweier Kerne ist das Resultat. Jeder der neugebildeten Kerne scheint das Attractionscentrum für eine Quantität Protoplasma abzugeben, welches um ihn sich fügt und von der, jeweils dem andern Kerne folgenden Masse sich ablöst. Zwei neue kernführende Zellen sind das Endergebnis dieses Vorganges. Sind die Produkte von gleichem Volum, so erscheint der Process einfach als Theilung. Bei ungleichem Volum, wenn eine kleinere Zelle am Körper einer größeren entsteht, stellt der Vorgang sich als Sprossung dar. Endlich kann auch eine Mehrzahl von Zellen auf diese Weise aus Einer hervorgehen. Eine fundamentale Verschiedenheit dieser Vorgänge besteht um so weniger, als mannigfaltige vermittelnde Zustände vorkommen.

Die beschriebene *Kernstructur* gibt sich nur bei großen Formelementen unter gewisser Behandlung zu erkennen. Doch bestehen auch bei kleineren Elementen die Grundzüge jener Structur, so dass wir darin eine gesetzmäßige Einrichtung erkennen dürfen. Nach Maßgabe der Ausprägung dieser Structur ist sie auch bei der *Theilung des Kernes* im Spiele. Dieser Vorgang, den man früher nur in einer Einschnürung und endlichen Abschnürung zu erkennen glaubte, zeigt sich nur selten in dieser einfachen Form (*directe Kerntheilung*). Meist ist er complicirter (*indirecte Kerntheilung*), indem an der Kernsubstanz vorbereitende Erscheinungen auftreten. Das während der Ruhe des Kernes diesen durchziehende Netzwerk (Fig. 4*a*) geht in ein Knäuel von Fäden über (*b*), wobei die Kernmembran undeutlich wird, ohne dass die Kerngrenze schwindet. Die Fäden verdicken sich, lockern das Knäuel und bilden kranzförmig geordnete Schleifen (*c*, *d*). Diese zeigen sowohl centrale als peripherische Umbiegungen. An diesen Stellen löst sich die Continuität der Schleifen, woraus eine Sternform der Anordnung der Schleifenschenkel entspringt (*e*). Nach Spaltung der Sternstrahlen wird das Gebilde durch feine radiäre Stäbchen dargestellt (*f*), die sich allmählich nach zwei Polen gruppiren (*g*) und durch eine Substanzschichte — Äquatorialplatte — von einander sondern. Jede der halbtonnenförmigen Stäbchengruppen (*h*), die bei längerer Streckung eine Spindelform erhalten (Kernspindel), bildet die Anlage eines neuen Kernes. — Diese Gebilde machen nun dieselbe Reihe von Veränderungen rückläufig durch und formen schließlich zwei getrennte Kerne, um welche sich das Zellplasma sammelt. Die Erscheinung wird als *Karyokinese* bezeichnet, oder mit Bezug auf ihre fadenförmigen Produkte: *Mitose*.

Fig. 4.

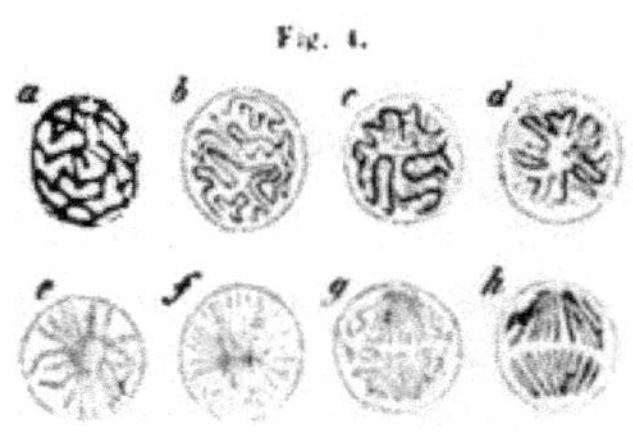

Vorgänge bei der Kerntheilung. Nach Flemming.

Die durch Kerntheilung eingeleitete Zellvermehrung und die ihr verwandte Vermehrung durch Sprossung sind die einzigen, sicher erkannten Vermehrungsweisen, welche die früher allgemeiner angenommene freie Zellbildung — eine Generatio aequivoca der Zelle — immer weiter zurückgedrängt haben, so dass wir sie heute als noch unerwiesen gelten lassen dürfen. — Die Theilung des Zellkerns führt nicht unter allen Umständen auch zu einer Theilung der Zelle; wenigstens scheint das durch das Vorkommen *vielkerniger* Zellen angedeutet zu sein. Solche Formelemente fallen unter einen andern Begriff als den der einfachen Zelle, sie repräsentiren potentia Summen von Zelleinheiten, nachdem wir einmal den Kern als die mit dem Protoplasma den Begriff der Zelle begründende Instanz erkannt haben. Das seltenere Vorkommen jener Fälle lässt sie als nicht von fundamentalem Werthe erscheinen. Das gilt auch von manchen anderen, an Zellen beobachteten Erscheinungen, wie Concrescenz von Zellen und von deren Kernen.

Hinsichtlich der Vorgänge bei der Kerntheilung siehe die Lehrbücher der Histologie.

Außer der Fortpflanzung der Zelle ist die Differenzirung von größter Bedeutung. Auf ihr beruht die Mannigfaltigkeit der Organe des Körpers und damit auch der unendliche Reichthum ihrer Leistungen. Durch diese Umbildung des Protoplasma der indifferenten Zellen entstehen vielartige Substanzen, welche schließlich dem Volum nach den bei weitem größten Theil des Organismus zusammensetzen. Sie treten in bestimmten Formzuständen auf, so dass sie als *geformte Substanz* dem an minder bestimmte Formen gebundenen Protoplasma, der *Keimsubstanz*, gegenüber gestellt wurden. (L. Beale.)

An dem dargelegten Zellbegriffe festhaltend, haben wir die vom Protoplasma different gewordenen, also nicht mehr Protoplasma darstellenden Stoffe, die folglich nicht mehr dem Protoplasmaleib der Zelle angehören, als »Abscheidungen« bezeichnet, weil der Begriff präciser ist als Differenzirung und die Benennung kürzer als »chemische und physikalische Umwandlung des Protoplasma, welche Umwandlung dieser Abscheidung allerdings zu Grunde liegt.

§ 21

Alle an der Zelle sich kundgebenden Vorgänge lassen dieselbe als lebendes Gebilde einem Organismus vergleichen (*Elementarorganismus*, BRÜCKE). Dieselben Lebensvorgänge vollziehen sich an diesen Formelementen, wie sie an einem complicirten Körper durch dessen Organe besorgt werden. Diese Bedeutung der Zelle tritt klarer hervor, wenn wir die Thatsache in Betracht nehmen, dass der gesammte Organismus nicht nur seinen Aufbau aus jenem Material empfängt, sondern dass er anfänglich sogar selbst eine Zelle darstellt. Das ist die *Eizelle*. Obwohl diese in ihrer ausgebildeten Form keineswegs als indifferenter Zustand einer Zelle beurtheilt werden kann, so ist sie doch mit allen wesentlichen Attributen einer Zelle ausgestattet und es ist nirgends ein fundamentaler Unterschied von indifferenten Zellen erweisbar. Was sie an Differenzirungsprodukten in ihrem Protoplasma enthält, sind dem Zellbegriff nicht zuwider laufende Verhältnisse, es sind vielmehr nur Einrichtungen, die mit dem besonderen Werthe dieser Zelle im Zusammenhang stehen. Dieser Werth ergiebt sich aus der Bedeutung der Eizelle für den künftigen Organismus, zu dessen Anlage sie durch allmähliche Zerlegung (Theilung) in kleinere Formelemente, die wiederum Zellen sind, das Material darbietet.

Bei niedersten Organismen erhält sich der indifferente Zustand der den gesammten Körper repräsentirenden Zelle zeitlebens. Die *Protozoen* bestehen ausschließlich in dieser Form, die sich aber durch Differenzirungen des Protoplasma des Zellenleibes unendlich compliciren kann. Das was bei höheren Organismen als eine Vermehrung der Formelemente erscheint, aus denen der Organismus sich zusammensetzt, ist hier Vermehrung der Individuen, Fortpflanzung der Art. Von solchen einfachsten Lebensformen an sehen wir allmählich complicirtere Organismen durch Aggregate von Zellen entstehen (*Metazoen*). Mehr oder minder gleichartige Zellen bleiben in größerer Zahl zu einem Organismus vereinigt. Die Zellen haben jedoch dabei ihren Zusammenhang nicht vollständig aufgegeben. Schon bei den ersten Theilungsacten bleiben zwischen den Zellen feine protoplasmatische Verbindungen erhalten, die, wenn auch bei ihrer Subtilität bis jetzt nicht allgemein erkannt, doch deshalb nicht in Abrede gestellt werden können. Dadurch bleibt auch der metazoische Organismus ein einheitlicher, und lässt auch später noch jene Zusammenhänge seiner activen Formelemente, wenn auch in anderer Weise ausgeführt, wahrnehmen.

Von da an wird das organbildende Princip der Arbeitstheilung (s. S. 39) in hervorragender Weise thätig, und differente Theile des aus Zellen zusammengesetzten Körpers übernehmen verschiedene Leistungen. Demzufolge treten die Zellen aus dem indifferenten Zustand. Entsprechend der Function des durch sie gebildeten Organes gehen sie in verschiedene Formen und Verbindungen über, lassen neue, chemisch und physikalisch vom indifferenten Protoplasma verschiedene Substanzen entstehen. Wir haben es dann sowohl mit Zellen als auch mit einer nicht etwa aus Zellen zusammengesetzten, aber durch Zellen producirten Substanz zu thun, die einen anderen Zustand als das Zellprotoplasma besitzt.

B. Vom ersten Aufbau des Körpers.

(Entwickelungsgeschichte, Ontogenie.)

§ 25.

Der im ausgebildeten Zustande complicirtere Organismus wird verständlicher durch die Ableitung von seinen ersten Anfängen her. Deshalb kann die Erforschung und Betrachtung jener früheren Zustände von der Aufgabe der Anatomie nicht getrennt werden, ohne dass der Zweck der Anatomie als Wissenschaft eine bedeutende Einbuße erfährt. Wie wir bei allen Organsystemen Verhältnissen begegnen, welche ein Eingehen auf frühere Zustände erheischen, so wird auch eine Darstellung der Vorgänge nöthig, welche die Entstehung der Organsysteme, ihr Hervortreten aus einem indifferenten Zustande einleiten und sie begleiten. Daraus ergiebt sich ein Anschluss der Genese der Organe an die erste Differenzirung des Körpers. Eine Darstellung der letzteren, wie ich sie hier folgen lasse, soll in ihrer gedrängten Kürze von den bezüglichen Vorgängen nur präliminare Vorstellungen erwecken, etwa ausreichend, um das bei den Organen Abgehandelte in Bezug auf deren niedere Zustände zu verstehen und zu einem Ganzen auszugestalten.

Bei der Dürftigkeit unserer Kenntnisse von den frühesten Stadien des menschlichen Körpers hat man längst mit dem von verwandten Organismen genauer Gekannten jene Lücken auszufüllen versucht. Ein sehr großer Theil ist der Ontogenie von Säugethieren entnommen, unter der Voraussetzung, dass die entsprechenden Verhältnisse beim Menschen nicht sehr verschieden sein werden. Je weiter zurück die Entwickelungsstadien liegen, desto mehr wird diese Substitution zur Nothwendigkeit. Für die ersten Sonderungsvorgänge war auch eine Berücksichtigung niederer Wirbelthiere geboten, da nur von da aus die Vorgänge der höheren klarer zu stellen sind.

Das hier vorzuführende Material sondert sich in drei Abtheilungen. Die erste handelt von den Veränderungen des befruchteten Eies bis zur ersten Anlage des Körpers. Der zweite Theil umfasst die fortschreitende Differenzirung der Körperanlage und die daraus entstehende Anlage der Organe; der dritte hat die gleichzeitig mit der Körperanlage und aus ihr hervorgehenden Fruchthüllen zum Gegenstand.

Ausführlichere Darstellungen siehe in den Lehrbüchern: Kölliker, Entwickelungsgeschichte des Menschen und der höheren Thiere, zweite Auflage, Leipzig 1879, dessen Grundriss, zweite Auflage, Leipzig 1884, ferner O. Hertwig, Lehrbuch der Entwickelungsgeschichte des Menschen und der Wirbelthiere, dritte Aufl., Jena 1890. S. auch Bonnet, Grundriss der Entwickelungsgeschichte der Haussäugethiere, Berlin 1891

I. Von den Veränderungen des Eies bis zur ersten Anlage des Körpers.

1. Ei und Befruchtung.

§ 26.

Wie die als Zellen geschilderten Formelemente den Körper zusammensetzen, so nimmt er auch von solchen seinen Ausgang. Das als »Eizelle« bezeichnete Formelement bildet das materielle Substrat für die Anlage des neuen Organismus. Dieses im Eierstock entstehende weibliche Zeugungsmaterial ist anfänglich anderen Zellen gleichartig, bildet sich aber in besonderer Richtung aus. Im Protoplasma einer Eizelle sondert sich ein durch Körnchen dargestelltes Material, welches man mit dem die Körnchen verbindenden Plasma als *Dotter* (Vitellus oder Deutoplasma) zu bezeichnen pflegt. Dabei wächst die Eizelle und übertrifft andere Zellen meist durch bedeutendere Größe. Der Kern der Eizelle wird als *Keimbläschen* (Vesicula germinativa) bezeichnet, bietet aber im Wesentlichen gleiche Verhältnisse, wie der Zellkern. Das Kernkörperchen hat man als *Keimfleck* (Macula germinativa) unterschieden. Damit wäre also nur die Größe und der größere Reichthum an Körnchen (Deutoplasma) als Verschiedenheit von einer indifferenten Zelle anzusehen. Das Protoplasma bildet zugleich die Oberfläche der Eizelle und lässt hier eine etwas dichtere Schichte erkennen, die jedoch nicht als selbständige Membran darstellbar ist.

Fig. 5.

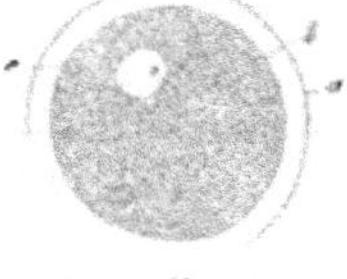

Ei des Menschen. *a* Oolemma. *b* Dotter *c* Keimbläschen. Nach Kölliker.

Auf dieser niedersten Stufe kommen alle thierischen Organismen mit einander überein. Wie sehr auch im Volum der Eizelle und damit im Zusammenhang in der Menge und der speciellen Gestaltung und feineren Constitution des Dotters bedeutende Verschiedenheiten in den Abtheilungen der Thiere zum Ausdruck kommen, überall ist die Eizelle der Ausgangspunkt für die sexuelle Vermehrung.

Mit seiner Ausbildung im Eierstock empfängt das Ei eine Umhüllung (*Oolemma*) durch Abscheidung einer homogenen Substanz von Seite es umgebender, aber indifferent bleibender Zellen. Diese schichtweise abgesetzte Substanz umgiebt das bei durchfallendem Lichte dunklere Ei wie ein heller Saum, daher sie *Zona pellucida* benannt ward (Fig. 5). Feine Porenkanäle durchsetzen das Oolemma in radiärer Richtung. Mit dieser Hülle verlässt das Ei den Eierstock und wird in der Regel auf seinem Wege durch den Eileiter befruchtet durch Formelemente des männlichen Zeugungsstoffes, des Samens (*Sperma*).

Diese Formelemente, *Spermatozoen*, dringen durch das Oolemma in den Dotter und gehen hier auf eigenthümliche Weise Verbindungen mit einem Abkömmling des inzwischen gleichfalls veränderten Keimbläschens ein. Das im Ei vorliegende weibliche Zeugungsmaterial empfängt also Material aus dem männlichen Organismus. Dieser Vorgang ist die *Befruchtung*. Sie leitet den Beginn weiterer Veränderungen ein, welche die Entwickelung darstellen.

Auch der Vorgang der Befruchtung des Eies ist im Thierreiche allgemein verbreitet und steht der *geschlechtlichen Fortpflanzung* vor. Diese theilt sich in den niederen Thierstämmen mit verschiedenen Formen ungeschlechtlicher Vermehrung in die Erhaltung der Art, in den höheren Abtheilungen wird sie zur ausschließlichen Fortpflanzungsweise. Das ist sie z. B. bei den Wirbelthieren. Der ganze Vorgang leitet sich von einem viel einfacheren ab, der bei den niedersten Organismen Verbreitung findet. Er erscheint in der Verbindung (Conjugation) zweier solcher Organismen, die ihr Körpermaterial zu einem einzigen verschmelzen. Der daraus entstandene Körper lässt dann durch Theilung seiner Substanz eine größere Anzahl neuer Organismen entstehen. Bei nicht mehr durch eine einzige Zelle vorgestellten, sondern aus Zellencomplexen bestehenden Organismen übernimmt je eine Zelle die Rolle, die in dem niedersten Zustande dem ganzen Organismus zukam. Es ist also hier eine Differenzirung eingetreten. Diese schreitet weiter, indem die beiden sich verbindenden Formelemente allmählich sich verschieden gestalten. Das eine entwickelt aus seinem Protoplasma einen beweglichen Anhang, wandelt sich in eine Geißelzelle um und fungirt als Spermazelle, Spermatozoon oder Spermatozoid, während das andere als ruhende Zelle (Eizelle) sich forterhält, und damit ist das Wesentlichste der geschlechtlichen Zeugungsstoffe gegeben.

Im Thierreiche werden bestimmte Stellen des Körpers anfänglich zu Bildungsstätten solcher Formelemente und compliciren sich allmählich zu Organen, den Geschlechtswerkzeugen. Die geschlechtliche Fortpflanzung ist also aus einer Art von ungeschlechtlicher Vermehrung hervorgegangen, bei der aber zum Unterschiede von anderen ungeschlechtlichen Vermehrungsweisen zwei Organismen sich verbunden hatten, so dass die Theilungsprodukte des durch diese Verbindung gebildeten neuen Organismus je aus dem Materiale zweier, vorher discret existirender Organismen entstehen. Diese Vermischung des Körpermaterials zweier Organismen gleicher Art erhält sich in der Befruchtung des Eies durch Spermatozoën, und wenn es mit der fortschreitenden Complication des Organismus immer mehr nur ein Theil, ein kleiner und schließlich ein kleinster Theil des Organismus ist, der zum Aufbau eines neuen Verwendung findet, so entspricht dieses nur der auf der physiologischen Arbeitstheilung basirenden Differenzirung der Organismen. Was ursprünglich der ganze Organismus geleistet hat, wird später von Bestandtheilen desselben vollzogen, die dann nur in dieser Einen Richtung thätig sind. Auch das allmähliche Verschiedenwerden von beiderlei anfänglich gleichartigen, die Zeugung vollziehenden Gebilden beruht auf demselben Princip. Das eine dieser Gebilde wandelt sich zum Ei um, zum Träger des Materials für den künftigen neuen Organismus. Das andere bildet sich in eine Samenzelle, endlich in ein Spermatozoid aus, und liefert nur einen minimalen Beitrag zum Volum des neuen Organismus. Dadurch aber, dass es sich mit dem Kern der Eizelle verbindet, spielt es in der Bedeutung dieses Kerns wie in allen seinen Abkömmlingen eine Rolle, deren Umfang aus dem freilich noch nicht vollständig erkannten Werthe des Kernes für das Leben der Zelle sich bemisst.

Da die *Eizelle*, oder genauer, die befruchtete Eizelle, den Ausgangspunkt für den gesammten Organismus bildet, so findet sich der letztere in jener auf seiner niedersten Stufe. Die Verbreitung der Eizelle im gesammten Thierreiche ist deshalb von der größten Bedeutung, weil wir alle thierischen Organismen, wie wenig oder wie viel sie auch in ihrer Organisation complicirt erscheinen, in jenem Punkte zusammentreffen sehen. Das Maß ihrer Complication erscheint dann als ein Produkt ihrer Entwickelung und ist im Großen und Ganzen proportional der Entfernung von jenem gemeinsamen Ausgangspunkte. An dem Werthe der in Letzterem bestehenden Thatsache ändert die Verschiedenheit der Eizelle selbst innerhalb der einzelnen Abtheilungen nur wenig. Selbst da, wo das Ei ein zusammengesetzteres Gebilde ist, einen Zellcomplex vorstellend, besteht in diesem doch nur Eine Zelle als eigentliche Eizelle, wie bei vielen Würmern und Gliederthieren, indem hier der Eizelle nur noch andere Zellen, die ihr als Nahrungsmaterial dienen, beigefügt sind. Von ähnlichem Gesichtspunkte ist die Verschiedenheit des Deutoplasma anzusehen. Dieses variirt von kleinsten Molekeln an bis zu großen Bläschen und Tropfen; bei Manchen zeigen sie sogar krystallinische Beschaffenheit (Fische). Die Vermehrung und Volumszunahme des Deutoplasma bedingt eine bedeutendere Größe des Eies, welches dann ein recht ansehnliches Gebilde vorstellen kann. So erscheint es bei den Selachiern, Reptilien und Vögeln. Der Dotter lässt hier zweierlei Bestandtheile unterscheiden, den spärlicher vorhandenen »weißen Dotter«, der größtentheils zur ersten Anlage des embryonalen Körpers verwendet wird, und danach »Bildungsdotter« genannt wurde, dann den die größte Masse des Eies vorstellenden »gelben Dotter«, der wesentlich zur Ernährung des Embryo dient, »Nahrungsdotter«. Da auch vom letzteren in den Aufbau des embryonalen Körpers übergeht, ist die Scheidung beider Dotterarten keine fundamentale.

Die spécielleren Verhältnisse der *Befruchtung* sind bis jetzt nur im Bereiche niederer Thiere genauer geprüft worden. Selbst in sehr differenten Abtheilungen stellte sich eine Übereinstimmung im Wesentlichen heraus, so dass die bezüglichen Erscheinungen fundamentale Bedeutung erkennen lassen. Es sind folgende: Am reifen Ei tritt vor der Befruchtung eine Lösung des Keimbläschens auf. Es bilden sich an der Stelle des letzteren und auch aus dessen Materiale zwei kernartige Gebilde, deren eines zum Austritte aus dem Ei bestimmt ist. Dasselbe rückt der Oberfläche zu, und wird mit etwas Protoplasma ausgestoßen. Diese Körper sind als »Richtungsbläschen« bekannt. Der andere Rest des Keimbläschens bleibt im Ei und formt sich wohl gleichfalls mit einem Theile des Protoplasma zum sogenannten *Eikern* oder »weiblichen Pronucleus«. So erscheint also die Eizelle wieder mit einem Kerne, der aber nur theilweise von ihrem ersten Kerne, dem Keimbläschen, abstammt. Die bei der Befruchtung durch das Oolemma in das Ei dringenden Spermatozoën gelangen, wie es scheint in sehr geringer Zahl, in den Dotter, wo sie einen Zerfall erfahren. Aus dem Material jedes Samenfadens bildet sich wieder ein kernartiges Gebilde, der *Spermakern*, der »männliche Pronucleus«, dessen Bestehen der Zahl der eingedrungenen Spermatozoën entspricht. Der Spermakern rückt allmählich centralwärts, nähert sich dem *Eikerne*, *mit welchem er schließlich verschmilzt*.

Somit ist dem Eie männliches Material einverleibt und es wird verständlich, dass dem sich entwickelnden Organismus von beiden bei der Fortpflanzung betheiligten Seiten her Eigenschaften übertragen werden.

Vergl. O. Hertwig, Morph. Jahrb. I. u. III. H. Fol, Mém. de la Soc. phys. et d'hist. nat. de Genève, T. XXVI. Ed. van Beneden, Archives de Biologie. Vol. IV.

2. Eitheilung (Furchung). Bildung der Keimblase.

§ 27.

Die Entwickelung des Eies zu dem aus ihm hervorgehenden Organismus beginnt mit einem Theilungsvorgang. Die Eizelle theilt sich in zwei Zellen und diese setzen die Theilung fort. Dadurch wird das Ei allmählich in eine Anzahl kleinerer Elemente zerlegt, die wiederum Zellen sind. Es ist im Wesentlichen derselbe Vorgang wie bei der Vermehrung der Zellen, der allen Metazoen zukommt. Da die Theilung sich oberflächlich am Ei als Furchenbildung bemerkbar macht, und solche bald mehr bald minder tiefe Furchen das sich theilende Ei charakterisiren, hat man jenen Vorgang auch *Furchung* benannt.

Die Fundamentalerscheinung zeigt sich nicht überall in gleicher Weise, und selbst noch bei den Wirbelthieren bestehen mannigfache, aber aus einander ableitbare Befunde, indem bald das gesammte im Ei gegebene Material, bald nur ein Theil desselben von jenem Processe ergriffen wird. Im niedersten Zustande ist die Furchung eine vollständige. Sie wird als *totale Furchung* bezeichnet. Das Resultat ist eine Summe von Zellen, welche einander entweder gleichartig sind, oder sich als größere und kleinere von einander verschieden erweisen. Im ersten Falle ist die Furchung eine *äquale*. Die nachstehende Fig. 6 giebt eine Darstellung einiger Stadien dieses Vorganges.

Fig. 6.

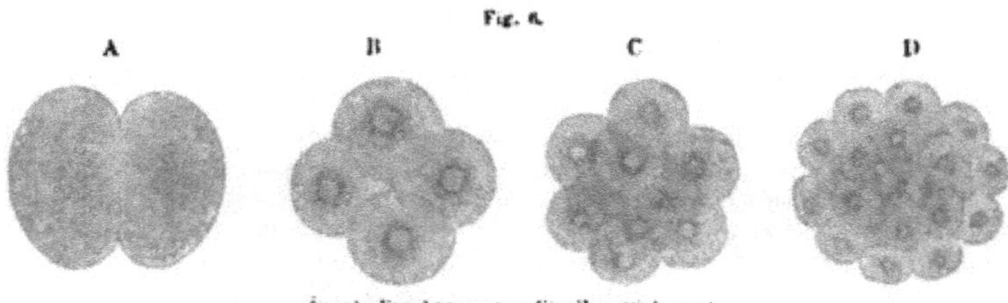

Äquale Furchung einer Eizelle. (Schema.)

Die Zerlegung erfolgt am gesammten Eie, wie es scheint, ursprünglich gleichartig; 2, 4, 8, 16, 32, 64 Zellen stellen für die einzelnen Stadien das Ergebnis der Theilung dar. So wird schließlich ein Haufen gleichartiger Zellen gebildet, der einer Maulbeere ähnlich ist (*Morula*) (Fig. 6 *D*).

Die äquale Furchung geht dadurch in eine andere Form über, dass die Theilung der Furchungsprodukte in verschiedenem Rhythmus erfolgt oder doch ungleich große Zellen liefert. Während die Furchung in ihrem ersten Stadium noch gleichgroße Zellen hervorgehen lässt, 2, 4, 8, setzt sie sich an den zuletzt entstandenen nicht gleichmäßig fort, sondern vollzieht sich an einem Theile dieser Zellen rascher als an den anderen. Das Produkt ist ein Haufen größerer und kleinerer Zellen. Die Morula wird also hier aus ungleich großen Elementen zusammengesetzt. Dieses ist die *inäquale Furchung*. Bei ihr wird aber ebenso wie bei der äqualen das gesammte Ei in Zellen zerlegt, welche zum Aufbau des Körpers dienen, daher diese Eier *holoblastische* heißen.

Die inäquale Furchung leitet sich von der äqualen ab. Sie bringt eine verschiedene Werthigkeit der Theilungsprodukte zum frühzeitigen Ausdruck. Schon beim niedersten Wirbelthier, bei Amphioxus, tritt das hervor. Bei der großen Bedeutung, welche diese Vorgänge für das Verständnis der ersten Sonderung eines complicirten Organismus besitzen, empfiehlt es sich, sie hier in Kürze vorzuführen. Der aus der Theilung der Eizelle hervorgegangene Zellhaufen (Morula), aus größeren und kleineren Elementen gebildet, zeigt seine Zellen um eine centrale Höhle gruppirt, die bereits in den ersten Stadien der Theilung aufzutreten begonnen hatte (*Furchungshöhle*) (Fig. 7 *h*). Die Zellen sind in der einschichtigen Wandung der Höhle so angeordnet, dass die kleineren am einen, die größeren am andern Pol zu treffen sind, und zwischen beiden Übergangsformen bestehen (Fig. 7 *A*). Unter dem Fortgange der Theilung dieser Zellen bleibt dieser Gegensatz bewahrt (*B*), und so gestaltet sich aus dieser, die Furchungshöhle umschliessenden Zellschichte die Wandung einer Blase (*C*), der *Keimblase*. Deren durchweg einschichtige Wand ist das *Blastoderm*. An diesem sind die vorher noch mit sphärischen Oberflächen versehenen Zellen durch ihre Vermehrung und den wechselseitigen Druck zu einer größeren Anzahl sogenannt cylindrischer Zellen umgestaltet. An dem einen Pole der Blase sind die Zellen bedeutend höher als am entgegengesetzten, den wir als *animalen* Pol vom ersteren oder *vegetativen*

Fig. 7.

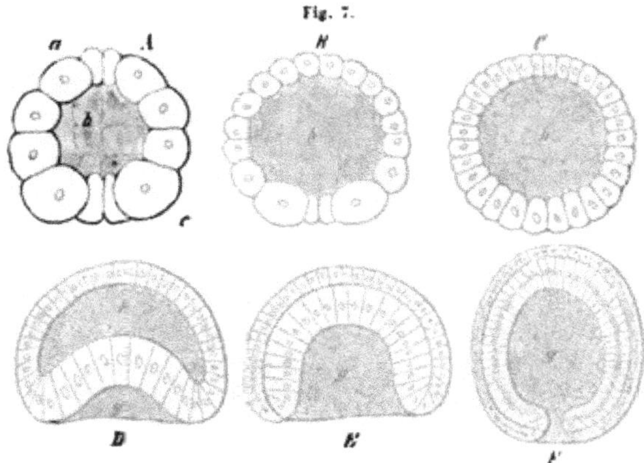

Einzelne Stadien der Bildung der Keimblase und der Gastrula vom Amphioxus. Nach Hatschek.

unterscheiden (Fig. 7). Wir haben also jetzt einen Organismus mit einschichtiger Körperwand, die den aus der Furchungshöhle entstandenen Hohlraum umschließt. An der Körperwand besteht aber eine Verschiedenheit nach dem Volum der sie darstellenden Zellen, was ebenfalls vom Furchungsprocesse sich herleitet.

3. Gastrula und Keimblätter.

§ 28.

An der Wandung der Keimblase beginnen Veränderungen aufzutreten. Man kann sich dieselben so vorstellen, dass der vegetative Pol der Blase gegen den animalen sich einsenkt, so dass die Furchungshöhle verkleinert wird (Fig. 7 *D*). Diesen Vorgang hat man vom Wachsthume der gesammten Keimblase abzuleiten. Beim Verlaufe dieses Processes verschwindet die Furchungshöhle, und die eine Hälfte der Keimblase wird in die andere eingestülpt (Fig. 7 *E*). Das Blastoderm ist damit zweischichtig oder doppelblättrig geworden. Es umschließt jetzt einen durch die Einstülpung (Invagination) entstandenen Raum. Diesen begrenzt unmittelbar die vom vegetativen Pole der Keimblase eingestülpte Zellschichte, welche an der Einstülpungsöffnung unmittelbar in die äußere Zellschichte übergeht (Fig. 7 *F*).

Ein solcher Organismus stellt den niedersten Zustand der Metazoen dar. Er wird als *Gastrula* (HAECKEL) bezeichnet; der durch Einstülpung entstandene Binnenraum ist die *Gastralhöhle* (Fig. 7 *D, E, g*), sie repräsentirt den einfachsten Befund eines Darmes, oder einen Urdarm. Den Eingang in diese Gastralhöhle bildet der Urmund, *Prostoma* oder *Blastoporus*. Solche Organismen haben sich mehr oder weniger modificirt erhalten (Gastraeaden). Dass auch die übrigen Metazoen von solchen Zuständen sich ableiten, zeigt die Verbreitung der Gastrula in allen Abtheilungen der Metazoen. Diese metazoische Urform ist somit das Alle verknüpfende Band und in ihrer Erkenntnis drückt sich der bedeutendste Fortschritt aus, indem wir dadurch in den Stand gesetzt sind, auch die Entwickelungsvorgänge der höheren Formen aus der Ableitung von der Urform zu verstehen.

Für den Organismus der Gastraea fungiren *die beiden am Urmunde in einander umbiegenden Zellschichten der Leibeswand als Organe.* Die äußere Schichte, das *Ectoderm*, fungirt als Integument, Decke und Schutzorgan des Körpers. Sie vermittelt die Beziehungen zur Außenwelt, indem sie der Empfindung dient, und sie bewirkt auch die Locomotion, nachdem von ihren Zellen Wimperhaare hervorsprossten. Die innere die Gastralhöhle umschließende Schichte, das *Entoderm*, dient der Ernährung; sie nimmt durch den Urmund Nahrungsstoffe auf, welche durch die Zellen verändert, verdaut werden. Die Zellen dienen auch der Fortpflanzung.

Aus der Stellung des Gastrulazustandes *am Anfange der metazoischen Entwickelung* ergiebt sich auch das allmähliche Zurücktreten dieses Befundes in den höheren Abtheilungen. So sehen wir die Gastrula unter den Wirbelthieren zwar bei Amphioxus noch am vollkommensten ausgeprägt, aber der Blastoporus dient schon hier nicht mehr als Mund und geht überhaupt in keine definitive Einrichtung über. Nur die Gastralhöhle mit ihrer Entodermauskleidung wird zur Darmanlage verwendet. Die späteren, an die Gastrulaform noch anknüpfenden Veränderungen deuten an, welche bedeutenden Umgestaltungen von da aus zur Herstellung des Organismus der Vertebraten vor sich gegangen sein müssen, Umgestaltungen, welche die Ontogenese uns nur in Bruchstücken aufbewahrt hat. Diese Erwägungen, welche die weite Entfernung des Organismus der Wirbelthiere von jenem gemeinsamen Ausgangspunkte aller Metazoen einleuchten lassen, machen auch das allmähliche Verschwinden der vollständigen Urform begreiflich. Diese ist dann nur noch durch die Verknüpfung gewisser einzelner Entwickelungsphasen in der Reihe der Wirbelthiere nachweisbar. Dadurch mindert sich aber nicht der Werth jener Erkenntnis der Gastrula, er wird vielmehr dadurch noch erhöht, denn jene Erkenntnis überwindet die großen Schwierigkeiten, welche dem Verständnis einer Continuität im Wege stehen.

Über die Gastrula und ihre Bedeutung s. HAECKEL, Jenaische Zeitschrift, Bd. IX und XI.

§ 29.

Die beiden Schichten der Gastrula oder *Blätter der Körperwand, Ectoderm* und *Entoderm*, die wir als *erste Organe* des Körpers beurtheilten, *sind fernerhin allen Metazoen zukommende Einrichtungen.* Sie gehen auch da aus dem Furchungsprocesse des Eies hervor und bilden in ihrem ersten Zustande wiederum nur einfache Zelllagen. Sie bleiben aber nicht in diesem einfachen Zustande, sondern lassen durch Sonderungsvorgänge *neue Organe* entstehen.

Da diese neuen Organe aus jenen beiden, als Lamellen oder Blätter erscheinenden Zellschichten wie aus einem Keime sich sondern, werden Ectoderm und Entoderm als »Keimblätter« aufgefasst. Man unterscheidet dann das Ectoderm als äußeres Keimblatt (*Ectoblast*), das Entoderm als inneres Keimblatt (*Endoblast*). Wie sie die ältesten Organe sind, sind sie auch die ersten für den sich entwickelnden Körper, und *da alle andern aus ihnen entstehen*, *stellen sie Primitivorgane vor*. Als drittes Keimblatt tritt zwischen Ecto- und Entoderm fernerhin noch ein neues auf, das mittlere Keimblatt, *Mesoderm*, welches aus dem Entoderm hervorgeht. Es ist *keine, den beiden anderen gleichwerthige* Bildung, kein Primitivorgan, vielmehr umschließt es das Material zu Organanlagen, welche aus dem Entoderm, phylogenetisch, vielleicht successive, sich abgespalten hatten.

Wie den Keimblättern durch ihre gegenseitigen Lagebeziehungen schon in der Gastrula bestimmte Functionen zukommen, so sind auch die aus ihnen sich sondernden Organe bestimmte. Das äußere Keimblatt liefert vor allem die Oberhaut des Körpers (Epidermis und ihre Produkte, Drüsen, Haare etc.), ferner das centrale Nervensystem und die wesentlichsten Bestandtheile der Sinnesorgane. Aus dem inneren Keimblatte geht vor allem die Auskleidung des Darmsystems hervor, und die damit verbundenen Drüsenorgane. Dem Mesoderm kommt die Bildung des Cölom oder der Leibeshöhle und des Muskelsystems zu, ebenso die der Keimdrüsen und die Auskleidung ihrer Ausführwege, nicht minder die aus dem Stützgewebe sich aufbauenden Organe. Dagegen scheint für das Gefäßsystem das Entoderm die erste Grundlage abzugeben (RABL).

4. Veränderungen des Furchungsprocesses und der Keimblätteranlagen bei den Wirbelthieren.

§ 30.

Die durch inäquale Theilung der Eizelle entstandenen Formelemente (Keimzellen) sind wie bemerkt nicht völlig gleichartig. Es ist sehr beachtenswerth, dass eine Anzahl jener Zellen längere Zeit hindurch größer bleibt als die anderen, und dass jene größeren Elemente die Anlage des Entoderm abgeben, indess die kleineren zum Ectoderm bestimmt sind (Amphioxus). Der Process verläuft rascher an dem ectodermalen Zellmateriale, minder rasch am entodermalen (vergl. Fig. 7 F). Damit ist aber nur etwas Äußerliches bezeichnet. Bedeutungsvoller ist das damit verknüpfte Verhältnis des Protoplasma und der in demselben befindlichen Dottergebilde (Deutoplasma), von welchem mit der höheren Zellform des Entoderm letzterem eine *relativ* größere Menge, als dem Ectoderm aus dem gesammten Eimateriale zugetheilt ward. Die der Ernährung des Körpers dienenden Zellschichten erscheinen dadurch begünstigt zu ihrer Function.

In diesem Verhalten liegt der Schlüssel des Verständnisses aller übrigen Zustände der Furchung und der Keimblätter-Anlage der übrigen Wirbelthiere. Wir begegnen zunächst einer Weiterbildung der inäqualen Furchung bei den Amphibien. Deren Eier sind durch Pigment ausgezeichnet, welches so vertheilt ist, dass man einen dunklen und einen hellen Pol unterscheidet. Der Beginn der Theilung umfasst das ganze Ei. Die erste Furche scheidet es in zwei Hälften (Fig. 8 *B*), deren jede wieder durch eine, die erste rechtwinkelig durchschneidende Furche in zwei Segmente getheilt wird (*C*). Nun tritt eine parallel mit dem Äquator des Eies verlaufende Furche auf, welche dem dunklen Eipole etwas näher liegend die ersten Furchen durchschneidet (*D*). Sie scheidet wieder das Ei in zwei Theile, die aber ungleich groß sind. Der eine kleinere begreift den dunklen, der andere, größere den hellen Pol in sich. In Figur 8 ist allgemein der erstere aufwärtsgerichtet dargestellt. An diesen beiden ungleich großen Hälften des Eies verläuft nun die Fortsetzung des Theilungsprocesses auch fernerhin ungleich, dergestalt, dass die obere, dem dunklen Pol entsprechende kleinere Hälfte des Eies viel rascher als die entgegengesetzte in kleine Elemente zerlegt wird. Dieser Vorgang mag aus Fig. 8 *E—L* ersehen werden. Endlich haben wir das Material des Eies in zahlreiche Zellen zerlegt, davon die aus dem unteren Abschnitte hervorgegangenen größer sind, als die aus dem oberen entstandenen.

Fig. 8.

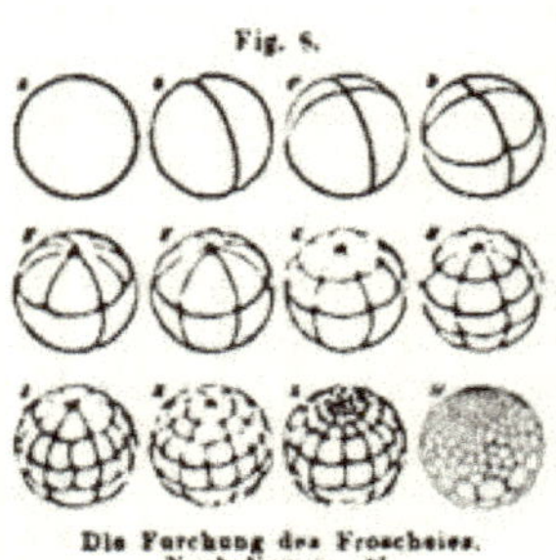

Die Furchung des Froscheies. Nach Ecker. ⁶/₁.

Mit der Bildung der ersten Horizontalfurche (Fig. 8 *D*) war das Ei in zwei ungleich große Hälften zerlegt worden, von denen die kleinere obere, die auch kleinere Zellen hervorgehen ließ, das *äußere Keimblatt* (Ectoderm) darstellt; die andere größere Hälfte, in größere Zellen sich sondernd, stellt das Material des *inneren Keimblattes* (Entoderm) vor. Diese grenzen aber nicht überall an einander, sondern mit der ersten Scheidung in jene beiderlei Zellmassen entstand zwischen ihnen die »Furchungshöhle«.

Durch diesen Furchungsprocess ist das Ei in eine Keimblase umgewandelt (Fig. 9 *A*). Wie bei Amphioxus wird die Furchungshöhle (*h*) sowohl vom Ectoderm als auch vom Entoderm begrenzt. Beide sind aber nicht mehr einfache Zelllagen, und das zum Entoderm bestimmte Zellmaterial bildet einen gegen die Furchungshöhle verdickten Zellhaufen. Die Strecke, an welcher beiderlei Zellmassen ringsum in einander übergehen (*Randzone*), lässt bald an einer Stelle eine Einfaltung bemerken (Fig. 9 *B*), den Blastoporus (*p*), und im weiteren Eindringen entsteht eine Gastralhöhle (Fig. 9 *C*, *g*), welche eine Entodermschichte als Auskleidung erhält. Der Blastoporus entspricht in seiner Lage dem hinteren Körperende. Die Gastralhöhle ist von dem entodermalen Zellmaterial ungleichartig umgeben, indem dieses nur an einer Stelle angehäuft ist, welche der ventralen Seite entspricht. Dieses Material (Dotterzellen) findet bei der ferneren Entwickelung des Körpers

Fig. 9.

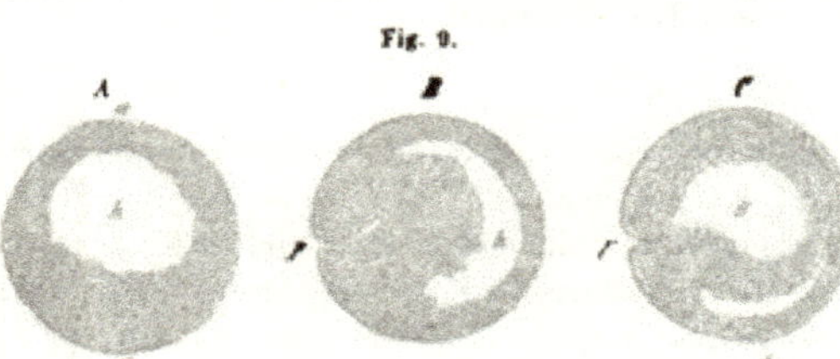

Keimblase und Gastrula eines Amphibium. (Stricker.) *hp* Furchungshöhle, *p* Blastoporus, *g* Gastralhöhle.

Verwendung, indem es zu dessen Ernährung allmählich verbraucht wird. Es besteht hier die Eigenthümlichkeit, dass die aus der Furchung hervorgehenden Zellen nicht sämmtlich zur Herstellung der Keimblätter dienen, sondern dass ein Theil davon bis zu späterem Aufbrauche in die Körperanlage, und zwar dem Entoderm angeschlossen, bewahrt wird.

Es war also bereits der Eizelle ein Überschuss von Material zugetheilt. Außer dem zum Aufbau des Körpers dienenden Bestand noch solches, welches erst bei gebildeter Körperanlage Verwerthung erlangt, und der Wandung des Urdarmes anlagert. Damit ging die Eitheilung Hand in Hand, indem sie das vegetative, großentheils als Reserve dienende Material langsamer in Zellen zerlegte, denen infolge dessen ein relativ größeres Volum zukam.

§ 31.

Indem die Eizelle der Amphibien nicht mehr ausschließlich plastische Elemente entstehen lässt und der Furchungsprocess sich nicht mehr ganz gleichmäßig über das ganze Ei erstreckt, entsteht eine Vermittelung zu anderen Zuständen. Unter den Fischen, vornehmlich bei den Selachiern, dann bei Reptilien und Vögeln, besitzt das Ei reiches Dottermaterial und erlangt ein dem entsprechendes bedeutendes Volum. Die Furchung beschränkt sich hier nur auf einen Theil der Ei-Oberfläche, wo von feinkörnigem Dotter (weißer Dotter) umgeben das Keimbläschen sich findet. An dieser Stelle entstehen Furchen, erst eine, dann eine diese rechtwinkelig kreuzende, und von den spitzen Winkeln der durch die Furchen abgegrenzten, oberflächlichen Segmente sondern sich größere Zellen ab, indess neue Radiärfurchen zwischen den zuerst aufgetretenen Furchen hinzukommen. So wird ein Theil des Eies in kleinere Formelemente zerlegt. Die Furchung ist eine partielle, das Ei wird als *meroblastisches* bezeichnet. Jene Produkte der partiellen Furchung bilden schließlich eine zusammenhängende Zellschichte, die *Keimscheibe* (Fig. 10). Diese hat sich etwas vom Eie abgehoben, so dass unter ihr ein Raum als *Furchungshöhle* besteht. Anderseits wird diese von feinkörnigem Dotter begrenzt, der zerstreute Kerne umschließt, wohl Abkömmlinge des Keimbläschens, um welche herum das Eimaterial sich nicht zu Zellen sonderte. Fig. 10 stellt ein solches Ei mit Keimscheibe und Furchungshöhle im Durchschnitte dar. Der Rand der Keimscheibe geht in das vorerwähnte feinkörnige Dotterlager über, welches Kerne führt. Wir können auch diesen Zustand von niederen Befunden ableiten, wenn wir an der Stelle der großen, dotterführenden Zellen der Keimblase der Amphibien (Fig. 9 A) eine mächtige Dottermasse uns vorstellen, die nicht mehr in Zellen gesondert wird. Indem vom Rande der Keimscheibe aus, also von einer der Randzone der Amphibien entsprechenden Örtlichkeit eine Invagination (Fig. 11) sich bildet, legt sich ein dem Gastrula-Stadium entsprechender

Fig. 10.

Meroblastisches Ei mit Keimscheibe. (Schema.)

Zustand an (RÜCKERT), und von dieser Stelle aus beginnt eine Neubildung von Zellen, welche längs des Bodens der Furchungshöhle sich ausbreiten.

Der bereits bei den Amphibien durch die Menge der »Dotterzellen« modificirte Gastrula-Zustand hat hier eine Reduction erfahren. Die Einstülpung, die ihn vorstellt, ist so wenig tief, dass sie nicht viel mehr als den Urmund (Blastoporus) repräsentirt, aber die von dessen Umgebung aus entstandene, die Furchungshöhle (Fig. 11) mit begrenzende Zellschichte bildet auch hier das innere Keimblatt (Entoderm). Die Verschiedenheit gegen die tiefer stehenden Zustände wird durch die mächtige Dottermasse des meroblastischen Eies verständlich, denn sie erscheint dadurch bedingt. Dann besteht die Keimscheibe aus den beiden primitiven Keimblättern und der dazwischen befindlichen Furchungshöhle, einem spaltähnlichen Raume, der allmählich verschwindet. Alles übrige des Eies ist nicht in Zellen zerlegter Dotter.

Fig. 11.

Gastrula-Anlage eines meroblastischen Eies.

Bei den Amphibien wird das durch Zellen dargestellte Dottermaterial der aus dem Entoderm hervorgehenden Darmwand angeschlossen, stellt eine Zeitlang einen Theil der Darmwand vor, und dient da dem allmählichen Verbrauche. Bei Selachiern, Reptilien und Vögeln wird das Dottermaterial von der entodermalen Darmanlage umschlossen. Es bildet eine bedeutende Ausbuchtung der Darmanlage, einen *Dottersack*, von welchem der Darm allmählich sich abschnürt, wobei jener Sack längere Zeit nur durch einen engeren Canal mit dem Darme communicirt, bis er nach Verbrauch des Dotters ganz in den Darm aufgenommen wird, mit seinen Wandungen in jene des Darmes übergeht. Diese innerhalb der größeren Abtheilungen im Einzelnen verschieden ausgeführte Einrichtung spielt, wie leicht begreiflich, für die Ernährung des embryonalen Körpers eine wichtige Rolle und knüpft bei Reptilien und Vögeln auch noch an andere Einrichtungen an, die hier nicht aufgeführt werden können.

Der *Dottersack* geht also von der Anlage des Darmes hervor. Das im niedrigsten Zustande völlig zum Entoderm verwendete Material wird in den früheren Zuständen nur zum Theil ins Entoderm übergenommen, zum anderen Theile bildet es Ernährungsmaterial. Wird dieses in großer Menge im Eie gebildet (meroblastisches Ei), so wird es nicht mehr der Furchung unterzogen und fällt den zu einer Ausstülpung der Darmanlage sich gestaltenden Dottersack. Im Dottersack ist also ein *Ernährungsorgan* gegeben, dessen Rolle so lange währt, als der Dottervorrath. Der Körper vollzieht, aus diesem Vorrathe schöpfend, seinen weiteren Aufbau, gestaltet sich also hier auf einem Umwege aus der Furchung einer Eizelle.

Durch den Dottersack wird der Weg zu einer anderen Ernährungsweise des embryonalen Körpers eröffnet. Dieser Weg ist bei den Säugethieren betreten. Hier hat die vom mütterlichen Organismus übernommene Ernährung des sich entwickelnden Eies schon für die ersten Vorgänge der Ontogenese andere Verhältnisse herbeigeführt. Sie werden nur durch jene Änderung der Ernährung verständlich. Der Dottersack ist nicht mehr ein Behälter für Dottervorrath, welcher der Eizelle nicht mehr zugegeben wird. Daher fehlt dem Eie der Säugethiere die Bedingung der partiellen Furchung, es ist ein holoblastisches geworden, seine Furchung eine totale, die aber doch manche hier nicht zu erörternde Eigenthümlichkeiten darbietet. Die Fig. 12 stellt mehrere Furchungsstadien dar. Das in *E* sichtbare Stadium entspricht dem der Morula; und darin besteht noch Übereinstimmung mit anderen holoblastischen Eiern. Allein die Gastrulation, die an diesen Zustand anknüpft, erfolgt auf etwas andere, minder deutlich erkennbare Weise. Im Morula-Stadium besteht das ganze Ei durchweg aus Zellen und eine eigentliche Furchungshöhle fehlt. Die Zellen bilden eine centrale Masse und eine

Fig. 12.

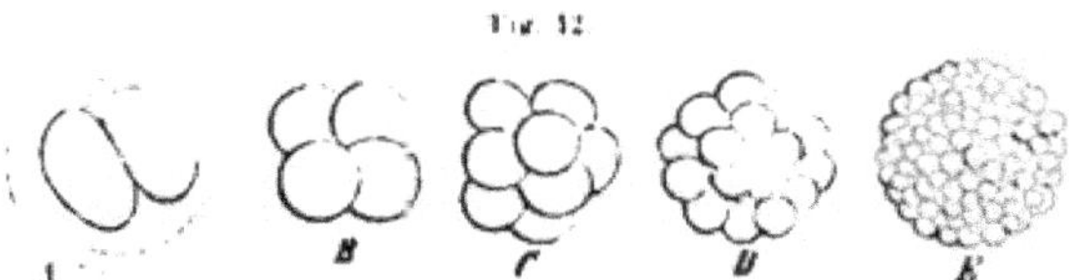

Fünf Stadien aus dem Furchungsprocesse des Hunde-Eies. Nach BISCHOFF. In *A* ist die Zona pellucida mit dargestellt.

diese überkleidende peripherische Schichte, welche eine kleine Stelle der inneren Zellenmasse frei lässt. Diese Stelle entspricht wahrscheinlich dem Blastoporus (ED. VAN BENEDEN), denn hier bleiben innere Zellmasse und peripherische Lage in Contact, nachdem bald zwischen beiden eine Spaltbildung aufgetreten ist, aus welcher ein weiterer Binnenraum sich ausbildet. In jenem Morulastadium hat sich bereits die Sonderung der Keimblätter vollzogen. Die centrale Zellmasse repräsentirt die Anlage des Entoderm, die peripherische jene des Ectoderm. Da keine Gastralhöhle zur Bildung gelangt, entsteht das Entoderm hier nicht mehr durch Einstülpung (Invagination), wie es bei Amphibien klar war, bei Reptilien und Vögeln noch andeutungsweise sich traf. Die Säugethiere zeigen also bezüglich des Gastrulazustandes eine abgekürzte Entwickelung. Stadien werden übersprungen, die in den niederen Abtheilungen erkennbar waren.

Ein der Anlage der Gastrula analoger Vorgang erfolgt schon während der Furchung, in dem vorerwähnten Stadium, welches eine centrale Zellmasse von einer peripherischen Zellschichte umgeben darstellt. Auch in späteren Stadien besteht noch jene Verbindungsstelle der Keimblätter. Wir begegnen ihr weiter unten. Die aus diesem Zustande hervorgehende *Keimblase* (Fig. 13 *A B*) bietet ein einschichtiges Ectoderm, welchem an einer Stelle die allmählich sich ablösende entodermale Zellmasse anlagert. Hier wird dann die Keimblase zweiblättrig.

Das holoblastische Säugethierei repräsentirt nach dem oben Gesagten einen secundären Zustand, der von einem meroblastischen sich herleitet. Bei Monotremen ist ein solcher sogar noch vorhanden, und ebenso besteht ein Dottersack, aus dem der sich entwickelnde Körper ernährt wird.

Über die Beziehungen der Keimblätter zur Gastrulation und neue Gesichtspunkte darüber s. C. RABL, Theorie des Mesoderm. Morpholog. Jahrbuch Bd. XV.

§ 32.

Die verdickte Stelle der Keimblasenwand bildet die Anlage des scheibenförmigen *Fruchthofes* (*Area germinativa*), an welchem von nun an weitere Entwickelungsvorgänge stattfinden. Das Innere der Keimblase füllt eine Flüssigkeit, welche schon mit der Spaltung des Ectoderm und der Entodermanlage auftrat. Sie erscheint an der Stelle des Dotters der meroblastischen Eier und ist meist ein Transsudat aus der Gebärmutter, welchem wohl gleichfalls nutritorischer Werth zukommt. Durch die Ausbreitung der Entodermschichte über eine größere Strecke an der Innenfläche des Ectoderm wird die Keimblase weiterhin zweiblättrig, und zu gleicher Zeit ist zwischen diesen beiden primären Keimblättern ein drittes, das *mittlere Keimblatt* oder *Mesoderm* entstanden, welches im folgenden Paragraph berücksichtigt wird. Dieses mittlere Keimblatt nimmt anfänglich nur einen Theil des Fruchthofes ein (Fig. 13 *C*), so dass die drei Keimblätter an der Constitution der Wand der Keimblase sehr verschiedenen Antheil nehmen. Diese Verschiedenheit der Strecken der Wand besteht nur eine Zeitlang, und allmählich wird das gesammte Blastoderm in ein dreiblättriges umgewandelt. Inzwischen sind am Fruchthofe selbst bedeutende Veränderungen vor sich gegangen, noch bevor das Entoderm den Äquator der Keimblase erreicht hat, Veränderungen, die der folgende Paragraph zu schildern hat.

Fig. 13.

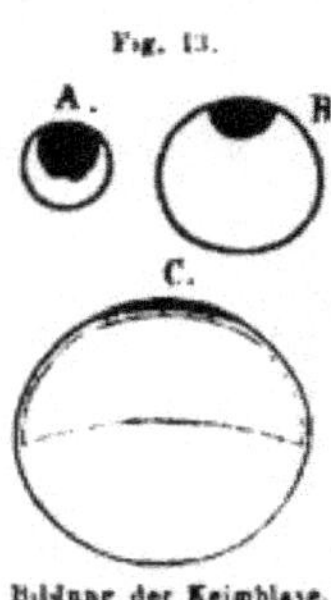

Bildung der Keimblase. (Schema.)

Wenn wir bisher die Keimblase in ihrer Gesammtheit als embryonalen Leib aufgefasst haben, so ist diese Vorstellung mit der schärferen Sonderung des Fruchthofes von dem übrigen, peripherischen Theile der Keimblase einzuschränken. Nur auf dem Fruchthofe bildet sich die Anlage des späteren Körpers, während der übrige, bei weitem größere Theil der Keimblase zu vergänglichen Bildungen, den sogenannten »Fruchthüllen« verwendet wird. Die Peripherie der Keimblase gehört nichts desto weniger zum embryonalen Körper, *denn auch jene »Fruchthüllen« sind ursprünglich nichts anderes als Körpertheile*, Strecken der Leibeswand, die bei den höheren Wirbelthieren allmählich zu accessorischen, nur eine Zeitlang fungirenden Bildungen geworden sind. Da ihre Functionen für das Fötalleben eingerichtet sind, gehen sie auch mit dem letzteren zu Ende und stellen hinfällige Organe vor. Mit der Bildung des Fruchthofes ist also eine Sonderung an der Keimblase eingetreten, welche von jener Umbildung eines Theiles der Keimblase zu fötalen Organen abhängig ist.

In der Bezeichnung der aus der Entwickelung des Eies entstehenden Bildungen bestehen vielfältige Differenzen. Bald belegt man alles aus der Eizelle oder aus der Keimblase Entstandene mit dem Namen des »*Eies*« oder mit dem der »*Frucht*« und begreift also Körperanlage und Fruchthüllen darunter, bald unterscheidet man letztere mit ihrer Entstehung, von der Körperanlage, die man mit dem deutlicheren Hervortreten der Körperform »*Embryo*«, besser Embryon, benennt. Das bedeutet etwas in einem anderen Körper wachsendes (von βρύειν), also Eingehülltes, Umschlossenes, so dass jene Benennung erst mit der Umschließung des Körpers durch die Hüllen in ihrem ursprünglichen Sinne verwendet wird. Für »Embryo« wird auch die Bezeichnung »*Fötus*«, richtiger »Fetus«, gebraucht, jedoch mehr für die späteren Stadien, in denen die Körperform bereits vollständig zur Entfaltung gekommen ist. Die Hüllen heißen danach auch »Fötalhüllen«.

II. Differenzirung der Anlage.

§ 33.

Wachsthumsvorgänge im Bereiche des Fruchthofes rufen an demselben zunächst eine Formveränderung hervor. Aus der Scheibengestalt geht er in eine mehr ovale Form über, indem er in der Richtung einer Achse sich vergrößert. Ein peripherischer Theil des Fruchthofes hat sich dabei vom centralen gesondert, und dieser ist es, der uns zunächst interessirt, da er die Körperanlage vorstellt, jenen Theil also, der von dem gesammten Blastoderm zum Körper des Embryo verwendet wird. Wir unterscheiden diesen Theil des Fruchthofes als *Embryonalanlage*. Auf der Oberfläche der letzteren zeigt sich dann eine leichte Vertiefung in Gestalt eines bei durchfallendem Lichte dunkleren Streifens, der vom hinteren Pole der Längsachse bis gegen die Mitte des Fruchthofes sich erstreckt. Die Ränder der Vertiefung bilden leichte Erhebungen über das Niveau des Fruchthofes (*Primitivfalten*). Diese Einsenkung ist die *Primitivrinne*, mit ihren seitlichen Begrenzungen auch als *Primitivstreif* (Fig. 14 *A pr*) bezeichnet. Damit ist zugleich eine Orientirung der Embryonalanlage gegeben. Man unterscheidet nun den mit dem Primitivstreif versehenen Theil als den hinteren Abschnitt, den davor liegenden als den vorderen und die beiden seitlichen als rechte und linke Hälfte. Die freie Oberfläche entspricht der Rückenfläche. Der Organismus ist damit zu einer bilateral symmetrischen Formenstufe gelangt.

Fig. 14.

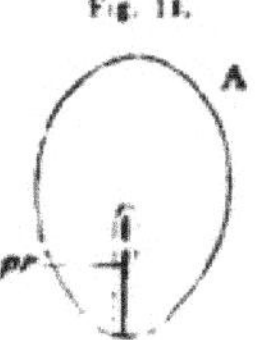

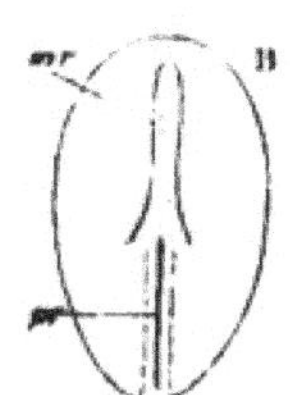

A Körperanlage mit Primitivstreif. *B* Spätere Form mit Primitivstreif und Medullarrinne. (Schema.)

Das Auftreten des Primitivstreifs ist an eine Vermehrung der Formelemente der bezüglichen Strecke des Ectoderm geknüpft. Die Zellen des letzteren bilden im Bereiche des Primitivstreifs mehrfache Schichten, besonders in der seitlichen Begrenzung der Rinne. Längs des Primitivstreifs besteht ein Zusammenhang sämmtlicher Keimblätter, und von dieser Stelle aus beginnt die Sonderung des *Mesoderm* aus dem Entoderm. Diese Verbindungsstelle bildet die *Achsenplatte* (Fig. 15 *B.a.p*). Die Primitivrinne entspricht dem Blastoporus niederer Wirbelthiere. Die rinnenförmige Gestaltung desselben steht mit den Modificationen im Zusammenhange, welche das Ei erst durch Zunahme, dann wieder durch Abnahme des Dotters in der Wirbelthierreihe erfahren hat.

Die Umgestaltung des Blastoporus in die Primitivrinne kommt schon den Reptilien und Vögeln zu, wo sie an jenen Zustand anknüpft, den wir oben bei dem meroblastischen Eie im Allgemeinen als Gastrula-Anlage beschrieben (S. 58).

§ 34.

Vor dem Primitivstreif, also in der vorderen Hälfte der Körperanlage, giebt sich bald eine breitere Rinnenbildung kund, die bis zum vorderen Ende der Körperanlage sich ausdehnt und daselbst gerundet abschließt. Wir nennen sie *Medullarrinne*. (Fig. 14 *B*.)

Ihre gleichfalls erhabenen seitlichen Ränder laufen hinten gegen den Primitivstreif aus und fassen dessen Ränder so zwischen sich, dass Medullarrinne und Primitivstreif sich nicht unmittelbar in einander fortsetzen, obwohl sie in einer und derselben Körperachse liegen (Fig. 14 *B mr*). Beiderlei Bildungen nehmen nun einen differenten Entwickelungsgang. Die Medullarrinne, welche anfänglich nur in der vorderen Hälfte der Embryonalanlage bestand, erstreckt sich unter fortschreitender Vergrößerung der letzteren auf die hintere Hälfte, und im gleichen Maße tritt der Primitivstreif seinen Rückzug an. Er wird kürzer, immer mehr auf das hintere Ende der sich verlängernden Embryonalanlage beschränkt, bis er mit der Näherung der Medullarrinne an jenes Ende allmählich verschwindet. Die früher am Primitivstreif erschienene Veränderung des primären Ectoderm tritt auch an der Medullarrinne und ihrer Nachbarschaft auf. Die Zellen vermehren sich und bilden dadurch eine mehrschichtige Lage. Den Boden der Medullarrinne bildet ein mehrschichtiges Epithel bis zu den erhabenen Rändern der Rinne, wo es in die dünnere peripherische Ectodermanlage unmittelbar übergeht. Die in der Medullarrinne gegebene verdickte Ectodermstrecke ist die *Medullarplatte*. Der zuerst aufgetretene vordere Theil wird zur Anlage des Gehirns, der sich unmittelbar daran anschließende hintere Theil zur Anlage des Rückenmarks, so dass die Medularplatte die Anlage des centralen Nervensystems vorstellt. Ihre seitlichen Erhebungen sind die *Medullarwülste* (Rückenwülste). Das Ectoderm hat sich also in ein axiales Organ, die Medullarplatte, und in das seitlich aus dieser fortgesetzte peripherische Ectoderm gesondert. Letzteres wird *Hornblatt* benannt, weil aus ihm die, verhornende Theile liefernde Oberhaut des Körpers (die Epidermis) hervorgeht.

Fig. 15.

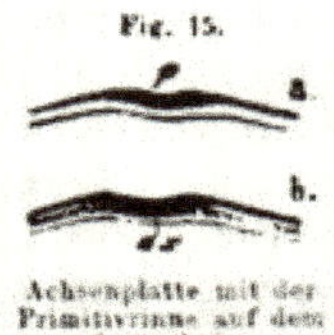

Achsenplatte mit der Primitivrinne auf dem Querschnitt.

Während dieser Sonderungsvorgänge hat der Fruchthof und die von ihm umgebene Embryonalanlage eine größere Ausdehnung gewonnen, die Embryonalanlage erscheint dabei vorne wie hinten breiter als in der Mitte: in Bisquitform (Fig. 16). Beide Körperenden sind damit als Kopftheil und Schwanztheil ausgeprägt, und deuten durch reichlich in ihnen angesammeltes Material an, dass das Wachsthum vorwiegend nach diesen Richtungen hin stattfindet. In der ganzen Ausdehnung der Anlage beginnt inzwischen ein peripherischer Abschnitt vom centralen, die Medullarrinne und auch den Primitivstreif umfassenden, unterscheidbar zu werden. Der erstere ist bei durchfallendem Lichte ein dunklerer Saum, welcher hinten breiter als vorne ist: die *Parietalzone* (Fig. 16). Der davon umfasste Theil ist am vorderen Abschnitte der Embryonalanlage am ansehnlichsten und verschmälert sich nach hinten zu, es ist die *Stammzone*. Diese Sonderung hat ihren Grund vorwiegend im Mesoderm, an welchem bedeutende Wachsthumsvorgänge erfolgten und zwar zumeist in der Nähe der Medullarrinne. Das Mesoderm ist mit der Ausdehnung des Fruchthofes mit diesem verbreitert worden, so dass die Keimblase in weiterem Umkreise sich dreiblättrig darstellt. Die Ausbreitung des Mesoderm entspricht einer kreisförmigen dunkleren Fläche, in der von einem helleren Hofe umgeben die Embryonalanlage liegt. In dieser Area findet die erste Anlage des peripherischen Gefäßsystems statt, sie ist der Gefäßhof (*Area vasculosa*).

Fig. 16.

Körperanlage von der Oberfläche mit Stamm- und Parietalzone.

Bisher erschien die Anlage des Körpers einheitlich, ohne Andeutung einer Gliederung in gleichwerthige Abschnitte, wie sie für den Wirbelthierorganismus charakteristisch sind. Bald aber zeigt sich im Bereiche der Stammzone eine Metamerie, indem hinter dem Kopftheile zur Seite der Medullarplatte dunklere, in der Flächenansicht quadratische Felder mit scharfer, heller Abgrenzung sichtbar werden (Fig. 17 *uw*). Auf ein erstes Paar folgt ein zweites, und so fort gegen den Schwanztheil zu. In dem Maße, als die Körperanlage nach dieser Richtung hin auswächst, erfolgt eine Vermehrung jener Theile, die man *Urwirbel*, *Somite* oder *Mesodermsegmente* nennt. Mit den Wirbeln des Skeletes haben sie nichts als die Aufeinanderfolge gemein, dagegen sind sie von hoher Bedeutung als die erste Sonderung des Körpers in Folgestücke, Metameren. Die hier zuerst auftretende Metamerie des Körpers prägt sich später noch an anderen Organsystemen aus und beherrscht den gesammten Organismus.

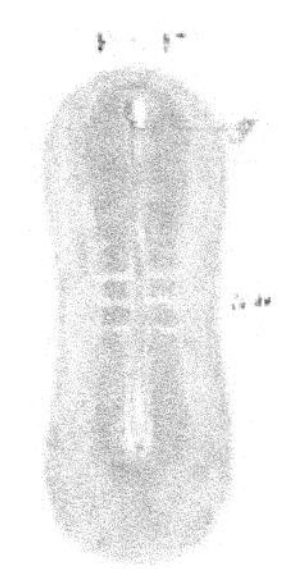

Fig. 17.

Körperanlage mit beginnender Urwirbelbildung.

§ 35.

In der Embryonalanlage und dem Fruchthofe sind während der vorhin geschilderten äußeren Veränderungen noch andere Neugestaltungen zum Vorschein gekommen, die vorwiegend an das mittlere Keimblatt (Mesoderm) anknüpfen. Im Bereiche der Stammzone bildete das Mesoderm eine bedeutende Verdickung, welche von dem Mesoderm der Parietalzone sich sonderte, wodurch eben die Unterscheidung jener Zonen in der Flächenansicht sich dargestellt hatte. Die Mesodermschichte der Stammzone des Kopftheils stellt die *Kopfplatten* vor; jene des Rumpftheils die *Urwirbelplatten*, denn aus dieser Strecke des Mesoderm sind die Urwirbel hervorgegangen und sondern sich fernerhin aus dem hinten noch

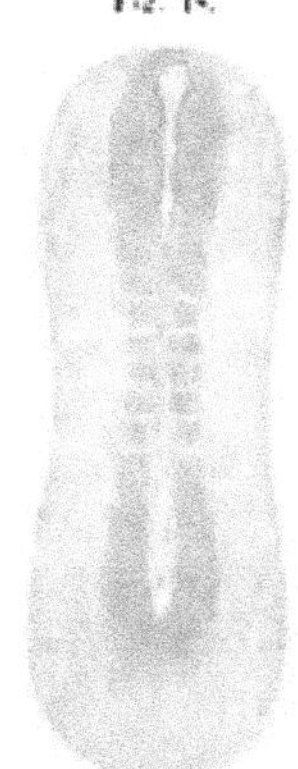

Fig. 18.

Körperanlage mit 5 Urwirbeln.

continuirlichen Abschnitte dieser Platten. Unter Zunahme des Wachsthums nach hinten zu vergrößern sich auch die Urwirbelplatten in dieser Richtung und geben Material zur Bildung neuer Urwirbel ab. Diese stellen, von der Fläche gesehen, die vorhin beschriebenen quadratisch geformten Massen von Zellen dar. Sie erstrecken sich medial verjüngt unter die Medullarplatte und lassen im Innern, durch Auseinanderweichen der Zellen, die Bildung eines Hohlraums (Urwirbelhöhle) erkennen (Fig. 20 *a. b.*). Die äußere, obere Wand dieser Höhle bildet die *Muskelplatten*, die Anlagen der Körpermuskulatur. Es nimmt also auch das Muskelsystem von metamerer Anlage seinen Ausgang. Der der Parietalzone angehörige Theil des Mesoderm stellt die *Seitenplatten* vor, die ungegliedert und auch mit den Kopfplatten im Zusammenhang bleiben. Wenn man für die Kopfplatten der Säugethiere den Mangel einer Sonderung in Metameren anzunehmen pflegt, so liegt in diesem Verhalten doch nur ein secundärer Zustand vor, und auch dieser Theil des Körperstammes muss gleichfalls als aus Metameren entstanden betrachtet werden. Andeutungen dieser Kopfmetameren hat man bei niederen Wirbelthieren in den Anlagen der Augenmuskeln erkennen wollen, es ist aber fraglich geworden, ob diese wirklich Urwirbel vorstellen.

Die Urwirbelplatten, wie die aus ihnen hervorgehenden Urwirbel sind median von einander getrennt, indem die Medullarplatte sich rinnenförmig zwischen sie einsenkt (Fig. 20). Unterhalb dieser Rinne ist ein neues Gebilde entstanden, welches zwischen die medialen Ränder der Urwirbel sich einbettet. Das ist ein aus Zellen gebildeter Strang, der vom Entoderm sich gesondert hat, die Anlage der Rückensaite, *Chorda dorsalis* (Fig. 19 *b, ch*). Vorne erstreckt sich dieser Strang in den Kopftheil der Anlage. Anfänglich abgeplattet, nimmt er später eine cylindrische Form an (Fig. 20). *Es ist die erste Anlage eines Achsenskeletes.*

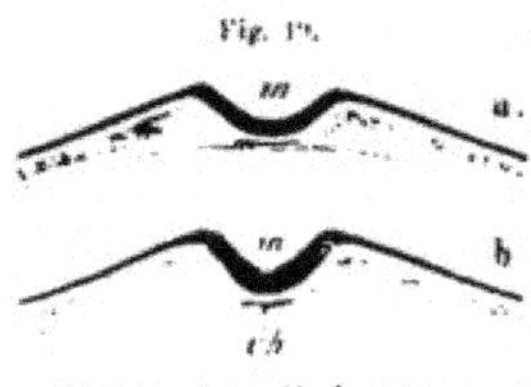

Fig. 19.
Querschnitt durch die Körperanlage. Schema. m Medullarrinne. ch Chorda.

Während der Gliederung der Urwirbelplatten in die Urwirbel geht in den Seitenplatten eine Spaltung vor sich. Eine äußere Schichte löst sich von einer inneren, indem ein Zwischenraum auftritt. Medial bleiben beide Lamellen unter einander in Verbindung. Die äußere, dem Ectoderm benachbarte, stellt die *Hautplatte* vor, die innere, dem Entoderm anliegende, die *Darmplatte* (Darmfaserplatte). Der mit dieser Spaltung aufgetretene Raum ist die primitive Leibeshöhle oder das *Cölom* (HAECKEL) (Pleuroperitonealhöhle).

Aus dem Ectoderm, in der Gegend zwischen den Urwirbeln und der Seitenplatte, formt sich *die Anlage* eines neuen Organs, indem daselbst jederseits in niederen Zuständen eine Rinne, in höheren ein Zellenstrang hervorgeht, welcher den ursprünglichen Zusammenhang aufgebend, in die Tiefe gelangte (Fig. 20 *a*). Durch ein in seinem Innern auftretendes Lumen wird er zu einem Canale, dem *Urnierengang*. Endlich ist nach dem Auftreten der ersten Urwirbel noch für ein anderes Organsystem die Anlage gebildet worden. Seitlich im Kopftheile ist nämlich die

Spaltung der Seitenplatten gleichfalls erfolgt. Der dadurch gebildete, als eine Fortsetzung des Cölom erscheinende Raum wird aber zum großen Theile von einer nach außen gegen die Hautplatte vorgebuchteten Falte der Darmplatte eingenommen, welche mit ihren Umbiegerändern nach innen gegen das Entoderm zu vorspringt (Fig. 21 h'). In dieser Falte liegt ein Schlauch eingeschlossen, welcher schräg von vorne nach hinten sich erstreckt, mit seinem vorderen Ende gegen das vordere Ende des Kopftheils tritt, mit seinem hinteren über die Parietalzone hinaus in den Gefäßhof ragt. Diese beiderseits bestehende Bildung stellt die Anlage des *Herzens* vor, die aus dem paarigen Verhalten durch spätere Verschmelzung in ein einheitliches Organ übergeführt wird.

Fig. 20.

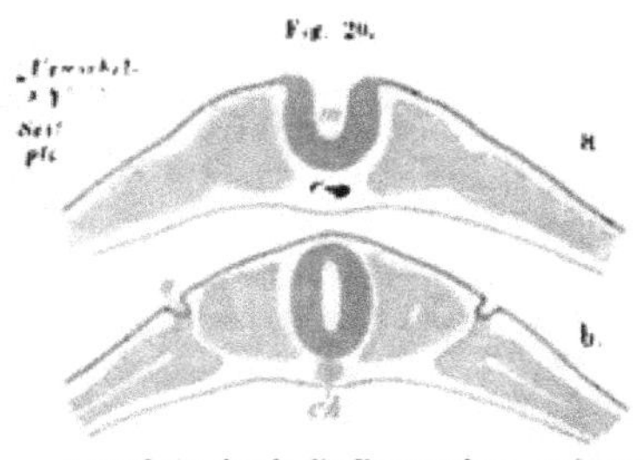

Querschnitt durch die Körperanlage. (Schema.)

Der innere Schlauch (Endocardialrohr) ist durch einen Zwischenraum von der durch die Darmplatte gebildeten Röhre getrennt, verschmilzt aber später mit ihr, so dass nur das Lumen des Endocardialschlauches (innere Herzhöhle) fortbesteht und jener Zwischenraum (äußere Herzhöhle) schwindet.

Fig. 21.

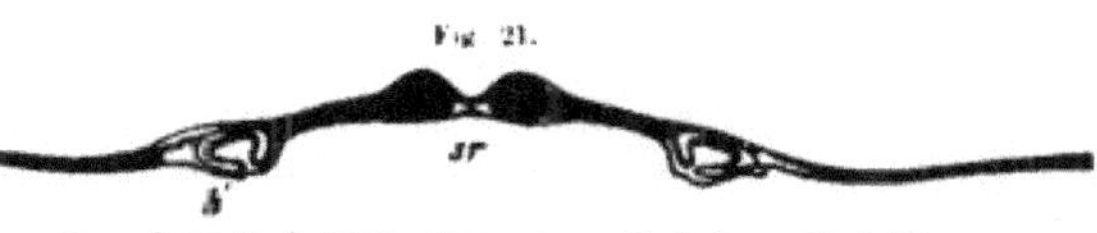

Querschnitt durch die Kopfanlage eines Kaninchens. Nach Kölliker.

Nachdem für eine Reihe von Organsystemen die Anlagezustände dargestellt wurden, erübrigt noch der Anlage des *Darmes* zu gedenken, der eigentlich durch den gesammten, vom Entoderm umschlossenen Raum repräsentirt wird. Da aber von diesem Raume nur ein sehr kleiner Theil in den Darm übergeht, handelt es sich vielmehr um diesen. Mit Bezug hierauf ist die vom Entoderm ausgekleidete Fläche der Embryonalanlage als Anlage des Darmes zu bezeichnen, dessen Wand dann in jener Ausdehnung vom Entoderm und der aus dem Mesoderm entstandenen Darmplatte vorgestellt wird. In der Medianlinie, unterhalb der Chorda dorsalis, bildet diese Darmanlage eine Rinne, deren Entstehung vorzüglich durch die Verdickung der Urwirbelplatten und Kopfplatten und den dadurch jederseits erzeugten ventralen Vorsprung bedingt ist.

Fig. 22.

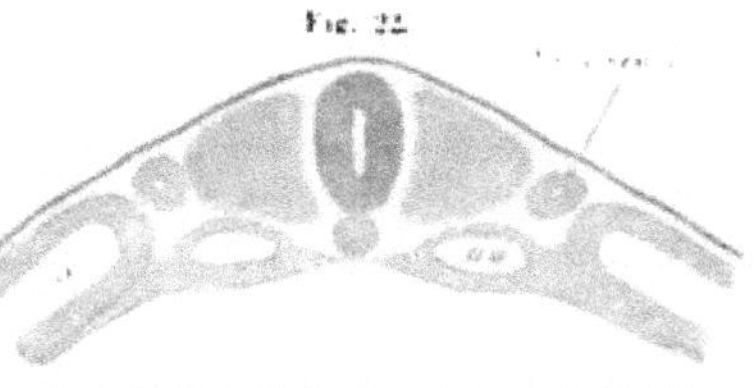

Querschnitt durch die Kopfanlage. (Schema.)

Im Bereiche des Kopftheiles wird noch durch die beiderseits nach innen, resp. abwärts vorspringenden Herzanlagen eine seitliche Begrenzung der Darmanlage geboten, welche Strecke die Anlage der Kopfdarmhöhle (Fig. 21 *sr*) repräsentirt.

§ 36.

An den bisher in ihrer ersten Anlage geschilderten Organen beginnen nun Veränderungen Platz zu greifen, welche auch die äußere Gestaltung des Embryo beeinflussen. Vor allem gilt das von der Anlage des centralen Nervensystems. Während die Medullarplatte nach hinten zu noch flach ausläuft, sind vorn deren Ränder stark erhoben. Im Kopftheile der Anlage ist sie bedeutend verbreitert und lässt hier mehrere weitere Stellen wahrnehmen, durch engere Strecken von einander geschieden. Der ganze, vor den Urwirbeln gelegene Abschnitt der Medullarrinne repräsentirt die durch größere Breite ausgezeichnete Anlage des *Gehirnes* (Fig. 23 *g*), während der übrige Theil jene des Rückenmarks vorstellt. Damit sind die zwei Hauptabschnitte des centralen Nervensystems gesondert, die anfänglich nur durch die Zeitfolge ihres Entstehens, sowie durch die Örtlichkeit unterschieden waren. An der Gehirnanlage ist stärkeres Breitewachsthum besonders am vordersten Theile der Medullarplatte mit einer größeren Abflachung verknüpft. Von den nach und nach aufgetretenen Erweiterungen ist die vorderste, die den breitesten Abschnitt umfasst, die Anlage des Vorderhirns, eine zweite stellt das Mittelhirn vor, und die hinterste, längste, wird als Nachhirn bezeichnet. Die fortgesetzte Erhebung der Ränder und ihr Gegeneinanderwachsen wandelt die Rinne allmählich zu einem Rohre um (Fig. 20 *a b*). Der Verschluss der Medullarrinne geht am Gehirn von hinten nach vorn vor sich; bevor er das Vorderhirn erreicht hat, ist an dessen Seitentheilen eine seitliche Ausbuchtung aufgetreten. Das sind die Augenbuchten, Anlagen der Augenblasen (Fig. 26 *g*). Nach hinten setzt sich die Umbildung der Medullarrinne zu einem Rohre auf das Rückenmark fort. Gleichzeitig wächst die Embryonalanlage nach hinten zu, und damit besteht eine entsprechende Ausdehnung der Medullarplatte in der gleichen Richtung. Somit dauert der indifferente Zustand am hinteren Leibesende länger, und da trifft man die Medullarplatte noch flach, während sie vorne schon zum Rohre sich umgebildet hat. Beim Schluss der Rinne zum Rohre geht der Zusammenhang der Medullarplatte mit dem Hornblatte allmählich verloren. Die beiderseitigen Ränder des letzteren verschmelzen an der Umbiegestelle in die Wand des Medullarrohrs unter einander und das Hornblatt liegt unmittelbar über dem Medullarrohr. Später wachsen von den Kopfplatten und von den Urwirbeln her Gewebslagen zwischen Hornblatt und Medullarrohr und lassen letzteres eine tiefere Lage gewinnen.

Fig. 23.

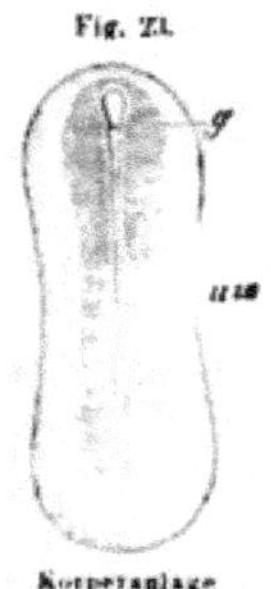

Körperanlage mit beginnender Urwirbelbildung. *g* Gehirn.

Der Schluss der Medullarrinne hat eine bedeutende Erhebung an der Rückenfläche der Embryonalanlage hervorgebracht. Ansehnliches Wachsthum des gesammten Medullarrohrs bedingt eine Krümmung des Embryo nach der ventralen Fläche zu. Das bedeutende Übergewicht, welches die Gehirnanlage über die anderen Gebilde des Kopftheils gewinnt, lässt letzteren mit seinem das Vorderhirn enthaltenden Theile abwärts gekrümmt erscheinen.

Schon vorher war am vorderen Rande der Körperanlage eine nach unten und hinten umgeschlagene Stelle aufgetreten, indem der Vordertheil sich mächtiger entwickelt und damit die Kopfanlage frei hervortreten lässt (Fig. 24 *a. K.*). Dieses macht sich allmählich in höherem Maße geltend (Fig. 24 *b. c. K.*), und ähnlich zeigt sich auch eine Umschlagsfalte am hinteren Körperende, die der vorderen entgegengerichtet ist. Diese hat ihren Grund in einer mächtigeren Entwickelung des Hintertheils, der sich gleichfalls frei über die benachbarten Theile der Keimblase erhebt. Beide Umschlagestellen wachsen allmählich einander entgegen (Fig. 24 *d.*); die vom Kopfe ausgehende lässt mit ihrem Wachsthum auch die Seitenränder der Kopfanlage daran theilnehmen und ruft so die Entstehung eines im Kopfe blind geendeten Hohlraumes hervor, der hinter der Falte mit der Keimblase (Fig. 24 *b Kbl.*) communicirt. Das ist die *Kopfdarmhöhle*. Durch das Hervorwachsen des hinteren Körperendes wird eine ähnliche, aber ungleichwerthige Cavität abgegrenzt. Wie die Kopfdarmhöhle mit der weiteren Ausbildung des Kopfes sich vergrößert, so wird auch die zuletzt erwähnte Höhle mehr und mehr vertieft, sie bildet die *Beckendarmhöhle*. Die vordere und die hintere Falte setzen sich immer weiter auf den seitlichen Rand des Körpers fort und treten so durch seitliche, medianwärts vorspringende Faltenbildungen, welche die nebenstehende Fig. 25 *a. b. c.* versinnlicht, unter einander in Zusammenhang.

Fig. 24.

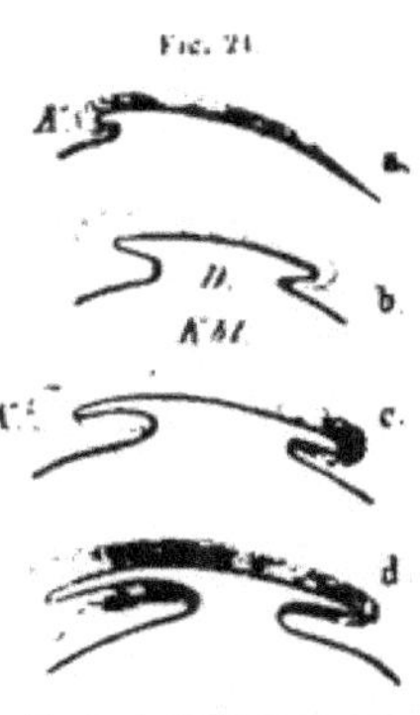

Längsschnitt-Schemata von Körperanlagen. *K* Kopf. *D* Darmanlage. *Kbl* Keimblase.

Fig. 25.

Querschnitt-Schemata von Körperanlagen.

Durch diese Vorgänge wird der Embryo von der Keimblase mehr und mehr abgeschnürt. Das von der Keimblase aus in den embryonalen Körper sich fortsetzende Entoderm bildet in letzterem die Auskleidung der in den Kopf wie in das hintere Körperende sich ausbuchtenden Darmanlage, deren äußere Wand von der aus der Spaltung der Seitenplatten entstandenen Darmplatte (Darmfaserplatte) gebildet ist. Damit ist also an der ursprünglich einheitlichen Anlage eine Sonderung eingetreten. Der embryonale *Leib hat sich nicht über die ganze Keimblase ausgedehnt, sondern aus einem Theile ihrer Wand entwickelt, einen Theil ihres Raumes als Darmhöhle in sich aufnehmend, indes die übrige Keimblase eine peripherische Lage zum Körper erhält.* Die ursprüngliche Gleichwerthigkeit der Höhle der Keimblase mit der Darmhöhle äußert sich auch darin, dass die Darmplatte auf die Keimblase sich fortgesetzt hat. Dieses so mit dem Darm communicirende Gebilde stellt den *Dottersack* vor.

Mit dieser Abschnürung des Embryo von dem als Dottersack übrig bleibenden Theile der Keimblase tritt also zuerst das vordere, dann aber auch das hintere Körperende hervor (vgl. Fig. 24) und führt zu einer Sonderung des Kopfes und des hinteren Körpertheiles.

Die Entwickelung der ventralen Wand der Kopfdarmhöhle ist mit Lageveränderungen der beiden Herzanlagen verbunden. Diese treten mit den sie umgebenden Räumen des Cölom nach der Medianebene gegen einander und lassen dann die entsprechenden Wandungen unter einander verschmolzen erscheinen. Da aber jede der schlauchförmigen Herzhälften die von der Darmplatte gebildete Wand medial mit der Cölomwand im Zusammenhang stehen hat, so besteht hier zwischen beiden Hälften eine einheitliche Scheidewand. Die beiderseits die Herzschläuche umgebenden, dem Cölom entstammenden Hohlräume treten dann ventral unter einander in Communication und stellen einen einheitlichen Raum vor, welcher sich von dem Zusammenhange mit dem jederseits in den Rumpftheil der Körperanlage sich fortsetzenden übrigen Cölom, der Pleuroperitonealhöhle, löst und die Anlage der Pericardialhöhle bildet. Die Scheidewand beider Herzhälften erhält sich dorsal noch längere Zeit, und bildet auch nach der Verschmelzung der Lumina beider Hälften zu einem einheitlichen Schlauche eine Verbindung des letzteren mit der hinteren Wand der Pericardialhöhle: das *Mesocardium*.

Noch zur Zeit der völligen Trennung beider Herzhälften sind an denselben einzelne Abschnitte unterscheidbar, die auch später eine Rolle spielen. Bei eintretender Concrescenz der Herzhälften sind es die entsprechenden Abschnitte, welche sich unter einander verbinden. Die beiden Aorten bleiben dagegen getrennt. Die einzelnen Abschnitte des Herzens lernen wir bei diesem kennen.

Erstes Gefäßsystem.

§ 37.

Mit der Entstehung eines Gefäßsystems gelangt der Embryo auf eine höhere Stufe. Jenes Organsystem besorgt ihm die für die Entwickelung bedeutsamste Function, die Ernährung, und ist das erste, welches aus der bloßen Anlage heraus in wirkliche Thätigkeit tritt und damit in leistungsfähigem Zustande erscheint. Es bezeichnet für den gesammten Entwickelungsgang ein wichtiges Stadium, welches zumal wegen der in ihm gebotenen Anknüpfungspunkte für spätere Darstellungen nähere Betrachtung erheischt. Die höchst mangelhafte Kenntnis dieses Stadiums beim Menschen lässt auch hierfür ein Beispiel von genauer gekannten Entwickelungszuständen der Säugethiere entnehmen.

Am Körper des Embryo ist bereits ein Kopf gesondert, während der Rumpftheil des Leibes sich wenig über den Fruchthof erhebt. Die innerste Schichte des letzteren, das Entoderm, setzt sich in dem Rumpftheil des Körpers zur Darmanlage fort, welche vorwärts in die Kopfdarmhöhle sich ausbuchtet. Die im Fruchthofe vom Mesoderm aus gebildete Schichte hat sich, wie bereits oben gesagt, von der Körperanlage des Embryo her gesondert, und ihre innerste Lage erscheint als Darmplatte (Darmfaserplatte). In dieser dem Entoderm angeschlossenen Lage geht die Gefäßentfaltung im Umfange des Fruchthofes vor sich, der dadurch zum *Gefäßhofe* (Area vasculosa) wird. Auch in der Körperanlage treten vom Entoderm aus Gefäße auf (RABL), so dass auch die anderen wohl derselben

Quelle entspringen werden. Die Anordnung des gesammten Gefäßsystems stellt sich in folgender Weise dar: das *Herz* ist bereits ein einheitlicher, an der ventralen Wand der Kopfdarmhöhle gelegener Schlauch geworden (Fig. 26 *d*), der eine charakteristische S-förmige Krümmung besitzt. Vom vorderen Ende des Herzens entspringen zwei Gefäße, welche im Bogen die Kopfdarmhöhle umziehen und dann, parallel mit einander, seitlich von der Chorda dorsalis nach hinten verlaufen. In der vorstehenden Zeichnung (Fig. 26) ist nur die im Rumpftheil verlaufende Strecke dieser Gefäße von unten her durch die offene Stelle sichtbar, an der die Keimblasenhöhle mit der Darmanlage im Körper des Embryo communicirt. Jene beiden Gefäße sind *die primitiven Aorten*. Jede derselben sendet lateral eine Anzahl von Arterien im rechten Winkel ab. Sie gehen unverzweigt über die Körperanlage hinweg in den Gefäßhof über. Es sind die *Arteriae omphalo-mesentericae*. Im Gefäßhof lösen sie sich in ein oberflächlich liegendes Netz von Gefäßen auf.

Fig. 26.

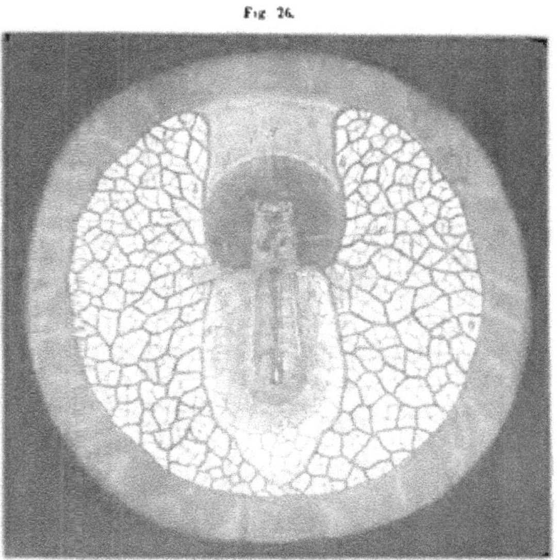

Gefäßhof eines Kaninchenembryo von der Ventralseite. *a* Vena terminalis, *b* V. omphalo-mesenterica, *c* hinterer Ast derselben, *d* Herz, *e* primitive Aorten, *ff* Art. omphalo-mesentericae, *g* Vorderhirn mit den primitiven Augenblasen nach Bischoff.

Die hinteren Enden der primitiven Aorten setzen sich gegen die Wand des Enddarmes fort und gewinnen daselbst Beziehung zur Anlage der Allantois (s. § 14).

Mit dem oberflächlichen, im ganzen Gefäßhofe ausgebreiteten arteriellen Gefäßnetze steht ein zweites, tieferes, d. h. näher dem Entoderm zu gelegenes im Zusammenhang (vgl. Fig. 26). Es repräsentirt den venösen Abschnitt, da aus ihm zum Herzen zurückkehrende Gefäße, die beiden *Venae omphalo-mesentericae*, hervorgehen. Jede derselben setzt sich im Gefäßhofe aus einem vorderen und einem hinteren Gefäße zusammen. Das vordere *b* kommt von der den gesammten Gefäßhof umziehenden Randvene (*a*), welche überall mit dem Gefäßnetze anastomosirt, das hintere *c* sammelt sich aus jeder Hälfte des Gefäßhofes. Dieser Gefäßapparat besitzt also seine größte Verbreitung außerhalb des embryonalen Körpers, auf dem später zum Dottersack sich gestaltenden Theile, und behält selbst da, wo er im Bereiche der Körperanlage sich findet, vorwiegende Beziehungen zur Darmwand, aus der auch die Anlage des Herzens entstand.

Die Bedeutung des ersten Gefäßsystemes für die Entwickelung des embryonalen Körpers wird durch die Annahme verständlich, dass das in der Dottersackwand sich verbreitende Gefäßnetz, und zwar die venöse Schichte desselben, dem Körper Ernährungsmaterial zuführt, welches die Aorten und die ersten Strecken der Arteriae omphalomesentericae im Körper vertheilen. Nun ist aber der Inhalt des Dottersackes bei Säugethieren nur eine Flüssigkeit, deren Nahrungswerth unbekannt ist. Deshalb erscheint es unsicher, ob dieses erste Gefäßsystem in jener Bedeutung aufgefasst werden darf, wenn man auch annehmen darf, dass das allmählich die Keimblase füllende Fluidum, vom Uterus geliefert, zur Ernährung verwendet wird. Begründen lässt sich diese Annahme durch das Wachsthum des embryonalen Körpers, welches keinem Zweifel unterliegt. Anders verhält sich diese Frage bei den Wirbelthieren mit meroblastischen Eiern, deren Dottersack mit Dotter angefüllt ist. Stellen wir uns das oben beschriebene Gefäßsystem in diesen Fällen vor, wie es in ähnlichem Verhalten wirklich daselbst vorkommt, so wird uns, bei dem zweifellos stattfindenden allmählichen Verbrauche des im Dottersack aufgespeicherten Materials durch den Embryo klar, wie die Gefäße des Dottersackes die postulirte Rolle spielen. Dadurch wird begründet, dass der Dottersack der Säugethiere ursprünglich geformtes Dottermaterial enthielt, wie Monotremen und Beutelthiere es noch besitzen. Das Säugethier-Ei geht also von einem Zustand aus, in welchem es bezüglich des Dotterreichthums den Eiern niederer Vertebraten (Amphibien, Reptilien u. s. w.) näher stand. Die große Übereinstimmung dieses Gefäßapparates der Säugethiere und der niederen Wirbelthiere, wenigstens in allen wesentlichsten Punkten, führt ohnehin zu der Vorstellung einer hier vorliegenden fundamentalen Einrichtung.

Äußere Gestaltung des Embryo.

Entwickelung des Kopfes.

§ 38.

Für die frühesten Zustände des Kopfes sind metamere Einrichtungen gegeben, die bei den Säugethieren nur theilweise zur Anlage gelangen. Wir haben im Kopfe eine doppelte Beziehung ausgeprägt, welche alle seine Verhältnisse, selbst bei der größten Umgestaltung, beeinflusst. Erstlich birgt der Kopf das *Gehirn*, und steht dadurch mit *Sinnesorganen* in Verbindung, und zweitens umschließt er den Anfangstheil des Darmes, die *Kopfdarmhöhle*, deren seitliche Wand von Spalten durchbrochen ist. Diese sind durch spangenförmige Stücke von einander getrennt, welche bei Fischen, auch noch bei Amphibien die Organe der Athmung, die Kiemen, tragen, daher *Kiemenbogen* (Visceralbogen) benannt sind. Diese fundamentalen Einrichtungen verleihen der Kopfdarmhöhle hier auch respiratorische Bedeutung. Durch Ausbildung, Sonderung, aber auch durch Rückbildung einzelner Bestandtheile kommt dem Kopfe allmählich ein etwas differenteres Verhalten zu, und damit entfernt er sich allmählich vom primitiven Zustande, der selbst nicht mehr völlig zur Anlage gelangt.

Von den Organen des Kopfes ist es vornehmlich das Gehirn, welches bedeutenden Einfluss auch auf die äußere Form ausübt. Man kann sagen, dass die Ausbildung des Gehirns den größten Theil der Gestaltung des Kopfes bestimmt.

Nicht blos neue Differenzirungen an der Hirnanlage, sondern auch die mächtige Entfaltung derselben begleiten, oder bedingen vielmehr eine Volumzunahme des Kopfes, der zugleich immer weiter vorzuwachsen scheint und damit vom Rumpfe selbständiger sich darstellt. Vorwiegendes Wachsthum der oberen Theile der zu blasenförmigen Bildungen umgewandelten Abschnitte des Gehirns, und zwar wesentlich des Vorder- und des Mittelhirns, ruft Krümmungen des Kopfes hervor. Das Vor- und Abwärtswachsen des Vorderhirns lässt dasselbe bald auf der ventralen Seite des Kopfes erscheinen, während das Mittelhirn im obersten Theile des Kopfes sich findet und den *Scheitelhöcker* bildet. Das abwärts gerichtete und unter Bildung zweier Hälften auch ziemlich verbreiterte Vorderhirn bildet dann mit den hinteren Hirntheilen einen Winkel, der die vordere Kopfkrümmung (*Gesichtsbeuge*) erzeugt (vergl. oben § 37). Nach dieser entsteht in der Gegend des Nachhirns eine zweite Krümmung. Sie entspricht der Nackenregion und bildet die hintere Kopfkrümmung (*Nackenbeuge*), deren äußerer Vorsprung den *Nackenhöcker* repräsentirt. An ihm sind die ersten Metameren des Rumpfes betheiligt, derart dass die letzte Strecke der Krümmung der späteren Halsregion des Körpers angehört. Durch diese beiden Krümmungen wird der Kopf des Embryo dem Rumpfe, besonders dem gleichfalls stark gekrümmten Hinterende desselben sehr genähert. An der Seite des Kopfes, und zwar hinter dem durch das Vorderhirn gebildeten Vorsprunge werden die Augen angelegt. In der Gegend des Nachhirns, also am hinteren Theile des Kopfes, bildet jederseits eine Einsenkung des Ectoderm den ersten Schritt zur Entstehung des Gehörorganes. Die Entstehung der Sinnesorgane giebt also gleichfalls einen wichtigen Factor zur Ausbildung des Kopfes ab.

Fig. 27.

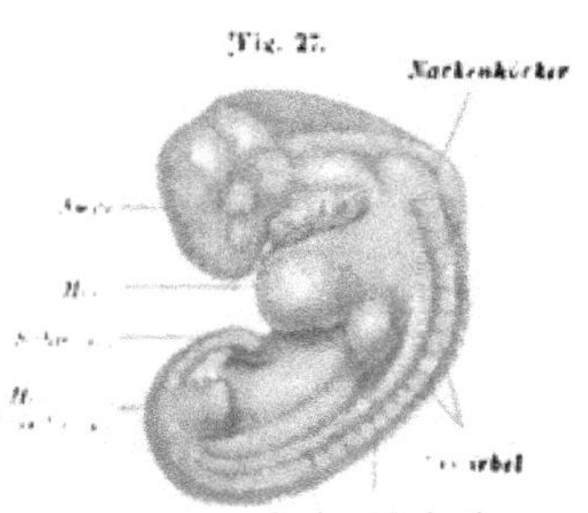

Embryo von 5.6 mm Länge von der linken Seite. Vergrößert. Nach H. Fol. m Unterkiefer. h Zungenbeinbogen. k¹ Kiemenbogen.

An der ventralen Seite des Kopfes prägt sich unterhalb der vom Vorderhirn gebildeten Protuberanz eine seichte Einsenkung aus: die *Mundbucht*. Sie wird tiefer, nach Maßgabe der Erhebung ihrer Ränder, welche sie allmählich rautenförmig erscheinen lassen. Weiter abwärts an der vorderen Wand der Kopfdarmhöhle bildet das Herz eine ansehnliche Ausbuchtung, welche noch ganz nahe an den hinteren Rand der Mundbucht grenzt und sich entschieden als einen noch dem Kopfe zugehörigen Theil kundgiebt.

Der Eingang in die Mundbucht wird anfänglich oben von dem durch das Vorderhirn eingenommenen Kopftheil begrenzt und unten jederseits durch ein von hinten und oben herabtretendes, wulstförmiges Gebilde umzogen, welches mit dem anderseitigen in der Medianlinie sich vereinigt. Solcher Bogen finden sich bei Säugethieren hinter dem vorderen noch zwei, an Größe abnehmend. Es sind die *Kiemenbogen*, bei den Säugethieren auf eine Minderzahl reducirt. Die zwischen den Bogen befindlichen Furchen, durch welche die Bogen als Wülste oberflächlich hervortreten, senken sich gegen die Kopfdarmhöhle ein. Von der letzteren aus entstehen taschenförmige Ausbuchtungen, so dass die epitheliale Auskleidung der Kopfdarmhöhle mit dem Ectoderm in Contact kommt. An der ersten, wahrscheinlich auch an der zweiten und dritten Tasche entsteht eine Durchbrechung, dieses sind die *Kiemenspalten*, in denen die Grundzüge einer fundamentalen Organisation der Wirbelthiere sich wiederholen.

Der erste Kiemenbogen begrenzt allgemein die Mundöffnung, lässt Kiefertheile entstehen; daher Kieferbogen. Er entsendet den *Oberkieferfortsatz*, indes der übrige Theil des Bogens — *als Unterkieferfortsatz* (Fig. 27 *m*) — den Mund von unten und seitlich begrenzt. Der Oberkieferfortsatz setzt sich gegen den vorderen Theil des Kopfes durch eine vom Auge bis zur Mundöffnung herabziehende Rinne ab. Der zweite Kiemenbogen ist kürzer und begrenzt mit dem ersten Bogen die erste Kiemenspalte. Es ist der Zungenbeinbogen. Noch kürzer ist der dritte Bogen, der die zweite, kleinere Kiemenspalte abschließt und eine dritte Spalte hinter sich liegen hat. Ein vierter Bogen ist nur insofern angedeutet, als hinter der dritten Spalte noch eine Stelle besteht, die einer vierten Spalte zwar in der Lage entspricht, aber nicht wirklich durchbricht.

Ventral ist anfänglich nur der erste Bogen in medianer Verbindung mit dem anderseitigen. Zwischen den ventralen Enden des zweiten und dritten drängt sich das Herz hervor. Erst das allmähliche Herabtreten desselben gestattet auch den anderen Bogen eine ventrale Vereinigung, womit freilich auch ein Verschwinden dieser Gebilde verknüpft ist.

Der gesammte Apparat der primitiven Kiemenbogen und der dazwischen befindlichen Spalten erscheint nicht erst bei den höheren Wirbelthieren reducirt. Amphioxus besitzt viele solcher Bogen; bei manchen Haien bestehen noch 8—9, bei anderen nur 7. Eine noch geringere Zahl bei Knochenfischen und Amphibien. Die Rückbildung geht allgemein von hinten nach vorne zu und ergreift in den genannten Abtheilungen früher den Kiemenbesatz der Bogen als die Bogen selbst, so dass letztere bereits ihre functionelle Beziehung zur Athmung verloren haben und rudimentär geworden sind, bevor sie gänzlich verschwinden.

Von einem nicht zu Stande gekommenen Verschluss einer der hinteren Kiemenspalten leitet sich das Vorkommen einer an sich meist unansehnlichen Missbildung, der *Fistula colli congenita* ab. Ein feiner Gang führt von einer der aus der Kopfdarmhöhle entstandenen Räumlichkeiten (Pharynx, Kehlkopf oder Luftröhre) aus an die Oberfläche des Halses herab, um da (meist über dem Sterno-clavicular-Gelenk) zu münden. Zuweilen hat der Gang seine innere Communication verloren.

§ 39.

Die Kiemenspalten bilden sich alle zurück, schließen sich gänzlich, und zwar die vorderen früher als die hinteren. Aber von der ersten bleibt auch nach ihrem Verschlusse eine äußerlich vertiefte Stelle übrig, welche allmählich mehr dorsalwärts tritt und zu einer mit dem Gehörapparate in Verbindung tretenden Einrichtung verwendet wird (Fig. 27). Der Verschluss der Spalten ist von einer Rückbildung der Kiemenbogen begleitet, insofern diese äußerlich nicht mehr deutlich sich abgrenzen. Nur der erste, in der unteren Begrenzung der Mundöffnung befindliche bleibt selbständiger. An der über der Mundöffnung gelegenen Oberfläche des vorderen, das Gesicht vorstellenden Theils des Kopfes sind inzwischen Neugestaltungen eingetreten. Hier bildet jederseits eine grübchenförmige Vertiefung die Anlage des Riechorgans. Eine Verdickung des Ectoderm leitet diese Bildung ein, die beim Menschen in der vierten Woche erkannt ist. Beide *Riechgruben* stehen ziemlich weit von einander. Reicheres Wachsthum des zwischen beiden Gruben befindlichen Gewebes lässt einen in die obere Begrenzung der Mundspalte eingehenden Vorsprung entstehen, den *Stirnfortsatz*. Durch voluminösere Ausbildung desselben werden die Riechgruben tiefer gebettet, namentlich dadurch, dass von jenem her zwei kürzere Fortsätze sie umwachsen. Ein *innerer Nasenfortsatz* umfasst die Riechgrube an der medialen Seite und lateral tritt der *äußere Nasenfortsatz* vom Stirnfortsatze her um sie herum. Beide gelangen fast bis zum Ende des Oberkieferfortsatzes, den der erste Kiemenbogen abgab. Der äußere Nasenfortsatz ist aber vom Oberkieferfortsatz durch eine seichte Furche geschieden, die vom Auge zur Begrenzung der Mundöffnung zieht. Das ist die *Thränenfurche*. Auch der innere Nasenfortsatz ist vom lateralen wie vom Oberkieferfortsatz durch eine kurze, von der Riechgrube aus zum Mundrande verlaufende Furche getrennt, die *Nasenfurche*. Beide Furchen sind auf einer kurzen Strecke als Thränennasenfurche vereinigt. Hiermit sind außerordentlich wichtige Sonderungen angelegt. Indem die Thränenfurche sich später in einen Canal umwandelt, bildet sich daraus der Ableiteapparat der Thränenflüssigkeit hervor. Auch die Nasenfurche schließt sich zu einem Canale, dem inneren Nasengange ab, der dann hinter der oberen Begrenzung des Mundrandes in die Mundhöhle sich öffnet. Die inzwischen durch fortgesetztes Wachsthum ihrer Umgebung noch tiefer in den Gesichtstheil des Kopfes gerückten Riechgruben haben dann je eine äußere Öffnung, die zur äußeren Nasenöffnung wird, und eine innere, die in die primitive Mundhöhle leitet.

Fig. 28.

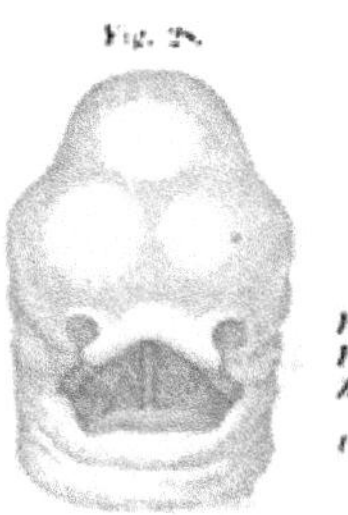

Kopf eines 5wöchigen Embryo von vorn. Aus Kollmann nach Coste.

Im weiteren Verlaufe der Ausbildung dieser Theile gestaltet sich aus dem Stirnfortsatze die äußere Nase, die vom unteren Rande des letzteren sich absetzt und diesen in die bleibende Begrenzung des oberen Mundrandes eingehen lässt. Der mediane Theil der Oberlippe, sowie der Zwischenkiefer (s. Skelet) nehmen daraus ihre Entstehung. Je weiter jene sich ausbilden, um so tiefer treten die Riechgruben ins Innere des Gesichtstheiles des Kopfes an der Schädelbasis zurück. Mit der durch die Bildung des Gaumens beginnenden Scheidung der primitiven Mundhöhle in zwei Etagen, deren obere, durch eine mit dem Stirnfortsatze zusammenhängende Scheidewand in zwei seitliche Räume getheilt, die Nasenhöhlen vorstellt, gehen die inneren Nasengänge in die Wandungen der letzteren auf. Die jeder

Nasenhöhle zukommende Riechgrube findet sich dann ohne scharfe Abgrenzung im oberen Raume derselben, und stellt die Regio olfactoria der Nasenhöhle vor.

Bei menschlichen Embryonen aus der sechsten Woche sind Nasenfortsätze und Oberkieferfortsatz noch nicht verschmolzen, und der Stirnfortsatz verläuft median vertieft gegen die Mundöffnung herab. Weiter einwärts bildet sich von dem Ectoderm der Mundbucht eine gegen das Gehirn emporwachsende Ausstülpung (RATHKE) in Gestalt eines Schlauches, welcher allmählich vom Ectoderm sich abschnürt. Es ist die Anlage des Hirnanhangs (Hypophysis). Diese Bildung erfährt sowohl in der Lage als auch in der Structur viele Veränderungen, deren beim Hirn gedacht wird.

Unvollständige Verwachsungen der oben beschriebenen Fortsatzbildungen, in höheren Graden auch die inneren Theile betreffend und auf verschiedene Art combinirt, kommen als Missbildungen vor (Gaumen-, Kiefer- und Lippenspalte). In geringerem Grade machen sich solche Entwickelungsdefecte in der »Hasenscharte« geltend, in der eine nicht vollständige Verschmelzung des medialen Nasenfortsatzes mit dem Oberkieferfortsatze, oder ein Defect der in die Oberlippe eingehenden Theile des Stirnfortsatzes wahrzunehmen ist.

§ 10.

Mit der Beendigung der im Bereiche des Gesichtes stattfindenden Vorgänge ist die Gestaltung dieses Körpertheils dem späteren Verhalten zwar um Vieles näher gebracht, aber noch immer bestehen vorzüglich in den Proportionen der Theile viele Eigenthümlichkeiten. Am gesammten Kopfe ist es die vom Nackenhöcker bis gegen den Scheitelhöcker sich erstreckende Region, welche nicht in dem gleichen Maße wie der vordere Theil des Kopfes fortwächst, so dass der Kopf allmählich die Neigung zur Bauchfläche des Rumpfes abmindert. Die untere Begrenzung des Mundrandes tritt als Unterkieferregion nach und nach etwas hervor und lässt so durch das dadurch bedingte Zurücktreten der Region der folgenden Kiemenbogen, die mit ihren Derivaten unter den Unterkiefer gelangen, die Sonderung des Kopfes in ein neues Stadium treten. Vom Kopfe wird ventral ein Hals abgesetzt. Damit ist ein weiteres Herabtreten des Herzens verbunden, welches allmählich aufhört eine äußere Vorragung zu bilden und mit der ferneren Ausbildung des Rumpfes in dessen Brusttheil zu liegen kommt.

Von anderen Veränderungen ist die der Lage der Augen bemerkenswerth. In der vierten Woche finden sie sich, wie bei den meisten Säugethieren, an der Seite des Kopfes. Unter einer Breitezunahme der hinteren Kopfregion gewinnen sie allmählich eine vorwärts gerichtete Lage und vervollkommnen dadurch den Gesichtstheil des Kopfes. Die Anlage des äußeren Ohres entsteht in der 6.—7. Woche aus einer wulstförmigen Erhebung des Integumentes in der Begrenzung der äußerlich durch eine Einsenkung dargestellten ersten Kiemenspalte, deren Emportreten an die Seite des Kopfes schon Erwähnung fand. Mit der ferneren Differenzirung jenes Wulstes ist in der 10.—11. Woche die definitive Gestalt der Ohrmuschel in den wesentlichsten Punkten ausgeprägt.

Rumpf und Gliedmaßen.

§ 11.

Während der ersten Differenzirung des Kopfes hat der übrige Theil der Körperanlage gleichfalls bedeutende Veränderungen erfahren, die mit der Bildung der Fruchthüllen in engem Connexe stehen. Wir gehen in der Darstellung dieser

Verhältnisse von einem Zustande aus, in welchem die Anlage des Rumpfes die Entstehung des Cölom und damit die Sonderung der Seitenplatten in primäre Hautplatten und Darmplatten darbietet (Fig. 29). Mit der Abhebung der Hautplatte von der Darmplatte tritt der Rand der ersteren einwärts gegen die Darmplatte vor und erhebt sich von da aus wieder aufwärts, während auch außerhalb der zum Körper sich gestaltenden Anlage eine Sonderung des Mesoderm in zwei Schichten Platz gegriffen hat. Der außerhalb des embryonalen Körpers befindliche Theil des Entoderm mit der inzwischen um ihn gewachsenen Mesodermschichte, die im Bereiche der Körperanlage die Darmplatte vorstellt, repräsentirt den *Dottersack* (*Saccus vitellinus*) (Fig. 29, 30 *Ds*). Die von den Bauchplatten aus in den Umfang des Blastoderm sich erstreckende Schichte wird vom Ectoderm und (wenigstens beim Hühnchen) gleichmäßig auch vom Mesoderm, als der Fortsetzung der Seitenplatten, gebildet. Bei Säugethieren soll das Mesoderm nur eine Strecke weit in die Bauchplatte fortgesetzt sein, so dass letztere im Übrigen nur vom Ectoderm vorgestellt wäre. Stellen wir uns nun eine, von jenem peripherischen Theil der Bauchplatte zur Seite des embryonalen Körpers gebildete Erhebung vor, die sich bedeutender vom Dottersack abhebt, als die primäre Bauchplatte am Körper selbst mit der Cölombildung von der Darmplatte sich entfernte. Diese Erhebung ist eine Falte, die auch für die Entstehung des Amnion von Wichtigkeit ist, wie bei den Fruchthüllen angegeben wird. Für unsere Zwecke ist der von den Bauchplatten der Leibesanlage an der Umbiegestelle in die proximale Partie jener Amnionfalte gebildete, nach dem Dottersack sehende Vorsprung von Wichtigkeit (Fig. 29 *bf*). Wir können ihn, da er in der That gleichfalls eine Umschlagestelle vorstellt und somit faltenähnlich erscheint, als *Bauchfalte* bezeichnen. Diese von der Hautplatte und dem Ectoderm gebildete Bauchfalte erstreckt sich längs des ventralen Randes der Anlage des Rumpfes. Am hinteren Ende desselben geht sie in einen, an der vorderen Wand der Enddarmhöhle von der hier bedeutend verdickten Darmplatte gebildeten Wulst über, den *Allantoiswulst* (Fig. 36).

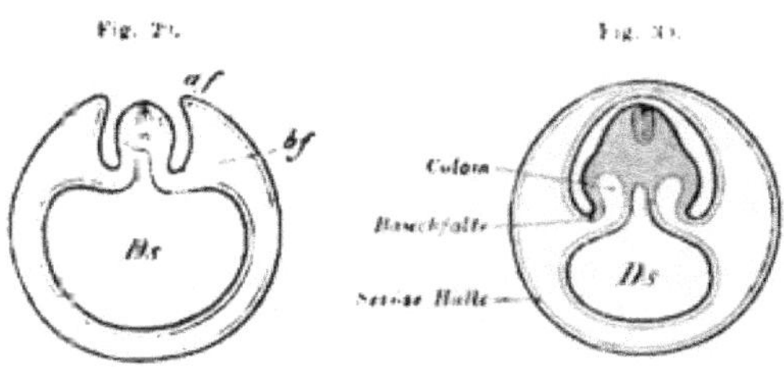

Schematische Querschnittsdarstellungen.

Die fortschreitende Vergrößerung der Körperanlage, die inzwischen sich in der angegebenen Art nach hinten zu differenzirt hat, zeigt ein nicht gleichmäßiges Wachsthum aller Theile. Die als Bauchfalte bezeichnete Partie bleibt nämlich gegen den übrigen Körper im Wachsthum zurück, und so kommt es, dass die primären Bauchplatten gegen einander convergiren, der gesammte Körper immer mehr vom Dottersack sich abhebt und gegen letzteren im Übergewichte erscheint. Während nach vorne zu der Kopf, nach hinten der Becken- und Caudaltheil des

Körpers hervortritt, ist der Rumpf an seiner Ventralseite offen, und diese Öffnung wird von der Bauchfalte umgrenzt. An dieser Stelle besteht auch kein Abschluss des Cölom, welches vielmehr hier in den, den Dottersack umgebenden Raum sich fortsetzt (Fig. 30). An derselben Stelle communicirt die Darmanlage mit dem Dottersack (Darmnabel).

Im ferneren Verlaufe der Entwickelung vermindert sich der Umfang der von der Bauchfalte umzogenen Öffnung im Verhältnis zum sich vergrößernden Körper. Die Bauchplatten haben den Körper ventral bis auf eine Stelle abgeschlossen. Diese Stelle bildet den *Nabel* (Bauchnabel). Die erste noch der Muskulatur entbehrende, dünne Bauchwand setzt sich nach dem Rücken zu deutlich gegen eine von den Muskelplatten und anderen Derivaten der Urwirbel gebildete Verdickung ab, welche allmählich in jene primitive Bauchwand einwächst. Das sind die secundären Bauchplatten, die mehr und mehr der ventralen Medianlinie sich nähern. Indem sie hier zusammentreffen und nur in der Nähe des Nabels weiter von einander entfernt bleiben, lassen sie die definitive Bauchwand entstehen. Diese begreift anfänglich auch noch die später der Brust zukommende Strecke in sich und wird erst mit der Entwickelung der thorakalen Skelettheile auf die ihr schließlich eigene Region beschränkt.

Der hinterste Theil des Rumpfes läuft in einen sich verjüngenden Fortsatz aus, der mit dem Auftreten der Hintergliedmaßen sich als Caudaltheil des Körpers darstellt und wesentlich gleiche Verhältnisse bietet, wie die Anlage des Schwanzes der Säugethiere (Fig. 27). Damit steht in Verbindung die Anlage einer größeren Zahl von Wirbeln, von denen die letzten nur angedeutet sind und frühzeitig schwinden. Mit der Ausbildung der hinteren Gliedmaßen, vor Allem der Hüftregion des Beckens, tritt der Schwanz allmählich zurück und erscheint nur als Höcker (Caudal- oder Steißhöcker), der mit der Entfaltung der Gesäßregion gleichfalls schwindet. Am Integumente erhalten sich noch Spuren des früheren Zustandes.

Diese Andeutungen werden durch eine stark eingezogene Stelle am Steißbeinende, die *Foveola coccygea* (Ecker), dargestellt. Sie ist bei Neugeborenen oft sehr deutlich, nicht selten auch bei Erwachsenen. Auch die anthropoiden Affen besitzen sie.

§ 42.

Der gesammte Rumpf bildet um die dritte Woche mit seinem Dorsaltheile eine den ventralen Theil bogenförmig umziehende Krümmung, so dass das Schwanzende der Stirngegend des Kopfes bedeutend genähert ist. Das voluminöse Herz drängt die noch dünne Wandung des Ventraltheiles des Körpers bedeutend hervor, und weiter abwärts von demselben bildet die Anlage der Leber gleichfalls eine Hervorwölbung. Die tiefer gelegene Abdominalregion ist noch von geringem Umfang und setzt sich in einen stielartigen Anhang fort, den *Nabelstrang*. Das Ende des Rumpfes läuft in das zwar verschieden ausgeprägte, aber nie fehlende Schwanzrudiment aus. Die Krümmung des letzten Rumpfabschnittes ist etwas seitlich gekehrt. Mit der Ausbildung der Baucheingeweide nimmt die Krümmung der Dorsalregion ab, der Körper gewinnt eine mehr gestreckte Gestalt, und die Entwickelung des Darmcanals lässt später auch die untere Abdominalregion etwas mehr vortreten.

Noch vor Einwachsen der secundären Bauchplatten in die primitive Bauchwand zeigen sich die Anlagen der *Gliedmaßen*. Sie bilden beim Menschen in der dritten Woche niedrige Wülste, die mehr und mehr hervorsprossend eine abgeplattete Gestalt mit gerundetem Rande annehmen. Die vordere Gliedmaße tritt in einiger Entfernung von der hintersten Kiemenspalte auf; die hintere hinter dem Nabel (Fig. 27). Beide sind ventralwärts und etwas nach hinten gerichtet, letzteres ist an der vorderen mehr als an der hinteren bemerkbar. Indem sie stärker sich ausbilden, beginnen sie vom Körper sich deutlicher abzugrenzen, und bald erscheint an ihnen eine Gliederung.

Das distale, plattenförmig gebliebene Ende setzt sich etwas vom proximalen Theile ab und bildet an der vorderen Gliedmaße die Anlage der Hand, an der hinteren jene des Fußes. Diese Theile lagern sich mehr und mehr gegen die ventrale Körperfläche und sind ziemlich gleichartig gestaltet. Mit der beim Menschen schon im 2. Monat vollzogenen Gliederung der proximalen Stücke der Gliedmaßen beginnt für vordere und hintere ein differentes Verhalten. An beiden lässt das proximale Stück bei fortgeschrittenem Wachsthum zwei Abschnitte hervorgehen. An der vorderen Gliedmaße sondert es sich in Ober- und Unterarm, welche beide in einem nach hinten gerichteten Winkel, dem Ellbogen, zusammenstoßen. An der hinteren Gliedmaße liefert die Sonderung des proximalen Stückes den Ober- und Unterschenkel, beide in einem nach vorn und zugleich entschieden seitlich gerichteten Winkel, dem Knie. Mit dieser Verschiedenheit sind bereits die typischen Eigenthümlichkeiten von beiderlei Gliedmaßen ausgesprochen. Hand- und Fußanlage besitzen aber noch gleichartige Stellung, indem ihre Beugefläche eine mediale Richtung aufweist. Die anfangs gleichartigen distalen Endabschnitte der Gliedmaßen — Hand und Fußplatte — beginnen in der 6.—7. Woche Differenzirungen kundzugeben (Fig. 31). An den Rändern jener Platten treten leichte, den Fingern und Zehen entsprechende Vorsprünge auf, die, anfänglich durch Einschnitte von einander getrennt, nach und nach freier sich entfalten, so dass im dritten Monat auch diese Theile deutlich sind. Die Sohlfläche des Fußes bleibt noch lange medial gerichtet und lässt den Fuß in einer der Hand ähnlichen Stellung erscheinen, welcher Zustand selbst beim Neugeborenen noch nicht völlig überwunden ist. Die laterale Stellung des Knices wie die Richtung der Fußsohle deuten auf Verhältnisse, in denen die hintere Extremität noch nicht ausschließlich

Fig. 31.

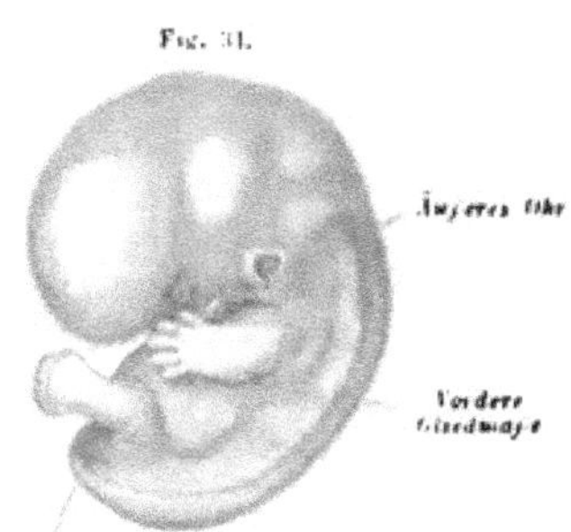

Embryo von 1,4 cm Länge von der linken Seite.

Gehwerkzeug war und ihr Endabschnitt mit der Hand gleiche Verrichtungen theilte.

Während der ganzen embryonalen Entwickelung zeigt sich der vordere Theil des Körpers in Vergleichung mit dem hinteren Theile bedeutender ausgebildet. Wenn auch dieses Verhältnis allmählich zu Gunsten des Beckens und der unteren Gliedmaßen sich abändert, so findet ein Ausgleich doch erst nach der Geburt statt und die Herstellung der dem Erwachsenen zukommenden Proportionen beansprucht die lange Zeit postembryonaler Entwickelung.

Das *erste Auftreten der Gliedmaßen* ist bezüglich der Localität beachtenswerth. Die vordere (obere) tritt im Bereiche jener Urwirbel auf, aus denen die Anlagen der letzten Halswirbel und etwa noch die des ersten Brustwirbels hervorgehen. Sie entspricht also in ihrer Lage keineswegs dem späteren, sie der Brustregion zutheilenden Verhalten, sondern muss, um an jene Stelle zu gelangen, abwärts rücken. Das primitive Verhalten spricht sich aber noch in den Nerven der oberen Gliedmaßen aus, die jenem Urwirbelbezirke entsprechen. Beide Thatsachen deuten auf einen selbst von den Säugethieren weit entfernten Zustand, in welchem die Vordergliedmaßen noch mehr dem Kopf genähert sind. Die Anlage der hinteren Gliedmaße entspricht ebenfalls dem Bezirke der Nerven, welche ihr später zugetheilt sind. Es ist die Strecke vom letzten Urwirbel der Lendenregion bis zum dritten oder vierten Urwirbel der Sacralregion. Man könnte also hier ein Verbleiben der Gliedmaßen am Orte ihres ersten Erscheinens statuiren, wenn nicht die Untersuchung der Skeletverhältnisse älterer Embryonen ein Vorrücken der Gliedmaßen um mindestens einen Wirbel gelehrt hätte. (Näheres hierüber siehe bei der Wirbelsäule.)

Die äußeren Verhältnisse des embryonalen Körpers fanden vielfache bildliche Darstellung. Von älteren führe ich an: S. Th. Sömmerring, Icones embryonum humanorum, Francofurti 1799.

Neuere sind: Erdl, Die Entwickelung der Leibesform des Menschen. Leipzig 1846. Ferner Coste, Hist. générale et particulière du développement des corps organisés, Paris 1847—59. W. His, Anatomie menschl. Embryonen I. II., Leipzig 1880, 1882.

Über das Schwanzrudiment s. Rosenberg, Morphol. Jahrb. I. S. 127. Ecker, Arch. f. Anthropologie, Bd. XII. S. 134.

III. Entwickelung der Embryonal- oder Frucht-Hüllen.

§ 43.

Die unter vorstehendem Namen zusammengefassten Gebilde sind nicht nur verschiedenartiger Abstammung, sondern auch von differenter Bedeutung für den Organismus des Embryo. Dass sie außerhalb des letzteren liegen und denselben während seines intrauterinen Lebens umgeben, ist das einzige Gemeinsame. Die erste Umhüllung des Eies, das noch im Ovarium entstandene Oolemma (Zona pellucida) sammt der dieses umgebenden, vom Eileiter gelieferten Eiweißschichte bleiben während der ersten Entwickelungsvorgänge noch bestehen. Es sind Eihüllen, welche an die bei niederen Thieren vielgestaltig ausgeprägten Schutzapparate des Eies erinnern, aber für die späteren Stadien keine große Bedeutung zu besitzen scheinen. Jedenfalls beginnt sehr frühe vom Blastoderm aus die Bildung wichtiger Umhüllungen, welche schon oben als Theile der ursprünglichen, das gesammte Blastoderm in sich begreifenden Körperanlage angeführt worden sind. Die bezüglich des Menschen noch sehr dürftig bekannten Thatsachen zwingen auch hier wieder die bei Säugethieren bekannteren Verhältnisse zu Grunde zu legen. Man darf dabei jedoch nicht übersehen, dass für den Menschen in manchen Punkten bedeutende Modificationen sich herausstellen können, wenn auch das *Fundamentale* der Vorgänge keine Einbuße erfährt.

Das Verständnis dieser Gebilde leitet sich von Zuständen ab, in denen das gesammte Blastoderm in den späteren Organismus übergeht, so dass also noch nichts zu jenen Hüllen verwendet wird. Wir finden solche Zustände im Bereiche niederer Wirbelthiere verbreitet. Die nebenstehende Fig. 32 stellt die Körperanlage eines solchen auf dem Querschnitte vor. Auf dem Blastoderm erhebt sich der Rückentheil des Körpers und setzt sich beiderseits in die Bauchwand fort, welche das Cölom umschließt. Dieses enthält die Anlage des weiten Darmrohres (*D*), welches wir uns mit Dotterresten gefüllt vorstellen, und welches mit dem Rückentheile des Körpers zusammenhängt. Nehmen wir an, dass der dünnere größere Abschnitt der Bauchwand rascher wächst als der übrige Körper, so entsteht daraus eine Faltung der ersteren in der Umgrenzung des minder rasch sich vergrößernden übrigen Körpers. So beginnt ein Theil des ursprünglichen Körpers in ganz andere Verhältnisse überzugehen. Ähnliches betrifft die Darmalnage, von der gleichfalls nur ein Theil, der obere, dem Rücken zunächst befindliche, in den Darm übergeht. Ein großer Theil von der bei niederen Wirbelthieren den gesammten Körper darstellenden Anlage sondert sich so zur Bildung embryonaler Organe, die als Hüllen fungiren.

Fig. 32.

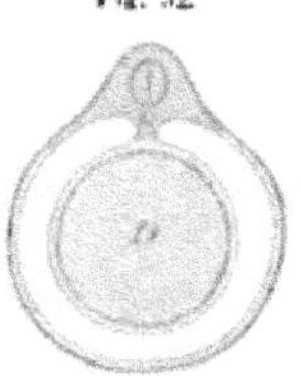

Schematischer Querschnitt.

Zur speciellen Darstellung der Genese dieser Hüllen greifen wir auf ein frühes Stadium zurück, in welchem die Embryonalanlage noch wenig vom Blastoderm sich abgehoben hat und der Kopf in der ersten Ausbildung begriffen ist. In der dem Kopftheil entsprechenden Strecke des Blastoderms ist in einem bestimmten Umkreise nur Ecto- und Entoderm vorhanden. Das Mesoderm hat sich nur schwach in diesen Bezirk erstreckt. Jedenfalls bleibt dieser Theil auch später, mit der Entwickelung des ersten Gefäßsystemes, gefäßlos, wie er als solcher in Fig. 26 leicht erkannt werden kann. Im übrigen Umkreise ist an der Mesodermbildung bereits eine Sonderung in Hautplatte und Darmplatte eingetreten. Die letztere folgt überall dem Entoderm. In dem vorhin beschriebenen gefäßlosen Bereiche der Kopfregion des Blastoderm erfolgt durch ungleiches Wachsthum der hier vorhandenen beiden Schichten eine Trennung derselben. Das Ectoderm erhebt sich vor dem Kopfe in eine Falte, welche größer wird und den letzteren von vorne her oben bedeckt. Dieser Kopfscheide entspricht eine später auftretende Bildung am hinteren Körperende, die aber durch Ectoderm und eine Mesodermlage vorgestellt wird (Schwanzscheide). In dem Maße des fortschreitenden Wachsthums des Körpers nehmen diese gegen einander wachsenden Falten an Ausdehnung zu, und treten durch lateral vom Embryo sich erhebende longitudinale Falten unter einander in Zusammenhang. Dieser seitlichen Erhebungen ist als *Amnionfalten* (Fig. 33 *af*) gedacht worden. Nachdem sich so über dem Rücken des Embryo eine Erhebung ringsum gebildet hat, wird von derselben ein Hohlraum umschlossen, welcher an einer Stelle hinter der Mitte des Rückens, nach außen communicirt. Das ist die *Amnionhöhle*. Aber auch innerhalb der Falten, von ihnen umschlossen, besteht ein Hohlraum, die Blastodermhöhle (KÖLLIKER), welche einen nach der Entstehung des Amnion außerhalb des Körpers befindlichen Abschnitt des Cölom vorstellt. Der Eingang in die Amnionhöhle verkleinert sich immer mehr zu einer engeren Öffnung, deren Ränder gegen einander wachsend einen Verschluss der Amnionhöhle herbeiführen (Fig. 34). An der Schließungsstelle geht dann eine Trennung der hier verbundenen Theile in der Art vor sich, dass die innere Membran von einer äußeren oberflächlichen sich ablöst. Die innere Membran umschließt den Körper direct, ventral geht sie beim Menschen sehr weit hinten, nahe am Caudalende in dessen Wandungen über und stellt das *Amnion* die Schafhaut vor. Der von vorne nach hinten wachsende, zuerst den Kopf überkleidenden Falte kommt also bedeutendes Übergewicht über die hintere zu, so dass wohl der größte Theil des Amnion aus ihr entsteht (Fig. 35).

Fig. 33. Fig. 34.

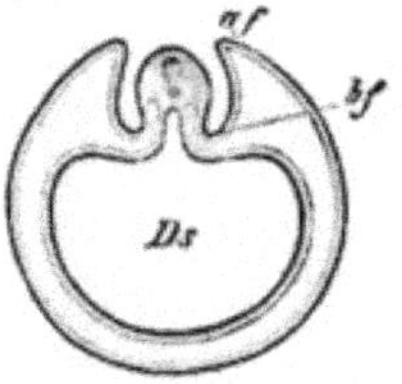

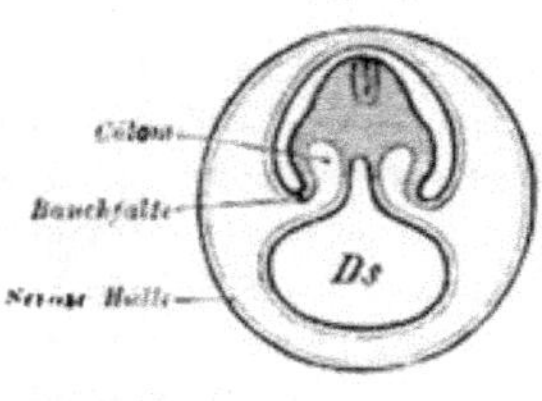

Schematische Querschnittsdarstellungen.

Fig. 35.

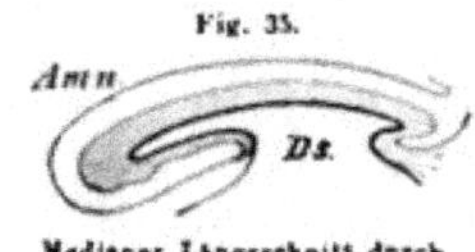

Medianer Längsschnitt durch die Körperanlage mit Amnion. (Schema.)

Die äußere Membran folgt zwar eine Strecke weit dem Amnion, tritt aber von diesem da ab, wo es sich zur Bauchseite des Embryo wendet, und überzieht dann den Dottersack. Sie ist dann eine völlig geschlossene Blase, die *seröse Hülle* v. BAER's (Fig. 34). Die Entstehung des Amnion hat sonach die Bildung der serösen Hülle zur Folge, beide entstehen aus einer und derselben Membran, die anfänglich in die Anlage der Bauchwand des Körpers sich fortsetzte.

Da in die Amnionfalten außer dem Ectoderm noch eine Mesodermschichte (die Hautplatte) einging, so sind am geschlossenen Amnion auch diese beiden Schichten wieder zu finden. Nur an dem von der einschichtigen Kopfscheide gebildeten Abschnitte wird die Mesodermlage fehlen müssen, es ist aber fraglich, ob dieses Verhalten beim Menschen besteht.

Ob die Hautplatten der Amnionfalte nur bis zu deren Erhebung reichen und sich an der Umschlagstelle der Falte nicht nach außen fortsetzen, ist nicht ganz sicher. Im ersteren Falle würde die seröse Hülle nur durch das Ectoderm vorgestellt.

Der durch die Bildung eines Amnion und einer serösen Hülle charakterisirte Vorgang beschränkt sich auf die höheren Wirbelthiere, die man darnach als *Amniota* zusammenfasst (Reptilien, Vögel, Säugethiere). —

Wenn wir davon ausgehen, dass das Blastoderm in seiner ganzen Ausdehnung die

Anlage des embryonalen Körpers vorstellt, von welcher Anlage nur ein Theil zum Körper, ein anderer zu den Hüllen wird, so ist die Anlage des Amnion ein Theil der primitiven Bauchwand. Noch bevor sie sich dieser ähnlich differenzirt, geht diese Amnionanlage von der Bauchfalte aus in die Amnionfalte über. Dass die das Amnion bildenden Theile nicht einfach dem Integument entsprechen, geht aus der Beobachtung einer dem späteren Peritonealepithel ähnlichen Zellschichte an der Wandung der Blastodermhöhle hervor.

Das Oolemma ist nach der Bildung der von Seite des Embryo sich anlegenden Hüllorgane verschwunden. Zur Zeit seines Bestehens soll es zottenartige Fortsätze aussenden. Auch von der serösen Hülle sind Fortsatzbildungen beschrieben. Beide haben vielleicht beim Menschen eine größere Bedeutung als bei Säugethieren, da ein sehr frühes Stadium beim Menschen eine mit reichen Zotten besetzte Membran erkennen ließ. Genauere Ermittelungen hierüber stehen noch aus.

§ 41.

Das Amnion erscheint nach seiner Abschnürung von der serösen Hülle als eine die Leibesoberfläche unmittelbar bedeckende Membran, welche nach Maßgabe der Ausbildung der Bauchwandungen des Embryo und des daran sich knüpfenden Abschlusses der Leibeshöhle in größerer Ausdehnung sich auch ventralwärts erstreckt und am Nabel in die Körperwand übergeht. Der einerseits vom Amnion, anderseits von der Körperoberfläche begrenzte Raum — die Amnionhöhle — vergrößert sich allmählich unter Zunahme des ihn füllenden Fluidum (Fruchtwasser), und so geht das Amnion in die Gestalt einer Blase über, welche sich überall bis an die Übergangsstelle in die Bauchwand des Embryo weit vom letzteren abhebt. Noch bevor diese Ausdehnung des Amnion stattfindet, ist ein anderes Fötalorgan entstanden, die *Allantois*, und auch am Dottersack sind Veränderungen eingetreten, deren jetzt gedacht werden muss.

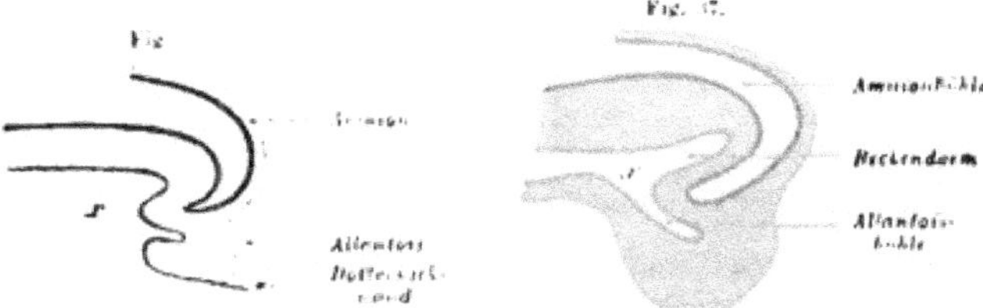

Schematische Längsschnitte des hinteren Körperendes von Kaninchenembryonen. Theilweise nach Kölliker.

Eine Wucherung des Materials der Darmplatte an der vorderen Wandung der Anlage des Enddarms nimmt einen hohlen Fortsatz des Entoderms auf und erscheint dadurch als ein zum Enddarm gehöriges Gebilde. Diese Anlage der *Allantois* wächst weiter am Körper des Embryo vor, und gestaltet sich zu einem mit dem Enddarm communicirenden Hohlgebilde. Seine Lage ist zwischen Dottersack und Amnion (Fig. 36, 37).

Die von der Darmplatte gebildete Wandschichte der Allantois führt bald Blutgefäße. Zwei von den Enden der primitiven Aorten ausgehende Arterien (*Art. umbilicales*) verbreiten sich auf ihr. Zwei Venen (*Vv. umbilicales*) sammeln das rückströmende Blut, und nehmen auf der Bauchwand ihren Weg zum Stamme der Venae omphalo-mesentericae. Mit fernerem Wachsthum gelangt die Allantois zur Innenfläche der serösen Hülle und tritt dann in neue Beziehungen, deren gedacht werden soll, nachdem der inzwischen am Dottersack eingetretenen Veränderungen Erwähnung geschehen ist.

Am *Dottersack* (Fig. 38, *Ds*) macht sich mit dem Wachsthum des embryonalen Körpers und mit dem Schlusse der Leibeshöhle eine Sonderung bemerkbar, indem der peripherische Theil nur durch eine verengte Strecke sich mit der Darmanlage verbindet. Diese intermediäre Strecke bildet, länger geworden, den *Dottergang* (*Ductus omphalo-entericus*). Der dem Dottersack eine Zeitlang zukommende Gefäßapparat hat sich inzwischen rückgebildet, und es bleiben auf ihm nur noch vereinzelte Gefäße bestehen. Die Entfaltung des Dotterganges bedingt für den Dottersack eine peripherische Lage, in der er um so mehr erhalten bleibt, als die Ausdehnung der Amnionhöhle um den Embryo ihn von diesem abdrängt (Fig. 39).

Fig. 38.

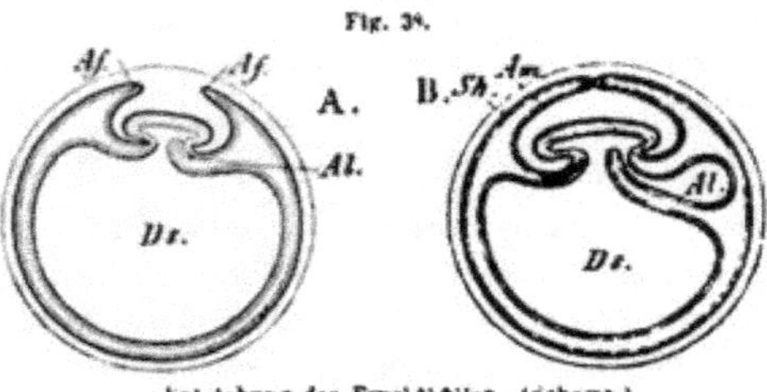

Entstehung der Fruchthüllen. (Schema.)

Fig. 39.

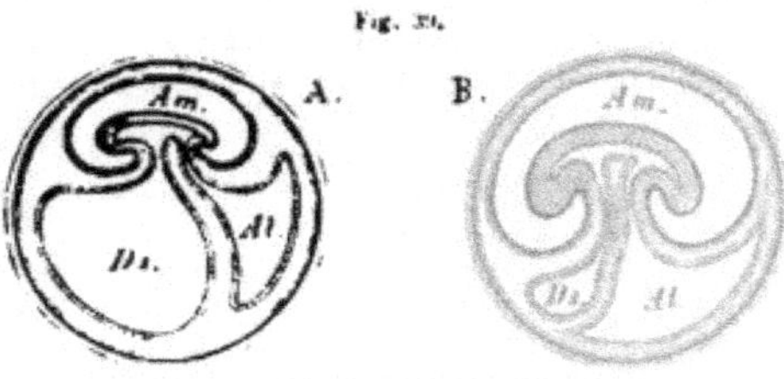

Entstehung der Fruchthüllen. (Schema.)

Mit dem Auswachsen der Allantois nach der Peripherie der Frucht hat sowohl ihre functionelle Bedeutung als auch ihr formaler Befund Modificationen erfahren. Hinsichtlich der ersteren ist zu bemerken, dass sie ursprünglich zur Aufnahme des Secretes der primitiven Excretionsorgane, der Urnieren, dient und dem entsprechend auch als »Harnsack« benannt ist. Diese Leistung geht ihr später verloren, aber nicht ganz, da ein Theil von ihr in der definitiven Harnblase fortbesteht. Im Zusammenhange mit der Ausdehnung der Amnionhöhle und auf ähnliche Weise, wie am Dottersack zwei Abschnitte sich sondern, wird auch an der Allantois ein distaler, blasenförmig erscheinender Theil von einem proximalen unterscheidbar (Fig. 38 *B*., Fig. 39 *A*., *B*.). Dieser ist ein engerer, die Verbindung des distalen Abschnittes mit dem Beckendarm vermittelnder Canal, der *Urachus* (Harngang).

Der distale Abschnitt der Allantois (Fig. 39 *Al*) geht eine Verbindung mit der erreichten serösen Hülle ein, längs deren Innenfläche die äußere von der Darmplatte gebildete Schichte der Allantois wuchert. Die von jener Schichte getragenen Blutgefäße der Allantois gewinnen damit die gleiche Verbreitung und wachsen in zottenartige Fortsätze ein, welche aus der durch die seröse Hülle und jene von der Allantois gelieferte Gewebsschichte gebildeten Membran nach außen hervorsprossen. So entsteht ein neues, den Embryo umhüllendes Gebilde, eine gefäßführende, zottentragende Haut, das *Chorion*. Die Fortsätze dieser Zottenhaut besetzen die gesammte Oberfläche; anfangs einfach, verzweigen sie sich nach und nach und stellen schließlich Bäumchen vor (Fig. 40), in denen die Blutgefäße der Allantois, also die Nabelgefäße, sich verzweigen. Die von der serösen Hülle stammende Ectodermschichte bildet an der Oberfläche des Chorion und dessen Zottenbäumchen einen epithelialen Überzug, die äußerste, später schwindende Grenze der embryonalen Fruchthüllen.

Die dargestellten Gebilde erfahren bis zur letzten Fötalperiode manche Veränderungen. Das *Amnion* erleidet mit seiner fortschreitenden Ausdehnung die mindeste Modification; die beiden es in der Anlage bildenden Schichten bestehen auch nachher fort: eine einfache Epithelschichte, von einer dünnen gefäßlosen Bindegewebsschichte umgeben. Am Nabelstrang geht das Epithel des Amnion in mehrfache Schichtung über, die sich zur mehrschichtigen Oberhaut (Epidermis) des Embryo fortsetzt, sowie die Bindegewebsschichte, am Nabelstrang dessen Hülle bildend, in die Lederhaut des Embryo verfolgbar ist.

Von der *Allantois* erhält sich nach geschehener Chorionbildung nur noch der aus dem Entoderm stammende Bestandtheil des Urachus eine Zeitlang, während die äußere gefäßtragende Lage mit benachbarten Theilen Verbindungen eingeht, und damit ihre Selbständigkeit aufgiebt. Reste jener Epithelialschichte bleiben im Nabelstrang nicht selten bestehen. Die äußere (bindegewebige) Schichte des Urachus geht in das die Nabelgefäße umhüllende Gallertgewebe, die »*Wharton'sche Sulze*«, über. Dieselbe Schichte stellt peripherisch, und von da aus längs der Innenseite des Chorion, eine ähnliche gallertige Lage her, welche der Außenfläche des Amnion locker angefügt ist. Beim Menschen wächst die Allantois nicht als Blase, sondern in solider Form nach der Peripherie hervor.

Auch vom Dottersack erhalten sich Reste bis zum Ende des Fötallebens. Während der Dottergang innerhalb des Nabelstranges schwindet, bleibt das Ende desselben als Nabelbläschen, zuweilen noch mit einem Stücke des Ganges, zwischen Chorion und Amnion bestehen (Fig. 40). Er findet sich dann als ein Bläschen von 4—7 mm Größe meist in einiger, zuweilen in größerer Entfernung von der Placenta.

B. S. Schultze, Das Nabelbläschen, ein constantes Gebilde der Nachgeburt des ausgetragenen Kindes. Leipzig 1861.

§ 45.

Den vom Chorion umschlossenen Binnenraum der Frucht nimmt das Amnion mit dem in ihm geborgenen Embryo nur zum Theile ein. Eine eiweißhaltige Flüssigkeit füllt den übrigen Raum, in welchem auch der bedeutend verkleinerte Dottersack seine Lage hat. Allmählich mindert sich jener Raum unter Vergrößerung der Amnionhöhle. Das Amnion nähert sich damit der Innenfläche des Chorion und bildet von da an, wo es vom Körper des Embryo ausgeht, bis gegen das Chorion hin eine scheidenartige Umhüllung aller andern, vom Körper des Embryo peripher verlaufenden Theile. Dieses sind: 1. der *Ductus omphalo-entericus* mit den ihn begleitenden *Blutgefäßen*, dann 2. der auf dieser Strecke später obliterirende *Urachus*, mit welchem 3. die durch die Ausbildung des Chorion bedeutend vergrößerten *Nabelgefäße* (die Gefäße der Allantois) ihren Verlauf nehmen. Diese von einer Amnionscheide umgebenen, durch embryonales Bindegewebe vereinigten Theile stellen zusammen einen Strang vor, welcher anscheinend die Amnionhöhle durchsetzt; er begiebt sich vom Embryo zum Chorion, liegt in der That aber außerhalb des Amnion, welches einen Überzug für ihn abgiebt (Fig. 40). Das ist der *Nabelstrang* (Funiculus umbilicalis), der sonach seine Entstehung von der Ausdehnung der Amnionhöhle ableitet.

Fig. 40.

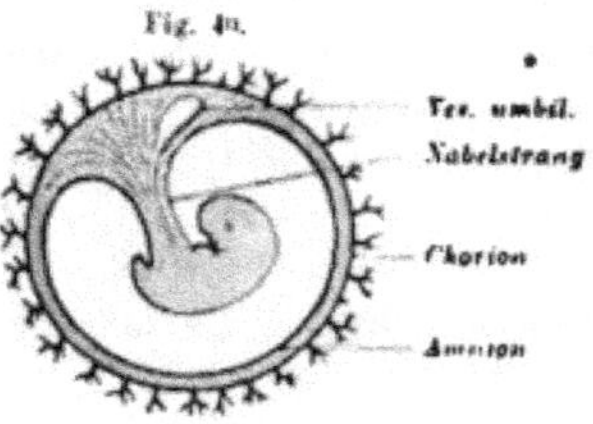

Schema einer Frucht mit Chorion.

Unter fortschreitender Vergrößerung der gesammten Frucht gewinnt der Zottenbesatz des Chorion eine reichere Entfaltung (*Chorion frondosum*), die aber bald nicht mehr die gesammte Oberfläche betrifft. Nur an jener Strecke der letzteren, mit welcher die Frucht der Uteruswand anliegt, findet der Sprossungsprocess an den Zotten auch ferner noch statt, indes er an der übrigen Oberfläche scheinbar einem Rückbildungsprocesse Platz macht. So kommt es, dass an der letzteren Stelle nur noch spärliche Zotten vorkommen, während an der ersteren der Reichthum des Besatzes sich vermehrt hat. Das *Chorion frondosum* wird reducirt, und die zottenarme Fläche stellt das *Chorion laeve* vor.

Allantois und *Amnion* scheinen in ihrer Entstehung eng mit einander verknüpft zu sein, so dass eines das andere bedingt. Niedere Zustände des Amnion sind bis jetzt nicht bekannt geworden. Dagegen kennt man solche der Allantois, nämlich ein bei den Amphibien vorhandenes, von der vorderen Wand des letzten Darmabschnittes (der Cloake) entspringendes Gebilde, das man als Harnblase bezeichnet. Aus einem solchen Organ wird die Allantois entstanden sein. Sie ist also insofern älter als das Amnion, als sie in der Harnblase der Amphibien einen früheren Zustand besitzt, von dem sie sich ableiten lässt. Daraus ergiebt sich ein Grund zur Annahme, dass eine bedeutende Entwickelung der Allantois mit der Amnionbildung im Causalnexus stehe.

Bei Reptilien und Vögeln ist die Allantois bereits ausgebildet. Sie geht aber nicht in die Bildung einer Zottenhaut ein. Dasselbe ist auch bei den Monotremen und Beutelthieren unter den Säugern der Fall, und bei den übrigen bieten sich wieder sehr mannigfache Verhältnisse, bei denen auch der *Dottersack* eine Rolle spielt. So wächst derselbe bei Nagern (Kaninchen) der serösen Hülle folgend peripherisch aus, bis zum Rande der nur in beschränkter Weise zur Peripherie der Frucht gelangten Allantois. Er bildet ein Hüllorgan der Frucht, in welchem auch die Gefäße sich forterhalten. Mit einer geringeren Ausbildung des Dottersackes wird der Allantois eine größere Ausdehnung gestattet, und sie gelangt zum vollständigen Umwachsen der Frucht. Die mit der Allantois eng verknüpfte *Chorionbildung* zeigt sich ebenfalls in stufenweiser Entfaltung. Selbst die Art, wie hieran die Allantois betheiligt ist, ergiebt bedeutende Verschiedenheiten. Bei Carnivoren (Hund) wächst sie als Blase um das Amnion, während sie beim Menschen ursprünglich nur mit ihrer äußeren gefäßführenden Schichte wuchert und mit dem mit epithelialer Auskleidung versehenen Binnenraum keine Ausdehnung gewinnt.

Was das Chorion betrifft, so ergeben sich die niedersten Zustände bei den Pferden, Schweinen, einigen Wiederkäuern und den Walthieren. Es besitzt hier einfache, zerstreute Zotten, die in Vertiefungen des Uterus eingreifen. Bei den meisten Wiederkäuern bestehen Gruppen von Zotten in bedeutender Ausbildung mit reicher Verästelung (Cotyledonen).

§ 46.

Die geschilderten Umhüllungen des Embryo nahmen vom Blastoderm aus ihre Entstehung und erwiesen sich dadurch in unmittelbarem Zusammenhange mit dem Körper des Embryo. Sie konnten daher als ursprüngliche Theile des letzteren angesehen werden. Man bezeichnet sie als kindliche oder *fötale Hüllen*, im Gegensatz zu anderen, welche vom mütterlichen Organismus aus entstehen. Mit der Einwanderung des Eichens in den ihm als Bergestätte dienenden Uterus und mit den Veränderungen des Eies und dessen Entwickelung zur Keimblase erfährt auch der Uterus Veränderungen, welche ihn an der Hüllbildung sich betheiligen lassen. Der speciell hierzu verwendete Theil ist die Schleimhaut des Uterus, aus welcher die, die fötalen Hüllen umschließenden Gebilde hervorgehen, welche man wegen ihrer mit Bezug auf den Uterus vorübergehenden Bedeutung als *Membranae deciduae* bezeichnet. Auf einer bestimmten Strecke empfängt aber die Uterusschleimhaut noch eine andere Function. Das Chorion bildet mit dem in ihm peripherisch von der Frucht verbreiteten Gefäßapparat die vom Embryo ausgehende Bedingung zu einer Verbindung zwischen Mutter und Frucht. Es entfaltet auf jener Strecke den erwähnten Reichthum von Zotten und diese setzen sich mit der zu einer *Membrana decidua* umgewandelten Uterusschleimhaut in engere Verbindung, woraus ein besonderes, aus kindlichen wie mütterlichen Theilen zusammengesetztes Organ, der *Mutterkuchen (Placenta)* hervorgeht. In der Placenta findet zwischen dem Blute der Mutter und dem des Fötus zwar kein directer Übergang von Blut, aber ein Austausch von Stoffen statt. Das Blut des Kindes empfängt hier plastisches Material und tauscht seine Kohlensäure gegen Sauerstoff um, so dass die Placenta sowohl als *nutritorisches* als auch als *respiratorisches* Organ für die Entwickelung des fötalen Organismus von größter Wichtigkeit ist.

Mit der Einleitung des Placentarkreislaufes gestaltet der junge Organismus seinen Aufbau aus mütterlichem Material. Somit geht nur die erste Anlage des Körpers und seiner Organe aus dem der Eizelle entstammenden Material hervor. Mit der Entstehung des Gefäßhofes wird aus dem Inhalte der Keimblase Material entnommen, welches als Transsudat nur dem mütterlichen Körper entstammen kann, und mit der Entfaltung des Chorion werden noch günstigere Bedingungen zu einer von außen her erfolgenden Ernährung des Embryo angebahnt. Die Chorionzotten mit ihren Gefäßen stellen die Wege dar, auf denen die Aufnahme von Ernährungsmaterial aus der Schleimhaut des Uterus erfolgt, bis mit der Ausbildung der Placenta für die Ernährung des Embryo die günstigsten Verhältnisse sich gestalten. Die Entstehung der gesammten *mütterlichen Embryonalhüllen* aus der Schleimhaut des Uterus lässt die speciellere Betrachtung dieser Verhältnisse zweckmäßiger mit jenem Organ verknüpfen, auf welches hiermit verwiesen wird.

Die sehr frühzeitig beginnende und immer deutlicher hervortretende Bedeutung des Uterus für die Ernährung des sich entwickelnden Embryo lässt die Eigenthümlichkeit des Säugethiereies bezüglich seines geringen Dottermateriales in Vergleichung mit den Eiern der meisten übrigen Wirbelthiere, speciell der Vögel und Reptilien verstehen. Die Ernährung des Embryo aus dem mütterlichen Organismus compensirt den Mangel reichlicheren Dotters und war wohl auch ursächliches Moment für die Verminderung dieses Materials, denn wir müssen annehmen, dass das Säugethierei sich von einem Zustand ableitete, in welchem, wie in den Eiern der meisten niederen Wirbelthiere, reichlicher Dotter bestand, wie bereits dargelegt wurde.

Postembryonale Entwickelung.

§ 47.

Mit der Geburt haben die Vorgänge, welche während des embryonalen Lebens thätig waren, keineswegs ihren Abschluss erreicht. Schon gegen das Ende der Fötalperiode bieten die Gestaltungsprocesse eine Abnahme an Intensität und zeigen sich mehr und mehr untergeordneten Umfanges. Am meisten äußern sie sich noch in der Volumzunahme der Theile, welche in einem Wachsthume des Körpers sich ausspricht. Aber auch nach der Geburt erscheinen noch langsame, aber stetige Veränderungen in der Organisation. Wir meinen damit nicht etwa die Umwandlungen, welche durch die mit der Geburt auftretenden Änderungen im Gebiete der Kreislaufsorgane und in den Athemwerkzeugen bedingt sind, und die in relativ kurzer Frist sich vollziehen, sondern solche, die auch später an allen Organsystemen sich geltend machen. Während des jugendlichen Alters erfahren die Proportionen der äußeren Körperform durch Wachsthumsvorgänge beständige Änderung. Sie walten bis zur Zeit der sexuellen Reife, bei welcher wieder neue Verhältnisse sich ausprägen. Auch später noch bis ins Alter trägt der Organismus den jeweiligen Stempel der Altersdifferenz, und zahlreiche, in den verschiedensten Organsystemen wirksame Processe sind es, welche hier im Spiele erscheinen. So herrscht niemals wirklicher Stillstand.

Bis zur Geburt sind es wesentlich ererbte Einrichtungen, die zur Anlage oder auch zur Ausbildung kommen. Nach der Geburt werden die zahlreichen, von der Außenwelt gegebenen Bedingungen wirksam und geben Anlass zu jenen neuen Veränderungen. Es entstehen Anpassungen des Körpers an mannigfache auf ihn wirkende Einflüsse. Minimale Wirkungen summiren sich bei längerer Dauer und kommen schließlich mit bedeutendem Gewichte zur Geltung. Es ist die volle, den Organen gewordene Function, unter deren Einfluss die weitere Ausbildung sich anbahnt und vollendet.

IV. Bedeutung der Entwickelung.

§ 48.

Die Entwickelungsvorgänge sind auf Processe zurückführbar, welche sich an den Formelementen abspielen. Es sind Wachsthums- und Vermehrungsvorgänge an den Zellen, die den embryonalen Organismus jeweilig zusammensetzen, und

Differenzirungsprocesse, die an jenen Zellcomplexen durch eine Veränderung an deren Formelementen, durch Verschiebung, Lageveränderung, Trennung der Continuität sich äußern. Die daraus entstehenden Gebilde, zuerst die Keimblätter, dann die aus diesen sich sondernden Anlagen der Organe, erscheinen den späteren Einrichtungen völlig fremdartig. Erst nach und nach treten die definitiven Verhältnisse gleichwie in Umrissen hervor und nähern sich langsam ihrer Ausgestaltung. Die großartige Verschiedenheit frühester und späterer Zustände findet so einen Ausgleich. Die hiezu führenden Veränderungen treten anfänglich intensiver auf. Innerhalb einer kürzeren Frist begegnen uns bedeutendere Umgestaltungen in den früheren Stadien, als später innerhalb eines längeren Zeitraumes, und dieses Verhältnis währt durch die ganze Entwickelung. Die ersten vier Wochen leisten Größeres als später eben so viele Monate. Während der ersten Entwickelungsperioden legen sich vorher nicht vorhandene neue Theile an, in den folgenden Perioden erfolgt deren Ausbildung. Erstere umfassen daher wesentlich Differenzirungen qualitativer Art, letztere dagegen Vorgänge der Volumvermehrung, quantitative Differenzirungen.

Die Gleichartigkeit der Entwickelung der Individuen einer und derselben Art oder Gattung und die Beständigkeit der Folge der einzelnen Stadien erscheinen als etwas Gesetzmäßiges. Da von außen her wirksame, gestaltende Impulse absolut ausgeschlossen sind, muss das die Entwickelung leitende Princip im sich entwickelnden Organismus liegen. Man kann dasselbe im Endziele suchen, welches durch die Entwickelung angestrebt wird, aber dabei bleibt vor Allem der Weg, den die Entwickelung durchläuft, eben so dunkel wie vorher. In anderer Weise erscheint uns dieser, sobald wir die Entwickelung des Organismus als eine ihm durch *Vererbung* übertragene Eigenschaft ansehen. Wir nehmen keinen Anstand in der Annahme der Vererbung körperlicher wie geistiger Eigenschaften. Wenn das Besondere der Organisation so beurtheilt werden kann, so kommt das dem Allgemeinen derselben mit noch viel größerem Rechte zu. Die Vererbung leitet uns also zu einem früheren Zustande. Der Organismus entwickelt sich auf dieselbe Weise, wie der, von dem er abstammt, weil er von letzterem mit dem materiellen Substrate auch die Function der Entwickelung ererbt hat.

Die Vergleichung der einzelnen, in der Entwickelung durchlaufenen Stadien mit dem ausgebildeten Organismus niederer Thiere lässt uns in ersterem gleichfalls nur durch Vererbung erklärbare Verhältnisse erkennen. Die Ontogenie zeigt so auch den Körper des Menschen im Zusammenhang mit der übrigen Organismenwelt. Sie lehrt den Weg kennen, den der Organismus durchlief, indem sie den individuellen Organismus jene einzelnen Stadien gleichfalls durchlaufend zeigt. Je früher das Stadium ist, auf dem wir dem sich entwickelnden Organismus begegnen, desto tiefer ist die Organisationsstufe in der Thierwelt, der es entspricht. Das in der Ontogenie erscheinende Bild zeigt in scharfen und unverkennbaren Zügen die Verwandtschaft mit niederen Organisationen. Das Specielle dieser Beziehungen ist in manchen, besonders in den früheren Stadien noch keineswegs klar, aber das beeinträchtigt nicht die Deutlichkeit der anderen.

Wir lernen den Organismus als einzelligen kennen in der Eizelle, als Aggregat von Zellen in dem Theilungsprocesse des Eies. Mit der Bildung des Blastoderm wird eine höhere Stufe beschritten, auf der der Körper einen noch ungegliederten Organismus vorstellt. Deutlicher werden die Verhältnisse mit der Sonderung des Blastoderm. Mit dem Erscheinen der Urwirbel beginnt der Vertebraten-Charakter hervorzutreten. Die am Kopfe sich bildenden Kiemenbogen und Spalten verweisen auf niedere Wirbelthiere. Mit dem Verschwinden der Kiemenspalten stellt sich der Organismus den höheren Vertebraten gleich, mit denen er den Besitz von Amnion und Allantois theilt. Daran knüpfen sich Stadien, in denen der Säugethiertypus zur Geltung kommt, und die embryonale Organisation nähert sich endlich jener der ausgebildeten Form. Die transitorische Natur jener Stadien lässt den Zustand, dem sie jeweilig in der Thierreihe entsprechen, nicht zum vollsten Ausdruck kommen, wie sich ja auch nicht alle Einzelheiten bestimmter und bekannter niederer Lebensformen, sondern nur *deren Grundzüge* wiederholen, die freilich bedeutend genug sind, um ihre Beziehungen nicht verkennen zu lassen. Durch die Auffassung dieser Entwickelungsstadien als ererbter, phylogenetisch erworbener Einrichtungen wird die Differenz im Rhythmus der Entwickelung verständlich. Die frühest erworbenen, somit ältesten Einrichtungen gehen rascher vorüber als die späteren, welche relativ neueren Ursprunges sind und in dem gleichen Maße dem definitiven Zustande näher liegen. Die zeitliche Verkürzung der ontogenetisch sich wiederholenden Stadien bedingt aber auch deren Zusammenziehung, das Zusammengedrängtsein mehrerer phylogenetisch weiter auseinander liegender Stadien in ein einziges ontogenetisches, und dadurch wird zum großen Theil die Deutung mancher Stadien erschwert. Durch solche Verhältnisse erfährt der Entwickelungsgang Complicationen. Diese mehren sich durch die mit der Bildung der Fruchthüllen hervortretenden Anpassungen, welche wieder auf Einrichtungen im embryonalen Körper zurückwirken.

Die Betrachtung der ontogenetischen Stadien als auf dem Wege der Phylogenie ererbter Zustände schließt nicht aus, die einzelnen Vorgänge als auf mechanischem Wege sich vollziehende anzusehen. Aber auch bei der Erkenntnis der Factoren, welche Bedingungen für jene Vorgänge abgeben, indem sie in der Einrichtung des Organismus liegen und von da aus mechanisch wirksam sind, bleibt zur Erklärung dieser Factoren immer noch die Annahme einer Vererbung nöthig, da ja für dieselben wiederum ein Causalmoment bestehen muss.

Das vom Organismus Ererbte ist für die Vorläufer desselben einmal Erworbenes gewesen, welches auf dieselbe mechanische Weise entstand, wie auch im entwickelten Organismus durch zahlreiche Anpassungen neue Einrichtungen hervorgehen. Aus solchen, in der unendlichen Reihe früherer Zustände nach und nach erworbenen Einrichtungen summirte sich allmählich der Betrag an Organisationsbefunden, den der Organismus als Erbschaft übernahm und ihn auf seine Descendenten sich fortsetzen lässt. In dieser Auffassung verknüpft also die Ontogenie den Organismus mit unter ihm stehenden Organisationen und lehrt damit dessen Stammesgeschichte (*Phylogenie*), wenn auch nur in ihren Umrissen kennen, indem sich das Wesentliche jener Organisationen wiederholt. Diese Wiederholung betrifft, wie wir es nannten, nur die Grundzüge, in vielem Einzelnen weicht die Ontogenese von der Phylogenese ab. In letzterer auf vielen einzelnen Stadien sich darstellende Vorgänge erscheinen ontogenetisch zusammengezogen, manche Stufen zum Ausfall gelangt, *die Entwickelung ist verkürzt*, oder es tritt bei der Vergleichung der Ontogenese mit der Phylogenese in ersterer manches Neue auf. Fremdartiges scheint das ontogenetische Bild zu trüben, indem es jenem der Phylogenese nicht ganz entspricht. Dieses Verhalten bezeichnen wir als *Cänogenie* (καινός, fremd, neu). Von größter Wichtigkeit für das Verständnis der Ontogenie ist die Würdigung der cänogenetischen Erscheinungen, die in dem relativ raschen Ablauf der ontogenetischen Entwickelung ihre hauptsächlichste Quelle haben. Die Verschiedenheit der physiologischen Verhältnisse beim sich entwickelnden Organismus von denen beim ausgebildeten, der sich auf der Bahn der Phylogenese befindet, ist von gleicher Wichtigkeit. Hier stehen die Organe in voller Function, unter der sie sich ausbilden, oder beim Cessiren derselben der Rückbildung verfallen; dort wird von den Organen noch nicht die spätere Leistung vollzogen, und in der Anlage der Organe bereiten sich die im späteren Zustande zur Geltung kommenden Einrichtungen vor, sogar unter Verhältnissen, welche am ausgebildeten Organismus unmöglich wären (z. B. Dottersack, Eihüllen). Die genaue Prüfung der cänogenetischen Erscheinungen lässt auch sie als gesetzmäßige, weil aus bestimmten Ursachen hervorgehende erkennen.

C. Von den Geweben.

§ 19.

Bei der ersten, aus den Theilungsproducten der Eizelle hervorgegangenen Anlage des Körpers fanden wir nur Zellen in Verbindung, welche einander ziemlich gleichartig sich verhielten. Selbst die Primitivorgane, wie wir die Keimblätter nannten, zeigten die sie zusammensetzenden Zellen nur wenig different. Erst mit der Sonderung der secundären Organe aus den Keimblättern tritt an den in diesen Vorgang mit einbezogenen Zellen eine bedeutende Veränderung auf. *Der Protoplasmaleib der Zelle hat die Äußerung der Lebenserscheinungen, welche der indifferenten Zelle zukamen, in ihrem Umfange eingeschränkt und giebt sie nur noch in mehr einseitiger Richtung kund.* Aus dem Protoplasma selbst sondert sich neues Material, verschieden nach der Function der Formelemente, die nach der Qualität der Organe sich bestimmt.

Dieses Aufgeben von Leistungen steht in Verbindung mit der Ausbildung anderer Leistungen, die gleichfalls schon in der Zelle bestanden. *Es tritt also mit jener Sonderung nichts absolut Neues auf, und die aus ihr hervorgegangenen Zustände gründen sich auf die höhere Potenzirung einer oder der anderen schon in der indifferenten Zelle vorhandenen Function.*

Solche in gleichartiger Weise umgestaltete, oder gleiche Sonderungsproducte ihres Plasmas liefernde Zellencomplexe und ihre Derivate stellen *Gewebe* (Tela vor. Die gewebliche Differenzirung der Zellen knüpft also an die Sonderung der Organe an, beherrscht diese. Sie ist, wie die Organbildung selbst, das Resultat einer Arbeitstheilung. Die in den Geweben bestehende Art der Verbindung der Formelemente, sowie ihrer Derivate unter einander, endlich die Beschaffenheit jener Theile in Bezug auf die Zusammensetzung aus Zellen, entsprechen der *Textur*. Diese repräsentirt den morphologischen Befund der Gewebe, wie die *Structur* jenen der Organe vorstellt. Da die Gewebe nicht aus einer einzelnen Zelle, sondern aus sehr bedeutenden Summen von Zellen sich zusammensetzen, ist auch die Function der Gewebe nur von diesen Summen ableitbar. *Die Gewebe bilden daher die natürliche Vermittelung zwischen der einzelnen Zelle und den Organen*, die aus Geweben zusammengesetzt sind.

Die Gewebe sind nach der Qualität der sie zusammensetzenden Zellen, sowie der aus dem Protoplasma der Zellen differenzirten Substanzen verschieden. Danach bestimmt sich auch ihr functioneller Werth für den Organismus. Wir unterscheiden deren folgende: das *Epithelgewebe*, das *Stützgewebe*, das *Muskel-* und das *Nervengewebe*. Die beiden letzteren finden sich ausschließlich im thierischen Organismus, indes die beiden ersten die einzigen im Pflanzenreiche vorkommenden Gewebe sind. Es sind zugleich jene, die in jenen Organsystemen des Thierleibes, welche vegetativen Verrichtungen dienen, wesentlichste Verbreitung finden. Wir scheiden sie daher als *vegetative Gewebe* von den beiden anderen, den *animalen*.

Die Erforschung der Gewebe ist die Aufgabe der *Gewebelehre, Histologie*. Sie muss von der sogenannten »*mikroskopischen Anatomie*«, mit der sie nicht selten zusammengeworfen wird, unterschieden werden. Jene wird charakterisirt nach einem bestimmten Objecte, eben den Geweben und deren Genese, diese dagegen wird nur von dem zur Untersuchung dienenden Hülfsmittel, dem Mikroskope, bestimmt. Daraus leuchtet die Verschiedenheit ein. Die mikroskopische Anatomie hat daher keineswegs nur die Gewebe als solche zum Gegenstand, sondern ebenso die aus jenen entstandenen Organe, soweit deren Structur eben nur durch das Mikroskop ermittelt werden kann. Diese mikroskopische Anatomie kann ebenso wie die Histologie ein besonderer Forschungszweig sein, allein sie bildet einen integrirenden Theil der Anatomie, der mit der Lehre von den Organen aufs engste verknüpft ist, denn die Structur der Organe ist nur durch deren Zusammensetzung aus Geweben verständlich.

Da alle Gewebe aus Zellen hervorgehen, gleichviel wie groß die Veränderungen sind, welche diese erfahren, gründet sich die Gewebelehre auf die Lehre von der Zelle.

Die oben aufgeführten Gewebe pflegen als »einfache« einer Kategorie gegenübergestellt zu werden, die man als »zusammengesetzte« bezeichnet. Solche Gebilde *sind aber gar keine Gewebe, es sind Organe*. Hier hat sich das Missverständniss eingeschlichen, dass man das, verschiedene Gewebe enthaltende Gefüge eines Organes als Gewebe selbst bezeichnet, und damit sowohl den Begriff des Gewebes als auch den des Organes schädigt. Wo *differente Gewebe* einen Körpertheil zusammensetzen, kann nicht mehr von *einem* einheitlichen Gewebe die Rede sein, es besteht dann eine Mehrheit von Geweben, die eben etwas Neues bilden, das als Ganzes kein bloßes Gewebe mehr ist, sondern ein Organ oder der Theil eines solchen. Für diese sogenannten »zusammengesetzten Gewebe« giebt es deshalb keine durchgreifenden histologischen Merkmale, die Definition solcher Gewebe ist die eines Organs.

Die Gewebelehre wird meist mit mikroskopischer Anatomie vereinigt behandelt. Hand- und Lehrbücher sind:

KÖLLIKER, Mikroskop. Anatomie Bd. II. 1, 2. Leipzig 1850—54. — Derselbe, Handb. der Gewebelehre. 6. Aufl. Leipzig 1889. — FREY, Handbuch der Histologie und Histochemie. 5. Aufl. Leipzig 1876. — KRAUSE, W., Allgemeine und mikroskopische Anatomie. Hannover 1876. — TOLDT, Lehrbuch der Gewebelehre. Stuttgart. 3. Aufl. 1888. — ORTH, Cursus der normalen Histologie. 5. Aufl. Berlin 1888. — RANVIER, Traité technique d'Histologie. Paris 1875—88. Auch in Übersetzung. Leipzig 1888. — KLEIN, E., Grundzüge der Histologie, nach der 4. engl. Auflage bearbeitet von A. KOLLMANN. Leipzig 1886. — STÖHR, PH., Lehrbuch der Histologie u. der mikr. Anat. 3. Aufl. Jena 1889. — SCHIEFFERDECKER u. KOSSEL, Gewebelehre, 1. Abth. Braunschweig 1891.

A. Vegetative Gewebe.

1. Epithelgewebe.

§ 50.

Als *Epithelien* bezeichnet man continuirliche Zellenlagen, welche äußere oder innere Flächen des Körpers begrenzen. Die Formelemente sind die *Epithelzellen*, das durch sie gebildete Gewebe ist das *Epithelgewebe*. Es ist das zuerst am Körper auftretende Gewebe, denn die Wand der Keimblase ist ein Epithel, und Epithelien wiederum sind die Keimblätter (vergl. S. 57 Fig. 7 *C. F.*). Das besondere Verhalten dieses Gewebes geht weniger aus der Beschaffenheit seiner Zellen als aus deren Anordnung hervor. Diese ist bedingt durch das Aneinanderschließen der Zellen, und ist vielfach abhängig von der durch ein anderes Gewebe dargestellten Unterlage. Indifferente Zellen bilden den Ausgangspunkt. Sobald solche Zellen in einer Lage angeordnet sind, müssen sie wechselseitig ihre Gestalt beeinflussen. Diese wird für jede Zelle durch die Nachbarzellen bedingt, und damit hat die Indifferenz der Elemente ihr Ende erreicht. Daran knüpfen sich mannigfache, für die Leistungen des Epithels belangreiche Sonderungen sowohl der Zellform als auch der feineren Beschaffenheit des Zellkörpers. Der Kern der Epithelzellen bleibt in der Regel bestehen, von Plasma umgeben, indes an der Oberfläche eine differente, die *Zellmembran* vorstellende Substanzlage auftritt. Die Zelle wird dadurch schärfer abgegrenzt. Mit Bezug auf die Form, sowie auf die Anordnung der Zellen ergeben sich verschiedene Abtheilungen des Epithelgewebes.

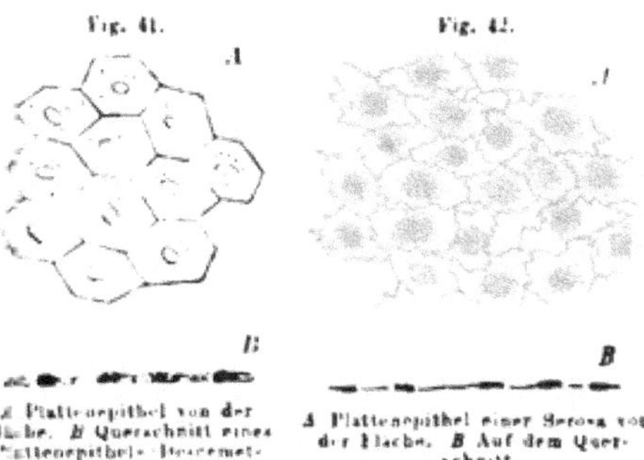

Fig. 41. *A* Plattenepithel von der Fläche. *B* Querschnitt eines Plattenepithels (Descemet'sche Haut) 400/1.

Fig. 42. *A* Plattenepithel einer Serosa von der Fläche. *B* Auf dem Querschnitt.

Wachsen die aneinander gereihten Zellen nach der Fläche aus, so dass die Breitedurchmesser jene der Höhe allmählich übertreffen, so stellen die Zellen niedrige Platten dar, sie bilden ein *Plattenepithel* (auch Pflasterepithel benannt) (Fig. 41 *A*, *B*). Die Zellgrenzen ergeben sich an manchen Plattenepithelien bei der Ansicht von der Oberfläche in unregelmäßigen, zackig gebogenen Linien, so dass die Zellen mit Fortsätzen in einander greifen (Fig. 42). Auch die allgemeine Gestalt dieser Zellen ist sehr mannigfach. Unter bestimmten Verhältnissen geht sie sogar in die Spindelform über.

Geht das Wachsthum der Zellen vorwiegend in die Höhe vor sich, so dass sie als längere Gebilde erscheinen, so bezeichnet man sie als *Cylinderzellen* (eigentlich sind es Prismen), das aus ihnen gebildete Epithel ist *Cylinderepithel* (Fig. 43). Liegen die Zellen in einer einzigen Schichte bei einander, so repräsentiren sie ein *einschichtiges Epithel*. Haben sich die Zellen derart vermehrt, dass sie nicht in einer Schichte Platz haben, sondern mehrere übereinander liegende Zellschichten bilden, so bezeichnet man das Epithel als *mehrschichtiges*. Dann tritt eine neue Sonderung auf, indem die Formelemente der verschiedenen Schichten sich verschieden verhalten (Fig. 43).

Fig. 43.

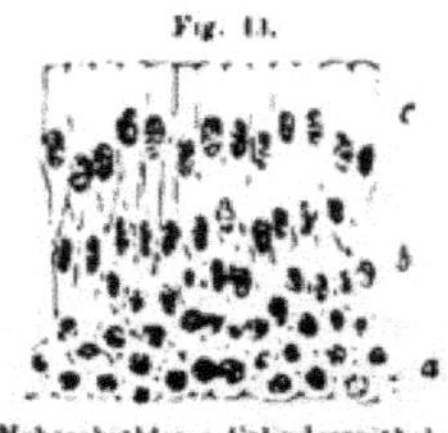

Mehrschichtiges Cylinderepithel.

Fig. 44.

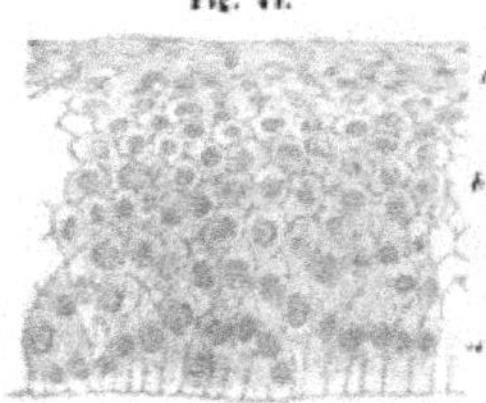

Mehrschichtiges Plattenepithel.

Fig. 45.

Wimperzellen.

Das *einschichtige* Epithel wird bald durch Plattenbald durch Cylinderzellen gebildet, oder es bestehen Zwischenformen, in denen die Höhe der Zellen deren Dicke gleichkommt, sogenanntes »kubisches Epithel«.

In den *mehrschichtigen* Epithelien nehmen die ausgesprochenen Zellformen, nach denen das Epithel seinen Namen führt, die oberflächlichste Lage ein. In der tiefsten Lage sind meist indifferentere Formen vorhanden (Fig. 43 *a*), von rundlicher, oder durch gegenseitigen Druck polyedrischer Gestaltung. Darauf folgen Lagen, in welchen die Zellen allmählich eine den Zellen der obersten Schichte ähnliche Gestalt gewinnen (*b*). *Im mehrschichtigen Cylinderepithel* sind es längere Formen, bis zur Spindelform, die auf die indifferenten tieferen Lagen folgen. Die oberste Lage ist aus Cylinderzellen gebildet und immer einfach. Ihre Zellen greifen aber mit oft langen Fortsätzen zwischen die Zellen der tieferen Schichten ein, (Fig. 43). Beim *mehrschichtigen Plattenepithel* bestehen in der tiefsten Lage meist etwas höhere, an Cylinderzellen erinnernde Formen (Fig. 44 *a*), auf welche polyedrische folgen. Nach der Oberfläche nehmen die Elemente allmählich die Plattenform an, bis die äußersten Schichten mit entschiedenen Plättchen abschließen.

Eine besondere Form bildet das *Wimperepithel*. Auf der freien Oberfläche der Zellen erheben sich verschieden lange, fein auslaufende Fortsätze (Cilien, Wimperhaare) in größerer Anzahl, welche während des Lebens der Zelle Bewegungen ausführen (Flimmerzellen) (Fig. 45). Das Vorkommen von Cilien ist nicht an eine bestimmte Form der Zelle geknüpft; sowohl platte als cylindrische Zellen können Cilien tragen.

Die *Cilien* sind nicht sowohl von der Oberfläche der Zellen, als aus dem Inneren derselben fortgesetzt. Es sind Differenzirungen des Protoplasma. Bei niederen Organismen können solche Cilien sogar wieder ins Innere der Zellen zurücktreten, wieder dem übrigen Protoplasma gleich werden. In solchen niederen Zuständen ist dann die Wimperzelle mit nur einem Wimperhaare ausgestattet, welches als ein unmittelbarer, oft sehr ansehnlicher Fortsatz des Zellenleibes sich darstellt (Geißelzelle).

Als Bedingungen für die mannigfachen *Formen der Epithelzellen* wirken Wachsthum und gegenseitiger Druck. Da wir bei den Epithelien es nur mit Zellen zu thun haben, und zwar mit solchen, die relativ geringere Veränderungen erfuhren, stellen sie die einfachste Gewebsform vor. Diese ist nicht nur ontogenetisch sondern auch phylogenetisch *das älteste Gewebe*, denn sie bildet den Körper der niedersten Metazoen, und bei den übrigen die Keimblätter (Ecto- und Entoderm). Da von diesen aus die secundäre Entwickelung der Organe hervorgeht, in denen andere Gewebsformationen erfolgen, bildet das Epithel den Mutterboden für die übrigen Gewebe; alle sind aus ihm entstanden. Die einzelnen Abtheilungen der Gewebe sind somit einander nicht gleichwerthig. Auch für die übrigen werden in dieser Hinsicht Unterschiede hervorzuheben sein.

An manchen Organsystemen hat man im Wesentlichen ihres Verhaltens mit anderen Epithelformationen übereinstimmende Zelllagen von den Epithelbildungen als *Endothelien* ausgeschieden. Die sie zusammensetzenden Zellen sollten durch ihre Plättchenform, durch festere Verbindung mit der Unterlage, durch ihren Übergang in Bindegewebe, vorzüglich aber durch ihre Genese, vom Epithel verschieden sein. Die Endothelien sollten Abkömmlinge des mittleren Keimblattes sein, während die Epithelien aus dem äußeren oder inneren Keimblatte stammten. Dass als Endothelien aufgefasste Epithelien bei verschiedenen Thieren sich verschieden verhalten, in dem einen Falle fest der Unterlage verbundene Plättchen, in dem anderen Falle deutliche, ja sogar Cilien tragende Zellen sind, war längst bekannt, so dass die Begründung jener Unterschiede auf das morphologische Verhalten schon zur Zeit der Aufstellung jener Unterscheidung hinfällig war. Da aber zweifellose Epithelien auch aus dem mittleren Keimblatte hervorgehen (Urogenital-System), besteht kein Grund, von »Endothel« als einem vom Epithel wesentlich verschiedenen Gewebe zu sprechen. Aber auch eine Beschränkung der Bezeichnung auf Abkömmlinge aus einem Theile des mittleren Keimblattes ist unbegründet, da auch die ersten das »Endothel« darstellenden Zustände der Blutgefäße sicher nicht sämmtlich dem Mesoderm entstammen. Indem alle Gewebe von einem Epithelium, dem Blastoderm abstammen, kann der Epithelbegriff gar nicht ontogenetisch gefasst werden.

Der Begriff des Epithels ist ein histologischer Begriff und kein genetischer, er entspricht eben nur einem gewissen Zustande der Zellen und ihrer Anordnung, ihrem Verhalten zu einander, und wo immer dieses Verhalten ausgesprochen ist, hat die Bezeichnung Epithel eine Berechtigung.

Das Wort *Epithel* sollte ursprünglich den Überzug einer nicht mehr durch die Lederhaut (das Derma) des Integumentes gebildeten Schichte an dem Lippenrande (den Prolabien) bezeichnen, welche Schichte nur aus Wärzchen (θηλή, die Brustwarze, Papille) bestehen sollte. Es ist also die Überkleidung einer Erhebungen darbietenden Gewebsschichte, welche nicht durch das Derma gebildet wird, so dass die Bezeichnung *Epidermis*, wie sie der Überkleidung des Derma zukommt, nicht mehr anwendbar war.

§ 51.

In den Epithelien erscheinen die Zellen meist als leicht isolirbare Gebilde. Daraus entstand die Vorstellung, dass sie auch innerhalb jenes Gewebes von einander bestimmt abgegrenzte und, der festeren Verbindung entbehrende, isolirte Bildungen seien. Diese Vorstellung hat einer anderen zu weichen. An den anscheinenden Zellgrenzen der Epithelien, und zwar bei den mehrschichtigen in den jüngeren Schichten derselben, besteht noch eine Substanz, die man als *Kittsubstanz* auffasste. Man konnte so sich vorstellen, dass die Zellen durch jene Substanz unter einander verbunden seien. Diese ist aber durchsetzt von zahlreichen feinen Protoplasmafäden, durch welche die benachbarten Zellen unter einander im Zusammenhang stehen. Diese Zellen sind somit nicht vollständig gesondert. Sie stehen an ihrer gesammten Oberfläche unter sich in Verbindung (Fig. 46). Wo an dazu geeigneten Objecten das Gefüge jüngerer Epithelzellen bis jetzt zur genaueren Prüfung gelangte, ergab sich dieser Befund, dem wir allgemeinere Verbreitung beimessen dürfen. An den differenzirteren oberflächlichen Schichten gehen diese Einrichtungen in dem Maße verloren, als der Zellkörper eine chemische Umwandlung erfährt (z. B. Verhornung in der Epidermis). Doch scheint in den verzweigten Fortsätzen mancher Cylinderzellen (Fig. 47) noch etwas auf solche Verbindungen Hindeutendes fortzubestehen. Wenn wir nun auch den Begriff einer Kittsubstanz einschränken müssen, so wird er doch zunächst noch nicht ganz aufzugeben sein. Auch in jenen Fällen der Protoplasmaverbindung besteht zwischen den Fäden noch eine flüssige oder doch halbflüssige Zwischensubstanz. Diese ist aber gleichfalls von Bedeutung, da sie die Ernährungswege der Zellen vorstellt, Bahnen, die für den in der Zelle bestehenden Stoffwechsel wichtig sind.

Fig. 46.

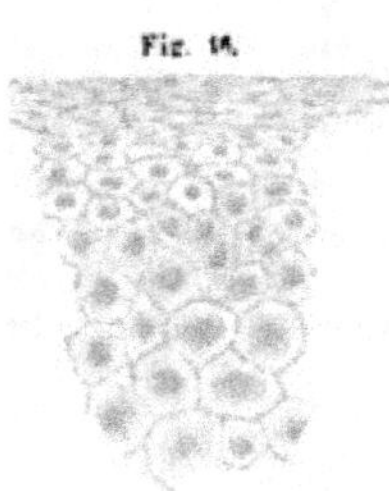

Intercellularstructur eines mehrschichtigen Epithels. 750 : 1.

Fig. 47.

Epithelzellen mit Cuticularsaum. 350 : 1.

Während bei den indifferenteren Elementen der Epithelien demnach ein continuirlicher Zusammenhang vorkommt, der mit der Differenzirung verloren geht, äußert sich die letztere auch in einer schärferen Abgrenzung der Formelemente. Daran knüpft sich die materielle Umwandlung der äußersten Protoplasmaschichte, die sich zu einer Zellmembran gestaltet. Derselbe Process führt zu *partiellen Verdickungen.* Die oberflächlichen Schichten gewisser Epithelien (des Darmrohres) bieten an jeder Zelle eine deren obere (freie) Fläche einnehmende, oft mächtig verdickte Strecke, welche bei seitlicher Betrachtung wie ein homogener »Saum« erscheint (Fig. 47).

Dieser verdickte Theil der Zellhülle, also der aus dem Protoplasma entstandenen Membran, kann sich von letzterer, und damit von der Zelle selbst ablösen und stellt sich damit wie ein »Deckel« der Zelle dar. Während feinste Streifungen auf eine mit der Oberfläche parallele Schichtung schließen lassen, so zeigt sich auch eine Sonderung in senkrechter Richtung wiederum durch Streifung ausgesprochen.

Durch Verschmelzung der von je einer Zelle gebildeten Verdickungsschichten der Oberfläche unter einander gehen continuirliche, der Ausdehnung des Epithels folgende Membranen hervor (*Cuticulae*). Ihre Schichtung entspricht der allmählichen Differenzirung. Senkrecht ihre Dicke durchsetzende feine Canäle — *Porencanäle* — enthalten Ausläufer der indifferent gebliebenen Zellsubstanz (des Protoplasma) und gestatten so eine Communication der letzteren mit der Oberfläche der Cuticula.

Während die *Cuticularbildungen* im Organismus der Wirbelthiere eine wenig hervortretende Rolle spielen, gehen aus ihnen bei den Wirbellosen bedeutend wichtigere Einrichtungen hervor, in welcher Beziehung nur auf das aus ihnen gebildete Hautskelet der Gliederthiere hingewiesen zu werden braucht.

Der *Zusammenhang* der jüngeren Formationen von Epithelzellen, oder, wie wir es wohl ausdrücken dürfen, der noch in voller Lebensthätigkeit stehenden Epithelien leitet uns zur Vorstellung eines Zustandes, den die Formelemente des Organismus im Allgemeinen zu besitzen scheinen, nämlich den continuirlichen Zusammenhang. Bei anderen Geweben soll das ebenfalls hervorgehoben werden. Dadurch empfängt der Begriff der Individualität der Zellen einige Beschränkung, aber es gewinnt dadurch die Vorstellung der Einheitlichkeit des gesammten Organismus tiefere Begründung.

§ 52.

An die Epithelzellen ist außer der abscheidenden Thätigkeit, aus welcher Membran, Cuticula und Kittsubstanz hervorgehen, noch die Function der Abscheidung von Stoffen geknüpft, welche *nicht* in die Gewebebildung mit eingehen. Die Zellen liefern Substanzen, welche entweder für den Organismus unbrauchbar sind, aus ihm entfernt werden, oder im Organismus Verwerthung finden. Solche Stoffe werden im Allgemeinen als Absonderungsproducte, *Secrete* bezeichnet, im Speciellen als *Excrete*, wenn sie für den Körper nicht mehr verwendbar, also Auswurfsstoffe sind. Organe, welche solche Se- oder Excrete liefern, nennt man *Drüsen* (Glandulae).

Diese *secretorische Thätigkeit* der Epithelzellen erscheint bald an einzelnen Zellen, bald ist sie auf größeren Strecken von Epithelien ausgebildet, womit eine Differenzirung des Epithels verbunden ist. Im ersten Falle entstehen aus Epithelzellen *einzellige Drüsen*. Solche lagern dann zwischen anderen Epithelzellen, von denen sie sich durch mancherlei unterscheiden, am meisten durch die freie Mündung, die sie an der Oberfläche des Epithels besitzen (*Becherzellen*). Bei Wirbellosen in größter Verbreitung, finden sie bei Wirbelthieren ein beschränkteres Vorkommen, fehlen jedoch auch beim Menschen nicht ganz.

Betheiligt sich eine größere Anzahl bei einander lagernder Epithelzellen an der Secretion, so bildet sich eine Oberflächenvergrößerung aus, durch welche die Leistungsfähigkeit des secretorischen Epithels sich steigert. Diese Vergrößerung der secernirenden Oberfläche kann doppelter Art sein; einmal durch Erhebung über das Niveau der Fläche und zweitens durch Einsenkung unter jenes Niveau. In beiden Fällen kommt eine größere Anzahl von Epithelzellen in Verwendung. In beiden Fällen ist das unter dem Epithel gelegene, von diesem überzogene Gewebe an der Differenzirung betheiligt.

Bei Erhebungen von Epithelien über das benachbarte Niveau entstehen also Fortsätze, in welche das unterliegende Gewebe sich erstreckt. Sie können in Gestalt von Lamellen oder von Fäden auftreten und werden ihrer Ausdehnung gemäße, verschieden große Epithelentfaltungen bedingen. Fernere, auf epitheliale Flächenvergrößerung abzielende Differenzirungen erscheinen in Verzweigungen dieser Gebilde. Diese Art der Oberflächenvergrößerung im Dienste secretorisch fungirender Epithelstrecken findet im Organismus des Menschen nur geringe Verwendung, um so reicher und mannigfaltiger ist die zweite Art vertreten.

Durch die Einsenkung von secretorischen Zellgruppen unter das benachbarte Niveau erscheinen zunächst Buchtungen und Grübchen (Fig. 48 *a*, *b*), die bei fernerer Ausbildung in dieser Richtung blind geendigte Schläuche (*c*) vorstellen. Diese sind somit wesentlich durch das Epithel entstandene Organe, die entweder einfach bleiben, oder sich durch Ramificationen mannigfach compliciren. Es sind dies die anatomisch als *Drüsen* im engeren Sinne bezeichneten Gebilde.

Nach Maßgabe der Complication der Drüse folgt derselben die ursprünglich subepitheliale Gewebsschichte (Bindegewebe), bildet für die einzelnen Theile der Drüse die äußere Abgrenzung, und wird so, als *Membrana* oder *Tunica propria*, der Drüse selbst zugetheilt. Dieses Gewebe ist bei der Differenzirung der Drüsen gleichfalls in Thätigkeit, so dass die Vegetationsvorgänge bei jenem Processe sich keineswegs ausschließlich am Drüsengewebe vollziehen. Auch dadurch treten die Drüsen in die Reihe von Organen ein. Die durch die epitheliale Einsenkung bewirkte Flächenvergrößerung und die dadurch bedingte Steigerung der Function ist nicht die einzige Leistung jener Erscheinung. Das secernirende Epithel wird durch die Einsenkung unter das Niveau der indifferenteren Epithelschichte äußeren Einwirkungen entzogen, und begiebt sich damit in eine geschütztere Lage, in welcher es keinen Störungen ausgesetzt ist. Die Einsenkung sichert also die Function.

Bei der secretorischen Thätigkeit der Zellen ist wesentlich das Protoplasma betheiligt und erfährt dabei Veränderungen. Aber auch dem Einflusse des Nervensystems, sowie dem Gefäßapparate kommt eine wichtige Rolle zu. Der Vorgang selbst ist also stets in Beziehung der Drüsen zu jenen Organsystemen sich vorzustellen. Dadurch wird jedoch die Activität des Zellprotoplasma im Allgemeinen nicht geschmälert, da ja, wie oben (S. 61) bereits hervorgehoben, dieselbe Erscheinung der Abscheidung an dem Protoplasma niederer Organismen besteht, bei denen der gesammte Körper nur durch eine einzige Zelle repräsentirt wird, und von jenen Organsystemen keine Rede sein kann. Die Kenntnis dieser Thatsachen verbietet daher, in den Epithelien der Drüsen nur Filtrirapparate und Diffusionsmaschinen zu sehen, wie sehr auch Diffusion und Filtration bei der Secretbildung in höheren Organismen betheiligt erscheinen mögen.

§ 53.

Die *Drüsen* (Glandulae) sind aus dem Vorhergehenden als Differenzirungen des Epithelgewebes aufzufassen, die sie zusammensetzenden Epithelzellen stellen innere Auskleidungen vor und bilden das *Drüsengewebe*.

Mit dem Erscheinen dieser Gebilde wird an ihnen eine fernere Differenzirung wahrnehmbar. Wenn wir annehmen, dass bei der einfachsten Schlauchform das ganze, den Schlauch bildende Epithel gleichartig geformt ist und gleichartig fungirt, d. h. in gleicher Weise sich an der Lieferung eines Secretes betheiligt, so tritt dagegen eine Sonderung ein, sobald etwa das blinde Endstück des Schlauches allein die secretorische Function übernimmt, indes der vordere Theil des Schlauches nur zur Ausleitung des Secretes dient. Diese physiologische Arbeitstheilung prägt auch morphologisch sich aus, und der anfänglich gleichartige Drüsenschlauch sondert sich in zwei Abschnitte, in den *secretorischen Abschnitt* und den *Ausführgang* (Fig. 48 *d e f*).

Das Epithel des drüsigen Abschnittes bietet in Bezug auf Größe und feinere Zusammensetzung der Zellen andere Verhältnisse, als das Epithel des Ausführganges, welches meist einfacher, indifferenter bleibt. Dieser Verschiedenheit entsprechen noch andere Veränderungen, und zwar in der äußeren Gestaltung des Drüsenschlauches (Tubulus). Man hatte den meist etwas weiteren secretorischen Abschnitt als *Acinus* bezeichnet, während dieser Begriff zweckmäßiger auf das gröbere Verhalten, wie ursprünglich, beschränkt bleibt. Die Vergrößerung der secretorischen Strecke kann nun auf verschiedene Art erfolgen. Am einfachsten geschieht es durch Längswachsthum des Schlauches (*einfache tubulöse Drüse*).

Bei Beschränkung der Ausdehnung des in die Länge wachsenden Schlauches in gerader Richtung bildet der drüsige Endabschnitt Windungen, die diese Strecke *knäuelförmig* gestalten; er stellt dann einen *Glomus* vor (z. B. die Schweißdrüsen der Haut). In anderer Weise entsteht eine Vermehrung des drüsigen Epithels durch Verzweigungen des Schlauches. Am blinden Ende des einfachen Schlauches entstehen Sprossungen (Fig. 48 *e*), aus denen ähnliche Schläuche wie der zuerst gebildete hervorgehen, die von verschiedener Länge sein können. An diesen kann derselbe Process von Neuem erfolgen, und aus dem Fortschreiten desselben entstehen neue Complicationen (Fig. 48 *f*). Der Ausführgang nimmt dann eine Anzahl von Schläuchen auf (*zusammengesetzte tubulöse Drüse*), oder der Drüsenschlauch verzweigt sich allmählich nach einer oder nach verschiedenen Richtungen (*ramificirte tubulöse Drüse*). Treten die einzelnen Zweige einer solchen verästelten tubulösen Drüse unter einander in Verbindung, so geht daraus ein Netzwerk von Drüsencanälen hervor (*reticuläre Drüsen*: Hoden, Leber).

Fig. 48.

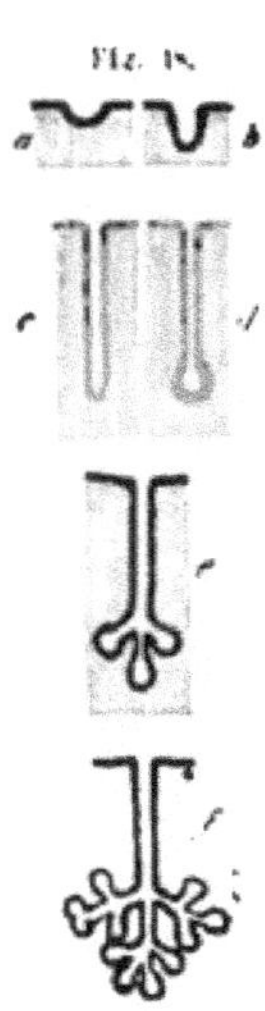

Schema für die Drüsenbildung.

Eine andere Art der Vergrößerung combinirt sich mit dem erst erwähnten Zustande. Der Drüsenschlauch behält nicht sein gleichmäßiges Kaliber, sondern bildet Ausbuchtungen von verschiedenem Umfange. Diese werden als *Alveolen* bezeichnet. Bleibt der Schlauch dann einfach, so stellt er eine *einfache alveoläre Drüse* vor. Gestalten sich einzelne der Alveolen durch Weiterwachsen zu neuen Schläuchen, welche wiederum alveolär sich ausbuchten, so entsteht die *zusammengesetzte alveoläre Drüse* (z. B. die Milchdrüsen).

Indem in einer zusammengesetzten Drüse eine größere Anzahl von Schläuchen, mit einem gemeinsamen Ausführgange versehen, räumlich von ähnlich gruppirten Abtheilungen der Drüse sich schärfer abgegrenzt darstellen lässt, gewinnt die ganze Drüse ein traubenähnliches Aussehen. die einzelnen Schlauchcomplexe bilden *Acini*, deren mehrere auch zu einem größeren Abschnitte oder Läppchen (*Lobulus*) sich vereinigen. In umfänglichen Drüsen sind solche von neuem zu größeren Massen. Lappen (*Lobi*), vereinigt. Wir scheiden also Lappen und Läppchen und Acini als makroskopische Befunde bei Drüsen von den mikroskopischen Tubulis oder Schläuchen ohne oder mit Alveolen.

Über Eintheilung der Drüsen s. FLEMMING, Arch. f. Anat. 1888. Die Unterschiede der Drüsenformen halten keine ganz scharf gezogenen Grenzen ein. Auch manchen der als »tubulös« aufgefassten Drüsen kommen terminale oder laterale Alveolen zu.

§ 54.

Die Zellen der Drüsen zeigen bedeutende Differenzirungen nicht nur bezüglich des Ausführganges und des secretorischen Abschnittes, sondern auch nach der Verschiedenheit des Secretes, also nach der Leistung der Drüse. Selbst innerhalb derselben Drüse bieten die Zellen verschiedene Befunde, je nachdem ihre Function thätig ist, oder im Ruhezustand sich findet. Hinsichtlich der Secretbildung ergeben sich zweierlei, auch die Drüsenstructur beeinflussende Verhältnisse. Bei einer Kategorie von Drüsen wird das von den Formelementen gelieferte Secret über die Oberfläche derselben abgeschieden, es tritt ins Lumen des Drüsencanales, ohne dass die Formelemente selbst eine Störung ihrer Existenz erlitten. Sie vermögen die Abscheidung jedenfalls mehrmals zu wiederholen. Wo diese Thätigkeit genauer untersucht werden konnte, hat sich ein Differenzirungsvorgang im Protoplasma der Drüsenzellen wahrnehmen lassen, durch den die Secretbildung vorbereitet wird. Das different gewordene Material füllt Lücken in dem netzförmig erscheinenden, nicht veränderten Protoplasma, welches nach geschehener Ausscheidung wieder an Volum gewinnt und den Process von neuem beginnen lässt.

Bei einer anderen Kategorie gehen mit der Secretbildung Drüsenzellen unter. Das in den letzteren gebildete Secret geht aus einer Umwandlung des Zellkörpers hervor, die Zellsubstanz wird mit der Secretbildung verbraucht. In diesem Falle besteht eine intensivere Regeneration durch Vermehrung der Zellen in den tieferen Lagen des mehrschichtigen Epithels.

Diese Verschiedenheiten werden durch die relativ kurze Lebensdauer ausgeglichen, welche auch den nicht durch einmalige Secretbildung untergehenden Zellen zuerkannt wird, denn auch in manchen dieser Drüsen sind als Ersatzzellen zu deutende Elemente aufgefunden. Die Function der Drüsen beschränkt also die Existenz ihrer einzelnen Formelemente.

Außer der durch Ruhe oder durch Thätigkeit bedingten Differenz der Beschaffenheit der Drüsenzellen ist noch das Vorkommen *verschiedenartiger Zellen* in einem und demselben Abschnitte beachtenswerth.

In nicht wenigen Abtheilungen von Drüsen sind zweierlei, zuweilen auch dreierlei, durch Gestalt, Lage und sonstiges Verhalten differente Zellformationen bekannt. Die an den Drüsenzellen selbst bestehenden Eigenthümlichkeiten zeigen sich vorwiegend in einer Differenz des dem Drüsen-Lumen zugewendeten und des demselben abgekehrten Theiles der Zelle. Der letztere bildet, im Falle er der Tunica propria auflagert, den

Fuß der Zelle, der in manchen Fällen plattenförmig, zuweilen nur nach einer Seite hin, verbreitert ist. Auch das Verhalten der Zellsubstanz ist an dem basalen Theile der Zellen zuweilen modificirt. Sie bietet dann streifenförmige Verdichtungen dar, die sich bis gegen den, den Kern bergenden mittleren Abschnitt zu fortsetzen. Dann ist das Plasma der Zelle in verschiedene Regionen gesondert. Auch sonst ergeben sich im Plasma der Drüsenzellen Sonderungen (Fig. 49), netzförmige Bildungen, welche mit dem Vorgange der Secretion im Zusammenhang stehen.

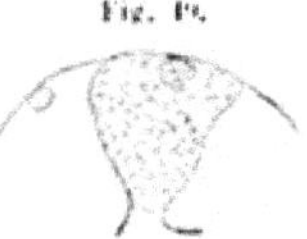

Fig. 49.

Eine Drüsenepithelzelle (Parotis) mit verschiedenartig differenzirtem Plasma. 500:1.

Die Veränderungen, welche zu einer Complication des Baues einer Drüse führen, sind der anatomische Ausdruck der erhöhten Leistungsfähigkeit des Organes. Die im Verlaufe der Entwickelung der Drüse auftretende, von der ersten, einfacheren Anlage ausgehende Sprossung wird durch Vermehrung der Zellen hervorgerufen, welche die Sprossen vollständig erfüllen. Diese sind somit solide Gebilde, wie auch die erste Anlage der Drüse durch eine solide Zellwucherung vorgestellt wird. Das Lumen in den secretorischen Abschnitten entsteht in der Regel erst mit dem Beginne der Function der Drüse. Ebenso jenes des Ausführganges. Diese Art der Entwickelung der Drüsen, wie sie in der Ontogenese gegeben ist, entspricht wohl nicht ganz der Phylogenese der Drüsen, die nur bei bestehender Function des Drüsenepithels sich vorzustellen ist.

Das die secretorischen Abschnitte der Drüse darstellende Epithel formt entweder einfache oder mehrschichtige Lagen unter sehr verschiedenen Befunden der bezüglichen Zellformen. Auch das Verhalten zu einem Lumen des Drüsenschlauches oder der Alveolen ist verschieden. Das Lumen kann sogar völlig reducirt sein. In solchen Fällen, wo das Drüsenepithel den Drüsenschlauch vollständig füllt, sind *intercelluläre Gänge* beschrieben, in denen das Secret zum Ausführgange seinen Weg finden soll. Sie sind zum Theil sicherlich Kunstproducte, wo sie nicht mit den durch die »Kittsubstanz« eingenommenen Lücken zusammenfallen.

Die bedeutende, durch die oben vorgeführte Complication erreichte Volumsentfaltung einer Drüse ändert die *Lagebeziehungen* des Organes, das in seinen einfacheren Befunden in unmittelbarster Nähe der Epithelschichte bleibt, aus der es hervorging. Je voluminöser jedoch die Drüse wird, um so weiter entfernt sie sich von jener Bildungsstätte, mit der sie nur noch durch den Ausführgang im Zusammenhang bleibt. Seine Mündung bezeichnet so die erste Bildungsstätte der Drüse. An diesem Ausführgange tritt dann ein der entfernteren Lagerung des Drüsenkörpers adäquates Längenwachsthum ein, und mit dieser größeren Selbständigkeit wird er zum Ausgangspunkte neuer Sonderungsvorgänge, die zum Theil als Erweiterungen, Ausbuchtungen und dergl. Beziehungen zur Drüsenfunction besitzen. So gehen besondere Behälter für das Secret hervor.

§ 55.

Nicht in allen Epithelien bietet sich eine Zusammensetzung aus gleichartigen oder nur nach den Zellschichten verschiedenen Elementen dar. In manchen tritt eine Differenzirung dadurch deutlich hervor, dass zwischen den sonst das Epithel darstellenden Formelementen anders geartete Zellen vertheilt sind, wie z. B. die oben erwähnten Becherzellen. In anderer Art erfahren epitheliale Elemente Umgestaltungen, indem die Epithelzelle zu einem percipirenden Gebilde wird, entweder in größeren Summen, so dass ganze Epithelstrecken die gleiche Umwandlung erfahren, oder nur in vereinzelter Weise, wobei sie dann in der Mitte anderer Epithelformationen ihre Lage hat. Die Umwandlung zeigt sich meist in einer schlankeren Form der Zelle, die an einer dickeren Stelle den Kern umschließt, und an ihrem freien Ende mit verschiedenartigen Bildungen ausgestattet ist. Die letzteren sind vom Protoplasma stets different, erscheinen haarförmig oder stäbchenartig und verhalten sich theilweise wie Cuticularbildungen. Nach der Qualität der Sinneswerkzeuge, zu denen sie verwendet sind, ergeben sich in den einzelnen Formen mannigfache Eigenthümlichkeiten. Allen aber kommt ein Zusammenhang mit sensiblen Nerven zu, deren terminale Organe sie vorstellen (*Sinnesepithelien*). Da ein Zusammenhang mit Nervenfasern auch für andere Epithelzellen erkannt ward, und in dieser Hinsicht allen Epithelien jene Bedeutung zukommt, ist es mehr die besondere Ausbildung jener Zellen in bestimmten Organen, woran der Begriff eines Sinnesepithels geknüpft werden kann.

Auch ein *Pigmentepithel* ist aufgestellt worden. Dieses unterscheidet sich nur dadurch von anderen Epithelien, dass seine Zellen Pigment führen.

§ 56.

Wir reihen hier noch Formelemente ein, welche nur bedingter Weise als Gewebe betrachtet werden können. Das sind erstlich an bestimmten Localitäten des Körpers entstehende Zellen von indifferenter Beschaffenheit, welche theils Gefäßbahnen betreten (*Leucocyten*, Lymphzellen), theils interstitielle Wege im Bindegewebe einschlagen (Wanderzellen). Woher diese Elemente stammen, ist noch nicht ganz sicher, es bestehen nur Gründe zur Annahme, dass sie nicht aus dem Bindegewebe durch Umwandelung von dessen Formelementen hervorgingen, dass vielmehr *Epithelien*, das Entoderm, die ersten dieser Elemente ins Bindegewebe entsendeten, von welchen dann die fernere Vermehrung ausging. Denselben Zellen begegnen wir auch in den ersten Blutgefäßbahnen, für deren Inhalt sie die Formbestandtheile, embryonale Blutkörperchen, darstellen, bis aus ähnlichen indifferenten Elementen durch Schwinden des Kerns und unter Veränderung des Protoplasma die ersten rothen Blutkörperchen entstehen. Dann treffen wir in den letzteren einen höheren veränderten, in den Leucocyten den dauernden niederen Zustand von Zellen, welche im Organismus eine überaus wichtige, der nutritorischen Function beigeordnete Rolle spielen.

Von ähnlichen indifferenten Elementen, welche wohl gleichfalls aus dem Bindegewebe zu eliminiren sind, leitet sich auch das *Fettgewebe* ab. Die bezüglichen Zellen sind schon vor der Entstehung von Fett in ihnen zu Gruppen gesondert, und so finden sie sich meist in dem kleinere Arterien begleitenden Bindegewebe. Im Protoplasma der Zellen treten Körnchen auf, welche zu Tröpfchen sich vereinigen. Diese vergrößern sich, fließen auch wohl zusammen, und bilden allmählich den Körper der Zelle zu einem voluminösen Theile um. (Fig. 59.)

Fig. 59.

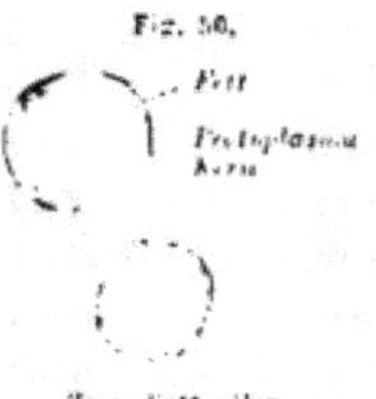

Zwei Fettzellen. Nach Kölliker.

Je nachdem so ein größerer Fetttropfen oder deren mehrere das Innere der Zelle füllen, ist deren Gestalt verschieden. Meist aber bilden sich mehr rundliche Formen aus. Das Protoplasma wird bei der zunehmenden Vergrößerung der Fetttropfen zu einer denselben überkleidenden Schichte umgestaltet, in welche auch der Kern gedrängt ist. Es besteht so eine den Fetttropfen umschließende Membran. Die Zelle hat jedoch dabei nicht ganz ihre Eigenschaften eingebüßt, denn bei eintretendem Schwund des Fettes gelangt wieder der frühere indifferente Zustand der Zelle zur Erscheinung, oder es gehen aus ihm andere Formzustände hervor. Auch Serum kann dann die Stelle des Fettes vertreten.

Die Fettzellen finden sich meist gruppenweise beisammen, bilden Träubchen, die von einem Blutgefäßnetze umsponnen sind. Da ihr Vorkommen an das auch die Blutgefäße führende Bindegewebe geknüpft ist, finden sie mit diesem eine weite Verbreitung im Körper, wenn auch viele Bindegewebe führende Theile es nie zu einer Fettzellenbildung kommen lassen. Die durch letztere repräsentirte Fettablagerung im Organismus steht in enger Verbindung mit der Ernährung. Das Fett repräsentirt einen Theil des Überschusses des dem Körper zugeführten Ernährungsmaterials, welches bei Störungen der Ernährung, in Krankheiten, raschem Verbrauche entgegengeht. Dann erfolgt ein Zurücktreten der Fettzellen auf die Stufe, von der sie hervorgingen.

2. Stützgewebe.

§ 57.

Die wesentlichste Eigenschaft dieses Gewebes besteht in der Bildung einer die indifferenten Zellen von einander trennenden *Intercellularsubstanz*. Die letztere überwiegt in der Regel an Volum die Zellen, stellt also die Hauptmasse des Gewebes vor (Fig. 51). Sie ist die Trägerin der Function dieses Gewebes, in welchem die Formelemente eine nur in Bezug auf die Bildung und Ernährung der Intercellularsubstanz wichtige Rolle spielen. Die Formelemente verhalten sich demgemäß als indifferente Zellen, während der functionell wichtigere Bestandtheil des Gewebes, die Intercellularsubstanz, vielerlei Modificationen aufweist, auf welche die einzelnen Abtheilungen dieses Gewebes sich gründen.

Fig. 51.

Hyalinknorpel. (Schematisch.)

So stellt sich das Stützgewebe dem Epithel gegenüber, bei welchem die Intercellularsubstanz eine untergeordnete Bedeutung besitzt, wogegen die Zelle selbst in größter Mannigfaltigkeit der äußeren Gestaltung wie auch der inneren Beschaffenheit (Drüsenzellen!) auftritt. Diese große Verschiedenheit beider Gewebe geht Hand in Hand mit der Verschiedenartigkeit ihrer Leistungen für den Organismus. Bei dem Epithelgewebe beruht die Function in der Zelle und äußert sich an ihr; bei dem Stützgewebe geht die Leistung des Gewebes als Ganzes auf die vom Protoplasma different gewordene Intercellularsubstanz über, deren Eigenschaften sie vor Allem als Stütze für die, die Organe zusammensetzenden anderen Gewebe wirksam sein lassen.

Durch seine Verbreitung im Körper kommt dem Stützgewebe eine wichtige

Rolle zu. Es bildet überall die Unterlagen für die Epithelien, begleitet die Bahnen der ernährenden Flüssigkeit, verbindet die Formelemente des Muskel- und Nervengewebes zu räumlich abgegrenzten Organen und lässt endlich seine stützende Function in dem von ihm geleisteten Aufbau des Skelets zum vollkommensten Ausdruck gelangen. In diesen Beziehungen trägt die Beschaffenheit der Intercellularsubstanz den verschiedenen Ansprüchen Rechnung, und nach den in ihr bestehenden Besonderheiten unterscheiden wir *zelliges Stützgewebe*, *Bindegewebe*, *Knorpel-* und *Knochengewebe* als einzelne Formzustände des Stützgewebes.

Seiner Genese nach gehört das Stützgewebe zu den ältesten. Nächst den Epithelien ist es ontogenetisch wie phylogenetisch am frühesten unterscheidbar. Die Verwandtschaft mit dem Epithel geht nicht blos aus der ersten Abstammung von den ersten Epithelformationen (Keimblättern) des Organismus hervor, sondern auch aus vielen Einzelerscheinungen in der Histogenese. Aus verschiedenen Epithelialbildungen können Stützgewebe entstehen, und bei niederen Thieren ist ein ähnlicher Übergang von Epithel in Stützgewebe sogar in großer Verbreitung.

Die am Epithelgewebe sich äußernde Cuticularbildung, auch das Auftreten einer Zwischensubstanz (S. 98) liefern ohnehin ein verknüpfendes Band. Von diesem die Verwandtschaft der beiden Gewebe im Auge behaltenden Standpunkte aus hat es auch dann nichts Befremdendes, wenn man aus den Formelementen des Stützgewebes wiederum epitheliale Bildungen, in dem Sinne, wie wir sie oben darstellten, entstehen sieht: flächenhaft angeordnete, Hohlräume auskleidende Zellen. Solche Übergänge von Geweben stören jedoch keineswegs die Aufrechterhaltung jener Kategorieen, und wenn es auch Fälle giebt, in denen die Entscheidung, ob das eine oder das andere der beiden Gewebe vorliege, schwer fällt, so wird durch diese Thatsache nur die nähere Zusammengehörigkeit, die Verwandtschaft jener Gewebe bestätigt, nicht aber die Sicherheit der Begriffsbestimmung erschüttert, die in der unendlichen Überzahl klar und entschieden zu deutender Fälle ihre festen Wurzeln hat.

Wenn wir die Stützfunction dieses Gewebes als die prägnanteste darstellen, so folgt daraus nicht, dass sie die einzige ist. In den niederen Zuständen des Stützgewebes besitzen die Formelemente auch nutritorische Bedeutung, nicht blos für die Intercellularsubstanz.

a. Zelliges Stützgewebe.

§ 58.

Hierher stellen wir ein Gewebe, welches durch die geringe Entfaltung von Intercellularsubstanz die tiefste Stufe der Stützgewebe vorstellt: das *Chordagewebe*. In diesem scheiden die Zellen nur Membranen ab, die unter einander verschmelzend die Intercellularsubstanz vorstellen. Im Protoplasma der Zellen findet eine Bildung von Hohlräumen (Vacuolen) statt, welche mit Fluidum gefüllt sind. Dadurch gewinnen die Zellen selbst einen bedeutenderen Umfang, und dem Gewebe wird ein blasiger Charakter. Dieses Gewebe kommt bei den höheren Wirbelthieren nur in dem primitivsten Stützorgane vor, es bildet die Chorda dorsalis.

b. Bindegewebe (Tela conjunctiva).

§ 59.

In diesem Gewebe behält die Intercellularsubstanz eine mehr oder minder weiche Beschaffenheit und ist meist, besonders bei älteren Formationen, in reichlichem Maße vorhanden. Die Zellen selbst sind dann nur spärlich vertheilt und besitzen sehr verschiedene Formen. Das Verhalten der Zellen wie der Intercellularsubstanz lässt folgende Unterabtheilungen unterscheiden:

1. *Gallertartiges Bindegewebe*, Gallertgewebe, Schleimgewebe, wird durch die gallertartige Beschaffenheit der Intercellularsubstanz charakterisirt. Diese ist durchscheinend oder leicht getrübt, homogen, weich, zuweilen halbflüssig, und umschließt Zellen von bald länglicher, spindelförmiger, bald sternförmig verästelter Gestalt. Sie bilden, mit ihren Ausläufern oft mit einander verbunden, ein Maschennetz (Fig. 52). Die Ausläufer der Zellen bieten meist ein vom Protoplasma differentes Verhalten, und sind dann als differenzirte Theile anzusehen.

Fig. 52.

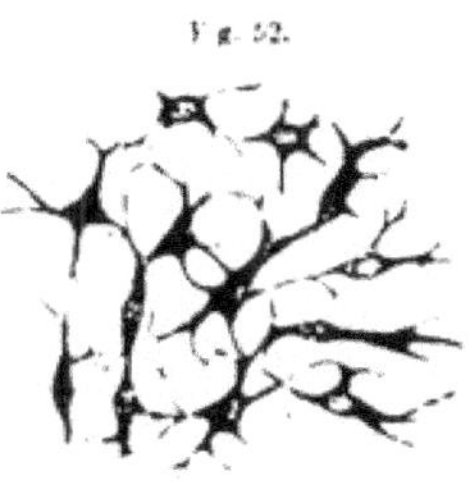

Zellen aus gallertigem Bindegewebe. 150 : 1.

Andere Bindegewebsformen besitzen dieses Gewebe in frühen Entwickelungsstufen als Vorläufer, daher es auch als *embryonales Bindegewebe* bezeichnet wird.

Im ausgebildeten Organismus trifft es sich, in sehr modificirtem Zustande, nur im Glaskörper des Auges. Bei niederen Thieren kommt ihm eine große Verbreitung zu, und bei vielen bildet es den größten Theil des Körpers (Medusen).

2. *Faseriges Bindegewebe* wird durch die Zusammensetzung der Intercellularsubstanz aus stärkeren oder feineren Fasern (Fibrillen) charakterisirt, die in verschiedenen Lagerungsbeziehungen zu einander vorkommen (Fig. 55). Zwischen den oft in Bündeln vereinigten Fibrillenzügen finden sich die Bindegewebszellen, von verschiedener Gestalt. Besonders in jüngeren Zuständen des Gewebes erscheinen sie spindelförmig (Fig. 53) oder verzweigt, an älteren mehr in flächenhafter Entfaltung, und dann stellen sie Plättchen vor (Fig. 54), deren Form den Interstitien der Fibrillenbündel angepasst, daher überaus mannigfaltig ist.

Fig. 53.

Spindelförmige Bindegewebszellen.

Die Entwickelung des faserigen Bindegewebes zeigt, wie die Intercellularsubstanz theils aus einer Differenzirung oder Zerklüftung der vorher bestehenden Gallerte, theils aus dem Zellplasma selbst entsteht, dessen Ausläufer in Faserbündel oder Fibrillenzüge übergehen. Die Intercellularsubstanz geht also aus einer früheren primären und aus einer späteren secundären Abscheidung von Seite der Formelemente des Bindegewebes hervor. Die mit dem Protoplasma der Zellen zusammenhängenden Fortsatzbildungen der letzteren sind also Differenzirungsproducte der Zellen

Fig. 54.

Plattenförmige Bindegewebszellen.

selbst, ebenso wie die Fibrillen und Fasern der Intercellularsubstanz. Aber diese Entstehung von Fasern aus dem Protoplasma der Zellen ist keineswegs als der dominirende Bildungsprocess der faserigen Theile anzusehen, vielmehr bestehen an diesen selbst Wachsthums- und Spaltungsvorgänge, ohne dass das Protoplasma dabei direct betheiligt wäre.

Das gallertige wie das faserige Bindegewebe leisten die Stützfunction nur in minderem Grade; sie ist aber dennoch erkennbar und besonders da deutlich, wo das faserige Bindegewebe ein Gerüste für epitheliale Bildungen abgiebt.

Lockeres Bindegewebe aus dem Omentum majus. 100 : 1.

Bei Behandlung mit Säuren oder Alkalien erfolgt ein Aufquellen der Intercellularsubstanz. Durch Kochen in Wasser giebt sie Leim. Das Gefüge der Fasern und ihre Anordnung lässt dieses Gewebe nach verschiedenen Zuständen in *lockeres* und *straffes* trennen, welche beide vielfach in einander übergehen.

a) *Lockeres Bindegewebe* enthält in seiner Intercellularsubstanz nach verschiedenen Richtungen sich durchkreuzende Faserzüge, Bündel von Fasern, die sich in feinere auflösen und sich vielfach durchsetzen. Zwischen den Bündeln und Faserzügen finden sich Spalträume, die ein Auseinanderziehen des Gewebes ermöglichen.

Das lockere Bindegewebe hat im Organismus größte Verbreitung; kein Organ besteht ohne solches, so dass die dem Bindegewebe in dieser Beziehung zugetheilte Bedeutung wesentlich dieser Gewebsform zufällt. Es verbindet und trennt die einzelnen Organe, füllt — als interstitielles Bindegewebe — die Lücken zwischen den einzelnen Organen aus, und bildet überall die Begleiterin der Blutbahnen, sowie mit seinen spaltförmigen Durchbrechungen die Anfänge der Bahnen des Lymphstromes. Durch dichtere Verflechtung der Faserzüge gehen aus dem lockeren Bindegewebe resistentere Theile hervor, die aber durch ihre Dehnbarkeit noch vom straffen Bindegewebe sich unterscheiden (Lederhaut).

Fig. 59.

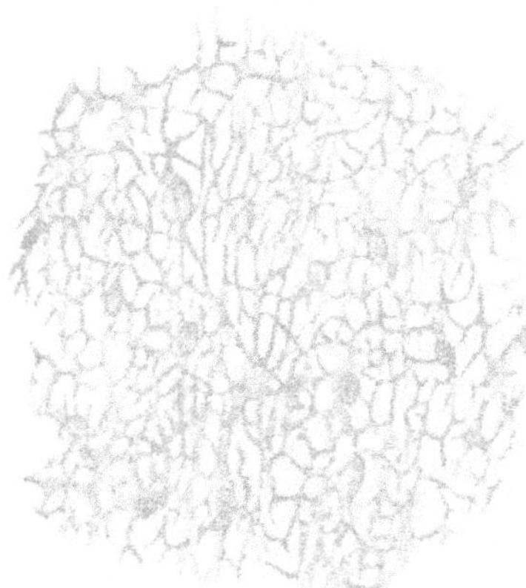

Reticuläres Bindegewebe. [illegible] : 1.

Durch Auflösung der Bindegewebsbündel in feinere netzförmige Bildungen erscheint eine neue Form:

reticuläres Bindegewebe (Fig. 56). Bindegewebszellen bilden mit ihren Ausläufern ein feines Netzwerk und verändern sich dabei soweit, dass häufig nur noch der Kern ihre Stelle andeutet. Das Maschennetz enthält an den größeren Knotenpunkten die Kerne, in deren Umgebung hin und wieder Protoplasma vorkommt. Die Bälkchen und verzweigten Fasern sind zuweilen deutlich durch ihre Beziehung zu einem Kerne aus Zellen ableitbar. Diese Form des Bindegewebes entstand durch Einlagerung und Vermehrung von Zellen (Leucocyten), welche jedoch nicht aus den Formelementen jenes Gewebes entstammen, so dass die Bezeichnung als »cytogenes Bindegewebe« nur bedingterweise gilt.

Es findet sich in der Schleimhaut des Tractus intestinalis verbreitet, kommt an einzelnen Strecken zwischen dem gewöhnlichen fibrillären Bindegewebe vor; auch in den Lymphdrüsen spielt es eine wichtige Rolle, daher: *adenoides Bindegewebe*.

Da das Gefüge des *lockeren Bindegewebes* zum Theil auf das Vorkommen größerer oder kleinerer Spalträume sich gründet, die man beim Auseinanderziehen der Lamellen oder Bündel, wenn auch gewaltsam und in unnatürlichem Verhalten, darzustellen vermag, hatte man das Bindegewebe früher als »*Zellgewebe*«, »Tela cellulosa«, bezeichnet. Als »Zellen« wurden dabei jene Spalträume oder künstlichen Risse aufgefasst, welche durchaus nichts mit den Zellen als Formbestandtheilen zu thun haben. Diese nur Missverständnisse veranlassende Bezeichnung dürfte daher gänzlich aufzugeben sein.

Die Bindegewebszellen nehmen an den Begrenzungsflächen von Spalträumen oder anderen im Bindegewebe auftretenden Lösungen der Continuität einen anderen Charakter an, indem sie Plättchen vorstellen. Diese gehen bei regelmäßiger Anordnung *in Epithelbildungen über*, die man unter der Benennung »*Endothel*« anderen Epithelbildungen gegenüberstellt. Dass wir den Begriff Epithel in histologischem Sinne nehmen, also auch diese Gebilde ihm unterordnen, ist bereits oben gesagt worden (S. 97 Anm.). Ähnliche platte Formationen geben die Bindegewebszellen auch in den sogenannten »Grundmembranen« oder den *Tunicae propriae* der Drüsen ein. Sie bilden hier eine an das Drüsenepithel grenzende Schichte von abgeflachten, sonst aber meist unregelmäßig gestalteten, zuweilen netzartig angeordneten Elementen, in denen das Protoplasma gleichfalls nicht mehr unverändert fortbesteht.

§ 60.

Durch die an den Zellen wie an der Intercellularsubstanz auftretenden Veränderungen erleidet das lockere Bindegewebe Modificationen, die anscheinend neue Gewebsformen hervorrufen. Durch das Auftreten elastischer Gebilde in der *Intercellularsubstanz* entsteht das sogenannte *elastische Gewebe*. Es ist ebenso ein Abscheideproduct der Bindegewebszellen, deren Protoplasma elastische Substanz (*Elastin*) hervorgehen lässt. Dadurch erfährt die physikalische Beschaffenheit des Bindegewebes eine Änderung, und es wird zur Herstellung von Theilen verwendbar, an denen die Elasticität zum Ausdrucke kommt. Dann finden sich zwischen den Faserzügen der gewöhnlichen Intercellularsubstanz bald feinere, bald gröbere, netzartig unter einander verbundene Fasern, die durch ihren Widerstand gegen Säuren und Alkalien, auch durch stärkeres Lichtbrechungsvermögen, vorzüglich aber durch bedeutende elastische Eigenschaften vor den Bindegewebsfasern sich auszeichnen. Die feinsten dieser *elastischen Fasern* finden sich in großer Verbreitung (Fig. 57). Sie zeigen Übergänge zu stärkeren Fasern, welche

Fig. 57.

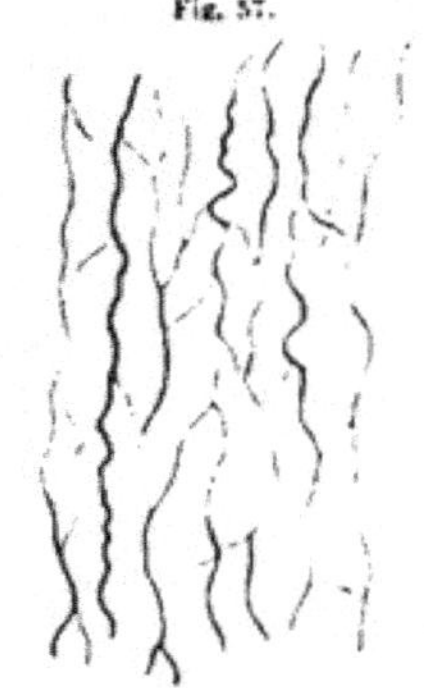

Feine elastische Fasern. Nach Frey.

Fig. 58.

Stärkere elastische Fasern aus einem elastischen Bande. Nach Kölliker.

Fig. 59.

Gefensterte Membran. Nach Kölliker.

dichtere Netze herstellen und in dem Maße, als sie im Bindegewebe vorwiegen, dasselbe »elastisch« erscheinen lassen. Tritt die fibrilläre Intercellularsubstanz gegen die elastischen Netze zurück, so zeigen sich größere Gewebscomplexe fast ausschließlich aus elastischen Maschenwerken gebildet (Fig. 58), daher kam die Aufstellung dieser Form als eines besonderen, dem Bindegewebe gleichwerthigen Gewebes.

Das elastische Gewebe tritt in bindegewebigen Membranen auf: in den Fascien, in der Grundlage der Schleimhäute etc. In reichlicherem Vorkommen bildet es *elastische Bänder*, die durch gelbliche Färbung sich auszeichnen (Ligamenta flava!). Auch *elastische Membranen* formt es, z. B. in der Arterienwand. Bei flächenhafter Ausbreitung elastischer Netze können die Fasern bedeutend an Breite gewinnen, auf Kosten der von ihnen umschlossenen Maschenräume. Diese sinken so auf unansehnliche, in weiten Abständen angeordnete Lücken oder Spalten herab, welche als Durchbrechungen einer elastischen Membran erscheinen. Daraus gehen die *gefensterten Häute* hervor, die in der Arterienwand vorkommen (Fig. 59).

Bei der Entstehung des elastischen Gewebes wiederholen sich die bei der Intercellularsubstanz des Bindegewebes auftretenden Vorgänge, indem die erste Bildung der elastischen Fasern aus einer Umwandlung des Protoplasma der Zellen erfolgt, während weitere Wachsthumsvorgänge an den elastischen Fasern nicht mehr so direct von den Zellen sich ableiten lassen.

Außer den formalen *Veränderungen der Zellen des Bindegewebes* treffen sich noch *materielle*, für welche das Protoplasma der Zelle den Träger und den Vermittler abgiebt. Diese Veränderungen geben sich in der Entstehung von Stoffen im Zellkörper kund, die vom Protoplasma different sind. So erscheinen Farbstoffe (Pigmente) im Innern von Bindegewebszellen, meist in Gestalt feiner Molekel, und lassen die Zelle als *Pigmentzelle* (Fig. 60) erscheinen. Wo solche Pigmentzellen in größerer Menge auftreten, können Strecken von Bindegewebe bräunlich oder schwärzlich sich darstellen (Pia mater,

Suprachorioides des Augapfels). Diese Zellen sind meist ramificirt, zuweilen auch einfacher gestaltet.

Drei Pigmentzellen. Nach Frey.

§ 61.

b) *Straffes Bindegewebe.* Dieses ist von dem lockeren durch seine bedeutendere Festigkeit verschieden, die mit einer mehr oder minder parallelen Anordnung der zu Bündeln gruppirten Fasern verknüpft ist. Feine elastische Fibrillen fehlen auch hier nicht.

Zwischen den Fibrillenbündeln finden sich die Formelemente des Bindegewebes (Fig. 61). Diese füllen Lücken zwischen den Bündeln aus, und zeigen sich häufig in Reihen geordnet, in ihrer Gestalt den Zwischenräumen angepasst.

Fig. 61.

Sehnengewebe aus dem Längsschnitt einer Sehne. 300 : 1.

Die Verlaufsrichtung der Faserzüge ist meist dem bloßen Auge unterscheidbar. Die aus diesem Gewebe bestehenden Theile zeichnen sich durch weißliche Farbe und durch Atlasglanz aus. Es findet Verwendung in der Verbindung der Muskeln mit dem Skelete, bildet deren Sehnen, daher man es auch als *Sehnengewebe* bezeichnet. Ferner bildet es, in derben Strängen angeordnet, straffe Bänder und in flächenhafter Ausbreitung sehnige Membranen: *Aponeurosen.*

Das Verhalten der Formelemente zu den Fibrillenbündeln bietet in den Sehnen und sehnigen Bändern einige Besonderheiten. Dadurch, dass jene Bündel cylindrische Stränge vorstellen (vergl. Fig. 62), entstehen zwischen denselben, da wo deren mehrere zusammenstoßen, Räume, welche von den Zellen ausgefüllt sind. Die Zellen bilden Längsreihen und erstrecken sich mit abgeplatteten Rändern in die schmaleren Stellen der Lücken. Da die letzteren, besonders bei aufgequollenen Faserbündeln, auf dem Querschnitte sich sternförmig darstellen, hat man den in sie eingebetteten Zellen früher eine gleiche Form vindicirt, die aber dem körperlichen Bilde derselben keineswegs entspricht. An der Oberfläche der Bündel formiren diese Zellen zuweilen einen epithelartigen Überzug. In diesen Befunden der Formelemente

Fig. 62.

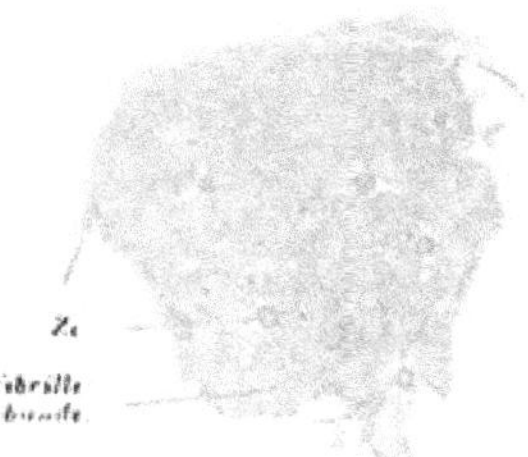

Sehnengewebe aus dem Querschnitt einer Sehne. 300 : 1.

des straffen Bindegewebes sind Anpassungen an das Verhalten der fibrillären Intercellularsubstanz zu sehen.

S. Ranvier, Lehrbuch. Grünhagen, Arch. f. mikroskop. Anatomie, Bd. IX.

c. Knorpelgewebe.

§ 62.

Dieses dem Bindegewebe am nächsten verwandte Gewebe zeigt in seinen Formelementen anscheinend einfachere Befunde (Fig. 63). Die Zellen sind meist rundlich oder oval, seltener mit Ausläufern oder mit verästelten Fortsätzen versehen, welche im Knorpel niederer Thiere vorkommen. Die Intercellularsubstanz ergiebt sich bei oberflächlicher Betrachtung mehr oder minder homogen, von ziemlicher Resistenz und besitzt selten jene Spalten und Lücken, wie sie zwischen den Bündeln und Faserzügen des Bindegewebes vorkommen. Durch Kochen wird sie in Knorpelleim (*Chondrin*) verwandelt. Im jungen Knorpel spärlich vorhanden, in Gestalt von Scheidewänden zwischen den einzelnen Zellen, wird sie allmählich reichlicher, und lässt damit die Zellen in weiteren Abständen erscheinen. Die genetische Beziehung der Intercellularsubstanz zu den Zellen zeigt sich nicht selten überaus deutlich, indem jede Zelle von einer Schichte der Intercellularsubstanz kapselartig umgeben ist.

Fig. 63.

Hyalinknorpel mit Änderung seiner Formelemente nach der Oberfläche zu. *a* Vom Innern des Knorpels. *b* Übergangsschichte. *c* Perichondrium. 350:1.

Fig. 64.

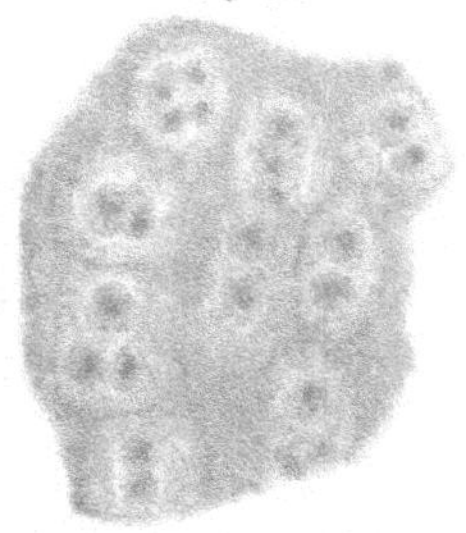

Gruppen von Knorpelzellen mit Theilungsstadien. 350:1.

Bei jüngeren Geweben grenzen die Kapseln (Intercellularsubstanz) zwar an einander, sind aber auch mehr oder minder deutlich von einander getrennt (Fig. 65). Bei älterem Knorpel sind oft Schichtungen in der Kapsel wahrnehmbar, was die *allmähliche* Differenzirung der Intercellularsubstanz aus dem Protoplasma der Zellen bezeugt. Die äußersten, somit ältesten Schichten gehen in homogene Intercellularsubstanz über.

Das Wachsthum des Knorpels erfolgt durch Vermehrung der Zellen durch Theilung und Vermehrung der Intercellularsubstanz. Die Theilungsproducte (Tochterzellen) liegen anfänglich in einem gemeinsamen Hohlraume der Intercellularsubstanz. Nach und nach bildet jede der Zellen um sich herum eine Kapsel, oder es fließt die von ihnen gebildete Intercellularsubstanz mit der schon vorhandenen zusammen. Stets aber werden damit die beiden Theilungsproducte von einander getrennt. Wiederholt sich derselbe Vorgang an jeder der beiden Zellen und setzt sich in dieser Weise fort, so gehen daraus *Gruppen* von Zellen hervor, die ihre Abstammung von Einer Zelle durch ihre Lagerung kundgeben (Fig. 65). Ist die Intercellularsubstanz noch in Kapseln gesondert, so vermag man in dem Verhalten der in einander geschachtelten

Kapselsysteme den Gang der allmählichen Entstehung der Zellgruppe, sammt der durch die Kapseln vorgestellten Intercellularsubstanz aus je einer einzigen Zelle zu erkennen. Die Theilung der Zelle kann auch in einer einzigen Richtung vor sich gehen. Dann entstehen *Reihen von Zellen*, säulenförmige Bildungen, durch welche die Richtung des Knorpelwachsthums sich ausspricht.

Wenn auch vom Protoplasma different geworden, darf die Intercellularsubstanz doch nicht als außerhalb der Lebensvorgänge stehend betrachtet werden. Schon die Veränderungen, welche die sogenannten Kapseln bei der in ihnen stattfindenden Vermehrung der Zellen erleiden, erweisen das. Sie dehnen sich nach der in ihnen erfolgten Theilung einer Zelle nicht rein mechanisch aus, sondern lassen eine Vermehrung ihres Volums, ein Wachsthum erkennen. *Auch zeigt sich die Intercellularsubstanz bei anscheinend homogener Beschaffenheit unter gewissen Verhältnissen von einem feinsten Canalsystem durchzogen, in welches eben so feine Fortsätze der Knorpelzellen eingebettet sind.* Man hat sich also von der Oberfläche der Knorpelzellen ausstrahlende, zahlreiche feine Ausläufer des Protoplasma vorzustellen, welche die Intercellularsubstanz durchsetzen und mit den Ausläufern der benachbarten Knorpelzellen zusammenhängen. Die große Feinheit der letzteren entzieht sie der Untersuchung mit den gewöhnlichen Mitteln, aber die immer häufigere Wahrnehmung solcher Befunde des Knorpels führt mehr und mehr zu der Annahme einer continuirlichen Verbindung der Formelemente des Knorpelgewebes als einer allgemeinen Erscheinung. Dieses Verhalten lässt die Ernährungsvorgänge im Knorpel besser verstehen, wie sie sich im Wachsthume seiner Intercellularsubstanz und in der Vermehrung und Veränderung der Knorpelzellen kundgeben.

Die in Vergleichung mit dem Bindewebe größere Resistenz der Knorpelsubstanz steigert die Stützfunction dieses Gewebes und lässt es in der Skeletbildung reiche Verwendung finden. Es bildet die Anlage oder vielmehr den Vorläufer des knöchernen Skelets, erhält sich an diesem an vielen Theilen fort, und tritt auch in manchen anderen Bildungen auf.

Als eine Modification des Stützgewebes steht es mit dem Bindegewebe in engem Connexe. Seine oberflächlichen Schichten entbehren der scharfen Abgrenzung und gehen überall in Bindegewebe über (siehe Fig. 65 *b*), wo sie nicht, wie an den Gelenken, freie Flächen besitzen. Dabei modificirt sich sowohl die Gestalt der Zellen, welche gestrecktere Formen annehmen, als auch die Intercellularsubstanz, die in jenen Grenzstrecken allmählich durch Faserzüge dargestellt wird (Fig. 65 *c*). Wie bei allen Stützgeweben ist es wesentlich die Beschaffenheit der Intercellularsubstanz, nach der wir das Knorpelgewebe in Unterabtheilungen bringen. Es sind: der *Hyalinknorpel*, der *Faserknorpel* und der *elastische Knorpel*.

In den Knorpelzellen gehen nicht selten Veränderungen durch Bildung von Fetttröpfchen vor sich, die größer oder kleiner sich darstellen. Im Ganzen trifft dieses ältere Formationen. — Bezüglich der Durchsetzung der Intercellularsubstanz von feinen, von den Knorpelzellen ausgehenden Kanälchen s. J. Arnold, Arch. f. path. Anat. Bd. LXXIII. A. Budge, Arch. f. mikroskop. Anatomie Bd. XVI.

§ 63.

Der *Hyalinknorpel* (Fig. 65) besitzt eine homogene Intercellularsubstanz: dem bloßen Auge stellt er sich von weißlicher oder leicht bläulicher Farbe dar, auf dünnen Schnitten durchscheinend. Die oben erwähnten, von dem Zellplasma differenzirten Knorpelkapseln sind verschieden deutlich. Er ist die verbreitetste Form des Knorpelgewebes und bildet zugleich den Ausgang für andere Formen.

Fig. 65.

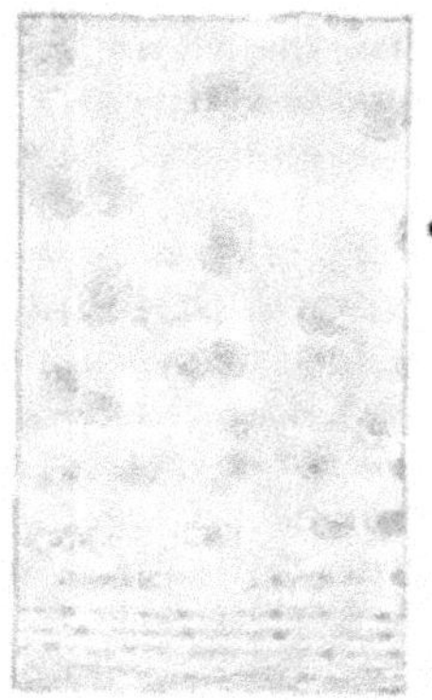

Hyalinknorpel.

Durch Verbindung von Kalksalzen mit der Intercellularsubstanz geht aus dem hyalinen der *verkalkte Knorpel* hervor, ein Gewebe, welches an Festigkeit mit dem Knochengewebe wetteifert, aber durch größere Sprödigkeit von ihm verschieden ist. Die Kalksalze erscheinen anfänglich in Gestalt feinster Molekel, welche, wo sie gehäuft vorkommen, Trübungen der Intercellularsubstanz bedingen. Nach und nach treten an den verkalkenden Stellen größere Körnchen auf, die endlich zusammenfließen, so dass die Knorpelzellen von völlig mit Kalksalzen imprägnirter Substanz umschlossen sind. Mittelst Einwirkung von Säuren kann man den Kalk entfernen und die Intercellularsubstanz im früheren Verhalten nachweisen, daher wird die Verbindung des Kalkes mit der Intercellularsubstanz nicht als bloße mechanische Einlagerung gelten dürfen.

Die Verkalkung des Knorpelgewebes bildet eine Vorbereitung für die Ossification, wenn auch eine directe Umwandlung von Knorpel in Knochengewebe nur selten vorkommt. Sehr verbreitet ist die Verkalkung als Alterserscheinung des Knorpels.

Der *Faserknorpel* besitzt verschiedene Ausgangspunkte für seine Genese, und stellt dem entsprechend auch differente Bildungen vor. Eine Form des Faserknorpels entsteht durch Umwandelung der Intercellularsubstanz des Hyalinknorpels. Diese bietet dann feinstreifige Züge oder gröbere fibrilläre Bildungen. Wie an diesen die Knorpelzellen betheiligt sind, bleibt ungewiss, doch scheint eine unmittelbare Beziehung dazu nicht stattzufinden. An vielen Theilen, die aus Hyalinknorpel bestehen, bemerkt man bald größere bald kleinere Stellen einer solchen Differenzirung intercellularer Substanz, und diese Stellen gehen ohne jede scharfe Abgrenzung in die hyaline, anscheinend homogene Nachbarschaft über. Anderseits finden sich vom Faserknorpel aus die zahlreichsten Übergänge zum Bindegewebe, besonders zu dessen straffer Form, so dass alsdann die Zugehörigkeit dieses Gewebes zum Knorpel nur durch die mehr den Knorpelzellen sich anreihenden Formelemente bestimmbar wird. Noch entschiedener tritt das Knorpelgewebe hervor, wenn in die fibrilläre Grundsubstanz Gruppen von

Knorpelzellen vertheilt sind, deren Intercellularsubstanz keine Fibrillen führt, wenn sie auch in solche sich fortsetzt. Alle diese Übergangsbefunde erläutern die nahe Verwandtschaft des Knorpels und des Bindegewebes.

Endlich ist noch des *elastischen Knorpels* zu gedenken, in dessen Intercellularsubstanz feine und gröbere elastische Fasern Netze bilden (daher *Netzknorpel*) (Fig. 66). Die elastischen Fibrillen gehen von den Zellen aus, sind Sonderungsproducte von deren Protoplasma, bieten übrigens sehr differente Verhältnisse. Bei vorwaltenden elastischen Fasern empfängt der Knorpel gelbliche Färbung (*gelber Knorpel*).

Bezüglich der Genese der elastischen Fasern siehe die oben bei der elastischen Modification des Bindegewebes angeführten Verhältnisse.

Fig. 66.

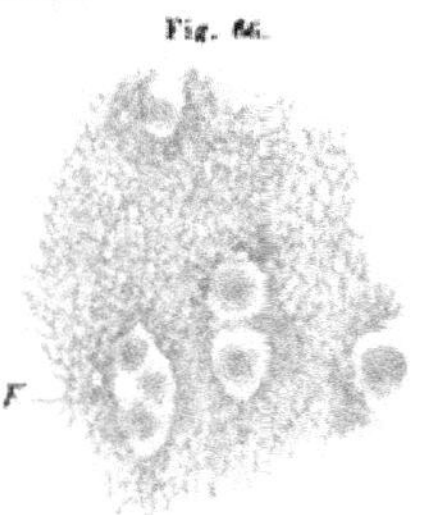

Netzknorpel vom Ohr. *K* Knorpelzellen. (660 : 1).

c. Knochengewebe.

§ 61.

Die Formelemente des Knochengewebes bilden durch feinste Ausläufer unter einander zusammenhängende Zellen, welche in eine durch chemische Verbindung mit Kalksalzen feste Intercellularsubstanz eingebettet sind. Diese ist anscheinend homogen, lässt aber bei genauerer Prüfung eine feine fibrilläre Structur wahrnehmen. Die Knochenzellen (Fig. 67) erscheinen meist als nach einer Dimension verlängerte, wohl auch etwas abgeplattete Körper, deren Protoplasma außer dem Kern höchstens noch feine Molekel führt; ihre die Intercellularsubstanz nach allen Richtungen durchziehenden Ausläufer zeigen häufig Verästelungen, und durch ihre Verbindungen mit den Ausläufern benachbarter Zellen wird das Knochengewebe vom Protoplasma continuirlich durchsetzt.

Fig. 67.

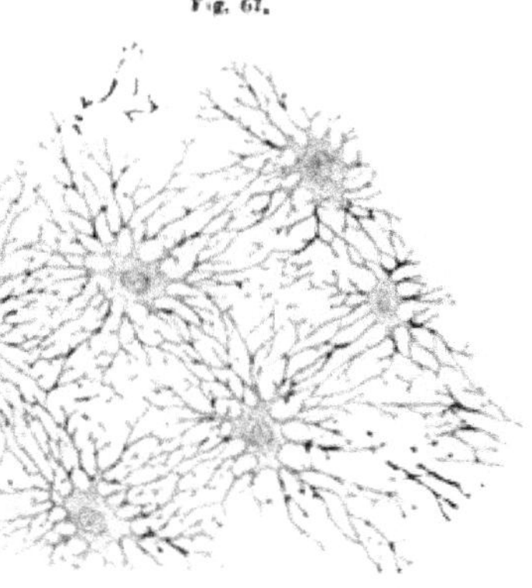

Knochenzellen mit ihren Verzweigungen. Aus einer Lamelle des Siebbeins. 600 : 1.

In trockenem Knochengewebe ist das Protoplasma meist zerstört, und Luft füllt die Räume sowohl der Knochenzellen (Knochenhöhlen, Knochenkörperchen), als auch der davon ausgehenden Ausläufer, welche dann als feinste Canälchen erscheinen (Fig. 67). Dieses gesammte Hohlraumsystem stellt sich daher an Schliffen trockener Knochen bei durchfallendem Lichte dunkel dar, bei auffallendem weiß.

Durch Behandlung mit Säuren werden die Kalksalze der Intercellularsubstanz ausgezogen. Die letztere erscheint dann weich, biegsam, sie wird als »Knochenknorpel« bezeichnet, obgleich sie mit Knorpelgewebe wenig gemein hat (*Ossein*). Sie nähert sich vielmehr der Intercellularsubstanz des Bindegewebes in chemischer Hinsicht, und wird durch Kochen in Leim verwandelt.

Die Wandungen der Knochenhöhlen mit ihren zahlreichen Ausläufern sind nicht einfach durch die Intercellularsubstanz begrenzt, sondern besitzen noch eine am entkalkten Gewebe darstellbare, zwar sehr feine aber doch ziemlich starre Membran. Diese kann aus macerirtem Gewebe sogar isolirt werden.

Für die Genese des Knochengewebes bildet Bindegewebe den Ausgangspunkt: fast überall da, wo ersteres entsteht, giebt das letztere, wenn auch in seiner mehr embryonalen Form, die Bildungsstätte dafür ab. Bindegewebszellen in reichlicher Vermehrung und in ihrer indifferentesten Gestalt formiren Stränge oder Schichten zwischen der Intercellularsubstanz des Bindegewebes, oder sind einem anderen Gewebe (Knorpel) aufgelagert. In beiden Fällen geht durch die Thätigkeit dieser Zellen (*Osteoblasten*), von deren Plasma ein Theil different wird, eine Schichte von Knochensubstanz hervor. Gleich mit der ersten Bildung derselben erstrecken sich in sie feine Protoplasma-Ausläufer der sie producirenden Zellen. Indem jene Schichte durch von neuem ihr angelagerte Schichten der von den Zellen abgeschiedenen (d. h. different gewordenen) Substanz an Dicke zunimmt, entfernt sich die als Matrix erscheinende Zelllage immer mehr von der ersten Schichte, aber einzelne Zellen bleiben liegen (Fig. 68 *a'*, *b*, *b'*) und werden von der von ihnen selbst und von den benachbarten Zellen gebildeten Knochensubstanz umschlossen. Dadurch wird die letztere zur *Intercellular*substanz, die unter Fortschreiten des geschilderten Vorganges in sie eingebetteten Zellen werden zu *Knochenzellen*. Die schichtenweise Absetzung des Knochengewebes ist an der lamellösen Textur der Intercellularsubstanz kenntlich (Fig. 68), und auch die Anordnung der Knochenzellen folgt dieser Schichtung.

Fig. 68.

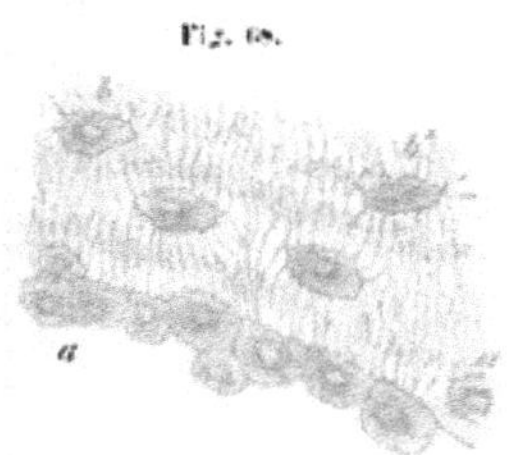

Knochengewebe.
a Osteoblasten. *b* Knochenzellen.

Eine Modification des Knochengewebes ist das Gewebe des *Zahnbeins*. Seine Bildung beginnt wie bei ersterem. Aber die Zellen (*Odontoblasten*) lagern sich nicht in die von ihnen differenzirte Schichte, sondern senden nur Fortsätze in sie ein. Jene Schichte wird dann von langen, feinen Canälchen (Zahnbeinröhrchen) durchsetzt, welche die Protoplasmafortsätze der Zellen enthalten.

Das Knochengewebe repräsentirt durch seine Eigenschaften — Festigkeit verbunden mit einem gewissen Maße von Elasticität — die höchste Form der Stützgewebe. Die von ihm geformten Organe (Knochen) dienen bei relativ geringerem Volum vollkommener ihrer Leistung, als aus Knorpel gebildete Theile. Wie es die höchste Form des Stützgewebes ist, ist es auch ontogenetisch und phylogenetisch die jüngste. Sie greift am Knorpelskelete Platz, ersetzt dieses allmählich unter Verdrängung des Knorpelgewebes, welches nur an beschränkten Localitäten sich forterhält, und lässt auch Skelettheile ohne jene knorpelige

Präformation hervorgehen, womit sich die Selbständigkeit des Gewebes und seine Unabhängigkeit vom Knorpelgewebe kund giebt.

In der Reihe der Stützgewebe giebt sich eine allmähliche Ausbildung der Function zu erkennen, die für den Organismus zu immer höherer Bedeutung steigt. Im *Bindegewebe*, der niedersten Form, sind die reichsten Beziehungen vorhanden. Seine Leistung für den Organismus ist außerordentlich vielseitig, und damit gehen die mannigfachen Modificationen dieses Gewebes Hand in Hand. Sie entsprechen dem Zustande der Indifferenz, der noch nicht völlig ausgesprochenen, noch nicht *einseitig* ausgebildeten Stützfunction. Wenn diese auch schon in den einfachsten Verhältnissen des Gewebes nicht zu verkennen ist, in der Verbreitung im Körper, in der Umschließung anderer Gewebe und Umbildung solcher zu Organen, so gehen damit doch noch andere wichtige Beziehungen einher, von denen die zur Ernährung des Organismus am meisten hervortritt. Aber selbst in dieser Bedeutung ist die Stützfunction des Bindegewebes nicht zu Grunde gegangen, indem von ihm die Bahnen der ernährenden Flüssigkeit begleitet sind. Mit der Entwickelung des *Knorpelgewebes* tritt die Stützfunction entschiedener hervor, dadurch erfährt aber die Mannigfaltigkeit der Beziehungen, welche das Bindegewebe besaß, eine Beschränkung. In den zwar noch mehrfachen, aber keineswegs zahlreichen Formen des Knorpelgewebes erscheint die stützende Bedeutung im Vordergrunde. Die verschiedenen Formen des Gewebes entsprechen mehr einer Abstufung jener Bedeutung, als einer Vielheit der Leistung. Diese zeigt sich endlich einheitlich im *Knochengewebe*. Dieses Gewebe ist das differenzirteste unter den Stützgeweben, seine Function ist die exclusivste, und seine Formen bieten unter sich nur ein geringes Maß der Verschiedenheit. So verknüpft sich also auch hier mit der Steigerung des functionellen Werthes eine Minderung der Variation und die functionelle Ausbildung in Einer Richtung wird auf Kosten anderer Beziehungen erreicht.

Außer der selbständigen Genese des Knochengewebes giebt es noch eine direct vom Knorpel oder vom Bindegewebe abgeleitete. *Jedes dieser beiden Gewebe kann ossificiren, indem die Intercellularsubstanz sklerosirt und die Knorpel- und Bindegewebszellen in Knochenzellen sich umwandeln.* Gehören diese Vorgänge auch nicht zu den allgemein verbreiteten, so sind sie doch deshalb von Bedeutung, weil aus ihnen die nahe Verwandtschaft aller Hauptformen des Stützgewebes hervorleuchtet.

Bei der die Regel bildenden, schichtenweisen Absetzung des Knochengewebes kommt es stets auch zu einer directen Betheiligung des Bindegewebes an der Knochengewebsbildung, sobald die letztere im Bindegewebe vor sich geht (perichondrale Verknöcherung). Ossificirende Bindegewebsbündel werden in die Knochenschichten mit eingeschlossen, durchsetzen somit letztere (durchbohrende Fasern). Dagegen fehlen diese Gebilde, wo die Knochengewebsbildung im Knorpel stattfindet (enchondrale Ossification).

B. Animale Gewebe.

§ 65.

Die beiden hierher zu zählenden Gewebe — Muskel- und Nervengewebe — reihen sich ebenso wenig gleichwerthig den vegetativen Gewebsformen an, als diese selbst einander gleichwerthig waren. Ja, es besteht zwischen ihnen und den vegetativen Geweben eine noch viel bedeutendere Kluft als zwischen jenen. Die bedeutungsvollste Eigenthümlichkeit liegt in der *Qualität der Differenzirungs-Producte*. Diese sind bei den vegetativen Geweben entweder mehr *passiv* sich verhaltende Substanzen, wie die Cuticulargebilde und Intercellularsubstanz, oder es sind Stoffe, welche, wie wichtig sie auch dem lebenden Organismus sind, doch kaum etwas zur anatomischen Constituirung desselben beitragen, wie die mannigfaltigen Secrete der Drüsen. Bei den animalen Geweben sind die aus dem Zellplasma entstandenen Substanzen von jenen anderen völlig verschieden, sie sind *activer* Art, indem sie während des Lebens bestimmte Erscheinungen kund geben, welche nicht bloße Vegetationsvorgänge sind, wie die Erscheinungen an den Abkömmlingen der Formelemente der vegetativen Gewebe. Es sprechen sich in diesen Erscheinungen zwar Zustände aus, welche selbst dem Protoplasma indifferenter Zellen innewohnen, aber diese Zustände stellen sich in sehr viel *höherer Potenzirung* dar, und darin liegt das Neue, dem wir in den animalen Geweben begegnen. Das Differenzirungsproduct der Zelle hat einen Theil der Lebenseigenschaften des Protoplasma nicht blos beibehalten, sondern zeigt denselben auch in weiterer, und zwar specifischer Ausbildung. Endlich ist auch das wechselseitige Verhalten der Gewebe ein anderes, insofern sie weder von einander ableitbar sind, noch histologisch in einander übergehen, wie immer auch sie unter sich in engster Verbindung stehen. Eines bedingt das andere, jedes setzt zu seiner Existenz das Bestehen des anderen voraus, bedarf desselben zum Vollzug seiner Verrichtungen. Diese gegenseitige Abhängigkeit des Muskel- und Nervengewebes gründet sich auf die erste Art ihrer Entstehung, von der wir bis jetzt nur sehr fragmentarische Kenntnisse haben. Diese sind aber immerhin wichtig genug, um zu der Vorstellung zu leiten, dass die Formelemente beider Gewebe zusammen die *Abkömmlinge eines einzigen Gewebes* sind, welches der niedersten Form und dem Ausgangszustande aller Gewebe, dem Epithelgewebe entspricht. Nur bei dieser Auffassung begreift sich der zwischen beiden Geweben waltende continuirliche Zusammenhang ihrer Formelemente.

1. Muskelgewebe.

§ 66.

In den Formelementen des Muskelgewebes ist der größte Theil des Protoplasma in eine eigenthümliche *contractile* Substanz umgewandelt. Sie bildet den größten Theil des Volums jener Elemente. Die Contractilität äußert sich in der Regel auf Reize, die dem Formelement durch Nerven übertragen werden. Die Existenz der Muskelfasern setzt das Vorhandensein von Nerven voraus. Die Contraction geht stets in bestimmter Richtung vor sich. Dadurch unterscheidet sie sich von einer oberflächlich ähnlichen Erscheinung am Protoplasma, welche in Bewegungen desselben sich äußert. Dieses Gewebe erscheint in zwei Formzuständen, die man gewöhnlich als *glatte* und *quergestreifte Muskelfasern* zu unterscheiden pflegt. Beide nehmen von Zellen ihre Entstehung, aber die erste Form und ein Theil der letzten bleibt auf dem Stadium der Zelle stehen, indes die andere sich dadurch von jenem Zustande entfernt, dass sie, *unter Vermehrung der Kerne* zu einem, einer Summe von Zellen entsprechenden Gebilde auswächst. Darin liegt eine tiefere Verschiedenheit als in dem Verhalten der contractilen Substanz. Wir unterscheiden daher die einkernigen Elemente als Muskelzellen, die vielkernigen, einer Summe von Zellen entsprechenden, als Muskelfasern.

a. Muskelzellen.

Jedes Element geht aus einer mehr oder minder verlängerten Zelle hervor, die ihre contractile Substanz peripherisch differenzirt, so dass der Kern eine *centrale Lage* behält. Sie unterscheiden sich wieder in glatte und quergestreifte Formen.

α) *Glatte Muskelzellen*, contractile *Faserzellen*, sind spindelförmige, drehrunde oder wenig abgeplattete Fasern, welche an dem dickeren Theile einen stäbchenförmigen Kern umschließen (Fig. 69). An beiden Enden des letzteren setzt sich in der Länge der Faser Protoplasmasubstanz mit einer Reihe feiner Körnchen fort. Die contractile Substanz bildet den größten Theil der Faser und erscheint häufig homogen, mit matt glänzender, glatter Oberfläche. Doch sind unter Umständen feine Längsstreifungen wahrnehmbar, die auf eine fibrilläre Structur der contractilen Substanz der Fasern hinweisen. Querstreifungen in regelmäßiger Folge kommen als Ausdruck localer Contractionen vor.

Fig. 69.

Zwei glatte Muskelzellen. Nach J. Arnold.

Die glatten Muskelzellen sind zuweilen gabelig getheilt, oder zeigen Andeutungen von Verästelungen. Ihre Länge beträgt meist 0,04—0,09 mm, doch kann sie bis zu 0,2 mm und darüber steigen, die Dicke beträgt 0,007—0,015 mm. Unter einander sind sie durch eine dünne Lage von Kittsubstanz verbunden. Ihre Anordnung stellt sich in Lamellen oder in Bündeln dar, wobei sie mit ihrer Längsachse einander parallel liegen. Häufig bilden sie im Bindegewebe zerstreute Züge. Aber auch eine geflechtartige Anordnung mit sich durchkreuzenden Bündeln kommt vor. — Die Verbreitung dieses Gewebes findet sich in den Wandungen des Darmrohrs und des Gefäßsystems, in den Ausführwegen des Uro-Genital-Systems und im Integumente des Körpers, auch sonst noch an manchen beschränkteren Örtlichkeiten.

Der Zusammenhang mit Nerven wird auf verschiedene Weise angegeben, ist aber noch nicht sicher bekannt. Sich wiederholt theilende Nervenfasern bilden feine, die Muskelzüge begleitende Geflechte. Die Auslösung der diesen Muskelfasern übertragenen Reize erfolgt durch langsame aber länger andauernde Contractionen.

β) *Quergestreifte Muskelzellen* zeigen die oberflächlich gebildete contractile Substanz in ähnlicher Differenzirung, wie sie die vielkernigen Muskelfasern besitzen, mit denen man sie deshalb zusammengestellt hatte. Die bei den glatten Muskelfasern mehr gleichartig erscheinende Schichte ist hier weiter differenzirt. Diese Elemente kommen ausschließlich der Muskulatur der Herzwand zu.

Fig. 70.

Muskelzellen aus der Herzwand des Frosches. Nach Kölliker.

Bei niederen Wirbelthieren (Fischen, Amphibien, Reptilien) besitzen sie noch die Spindelform, zuweilen mit Andeutung einer Verzweigung; die Querstreifung ist oft wenig ausgeprägt (Fig. 70). Sie sind zu Zügen und Strängen innig unter einander vereinigt. Bei warmblütigen Wirbelthieren, und so auch beim Menschen, sind die kürzeren aber dickeren Zellen mit ihren breiten Endflächen unter einander verbunden und stellen Faserzüge her. Diese bieten eine netzförmige Anordnung, indem eine oder die andere Zelle terminal sich gabelig theilt, und so mit zwei Zellen, resp. zwei Fasern in Verbindung steht (Fig. 71). Diese Elemente lösen Reize rascher aus, als die sogenannten glatten.

Fig. 71.

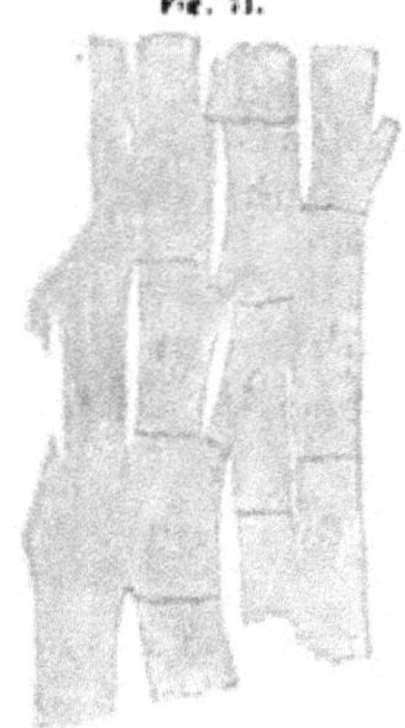

Quergestreifte Muskelzellen, zu Strängen verbunden, aus der Herzwand. Nach SCHWALBE-STIEDA.

Da zwischen den glatten Muskelzellen und den beschriebenen quergestreiften ganz allmähliche Übergänge zu erkennen sind, z. B. am Arterienbulbus der Amphibien, so werden sie nicht mehr mit den Muskel*fasern* zusammengestellt werden dürfen. Sie repräsentiren einen besonderen Differenzirungszustand der glatten Faserzellen, mit denen sie ebenfalls im Verhalten zu Nervenfasern Übereinstimmung besitzen, wenn diese auch zunächst nur darin besteht, dass die Nerven feinste Theilungen eingehen und keinesfalls jene Endplatten bilden, wie sie den Muskelfasern zukommen.

Einzelne dieser Muskelzellen bieten zuweilen eigenthümliche Verhältnisse dar, indem sie, von ziemlicher Größe, nur an der Oberfläche contractile Substanz in Gestalt von Fibrillenzügen besitzen, während der größte Theil durch eine helle, den Kern enthaltende Masse (Protoplasma?) gebildet wird. Solche Zellen bilden an einander gereiht Züge, welche dem bloßen Auge sichtbar, als PURKINJE'sche*) *Fäden* an der Endocardfläche des Herzens der Wiederkäuer längst bekannt, aber auch bei vielen anderen Säugethieren nachgewiesen sind.

b. Muskelfasern.

§ 67.

Dieses sind bedeutend complicirtere Gebilde, die nicht mehr als Zellen sich auffassen lassen. Ihre Genese weist jedoch einen Zusammenhang mit Zellen unzweifelhaft nach. Sie entstehen aus dem Mesoderm (Muskelplatte, S. 68). Die Umwandlung von Zellen in diese Formelemente beginnt mit einem Auswachsen in die Länge und der Abscheidung eines erst nur schmalen Saumes contractiler Substanz, der eine Fibrille vorstellt. Derselbe erstreckt sich nach der Länge der Zelle und weist schon bei seinem Auftreten eine feine Querstreifung auf. Dunklere und hellere Stellen, in Querreihen angeordnet, mit einander wechselnd, bedingen jene Erscheinung. Die Streifung ist nur eine Erscheinung des Oberflächenbildes; sie entspricht einer Schichtung sehr verschieden beschaffener Substanzen, welche zusammen die contractile Substanz bilden. Diese *Fibrillen* werden fortgesetzt in der Peripherie abgeschieden, bis ein ganzes Fibrillenbündel entstanden ist, welches den eigentlich wirksamen Theil der Muskelfaser vorstellt. Die Kerne finden sich dann *an der Oberfläche* des Fibrillenbündels, meist mit Resten des Protoplasma. In anderer Weise entsteht die Muskelfaser,

*) J. PURKINJE, Professor der Physiologie in Prag und Breslau, geb. 1786, † 1869.

indem die Fibrillen rings an der Oberfläche der auswachsenden und die Kerne vermehrenden Zelle sich sondern, so dass die Protoplasmasubstanz der Zelle von einem Fibrillenmantel umgeben wird. Der Verbrauch von Protoplasma schreitet rings nach innen hin fort, und nach beendeter Bildung der Faser finden sich die Kerne *in der Längsachse* derselben. Die Ähnlichkeit dieses Processes mit dem oben bei den quergestreiften Muskelzellen dargestellten kann deshalb noch nicht zu einem Zusammenwerfen beider führen, weil bei der Faserbildung die Zelle durch frühzeitige Vermehrung der Kerne ihre Einheitlichkeit aufgegeben hat. Mit der Vermehrung der Fibrillen geht auch eine Vermehrung der Kerne einher, sowie ein ferneres Auswachsen der Faser in die Länge, und peripherisch sondert sich eine zarte Membran, das *Sarcolemma* (Fig. 73 s). Dieses umschließt die in Fibrillen gesonderte contractile Substanz der Faser sammt Protoplasmaresten, welche die mehrfachen Kerne umgeben. Mit dem Auswachsen der Faser hat der ursprünglich einheitliche Kern sich durch Theilung vermehrt. Einer Faser kommt so eine größere Anzahl Kerne zu, welche meist dicht unter dem Sarcolemma liegen und an ausgebildeten Fasern von spärlichem Protoplasma umgeben sind. *Eine Muskelfaser entspricht somit stets einer Summe von Zellen*, die durch fortgesetzte aber unvollständige Theilung einer einzigen Zelle entstammt und sammt dem Differenzirungsproducte des Protoplasma (der contractilen Substanz) von dem Sarcolemma umschlossen wird. Der Innenfläche des letzteren liegen die Kerne an.

Fig. 72.

Entwickelung der Muskelfasern (Frosch). Nach Fasr.

Fig. 73.

Zwei Muskelfasern, deren eine auf einer Strecke das leere Sarcolemma s zeigt. n Kern.

Die contractile Substanz zeigt in der lebenden Muskelfaser eine weiche, halbflüssige Consistenz. Außer den Querstreifen ist hin und wieder eine feine Längsstreifung wahrnehmbar. Sie ist der Ausdruck einer Sonderung der contractilen Substanz in die erwähnten Fibrillen, welche mittels erhärtender Agentien isolirbar sind und auch auf dem Querschnitte der Fasern sich darstellen. Ein Bindemittel hält diese Fasern zusammen.

Die Muskelfasern sind nicht völlig gleichartig. Außer einer Verschiedenheit in ihrer Stärke besteht noch eine solche in ihrer Färbung und in der größeren oder geringeren Zahl der Kerne. Die Stärke der Fasern schwankt zwischen 0,011—0,055 mm, die Fibrillen messen 0,001—0,0097 an Dicke. Die Länge der einzelnen Fasern entspricht wohl in den meisten Muskeln der Länge des Muskelbauches.

Mit Bezug auf die Fibrillen hat man die Muskelfasern auch »Primitivbündel« benannt.

Vom *Sarcolemma* ist fraglich, ob es einfach eine Ausscheidung der Muskelfaser, eine Differenzirung aus dem Protoplasma der Zelle sei. Manche erklären es, freilich ohne directen Nachweis, für Bindegewebe. Der Umstand, dass das Neurilemma in es übergeht, könnte in dieser Richtung verwerthbar (s. unten) sein.

Bezüglich der contractilen Substanz bestehen noch manche Eigenthümlichkeiten, von denen nur einige hier anzuführen sind. Die oberflächlich als dunkle Querstreifen erscheinenden Abschnitte der Muskelfaser sind doppelt lichtbrechend (Disdiaklasten), während die hellen Streifen einfach lichtbrechend sind. Man unterscheidet daher die ersteren als anisotrope, die letzteren als isotrope Substanz. In Mitte der letzteren ist noch eine dünne Schichte — im Flächenbild eine Querlinie — von anisotroper Substanz vorhanden (Mittelscheibe). Das Alterniren dieser Substanzen lässt die Faser bei gewissen Behandlungsweisen der Quere nach in »Scheiben« (»*discs*«) zerfallen. Die Vertheilung dieser Substanzen in der Muskelfaser gründet sich auf das Verhalten der Muskelfibrillen, aus welchen die Faser besteht.

Die Muskelfasern gehen mit ihren sich verjüngenden oder schräg abgestutzten Enden mittels des Sarcolemma in Sehnenfasern über, die mit letzterem fest verbunden sind. Ihre Anordnung in Bündel etc. wird beim Muskelsystem betrachtet. Das Ende der Fasern ist nicht immer einfach, auch kommen Theilungen vor, z. B. bei den in der Haut endenden Fasern.

Fig. 74.

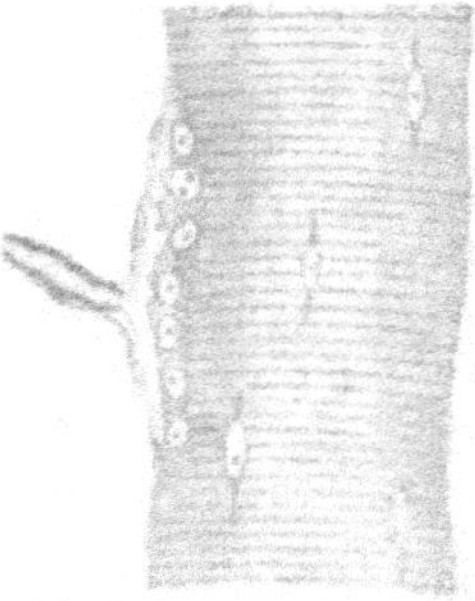

Stück einer Muskelfaser einer Eidechse mit der Endplatte eines Nerven im Profil gesehen. Nach W. Krause.

Mit *Nerven* stehen die quergestreiften Muskelfasern in deutlich nachweisbarem Zusammenhang. Die zu einer Muskelfaser herantretende Nervenfaser giebt ihre Scheide an's Sarcolemma ab, lässt sie mit diesem verschmelzen, so dass nur der Inhalt der Faser in's Innere tritt (Fig. 74). Er geht in eine flache Erhebung über, die *Endplatte*, in welcher der dem Achsencylinder entsprechende Theil sich mannigfach ramificirt. Die Endplatte ist in einen oberflächlichen und einen tieferen Theil gesondert. Letzterer (Basis) besteht aus einer fein granulirten Substanz mit meist zahlreichen rundlichen Kernen und liegt unmittelbar der contractilen Substanz auf. Der oberflächliche Theil dagegen bietet die Verzweigungen der Nervensubstanz dar. Eigenthümliche, wohl auf die Vermehrung der Muskelfasern im gesonderten Muskel sich beziehende Bildungen sind die sogenannten *Muskelspindeln*. An der Anfügestelle einer Nervenendplatte an eine in der Regel stärkere Muskelfaser entsteht eine Verdickung der Faser, welche zugleich eine Sonderung in mehrere Fasern mehr oder minder ausgesprochen zeigt.

2. Nervengewebe.

§ 68.

In diesem Gewebe bestehen als Formelemente zwei morphologisch wie physiologisch einander sehr ungleichwerthige Zustände. Die einen erscheinen als Zellen, die man nach ihrem Vorkommen in den als »Ganglien« bezeichneten Theilen des Nervensystems auch *Ganglienzellen* benannt hat. Die andern stellen sich als Fasern dar, *Nervenfasern*. Von einem Theile der letzteren ist der Zusammenhang mit Nervenzellen bekannt, von denen sie Fortsätze vorstellen.

a. *Ganglienzellen*. Diese sind die wichtigsten von beiderlei Formbestandtheilen, wie sie denn auch zuerst sich sondern, so dass wir sie voranstellen dürfen. Ihre Genese knüpft an Epithelgewebe an. Sie entstehen aus der epithelialen Anlage des centralen Nervensystems, welche vom Ectoderm sich differenzirt. Sie sind Abkömmlinge von Epithelzellen, wie sie phylogenetisch einmal selbst Epithelzellen waren. Sie finden sich vorwiegend in den centralen Apparaten des Nervensystems, aber auch in dessen peripheren Bahnen, in die sie von ersteren übergetreten sind. Wohl allgemein sind sie durch Fortsätze ausgezeichnet, und die Annahme fortsatzloser Ganglienzellen tritt immer mehr in den Hintergrund. Der Körper dieser in Größe sehr verschiedenen Zellen lässt eine körnige Substanz unterscheiden, welche einen kugeligen Kern mit deutlichem Kernkörperchen umschließt. Diese Substanz ist aber kein Protoplasma. Es bestehen demnach in diesen Zellen differenzirte Zustände. Die Grundsubstanz bildet eine Art von Faserung, so dass sich hin und wieder deutliche, aber nicht scharf sich abgrenzende Züge erkennen lassen, über deren speciellere Verhältnisse differente Meinungen bestehen. Im Allgemeinen werden die fibrillären Bildungen und Züge mit den Fortsätzen der Zellen in Zusammenhang stehend betrachtet. Die in jene Substanz eingebetteten Körnchen sind bald gröber, bald feiner, zuweilen an einzelnen Stellen dichter gehäuft. Auch Pigmente kommen vor und sind für einzelne Zellgruppen charakteristisch.

Nach der Zahl der Fortsätze unterscheidet man *unipolare*, *bipolare* und *multipolare* Ganglienzellen. Die beiden ersteren senden ihre Fortsätze zu Nervenfasern, lassen diese aus ihnen hervorgehen. Bei den *bipolaren* besteht die Einschaltung einer Zelle in den Verlauf einer Nervenfaser. Dieses Verhalten kann sich sehr verschiedenartig darstellen. Einfacher ist es, wenn die Ganglienzelle an zwei entgegengesetzten Enden in eine Nervenfaser übergeht. Beide Nervenfasern können auch einander genähert die Ganglienzelle verlassen, oder sie gehen aus Fortsätzen der Zelle hervor, die nebeneinander von der Zelle entspringen. Das leitet zu Zuständen, in denen, wie in den *Cerebrospinalganglien* des Menschen und auch der höheren Wirbelthiere, die Ganglienzellen anscheinend unipolar sind, d. h. sie entsenden nur *eine* Nervenfaser, die sich jedoch früher oder später in zwei theilt. Wahrscheinlich verläuft die eine dieser Fasern central, die andere peripherisch, so dass die Ganglienzelle sich wie in die Bahn einer Faser eingeschaltet verhält. Eine solche Ganglienzelle ist in Fig. 75 dargestellt.

Fig. 75.

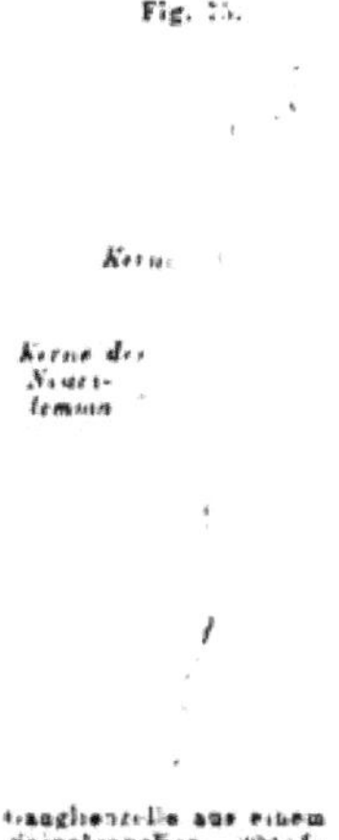

Ganglienzelle aus einem Spinalganglion. 300 : 1.

Am complicirtesten ist das Verhalten der *multipolaren* Ganglienzellen, deren Fortsätze an Zahl und Form sehr verschieden sind (Fig. 76).

Die am genauesten erforschten lassen zwei differente Fortsatzformen erkennen. Erstlich solche, die sich allmählich verästeln und schließlich in feinste Fibrillen übergehen. Diese bilden die Mehrzahl. Die Fibrillenzüge der Grundsubstanz sind auch in diesen Fortsätzen unterscheidbar, bis allmählich eine mehr homogene Beschaffenheit auftritt. Man hat sie »Protoplasmafortsätze« benannt. Ihre Substanz ist aber sicher kein Protoplasma, wenn sie auch eine oberflächliche Ähnlichkeit damit hat. Die zweite Fortsatzform bietet gleichfalls eine fibrilläre Zusammensetzung und wird als *Nervenfortsatz* unterschieden. Dieser bleibt entweder ganz unverzweigt und geht in größerer oder geringerer Entfernung vom Körper der Zelle in eine Nervenfaser über (Fig. 76) oder es stellen sich auch an diesem Fortsatze Ramificationen dar. Diese erscheinen bald nur secundärer Art, indem dabei immer noch der von der Nervenzelle entsendete Fortsatz als Stamm unterscheidbar bleibt, bald besteht eine wiederholte Theilung des Fortsatzes (Fig. 77) in mehrere gleichartige Fasern, welche über weitere Strecken verfolgbar sind. Ob diese sämmtlich in Nervenfasern übergehen, ist unbekannt. Bezüglich der sogenannten Protoplasmafortsätze ist nur deren fortgesetzte Verästelung sicher erkannt. Sie bilden schließlich feine Durchflechtungen, aber kein wirkliches Netz. Über ihre Bedeutung bestehen verschiedene Meinungen. Die Größe dieser Elemente ist außerordentlich verschieden, je nach den Apparaten, die von ihnen hergestellt sind. Die größeren Formen messen 0,01—0,09 mm.

Fig. 76.

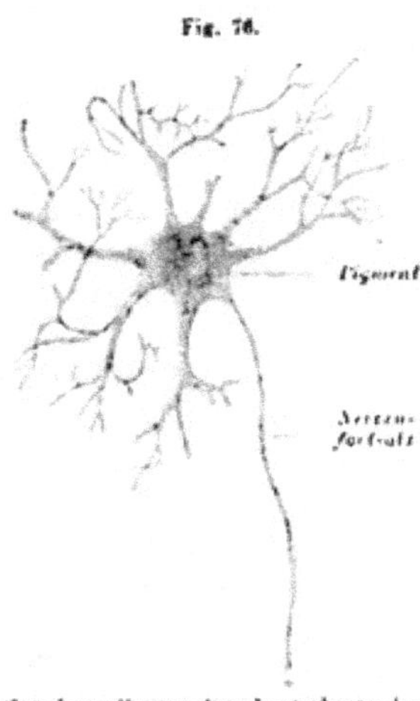

Ganglienzelle aus dem Vorderhorne des Rückenmarks. 300:1.

Eine andere Art multipolarer Ganglienzellen besteht in solchen Formen, deren Fortsätze gleichartiger als die vorerwähnten sind (Fig. 78). Die Fortsätze solcher Ganglienzellen verästeln sich wenig oder gar nicht, und es hat den Anschein, als ob sie in peripherische Bahnen übergingen oder zum Theil sich mit benachbarten Ganglienzellen in Verbindung setzten. Solche Verhältnisse walten in den *sympathischen Ganglien* der höheren Wirbelthiere vor.

Ob noch andere Zustände vorkommen, muss um so mehr als offene Frage gelten, als von vielen Theilen der Centralorgane der genauere Befund der Ganglienzellen noch wenig bekannt ist. In Bezug auf das Verhalten der Ganglienzellenfortsätze, resp. der aus den Ganglienzellen hervorgehenden Nervenfasern zur Substanz der Zellen ergeben sich wieder mancherlei Eigenthümlichkeiten.

Da die Ganglienzellen nur durch directen Zusammenhang, sei es mit anderen, sei es mit Nervenfasern in Function gedacht werden können und eine actio in distans als bis jetzt nirgends im Organismus erwiesen, auszuschließen ist, erhellt die Wichtigkeit der fortschreitenden Kenntnissnahme von Fortsatzbildungen. Für die Deutung der Protoplasmafortsätze ist gewiss nicht außer Acht zu nehmen, dass dieselben feinen Fibrillen, wie solche den Nervenfortsatz zusammensetzen, auch hier nicht fehlen, ja sogar ganz ähnlich wie in letzterem sich anordnen. Die unzureichende Erkenntnis des schließlichen Verhaltens jener Fortsätze begreift sich aus der Schwierigkeit der Beobachtung, wie so viele das Nervengewebe betreffende Dinge jenseits der Grenzen unserer Erkenntnis liegen. Deshalb empfiehlt es sich nicht, jeden Fortschritt in diesem Gebiete für abschließend anzusehen und auf unvollständig Erkanntem Theorieen zu bauen.

Fig. 77.

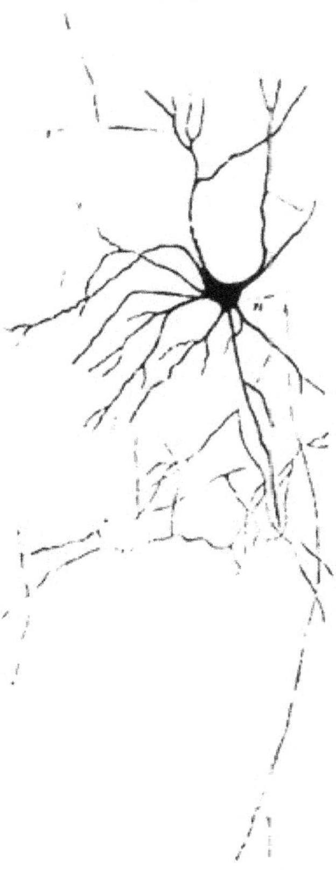

Ganglienzelle mit ramificirtem Nervenfortsatze. Nach Kölliker.

Die Ganglienzellen der Centralorgane des Nervensystems entbehren jeder besonderen Umhüllung. Dagegen kommt eine solche jenen Ganglienzellen zu, welche in den peripherischen Nervenbahnen verbreitet sind (Spinalganglien, Ganglien des Sympathicus). Diese Hülle (vergl. Fig. 75) wird bald nur von einer zarten Membran gebildet, in der hin und wieder ein Kern sich findet, bald besitzt sie eine größere Mächtigkeit und eine größere Anzahl von Kernen. Untereinander verschmolzene Plättchen, Derivate von Bindegewebszellen, setzen diese Hüllen zusammen und können sogar eine mehrfach geschichtete Kapsel bilden. Beim Abgange von Nervenfasern setzt sich diese in das »*Neurilemm*« der Fasern fort.

§ 69.

b. *Nervenfasern.* Diese bilden die leitenden Bahnen zu den peripherischen Endapparaten des Nervensystems, die sie mit den centralen Organen in Zusammenhang setzen. Sie ordnen sich damit den Ganglienzellen unter, wie sie auch die später entstehenden Elemente sind. Ihre Verbreitung ist jenen Beziehungen gemäß vorzugsweise im peripherischen Nervensysteme, als dessen charakteristische Formelemente man sie betrachtet. Sie fehlen aber auch in den Centralorganen nicht, da sowohl die peripherischen Bahnen sich auf Strecken auch in jene fortsetzen, als auch ebendaselbst besondere Leitungen bestehen, die durch Fasern hergestellt

Fig. 78.

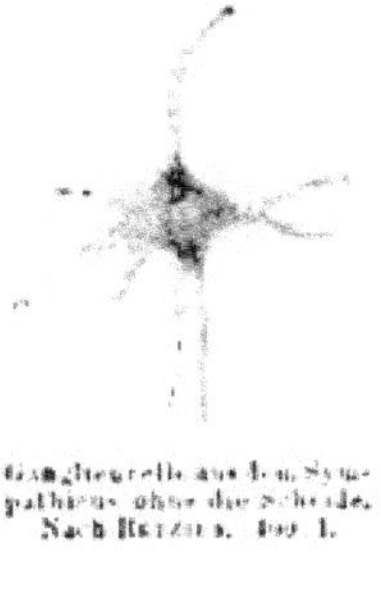

Ganglienzelle aus dem Sympathicus ohne die Scheide. Nach Retzius. 100/1.

werden. Nach ihrer Beschaffenheit unterscheidet man die Nervenfasern in marklose und markhaltige.

1. Die *marklosen Nervenfasern* schließen sich zum Theil unmittelbar an die Fortsatzbildungen der Ganglienzellen an, und werden in diesem Verhalten in den Centralorganen des Nervensystems angetroffen. Außerhalb der letzteren finden sich gleichfalls solche Fasern reichlich vor, allein diese besitzen noch eine feine glashelle Scheide, das *Neurilemm*, welchem von Stelle zu Stelle ovale und etwas abgeplattete Kerne einlagern (Fig. 79). Dadurch gewinnen diese cylindrischen oder bandartigen Fasern Beziehungen zu Zellen, von deren Protoplasma sich nur spärliche Reste an den Polen des Kernes erhalten haben. Die vom Neurilemm umschlossene Substanz ist scheinbar homogen, mit leichter Längsstreifung, der Substanz der Nervenfortsätze der Ganglienzellen ähnlich. Die Streifung entspricht feinen *Fibrillen, aus welchen jene Fasern sich zusammensetzen*. Diese Fasern sind vorzugsweise im sympathischen Nervengebiete verbreitet, dessen Hauptbestandtheile sie ausmachen, daher *sympathische Fasern* benannt, ihres Aussehens wegen auch *blasse* oder *graue* oder *gelatinöse Nervenfasern*.

Fig. 79.

Marklose Nervenfasern.

In frühen embryonalen Zuständen zeigt sich das gesammte peripherische Nervensystem aus solchen Fasern gebildet, und bei manchen niederen Wirbelthieren (Cyclostomen) beharren sie in diesem Stadium, indes sie bei den anderen in einen differenzirten Zustand übergehen. Sie bilden somit für die andere Form der Nervenfasern den Ausgangspunkt. Ihre Breite beträgt 0,003—0,0068 mm, die Dicke 0,0018—0,002 mm.

Fig. 80.

Markhaltige Nervenfasern mit theilweise isolirtem Achsencylinder.

2. Die *markhaltigen Nervenfasern* sind durch den Besitz einer stark lichtbrechenden Substanz ausgezeichnet, das Mark (Myelin). Dieses umschließt einen blassen, der marklosen Nervenfaser entsprechenden Strang (*Achsencylinder*), und bildet eine Scheide um ihn (*Markscheide*). Der *Achsencylinder* stellt den leitenden Theil in der Faser vor (Fig. 80). Das Mark erscheint also als ein Hohlcylinder, dessen Binnenraum der Achsencylinder ausfüllt. Es theilt viele Eigenschaften mit Fetten und gerinnt bei seinem Austritt aus der Faser meist in Form unregelmäßiger Tropfen. In der lebenden Faser hat man es sammt der Substanz des Achsencylinders in halbflüssigem Zustande sich vorzustellen. Durch äußere Einwirkungen geht bei den zur Untersuchung kommenden markhaltigen Fasern eine Veränderung der oberflächlichen Schichte des Markes vor sich, so dass die Faser jederseits doppelte Contourlinien aufweist (doppelt contourirte Nervenfasern). Diese Contourlinien bieten

jedoch in ihrem Verlaufe durch die Gerinnung des Markes viele Unregelmäßigkeiten (Fig. 81 *a, b*). Am meisten treten solche an den im centralen Nervensystem vorkommenden Fasern auf, an denen knotige Stellen, Varicositäten, mit dünneren Partien abwechseln (varicöse Nervenfasern) (Fig. 81 *e*). Das Mark veranlasst endlich auch die weiße Färbung der aus Summen solcher Fasern zusammengesetzten Theile, daher man die markhaltigen Fasern als *weiße*, den marklosen, grauen gegenüberstellt. In der Dicke der markhaltigen Nervenfasern ergeben sich bedeutende Verschiedenheiten, wie eine Vergleichung der in Fig. 81 dargestellten Fasern (*a—d*) lehrt.

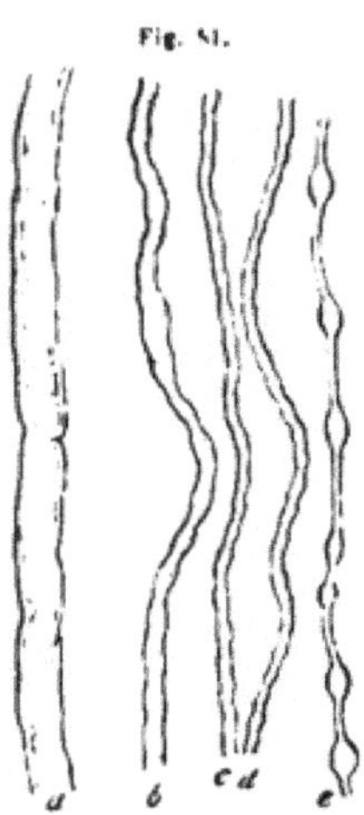

Fig. 81.
Markhaltige Nervenfasern. *a* starke, *b c d* feinere, *e* mit Varicositäten. Nach Frey.

Auf den peripherischen Nervenbahnen kommt auch den markhaltigen Fasern noch eine *Neurilemmschichte* zu, die Schwann'sche Scheide. Sie verhält sich jener der grauen Fasern ähnlich und ist der Oberfläche der Markscheide innig angeschlossen. Nur an einzelnen Stellen hebt sich diese zarte, glashelle Membran etwas vom Marke ab, da nämlich, wo unter ihr je ein *Kern* mit geringem Protoplasmareste sich findet. Diese Stellen wiederholen sich in ziemlich regelmäßigen Distanzen, sie repräsentiren Zellenterritorien, welche von den benachbarten durch eine in der Mitte der Strecke zwischen zwei Kernstellen befindliche Einschnürung der Faser sich abgrenzen (RANVIER). An diesen Einschnürungen hat die Markscheide eine Unterbrechung, während der Achsencylinder continuirlich in der gesammten Faser sich fortsetzt. Er erscheint auch dadurch als wesentlicher, die Markscheide als accessorischer Bestandtheil. Die Stärke der feinen markhaltigen Fasern beträgt 0,001—0,005 mm, die der dickeren 0,01 —0,02 mm.

Die *fibrilläre* Zusammensetzung des Achsencylinders der markhaltigen Nervenfasern und seiner Aequivalente, der grauen Fasern, führt nothwendig zur Annahme des Bestehens einer *Mehrzahl von Leitungsbahnen* in diesen Theilen. Die Nervenfaser entspräche demzufolge nicht einer einfachen Bahn. Diese Auffassung wird unterstützt durch die in neuerer Zeit gewonnenen Kenntnisse vom centralen Verhalten eines großen Theiles der Nervenfasern, die sich aus einem feinen Faserwerke allmählich zusammensetzen und erst beim Austritte aus dem Centralorgan, oder kurz vorher eine Faser, wie sie peripher sich darstellt, constituiren. Die feinsten Anfänge dieser Fäserchen, in welche man eine Nervenfaser centralwärts sich theilend sich vorzustellen hat, bieten in Verlauf und Anordnung außerordentlich verschiedene Verhältnisse, haben jedoch bis jetzt noch keinen directen Zusammenhang mit Nervenzellen erkennen lassen. Wenn man daher ein freies Ende, resp. einen freien Anfang annimmt, so entspricht das wohl dem gegenwärtigen Zustande unserer Kenntnis, die wir jedoch auch in diesem Punkte als noch nicht abgeschlossen betrachten dürfen.

Nach älteren Darstellungen sollten die Nervenfasern aus in die Länge wachsenden, unter einander verschmolzenen Zellen entstehen. Dabei wurde das Neurilemm als mit der Faser entstanden betrachtet. Bei dieser Auffassung ergeben sich Bedenken, welche zunächst auf das Verhalten des Neurilemm der Ganglienzellen gegründet sind. Dieses ist entschieden bindegewebiger Natur und setzt sich in das Neurilemm der Faser fort. (Siehe oben S. 125). Auch dass das Neurilemm an den Ganglienzellen wie an den Fasern, seien diese marklose oder markhaltige, erst außerhalb der Centralorgane erscheint, ist sehr bemerkenswerth. Man wird dadurch zu der Meinung geführt, dass *alle* Neurilemmbildungen accessorischer Art seien, und aus Bindegewebszellen entstehen, die, wie auch in anderen Fällen, zu dünnen Plättchen sich gestalten und an den Fasern je einen röhrenförmigen Abschnitt herstellen. Ein solcher besteht in der That, da an den Ranvier-schen Einschnürungen eine Abgrenzung des Neurilemm nachgewiesen ist. Der vom Neurilemm umschlossene, eigentlich nervöse Theil der Fasern wäre somit nur ein außerordentlich in die Länge gewachsener Nervenfortsatz einer Ganglienzelle. Im gegentheiligen Falle jedoch müsste das bindegewebige Neurilemm der Ganglienzelle von dem Neurilemm der Fasern geschieden werden, und es bestände in der sicher nachgewiesenen Verbindung beider eine befremdende Eigenthümlichkeit. — Im feineren Verhalten bieten die Nervenfasern außer dem geschilderten noch manche erst bei besonderer Behandlung hervortretende Eigenschaften. Im Marke ist eine aus Hornstoff bestehende Substanz (Neurokeratin) darstellbar, welche ein fein spongiöses Maschenwerk bildet (Hornspongiosa) (W. Kühne und Ewald). Über Anderes geben die histologischen Lehrbücher Nachweise.

Eine Nervenfaser verläuft nicht einfach und unverändert bis zu ihrem Ende. Sie zeigt zunächst *Theilungen* (Fig. 82). Diese sind häufiger dichotomisch; zuweilen gehen mehr als zwei Fasern von Einer ab, in gewissen Fällen theilt sich eine Faser in ein ganzes Bündel von Fasern. An der Theilung participirt wesentlich der Achsencylinder, da die an der Theilungsstelle stets vorhandene Einschnürung das Mark unterbricht. Bei der besonders gegen das Ende zu fortgesetzten, oft in geringen Abständen auftretenden Theilung verliert die Faser an Stärke, und endlich sind weder Mark noch Neurilemm unterscheidbar. Auch die markhaltigen Fasern gehen hierbei in blasse Fasern über. Ein da oder dort sich findender, der Faser angelagerter Kern deutet auf Beziehungen auch dieser blassen Fasern zu Zellen. An diesen blassen Fasern setzt sich die Theilung oft in hochgradiger Weise fort, so dass sogar der Schein einer Netzbildung entstehen kann. Durch die mit der Theilung gewonnene größere Feinheit ist die Endigung der Faser oft schwer bestimmbar. Das *peripherische Ende* der Nervenfaser ist, soweit man es sicher erkannt hat, niemals frei, es verbindet sich vielmehr mit anders gearteten Theilen, geht in solche über. Wir kennen diese Verbindung mit den quergestreiften Muskelelementen, theilweise auch mit den Zellen epithelialer Bildungen, wozu auch die Endapparate in den Sinnesorganen zu rechnen sind.

Fig. 82.

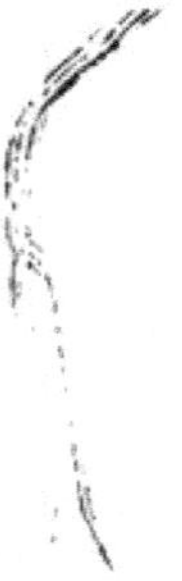

Theilung einer Nervenfaser.

Bei der Vertheilung an die glatten Muskelelemente gehen die Nervenfasern die erwähnte Theilung in feinste Fäserchen ein. Ähnlich verhalten sich die in der Epidermis endigenden sowie die Nerven der Drüsen (G. Retzius). In ihrer Bedeutung noch wenig sicher gestellt sind die sogenannten »terminalen Körperchen«. Diesen schließen wir die *Pacini'schen**) *Körperchen* (Vater'sche**) Körperchen) an (Fig. 83), in denen das Ende einer Nervenfaser von einem Systeme geschichteter Bindegewebelamellen umgeben ist. Auch diese können als eine Vermehrung

*) Filippo Pacini, Prof. zu Pisa und Florenz, geb. 1812, † 1883.
**) Abraham Vater, Prof. zu Wittenberg, geb. 1684, † 1751.

der Neurilemmschichten gelten. Die Lamellen sind durch Zwischenräume gesondert und umschließen einen länglichen Raum mit dem modificirten Faserende. Da diese Gebilde auch im Verlaufe von Nervenfasern vorkommen, so dass eine Faser in ein Pacini'sches Körperchen eintritt, dann wieder daraus zum Vorschein kommt, um in einem zweiten Körperchen zu enden, dürfte die ganze Einrichtung nicht ausschließlich auf die Nervenendigung Bezug haben.

Die fortschreitenden Erfahrungen von der Verbreitung des Nervengewebes im Organismus, von dem Zusammenhang seiner Fasern mit Geweben mannigfaltiger Art, lassen die Vorstellung von dem Zusammenhange der Gewebe mittelst des Nervengewebes immer mehr in den Vordergrund treten und an Bedeutung gewinnen. Das Stützgewebe lässt zwar wenig sichere Verbindungen mit dem Nervengewebe erkennen, allein das bei den übrigen Geweben erkannte Verhalten sichert dem Nervensystem die Herrschaft über den Organismus und macht in letzterem Vorgänge begreiflich, für die man früher eine »Actio in distans« zu Hilfe nahm.

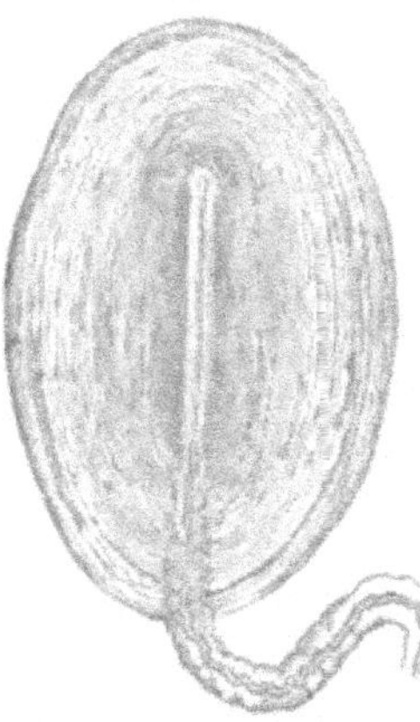

Fig. 53.

Ein Pacini'sches Körperchen. Nach Ecker.

§ 70.

Dem Nervengewebe schließt sich noch die *Neuroglia* VIRCHOW an, ein Gewebe, welches, soweit wir es bis jetzt kennen, jenem functionell gänzlich fremd, auch morphologisch davon verschieden ist. Dasselbe entsteht jedoch mit den Ganglienzellen aus der epithelialen Anlage des centralen Nervensystemes. Es wird durch Zellen dargestellt, welche bald plättchenartig gestaltet, bald mit Fortsätzen ausgestattet sind, die in verschiedener Zahl und Verzweigung sich vorfinden. Die Neurogliazellen bilden ein Stützwerk für Ganglienzellen und Nervenfasern, die davon umlagert und isolirt werden. Charakteristisch für diese Elemente ist die *Verhornung* ihrer Zellsubstanz und Fortsätze (GIERKE). Dadurch unterscheiden sie sich vom Stützgewebe, dem sie functionell nahe stehen.

Die genetische Übereinstimmung der Neuroglia-Zellen mit den gangliösen Elementen des Nervengewebes ist es nicht allein, wodurch ein Anschluss an letztere motivirt wird. Es ist auch die Schwierigkeit, dieses Gewebe dem Stützgewebe beizurechnen. Endlich kommt hier in Betracht, dass jenen Elementen vom phylogenetischen Gesichtspunkte aus, d. h. ursprünglich, ein anderer Werth zugekommen sein muss, in welchem sie nicht als bloße »Stützgebilde« erscheinen. Wir befinden uns hier nur sehr unvollständig erkannten Verhältnissen gegenüber, und die Stellung des Gewebes an diesem Orte mag zunächst als provisorisch gelten. Ähnliches gilt auch von den sogenannten Stützfasern der Retina.

Rückblick auf die Differenzirung der Gewebe.

§ 71.

Die in dem Aufbau der Gewebe sich aussprechende Differenzirung der Zelle liefert die mannigfaltigsten Producte, neben denen mehr oder minder bedeutende Reste des Zellkörpers selbst sich forterhalten. Jene durch Umwandlung eines

Theiles des Zellkörpers, durch eine Metamorphose seines Protoplasma entstandenen Formationen bieten die heterogensten Befunde. Sie erscheinen als etwas Neues, gegen den indifferenten Zustand der Zelle Fremdartiges, und sind eben so fremdartig in ihrem Verhalten zu einander. Was giebt es Verschiedenartigeres als die Substanz der quergestreiften Muskelfaser und die Intercellularsubstanz des Knochengewebes? Und doch sind beide Stoffe Producte von Zellen, deren Protoplasma einmal keine Verschiedenheit erkennen ließ. Darin liegt aber auch die Verknüpfung jener Substanzen unter einander: in ihrer Herkunft von Zellen, in dieser ihrer Abstammung stimmen sie alle überein.

Die Vorstellung von der Solidarität der Gewebe in jenem Sinne streift von den Producten des Zellprotoplasma den Charakter absoluter Neuheit ab, bringt sie dem Zustande der Indifferenz näher, indem wir von da aus in ihnen *Weiterbildungen von Eigenschaften erkennen, die bereits an den indifferenten Zellen zur Äußerung kamen* (S. 48 ff.). In dem Protoplasmamateriale, welches in den specifischen Substanzen der verschiedenen Gewebe different geworden ist, wohnt nicht mehr jener Reichthum von Lebenserscheinungen, welchen die indifferente Zelle darbot. Der größte Theil davon ward aufgegeben, nur ein kleiner hat sich erhalten und in seinem Substrate zu höheren Leistungen umgebildet. So ist die Erscheinung der Bewegung des Protoplasma, die wir von molecularen Verschiebungen, Lageänderungen der kleinsten Protoplasmatheilchen ableiten, bei den meisten differenzirten Substanzen verschwunden. Bei dem Muskelgewebe blieb sie conservirt, allein in verändertem Zustande, in viel höherer Form, und in ganz bestimmter Weise sich kundgebend. Wie different auch die Zustände sind, in denen die Muskelsubstanz in Vergleichung mit dem Protoplasma uns entgegentritt, so ist sie doch nur eine Veränderung des letzteren, welches seine Eigenschaft der Bewegungsäußerung zur Contractilität ausgebildet hat. Die geringwerthige Stützfunction, welche in der Verdichtung der äußersten Protoplasmaschichte zu einer Zellmembran sich äußert, ist der Beginn jener Leistung, welche in der Intercellularsubstanz des Knorpels oder des Knochengewebes zu großartigem Ausdruck gelangt. In jedem einzelnen Gewebe kommt so eine der mannigfachen Thätigkeiten des Protoplasma zu gesteigerter Geltung, und es giebt in den differenzirten Substanzen der Gewebe keine, deren wesentlichste Eigenschaft nicht schon in der indifferenten Zelle auf niederer Stufe bestand. *Mit der Entstehung der Gewebe kommt es also zu einer Ausbildung der Leistungen und damit auch der materiellen Substrate, welche bereits in der Zelle gegeben sind.* Die Leistungen der einzelnen Zellen vertheilen sich mit der Sonderung der Gewebe auf viele Formelemente, welche eine qualitativ differente Ausbildung gewinnen. *Die Entstehung der Gewebe gründet sich also auf das Princip der physiologischen Arbeitstheilung, welchem gemäß die Leistung der Formelemente der Gewebe sich vervollkommnet, unter Aufgabe der functionellen Vielseitigkeit, die im Zustande der Indifferenz obgewaltet hat.*

Die den Organen zukommenden Verrichtungen sind auf die Gewebe vertheilt, welche erstere zusammensetzen, so dass schließlich jedem Gewebsbestandtheil an der Gesammtleistung des Organes ein Antheil zukommt. So sind die Lebensvorgänge am Organismus auf Processe zurückzuführen, die von den Formelementen ausgehen. Man könnte daraus zu der Vorstellung einer selbständigen Action jener Elemente gelangen, zur Vorstellung von der Abgeschlossenheit des Lebens, der individuellen Existenz der Zellen. Eine solche Auffassung empfängt durch die Thatsache der Verbindung der Formelemente, d. h. durch ihren Continuitätsbefund, eine angemessene Beschränkung. Die Einheit des Organismus wird also nicht durch die Vielheit seiner Formelemente beeinträchtigt, denn jedes derselben hat seine Existenzbedingung in den Verbindungen und Beziehungen, die es im Organismus und durch denselben besitzt. —

Diese Lebensthätigkeiten der Gewebe gehen nicht zu allen Zeiten in denselben Formelementen vor sich, die Lebensdauer derselben ist nicht jener des Organismus gleich, den sie zusammensetzen. Von einem Theile der Gewebe ist ein beständiger Wechsel der Formelemente, Untergehen und Neubildung bekannt. Von anderen Geweben kennen wir Andeutungen jenes Vorganges, und von wieder anderen fehlen jene, d. h. sie sind bis jetzt noch nicht erkannt worden. Aber trotz dieser Lückenhaftigkeit der Erkenntnis ist die Annahme eines Wechsels im Bestande der Formelemente gerechtfertigt. Sie macht die indifferenten Zustände verständlich, welche auch im ausgebildeten Organismus gleichzeitig neben differenzirten Formelementen bestehen, lässt in ihnen einen Ersatz erkennen, durch den der Verbrauch compensirt wird, indem junge Elemente an die Stelle derer treten, die ihre Rolle ausgespielt haben und aus dem Organismus auszuscheiden bestimmt sind. So spricht sich auch in dem differenzirten Zustande der Formelemente, in den Geweben nämlich, eine Erscheinung aus, die zum Wesen eines Organismus gehört und die Formelemente auch von diesem Gesichtspunkt aus als Elementarorganismen hat beurtheilen lassen.

Zweiter Abschnitt.

Vom Skeletsystem.

Allgemeines.

§ 72.

Den gesammten Stützapparat des Körpers repräsentirt im frühesten Zustande die bereits oben (S. 67) geschilderte *Chorda dorsalis* als einfachstes Achsenskelet. Ihr aus großen Zellen mit spärlicher Intercellularsubstanz bestehendes Gewebe ist durch eine homogene Membran — die *Chordascheide* — äußerlich abgegrenzt. So bildet sie einen cylindrischen, die Länge der Körperanlage gleichmäßig durchziehenden Strang. Bei niederen Wirbelthieren gewinnt dieser eine beträchtliche Volumentfaltung und bildet ein bedeutendes Organ. Als solches besteht die Chorda auch dann noch, wenn in ihrer Umgebung aufgetretenes Knorpelgewebe sich zu einer complicirteren Skeletbildung zu gestalten begonnen hatte. Diese übernimmt allmählich die ursprüngliche Function der Chorda, welche bei den höheren Wirbelthieren immer mehr an Bedeutung verliert und größtentheils sich rückbildet.

Aus der Umgebung der Chorda erstreckt sich der neue Stützapparat in entferntere Theile. Der knorpelige Zustand dieses Skeletes, wie es bei niederen Wirbelthieren dauernd getroffen wird, ist aber gleichfalls vergänglich und erhält sich nur theilweise. Knochengewebe tritt größtentheils an die Stelle des Knorpelgewebes. Vorher knorpelige Theile werden dann durch Knochen dargestellt. Man unterscheidet demnach das Knorpelskelet als *primäres*, das knöcherne als *secundäres Skelet*.

Außer der Stützfunction für die Weichtheile des Körpers leistet das Skelet noch Schutz für wichtige Organe, die es in Höhlen umschließt. Endlich wird es auch zum *passiven Bewegungsapparat*, indem die Muskulatur des Körpers an ihm Befestigung nimmt und durch ihre Wirkung auf Skelettheile diese wie Hebelarme bei der Locomotion sich betheiligen lässt. Aus diesen functionellen Beziehungen resultiren die Eigenthümlichkeiten der einzelnen Skelettheile und dazu treten noch andere, welche durch die Nachbarschaft anderer Organe bedingt sind. Man darf sagen, dass jedes Organsystem seine Spuren bald in größerem, bald in geringerem Maße dem Skelete aufgeprägt hat. Hieraus resultirt der hohe Werth der Kenntnis des Skeletes und seiner Bestandtheile für die gesammte Anatomie, für welche die Skeletlehre eben so eine Grundlage abgiebt, wie ihr Object es für den ganzen Körper ist. Am Skelete stellen sich aber auch die näheren oder entfernteren Beziehungen zu anderen Wirbelthierorganismen am anschaulichsten dar und verleihen ihm damit besondere morphologische Bedeutung.

A. Von der Entwickelung der Skelettheile.

§ 73.

Das knorpelige Skelet tritt im indifferenten Stützgewebe auf, welches aus dem Mesoderm entstanden ist. Dieses Stützgewebe wandelt sich in Knorpelgewebe um, und aus diesem formt sich allmählich die Anlage der Skelettheile. So wird der bei weitem größte Theil des späteren Skeletes durch Knorpelstücke dargestellt, welche die allgemeine Gestalt der späteren Knochen besitzen. Aber ein Theil der letzteren entbehrt dieser knorpeligen Anlage, die Knochen bilden sich ohne directe Beziehung zum Knorpel aus. Somit ergeben sich zwei differente Formen der Genese der knöchernen Skelettheile, die wir aber doch mit einander und zwar sehr enge verknüpft sehen werden.

Die knorpelig angelegten Skelettheile besitzen eine Umhüllung von demselben Gewebe (Bindegewebe), in welchem sie entstanden sind. Dieses bildet so eine den Knorpel überall da umgebende Schichte, wo derselbe nicht auch mit benachbarten Knorpeln in Gelenken zusammenstößt. Diese den Knorpel überkleidende Bindegewebeschichte ist die *Knorpelhaut*, das *Perichondrium*. Sie lässt nur die Gelenkflächen frei (s. hierüber im § 82) und wird mit der Knochenbildung zur *Beinhaut* oder zum *Perioste*.

Fig. 84.

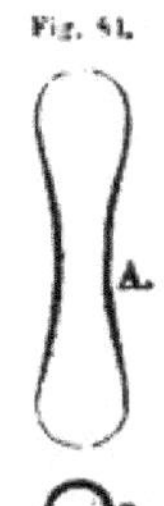

Knorpeliger Skelettheil mit einer periostalen Knochenschichte. (Schema.) *A* Längsschnitt. *B* Querschnitt durch die Mitte.

An den eine größere Länge als Dicke erreichenden knorpeligen Skelettheilen entsteht die erste Bildung von Knochengewebe am mittleren Theile. Es bildet sich hier vom Perichondrium aus eine erste Knochenschichte unmittelbar auf dem Knorpel, der ihr als Unterlage dient (Fig. 84). Diese erste Knochenbildung erstreckt sich nach und nach, zugleich unter Ablagerung neuer Schichten auf der ersten, mehr in die Länge. So sehen wir dann das Knorpelstück auf einer gewissen Strecke von einer knöchernen Scheide umfasst (Fig. 84 *A*), während an den beiden Enden der Knorpel noch in verschieden großen Strecken frei liegt, nur von Perichondrium umgeben oder der Gelenkhöhle zugekehrt. Man unterscheidet dann an einem solchen Skelettheile das, wenn auch erst oberflächlich verknöcherte Mittelstück, als *Diaphyse*, von den noch knorpeligen Enden, den *Epiphysen*.

Durch diese erste Knochenbildung werden die functionellen Verhältnisse des Skelettheiles geändert. Die gebildete Knochenschichte übernimmt die Stützfunction. Sie leistet diese besser als der vorherige Zustand, in welchem biegsamer Knorpel an jener Stelle sich fand. Es ist sehr beachtenswerth, dass die knöcherne Scheide am Knorpel gerade an der Stelle auftrat, wo der Skelettheil den größten Widerstand zu leisten hat, wo er am ehesten unter der ihm etwa zukommenden Belastung sich krümmen würde. Damit wird aber auch der betreffende Knorpeltheil außer Function gesetzt. Seine Leistung hat die Knochenschichte übernommen, und sie vermag diese in um so höherem Grade zu vollziehen, je weiter die Abscheidung von Knochengewebe vorgeschritten ist.

Fig. 85.

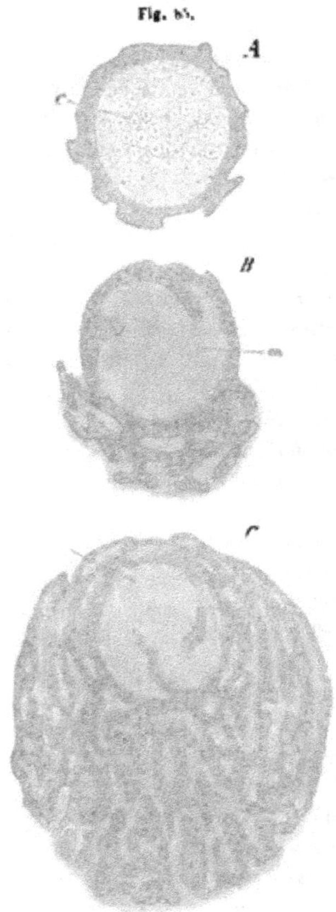

Querschnitte des Femur von Embryonen verschiedenen Alters. c Knorpel. m Mark.

An der knöchern umschlossenen Stelle bietet der Knorpel Veränderungen, von denen wir die Verkalkung der Intercellularsubstanz hervorheben. Die weiteren Vorgänge schließen sich an. Durch die Fortsetzung der Knochenschichte nach beiden Enden zu wird ein immer größeres Stück der Knorpelanlage erfasst. Dabei gewinnt gleichzeitig der gesammte Skelettheil an Länge, indem er nach beiden Enden zu durch Vermehrung des Knorpelgewebes auswächst. Das Perichondrium ist durch Absetzung der ersten Knochenlamelle zu einer *Knochenhaut* (*Beinhaut, Periost*) geworden, und von dieser gehen nun die ferneren Processe aus. Die Dickezunahme der knöchernen Scheide erfolgt jedoch sehr bald nicht mehr durch aufgelagerte concentrische Knochenlamellen, sondern es bilden sich durch ossificirendes Bindegewebe ungleiche, meist leistenförmige Erhebungen, an deren freien Flächen und Rändern die fernere Bildung von Knochengewebe vor sich geht. Solche Leisten sind (Fig. 85 *A*) auf dem Querschnitt eines Röhrenknochens bemerkbar. Die Anlagerungen schreiten von den Rändern der leistenförmigen Vorsprünge gegen einander vor, wodurch die zwischen den Leisten liegenden Vertiefungen aus Halbrinnen in Canäle sich umwandeln, deren Binnenraum, wie vorher jener der Rinne, von gefäßführendem periostalem Gewebe erfüllt ist (Fig. 85 *B*). Auf der äußeren Wand dieser Canäle beginnen nun neue, denselben Entwickelungsgang durchlaufende Leisten sich zu erheben, indes an den zuerst gebildeten Canälen durch concentrische Ablagerung periostaler Knochenlamellen an ihrer Innenwand eine allmähliche Verengung erfolgt.

Diese Vorgänge führen zu einer Dickezunahme des Knochens, sind aber keineswegs im ganzen Umfange der knorpeligen Anlage von gleicher Ausdehnung, so dass der umschlossene Knorpel häufig eine excentrische Lage zu dem um ihn herum entstehenden Knochen bekommt. Die Vergleichung von *A, B, C* in Fig. 85 lässt diese einseitig sich ausbildende Dickezunahme eines Knochens deutlich erkennen. Während der Skelettheil an beiden Enden durch den dort befindlichen Knorpel an Länge zunimmt, demgemäß auch die periostale Knochenmasse dorthin sich ausdehnt und damit das verknöcherte Mittelstück sich entsprechend verlängert, nimmt letzteres gleichzeitig durch jene periostale Ossification an Dicke zu.

Durch die beschriebene Art des Aufbaues der periostalen Knochenmasse werden in derselben größtentheils longitudinal verlaufende und mit einander communicirende Canäle gebildet, die von periostalem Gewebe — Gefäße führendem Bindegewebe — ausgefüllt sind. Indem diese Canäle fortgesetzt durch an ihrer Wandung abgelagerte Knochenlamellen sich verengen, umschließen sie endlich nur noch ein Blutgefäß mit spärlichem Bindegewebe. Sie werden als *Havers'sche Canäle**) bezeichnet. Die Knochensubstanz zeigt in der Umgebung der Canäle eine concentrische Schichtung, das Knochengewebe ist seiner schichtweisen Abscheidung gemäß in Lamellen angeordnet: *Havers'sche Lamellen*. Die daraus entstehenden, auf dem Querschnitt concentrisch angeordneten Schichten bilden die *Havers'schen Systeme*. Mit der Ausbildung dieser Lamellensysteme ist die gesammte vom Periost gebildete Knochenmasse vorwiegend durch Knochen hergestellt. Denn die anfänglich weiten Räume zwischen den Knochenleisten sind bis auf Reste, eben die Havers'schen Canäle, verschwunden. Die knöchernen Theile haben dadurch eine massivere Beschaffenheit gewonnen, sie bilden die *compacte Substanz* des Knochens. Von solcher sehen wir dann den Knochen an seinem Mittelstücke dargestellt.

Fig. 86.

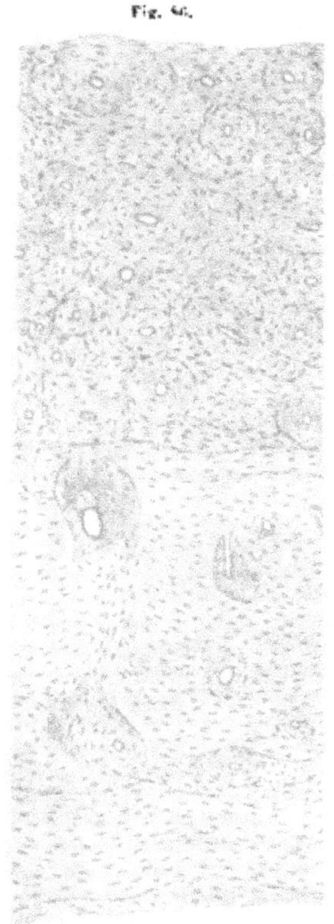

Querschnitt aus einem Humerus. 10:1.

Die Havers'schen Lamellensysteme sind ihrer ersten Entstehung gemäß in vorwiegend longitudinaler Richtung angeordnet, so dass sie besonders auf Querschnitten deutlich werden. Man bemerkt auf solchen Querschnitten durch die compacte Substanz eines ausgebildeten Knochens noch einen anderen beachtenswerthen Befund. Zwischen einzelnen vollständigen Lamellensystemen finden sich andere minder vollständige, oder auch bloße Segmente von solchen, die wie Bruchstücke den Raum zwischen den Lamellensystemen mit

*) Clopton Havers, Arzt in London, in der zweiten Hälfte des 17. Jahrhunderts.

unversehrter Peripherie erfüllen (Fig. 86). An einzelnen der intacten Systeme bemerkt man den von ihnen umschlossenen Raum, der bei anderen den Havers'schen Canal vorstellt, von größerer Weite, und in diesem Maße auch von einer geringeren Lamellenzahl umgeben. Aus dem Gesammtbilde dieser Befunde geht hervor, dass wir in der compacten Substanz eine auch später noch fortdauernde Neubildung von Havers'schen Lamellensystemen anzunehmen haben. Nach der Entstehung der ersten Lamellensysteme, wie sie oben geschildert ist, wird ein Theil derselben wieder zerstört, wodurch neue Räume entstehen, an deren Wand Havers'sche Lamellen abgelagert werden. Diese verengen allmählich den Raum und lassen ihn dann als Havers'schen Canal erscheinen. Indem dieser Vorgang Platz greift, lässt er Fragmente der älteren Generation von Lamellensystemen übrig.

Fig. 87.

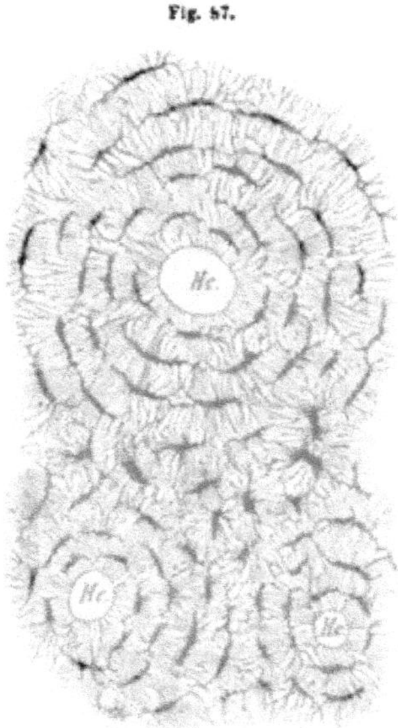

Theil eines Knochenquerschnittes bei stärkerer Vergrößerung. Man sieht drei Havers'sche Systeme mit deren Knochenkörperchen. *Hc* Havers'sche Canäle.

Mit dem Aufbau der Leisten und der darin sich anlagernden Lamellen ossificirt auch Bindegewebe, welches dann in Gestalt die Lamellen durchsetzender Fasern (SHARPEY's durchbohrende Fasern) sich darstellt.

Nach vollendetem Wachsthume des Knochens werden vom Perioste keine Längsleisten mehr gebildet, vielmehr finden sich dann äußerlich concentrische, größere Strecken der gesammten Circumferenz des Knochens umfassende Schichtungen (Generallamellen). Auch innerlich, von der Markhöhle her sind solche Lamellenbildungen wahrnehmbar. Solche sind in Figur 86 besonders an dem der Innenfläche des Knochens entsprechenden unteren Theile wahrnehmbar. Den »Generallamellen« hat man die um die Havers'schen Canäle geordneten als »Speciallamellen« gegenübergestellt. Beide besitzen die gleiche Structur.

Sie sind durchsetzt von den »Knochenkörperchen«, welche bald innerhalb der Lamellen, bald an der Grenze derselben liegen und gleichfalls eine concentrische Anordnung wahrnehmen lassen. Die Hohlräume dieser Knochenkörperchen werden durch die Knochenzellen ausgefüllt, deren protoplasmatische Fortsätze sich mit denen benachbarter im Zusammenhang darstellen. Am trockenen Knochen besteht an der Stelle der Knochenzellen ein Hohlraumsystem mit zahlreichen, zum Theil verzweigten Ausläufern, die mit denen benachbarter Knochenkörperchen anastomosiren. Dieses gesammte Hohlraumsystem ist dann mit Luft gefüllt, daher erscheint es auf Dünnschliffen getrockneter Knochen dunkel (Fig. 87). Wie die Ausläufer der Knochenkörperchen unter sich anastomosiren, so münden sie auch an der Wand der Havers'schen Canäle aus, und ebenso an der Innenfläche der Markräume und auf der Oberfläche der Knochen. An diesen Stellen stehen die Knochenzellen mit Osteoblasten oder mit Formelementen bindegewebiger Schichten im Zusammenhang.

§ 71.

Während der angeführten Veränderungen an der Diaphyse schreitet die Bildung von periostalem Knochengewebe nach beiden Enden des Knochens fort.

Die knorpelig gebliebenen Epiphysen besorgen ihrerseits noch das Längewachsthum des Skelettheiles, indem das knöcherne Mittelstück auf Kosten jener knorpeligen Endstücke sich vergrößert. Nachdem im Innern des Mittelstückes der Knorpel theils in Räume umgewandelt ist, die wir als »*Markräume*« bezeichnen, theils durch Knochen ersetzt wurde, wachsen von dem ossificirten Mittelstücke her mit der Volumszunahme des gesammten Skelettheiles an Zahl sich mehrende, Blutgefäße führende Canäle gegen die knorpeligen Endstücke zu. Wo dieses stattfindet, beginnt eine Zerstörung des vorher verkalkten Knorpels, wohl auch mit Untergang der Knorpelzellen. Die von diesen eingenommenen Räume fließen unter einander in verschiedenem Grade zusammen. Die Knorpelzellen haben schon vorher eine dem Längewachsthum entsprechende Anordnung gewonnen, bilden senkrecht auf die ossificirende Fläche gerichtete Längsreihen, Säulen (Fig. 88), als Ausdruck des Längewachsthums. An den Wänden der unregelmäßig gestalteten, meist vielfach gebuchteten Räume (*c*) lagert eine mit den Gefäßen eingewucherte Osteoblastenschichte Knochenlamellen (*o*) ab. So geht der ossificirende Rand immer weiter in die inzwischen fortwachsenden knorpeligen Enden (*ch*) vor und zieht diesen zugehörige Theile zum knöchernen Mittelstück. Dieser Process stellt die *enchondrale Ossification* vor. Während dessen sind in der knöchernen Diaphyse neue Veränderungen vor sich gegangen, die weiter unten gewürdigt werden sollen, nachdem die Ossificationen der Epiphysen vorgeführt worden sind.

Fig. 88.

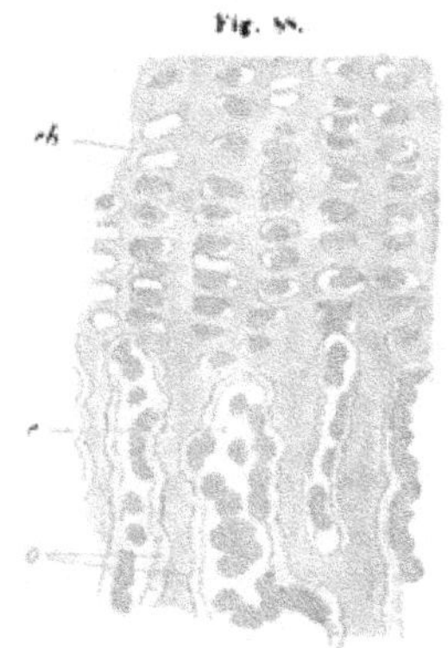

Längsschnitt aus der Verknöcherungszone der Epiphyse eines Röhrenknochen. *ch* Knorpel. *c* Hohlräume mit theilweise wandständ. Osteoblasten. *o* Knochenschichte. (Schematisch.)

Wir haben also nunmehr eine ossificirte Diaphyse mit zwei knorpeligen Enden, eben den Epiphysen. Die knöcherne Diaphyse entstand durch zwei scheinbar verschiedene Processe. Der eine ist die *periostale Knochenbildung*, der andere Ossification des Knorpels. Die letztere besteht in einer *allmählichen Auflösung oder Zerstörung des Knorpels und Substitution desselben durch Knochengewebe*, welches an den Wandungen der im Knorpel entstehenden Höhlungen deponirt wurde. Dazwischen bleiben noch Reste der Intercellularsubstanz des Knorpels bestehen, eben die Wände jener Höhlungen, an denen die Knochenablagerung erfolgte (Fig. 89). Diese Knorpelreste verfallen später ebenfalls dem Untergange.

Fig. 89.

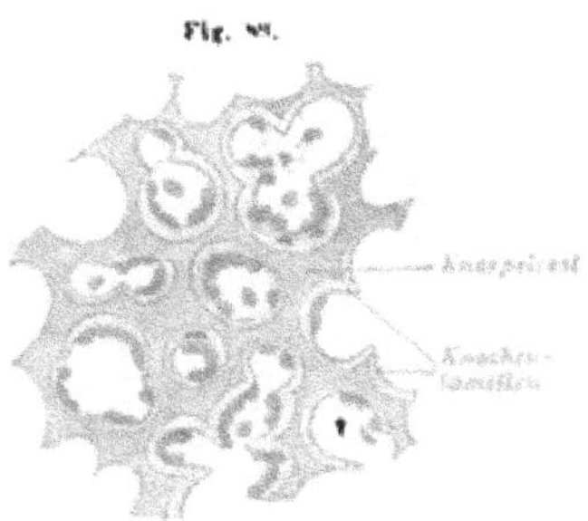

Querschnitt aus der Verknöcherungszone der Epiphyse eines Röhrenknochen. (Schematisch.)

Vollkommen knorpelig bis zu diesem Stadium haben sich also nur die Epiphysen erhalten. Die Verknöcherung derselben erfolgt stets viel später als jene des Mittelstückes. Die Vorbereitung dazu geschieht durch blutgefäßführende Canäle, welche vom Perichondrium her an verschiedenen Stellen gegen die Mitte der knorpeligen Epiphyse einwachsen (Fig. 90). Der Knorpel wird dadurch vascularisirt. In der Umgebung der innersten, ein Netzwerk bildenden, dem bloßen Auge leicht wahrnehmbaren Canäle tritt eine Knorpelverkalkung ein. Diese ist auch hier der Vorläufer der Verknöcherung, in sofern als durch Wucherungen der Gefäßcanäle der verkalkte Knorpel größtentheils zerstört wird und an die Wandung der dadurch gebildeten Hohlräume wiederum Knochenlamellen abgesetzt werden. So bildet sich im Innern des Knorpels ein »*Knochenkern*« oder *Ossificationspunkt* (Fig. 90), der an seiner ganzen Peripherie um sich greift, auf Kosten des Epiphysenknorpels sich vergrößert und schließlich den größten Theil des Epiphysenstückes in spongiöse Knochenmasse umwandelt. Dann bleibt noch an der Oberfläche der Epiphyse eine Knorpelschichte übrig, der »*Gelenkknorpel*«. Ein anderer Knorpelrest erhält sich längere Zeit hindurch als eine Lamelle zwischen der knöchernen Diaphyse und Epiphyse fort und fungirt bei dem ferneren Längewachsthum des Knochens. Hier findet nämlich ein beständiger Vermehrungsprocess des Knorpelgewebes statt, welches sowohl von der Ossificationszone der Diaphyse als auch von jener der Epiphyse her ossificirt. In Vergleichung mit dem auch durch das Diaphysen-Ende besorgten Längerwerden des Knochens zeigt die Epiphyse eine fortschreitende Abnahme ihrer Betheiligung an diesem Processe. Dieser *Epiphysenknorpel* erhält sich für die Dauer des Längewachsthums des Knochens. Nach dessen Vollendung verfällt auch er der Ossification, und die Epiphyse verschmilzt mit der Diaphyse zu einem einheitlichen Ganzen. Der gesammte Vorgang bei der Epiphysenverknöcherung ist also eine *enchondrale Ossification*, wie jene, welche an den epiphysalen Enden der Diaphyse stattfand.

Fig. 90.

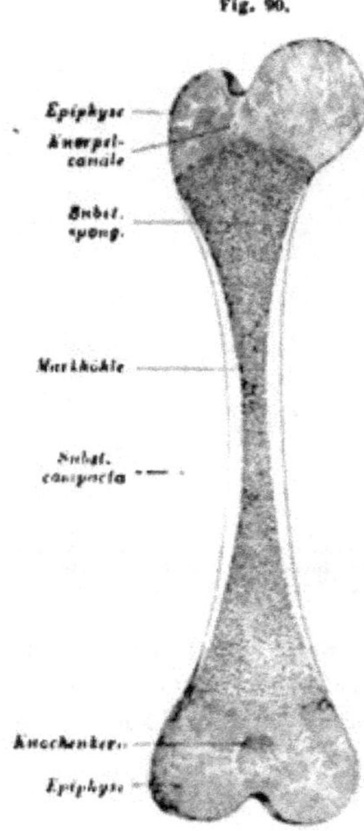

Oberschenkelknochen eines Neugeborenen im frontalen Durchschnitt. 1:1.

Der vom Periost her gebildeten sogenannten *compacten Knochensubstanz* stellt sich die auf Kosten des Knorpels entstandene Masse entgegen. Hier haben wir die Knochensubstanz in Gestalt von dünnen Blättern und Bälkchen, welche unter einander communicirende Räume trennen. Das ist die *spongiöse Substanz*; enge Markräume durchsetzen sie, die durch fernere Ablagerung von Knochenschichten an ihren Wandungen in compacte Substanz übergehen können. Diese Räume fließen gegen die Mitte der Länge größerer Knochen meist in einen weiteren Raum zusammen, nachdem die auch hier einmal bestandene spongiöse Substanz der Resorption verfiel. So entsteht eine weite, von compacter Substanzmasse umgebene *Markhöhle*. Dadurch bildet der Knochen im trockenen Zustande eine Röhre (*Röhrenknochen*).

Die Substitution des Knorpels durch Knochengewebe, durch welches allmählich ein ganz neues Gebilde, der Knochen, an die Stelle des vorher dagewesenen knorpeligen Skelettheiles tritt, ist die *neoplastische Ossification*. Sie ward allmählich als die allgemeiner verbreitete erkannt, während man früher die Entstehung des Knochens aus dem Knorpel durch *directe* Umwandlung des letzteren (*metaplastische Ossification*) angenommen hatte. Die letztere ist aber deshalb keineswegs vollständig auszuschließen, denn es bestehen gewisse Localitäten, an denen Knorpelgewebe direct in Knochengewebe durch Umwandlung der Intercellularsubstanz und der Zellen übergeht, z. B. am Unterkiefer. Die metaplastische Ossification knüpft an die Verkalkung des Knorpels an.

Neoplastische Ossification ist auch bei der perichondralen Ossification gegeben, und dadurch steht diese mit der enchondralen auf derselben Basis, wie denn in beiden die erste Ablagerung von Knochenlamellen auf knorpeliger Unterlage erfolgt. Die perichondrale ist aber die ursprünglichere. Sie bedient sich der Oberfläche knorpeliger Skelettheile als einer Unterlage, auf der sie die knöcherne Scheide absetzt. Solche Skelettheile, an denen der Knorpel nur von einer knöchernen Scheide umfasst, sonst gar nicht verändert wird, finden sich bei Fischen (z. B. beim Stör). Daran reihen sich Zustände, bei denen der von periostaler Knochenscheide umschlossene Knorpel zwar größtentheils zerstört, aber nicht durch Knochengewebe substituirt wird. An die Stelle des Knorpels tritt nur Knochenmark (Amphibien). Erst an diese Formen schließt sich die enchondrale Ossification, indem an den Wänden der in den Knorpel gewucherten Räume Knochenlamellen abgesetzt werden (Amphibien, Reptilien). Zuweilen erhalten sich im Innern des Knochens noch Knorpelreste (Schildkröten), selbst wenn schon Generationen Havers'scher Lamellensysteme sich gefolgt sind. So zeigt sich die bei den Säugethieren waltende Umbildung der knorpeligen Skelettheile in einzelne, auf einen langen Weg vertheilte Stadien gesondert, die in den unteren Abtheilungen der Wirbelthiere als bleibende Zustände, freilich nicht etwa gleichartig für alle Skelettheile jener Thiere, repräsentirt sind.

Während bei den langen Skelettheilen, mögen sie nun sogenannte Röhrenknochen darstellen, oder im Inneren an der Stelle der Markhöhle nur spongiöse Substanz führen, die Ossification stets als periostale beginnt, so wird bei denjenigen Skelettheilen, deren Dicke von der Länge nur wenig oder gar nicht übertroffen wird, und die man daher als »*kurze Knochen*« bezeichnet, jenes Stadium übersprungen. Die Ossification beginnt als enchondrale, ganz wie in den Epiphysen der Röhrenknochen (S. 138). Alle bei diesen geschilderten Vorgänge wiederholen sich hier. Diese Skelettheile ossificiren dann von einem oder von mehreren im Knorpel entstehenden »Knochenkernen« aus.

Diese Verschiedenheit ist verknüpft mit dem relativ späten Auftreten der Ossification. Die kurzen Skelettheile bleiben am längsten knorpelig. Die Verzögerung der Ossification steht wieder mit den functionellen Verhältnissen im Zusammenhang, ebenso wie das Zurücktreten der periostalen Verknöcherung, die auch hier die ursprüngliche war. So lehren es Befunde bei niederen Wirbelthieren.

§ 75.

Eine Anzahl von Skelettheilen besitzt keinen knorpeligen Zustand, und deren Knochengewebe entsteht somit nur im Bindegewebe. Solches trifft sich für viele Knochen des Kopfskelets. Für diese ergeben sich aber wieder verschiedene Befunde. Ein Theil jener Knochen hat zwar eine perichondrale Genese, indem er auf einer knorpeligen Unterlage erscheint, allein diese wird nicht in die Ossification mit einbezogen. Sie schwindet, ohne dass der mit ihr entstandene Knochen in das Knorpelgewebe einwucherte und es zerstörte. Es besteht also hier jener erste Zustand, wie er bei den knorpelig angelegten Skelettheilen als perichondrale Ossification auftritt, in dauerndem Verhalten.

Bei einem anderen Theile von Schädelknochen fehlt jene knorpelige Unterlage, und knöcherne Theile bilden sich ohne Beziehung zu Knorpel im Bindegewebe aus. Dieser Vorgang lässt sich in Folgendem näher darstellen.

In den Lücken einer verhältnismäßig spärlichen, faserartig angeordneten Intercellularsubstanz finden sich Gruppen von Zellen, welche vielfache Theilungszustände aufweisen. Nun folgt eine eigenthümliche Veränderung der Faserzüge, indem eine Strecke derselben sklerosirt, d. h. durch Imprägnation mit Kalksalzen fest wird, worauf aus den, den Faserzug umlagernden Zellen eine Schichte von Knochensubstanz sich differenzirt. Ein Theil dieser Zellen selbst wird dabei zu Knochenkörperchen, wie es aus dem im § 64 Dargestellten hervorgeht. Zuweilen tritt die erste Knochensubstanz, ohne dass eine bindegewebige Grundlage besonders unterscheidbar wäre, einfach zwischen mehreren Zellen auf, und die Zellen verhalten sich gleich denen im ersterwähnten Falle wie Osteoblasten, wie denn auch das Weiterwachsen dieser zuerst entstandenen Knochentheilchen durch die Thätigkeit der Osteoblasten vor sich geht. In der Nachbarschaft eines solchen Knochenstückchens sind meist gleichzeitig andere aufgetreten, die unregelmäßige Fortsätze aussenden, mit denen sie sich allmählich unter einander verbinden. Ebenso findet an der Peripherie eine Neubildung jener kleinen Knochenstückchen statt, die durch den erwähnten Vorgang mit dem bestehenden Netze von Knochengewebe verschmelzen (vergl. Fig. 91). Die Maschen dieses Netzes werden an der Stelle des ersten Auftretens allmählich enger, in dem Maße, als die Knochenbälkchen durch fortschreitende Anlagerung neuer Knochensubstanz sich verdicken und die Anlage des gesammten knöchernen Blättchens durch periphersche Knochenbälkchen vergrößert wird. Während der Knochen somit flächenhaft angelegt wird, tritt nach und nach ein Dickerwerden auf. Dieses beginnt im Mittelpunkte der Anlage und zwar durch senkrecht auf der ersten Anlage sich erhebende kurze Bälkchen. Die Lücken des Knochennetzes werden zu markraumartigen Höhlungen, die durch parietal abgelagerte Knochenlamellen verengert werden. Bei fernerer Zunahme des Umfanges wie der Dicke ist auf der Oberfläche der Knochenanlage eine radiäre Anordnung der gröberen

Fig. 91.

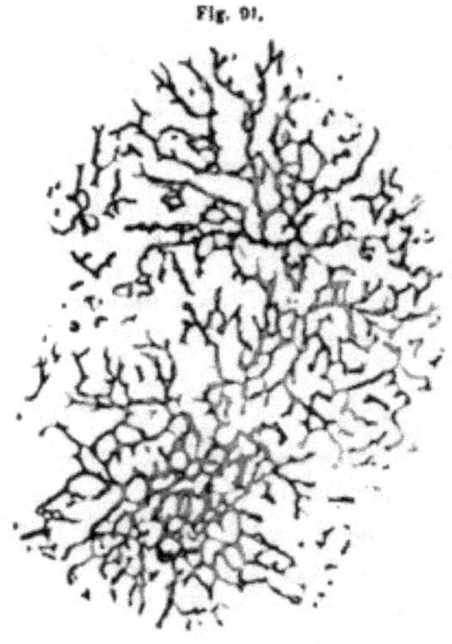

Scheitelbein-Anlage von einem 12 Wochen alten Embryo. 18:1. Nach Kölliker.

Knochenbälkchen erkennbar, für welche die erste Ossificationsstelle einen Mittelpunkt abgiebt. Das ist noch bei den Knochen des Schädeldaches Neugeborener sehr deutlich wahrnehmbar. Während anfänglich das gesammte Gefüge des Knochens im Wesentlichen gleichartig, nur nach außen zu lockerer, in feine Strahlen auslaufend, nach der Mitte zu dichter ist, erscheint mit dem weiterschreitenden Wachsthum eine reichlichere Ablagerung von Knochensubstanz an der Oberfläche des Knochens. Daraus resultirt sowohl das allmähliche Verschwinden des strahligen Reliefs, als auch ein Compacterwerden der oberflächlichen Lage. So entsteht allmählich auch hier der Gegensatz zwischen den beiden Lamellen compacter Knochensubstanz und der davon umschlossenen spongiösen, oder der *Diploë*.

Aus diesen Vorgängen ist ersichtlich, wie die Entstehung der nicht knorpelig präformirten Knochen mit jener der knorpelig präformirten in allem Wesentlichen zusammentrifft. Was bei letzteren das Perichondrium, dann die Periostschichte leistet, wird hier durch eine Bindegewebslage vollbracht, die nach dem Auftreten der ersten Anlage selbstverständlich zum Perioste wird. — Bei alledem sind aber diese Skelettheile von den knorpelig präformirten als differente zu betrachten, insofern diese aus einem ursprünglich bei niederen Wirbelthieren (z. B. Selachiern) knorpelig bleibenden Zustande des inneren Skeletes stammen, bei welchem das Knochengewebe sich noch nicht des Knorpels bemächtigt hat, indes jene im Integumente auftretende Ossificationen zu Vorläufern haben.

Man bezeichnet daher die meist ohne knorpelige Unterlage entstehenden Knochengebilde als Hautknochen. Auch *Deck-* oder *Belegknochen* werden sie benannt, insofern manche von ihnen auf knorpeliger Unterlage entstehen.

Durch die Ableitung eines Theiles dieser Knochen von Ossificationen des Integumentes, oder, wie es für einen andern Theil dieser Knochen der Fall ist, von Ossificationen, die in der Auskleidung Schleimhaut, der Kopfdarmhöhle entstehen, stellt sich dieser Ossificationsprocess als der älteste dar.

§ 76.

An den knorpelig präformirten Knochen ist der Entwickelungsgang der gegebenen Darstellung gemäß complicirter als bei den anderen. Während bei den letzteren der Skelettheil wesentlich durch Bildung von Knochengewebe und Wachsthum desselben entsteht, wird bei den ersteren der Knorpel noch eine Zeitlang verwendet und dient im Großen wie im Kleinen als Unterlage für die sich bildenden Knochenlamellen. Auch für das Wachsthum des ganzen Skelettheiles ist er noch wirksam, indem er bei den langen Knochen deren Längewachsthum, bei den kurzen, mit enchondraler Ossification, das Wachsthum nach mehrfachen Richtungen besorgt.

Die Mehrzahl der aus dem Knorpelskelete entstehenden Knochen besitzt mehrfache Ossificationscentren (*Ossificationspunkte*, *Knochenkerne*). Diese sind bezüglich ihrer Betheiligung an der Herstellung des einheitlichen Knochens von verschiedenem Werth. In der Regel besteht ein Hauptossificationspunkt, der sehr frühzeitig auftritt und von dem aus der größte Theil des Skeletgebildes ossificirt.

In den übrig bleibenden knorpeligen Theilen entstehen neue enchondrale Knochenkerne. Bei vielen Knochen bleibt es bei diesen, sie vergrößern sich und verschmelzen gegen das Ende des erreichten Längewachsthums mit dem Hauptstücke des Knochens. In anderen Fällen repräsentiren jene enchondralen Ossificationskerne nur eine erste Serie. Nach ihrer Verschmelzung mit dem Hauptstücke bleibt noch an einzelnen Localitäten (gewöhnlich an Vorsprüngen des Knochens) Knorpel übrig, der nicht in die von jenen Kernen ausgehende Ossification mit einbezogen wird. In diesen Knorpelresten bilden sich *accessorische Knochenkerne* (*Nebenkerne*). Ihr Auftreten wie ihre Verschmelzung mit dem Hauptstücke erfolgt am spätesten. An vielen Knochen ist die Synostose der accessorischen Kerne erst mit dem 20. bis 25. Lebensjahre beendet. So erstreckt sich der Bildungsprocess des knöchernen Skeletes über einen langen Zeitraum, erscheint verschieden intensiv an den einzelnen Kategorien von Knochen, und schlägt bei den einzelnen Skelettheilen verschiedene Wege ein.

Mit der Vollendung der Ossification sind die Lebensvorgänge im Knochen keineswegs abgeschlossen. Das einmal gebildete Knochengewebe bleibt nicht unverändert bestehen, sondern ist einem *Resorptionsprocesse* in verschiedenem Maße unterworfen. Im Innern der Knochen spielt dieser eine wichtige Rolle bei der Bildung der Markhöhle, sowie der engeren Räume. In Combination mit inneren Veränderungen findet er auch an der Oberfläche statt. Die Vergleichung von Knochen verschiedener Altersstufen zeigt auf's deutlichste, wie da Substanzschichten verschwunden, dort wieder andere angefügt sein müssen, um die eine Form in die andere überzuführen. Dass auch für diese Vorgänge den Osteoblasten eine Hauptrolle zukommt, ist durch Beobachtung wahrscheinlich gemacht.

Diese zelligen Elemente erscheinen dann als viele Kerne führende protoplasmatische Gebilde, welche, wenigstens zum Theile, aus mit einander verschmelzenden Osteoblasten entstehen. Das Vorkommen solcher Zellen an den Resorptionsflächen hat zu jener Auffassung geführt. Die Osteoblasten sind damit in eine andere Function getreten; sie sind zu »Osteoklasten« geworden. Über die Resorptionserscheinungen vergl. KÖLLIKER, Über die normale Resorption des Knochengewebes, Leipzig 1873.

B. Vom Baue der Skelettheile.

§ 77.

Mit der Umwandlung in knöcherne Gebilde hat das zum größten Theile knorpelig angelegte Skelet seine Bedeutung noch nicht völlig verloren, und noch viele knorpelige Bestandtheile erhalten sich fort. Überall da, wo dem Knorpelgewebe noch eine Verrichtung zukommt, welche das Knochengewebe nicht übernimmt, sehen wir dem Ossificationsprocesse Halt geboten, begegnen sogar Knorpelgewebe in neuem Entstehen. Aber die Hauptmasse des Skeletes wird durch knöcherne Theile dargestellt, so dass die Bezeichnung »Skelet« mit »Knochengerüste« für identisch gilt und die Vorführung der speciellen Verhältnisse des Skeletes mit den Knochen zu beginnen pflegt.

Wie der knöcherne Zustand des Skeletes der spätere ist, so ist er auch der vollkommnere dem knorpeligen gegenüber. Ein relativ geringeres Volum der Knochen ist für die Stützfunction mit größerer Leistungsfähigkeit verbunden, als das Knorpelgewebe besaß. Daraus entspringt auch die reichere Gestaltung des Reliefs, welches vielseitige Beziehungen der Knochen abspiegelt und damit die Knochen weit über die knorpeligen Gebilde erhebt. Die »Knochen« sind also ihrer Genese gemäß nicht bloße Massen von Knochengewebe, sondern *Organe*, an deren Zusammensetzung sich verschiedene Gewebe betheiligen.

An den Verbindungsflächen mit benachbarten Skelettheilen kommt den meisten Knochen ein knorpeliger Überzug zu, der bei den beweglich verbundenen Knochen den *Gelenkknorpel* vorstellt. Er ist, wie wir gesehen haben, in der Regel keine äußerliche Zuthat, sondern fast immer ein Rest des ursprünglich knorpeligen Zustandes des Knochens, woraus zugleich das Fehlen dieser Knorpelschichte an den ohne jenes knorpelige Stadium sich entwickelnden Knochen des Schädels erklärbar wird.

Bis auf die mit Knorpel überkleidete Gelenkfläche wird der Knochen von der *Beinhaut* oder dem *Periost* überzogen, welches bei der Ernährung wie beim Wachsthum der Knochen eine wichtige Rolle spielt. An den auf längeren Strecken knorpelig bleibenden Skelettheilen (z. B. den Rippen) bildet dieselbe Schichte, ebenso wie an dem noch nicht ossificirten Skelete, das *Perichondrium*. Das Periost lagert unmittelbar dem Knochen auf, überkleidet alle Erhebungen und Vertiefungen, und setzt sich an vielen Stellen, wenn auch beträchtlich verdünnt, in's Innere des Knochens fort. Am noch wachsenden Knochen zeichnet sich die Beinhaut durch bedeutenden Gefäßreichthum aus, ist aber auch später noch die Trägerin zahlreicher Blutgefäße, von denen Verzweigungen durch die äußeren Mündungen der *Havers*'schen Canälchen eindringen.

In der Zusammensetzung der Beinhaut sind *zwei Schichten* unterscheidbar; eine *äußere*, die an größeren Blutgefäßen reicher ist, besteht aus fibrillärem Bindegewebe, dessen Bündel sich in verschiedenen Richtungen durchflechten, und eine *innere*, auf mikroskopischen Querdurchschnitten heller erscheinende, die gleichfalls eine fibrilläre Grundlage, aber in fein netzförmiger Anordnung und mit zahlreichen spindelförmigen oder rundlichen Zellen besitzt. Zu innerst an dieser Schichte des Periostes lagert bei noch wachsenden Knochen die Osteoblastschichte unmittelbar dem Knochengewebe an (s. S. 116).

An den Insertionsstellen von Sehnen geht das Periost mit seinen beiden Schichten derart in die Sehne über, dass diese bis unmittelbar zum Knochen verfolgbar ist.

Die Knochensubstanz bildet an der Oberfläche der Knochen überall, wo nicht Knorpel besteht, eine zusammenhängende Schichte von verschiedener Mächtigkeit. Wenn sie auch an vielen Knochen sehr dünn ist, kann sie doch als »*compacte Substanz*« gelten, im Gegensatz zur »*spongiösen Substanz*«, feineren netzförmig verbundenen Balken oder Plättchen im Innern der Knochen. Durch dieses Fachwerk von Knochen-Bälkchen und -Blättern wird die Dünnheit der compacten Substanz compensirt, so dass in der Vertheilung von beiderlei Substanzen eine Wechselbeziehung besteht.

Die Räume des Balkennetzes füllt das »Knochenmark«. An kurzen Knochen, z. B. den Knochen der Hand- und Fußwurzel, den Wirbelkörpern etc. bildet die spongiöse Substanz den größten Theil des Innern, während sie bei den langen Knochen (den Knochen des Ober- und Unterarmes, wie des Ober- und Unterschenkels) vorwiegend die Endstücke einnimmt, wobei das aus compacter Substanz gebildete Mittelstück eine längere und weitere *Markhöhle* umschließt. Diese setzt sich in die kleineren Markräume der Endstücke fort, und durch die von der Wand der Markhöhle hereinragenden Knochenlamellen und mannigfache Reste von Bälkchen giebt sich zu erkennen, wie ihre Entstehung durch Resorption von Knochenbälkchen und durch Zusammenfließen der kleineren Räume erfolgt ist. Ähnliche Verhältnisse bezüglich der Vertheilung der compacten und spongiösen Substanz bieten auch die platten Knochen.

Die im Knochengewebe enthaltenen organischen Bestandtheile können durch Behandlung des Knochens mit Säuren (Salzsäure) entfernt werden, so dass nur die organische Substanz des Knochens (Ossein), genau die Form des Letzteren wiedergebend, übrig bleibt. Ähnlich ist die organische Substanz entfernbar durch Glühen (Calciniren) des Knochens, wobei die anorganische Substanz erhalten bleibt. Durch die organische Grundlage empfängt der Knochen ein gewisses, für die einzelnen Skeletttheile verschiedenes Maß von Elasticität.

Die anorganischen Bestandtheile bilden von getrockneten Knochen etwa 44—60 %, nach den verschiedenen Knochen, und bei diesen selbst wieder nach dem Alter variirend. Mit dem Alter vermehrt sich die anorganische Substanz, die organische nimmt ab.

Was die anorganische Substanz betrifft, so ergab dieselbe (nach HEINTZ) an dem compacten Knochengewebe eines Femur folgende Zusammensetzung:

Phosphorsaurer Kalk	85,62
Kohlensaurer Kalk	9,06
Fluorcalcium	3.57
Phosphorsaure Magnesia	1,75

§ 78.

Der *innere Bau* der verschiedenen Knochen entspricht den Leistungen, die von ihnen besorgt werden. Wie die compacte Substanz der langen oder Röhrenknochen denselben im Allgemeinen größere, in der Richtung ihrer Längsachse wirksame Festigkeit verleiht, die sie als stützende Säulen oder auch als Hebelarme fungiren lässt, so hat auch die spongiöse Substanz ihren Antheil an der Leistung. Demgemäß besteht dieselbe keineswegs aus einem regellosen Gefüge von Knochen-Bälkchen und -Plättchen, deren mit Mark gefüllte Zwischenräume das Gewicht der Knochen erleichtern, sondern auch diese Bildungen erweisen sich in gesetzmäßigem Verhalten, in einer bestimmten *Architektur*. Diese entspricht den statischen und mechanischen Verhältnissen, welche im Knochen jeweils zum Ausdruck kommen.

Bei den Röhrenknochen, deren Epiphysen reichliche Spongiosa bergen, wird diese von Knochen-Bälkchen oder -Plättchen gebildet, welche allgemein von der compacten Substanz ausgehen und nach der Oberfläche der Epiphyse verlaufen. Es entsteht dadurch das Bild, als ob Lamellen der Compacta gegen die Epiphyse zu sich ablösten und in die Spongiosa übergingen (Fig. 92). Je nachdem die Widerstandsleistung der Epiphyse eine einseitige oder eine mehrseitige ist, verlaufen diese Züge gerade zur Oberfläche, oder sie durchkreuzen sich in bogenförmigem Verlaufe, wobei die der einen Seite nach der anderen ausstrahlen. Sie bilden dadurch ein System von Strebepfeilern, das an der Oberfläche mit der Compacta verschmilzt. Auch die gerade gerichteten Züge sind durch quere Verbindungen in ihrer Stützfunction verstärkt und bilden eben dadurch die spongiöse Structur, wie sie in etwas anderer Art auch bei den sich durchkreuzenden Lamellen zum Ausdruck kommt. Die Querverbindungen können sich aber auch in Ausbildung ihrer Leistung zu besonderen Balkenzügen entwickeln, welche die anderen rechtwinkelig durchsetzen und damit auch in seitlicher Richtung den Widerstand erhöhen.

Fig. 92.

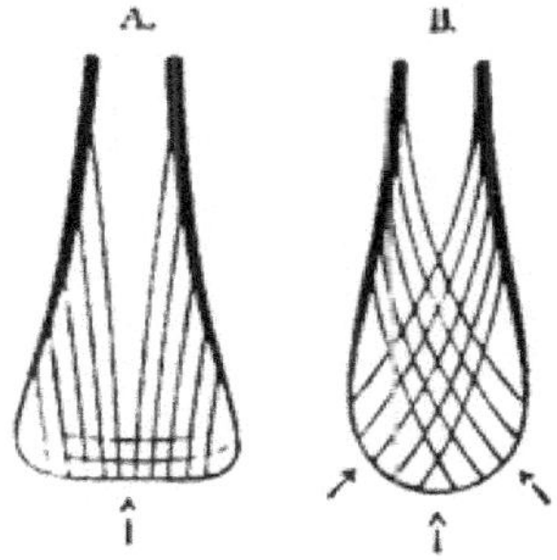

A. B.

Schemata zur Spongiosa-Architektur. *A* bei einseitiger, *B* bei mehrseitiger Druckwirkung.

An den im Inneren nur durch Spongiosa gebildeten kurzen Knochen bestehen vorwiegend Balkenzüge, welche von einer Fläche nach der entgegengesetzten verlaufen und dabei wieder von queren Verbindungen in verschiedener Art durchsetzt sind.

Sowohl die Röhrenknochen, als auch die anderen bieten je nach ihrer Art zahlreiche Verschiedenheiten ihrer Architektur, so dass für jeden Knochen ein besonderes Verhalten der Architektur der Spongiosa sich ausgeprägt hat. S. darüber H. MEYER, Arch. für Anat. 1867. WOLFERMANN ibidem 1872. BARDELEBEN Beiträge z. Anat. d. Wirbels. Jena 1874.

Dieser Bau der Spongiosa kommt bereits zur Ausbildung noch bevor die Function der Knochen ihn erfordert, wenn er auch phylogenetisch durch die Function entstand. Da er in jedem Knochen während dessen verschiedener Wachsthumsstadien der gleiche bleibt, müssen an dem oft sehr complicirten Gerüstwerke beständig Veränderungen erfolgen: Ansatz und Resorption von Knochensubstanz.

§ 79.

Die Wandflächen der Markräume im Innern der Knochen werden von einer sehr dünnen Bindegewebsschicht, dem *Endost* ausgekleidet. Dieses ist eine Fortsetzung des Periostes, welches an den Ein- und Austrittsstellen von Blutgefäßen von der Oberfläche her eindringt. Von den am trockenen Knochen leicht wahrnehmbaren Öffnungen finden sich viele in sehr inconstanten Verhältnissen. Solche Öffnungen bestehen meist zahlreich an den durch spongiöse Substanz gebildeten Theilen der Knochen (bei den Röhrenknochen an deren Epiphysen). Andere trifft man spärlich aber beständiger in der compacten Substanz. Es sind die sogenannten Ernährungslöcher, *Foramina nutritia*, deren Kenntnis auch praktisches Interesse bietet. Sie finden sich an bestimmten Örtlichkeiten, und führen in Canäle, welche in schräger Richtung, stets einem bestimmten Ende des Knochens zugekehrt, die compacte Substanz durchsetzen. Dieser Verlauf ist geleitet durch die Art des periostalen Längewachsthums des betreffenden Knochens, resp. des Wachsthums der Diaphyse desselben, welches für beide Enden in der Regel ein verschiedenes ist (HUMPHRY). Durch diese Löcher oder vielmehr Canäle gelangen Gefäße in den Markraum der Röhrenknochen. Außer den durch diese größeren Öffnungen ein- und austretenden größeren Blutgefäßen dringen feine vom gesammten Perioste ins Innere der Knochensubstanz.

Die vom Endost ausgekleideten Binnenräume werden von *Knochenmark* eingenommen, welches in den großen Markhöhlen der Röhrenknochen eine weiche, zusammenhängende Masse vorstellt. Ein zartes bindegewebiges Gerüste bildet den Träger von Blutgefäßen und umschließt zahlreiche indifferente Zellen, die *Markzellen*. Der dem Marke zugetheilte Blutgefäßreichthum verleiht ihm eine lebhaft rothe Färbung. Als solch' *rothes Mark* stellt sich das Mark fötaler Knochen dar und erhält sich in dieser Beschaffenheit in den engeren Räumen der spongiösen Knochentheile. An einem Theile der in den größeren Markräumen enthaltenen Markzellen findet mit dem ersten Lebensjahre eine Umwandlung in Fettzellen statt. Damit bildet sich *gelbes Mark* aus, welches den größten Theil der großen Markräume ausfüllt. In der Nähe der Blutgefäße, welche die Fettzellenmassen umspinnen, bestehen jene Markzellen fort. Sie bieten mit Lymphzellen große Übereinstimmung, lassen auch Theilungszustände erkennen, ihre Bedeutung ist aber noch wenig sicher.

An manchen dieser Elemente zeigt sich eine modificirte Beschaffenheit des Protoplasma, und die gelbliche Färbung eines den Kern umgebenden Hofes ließ diese Elemente als die Vorstufen von Blutkörperchen erklären, zumal man ähnliche Zellen auch in Blutgefäßen der Knochen auffand. Mit diesen Elementen bestehen noch größere, eine Mehrzahl von Kernen umschließende *Riesenzellen*. Alle diese zelligen Elemente füllen die Maschenräume eines feinen Reticulum, das durch ramificirte Bindegewebszellen gebildet und von Blutgefäßen durchzogen wird. Auch mit den Lymphbahnen scheinen jene Räume im Zusammenhang zu stehen, doch fehlen hierüber sichere Angaben. Durch Zurücktreten der Markzellen bei Minderung des Blutgefäßreichthums erhält das Mark eine mehr gelatinöse Beschaffenheit.

Die vom Periost eindringenden Gefäße durchziehen die *Havers*'schen Canäle der compacten Knochensubstanz und stehen sowohl mit den Gefäßen des Knochenmarkes, als auch mit denen der spongiösen Substanz im Zusammenhang. Die durch die Foramina nutritia eintretenden Gefäße geben in dem von ihnen durchsetzten Canal nur feinste Zweige an die compacte Substanz ab und nehmen ihre Endvertheilung im Markraume der Röhrenknochen. Die feinsten Arterien gehen in ein weitmaschiges Gefäßnetz über, welches die capillare Bahn vertritt. Die daraus sich sammelnden Venen bilden in Röhrenknochen eine büschelförmige Gruppirung. In der spongiösen Substanz folgen die Gefäßnetze der Anordnung der Räume dieses Knochentheiles. Gegen den Knorpelüberzug des Gelenkendes schließt die Spongiosa mit einer anscheinend compacten Knochenschichte ab, die aber zahlreiche kleine Vorsprünge gegen den Knorpel darbietet. In diese Vorsprünge setzt sich das Gefäßnetz mit schlingenförmigen Umbiegungen fort. In vielen Knochen tritt das Markgewebe gegen die Blutgefäße zurück, und ein nicht unbeträchtlicher Theil der Binnenräume der spongiösen Substanz wird von Venen eingenommen. Reiche venöse Canäle durchziehen geflechtartig die spongiöse Substanz der Wirbelkörper und treffen sich ähnlich in der Diploe der Schädelknochen (LANGER).

Die Blutgefäße sind von Lymphbahnen begleitet, welche die Arterien umscheiden.

Eine Vergrößerung der Markräume unter Schwund des Knochengewebes hilft die im höheren Alter bestehende größere Brüchigkeit der Knochen bedingen, welche auch von einer Änderung der chemischen Constitution des Knochengewebes begleitet ist.

Sowohl im Perioste als auch im Innern der Knochen (besonders in den langen Röhrenknochen) sind Nerven beobachtet, deren terminales Verhalten zur Zeit noch wenig sicher bekannt ist. Die ins Innere gelangenden begleiten die Arterien, deren Wandung sie anzugehören scheinen.

Außer dem oben angegebenen periostalen Längewachsthum der Diaphysenenden eines Knochens ist für die Richtung der Ernährungslöcher auch die Örtlichkeit des ersten Auftretens maßgebend. Wenn wir für jenes Längewachsthum der Knochen einen Indifferenzpunkt annehmen, von dem aus das Wachsthum nach beiden Enden vor sich geht, so wird das Ernährungsloch, wenn die Eintrittsstelle der Blutgefäße mit jenem Punkte zusammenfällt, eine gerade Richtung, senkrecht auf die Längsachse des Knochens beibehalten. Fällt es proximal von jenem Punkte, so wird es distal (abwärts) gerichtet sein, trifft es sich distal vom Indifferenzpunkte, so dringt es proximalwärts in den Knochen ein. Für die Lagebeziehung zum gesammten Knochen ist dann noch das verschiedene Maß des Längewachsthums nach dem einen oder anderen Ende zu maßgebend, so dass ein distal vom Indifferenzpunkte entstandenes Ernährungsloch im proximalen Theile des Knochens gelegen sein kann (SCHWALBE).

C. Von der Gestaltung der Knochen.

§ 80.

Jedem Knochen kommt eine charakteristische Gestalt zu, die jedoch nach Alter und Geschlecht, sowie auch nach individuellen Zuständen viele Variationen darbietet. Außer den bereits in der Grundform des Knochens liegenden Verhältnissen kommen die Verbindungsstellen mit anderen Skelettheilen, vornehmlich die Gelenkflächen, als besonders charakteristisch in Betracht, und dazu gesellen sich Modificationen des Reliefs, welche aus der Verbindung mit Sehnen oder Bändern oder aus der Anlagerung von Seite anderer Weichtheile hervorgehen. Endlich kommt auch der Wirkung des Muskelzuges ein mächtiger Einfluss zu (L. FICK). *Dieses sind die wesentlichsten Factoren für die Gestaltung der einzelnen Knochentheile.*

Die Anfügestellen von Sehnen oder straffen Bändern sind in der Regel durch Vorsprünge ausgezeichnet, die bald als *Apophysen* (Fortsätze) oder als *Tubera*, *Tubercula* (Höcker und Höckerchen), bald als *Spinae* (Dornen), *Cristae* (Leisten) bezeichnet werden, und bei geringerer Ausprägung *Tuberositäten* (Rauhigkeiten), oder rauhe Linien (*Lineae asperae*) bilden.

Der hieraus resultirende Theil des Oberflächenreliefs gewinnt mit dem vorschreitenden Alter schärferen Ausdruck. Gleiches gilt von Vertiefungen, Furchen etc., die durch die Anlagerung von Weichtheilen (Blutgefäßen, Sehnen etc.) entstehen. Durch dieses Relief empfängt der Knochen auch noch während des als ausgebildet betrachteten Zustandes eine Modification seiner Gestaltung, die, wenn auch minder fundamental, doch nicht ohne Bedeutung ist. Aus ihr werden die verschiedenen Alterszustände erkennbar.

So ist die Gestalt des Knochens das Product von dessen Beziehungen.

Die specielle Form der einzelnen Knochen wie aller Skeletgebilde steht mit der Function in engstem Zusammenhange, und daher concurriren sehr mannigfaltige, nach den verschiedenen Abschnitten des Skeletes wechselnde Momente. Eine Aufstellung rein auf die äußere Gestalt gegründeter Kategorien ist daher wissenschaftlich werthlos.

Die gesammten Eigenthümlichkeiten der Gestaltung der Knochen lassen sich vom genetischen Standpunkte aus in zwei Gruppen sondern. In der einen vereinigen sich die während des Embryonallebens entstehenden Besonderheiten, soweit sie nicht direct aus mechanisch wirksamen Momenten ableitbar sind. Wir sehen z. B. gewisse Fortsätze an Knochen entstehen, Apophysen, an denen Muskeln sich inseriren, und zwar findet sich diese Apophysenbildung zu einer Periode, da noch keine Muskelwirkung besteht, *so dass die Entstehung der Apophyse nicht auf Rechnung einer bereits wirksamen Muskelthätigkeit gesetzt werden kann.* Solche Einrichtungen werden wir als *ererbte* bezeichnen. Eine andere Gruppe umfasst Veränderungen der Knochengestalt, welche unter dem nachweisbaren Einflusse gewisser Einrichtungen sich ausbilden. Sie prägen sich theils schon während der Embryonalperiode, zum größten Theile aber postembryonal aus. Diese Bildungen betrachten wir als *erworben* und sehen in ihnen, wie auch den ausgebildeten Skelettheilen, stets neue Eigenschaften zuwachsen. Wenn nun aber das in der Anlage Ererbte, wie z. B. eine Apophyse, später unter dem Einflusse der Insertion eines thätigen Muskels sich in der ererbten Richtung weiter bildet, so gelangt man zur Vorstellung, dass die ursprüngliche Apophysenbildung eine ähnliche Ursache hatte. Dafür erhalten wir eine wissenschaftliche Begründung aus der vergleichenden Anatomie, die uns verschiedene Zustände der Ausbildung jener Apophysen zeigt, bis zu solchen Zuständen hinab, wo sie ontogenetisch noch gar nicht bestand, sondern erst aus der erlangten Beziehung zum Muskel sich entwickelte. Ähnliches gilt von vielen anderen Erscheinungen des Skeletreliefs.

Daraus folgt, dass auch die ererbten Einrichtungen einmal erworben wurden. Deshalb sind die am Skelete während des postembryonalen Lebens allmählich hervortretenden Eigenthümlichkeiten von so großer Bedeutung, weil sie den Weg kennen lehren, auf welchem Umgestaltungen in langsam, aber stetig fortschreitender Weise entstehen.

Der Knochen geht somit aus den bei seiner allmählichen Entstehung thätigen Processen als ein complicirtes Organ hervor, an welchem jeder Theil der Oberfläche seine bestimmte Beziehung zu anderen Körpertheilen, und damit zum gesammten Organismus besitzt, und ebenso ist wieder das Innere des Knochens bedeutungsvoll für die dem Knochen zukommende Leistung, sei es durch die Mächtigkeit der compacten Rindenschichte, sei es durch die Architektur der Spongiosa.

D. Von den Verbindungen der Knochen.

§ 81.

Die einzelnen Knochen sind unter einander auf mannigfaltige Art zum Skelete vereinigt. Die Verbindung ist bald continuirlich, so dass zwischen zwei Skelettheilen nur anderes, aber in beide übergehendes Gewebe sich vorfindet. Diese Form bildet die *Synarthrosis.* In anderen Fällen ist die Verbindung eine discontinuirliche, die bezüglichen Skelettheile sind mit freien, stets überknorpelten Flächen gegen einander gelagert. Die Verbindung geschieht hier durch außerhalb dieser Flächen gelagertes Gewebe. Diese Verbindung in der Contiguität bildet die *Diarthrosis*. Beide Fälle verhalten sich in der Beweglichkeit außerordentlich verschieden, und zwischen dem engsten, unbeweglichen Anschlusse bis zur größten Freiheit bieten sich alle Mittelzustände dar.

Die *Synarthrose* ist die ursprüngliche Art der Verbindung von Skelettheilen. Sie bildet den Vorläufer der Diarthrose. Das bei der Synarthrose die Verbindung herstellende Gewebe kann hinsichtlich seiner *Qualität* verschiedene Einrichtungen hervorrufen. Wir unterscheiden folgende:

a) *Syndesmosis*, Verbindung durch Bänder, besteht in der continuirlichen Vereinigung zweier Skelettheile durch sehniges Bindegewebe. Letzteres Gewebe bildet dann einen meist bestimmt geformten Strang, ein Band, *Ligament*, welches von der periostalen Oberfläche des einen Knochens in die des andern übergeht.

Die *Syndesmose* entsteht aus der ersten Differenzirung zweier Skelettheile, indem das nicht zu diesen verbrauchte indifferente Gewebe in Bindegewebe sich umwandelt, welches dann beide Skelettheile zusammenfügt. Von der Größe der in die Verbindung eingehenden Skeletoberflächen, sowie von der Länge des Zwischengewebes hängt die Beweglichkeit der verbundenen Theile ab. Diese wächst mit der Beschränkung der verbundenen Flächen und der Ausdehnung des Zwischengewebes.

Eine Modification der Syndesmose entsteht durch ligamentöse Verbindung zweier Knochen an längeren Strecken gegen einander gekehrter Flächen oder Ränder. Das verbindende Ligament erscheint als *Membrana interossea*. Die Membran ist hier mit der allmählichen Entfernung der Knochen von einander entstanden und ist als Zeugnis für die phylogenetisch primitive Aneinanderlagerung beider Knochen anzusehen.

In einer ferneren Modification besitzt das verbindende Gewebe nur eine geringe Dicke, so dass die sich verbindenden Strecken fast unmittelbar aneinander liegen. Sie greifen dann meist mit Vorsprüngen (Zacken, Leisten) in einander ein und fördern damit die Festigkeit der Verbindung, welche man als *Naht*, *Sutura*, bezeichnet (Knochen des Schädeldaches).

Die *Suturen* unterscheiden sich nach der Gestaltung der verbundenen Flächen, di entweder schmal, mit größeren und kleineren Zacken in einander greifen (*Sutura serrata*, Sägenaht, Zackennaht), oder verbreitert und gegen einander abgeschrägt und somit schuppenartig über einander lagern (*Sutura squamosa*, Schuppennaht).

b) *Synchondrosis*; das Zwischengewebe ist hier knorpelig, in der Regel ein Rest der knorpeligen Anlage, welche den durch es verbundenen Skelettheilen einheitlich zukam und nicht in den Ossificationsprocess einbezogen ward. Die verbundenen Knochenflächen gehen durch den intermediären Knorpel in einander über.

Dieser Zustand bildet die *wahre Synchondrose*. Von ihr leitet sich ein zweiter Zustand ab, und zwar auf Grund von Veränderungen des verbindenden Knorpels. Im Innern desselben gehen nämlich Umwandlungen vor sich, so dass nur die unmittelbar an die knöchernen Skelettheile grenzenden Strecken die ursprüngliche Beschaffenheit bewahren. Jene Umwandlungen bestehen in Bildung von Faserknorpel und damit verbundener Lockerung des Gefüges, die zu einer Continuitätstrennung und zur Bildung einer Höhlung führen kann. Diese Form ist die *falsche Synchondrose*. Sie kann auch, ohne die wahre Synchondrose zum

Vorläufer zu besitzen, entstehen, indem von der knorpeligen Anlage an einander grenzender Skelettheile ein Rest intermediären Gewebes erhalten bleibt.

Synostosis oder Verschmelzung discreter Knochen kann sowohl aus der Syndesmose als auch aus der Synchondrose hervorgehen. Von den Syndesmosen sind es vorzüglich die Suturen, welche häufig zur Synostose führen (Knochen des Schädeldaches). Aus der Synchondrose gehen die Synostosen gewisser Knochen der Schädelbasis hervor. In allen Fällen greift die Ossification auf das verbindende Zwischengewebe über.

Von den Gelenken.

Entstehung der Gelenke.

§ 82.

Die *Diarthrose* oder die Verbindung zweier Skelettheile in der Contiguität umfasst die auch als »*Gelenke*« (*Articulationes*) bezeichneten Verbindungen. *Sie geht aus einer Differenzirung des primitiven synarthrotischen Zustandes hervor*, von dem sie eine Ausbildung vorstellt. Sie findet sich fast ausschließlich zwischen knorpelig angelegten Skelettheilen. Wo andere nicht knorpelig präformirte Knochen Gelenke bilden, tritt Knorpelgewebe secundär zu der Anlage der betreffenden Knochen hinzu.

Die Sonderung der Gelenke geht Hand in Hand mit der Differenzirung und Ausbildung der knorpeligen Skelettheile. Diese sind stets eine Zeit lang durch indifferentes Zwischengewebe getrennt (Fig. 93 *a*). Mit dem Wachsthume der knorpeligen Theile wird dieses intermediäre Gewebe allmählich in jene Knorpelanlagen übergenommen, nach beiden Seiten hin zu Knorpel umgewandelt und dadurch verbraucht. Im weiteren Vorschreiten ist dieses in Fig. 93 *b* dargestellt. Endlich grenzen die knorpeligen Endflächen zweier Skelettheile unmittelbar an einander und haben zugleich eine bestimmte Gestalt gewonnen, die für jedes Gelenk eigenthümlich ist. Ein anfänglich unansehnlicher Zwischenraum, eine schmale Spalte, erscheint zwischen den knorpeligen Endflächen der bezüglichen Skelettheile, den *Gelenkflächen* derselben, und gewinnt eine nach Maßgabe der mannigfachen Gelenke verschiedene Ausdehnung. Diese Lücke ist die *Gelenkhöhle*. Sie trennt die Gelenkenden der articulirenden Knochen von einander, an welchen der primitive Knorpel einen Überzug (Gelenkknorpel) bildet. Nach außen hin wird die Gelenkhöhle von dem, von einem Skelettheil zum andern verlaufenden Bindegewebe abgegrenzt. Dieses setzt sich außerhalb der Gelenkflächen in das Periost (resp. Perichondrium) des einen Skelettheiles zum andern fort. Es umschließt

Fig. 93.

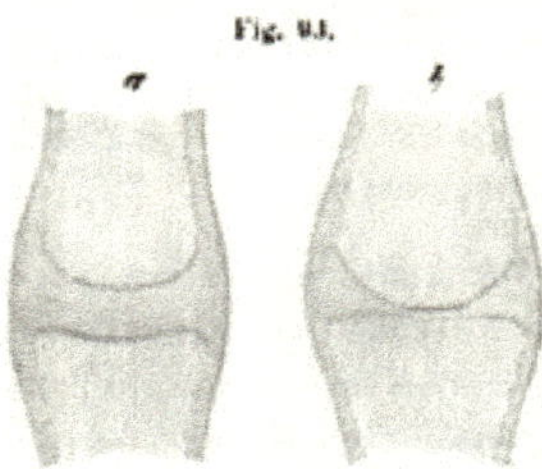

Gelenkanlage (schema).

die Gelenkhöhle und bildet die *Gelenkkapsel* (Fig. 94). Diese differenzirt sich in ihren äußeren Schichten zu einer meist derberen fibrösen Membran, dem *Kapselbande* (*Lig. capsulare*) und einer inneren, der Gelenkhöhle zugekehrten weicheren und gefäßreichen Schichte, der *Synovialmembran*, von der die Bildung einer in der Gelenkhöhle sich findenden zähen gelblichen Flüssigkeit, der *Synovia* (Gelenkschmiere) ausgeht.

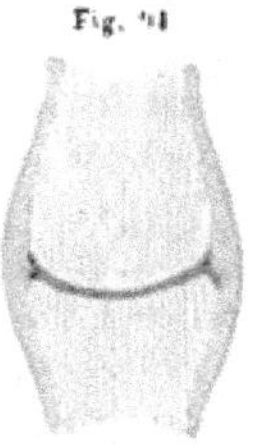

Fig. 94. Gelenkentwickelung (Schema.)

Das Kapselband entfaltet sich nicht überall gleich stark. An manchen Stellen erscheint es schwächer, an anderen verdickt es sich durch derbere, sehnige Faserzüge. Solche bilden sich in bestimmter Anordnung aus, und können ein verschiedenes Maß von Selbständigkeit gewinnen, ja sogar vom Kapselbande sich vollständig trennen. Sie stellen *Hilfsbänder*, Verstärkungsbänder der Kapsel (*Ligamenta accessoria*) vor.

Das in der Anlage eines Gelenkes bestehende indifferente Zwischengewebe wird nicht immer zum Wachsthume der Gelenkenden der Skelettheile vollständig verwendet. Bei unvollkommener Congruenz der Gelenkflächen bleiben Reste jenes Gewebes im Umfange der Gelenkhöhle mit der Kapsel, resp. deren Synovialmembran im Zusammenhang, ragen als Fortsätze oder Falten gegen die Gelenkhöhle vor (*Synovialfortsätze*, *Synovialfalten*).

In anderen Fällen schreitet die Differenzirung der knorpeligen Gelenkenden noch weniger weit vor, so dass beide Gelenkflächen sich nicht in ihrer ganzen Ausdehnung, sondern nur an einer Stelle berühren und ein größerer Theil des intermediären Gewebes, rings an die Gelenkkapsel angeschlossen, noch übrig bleibt. Die Gelenkflächen sind dann mehr oder minder incongruent. Das Zwischengewebe formt sich in derbes, faserknorpeliges Gewebe um und bildet, von der Fläche aus gesehen, sogenannte halbmondförmige Knorpel (Fig. 95 *a* im Durchschnittsbilde). In gewissen Fällen kommt bei der Gelenkentwickelung gar keine continuirliche Gelenkhöhle zur Ausbildung, indem das Zwischengewebe in noch minderem Grade verbraucht wird. Bevor die Ausbildung der Gelenkenden zum gegenseitigen Contacte fortgeschritten ist, entsteht zwischen den Gelenkflächen und dem Zwischengewebe je eine Gelenkspalte, die sich zu einer Gelenkhöhle entfaltet (Fig. 95 *b*). Jedes der beiden Gelenkenden sieht dann in eine *besondere Gelenkhöhle*, welche von der andern durch jene intermediäre Gewebsschichte getrennt ist. Letztere bildet sich wieder zu einer faserknorpeligen Platte um, die als *Zwischenknorpel* beide, einem einzigen Gelenke angehörigen Höhlen scheidet. Diese Zwischenstücke, mögen sie die Gelenkhöhle nur theilweise (wie im Falle der sogenannten halbmondförmigen Knorpel, *Menisci*) oder vollständig scheiden, sind also Reste der ursprünglichen Continuität.

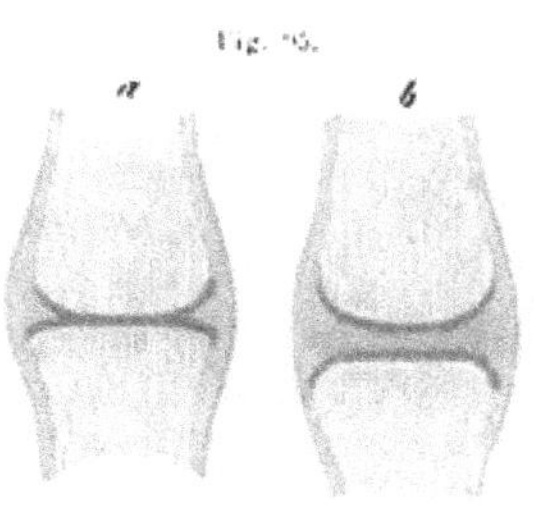

Fig. 95. Gelenkentwickelung. (Schema.)

Die erste Entwicklung der Gelenke findet größtentheils während des Embryonallebens zu einer Zeit statt, da noch keine Muskelaction besteht. Die Grundzüge der Gestaltung der Gelenkflächen entstehen noch bevor eine Function des Gelenkes möglich ist. Die weitere Ausbildung der Gelenke, größere Ausdehnung der Gelenkhöhle, Ausprägung der Einzelheiten in der Form der Gelenkflächen, erfolgt mit der Function des Gelenkes, durch die Bewegungen der Skelettheile im Gelenke, also direct durch die Muskelthätigkeit.

Da die specifische Form der Gelenkenden der verschiedenen Skelettheile bereits vorhanden ist, bevor die Gelenkhöhle besteht oder ein geringes Maß der Ausdehnung überschritten hat, da also in diesem Falle eine Verschiebung der Skelettheile an einander nicht besteht, und an ein Aufeinandergleiten der Gelenkflächen, somit an eine Function des Gelenkes für diese Stadien nicht gedacht werden kann, ist der bedeutendste Theil der Gelenkbildung nicht durch Muskelaction des Embryo entstanden. Der Antheil der Muskelthätigkeit an der Gelenkbildung ist daher auf ein gewisses Maß zurückzuführen und ist keineswegs ein unbegrenzter. Dagegen ist auch jener ererbte Theil insofern *das Product der Muskelthätigkeit*, als er in früheren Zuständen einmal durch jene Action erworben wurde. Wir schreiben also die *phylogenetische* Entstehung der Gelenke der Muskelwirkung zu, die ontogenetisch nur die Ausbildung der Gelenke leitet. Auch die specielle Form der Gelenke ist durch die Muskelaction phylogenetisch bedingt.

Über Entwickelung der Gelenke s. BRUCH, Denkschr. der schweiz. naturforsch. Gesellschaft Bd. II, ferner HENKE und REYHER, Sitzungsber. der Wiener Acad. der Wissensch., mathem.-naturw. Klasse. Bd. LXX. A. BERNAYS, Morphol. Jahrb. Bd. III.

Bau der Gelenke.

§ 83.

Die Entwickelung der Gelenke hat das Wesentliche von deren Einrichtungen bereits kennen gelehrt. An diesen Einrichtungen: den Gelenkenden der Knochen mit ihrem Knorpelüberzuge, der Gelenkhöhle und der Gelenkkapsel mit ihren accessorischen Gebilden, bestehen mancherlei Modalitäten.

1. Der *Gelenkknorpel* ist der Überzug der Gelenkenden der Knochen. Er bildet eine wechselnd dicke Schichte hyalinen Knorpelgewebes, welche nach ihrem Umkreise hin allmählich dünner wird. Gegen den Knochen zu ist er unvollständig ossificirt oder blos verkalkt. Seine Zellen werden gegen die Oberfläche zu kleiner, liegen nicht mehr gruppenweise (wie in der Tiefe, wo sie Längsgruppen bilden) beisammen und erscheinen schließlich abgeplattet und auch dichter gelagert.

Der Gelenkknorpel repräsentirt die Contactfläche der *Gelenkenden* der Knochen. Diese sind an beiden Knochen meist verschieden gestaltet, in der Regel so, dass sie einander entsprechen (Congruenz der Gelenkflächen). Die eine Fläche ist in der Regel concav, bildet eine *Pfanne*, indes die andere, convex gestaltet, einen *Gelenkkopf* vorstellt. Die Pfanne wird sehr häufig durch nicht knorpelige Theile vergrößert; ihr Rand ist mit einem faserknorpeligen Ansatze umgeben, der *Gelenklippe* (*Labium glenoidale*, *Annulus fibro-cartilagineus*). Diese ist entweder von der Knorpelfläche durch eine Furche abgegrenzt, oder sie geht in die überknorpelte Pfannenfläche über. Bald ist die Gelenklippe von der Kapsel umfasst und inniger mit dem Gelenkende im Zusammenhang, bald zeigt sie Verbindungen mit der Kapsel.

2. Die *Gelenkhöhle* beschränkt sich entweder auf den zwischen beiden überknorpelten Flächen befindlichen Raum, der bei völliger Congruenz jener Flächen ein minimaler sein kann, oder sie dehnt sich über die Gelenkflächen hinaus. Dann tritt von dem einen oder andern Knochen oder auch von beiden ein Theil der nicht überknorpelten Gelenkfläche des Knochens in den Bereich der Gelenkhöhle (Fig. 96). Aus der speciellen Gestaltung und Ausdehnung der Gelenkflächen und des den äußeren Abschluss bildenden Apparates resultirt die besondere Gestaltung der Gelenkhöhle.

Fig. 96.

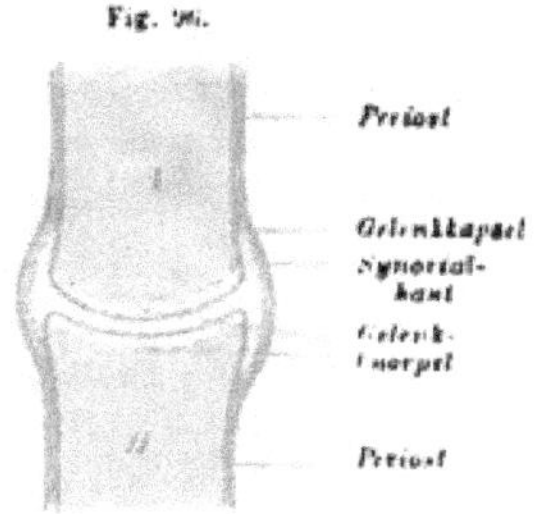

Schema eines Gelenkes.

Bezüglich der Verbindung benachbarter Bursae synoviales mit der Gelenkhöhle s. S. 154. Man pflegt in neuerer Zeit die Gelenkhöhlen und die Bursae synoviales als »seröse Höhlen« anzusehen und sie mit dem Cölom und seinen Abkömmlingen zusammenzustellen, was morphologisch (auch physiologisch) unbegründet ist.

3. Die *Gelenkkapsel* (Kapselband) verbindet die beiden das Gelenk bildenden Knochen. Von dem Perioste des einen Knochens tritt sie zum Perioste des andern. Die Hauptmasse der Kapsel wird durch meist straffes Bindegewebe gebildet, welches an einzelnen Stellen eine bedeutendere Mächtigkeit besitzt. In Anpassung an das Maß der Beweglichkeit der Skelettheile ist die Kapsel straffer gespannt oder schlaffer. Sie besitzt die eine Beschaffenheit an der einen, die andere an einer anderen Stelle und sie ändert dieses Verhalten je nach den im Gelenke vor sich gehenden Bewegungen.

Das Fasergewebe der Kapsel geht nach innen zu in ein minder derbes Gefüge, die *Synovialmembran*, über. Diese führt reichere Blutgefäße und schließt mit einer meist einfachen Lage stark abgeplatteter Zellen ab, welche aus Bindegewebszellen hervorgehen. Die Synovialmembran setzt sich auch auf jene Knochenflächen fort, welche außerhalb des Gelenkknorpels noch in die Kapsel sehen, endet aber stets an der Circumferenz des Gelenkknorpels, der also nicht von der Synovialmembran überkleidet ist. Die von der Synovialmembran abgesonderte *Synovia* kommt meist nur in geringer Menge vor. Sie erhält die Gelenkflächen glatt, schlüpfrig, und ist so für das Aufeinandergleiten derselben von Bedeutung. Meist mit der Kapsel zusammenhängende *Synovialfortsätze* sind bald vereinzelt, bald in Gruppen oder reihenweise angeordnet, im Ganzen von sehr wechselnder Gestalt. Sie führen Capillarschlingen; die größeren, zuweilen stark ramificirten, ein reicheres Blutgefäßnetz. In einer anderen Form bilden diese Fortsätze *Falten* (Plicae synoviales). In einzelnen Fällen gewinnen diese einen bedeutenderen Umfang und führen Fettmassen (*Plicae adiposae*). Sie dienen dann zum Ausfüllen von Räumen, welche bei gewisser Configuration der Gelenkflächen in der Gelenkhöhle auftreten, beruhen somit auf Anpassungen an bestimmte aus dem Mechanismus der Gelenke entspringende Zustände.

Eine mehr unmittelbar mechanische Bedeutung kommt den *Menisken* und *Zwischenknorpeln* (*Cartilagines interarticulares*) zu. In den einzelnen Fällen von ziemlich verschiedener Function steigern sie im Allgemeinen die Leistungsfähigkeit des Gelenkes, indem sie mehrfache Bewegungen ermöglichen.

Die *Hilfsbänder* (Ligamenta accessoria) dienen theils der innigeren Verbindung der das Gelenk darstellenden Knochen, theils kommt ihnen noch ein besonderer Werth für den Mechanismus des Gelenkes zu. Im letzteren Falle bestimmen die Hilfsbänder häufig die Richtung der Bewegung und ergänzen dann, vorzüglich als zu beiden Seiten des Gelenkes angeordnete Stränge (*Ligamenta lateralia*), die durch das Gelenkrelief der Skelettheile selbst ausgesprochenen Einrichtungen. Während sie hier seitliche Bewegungen ausschließen, beschränken sie in anderen Fällen die Größe der Excursion einer Bewegung; in beiden Fällen sind sie *Hemmungsbänder*.

Bei bedeutender Verdickung der Gelenkkapsel in der Nähe ihrer Verbindungsstelle mit dem Knochen kann die Kapsel zur Vergrößerung der bezüglichen Gelenkfläche, die dann meist eine Pfanne vorstellt, verwendet werden. Die Kapsel ist dann in ihrer Textur dieser neuen Leistung angepasst, von bedeutender Derbheit, und bietet eine glatte Innenfläche.

Eine neue Complication des Baues der Gelenke entsteht durch *Beziehungen zum Muskelsystem*, dem sie ihre Entstehung verdanken. Über Gelenke hinwegtretende Muskeln, die denselben zunächst ihre Insertion finden, gehen Verbindungen mit der Gelenkkapsel ein. Bald geht ein Theil eines solchen Muskelbauches direct zur Kapsel, bald senkt sich ein Theil der Endsehne des Muskels in die Kapsel ein, oder es findet zu diesem Zwecke sogar eine Abzweigung der Sehne in eclatanterer Weise statt. Auch Muskelursprünge sind auf diese Weise mit Gelenkkapseln im Zusammenhang, oder Sehnen können einen Theil der Kapsel bilden und zur Umwandung der Gelenkhöhle beitragen. Bei allen größeren Gelenken bestehen solche Verbindungen mit der Muskulatur. Sie nehmen am Gelenkmechanismus bedeutenden Antheil. Die Action dieser Muskeln ist immer derart, dass dabei die Gelenkkapsel an der von dem Muskel oder dessen Sehne eingenommenen Seite erschlafft. Indem der Muskel sich daselbst mit der Kapsel verbindet, spannt er die Kapsel an dieser Stelle gleichzeitig mit der Erzeugung jener Bewegung. Die Kapsel gewinnt dadurch ein mit der jeweiligen Stellung des bewegten Skelettheiles harmonirendes Verhalten. Auch Verdickungen der Kapsel durch sich ihr verbindende Sehnen sind bemerkenswerth. Endlich entspringen aus diesen Verbindungen mit dem Muskelsystem Modificationen der Gelenkhöhle selbst. Es ergeben sich Ausstülpungen der letzteren unter die zur Gelenkkapsel verlaufenden oder von ihr abgehenden Sehnen, sowie häufig auch eine Communication der Gelenkhöhle mit benachbarten *Schleimbeuteln*, die ebenso wie jene aus mechanischer Lockerung interstitiellen Gewebes entstanden sind.

Solche Schleimbeutel können mehr oder minder vollständig in die Gelenkhöhle mit eingezogen werden, bilden dann Nebenräume derselben.

Um die Gelenke pflegt eine reichere Arterienvertheilung stattzufinden. In der Regel kommen jene Arterien aus verschiedenen Gebieten, sind Zweige verschiedener Stämme oder Äste, und vereinigen sich in der Umgebung des Gelenkes außerhalb der Kapsel zu einem Netz (*Rete articulare*), welches die Streckseite des Gelenkes einnimmt. Auch Nerven sind in den Bandapparat der Gelenke verfolgt worden (RÜDINGER). — Für das Aneinanderschließen der in den Gelenken verbundenen Skelettheile wirken mehrfache Factoren: der Bandapparat, auch die Adhäsion der Gelenkflächen, aber die bedeutendste Rolle kommt dem *Luftdruck* zu, besonders da, wo ein allseitig schlaffes Kapselband die Knochen verbindet. An manchen Gelenken ist es nicht schwer, die Wirksamkeit des Luftdruckes zum Nachweise zu bringen.

Formen der Gelenke.

§ 84.

Die einzelnen Gelenke des Körpers bieten, soweit sie nicht an homologen Skelettheilen bestehen, in den Einzelheiten ihres Baues so beträchtliche Unterschiede, dass eine Gruppirung derselben in bestimmte Abtheilungen bedeutende Schwierigkeiten darbietet. Dieses erklärt sich aus der Manigfaltigkeit der Bedingungen, unter denen die einzelnen beweglichen Abschnitte des Körpers stehen. Wie die Gelenkentwickelung von einer durch Muskelzug auf Skelettheile ausgeübten Bewegung sich ableitet, so ist auch die specielle Einrichtung eines Gelenkes auf Grund der Muskelthätigkeit entstanden anzusehen. Auch hier gelten die oben (S. 152 Anm.) entwickelten Gesichtspunkte. Wir können die Gelenke je nach der Art, auf welche die Congruenz der Contactflächen erreicht ist, in zwei Hauptgruppen scheiden. In der einen wird die Congruenz durch die Gelenkflächen der Skelettheile selbst dargeboten (einfache Gelenke), in der anderen besteht eine Incongruenz jener Contactflächen, die durch zwischengelagerte Theile (Zwischenknorpel) compensirt wird (zusammengesetzte Gelenke). Jedes zusammengesetzte Gelenk kann aber in mehrere einfache aufgelöst und so die zweite Hauptgruppe von der ersten abgeleitet werden.

Die Anordnung der Muskulatur bestimmt die Art und das Maß der Bewegung, und dieser entspricht die Gestaltung des Gelenkes. Demgemäß unterscheiden wir unter den einfachen Gelenken mehrere Formen, die wieder in Unterabtheilungen zerfallen. Eine solche Classification ist aber nur für die Grundzüge ausführbar; denn jedem einzelnen Gelenke kommen Besonderheiten zu, und an manchen bestehen Übergänge von der einen Form zur anderen.

Wir bringen die Gelenke in folgende Abtheilungen:

A. Gelenke mit gekrümmten Flächen.

Diese die Mehrzahl der Gelenke umfassenden Formen lassen an je einem der betreffenden Skelettheile einen Gelenkkopf und eine Gelenkpfanne unterscheiden. Die Bewegungen erfolgen um ideelle Achsen, welche durch den Gelenkkopf gehen. Nach der Richtung der Achse unterscheidet man wieder:

a. Gelenke mit mehr oder minder transversalen Achsen.

α. *Einachsige Gelenke.* Die Bewegungen erfolgen in einer und derselben Ebene (Winkelbewegungen). Sie werden repräsentirt durch:

Das *Charniergelenk* (*Winkelgelenk*, *Ginglymus*). Die Pfanne dieser Gelenkform ist zu einer querliegenden rinnenförmigen Vertiefung gestaltet, welcher der einem größeren oder kleineren Theile eines quergestellten Cylinders entsprechende Gelenkkopf angepasst ist. Der Gelenkkopf bildet eine Gelenkrolle, deren Excursionsgrad nach Maßgabe der Ausdehnung der rinnenförmigen Pfanne sich bestimmt. Je größer die von der Pfanne umfasste Strecke der Gelenkrolle ist, desto beschränkter ist die Excursion der Bewegung. Vom Ginglymus gehen Modificationen aus, durch leistenförmig über die Gelenkflächen ziehende Vorsprünge und anderseitige, diesen entsprechende Vertiefungen: Sculpturen, welche seitliche Bewegungen unmöglich machen. Daran reihen sich jene Bildungen, bei denen der Gelenkkopf durch eine mediane Vertiefung in zwei Abschnitte getheilt ist, denen zwei Pfannenflächen correspondiren. Endlich schließt sich hier eine Gelenkflächenbildung an, bei der die Krümmung eine Schraubenfläche vorstellt. Die Winkelbewegung geschieht dann nicht in einer Ebene, sondern in der Richtung einer Schraubenfläche (*Schraubengelenk*).

β. *Zweiachsige Gelenke.* Die Bewegungen finden in zwei rechtwinkelig sich kreuzenden Ebenen statt. Diese Gelenke trennen sich nach der Beschaffenheit der Gelenkflächen in zwei Formen.

1. Das *Knopfgelenk* (*Condylarthrosis*). Bei diesem ist an der Pfanne wie am Kopf des Gelenkes eine Achse von einer diese rechtwinkelig kreuzenden Achse an Länge verschieden. Es besteht also eine längere und eine kürzere Achse. Der Gelenkkopf bildet demnach ein Ellipsoid, dem auch die Gestalt der Pfanne entspricht (*Ellipsoidgelenk*). Winkelbewegungen sind in zwei sich kreuzenden Richtungen ausführbar.

2. Das *Sattelgelenk*. Bei diesem liegt das Charakteristische in der Convexität einer Gelenkfläche nach einer Richtung und der in einer andern, hierzu rechtwinkelig liegenden Richtung bestehenden Concavität. Der Sattelkrümmung der einen Gelenkfläche entspricht die gleiche Bildung der anderen Gelenkfläche, aber in umgekehrtem Sinne.

γ. *Vielachsige Gelenke.* Diese bestehen da, wo der Muskelapparat einen Skelettheil am anderen nach allen Richtungen bewegt. Gelenkkopf und Pfanne besitzen demgemäß sphärisch gekrümmte Flächen und der erstere ist annähernd kugelförmig gestaltet. Nach dem Verhalten des Gelenkkopfes zur Pfanne unterscheiden wir:

1. Die *Arthrodie* (*Kugelgelenk*). Dieses Gelenk besteht, wenn die Pfannenfläche einem kleineren Theile der Kugelfläche des Kopfes entspricht. Dadurch ergiebt sich ein großer Spielraum für die Excursion der Bewegung, und diese Gelenkform stellt das freieste Gelenk vor. Bei Zunahme des Umfangs der Pfanne

im Verhältniss zum Gelenkkopf wird die Excursion der Bewegung beschränkt und dadurch geht die zweite Form der vielachsigen Gelenke hervor,

2. die *Enarthrosis* (*beschränktes Kugelgelenk*, *Nussgelenk*). Es entsteht, indem die Pfanne mehr als die Hälfte des Gelenkkopfes umfasst. Die Bewegungen verhalten sich wie bei der Arthrodie, aber sie sind in ihrem Umfange durch die Pfanne beschränkt.

b. Gelenke, welche die Achse in der Länge des sich bewegenden Skelettheiles besitzen.

Sie bilden:

Das *Drehgelenk* (*Rotatio*, *Articulatio trochoides*). Die Drehachse fällt entweder in den sich an einem anderen Skelettheil bewegenden Knochen oder sie liegt außerhalb desselben, mehr oder minder parallel mit ihm. Auch die Arthrodie und die Enarthrose können als Rotationsgelenk fungiren.

B. Gelenke mit planen Flächen.

Bei diesen Gelenken ist die Beweglichkeit der Theile in der Regel gemindert und kann sogar, bei straffem Kapselbande, ganz aufgehoben sein.

Wir unterscheiden:

1. das *Schiebegelenk*. Die Gelenkflächen gestatten eine Verschiebung der im Gelenke verbundenen Theile nach Maßgabe der schlafferen oder strafferen Kapsel. Die Bewegung geschieht in der Richtung einer mit den Gelenkflächen parallelen Ebene.

Eine rinnenförmige Ausbildung der einen Gelenkfläche verbunden mit einer entsprechenden Gestaltung der anderen kann das Gelenk einem Charniergelenk ähnlich machen. Die Art der Bewegung entscheidet dann.

2. das *straffe Gelenk* (*Amphiarthrosis*). Die Gelenkflächen entsprechen einander im Umfange und dieser bestimmt wieder den Grad der Beweglichkeit, wozu noch die größere oder mindere Straffheit der Kapsel in Betracht kommt. Die letztere gestattet bei den meisten Amphiarthrosen der Bewegung wenig Spielraum. Durch Umbildung planer Contactflächen zu unebenem Niveau wird die Beweglichkeit noch weiter gemindert. Da die Gelenkbildung unter dem Einflusse der durch Muskelwirkung bedingten Bewegung entstand, so ist die Annahme begründet, dass die Amphiarthrosen aus freieren Gelenkformen hervorgingen.

Diese einfachen Gelenke können sich mannigfach compliciren, so dass neue Formen, *zusammengesetzte Gelenke* entstehen, die am zweckmäßigsten in jedem speciellen Falle beschrieben werden (Trocho-Ginglymus).

Man hat von jeher die Formen der Gelenkenden mit bestimmten Körpern, Kugeln, Cylindern, Schrauben etc. verglichen, ohne deshalb zu behaupten, dass jene Körper mit mathematischer Genauigkeit realisirt seien. Es war daher ebenso irrig, wenn Manche eine Zeit lang an die streng mathematische Ausführung der Gelenke glaubten, als es verfehlt wäre, jene Begriffe ganz fallen zu lassen, und die unendliche Complication der Krümmungsverhältnisse der Flächen einzelner Gelenke in didactische Verwerthung zu bringen.

Für die specielle Gestaltung der Gelenke ist die Verbindung der Muskeln mit den Knochen von Bedeutung. An den, eine Pfanne oder eine pfannenähnliche Fläche besitzenden Knochen findet sich in unmittelbarer Nähe der Gelenkfläche die Anheftestelle eines Muskels oder mehrerer derselben, so dass der den Gelenkrand darstellende Vorsprung von der Muskelbefestigung ergänzt zu sein scheint. In wiefern hier die Zugwirkung der Muskeln in Betracht kommt, lassen wir unentschieden. Jedenfalls entspricht das Verhalten dem sonst an den Befestigungsstellen bestehenden Befunde. Es kann darin zunächst ein Causalmoment für die Phylogenie der Gelenkpfanne gesehen werden, welches andererseits auch den Gelenkkopf gestaltet, indem es den bezüglichen Knochen der Pfannenbildung sich anpassen lässt.

Von den Bändern.

§ 85.

Als Bänder oder Ligamente bezeichnet man Züge oder Stränge von faserigem Bindegewebe, durch welche meist Skelettheile, aber auch andere Organe unter einander verbunden werden. Bereits bei dem Baue der Gelenke ist ein Theil dieser Bildungen als Sonderungen der Gelenkkapsel erwähnt.

Nach der Beschaffenheit des Gewebes unterscheiden wir zwei Zustände.

1. *Straffe Bänder.* Sie werden durch sehniges Bindegewebe repräsentirt, dessen Textur mit den Sehnen der Muskeln im Wesentlichen übereinstimmt, wie sie auch das gleiche atlasglänzende Aussehen darbieten. Die Richtung der Faserzüge entspricht jener des Bandverlaufes. Sie dienen einer strafferen Verbindung von Skelettheilen und erscheinen auch zwischen Vorsprüngen eines und desselben Knochens. Die Verbindung mit den Skelettheilen geschieht auf directe Weise, und an den bezüglichen Stellen der Knochen prägen sich allmählich gegen das Band eingreifende Rauhigkeiten, oder auch größere Vorsprünge aus. Bei mehr flächenhafter Ausbreitung stellen diese Bänder Membranen dar, in welchen der Faserverlauf meist verschiedenartige Richtungen aufweist. Hierher gehören z. B. die *Membranae interosseae*.

2. *Elastische Bänder* werden vorwiegend aus elastischen Fasern gebildet, welche in spärliches fibrilläres Bindegewebe eingebettet sind. Die elastischen Faserzüge (vergl. Fig. 58) erscheinen in parallelem Verlaufe mit der Längsrichtung des Bandes. Der gelblichen Färbung des elastischen Gewebes gemäß werden manche dieser Bänder *Ligamenta flava* benannt.

Den elastischen Bändern kommt nicht blos der Werth verbindender Apparate zu, sondern sie lassen die verbundenen Theile wieder in ihre frühere Lagebeziehung gerathen, wenn die, die Bänder dehnende Action aufhört. Sie bewirken somit eine Ersparnis von Muskelarbeit.

Außer diesen beiden Gruppen werden noch viele andere Theile als Bänder aufgeführt, welche des anatomischen Charakters eines Bandes entbehren und entweder nur durch künstliche Präparation dargestellt, oder Einrichtungen ganz anderer Art sind, die bezüglich ihrer Mächtigkeit zu dem Volum der zu befestigenden Theile oft in starkem Missverhältnisse stehen. Zu diesen Pseudoligamenten gehören manche, aus Bindegewebe geformte Züge, die an bestimmten Stellen nur wenig stärker als an anderen entfaltet sind, und nach Entfernung des benachbarten Gewebes Ligamente vorstellen. Ferner gehören hierher die mannigfachen Duplicaturen der serösen Membranen an gewissen Eingeweiden, endlich sogar obliterirte Blutgefäßstrecken. Diese, während des fötalen Lebens wegsam, werden nach der Geburt zu rudimentären Organen, indem sie zu bindegewebigen Strängen sich rückbilden, in denen die Ligamentfunction nur als untergeordnet erkannt werden kann. Dagegen ist eine ganze Abtheilung von wichtigen Bandapparaten, aus den Umhüllungen der Muskulatur, den Fascien, differenzirt. Sie findet wegen ihrer Beziehungen zu den Muskeln bei diesen ihre Betrachtung.

Zur Literatur der Gelenke und Bänder sind anzuführen:

WEITBRECHT, J., Syndesmologia s. hist. ligamentor. Petropoli 1742. 4. WEBER, W. u. E., Mechanik der menschlichen Gehwerkzeuge. Göttingen 1836. BARKOW, H., Syndesmologie. Breslau 1841. 8. ARNOLD, FR., Tabulae anatom. Fasc. IV. P. II. Stuttgart 1842. Fol. HENKE, W., Handb. der Anatomie und Mechanik der Gelenke. Leipzig u. Heidelberg 1863. MEYER, H., Die Statik und Mechanik des menschl. Knochengerüstes. Leipzig 1873.

E. Von der Zusammensetzung des Skeletes.

§ 86.

Das als Rückensaite, Chorda dorsalis, aufgeführte primitive Stützorgan (§ 72) hat nur in den niederen Formen der Wirbelthiere eine bedeutende Rolle. Hier entfaltet es sich zu einem mächtigen Organ, welches sich mit einer cuticularen Scheide umgiebt. Aber schon bei diesen beginnt in der nächsten Umgebung der Chorda die Sonderung complicirterer Stützorgane, die nicht mehr einheitlich wie die Chorda, sondern dem Gesammtorganismus der Wirbelthiere angepasst, in Abschnitte getheilt sind. Wir sehen da vom Kopfe an, durch die ganze Länge des Körperstammes, um die Chorda eine Reihe von soliden Bildungen entstanden (Fig. 97 c), welche das über der Chorda verlaufende Rückenmark mit oberen Bogen (o) umschließen. Diese Skelettheile sind die *Wirbel*, ihre Aufeinanderfolge bildet die *Wirbelsäule*. Von ihnen lateral ausgehende, beweglich abgegliederte Spangen (u) verlaufen ventralwärts und stellen die *Rippen* vor, welche mehr oder minder entwickelt, in ersterem Falle zum Theil in einem medianen Knochen, dem *Brustbein*, vereinigt sind. Wirbelsäule und Rippen bilden das Rumpfskelet. An dieses schließt sich das *Kopfskelet*, welches wieder einen den Wirbeln mit ihren oberen Bogenbildungen ähnlichen Abschnitt in sich begreift und damit vorwiegend den vordersten Abschnitt des Centralnervensystems, das Gehirn, wie mit einer Kapsel umgiebt. Aber auch abwärts gehende Bogenbildungen fehlen hier nicht, so dass also das Kopfskelet sich jenem des Rumpfes ähnlich erweist, mit dem einzigen wesentlichen Unterschiede, dass eine den Wirbeln ähnliche Gliederung wohl erschließbar, aber nicht direct erkennbar ist.

Fig. 97.

Schema für Wirbel und Rippen.

Mit dem Rumpfskelete im Zusammenhang steht das *Skelet der Gliedmaßen*, die wir in obere resp. vordere, und untere resp. hintere unterscheiden, und deren Verbindungsstücke mit dem Rumpfskelete den *Gliedmaßengürtel* vorstellen. Für die oberen Gliedmaßen wird dieser als Brust- oder Schultergürtel, für die unteren als Beckengürtel bezeichnet.

I. Vom Rumpfskelet.

A. Wirbelsäule.

§ 87.

Die Wirbelsäule (*Columna vertebralis*) oder das Rückgrat, *Spina dorsalis* (in einheitlicher Auffassung*), bietet in ihrer Zusammensetzung aus einzelnen, wesentlich gleichartig gebildeten Folgestücken, sowie in ihrer Verbindung mit den Rippen den treuesten Ausdruck für die Gliederung (Metamerie) des gesammten Körperstammes. Sie zeigt auf einander folgende gleichwerthige Abschnitte, die auch an anderen Organsystemen (den Muskeln, Nerven, Blutgefäßen) erkennbar sind. An ihr hat sich erhalten, was an anderen Organsystemen sich umgestaltete und am Kopfskelete fast spurlos verschwand.

Um die Chorda dorsalis bildet sich eine sie allseitig umschließende Gewebsschichte, welche an einzelnen, der Zahl der späteren Wirbel entsprechenden Strecken hyalinen Knorpel hervorgehen lässt, während das dazwischen befindliche Gewebe sich zwar knorpelähnlich gestaltet, aber nicht definitiv in Knorpel übergeht. Die in ihrer Achse von der Chorda durchsetzten knorpeligen cylindrischen Stücke stellen die Anlagen der Grundstücke der Wirbel, *Wirbelkörper*, vor. Von jedem Wirbelkörper erstreckt sich jederseits dorsalwärts ein schmaleres Spangenstück in die weiche Wandung des das Rückenmark einschließenden Canals und giebt so für diesen eine festere Stütze ab. Die beiderseitigen Spangen erreichen sich allmählich in der dorsalen Medianlinie und schließen den von ihnen gebildeten *Wirbelbogen* ab. Damit ist das Wesentlichste des Wirbels gesondert: er besteht aus einem Körper und einem Bogen. Der knorpelige Bogen sendet noch Fortsätze ab.

Fig. 98.

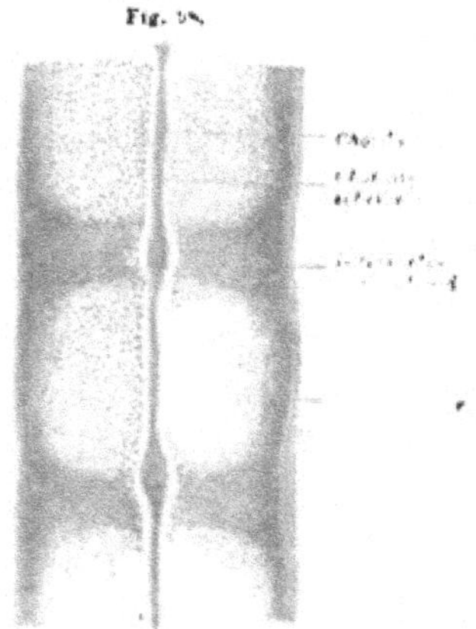

Längsdurchschnitt durch die Wirbelsäule eines neunwöchigen Embryo. 30:1.

Nicht das gesammte perichordale Gewebe wird zur Anlage der Wirbelkörper verwendet, vielmehr sondert sich je ein zwischen zwei Wirbelkörpern befindlicher Abschnitt desselben zu einem intervertebralen Apparat, dem Intervertebralbande oder der *Intervertebralscheibe* (Fig. 99).

Die Chorda dorsalis hat mit diesen Sonderungsvorgängen gleichfalls Veränderungen erlitten. Auf ihrem Verlaufe durch die Wirbelkörperanlagen erscheint sie allmählich

---

*) Daher »Spinal« alles, was sich auf das Rückgrat bezieht.

dünner, was wohl ebenso durch das in die Länge vor sich gehende Wachsthum der Wirbelkörper als durch Einwachsen des Knorpels selbst erfolgt. Daran schließt sich ihre endliche Zerstörung. In den intervertebralen Strecken dagegen persistirt die Chorda nicht nur, sondern vergrößert sich sogar (Fig. 98) und lässt schließlich einen das Innere der Zwischenwirbelscheibe einnehmenden Körper, den sogenannten *Gallertkern*, hervorgehen.

Der Wirbelkörper umschließt sammt seinem Bogen einen Raum (*Foramen vertebrale*), der in seiner Continuität durch die gesammte Wirbelsäule den Rückgratcanal (*Canalis spinalis*) darstellt. Die Reihe der Wirbelkörper bildet die vordere Wand dieses Canals, dessen seitliche und hintere Wand durch die Wirbelbogen gebildet wird.

Fig. 99.

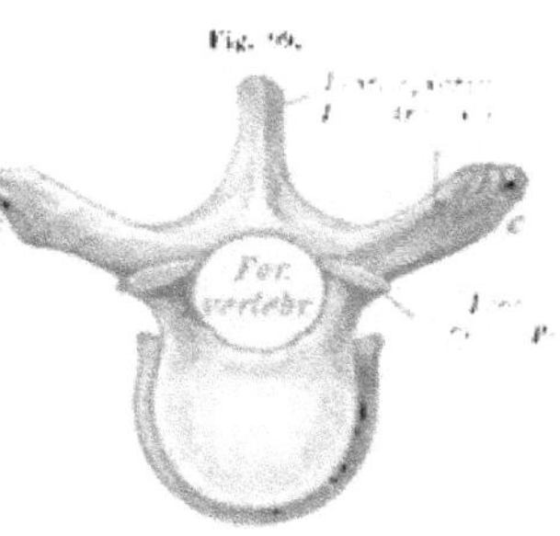

Sechster Brustwirbel von oben.

Vom Wirbelbogen entspringen Fortsätze nach verschiedenen Richtungen. Sie dienen theils zur Befestigung der Muskulatur (*Muskelfortsätze*), theils zu Articulationen (*Gelenkfortsätze*). In der hinteren Mittellinie tritt ein unpaarer *Dornfortsatz* oder *Wirbeldorn* (*Processus spinosus*) ab. Lateralwärts erstreckt sich jederseits in einiger Entfernung vom Beginne des Bogens ein *Querfortsatz* (*Pr. transversus*). Diesem benachbart entspringen jederseits oben wie unten Fortsätze, die sich mit den ihnen entgegenkommenden Fortsätzen der benachbarten Wirbel durch Gelenkflächen verbinden: die *schrägen* oder *Gelenkfortsätze* (*Proc. obliqui* s. *articulares*). Die oberen articuliren mit den unteren des vorhergehenden, und die unteren mit den oberen des folgenden Wirbels.

Die *Verknöcherung* des knorpelig angelegten Wirbels erfolgt an *drei* Punkten. Ein Knochenkern erscheint im Innern des Wirbelkörpers, meist paarig. Dazu kommt noch jederseits einer an der Wurzel des Bogens, von denen aus nicht nur jederseits ein Theil des Wirbelkörpers, sondern auch der ganze Bogen sammt seinen Fortsätzen ossificirt.

Fig. 100.

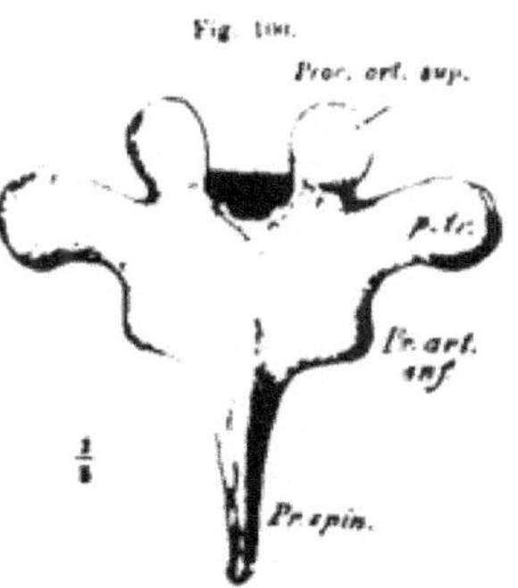

Sechster Brustwirbel von hinten.

Beim Neugebornen sind die Wirbelbogen noch nicht knöchern geschlossen. Auch die Fortsätze sind großentheils knorpelig. An den Enden derselben erhält sich noch lange Knorpel. Vom 8.—15. Jahre treten in diesen Knorpelresten kleine Knochenkerne auf, die vom 16.—25. Lebensjahre mit dem Wirbel synostosiren. In derselben Zeit entstehen und verschmelzen accessorische Kerne der Gelenkfortsätze, sowie dünne Knochenplatten (Epiphysen) im oberen und unteren Ende der Wirbelkörper. Zu diesen secundären Knochenkernen kommen noch einige andere von untergeordneter Bedeutung, die schließlich gleichfalls synostosiren.

Da der Wirbelbogen mit seiner Wurzel nicht die ganze Höhe des Körpers einnimmt, wird von je zwei benachbarten Wirbeln an der Bogenwurzel eine zum

Rückgratcanal führende Öffnung (*Foramen intervertebrale*) umschlossen (s. Fig. 109). Die vordere Umgrenzung geschieht mehr oder minder durch beide Körper, im übrigen wird die Begrenzung von den Bogen gebildet, welche an dieser Stelle einen auf den bezüglichen Gelenkfortsatz auslaufenden Ausschnitt (*Incisura vertebralis superior* et *inferior*) besitzen.

Fig. 101.

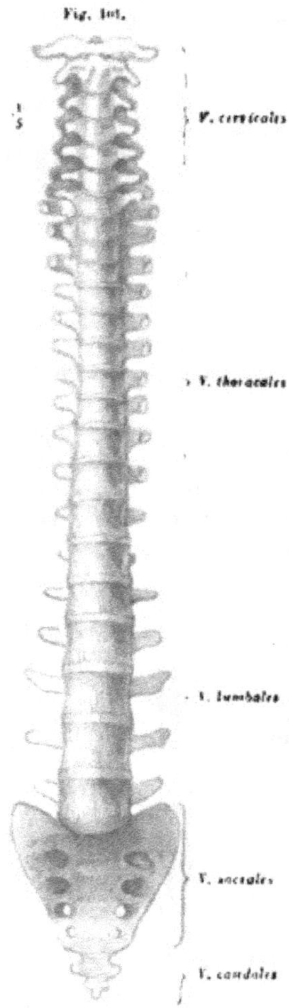

Wirbelsäule von vorn.

An den Wirbelkörpern sind die an die Intervertebralscheibe sich anfügenden Flächen mit einem dünnen Knorpelüberzuge versehen. Die hintere, den Rückgratcanal begrenzende, wie die vordere, auf die Seiten fortgesetzte Fläche des Körpers zeigt außer mancherlei unbedeutenden Unebenheiten zahlreiche Öffnungen zum Durchlass von Blutgefäßen. Den größten Theil des Inneren des Wirbelkörpers bildet spongiöse Substanz (Fig. 118), welche von Venennetzen durchzogen wird. Nur dünn ist die oberflächliche Schichte compacter Knochensubstanz, die erst an der Wurzel der Bogen bedeutend mächtiger wird.

§ 88.

Die zur Wirbelsäule an einander geschlossenen Wirbel besitzen ursprünglich ziemlich gleichartige Beschaffenheit, bieten einen Zustand der Indifferenz. Diese geht allmählich verloren durch Anpassung an die functionellen Beziehungen der einzelnen Körperregionen, aber selbst beim Neugeborenen besteht noch ein guter Theil dieser Gleichartigkeit, besonders in den Dimensionen der Wirbelkörper. Die Differenzirung der Wirbelsäule in einzelne Einschnitte tritt daher erst postembryonal deutlich hervor. Wir unterscheiden dann nach der verschiedenartigen Gestaltung der Wirbel mehrfache Abschnitte, Wirbelcomplexe. Nach diesen Abschnitten werden die Wirbel in 7 *Hals-*, 12 *Brust-*, 5 *Lenden-*, 5 *Kreuzbein-* und 4—6 *Schwanzwirbel* unterschieden (Fig. 101).

Die Sonderung in diese größeren Abschnitte erscheint vor Allem abhängig von den Beziehungen zu den Gliedmaßen und wird von daher verständlich. Indem die oberen Gliedmaßen dem Brustabschnitte angefügt sind und für die, der größeren Freiheit ihrer Bewegungen entsprechende, weitere Ausbreitung ihrer Muskulatur eine bedeutendere Ursprungsfläche erfordern, bleiben am Brustabschnitte die Rippen erhalten. Durch die Medianverbindung im Sternum bilden sie den Brustkorb (*Thorax*), welcher der Muskulatur der Gliedmaßen eine solide Ursprungsfläche bietet.

Für die entfernter vom Thorax, weiter abwärts angefügten unteren Gliedmaßen bestehen andere Verhältnisse. Der Gliedmaßengürtel ist hier der Wirbelsäule verbunden (Becken) und entbehrt der Beweglichkeit, welche dem Schultergürtel in hohem Maße zukommt. Die vor und hinter der Anfügestelle des Beckengürtels befindlichen Wirbel entbehren demgemäß ausgebildeter Rippen. Wie oben durch die Bildung des Thorax, so wird also auch unten ein Abschnitt der Wirbelsäule, freilich auf andere Weise differenzirt, und diese Sonderung beeinflusst wieder die übrigen Strecken des Achsenskeletes.

Die über dem Thorax befindliche Strecke wird zum Halstheile, die zwischen Thorax und Becken befindliche zum Lendentheile; der das Becken tragende Wirbelcomplex stellt den *sacralen Abschnitt* vor, und der letzte Abschnitt endlich den *caudalen*, welcher nur verkümmerte Wirbel enthält. Wir leiten somit die Differenzirung der Wirbelsäule in verschiedene Abschnitte nicht von dem Verhalten des Rumpfskeletes zu inneren Organen, etwa den Eingeweiden der Brusthöhle ab, sondern von den Beziehungen zu den Gliedmaßen und deren Leistungen. Die den einzelnen Abschnitten der Wirbelsäule zukommenden Leistungen sind von einer verschiedenartigen Ausbildung der Wirbel innerhalb jener Abschnitte begleitet, jedoch so, dass die meisten Eigenthümlichkeiten nicht unvermittelt auftreten, sondern schon an den vorhergehenden Wirbeln zum Theile erkennbar sind und auch an den nachfolgenden angedeutet erscheinen. Die einzelnen Abschnitte besitzen sonach an den Grenzen Übergangscharaktere. Nähere Angaben bei AEBY, d. Altersverschiedenheiten der menschlichen Wirbelsäule, Arch. f. Anat. u. Phys. 1879. S. 77. Über die Entw. der Wirbelsäule, HOLL, Sitzungsberichte der k. Acad. der Wiss. Bd. LXXX, III. Abth. 1882.

Die einzelnen Wirbelgruppen.

§ 89.

Die sieben Halswirbel sind durch das Verhalten der *Querfortsätze* ausgezeichnet, die aus einem vorderen und einem hinteren Schenkel bestehen. Beide sind terminal verbunden und umschließen eine Öffnung, das *Foramen transversarium* (Fig. 103). Dieser Befund beruht auf der Concrescenz mit einem Rippenrudimente (Fig. 102 *cost.*), welches als *Processus costarius* den vorderen Schenkel des Querfortsatzes vorstellt und sowohl mit dem Wirbelkörper als auch mit dem den hinteren Schenkel bildenden eigentlichen Querfortsatze (*tr*) verbunden ist. Vom dritten bis zum sechsten Wirbel ist der Processus costarius aufwärts gekrümmt und begrenzt von vorn eine lateral und abwärts gerichtete Rinne, die hinten vom eigentlichen Querfortsatz umwandet wird.

Fig. 102.

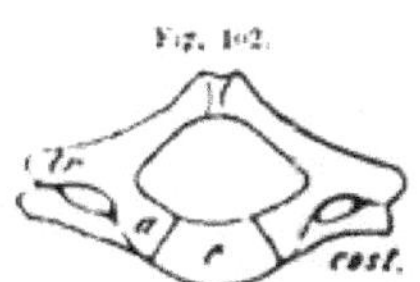

Schema eines Halswirbels. c Wirbelkörper. a Der in den Körper übergehende Bogentheil.

Mit Ausnahme der beiden ersten Halswirbel nehmen die Körper bis zum siebenten an Breite zu und sind mit oberen, von der einen Seite nach der andern concaven und mit unteren, von vorne nach hinten concaven Flächen versehen. Da die Flächen je nach der entgegengesetzten Richtung etwas convex sind, bezeichnet man sie als »sattelförmig«. Die Bogen reihen sich mit schräg abgedachten Flächen übereinander.

Die Gelenkfortsätze bilden wenig bedeutende Vorsprünge. Die Gelenkfläche der oberen (Fig. 103) ist schräg nach hinten und aufwärts, die der unteren ebenso schräg nach vorne und abwärts gerichtet. Nur die oberen Gelenkfortsätze tragen zur Begrenzung des *Foramen intervertebrale* bei. Die Dornfortsätze sehen schräg abwärts, nehmen nach unten an Länge zu und laufen bis zum sechsten Wirbel je in zwei Zacken aus, die am sechsten schon bedeutend kurz, und am siebenten meist nur angedeutet sind. Wie schon am sechsten bemerkbar, ist der Dornfortsatz des siebenten fast gerade nach hinten gerichtet und erscheint demgemäß als bedeutenderer Vorsprung, daher der Wirbel »*Vertebra prominens*« heißt.

Fig. 103.

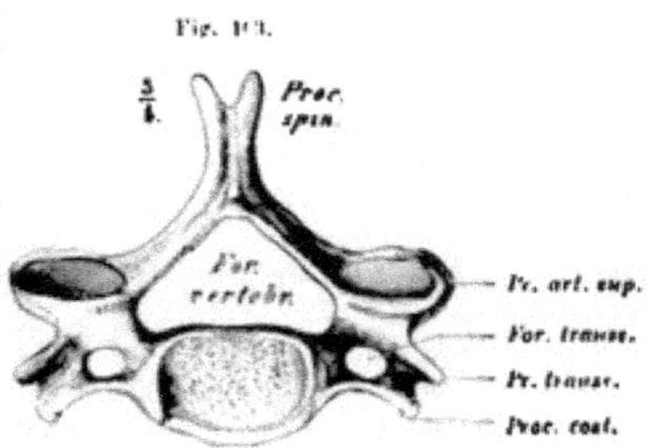

Fünfter Halswirbel von oben.

Die Rippenrudimente der 5 oberen Halswirbel sind nicht mehr discret angelegt. Das der 6ten ist zuweilen selbständig, fast constant dagegen jener des 7ten (E. Rosenberg). Hierin liegt ein Übergangszustand zum thoracalen Abschnitte und eine Andeutung der von vorn nach hinten vor sich gegangenen Reduction.

Das Rippenrudiment des siebenten Halswirbels entwickelt sich zuweilen bedeutender, und besitzt dann bewegliche Verbindung mit dem Wirbel. Die Ausbildung solcher *Halsrippen* zeigt verschiedene Grade, zuweilen verschmilzt diese Rippe auf ihrem Verlauf nach vorne mit der ersten Brustrippe. Äußerst selten erreicht sie das Brustbein, oder es besteht nur an diesem der Rest einer 7. Halsrippe.

Am sechsten Halswirbel tritt der Querfortsatz stets bedeutend weiter vor, als am siebenten. Sein vorderer Schenkel (Proc. costarius) zeigt häufig einen Vorsprung, bei den meisten Säugethieren als eine mächtige senkrechte Platte. Am siebenten Halswirbel ist der Processus costarius meist schwach entwickelt und verläuft rein lateral, um sich dem bedeutend stärkeren und auch längeren Processus transversus anzuschließen.

Die Höhe der Körper der Halswirbel ist am dritten und vierten nur wenig verschieden, vom fünften an beginnen sie hinten etwas höher als vorne zu sein. Dagegen wächst die Breite der Körper in jener Folge und beträgt am siebenten um ein Drittel mehr als am dritten. An den Gelenkflächen der Processus articulares ändert sich die Stellung. Am dritten convergiren die Querachsen der beiderseitigen Gelenkflächen und finden sich in einem Kreisbogen, dessen Centrum weit hinter den Wirbeln liegt. An den folgenden Wirbeln flacht sich dieser Bogen immer bedeutender ab und geht am letzten, indem die beiderseitigen Querachsen zusammenfallen, in eine Gerade über. Die Gelenkflächen sind keineswegs immer plan, vielmehr häufig pfannenartig vertieft, oder auch etwas gewölbt.

§ 90.

Die beiden ersten Halswirbel haben durch die Nachbarschaft des Schädels eigenthümliche Umgestaltungen erlangt. Am ersten, *Atlas*, *Träger*, wird der Körper scheinbar durch eine schmale Knochenspange vorgestellt, die als sogenannter *vorderer Bogen* des Atlas Fig. 104 zwei seitliche massivere Theile *Massae laterales* unter einander verbindet. Von diesen geht seitlich der die übrigen an Länge übertreffende Querfortsatz aus, der mit einem starken Vorsprung endet.

An diesem ist in der Regel wie bei den übrigen Halswirbeln ein starker vortretender hinterer Höcker und ein schwächerer vorderer unterscheidbar, welcher einem Proc. costarius entspricht.

Eine von beiden Seitentheilen entspringende, schwach gewölbte Spange bildet als *hinterer Bogen* den Abschluss. An der Stelle des Dornfortsatzes zeigt sie das schwache *Tuberculum posticum*, auch die vordere Spange (*Arc. ant.*) besitzt einen solchen Vorsprung (*Tub. anticum*). Anstatt der Gelenkfortsätze finden sich Gelenkflächen oben und unten auf den Seitentheilen.

Fig. 104.

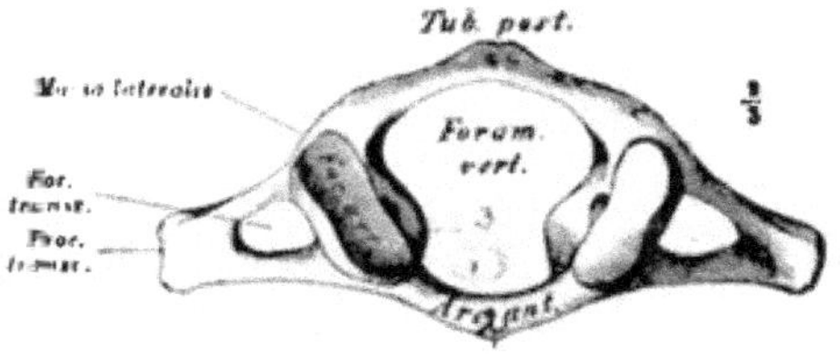

Atlas von oben.

Die oberen dienen zur Verbindung mit den Gelenkköpfen des Hinterhaupts und sind concav, vor- und medianwärts gerichtet. Diese Occipitalpfannen sind von oblonger Gestalt, nach vorne hin bedeutend vertieft, nicht selten in zwei Hälften getheilt, auch sonst von wechselnder Beschaffenheit. Die unteren Gelenkflächen sind plan, oder wenig vertieft, und convergiren etwas median und zugleich nach hinten.

Das vom Atlas umschlossene Loch entspricht nur mit seinem größeren hinteren Abschnitte dem Foramen vertebrale der anderen Wirbel, sein vorderer Abschnitt ist durch die Massae laterales eingeengt (vergl. Fig. 104) und liegt außerhalb des Rückgratcanals, von dem ihn ein Bandapparat abschließt. Ein zahnförmiger Fortsatz des zweiten Halswirbels tritt in jenem Raum empor und findet an der Innenseite des vorderen Atlasbogens eine Articulationsfläche (Fig. 106). Ein Höcker an der Innenfläche jeder Massa lateralis dient einem queren Bande zur Befestigung.

Der hintere Theil der Seitenmasse zieht sich mit der Occipitalpfanne meist nach hinten zu aus und überwölbt eine vom Foramen transversarium über den Anfang des hinteren Bogens ziehende Furche (für die *Arteria vertebralis*).

Bei größerer Ausdehnung der Occipitalpfanne nach hinten zu bildet sich von ihr aus eine knöcherne, zum Wirbelbogen herabreichende Spange aus. Durch diese schließt sich der die Massa lateralis umziehende *Sulcus arteriae vertebralis* zu einem Canale ab. Am Querfortsatze ist der vordere Schenkel zuweilen defect.

Fig. 105.

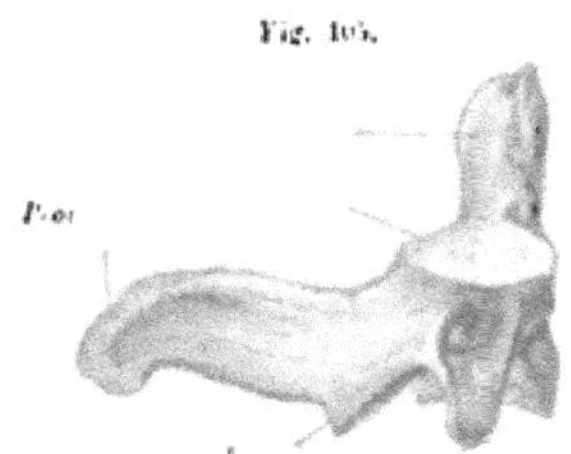

Zweiter Halswirbel von der rechten Seite.

Der *zweite Halswirbel*, *Epistropheus* (*Axis*) (Fig. 105), ist mit einem höheren Körper ausgestattet, der an seiner unteren Fläche mit den übrigen Halswirbeln übereinkommt, an der oberen Fläche dagegen einen starken Fortsatz (*Dens*, *Processus odontoides*) trägt. An diesem Fortsatz ist eine vordere und eine hintere Gelenkfläche vorhanden. Erstere articulirt mit dem vorderen Atlasbogen, die letztere ist dem oben erwähnten Querband zugekehrt. Dieser Zahn ist der eigentliche Körper des Atlas, der nicht mit den Bogenanlagen des letztern, sondern mit dem Körper des Epistropheus verschmolzen ist.

Der *Bogen* des Epistropheus beginnt mit starker Wurzel an der Seite des Körpers und trägt an seiner oberen Fläche eine kreisförmige, schräg nach der Seite abfallende Gelenkfläche. Am *Querfortsatz* ist nur der hintere Höcker entwickelt; das Foramen transversarium sieht schräg nach der Seite und nach hinten. Der starke *Dornfortsatz* übertrifft die der nächst folgenden Wirbel auch an Länge und endet wie bei diesen mit zwei Zacken.

Die dem Atlas zugehörige Wirbelkörperanlage sondert sich in mehrfache Theile. Der axiale Theil geht in den Zahnfortsatz des Epistropheus über, der peripherische Theil lässt die Massae laterales, dann diese untereinander verbindendes Gewebe entstehen. Eine solche Verbindung besteht vor und hinter dem Zahnfortsatz, die vordere ossificirt von den Massae laterales aus, sie wird zum vorderen Bogen des Atlas, die hintere bildet sich zum Lig. transversum.

Fig. 106.

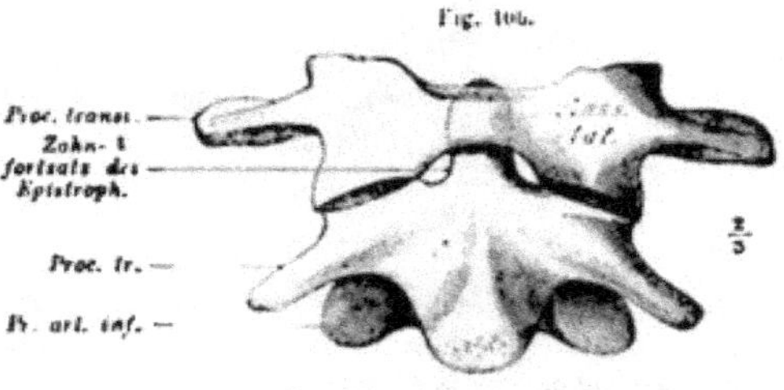

Die beiden ersten Halswirbel von vorne.

Die Zugehörigkeit des Zahns des Epistropheus zum Atlas erweist sich aus der Entwickelung; der Zahn wird ebenso von der Chorda dorsalis durchsetzt wie jeder andere Wirbelkörper. Der Antheil, den dieser Atlaskörper an der Zusammensetzung des Epistropheus hat, ist übrigens nicht auf den bloßen Zahnfortsatz beschränkt, da noch ein vom Zahn nach abwärts in den Epistropheuskörper eintretendes Stück dem primitiven Atlaskörper zugehört.

Bei den Reptilien bleiben beide Wirbelkörper von einander getrennt. Bei Säugethieren verschmelzen sie, und dann bildet sich der vordere Bogen des Atlas als eine von den Wurzeln des hinteren Bogens, d. h. den sogenannten seitlichen Theilen des Atlas ausgehende Spange. Auch die Ossification des Zahns geschieht wie jene der anderen Wirbelkörper. Beim Neugeborenen sind diese beiden ersten Wirbelkörper noch von einander getrennt (Fig. 107). Das obere Ende des ersten, welches die Spitze des Zahnfortsatzes bildet, ist noch knorpelig, ebenso wie der vordere Bogen des Atlas (Fig. 107). In der Anlage findet sich derselbe so mit dem eigentlichen Körper verbunden, dass man daraus eine Zusammengehörigkeit mit letzterem hergeleitet hat.

Fig. 107.

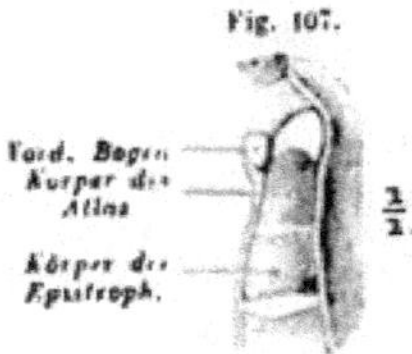

Medianschnitt durch die ersten Halswirbel eines Neugeborenen.

§ 91.

Die 12 **Brustwirbel** (*V. thoracales*) schließen sich oben in ihrem Bau ebenso an die Halswirbel an, wie sie nach unten Übergänge zu den Lendenwirbeln darbieten. Ihre wesentlichste Eigenthümlichkeit liegt in der Verbindung mit beweglichen Rippen, wodurch manche Gestaltungsverhältnisse beherrscht werden.

Die *Wirbelkörper* nehmen vom ersten bis zum letzten allmählich an Höhe zu, dabei wächst auch ihr sagittaler Durchmesser, der an den unteren Brustwirbeln dem Querdurchmesser nahezu gleichkommt. Das Volum der Wirbelkörper wächst also nach abwärts. Die Gestalt der Endflächen ändert sich dabei aus der quergezogenen Form an den oberen in eine mehr herzförmige an den mittleren (Fig. 108), und diese geht an den unteren Brustwirbeln unter zunehmender Breite wieder in eine querovale Form über. Die hintere Fläche des Wirbelkörpers wird nur wenig modificirt. Die Volumvergrößerung des Körpers bedingt eine bedeutendere Entfaltung der vorderen und der Seitenflächen. An der Seite der Körper, dicht am Ursprunge der Bogen liegen die flachen, überknorpelten *Gelenkpfannen* (*Facies articulares*) zur Aufnahme der Rippenköpfchen. Am ersten Brustwirbel erstreckt sich diese Pfanne bis zum oberen Rande. Vom zweiten Brustwirbel an greift sie von derselben Stelle aus auf die Intervertebralscheibe und auf den nächst höheren Wirbel über, so dass bis zum 5.—6. Brustwirbel nur je eine halbe Facette auf den oberen Rand des Körpers trifft, und die andere Hälfte auf den unteren Rand des nächst höheren Wirbels. Vom 6.—7. Brustwirbel an nimmt dieses Verhalten derart ab, dass der größere Theil der Facette auf den oberen Rand je eines unteren Wirbels trifft (Fig. 109), bis endlich, zuweilen schon am 10., in der Regel aber erst am 11.—12. Wirbel die Gelenkpfanne ganz auf je einen Wirbel zu liegen kommt und kein Übergreifen auf den nächst höheren Wirbel mehr stattfindet.

Fig. 108.

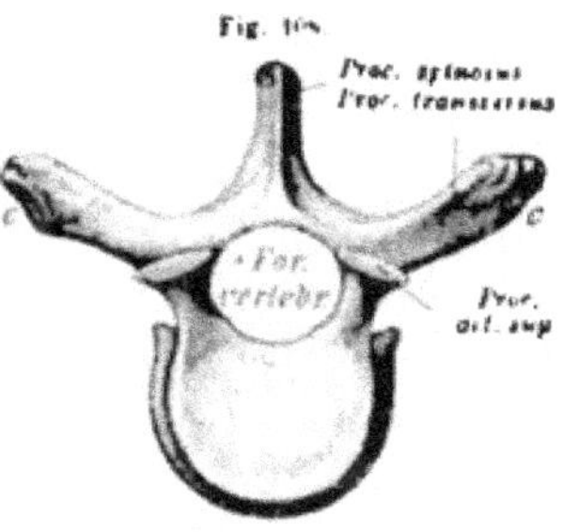

Sechster Brustwirbel von oben.

Fig. 109.

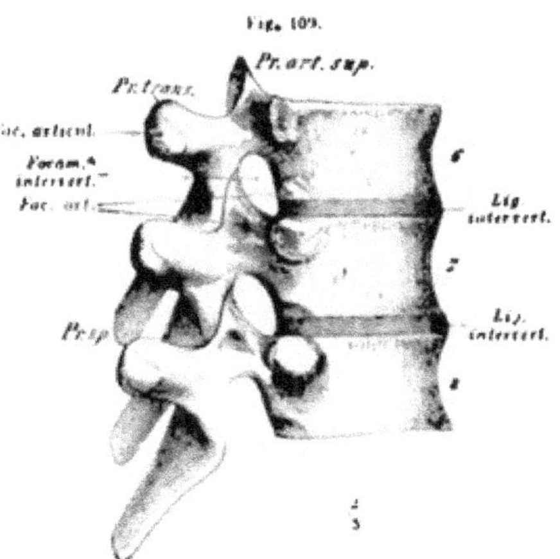

Sechster, siebenter und achter Brustwirbel von der rechten Seite gesehen.

Die *Bogen* wurzeln an den Brustwirbelkörpern mit einem, mindestens die Hälfte der Höhe der letzteren betragenden Stücke, welches an den unteren Wirbeln bis über $^2/_3$ der Wirbelkörperhöhe zunimmt. Da die Bogenwurzel vom oberen Theile des Wirbelkörpers ausgeht, so wird das von je zwei Bogenwurzeln umfasste *Foramen intervertebrale* vorne vom unteren Theile eines Wirbelkörpers begrenzt (Fig. 109).

Fig. 110.

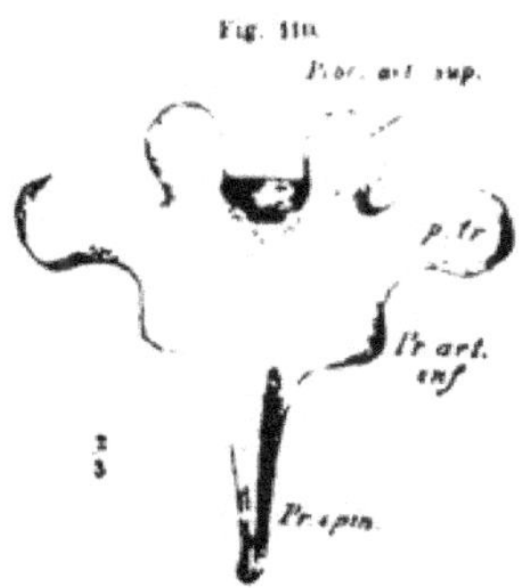

Sechster Brustwirbel von hinten.

Die *Querfortsätze* sind bei der Zunahme der Bogenwurzeln weiter nach hinten gerückt, viel stärker als die ihnen entsprechenden hinteren Schenkel der Querfortsätze der Halswirbel. Sie nehmen an Länge bis zum 7.—8. etwas zu, um bis zum 12. wieder kürzer zu werden, so dass dieser kaum die Länge des 1. erreicht. Dabei sind sie etwas nach hinten gerichtet (vergl. Fig. 108 u. 109), weniger beim Manne, mehr beim Weibe. Am ersten Brustwirbel ist diese Stellung der Querfortsätze am wenigsten ausgeprägt. Die verdickten, dorsal rauhen Enden der Querfortsätze tragen an den ersten 10 Brustwirbeln Gelenkpfannen, an welchen die Rippenhöckerchen articuliren (Fig. 108 *c*). Meist vom 2. Wirbel an sind diese Pfannen bedeutender ausgebildet und seitlich und vorwärts gerichtet. Nach unten zu sind sie weniger deutlich, werden flacher und sehen mehr aufwärts. Am 10. Brustwirbel ist die Pfanne des Querfortsatzes häufig rudimentär und am 11. u. 12. völlig verschwunden. Das Gelenk ist durch Syndesmose ersetzt.

Die *Dornfortsätze* richten sich vom ersten Brustwirbel an schräg abwärts, so dass sie sammt den Bogen sich bis zum 8.—10. Wirbel dachziegelförmig decken. Vom 8. an beginnt diese Neigung sich zu mindern, und am 12. ist der Dornfortsatz nur noch mit einer oberen, schräg absteigenden Kante versehen.

Von den *Gelenkfortsätzen* erheben sich die oberen (Fig. 110) selbständiger von den Bogen und ragen über die obere Endfläche des Wirbelkörpers. Die Gelenkflächen sehen nach hinten und etwas lateral. Die unteren Gelenkfortsätze sind mit den Bogen derart verbunden, dass sie den unteren Seitentheil derselben vorstellen. Ihre Gelenkflächen sind vorwärts und etwas medial gerichtet. Die Articulationen der Gelenkfortsätze liegen in gleicher Höhe mit dem Zwischenwirbelbande der Körper. Zwischen den oberen Gelenkfortsätzen besitzt der Wirbelbogen eine rauhe Stelle, an welcher Bänder befestigt sind, die am vorhergehenden Wirbel an der unebenen Bogenfläche zwischen zwei unteren Gelenkfortsätzen sich anheften.

Die Höhe der Wirbelkörper ist vorn und hinten nur hin und wieder gleich. Meist ist sie vorn etwas geringer als hinten, so dass eine Keilform zum Ausdruck kommt. Die Achsen der beiderseitigen Gelenkflächen der Processus articulares liegen in einer flachen Kreisbogenlinie, deren Centrum vor die Wirbelkörper fällt. — Das Ende der Dornfortsätze bietet nicht selten Deviationen von der Medianlinie.

§ 92.

Den 5 Lendenwirbeln (*V. lumbales*) fehlen freie Rippen, worin eine wesentliche Verschiedenheit von den Brustwirbeln liegt. Die Körper sind bei ziemlich gleichbleibender Höhe durch Zunahme des queren wie des sagittalen Durchmessers vergrößert. Die Gestalt des ersten schließt sich an jene des letzten Brustwirbels an. An den folgenden wächst der Querdurchmesser bedeutender als der sagittale, so dass die Endflächen der letzten queroval gestaltet sind (Fig. 111). Beide Endflächen des Körpers liegen an den vier ersten Lendenwirbeln ziemlich parallel, am letzten convergiren sie etwas nach hinten, der Wirbelkörper ist somit auf senkrechtem Durchschnitte mehr keilförmig.

Fig. 111.

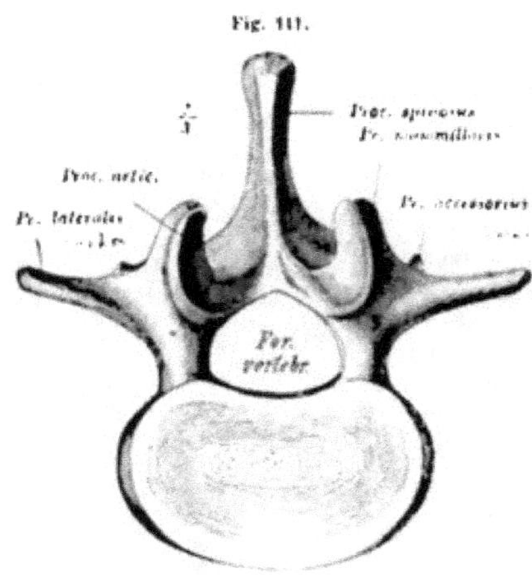

Dritter Lendenwirbel von oben.

Die *Bogen* mit ihren Fortsätzen sind ähnlich wie an den letzten Brustwirbeln massiver gestaltet und wurzeln am oberen hinteren Theile des Körpers, dem die für die Brustwirbel charakteristischen Gelenkfacetten abgehen. Wie an den Brustwirbeln sind die Bogen nach der Umschließung des *Foramen intervertebrale* stark abwärts gerichtet, und laufen jederseits in den unteren Gelenkfortsatz aus. Das *Foramen intervertebrale* ist umfänglicher. Der *Dornfortsatz* ist gerade nach hinten gerichtet, durch Stärke und Höhe ausgezeichnet. Er nimmt bis zum dritten an Volum zu, von da an wieder ab.

Am meisten verändert erscheinen die *Querfortsätze*, die nur durch die Vergleichung mit den letzten Brustwirbeln richtig zu beurtheilen sind. Am letzten, zuweilen schon am vorletzten Brustwirbel (Fig. 112 *11*, *12*) treten am Querfortsatze *drei* mehr oder minder gesonderte *Vorsprünge* auf. Eine vordere, etwas seitlich sehende Rauhigkeit (*l*) ist mit der letzten Rippe durch Bandmasse vereinigt, ein zweiter Vorsprung stellt die Hauptmasse des gesammten Querfortsatzes vor und ist nach hinten gerichtet (*a*), ein dritter, kleinerer, ist an dessen hinterer oberer Fläche unterscheidbar und sieht aufwärts (*m*). Diese drei Theile sind an den Lendenwirbeln voluminöser und schärfer ausgeprägt. Der ersterwähnte Vorsprung (*l*) stellt einen schon am ersten Lendenwirbel ansehnlichen, an den folgenden zunehmenden, nur am letzten meist etwas kürzeren Fortsatz vor, den sogenannten *Processus transversus*. Der zweite Vorsprung (*Processus accessorius*) bildet einen hinten an der Wurzel des Querfortsatzes befindlichen, abwärts sehenden Höcker (*a*) von verschiedenem Umfange, an den folgenden Wirbeln abnehmend oder durch eine bloße Rauhigkeit repräsentirt. Der dritte Vorsprung endlich, *Processus mammillaris* (*m*), rückt am ersten Lendenwirbel von der Wurzel des Querfortsatzes aufwärts gegen den oberen Gelenkfortsatz. Am zweiten Lendenwirbel sitzt er auf der hinteren Fläche des oberen Gelenkfortsatzes und bildet hier wie an den folgenden eine abgerundete Erhabenheit. *An Stelle des an der Brustwirbelsäule einfachen Querfortsatzes sind somit an der Lendenwirbelsäule drei Fortsätze vorhanden*, von denen einer zwar als Querfortsatz bezeichnet, nur einem Theile eines Querfortsatzes entspricht und damit einen besonderen Namen: *Processus lateralis*, verdient.

Fig. 112.

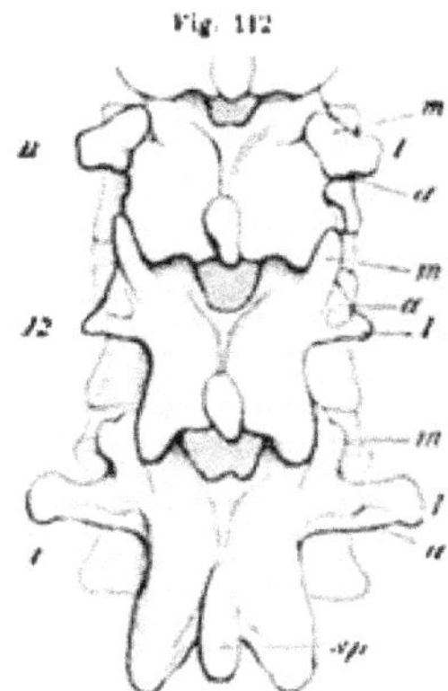

Die zwei letzten Brustwirbel und der erste Lendenwirbel von hinten. ½.

Von den *Gelenkfortsätzen* gehen die oberen von der Wurzel des Bogens ab, ihre Gelenkfläche sieht nach hinten und medial. Diesem Verhalten entspricht die entgegengesetzte, d. h. laterale Richtung der Gelenkflächen der unteren Gelenkfortsätze, welche weiter abwärts vorspringen. Die Articulationsflächen der oberen wie der unteren Fortsätze sind also vorwiegend in sagittaler Richtung entfaltet. Sie sind meist derart gekrümmt, dass je die unteren Gelenkfortsätze eines Wirbels zusammen als cylindrischer Gelenkkopf gedacht werden können, der in die congruent gestalteten Pfannen der oberen Gelenkfortsätze des nächsten Wirbels eingreift.

Die Gelenkfläche jedes Gelenkfortsatzes entspricht in ihrer Krümmung einem Kreisbogen, dessen Centrum *hinter* dem Wirbel liegt. Aber der Kreisbogenabschnitt jedes Gelenkfortsatzes ist ein gesonderter, und nicht, wie bei den Brustwirbeln, mit dem des anderseitigen Gelenkfortsatzes gemeinsam. Dieses Verhalten ist am letzten Brustwirbel nur angedeutet, so dass es am ersten Lendenwirbel fast ohne Vermittelung auftritt.

Die Höhe des Wirbelkörpers ist am ersten, oder auch am 1. und 2., den Brustwirbeln ähnlich, vorne geringer als hinten, oder vorne und hinten gleich. Am 3.—4. gewinnt der vordere Durchmesser die Oberhand. Am ausgesprochensten ist die Keilform stets am letzten Lendenwirbel.

Die Sonderung des Querfortsatzes in mehrfache Fortsätze steht mit dem Verhalten zu Rippen in engstem Connexe. Dem Querfortsatze eines Brustwirbels entspricht an den Lendenwirbeln nur der Processus accessorius, wie die Prüfung des Brust- und Lendenabschnittes jeder Wirbelsäule lehrt. Der Processus lateralis der Lendenwirbel findet sich in ganz ähnlicher Lagebeziehung wie die letzte Rippe am letzten Brustwirbel. Gar nicht selten fehlt jener Processus lateralis, und an seiner Stelle findet sich eine rudimentäre Rippe. Diese Befunde erwecken die Vorstellung, dass der Processus lateralis ein mit den Lendenwirbeln verschmolzenes Rudiment einer Rippe sei. Für den ersten Lendenwirbel ist das erwiesen (s. §§ 85 u. 99 Anm.). Die letzten scheinen dadurch entstanden zu sein, dass ein Rippenrudiment nicht mehr selbständig sich anlegte, sondern schon bei einer Sonderung mit dem Wirbel verbunden auftritt. Über die Fortsätze der Lendenwirbel und ihre Deutung s. A. Retzius, Arch. f. Anatomie 1849.

§ 93.

Der auf den Lendenabschnitt folgende Theil der Wirbelsäule besitzt die bedeutendsten Modificationen, welche aus den geänderten Beziehungen dieses Abschnittes entspringen. An ihm besteht eine fast unbewegliche Verbindung mit dem Becken. Dadurch verloren die betreffenden Wirbel ihre Selbständigkeit. Das setzt sich auch auf die nächsten fort, denen durch die ersten die Belastung durch den Körper abgenommen ist, und die nur durch Beziehung zu einigen Muskeln und durch Bandverbindung mit dem Hüftbein Bedeutung besitzen. Diese fünf Wirbel verschmelzen zu einem einheitlichen Skelettheile, welcher das *Kreuzbein*, *Os sacrum**), vorstellt. Dessen letzter Wirbel ist bedeutend rückgebildet und zeigt dadurch einen allmählichen Übergang zu dem Caudaltheil der Wirbelsäule. Die Concrescenz der fünf Sacralwirbel zu Einem Stücke (Fig. 113) steht also im Zusammenhang mit der geänderten Function dieses Abschnittes der Wirbelsäule.

Die Wirbel sind derart gestaltet, dass das Sacrum eine vordere concave und eine hintere convexe Fläche empfängt. Da sie von oben nach unten an Größe abnehmen, wird das Kreuzbein umgekehrt pyramidal gestaltet, wobei die obere breite Fläche als *Basis*, das untere Ende als *Apex* bezeichnet wird.

Die Körper der Sacralwirbel sind ursprünglich auf die gleiche Art wie die der übrigen Wirbel unter einander in Verbindung. Mit der Concrescenz (im 16. Lebensjahre beginnend, im 30. beendet) schwindet der intervertebrale Apparat und es erfolgt eine Synostose, welche als Spur der früheren Trennung mehr oder minder deutliche Querwülste an der Vorderfläche des Sacrum erkennen lässt (vgl. Fig. 113). *Die Synostose schreitet von den letzten Wirbeln nach den ersten zu*, so dass die Trennung des ersten und zweiten Wirbels nach der Verschmelzung der übrigen noch fortbesteht. Der erste Sacralwirbel wird also zuletzt dem Sacrum assimilirt. Für die Wirbelbogen und deren Fortsätze trifft sich dieselbe Verschmelzung. Am Bogen

* *Sacrum*, weil es der »größte Knochen« der Wirbelsäule ist (μέγα; [illegible] = ἱερός [illegible]), *Kreuzbein*, von der Gestalt der betreffenden Rückenregion bei Säugethieren.

des letzten, zuweilen schon des vorletzten Sacralwirbels, fehlt der mittlere, sonst in den Dornfortsatz auslaufende Abschnitt. Die Bogenrudimente schließen daher jederseits mit den Gelenkfortsätzen ab, von denen die unteren des letzten Sacralwirbels die *Cornua sacralia* vorstellen (Fig. 114). Der in das Kreuzbein fortgesetzte Rückgratcanal (*Canalis sacralis*, öffnet sich auf der hinteren Fläche des letzten oder der beiden letzten Sacralwirbel als *Hiatus canalis sacralis*. An der übrigen Dorsalfläche des Kreuzbeins (Fig. 114) erheben sich 3—4 mediane, abwärts an Größe abnehmende Vorsprünge, die Rudimente der Dornfortsätze (*Processus spinosi spurii*). Eine undeutlichere Längsreihe von Rauhigkeiten bilden jederseits die Gelenkfortsätze (*Proc. articulares spurii*), von denen die sich berührenden unter einander verschmolzen sind. Nur am ersten Sacralwirbel erhält sich der obere Gelenkfortsatz frei, zur Verbindung mit dem unteren des letzten Lendenwirbels (Fig. 114).

Fig. 113.

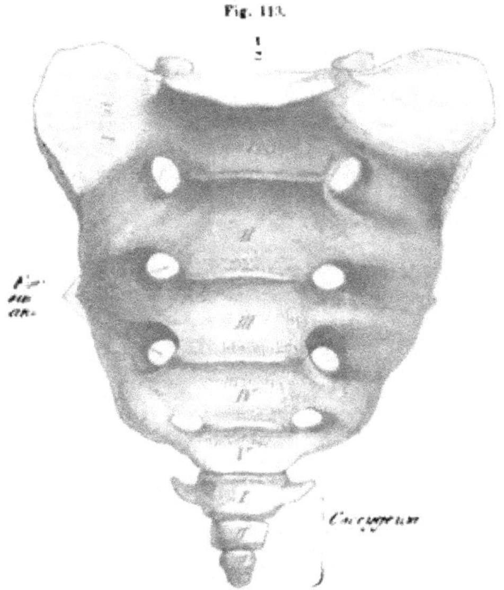

Sacrum mit Caudalwirbeln von vorn.

Fig. 114.

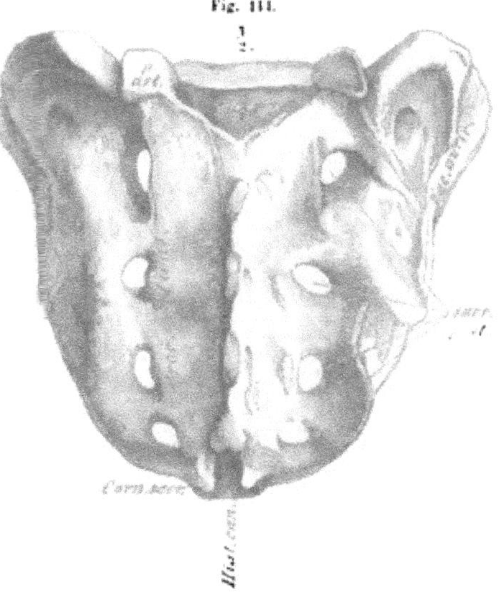

Sacrum von hinten.

Die bedeutendsten Eigenthümlichkeiten des Kreuzbeines liegen lateral, denn an *der Stelle der Querfortsätze* finden sich viel mächtigere, von den Körpern wie von den Bogenwurzeln ausgehende Fortsätze, lateral verbreitert und unter einander verschmolzen. Sie umschließen jederseits vier intervertebral gelagerte, mit dem Sacralcanal communicirende Öffnungen. Diese sind sowohl vorne (Fig. 113) als auch an der Hinterfläche (Fig. 114) vorhanden

(*Foramina sacralia anteriora* et *posteriora*). Die vorderen sind größer und lassen ihre Umgrenzung lateralwärts flach auslaufen. Der Seitentheil des Kreuzbeines ist an den ersten drei Wirbeln von bedeutender Dicke und zeigt an seiner lateralen Fläche zwei verschiedene Strecken. Zunächst nach vorne ist eine unebene, aber überknorpelte Strecke bemerkbar, die *Facies auricularis* (Fig. 114). Sie ist nach außen und etwas abwärts nach hinten gerichtet und dient zur Verbindung mit dem Hüftbein. Der vom ersten Sacralwirbel gebildete Abschnitt hat daran den größten Antheil, weniger der zweite Wirbel, und noch weniger der dritte, der zuweilen davon ausgeschlossen ist. Hinter der Facies auricularis findet sich eine bis zu den hinteren Kreuzbeinlöchern sich erstreckende, durch größere Rauhigkeiten ausgezeichnete Fläche (*Tuberositas sacralis*), welche einer Bandmasse zur Insertion dient (vergl. Fig. 114).

Die *Krümmung* des Kreuzbeins wird durch die Keilform der Wirbelkörper bedingt. Die beiden ersten Körper sind vorne höher als hinten. An den drei letzten ist das Umgekehrte der Fall. An der Mitte des Körpers des dritten befindet sich die bedeutendste Krümmung, die zuweilen wie eine Einknickung erscheint. In einer Ebene liegen dagegen die Vorderflächen des 1. und 2. Wirbelkörpers.

Die *Seitentheile des Kreuzbeins* sind nicht durch eine bloße Verbreiterung von Querfortsätzen gebildet, denn am 1. Sacralwirbel ist der durch die Vergleichung mit den Lendenwirbeln einem Querfortsatze entsprechende Theil häufig sehr deutlich gesondert. Der vordere, die Facies auricularis tragende Theil ist dadurch als etwas einem Querfortsatz Fremdes anzusehen, zumal er auch vom Körper, und nicht wie ein Querfortsatz nur vom Bogen ausgeht. Die Ossification der knorpeligen Sacralwirbel weist in jenem vorderen Stücke des Seitentheils des Sacrum einen besonderen Knochenkern auf, während die hinteren, gegen die Tuberositas gerichteten Theile von den Bogen aus ossificiren (vergl. Fig. 115). Daraus, wie aus vergleichend anatomischen Gründen, ist die jenen ersten drei Kreuzwirbeln zukommende Verbreiterung der Seitentheile aus Rippenrudimenten zu erklären, welche je sowohl am Körper als auch am Querfortsatz sich anfügen. *Dieser Theil ist also als Costalstück* (*Pars costalis*) *vom Querfortsatzstück zu unterscheiden.*

Fig. 115.

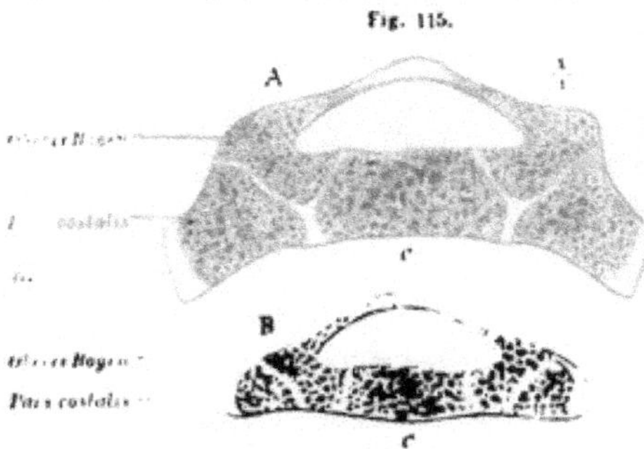

A Querschnitt durch den ersten, *B* durch den dritten Sacralwirbel eines einjährigen Kindes. *c* Wirbelkörper.

Die Verbindung der zwei oder drei ersten Sacralwirbel, resp. deren Costalstück, mit dem Hüftbein erklärt die Synostose dieser Wirbel, die mit jener Verbindung ihre selbständige Existenz aufgaben. Nicht erklärt wird aber dadurch der synostotische Anschluss von noch zwei oder drei Wirbeln, die als *falsche Sacralwirbel* den ersten, *wahren* gegenüber aufzufassen sind. Der Anschluss dieser Wirbel an die wahren Sacralwirbel kann theils aus der Rückbildung des Caudalabschnittes der Wirbelsäule entstanden sein, theils dadurch, dass diese Wirbel in ursprünglichen Zuständen das Darmbein trugen, also wahre Sacralwirbel waren. Da wir wissen, dass das Sacrum seinen ersten Wirbel erst im Laufe der Ontogenese gewinnt, dieser Wirbel also vordem ein Lumbalwirbel war, so wird jene Annahme in hohem Grade wahrscheinlich.

Formdifferenzen des Kreuzbeins zeigen sich nach den Geschlechtern, aber keineswegs constant. Beim Manne ist das Kreuzbein länger und relativ schmaler; breiter und kürzer beim Weibe, dabei auch minder gekrümmt. Zuweilen treten 6 Wirbel in das Sacrum, seltener wird es nur von 4 gebildet. Durch geringe Ausbildung des costalen Stückes am 1. Sacralwirbel wird ein mehr allmählicher Übergang zur Lumbalwirbelsäule dargestellt. Die ungleiche Ausbildung des Costalfortsatzes am ersten Sacralwirbel oder der einseitige Mangel desselben führt zu einer *Asymmetrie des Kreuzbeins* (Fig. 116), welches dann die Verbindungsfläche (*fa*) mit dem Hüftbein beiderseits in verschiedener Höhe besitzt und dadurch Deformitäten des gesammten Beckens entstehen lässt. —

Für die Ossification der knorpeligen Sacralwirbel gilt das oben (§ 87) für die Wirbel im Allgemeinen Bemerkte, mit der vorhin für das Costalstück angegebenen Modification. An der Facies auricularis tritt sehr spät ein lamellenartiger Knochenkern auf. Kleine Knochenpunkte treten am knorpeligen Seitenrand der folgenden Sacralwirbel hinzu.

Fig. 116.

Assymmetrie des Sacrum.

§ 94.

An die »Spitze« des Kreuzbeines fügt sich der *caudale Abschnitt der Wirbelsäule*, das sogenannte »Steißbein«, »*Os coccygis*«*) (Coccygeum). Es entspricht dem meist viel ansehnlicheren Schwanzskelete der Säugethiere und besteht aus 4—5 zum größten Theile rudimentären Wirbeln (Fig. 113), deren Complex auch der Zahl nach rückgebildet ist, da in der Anlage eine größere Anzahl besteht. Am ersten, relativ größten Caudalwirbel sind außer kurzen Seitenfortsätzen jederseits noch die Anfangstheile von Bogen erkennbar, deren freie Enden gegen die Cornua sacralia gerichtete »*Cornua coccygea*« bilden. Dies sind Rudimente oberer Gelenkfortsätze. Am zweiten Wirbel sind die Seitenfortsätze ganz unansehnlich, und am dritten noch mehr verkümmert. Der vierte und fünfte hat alle Fortsatzbildungen verloren, er stellt ein kleines, oft unregelmäßig gestaltetes Knochenstückchen vor. So schwindet an diesen Wirbeln Theil um Theil, bis die letzten nur durch Rudimente des Körpers vorgestellt sind. Der älteste Theil des Wirbels erhält sich also hier am längsten.

Im Alter tritt eine Verschmelzung der letzten Caudalwirbel als Regel auf. Auch der erste verbindet sich dann (häufiger bei Männern) mit dem Sacrum. Er kann sogar dem Sacrum assimilirt sein, indem die Cornua coccygea mit den Cornua sacralia verschmelzen und der Seitenfortsatz terminal mit dem Ende des Seitenfortsatzes des letzten Sacralwirbels verwächst. Dadurch wird ein fünftes Foramen sacrale gebildet, und das Sacrum besteht aus 6 Wirbeln. Als rudimentär gewordenes Ende der Wirbelsäule bietet der Caudaltheil die größte Mannigfaltigkeit, sowohl im Umfange als auch in der speciellen Gestaltung seiner Stücke. Durch Verschmelzung des ganzen Complexes mit dem Kreuzbein geht jede Selbständigkeit verloren. Der Übergang des ersten Caudalwirbels in's Sacrum ist bei einer Vermehrung präsacraler Wirbel regelmäßig vorhanden. Bei einer Verminderung derselben tritt der sonst letzte Sacralwirbel als erster Caudalwirbel auf. — Über verschiedene Formen des caudalen Abschnittes der Wirbelsäule s. HYRTL, Sitzungsbericht der Wiener Acad. Math. Naturw. Klasse Bd. LII. 6 Caudalwirbel sollen dem Manne, 4—5 dem Weibe zukommen (STEINBACH).

---

*) Sollte dem Schnabel eines Kukuk (κόκκυξ) ähnlich sein.

Da die Anlage der Wirbelsäule in einer frühen Periode 38 Wirbel zählt, findet eine bedeutende Reduction statt, die sich am Caudaltheil äußert. In der 6. Woche sind die drei letzten schon zu einer einzigen Masse verschmolzen, und der 35ste besitzt undeutliche Grenzen. Später wird der 34ste durch die Concrescenz mit dem folgenden dargestellt (H. FOL). Vergl. auch S. 175.

Variationen an der Wirbelsäule.

§ 95.

Die vorhin dargestellten großen Abschnitte, in welche die Wirbelsäule sich gliedert, bieten keineswegs immer dieselben *Zahlenverhältnisse* dar. Die Zahl der Halswirbel zeigt sich am beständigsten, obschon mit der Ausbildung einer Rippe am siebenten Wirbel ein Schritt zu einer Minderung geschieht. Dadurch wird jedoch der Charakter dieses Wirbels nicht vollständig verwischt. Häufiger sind die Schwankungen in der Zahl der beiden folgenden Abschnitte. Die Gesammtzahl kann um einen Wirbel vermehrt oder vermindert sein, und dann ist es bald der thoracale, bald der lumbale Abschnitt, der gewann oder verlor. Die Entscheidung hierfür liefert das Verhalten der Rippen, deren Vorkommen die Brustwirbel charakterisirt. Endlich besteht eine Schwankung für die beiden genannten Abschnitte zusammengenommen innerhalb der Normalzahl, und zwar in der Regel eine Vermehrung der Brustwirbel durch Ausbildung einer Rippe am ersten typischen Lendenwirbel, oder eine (seltene) Reduction der Brustwirbel durch Verkümmerung der letzten Rippe.

Wie das Verhältnis zwischen Brust- und Lendentheil von Rippen beherrscht wird, so treffen wir es auch zwischen Lenden- und Sacraltheil. Durch den Mangel oder die Ausbildung der costalen Portionen am Sacrum (S. 172), kommen mannigfache Verhältnisse zum Ausdruck, aber nicht blos am Sacrum selbst, welches sogar in den verschiedenen Fällen formell ganz gleichartig sein kann, sondern auch an dem Brust- und Lendenabschnitt, dem durch die Sacralbildung die vorhin erwähnte Vermehrung oder Verminderung von Wirbeln zu Theil wird.

Allen diesen Zuständen liegt eine gemeinsame Erscheinung zu Grunde, welche in früher Fötalperiode sich abspielt. In dieser Zeit bestehen 18 Thoraco-Lumbalwirbel. Am 13. derselben ist normal eine Rippe vorhanden, wahrscheinlich auch noch am 14. Der 26. Gesammtwirbel erscheint als erster Sacralwirbel. Dieser Befund wird durch eine allmähliche Verschiebung des Beckens nach vorne zu in den späteren übergeführt, wobei zugleich das 13. Rippenpaar sich rückbildet. Wenn die Verschiebung des Beckens sich nicht vollzieht, so bleiben 18 Thoraco-Lumbalwirbel bestehen. Der letzte derselben zeigt dann eine Neigung zum sacralen Charakter, indem sein lateraler Theil einen Costalfortsatz trägt (Fig. 117 C). Bei größerer Ausbildung dieses Fortsatzes bildet dieser Wirbel einen lumbo-sacralen Übergangswirbel. Der Eintritt dieses 18 Thoraco-Lumbalwirbels in's Sacrum ist nicht immer vollständig. Am Sacrum Neugeborener ist der Costalfortsatz jenes Wirbels viel weniger als später entfaltet, und auch beim Erwachsenen deuten gar nicht selten die Seitentheile dieses Wirbels auf nicht vollständige sacrale Ausbildung. Hierher gehört die Scheidung des Seitenfortsatzes vom Costalfortsatze, wie sie in Fig. 117 *B* bemerkbar ist. Der Process der sacralen Verschiebung schreitet in einzelnen Fällen noch weiter und ergreift abnorm auch den 17. Thoraco-Lumbalwirbel (vergl. Fig. 117 *A*). Das Sacrum rückt also aufwärts. Wie es vorne Zuwachs empfängt, so verliert es hinten, indem es einen Wirbel dem Caudalabschnitte übergiebt. Dieses Verhalten wirft Licht auf die frühzeitige Synostosirung der hinteren, die späte der vorderen Sacralwirbel. Von der, letzteren Wirbeln gegenwärtig zukommenden functionellen Bedeutung sollte man den umgekehrten Gang der Synostosirung erwarten. Aber der späte Zutritt jenes Wirbels zum Sacrum erklärt auch das längere Getrenntbleiben dieses Wirbels von jenen Wirbeln, die schon früher Sacralwirbel waren und demzufolge früher verschmolzen sind.

Fig. 117.

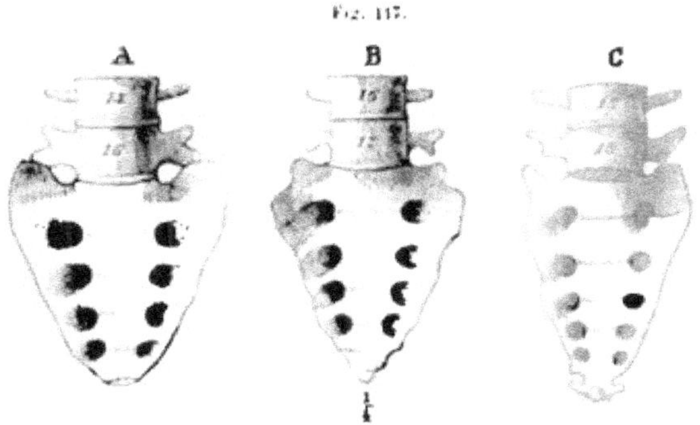

Verschiedene Formen des Sacraltheiles der Wirbelsäule in Bezug auf die in das Sacrum übergegangenen Wirbel.

Dem verschiedenen Verhalten der Rippenzahl in Bezug auf Mangel oder Ausbildung eines 13. Paares ist eine ähnliche Auffassungsweise zu Grunde zu legen wie beim Sacrum: Ausbildung einer Rippenanlage oder Rückbildung derselben, und daraus hervorgehend: Vermehrung oder Verminderung der Brustwirbel und umgekehrtes Verhalten der Lumbalwirbel. Daraus geht aber auch die fundamentale Verschiedenheit der sogenannten *Übergangswirbel* hervor. Diese müssen vorwiegend nach dem Verhalten zur Gesammtzahl beurtheilt werden. Thoraco-lumbaler Übergangswirbel kann dem oben Dargelegten zufolge der 12. und 13. (resp. 19., 20. Gesammtwirbel) sein, je nachdem eine 12. und 13. Rippe sich einseitig ausgebildet hatte. Lumbo-sacraler Übergangswirbel kann der 25. oder 26. Gesammtwirbel sein, je nachdem sich an diesen Wirbeln lumbaler oder sacraler Charakter erhält oder ausbildet.

Die Wirbelsäule des Menschen stellt sich durch die Zahlenverhältnisse ihrer Wirbel in eine Reihe mit jener der Anthropoiden. Beim Orang, Gorilla und Schimpanse bilden 16 Thoraco-Lumbalwirbel die Regel, 18 bei Hylobates. Dieser repräsentirt also einen niederen Zustand, während die erstgenannten einen in Vergleichung mit dem Menschen weiter vorgeschrittenen darstellen, indem der 24. Gesammtwirbel zum ersten Sacralwirbel geworden ist. Bei diesen Anthropoiden kann zuweilen aber auch der 25., beim Schimpanse sogar erst der 26. Wirbel als erster Sacralwirbel sich darstellen, was eine Vermehrung der Thoraco-Lumbalwirbel bedingt und damit eine Annäherung an den Befund beim Menschen, und sogar ein Zusammenfallen mit demselben. Ebenso geht an der menschlichen Wirbelsäule zuweilen eine Annäherung an jenen anthropoiden Zustand vor sich, indem der 24. Gesammtwirbel (der 17. Thoraco-Lumbalwirbel) sich zum ersten Sacralwirbel gestaltet (Fig. 117 *A*). Auch bezüglich der Zahl der persistirenden Brustrippen reiht sich Hylobates mit 13 bis 14 Paaren zu unterst, daran der Gorilla und Schimpanse mit 13, indes der Orang 12 Paare besitzt. Sonach reiht sich also die Wirbelsäule des Menschen bezüglich der Zahlenverhältnisse zwischen jene des Hylobates und der übrigen Anthropoiden. Siehe E. Rosenberg, Morpholog. Jahrb. Bd. I.

Verbindungen der Wirbel unter sich.

§ 96.

Die einzelnen Wirbel sind zur Wirbelsäule durch Bandapparate vereinigt, welche theils zwischen je zwei Wirbel vertheilt sind, theils der Gesammtheit angehören. Die ersteren kommen entweder den Wirbelkörpern oder den Bogen und deren Fortsätzen zu.

1. *Bänder zwischen den einzelnen Wirbeln*:

a. *Zwischen den Wirbelkörpern* finden sich *Bandscheiben*, *Ligamenta intervertebralia*. Sie schließen sich unmittelbar der knorpelig bleibenden intervertebralen Oberfläche je zweier Wirbelkörper an, gehen in dieselbe continuirlich über, wobei sie den Wirbelkörper etwas überragen. Sie bestehen aus einem äußeren, aus faserigem Bindegewebe gebildeten Theile (*Annulus fibrosus*), welcher eine gallertige Masse (*Nucleus pulposus* Fig. 118) umschließt. Die Dicke der Bandscheiben nimmt vom dritten Halswirbel bis gegen die Mitte der Brustwirbelsäule etwas ab, steigt aber dann allmählich, um an den letzten Lendenwirbeln ihr Maximum zu erreichen. Die lumbo-sacrale Bandscheibe verjüngt sich aber nach hinten zu so bedeutend, dass sie keilförmig wird. Viel schwächer besteht dieses Verhalten an den vorhergehenden Bandscheiben. Am Sacrum sind die Bandscheiben anfänglich wie zwischen den übrigen Wirbeln beschaffen, erfahren aber mit der Concrescenz der Sacralwirbel eine völlige Rückbildung.

Fig. 118.

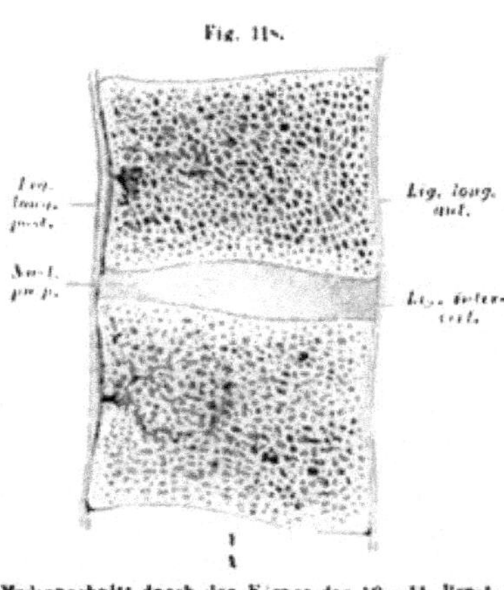

Medianschnitt durch den Körper des 10.—11. Brustwirbels.

Die Bandscheiben sind nicht blos Verbindungsapparate der Wirbel, sondern zugleich biegsame Polster, welche, zwischen die Wirbel geschaltet, für die Beweglichkeit der letzteren von Bedeutung sind. Dieser Function entspricht auch ihr Bau. Während der aus der Chorda dorsalis entstehende »Gallertkern« (S. 160) eine weiche, aber dabei elastische, den Binnenraum des Annulus fibrosus füllende Masse vorstellt, ist der letztere aus concentrischen Faserschichten zusammengesetzt. Die Faserzüge verlaufen in schräger Richtung spiralig, wobei die der verschiedenen Schichten sich alternirend kreuzen. Zwischen den sehnigen Faserschichten dient lockeres Gewebe zur Füllung.

Im Sacrum des Neugeborenen nehmen die Bandscheiben distalwärts an Stärke ab; die erste ist aber um vieles bedeutender, wie sich ja auch die Synostose zwischen dem 1. und 2. Wirbel viel später ausbildet (vergl. S. 170). Zwischen dem letzten Sacral- und ersten Caudalwirbel (der sogenannten *Synchondrosis sacro-coccygea*) ist dieses Verhalten fortgesetzt und zwischen den übrigen Caudalwirbeln macht sich eine allmähliche Rückbildung dieser Theile geltend.

b) *Bänder zwischen den Bogen der Wirbel:*

Ligamenta intercruralia sind elastische Bänder, welche die Zwischenräume der Bogen ausfüllen. Ihre Färbung hat sie *Ligamenta flava* nennen lassen. Sie erstrecken sich je von der inneren Fläche und dem unteren Rande eines Wirbelbogens zum oberen Rande des nächstfolgenden Bogens herab, wobei eine schmale Furche die beiderseitigen trennt. Ihre Verbindungsstellen an den Knochen sind durch Rauhigkeiten ausgezeichnet. Durch diese Bänder besteht hinter dem Rückgratcanal ein elastischer intervertebraler Apparat, wie ein solcher vorne in den Bandscheiben, wenn auch im Speciellen verschieden ausgeführt, gegeben ist.

Am längsten und dicksten sind die Ligg. intercruralia zwischen den Lendenwirbeln, am kürzesten zwischen den Brustwirbeln, und am dünnsten am Halstheile; zwischen dem 1. und 2. Halswirbel sind sie reducirt. Auch zwischen den Sacralwirbeln kommen sie vor, so lange dieselben noch nicht unter einander verschmolzen sind.

c) *Bänder zwischen den Fortsätzen der Wirbel:*

1. *Zwischen den Gelenkfortsätzen:*

Ligamenta capsularia. Diese umschließen die Gelenkhöhle zwischen den Gelenkfortsätzen. Nach Maßgabe der Beweglichkeit der verschiedenen Strecken der Wirbelsäule sind die Bänder schlaffer oder straffer. Ersteres besonders am Halse, am meisten zwischen dem ersten und zweiten Wirbel.

Die Verbindung der Cornua sacralia (S. 171) mit den Cornua coccygea scheint aus einer Articulation hervorgegangen, so dass die jene Vorsprünge verbindenden *Ligamenta sacro-coccygea breviora* Kapselbänder gewesen sind. Über mit der Synostosirung des Sacrum und des Steißbeines auftretenden Ossification ist oben gedacht.

2. *Zwischen den Muskelfortsätzen:*

a. *Ligamenta intertransversaria* sind dünne Faserzüge zwischen den Querfortsätzen, mehr membranös an denen der Lendenwirbel, schlanker zwischen den Brustwirbeln. Sie sind ohne Bedeutung.

Der Querfortsatz des letzten Sacralwirbels verbindet sich mit dem gleichen Fortsatze des ersten Caudalwirbels durch einen Faserstrang, das *Ligamentum sacro-coccygeum laterale*. Ossification dieses ursprünglich durch einen Knorpelstreif vorgestellten Bandes trifft sich nicht selten bei sacraler Assimilirung des ersten Schwanzwirbels.

3. *Ligamenta interspinalia.* Das die beiderseitige Rückenmuskulatur median scheidende Bindegewebe nimmt bei der Entwickelung der Wirbelanlage die Dornfortsätze auf, welche in diese Schichte einwachsen. Allmählich formt diese eine die Dornfortsätze vereinigende Membran, deren einzelne Abschnitte jene Bänder vorstellen. Am Brusttheile sind sie wenig ausgebildet, mehr zwischen den unteren Brustwirbeln und zwischen den Lendenwirbeln.

Am meisten erstreckt sich die Membran am Halse über die Dornen hinaus, sogar zwischen die Muskulatur des Nackens. Hier stellt sie in stärkerer Entfaltung das Nackenband (*Lig. nuchae*) vor. Durch elastische Faserzüge bedeutend verstärkt, verläuft dieses zum Schädel zu der Protuberantia occ. externa. Bei Säugethieren, besonders solchen mit langem Halse, kommt ihm eine überaus mächtige Ausbildung zu.

Den freien Rand des Nackenbandes bildet ein sehniger Strang, der bis zum Dorn des 7. Halswirbels verläuft, und von da an schwächer ausgeprägt vom freien Ende eines Dorns zu dem des nächsten verfolgbar ist. Er stellt das *Spitzenband*, *Lig. apicum* vor (Fig. 133), welches somit der verstärkte freie Rand der Ligg. interspinalia ist.

2. *Der gesammten Wirbelsäule angehörige Bänder* erstrecken sich an der vorderen und hinteren Fläche der Wirbelkörper längs der ganzen Wirbelsäule. Das Kreuzbein unterbricht sie jedoch, da seine Wirbel verschmelzen.

a. *Ligamentum longitudinale anterius* (Fig. 118). Das vordere Längsband beginnt schmal am vorderen Atlashöcker und verläuft an der Vorderfläche der folgenden Halswirbel sich verbreiternd zu den Brustwirbelkörpern herab. Von da tritt es über die Lendenwirbel zur vorderen Kreuzbeinfläche, auf der es in das Periost übergeht. An dem 2.—3. Lumbalwirbel ist es lateral durch sehnige Fasern verstärkt, welche der medialen Lendenportion des Zwerchfells angehören.

Über die Ränder der Bandscheiben hinweg verlaufen die Faserzüge, ohne mit ihnen zu verschmelzen, während sie mit den knöchernen Wirbelkörpern besonders in der Nähe von deren Rändern sich fest verbinden. Vom letzten Sacralwirbel setzt sich das Band verschmälert auf die Caudalwirbel fort (Lig. sacro-coccygeum anterius).

b. *Ligamentum longitudinale posterius* (Fig. 118). Das hintere Längsband beginnt breit vom Körper des Hinterhauptbeines noch innerhalb der Schädelhöhle, mit der harten Hirnhaut sowie mit dem zwischen Schädel und den beiden ersten Halswirbeln befindlichen Bandapparat verbunden. Von da an erstreckt es sich im Rückgratcanal an der Hinterfläche der Wirbelkörper bis zum Sacrum herab, in dessen Canal es verschmälert endet. Den Bandscheiben ist es mit verbreiterten Strecken fest verbunden, während es die Wirbelkörper schmal überbrückt.

Auf die Caudalwirbel erstreckt sich eine ähnliche Fortsetzung, wie sie oben vom vorderen Längsband erwähnt wurde, das *Lig. sacro-coccygeum posterius*. — Vom letzten Caudalwirbel verläuft ein Faserstrang zum Integument, welches hier nicht selten eine vertiefte Stelle (*Foveola coccygea*, S. 80) darbietet.

Verbindungen der Wirbelsäule mit dem Schädel (Articulatio occipitalis s. cranio-vertebralis).

§ 97.

Während an der Wirbelsäule die Verbindungen der metameren Elemente unter sich auf zweierlei Art zu Stande kommen, einmal in dem ursprünglichen Zusammenhang der Wirbel an ihrem Körperstücke durch die Intervertebralscheibe, und dann an den Bogen, auch durch deren Gelenkfortsätze, so treten in der Cranio-vertebral-Verbindung neue Einrichtungen auf. Man muss sich dieselben als erworben vorstellen und von einfacheren Verhältnissen ableiten. Zwischen Cranium und erstem Halswirbel findet sich nämlich nur eine basale Verbindung; eine den Bogenverbindungen der Wirbelsäule entsprechende ist hier *nicht* zur Entfaltung gelangt. *Darauf gründet sich die viel freiere Beweglichkeit des Cranium.* Jene Basalverbindung ist aber modificirt. Am Occipitale ist die Gelenkfläche vom Körper (Occipitale basilare) auch auf die Seitentheile übergetreten, und hat sich in zwei Gelenkflächen gesondert, welche je durch die Bestandtheile des Hinterhauptbeines (S. 200) constituirt sind. Am Atlas ist die Gelenkfläche, da der Körper zum Theil eliminirt ist (S. 165), ganz auf die Massae laterales gerückt. So entstand ein lateral entfaltetes und in zwei Hälften getrenntes Gelenk, welches seinen basalen Charakter auch am Atlas noch dadurch erkennen lässt, dass der erste Spinalnerv *hinter* dem jederseitigen Gelenke seinen Austritt nimmt und nicht vor demselben, wie die übrigen Nerven.

Der Kopf hat aber auch den zweiten Halswirbel in's Bereich der Articulation gezogen, indem der Körper des ersten Wirbels in den Zahnfortsatz des Epistropheus sich umbildete. Demgemäß finden die Bewegungen des Kopfes in zwei Gelenkcomplexen statt. 1) In dem von den beiden Condylen des Occipitale und den sie aufnehmenden Pfannen des Atlas gebildeten Atlanto-occipital-Gelenke, gehen die Streck- und Beugebewegungen des Kopfes, auch geringe seitliche Bewegungen vor sich. 2) Die Verbindung zwischen Atlas und Epistropheus vermittelt die Drehbewegungen, indem der auf dem Atlas ruhende, mit diesem jeweils eine Einheit bildende Schädel auf dem Epistropheus rotirt. Zu den Gelenken kommen noch besondere ligamentöse Vorrichtungen.

Atlanto-occipital-Verbindung. Sie wird vorwiegend durch die zwischen den Occipitalcondylen und den pfannenartigen oberen Gelenkflächen des Atlas bestehende Articulation vorgestellt. Die Oberflächen beider Condylen sind dabei als räumlich getrennte Strecken einer einheitlichen Articulationsfläche anzusehen, da sie ihre Bewegungen gemeinsam vollziehen. Jene Fläche entspricht der eines ellipsoiden Körpers. Die Bewegung von vorne nach hinten und umgekehrt geht um die querliegende Längsachse dieses Ellipsoides vor sich, die Bewegung nach der Seite um die sagittal gerichtete Querachse desselben. Die Pfannen des Atlas entsprechen in ihrer Gestaltung der Krümmung der Condylusflächen. Ein schlaffes *Kapselband* erstreckt sich vom Umfange jedes Condylus zum Umfange der bezüglichen Gelenkfläche des Atlas.

Daran schließen sich vom vorderen wie vom hinteren Bogen des Atlas zur Umgebung des Hinterhauptloches verlaufende Membranae obturatoriae. Die *M. atlanto-occipitalis anterior* erstreckt sich vom vorderen Bogen des Atlas zur unteren Fläche des Körpers des Hinterhauptbeines. Sie ist eine median verstärkte Fortsetzung des vorderen Längsbandes der Wirbelsäule, in welche vom Körper des Epistropheus her starke Faserzüge übertreten. Die dünne, schlaffe *M. atl.-occipitalis posterior* erstreckt sich vom hinteren Bogen des Atlas zum hinteren Umfange des Foramen magnum. Sie wird von der Arteria vertebralis bei ihrem Eintritte in den Rückgratcanal durchsetzt. Eine ähnliche Membran findet sich zwischen dem hinteren Bogen des Atlas und dem Bogen des Epistropheus.

Fig. 119.

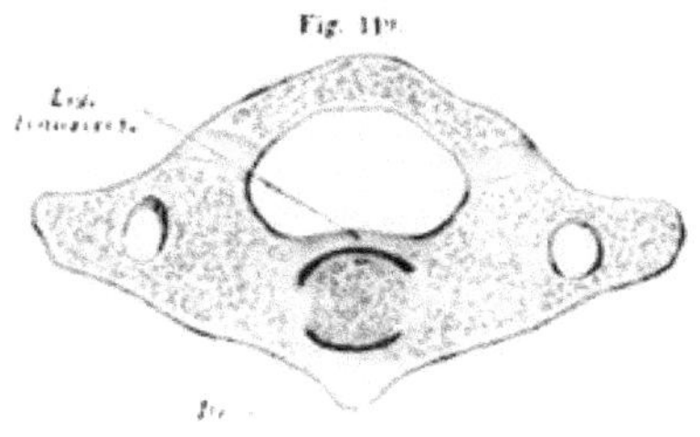

[illegible]schnitt durch Atlas und Zahnfortsatz [illegible]

Atlanto-epistropheal-Verbindung. In diesem Drehgelenke des Schädels kommen mehrfache Articulationen in Betracht. Der mit seinen unteren Gelenkflächen auf den oberen des Epistropheus lagernde Atlas nimmt mit seinem Ausschnitte den Zahnfortsatz des Epistropheus auf. Eine Gelenkfläche an der Vorderseite jenes Fortsatzes articulirt mit einer gleichen an der Hinterseite des vorderen Bogens des Atlas (Fig. 119). Bei der Drehbewegung des Atlas (sammt dem Schädel) geht die Achse durch den Zahnfortsatz. Starke Ligamente sichern die Lage des Zahnfortsatzes, ohne der Beweglichkeit Einhalt zu thun.

Kapselbänder von schlaffer Beschaffenheit verbinden die unteren Gelenkflächen des Atlas mit den oberen des Epistropheus. Auch zwischen Zahnfortsatz und vorderem Bogen des Atlas (Atlanto-odontoid-Gelenk) besteht ein schlaffes Kapselband.

Als **Hilfsbänder** bestehen 1. die *Ligamenta alaria* (Fig. 121), zwei kurze, aber starke Faserstränge, welche vom oberen Theile des Zahnes lateral ausgehen und divergent zur medialen Fläche der Condyli occipitales emporsteigen. Sie befestigen sich da an der rauhen, medialen Fläche. 2. Von der Spitze des Zahnes geht das mechanisch unwichtige *Lig. apicis* (suspens.) zum vorderen Umfange des Hinterhauptloches (Fig. 121). 3. In seiner Lage zum Atlas wird der Zahnfortsatz

Fig. 120. Fig. 121.

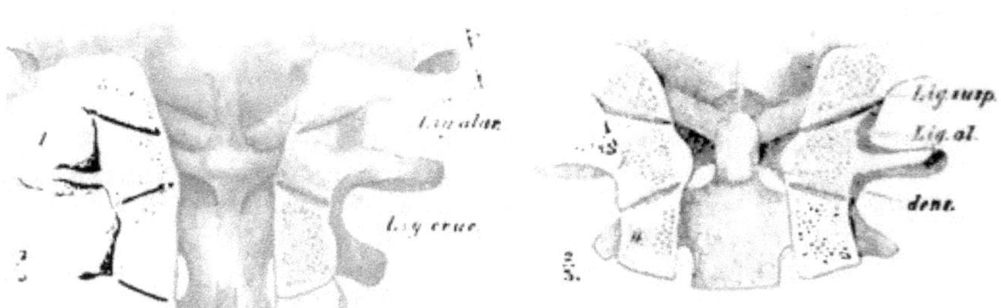

Bandapparat zwischen Occipitale und den beiden ersten Halswirbeln, bei geöffnetem Rückgratcanal von hinten gesehen.
Fig. 120. Nach Entfernung der den Bandapparat deckenden Membran.
Fig. 121. Nach Entfernung des Ligamentum cruciatum.

durch das *Lig. transversum* festgehalten (Fig. 119). Es ist jederseits an einer unebenen Vertiefung am Atlas befestigt und verläuft verbreitert über die hintere Fläche des Zahnfortsatzes. Von der Verbreiterung aus erstrecken sich Faserzüge in longitudinaler Richtung aufwärts und abwärts. Die ersteren bilden ein schmales, zum Occipitale tretendes Band. Die etwas kürzeren, abwärts gehenden Züge inseriren sich am Körper des Epistropheus. So wird das Lig. transversum zu einem *Lig. cruciatum* (Fig. 120). Eine das Lig. cruciatum überdeckende Membran erstreckt sich breit vom Körper des Epistropheus zum Occipitale und schließt den ganzen Bandapparat vom Rückgratcanal aus.

Ungeachtet der Beweglichkeit des Schädels auf den ersten Halswirbeln bleibt doch ein unmittelbarer Zusammenhang zwischen der Basis des Occipitale und dem Zahn des Epistropheus. Das erwähnte *L. apicis* (*Lig. suspensorium dentis*) (Fig. 121) verläuft als feiner Bandstreif, vom oberen Schenkel des Kreuzbandes gedeckt, zwischen jenen Theilen. Er entspricht einem Zwischenwirbelkörperbande, auch im Verhalten der Chorda dorsalis. Die Reduction dieses Ligamentum intervertebrale ist auf Rechnung der Beweglichkeit zu setzen, die zwischen den von ihm verbundenen Theilen sich entfaltet hat. — Über den Mechanismus dieser Gelenke s. L. [illegible], Beiträge z. Morphol. etc. 1881.

Die Wirbelsäule als Ganzes.

§ 98.

Die Differenzirung der größeren Abschnitte der Wirbelsäule war das Ergebnis außerhalb derselben befindlicher Factoren (vergl. oben S. 162), ebenso ist auch die Gestaltung des Ganzen in seiner vollständigen Ausbildung als Wirkung äußerer Momente aufzufassen. In einem frühen Embryonalzustande erscheint die Wirbelsäule in einfacher dorsaler Wölbung mit ventraler Concavität. Diesen Zustand kann man als eine Anpassung an die minder in die Länge gestreckten ventralen Körpertheile sich vorstellen. In späteren Stadien treffen wir die Wirbel in einer minder von der Geraden abweichenden Linie. Noch beim Neugeborenen sind die später sehr ausgeprägten Krümmungen erst angedeutet.

Die bedeutendste dieser Krümmungen liegt an der Lumbo-sacral-Verbindung, sie bildet das *Promontorium* (Fig. 122 *P*). Beim Neugeborenen zwar schon vorhanden, aber doch wenig ausgeprägt, bei vielen Säugethieren ganz fehlend, selbst bei den Anthropoiden wenig entfaltet, hat es beim Menschen mit der Aufrichtung des Rumpfes und der daran anknüpfenden aufrechten Stellung des Körpers seine bedeutendste Ausbildung gewonnen. Der Sacraltheil der Wirbelsäule wird durch das Becken und die damit verbundenen, auch ferner den Rumpf, und zwar ihn ausschließlich tragenden Hintergliedmaßen noch theilweise in seiner ursprünglichen Lage erhalten (Fig. 122). Für die präsacrale Wirbelsäule sind diese Beziehungen nicht maßgebend, sie folgt einer anderen Richtung und wölbt sich an ihrem Lendentheile (*l*) vorwärts, auf Grund ihrer mit der veränderten Stellung geänderten Belastung. An dieser vorderen Convexität des Lendentheils drückt sich oft am unteren Abfalle zum Promontorium hin noch eine Spur einer Vorwärtsneigung der gesammten Wirbelsäule aus. Der vierte Lendenwirbel entspricht meist der Höhe der Convexität. Die ersten Lendenwirbel dagegen treten in eine vordere Concavität (*th*), welche sämmtliche Brustwirbel und auch die letzten Halswirbel umfasst und in Bezug auf die Lendenwölbung compensatorisch wirksam wird. Durch die ersten Halswirbel wird eine zweite Convexität (*c*) gebildet. Sie entspricht der Belastung der Halswirbelsäule durch den Kopf. *So knüpft sich an die Erwerbung der aufrechten Stellung des Rumpfes eine ganze Reihe von Veränderungen der Configuration der Wirbelsäule, die im Promontorium ihre erste und ergiebigste Krümmung empfängt.*

Fig. 122.

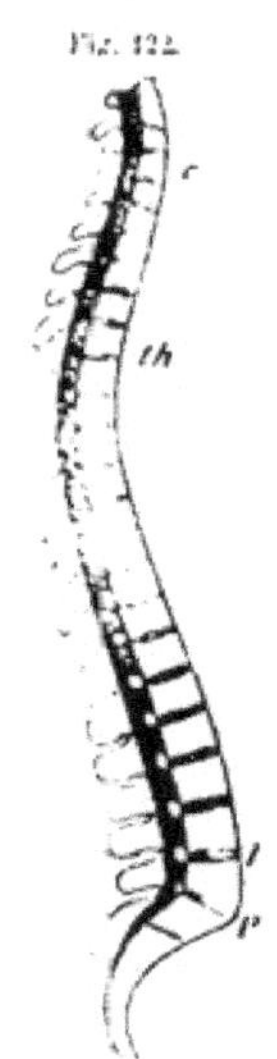

Wirbelsäule im medialen Durchschnitt.

Wie das Promontorium sich nach der Geburt bedeutender ausprägt, so gewinnen auch die übrigen Krümmungen mit der Übung des aufrechten Ganges und der dabei wirksamen Belastung der Wirbelsäule an Bedeutung und zeigen im ausgewachsenen Zustande des Körpers, bei vielen, vorzüglich von der Körperhaltung abhängigen individuellen Schwankungen, doch im Wesentlichen übereinstimmende Befunde. Diese Krümmungen steigern sich bei momentaner Zunahme der Belastung (bei aufrechter Stellung). Dagegen werden sie bei Abnahme der Belastung gemindert (in liegender Stellung). Eine größere Streckung der Wirbelsäule ist davon die Folge. Die Wirkung der Belastung äußert sich auch in der Keilform der Wirbelkörper, wie sie am bedeutendsten am letzten Lendenwirbel sich darstellt, und auch an den Bandscheiben bemerkbar wird. Sie ist aber nicht der einzige Factor, der die Krümmung der Wirbelsäule im Individuum hervorbringt, da jene Krümmungen schon während der Fötalperiode sich zu bilden beginnen, wo von einer Belastung der Wirbelsäule im Sinne des späteren Zustandes nicht die Rede sein kann.

Die Art der Verbindung der Wirbel unter einander gestattet den einzelnen ein geringes Maß von Beweglichkeit. Dieses summirt sich aber für die Wirbelcomplexe — vom Kreuzbein abgesehen — und ermöglicht damit der gesammten Wirbelsäule größere Excursionen. Die Fortsätze der Wirbel fungiren dabei als Hebelarme, insofern an ihnen Muskeln zur Bewegung der Wirbelsäule befestigt sind. Ähnliches leisten unter gewissen Umständen auch die Rippen. Die Elasticität eines Theiles des Bandapparates wirkt compensatorisch, indem sie das durch die Muskulatur gestörte Gleichgewicht wieder herstellt. Wie die Ligg. intercruralia hinten, so kommen die Bandscheiben vorne in Betracht.

Durch die Verbindung der Wirbelkörper mittels der Bandscheiben wird eine Allseitigkeit der Bewegung gestattet. Diese wird durch die Articulationen der Wirbelbogen beschränkt und zwar je nach dem verschiedenen Verhalten der Gelenkflächen jener Articulationen. Die Bewegungen der Wirbelsäule sind daher weder an allen Abschnitten von gleicher Art noch von gleichem Umfange.

1. Die Bewegung um eine *Querachse* liefert die als Streckung oder Beugung unterschiedenen Actionen. Die Beugung, als die nach vorne gehende Bewegung, ist die bei weitem bedeutendere Excursion, denn die in entgegengesetzter Richtung stattfindende Bewegung, die fortgesetzt gleichfalls Beugung ist (Dorsalbeugung), findet in der Regel bald an der Stellung der Gelenkfortsätze eine Schranke. Nur die schrägen Gelenkflächen der Halswirbel gestatten der Dorsalflexion ein größeres Maß. Auch den unteren Thoracal- sowie den Lumbalwirbeln ist die Bewegung um eine Querachse ausführbar.

2. Die Bewegung um eine *Sagittalachse* besteht in Excursionen nach der Seite. Am Lendentheile ist sie wegen der Krümmung der Gelenkflächen am wenigsten ausführbar. Die frontale Stellung der Articulationsflächen an den letzten Hals- und den Brustwirbeln gestattet sie dagegen. An den oberen Halswirbeln ist sie wieder mehr beschränkt.

3. Die Bewegung um eine *Verticalachse* findet an den Brustwirbeln die günstigsten Verhältnisse, da deren Gelenkflächen in einem Kreisbogen liegen, der sein Centrum vorne besitzt. Vom 4. Brustwirbel an fällt es sogar noch in den Wirbelkörper. Am lumbalen Abschnitt dagegen bestehen die ungünstigsten Verhältnisse.

Die mindeste Beschränkung der Bewegung kommt also dem Halsabschnitt zu, daran reiht sich der Brusttheil, während am Lendenabschnitt die relativ größte Beschränkung besteht.

Der die Wirbelsäule durchsetzende *Canal* (Rückgratcanal) entspricht bei seiner an die Genese der Wirbel geknüpften Entstehung genau dem Rückenmark, welches er nebst dessen Hüllen umschließt. Allmählich treten diese Beziehungen etwas zurück, ohne dass jedoch die einmal gewonnenen Verhältnisse verloren gehen. Am weitesten erscheint er, wo ihn der Atlas umschließt. Am 2. Halswirbel wird er etwas enger, bleibt aber immer noch durch den ganzen Halsabschnitt von bedeutendem Querdurchmesser. Dieser vermindert sich mehr am Brusttheil unter geringer Zunahme des sagittalen Durchmessers, so dass der Querschnitt fast kreisförmig wird. Am letzten Brustwirbel vergrößern sich beide Durchmesser, und in der Lendengegend nimmt der Querdurchmesser zu. Am letzten Lendenwirbel ist dieser am bedeutendsten. Im Sacrum findet dann eine allmähliche Verengerung unter vorwaltender Verkürzung des Sagittaldurchmessers statt; diese ist vom zweiten Sacralwirbel an am meisten ausgeprägt.

Die *Krümmung des Sacraltheiles* der Wirbelsäule tritt erst nach der Geburt deutlicher auf. Sie betrifft vorwiegend den dritten Sacralwirbel, da die beiden ersten durch die Ileo-sacral-Verbindung gegen eine die Krümmung bedingende Einwirkung geschützt sind. Als eine solche Einwirkung darf der Muskelzug gelten, welcher von dem von den unteren Sacralwirbeln entspringenden, erst mit der Erwerbung der aufrechten Körperstellung bedeutende Volumentfaltung erlangenden M. glutaeus maximus ausgeübt wird. Bezüglich der Lendenkrümmung beim Menschen und bei den Affen s. CUNNINGHAM Memoirs No. 2. Dublin 1886. Royal Irish Academy.

B. Rippen und Brustbein.

§ 99.

An der Wirbelsäule befestigte, ventralwärts gehende spangenartige Skelettheile bilden die *Rippen* (*Costae*). Bei niederen Wirbelthieren sind sie über die ganze Rumpfwirbelsäule gleichmäßig vertheilt, in den höheren Abtheilungen wird ein Theil davon rudimentär oder verschmilzt mit den Wirbeln, während andere gänzlich verschwinden. Solche Rippenrudimente sind oben mit der Wirbelsäule behandelt worden. Ein anderer Theil der Rippen erhält sich in selbständiger Ausbildung. Von diesen bestehen beim Menschen in der Regel *zwölf Paare*, den Brustwirbeln zugetheilt, Brustrippen. Sieben davon treten in mediane Vereinigung. Von den Wirbeln her nach vorn zu sich knorpelig differenzirend, fließen diese Rippen in einer gewissen Fötalperiode jederseits mit ihren Enden zusammen und bilden eine longitudinale Leiste, *Sternalleiste*, welche der anderseitigen allmählich sich nähert und schließlich mit ihr verschmilzt (Fig. 123). Dann sind diese Rippen durch ein medianes Knorpelstück — die Anlage des *Brustbeins* — verbunden und bewahren diesen Zusammenhang, wenn sie auch später in verschiedenem Maße vom Brustbein sich abgliedern, d. h. nicht mehr continuirlich in dasselbe übergehen. *So ist also das Brustbein ein Product der Rippen.*

Fig. 123.

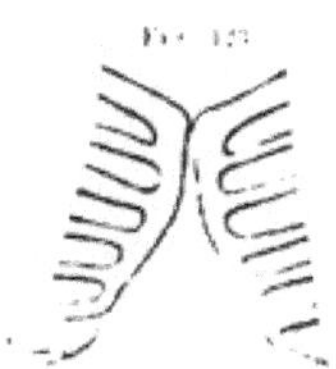

Ventrales Ende der ersten 7 Rippenpaare mit der Sternalleiste von einem jungen Embryo. (Nach G. RUGE.)

Diese zum Brustbein gelangenden Rippen werden als *wahre Rippen* (*Costae verae*) von den fünf letzten Paaren, den *falschen* Rippen (*C. spuriae*), unterschieden. Diese erreichen das Brustbein nicht mehr. Drei Paare gewinnen aber insofern eine indirecte Verbindung mit demselben, als ihr vorderes Ende den je vorhergehenden Rippen anlagert. Nur die zwei letzten Paare kommen selbst nicht mehr zu dieser Verbindung, sondern enden frei in der Leibeswand. Sie sind demnach beweglicher als die übrigen, daher: *Costae fluctuantes.*

Wenn der Zusammenhang mit dem Brustbein den vollkommeneren Zustand ausdrückt, so ist in den anderen Rippen eine allmählich geringere Ausbildung zu erkennen, die von oben nach abwärts fortschreitet und in den Costae fluctuantes unvollständig entfaltete Rippen erscheinen lässt. Diese vermitteln so den Übergang zur Lendenregion, an der in der Regel gar keine Rippen sich erhalten.

Fig. 121.

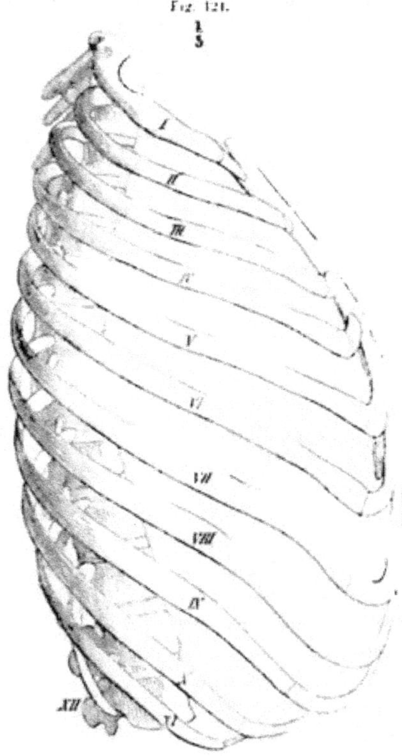

Rechte Thoraxhälfte in seitlicher Ansicht.

An sämmtlichen zur Entwickelung gelangenden Rippen erhält sich der völlig knorpelige Zustand nur eine kurze Zeit. Der größere Theil der Knorpelspange ossificirt, und außer einem unansehnlichen Knorpelreste an dem vertebralen Ende bleibt nur am entgegengesetzten, ventralen Ende ein knorpeliges Stück bestehen, der *Rippenknorpel.* Wir unterscheiden also an jeder Rippe einen *knöchernen* und einen *knorpeligen* Theil. Die schlanke Gestalt dieser Skelettheile verleiht ihnen einen relativ hohen Grad von Elasticität, welche durch das knorpelige Endstück bedeutend erhöht wird.

Die Elasticität der einzelnen Rippen theilt diese Eigenschaft dem gesammten *Brustkorb* zu. Diese Elasticität nimmt ab in dem Maße, als der Knorpel seine ursprünglich hyaline Beschaffenheit aufgiebt. Er wandelt sich stellenweise in Faserknorpel um, und wird im höchsten Alter durch Verkalkung spröder. Auch die Elasticität der knöchernen Rippen erfährt mit dem Alter eine Minderung.

Die einzelnen Rippen folgen sich in schräg abwärts gerichteter Stellung, durch ziemlich regelmäßige Zwischenräume *Spatia intercostalia* getrennt, an Länge und auch sonst in der Gestaltung einzelner Verhältnisse von einander verschieden. Sie zeigen sich in dieser Hinsicht abhängig von dem Umfang der Thoraxstrecke, die sie darstellen, von der Verbindung mit der Wirbelsäule und von Weichtheilen mancherlei Art, die mit ihnen in Zusammenhang treten.

An den vertebralen Enden der Rippen vermittelt eine verdickte Partie, das *Capitulum* (Fig. 125 u. 126), die Verbindung mit den Wirbelkörpern. Die Articulationsstelle zeigt eine überknorpelte Fläche. An der ersten Rippe ist diese Fläche einfach. Von der zweiten oder der dritten an beginnt sie sich in zwei schräg gegen einander gegestellte, durch eine quere Kante (*Crista capituli*) getrennte Facetten zu theilen, davon die obere gewöhnlich die kleinere bleibt. Dieses Verhalten entspricht der Verbindung mit je zwei Wirbelkörpern (S. 167), indem die zweite oder dritte Rippe noch auf den je vorhergehenden Wirbelkörper übergreift. So verhält es sich bis zur zehnten oder elften. An diesen wird die Gelenkfläche wieder einfach, da jede dieser Rippen sich nur Einem Wirbel auflügt.

Fig. 125.

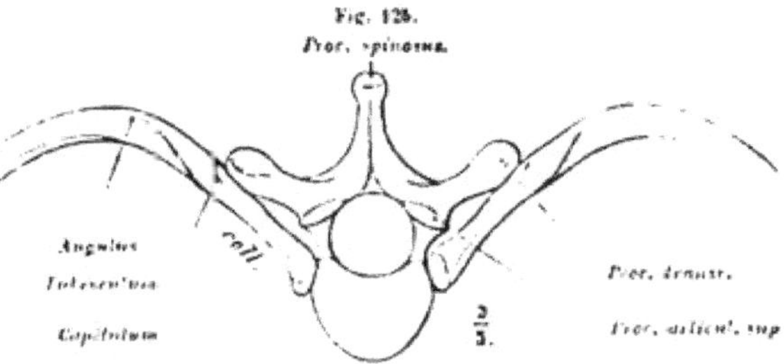

Dritter Brustwirbel mit Rippen von oben.

Fig. 126.

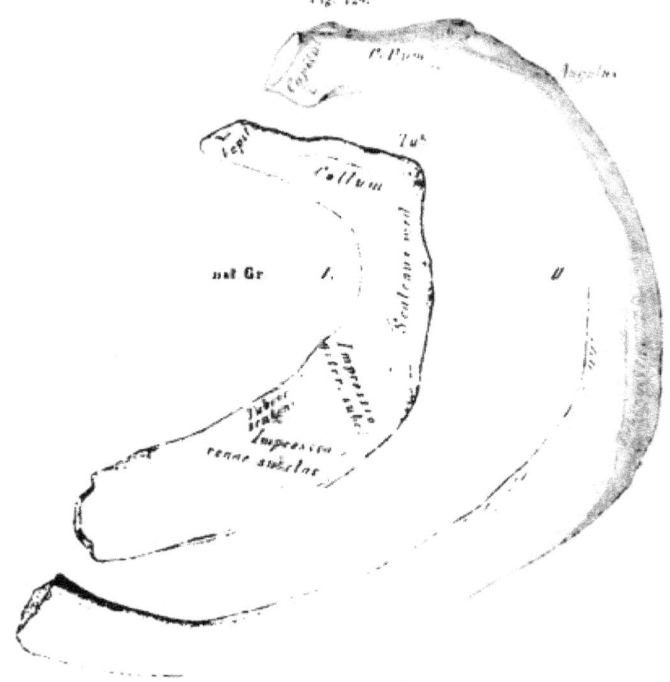

Erste und zweite knöcherne Rippe der linken Seite von oben.

An den oberen Rippen prägt sich in einiger Entfernung vom Capitulum eine Articulation mit den Querfortsätzen der Wirbel aus. Die überknorpelte Gelenkfläche liegt an einem deutlichen Vorsprung, dem *Tuberculum*, welches an den ersten nach hinten, an den folgenden zugleich abwärts gerichtet ist. An der zehnten, zuweilen schon an der achten ist das Höckerchen undeutlich und entbehrt von da an der Gelenkfläche; an den zwei letzten stets.

Je nach der Ausbildung des Tuberculum ist die zwischen ihm und dem Capitulum befindliche Strecke schärfer abgegrenzt, deutlicher an den 5—7 oberen Rippen. Sie bildet den Rippenhals, *Collum costae*. An den mittleren Rippen gewinnt der Hals an Höhe, an den unteren geht er ohne Grenze in den Körper der Rippe über. Von seinem oberen Rand erhebt sich der Länge nach eine Leiste (*Crista colli*), die meist erst von der dritten Rippe an deutlich wird.

Als den Brustraum umziehende Spangen besitzen die Rippen eine äußere und eine innere *Fläche*, welche in mehr oder minder deutlichen Kanten zusammentreffen. An der ersten Rippe (Fig. 126) erscheinen diese Flächen als obere und untere. An der zweiten Rippe ist die äußere Fläche noch schräg aufwärts gerichtet. Von der dritten an nehmen diese Flächen eine mehr senkrechte Stellung ein.

Die *Länge* der Rippen nimmt bis zur 7.—8. zu, von da an wieder ab. Die Krümmung ist im Allgemeinen derart verschieden, dass die oberen Rippen größere Abschnitte eines kleineren Bogens, die unteren kleinere Abschnitte größerer Bogen vorstellen.

Genauer betrachtet ist dieser Bogen nur an der letzten Rippe ein Theil eines Kreises. An allen übrigen zerfällt er in zwei oder auch drei Strecken, welche Kreisbogen mit verschieden langen Radien angehören. Die Bogenstrecke mit kürzerem Radius befindet sich immer der Wirbelsäule zunächst. (Aeby.)

Die schräge Stellung der Rippen ist noch mit einer anderen Krümmung verbunden, die einen Theil einer Spirale vorstellt. Die Krümmung der Rippen liegt also nicht in Einer Ebene. Eine fernere Eigenthümlichkeit erscheint in einer lateral vom Halse gelegenen Stelle, an der die Rippe einen nach hinten und lateral gerichteten stumpfen Winkel bildet. Dieser *Angulus costae* (Fig. 125, 126) entsteht durch hier sich befestigende Muskeln und liegt an der ersten Rippe dicht am Tuberculum. Von da an rückt er immer weiter lateralwärts. An den letzten Rippen ist er nicht mehr erkennbar. An den mittleren Rippen beginnt der Rippenkörper vom Winkel an höher zu werden. Ein abwärts gerichteter Vorsprung bildet die Wand einer an der Innenfläche der Rippe bemerkbaren Furche, des *Sulcus costalis*, der längs des unteren Randes, jedoch nicht bis in's letzte Drittel der Rippe sich erstreckt. An der ersten und letzten Rippe fehlt er. An den diesen nächsten ist er wenig deutlich.

Die *erste* Rippe ist durch die Beziehungen zu Nachbarorganen besonders ausgezeichnet (Fig. 126 *I*). Eine Rauhigkeit der oberen Fläche dicht am Sternalende bildet die Anfügestelle eines Bandes des Schlüsselbeins. Zwei leichte, lateral convergirende Eindrücke sind aus der Anlagerung von großen Blutgefäßen hervorgegangen (*Impressiones arteriae et venae subclaviae*). Sie sind nicht immer deutlich. Zwischen beiden ist eine leichte Erhebung, zuweilen ein Höcker, *Tuberculum scaleni* (T. Lisfrancii)*), die Anfügestelle des Musculus scalenus anticus bemerkbar. Hinten und lateral von der Impressio arteriae subcl. ist wieder eine Rauhigkeit (für den M. scalenus medius) vorhanden, noch deutlicher ist an der zweiten Rippe eine *Tuberositas* ausgeprägt (Fig. 126 *II*), welche einer Zacke des M. serratus anticus major als Ursprung dient.

---

*) J. Lisfranc, Chirurg zu Paris, geb. 1790, † 1847.

Die *Rippenknorpel* sind an der Übergangsstelle etwas verdickte Fortsetzungen der knöchernen Rippen. Der Knorpel ist weniger abgeplattet als die knöcherne Rippe, zuweilen fast cylindrisch. Die Länge der Knorpel nimmt bis zur siebenten Rippe zu (vergl. Fig. 127), von da an wieder ab, so dass die beiden letzten Rippen nur kurze, zugespitzt auslaufende Knorpelenden tragen.

Der Knorpel der ersten und zweiten Rippe verläuft in der Richtung des Rippenknochens. Auch jener der dritten Rippe setzt in der Regel die Richtung seiner Rippe fort. Er nimmt ziemlich genau die Mitte des Seitenrandes des Brustbeins ein. Die folgenden Knorpel der wahren Rippen zeigen ihre Sternalverbindungen immer dichter an einander gedrängt. Der Knorpel der vierten Rippe bildet an seiner Verbindung mit der knöchernen Rippe einen Winkel, der häufig schon an der dritten Rippe angedeutet, an der fünften Rippe aber weiter ausgebildet ist. Die sechste Rippe zeigt diese Knickung stets am Knorpel, ebenso verhält sich der Knorpel der siebenten Rippe.

Fig. 127.

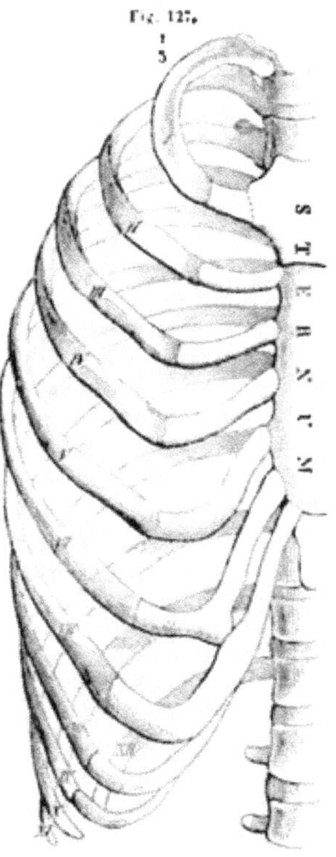

Rechte Thoraxhälfte von vorn.

Die Knorpel der fünften und sechsten, sowie jene der sechsten und siebenten Rippe stehen nicht selten durch Vorsprünge unter einander in Verbindung. Dem unteren Rande des Knorpels der siebenten legt sich jener der achten verjüngt auslaufend an, und ähnlich verbindet sich der Knorpel der neunten mit dem der achten. Zuweilen gelangt auch der achte zur Sternalverbindung. Der Knorpel der siebenten Rippe setzt sich in der Regel *vor* dem Schwertfortsatz an. Auch beim Knorpel der achten Rippe ist das der Fall, wenn er das Sternum erreicht.

Wie bei allen am Ende eines Abschnittes befindlichen Skelettheilen, so ist auch im Bereiche der letzten Rippen eine große *Schwankung der Ausbildung* zu beobachten. Hier gelangen die bei der Wirbelsäule dargestellten Verhältnisse (§ 95) zur Geltung. Die letzte Rippe ist zuweilen auf ein unansehnliches Volum reducirt. Ein solches Rudiment als *dreizehnte Rippe* ist nicht selten und erklärt sich aus dem Fortbestehen und der Weiterbildung der normal vorkommenden Anlage dieser Rippe, die auch ohne Verminderung der Zahl der Lendenwirbel bestehen kann. Die zwölfte Rippe trifft sich dann meist in bedeutender Ausbildung. Auch die elfte Rippe ist nicht selten länger. Für ihre ursprünglich weitere Ausdehnung spricht das öftere Vorkommen eines Knorpels im Musc. obliquus internus, genau in der Fortsetzung des Knorpels der elften Rippe. Alle diese Vorkommnisse bezeugen eine ursprünglich größere Rippenzahl, ebenso wie der Umstand, dass die achte Rippe nicht selten noch zum Sternum gelangt. Darin lassen sich Anschlüsse an das Verhalten der anthropoiden Affen erkennen. *Theilungen* der distalen Enden der knöchernen Rippen unter vorherrschender Verbreiterung des

Rippenkörpers gehören mehr in's Bereich der excessiven Bildungen und finden aus dem normalen Entwickelungsgange keine Erklärung.

Die *Ossification* der Rippen beginnt in der 9.—15. Woche des Fötallebens. Vom 8.—15. Lebensjahre entwickeln sich Epiphysenkerne im Capitulum und Tuberculum, die zwischen dem 15.—25. Jahre mit dem Hauptstück der Rippen verschmelzen.

§ 100.

Das *Brustbein* (Sternum) ist das Product der vorderen Vereinigung einer Anzahl von Rippen. Die von deren ventralen Enden jederseits gebildete knorpelige Längsleiste (Fig. 123) nähert sich allmählich der anderseitigen, und beide treten in mediane Vereinigung über, wobei die Verschmelzung von vorne nach hinten stattfindet (Fig. 128). So entsteht ein medianer unpaarer Skelettheil, der nach seiner Verknöcherung einen breiten platten Knochen bildet, an welchem man drei, mehr oder minder getrennte Abschnitte zu unterscheiden pflegt. Das oberste, breiteste, aber kurze Stück ist der Handgriff, *Manubrium*. An ihn reiht sich das längste Stück als *Körper*, und daran ein kleines, meist knorpelig auslaufendes Stück, welches keine Rippen mehr trägt, der *Schwertfortsatz*, *Processus xiphoides s. ensiformis*. Während Handgriff und Körper durch mediane Verschmelzung der Sternalleisten entstehen, legt sich der Schwertfortsatz als ein discretes Gebilde an, erscheint als paariger Knorpel, der wahrscheinlich von dem nicht in die jederseitige Sternalleiste übergegangenen Endstücke des achten (resp. neunten) Rippenpaares abstammt.

Fig. 128.

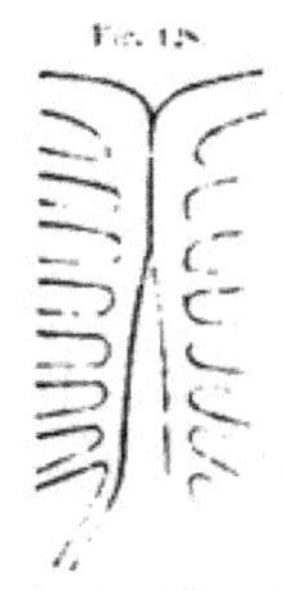

Anlage des Brustbeins.

Das *Manubrium* verdankt seine voluminösere Ausbildung der Verbindung mit dem Schlüsselbein, dem es eine mediane Stütze abgiebt. Es ist bei allen Säugethieren, die eine ausgebildete Clavicula besitzen, ein ansehnliches Stück des Brustbeins und tritt an Volum zurück, wo die Clavicula verkümmert ist, oder ist sogar geringer als der Körper ausgebildet. Zu jener Verbindung dient ein Ausschnitt am oberen seitlichen Rande: *Incisura clavicularis* (Fig. 129). Durch die vorspringenden oberen Ränder dieser beiderseitigen Ausschnitte wird ein medianer, dem Halse zugekehrter Ausschnitt, *Incisura jugularis*, abgegrenzt. Unterhalb der Incisura clavicularis, am Seitenrande des Manubrium, dient eine rauhe Stelle der Verbindung mit dem Knorpel der ersten Rippe (1).

Der *Körper* verbreitert sich gegen sein Ende etwas, um dann wieder verschmälert mit dem Schwertfortsatz sich zu vereinigen. An seinem lateralen Rande finden sich kleine Ausschnitte (*Incisurae costales*) für die Rippenknorpel. — Das zweite Paar fügt sich an der Verbindungsstelle zwischen Manubrium und Körper an, das dritte und vierte in gleichem Abstande wie das zweite und dritte, während das fünfte Paar vom vierten durch geringere Distanz getrennt ist, und das sechste und siebente dicht an einander dem Ende des Körpers ansitzen.

Der *Schwertfortsatz* ist der variabelste Theil des Sternum. Zuweilen ist er von einem Loche durchsetzt (Fig. 129), oder er ist gabelig getheilt und deutet durch

beides seine Entstehung aus einer paarigen Bildung an. Er bleibt lange ganz oder theilweise knorpelig. Erst im höheren Alter synostosirt er mit dem Körper.

Die Verschmelzung von Körper und Manubrium tritt schon früher ein. Ausnahmsweise entsteht zwischen beiden eine Gelenkhöhle. Häufiger erhält sich die Beweglichkeit des Manubrium, wobei der ursprünglich zwischen jenem und dem Körper des Sternum befindliche Knorpel, der eine Höhe von 6 mm erreicht, in seiner Mitte der Quere nach in Faserknorpel sich umwandelt. Dieses Verhältnis begünstigt eine Winkelstellung des Manubrium zum Brustbeinkörper, die, wenn auch nicht ausschließlich, bei Lungenphthise auftritt (*Angulus Ludovici*)*). Nach entstandener Synostose wird die Grenze zwischen Manubrium und Körper durch eine quere Erhabenheit ausgedrückt. Solche finden sich auch zwischen den beiderseitigen, die Rippenenden aufnehmenden Incisuren des Körpers, und sind auch hier der Ausdruck einer stattgehabten Synostose. Die *Ossification* des Körpers des Brustbeins geschieht nämlich mittels mehrfacher Knochenkerne. Nachdem in der letzten Fötalperiode (nicht vor dem 6. Monate) ein Knochenkern im Manubrium ausgebildet ist, zu dem zuweilen noch 2—3 kleinere kommen, bilden sich mehrfache (6—13) Knochenkerne im Körper. Sie sind am häufigsten so angeordnet, dass dem ersten Abschnitte (zwischen dem zweiten und dritten Rippenpaare) ein größerer Kern, den folgenden Abschnitten kleinere, parallel neben einander oder schräg zu einander gestellte Kerne zukommen. Die Zeit des Auftretens dieser Kerne fällt in die letzten Monate des intrauterinen Lebens und die ersten Monate nach der Geburt. Vom 6.—12. Jahre verschmelzen die neben einander gelegenen Kerne zu 3—5 größeren, den Körper zusammensetzenden Stücken, die mit der Vollendung des Wachsthums synostosiren. Am Schwertfortsatz erscheinen 1—2 Knochenkerne erst im Kindesalter. Über die Entw. des Sternum s. G. Ruge, Morphol. Jahrb. Bd. VI.

Geschlechtsverschiedenheiten bestehen in einer größeren Breite des Manubrium beim Weibe, während der Körper länger und schmäler als beim Manne ist.

Dem oberen Rande des Manubrium finden sich zuweilen zwei Knöchelchen aufgelagert, *Ossa suprasternalia*. Diese sind insofern selbständige Skeletgebilde, als sie aus einem »Episternum« hervorgehen, welches bei der ersten Anlage des Manubrium aus dem vordersten Theile der Sternalleiste entsteht, und in der Regel in ersteres aufgenommen wird. — Die primitive Trennung des knorpeligen Sternum in zwei seitliche Hälften persistirt in einer seltenen Missbildung, der *Fissura sterni congenita*.

*) P. Ch. A. Louis, Arzt in Paris, geb. 1787, † 1872.

Fig. 129.

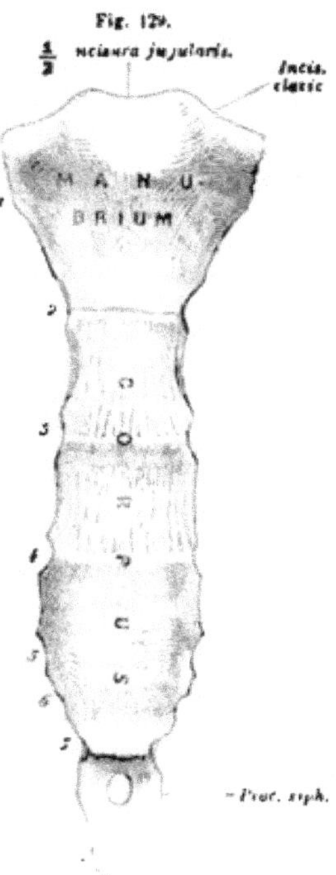

Brustbein von vorn.

Fig. 130.

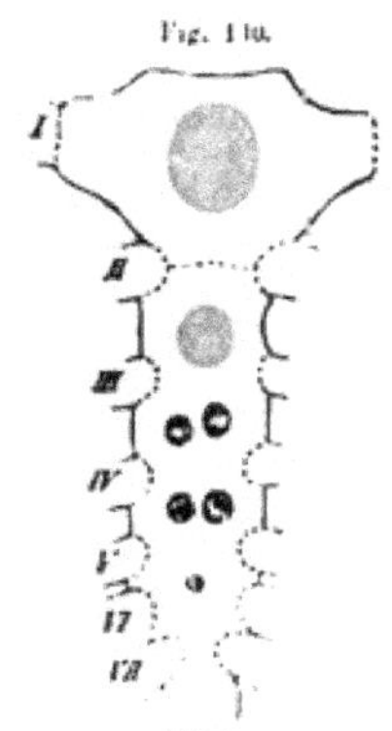

Knorpeliges Brustbein eines Neugeborenen mit den Knochenkernen.

Verbindungen der Rippen.

§ 101.

Die Verbindungen der Rippen scheiden sich in 1) *costo-vertebrale* und 2) *costo-sternale*; letztere kommen nur den ersten sieben Rippen zu. Endlich bestehen 3) Verbindungen *zwischen den Rippen selbst*.

Fig. 131.

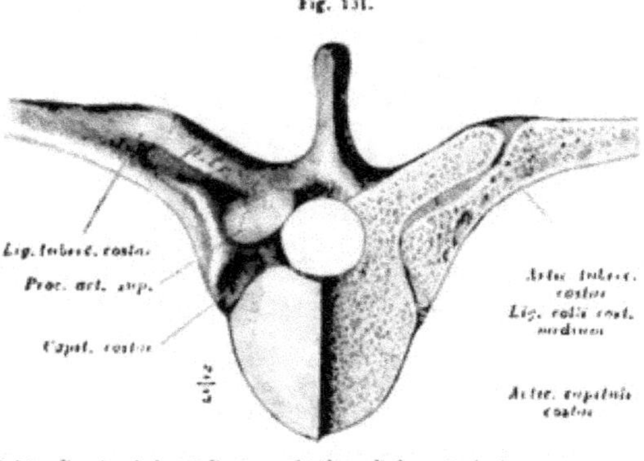

Achter Brustwirbel mit Rippenverbindung linkerseits in horizontalem Durchschnitt.

1. *Costo-vertebrale Verbindungen* (Fig. 131). Diese werden durch Gelenke vermittelt, welche sowohl zwischen den Capitula der Rippen und den Wirbelkörpern, als auch zum Theile zwischen den Tubercula und den Querfortsätzen bestehen. Letzteres an der ersten bis achten oder zehnten Rippe. Die Gelenke der Köpfchen sind bei den mit zwei Wirbelkörpern verbundenen Rippen doppelt, indem die Crista capituli durch ein das costo-vertebrale Gelenk theilendes Band dem Ligamentum intervertebrale angeheftet ist. Eine straffe Gelenkkapsel überzieht die verbundenen Theile und ist sowohl an den Gelenken des Köpfchens wie an jenen der Tubercula durch accessorische Bänder verstärkt. Da aber auch der Rippenhals Bandverbindungen besitzt, sind die costovertebralen Ligamente in solche a) des Capitulum, b) des Halses und c) des Tuberculum zu sondern.

Fig. 132.

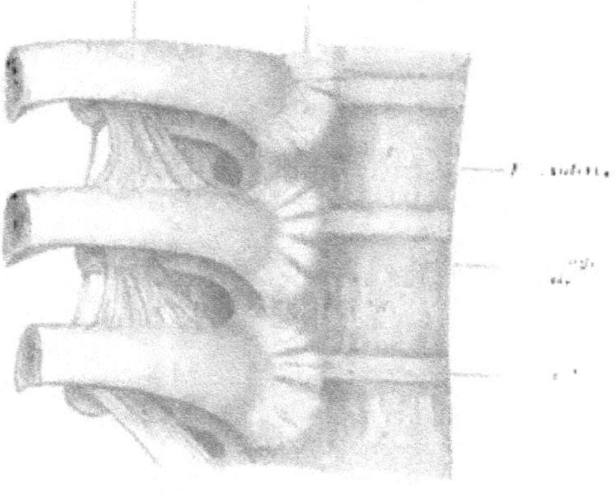

Die beiden vertebralen Articulationen jeder Rippe fungiren zusammen als *Ein* Gelenk, in welchem der Halstheil der Rippe sich um seine Längsachse dreht. Da dieses physiologisch einheitliche Gelenk eine schräge Stellung besitzt, die gemäß der Veränderung der Richtung der Querfortsätze der Brustwirbel (vgl. S. 167) nach abwärts immer mehr zunimmt, so wird bei jeder Hebebewegung der in jenem Gelenke sich drehenden Rippen auch eine laterale Excursion der Rippen bewerkstelligt. Diese wächst nach Maßgabe der Schrägrichtung der Costovertebral-Articulation. Die Einrichtung gestattet somit eine Veränderung des Umfanges des Thorax.

a) Als Ligamenta capituli costae bestehen die *Ligg. radiata* von der seitlichen Fläche der Wirbelkörper radiär zur Vorderfläche der Rippenköpfchen ziehende Sehnenstreifen. Man kann an ihnen meist eine obere und eine untere Partie unterscheiden, zwischen die eine dritte, von der Bandscheibe entspringende Portion sich einschiebt (Fig. 132). Faserzüge ähnlicher Anordnung finden sich auch an den Halswirbeln vom Wirbelkörper zur costalen Portion des Querfortsatzes, und an den Lendenwirbeln zum Querfortsatze ziehend (HENLE).

b) Ligamenta colli costae.

α. *Lig. c. c. superius anterius.* Entspringt vom unteren Rande des Querfortsatzes, wobei es auch von der diesem angefügten Rippe Fasern empfängt, und verläuft schräg abwärts und medial zur Crista des Halses der nächstfolgenden Rippe.

β. *Lig. c. c. superius posterius.* Hinter dem vorigen, in ähnlichem Ursprung, inserirt sich aber meist hinter der Crista und verläuft von oben schräg lateralwärts. Sehr variabel, zuweilen nur durch dünne, nicht einmal sehnige Bindegewebsstreifen vertreten.

γ. *Lig. c. c. medium.* Entspringt von der oberen Fläche des Querfortsatzes des Wirbels, dem die Rippe angehört, und erstreckt sich zum Rippenhalse, wobei es theilweise den Raum zwischen Rippenhals und Querfortsatz füllt (Fig. 131).

δ. *Lig. c. c. inferius.* Konstant ausgebildet nur den oberen Rippen zu, entspringt nahe an der Wurzel des Querfortsatzes, an der unteren Fläche desselben, und verläuft sich verbreiternd zur unteren Hälfte des Rippenhalses.

c) Als Ligamentum tuberculi costae (Fig. 132) besteht ein an den 9—10 oberen Rippen die Gelenkkapsel deckendes Verstärkungsband, welches von der hinteren Fläche des Querfortsatzes zum Tub. costae sich erstreckt. An den unteren Rippen trifft es mit dem die Rippe an dem Querfortsatz befestigenden Bande zusammen. Unbeständig ist das *Lig. tuberculi costae accessorium.* Es ist meist nur ein von dem Lig. intertransversarium abgezweigtes Bündel, welches zum Tuberculum costae verläuft.

2. *Costo-sternale Verbindungen* sind auf verschiedene Art vermittelt. Der Knorpel der ersten Rippe geht unmittelbar in's Manubrium über und zeigt darin den primitiven Zustand der Continuität beider Skelettheile (vergl. S. 183). Die folgenden Rippenknorpel bieten verschieden ausgebildete Articulationen dar. Einige dieser Gelenke besitzen eine getheilte Höhle. Am häufigsten trifft das die zweite, wohl auch die vierte und fünfte Rippe. Ein Knorpelstreif erstreckt sich vom Brustbein zum Rippenknorpel (*Cartilago interarticularis*). Seine Mächtigkeit steht in umgekehrtem Verhältnis zur Größe der Gelenkflächen und ist der Ausdruck einer unvollständigen Sonderung. Für die unteren wahren Rippen tritt die Gelenkbildung in der Regel wieder zurück, und der Knorpel wird dem Sternum ligamentös verbunden.

Auch zwischen dem Knorpel der ersten Rippe und dem Brustbein bildet sich, wiewohl selten, ein Gelenk. Ganz abnorm sind Gelenkbildungen zwischen dem

Ende der knöchernen ersten Rippe und deren Knorpel, oder in der Mitte des letzteren. Zwischen den Knorpeln der sechsten und siebenten oder der siebenten und achten kommen Articulationen durch Fortsätze (Fig. 127) der betreffenden Knorpel zu Stande. Sie gehen bald nur von Einem Knorpel, bald von beiden aus.

Fig. 133.

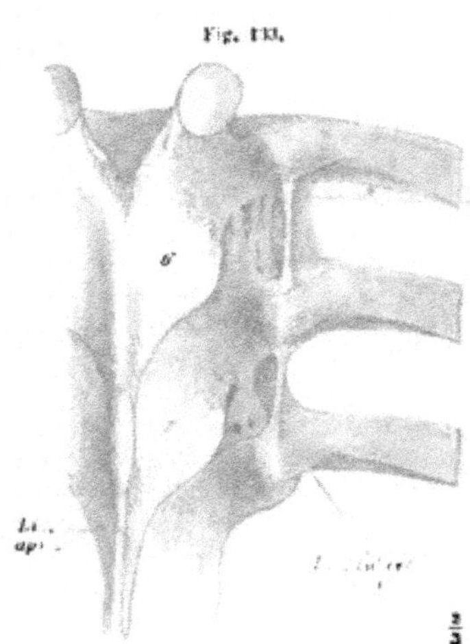

Drei Brustwirbel mit Rippen von hinten.

Die Costo-sternal-Verbindungen werden durch Bänder verstärkt, die vom Brustbein in das Perichondrium der Rippenknorpel übergehen: *Ligamenta sterno-costalia radiata*. Sehnige Fasern convergiren vom Brustbein zu den Knorpeln. Die zu den unteren Rippenknorpeln tretenden bilden theilweise längere Bündel, welche auf dem Brustbein sich durchkreuzen. Sie stellen so eine sehnige, das Brustbein überkleidende Schichte (*Membrana sterni*) dar, welche unmittelbar in's Periost des Brustbeins übergeht. An der hinteren Fläche sind die Sternocostal-Bänder schwächer.

3. *Intercostale Verbindungen* bestehen hauptsächlich durch ligamentöse Gebilde mit mehr membranösem Charakter. Zumeist sind sie nichts anderes, als die sehnig verstärkten Fascien der Intercostalmuskeln. Auch aus partiellen Rückbildungen dieser Muskeln sind sie hervorgegangen. Sie bieten daher sehr irreguläre Befunde.

Die *Ligamenta intercostalia externa* bilden vorzüglich die Fortsetzung des M. intercostalis externus. Sie finden sich in den 8—9 oberen Intercostalräumen gegen das Brustbein zu mit Faserzügen, deren Richtung jener des Muskels entspricht.

Ligamenta intercostalia interna sind in der Nähe der Wirbelsäule nach unten in zunehmender Breite entwickelt und entsprechen im Faserverlaufe dem M. intercostalis internus. Vorne gehören die die Innenfläche der Rippen verbindenden oder von der Innenfläche der Rippenknorpel schräg zum Sternum verlaufenden Fasern zum Theile wieder einem Muskel, dem M. transversus thoracis an. Weiter abwärts verlaufen quere Bandstreifen von den Rippenknorpeln zum Schwertfortsatz: *Ligamenta costo-xiphoidea*.

Thorax.

§ 102.

Der von den Rippen, dem Brustbein und dem rippentragenden Abschnitt der Wirbelsäule dargestellte Theil des Rumpfskeletes bildet den knöchernen *Brustkorb* (*Thorax*). Er besitzt eine annähernd conische Form. Seine vordere Wand bilden das Sternum und die Rippenknorpel; sie verläuft wenig gewölbt schräg abwärts, während die von den knöchernen Rippen gebildeten seitlichen Wände stärker gewölbt sind und sich weiter herab erstrecken. Die Brustwirbelsäule bildet mit den vertebralen Theilen der Rippen bis zu deren Winkeln die hintere Thoraxwand. Die vorspringende Reihe der Brustwirbelkörper gestattet beiderseits eine Ausdehnung des Thoraxraums nach hinten. Die Zwischenrippenräume sind oben und auch unten kürzer und breiter, auch hinten sind sie breiter als vorne; am breitesten an der Übergangsstelle der knöchernen Rippe in den Knorpel. Oben öffnet sich der Thorax gegen die Halsregion, unten gegen die Abdominalregion. Die *obere Thorax-Apertur* wird vom oberen Rande des Manubrium sterni, dem ersten Rippenpaare und der Verbindung des letzten Halswirbels mit dem ersten Brustwirbel begrenzt. Sie besitzt eine querovale, von hinten und oben her durch die Wirbelsäule etwas eingebuchtete Gestalt und liegt in einer nach vorn und abwärts gerichteten Ebene. Die Incisura jugularis des Sternum liegt in der Ruhe in gleicher Horizontalebene mit der Verbindungsstelle des zweiten und dritten Brustwirbelkörpers. Die *untere Thorax-Apertur*, bedeutend weiter als die obere, besitzt gleichfalls einen größeren Querdurchmesser. Sie wird vorne begrenzt vom Schwertfortsatz des Brustbeins, der bei ruhiger Lage dem Körper des neunten Brustwirbels gegenüber steht. Er ragt in den Ausschnitt ein, welchen die beiderseits zum Sternum emportretenden Knorpel der letzten wahren Rippen bilden (Fig. 127). Dann folgen eben diese Rippenknorpel mit den sich aneinander legenden Knorpeln der achten bis zehnten Rippe: sie bilden eine abwärts convexe Bogenlinie (*Rippenbogen*). Endlich geht die Grenze der Apertur in die beiden vorne offenen letzten Intercostalräume über und folgt dann dem unteren Rande der letzten Rippe.

In der specielleren Gestalt des Thorax ergeben sich zahlreiche individuelle Schwankungen. Im allgemeinen ist er beim Weibe kürzer, aber weiter, als beim Manne. Der sagittale Durchmesser ist beim Fötus bedeutender als der quere, und noch beim Neugeborenen hat der letztere das beim Erwachsenen bestehende Verhältnis nicht erreicht. Dadurch wird an die Thoraxform von Säugethieren erinnert. Die sich ausbildende Verkürzung des Sterno-vertebral-Durchmessers zu Gunsten des transversalen modificirt die Belastung der Wirbelsäule und lässt den Schwerpunkt weiter nach hinten fallen. Entstanden ist die Veränderung wohl durch die Ausbildung der Vordergliedmaßen im freien Gebrauch. Diese Veränderung der Thoraxform zeigt demnach einen Zusammenhang mit der Erwerbung des aufrechten Ganges.

Die Einbettung der Lungen in das Cavum thoracis hat den Brustkorb mit der Respiration in functionelle Verbindung gebracht; demgemäß führt er von Muskeln geleitete rhythmische Bewegungen aus, welche eine Veränderung seines Umfanges und damit eine wechselnde Erweiterung und Verengerung seiner Cavität hervorbringen. Dieses geschieht durch die Bewegung der Rippen. Jede Rippe bildet eine durch ihr knorpeliges Endstück hochgradig elastische Spange und vergrößert gemäß der in der Costo-vertebral-Verbindung gegebenen Einrichtung (vergl. S. 190) beim sich Heben nicht blos die Peripherie des Thorax, sondern geräth auch in Spannung. Letzteres in dem Maße, als der Rippenknorpel nicht die Richtung der Rippe fortsetzt, sondern entweder an seinem Zusammenhang mit der Rippe, oder in seinem Verlaufe eine Knickung darbietet (vergl. Fig. 127). Dieses bis zur siebenten Rippe sich steigernde Verhalten lässt bei der Hebung nicht blos die laterale Excursion der Rippe bis dahin zunehmen, sondern vergrößert auch die Spannung der gesammten Rippen, wobei auch die abwärts zunehmende Länge der Rippenknorpel in Betracht kommt. Die Zunahme der Spannung der Rippen erfolgt aber beim Heben der Rippen unter Minderung des Winkels, welchen der Rippenknorpel darbietet. Die mechanische Leistung der Rippenknorpel steigert sich also wie die Schrägrichtung der Costo-vertebral-Articulation. Beide Einrichtungen zeigen von oben nach abwärts eine erhöhte Leistungsfähigkeit; die eine zielt auf die laterale Excursion der Rippen, die andere durch Streckung des Rippenknorpels gleichfalls auf jene, aber auch auf Spannung der Rippen. Das Aufhören der die Rippen hebenden und damit den Thorax erweiternden Muskelaction bedingt einen Nachlass jener Spannung und damit ein sich Senken der Rippen und eine Verengerung des Thorax. Die Betheiligung der Elasticität der Rippen an den Bewegungen des Thorax hat somit eine Ersparnis an Muskelarbeit zur Folge.

Die Länge der vorderen Thoraxwand beträgt ungefähr 16—19 cm, die der hinteren 27—30 cm, die der lateralen Wand 32 cm. Der Querdurchmesser der oberen Thoraxapertur 9—11 cm, zwischen dem sechsten Rippenpaar 20—23 cm, der sagittale Durchmesser von der Mitte des Sternum zum sechsten Brustwirbelkörper 12—15 cm. (W. Krause.)

II. Vom Kopfskelet.

1. Anlage des Kopfskelets. — Primordialcranium.

§ 103.

Durch die Mannigfaltigkeit seiner Beziehungen gestaltet sich das Skelet des Kopfes zu einem ebenso wichtigen als complicirten Abschnitte des gesammten Skeletsystemes. Es umschließt das Gehirn, birgt die wichtigsten Sinnesorgane und den Anfang des Darmsystemes (Kopfdarm) mit den aus ihm hervorgegangenen Cavitäten und gewinnt daraus viele und eigenartige Functionen. Von den einfachsten Zuständen an, wie sie bei niederen Wirbelthieren bleibend, bei den höheren vorübergehend existiren, sind am gesammten Kopfe und damit auch an den in ihm entstehenden Skeletbildungen zwei Abschnitte unterscheidbar. Wir betrachten sie zunächst in ihrem primitiven, einfachsten Zustande. Ein oberer, die Fortsetzung des Achsenskeletes des Rumpfes, dient zur Umschließung des Gehirnes und hat Sinnesorgane an- oder eingelagert. Er bildet seiner vorwaltenden Eigenschaft gemäß den *cerebralen Abschnitt*, die *Hirnkapsel* (Cranium). Ein zweiter oder *visceraler* Abschnitt schließt sich ventral an jenen an, umwandet die primitive mit der Mundöffnung beginnende Kopfdarmhöhle (vergl. S. 74). Deren Wand bilden die Kiemenbogen und ihre Derivate. Der Boden der Hirnkapsel bildet zugleich das Dach der Kopfdarmhöhle. In diesen Boden der Hirnkapsel setzt sich eine bestimmte Strecke weit die *Chorda dorsalis* fort und deutet auf die Zusammengehörigkeit dieser Strecke zum übrigen Achsenskelete, der Wirbelsäule, wie denn auch diese Strecke aus einem metamer gegliederten Abschnitte hervorging.

Diese anfänglich durch indifferentes Gewebe dargestellten Bildungen sondern sich theilweise in Knorpelgewebe. Dieses tritt, wie bei der Entstehung der knorpeligen Wirbelsäule, zuerst in der Umgebung der Chorda auf. Weiter um sich greifend bildet es eine knorpelige Grundlage für den Boden der Hirnkapsel, auch gegen die Seiten hin. Bei niederen Wirbelthieren (Selachier, Stör) umwächst dieser Knorpel den gesammten, vom Gehirn eingenommenen Raum und bildet damit eine auch oben geschlossene Hirnkapsel, einen *knorpeligen Schädel*, welcher äußerlich den verschiedenen Organen des Kopfes, vorzüglich den Sinnesorganen sich anpasst und dadurch eine bestimmte Gestalt empfängt. Dieses *Knorpelcranium* verliert allmählich seine ursprüngliche Bedeutung in der aufsteigenden Reihe der Wirbelthiere, indem es theils nicht mehr vollständig zur Entwickelung kommt, theils durch Knochen ersetzt wird. Das Knorpelgewebe wird auch hier von dem die Schutz- und Stützfunction besser leistenden Knochengewebe verdrängt. Gemäß der voluminösen Gestaltung bildet sich bei den höheren Wirbelthieren die Decke des Knorpelcranium nicht mehr aus. Bindegewebe in der Fortsetzung der seitlichen Knorpelwand verschließt hier eine Zeitlang die Schädelhöhle, und später lagern sich Deckknochen über die Lücke des Schädeldaches.

§ 101.

Mit dem Knorpelcranium erscheinen auch in den die Kopfdarmhöhle umschließenden Bogen *knorpelige Theile*, gleichfalls bogenförmig gestaltet. Bei den niederen Wirbelthieren bestehen diese in größerer Anzahl, bei den höheren kommen nur die vorderen 4 Bogenpaare, und auch diese nicht vollständig zur Anlage. Wahrscheinlich besteht auch noch die eines 5., wenigstens in früheren Zuständen der Säugethiere. Das erste Paar umzieht die Mundöffnung und bildet die Anlage des Kieferskeletes, zwei darauffolgende Paare sind mit ihrem ventralen Verbindungsstücke nur Rudimente von Kiemenbogen, die wie die Reste des 4. und 5. in andere Functionen treten. Der ursprünglich mehr gleichartige Apparat sondert sich in sehr verschiedenartige Gebilde. Die Umwandlung betrifft nicht blos die Reihe der Bogen, deren vordere anders als die hinteren sich gestalten, sondern an den einzelnen Bogen gelangen wieder die oberen, dem Cranium benachbarten Theile in andere Beziehungen als die unteren.

Wir haben also das erste Auftreten des gesammten Kopfskeletes in zwei differenten Bildungen zu suchen, in der einheitlichen, Hirn und Sinnesorgane bergenden Knorpelkapsel und in dem ventralwärts sich erstreckenden knorpeligen Bogensysteme. Die Hirnkapsel ist der Vorläufer des voluminösesten Theiles des gesammten Kopfskeletes und wird als *Primordialcranium* bezeichnet. An diesem sind wieder zwei Regionen unterscheidbar: die hintere als Basis der Hirnkapsel, und die vordere, die Nasenkapsel. Nur an der hintersten Strecke der Hirnkapsel bildet der Knorpel des Primordialcranium einen oberen Verschluss (Hinterhauptregion), weiter nach vorne wird das Dach nur durch Weichtheile gebildet, die knorpelige Hirnkapsel ist somit unvollständig. Vor der Hinterhauptregion empfängt das Primordialcranium eine seitliche Verdickung seiner Wandung, da hier das Gehörorgan (Labyrinth) sich einbettet. Weiter nach vorn findet sich eine jederseits das Auge aufnehmende Einbuchtung, die Augenhöhle (Orbita), und noch weiter vorne und abwärts setzt sich die Hirnkapsel in die knorpelige Nasenkapsel fort. Am Hirntheile des Primordialcranium wird wieder durch das Verhalten zur Chorda dorsalis eine Unterscheidung bedingt. Der von der Chorda durchsetzte oder »chordale« Theil der Basis des Knorpelcranium ist der zuerst auftretende, von ihm aus setzt sich die Knorpelbildung in die übrigen Regionen des Cranium fort, während der »prächordale« Abschnitt erst später sich entfaltet. Die Thatsache, dass derselbe einem gleichfalls erst später sich ausbildenden Gehirntheile entspricht, macht die secundäre Natur dieses Theiles des Cranium verständlich und lässt zugleich den chordalen auch in seiner Beziehung zum Gehirne als den ältesten erkennen.

In dem Verhältnis der Schädelanlage zur Chorda sprechen sich engere Beziehungen des Schädels zur Wirbelsäule aus. Der Schädel erscheint als eine Fortsetzung der Wirbelsäule, mit der er die Umschließung des centralen Nervensystems gemein hat. Er stellt eine theils durch die Entfaltung jenes vordersten Theiles des Centralnervensystems, sowie durch die Sinnesorgane und noch andere Beziehungen sehr bedeutende Modification einer der Wirbelsäule ähnlichen Einrichtung vor, an der nur die fehlende Metamerie einen hervorstechenden Unterschied abgiebt.

Die erste Anlage des Knorpelcranium ist bis jetzt nur von Thieren genauer erkannt. Wir dürfen aber annehmen, dass auch beim Menschen keine wesentliche Abweichung bestehe. Das zuerst sich differenzirende Knorpelgewebe erstreckt sich längs der Chorda bis zu einer Stelle, an welcher das Gehirn im Winkel nach vorne und abwärts umbiegt, so dass an seiner Basis ein einspringender Raum entsteht, welchen Knorpel erfüllt. Dieser bildet damit einen Vorsprung, den mittleren Schädelbalken (RATHKE) (vergl. Fig. 134). Von da aus bilden sich zwei seitliche Leisten, die durch die Ausbuchtung des Zwischenhirns von einander getrennt sind und die seitlichen Schädelbalken vorstellen. Die zwischen ihnen befindliche Lücke dient der Hypophysis zum Durchtritte und wird später vom Knorpel ausgefüllt. Erst mit der ferneren Volumzunahme des Körpers bildet sich die basale Schädelanlage voluminöser aus. Die Stelle aber, an der jene Lücke bestand, entspricht der späteren Sattelgrube, indes die Sattellehne aus dem mittleren Schädelbalken hervorgeht. Sie ist durch den Anfang des in Fig. 134 von der Schädelbasis senkrecht emporsteigenden Fortsatzes vorgestellt, dessen oberes Ende durch häutige Theile gebildet wird. Diese setzen sich bis zu 2 (s. Fig.) längs der seitlichen Schädelwand fort und repräsentiren das Tentorium cerebelli (s. unten beim Gehirn). Die spätere Sattelgrube empfängt ihre hintere Begrenzung in der Falte des Tentorium (2). Das Ende der Chorda dorsalis findet sich in der Sattellehne. Als prächordaler Abschnitt ist also der in Fig. 134 nach links befindliche vordere Theil des Cranium anzusehen.

Fig. 134.

Medianer Schnitt durch das Cranium eines [illegible] [illegible] des weichen Daches des Cavum cranii. 4. Vorsprung an der ersten Strecke der knorpeligen Schädelbasis. Nach KÖLLIKER.

Der zuerst an der Basis cranii entstandene Knorpel erstreckt sich von da auch noch seitlich und bildet einen einem Wirbelbogen ähnlichen Abschluss. Auf ihrem Verlaufe durch die knorpelige Basis des Primordialcranium bietet die Chorda außer eigenthümlichen Biegungen einzelne Anschwellungen durch Verminderung ihres Umfanges an den zwischenliegenden Strecken. Ihr Befund erinnert an das intervertebrale Verhalten der Chorda der Wirbelsäule. Die vordere Chorda-Anschwellung liegt zwischen dem späteren vorderen und hinteren Keilbeinkörper, die hintere zwischen hinterem Keilbeinkörper und dem Körper des Hinterhauptbeines (Spheno-occipital-Verbindung).

Bei manchen Säugethieren (z. B. Schweinen) bildet sich das Primordialcranium bedeutender aus. Beim Menschen ist es relativ bedeutend reducirt.

Über das Primordialcranium s. A. A. BIDDER, De cranii conformatione. Dorpati. 1847. KÖLLIKER, Bericht von der zoot. Anstalt. 1849, ferner dessen Entwickelungsgeschichte S. 434.

2. Knöchernes Kopfskelet.

§ 105.

Das knorpelige Primordialcranium spielt beim Menschen eine rasch vorübergehende Rolle, denn sehr frühzeitig treten knöcherne Theile auf, die es entweder zerstören, indem sie sich an die Stelle vorher knorpeliger Strecken setzen, oder die sich ihm auflagern, wobei der darunter befindliche Knorpel früher oder später zu Grunde geht. Dann erscheinen endlich auch Knochen, welche gar keine Beziehung zum Knorpelcranium besitzen, jedoch durch ihre Verbindung mit jenen anderen zur Herstellung eines *knöchernen Cranium* beitragen. Ähnliches gilt auch von den knorpeligen Kiemenbogen. Wir hätten demzufolge genetisch zwei Kategorien von Schädelknochen zu unterscheiden: solche, die durch Ossificationen des Primordialcranium entstehen, und solche, die außerhalb des letzteren auftreten, und diese sind wieder in zwei Gruppen gesondert, je nachdem sie Belegknochen des Knorpelcranium sind, oder niemals Beziehungen zu ihm besitzen.

Bei der Ossification des Primordialcranium treten vereinzelte Knochenkerne (S. 138) im Knorpel auf, die sich vergrößernd gegen einander wachsen. Sie bleiben kürzere oder längere Zeit durch Knorpel getrennt, so dass das Cranium auch bei begonnener Verknöcherung noch durch interstitiellen Knorpel fortwächst. Während in den unteren Abtheilungen der Wirbelthiere meist aus jedem einzelnen Knochenkerne ein besonderer Knochen hervorgeht, treten in den höheren Abtheilungen jeweils mehrere solcher Kerne zu einem Knochen zusammen. Die Letzteren entstehen somit aus Complexen von Ossificationscentren.

Die Mehrzahl der aus dem Primordialcranium entstandenen Knochen stellt solche Complexe vor. So sind bei vielen Säugethieren noch selbständig bestehende Knochen beim Menschen ebenso wie bei anderen Primaten als selbständige Theile verschwunden, indem sie mit benachbarten verwachsen sind. Selbständiger erhalten sich die außerhalb des Primordialcranium entstehenden Knochen — obschon auch hier Concrescenzen vorkommen. Dadurch wird den einzelnen Bestandtheilen des Schädels ein sehr *verschiedener morphologischer Werth*.

Nicht das ganze Knorpelcranium schwindet mit der Ossification. Ein ansehnlicher Rest erhält sich in der Nasenregion.

Die knöchernen Theile des gesammten Kopfskelets sondern wir in Knochen des *Schädels* und Knochen des *Kiemen-* oder *Visceralskeletes*.

Das oben erwähnte Verhalten des Schädels zur Wirbelsäule, aus welcher der Rückgratcanal in die Schädelhöhle sich fortsetzt, ließ die Auffassung entstehen, dass im Kopfskelet ein der Wirbelsäule ähnliches, nur durch erworbene Beziehungen modificirtes Gebilde gegeben sei. Nachdem es möglich war, am knöchernen Schädel einzelne, entfernt mit Wirbeln vergleichbare Segmente nachzuweisen, hat man darauf die Anschauung von der Zusammensetzung des knöchernen Schädels aus Wirbeläquivalenten gegründet (GOETHE, OKEN). Diese »*Wirbeltheorie*« des Schädels ward oftmals und mannigfach umgebildet, je nachdem man eine Mehr- oder Minderzahl von Wirbeln zu sehen glaubte (drei, vier und mehr) und ihren Aufbau aus Wirbeln nur für die Hirnkapsel annahm, oder auch auf die Gesichtsknochen ausdehnte. So richtig das Fundamentale dieser Anschauung war, dass nämlich das Kopfskelet jenem der Wirbelsäule nichts absolut Fremdes sei, so wenig haltbar war die speciellere Ausführung. Es widerspricht ihr die Thatsache des continuirlichen Primordialcranium, die Thatsache, dass die den Bogen der Wirbel verglichenen Deckknochen des Schädels nie knorpelig sind, eine ganz andere Abstammung als die basalen Theile des Schädels besitzen, endlich die Thatsache, dass von den am Säugethierschädel theoretisch construirten Wirbeln bei niederen Wirbelthieren (Fischen) gar nichts zu sehen ist. Die hypothetischen Schädelwirbel sind daher nicht Wirbeln vergleichbare (homologe) Abschnitte des knöchernen Cranium, es sind Segmente, in welche man das letztere sich gesondert vorstellen kann, ohne dass ein Nachweis für die wahre Wirbelnatur dieser Segmente zu liefern wäre. So wenig aber als die Abschnitte, in welche der Säugethierschädel zerlegbar ist, sämmtlich einzelnen Wirbeln entsprechen, ebenso wenig bestehen Einrichtungen am knöchernen Cranium, welche dasselbe in Wirbel gesondert erscheinen ließen. Dagegen bestehen am knorpeligen Kopfskelet niederer Wirbelthiere nicht wenige Verhältnisse, welche die Existenz eines vielgegliederten Cranium als eines ontogenetisch nicht mehr nachweisbaren Vorläufers des einheitlichen Cranium annehmen lassen.

Näheres in meinem Grundriss der vergleichenden Anatomie. II. Aufl. S. 469.

a. Knochen des Schädels.

Fig. 135. Fig. 136.

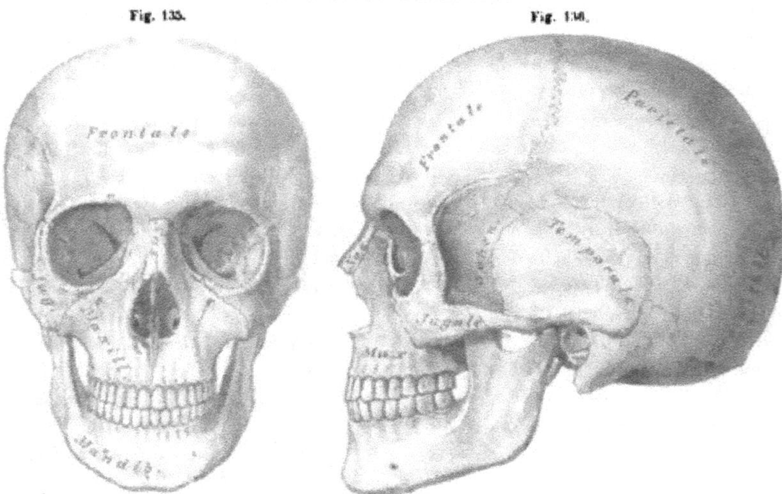

Schädel in frontaler Ansicht. Schädel von der linken Seite.

Die einzelnen Skeletstücke, in welche der Schädel (Fig. 135, 136) zerlegbar ist, bilden nach der Verschiedenheit ihrer Beziehungen mehrere größere Gruppen. Eine derselben setzt sich aus jenen Knochen zusammen, welche die Schädelhöhle umschließen: *Knochen der Schädelkapsel*. Die übrigen, am Antlitztheile des Schädels liegenden Knochen, »Gesichtsknochen« des Schädels, lösen wir in zwei Gruppen auf, zumal mehrere von ihnen nicht das mindeste mit dem Antlitz zu thun haben. Sie scheiden sich in *Knochen der Nasenkapsel* und Knochen des *Kieferapparates*.

Auf diese Gruppen vertheilen sich die Knochen in folgender Weise:

I. Knochen der Hirnkapsel des Schädels.

1. Hinterhauptbein (*Occipitale*).
2. Keilbein (*Sphenoidale*).
3. Schläfenbeine (*Temporalia*).
4. Scheitelbeine (*Parietalia*).
5. Stirnbein (*Frontale*).

II. Knochen der Nasenregion.

6. Siebbein mit den unteren Muscheln (*Ethmoidale* und *Turbinalia*).
7. Thränenbeine (*Lacrymalia*).
8. Nasenbeine (*Nasalia*).
9. Pflugscharbein (*Vomer*).

III. Knochen der Kieferregion.

10. Oberkiefer (*Maxillaria*; *Maxillae superiores*).
11. Gaumenbeine (*Palatina*).
12. Jochbeine (*Jugalia*, *Ossa malae*).

Die Knochen der beiden ersten Gruppen sind entweder solche, die aus dem Primordialcranium hervorgehen, oder als Belegknochen desselben erscheinen, oder endlich das am Knorpelcranium defecte Schädeldach herstellen. Die dritte Gruppe umfasst ursprünglich dem Cranium fremde Elemente, die bei den niederen Wirbelthieren mit dem Schädel sogar beweglich verbunden sind.

In wiefern mit diesen Knochen andere, beim Menschen nicht mehr gesondert fortbestehende verbunden sind, wird bei den einzelnen Knochen aufgeführt.

I. Hirnkapsel des Schädels.

Knochen der Schädelbasis.

§ 106.

Der größte Theil dieser Knochen geht aus Ossificationen des Primordialcranium hervor. Ich zähle hierher das Hinterhauptbein, Keilbein, Schläfenbein. Das mit einem Theile gleichfalls hierher gehörige, einen vorderen Abschluss der Schädelbasis bildende Siebbein begrenzt zum großen Theile die Nasenhöhle, wird daher bei den Knochen der Nasenregion behandelt.

1. Hinterhauptbein (Occipitale).

Das Hinterhauptbein, *Os occipitis*, bildet den hintersten Abschnitt des Schädels, vermittelt dessen Verbindung mit der Wirbelsäule und betheiligt sich ebenso an der Basis cranii wie am Schädeldache. Es umschließt eine große, die Communication der Schädelhöhle mit dem Rückgratcanal vermittelnde Öffnung: das *Hinterhauptloch* (*Foramen occipitale, Foramen magnum*).

Es sind an diesem Knochen vier Theile unterscheidbar, welche das Hinterhauptloch umgrenzen. Den Vorderrand dieses Loches bildet der *Körper* (*Pars basilaris, Occipitale basilare*), beiderseits stoßen daran die *Partes laterales, Occipitalia lateralia*, an welche sich hinten das Schuppenstück (*Squama occipitalis*) anschließt. Während der Körper wie die Seitentheile aus dem knorpeligen Primordialcranium hervorgehen, nimmt die Schuppe des Hinterhauptbeins nur mit ihrem unteren Abschnitte mit jenen gleiche Entstehung, der obere, zwischen die Parietalia sich einschiebende Theil gehört nicht dem Primordialcranium an, sondern stellt gleich den übrigen Knochen des Schädeldaches einen Deckknochen vor, der bereits im dritten Fötalmonate mit dem unteren Stücke zu verwachsen beginnt. Die »Schuppe« setzt sich also aus zwei Stücken zusammen, einem ursprünglich knorpeligen Schlussstück des Foramen magnum, dem *Occipitale superius*, und einem damit sich verbindenden Deckknochen: dem *Interparietale* (Fig. 137).

Fig. 137.

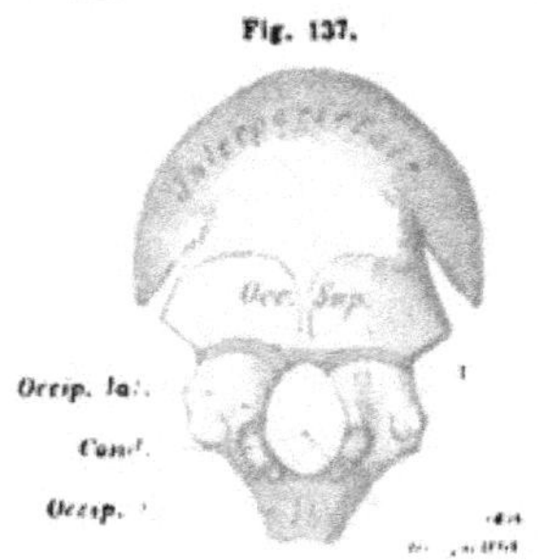

Occipitale eines Neugeborenen von hinten und unten.

Die einzelnen Theile des Hinterhauptbeins repräsentiren selbständige, bei niederen Wirbelthieren getrennt bleibende Knochen, von denen das Interparietale jedoch nur den Säugethieren zukommt. Beim Menschen sind sie bei der Geburt noch discret, nur das Interparietale ist mit dem Occipitale superius größtentheils verschmolzen und bietet als Trennungsspur eine vom Rande des Knochens zwischen beide Stücke eindringende Spalte (s. Fig. 137). Das Interparietale entsteht mit zwei Ossificationscentren, so dass es wie die anderen Deckknochen ursprünglich paarig ist. Unter den Affen scheint das Interparietale bei Mycetes zu fehlen.

Der Körper (*Occipitale basilare*) zeigt seinen stärksten Theil nach vorn gerichtet und stößt mit diesem an den Körper des Keilbeins, mit dem er später verwächst. Die obere, etwas vertiefte Fläche sieht gegen die Schädelhöhle, und fällt steil gegen das Foramen magnum ab. Sie tritt daselbst mit der Unterfläche zum Vorderrande jenes Loches zusammen. Auf der Mitte der Unterfläche ragt ein flacher Höcker, *Tuberculum pharyngeum*, vor. Der seitliche rauhe Rand erstreckt sich nicht in der ganzen Länge des Körpers. Ihm verbindet sich durch Faserknorpel der Felsentheil des Schläfenbeins. Auf der oberen Fläche läuft über diese Strecke eine Furche für einen Blutleiter der harten Hirnhaut. Der hinterste, in der Begrenzung des Foramen magnum breiteste Theil des Körpers setzt sich noch etwas seitlich fort, und tritt auf die Gelenkhöcker über, deren vorderen Abschnitt er bildet (Fig. 137).

Die Seitentheile (*Occipitalia lateralia*) sind an der Verbindungsstelle mit dem Körper stärker, höher als breit, nach hinten zu horizontal verbreitert und abgeflacht, allmählich in die Schuppe übergehend.

Sie tragen an ihrem vordersten Theile die überknorpelten Gelenkköpfe, *Condyli occipitales* (vergl. auch Fig. 186), zur beweglichen Verbindung mit dem Atlas. Die Oberfläche jedes Condylus ist von hinten nach vorn zu gewölbt mit lateraler Richtung, der vordere Theil der Wölbung zugleich bedeutender als der hintere. Die Längsachsen beider Condylen convergiren vorne und schneiden sich in einem Winkel, der etwa die vorderste Grenze des Körpers des Hinterhauptbeins trifft. Ihr vorderer Theil steht auf einem Vorsprunge des Knochens, der hintere Theil tritt gegen eine Grube, in welcher der sehr variable *Canalis condyloideus* sich öffnet (*Foramen condyloideum posterius*). Über den Condylen werden die Seitentheile durchsetzt von einem constanten Canal (für den N. hypoglossus), dem *Canalis hypoglossi* (*For. condyl. ant.*). Er ist häufig durch eine Knochenspange in zwei getheilt.

Fig. 118.

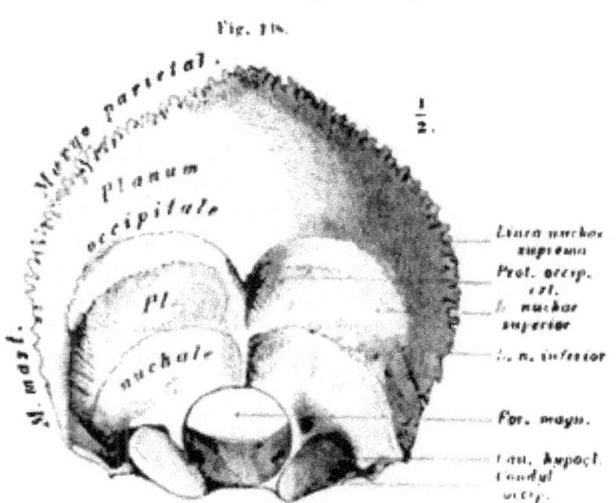

Hinterhauptbein von hinten und etwas von unten.

Der seitliche Rand bietet einen nach vorn gerichteten, meist scharfkantigen Ausschnitt, *Incisura jugularis*. An der lateralen Ecke dieser Incisur erhebt sich der *Processus jugularis*. Dieser umgreift von der Seite her kommend und nach vorn zur Incisur sich absenkend eine auf der Innenfläche des Knochens verlaufende Furche, das Ende des bei der Schuppe zu beschreibenden Sulcus transversus. Die Incisura jugularis hilft das Foramen jugulare begrenzen. Vom Processus jugularis an ist der übrige Theil des Seitenrandes rauh und verbindet sich, in eine Zackennaht übergehend, mit dem Felsentheile des Schläfenbeins.

Die Verbindungsstelle des Körpers mit den Seitentheilen ist nicht selten durch eine nach dem Cavum cranii vorspringende Wulstung ausgezeichnet. Zur vorderen Umgrenzung des Foramen jugulare dient zuweilen eine lateral und nach hinten gerichtete Zacke, so dass dann der größere Theil der Umrandung jenes Loches vom Occipitale gebildet wird. Die Gelenkflächen der Condylen zeigen eine sehr mannigfache Gestaltung. Nicht selten ist die Wölbung durch eine Einschnürung in zwei Facetten getheilt. Die hintere Facette tritt ziemlich steil gegen die oben bemerkte Grube. Der Boden dieser *Fossa condyloidea* ist meist die dünnste Stelle des Hinterhauptbeines. An der Stelle, wo oben der Processus jugularis vorragt, erscheint an der Unterfläche häufig ein stumpfer Fortsatz (vergl. Fig. 186) zur Insertion des Musc. rectus capitis lateralis. Er entspricht dem Processus paramastoides (Pr. jugularis), der in vielen Säugethierabtheilungen, am meisten bei Ungulaten und Nagern, ausgebildet vorkommt. Ein Vorsprung (*Processus interjugularis*) an der Incisura jugularis ist gegen einen ähnlichen des Petrosum gerichtet und scheidet die Incisur in einen meist größeren lateralen, und kleineren medialen Abschnitt. Diese bestehen dann auch am Foramen jugulare.

Die **Schuppe** bildet den ansehnlichsten Theil des Hinterhauptbeins. Wir unterscheiden an ihr eine *innere* (cerebrale), concave, und eine *äußere*, convexe Fläche. An der äußeren Fläche grenzt sich der obere, der Hinterhauptregion des Kopfes zu Grunde liegende Abschnitt (*Planum occipitale*) durch glattere Beschaffenheit von dem unteren Abschnitt ab, der gegen den Nacken gerichtet ist und vorwiegend zur Insertion von Muskeln dient (*Planum nuchale*) (Fig. 138). An der Grenze gegen die Occipitalfläche erhebt sich median ein Vorsprung (*Protuberantia occipitalis externa*), von dem aus eine anfangs meist schwache, dann stärkere Leiste gerade zum Foramen magnum verläuft, *Linea nuchae mediana* (*Crista occipitalis externa*). Sie scheidet das Planum nuchale in zwei seitliche Hälften und dient, wie die Protuberanz, dem Nackenbande zur Befestigung. Von der Protuberanz erstreckt sich lateral die *Linea nuchae superior*, eine Reihe von Unebenheiten an der Grenze des Planum occipitale und nuchale. Parallel mit ihr verläuft über das Planum nuchale die *Linea nuchae inferior*. Sie beginnt an der Mitte der Linea nuchae mediana und verläuft bis gegen den seitlichen Rand.

Die Linea nuchae superior ist sehr häufig lateral verbreitert, so dass sie mit ihren Grenzen ein mondsichelförmiges Feld umschließt, dessen Convexität aufwärts gerichtet ist. Die Ausprägung der Grenzen stellt dann zwei besondere Linien dar, deren obere die *Linea nuchae suprema* bildet (Fig. 138).

Die *innere Fläche* der Schuppe theilt im Allgemeinen die Eigenthümlichkeiten der cerebralen Fläche mit anderen Schädelknochen. Ausgezeichnet ist sie durch einen kreuzförmigen Vorsprung (*Eminentia cruciata*), welcher vier Gruben abgrenzt. Die beiden unteren nehmen das kleine Gehirn auf. In die beiden oberen ragen die Hinterlappen des Großhirns. Die in der Mitte des Kreuzes liegende *Protuberantia occipitalis interna* entspricht der äußeren Protuberanz. Auf dem oberen Schenkel des Kreuzes tritt eine breite, flache Furche herab, welche meist auf den rechten Querschenkel sich fortsetzt, zuweilen aber auch in eine, auf dem linken Schenkel verlaufende Furche sich abzweigt. Die senkrechte Furche ist der *Sulcus sagittalis*, die die Querschenkel begleitenden stellen je einen *Sulcus transversus* vor. Der untere senkrechte Schenkel des Kreuzes (*Crista occipitalis interna*) bietet seltener eine schmale Furche und springt in der Regel stärker vor. Gegen das Foramen occipitale theilt er sich in zwei, dieses umfassende Wülste.

Fig. 139.

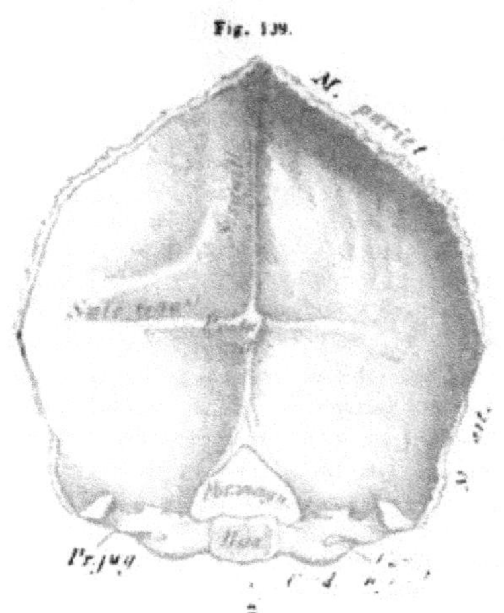

Hinterhauptbein von innen.

Die *Ränder* der Schuppe unterscheiden sich nach den benachbarten Knochen. Die unterste Strecke des seitlichen Randes (*Margo mastoideus*) bildet mit dem Zitzentheile des Schläfenbeins eine schwach ausgeprägte Zackennaht. In stumpfem Winkel stößt daran der obere Rand der Schuppe, der mit dem anderseitigen oben zusammenläuft. Er verbindet sich mit dem Parietale in der *Sutura occipitalis* oder *S. lambdoides* (Lambdanaht), daher *Margo parietalis* (M. lambdoides) (Fig. 139).

Die zwischen der Linea nuchae superior und inferior liegende Strecke des Planum nuchale wird durch eine schräg von der oberen medianwärts zur unteren Linie verlaufende Linie in zwei Felder abgetheilt. Das mediale dient dem Musc. semispinalis capitis, das laterale dem M. obliquus cap. superior zur Insertion. Die *Linea nuchae superior* ist zuweilen durch einen bedeutenderen Vorsprung dargestellt, der mehr oder minder auch die L. n. suprema mit erfasst, aber auch getrennt von ihr bestehen kann. Die Erhebung kann bei gewissen Rassen sogar zu einem Querwulste (*Torus occipitalis*) entfaltet sein (ECKER). Er vertritt die Crista occipitalis der Affen.

Die Verschmelzung der Theile in der Umgebung des Foramen magnum erfolgt erst mehrere Jahre nach der Geburt. Im 6.—7. Jahre ist sie in der Regel beendet.

Das *Interparietale* erhält sich in seltenen Fällen als ein discreter Knochen, der aber nicht mit Schaltknochen in der Lambdanaht, die oft eine bedeutende Größe erreichen und wie ein Abschnitt des Interparietale sich darstellen, verwechselt werden darf. Es ward bei peruanischen Mumien als *Os incae* beschrieben. Die den Deckknochen von dem übrigen Occipitale trennende Naht oder ihre Reste scheinen bei den Altperuanern häufiger als bei anderen Rassen sich erhalten zu haben.

2. Keilbein (Wespenbein, Sphenoidale).

Das **Keilbein** nimmt die Mitte der Schädelbasis ein, mit seinem medianen Körper vor dem Basaltheile des Occipitale. Durch seine Lage werden ihm Beziehungen zu der Mehrzahl der Schädelknochen zu Theil. Es setzt sich aus mehreren, in der letzten Fötalperiode mit einander verschmelzenden, aus Ossificationen des Primordialcranium entstehenden Stücken zusammen (Fig. 140), die in niederen Zuständen, zum Theil selbst noch bei den Mammalien, selbständig bleibende Elemente des Cranium sind.

Fig. 140.

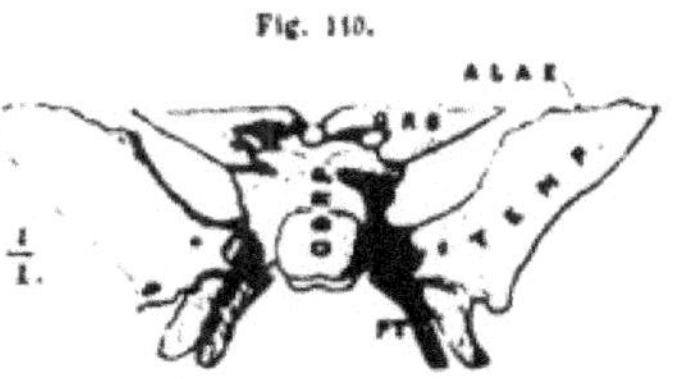

Keilbein eines Neugeborenen von hinten.

So geht der in der Medianlinie liegende *Körper* aus zwei Stücken hervor (Fig. 141), einem hinteren (Basisphenoid, *Sphenoidale basilare post.*) und einem vorderen (Präsphenoid, *Sphenoidale bas. anterius.*) Jeder der beiden Körpertheile trägt seitliche Stücke, die *Flügel* (*Sphenoidalia lateralia*, Fig. 140). Die hinteren Flügel, beim Menschen viel größer als die vorderen, treten in der Schläfengrube zur Schädeloberfläche, sie werden als *Alae temporales, A. magnae*, von den beim Menschen kleineren Flügeln, *Alae orbitales, A. parvae*, unterschieden. Die Alae temporales bilden sehr frühzeitig absteigende Fortsätze, Flügelfortsätze, aus, an deren mediale Fläche das *Pterygoid*, ein dem Cranium ursprünglich fremder Knochen, sich anlagert und mit ihm verschmilzt. Das Pterygoid (Fig. 140 *PT*) bildet dann die mediale Lamelle des *Flügelfortsatzes* des Keilbeins.

Fig. 141.

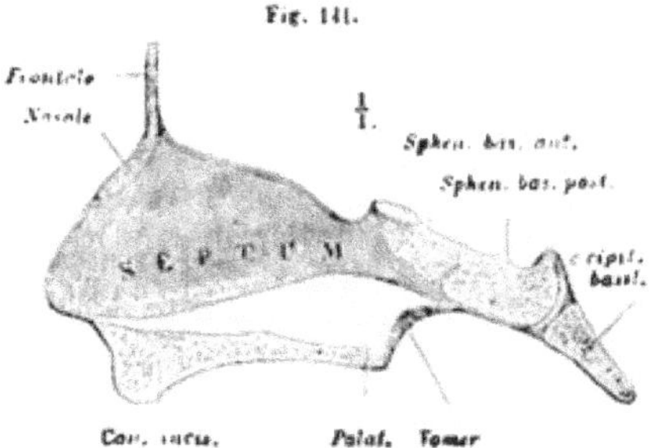

Medianschnitt durch die Basis cranii eines Neugeborenen.

Die Entstehung des Keilbeinkörpers aus einem vorderen und einem hinteren Stücke (Fig. 141) bedingt die lang gestreckte Gestalt, welche dieser Theil selbst bei der Geburt noch besitzt. Darin stimmt er mit dem Keilbeine der meisten Säugethiere überein, an welchem jene Theile getrennt bleiben. Nachdem die Verschmelzung von der oberen Fläche aus erfolgte, bleiben noch Knorpelreste zwischen beiden Stücken nach unten hin. Mit der vollständigen Verschmelzung beider Körperstücke tritt die sagittale Ausdehnung allmählich zurück und der einheitliche Keilbeinkörper nähert sich der cubischen Gestalt. Später verbindet sich mit dem Keilbeinkörper der Körper des Occipitale. Diese Vereinigung beginnt gleichfalls von innen her im 12.—13. Lebensjahre und ist nach beendetem Wachsthum vollzogen. Keil- und Hinterhauptbein stellen einen Knochen (*Os basilare*, Grundbein) vor. Zuweilen persistirt jedoch die Trennung. Beim Neugeborenen erstreckt sich der Knorpel der Spheno-occipital-Synchondrose (*Synchondrosis spheno-basilaris*) auf die oberen Theile des Keilbeins bis in die Sattellehne, die gleichfalls noch knorpelig ist (Fig. 141).

a. Der Körper kann von Würfelform gedacht werden, wonach wir die Flächen unterscheiden. Die *hintere* Fläche ist etwas schräg abwärts gerichtet und steht längere Zeit mit dem Körper des Occipitale in knorpeliger Verbindung (*Synchondrosis spheno-basilaris*), bis die Verwachsung beider Knochen eintritt.

Die *obere* Fläche sieht gegen die Schädelhöhle, wo sie den Sattel (*Sella turcica*, *Ephippium*) bildet. Sie trägt eine bedeutende, quergerichtete Vertiefung, die *Sattelgrube*, welche seitlich über den Körper hinaus, gegen die von hier entspringenden großen Flügel sich abflacht. Hinten wird sie von der quer vorspringenden *Sattellehne* (*Dorsum ephippii*, Fig. 142) überragt. Deren seitliche Ecken sind lateral oder vorwärts in Höcker ausgezogen (*Processus clinoidei posteriores*). Die hintere Fläche der Sattellehne läuft auf die obere Fläche des Körpers des Hinterhauptbeines aus, bildet mit dieser den *Clivus*. Die Stelle der Synchondrose ist häufig auch bei Erwachsenen durch Rauhigkeiten ausgezeichnet. Vor der Sattelgrube liegt ein querer Wulst, bald flach, bald etwas nach hinten zu erhoben: *Sattelknopf* (*Tuberculum ephippii*). Seitlich von der Sattelgrube, etwas nach vorne, liegen die *Processus clinoidei medii*. Sie fehlen häufig. Vor dem Sattelknopfe setzt sich die fast ebene obere Fläche des Keilbeinkörpers lateral auf die der kleinen Flügel fort und grenzt vorne mit ausgezacktem Rande gegen die Siebplatte des Ethmoid.

Fig. 142.

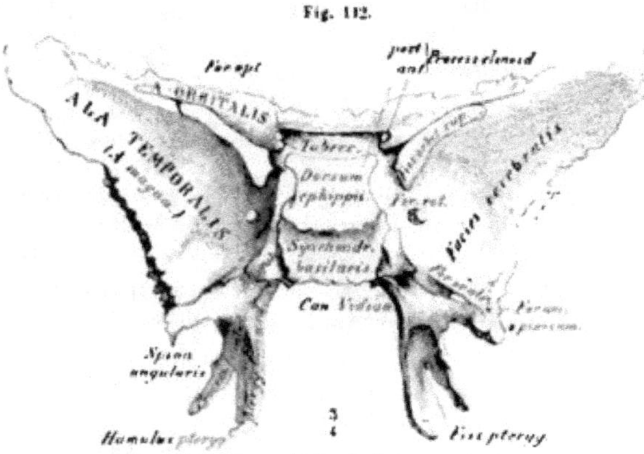

Keilbein von hinten und oben gesehen.

Jede *seitliche* Fläche des Körpers verbindet sich mit den Flügeln, davon die kleinen vorne und höher, die großen hinten und tiefer entspringen. Nahe der Wurzel der großen Flügel hat eine Arterie (Carotis interna) der Seitenfläche eine Furche eingeprägt, *Sulcus caroticus*. Diesen begrenzt lateral eine verschieden starke Erhebung, die *Lingula sphenoidalis* (Fig. 142).

Die *vordere* Fläche sieht gegen die Nasenhöhle und ist median durch die senkrechte *Crista sphenoidalis* ausgezeichnet, die sich in das vor- und abwärts gerichtete *Rostrum sphenoidale* auszieht (Fig. 143). In der Crista besteht die mediane Verbindung zweier dünner Knochenplatten, welche den im Körper befindlichen Sinus von vorne, auch von unten bedecken. Es sind die häufig im Zusammenhang mit dem Siebbein sich ablösenden und noch ihm zuzurechnenden *Ossicula Bertini, Conchae sphenoidales*. Ein oberer Ausschnitt grenzt eine von der Nasenhöhle in den Sinus sphenoidalis führende Öffnung von unten her ab. Crista und Rostrum stoßen an die senkrechte Platte des Ethmoid.

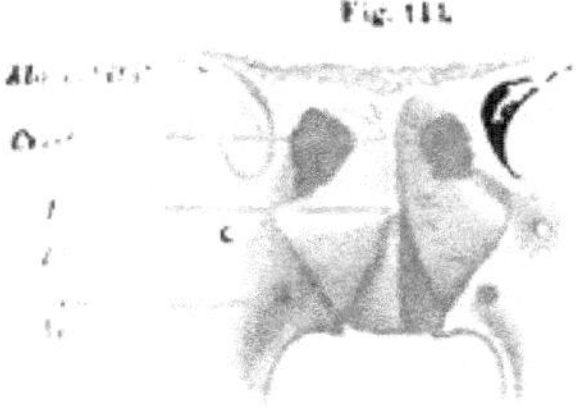

Fig. 143.

Keilbeinkörper von vorne und unten.

Der seitliche Rand der vorderen Fläche verbindet sich mit dem hinteren Rande des Labyrinthes des Siebbeines und grenzt oberflächlich an den hinteren Rand der Lamina papyracea desselben Knochens.

Die *untere* Fläche ist gleichfalls gegen die Nasenhöhle gerichtet. Sie bietet einen medianen, in das Rostrum sphenoidale auslaufenden, häufig zugespitzten Vorsprung, der von jenem zuweilen durch eine Knorpelreste führende Vertiefung getrennt ist. Diese Stelle entspricht der Grenze zwischen vorderem und hinterem Keilbeinkörper. Seitlich grenzt sich die untere Fläche durch eine von vorne nach hinten zu medianwärts verlaufende Furche von den großen Flügeln ab. Diese dreiseitigen Strecken der Unterfläche werden durch die Ossicula Bertini eingenommen, welche hier mit dem Keilbein verschmolzen sind (Fig. 143).

Der Körper des Keilbeins wird nach vollendeter Ossification durch spongiöse Knochensubstanz gebildet. Durch einen erst im dritten Lebensjahre auftretenden Resorptionsprocess entsteht von der Nasenhöhle her der oben als *Keilbeinsinus* (*Sinus sphenoidalis*) bezeichnete paarige Hohlraum als eine Nebenhöhle der Nase. Indem dieser Resorptionsvorgang von jeder Nasenhöhle selbständig erfolgt, sind beide Sinusse durch ein medianes Septum getrennt, jedoch meist von ungleicher Ausdehnung. Seltener fließen beide Sinusse zusammen, zuweilen sind sie in kleinere Räume getheilt. Die Communication mit der Nasenhöhle entspricht der Stelle, von der aus die Sinusbildung begann.

b. Die großen Flügel des Keilbeins, **Alae temporales**, **Alae magnae**, Ali-sphenoidalia, entspringen seitlich vom hinteren Abschnitte des Körpers, mit welchem sie bis gegen dessen Unterfläche verbunden sind. Wir unterscheiden das massivere Verbindungsstück mit dem Körper als *Radix*, dann den davon ausgehenden lateral gerichteten flügelförmigen Theil und endlich den von der Wurzel fast senkrecht absteigenden *Processus pterygoideus*.

Die Wurzel ist oben und vorne (Fig. 141) dicht am Körper von einem nach vorne und wenig lateral gerichteten Canale durchbohrt, *Foramen rotundum* (für den Ramus II. Nervi trigemini). Hinten wird die Wurzel durch die Lingula vom Körper abgegrenzt (Fig. 142). Der Flügel erstreckt sich erst fast horizontal nach außen, mit seinem vorderen Theile nach aufwärts gekrümmt und bedeutend nach oben und außen ausgezogen. Nahe an seinem hinteren Rande durchsetzt ihn senkrecht das *Foramen ovale* (für den Ram. III. Nervi trigemini) (Fig. 142), und dicht daran, etwas lateral und nach hinten zu liegt das viel kleinere *Foramen spinosum* (für die Art. meningea media). Die dieses Loch lateral abschließende hintere Ecke des großen Flügels bildet die abwärts gerichtete *Spina angularis*.

Am großen Flügel ist eine *Fläche* nach innen, eine andere nach außen gerichtet. Die erstere ist concav, *Facies cerebralis* (Fig. 142), mit den schon mehrmals erwähnten Unebenheiten. Die andere, äußere Fläche wird durch die Verbindung mit dem Jugale in einen *orbitalen* und einen *temporalen* Abschnitt gesondert. Die trapezförmige *Facies orbitalis* (Fig. 144) sieht nach vorn und hilft die Augenhöhle lateral begrenzen. Ihr hinterer Rand läuft gegen die Wurzel des Temporalflügels herab und bildet, mit einer Strecke des Vorderrandes der cerebralen Fläche scharfkantig sich vereinend, die untere Begrenzung der *Fissura orbitalis superior*. Der untere Rand der Orbitalfläche bildet dagegen die obere Begrenzung der *Fissura orbitalis inferior*. Die *Facies temporalis* liegt lateral, der Schläfengrube zugekehrt. Ihr größerer oberer Abschnitt ist schräg abwärts geneigt und durch die quere, verschieden deutliche *Crista infratemporalis* von dem unteren Abschnitte geschieden. Temporal- und Orbitalfläche laufen auf den mit dem Jochbein sich verbindenden kammförmigen Vorsprung, *Crista jugalis* (Fig. 144), aus.

Fig. 144.

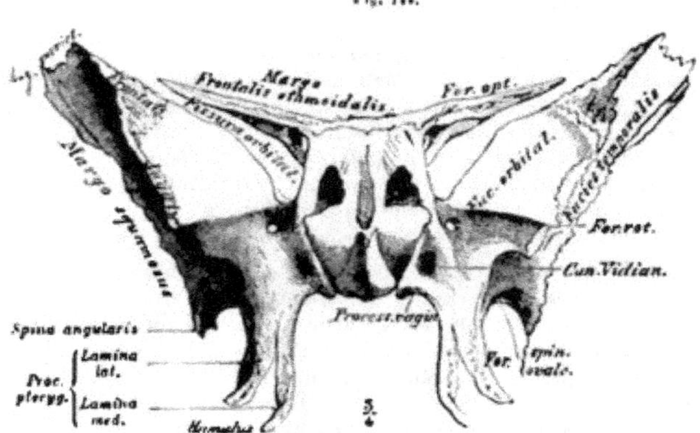

Keilbein von vorne und unten gesehen.

Durch die Crista jugalis wird die untere Augenhöhlenspalte lateral abgegrenzt. Sie fehlt bei vielen Säugethieren, indem Orbita und Schläfengrube einen einheitlichen Raum bilden, der erst allmählich sich in zwei scheidet. Noch beim Neugeborenen deutet die Weite der Fissura orbitalis inferior auf den primitiven Zustand. Außer der Verbindung mit dem Jugale geht der Temporalflügel mit seinem oberen, dreieckig verbreiterten Rande (*Margo frontalis*, Fig. 144) eine Nahtverbindung mit dem Stirnbein ein. Daran stößt die Verbindung mit dem Parietale, an dem obersten meist etwas quer abgestutzten Winkel, *Angulus parietalis*. Der hintere seitliche Rand (*Margo squamosus s. temporalis*) fügt sich an die Schuppe des Schläfenbeines; endlich bildet der von der Spina angularis an medianwärts verlaufende Theil des hinteren Randes mit dem Felsentheile des Schläfenbeines das größtentheils durch Faserknorpel ausgefüllte *Foramen lacerum (anterius)*.

Der *absteigende Fortsatz* des großen Flügels, *Processus pterygoideus*, Flügelfortsatz, besteht aus zwei an der Wurzel verschmolzenen, terminal durch die *Fissura pterygoidea* von einander getrennten Lamellen. Die laterale Lamelle ist eine breite, mit ihrem hinteren Rande lateral gewendete Platte und die mediale Lamelle ist das Pterygoid (vergl. Fig. 145). Indem diese Lamelle des Flügelfortsatzes oben sich medianwärts gegen den Keilbeinkörper krümmt, bildet sie da einen leistenförmigen Vorsprung (*Processus vaginalis*, Fig. 144). Auf der unteren Fläche desselben verläuft sagittal eine Rinne, welche vorne zuweilen zu einem Canälchen sich abschließt, aber in der Regel durch den Processus sphenoidalis des Gaumenbeines abgeschlossen wird (*Canaliculus pharyngeus*).

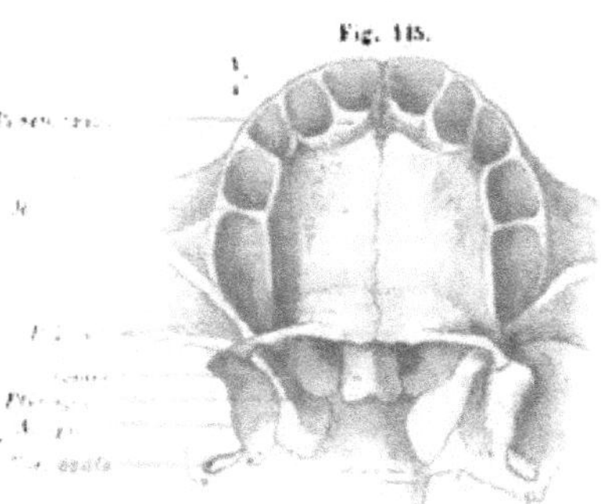

Fig. 145.

Vorderer Theil der Schädelbasis eines Neugeborenen.

Unten läuft die innere Lamelle in den *Hamulus pterygoideus* aus (Fig. 144). Beide Lamellen des Flügelfortsatzes bilden den Boden der nach hinten offenen *Fossa pterygoidea* (vergl. Fig. 165). Diese wird abwärts vervollständigt, indem ein Fortsatz des Gaumenbeines in die zwischen den Enden der beiden Lamellen gebildete Spalte sich einbettet.

An der Wurzel wird der Flügelfortsatz durchsetzt von dem horizontal von hinten nach vorne verlaufenden, mit dem anderseitigen convergirenden *Canalis Vidianus* (Fig. 144). Anfänglich nur eine zwischen Sphenoid und Pterygoid verlaufende Rinne, erhält er erst mit der Verwachsung beider Knochen allseitig knöcherne Wandungen. Er verdankt seine Entstehung den zwischen jenen Knochen verlaufenden Nerven und Blutgefäßen. Seine hintere Mündung findet sich dicht unterhalb des Sulcus caroticus. Vorne öffnet er sich auf eine flache Furche, die auf dem Flügelfortsatz herabläuft. Die Furche führt zu dem an der Verbindung des Gaumenbeines mit dem Flügelfortsatz gebildeten *Canalis pterygopalatinus*.

Zwischen der hinteren Mündung des Vidi'schen Canales und der Fossa pterygoidea findet sich, zuweilen recht deutlich ausgeprägt, eine flache Vertiefung, in welche die Ohrtrompete sich bettet, daher *Sulcus pro tuba Eustachiana*.

Die laterale Lamelle des Pterygoidfortsatzes erscheint häufig verbreitert und zieht sich dann in eine nach hinten gerichtete Spitze aus. Dieser Befund zeigt sich nicht selten mit einer Verbreiterung der Spina angularis combinirt, welche medial gegen das Foramen ovale sich erstreckt und sich sogar mit jenem Fortsatz der äußeren Flügellamelle verbinden kann. Seltener geht ein zweiter Fortsatz weiter abwärts von der Pterygoidlamelle gleichfalls jene Verbindung ein. W. Gruber, Bull. Ac. des sc. St. Pétersb. VIII. N. 24. Die Verbreiterung jener Lamelle ist im Zusammenhang mit der Vergrößerung des Ursprungs des M. pterygoideus externus. Sie findet sich auch bei Hylobates, in etwas anderen Beziehungen bei Ateles und Cynocephalus.

c. **Die kleinen Flügel**, **Alae orbitales**, Orbito-sphenoidalia, Processus ensiformes, entspringen vom vorderen oberen Theile des Körpers, und zwar mit zwei Wurzeln, welche die Öffnung für den Sehnerven (*Foramen opticum*) umschließen. Sie verlaufen oben plan auf den Körper und erstrecken sich in schwacher Krümmung lateral, mit rauhem Vorderrande dem Orbitaltheile des Stirnbeins sich verbindend (Fig. 144). Ihr hinterer glatter Rand sieht in die Schädelhöhle und läuft medial in den gegen die Sattellehne sehenden *Processus clinoideus anterior* aus (Fig. 142). Die untere Fläche ist vorne in der Umgebung des Foramen opticum der Orbita zugekehrt und begrenzt von oben her die *Fissura orbitalis superior* (Fig. 142, 144).

Der Processus clinoideus anterior verschmilzt zuweilen mit dem medius oder auch mit dem posterior oder mit beiden zugleich. Beim Orang scheint letzteres Regel zu sein. Ein Fall von Verschmelzung mit dem medius ist in Fig. 186 abgebildet. Die ungleiche Volumentfaltung der Alae orbitales und Alae temporales, die sie als kleine und große Keilbeinflügel unterscheiden ließ, ist eine Eigenthümlichkeit des Menschen und steht mit dem Antheile der Alae temporales an der Begrenzung der Schädelhöhle im Connexe. Bei den meisten Säugethieren sind die Alae temporales kaum Alae magnae zu nennen, bei vielen sind sie bedeutend kleiner als die Alae orbitales. Auch beim Menschen drückt sich die Anpassung ihres Umfanges an die Volumentfaltung des Gehirns in dem erst nach der Geburt erreichten proportionalen Verhalten zu den Alae orbitales aus (vergl. Fig. 140 mit 142).

3. Schläfenbein (Temporale, *Os temporis*).

Das **Schläfenbein** füllt die Lücke, welche zwischen Hinterhauptbein und Keilbein theils an der Seite des Schädels, theils gegen die Basis besteht.

Es setzt sich aus mehrfachen, in ihrer Entstehung sehr verschiedenen Theilen zusammen, die beim Neugeborenen (Fig. 146) größtentheils noch getrennt sind und erst später unter einander verschmelzen. Wir unterscheiden diese Elemente auch am ausgebildeten Schläfenbein als besondere Partien.

Fig. 146.

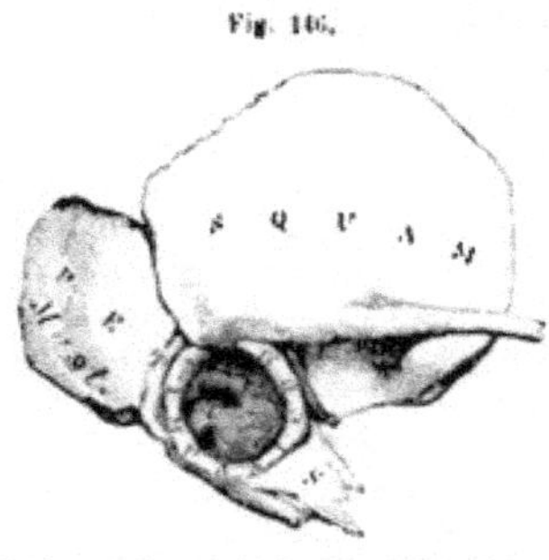

Rechtes Schläfenbein eines Neugeborenen. 1/1.

1. Der Felsentheil, *Pars petrosa*, stellt noch bei vielen Säugethieren einen besonderen Knochen, das *Petrosum*, vor. Es entsteht mit mehreren Knochenkernen aus einem Theile des Primordialcranium, umschließt das Labyrinth des Gehörorganes und wird durch die Beziehungen zu diesem Sinnesorgane auch vielfach in seinen äußeren Verhältnissen beeinflusst, indem sich in seiner Umgebung Hilfsapparate des Gehörorganes ausgebildet haben. Der lateral an der Außenfläche des Cranium sichtbare Abschnitt wird gewöhnlich als *Pars mastoides* davon unterschieden, ist aber mit den anderen Theilen gleichwerthig und darf umsomehr dem Petrosum zugetheilt werden, als er gleichfalls aus dem Primordialcranium entsteht. Er besitzt jedoch einen besonderen Knochenkern.

2. Der Schuppentheil, *Pars squamosa*. Ein bei Fischen, Reptilien und Vögeln durchaus selbständiger Knochen, das *Squamosum*, entsteht als Deckknochen des Schädels.

Fig. 147.

Annulus tymp.

3. Der Paukentheil, *Pars tympanica*, ist von einem dem Cranium ursprünglich fremden Skelettheile, *Tympanicum*, gebildet, der anfänglich als fast ringförmiger Knochen, *Annulus tympanicus* (Fig. 147), lateral und abwärts gerichtet am Felsenbein liegt und einen Rahmen für das Trommelfell abgiebt. Der offene obere Theil des Ringes lehnt sich an das Squamosum an. Bei den meisten Säugethieren bleibt dieser Knochen getrennt.

Indem der Annulus tympanicus mit dem Petrosum und mit dem Squamosum sich verbindet, kommt die von ihm umzogene Strecke der Außenfläche des Felsenbeines in die Tiefe zu liegen. Durch Auswachsen des Annulus in eine breitere Lamelle entzieht sich jene Felsenbeinfläche dem Anblicke. Den Zugang zu ihr bildet der durch das Auswachsen des Annulus gebildete knöcherne *äußere Gehörgang.*

Durch den Anschluss des Tympanicum an die beiden anderen Elemente des Schläfenbeines wird ein Raum umgrenzt und ins Innere des Schläfenbeines aufgenommen; er bildet die *Paukenhöhle*, Cavum tympani, welche beim Gehörorgane nochmals zu berücksichtigen ist.

Zu diesen Elementen des Schläfenbeins kommt endlich noch 4. ein dem Felsenbein von unten her sich anfügendes Knochenstückchen, welches wiederum dem Schädel ursprünglich nicht zugehört: der Griffelfortsatz, *Processus styloides.*

1. **Pars petrosa.** Wir unterscheiden an ihr einen vorderen und medialen, sowie einen hinteren und lateralen Abschnitt. Der erstere, *Pars pyramidalis*, bildet eine liegende, mit der Spitze nach vorn und medianwärts gerichtete, mit der Basis lateral und etwas nach hinten sehende vierseitige Pyramide, welche den Schädelgrund einnimmt. Nach außen und hinten stößt die Basis der Pyramide an einen zweiten Abschnitt, die *Pars mastoidea*. Diese bildet äußerlich einen unmittelbar hinter dem

Fig. 148.

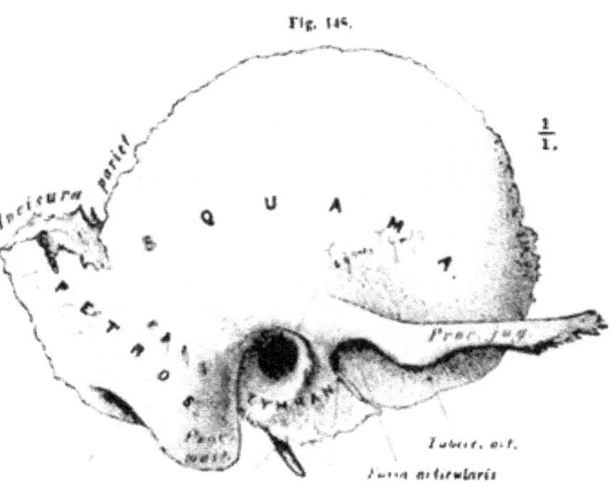

Rechtes Schläfenbein von der Seite.

äußeren Gehörgang entspringenden, abwärts gerichteten starken zitzenförmigen Fortsatz, *Processus mastoides*, den medial ein tiefer Einschnitt, *Incisura mastoidea* (Fig. 148, 149), abgrenzt. Der Zitzenfortsatz gewinnt erst nach der Geburt seine Ausbildung. Sein Inneres wird von zahlreichen kleineren und größeren Hohlräumen eingenommen (Fig. 150), den *Cellulae mastoideae*, die mit der Paukenhöhle communiciren. Auf der medial von der Incisur vortretenden Erhebung verläuft die Arteria occipitalis, die in der Regel einen rinnenförmigen Eindruck hinterlässt. Von der Spitze des Zitzenfortsatzes erstreckt sich eine rauhe Stelle längs des hinteren Randes des Fortsatzes aufwärts und setzt sich in die Linea nuchae superior des Occipitale fort. An der Innenfläche ist die als eine dünnere Platte nach hinten fortgesetzte Pars mastoidea durch eine breite und tiefe Furche (*Sulcus sigmoides*), die Fortsetzung des Sulcus transversus des Occipitale, von der Felsenbeinpyramide abgegrenzt.

An der Pyramide sind *vier Flächen* unterscheidbar, von denen zwei, eine vordere und eine hintere, gegen die Schädelhöhle gerichtet sind. Eine dritte ist der Basis cranii zugekehrt. Mit der vierten verbindet sich lateral das Tympanicum und verdeckt dadurch die eigentliche Außenfläche, die nur gegen die Spitze der Pyramide zu sichtbar ist. Da die Pars tympanica zugleich mit der Unterfläche der Pyramide an der Schädelbasis zum Vorschein kommt, wird sie meist mit dieser Fläche beschrieben, und die Pyramide damit als dreiseitig aufgefasst. Sehr festes compactes Knochengewebe zeichnet die Pyramide vorzüglich in jenen Partien aus, mit denen sie das Labyrinth des Gehörorganes umwandet, daher der Name Petrosum.

Fig. 149.

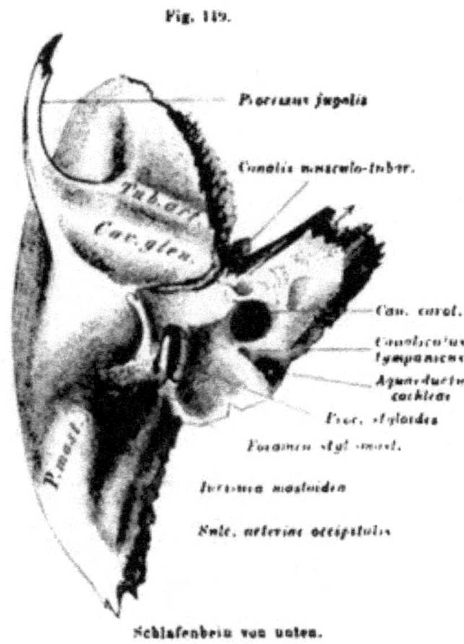

Schläfenbein von unten.

Von den beiden oberen oder cerebralen Flächen der Pyramide ist die eine fast senkrecht gestellt, nach hinten gerichtet. An der Grenzkante zwischen dieser hinteren und der vorderen oberen Fläche verläuft der in der Regel am lateralen Abschnitt stärker ausgeprägte *Sulcus petrosus superior* für einen Blutleiter der harten Hirnhaut. Auf der hinteren Fläche tritt ein ansehnlicher Canal in schräger Richtung lateralwärts ein, *Meatus acusticus (auditivus) internus*. Durch ihn verlässt der N. acusticus mit dem N. facialis die Schädelhöhle. Hinter und etwas über dieser Öffnung, ganz dicht an der Kante, in der die beiden cerebralen Flächen der Pyramide zusammentreffen, ist ein unregelmäßiger, gleichfalls lateral sich einsenkender Spalt bemerkbar, der beim Neugeborenen eine tiefere Grube vorstellt. Ein aus weichem Bindegewebe gebildeter Fortsatz der Dura mater füllt dann die Grube aus.

Weiter lateralwärts ist eine von dünnem Knochenblatte überdachte Spalte bemerkbar, die schräg abwärts und nach außen sieht: *Aquaeductus vestibuli*. Am unteren Rande der hinteren Fläche, etwa der Strecke zwischen Meatus acusticus und Aquaeductus vestibuli entsprechend, besteht die *Incisura jugularis*, welche der gleichnamigen des Occipitale entspricht. Ein Vorsprung der hinteren Fläche, *Processus interjugularis* theilt sie in zwei Abschnitte.

Die vordere *obere* Fläche breitet sich lateralwärts gegen die Schuppe aus, bildet eine dünnere, die Paukenhöhle deckende Platte, *Tegmen tympani* (Fig. 152), die sich auch vorwärts gegen die Spitze der Pyramide, als Dach des Canalis musculo-tubarius fortsetzt. Jene Fläche erscheint fast horizontal, nur an ihrer medialen Hälfte ist sie schräg abwärts geneigt. An der Grenze dieser Abdachung, nahe der oberen Kante, erhebt sich das *Jugum petrosum*, welches dem vorderen Bogengange des Labyrinthes entspricht. Abwärts davon, etwa in der Mitte der Fläche, liegt eine nach vorn und medial gerichtete Spalte, *Hiatus canalis Fallopii*, von dem aus eine meist seichte Furche, zuweilen deutlich paarig, schräg median und abwärts zieht. Nahe dem lateralen Rande, ab- und vorwärts vom Hiatus canalis Fall. liegt eine kleine, gleichfalls auf eine Furche mündende Öffnung: *Apertura superior canaliculi tympanici*. Ein seichter Eindruck, nahe der Spitze der Pyramide, bezeichnet die Lage des Ganglion Gasseri.

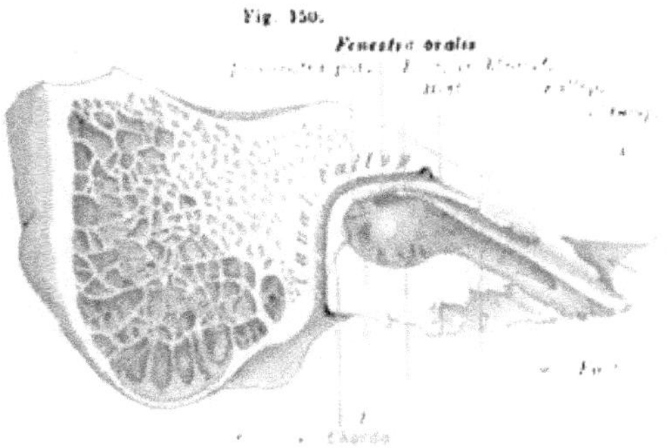

Fig. 150.

Petrosum. Längsschnitt.

An der unteren Fläche (Fig. 149) machen sich viele größere und kleinere Unebenheiten bemerkbar. Vorwärts von der *Incisura mastoidea* trifft man die äußere Mündung des Fallopischen Canals, das *Foramen stylo-mastoideum*. Unmittelbar vor diesem tritt ein sehr verschieden mächtiger griffelförmiger Fortsatz, *Processus styloides*, aus einer Vertiefung hervor. Eine gekrümmte, vom Tympanicum gebildete Knochenlamelle bildet lateral für seine Basis eine Scheide. Gegen den medialen Rand der Fläche wölbt sich die bald flache, bald tiefe, auch im Umfange sehr variable *Fossa jugularis* für den Anfang der gleichnamigen Vene. Vor der Grube, aber dicht am medialen Rande und theilweise an der hinteren Fläche, besteht eine dreiseitige Vertiefung, der *Aquaeductus cochleae*, welcher in die Schnecke des Labyrinthes führt. Näher dem lateralen Rande vor der Fossa jugularis öffnet sich der weite *Canalis caroticus*, der auf- und vorwärts gekrümmt, seitlich oder auch dicht an der Spitze der Pyramide seine innere Mündung (Fig. 150) besitzt. In Fig. 151 ist dieser Canal auf senkrechtem Längsschnitte dargestellt. An der Scheidewand zwischen seiner äußeren Mündung und der Fossa jugularis liegt die flache, oft kaum bemerkbare *Fossula petrosa*.

An dieser findet sich die feine *Apertura inferior canaliculi tympanici*, die in ein in die Paukenhöhle führendes Canälchen leitet. Dieses nimmt in der Paukenhöhle seinen Weg auf das Promontorium, wo es meist in den *Sulcus Jacobsonii**) fortgesetzt ist (Fig. 150). Ein anderes feines Canälchen beginnt an der hinteren Wand der Fossa jugularis, *Canaliculus mastoideus*. Seine Öffnung steht zuweilen mit der Fossula petrosa durch eine Rinne in Verbindung. Das Canälchen verläuft zum Fallopischen Canal und setzt sich von da aus gegen den Processus mastoides fort. Eine Abzweigung des Canälchens mündet hinter dem Foramen stylo-mastoideum aus, die Fortsetzung hinter dem äußeren Gehörgange, dicht am Zitzenfortsatze. Am Ausgangsstücke des carotischen Canals bietet dessen hintere Wand gleichfalls einige feine Öffnungen dar, von denen meist zwei als Durchlässe von Nerven zur Paukenhöhle dienen, *Canaliculi caroticotympanici* (Fig. 151).

Die äußere, laterale Fläche der Pyramide wird größtentheils vom Tympanicum bedeckt und *bildet die mediale Wand der Paukenhöhle*, deren Dach das oben erwähnte Tegmen tympani vorstellt. Der Raum dieser Cavität ist in Fig. 152 auf

*) L. L. Jacobson, Arzt in Kopenhagen, geb. 1783, † 1843.

dem senkrechten Querschnitte dargestellt. Nach Entfernung des Tympanicum, oder auch am Schläfenbein eines Neugeborenen, wo jene Wandfläche im Rahmen des Annulus tympanicus nahezu vollständig zu übersehen ist (Fig. 146), erblickt man eine längliche, etwas schräg gestellte Öffnung, *Fenestra ovalis* (Vorhofsfenster), unterhalb welcher ein gewölbter Vorsprung liegt, *Promontorium* (Fig. 150, 151). Am unteren Abhange des letztern, nach hinten zu, sieht man eine zweite fast dreiseitige Öffnung, *Fenestra triquetra* (Fen. rotunda, Schneckenfenster). In der Höhe der Fenestra ovalis ragt von der hinteren Wand der Paukenhöhle her ein kurzer, an seinem freien Ende durchbohrter Fortsatz ein: *Eminentia pyramidalis* (Fig. 150). Über das Promontorium verläuft von unten her der *Sulcus Jacobsonii* (tympanicus). Vor und über der Fenestra ovalis springt eine dünne Knochenlamelle mit aufwärts gebogenem Rande vor und formt mit ihrem hinteren Ende den *Processus cochleariformis*. Nach vorn zu setzt sich die Knochenlamelle in gerader Richtung fort und lässt damit auf der lateralen Fläche der Pyramide zwei Halbrinnen entstehen, die dem theilweise vom Tympanicum, theilweise von der unteren Fläche der Pyramide her umschlossenen *Canalis musculotubarius* angehören. Die obere Halbrinne läuft als *Semicanalis tensoris tympani* auf den Processus cochleariformis aus, die untere, beträchtlich weitere bildet den *Semicanalis tubae Eustachii*. An ihr Ende fügt sich die knorpelige Ohrtrompete. An dem hinteren oberen Theile der Paukenhöhle befindet sich unter dem Tegmen tympani der Eingang (Fig. 151) in die Zellen des Zitzenfortsatzes (Fig. 150).

Fig. 151.

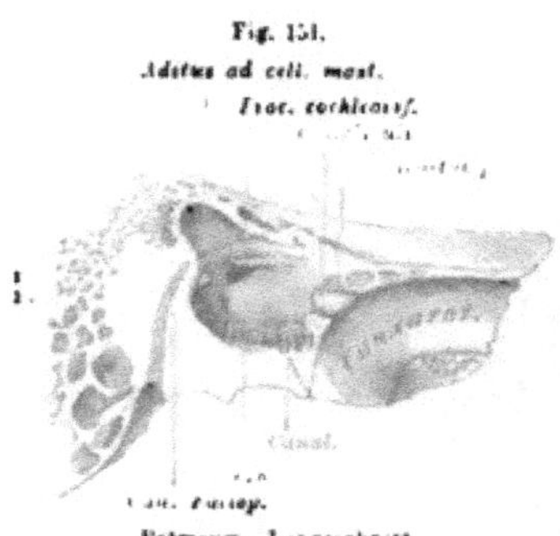

Petrosum. Langsschnitt.

Das Innere des Schläfenbeins wird zum Theile von dem Labyrinth des Gehörorganes eingenommen, zu welchem mehrere der erwähnten Öffnungen führen. Diese Beziehung zum Gehörorgan hat auch die Durchsetzung des Knochens vom *Fallopischen Canal* im Gefolge, da der in diesem verlaufende N. facialis mit dem Hörnerv zusammengehört (s. beim Nervensystem). Jener Canal mündet anfänglich am Hiatus canalis Fallopii nach außen und setzt sich als flache Rinne hinter der Labyrinthwand an der Außenfläche des Felsenbeins fort. Erst in der letzten Fötalperiode kommt es zu einem knöchernen Abschluss der Rinne, und so entsteht eine zweite Strecke des Facialiscanals in secundärer Weise. Mit der Ausbildung dieser Strecke entsteht auch die Eminentia pyramidalis. Oberflächlich gelagerte Theile kommen dadurch ins Innere des Schläfenbeins.

2. Pars squamosa (Schuppe des Schläfenbeins). Diese ist eine oben kreisförmig gerundete, mit einem vorderen Abschnitte horizontal einwärts gebogene Platte (Fig. 146, 148), die hinten der Pars mastoidea, weiter nach vorn dem Rande des Tegmen tympani angefügt ist. Man unterscheidet eine äußere und eine innere Fläche. An ersterer tritt mit breiter Wurzel ein im Winkel nach vorn gewendeter Fortsatz ab, *Processus jugalis s. zygomaticus*, der sich mit dem Jochbein zum Jochbogen, Arcus zygomaticus, verbindet.

Die breite Wurzel des Fortsatzes beginnt mit zwei Vorsprüngen (Fig. 149), ein kleiner hinterer Höcker liegt unmittelbar vor dem äußeren Gehörgange, ein zweiter größerer läuft medial auf eine quere Erhebung aus und ist vom ersten durch eine tiefe, gleichfalls quergerichtete Grube, die *Fossa articularis* (Cavitas glenoidalis) für den Unterkiefer, getrennt. Die Grube wird medial von der Pars tympanica begrenzt. Vor der Grube liegt das *Tuberculum articulare*. Die vor dem letzteren befindliche Fläche bildet die Facies infratemporalis. An der Innenfläche der Schuppe bleibt die Grenze gegen die Pars petrosa längere Zeit als ein Nahtrest sichtbar. Die Fläche theilt die Eigenthümlichkeiten anderer der Schädelhöhle zugewendeter Knochen. Als charakteristisch erscheint aber die bedeutende Ausdehnung der äußeren Fläche in Vergleichung mit der zur Begrenzung der Schädelhöhle gelangenden inneren. Der Rand ist von der äußeren Fläche her ausgezogen und bietet bis in die Nähe des Jochfortsatzes eine scharfe Kante. Mit dieser Fläche legt sich der Knochen schuppenförmig (Sutura squamosa) über die benachbarten, und erst die vordere untere Strecke des Randes bildet eine Zackennaht.

Sehr selten geht vom vorderen Rande der Schuppe ein Fortsatz bis zum Frontale und schließt dadurch die Ala temporalis von ihrer Verbindung mit dem vorderen unteren Winkel des Parietale ab. Dieser Processus frontalis ist in mehreren Ordnungen der Säugethiere verbreitet (Nager, Einhufer), auch bei den Affen, von denen jedoch nicht alle Anthropoiden ihn regelmäßig besitzen.

3. **Pars tympanica.** Ist der kleinste Theil des Schläfenbeins, der eine den *äußeren Gehörgang* (Meatus acusticus externus) hinten, unten und vorne begrenzende und demgemäß gebogene Lamelle vorstellt. Er geht aus dem Annulus tympanicus hervor, indem dieser sowohl nach dem Petrosum zu, als auch mit seinem unteren Theile nach außen auswächst. Der den Gehörgang hinten umgrenzende Theil lagert dem Zitzenfortsatz an und bildet häufig die Begrenzung einer Spalte (*Fissura tympanico-mastoidea*), an der der *Canaliculus mastoideus* mündet. Vorn und seitlich bildet der Knochen eine ziemlich senkrechte, etwas concave Platte, welche die Paukenhöhle nach außen umwandet (Fig. 152). An der Innenfläche der den Meatus acusticus externus gebogen umziehenden Lamelle, entfernt von der äußeren Mündung, findet sich eine, von zwei Leistchen eingefasste feine Furche, *Sulcus tympanicus*. Sie war bereits an dem Annulus tympanicus vorhanden und bildet einen Falz, in welchen das Trommelfell eingelassen ist. Medial vom Sulcus tympanicus, also auch vom Trommelfell, liegt die Paukenhöhle, lateral davon der äußere Gehörgang; der Sulcus bezeichnet zwischen beiden die Grenze.

Fig. 152.

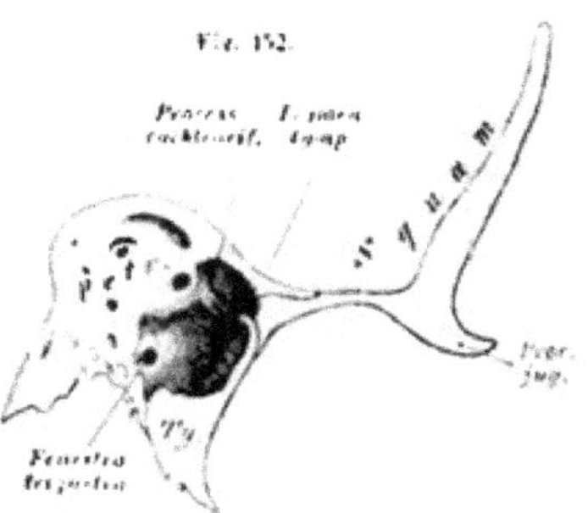

Querschnitt durch das Schläfenbein dicht vor dem Zitzenfortsatze. Vorderer Theil des Schnittes.

Am vorderen oberen Rande des Falzes findet sich ein nach innen ragender kleiner Vorsprung, der eine schräg von oben und hinten nach vorn und abwärts verlaufende Rinne begrenzt. Diese ist besonders am Annulus tympanicus Neugeborener deutlich. Von jenem Vorsprunge erstreckt sich einwärts die *Spina tympanica posterior* (s. Gehörorgan).

An dem vorderen oberen Rande verbindet sich die Pars tympanica mit der Pars squamosa (Fig. 152), über welche von innen her das Tegmen tympani mit einer Platte hinweggreift. Weiter abwärts aber schiebt sich in eine zwischen beiden

Theilen klaffende Spalte der laterale Rand des Tegmen tympani ein, so dass zwischen diesem und der Pars tympanica nur eine schmale Ritze bestehen bleibt: die *Fissura Glaseri**) (*F. petro-tympanica*) (Fig. 148), durch welche die Chorda tympani die Paukenhöhle verlässt.

An den *Verbindungen des Schläfenbeines* mit den benachbarten Knochen sind vorwiegend die Pars petrosa und squamosa betheiligt. Der hintere Rand der Pyramide, an dem Zusammentritt der hinteren und unteren Fläche, legt sich an das Hinterhauptbein (*Synchondrosis petro-occipitalis*) und umgrenzt an der Fossa jugularis, mit der Incisura jugularis des Occipitale, das *Foramen jugulare*. Hinter diesem setzt sich die Verbindung mit dem Occipitale längs der Pars mastoidea fort. In der dadurch gebildeten *Sutura mastoidea* befindet sich hinter dem Zitzenfortsatze in der Regel das *Foramen mastoideum*, welches innen auf der Fortsetzung des Sulcus transversus ausmündet. Es ist zuweilen von der Naht entfernt, ganz auf die Pars mastoidea oder auf das Hinterhauptbein verlegt. Der vordere Rand der Pyramide steht mit dem großen Keilbeinflügel durch die *Synchondrosis spheno-petrosa* in Verbindung.

Der obere Rand der Pars mastoidea verbindet sich mit dem Scheitelbein, mit welchem ebenso der hintere und obere Rand der Schuppe (in der *Sutura squamosa*) verbunden ist. An den Vorderrand der Schuppe legt sich die Ala temporalis des Keilbeins und erstreckt sich mit dem die Spina angularis tragenden Theile bis an den Einschnitt zwischen Schuppe und Pyramide herab. Mit dem Hinterrande dieses Keilbeintheiles verbindet sich der vordere und untere Rand der Pyramide mittels Faserknorpel. Diese Verbindung wird von einem Theile des Canalis caroticus durchsetzt, der hier zur Seite des Keilbeinkörpers einwärts und in die Höhe tritt.

Von allen das Schläfenbein constituirenden Theilen zeigt der Griffelfortsatz die bedeutendsten Variationen. *Er geht aus einem Abschnitt des knorpeligen zweiten Kiemenbogens hervor*, der sich dem Petrosum anlagert und nach seiner, erst nach der Geburt erfolgenden Ossification mit ihm verschmilzt. Auch später kann er noch eine Strecke weit ins Innere des Schläfenbeines verfolgt werden. Seine wechselnde Länge geht mit der größeren oder geringeren Rückbildung jenes Kiemenbogens Hand in Hand. Abwärts setzt er sich in das *Ligamentum stylo-hyoideum* fort, welches aus einer rückgebildeten Strecke jenes Bogens entsteht. Er ist demgemäß um so länger, je kürzer jenes Band ist, und kann sogar direct mit dem kleinen Zungenbeinhorne sich verbinden. Zuweilen fehlt er, oder es ist vielmehr nur das in das Schläfenbein eingelassene Stück vorhanden, welches auch mit dem freien Griffelstücke beweglich verbunden sein kann.

Knochen des Schädeldaches.

§ 107.

Ohne Betheiligung des knorpeligen Primordialcranium, durch directe Ossification in einer bindegewebigen Grundlage entstehende Knochen ergänzen das Primordialcranium und bilden den oberen und seitlichen Verschluss der Schädelkapsel. Einige dieser Knochen haben sich mit solchen vereinigt, die aus dem Primordialcranium hervorgingen, so das Interparietale mit dem Hinterhauptbein, das Squamosum mit dem Schläfenbein als Schuppe desselben. Beide sind mit jenen Knochen behandelt. Selbständig erhalten sich nur die *Parietalia*, welche

*) J. H. Glaser, Prof. in Basel, geb. 1629, † 1675.

von der Scheitelgegend nach der seitlichen Region des Schädeldaches sich herab erstrecken, und das *Frontale*, welches die Stirnregion einnimmt.

Ihrer Function gemäß, als Deckstücke für die Schädelhöhle, bilden diese Knochenplatten nach der Oberfläche convexe, innen concave Skelettheile. An ihrer inneren Fläche ist die Knochensubstanz von besonderer Sprödigkeit und wird als *Glastafel* (*Lamina vitrea*) unterschieden. Zwischen dieser Glastafel und der durch gewöhnliche compacte Substanz dargestellten oberflächlichen Schichte des Knochens findet sich eine dünne Schichte spongiöser Knochensubstanz, deren weitere Räume von Venencanälen durchzogen werden. Diese Zwischenschichte ist die sogenannte *Diploë*. Von jenen Venen führen an gewissen Stellen Communicationen (*Emissaria*) sowohl nach innen als zur Oberfläche.

4. Scheitelbein (Parietale).

Jedes der beiden Scheitelbeine stellt einen platten, vierseitigen, an der Außenfläche convexen, innen concaven Knochen vor, an dem man vier Ränder und vier Winkel unterscheidet.

Die Außenfläche (Fig. 153) ist durch eine über sie hinwegziehende gebogene, häufig rauhe Linie, *Linea temporalis* (*inferior*), in zwei Strecken geschieden. Der von der Concavität dieser Linie umzogene kleinere untere Theil der Außenfläche ist vom Schläfenmuskel bedeckt und bildet die *Facies temporalis*. Der größere, außerhalb der Schläfenlinie liegende obere Abschnitt der Außenfläche ist dem Scheitel zugekehrt (*Facies parietalis*). Fast in der Mitte der gesammten Außenfläche ist ein Höcker (*Tuber parietale*), bei jugendlichen Individuen mehr, bei älteren weniger bemerkbar. Er entspricht der Stelle der ersten Ossification, und beim Neugeborenen ist diese noch durch strahliges Gefüge des Knochens wahrnehmbar, dessen Mittelpunkt der Scheitelhöcker abgiebt.

Fig. 153.

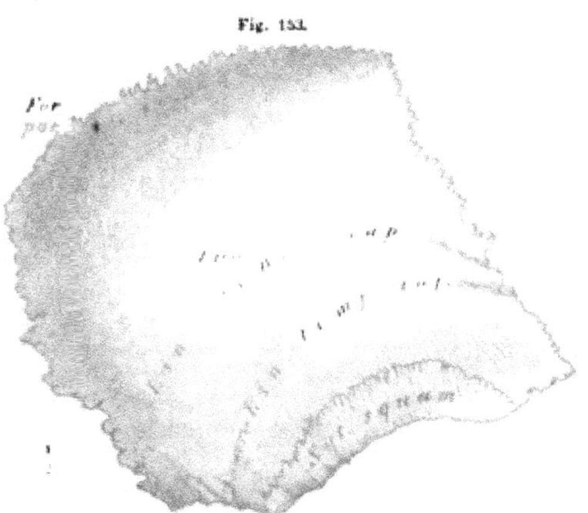

Rechtes Scheitelbein von außen.

Die Innenfläche (Fig. 154) ist glatt, durch Eindrücke und Erhabenheiten, sowie durch verzweigte Furchen für die Vasa meningea media ausgezeichnet, welche vom unteren Rande zum oberen emportreten. Meist sind zwei dieser *Sulci meningei* unterscheidbar. Ein vorderer beginnt am vorderen unteren Winkel und steigt parallel mit dem Vorderrande des Knochens empor, und ein hinterer, der an der Mitte des unteren Randes beginnt. Dazu kommt noch ein dritter, kürzester, der nahe am hinteren Winkel emportritt. Längs des oberen Randes zieht eine breitere Furche, die mit der des anderseitigen Scheitelbeins den *Sulcus sagittalis* bilden hilft, zur Aufnahme des gleichnamigen Venensinus der Dura mater.

Weiter lateral vom Sulcus sagittalis bemerkt man bei älteren Individuen ziemlich allgemein unregelmäßige, an Zahl wie an Form und Umfang variable Vertiefungen, in welche Bindegewebswucherungen der Arachnoides und der Dura mater, die sogen. *Pacchionischen Granulationen* eingebettet sind.

Die vier Ränder unterscheiden sich nach den Verbindungen. Der vordere, *Margo frontalis*, verbindet sich in der Kranznaht (*Sutura coronalis*) mit dem Stirnbein, der obere, *M. sagittalis*, mit dem anderseitigen Scheitelbein in der Pfeilnaht (*S. sagittalis*), der hintere, *M. occipitalis*, mit dem Hinterhauptbein in der Hinterhauptnaht (*S. occipitalis*). Nahe dem M. sagittalis, dem hinteren oberen Winkel nicht sehr entfernt, wird die Dicke des Scheitelbeins von dem *Foramen parietale* durchsetzt, welches ein Emissarium vorstellt. Endlich verbindet sich der untere, *M. squamosus*, in der Schuppennaht mit der Schuppe des Schläfenbeins. Während die drei ersten Ränder gezackt sind, ist der untere Rand auf der Außenseite des Knochens (Fig. 153) mit breiter Fläche zugeschärft und wird an dieser von der Schläfenschuppe überlagert.

Fig. 154.

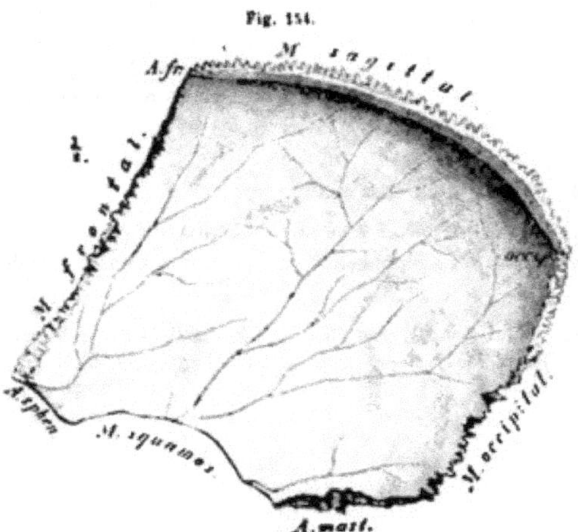

Rechtes Scheitelbein von der Innenseite.

Von den vier *Winkeln* wird der obere vordere als *Angulus frontalis*, der obere hintere als *A. occipitalis* unterschieden (Fig. 154). Der untere vordere, *A. sphenoidalis*, stößt mit dem großen Keilbeinflügel zusammen und ist schräg abgestutzt, fast mit dem Margo squamosus sich vereinend, mit dem er auch die Verbindungsweise durch eine Schuppennaht theilt. Der hintere untere Winkel, *A. mastoideus*, der stumpfeste von allen, verbindet sich durch Zackennaht mit der Pars mastoidea des Petrosum.

Eine frühzeitige Verschmelzung der beiden Scheitelbeine zu Einem Stücke führt zu einer besonderen Schädelform (*Scaphocephalus*). — Die *Linea temporalis* ist sehr häufig doppelt und dann als *inferior* und *superior* unterschieden.

Die *Linea temporalis inferior* verläuft hinten gegen das untere Ende der Schuppe des Schläfenbeins. Sie entspricht der Peripherie des Ursprunges des Schläfenmuskels. Die zuweilen weit aufwärts gerückte *L. temporalis superior* kann sogar über das Tuber streichen und hinten bis zur Lambdanaht reichen. Sie hat keine directe Beziehung zum M. temporalis, sondern zur Fascia temporalis. Die von beiden Linien umschlossene sichelförmige Fläche zeichnet sich zuweilen durch sehr glatte Beschaffenheit aus.

5. Stirnbein (Frontale, Os frontis).

Dieser wie das Scheitelbein ursprünglich paarige Knochen erscheint auch noch beim Neugeborenen in diesem Zustande (Fig. 187), bis gegen das Ende des zweiten Lebensjahres beide Frontalia in der median verlaufenden Stirnnaht unter einander verschmelzen. Das dann einheitliche Stirnbein bildet den vorderen Abschluss der Schädelhöhle, den oberen Theil des Antlitzes einnehmend, wo es bis zum Scheitel emporreicht. Mit seinem unteren Abschnitte tritt es zwischen den Augenhöhlen zur Wurzel der Nase, und seitlich davon setzt es sich fast horizontal als Decke der Augenhöhlen fort. Man unterscheidet daher eine *Pars frontalis*, eine *P. nasalis* und zwei *Partes orbitales*.

Der nach außen gewölbte, nach innen concave Stirntheil trägt jederseits ein *Tuber frontale*, welches fast in der Mitte jeder Hälfte, jedoch näher dem unteren Rande liegt. Bei jüngeren Individuen deutlich, rückt der Stirnhöcker bei älteren etwas höher und flacht sich bedeutender ab. Abwärts grenzt sich der Stirntheil vom Orbitaltheil durch einen lateral stärker vorspringenden *Margo supraorbitalis* ab. Wo dieser gegen die Pars nasalis zu sich etwas abflacht, ist ein Ausschnitt vorhanden, oder ein Loch, *Incisura supraorbitalis, Foramen supraorbitale*, durch welche Gefäße und Nerven von der Augenhöhle zur Stirne gelangen. Lateral läuft der Supraorbitalrand auf den starken Processus jugalis aus, der mit dem Jochbein sich verbindet. Eine von diesem Fortsatze aus nach hinten emporsteigende Linie ist der Anfang der Schläfenlinie, und grenzt ein seitliches kleines, der Schläfengrube zugekehrtes Feld des Stirnbeines (*Facies temporalis*) von der Stirnfläche ab. Über dem Nasentheile erhebt sich ein bogenförmig nach außen emporsteigender Wulst, selten weit über die Incisura supraorbitalis hinaus, *Arcus superciliaris*. Er ist an dem Stirnbein älterer Individuen deutlicher als bei jüngeren ausgeprägt. Zwischen diesen beiderseitigen Bogen liegt eine meist plane Fläche, die *Glabella*.

Fig. 155.

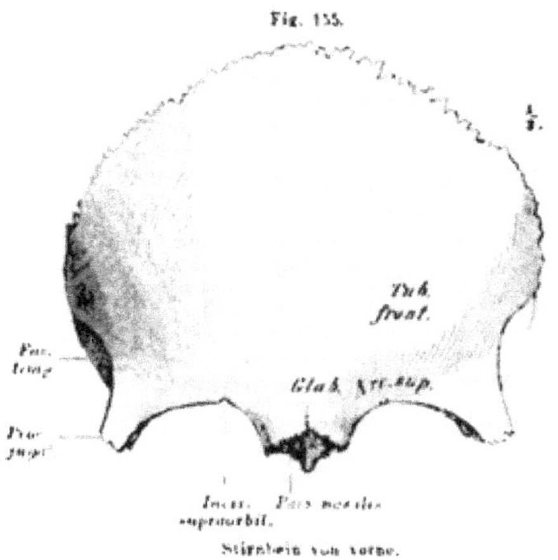

Stirnbein von vorne.

Die Innenfläche des Stirnbeins bietet die mehrfach erwähnten Eindrücke und Vorsprünge dar. In der Mittellinie verläuft in der Regel eine flache Rinne herab, die Fortsetzung des Sulcus sagittalis der Scheitelbeine. Sie setzt sich abwärts verschmälert zu einer meist scharfkantigen Leiste fort, die an der Pars nasalis zu dem *Foramen coecum* leitet.

Die Orbitaltheile (Fig. 156) sind durch die tiefe, von hinten her einspringende *Incisura ethmoidalis* von einander getrennt. Am jederseitigen Rande dieser Incisur besteht eine vorne sich verbreiternde Fläche, welche dem Labyrinth des Siebbeins sich auflagert und die Decke dort befindlicher Hohlräume (Zellen) abgiebt. Nach vorne werden diese Siebbeinzellen vollständiger vom Stirnbein umwandet, und die vordersten senken sich weit in's Stirnbein ein, theils seitlich gegen das Orbitaldach, theils aufwärts gegen die Glabella zu ausgedehnt. Sie bilden die Stirnbeinhöhlen (*Sinus frontales*). Zwischen dem hinteren und dem vorderen Abschnitte dieser Fläche verläuft der Sulcus ethmoidalis, der vom Siebbein zu dem gleichnamigen Canal ergänzt wird. Lateral besitzt die der Augenhöhle zugewendete Fläche des Orbitaltheiles eine vom Margo supraorbitalis überragte Grube zur Aufnahme der Thränendrüse, *Fossa lacrymalis*. Seitlich davon setzt sich der Orbitaltheil zum Processus jugalis des Stirntheils fort.

Der Nasentheil bildet den mittelsten, zwischen beiden Orbitaltheilen gelegenen Abschnitt, nach hinten durch die Incisura ethmoidalis abgegrenzt. Eine mittlere, nach vorn und abwärts gerichtete Fläche zeigt Rauhigkeiten und Vorsprünge zur Verbindung mit den Nasen- und Oberkieferknochen. Eine mediane Zacke ist meist bedeutender ausgeprägt, die *Spina nasalis*, und trägt zuweilen noch zwei seitliche flügelförmige Anhänge. Seitlich von ihr öffnen sich die Sinus frontales. Die laterale Fläche der Pars nasalis hilft medial die Orbitalwand begrenzen. Sie trägt zuweilen einen kleinen Vorsprung (*Spina trochlearis*), häufiger die seichte, oft kaum bemerkbare *Fovea trochlearis*, an welchen Theilen das Aufhängeband der Rolle (Trochlea) für die Endsehne des Musc. obliquus superior oculi befestigt ist.

Fig. 156.

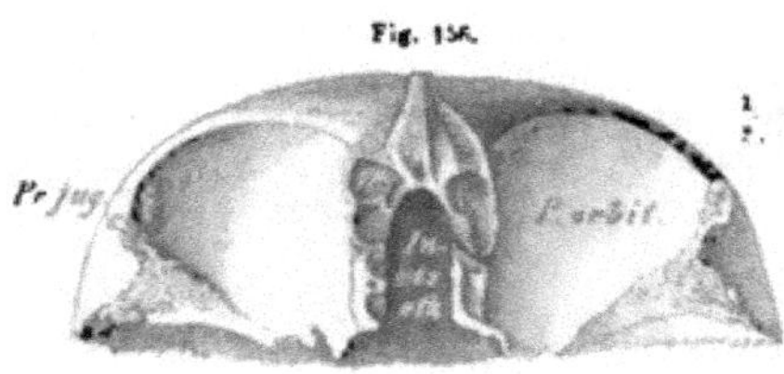

Stirnbein von unten.

Das Stirnbein verbindet sich am Stirntheile mit den Scheitelbeinen in der *Kranznaht*, abwärts dann mit dem Vorderrand der Ala temporalis des Keilbeins, woran die Verbindung mit dem Jochbein sich anschließt. Hinten ist der Orbitaltheil mit der Ala orbitalis des Keilbeins in Verbindung, und daran reiht nach vorn das Siebbein sich an. Dann folgt das Thränenbein, und vorn am Nasentheil der Stirnfortsatz des Oberkiefers und die Nasenbeine. (Vergl. Fig. 181.)

Die beiden Stirnbeine zeigen die Spur ihrer Selbständigkeit in der längeren Dauer des unteren Theiles der Stirnnaht (*Sutura frontalis*), die in vereinzelten, aber keineswegs sehr seltenen Fällen auch vollständig persistirt. Das Bestehen einer Stirnnaht kann jedoch nicht als niederer Zustand gelten, insoferne die Concrescenz der Frontalia auch den Affen und noch manchen anderen Abtheilungen zukommt.

Die erste Ossification des Frontale beginnt an der dem Tuber frontale entsprechenden Stelle und geht von hier in strahliger Richtung vor sich. Außer den beiden Hauptossificationspunkten und unwichtigen an der Pars nasalis, kommt noch eine selbständige Verknöcherung des hinteren unteren Winkels vor, an der Verbindung mit der Ala temporalis. Dieser Theil zeigt noch beim Neugeborenen Spuren der Trennung. Dass er einem Postfrontale niederer Wirbelthiere entspricht, ist unwahrscheinlich. — Die von dem medialen Rand der Pars orbitalis gedeckten vorderen Cellulae ethmoidales gewinnen zuweilen eine größere Ausdehnung in das Stirnbein, so dass sie sogar innerhalb des ganzen Orbitaltheils sich erstrecken. Auch von den Stirnsinus her kann diese Modification entstehen. Das Orbitaldach ist in diesen Fällen durch zwei sehr dünne, einen weiten Sinus umschließende Knochenlamellen gebildet.

II. Nasenregion des Schädels.

§ 108.

Die hieher zu rechnenden Skelettheile bilden die Wandungen der Nasenhöhle und auch das Gerüste der äußeren Nase. Als Grundlage dient die knorpelige Nasenkapsel, eine Fortsetzung des Primordialcranium. Diese Kapsel besteht aus zwei seitlichen Knorpellamellen, den Seitenwänden der Nasenhöhle, sowie einer medianen Scheidewand, welche die Nasenhöhle in zwei Hälften theilt (Fig. 157) und oben mit den seitlichen Lamellen zusammenhängt. An der gegen die Schädelhöhle sehenden Strecke besitzt die Nasenkapsel Öffnungen für die zur Nasenhöhle tretenden Riechnerven. Die seitliche Knorpelwand sendet mediale Fortsätze ab, die sich zu queren Vorsprüngen der Nasenhöhlenwand, den *Muscheln* (*Conchae*), entwickeln und als obere, mittlere und untere Muschel unterschieden werden. Das Ende der knorpeligen Seitenlamelle bildet die untere Muschel. Dieses einfache Verhalten (in Fig. 157 von einem Embryo dargestellt) complicirt sich durch theilweise Ossification der Knorpelanlage, dann aber auch durch die Entstehung von *Nebenhöhlen* der Nase. Letzteres geschieht durch Resorptions- und Wachsthumsvorgänge, welche unter der Schleimhautauskleidung der Nasenhöhle an bestimmten Stellen der knorpeligen Seitenwand Platz greifen. Die Schleimhaut setzt sich dann in die Höhlungen fort. Diese bilden sich zwischen den Muscheln in die laterale Wand und rufen an der bis dahin einfachen Lamelle Umgestaltungen hervor.

Fig. 157.

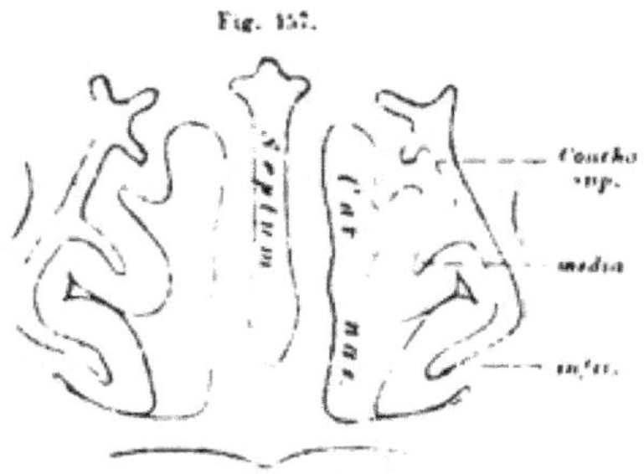

Frontalschnitt durch die Nase eines Embryo. $^{12}/_{1}$.
Die knorpeligen Theile sind schraffirt.

Der die obere und mittlere Muschel tragende Theil der Seitenwand ossificirt für sich, und ebenso die entsprechende Strecke der knorpeligen Nasenscheidewand. Die seitlichen Theile setzen sich dann mit der knöchernen Scheidewand in Verbindung, sobald die der Schädelhöhle zugewendete Lamelle gleichfalls ossificirt. Die Verknöcherung der Seitentheile geht von den Muscheln aus, deren jede für sich ossificirt. Durch die Entwickelung von Nebenhöhlen im Bereiche der oberen und mittleren Muschel empfängt die Wand der Nasenkapsel eine bedeutende laterale Ausdehnung und complicirt sich schließlich zu einem zahlreiche Hohlräume führenden Abschnitte, dem *Labyrinthe*.

Die Begrenzungen dieser Räume ossificiren zum Theil als dünne, fragile Plättchen, wo sie an die Oberfläche des Schädels treten (in der medialen Orbitalwand), oder wo sie dem Binnenraum der Nase zugekehrt sind; *wo dagegen die knorpeligen Strecken der Nasenkapsel nach außen hin mit anderen Knochen in Contact kommen, da erleiden sie eine vollständige Rückbildung*, indem jene anderen Knochen die Stützfunction des Knorpels übernehmen. Da zahlreiche Knochen an der Überlagerung der Nasenkapsel sich betheiligen, tritt nur ein geringer Theil der letzteren in die Begrenzung der Schädeloberfläche, und fast alle die Knorpelkapsel deckenden Knochen dienen auch zum Abschlusse der Nebenhöhlen der Nase.

Die knöchernen Theile sind: das die obere und mittlere Muschel begreifende

Siebbein (*Ethmoidale*) mit der *unteren Muschel* (*Os turbinatum*). Aus anderen Regionen greifen auf die Nasenkapsel über und decken zum Theile Nebenräume der Nase: das Stirnbein, der Oberkiefer und das Gaumenbein; endlich bestehen als der Nasenkapsel eigene Deckknochen: das *Nasenbein*, *Thränenbein* und das *Pflugscharbein*. Ein Theil der knorpeligen Anlage der Nasenkapsel bleibt jedoch stets erhalten und stellt das Gerüste der äußeren Nase vor.

Die Entstehung des Siebbeines mit den unteren Muscheln aus einem zum Theile der Resorption verfallenden und dadurch schwindenden Abschnitte des knorpeligen Primordialcraniums bedingt in den äußerlichen Verhältnissen jener Knochen viele Unregelmäßigkeiten. Die von anderen Knochen bedeckten Strecken bieten theils nur dünne Blättchen, theils durchbrochene Stellen dar. Das andere, diese Skelettheile complicirende Moment, die Bildung von *Nebenhöhlen der Nase*, wirkt auch auf die benachbarten Skelettheile ein. Wie in den Seitentheilen des Siebbeins größtentheils von diesem selbst umschlossene Hohlräume entstehen, *Cellulae ethmoidales*, so setzen sich ähnliche, sogar noch größere Räume noch weiter nach außen fort, in den Keilbeinkörper als *Sinus sphenoidalis*, in das Stirnbein: *Sinus frontalis*, und in den Oberkiefer: *Sinus maxillaris*.

6. Siebbein (Riechbein, Ethmoidale) und untere Muschel.

Dieser vorn an den Keilbeinkörper sich anschließende Knochen wird hauptsächlich aus einer medianen senkrechten Lamelle und aus Seitentheilen zusammengesetzt. Die mediane Lamelle ragt gegen die Schädelhöhle vor und verbindet sich mit einer horizontalen, einen Theil der letzteren abschließenden Platte, welche die complicirteren seitlichen Theile des Siebbeins trägt.

Die der Schädelhöhle zugewendete Platte (Fig. 158) ist auf ihrer Fläche beiderseits von zwei unregelmäßigen Reihen von Öffnungen durchbrochen, welche die Riechnerven zur Nasenhöhle gelangen lassen, sie bildet daher die *Siebplatte*, *Lamina cribrosa*. Von ihr setzt sich in der Medianebene abwärts in die Nasenhöhle die knöcherne Nasenscheidewand — *Lamina perpendicularis* — fort. Der laterale Rand der Siebplatte trägt die Seitentheile des Siebbeines, die in medial gerichtete Vorsprünge, die *Muscheln*, und mehr lateral, die Siebbeinzellen bergende Partien, die *Labyrinthe*, zerfallen. Den letzteren werden gewöhnlich auch die Muscheln zugetheilt und die Seitentheile in toto als Labyrinthe aufgefasst.

Fig. 158.

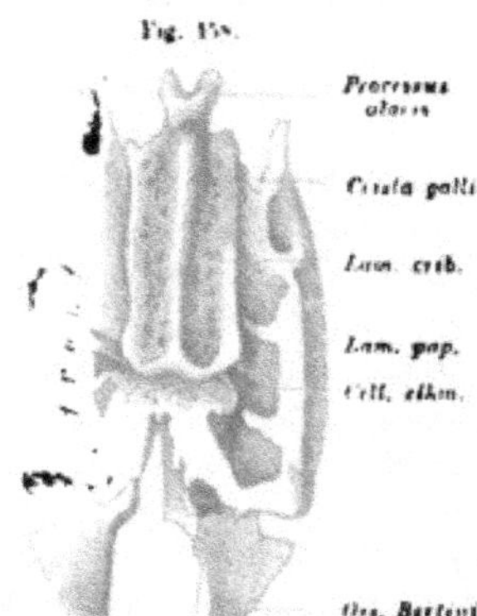

Siebbein von oben.

Die Lamina cribrosa bildet eine horizontal gelagerte, hinten an den Vorderrand der oberen Fläche des Keilbeinkörpers angeschlossene schmale Lamelle. In der Medianlinie erhebt sich auf ihr eine Längsleiste, die vorne einen bedeutenden Vorsprung — *Crista galli* — gegen die Schädelhöhle bildet. Der meist verdickte vordere Theil der Crista legt sich mit zwei lateral gerichteten und fast senkrechten Vorsprüngen, *Processus alares*, an das Stirnbein und umschließt damit einen als blind geendigt angenommenen Canal, *Foramen coecum*. Die Löcher der Siebplatte, enger oder weiter und meist in zwei Reihen vertheilt, führen unmittelbar zum Grunde der Nasenhöhle. Beiderseits von der Siebplatte gehen die Labyrinthe aus, deren obere Flächen von den medialen Rändern der Orbitaltheile des Stirnbeins bedeckt werden.

Die Lamina perpendicularis bildet den ossificirten Theil der Nasenscheidewand (s. Fig. 141). Sie hat eine ungleich vierseitige Gestalt und tritt (Fig. 159) als senkrechte Knochenplatte von der unteren Fläche der Siebplatte ab, mit ihrem vorderen Rande in der unmittelbaren Fortsetzung der Processus alares. Mit dem hinteren Rande lehnt sie an die Crista sphenoidalis, weiter ab- und vorwärts grenzt das Pflugscharbein daran. Der Vorderrand stößt mit seiner oberen kürzesten Strecke an einen Vorsprung der Nasenbeine und verbindet sich mit einer vor- und abwärts gerichteten längeren Strecke der knorpeligen Nasenscheidewand. Gegen diese beiden Ränder zu ist die Lamelle meist verdickt. An der Verbindungsstelle mit der Siebplatte ziehen feine Furchen von den medial liegenden Löchern der Siebplatte aus auf sie herab. Zuweilen erscheinen sie als canalartige Fortsetzungen jener Sieblöcher. Abweichungen der Lamelle von der senkrechten Richtung gehören zu den regelmäßigen Befunden.

Fig. 159.

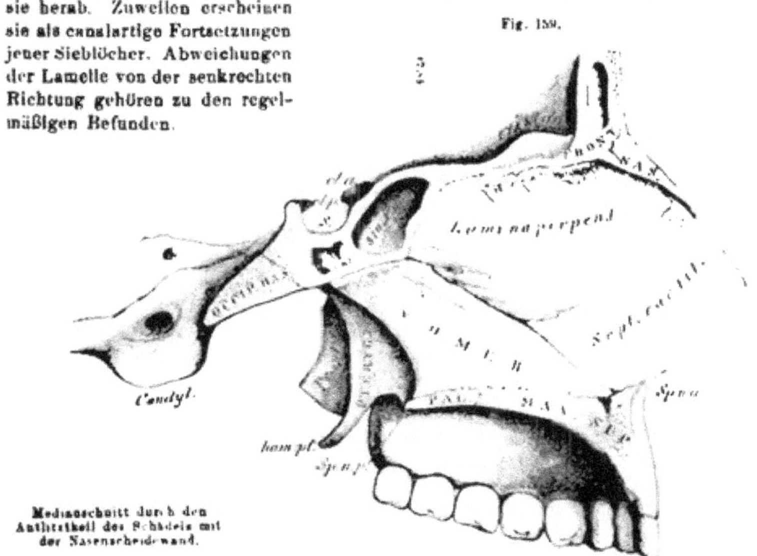

Medianschnitt durch den Antlitztheil des Schädels mit der Nasenscheidewand.

Die Labyrinthe sind an die Vorderfläche des Keilbeins angefügt und umschließen mit sehr dünnen Knochenblättchen die *Cellulae ethmoidales*. Nur an der gegen die Orbita sehenden Strecke besteht ein äußerer Abschluss in der *Lamina papyracea* (Fig. 160); diese hat eine vierseitige Gestalt und trägt am oberen, an den Orbitalfortsatz des Stirnbeins grenzenden Rand zwei Ausschnitte, welche mit dem Stirnbein die *Foramina ethmoidalia* umgrenzen.

Der hintere Rand der Lamina papyracea grenzt an den Keilbeinkörper, der vordere an das Thränenbein, der untere an das Planum orbitale des Oberkiefers und hinten mit einer kleinen Strecke an das Gaumenbein (die Ethmoidalfläche des Processus orbitalis desselben). Diese Knochen decken in der Nachbarschaft der Lamina papyracea Siebbeinzellen, welche man als *Cellulae frontales*, *lacrymales*, *maxillares*, *sphenoidales*, *palatinae* unterscheidet. Die unter der Papierplatte gelegenen sind die *Cell. ethmoidales* im engeren Sinne. Die nach oben sehenden Cellulae frontales (Fig. 158) stehen zum Theil mit den Stirnbeinhöhlen im Zusammenhang.

Die mediale Wand des Labyrinthes trägt die **Muscheln** (*Conchae*) und die Eingänge zu den Nebenhöhlen der Nase. Ihre Oberfläche ist meist rauh, uneben, und besonders die an die Siebplatte stoßende Strecke ist von feinen Rinnen oder Canälchen (Olfactoriusrinnen) durchsetzt, welche von den lateralen Löchern der Siebplatte ausgehen. (Die Anordnung der Muscheln siehe in Fig. 164.)

Die *Concha superior*, die kleinste, bildet eine dünne, am hinteren Abschnitt des Seitentheils schräg nach hinten und abwärts verlaufende Lamelle, deren freier Rand etwas medial gekrümmt ist. Über der Concha superior findet sich nicht selten noch eine kleinere *C. suprema* (*C. Santoriniana*). Die ansehnlichere *Concha media* ist gleichfalls schräg von vorn und oben nach hinten und abwärts gerichtet. Ihr verdickter, häufig porös erscheinender freier Rand ist lateral und dann aufwärts gekrümmt. Ihr hinteres Ende verbindet sich mit dem Gaumenbein.

Der hintere Theil jedes Labyrinthes setzt sich meist in eine dünne dreiseitige Lamelle fort, welche gegen die Unterseite des Keilbeinkörpers, seitlich vom Rostrum sphenoidale sich anlegt und den Keilbein-Sinus verschließt (*Ossiculum Bertini**) (Fig. 158 und 160). Mit dem Siebbein ossificirend verschmelzen sie später mit dem Keilbeinkörper (Fig. 143), bei welchem sie oben (S. 205) beschrieben worden sind.

An der medialen Labyrinthwand, in der Nähe des vorderen Theiles der Concha media, tritt hinten ein dünner Fortsatz, *Processus uncinatus* (Fig. 160), herab, der die mittlere Muschel lateral überragt und über die Öffnung des Sinus maxillaris des Oberkiefers verlaufend, mit dem *Processus ethmoidalis* der unteren Muschel sich verbindet. In diesem zuweilen fehlenden, aber auch bei seiner Dünne leicht zerstörbaren Zusammenhange der Concha inferior mit dem Siebbein spricht sich die Zusammengehörigkeit dieser Theile aus.

Der zwischen oberer und mittlerer Muschel befindliche obere Nasengang, *Meatus narium superior*, nimmt die hinteren Siebbeinzellen auf. Unterhalb der mittleren Muschel und medial von ihr überragt, verläuft der *Meat. narium medius*. In den vorderen Theil dieses Raumes mündet der Sinus frontalis mit den vorderen Siebbeinzellen, sowie der Sinus maxillaris.

Untere Muschel (*Concha inferior*). Dieser meist als selbständiger Theil (*Os turbinatum, Turbinale*) betrachtete Knochen hat die Gestalt der Concha media, ist aber länger und auch etwas höher als jene. Er bildet eine fast wagrechte, nur vorn etwas höher gelagerte, durch Vertiefungen und Vorsprünge unebene Platte. Der laterale, etwas convexe Rand ist der lateralen Wand der Nasenhöhle angefügt und bietet drei Fortsätze. Der abwärts sehende freie Rand ist gleichfalls convex und dabei etwas lateral eingerollt oder gewulstet. Auf der medialen gewölbten Oberfläche des Knochens macht sich nicht selten ein längsverlaufender Vorsprung bemerkbar, von dem aus der untere Theil der medialen Fläche steiler herabfällt.

Der die Verbindungen eingehende laterale Rand ist vorne dem Stirnfortsatze des Oberkiefers angefügt. Darauf folgt der aufwärts gerichtete, den unteren Rand des Thränenbeins in der Regel erreichende *Processus lacrymalis* (Processus nasalis) (Fig. 160). Vom mittleren Drittel des lateralen Randes, meist schon vom Processus lacrymalis aus, erstreckt sich eine breite Lamelle in spitzem Winkel abwärts, der *Processus maxillaris*. Er füllt einen Ausschnitt in der medialen Wand der Oberkieferhöhle aus und verbindet sich mit dem Rande dieses Ausschnittes. Hinter

*) E. J. Bertin, Arzt in Rheims, dann in Paris, geb. 1712, † 1781.

diesem absteigenden Fortsatze oder auch über ihm tritt der sehr variable *Processus ethmoidalis* als dünne Lamelle empor und begegnet dem Proc. uncinatus des Siebbeins. Endlich legt sich das hinterste Ende des oberen Randes der Concha inferior an die Crista turbinalis des Gaumenbeins.

Die Concha inferior begrenzt den mittleren Nasengang von unten her und bildet zugleich die Decke des unteren (*Meatus narium inferior*), dessen Boden vom Oberkiefer und Gaumenbein vorgestellt wird.

Fig. 160.

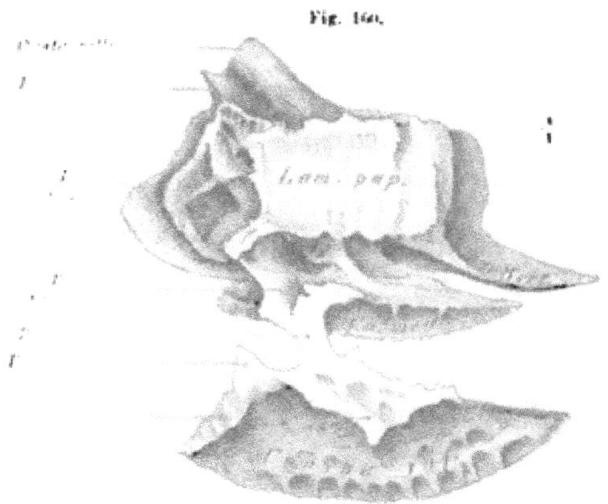

Siebbein und untere Muschel von der linken Seite.

Die *Ossification* beginnt am Siebbein an der Lamina papyracea im fünften Monate des Fötallebens. Die hier auftretende Knochenplatte entspricht aber keineswegs vollständig der späteren Lamina papyracea, da sie zugleich die Wand der Nasenhöhle bildet. Sie ist also gleichwerthig mit dem von der Lam. papyracea abgeschlossenen Theile des Labyrinthes, dessen Räume (Cellulae ethmoidales) erst später entstehen. Jener Ossification folgt die Verknöcherung der unteren und der mittleren Muschel. Bei der Geburt stehen diese durch knorpelige Theile des Siebbeins im Zusammenhang. Später verknöchert die senkrechte Platte mit der Crista galli zuerst, dann folgt die Ossification der oberen Muschel und der allmählich sich bildenden Labyrinthe, von denen aus auch die betreffende Hälfte der Siebplatte verknöchert. Erst vom 5.—7. Jahre tritt eine Vereinigung der beiden seitlichen Hälften mit der Lamina perpendicularis ein.

Auch der von anderen Knochen überlagerte Theil der Nasenkapsel ist zur Zeit der Geburt noch knorpelig, da jene Knochen nur Belegknochen des Knorpels sind.

7. Thränenbein (Lacrymale).

Dieser Knochen stellt ein dünnes, mehr oder minder deutlich viereckiges Plättchen vor, welches am medialen Augenwinkel, zwischen dem Hinterrand des Stirnfortsatzes des Oberkiefers und dem Vorderrand der Lamina papyracea des Siebbeins sich einfügt. Mit seinem oberen Rande grenzt es an die Pars orbitalis des Stirnbeins, mit dem unteren an die Facies orbitalis des Oberkiefers. Seine medial unebene Fläche deckt vordere Siebbeinzellen.

Fig. 161.

Rechtes Thränenbein lateral gesehen.

Die laterale, gegen die Orbita gekehrte Fläche ist durch einen von oben herabziehenden leistenartigen Vorsprung (*Crista lacrymalis posterior* Figg. 161 *cr*, 1??), in zwei Abschnitte getrennt. Der vordere schmälere bildet den *Sulcus lacrymalis* (*s*). Das untere Ende dieses Abschnittes sieht dem Proc. lacrymalis der unteren Muschel entgegen. Der hintere größere Abschnitt der lateralen Fläche ist glatt und setzt sich unmittelbar auf die Crista fort, und den von ihrem unteren Ende ausgehenden vorwärts gerichteten *Hamulus lacrymalis* (*ha*), der gegen den Anfang der Crista lacr. anterior des Stirnfortsatzes des Oberkiefers tritt und damit die gemeinsam mit diesem Knochen gebildete *Fossa lacrymalis* zur Aufnahme des Thränensackes lateralwärts umzieht.

Das Thränenbein ist ein Belegknochen der knorpeligen Nasenkapsel. Bei vielen Säugethieren tritt es an die Gesichtsfläche des Schädels hervor, nur zum Theil in der Orbita gelagert. In manchen Abtheilungen umgiebt es den Eingang des Thränencanals (z. B. bei Prosimiern und platyrrhinen Affen). Der Hamulus ist ein Rest dieses Zustandes. Die selten bedeutende Ausbildung des Hamulus-Endes ist mit einer Auflagerung an den Margo infraorbitalis verbunden, so dass dann auch beim Menschen ein Antlitztheil des Thränenbeins entsteht. Häufig ist es unvollständig verknöchert, bietet Durchbrechungen, seltener eine Sonderung in mehrere kleine Stücke dar.

8. Nasenbein (Nasale).

Die beiden Nasenbeine nehmen den zwischen den Stirnfortsätzen der beiderseitigen Oberkiefer bestehenden Raum ein (Figg. 162, 163, 164 ff.). Jedes Nasenbein ist ein länglicher, oben schmaler, aber verdickter Knochen, der nach unten und vorne sich verbreitert und dabei dünner wird.

Fig. 162.

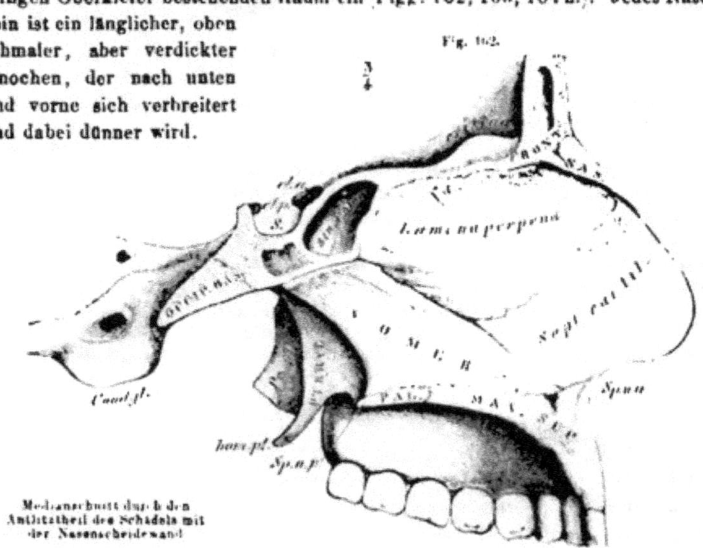

Medianschnitt durch den Antlitztheil des Schädels mit der Nasenscheidewand.

Die äußere glatte Fläche ist abwärts etwas gewölbt. Die innere Fläche ist uneben, mit einem zuweilen getheilten, abwärts verlaufenden *Sulcus ethmoidalis* versehen. Das obere bedeutend verdickte Ende fügt sich mit zackiger Verbindungsfläche an die Pars nasalis des Stirnbeins. Der untere zugeschärfte freie Rand zeigt gewöhnlich einen dem Ende des Sulcus entsprechenden Einschnitt, und bildet mit dem anderseitigen und der Incisura nasalis beider Oberkieferknochen die Begrenzung der *Apertura piriformis*, des Eingangs der knöchernen Nasenhöhle. Der unebene mediane Rand (Fig. 162) schließt sich an den anderseitigen Knochen an. Von ihm aus erstreckt sich nach innen eine Leiste, an welche der vordere obere Rand der

Lamina perpendicularis des Siebbeins sich anlegt. Der laterale Rand endlich schließt sich dem Vorderrande des Stirnfortsatzes des Oberkiefers an (Fig. 181).

Die Nasenbeine sind gleichfalls Belegknochen der knorpeligen Nasenkapsel. Noch beim Neugeborenen ist unter ihnen eine Knorpellamelle erkennbar, die mit dem Siebbein und der knorpeligen Nasenscheidewand zusammenhängt, aber auch ebenso continuirlich in die Cartilago triangularis der äußeren Nase sich fortsetzt.

In der Gestalt der Nasenbeine bestehen zahlreiche individuelle Schwankungen, durch welche die Configuration der äußeren Nase beherrscht wird. Zuweilen sind beide Knochen verschmolzen, wie es für die Affen als Regel gilt.

9. Pflugscharbein (Vomer).

Dieser unpaare Knochen (Fig. 162) nimmt an der Basis des Schädels eine mediane Stellung ein und bildet den hinteren Abschnitt der Scheidewand der Nasenhöhle. Er ist eine senkrechte ungleich vierseitige Platte, deren oberer stärkerer Theil dem Keilbeinkörper anlagert und in zwei seitliche Fortsätze, *Alae vomeris*, ausgezogen ist (Fig. 185). Diese umfassen das Rostrum sphenoidale.

Der *hintere* meist scharfe Rand ist schräg vor- und abwärts gerichtet. Er scheidet die beiden hinteren Nasenöffnungen (*Choanae**), und geht in stumpfem Winkel in den *unteren* Rand über, welcher bedeutend verdünnt auf der Crista nasalis des Gaumenbeins und des Oberkiefers ruht. Dieser untere Rand bildet mit dem vorderen einen spitzen Winkel. Der *vordere* Rand ist aufwärts gekehrt und verdickt. An seiner hinteren oberen Strecke steht er mit der Lamina perpendicularis des Siebbeins, an der vorderen unteren Strecke mit der knorpeligen Nasenscheidewand in Verbindung.

Das Pflugscharbein ist ebenfalls ein Belegknochen des Primordialcranium, und zwar an der von der Keilbeinregion sich nach vorne erstreckenden, sehr ansehnlichen medianen Knorpellamelle (Fig. 157), von der die knorpelige Nasenscheidewand ein Überrest ist. Es umfasst eine Zeit lang diesen Knorpel, der im Bereiche des vom Vomer gebildeten Knochenbelegs allmählich schwindet, wie er oben durch Ossification in die Lamina perpendicularis des Siebbeins aufgeht. — Häufig ist der Vomer assymmetrisch, zeigt Deviationen, oder auch Auftreibungen, streckenweise poröse Beschaffenheit.

10. Knorpelige Theile der Nasenregion.

Von der knorpeligen Nasenkapsel, die einen Theil des Primordialcraniums bildet, bleibt nach der Verknöcherung des in das Siebbein übergehenden Abschnittes sowie nach Schwund der vom Nasenbein und Oberkiefer überlagerten Strecke ein Theil erhalten und hilft das Gerüste der äußeren Nase bilden. Es ist das eine senkrechte knorpelige Lamelle mit unmittelbar oder mittelbar ihr verbundenen Knorpeln, welche der seitlichen Wand der äußeren Nase, auch deren Flügeln angehören. Die senkrechte Lamelle bildet

Die knorpelige Nasenscheidewand (*Septum cartilagineum nasi* Fig. 162). Sie ist eine Fortsetzung

Fig. 163.

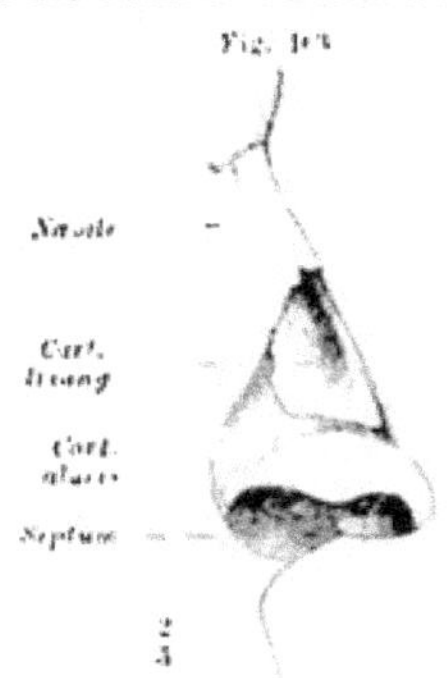

Seitliche Ansicht der Knorpel der äußeren Nase.

* Von χέω, weil sich durch diese Öffnungen Schleim in den Pharynx ergießt.

der Lamina perpendicularis des Siebbeins, dem sie ebenso zugehört wie etwa die Rippenknorpel zu den Rippen. Wo die Ossification des ursprünglich gleichartig knorpeligen Septum nasi sistirt, da erstreckt sich der knorpelig bleibende Theil derselben Lamelle weiter, unten und hinten dem Vomer, weiter vorne der Crista nasalis des Oberkiefers angelagert (vergl. Fig. 162), sowie oben auch von einer Nahtstrecke der Nasalia begrenzt. Der in die *äußere Nase* vortretende Theil des Septum cartilagineum endet abgerundet in einiger Entfernung von der Nasenspitze. Noch unterhalb der Nasalia gehen von der knorpeligen Scheidewand *seitliche Knorpelplatten* ab. Diese Cartilago triangularis tritt mit ihrem oberen Rande unter die Nasenbeine, wo sie beim Neugeborenen noch in den continuirlichen Ethmoidalknorpel fortgesetzt ist. Nach dem Schwund des seitlichen Theiles des letzteren ist der dreieckige Knorpel nur noch mit dem Septum verbunden. Selbständiger, weil ohne directen Zusammenhang mit dem Primordialcranium, ist die Cartilago alaris (Flügelknorpel). Sie findet sich unterhalb der Cartilago triangularis als ein dem Nasenflügel zu Grunde liegendes Knorpelstück. Dieses tritt in die Nasenspitze, wo es sich verschmälert und hakenförmig umgebogen, zugleich unter dem Vorderrand des Septalknorpels lagert (Fig. 163, 164).

Fig. 161.

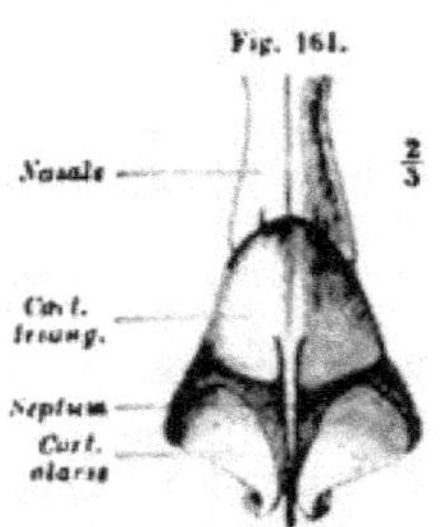

Vordere Ansicht der Knorpel der äußeren Nase.

Das hintere, ebenfalls verschmälerte Ende des Knorpels zeigt bedeutende Variationen. Es bietet Einschnitte dar oder ist gegliedert. Ähnliche vereinzelte Knorpelstücke, *Cartilagines sesamoideae*, finden sich auch über der Cartilago alaris, in der Lücke, welche verschieden umfänglich zwischen der Apertura piriformis und jenen Knorpeln besteht (Fig. 163).

Am unteren Rande der knorpeligen Nasenscheidewand findet sich noch jederseits ein länglicher Knorpel, welcher einem beim Menschen nicht zur Ausbildung gelangenden Sinnesorgane zugehört. Es umwandet bei Säugethieren das Jacobson'sche Organ. Dieser *Jacobson'sche Knorpel* ist während der Fötalperiode deutlich vorhanden, scheint aber später unterzugehen, oder nur theilweise sich zu erhalten.

III. Knochen der Kieferregion des Schädels.

§ 109.

Diese stellen den unteren und seitlichen Abschnitt der Antlitzknochen vor und schließen die Nasenhöhle von der Mundhöhle ab, indem Oberkiefer und Gaumenbein für erstere den Boden, für letztere das Dach bilden. Durch das Jochbein steht die Gruppe in Verbindung mit der seitlichen Wand der Schädelkapsel. Da das Jochbein ursprünglich (in niederen Zuständen) mit in die Begrenzung des Kieferrandes eingeht, wird es hieher gerechnet werden dürfen. Außer den hier aufgezählten Knochen gehört dieser Gruppe noch das Flügelbein oder *Pterygoid* an, welches oben S. 203) beim Keilbein erwähnt wurde, da es beim Menschen mit diesem Knochen verschmilzt. Eines fünften primitiven Knochens dieser Gruppe, des *Praemaxillare*, wird beim Oberkiefer gedacht werden.

So verschieden diese Knochen unter sich sind, so können sie doch von einfachen Zuständen abgeleitet werden. Wir unterscheiden an ihnen einen verticalen, die Nasenhöhle seitlich begrenzenden und einen horizontalen Theil, der den Boden der Nasenhöhle und das Dach der Mundhöhle bilden hilft. Nur aus der verticalen Platte besteht das Pterygoid. Am Gaumenbein kommt noch der horizontale Theil dazu und auch am Oberkiefer bestehen beide, aber dadurch verändert, dass dieser Knochen Zähne trägt. Er ist demgemäß an dem das Gebiss tragenden Theile massiver geformt.

11. Oberkiefer (Maxillare superius oder Maxilla).

Dieser mit dem anderseitigen median zusammentretende Knochen bildet den ansehnlichsten Bestandtheil des Antlitztheiles des Schädels und verbindet sich mit allen übrigen Knochen dieser Region. Der schon beim Neugeborenen einheitliche Knochen besteht ursprünglich aus zweien, indem mit dem eigentlichen Maxillare noch ein kleinerer, das *Praemaxillare*, verschmilzt. Aus diesem geht die die Schneidezähne tragende und die Nasenöffnung lateral begrenzende Portion des Knochens hervor. Wir unterscheiden am Maxillare den Haupttheil als *Körper* und davon ausgehende *Fortsätze*.

Am Körper des Oberkiefers sind drei Flächen wahrnehmbar, eine mediale oder innere, eine laterale oder äußere und eine obere. Der Körper umschließt eine große Nebenhöhle der Nase (*Sinus maxillaris*, Antrum Highmori*), die auf der medialen Fläche ausmündet (Fig. 166).

Die *äußere Fläche* (Fig. 165) wird durch einen lateralen Vorsprung, *Processus zygomaticus*, in zwei Abschnitte geschieden, einen vorderen, dem Antlitz zugewendeten, und einen hinteren, der gegen die Schläfengrube sieht. Beide gehen unterhalb des Processus jugalis in einander über. Auf dem vorderen Abschnitte findet sich unterhalb seines oberen Randes (*Margo infraorbitalis*) das *Foramen infraorbitale*. Abwärts von diesem und fast in der Mitte der Vorderfläche ist die flache *Fossa canina* bemerkbar. Medial besitzt die Fläche einen scharf ausgeschnittenen Rand, *Incisura nasalis*, gegen welchen die Nasenfläche ausläuft. Der hintere Theil der Außenfläche bildet das meist schwach gewölbte, unebene *Tuber maxillare*. An diesem, oder abwärts von ihm, sind die feinen *Foramina alveolaria posteriora* bemerkbar, die von oben her in den Knochen sich einsenken und Blutgefäße und Nerven eintreten lassen. An der medialen oberen Ecke besteht eine kleine rauhe Verbindungsfläche mit dem Gaumenbein. Eine größere findet sich unten, etwas gegen die mediale Fläche zu.

Fig. 165.

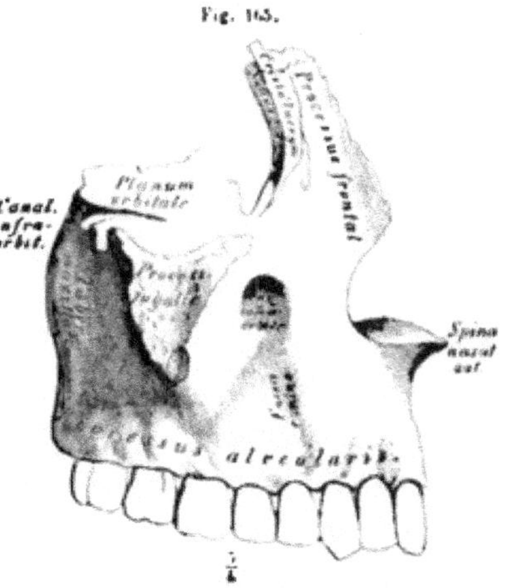

Rechter Oberkiefer in lateraler Ansicht.

*) Nathanael Highmore, Arzt in Shrewsbury, geb. 1613, † 1685.

Die *obere Fläche*, schräg lateralwärts nach vorne zu abgedacht, bildet den Boden der Augenhöhle (*Planum orbitale*). An ihrem hinteren Rande beginnt als tief eingeschnittene Furche ein Canal, der gegen den Infraorbitalrand in den Knochen sich einsenkt und am *Foramen infraorbitale* mündet.

Die *innere Fläche* (Fig. 166) sieht gegen die Nasenhöhle. Sie trägt am isolirten Knochen die ansehnliche Öffnung des Sinus maxillaris. Die Umgebung dieser Öffnung ist oben und hinten uneben, und an die letztere Strecke (*pa*) legt sich das Gaumenbein an, indes durch den oberen Rand untere Zellen des Siebbeins zum Abschluss kommen. Vor der Öffnung der Kieferhöhle zieht als weite und glatte Furche der *Sulcus lacrymalis* herab, nach vorne vom Stirnfortsatz begrenzt. Die Furche wird gegen den vorderen oberen Rand des Sinus maxillaris durch ein vorwärts gekrümmtes Knochenplättchen abgegrenzt, welches zuweilen von einem ähnlichen, aber nach hinten gerichteten Vorsprung des Stirnfortsatzes erreicht wird, so dass sie sich hier zum *Canalis lacrymalis* abschließt. Über und vor der Stelle, an welcher der Sulcus lacrymalis ausläuft, zieht eine rauhe Querleiste (*Crista turbinalis*) zum Vorderrande der Nasenfläche. An ihr sitzt der Vordertheil der unteren Muschel, die auch in der Regel den Sulcus lacrymalis aufwärts begrenzt und mit ihrem Processus lacrymalis zum Canale gestalten hilft.

Von den vier Fortsätzen des Oberkiefers dienen drei zur Verbindung mit anderen Knochen. Aufwärts gerichtet, theils von der Antlitzfläche, theils von der Nasenfläche sich erhebend, tritt der **Processus frontalis** ab (Fig. 165 und 166). Sein hinterer Rand bildet anfangs die vordere Wand des Sulcus lacrymalis und grenzt diese Furche durch eine zuweilen scharfe, aufwärts ziehende Leiste (*Crista lacrymalis anterior*) von vorne her ab. In der Mitte der medialen Fläche befindet sich eine zweite rauhe Linie etwas schräg vor- und abwärts gerichtet, die *Crista ethmoidalis*. An sie fügt sich die mittlere Muschel des Siebbeins. Das ausgezackte und verdickte obere Ende des Stirnfortsatzes fügt sich an die Pars nasalis des Stirnbeines, der Vorderrand verbindet sich mit dem seitlichen Rand der Nasenbeine, der hintere, medial vom Sulcus lacrymalis vorspringende Rand (*Margo lacrymalis*) mit dem Thränenbein.

Fig. 166.

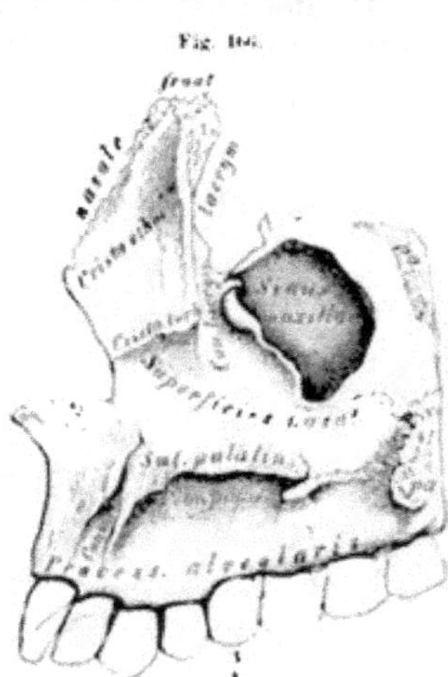

Rechter Oberkiefer in medialer Ansicht.

Der kurze **Processus jugalis** (Fig. 165) ist lateralwärts und etwas nach hinten gerichtet. Seine dreiseitige rauhe Fläche verbindet sich mit dem Jochbein.

Ein dritter Fortsatz, **Processus palatinus**, erstreckt sich an der medialen Seite horizontal einwärts. Er hilft den Boden der Nasenhöhle und das Dach der Mundhöhle, den harten Gaumen, bilden, indem er mit dem anderseitigen in einer Zackennaht (*Sutura palatina*) sich vereinigt (Fig. 166). Die Nasenfläche ist glatt, die Gaumenfläche uneben. Der obere Rand der Sutura palatina erhebt sich als *Crista nasalis*, vorne meist bedeutender und etwas lateral gekrümmt. Sie trägt das Pflugscharbein und vorne die knorpelige Nasenscheidewand. Ein spitzer Fortsatz ragt median mit dem gleichen verbunden als *Spina nasalis anterior* (Fig. 165) vor. Hinter dem unverkrümmten Vordertheile der Crista nasalis tritt der *Canalis incisivus* (Fig. 166) in den Gaumenfortsatz schräg herab. Die beiderseitigen Canäle vereinen sich in der Regel an der Gaumenfläche zu einer unpaaren Mündung. An dieser Stelle ist häufig noch bei Erwachsenen, stets aber an jugendlichen Individuen eine feine, quer nach außen ziehende nahtartige Stelle (*Sutura incisiva*) bemerkbar, als Grenze des Praemaxillare gegen das Maxillare (Fig. 167). Nach hinten verbindet sich der Gaumenfortsatz mit der horizontalen Platte des Gaumenbeins.

Der vierte Fortsatz, Processus alveolaris, ist abwärts gerichtet und birgt die Alveolen der Zähne des Oberkiefers. Der Anordnung der Zähne gemäß verläuft er bogenförmig von vorn nach hinten, und verbindet sich median mit dem anderseitigen vor dem Canalis incisivus. Der zahntragende freie Rand des Fortsatzes bietet die durch Querwände von einander getrennten Öffnungen der Zahnfächer, *Alveoli*, welche dem Umfange und der Gestalt der in sie eingesenkten Zahnwurzeln angepasst sind (s. beim Darmsystem).

Die vordersten zwei Alveolen nehmen die Schneidezähne auf, dann folgt lateral eine weitere für den Eckzahn; daran schließen sich zwei, wieder in je eine äußere und eine innere Höhlung gesonderte, für die Prämolarzähne; die Alveolen für die Molarzähne bilden den Schluss. Die beiden vorderen dieser Molar-Alveolen sind in der Regel je in eine innere und zwei äußere Vertiefungen gesondert, während die letzte Molar-Alveole sehr wechselnde Verhältnisse darbietet.

Die innere, die Mundhöhle mit begrenzende Fläche des Fortsatzes ist uneben und wölbt sich gegen den Gaumenfortsatz empor. Die äußere Oberfläche bietet den Alveolen entsprechende Vorsprünge (*Juga alveolaria*), vorne am stärksten. Die Existenz des Alveolarfortsatzes ist an die Zähne geknüpft. Vor dem Durchbruch der Zähne ist er kaum angedeutet. Mit ihrer Ausbildung aber formt er sich allmählich nach Maßgabe der entstehenden Wurzeln. Defecte des Gebisses sind von einem Schwunde des bezüglichen Theiles des Alveolarfortsatzes begleitet, und im Greisenalter findet nach dem Verluste der Zähne ein gänzliches Schwinden statt.

Das *Praemaxillare* (Intermaxillare, Os incisivum, Zwischenkieferbein) bleibt bei den meisten Wirbelthieren ein selbständiger Knochen, der jedoch bei den Affen gleichfalls mit dem Maxillare, wenn auch bei den meisten viel später als beim Menschen verschmilzt. Bei Fischen, Reptilien und selbst vielen Säugethieren liegt es vor dem Maxillare. Ihm gehört der vor dem Canalis incisivus gelegene Abschnitt an, der den Alveolartheil der beiden Schneidezähne begreifend (daher auch *Os incisivum* genannt), sich mit dem die Incisura nasalis tragenden Vorderrande aufwärts bis an den Vorderrand des Proc. frontalis erstreckt. S. LEUCKART, Über das Zwischenkieferbein des Menschen. Heidelberg, 1840. TH. KÖLLIKER. Nova Acta Ac. Leop. Car. XLIII.

Fig. 167.

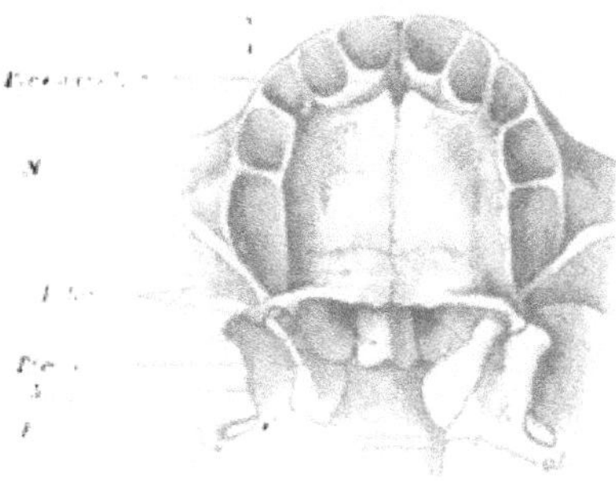

Gaumentheil der Basis cranii eines Neugeborenen.

Die Beziehung zu den Schneidezähnen, deren alveolare Umwandung die ansehnlichste Partie des gesammten Praemaxillare vorstellt, lässt eine Scheidung der Anlage des Knochens in zwei, je eine Alveole bergende Theile entstehen, die auch auf den Gaumentheil des Knochens sich fortsetzen, so dass dann jederseits zwei Praemaxillaria zu bestehen scheinen; zuweilen erhält sich dieser Zustand noch beim Neugeborenen. Für die Phylogenese des Praemaxillare ergiebt sich daraus keine Folgerung.

Abgesehen vom Praemaxillare bildet sich der Oberkieferknochen aus mehreren Ossificationen, über die sehr verschiedene Angaben bestehen. Die erste Knochenlamelle, welche den größten Theil des Knochens hervorgehen lässt, entsteht an der lateralen Fläche der knorpeligen Seitenwand der Nasenhöhle, sie bildet gegen die Zahnanlagen wachsend den Alveolartheil des Kiefers und erstreckt sich als Gaumenfortsatz auch medianwärts. Schon bei 8 cm langen Embryonen buchtet sich der Raum der Nasenhöhle zwischen mittlerer und unterer Muschel gegen den hier verdickten Knorpel der Seitenwand der Nasenhöhle aus und bildet *die Anlage des Sinus maxillaris, der also zuerst vom Knorpel umrandet wird* (DURSY). Nach außen wird der Knorpel von der plattenförmigen Anlage des Oberkiefers überlagert. Durch Resorptions- und Wachsthumsvorgänge der Wand vergrößert sich allmählich die Anlage des Sinus maxillaris, der seine knorpelige Wand verliert und erst vom zweiten Lebensjahre an sich umfänglicher gestaltet. Noch beim Neugeborenen zieht die Infraorbital-Rinne lateral von der Anlage des Sinus maxillaris, während sie später auf dessen obere Wand zu liegen kommt (RESCHREITER).

12. Gaumenbein (Palatinum).

Dieser Knochen schließt sich unmittelbar hinter den Oberkiefer an und erscheint zwischen diesen und den absteigenden Flügel des Keilbeins eingedrängt. In der Hauptsache bestehen zwei rechtwinklig verbundene Platten, von denen die *Pars perpendicularis* die laterale Begrenzung der Nasenhöhle fortsetzt, indes die *Pars horizontalis* dem Gaumenfortsatz des Oberkiefers angeschlossen, den knöchernen Gaumen nach hinten zu vervollständigt. Dazu kommen noch drei Fortsätze.

Die Pars perpendicularis (*P. nasalis*) liegt dem hinteren Abschnitt der medialen Fläche des Oberkiefers (Fig. 166) mit einer rauhen Oberfläche an, deckt von hinten her einen Theil der Öffnung des Sinus maxillaris und schiebt sich mit ihrem hinteren Rande über einen Theil der medialen Lamelle des Flügelfortsatzes des Keilbeins hinweg. Genau zwischen diesen beiden Abschnitten der lateralen Fläche beginnt oben an einem fast kreisförmigen Ausschnitt (*Incisura spheno-palatina*) der *Sulcus pterygo-palatinus* (Fig. 168 *B*). Er wird von zwei leistenartigen Vorsprüngen begrenzt und nach unten allmählich vollständiger vom Knochen umschlossen. Sein hinterer Rand geht in einen ansehnlichen, nach hinten, außen und abwärts vorspringenden Fortsatz, *Processus pyramidalis* (Fig. 168 *A*, *B*), über, welcher den unten sich erweiternden Sulcus auch nach vorne zu theilweise umwandet.

Der *Sulcus pterygo-palatinus*, abwärts zum Canal gestaltet, mündet am Gaumen zwischen Oberkiefer und Gaumenbein aus. Das Gaumenbein bildet die mediale Begrenzung dieser Mündung (*Foramen palatinum majus*), welche auf die Gaumenfläche der Pars horizontalis ausläuft. Die vom Oberkiefer gebildete laterale Begrenzung der Endstrecke des Canals ist gleichfalls rinnenförmig vertieft. Vom Can. pterygopalatinus zweigen sich meist zwei engere Canäle ab, *Canales palat. posteriores* (*B*), welche den Proc. pyramidalis durchsetzen und an der Basalfläche desselben als *Foramina palatina minora* zur Mündung kommen.

Der *Processus pyramidalis* legt sich mit seiner vorderen, etwas lateralen Fläche an den Oberkiefer, über dem hinteren Ende des Alveolarfortsatzes, und bietet an seiner hinteren Fläche eine mittlere, meist etwas vertiefte glatte Strecke (Fig. 168 *A*), welche von zwei abwärts divergirenden rauhen Stellen (*m*, *l*) umfasst wird. An diese lagern sich die beiden Lamellen des Flügelfortsatzes des Keilbeins. Die glatte Fläche (*) hilft die Fossa pterygoidea bilden. Oberhalb des Pyramidenfortsatzes wird der Sulcus pterygo-palatinus vom oberen Theile des Flügelfortsatzes abgeschlossen, der sich hier nur mit seiner medialen Lamelle an das Gaumenbein anlegt. Dieser obere Abschnitt der Furche ist am Schädel von außen sichtbar, zwischen Tuber maxillare des Oberkiefers und dem Flügelfortsatze des Keilbeins, und entzieht sich erst da dem Blicke, wo die laterale Lamelle des Flügelfortsatzes sich an den Pyramidenfortsatz des Gaumenbeins anschmiegt. An der *Innenfläche* (Superficies nasalis) der Pars perpendicularis sind außer indifferenten Unebenheiten zwei ziemlich parallele Quervorsprünge bemerkbar (Fig. 168 C). Sie entsprechen den gleichnamigen Leisten des Oberkiefers: *Crista turbinalis, Crista ethmoidalis*. Über der Crista ethmoidalis liegt die Incisura spheno-palatina, welche zwei aufwärts gehende Fortsätze von einander trennt.

Der vordere Fortsatz, *Processus orbitalis*, ist meist der ansehnlichste und etwas lateral gerichtet. Er stellt einen unregelmäßig pyramidal gestalteten Körper vor, welcher über dem Tuber maxillare und medial davon sich dem Oberkiefer anlegt und auch an Sieb- und Keilbein grenzt. Er hilft den hintersten Abschnitt des Bodens der Augenhöhle bilden.

Fig. 168.

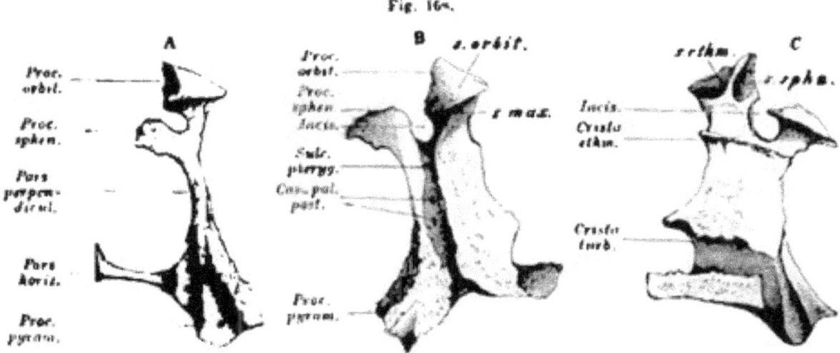

Rechtes Gaumenbein. *A* von hinten, *B* lateral, *C* medial. ½.

Bei ansehnlicher Gestaltung dieses Fortsatzes sind *fünf Flächen* unterscheidbar. *Drei* dienen zur Verbindung mit den Knochen, nach denen sie benannt sind. Davon liegen zwei medial und aufwärts. Eine vordere (Fig. 168 C, Superficies ethm.) bedeckt meist eine Zelle des Siebbeins, und ist dieser gemäß vertieft. Daran grenzt nach hinten die Verbindungsfläche mit dem Keilbeinkörper, von dessen Höhle eine Buchtung sich auf sie erstreckt (S. sphen.). Die dritte Verbindungsfläche liegt lateral und ist vor- und abwärts dem Oberkiefer (*B*, S. maxillaris) angelagert. Die *beiden* freien Flächen sind glatt und stoßen mit einer schwachen Kante an einander. Die eine davon sieht aufwärts (*B*, S. orb.), medial grenzt sie an die Papierplatte des Siebbeines. Hinten und abwärts gegen die Incisur schließt sich die letzte Fläche an, welche der Flügelgaumengrube zugekehrt ist (vergl. Fig. 168 *B*).

Der hintere Fortsatz, *Processus sphenoidalis*, minder hoch als der vorige, krümmt sich medial, um sich der unteren Fläche des Keilbeinkörpers anzulegen. Seine Innenfläche sieht gegen die Nasenhöhle.

Beide Fortsätze geben durch ihre Verbindung mit dem Keilbeinkörper der Incisura spheno-palatina einen Abschluss. Diese wird so zum *Foramen spheno-palatinum*, welches aus der Flügelgaumengrube in die Nasenhöhle führt.

Die Pars horizontalis bildet im Anschlusse an den hinteren Rand des Processus palatinus des Oberkiefers eine dünne und schmale Lamelle, die sich median durch eine Naht mit der anderseitigen verbindet. Die obere Fläche ist glatt, die untere meist etwas uneben. Der hintere zugeschärfte Rand ist ausgeschnitten, eine mediane Spitze bildet mit der anderseitigen die *Spina nasalis posterior* (vergl. Fig. 159). An der Naht erhebt sich die *Crista nasalis* als Fortsetzung der durch den Proc. palatinus des Oberkiefers gebildeten Crista und verbindet sich wie diese mit dem Vomer.

Wie der Oberkiefer erscheint das Gaumenbein etwa in der achten Woche.

13. Jochbein, Jugale (Os zygomaticum, Os malae, Wangenbein).

Das Jochbein stellt durch seine Hauptverbindungen mit dem Oberkiefer und dem Schläfenbein den *Jochbogen* (*Arcus zygomaticus*) dar, der sich an der Seite des Antlitztheils des Schädels über den unteren Theil der Schläfengrube spannt. Mit dem Jugalfortsatze des Oberkiefers geschieht die Verbindung an einer nach oben zu verbreiterten dreiseitigen, rauhen Fläche. Nach hinten zu zieht sich das Jochbein in den schmaleren *Processus temporalis* aus, mit dem es dem Jochfortsatze des Schläfenbeins durch eine aufwärts gerichtete Nahtfläche sich anfügt. Die äußere oder ansehnlichste Fläche des Knochens ist dem Gesichte zugekehrt (Fig. 169) (*Superficies facialis*), die innere, mediale wird durch einen an der Oberkieferverbindung sich abhebenden starken Fortsatz wieder in zwei Flächen geschieden. Der Fortsatz geht äußerlich vom oberen Rande des Jochbeins zum Processus jugalis des Stirnbeines (Fig. 182) und erstreckt sich medianwärts verbreitert zur Crista jugalis des Temporalflügels des Keilbeins.

Fig. 169.

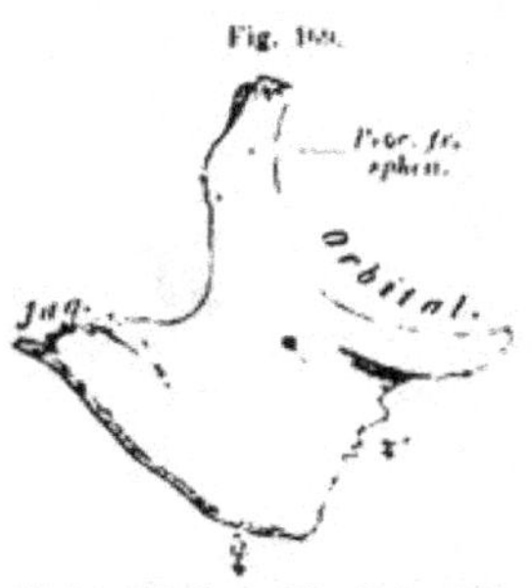

Rechtes Jugale von der Außenseite.

Fig. 170.

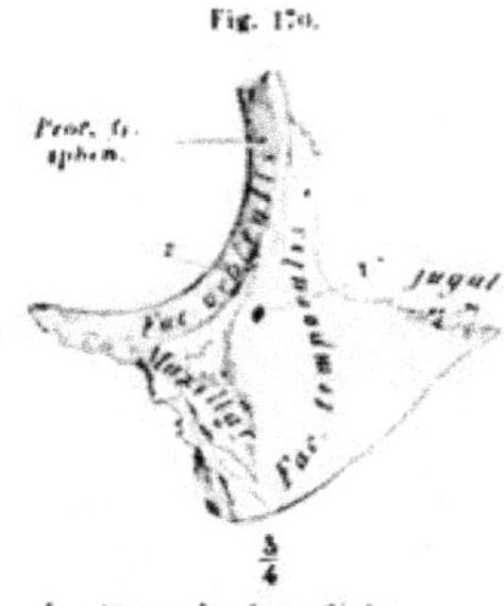

Jugale von der Innenfläche.

Dieser *Processus fronto-sphenoidalis* zerlegt so die mediale Fläche des Knochens in die nach vorne gegen die Orbita gekehrte *Facies orbitalis*, und die der Schläfengrube zugewendete *Facies temporalis*. Er bildet somit eine Scheidewand zwischen Augenhöhle und Schläfengrube, welche nur medianwärts von der Fissura orbitalis inferior unterbrochen ist. Die Orbitalfläche setzt sich nach außen mit sanfter Abrundung auf den Infraorbitalrand fort, welcher zum großen Theil (mindestens an seiner lateralen Hälfte) vom Jugale gebildet wird.

An der Orbitalfläche (Fig. 170) besteht das kleine, zuweilen doppelte *Foramen zygomatico-orbitale* (z). Es führt in einen im Jochbein sich in zwei Äste spaltenden Canal. Die Mündung des einen liegt auf der Superficies facialis, lateral vom Orbitalrande, und wird als *Foramen zygomatico-faciale* (z') unterschieden; zuweilen ist es durch mehrere feinere Löcher ersetzt. Die andere Mündung liegt auf der Temporalfläche (*Foramen zygomatico-temporale* z'').

Von den Verbindungen des Jugale sind die mit Oberkiefer und Schläfenbein die primären. Sie bestehen fast allgemein bei Säugethieren, während die Verbindung mit

Stirn- und Keilbein erst bei den Primaten sich ausbildet. Davon ist die Frontalverbindung die frühere, von ihr aus greift allmählich die Verbindung auf den Temporalflügel des Keilbeins über, womit die Sonderung der Orbita von der Schläfengrube verknüpft ist. Dies ist auch der Gang, den die Jochbeinentfaltung beim Menschen nimmt. Die Carnivoren bieten verschiedene Stadien der oberen Verbindung des Jugale dar, indem ein oberer Fortsatz bald nur angedeutet, bald ausgebildet ist und endlich das Stirnbein erreicht.

Der Orbitalfortsatz des Jochbeins tritt bei größerer Entfaltung in die Begrenzung der Fissura orbitalis inferior, bildet den Abschluss des lateralen Winkels, oder geht auch in den oberen Rand jener Spalte über, welche dann lateral zwischen Jochbein und Oberkiefer fortgesetzt ist. Letzteres finde ich beim Orang als Regel. Selten besteht eine Trennung des Jochbeins in einen oberen und einen unteren Abschnitt. Der untere repräsentirt den Haupttheil des Knochens, der obere eine selbständige Ossification des Fronto-sphenoidal-Fortsatzes. Bei Japanesen soll dieser Befund minder selten sein (HILGENDORF).

b. Knochen des Visceralskeletes.

§ 110.

Darunter begreift man die aus oder an den knorpeligen Kiemenbogen hervorgehenden Skelettheile (vergl. S. 197). Während die aus dem Primordialcranium entstandenen Knochen zur Schädelkapsel vereinigt sind und ihre functionelle Bedeutung als stützende Theile jener Kapsel beibehalten, gewinnen die aus den knorpeligen Kiemenbogen gebildeten Skeletstücke mannigfaltige Beziehungen. Je nach der Nachbarschaft anderer Organe erfahren sie verschiedene Umgestaltungen, welche neuen Verrichtungen, denen sie dienstbar werden, angepasst sind. Ein Theil erleidet sogar gänzliche Rückbildung. Unter dem Einfluss benachbarter Organe sind namentlich zwei Gruppen von Skelettheilen gebildet.

Die eine dieser Gruppen, aus den oberen Theilen der Bogen hervorgegangen, umfasst die in der Nähe der Labyrinthregion des Petrosum befindlichen Theile jener Bogen, welche in die Dienste des Gehörorgans treten und den Apparat der *Gehörknöchelchen* bilden. Anderseits erlangen die vorderen (ventralen) Abschnitte von drei Bogen Beziehungen zur Mundhöhle. Am ersten bildet sich der knöcherne *Unterkiefer*, und die sich erhaltenden Reste der beiden folgenden Bogen gewinnen Verbindungen mit der Muskulatur des Halses sowohl als auch der Zunge; sie stellen das *Zungenbein* vor. Unterkiefer, Zungenbein und Gehörknöchelchen, functionell wie anatomisch sehr differente Bildungen, entstehen also aus oder an jenen ursprünglich gleichartig angelegten Bogen. Das Rudiment eines vierten Bogens, dem wahrscheinlich noch das eines fünften sich angeschlossen hat, bildet den Schildknorpel des Kehlkopfs.

Die Vertheilung jener Skeletgebilde nach den einzelnen Bogen, aus denen sie hervorgehen, ist in Folgendem kurz dargestellt. Aus einem obersten Abschnitte des **ersten Bogens** (Kieferbogens) geht der *Amboß* hervor. Die bezügliche knorpelige Anlage entspricht einem bei Reptilien und Vögeln als Quadratbein persistirenden Skelettheile, der aus einem bei Fischen als Palato-quadratum bezeichneten, einen primären Oberkiefer darstellenden Knorpelstücke entstand. Wie mit dem Quadratum der niederen Wirbelthiere der Unterkiefer articulirt, so articulirt mit der Anlage des Amboß ein ventralwärts ziehendes Knorpelstück, welches jedoch bei den Säugethieren sich nicht zum Unterkiefer entwickelt. Der mit dem Amboß articulirende Abschnitt wandelt sich nämlich wieder zu einem Gehörknöchelchen, dem *Hammer*, um. Von diesem aus erstreckt sich dann der knorpelige Rest des ersten Bogens in der unteren Begrenzung der Mundöffnung medianwärts (vergl. Fig. 171 den hinter dem Unterkiefer nach hinten und aufwärts ziehenden Theil). Es ist der *Meckel'sche Knorpel*, auf welchem die knöcherne Anlage des definitiven *Unterkiefers* entsteht.

Fig. 171.

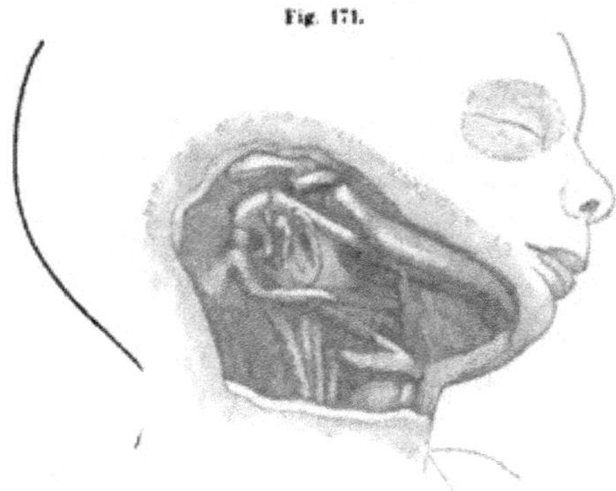

Kopf und Hals eines Embryo aus dem fünften Monate, vergrößert. Der Unterkiefer ist etwas emporgehoben. Äußeres Ohr mit Trommelfell entfernt. Vom Annulus tympanicus ist nur der vordere Theil erhalten. Nach KÖLLIKER.

Aus dem *zweiten knorpeligen Bogen* geht der oberste Abschnitt wieder in ein Gehörknöchelchen, in einem Theil des *Steigbügels* über, die unmittelbar darauf folgende Strecke scheint verloren zu gehen. Dagegen formt sich ein mit dem oberen Ende dem Cranium angelagerter schlanker Abschnitt in drei Gliedstücke um. Das oberste verschmilzt mit dem Petrosum, dessen *Processus styloides* es darstellt (vergl. S. 214). Das folgende wird bei den meisten Säugethieren zu einem zuweilen sehr ansehnlichen Knochen, beim Menschen bildet es sich zum Ligamentum stylo-hyoideum zurück. Dieses Band erhält den Zusammenhang zwischen Griffelfortsatz und dem dritten Stücke, welches zum *kleinen* oder *vorderen Horne* des Zungenbeins wird.

Von einem *dritten Bogen* wird nur ein unteres Knorpelstück ausgebildet, das *große* oder *hintere Horn* des Zungenbeins. Dazu kommt noch ein medianes Verbindungsstück (Copula) des zweiten und dritten Bogens, der *Körper* des Zungenbeins, dem also zwei Reste von Bogen, die eben genannten Hörner ansitzen. Bezüglich des aus ferneren Bogen hervorgegangenen Schildknorpels siehe bei dem Kehlkopfe.

Gehörknöchelchen.

§ 111.

Diese Gruppe von Skelettheilen lagert an der Labyrinthwand des Petrosum, also ursprünglich *an der Außenfläche des Cranium*. Erst mit der Ausbildung der Pars tympanica des Schläfenbeins kommt sie in's Innere des letzteren zu liegen, in den als Paukenhöhle unterschiedenen Raum. Das Factum der sehr frühzeitigen Differenzirung dieser Knöchelchen und ihrer relativ bald erlangten definitiven Größe weist auf ein ursprünglich bedeutenderes Volum derselben hin.

Sie bilden eine Kette, welche von der Labyrinthwand der Paukenhöhle lateral zu dem Trommelfell zieht. Mit ersterer steht der Steigbügel, mit letzterem der Hammer in continuirlicher Verbindung, und zwischen beide fügt sich der Amboß.

Der **Steigbügel** (*Stapes*), das in seiner Form am meisten seiner Benennung entsprechende Knöchelchen (Fig. 172), lässt eine Platte und zwei davon ausgehende und in dem griffartigen Capitulum vereinte Spangen unterscheiden. Die längliche Fußplatte ist an einer Längsseite ihres Randes stärker als an der anderen gekrümmt. Ihre freie Fläche ist eben. Von der anderen etwas vertieften Fläche erheben sich die Spangen, die nach innen zu rinnenartig ausgehöhlt sind. Eine Membran verschließt den zwischen den beiden Spangen und der Fußplatte befindlichen Raum. Der Stapes hat eine fast horizontale Lage, indem seine Fußplatte der Fenestra ovalis eingepasst und mit dem Rande derselben fibrös verbunden ist. Die hintere Spange ist etwas mehr gekrümmt (*Crus curvilineum*), die vordere (*Crus rectilineum*) minder.

Fig. 172.

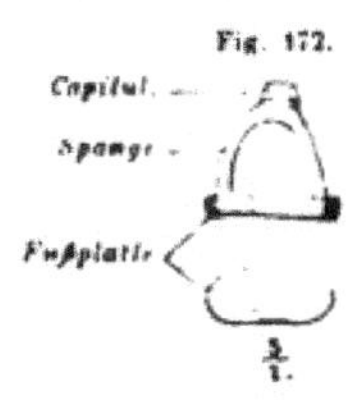

Rechter Stapes.

Der **Amboß** (*Incus*) besitzt einen vorwärts gerichteten Körper und zwei davon ausgehende Fortsätze (Fig. 173). Der kürzere aber gedrungenere, lateral etwas comprimirte geht vom Körper nach hinten ab und bietet lateral nahe an seinem Ende eine unebene Fläche zur Verbindung mit der Wand der Paukenhöhle. Der längere schlankere ist abwärts gerichtet und trägt an seinem etwas medial gekrümmten Ende eine rechtwinklig abgehende Apophyse, mit der er auf der pfannenartigen Endfläche des Köpfchens des Stapes articulirt. Diese *Apophysis lenticularis* ossificirt selbständig und löst sich noch beim Neugeborenen leicht vom Amboß, so dass sie als »*Ossiculum lenticulare*« aufgefasst ward. An der vorderen Fläche des Amboßkörpers befindet sich eine tief eingebogene Gelenkfläche, mit welcher der Kopf des Hammers articulirt.

Fig. 173.

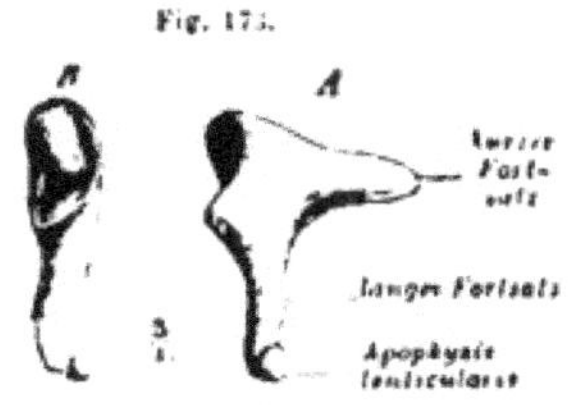

Rechter Amboß.
A von der Medianseite.
B von vorne.

Der **Hammer** (*Malleus*) lässt seiner Keulenform gemäß einen *Kopf* und einen *Stiel*, den *Handgriff* (*Manubrium*), unterscheiden (Fig. 174). Ersterer ist aufwärts gerichtet und bietet an seiner hinteren Seite eine längliche, scharf abgesetzte Gelenkfläche zur Verbindung mit dem Amboß. In den Griff geht der Kopf mittels eines schlankeren Halses über, an welchem lateral und etwas nach hinten eine schräge *Leiste* sich erhebt (Fig. 175 A). Nahe unter dieser gehen zwei Fortsätze ab, ein stumpfer und kurzer, welcher lateral gewendet ist (*Processus brevis*), und

Fig. 174.

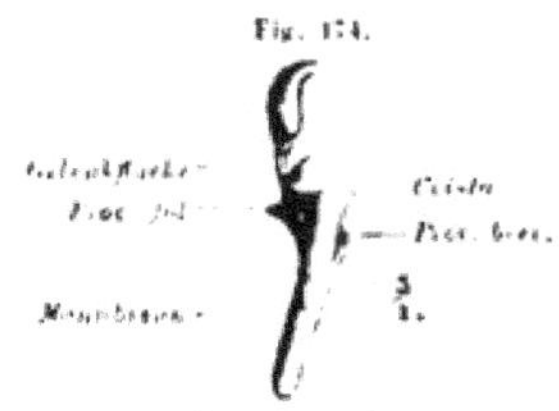

Hammer von hinten.

Fig. 175.

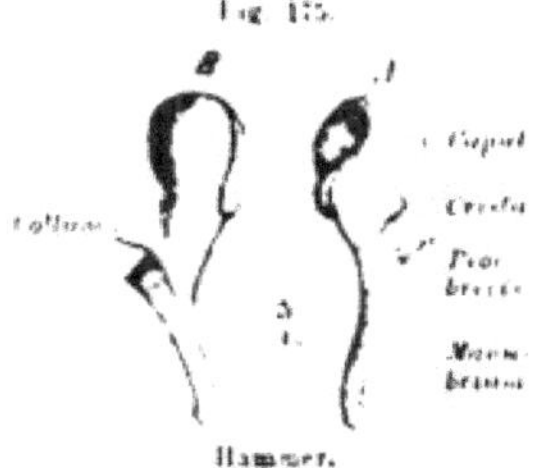

Hammer.
A von vorne und außen.
B von hinten und innen.

ein längerer schlanker, vor- und abwärts gerichteter (*Proc. longus. P. Folii* *) oder *folianus*) (Fig. 175).

Dieser läuft ursprünglich in den Überzug des vom Kopfe des Hammers ausgehenden Meckel'schen Knorpels aus, erscheint also wie ein Belegknochen, der erst secundär mit dem aus der knorpeligen Anlage ossificirenden Hammer sich verbindet. Nach dem Schwunde der Cartilago Meckelii stellt er ein beim Neugeborenen in die Glaser'sche Spalte eingefügtes, beim Erwachsenen nicht selten auf ein Band reducirtes Stäbchen vor. Der Griff des Hammers ist in das Trommelfell eingelassen und schließt so die Kette der Knöchelchen, deren äußerstes Glied er bildet, ab. Kopf des Hammers und Körper des Amboß sehen gegen das Dach der Paukenhöhle. Näheres über die Verbindungen und Lage der Gehörknöchelchen beim Gehörorgan.

Während die Entstehung des Hammers und des Amboß aus dem ersten knorpeligen Kiemenbogen (Kieferbogen) längst festgestellt ist, walten bezüglich des Steigbügels verschiedene Meinungen. Doch dürfte es sich hier um die Betheiligung verschiedener Bildungen handeln, indem die Platte aus der knorpeligen Labyrinthwand sich sondert, während die Spangen aus dem 2. Kiemenbogen entstehen. (J. GRUBER.)

Unterkiefer (Mandibula, Maxilla inferior).

§ 112.

Der Unterkiefer entsteht aus zwei getrennten Hälften, die allmählich durch Ossification der medianen Verbindung, meist im ersten Lebensjahre, zu dem einheitlichen Knochen verschmelzen, der unterhalb des Gesichtstheiles des Schädels seine Lage hat. Man unterscheidet an ihm den bogenförmigen *Körper*, welcher einen dem Alveolarfortsatz des Oberkiefers entsprechenden Alveolartheil trägt und jederseits hinten einen aufsteigenden *Ast* absendet.

Fig. 176.

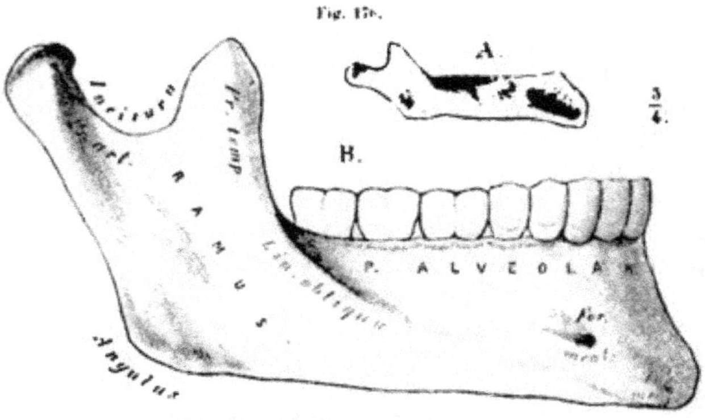

Rechte Unterkieferhälfte in lateraler Ansicht.
A von einem Neugeborenen. *B* vom Erwachsenen.

Am Körper ist der untere Rand verdickt und springt vorn etwas vor. Zuweilen prägt sich dieser Vorsprung in 2 Höckern aus. Median ist die Verschmelzungsstelle beider Hälften als eine leichte Erhebung bemerkbar, die

* CAECILIUS FOLIUS (FOLLI), Anatom zu Venedig, geb. 1615 zu Modena.

abwärts sich verbreitert und die *Protuberantia mentalis* vorstellt. Seitlich von ihr ist am Unterrand das *Tuber mentale* bemerkbar. Weiter lateral, fast in der Mitte der Höhe des Knochens, liegt das *Foramen mentale* an der seitlichen Grenze der Kinngegend. Weiter nach hinten zieht die *Linea obliqua* zum Vorderrande des Unterkieferastes empor. An der Innenfläche ist die mediane Verbindungsstelle gleichfalls durch einen Vorsprung, *Spina mentalis* (*Sp. ment. interna*) ausgezeichnet. Dicht am Rande selbst findet sich jederseits eine flache Grube, einem Fingereindruck ähnlich, nach dem hier inserirten Musculus digastricus *Fossa digastrica* (Fig. 177 *B. Fov.*) benannt. Über derselben beginnt ein schräg aufwärts und nach hinten verlaufender Vorsprung, auf dem die *Linea mylo-hyoidea* hervortritt. Hinten grenzt diese Linie den Alveolartheil vom Körper ab. Unterhalb der L. mylo-hyoidea verläuft der gleichnamige *Sulcus*.

Der Alveolartheil trägt die Fächer, Alveolen, der Zähne des Unterkiefers, die einzelnen Fächer wie am Alveolartheile des Oberkiefers den Wurzeln dieser Zähne angepasst (s. Zähne). Bei Verlust der Zähne verfallen die Wandungen auch dieser Alveolen dem Schwunde. Äußerliche, den Alveolen entsprechende *Juga alveolaria* sind minder als am Oberkiefer ausgeprägt.

Die Alveolen des Unterkiefers stimmen im Wesentlichen mit jenen des Oberkiefers überein. Jedoch sind die Alveolen der Incisivi enger, die Praemolar-Alveolen ungetheilt und von den Molar-Alveolen ist in der Regel jede in einen vorderen und einen hinteren Abschnitt gesondert.

Der Ast erhebt sich vom hinteren Theile des Körpers und bildet mit ihm nach unten und hinten den *Angulus mandibulae* (Fig. 176 *B*). An der äußeren Fläche des Kieferwinkels befindliche Unebenheiten deuten die Insertion des M. masseter an. Aufwärts gabelt sich der Ast in zwei durch die *Incisura mandibulae* getrennte Fortsätze, der hintere stärkere *Processus articularis* (*condyloides*) trägt den schräg gestellten, mit dem anderseitigen convergirenden, überknorpelten Gelenkkopf, der medial bedeutend vorspringt. Hier hat der Fortsatz an seiner Vorderfläche eine meist sehr deutliche Grube zur Insertion des äußeren Flügelmuskels. Der zweite, vordere Fortsatz, *Proc. temporalis* (*coronoides*), ist von beiden Seiten comprimirt und dient zur Insertion des Schläfenmuskels. Er entfaltet sich erst während der ersten Lebensjahre ansehnlicher. Auf seiner medialen Fläche läuft die *Linea mylo-hyoidea*

Fig. 177.

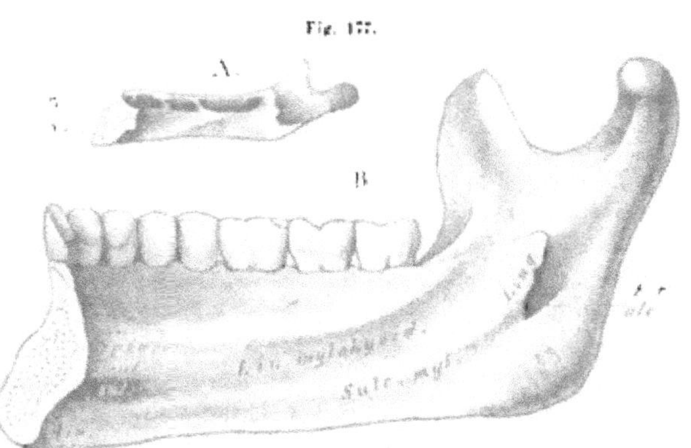

Rechte Unterkieferhälfte in medialer Ansicht. *A* vom Neugeborenen. *B* vom Erwachsenen.

aus. Ebenda, unterhalb der Incisur tritt das *Foramen mandibulare s. alveolare* (Fig. 177 *B*) schräg in den Unterkiefer. Es wird medial meist von einem Vorsprung (*Lingula*) überragt. Eine rauhe Stelle an der Innenfläche des Kieferwinkels bezeichnet die Insertion des inneren Flügelmuskels.

Vom Foramen mandibulare an verläuft der *Canalis alveolaris* unterhalb des Grundes der Alveolen durch den Unterkiefer, der Innenfläche und dem Unterrande näher, bis nach vorn; er birgt Blutgefäße und Nerven. Eine Abzweigung des Canals mündet am *Foramen mentale* aus. — Compactes Knochengewebe bildet die Hauptmasse des Knochens und lässt den Unterkiefer dem Verwesungsprocesse länger widerstehen als andere Theile des Skeletes.

Mit dem Fehlen des Alveolartheils vor dem Durchbruche der Zähne zeigt sich in den früheren Zuständen des Unterkiefers auch eine bedeutend schräge Stellung des Astes zum Körper, so dass der Winkel minder vorspringt und der Gelenkfortsatz nach hinten sieht (vergl. Fig. 176 *A*, 177 *A*). Im Greisenalter gewinnt der Knochen nach Verlust seines Alveolartheiles eine ähnliche Gestaltung.

Der Unterkiefer erscheint sehr frühzeitig als *Belegknochen am Meckel'schen Knorpel*, ähnlich wie das *Dentale* im Unterkiefer niederer Wirbelthiere. Diesem Knochen entspricht er auch, sowie der Hammer dem Articulare jener Unterkieferbildung homolog ist. Von dem älteren Zustande des Unterkiefers ist also nur das Zähne tragende Stück als Kiefer erhalten. — Während der Proc. temporalis des ausgebildeten Unterkiefers sich aus der ersten Ossification bildet, geht der Gelenkfortsatz und der Kieferwinkel aus Knorpelgewebe hervor, welches am hinteren Ende der Knochenanlage entsteht und mit dieser allmählich in Zusammenhang gelangt. Auch der Meckel'sche Knorpel wird an seinem vorderen Ende an der Symphyse beider Kieferhälften in den Unterkiefer aufgenommen und der benachbarten knöchernen Kieferanlage assimilirt (J. Brock, Kölliker). In der Symphyse der Unterkieferhälften bestehen beim Neugeborenen noch Reste des Knorpels.

Kiefergelenk (Articulatio cranio-mandibularis).

Der Unterkiefer articulirt mittels seines Gelenkfortsatzes auf der ihm vom Schuppentheil des Schläfenbeins gebotenen Gelenkfläche. Diese umfasst das Tuberculum articulare und senkt sich von da an in die dahinter gelegene Gelenkgrube ein. Mit Knorpel ist nur das Tuberculum articulare überkleidet, während die Cavitas glenoidalis einen Bindegewebsüberzug besitzt.

Der Gelenkkopf des Unterkiefers besitzt für jene Gelenkfläche keine congruente Oberflächengestaltung. Die Congruenz wird hergestellt durch einen *Zwischenknorpel* (Fig. 178 Cart.), der mit dem schlaffen Kapselbande verbunden ist. Seine dickeren Ränder sind in letzteres eingefügt, so dass er bei den Bewegungen des Unterkiefers mit dem Kapselbande dem Gelenkkopfe folgt. In der Mitte ist er dünner, zuweilen sogar durchbrochen. Das *Kapselband* entspringt am Schädel, vorne vor dem Tuberculum articulare, lateral von der hinteren Wurzel des Jochbogens, medial von der Umgebung der Spina angularis des Keilbeins, und hinten aus der Tiefe der Cavitas glenoidalis. Am Unterkiefer befestigt es sich rings unterhalb der Gelenkfläche des Processus articularis.

Ein *äußeres Seitenband* verstärkt die Kapsel. Es entspringt von der unteren Fläche der Wurzel des Jochfortsatzes des Schläfenbeins und verläuft schräg nach hinten und abwärts zum Gelenkfortsatze des Unterkiefers, an dessen Hals es sich inserirt. Ein *inneres Seitenband*[1] wird durch ligamentöse Stränge, die keine Beziehung zur Kapsel besitzen, vorgestellt.

Solche *innere Seitenbänder* bilden eine Bandmasse, welche hinter dem Kiefergelenke, etwas medial davon, vom Schädel entspringt und sich in mehrere Blätter sondert, die an der medialen Seite des Gelenkfortsatzes befestigt sind. Eines geht zum Halse des letzteren, ein anderes tritt zur Lingula des Foramen alveolare. Hiezu kann endlich noch gerechnet werden das *Lig. stylo-maxillare*. Ein von der Fascie des M. stylo-glossus, oder auch von dessen Ursprungssehne sich abzweigender Bandstreif, der zum Winkel des Unterkiefers verläuft und an der Lingula sich befestigt, besitzt keine directe Beziehung zum Mechanismus des Kiefergelenkes. Das Gleiche gilt von dem sogenannten *Lig. pterygo-maxillare*, welches vom Hamulus pterygoideus zum hinteren Ende der Linea mylo-hyoidea tritt.

Die anatomische Einrichtung des Kiefergelenkes wird aus dem *Mechanismus* der Actionen des Unterkiefers verständlich. Die ausführbaren Bewegungen sind dreifacher Art: 1. Eine *seitliche Bewegung* mit ganz geringer Excursion findet in der Richtung einer Bogenlinie statt, in welche die Achsen der Gelenkköpfe fallen. 2. *Auf-* und *Abwärtsbewegung* des Unterkiefers, wobei das Gelenk einen *Ginglymus* vorstellt. 3. *Vor-* und *Rückwärtsbewegung* (*Schiebegelenk*). Bei der Vorwärtsbewegung tritt der Gelenkkopf auf das Tuberculum articulare, und der Zwischenknorpel bildet für denselben eine Pfanne (Fig. 178 *B*), während beim Zurücktreten

Fig. 178.

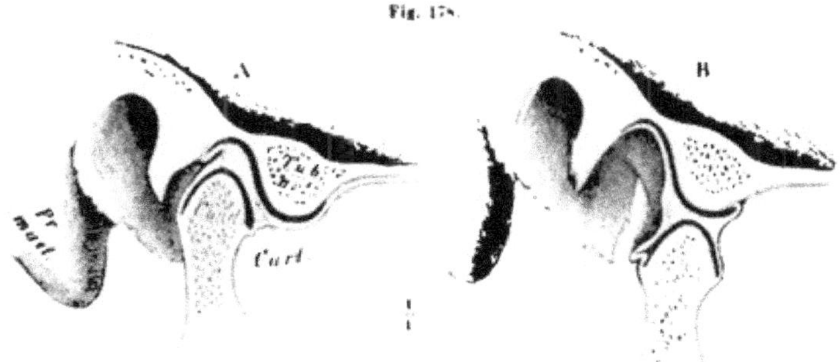

Senkrechter Durchschnitt durch das rechte Kiefergelenk.
A Gelenkkopf des Unterkiefers in der Cavitas glenoidalis, *B* auf dem Tuberc. articulare stehend.

in die Cavitas articularis der Zwischenknorpel sich an die hintere Fläche des Tuberculum articulare und die vordere Fläche des Condylus legt, dessen hintere Fläche gleichzeitig vom Kapselbande bedeckt wird (Fig. 178 *A*). Die seitliche Bewegung wie die Winkelbewegung, bei welcher der Condylus um seine Achse sich dreht, geben in der Cavitas articularis vor sich. Doch findet beim einfachen Abziehen des Unterkiefers, in höherem Grade bei weiter Öffnung des Mundes, auch eine Vorwärtsbewegung statt, so dass der Gelenkkopf auf das Tuberculum articulare tritt. Diese mannigfachen Bewegungen ermöglicht der Zwischenknorpel, der für den Condylus eine transportable Pfanne repräsentirt. Damit geht noch Hand in Hand, dass der den Unterkiefer vorwärts bewegende M. pterygoideus externus sich theilweise an die Kapsel, speciell an den daselbst angefügten Zwischenknorpel inserirt, also mit dem Unterkiefer auch jenen Knorpel vorwärts bewegt.

Zungenbein (Os hyoides, Hyoid).

§ 113.

Wie oben (S. 231) dargelegt, bildet der als »Zungenbein« bezeichnete Complex von knöchernen Theilen den Rest eines dem Kopfe zugehörigen, in niederen Formen mächtig entfalteten Bogensystems. Wo dieses ausgebildet existirt, da sind gegliederte knorpelige oder knöcherne Bogen in der Medianlinie durch unpaare Stücke (Copulae) verbunden. Je zwei Bogenpaare fügen sich je an eine Copula an. Eine Copula mit den Resten zweier Bogenpaare ist das Rudiment jenes Apparates, der an der Grenze zwischen der Vorderfläche des Halses und dem Boden der Mundhöhle seine Lage hat.

Das die Copula repräsentirende Stück, Körper oder *Basis* benannt, ist platt, nach den Seiten schwach gekrümmt, an der vorderen, aufwärts gerichteten Fläche gewölbt, nach hinten und abwärts concav gestaltet. Die vordere Fläche bietet in der Regel eine Querleiste dar, über welcher häufig nahe dem oberen Rande ein medianer Vorsprung lagert. Dazu kommen noch andere unregelmäßigere Erhebungen, welche zur Verbindung mit Muskeln dienen.

Fig. 179.

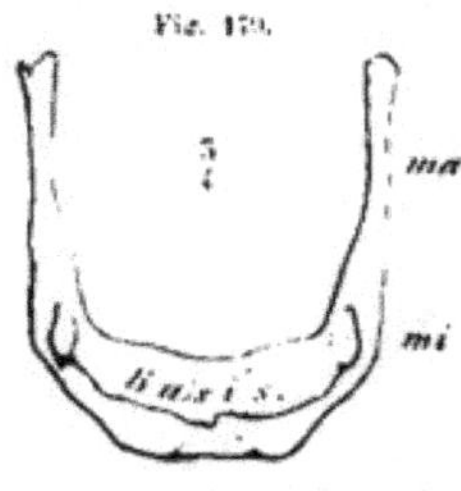

Zungenbein von oben.

Die am Zungenbeinkörper sitzenden Bogenrudimente sind die Hörner des Zungenbeins. Es sind vordere, obere, *Cornua minora* (Fig. 179, 180 *mi*), und hintere untere, *Cornua majora* (*ma*). Die kleinen Hörner sind meist unansehnliche, zuweilen knorpelig bleibende Stückchen, welche dem lateralen Rande des Körpers dicht an der Verbindungsstelle mit den großen Hörnern mittels eines Gelenkes, oft auch nur ligamentös angefügt sind. Die großen Hörner sind schlanke, gegen den Zungenbeinkörper zu breiter werdende Stücke und stehen mit dem Körper in straffer Verbindung. Seltener ist auch hier ein Gelenk vorhanden. Das hintere freie Ende der großen Hörner bietet meist eine knopfförmige Anschwellung.

Fig. 180.

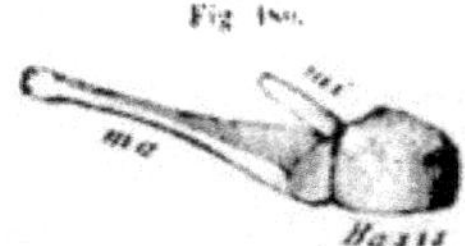

Zungenbein von der rechten Seite.

Die *kleinen Hörner* sind an Länge sehr variabel. Sie stehen durch das *Ligamentum stylo-hyoideum* mit dem Griffelfortsatze des Schläfenbeins in Verbindung, und können auch in dieses Band hinein aufwärts verlängert sein. Selten erreicht diese Verlängerung den Griffelfortsatz und noch seltener verbindet sie sich direct mit ihm. Das Lig. stylo-hyoideum fehlt dann. Zuweilen wird es durch ein Knochenstäbchen vertreten, welches die Verbindung mit dem Griffelfortsatze vermittelt und dann entsteht eine Übereinstimmung mit den meisten Säugethieren, bei denen das Lig. stylo-hyoideum durch einen ansehnlichen Knochen repräsentirt wird. Diese Variation im Verhalten der kleinen Hörner erklärt sich aus deren Entwickelung, die sie als die unteren Glieder eines Kiemenbogens nachweist. Die *großen Hörner* verwachsen häufig mit dem Körper. Die durch die großen Hörner und ihre Verbindung mit dem Körper dem Zungenbein zukommende Gestalt läßt es einem griechischen υ ähnlich erscheinen, daher der Name Hyoides.

c. der Schädel als Ganzes.

Außenfläche und Binnenräume.

§ 114.

Der Knochencomplex des Schädels empfängt die Grundzüge seiner Gestaltung durch die Anpassung der einzelnen Skeletttheile an mannigfache functionelle Beziehungen. Zwei Hauptabschnitte gaben sich bereits oberflächlich zu erkennen. Der eine, die Kapsel für das Gehirn bildende Theil: Hirnschädel, und ein zweiter, aus den Knochen der Nasen- und Kieferregion gebildeter: Antlitztheil des Schädels. (Gesichtsschädel.)

Die Hirnkapsel besitzt eine in der Regel ovale Gestalt mit größerem sagittalen Durchmesser, und kleinerem queren, der aber am hinteren Drittel jenen des vorderen zu übertreffen pflegt.

Die Außenseite des Schädeldaches ist gewölbt und besitzt bei der ganz beschränkten Beziehung zur Muskulatur und dem Fehlen wichtigerer Communicationsöffnungen eine glatte, nur durch die Nahtverbindungen der Knochen unterbrochene Fläche. Der höchste, den *Scheitel* (Vertex) darstellende Theil dieser Fläche verläuft vorn allmählich über das Stirnbein zur Stirngegend, welche beiderseits durch den Supraorbitalrand vom Antlitztheil des Schädels sich scheidet. Seitlich grenzt sich die obere Fläche des Schädeldaches durch die am Jochfortsatze des Stirnbeines beginnende, nach hinten auf das Scheitelbein bogenförmig hinziehende *Linea temporalis* von dem *Planum temporale* ab; dieses ist die Ursprungsfläche des gleichnamigen Muskels. Jäher senkt sich die Scheitelregion zum Hinterhaupt (*Occiput*) herab, welches medial von der Protuberantia occipitalis externa und lateral von der Linea nuchae superior gegen das dem Nacken zugekehrte, von Muskelinsertionen eingenommene *Planum nuchale* sich abgrenzt.

Fig. 181.

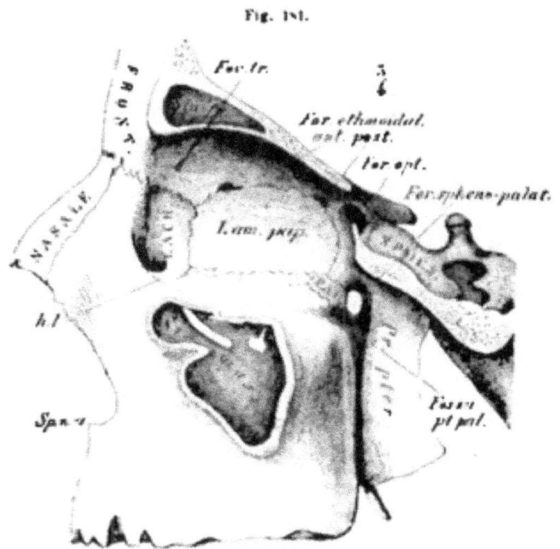

Laterales Sagittalschnitt durch den Antlitztheil des Schädels, wodurch die laterale Wand der Orbita entfernt ward.

Das Planum temporale senkt sich einwärts und abwärts zu der vorne vom Jochbein abgegrenzten, lateral vom *Jochbogen* überspannten Grube, *Fossa temporalis*, die nach vorne zu, an der Grenze gegen den Antlitztheil des Schädels, durch die untere Augenhöhlenspalte (*Fissura orbitalis inferior*) mit der Augenhöhle communicirt. An Stelle dieser Spalte findet sich anfänglich eine weite Communication. Noch beim Neugeborenen ist sie viel weiter als beim Erwachsenen. Der untere Theil der Schläfengrube tritt in bedeutendem Winkel einwärts zu einer von der Unterfläche des großen Keilbeinflügels und der äußeren Lamelle des Flügelfortsatzes des Keilbeins gebildeten Vertiefung — *Fossa infratemporalis*. Vor dieser Vertiefung läuft die Infraorbitalspalte in eine medianwärts eindringende spaltähnliche Grube herab, deren seitlicher Eingang durch die Anlehnung der äußeren Lamelle des Flügelfortsatzes des Keilbeins gegen den Oberkiefer eine untere Abgrenzung empfängt. Es ist die *Flügelgaumengrube* (*Fossa pterygopalatina*) (Fig. 181), deren von Keilbein und Oberkiefer begrenzter Eingang die *Fossa spheno-maxillaris* bildet.

Von der Schädelhöhle her öffnet sich in die Grube vor ihrem oberen Abschnitt *Foramen rotundum* des Keilbeines.

Die *Flügelgaumengrube* besitzt außer der Communication mit der Fissura orbitalis inferior noch mehrfache andere wichtige Verbindungswege. Medial wird die Wand der Grube von der senkrechten Lamelle des Gaumenbeins gebildet, welche das in die Nasenhöhle führende *Foramen spheno-palatinum* begrenzen hilft. Die hintere Wand der Grube wird vom Flügelfortsatz des Keilbeins gebildet, sie bietet die vordere Mündung des *Canalis Vidianus*. Endlich senkt sich die Grube abwärts in den anfänglich vom Flügelfortsatz des Keilbeins, vom Oberkiefer und Gaumenbein, dann von den beiden letzteren begrenzten *Canalis pterygo-palatinus*, der meist mit einer großen und zwei das Gaumenbein durchsetzenden kleinen Öffnungen am hinteren seitlichen Theile des Gaumens ausmündet, nachdem er unterwegs zur Nasenhöhle führende Canälchen abgab.

Hinter der Wurzel des Jochbogens ist der äußere Gehörgang bemerkbar, hinter welchem der Processus mastoides herabsteigt.

Complicirter als Dach und laterale Schädelwand erscheint der Antlitztheil durch mannigfaltigere Beziehungen zu anderen Organen.

Zunächst treten uns als bedeutende Vertiefungen die **Augenhöhlen** (**Orbitae**) entgegen, zwischen denen vorne die knöcherne Nase vorspringt. Jede Orbita ist etwa pyramidal gestaltet. Den vier Seitenflächen der Pyramide entsprechen die Wandungen der Augenhöhle, deren äußere Öffnung der Basis correspondiren würde. Der im Grunde der Orbita befindlichen, medial gerückten Spitze der Pyramide entspricht das *Foramen opticum*. Lateral hievon ist die obere Wand von der seitlichen durch die *Fissura orbitalis superior* (Fig. 182) geschieden, welche mit der Schädelhöhle communicirt. Eine andere, nach vorne zu weitere Spalte scheidet die laterale Wand von der unteren. Die laterale Wand bildet vorwiegend die Facies orbitalis des großen Keilbeinflügels, vorn in Verbindung mit dem Jochbein. Die lateral und nach vorne geneigte untere Wand bietet der Oberkiefer, vorn und seitlich gleichfalls mit dem Jochbein in Verbindung. Auf diesem Boden der Orbita verläuft, an der Infraorbitalspalte als offene Rinne beginnend, der *Canalis infraorbitalis*.

Am hintersten Theile des Orbitalbodens kommt eine kleine Fläche des Processus orbitalis des Gaumenbeins (Fig. 181) zum Vorschein. Die mediale Wand (vergl. Figg. 181, 182) bildet die Lamina papyracea des Siebbeins und weiter vorne das Thränenbein. Gegen die oberen Ränder beider Knochen wölbt sich vom Orbitaldache das Stirnbein herab, und an der Verbindung mit der Lam. papyracea sind zwei, zuweilen sogar drei *Foramina ethmoidalia* bemerkbar, deren vorderstes das wichtigste und meist auch das größere ist.

Auf der vorderen Hälfte des Thränenbeins vertieft sich, zur Hälfte auf den Stirnfortsatz des Oberkiefers übergreifend, die *Fossa sacci lacrymalis* von einer am Beginne flachen Grube zu dem hinter dem medialen Orbitalrand eindringenden *Canalis naso-lacrymalis*, dessen Anfang der *Hamulus lacrymalis* lateral abgrenzt (Fig. 181). Am Orbitaldache spielt das Stirnbein die Hauptrolle, indem nur ein kleinster Theil des Daches über dem Foramen opticum vom kleinen Keilbeinflügel gebildet wird. Die lateral am vorderen oberen Theile des Daches befindliche Fovea lacrymalis birgt die Thränendrüse. Der medial gegen die Pars nasalis des Stirnbeins auslaufende Supraorbitalrand trägt die *Incisura supraorbitalis* oder ein gleichnamiges Loch.

Fig. 182.

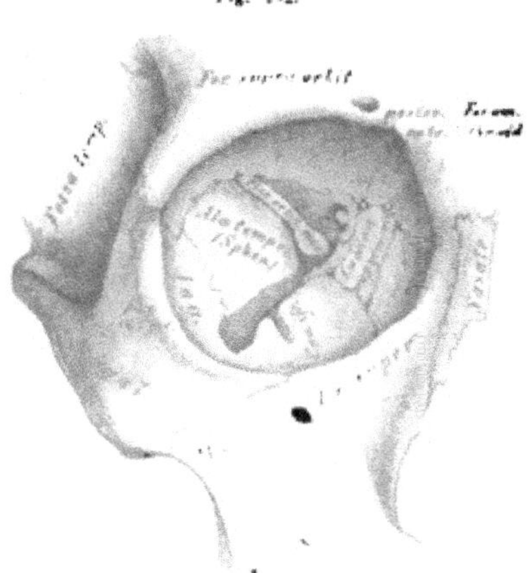

Rechte Orbita mit Umgebung von vorne.

Wie die Lamina papyracea des Siebbeins und das Thränenbein andeuten, wird der Interorbitaltheil des Schädels vom Nasenabschnitte gebildet, der an der Außenfläche durch eine mediane Öffnung, *Apertura piriformis*, seinen Zugang hat. Die obere Begrenzung dieser Öffnung bilden die Nasenbeine, an welche lateral der Stirnfortsatz des Oberkiefers sich anschließt. Den unteren Abschluss bildet gleichfalls der Oberkiefer.

Der durch die Nasenbeine und den Stirnfortsatz des Oberkiefers gebildete Vorsprung formt das knöcherne Gerüste der äußeren Nase und beeinflusst deren Gestaltung. Seitlich von dem äußeren Naseneingange senkt sich die Außenfläche des Oberkiefers zur *Fossa canina* ein, über welcher etwas zur Seite das *Foramen infraorbitale* herabsieht. Weiter seitlich erstreckt sich die Antlitzfläche auf das Jochbein in der oberen Wangenregion; sein Vorsprung beherrscht nicht wenig die allgemeine Gestaltung des Antlitzes. Nach abwärts schließt der Antlitztheil des Schädels mit dem Alveolarfortsatze des Oberkiefers ab und reiht sich mit diesem, oder vielmehr den in seinen Alveolen sitzenden Zähnen an die Zahnreihe des Unterkiefers.

An der **Nasenhöhle** (*Cavum nasi*) bilden die Knochen der Nasenregion die obere, die Knochen der Kieferregion die untere Begrenzung. Den Gesammtraum der Nasenhöhle trennt die mediane, theils knöcherne, theils knorpelige Scheidewand in zwei seitliche Hälften. Die *knöcherne Nasenscheidewand* bildet die von oben herab tretende *Lamina perpendicularis* des Siebbeines, deren vorderer unterer Rand mit dem Scheidewandknorpel (Septum cartilagineum) unmittelbar zusammenhängt. Mit dem hinteren unteren Rande der Lamina perpendicularis ist der *Vomer* in Verbindung, der nach hinten und unten die knöcherne Scheidewand ergänzt, indem er auf die Crista nasalis des Oberkiefer- und Gaumenbeins sich herabsenkt (Fig. 183).

Fig. 183.

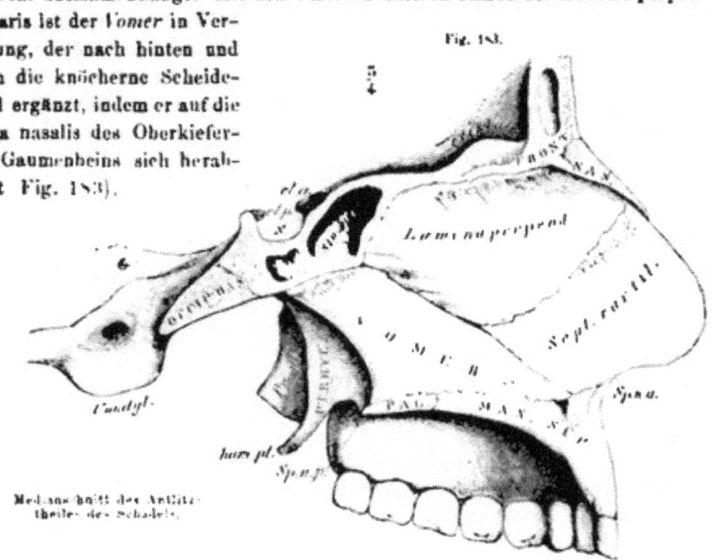

Medianschnitt des Antlitztheiles des Schädels.

Der zwischen Vorderrand der Lamina perpendicularis und Pflugscharbein einspringende Winkel wird von der *knorpeligen Nasenscheidewand* eingenommen, die von da aus in die äußere Nase sich erstreckt. Das verschiedene Verhältnis zu den beiden knöchernen Bestandtheilen der Nasenscheidewand ist oben angegeben.

Das Dach der Nasenhöhle bildet hinten zum geringen Theile der Keilbeinkörper, dessen Sinus von den *Ossicula Bertini* großentheils verschlossen wird, dann die Siebplatte des Siebbeins, und endlich vorne die Nasenbeine. Die Seitenwand wird vorzüglich vom Siebbein, vorne vom Oberkiefer und hinten vom Gaumenbein und Flügelfortsatz des Keilbeins dargestellt. Vom Siebbeine treten die beiden oberen Muscheln vor, vom Oberkiefer- und Gaumenbein erhebt sich die untere Muschel (Fig. 184). Den Boden der Nasenhöhle bilden Oberkiefer und Gaumenbein. Auf dem vorderen Theile des Bodens senkt sich jederseits der *Canalis incisivus* zum Gaumen herab.

Die Muscheln scheiden die drei *Nasengänge*, *Meatus narium*. Der untere liegt zwischen der unteren Muschel und dem Boden der Nasenhöhle, der mittlere zwischen mittlerer und unterer Muschel, zwischen mittlerer und oberer der obere. Sie convergiren nach hinten gegen die Choanen.

Von feineren Sculpturen sind rinnenförmige Vertiefungen für Olfactoriusfäden bemerkenswerth. Sie sind oft zu feinen Canälchen abgeschlossen sowohl an dem obersten Theile der Seitenwand als auch an dem entsprechenden Abschnitte der Lamina perpendicularis wahrnehmbar. An der Innenfläche des Nasenbeins bemerkt man die Furche für den Nervus nasalis externus, und am Vomer ist häufig eine schräg von oben nach unten und vorne zum Canalis incisivus ziehende Furche für den Nerv. naso-palatinus bemerkbar.

Fig. 184.

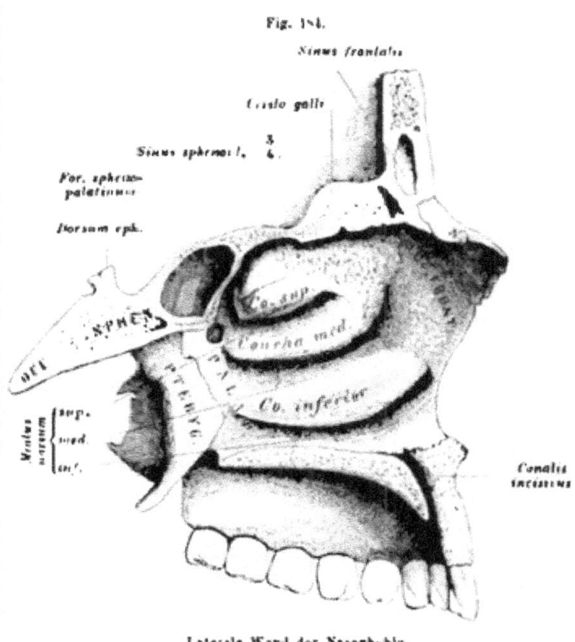

Laterale Wand der Nasenhöhle.

§ 115.

Die bedeutendsten Complicationen des Relief erscheinen an der Unterfläche der Basis cranii (Fig. 185). An diesem Theile steht der Kopf mit dem übrigen Körper im Zusammenhang, und dieses kommt durch viele Befunde zum Ausdruck. Wir finden da Befestigungsstellen der Muskulatur, Articulationsflächen, Öffnungen von verschiedenem Lumen zum Durchlasse von Blutgefäßen und Nerven, und unter diesen die große Communication der Schädelhöhle mit dem Rückgratcanal. Diese Verhältnisse treffen vorzugsweise den hinteren Theil der Basis cranii, der der Hirnkapsel des Schädels angehört.

Der Antlitztheil des Schädels zeigt sich in seinen Beziehungen zu Mund- und Nasenhöhle auch an der Basis cranii betheiligt.

Am hinteren oder Hirntheile der Schädelbasis bildet das *Foramen occipitale* den sichersten Orientirungspunkt. Sein vorderer Seitenrand wird überragt von den beiden *Condyli occipitales*, vor welchen das Basilarstück des Hinterhauptbeines sich bis zur vorderen Grenze dieses Abschnittes der Basis cranii erstreckt. Lateral von dem vorderen Abschnitte jedes Condylus bemerkt man die Mündung des *Canalis hypoglossi*, und in der Einsenkung, dicht hinter jenem Condylus, den inconstanten *Canalis condyloideus*. Gegen den hinteren Rand des Foramen occipitale tritt die Linea nuchae mediana von der Protuberantia occipitalis externa her; zu beiden Seiten sieht man das Planum nuchale. Seitlich grenzt sich das Hinterhauptbein erst durch eine Naht vom Schläfenbeine ab, dann folgt, lateral von den Condylen, zwischen beiden Knochen das an Umfang sehr variable *Foramen jugulare* (*For. lacerum posterius*).

Es ist in der Regel asymmetrisch und bildet nicht selten eine tiefe, gegen den Felsentheil des Schläfenbeines eingebuchtete Grube zur Aufnahme des *Bulbus venae jugularis*. Die Scheidung des Foramen jugulare in zwei Abschnitte, von denen der laterale, hintere für die genannte Vene, der mediale vordere zur Austrittsstelle von Nerven bestimmt ist, trifft sich zuweilen auch an der Basis deutlich, und kann sogar zur Bildung zweier, durch die Processus interjugulares getrennter Löcher fortgeschritten sein. Die ungleiche Weite des venösen Abschnittes beider Foramina jugularia steht mit Caliberdifferenzen der venösen Blutleiter der Schädelhöhle im Zusammenhange.

Vom Foramen jugulare aus erstreckt sich vor- und medianwärts die *Fissura petro-occipitalis*, zwischen dem Körper des Hinterhauptbeins und dem medialen Theile der Felsenbeinpyramide. Sie wird durch Faserknorpel ausgefüllt (*Synchondrosis petro-occipitalis*). Seitlich vom Foramen jugulare ragt der *Processus styloides* vor, hinter welchem das *Foramen stylo-mastoideum* bemerkbar ist, noch weiter nach außen und hinten der *Processus mastoides*, durch die *Incisura mastoidea* medial abgegrenzt. Vor dem Foramen jugulare ist der äußere Eingang des *Canalis caroticus* sichtbar, und vor demselben, aber medial, eine zum Theile vom Hinterrande des großen Keilbeinflügels gebildete rinnenförmige Vertiefung zur Aufnahme der knorpeligen Tuba Eustachii. Der Boden dieses *Sulcus tubarius* ist zuweilen durchbrochen, und dann fließt die *Fissura petro-sphenoidalis* mit dem zwischen der Spitze der Felsenbeinpyramide, dem Körper des Occipitale und dem Keilbein befindlichen unregelmäßig umrandeten *Foramen lacerum* (*For. lacerum anterius*) zusammen. Aus einem Reste des Primordialcranium entstandener Faserknorpel füllt auch diese Öffnung an der Basis aus (*Synchondrosis spheno-petrosa*). An der vorderen Umgrenzung mündet etwas lateral, dicht über dem medialen Ende des Sulcus tubarius, der *Canalis Vidianus*. An der Seite vor dem Zitzenfortsatze ist der Eingang zum *Meatus acusticus externus* sichtbar, und vor diesem an der Basis der Schläfenschuppe die *Gelenkgrube* für den Unterkiefer, vorne vom Tuberculum articulare überragt. Die breite, etwas eingedrückte Fläche der Pars tympanica tritt als untere Wand des äußeren Gehörganges hervor. Vor ihr liegt die Glaser'sche Spalte. Die Sutura squamo-sphenoidalis grenzt die Pars squamosa vom Keilbein ab, welches mit einem nach hinten gerichteten Theile seines großen Flügels sich zwischen P. squamosa und petrosa eindrängt. An dieser Strecke ist das Keilbein durch die *Spina angularis* und das unmittelbar daran befindliche *Foramen spinosum* ausgezeichnet. Dann folgt das größere *Foramen ovale*. Über die Infratemporalfläche des großen Keilbeinflügels gelangt man zu seitlichen Theilen des Schädels und zu der Schläfengrube, zur Fissura orbitalis inferior und zur Fossa spheno-maxillaris. Medial erscheint die Basis des dem Antlitztheile angehörigen Schädelabschnittes.

Fig. 155.

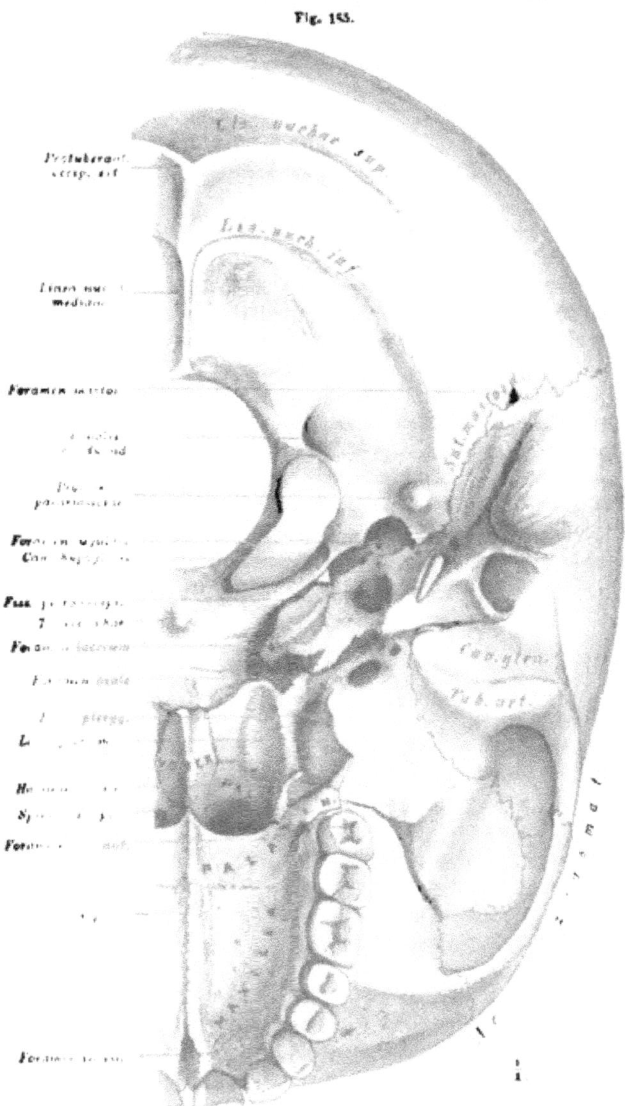

Rechte Hälfte des Schädels von der Basis gesehen.

Zwei von den Alae temporales des Keilbeins herabsteigende Pfeiler, die *Processus pterygoidei*, sind die seitlichen Grenzen des hinteren Eingangs der Nasenhöhle, der durch den Vomer in die beiden *Choanae**) getheilt wird. Die Flügel des Vomer breiten sich je gegen den Proc. vaginalis der medialen Lamelle des Flügelfortsatzes aus. Hinten erscheint auf dem Flügelfortsatze die *Fossa pterygoidea*. Von dem Ende der medialen (inneren) Lamelle des Flügelfortsatzes tritt der *Hamulus pterygoideus* ab. Am unteren Abschnitte der Fossa pterygoidea zeigt sich der Pyramidenfortsatz des Gaumenbeins zwischen beiden Lamellen. Als untere Choanenbegrenzung erscheint die horizontale Platte des Gaumenbeins mit der *Spina nasalis posterior*. Der Einblick in die Choanen zeigt die von der lateralen Wand vorragenden Muscheln. Unterhalb und etwas vor den Choanen breitet sich der knöcherne Gaumen (Palatum) aus, als Dach der Mundhöhle, seitlich und vorne vom Alveolarfortsatze der Oberkieferknochen umfriedet. Den hinteren kleineren Abschnitt des Gaumens bildet das Palatinum. Gegen den Oberkiefer zu ist hier das *Foramen palatinum majus* sichtbar; unmittelbar dahinter einige kleinere Löcher (*Foramina palat. minora*), sämmtlich Mündungen des Canalis pterygo-palatinus. Die transversale Sutura palato-maxillaris verbindet Gaumenbein und Oberkiefer am Gaumen, während die sagittale Sutura palatina Gaumenbeine und Oberkieferknochen je unter sich in medianen Zusammenhang setzt. Vom Foramen palatinum majus erstreckt sich in der Regel eine flache Furche längs des lateralen Gaumenrandes nach vorne. Die Sutura palatina führt vorne zu dem *Foramen incisivum*, der bald einfachen, bald deutlich paarigen Öffnung der gleichnamigen Canäle.

§ 116.

Der Binnenraum der Schädelhöhle ist dem Volum wie der Gestaltung des Gehirnes angepasst und bietet das negative Bild der Gehirnoberfläche. Außer den großen Vertiefungen und Erhebungen, die nur der Bodenfläche des Cavum cranii angehören, sind scheinbar unregelmäßige Vorsprünge (*Juga cerebralia*) und zwischen diesen befindliche Vertiefungen (*Impressiones digitatae*), welche den Furchen und Windungen des Großhirnes entsprechen, an allen von letzterem berührten Wandflächen bemerkbar. Breite und seichte Furchen nehmen als *Sulci venosi* die venösen Blutbahnen der harten Hirnhaut auf, indes feinere, deutlich ramificirte die *Sulci arteriosi* s. *meningei* sind. Letztere gehen von der basalen Fläche aus, wie erstere ihr zustreben, denn dort findet die Verbindung mit den größeren Gefäßstämmen statt. Ebenda dienen wieder andere Öffnungen zum Durchlass von Nerven. In dieser reicheren Gestaltung correspondirt die Innenfläche des Cavum cranii mit dem Äußeren der Basis des Schädels.

Am Grunde des Cavum cranii (Fig. 186) sind drei bedeutende, als vordere, mittlere und hintere Schädelgrube unterschiedene Räume bemerkbar.

*) Von χέω, weil sich durch sie Schleim aus der Nasenhöhle ergießt.

Fig. 186.

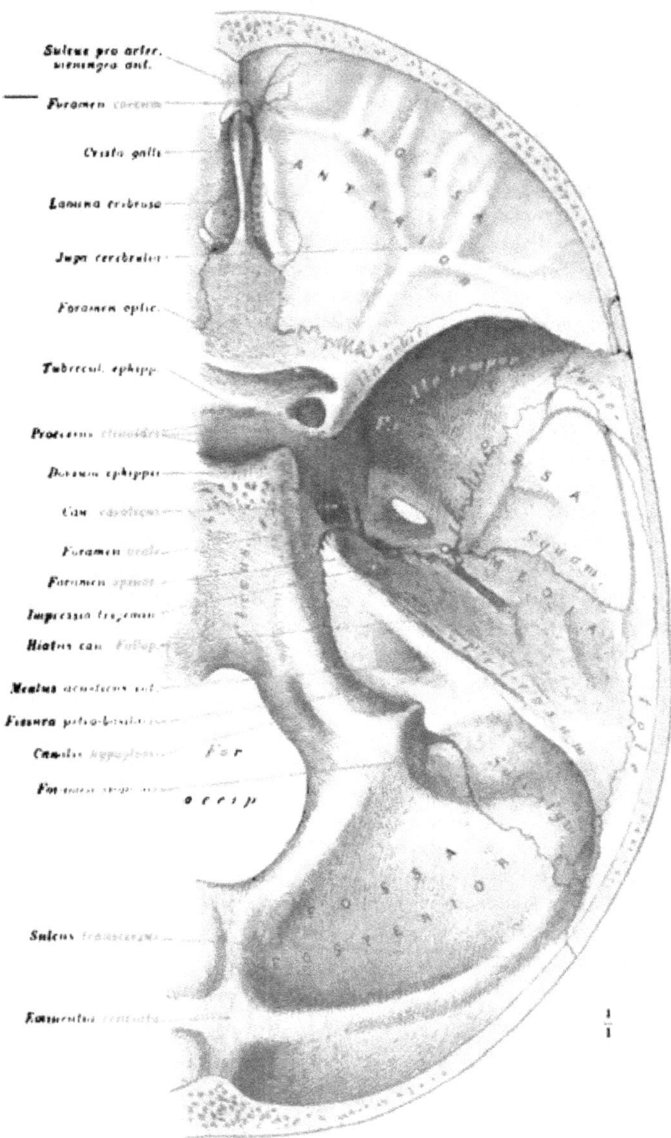

Rechte Hälfte der Schädelbasis von innen.

Die **hintere Schädelgrube** ist die größte. Sie weist in ihrer Mitte das Foramen occipitale auf, wird vorn und seitlich von der Felsenbeinpyramide, medial vom Clivus abgegrenzt und besitzt zwei hintere Ausbuchtungen, in welche die Hemisphären des kleinen Gehirnes sich einbetten. Daher entbehren diese Flächen der Juga cerebralia. Beide Vertiefungen werden median durch die von der Eminentia cruciata (*Protuberantia occipitalis interna*) herabkommende Crista occipitalis interna geschieden, und durch die seitlichen Arme der Eminenz von den darüber liegenden Flächen getrennt, gegen welche die Hinterlappen des Großhirns sich anlagern. Von der Eminentia cruciata erstreckt sich, rechterseits gewöhnlich in unmittelbarer Fortsetzung des Sulcus sagittalis, der Sulcus transversus hinter die Felsenbeinpyramide und in ~förmiger Krümmung (*Sulcus sigmoides*) zum hinteren Abschnitte des Foramen jugulare herab.

Von Communicationen der hinteren Schädelgrube sind noch die vorn und seitlich über dem Foramen occipitale sichtbaren Öffnungen des *Canalis hypoglossi* hervorzuheben, dann das *Foramen jugulare*. An der hinteren Fläche der Felsenbeinpyramide ist der *Meatus acusticus int.* sichtbar, schwer dagegen, weil abwärts gerichtet, der *Aquaeductus vestibuli*.

Die **mittlere Schädelgrube** ist durch den Keilbeinkörper in zwei seitliche Hälften geschieden. Ihren Boden bilden die Alae temporales des Keilbeins, die Schläfenschuppe mit der vorderen oberen Fläche der Felsenbeinpyramide, während der Angulus sphenoidalis des Parietale noch die seitliche Wand bilden hilft. Die obere Kante der Felsenbeinpyramide und die Sattellehne bilden die hintere, die Alae orbitales des Keilbeins die vordere Abgrenzung. Am Sattel selbst gehen die beiderseitigen Hälften dieses Abschnittes in einander über. Die mittlere Schädelgrube nimmt jederseits den Schläfenlappen des Großhirns auf. Der *Sattelknopf* und die drei *Processus clinoidei* compliciren das Relief des mittleren Abschnittes. Von Öffnungen sind bemerkbar: vorn, unterhalb der Ala orbitalis, die *Fissura orbitalis superior*; an der Wurzel des großen Keilbeinflügels das nach vorne gerichtete *Foramen rotundum*, zur Flügelgaumengrube; nach hinten und seitlich ist das *Foramen ovale* sichtbar, lateral davon das *Foramen spinosum*. An der Seite des hinteren Abschnittes des Keilbeinkörpers tritt der *Canalis caroticus* in die Schädelhöhle, lateral von der *Lingula* abgegrenzt, und vorne wird die Wurzel der Ala orbitalis vom *Foramen opticum* durchsetzt. Vom Foramen spinosum aus erstreckt sich ein verzweigter *Sulcus arteriosus* an die seitliche Wand der Grube und darüber hinaus zum Schädeldach.

Von den beiden Hauptästen dieses Sulcus tritt nicht selten ein Zweig nach vorn gegen das laterale Ende der Fissura orbitalis superior; er ist bedingt durch eine hier bestehende Anastomose der Art. meningea media mit einem Zweige der Art. ophthalmica.

Die **vordere Schädelgrube** ist am wenigsten vertieft. Ihre vordere und seitliche Grenze sowie den größten Theil des Bodens bildet das Stirnbein, an welches sich hinten und seitlich die Alae orbitales anschließen. In der Mitte und vorn ist die schmale, etwas tiefer liegende Lamina cribrosa des Siebbbeins am Abschlusse betheiligt. Die Stirnlappen des Großhirnes ruhen auf dem Boden der

Grube. Zwischen beiden Hälften der Lamina cribrosa ragt die *Crista galli* empor, vor welcher das *Foramen coecum* sichtbar ist.

Fein verzweigte Sulci arteriosi beginnen zuweilen von einem vorderen Siebbeinloch. In ihnen vertheilt sich die unbedeutende Arteria meningea anterior (Fig. 186).

Fontanellen und Schaltknochen.

§ 117.

Da das Wachsthum jedes Deckknochens des Schädels von einem einzigen Punkte ausgeht, so entsteht am Schädeldach nicht sofort ein gleichmäßig knöcherner Verschluss. Die Frontalia und Parietalia vergrößern sich peripherisch von der Stelle ihrer Tubera aus, treffen daher erst allmählich unter sich zusammen. Gleiches gilt für das Verhalten der Parietalia zum Interparietale, welches die Schuppe des Occipitale bilden hilft. Die Anlagen dieser Knochen sind also durch membranöse Zwischenräume von einander getrennt. Auch später bleiben membranöse Verschlussstellen des Schädeldaches übrig, nachdem die Knochen auf längeren, zu den Suturen sich ausbildenden Strecken sich berühren. Jene membranösen Stellen liegen an den von der Mitte (dem Tuber) der betreffenden Knochen entferntesten Strecken ihres Umkreises. Sie werden als *Fontanellen* (*Fonticuli*) bezeichnet, weil sich hier, einer Quelle ähnlich, eine pulsirende Bewegung (der fortgeleitete Puls der Hirnarterien) wahrnehmen lässt. Zwei dieser Fontanellen sind von größerer praktischer Bedeutung. 1) Die *Stirnfontanelle* (*Fonticulus major* s. *frontalis*) (Fig. 187 *a*) zwischen den beiden Scheitel- und Stirnbeinen gelagert und in der Regel mehr zwischen die Stirnbeine ausgedehnt. 2) Die *Hinterhauptsfontanelle* (*Font. minor* s. *occipitalis*) (*b*) zwischen dem Interparietale und dem hinteren Winkel der Parietalia, dreiseitig und kleiner als die ersterwähnte. In der Regel ist sie bei der Geburt schon sehr reducirt, indes die große erst nach der Geburt, meist während des ersten Lebensjahres schwindet.

Fig. 187.

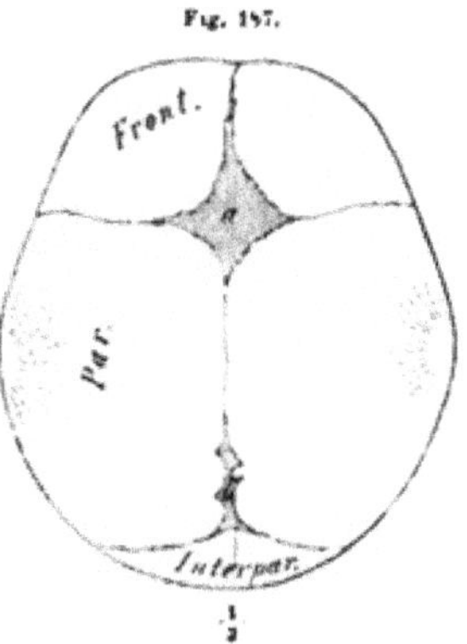

½

Schädel eines Neugeborenen von oben, mit den Fontanellen.

Fig. 188.

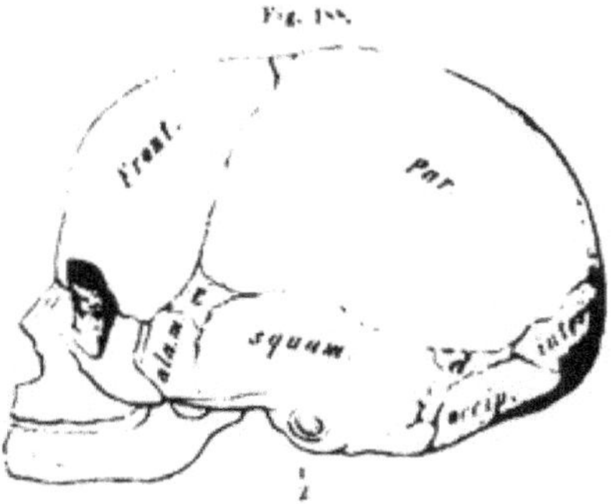

½

Schädel eines Neugeborenen, seitlich.

Der Verschluss der Fontanellen erfolgt mit der Ausbildung der betreffenden Winkel der Knochen, auf dieselbe Weise, wie die Vergrößerung dieser Knochen stattfindet. Die

Fontanellen unterstützen eine gewisse Verschiebbarkeit der Deckknochen des Schädels, und beim Geburtsacte werden die Ränder der benachbarten Knochen unter einander gedrängt, wodurch der Umfang des Schädels sich etwas verringert.

Ausser den vorerwähnten Fontanellen finden sich zwei kleinere an der Seite des Schädels, der *Fonticulus sphenoidalis* (Fig. 188 c) am vorderen unteren Winkel und der *Font. mastoideus* (F. Casserii) (d) am hinteren unteren Winkel des Scheitelbeines. Letzterer schwindet später als ersterer. Beide sind beim Neugeborenen schon sehr unansehnlich oder völlig verschwunden.

Die Entwickelung der Schädeldeckknochen geht durch peripherisch ausstrahlende Knochenleistchen vor sich. Zwischen den bereits gebildeten schießen neue an, oder getrennt vor dem Wachsthumsrande liegende Knochenpartikel verbinden sich mit dem Knochen. Nicht immer jedoch tritt eine solche Verschmelzung discreter Knochentheilchen ein, diese erhalten sich dann selbständig und bestehen als isolirte Knochensplitter zwischen den Zacken der Nähte. Solche Befunde kommen fast regelmäßig in der Occipitalnaht vor. Aber jene isolirten Knochenstückchen können, frühzeitig entstanden, sich auch selbständig vergrößern, ohne mit den benachbarten typischen Knochen zu verschmelzen, und dann treten in den Nähten gelagerte größere Knochen auf, die mittels Suturen mit den benachbarten verbunden sind: **Nahtknochen, Schaltknochen** (Ossicula Wormiana*), auch *Ossa intercularia* oder *Zwickelbeine*; kommen sie an der Stelle der früheren Fontanellen vor: **Fontanellknochen.**

In Zahl, Größe und Örtlichkeit des Vorkommens bieten die Nahtknochen sehr differente Verhältnisse. In der Occipitalnaht finden sie sich oft so zahlreich, dass die aneinander grenzenden Strecken der Knochen in viele größere oder kleinere Fragmente aufgelöst scheinen. Sehr häufig besteht bei den Schaltknochen eine Symmetrie, auf jeder Seite liegt dann ein gleich gestalteter. Den bedeutendsten Umfang erreichen die Fontanellknochen. Ein in der Occipitalfontanelle entstehender kann auf Kosten des Volums des Interparietale so bedeutend sich vergrößern, dass er im extremsten Falle das ganze Interparietale vorstellt. Vergl. S. 203. Die Fontanellknochen erlangen zuweilen die Größe der Fontanelle selbst, und bieten in Zahl und auch in Gestalt mannigfache Zustände. Auch an manchen Knochenverbindungen der Nasenwand oder der Kieferregion kommen knöcherne Schaltstücke vor, wenn auch seltener als an dem Schädeldache.

Menschen- und Thierschädel.

§ 118.

Die Besonderheiten der Organisation des menschlichen Körpers finden an keinem Theile des Skeletes einen so prägnanten Ausdruck als am Schädel. Dies gründet sich auf die Fülle der Beziehungen, welche am Kopfskelete mit anderen Organen bestehen. Je weniger activ ein Skelettheil an der Ökonomie des Organismus sich betheiligt, je geringer sein Eingreifen in den Mechanismus der Verrichtungen ist, die seiner Structur ein bestimmtes Gepräge verleihen, desto wichtiger werden jene, durch an- oder eingelagerte Theile bestimmten Beziehungen für das Verständnis seiner Gestaltung. Wie das Typische des Cranium der

*) Olaus Worm, Prof. zu Kopenhagen. † 1654.

Wirbelthiere aus solchen Beziehungen entspringt, so leitet sich davon auch die große Mannigfaltigkeit innerhalb der einzelnen Abtheilungen ab, und da, wo in differenten Abtheilungen die einzelnen Bestandtheile des Schädels in Zahl, Lage und Verbindung große Ähnlichkeit besitzen, sind es wieder dieselben Beziehungen, von denen die Verschiedenheiten beherrscht sind. Denn das Cranium gestaltet sich so wenig wie ein anderer Skelettheil aus sich selbst, sondern durch Anpassungen an Functionen, durch die es von außen her bestimmt wird. Da diese Functionen durch die Beziehungen zu anderen Organen bedingt sind, so ist deren Prüfung Aufgabe, wenn das Wesen der Besonderheit einer bestimmten Schädelform ermittelt werden soll. Das Besondere wird aber nur durch die Vergleichung mit anderen ähnlichen Zuständen erkennbar.

Die Vergleichung des menschlichen Schädels mit den Schädeln der Affen lässt in den bestehenden Differenzen nicht minder denselben Einfluss der Beziehungen zu anderen Organen wahrnehmen. Mag man auch diesen Unterschieden durch Messung Darstellung geben, sie treten dadurch zwar scharf hervor, aber ihre causalen Verhältnisse bleiben dunkel. Dagegen gelangt man zu einem Verständnis der letzteren durch die Beachtung der Anpassungen, welche am Schädel Ausdruck empfingen. *Da treten die beiden ältesten Beziehungen des Kopfskelets als die einflussreichsten Factoren hervor*: die Beziehungen zum Gehirne und zu den Sinnesorganen, so wie jene zum Darmsysteme, dessen Eingang vom Kopfskelet umschlossen wird (vergl. S. 75). Diese beiden Factoren vertheilen sich auf die beiden großen Abschnitte des Schädels, und der Einheit des Ganzen gemäß greift der eine auf den andern über und beeinflusst auch entferntere Theile.

Dass die Hirnkapsel des Schädels dem Volum und der Gestalt des Gehirnes sich anpasst, lehrt die Entwickelung dieser Theile. Die geringere Entfaltung des Gehirns, selbst bei den sogenannten anthropoiden Affen, lässt den ganzen Hirntheil gegen den Antlitztheil zurücktreten, und verleiht dem letzteren eine Präponderanz. Demgemäß sind alle Dimensionen des Schädelraumes geringer, und auch äußerlich wird dieses durch Dickezunahme mancher Knochen keineswegs verdeckt. Das postembryonale Wachsthum des Gehirns jener Affen schreitet in viel geringerem Grade als beim Menschen fort, das definitive Volum wird viel früher erreicht, ist aber auch in Vergleichung mit dem menschlichen Gehirn ein viel geringeres. Daher tritt bei ihnen jene Differenz im erwachsenen Zustande viel bedeutender zu Tage. Sie wird noch dadurch gesteigert, dass dem Antlitztheil eine durch das ganze Jugendalter fortschreitende Ausbildung zukommt. An dem Antlitztheile wird vor allem das Septum interorbitale durch das Volum der Lobi frontales des Gehirns beeinflusst. Bedeutend schmal ist jenes Septum beim Orang, weniger bei Hylobates und beim Gorilla. Die viel größere Breite beim Menschen steht mit der Breite der Stirnlappen in offenbarem Connex. Da aber das Septum interorbitale einen Theil der Nasenhöhle umschließt, so ist auch dieser Raum von der Gehirnentfaltung beeinflusst, und da sind es vorzüglich Nebenhöhlen (Cellulae ethmoidales), welche die Verbreiterung des Septum begleiten. Sie fehlen gänzlich bei sehr schmalem Septum oder sind nur minimal entfaltet. Auch die größere Betheiligung des Frontale am Septum interorbitale vieler Affen gehört hierher. Die hier noch an der medialen Orbitalwand liegenden Strecken des Stirnbeins sind beim Menschen ins Dach der

Orbita übergezangen, welches den Boden der vorderen Schädelgrube bildet und die Stirnlappen des Großhirns aufgelagert hat. Aus diesen Verhältnissen des Stirnbeines entspringen die Zustände der Nasalia, welche, durch die Verdrängung der Nasenhöhle nach abwärts, rudimentär erscheinen.

Ebenso werden für die Ausdehnung der übrigen Theile der Schädelkapsel die Gestaltungs- und Volumsverhältnisse vorzüglich des Großhirns maßgebend. Ein Blick auf die in Fig. 189 gegebenen Durchschnitte von Menschen- und Thierschädeln lässt diesen Einfluss verstehen. An die überwiegend größere Entfaltung des Cavum cranii knüpft sich die beim Menschen viel bedeutendere Neigung des Planum nuchale des Hinterhauptbeines und die Richtung des Hinterhauptloches nach unten, während dieses bei den meisten Säugethieren (vgl. Fig. 189 *D*) nach hinten sieht und selbst bei den Anthropoiden in dem Maße einer verticalen Ebene sich zukehrt, als das in der Jugend relativ bedeutendere Gehirnvolum allmählich zurücktritt. Aus derselben Entfaltung des Großhirns entspringt auch die Zunahme des *Basal-* oder *Sattelwinkels*, dessen einer Schenkel durch die Längsachse des Körpers des Hinterhauptbeines gebildet wird, indes der andere der Längsachse des Keilbeinkörpers entspricht.

Fig. 189.

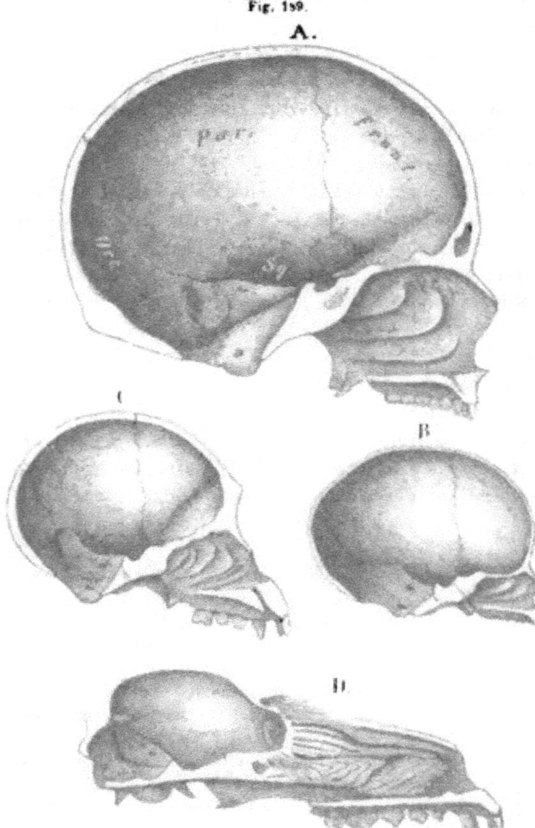

Medianschnitte von Schädeln
A eines Erwachsenen, *B* eines einige Wochen alten Kindes, *C* eines Schimpanse, *D* eines Hundes.

Von anderer Seite sind es die Knochen der Kieferregion und der Unterkiefer, an welchen bedeutende Unterschiede des Schädels des Menschen in Vergleichung mit den Affen sich ausprägen. Als Träger des Gebisses, dem sie Befestigung abgeben, sind die Kiefer von der Gestaltung der Zähne abhängig, und wie man weiß, dass sich ihr Alveolartheil mit den Zähnen entfaltet und mit ihnen sich rückbildet, so lassen sich auch ihre übrigen Verhältnisse mit der Wirkung der Zähne im Zusammenhang verstehen.

In dieser Beziehung ist das Volum der Zähne von Belang, die in dem Maße, als es die des Menschen übertrifft, eine größere Kieferfläche beanspruchen. Schon innerhalb der Affen bestehen bedeutende, von der Stärke des Gebisses beherrschte Verschiedenheiten. Das Milchzahngebiss des Orang besteht aus viel größeren Zähnen als das definitive Gebiss des Menschen, und übertrifft auch das Milchzahngebiss des Schimpanse. Hiemit in Übereinstimmung bilden die Kiefer schon beim jungen Orang eine bedeutendere Prominenz. Mit der Anpassung des Volums der Kiefer an jenes der Zähne combinirt sich die mächtigere Ausbildung der Kaumuskulatur. Damit tritt ein neues Moment auf, welches umgestaltend auf den Schädel einwirkt. Nicht blos am Unterkiefer ergeben sich vergrößerte Insertionsstellen, sondern auch die Ursprungsstrecken am Cranium bieten für Masseter und Temporalis ergiebigere Ausdehnung dar. Die weitere Spannung des Jochbogens und das bedeutendere Hervortreten des Jugale beim Orang ist eine solche vom Masseter abzuleitende Bildung, indes der M. temporalis durch seine Ausdehnung über fast die ganze Schädeloberfläche, wo seine Ursprungsgrenze sich zu einer Crista erhebt, auch eine Umgestaltung der Schädelform bedingt. Indem wir von den Zähnen auf die Kiefer, von diesen auf die Muskeln, und von diesen auf das Cranium Einwirkungen erkannten, bleibt noch übrig, das Gebiss selbst im Zusammenhang mit der Lebensweise, der besonderen Art der Nahrungsbewältigung, oder auch in seiner Verwendung als Angriffswaffe zu beurtheilen, um darin den Einfluss außerhalb des Kopfskeletes befindlicher, zum Theil sogar außerhalb des Organismus liegender Factoren zu erkennen, durch welche dem Schädel unter allmählicher, durch Generationen sich fortsetzender Einwirkung eine bestimmte Form zu Theil ward.

Wie also die Ausbildung des Gehirns des Menschen in Vergleichung mit den Affen im oberen Cranium wirksam sich darstellt und hier bedeutende Unterschiede hervorbringt, so ist es am Antlitztheile die um vieles geringere Entfaltung des Gebisses, auf welche die bestehenden Differenzen zurückleiten. Durch die Erkenntnis der nächsten Causalmomente für die Entstehung der wesentlichsten Verschiedenheiten in der Schädelform des Menschen und der anthropoiden Affen ergiebt sich auch der Schädel wie andere Körpertheile der Anpassung unterworfen. Daraus erwächst die Vorstellung *einer allmählichen Ausbildung jener Eigenthümlichkeiten*, deren größeres oder geringeres Maß von dem Einflusse der genannten Factoren abhängig wird. Wir haben diese als nächste Causalmomente bezeichnet, weil sie die unmittelbarste Wirkung erkennen lassen, sie sind aber nicht die letzten, sondern werden wieder von anderen Ursachen beherrscht. Was die Ausbildung des Gehirns bestimmt, oder die Wahl der die Gestaltung des Gebisses normirenden Nahrung, entzieht sich unserer Erkenntnis. Es darf aber nicht übersehen werden, dass auch anderen Theilen, z. B. der Entfaltung der Nasenhöhle und der Orbita, eine wenn auch minder hervortretende Rolle zukommt. Durch die Erkenntnis der typischen Ausbildung des Schädels auf Grund der Wirksamkeit bestimmter Factoren reiht sich dieser Theil des Skeletes wie der gesammte Organismus an niedere Zustände der Organisation, in denen jene Factoren, soweit sie die in der Entfaltung des Gehirnes sich darstellende Vervollkommnung einleiteten, minder mächtig waren, während sie mächtiger in jener Richtung sich erwiesen, welche zu einer bedeutenderen Ausbildung des Gebisses und damit eines ganzen Abschnittes des Schädels geführt hat.

Indem wir die Gestaltung des Schädels als das Product von Anpassungen betrachteten, mindert sich der Gegensatz, in welchem man ihn in Vergleichung mit Schädeln von Thieren darzustellen pflegt. Es sind hier wie dort die gleichen Factoren im Spiele, nur die Intensität ihrer Wirkung ist verschieden. Aber es ist längst schon behauptet worden, dass außer der Anpassung, wie sie z. B. am Gehirne sich kundgiebt, noch andere den Skelettheilen, also dem Schädel selbst inhärirende Potenzen sich geltend machen, wie durch viele Thatsachen begründet wird. Wir leiten das von Vererbung ab, deren Object im ersten, weit zurückliegenden Zustande wieder aus einer Anpassung entstand.

Altersverschiedenheiten des Schädels.

§ 119.

Die bei den Schädelknochen angeführten Entwickelungsbefunde liefern ein für die einzelnen Altersperioden charakteristisches Gesammtbild des Craniums, von welchem hier nur einige Conturlinien angegeben werden können. Beim Neugeborenen fällt das Überwiegen des Hirntheiles über den Antlitztheil, sowie die bedeutendere Länge des Schädels auf. Der größte Querdurchmesser findet sich zwischen beiden Tubera parietalia. Das Zurücktreten des Antlitztheiles gründet sich auf den Mangel der Alveolarfortsätze der Kiefer, die geringe Ausbildung der Nasenhöhle und ihrer Nebenhöhlen. Die letzteren tragen zur Entfaltung in die Breite bei, sowie erstere sammt den durchbrechenden Zähnen den Gesichtstheil eine bedeutendere Höhe gewinnen, und ihn so zu einer ovalen Form sich ausbilden lassen; dabei rücken die Stirnhöcker in die Höhe und werden, wie auch die Scheitelbeinhöcker, allmählich abgeflacht.

So kommt der Schädel in den Pubertätsjahren zu seiner definitiven Form, freilich mit zahlreichen individuellen Verschiedenheiten. Bis zum vollendeten Zahnwechsel dient der Durchbruch der einzelnen Zähne als ein ziemlich sicherer Leitfaden für die Bestimmung des Alters. Für spätere Perioden sind die Verhältnisse der Nähte der Knochen des Schädeldaches, sowie die Ausbildung der Schläfen- und Hinterhauptslinien maßgebend.

Nach dem 20. Jahre verlieren die Nähte an Schärfe ihrer Sculptur, einzelne Zacken greifen inniger in einander und beginnen gegenseitig zu verschmelzen. Diese das »*Verstreichen*« der Nähte bewirkende Synostose tritt an der Sagittalnaht am frühesten ein, später folgen die anderen, doch bestehen auch hier vielfältige individuelle Verschiedenheiten. In der Regel geht die Synostose von der Glastafel aus und erscheint gleichzeitig an mehreren Stellen derselben Naht. Mit höherem Alter machen sich am Schädel Resorptionsvorgänge geltend. Die Knochen werden dünner und brüchiger und mindern das Gesammtgewicht des Schädels. An dünnen Knochentheilen, z. B. an der Lamina papyracea, treten sogar Lücken auf. Das Schädeldach wird flacher im Connex mit einer Verminderung des Binnenraumes, und indem an den Kiefern der Schwund der Alveolarfortsätze sich vollzog, gewinnt der Schädel den senilen Charakter.

Schädelformen und Schädelmessung.

§ 120.

Die individuelle Verschiedenheit des Menschen spricht sich auch in der Gestaltung des Schädels aus und zeigt sich an demselben in mannigfachen Befunden, aus denen ein gewisser Breitegrad der Variation hervorgeht. In größerem Maße differiren die Schädel verschiedener Stämme eines Volkes, und noch weiteren Ausdruck erlangt die Differenz der Schädelform unter den verschiedenen Rassen. Außer der allgemeinen Gestalt ist auch der physiognomische Ausdruck des Schädels vielfach verschieden. Obwohl scharfe und durchgreifende Charaktere noch keineswegs mit Sicherheit gewonnen sind, so ist solches doch bereits angebahnt, und die speciellere Kenntnis der Formverhältnisse des menschlichen Cranium hat der Ethnologie ein wichtiges Fundament abzugeben sogar schon längst begonnen. Der Ausdruck für die Formverschiedenheit wird durch Messung gewonnen. Für die Verhältnisse des auch den Gesichtstheil influenzirenden Hirntheils des Schädels sind die Dimensionen der Länge, Höhe und Breite maßgebend. Als Horizontale wird eine Linie angenommen, welche vom oberen Rande des äußeren Gehörganges zum Infraorbitalrande zieht. Das Verhältnis der Länge = 100 zur Breite und zur Höhe bildet den *Breiten-* und den *Höhenindex*. Ersterer beträgt im Mittel ca. 80, letzterer 75. Das Verhältnis der Breite = 100 zur Höhe giebt den Breitenhöhenindex. Aus diesen Maßen und ihrer Combination sind die verschiedenen Formen der Schädel bestimmbar. Nach dem Breitenindex ordnen sie sich in *Dolichocephale* und *Brachycephale*. Erstere besitzen den Breitenindex bis zu 75, während er bei letzteren bis zu 80 sich hebt. Die dazwischen befindlichen Formen bilden die *Mesocephalen*-Form. Nach dem Höhenindex können diese Formen wieder in neue Abtheilungen gebracht werden. Die, welche von jener oben angegebenen Horizontalen aus gerechnet eine Höhe von 70 Längetheilen nicht erreichen, nennt man *Platycephale*, von 70—75 *Orthocephale*, und darüber hinaus *Hypsicephale*. Während diese Maßverhältnisse wesentlich den Hirntheil des Schädels betreffen, ziehen andere den Antlitztheil in Betracht. Dieses geschieht z. B. beim *Camper*'schen *Gesichtswinkel*. Das ist jener Winkel, welchen eine vom äußeren Gehörgange durch den Boden der Nasenhöhle gelegte Linie mit einer anderen bildet, die von der Mitte der Stirne auf den Alveolartheil des Oberkiefers gezogen ist. Je nach dem Vorragen des die Schneidezähne tragenden Alveolartheils des Oberkiefers ist jener Winkel minder oder mehr einem rechten genähert, und danach werden *Prognathe* und *Orthognathe* unterschieden. Beim orthognathen Schädel beträgt der Winkel 80° und darüber, beim prognathen Schädel ist er unter 80°, bis zu 65 herab. Diese Formen combiniren sich mit den oben angegebenen und liefern damit den Ausdruck einer bedeutenden Mannigfaltigkeit. Wie das äußerliche Verhalten variirt auch der mit der Entfaltung des Gehirns im Zusammenhang stehende cubische Inhalt (*Capacität*) des Binnenraums. Beim Manne beträgt er im Mittel 1450, beim Weibe 1300 ccm (WELCKER). Bei manchen Rassen sinkt er bedeutend tiefer.

Außer den oben angegebenen Maßverhältnissen des Schädels bestehen noch zahlreiche andere, welche theils wieder den ganzen Schädel, theils nur einzelne Partien oder Strecken desselben in Betracht ziehen. Von den letzteren soll noch des *Condyluswinkels* Erwähnung geschehen, welcher den Winkel der Ebene, in welcher das Hinterhauptsloch liegt, mit der Ebene des Clivus darstellt (ECKER). Des *Sattelwinkels* ist schon oben (S. 254) gedacht worden. Der Werth dieser Messungen für die Bestimmung von Stammes- und Rasseneigenthümlichkeiten wächst mit der Summe der untersuchten Objecte; je weniger also individuelle Besonderheiten in Rechnung kommen. Denn, was sich innerhalb eines Stammes oder einer Rasse als typisch herausstellt, findet sich vereinzelt auch innerhalb anderer Gruppen vor. Unter dolichocephalen Völkerstämmen finden sich brachycephale Schädelformen, und umgekehrt. Es handelt sich also bei Aufstellung jener Normen wesentlich um Durchschnittswerthe. Diese sind um so sicherer, je größer die Summe des untersuchten Materials ist.

Eine Zusammenstellung der wichtigsten Verhältnisse der Schädelformen und ihrer Messung gibt W. KRAUSE, Handb. d. menschl. Anat. III. Hannover 1880.

Über Entwickelung des Schädels s. DURSY, Zur Entwickelungsgeschichte des Kopfes des Menschen und der höheren Wirbelthiere. Tübingen 1869. Über Bau- und Wachsthum: HUSCHKE, Schädel, Hirn und Seele. Jena 1866. VIRCHOW, Untersuch. über die Entwickel. des Schädelgrundes. Berlin 1857. WELCKER, Untersuchungen über Wachsthum und Bau des menschlichen Schädels. Leipzig. 1862.

III. Vom Skelet der Gliedmaßen.

§ 121.

Nach ihrer Lagebeziehung zum Stamme des Körpers werden die Gliedmaßen in obere und untere geschieden. Sie entsprechen den vorderen und hinteren der Wirbelthiere. Jede hat ihren freien Theil durch einen besonderen Skeletabschnitt mit dem Stamme in Verbindung. Diese Skelettheile bilden den Gliedmaßengürtel, den für die obere Gliedmaße der *Brust-* oder *Schultergürtel*, für die untere der *Beckengürtel* vorstellt. In den Skeletverhältnissen sowohl der Gliedmaßengürtel als auch der freien Gliedmaßen herrscht manche mehr oder weniger klar hervortretende Übereinstimmung, so dass daraus ein gemeinsamer Typus erkannt werden kann. Den näheren Nachweis dafür liefert die vergleichende Anatomie. Die allmähliche Auflösung der gemeinsamen Einrichtungen ist mit der Differenzirung der Function von beiderlei Gliedmaßen erfolgt, indem obere und untere Gliedmaßen besondere Verrichtungen übernahmen, denen auch das Verhalten des Skeletes nach und nach angepasst ward. Im Organismus des Menschen hat diese Sonderung der Function an beiden Gliedmaßen einen hohen Grad erreicht. Während die obere außerordentlich zahlreichen Functionen dient und damit in allen ihren Theilen ein großes Maß der Beweglichkeit aufweist, ist die untere wesentlich Stütze des Körpers und Organ der Ortsbewegung geworden, oder hat vielmehr diese Verrichtungen, in die sie sich bei den meisten Säugethieren mit der Vordergliedmaße theilt, in dem Maße hochgradig ausgebildet, dass sie ihr ausschließlich zukommen. So wird verständlich, wie viel des ursprünglich Gemeinsamen verloren gegangen ist.

Beide Gliedmaßen gehören der ventralen, d. h. der beim Menschen vorderen

Region des Rumpfes an, wie ihre Beziehung zu ventralen (vorderen) Nervenästen wahrnehmen lässt. Sie lagern dem Rumpfe auf, was für die obere Gliedmaße noch deutlich sich erhalten hat, für die untere dagegen deshalb nicht mehr erkennbar ist, da in der ihr zugetheilten Körperregion die Rippen rudimentär wurden, so dass der Beckengürtel die Rumpfhöhle direct umschließt. In den am Kreuzbein befindlichen Rippenrudimenten (S. 172) besteht aber noch die Andeutung eines der Bildung des Thorax ähnlichen Zustandes, woraus auch für die ursprünglicheren Verhältnisse des Beckengürtels eine dem Schultergürtel ähnliche Lage gefolgert werden darf. Jeder der beiden Gliedmaßengürtel besteht bei niederen Wirbelthieren aus einem Paar einfacher, einander sogar ziemlich ähnlicher knorpeliger Bogen, welches die freien Gliedmaßen trägt.

Das Skelet der letzteren wird in jenen Zuständen aus einzelnen, dem Bogen ansitzenden Knorpelstäben (Strahlen) gebildet, welche bei Erlangung größerer Länge sich gliedern, so dass jeder eine Reihe beweglich verbundener Stücke bildet. Aus solchen Theilen geht durch mächtigere Entfaltung einzelner, Rückbildung anderer Abschnitte das Gliedmaßenskelet der höheren Wirbelthiere hervor, und auch das des Menschen erscheint als eine Modification eines allen Gliedmaßenformationen der Wirbelthiere zu Grunde liegenden einheitlichen Zustandes.

Die Lagebeziehungen der Gliedmaßen zum Rumpfe der Wirbelthiere werden durch die vergleichende Anatomie nicht als ursprüngliche, sondern als erst allmählich erworbene erklärt. Die Vordergliedmaßen schließen sich bei niederen Wirbelthieren unmittelbar an den dem Kopfe zugehörigen Apparat der Kiemenbogen, bei Knochenfischen sind sie sogar am Kopfe befestigt. Ihre Entfernung von da nach hinten zu ist in einzelnen sehr mannigfaltigen Zuständen bis in die höheren Abtheilungen verfolgbar. Auch die hintere Gliedmaße zeigt sich einem Ortswechsel unterworfen, über welchen die vergleichende Anatomie Nachweise giebt. Ein wahrscheinlich nur secundäres Vorwärtsrücken der Verbindung mit dem Körperstamme ist beim Menschen sicher erkannt (S. 174). Von diesem Gesichtspunkte aus wird eine Reihe wichtiger Thatsachen von der Muskulatur und den Nerven der Gliedmaßen beim Menschen verständlicher.

A. Obere Gliedmaßen.

a. Schultergürtel.

§ 122.

Die hierher gehörigen Knochen sind das Schulterblatt (*Scapula*) und das Schlüsselbein (*Clavicula*), welches das erstere mit dem Sternum verbindet.

Der die freie Gliedmaße tragende Schultergürtel besteht ursprünglich aus zwei Abschnitten, einem dorsalwärts und einem ventralwärts sehenden. Beide gehen aus einheitlicher knorpeliger Anlage hervor (primärer Schultergürtel), und da wo sie unter einander zusammenstoßen, lenkt die Gliedmaße ein. Das dorsale Stück wird zur *Scapula*, dem Haupttheile des Schultergürtels. Das ventrale Stück fügt sich ursprünglich dem Sternum an, hat da eine Stütze, wodurch der Schultergürtel größere Festigkeit empfängt, aber in seiner Beweglichkeit sehr beschränkt ist. So verhält es sich noch bei den niedersten Mammalien (Monotremen). Von da bildet sich bei den Säugethieren eine größere Freiheit der Bewegung der Vordergliedmaße aus, woran auch der Schultergürtel theilnimmt. Daraus resultirt eine Lösung jener Sternalverbindung unter Rückbildung des diese Verbindung herstellenden ventralen Abschnittes. Dieser wird zu einem mit der Scapula synostosirenden Fortsatz, dem *Coracoid* reducirt.

Fig. 190.

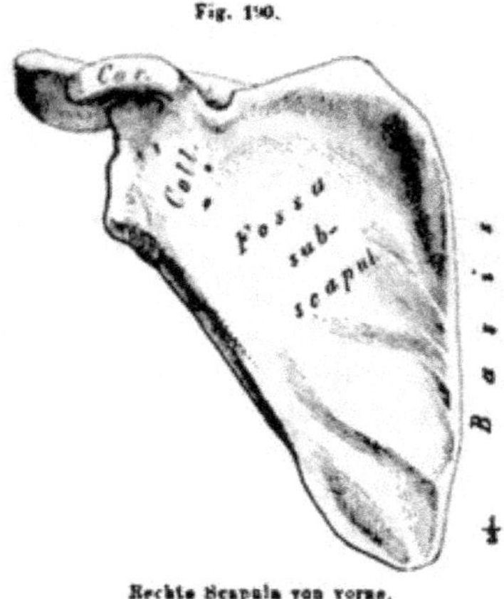

Rechte Scapula von vorne.

Fig. 191.

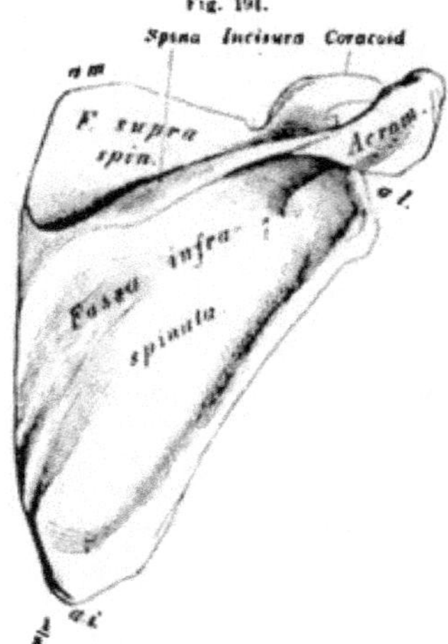

Rechte Scapula von hinten.

Was bei der Auflösung der Sternalverbindung durch die Reduction des ventralen Theiles des Schultergürtels diesem an Festigkeit verloren geht, wird theils durch reichere Entfaltung der zur Scapula tretenden und sie nach Erfordernis fixirenden Muskulatur compensirt, theils durch eine neue Einrichtung. Diese besteht in der nunmehr durch die *Clavicula* vermittelten Verbindung der Scapula mit dem Sternum. Sie ersetzt nicht nur die andere, früher bestehende, sondern stellt sich höheren Ranges dar, da sie die Beweglichkeit der Scapula nicht beeinträchtigt. In der neuen Einrichtung spricht sich ein Fortschritt aus, der an den Verlust eines Abschnittes der niederen Form des Schultergürtels geknüpft ist. Bei vielen Säugethieren geht aber auch diese Verbindung verloren, indem die Clavicula einer Rückbildung erliegt, da wo die Vordergliedmaße allmählich auf die Stufe eines bloßen Stütz- und Bewegungsorganes zurücktritt. Die ansehnliche Entfaltung der Clavicula beim Menschen (wie bei allen Primaten) ist also der Ausdruck größerer Freiheit der Action der oberen Gliedmaße.

Die Scapula (*Omoplata*) ist ein breiter, platter, dreiseitig gestalteter Knochen, an welchem wir eine vordere und hintere Fläche, drei Ränder und eben so viele Winkel unterscheiden, außerdem noch Fortsätze verschiedener Art. An der massivsten Stelle des Knochens besteht die Verbindung mit dem Humerus. Dieser Gelenktheil nimmt den oberen lateralen Winkel ein (Fig. 191 *a.l.*). Von da aus breitet sich die größtentheils sehr dünne Platte nach hinten zu aus. Sie dient wesentlich zu Muskelursprüngen, deren Umfang sie angepasst ist. Die *vordere*, der hinteren und seitlichen Thoraxwand zugekehrte *Fläche* (Fig. 190) ist besonders oben und lateralwärts vertieft (*Fossa subscapularis*). In der Nähe ihres medialen Randes erheben sich mehrere lateral und aufwärts convergirende rauhe Linien (*Costae*), an welche die Ursprungssehnen des M. subscapularis befestigt sind. Die *hintere Fläche* (Fig. 191) wird durch einen vom medialen Rande an sich erhebenden Kamm (*Spina scapulae*, Schultergräte) in zwei ungleiche theilweise vertiefte Strecken geschieden, die *Fossa supra-* und *infraspinata*.

Die Spina scapulae beginnt mit einem dreiseitigen Felde an der Basis scapulae. Sie läuft schräg lateralwärts bis nahe zum Halse der Scapula und dann in einen lateral über das Schulterblatt sich erstreckenden Fortsatz, *Acromion, die Schulterhöhe* (τὸ τοῦ ὤμου ἄκρον) aus. Am vorderen Rande des Acromion, etwas medial, befindet sich die kleine Gelenkfläche zur Verbindung mit dem Schlüsselbein. Der mediale, längste Rand der Scapula (*Basis scapulae*), verläuft meist gerade oder wenig convex; er geht am unteren, etwas abgerundeten Winkel (*a. i.*), an welchem der Knochen etwas verdickt ist, in den lateralen Rand über, welcher, wulstartig verstärkt, zum lateralen oberen Winkel (*a. l*) emporsteigt. An der hinteren Fläche grenzt sich am unteren Winkel die Ursprungsfläche des M. teres major durch eine schräge rauhe Linie ab. Ein schmäleres Feld liegt darüber am lateralen Wulste: die Ursprungsfläche des M. teres minor.

Am Gelenktheile besteht die längliche, nach oben etwas verschmälerte *Cavitas glenoidalis* (Fig. 195), Pfanne für das Schultergelenk; eine als *Hals* unterschiedene Einschnürung setzt den Gelenktheil von der Platte ab. Unterhalb der Cavitas glenoidalis, noch am lateralen Rande der Scapula gelegen, befindet sich die *Tuberositas infraglenoidalis*, Ursprungsstelle des M. anconaeus longus. Von einer schwächeren Erhebung, dicht am oberen Ende der Cavitas glenoidalis, entspringt der lange Kopf des M. biceps (*Tuberositas supraglenoidalis*). Zwischen der Basis der Spina scapulae und dem Gelenktheile liegt die *Incisura colli*.

Fig. 192.

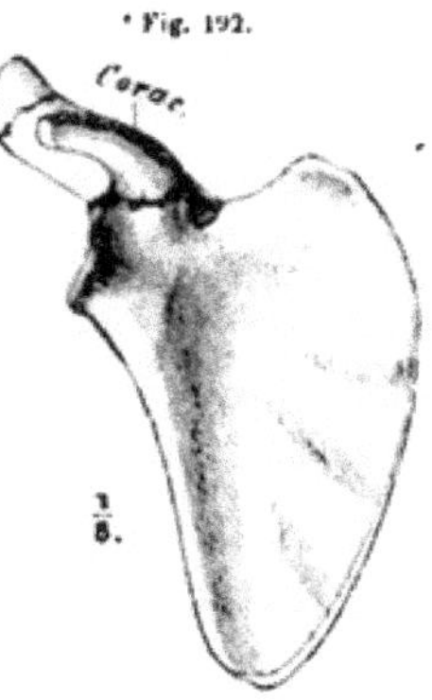

Scapula eines 15jähr. Knaben von vorn.

Der mediale obere Winkel (Fig. 191 *a. m.*) ist aufwärts etwas ausgezogen, von ihm senkt sich der obere kürzeste Rand der Scapula lateralwärts, um mit der verschieden ausgeprägten *Incisura scapulae* abzuschließen. Die Incisur ist eine beim Wachsthum des oberen Randes ausgesparte Stelle, in welcher der Nervus suprascapularis zur Fossa supraspinata verläuft.

Zwischen der Incisura scapulae und dem oberen Rande der Gelenkfläche erhebt sich der erst aufwärts, dann lateral und vorwärts gerichtete, hakenförmig gekrümmte *Processus coracoides* (Rabenschnabelfortsatz). Er repräsentirt den oben erwähnten ventralen Theil des primären Schultergürtels; bei Reptilien und Vögeln ein sehr ansehnlicher Knochen, der bis zum Brustbein reicht und so den Schultergürtel vervollständigt. Unter den Säugethieren besteht dieser Knochen nur noch bei den Monotremen, sonst ist er meist rudimentär, zeigt aber seine ursprünglich selbständige Bedeutung durch einen besonderen Knochenkern, der in dem mit der Scapula continuirlichen Coracoidknorpel auftritt.

Acromion und Coracoidfortsatz bilden über dem Schultergelenk ein Dach, welches durch ein zwischen den beiden ersteren ausgespanntes breites Band, *Lig. coraco-acromiale*, vervollständigt wird (vergl. Fig. 195).

Auch die Incisura scapulae wird von einem Band überbrückt (*Lig. transversum*). Dieses kann ossificiren, so dass dann ein Loch an der Stelle der Incisur sich findet.

Ein anderer Bandstreif geht vom Halse der Scapula zur Basis der Spina (*Lig. transvers. inferius*). Unter ihm verlaufen Blutgefässe, die er überbrückt.

Die Gestalt der Scapula geht Hand in Hand mit der Ausbildung der von ihr entspringenden Muskulatur des Oberarmes. Die Verbreiterung des Körpers der Scapula gegen die Basis bietet den Rollmuskeln des Oberarmes ansehnliche Ursprungsflächen. Beim Bestehen beschränkterer Bewegungen des Oberarmes und demgemäß einer geringeren Entwickelung jener Muskeln ist die Basis bedeutend schmäler. So bei allen Säugethieren, deren Vordergliedmaße nur als »Fuß« fungirt. Die Function der Obergliedmaße beeinflusst also die Gestalt der Scapula. Auch beim Menschen ist die bedeutende Länge der Basis scapulae eine erst im Laufe der Entwickelung erworbene, und die Basis ist bei Embryonen viel, ja selbst beim Neugeborenen (Fig. 193) noch merklich schmäler als beim Erwachsenen. Bei manchen Rassen bleibt die Proportion von Länge und Breite auf einer tieferen Stufe stehen (Neger). Das Verhältnis der Länge zur Breite der Scapula bildet den Scapular-Index, welcher jene Beziehungen ausdrückt. FLOWER und GARSON, Journ. of Anat. and Phys. Vol. XIV.

Fig. 193.

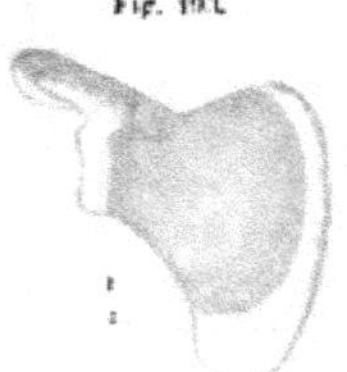

Scapula eines Neugeborenen von vorn, mit Unterscheidung der knorpeligen Theile.

Die *Ossification* beginnt perichondral in der Nähe des Collum. Lange bleibt noch Knorpel an der Basis bestehen, auch am Acromion (vergl. Fig. 192). Ein Knochenkern im Coracoid entsteht erst im ersten Lebensjahre. Accessorische Kerne erscheinen im späteren Kindesalter: an der Gelenkfläche, längs der Basis, zwischen Coracoid und Gelenkstück am oberen Ende der Pfanne, im unteren Winkel, zuweilen auch im Acromion. Der am oberen Ende der Pfanne auftretende Kern verbindet sich mit dem Coracoid, so dass dieses dadurch an der Cavitas glenoidalis theilnimmt. Die Verschmelzung des Coracoid mit der Scapula tritt nach dem 16.—18. Jahre ein.

Das Schlüsselbein (*Clavicula*)*) vermittelt die Verbindung der Scapula mit dem Brustbein und stellt einen horizontal liegenden, einem langgestreckten ∼ ähnlich gestalteten Knochen vor. Es hat keine genetische Beziehung zum primären Schultergürtel, wie es denn auch von der directen Verbindung mit dem Skelete der freien Gliedmaße ausgeschlossen ist. Erst durch die Reduction des Coracoidstückes gewinnt die Clavicula größere Bedeutung für die Befestigung der Scapula an den Thorax, und zwar in der Art, dass dabei der Scapula ein großes Maß freier Beweglichkeit erhalten bleibt.

Man unterscheidet an dem Knochen das Mittelstück und beide Enden. Das Mittelstück ist in seiner medialen Hälfte nach vorne, in seiner lateralen Hälfte nach hinten convex. Die obere Fläche ist eben und verschmälert sich gegen das mediale Endstück, indes sie nach dem lateralen Ende zu breiter wird. Die untere, gewölbte Fläche ist der ersten Rippe zugewendet und uneben. Das mediale Ende, *Extremitas*

*) Führt seinen Namen nicht von einem Schlüssel, sondern von einem dem Schlüsselbein ähnlich gestalteten, aber viel größeren Stabe, der ebenfalls »Clavis« hieß und bei den Römern zur Bewegung eines als Spielzeug dienenden Reifens (Trochus) diente (HYRTL).

sternalis (Fig. 194), lässt drei Flächen unterscheiden, eine vordere, eine hintere und eine untere. An letzterer liegt die starke *Tuberositas costalis* als Anfügestelle eines zur ersten Rippe gehenden Bandes. Den Abschluss der Extremitas sternalis bildet eine breite, etwas gekrümmte, überknorpelte Endfläche.

Fig. 194.

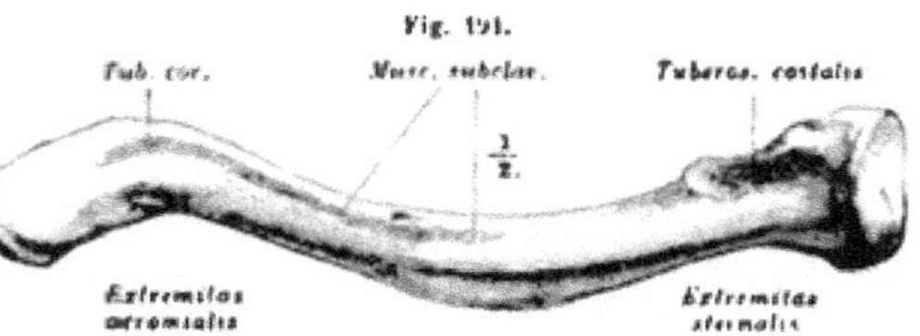

Linkes Schlüsselbein von der Unterseite.

Das laterale Ende, *Extremitas acromialis*, ist horizontal verbreitert, an seiner Unterfläche mit Rauhigkeiten (*Tuberositas coracoidea*) versehen, an welche Bänder vom Coracoid her sich anfügen. Zu äußerst besteht eine kleine querovale Gelenkfläche, die an jene des Acromion sich anschließt. Eine Furche längs der Unterfläche dient am mittleren Drittel dem M. subclavius zur Insertion.

Das Schlüsselbein ist der am frühesten ossificirende Knochen. Die Ossification ist zugleich das erste Zeichen der Anlage des Knochens, der nicht wie andere knorpelig präformirt ist. An einer der Mitte des späteren Skelettheiles entsprechenden Stelle entsteht aus indifferentem Gewebe ein Knochenkern, an dem sowohl nach dem Sternum als auch nach dem Acromion hin Knorpelgewebe sich anzubilden beginnt. Dieser Knorpel bedingt das Längewachsthum des Schlüsselbeins. Von dem in der Mitte der Anlage zuerst aufgetretenen Knochenstückchen aus erstreckt sich Knochengewebe über den Knorpel und wächst mit ihm unter zunehmender Dicke gleichfalls in die Länge aus, so dass dann der größte Theil der Clavicula äußerlich durch Knochen dargestellt ist. Dieser von allen anderen Knochen abweichende Entwickelungsgang leitet sich von den Beziehungen ab, welche die Clavicula bei niederen Wirbelthieren besitzt. Sie ist bei Fischen ein reiner Integumentknochen, und zwar einer, der sich am frühesten ausbildet. In dem Maße, als sie bei höheren Wirbelthieren mit anderen Skelettheilen sich beweglich verbindet, kommt an dem Knochen noch Knorpel zur Ausbildung, bei den Säugethieren sehr frühzeitig, da hier die Clavicula die relativ größte Beweglichkeit erhalten hat. Ihre Ausbildung geht Hand in Hand mit der Freiheit der Bewegungen der Vordergliedmaßen. Wo diese Freiheit beschränkt, und die Vordergliedmaße bloße Stütze des Körpers ward, ist die Clavicula rückgebildet oder kommt gar nicht mehr zur Entwickelung, z. B. bei vielen Raubthieren, allen Hufthieren etc. Rudimente der Clavicula finden sich bei manchen Carnivoren (Katze), Nagern (Hase) u. a.

Mit der Clavicula muss auch ein beim Menschen rudimentärer Skelettheil verzeichnet werden. Es ist das *Episternale*, welches die Verbindung der Clavicula mit dem Sternum vermittelt. Bei vielen Säugethieren repräsentirt es einen besonderen Knochen, der bei den Monotremen einheitlich, bei anderen paarig ist und mit dem Manubrium sterni, wie mit der Extremitas sternalis claviculae sich verbindet (z. B. Edentaten, Nager, Insectivoren). Bei den Primaten bleibt er nur knorpelig, und dient als Zwischenknorpel des Sterno-clavicular-Gelenkes. Diese Knorpelstücke repräsentiren einen lateralen Theil des Episternum. Ein medialer erhält sich selten beim Menschen in den kleinen Ossa suprasternalia (s. S. 189).

Verbindungen der Knochen des Schultergürtels.

§ 123.

Da das Schulterblatt durch die Clavicula mit dem Stamm des Körpers verbunden ist, fallen der Clavicula sowohl Gelenke als auch accessorische Bänder zu.

Die *Verbindung der Clavicula mit der Scapula* wird erstlich durch das *Acromio-clavicular-Gelenk* vermittelt. Um die Gelenkflächen am Acromion und an dem acromialen Ende der Clavicula erstreckt sich ein straffes Kapselband, welchem oben stärkere, unten schwächere Fasermassen auflagern. Die oberen stellen das *Ligamentum acromio-claviculare* vor.

Fig. 195.

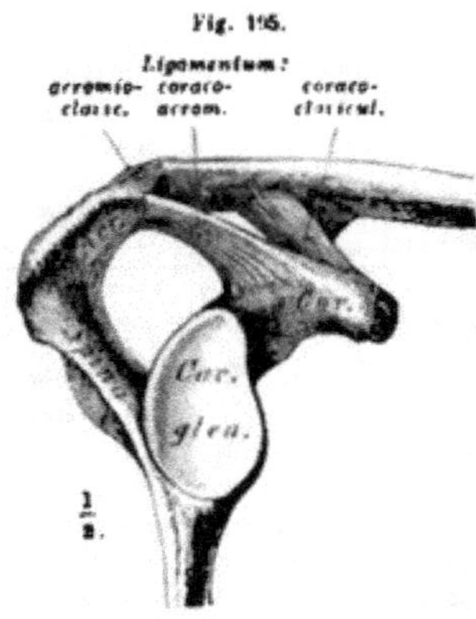

Oberer Theil der Scapula und Pars acromialis claviculae mit dem Bandapparat, lateral gesehen.

Vom oberen Bande her erstreckt sich häufig ein keilförmiger *Zwischenknorpel* zwischen beide Knochen. Er entsteht als eine von der Endfläche der Clavicula sich ablösende Schichte; beim Fehlen des Zwischenknorpels ist die Clavicula an der Gelenkstelle mit derselben lockeren Faserknorpelschichte überkleidet.

Beim Verlaufe über den Processus coracoides tritt zur Clavicula das *Ligamentum coraco-claviculare*. Dieses besteht aus einem vorderen trapezförmigen (*Lig. trapezoides*) und einem hinteren kegelförmigen Abschnitte (*Lig. conoides*, vergl. Fig. 195), welche beide unmittelbar zusammenhängen und an einer rauhen Stelle der Unterfläche der Extremitas acromialis claviculae sich befestigen.

Die bewegliche *Verbindung der Clavicula mit dem Thorax* vermittelt die *Articulatio sterno-clavicularis* (Fig. 196). Das Episternale (s. oben) fungirt hier als Zwischenknorpel. Es steht mit dem lateralen Rande der Incisura clavicularis des Manubrium sterni in fester Bandverbindung, erstreckt sich, nach hinten zu bedeutend verdickt, über die Fläche jener Incisur, und geht oben durch Bandmasse in die Clavicula über, welche unterhalb dieser Verbindung mit ihrer überknorpelten Endfläche sich dem Zwischenknorpel (Fig. 196) auflegt. Indem ein Kapselband von der Clavicula über den Knorpel zum Sternum zieht, wird das Sterno-clavicular-Gelenk in zwei Hohlräume geschieden.

Fig. 196.

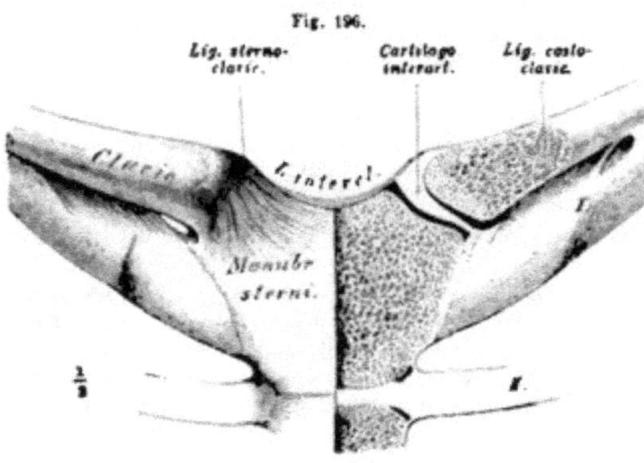

Sterno-clavicularverbindung von vorne. Frontalschnitt durch die linke Sternalhälfte und das linke Sterno-clavicular-Gelenk.

Die Gelenkkapsel ist vorn und oben durch Faserzüge verstärkt. Sie bilden das *Ligamentum sterno-claviculare*. Von diesem ziehen Fasern zur Incisura jugularis des Manubrium sterni. Die auch auf die andere Seite überziehenden werden als *Lig. interclaviculare* unterschieden.

Die Sterno-clavicular-Verbindung wird verstärkt durch das *Lig. costo-claviculare* (Fig. 196). Es entspringt vom Knorpel der ersten Rippe nahe an deren Sternalende, verläuft schräg lateral auf- und rückwärts, und inserirt an die Rauhigkeit der Unterfläche der Extremitas sternalis claviculae. Es beschränkt die Beweglichkeit der Clavicula und hindert deren Entfernung aus dem Gelenk.

b. Skelet der freien Extremität.

§ 124.

Das Skelet der freien Gliedmaße besteht aus drei größeren Abschnitten, in denen die Zahl der Skelettheile distal zunimmt. Den ersten Abschnitt bildet der *Oberarmknochen*. Am zweiten Abschnitt, dem *Vorderarm*, finden sich zwei Knochen, und den dritten Abschnitt, die *Hand*, setzt eine größere Anzahl kleinerer Stücke zusammen.

1. Oberarmknochen (Humerus).

Der Knochen des Oberarmes lässt ein Mittelstück und zwei stärkere Endstücke unterscheiden. Letztere sind den Verbindungen mit anderen Skelettheilen entsprechend eigenthümlich geformt. An dem Mittelstück steht das Relief mit der hier sich befestigenden Muskulatur im Zusammenhang.

Das proximale Ende besitzt zur Articulation mit der Scapula einen halbkugeligen Gelenkkopf (*Caput humeri*), welcher medial und aufwärts gerichtet, durch eine leichte Einschnürung (*Collum*, C. anatomicum) abgegrenzt ist. Die Achse des Halses bildet mit der Längsachse des Humerus einen Winkel von 130—140°. Jenseits des Halses folgen die Insertionsstellen mehrerer Muskeln, die den Oberarm bewegen. Diese Stellen bilden zwei bedeutende, außen und in gleicher Höhe mit dem Kopfe befindliche *Tubercula*. Das *Tuberculum majus* ist lateral, das *Tuberculum minus* ist vorwärts und medial gerichtet. Der Umfang des Humerus unterhalb der beiden Tubercula bildet das *Collum chirurgicum*. Am *Tuberculum majus* befestigen sich drei Muskeln an eben so vielen Facetten, einer oberen, mittleren und unteren. Die letztere läuft in Unebenheiten aus. Zwischen beiden Tubercula verläuft abwärts der *Sulcus intertubercularis*, wobei er von Fortsetzungen der Tubercula umrandet wird. Den lateralen Rand der Rinne bildet die *Spina tuberculi majoris*, sie läuft in eine Rauhigkeit aus, an welcher der M. pectoralis major sich befestigt. Weniger weit erstreckt sich die flachere *Spina tuberculi minoris* herab. Über der Mitte der Länge des Knochens trägt das Mittelstück lateral eine schräg gerichtete Rauhigkeit, *Tuberositas deltoidea* (*Tuberositas humeri*), an welcher der M. deltoides inserirt. Hinter dieser beginnt an der hinteren Fläche des Knochens eine seichte Furche, welche spiralig gegen die vordere Fläche herab verläuft (*Sulcus radialis*). Von der Höhe der Tuberositas an gewinnt das Mittelstück allmählich eine dreikantige Gestalt, indem sich zuerst auf der Hinterfläche eine abgerundete Leiste zu erheben beginnt, welche den Sulcus radialis von unten abgrenzt und in spiraligem Verlaufe in eine laterale Kante übergeht. Ein zweiter, weniger scharf vortretender Vorsprung beginnt tiefer und läuft an der medialen Seite herab. Endlich wird vorne, unterhalb der Tuberositas eine verschieden starke Erhebung bemerkbar, welche distal herab verläuft. Sie entspricht einer dritten Kante und theilt die Vorderfläche des unteren Abschnittes des Mittelstückes in zwei seitliche Flächen, welchen die hintere, distal plane entgegengesetzt ist.

Das distale Ende des Humerus dient der Gelenkverbindung mit den Vorderarmknochen und trägt eine complicirter gestaltete Gelenkfläche. Der laterale Abschnitt jener Fläche ist gelenkkopfartig und vorwärts gerichtet (Fig. 197) (*Capitulum*; *Eminentia capitata*). Der mediale Abschnitt dagegen stellt eine tief ausgeschnittene Rolle (*Trochlea*) vor, auf welcher die Ulna sich bewegt. Die Trochlea setzt sich mit einer schrägen Fläche gegen das Capitulum ab; ihr medialer Theil bildet einen bedeutenderen Vorsprung als der laterale, so dass die gesammte Trochlea eine *schräge* Lage empfängt. Von dem medialen Vorsprunge der Trochlea scharf abgesetzt erhebt sich ein derber Höcker, der *Epicondylus medialis* s. *ulnaris*, auf welchen die mediale Kante des Humerus ausläuft. An der hinteren Fläche dieses Vorsprungs findet sich der meist wenig deutliche *Sulcus ulnaris* für den gleichnamigen Nerven. Nur schwach besteht ein *Epicondylus lateralis* s. *radialis* an dem das Capitulum tragenden Theile. Über der

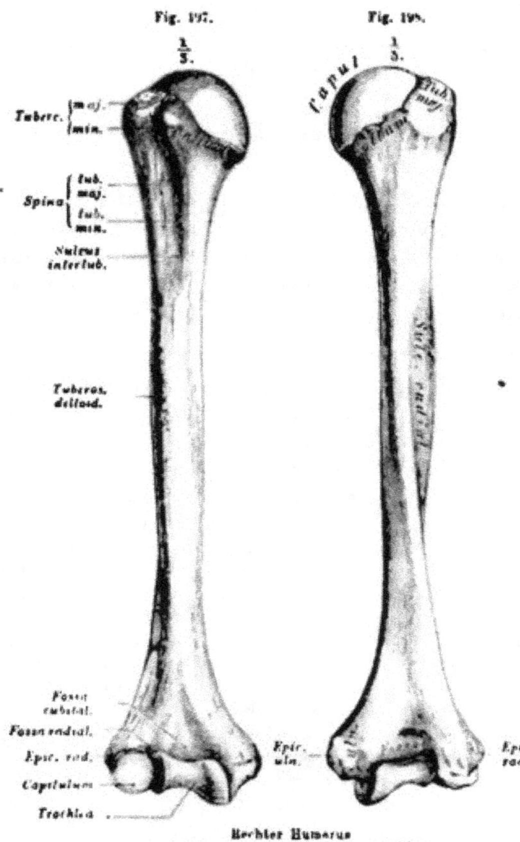

Rechter Humerus von vorn. von hinten.

Trochlea ist der Humerus bedeutend verdünnt (vergl. Fig. 205). Vorne und hinten gelegene Vertiefungen bewirken eine durchscheinende, zuweilen durchbrochene Stelle. Diese Vertiefungen sind durch Fortsätze der Ulna hervorgebracht, deren sich einer bei Streckung des Vorderarmes in die hintere, bedeutend größere *Fossa olecrani*, ein anderer bei Beugung in die vordere *Fossa cubitalis* (*Fossa coronoidea*, F. anterior maj.) einsenkt. Auch über dem Capitulum ist vorn eine leichte Vertiefung bemerkbar (*Fossa radialis*, F. anterior minor), welche dem bei der extremsten Beugestellung sich hier anstemmenden Capitulum radii ihre Entstehung verdankt.

Die knorpelige Anlage des Humerus erhält die perichondrotische erste Ossification am Mittelstück in der 8. Woche. Am reifen Fötus sind nur die beiden Enden noch knorpelig und beginnen vom 2. Lebensjahre an von einzelnen Kernen aus zu ossificiren. Im fünften Jahre sind die (2—3) Kerne des proximalen Endes zu Einer Epiphyse vereinigt. Die (4) des distalen Endes bleiben bis zum 18. Lebensjahre getrennt. Der erste dieser Kerne beginnt in der Eminentia capitata und erstreckt sich in den benachbarten Theil der Trochlea; der zweite Kern entsteht im medialen Epicondylus, der dritte im medialen Theile der Trochlea, und der letzte kleinste im lateralen Epicondylus. Die distale Epiphyse verschmilzt früher mit dem Mittelstück als die proximale, welche das Caput humeri in sich begreift. Die am Humerus im Verlaufe der Kanten sich aussprechende Spiralform ist das Product einer Drehung, welche der Knochen durch Wachsthumsvorgänge während seiner Entwickelung erfährt. Das distale Ende hat demnach seine ursprünglich vordere Fläche nach hinten, die hintere nach vorne gekehrt. Durch Vergleichung des Verhaltens von Embryonen mit dem Erwachsenen ergiebt sich die Drehung in einem Winkel von ca. 35°.

Fig. 199.

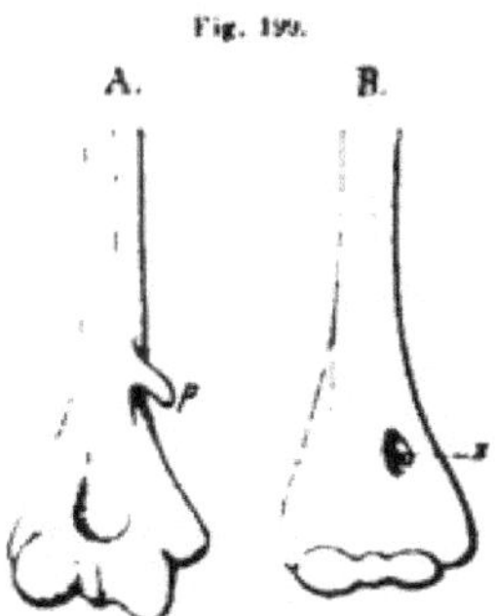

A Distales Humerusende vom Menschen mit sehr starkem Processus supracondyloideus.
B Distales Humerusende von *Lemur* mit Foramen supracondyloideum.

Obwohl die Stellung der beiden Epicondylen des Humerus zu dessen Gelenkkopf viele individuelle Schwankungen darbietet, so ist doch die Schwankung in Vergleichung mit der Stellung dieser Theile während des Fötallebens eine geringe. Ob bei Negern die Torsion minder weit fortschreitet, als bei Europäern, ist noch unsicher. Bei anthropoiden Affen stellt sich die Torsion geringer als beim Menschen heraus, und bei anderen Säugethieren ist sie noch geringer. MARTINS, CH., Mém. de l'Acad. des sc. et lettres de Montpellier. T. III. S. 482. Archiv f. Anthropologie. Bd. I. S. 178. GEGENBAUR, Jen. Zeitschr. Bd. IV. S. 50.

Das Foramen nutritium humeri findet sich meist am Beginne der distalen Hälfte der Diaphyse, nahe an der medialen Kante, oder auch an der hinteren Fläche. Es ist nach dem distalen Ende gerichtet.

Oberhalb des Epicondylus ulnaris erhebt sich zuweilen (Fig. 199 *A*) ein hakenförmig gebogener Fortsatz — *Processus supracondyloideus* —, von dem ein Bandstrang zum Epicondylus sich erstreckt. Das Ligament dient dem Pronator teres zum Ursprung, unter der von ihm erzeugten Brücke verläuft der N. medianus. Bei vielen Säugethieren besteht ein knöcherner Canal (Fig. 199 *B*). Dieser trifft sich meist bei solchen, die eine ausgebildete Pronation besitzen, fehlt aber den meisten Affen.

Schultergelenk (Articulatio humeri).

§ 125.

Die Articulation des Gelenkkopfes des Humerus mit der Pfanne der Scapula bildet das Schultergelenk, welches gemäß der großen Excursionsfähigkeit des Humerus von einer weiten und schlaffen Kapsel umfasst wird (Fig. 200). Diese entspringt im Umfange der überknorpelten Gelenkfläche der Scapula und besitzt hier zu innerst eine starke Schichte circulärer Faserzüge, die streckenweise unmittelbar an den Knorpelüberzug der Gelenkpfanne sich anschließen. Stellenweise ragt der äußere Rand dieser Schichte frei in die Gelenkhöhle vor, besonders an der hinteren Seite, und häufig setzt sich dieser Theil in die Ursprungssehne des langen Kopfes des M. biceps fort (Fig. 201). Diese Ringfaserschichte vergrößert als *Labrum glenoidale* die Pfanne, und ihre Biegsamkeit gestattet ihr, sich der nicht genau sphärischen Oberfläche des Gelenkkopfes bei dessen verschiedenen Stellungen zur Pfanne anzupassen, sie dient somit zur Herstellung der Congruenz der Contactflächen. Am Humerus setzt sich das Kapselband jenseits der überknorpelten Fläche des Gelenkkopfes an und geht hier, den Sulcus intertubercularis überbrückend, in das Periost über.

Fig. 200.

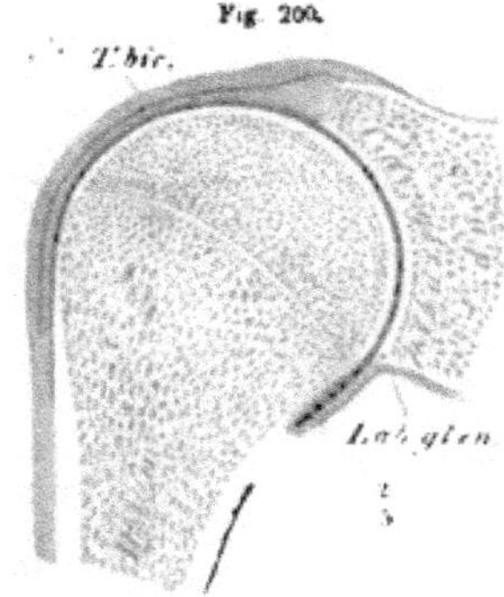

Durchschnitt durch das Schultergelenk. *T. bic.* Ursprungssehne des langen Kopfes des M. biceps.

Außer Verstärkungen von den Endsehnen der das Gelenk überlagernden Muskeln (Musc. supraspinatus, infraspinatus, subscapularis) kommt der Kapsel noch ein Verstärkungsband von dem lateralen Rande des Coracoidfortsatzes zu: das in seinem Ursprunge sehr variable *Lig. coraco-brachiale*. Dessen Fasern erhalten auch vom oberen Rande der Pfanne Zuwachs (Fig. 201) und verlaufen in der oberen Wand der Kapsel zum Tuberculum minus, theilweise auch zum T. majus.

An dem Anfange des Sulcus intertubercularis findet sich das Kapselband quer von einem Höcker zum andern ausgespannt, und setzt sich von da verdünnt zum Abschluss der Rinne nach abwärts fort. So besteht hier eine Ausbuchtung der Kapselhöhle (*Bursa synovialis intertubercularis*), die aber nicht an das Ende der Rinne herabreicht. Eine zweite, nicht selten ganz schwache Ausbuchtung der Kapsel tritt medial gegen die Wurzel des Coracoid (Fig. 201) und wird unten vom oberen Rande des M. subscapularis begrenzt (*B. synov. subscapularis*). Der Eingang in diese Ausbuchtung der Kapsel wird gegen die Pfanne zu vom Labrum, distal davon von einem breiten und starken Bandzuge begrenzt, welcher theils vom Labrum, theils von der Wurzel des Coracoid kommt und zum Tuberculum minus verlaufend die mediale Kapselwand verstärkt.

Fig. 201.

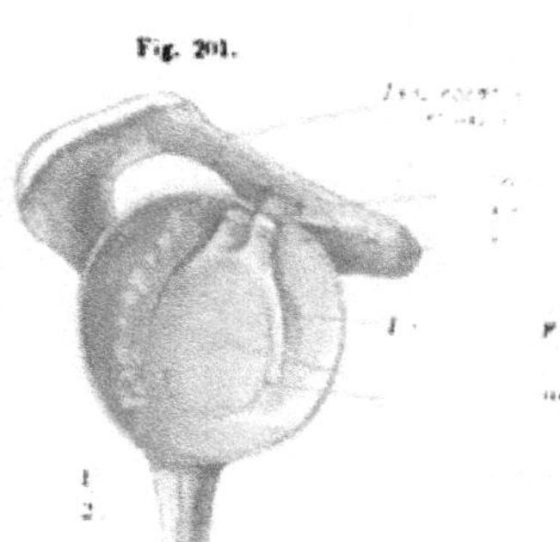

Pfanne des Schultergelenkes mit einem Theile der Gelenkkapsel.

Durch die Größe des Gelenkkopfes des Humerus in Concurrenz mit der geringen Oberfläche der Pfanne und der Schlaffheit des Kapselbandes wird das Schultergelenk das freiste des Körpers. Es sind in ihm nicht nur Excursionen des Humerus nach allen Richtungen, sondern auch Rotationen desselben um seine Längsachse ausführbar.

Die Oberfläche des Gelenkkopfes pflegt man als einem Drittheile einer Kugel entsprechend anzusehen. Der Radius der Krümmungsfläche beträgt ca. 25 mm. Diese Fläche ist jedoch keine streng sphärische, vielmehr etwas ellipsoid, indem die Krümmung in frontaler Richtung einen längeren Radius besitzt als in sagittaler, den Humerus in ruhender Armstellung gedacht. Die Krümmung der Pfanne des Schultergelenkes entspricht jener des Kopfes. Bei den Bewegungen legt sich die Kapsel je an einer Stelle in Falten und wird an der entgegengesetzten gespannt.

Der größte Umfang der Excursionen des Humerus wird in Gestalt eines Kegelmantels beschrieben. Die Achse dieses Kegels ist lateral, vor- und abwärts gerichtet. Die Bewegungen innerhalb dieses Kegelmantels sowohl in frontaler als auch in sagittaler Richtung bilden im Maximum einen Winkel von 90°.

Über das Schultergelenk hinweg erstreckt sich vom Lig. coraco-acromiale her eine Schichte lockeren Bindegewebes, welche theils mit der Kapsel verschmilzt, theils in die Fascien der Muskeln des Oberarms sich fortsetzt.

Der mediale Strang des *Lig. coraco-brachiale* inserirt sich am Humerus meist nahe an der Gelenkfläche, die an dieser Stelle nicht selten eine Einbuchtung darbietet. Eine Weiterbildung dieses Zustandes erinnert an das Lig. teres des Hüftgelenkes (WELCKER).

2. Knochen des Vorderarmes (Antebrachium).

§ 126.

Deren sind zwei, ähnlich dem Oberarmknochen langgestreckte Stücke, als *Speiche*, *Radius*, und *Elle*, *Ulna* unterschieden. Ihre Gestaltung wird beherrscht durch die Verbindungen, die sie an beiden Enden eingehen, und speciell durch die Beweglichkeit des Einen. Der *Radius* ist nämlich um seine longitudinale Achse drehbar, und ihm ist distal die Hand angefügt, so dass jene Rotationen an der Stellung der Hand zum Ausschlage kommen. Dadurch fällt die Verbindung des Vorderarmskeletes mit dem Oberarm wesentlich der Ulna zu, deren proximales Ende demgemäß stärker ist, während das distale durch seinen Ausschluss von der Verbindung mit der Hand sich bedeutend verjüngt. Entgegengesetzte Verhältnisse bietet der Radius, dessen distales, die Hand tragendes Ende das umfänglichere ist, das proximale aber das schlankere. Durch größere Beweglichkeit ist der Radius der dominirende Theil, dessen Action die Ulna angepasst ist.

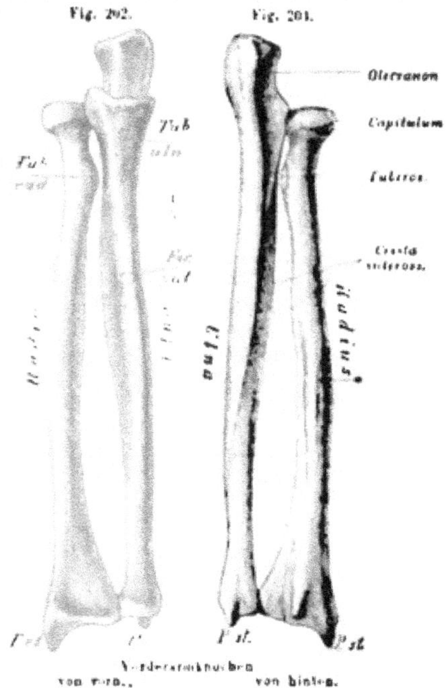

Vorderarmknochen von vorn., von hinten.

Der Radius trägt proximal ein plattes *Capitulum*, durch einen halsartigen Theil vom Mittelstück abgegrenzt. Die pfannenförmige Oberfläche des Köpfchens articulirt auf dem Capitulum humeri und lässt ihren Knorpelüberzug auf den etwas abgerundeten Rand (*Circumferentia articularis*) übergehen. Dieser greift in einen Ausschnitt der ihm anliegenden Ulna. Der dem Halse folgende Theil des Radius trägt die bei aufwärts gewendeter Hand vorwärts und medial sehende *Tuberositas radii* zur Befestigung der Endsehne des M. biceps (Fig. 203, 204). Von da an plattet sich der Körper des Radius etwas ab und bildet eine medial gerichtete scharfe Kante (*Crista interossea*). Am lateralen gewölbten Rande dient eine Rauhigkeit der Insertion des M. pronator teres (Fig. 203*).

Das distale, bedeutend stärkere Ende ist volar plan, dorsal gewölbt und durch rinnenförmige durch Vorsprünge gesonderte Vertiefungen ausgezeichnet. Sie dienen als Bahnen zur Hand verlaufender Sehnen. Lateral wird es überragt durch einen kurzen, starken Fortsatz, Griffel oder Griffelfortsatz, *Processus styloides radii*. Medial dagegen besteht ein Ausschnitt zur Aufnahme des Capitulum ulnae, *Incisura ulnaris radii*. Die vom Griffelfortsatz überragte Endfläche lässt zwei überknorpelte Facetten erkennen, welche mit zwei Carpalknochen in Gelenkverbindung stehen.

Die *Tuberositas radii* besitzt medial eine starke Längskante, welche sich häufig von der vor ihr liegenden mehr glatt gewölbten Partie, die man gewöhnlich der Tuberositas zurechnet, sehr deutlich und scharf absetzt. Die Insertion der Biceps-Sehne findet an dem ersterwähnten Theile der Tuberositas statt.

Am Radius erscheint die Verknöcherung des Mittelstücks in der 8. Woche. Die beiden Enden bleiben bis zur Geburt knorpelig. Erst im zweiten Lebensjahre tritt ein Knochenkern im distalen Ende, nach dem fünften einer auch im Capitulum auf. Das proximale Ende verschmilzt früher als das distale mit dem Mittelstück.

Ulna (*Cubitus*). Das proximale Ende der Ulna trägt auf der Vorderseite einen hinten von einem starken Fortsatz überragten Gelenkausschnitt, halbkreisförmig gestaltet: *Incisura sigmoides ulnae* (*Fossa* s. *Cavitas sigmoides major*). Der Ausschnitt ist der Form der Trochlea des Humerus angepasst. Der ihn hinten überragende Fortsatz ist das *Olecranon* (τὸ τῆς ὠλένης κράνον). Ein vorderer und auch medialer Vorsprung, *Processus coronoides ulnae* (Fig. 204), vergrößert den Ausschnitt. Er trägt auf seiner Wurzel die *Tuberositas ulnae* zur Insertion des M. brachialis internus. Lateral stößt eine Strecke der Incisura sigmoides rechtwinkelig mit einem dem Radius zugekehrten kleineren Ausschnitte zusammen, gegen welchen das Capitulum radii sich anlegt: *Incisura radialis ulnae* (*Fossa sigm. minor*). Darunter befindet sich eine distal flach auslaufende Grube, hinten durch einen starken Vorsprung abgegrenzt. In diese Grube tritt die Tuberositas radii beim Vorwärtswenden der Hand, wodurch den Drehbewegungen des Radius ein freieres Spiel gestattet wird. Unterhalb der Grube beginnt die bis nahe ans Capitulum herablaufende *Crista interossea ulnae*. Eine zweite Längskante beginnt unterhalb des Olecranon und verläuft an der hinteren Fläche herab, während eine dritte durch den etwas abgerundeten medialen Rand vorgestellt wird.

Fig. 204.

$\frac{1}{2}$

Proximales Ende einer rechten Ulna, lateral gesehen.

Das distale Ende der Ulna besitzt das schwache *Capitulum* mit überknorpelter Endfläche, welche lateral auf den Rand sich fortsetzt und damit gegen die Incisura ulnaris radii gerichtet ist. An dem entgegengesetzten medialen Rande wird die Endfläche vom kurzen Griffelfortsatz, *Processus styloides ulnae* überragt (Fig. 203). Er geht aus einem dorsalen Vorsprunge hervor, der medial eine Rinne für die Endsehne des M. ulnaris externus abgrenzt.

Die Ossification des Mittelstückes erfolgt ziemlich gleichzeitig mit jener des Radius und erstreckt sich auch gegen das Olecranon hin. Bis zum 2.—5. Lebensjahre bleiben die Enden knorpelig. Dann erscheint ein Knochenkern in der distalen Epiphyse, während erst mehrere Jahre später ein Kern im knorpeligen Ende des Olecranon auftritt. Im 17. Jahre ist diese Epiphyse verschmolzen, die distale erst im 20. Jahre. Auch im Proc. styloides ulnae et radii erscheinen spät kleine Knochenkerne. Die Ernährungslöcher beider Knochen finden sich an der Vorderseite der proximalen Hälfte, das des Radius meist dicht an der Crista interossea, das der Ulna etwas mehr proximal gelegen und von der Crista entfernt. Beide führen in proximaler Richtung (Fig. 202).

Verbindung der Vorderarmknochen unter sich und mit dem Humerus Ellbogengelenk, *Articulatio cubiti*).

§ 127.

Die Verbindungsweise der beiden Vorderarmknochen mit dem Humerus ist der doppelten Bewegung des Radius gemäß. Wie die Ulna vollzieht dieser in jenem Gelenke Streckung und Beugung. Das Gelenk fungirt dann als Ginglymus. Aber die Rotation des Radius hat in demselben Gelenke noch besondere Einrichtungen ausgebildet, durch welche es für den Radius zu einem *Trocho-Ginglymus* wird. Diese Gelenkform ist daher nicht auf das gesammte Gelenk zu übertragen, in welchem der Ginglymus vorwaltet. Wir unterscheiden die, eine einheitliche Gelenkhöhle besitzende Articulation der beiden Vorderarmknochen mit dem Humerus von den für Radius und Ulna speciell bestehenden Vorrichtungen. Endlich die Verbindungen zwischen Radius und Ulna außerhalb jenes Gelenkes.

Fig. 205.

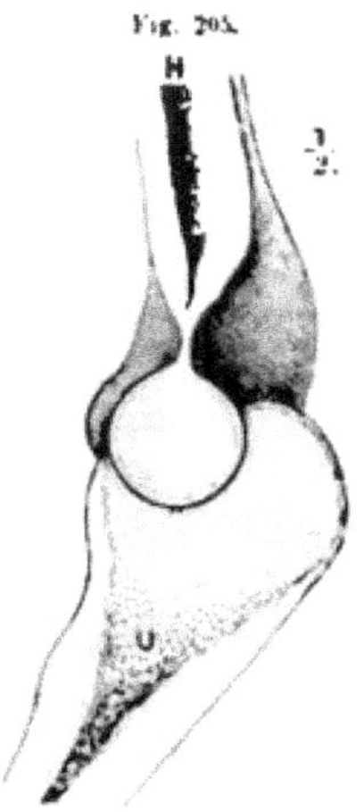

Sagittalschnitt durch die Articul. brachio-ulnaris.

Ellbogengelenk (*Articulatio cubiti*). Dieses umfasst 1) die *Articulatio brachio-ulnaris*, 2) die *Articulatio brachio-radialis*, und 3) die *Art. radio-ulnaris superior*. 1) In der ersten verbindet sich die Ulna mit dem Humerus, indem sie mit ihrer Incisura sigmoides die Trochlea des Humerus umgreift (Fig. 205). Diese Articulation zwischen Ulna und Humerus compensirt durch den Umfang ihrer Contactflächen das freiere Verhältnis zwischen Radius und Humerus. Der Ulna ist in der Verbindung des Vorderarmes mit dem Humerus die Hauptaufgabe zugefallen, wodurch dem Radius größere Selbständigkeit ermöglicht ward. Die Bewegung (Streckung und Beugung) wird durch die Vorsprünge, welche die Incisura sigmoides begrenzen, beschränkt. Bei der Streckung greift das Olecranon in die Fossa olecrani des Humerus, bei der Beugung findet der Processus coronoides ulnae in der Fossa cubitalis des Humerus eine Schranke. 2) In der *Articulatio brachio-radialis* gleitet die pfannenförmige Vertiefung des Capitulum radii auf dem Capitulum humeri und vermag hier sowohl Rotationen als auch Winkelbewegungen auszuführen. Bei den letzteren folgt es der durch die *Art. brachio-*

ulnaris vorgeschriebenen Richtung. Diese geht der schrägen Stellung der Trochlea gemäß in einer Schraubenfläche vor sich, ist bei der Streckung ab-, bei der Beugung ansteigend (Schraubengelenk). 3) In der *Art. radio-ulnaris superior* gleitet der Umfang des Capitulum radii bei der Rotation des Radius in der Incisura radialis ulnae.

Alle drei Articulationen werden von einem gemeinsamen *Kapselbande* umschlossen und besitzen eine gemeinsame Gelenkhöhle. Das Kapselband ist am Humerus, hinten über der Fossa olecrani, vorne über der Fossa cubitalis und radialis befestigt; seitlich geht die Befestigung bis dicht an die überknorpelten Gelenkflächen des Humerus herab. Das geht Hand in Hand mit der Winkelbewegung, welche beide Knochen zusammen ausführen.

Das Kapselband befestigt sich am Halse des Radius, indem es das Köpfchen umgreift, an der Ulna vorne am Processus coronoides, von da geht es auf's Olecranon über, wo es dicht hinter dem Rande der Gelenkgrube inserirt. Lateral herabsteigend umfasst es die Incisura radialis der Ulna. Vorne und hinten ist das Kapselband schlaff. So erscheint es bei der mittleren Beugung. Vorne wird es bei der äußersten Streckung, hinten bei der äußersten Beugung gespannt, wobei es sich den betreffenden Flächen der Gelenkhöhle anschmiegt.

An beiden Seiten bestehen bedeutende *Verstärkungsbänder*. Das *ulnare Seitenband* (*Lig. accessorium mediale*) entspringt vom unteren Theil des Epicondylus ulnaris (medialis) und breitet sich fächerförmig zum Ansatze an die Ulna aus. Die oberflächlichen Lagen des Bandes treten nach vorne an die Seite des Processus coronoides, die tieferen Lagen immer weiter nach hinten an die mediale Seite des Olecranon. Die hinteren entfalten ihre größte Spannung bei der Beugung, die vorderen bei der Streckung.

Fig. 206.

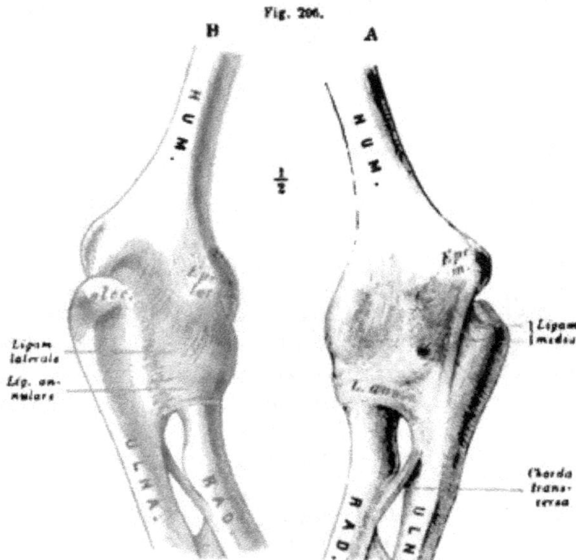

Ellbogengelenk. *A* von vorne und medial, *B* von hinten und lateral.

Das *radiale Seitenband* (*Ligamentum accessorium laterale*) entspringt aus der Grube hinter dem Capitulum humeri. Es geht nicht direct zum Radius, sondern zu einem dessen Capitulum umfassenden *Lig. annulare radii* (Fig. 206 *A*, *B*), welches ebenfalls der Kapsel eingefügt ist. Dieses *Ringband* beginnt an der hinteren Umgrenzung der Incisura radialis ulnae, und zieht sich um den Umfang des Capitulum radii zum Vorderrande jener Incisur an der Seite des Processus coronoides. Es ergänzt die Incisur, schließt ihr das Capitulum radii innig an und bietet für die Rotation des Radiusköpfchens eine Gleitfläche.

Die *Articulatio radio-ulnaris inferior* wird durch die Verbindung der lateralen Gelenkfläche des Capitulum ulnae und der Incisur am distalen Ende des Radius dargestellt. Ein Kapselband umschließt das Gelenk, verbindet sich aber mit einem dreieckigen Knorpelstückchen, welches medial dem Radius angefügt ist, und die Endfläche des Radius in dieser Richtung fortsetzt. Ein Bandstreif befestigt die *Cartilago triangularis* (Fig. 207 *c. tr.*) an den Processus styloides ulnae. Bei der Rotation des Radius gleitet also nicht blos die Incisura ulnaris radii auf dem Rande des Capitulum ulnae, sondern die Cartilago triangularis gleitet ebenso auf der distalen Endfläche jenes Capitulum. Dieses ist also vollständig vom Contacte mit der Hand ausgeschlossen und der letzteren die ausschließliche Verbindung mit dem Radius ermöglicht, so dass Rotationen des Radius in Drehbewegungen der Hand ungeschmälert zum Ausdruck kommen.

Fig. 207.

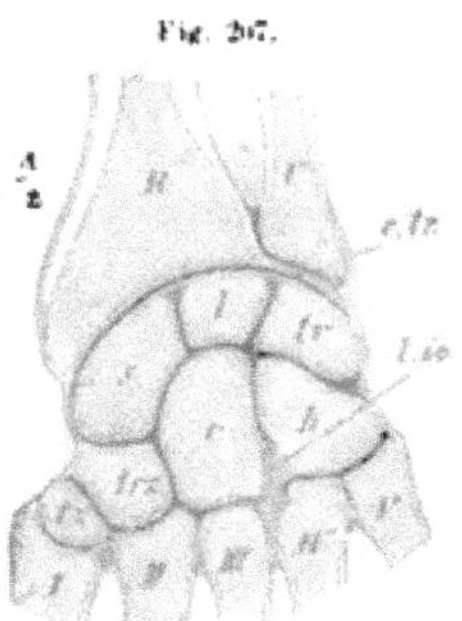

Frontalschnitt der Handwurzel mit dem Carpo-radial-Gelenk.

An der Drehbewegung des Radius sind also zwei differente Abschnitte im Ellbogengelenke und das untere Radio-ulnar-Gelenk betheiligt. Die Achse, um welche die Drehung erfolgt, ist eine Linie, deren proximaler Endpunkt in der Mitte der proximalen Endfläche des Capitulum radii liegt, während der distale Endpunkt mit der Befestigungsstelle der Cartilago triangularis am Processus styloides ulnae zusammenfällt. Die Achse liegt also nur proximal eine Strecke im Radius, tritt dann in das Spatium interosseum und kommt endlich ins distale Ende der Ulna zu liegen.

Eine andere Verbindung beider Vorderarmknochen besteht im Ligamentum interosseum (*Membrana interossea antebrachii*), einer aponeurotischen Membran, welche die gegeneinander sehenden Cristae interosseae des Radius und der Ulna verbindet und in das Periost derselben übergeht.

Sie deutet auf eine ursprünglich unmittelbare Nebeneinanderlagerung beider Knochen, wie es bei den niederen Wirbelthieren an den homologen Skelettheilen vorkommt. Demnach ist sie eine bei dem Auseinanderweichen beider Knochen membranös gestaltete Fasermasse. In der Membrana interossea verlaufen die Faserzüge in schräger Durchkreuzung. Proximal beginnt die Membran meist erst unterhalb der Tuberositas radii, und auch distal reicht sie nicht ganz bis ans Ende des Zwischenknochenraumes.

Ein sehniger Strang, der von der Tuberositas ulnae schräg zum Radius herabzieht und sich unterhalb dessen Tuberositas inserirt — *Chorda transversa* —, kann die Auswärtsdrehung des Radius (Supinatio) beschränken (Fig. 206 *A*, *B*). Er fehlt zuweilen oder ist nur angedeutet.

3. Skelet der Hand.

§ 128.

In der Hand, dem letzten Abschnitte der oberen Gliedmaße, kommen zahlreichere, aber kleinere Skeletelemente zur Verwendung (Fig. 208). Ein Complex kurzer, mannigfaltig geformter Stücke setzt den proximalen Abschnitt, die Handwurzel, den *Carpus*, zusammen. Daran reihen sich fünf längere Stücke, welche die Mittelhand, den *Metacarpus*, bilden. Den einzelnen Mittelhandknochen sind die Skelettheile der Finger (Digiti), die *Phalangen*, angefügt. Diese sind an den Fingern zu dreien vorhanden, dem ersten Finger, Daumen (Pollex), kommen nur zwei zu.

Die Fünfzahl der Finger wie der Zehen ist eine den höheren Wirbelthieren allgemeine Einrichtung, welche durch Reduction u. s. w. mannigfache Umgestaltungen eingeht. Eine Vermehrung der Finger- oder Zehenzahl (Polydactylie) findet sich nicht selten als Missbildung, und betrifft bald den einen bald den anderen Rand, bis zur Verdoppelung der Hand sich steigernd. Sie gehört in dieselbe Kategorie wie andere Verdoppelungen der Gliedmaßen, und hat nichts mit Atavismus zu thun, ebenso wenig als manche bei Säugethieren verbreitete Sesambeine, welche im Bandapparate von Hand und Fuß vorkommen, und wie jene Missbildungen zur Aufstellung eines Praepollex u. dergl. Anlass gaben. Wo jene Skeletgebilde genau untersucht wurden, blieb ihre Sesambeinnatur nicht im Unklaren (Tornier).

Fig. 208.

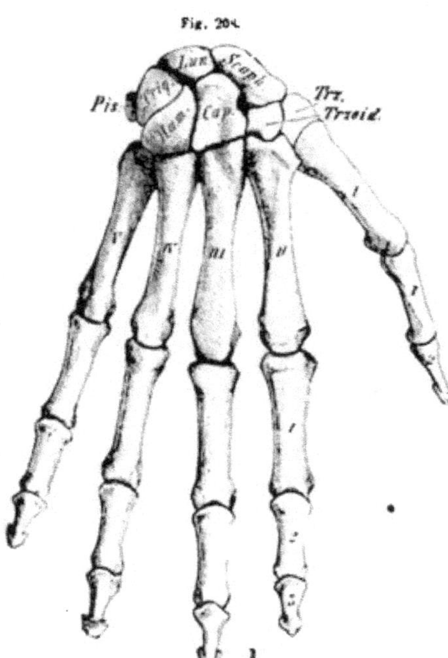

Skelet der rechten Hand von der Dorsalfläche.

Wie an der gesammten Hand, so unterscheidet man auch in deren einzelnen Abschnitten eine *Dorsal-* und eine *Volarfläche*. Die erstere setzt sich von der *Dorsalseite* des Vorderarmes her fort. Die Volarfläche (Palma) ist ihr entgegengesetzt. Sie ist die Beugefläche der Hand. Von den beiden seitlichen Rändern wird der auf den Daumen auslaufende, der Radialseite des Vorderarmes entsprechende als *Radialrand*, der entgegengesetzte Kleinfingerrand als *Ulnarrand* unterschieden. Diese Bezeichnungen werden ebenso der Beschreibung der einzelnen Theile des Handskeletes zu Grunde gelegt.

a. Carpus (Handwurzel).

Zwei Reihen kleinerer, vielgestaltiger Knochenstücke bilden das Skelet der Handwurzel. Sie besitzen Gelenkflächen, durch welche sie theils unter sich, theils mit dem Vorderarme, theils mit dem Metacarpus articuliren.

Die Reihenanordnung der Carpalelemente entspricht einem bereits sehr veränderten Zustande, denn in der ursprünglichen Form des Carpus, von der selbst beim Menschen noch Reste sich zeigen, findet sich zwischen beiden Querreihen noch ein Paar anderer Carpalstücke vor, die man ihrer Lagerung gemäß *Centralia* genannt hat. An deren Stelle kommt dann ein einziges *Centrale* vor, welches allmählich mehr nach der Radialseite der Handwurzel rückt. Bei manchen Säugethieren hat es noch die rein centrale Lage und steht mit allen Carpalknochen in Verbindung (Chiromys). Beim Menschen erscheint es zwar knorpelig angelegt, erleidet aber eine Rückbildung und findet sich nur in seltenen Fällen noch im ausgebildeten Zustande vor. Mit dem Schwinden des Centrale stellt sich die Reihenanordnung der persistirenden Carpalknochen her. Über das Centrale s. W. Gruber, Archiv f. Anat. und Phys. 1869, S. 331, und Bull. Acad. imp. de St. Pétersbourg. T. XV. S. 444. Vorzüglich aber E. Rosenberg, Morph. Jahrb. I. S. 172. Leboucq, Archives de Biologie. T. V.

In der *proximalen Reihe* des Carpus liegen drei Knochen, nach ihrer Lagebeziehung zum Carpus am einfachsten als *Radiale*, *Intermedium* und *Ulnare* unterschieden, speciell beim Menschen nach Ähnlichkeiten benannt. In der *distalen Reihe* finden sich vier solcher Stücke. Von diesen tragen die ersten drei, von der Radialseite gezählt, je einen Mittelhandknochen, das letzte deren zwei. Es bestehen Gründe zur Annahme, dass auch dieses ursprünglich durch zwei Knochen vorgestellt wird, so dass fünf distale Carpalia vorkommen. Wir können also das vierte Carpale als = Carpale 4 + 5 betrachten.

Proximale Reihe.

Radiale (Scaphoides, *Naviculare*, Kahnbein). Der größte Knochen der ersten Reihe besitzt proximal eine gewölbte Gelenkfläche an seiner ulnaren Hälfte, unter welcher die distale, pfannenförmig vertiefte Gelenkfläche gleichfalls ulnarwärts emportritt, so dass nur eine schmale ulnare Seitenrandfläche zur Verbindung mit dem Nachbar übrig bleibt. Der radiale Abschnitt des Knochens ist proximal etwas ausgeschweift und distal mit einer, fast ins Niveau der Dorsalfläche übergehenden, quergerichteten Gelenkfläche ausgestattet, welche mit den beiden ersten Knochen der distalen Reihe articulirt.

Fig. 209.

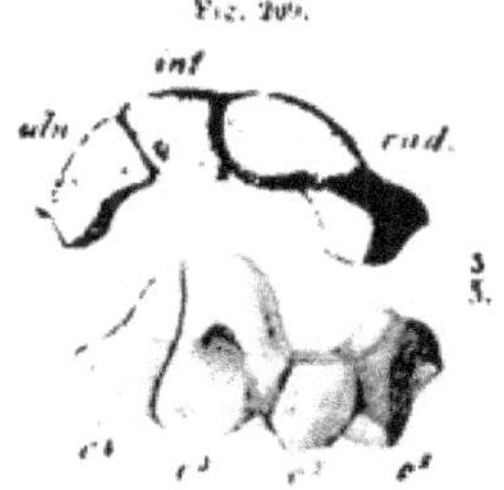

Rechter Carpus von der Dorsalseite.

Dieser Theil des Knochens bietet sehr differente Zustände seiner Ausbildung dar, die auch an den entsprechenden Partien der Carpalia der zweiten Reihe Ausdruck finden. Dazwischen findet sich nämlich die Anlage des Centrale, welche schließlich mit dem Radiale verschmilzt (s. Leboucq l. c.).

Intermedium (Lunatum, Mondbein). Von der Seite betrachtet ist es halbmondförmig, da es proximal eine gewölbte, distal eine concave Gelenkfläche trägt. Erstere Fläche sieht gegen eine Facette des Radius, die letztere umfasst den Kopf des Capitatum. Die lateralen Flächen sind eben und convergiren etwas gegen die distale zu, die radiale sieht gegen das Radiale (Scaphoid), die ulnare gegen das Ulnare (Triquetrum).

Ulnare (Triquetrum). Einer dreiseitigen Pyramide ähnlich, deren Basis mit einer Gelenkfläche dem Intermedium zugekehrt ist, die Spitze gegen den Ulnarrand des Carpus. Von den drei Seitenflächen ist die größte etwas gewölbt, dorsal und zugleich proximal gerichtet. An letzterem Abschnitte ist eine kleine bis gegen den Rand der Basis reichende Gelenkfläche vorhanden, welche gegen das Capitulum ulnae sieht. Die volare Fläche trägt ulnarwärts eine fast ebene Gelenkfläche zur Verbindung mit dem *Pisiforme*. Die distale Seite endlich besitzt die größte Gelenkfläche gegen das Carpale 4 (*Hamatum*).

Das *Pisiforme* (Erbsenbein) (Fig. 208, 210) ist ein rundlicher oder etwas länglicher Knochen, der außerhalb des Carpus liegt und mittels einer Gelenkfläche nur dem Ulnare (Triquetrum) sich verbindet. In die Endsehne des M. ulnaris internus eingebettet verhält es sich wie ein Sesambein.

Distale Reihe.

Carpale 1 (Trapezium, *Multangulum majus*). Der in die Quere ausgedehnte Knochen liegt an der Radialseite der Reihe, bietet auf seiner größten, sattelförmig gekrümmten distalen Endfläche die Articulation mit dem Metacarpale des Daumens, während die viel kleinere proximale Fläche mit dem Radiale articulirt. Von dieser Stelle an ist die schräg verlaufende ulnare Seitenfläche mit einer gekrümmten Gelenkfläche versehen, welcher das Carpale 2 (Trapezoides) sich anfügt. Davon setzt sich endlich eine zweite, ulnarwärts gerichtete kleinste Gelenkfläche ab und verbindet sich mit der Basis des zweiten Metacarpale. Auf der Volarfläche verläuft eine kurze, radialwärts von einem Vorsprunge (*Tuberositas*) überragte Rinne zur Aufnahme der Endsehne des M. radialis internus).

Fig. 210.

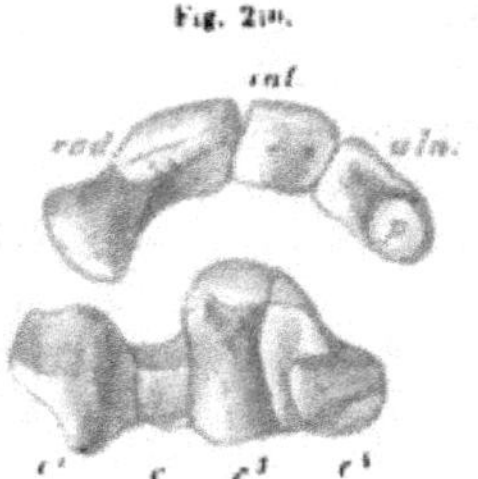

Rechter Carpus von der Volarseite.

Carpale 2 (Trapezoides, *Multangulum minus*). Dieser kleinste Knochen des Carpus ist einer vierseitigen Pyramide ähnlich, deren Basis durch die Dorsalfläche, die abgestumpfte Spitze dagegen von der Volarfläche gebildet wird. Die kleine proximale Fläche bildet mit jener des Vorigen eine flache Pfanne für das Radiale. Die radiale Fläche articulirt mit dem Carpale 1, während die ulnare durch eine Vertiefung in zwei Gelenkfacetten geschieden ist, welche sich dem Carpale 3 anfügen. Die größte distale Fläche, flach sattelförmig gestaltet, trägt das zweite Metacarpale.

Carpale 3 (Capitatum, *Os magnum*). Der größte Knochen des Carpus tritt proximal mit einem ansehnlichen Gelenkkopf vor, dessen radialwärts abgerundete Fläche in eine vom Radiale und Intermedium gebildete Pfanne eingefügt ist. Ulnar besitzt sie eine scharfkantig abgesetzte Ebene zur Verbindung mit dem Carpale 4. Die dem letzteren zugewendete übrige ulnare Fläche ist rauh, dagegen befinden sich an dem distalen Ende der radialen Seitenfläche noch zwei Gelenkfacetten für das Carpale 2. Die distale Endfläche ist in zwei Facetten getheilt, davon die größere dem dritten Metacarpale, die kleinere schräg daran stoßende noch einem Theile des zweiten Metacarpale Anschluss leiht. Da die Dorsalfläche des Knochens breit, die volare dagegen distal vom Kopfe schmal ist, convergiren die beiden lateralen Flächen und geben dem Knochen eine keilförmige Gestalt, welche an der Wölbung des Carpus bedeutenden Antheil hat.

Carpale 4 (4 + 5) Hamatum, *Uncinatum*. Das Hakenbein ist einer vierseitigen Pyramide ähnlich, mit proximaler Spitze und distaler Basis. Letztere trägt eine Gelenkfläche, in zwei im Winkel zu einander stehende Facetten getheilt, zur Anfügung des vierten und fünften Metacarpale. Von den lateralen Flächen ist die radiale mit einer großen proximalen Gelenkfläche und einer kleinen gegen die Basis zu folgenden dem Carpale 3 angefügt. Die ulnare dagegen hat auf einer schwach gekrümmten Fläche das Ulnare liegen. Von der Volarfläche hebt sich ein starker Fortsatz ab, *Hamulus* (Fig. 211).

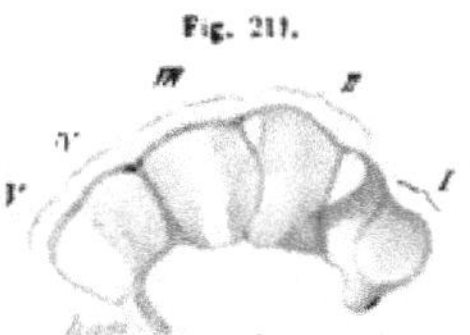

Fig. 211.

Distale Fläche der zweiten Reihe eines rechten Carpus mit den Articulationsflächen der Metacarpalien (I—V).

Zur Zeit der Geburt sind die Carpalia sämmtlich noch knorpelig. Die Ossification beginnt als eine enchondrale im Carpale 3 noch während des ersten Lebensjahres, dann folgen das Carpale 4, Ulnare, Intermedium, Radiale und das Carpale 2 in Intervallen von $^3/_4$ bis 1 Jahr, so dass der im 8. Jahre auftretende Kern im Carpale 1 die Reihe abschließt. Erst gegen das 12. Jahr beginnt die Ossification des Pisiforme.

Die Anordnung der Carpalknochen bietet beachtenswerthe Punkte. An den Knochen der distalen Reihe ist die Dorsalfläche umfänglicher als die volare. Das umgekehrte Verhältnis trifft die Knochen der proximalen Reihe. An diesen ist die Dorsalfläche zu Gunsten der proximalen Endfläche beeinträchtigt. Durch die dorsale Oberflächenentfaltung kommt dem Carpus eine dorsale Wölbung und volare Vertiefung zu. Die Carpalia bieten dadurch eine *bogenförmige Anordnung*. Die Concavität des Bogens ist an denen der proximalen Reihe nicht durch größere Dorsalflächen erreicht, sondern wird vorzüglich durch den volaren Vorsprung des Radiale (Scaphoides) bewerkstelligt, welchem Vorsprung an der Ulnarseite das Pisiforme entspricht. An der distalen Reihe ist die Bogenbildung durch die Keilform des Carpale 2 und Carpale 3 zu einer deutlichen Gewölbestructur ausgebildet (vergl. Fig. 211). Volare Vorsprünge am radialen wie am ulnaren Rande vergrößern die Wölbung des Bogens. Am Carpale 1 besteht ein solcher Vorsprung, dem der Haken des Carpale 4 (Hamatum) gegenübersteht. Der Carpus formt somit eine volare, flach beginnende, distalwärts sich vertiefende Rinne, an welche sich auch noch die Metacarpalia in ähnlichem Verhalten anschließen. Aber durch die nicht rein terminal, sondern etwas lateral stattfindende Verbindung des Metacarpale I mit dem Carpale 1 (Trapezium) sowie durch die ähnlich schräge Anfügung des Metacarpale V ans Carpale 4, wird die Fortsetzung der Rinne auf den Metacarpus zu einer breiteren volaren Vertiefung umgebildet. Dieses Verhalten steht mit der Bewegung der Hand und ihrer Finger im engen Zusammenhang. Die Rinne des Carpus umfasst die Sehnen der Fingerbeuger, und in der metacarpalen Concavität sind Muskelgruppen angeordnet. Die dorsale Ausdehnung der proximalen Endfläche an der proximalen Reihe des Carpus bezieht sich gleichfalls auf die Bewegung der Hand. Jene Endflächen fügen sich als ellipsoider Gelenkkopf dem Vorderarmskelet an. Je weniger die beiden Achsen eines solchen Gelenkkopfes an Länge von einander verschieden sind, desto mehr nähert sich die Gelenkfläche der sphäroiden Form und gewinnt damit an Freiheit der Bewegung. Eine Ausdehnung der Gelenkfläche in der Richtung der kürzeren Achse muss in jener Weise wirksam werden. Wir sehen an der proximalen Endfläche des Carpus diese Vergrößerung in der Richtung der kürzeren Achse erfolgt, zugleich unter Benutzung der durch ihre Wölbung günstigeren Dorsalfläche, während ein Übergreifen nach der Volarfläche durch die hier bestehende Rinnenbildung von vorn herein ausgeschlossen war.

b. Metacarpus (Mittelhand).

Die fünf Knochen der Mittelhand sind längere, an beiden Enden etwas stärkere Stücke, den größeren Röhrenknochen ähnlich. Das proximale Ende, *Basis*, fügt sich dem Carpus an. Das distale *Capitulum* trägt die erste Phalange der Finger. An Länge übertrifft das zweite Metacarpale nur wenig das dritte, oder kommt diesem gleich, selten ist es kürzer, daran reihen sich die beiden letzten; das kürzeste, zugleich das stärkste gehört dem Daumen an.

Die **Basis** des *ersten* bietet eine sattelförmige Gelenkfläche zur Verbindung mit dem Carpale 1, und sichert damit dem Daumen eine freie Beweglichkeit im Carpo-Metacarpal-Gelenk. Am *zweiten* tritt die Gelenkfläche dorsal mit einem Winkel in die Basis und lässt dieselbe mit zwei seitlichen Zacken vorspringen. Die Kante der ulnaren Zacke stößt volar an das Carpale 3 (Capitatum). Die Seitenränder dieser Vorsprünge tragen kleinere Gelenkfacetten. Eine, für das Carpale 1, ist an der radialen Seitenfläche, zwei, unter einander zusammenhängende, nehmen den Rand der Ulnarfläche zur Verbindung mit dem dritten Metacarpale ein. Am *dritten* fällt die Gelenkfläche der Basis dorsal schräg ulnarwärts ab, indem neben der Basis des zweiten ein Fortsatz (*Processus styloides*) vorragt. Die Seiten der Basis sind radial mit einer längeren, ulnar mit einer kürzeren Facette zur Verbindung mit den benachbarten Basen ausgestattet. An der Basis des *vierten* ist proximal eine ulnarwärts gerückte Gelenkfläche sichtbar, welche in eine der ulnaren Seitenfläche angehörige übergeht. Die übrige Fläche der Basis bietet einen kleinen Vorsprung mit einer an dessen radialer Seite gelegenen oblongen Gelenkfläche für das Metacarpale 3. Am *fünften* besteht eine schwach sattelförmige Gelenkfläche, und an der Radialseite eine plane zur Verbindung mit dem vierten.

Die **Mittelstücke** sind volar in der Längsrichtung schwach concav, mit abgerundeter Oberfläche, dorsal ist das des ersten fast plan; die übrigen sind mit einem nahe an der Basis beginnenden flachen Ausschnitt ausgestattet, wodurch das 3.—4. Interstitium interosseum nach dem Rücken der Metacarpalia sich etwas verbreitert. Die Ränder dieser Ausschnitte begrenzen an der Dorsalfläche jedes Metacarpale eine distal sich verbreiternde ebene Fläche, welche am zweiten schmal auf die Basis sich fortsetzt, am dritten meist wenig scharf abgegrenzt dahin ausläuft. Am vierten läuft der jene Fläche fortsetzende Vorsprung nach der Radialseite der Basis aus, am fünften dagegen nach der Ulnarseite.

Die **Capitula** besitzen sämmtlich stark gewölbte, nach der Volarfläche zu ausgedehnte Gelenkflächen. Die des ersten ist mehr in die Quere entfaltet und tritt volarwärts auf zwei Vorsprünge über. Ein solcher ist radial am zweiten noch deutlich, an den folgenden weniger ausgebildet, bis am fünften wieder einer am Ulnarrande mehr hervortritt. — Jedes Capitulum zeigt beiderseits eine Grube, die ulnar am 2.—5. tiefer ist; sie dient zur Befestigung von Bändern. Sie verschmälert das Capitulum von oben her, setzt es schärfer vom Mittelstück ab und gestattet die volare Verbreiterung der Gelenkfläche.

Die Foramina nutritia liegen volar und treten proximalwärts gerichtet ein.

Die Metacarpalia ossificiren etwa in der 9. Woche, und zwar vom Mittelstücke aus, so dass eine Epiphyse noch knorpelig bleibt. Am Metacarpale des Daumens erhält sich die proximale Epiphyse, an den vier übrigen nur die distale, während die proximale vom Mittelstück aus verknöchert. Die Kerne in den Epiphysen beginnen vom dritten Jahre an aufzutreten. Die Verschiedenheit dieses Verhaltens der Epiphysen gab Anlass, das Metacarpale des Daumens als eine erste Phalange zu deuten. Das Verhalten zur

Muskulatur, sowie das Bestehen doppelter Epiphysen bei Säugethieren, die in einzelnen Fällen beim Menschen wiederkehren, entzieht jener Annahme die Begründung.

Seltener als die Spuren eines distalen Epiphysenkernes am ersten Metacarpale, kommt am zweiten Metacarpale ein proximaler Epiphysenkern vor. Wir haben also auch für diese Knochen kein von vorne herein von den langen Röhrenknochen verschiedenes Verhalten anzunehmen, sondern eine selbständige Verknöcherung beider Epiphysen. Dieses z. B. bei den Cetaceen noch bestehende indifferentere Verhalten der Metacarpalia macht aber einer Differenzirung Platz, indem am Metacarpale des Daumens der distale, an den übrigen Metacarpalien der proximale Epiphysenkern in der Regel nicht mehr zur Ausbildung kommt und die Epiphyse von der Diaphyse aus ossificirt. Das Schwinden dieses Epiphysenkernes geht Hand in Hand mit dem Wachsthume der betreffenden Knochen, wie die rudimentären Epiphysenkerne lehren, die mit der knöchernen Diaphyse in Verbindung stehen. Die Stelle des Epiphysenkerns wird von der Diaphysenverknöcherung erreicht, bevor er zur selbständigen Ausbildung gelangt, und kommt fernerhin gar nicht mehr zur Anlage. Durch die Ossification der proximalen Enden der 2.—5. Metacarpale von der Diaphyse aus wird den Knochen schon frühzeitig eine größere Festigkeit zu Theil, durch welche sie dem Gegendruck des Daumens besseren Widerstand zu leisten vermögen, als wenn sie noch proximale Epiphysen besäßen. ALLEN THOMSON, Journal of Anatomy and Phys. Vol. III.

c. Phalangen (Fingerglieder).

Sie bilden, zu zweien für den Daumen, zu dreien für die übrigen Finger das Skelet dieser Theile. Man sondert sie in *Grund-*, *Mittel-* und *End-Phalange*. An Volum nehmen sie in dieser Folge ab. An jeder Phalange sind ein Mittelstück und zwei Enden unterscheidbar.

Die **Basis** bildet den stärkeren Theil; sie besitzt an den Grundphalangen eine quergerichtete, flache Gelenkpfanne, die am Daumen am bedeutendsten ist. An den Mittelphalangen ist sie durch einen mittleren Vorsprung in zwei Pfannenflächen getheilt, indes an den Endphalangen wieder eine einfachere Bildung sich darstellt. Dorsal wie volar wird die basale Gelenkfläche sowohl an Mittel- als auch an Endphalange von einem mittleren Vorsprung überragt. An den Seiten der Basis der Endphalange sind noch stärkere Vorsprünge wahrnehmbar, indem das schwache Mittelstück sich bedeutender von der Basis absetzt. Das **Mittelstück** ist an Grund- und Mittelphalangen dorsal von einer Seite zur andern gewölbt, volar von hinten nach vorne etwas concav, und an den vier Fingern mit seitlichem, scharfem Rande versehen. Das **distale Ende** zeigt eine querstehende Gelenkrolle, die durch eine mittlere Vertiefung eingebuchtet ist und volar bedeutender vorspringt. An den Grundphalangen der vier Finger bildet sie zwei Vorsprünge, die an der Grundphalange des Daumens wie an der Mittelphalange der Finger wenig deutlich sind. An den Seiten der distalen Gelenkenden liegt ein flaches, oft wenig bemerkbares Grübchen. Jede der Endphalangen läuft distal in eine verbreiterte, rauh umrandete Platte (*Tuberositas unguicularis*) aus, welche nicht selten jederseits in eine proximal gerichtete Spitze ausgezogen ist, einem kleinen Hufe nicht unähnlich.

Die Ossification der Phalangen beginnt wie jene der Metacarpalia etwa im 4. Monate, und zwar ist die Grundphalange die erste, dann folgt die Endphalange. Das proximale Ende ist bei der Geburt noch knorpelig und entwickelt nach den ersten Lebensjahren einen Epiphysenkern, der erst nach der Pubertät mit der Diaphyse verschmilzt. Für das distale Ende werden gleichfalls Epiphysenkerne angegeben, die wie bei den Metacarpalien (Anm.) zu beurtheilen sind.

Die durch Metacarpalia und Phalangen bestimmte Länge der Finger nimmt vom Daumen und Kleinfinger gegen den Mittelfinger zu. Das Längeverhältnis des Zeigefingers zum vierten ist jedoch ein sehr wechselndes. Bei den anthropoiden Affen ist der Index stets kürzer als der vierte Finger, am wenigsten ist er es beim Gorilla. Am meisten ist beim Menschen unter dem weiblichen Geschlechte eine größere Länge des Index verbreitet, und dieses Verhaltnis entspricht einer schöneren Form der Hand.

Verbindungen des Handskeletes.

§ 129.

Der hohe functionelle Werth, welcher der menschlichen Hand durch ihre Beweglichkeit im Ganzen, wie in ihren Theilen zukommt, findet in der Einrichtung ihrer Verbindungen anatomischen Ausdruck. Diese Verbindungen betreffen erstlich die Hand als Ganzes, ihre Anfügung an den Vorderarm, resp. den Radius, zweitens betreffen sie die einzelnen Abschnitte der Hand unter sich. Wir unterscheiden also die Radio-carpal-Verbindung und die innerhalb des Carpus, dann die zwischen Carpus und Metacarpus, Metacarpus und Phalangen, endlich die zwischen den Phalangen der Finger bestehenden Verbindungen.

Die Bewegungen der Hand als Ganzes gehen sowohl in der Articulatio radiocarpalis als auch in der Art. intercarpalis vor sich. Die Functionen beider Gelenke combiniren sich für Bewegungen von zweierlei Art. Eine ist *Streckung* und *Beugung* der Hand. Diese Bewegung geht nach der Dorsalfläche und nach der Volarfläche des Vorderarms vor sich. Da die Mittelstellung der Hand den gestreckten Zustand vorstellt, wird die Bewegung nach der Volarfläche als *Volarflexion*, die nach der Dorsalfläche als *Dorsalflexion* unterschieden. Jede dieser Bewegungen führt von ihrem Extrem aus die Hand der Mittelstellung (Streckung) zu, und umgekehrt kann die Hand von der Mittelstellung aus sowohl in Dorsalflexion, als auch in Volarflexion übergehen. Für das Radio-carpal-Gelenk läuft die Achse vom Processus styloides radii gegen das Pisiforme, und für das Intercarpal-Gelenk geht sie vom Vorsprung des Radiale (Scaphoid) zur Spitze des Ulnare (Triquetrum). Beide Achsen begegnen sich also im Kopfe des Carpale 3 (Capitatum). Die zweite Bewegungsart geht nach den Seiten. Die Bewegung in der Richtung der Radialseite ist als *Adduction* (Radialflexion) von der Bewegung nach der Ulnarseite, *Abduction* (Ulnarflexion) unterschieden. Diese Bewegungen kommen nur zum kleinsten Theile durch seitliche Actionen im Radio-carpal-Gelenke zu Stande, zum größten Theile sind sie aus Dorsal- und Volarflexion in beiden Gelenken combinirt. Dorsalflexion im Radio-carpal-Gelenke und Volarflexion im Intercarpal-Gelenke ergiebt eine Ablenkung der Hand nach der Ulnarseite (Abduction), während Volarflexion im Radiocarpal-Gelenke und Dorsalflexion im Intercarpal-Gelenke die Hand nach der Radialseite sich stellen lässt (Adduction). (LANGER.)

G. B. GÜNTHER, Das Handgelenk, Hamburg 1841.

Radio-carpal-Verbindung (Articulatio radio-carpalis).

Sie stellt ein Gelenk zwischen dem Radius und den drei proximalen Carpalknochen vor. Durch die schon erwähnte *Cartilago triangularis*, welche, an dem Radius befestigt, sich zwischen das Köpfchen der Ulna und das Ulnare (Triquetrum) des Carpus einschiebt, wird die Ulna von der Articulation mit dem Carpus ausgeschlossen, so dass die Hand durch die Rotation des Radius mit bewegt wird.

Die drei proximalen Carpalia sind durch Zwischenbänder *Ligamenta intercarpalia* (Fig. 212), die unmittelbar in dem proximalen Theile der Interstitien liegen, unter einander verbunden und besitzen unter sich eine minimale Beweglichkeit. Sie repräsentiren so eine Einheit und bilden zusammen einen mit seiner Längsachse quergestellten Gelenkkopf, dessen Pfanne die distale Endfläche des Radius mit der Cartilago triangularis vorstellt. Dieser Gelenkkopf ist continuirlich überknorpelt, da der Gelenkknorpel jener 3 Carpaliaflächen auch auf die freie Fläche der beiden Zwischenbänder übergeht. Ein Kapselband erstreckt sich vom Skelet des Vorderarms zu den Handwurzelknochen der ersten Reihe. Dazu kommen die Verstärkungsbänder, die sowohl dorsal als auch volar vom Radius schräg zum Carpus verlaufen und beim Carpus beschrieben werden.

Das Radio-carpal-Gelenk kann auch mit dem unteren Radio-ulnar-Gelenk communiciren, wenn die Cartilago triangularis unvollkommen entwickelt ist.

Intercarpal-Verbindung (Articulatio intercarpalis).

Wie die Knochen der proximalen Reihe durch ihre straffe Verbindung eine Einheit repräsentiren, so trifft sich für jene der distalen Reihe das Gleiche. Die Configuration der Contactflächen beider Complexe erscheint ∼förmig, indem an jeder der beiden Reihen ein Gelenkkopf und eine Pfanne besteht. Den proximalen Gelenkkopf bildet der seitliche Abschnitt des Radiale (Scaphoid *s*), er greift in eine Pfanne, welche Carpale 1 und 2 (Trapez und Trapezoid *tz* und *trz*) darbieten. Den distalen Gelenkkopf bilden Carpale 3 (Capitatum *c*) und Carpale 4 (Hamatum *h*), welche in eine Pfanne sich einlagern, an der alle drei proximale Knochen sich betheiligen (vergl. Figg. 209, 210 und 212).

Fig. 212.

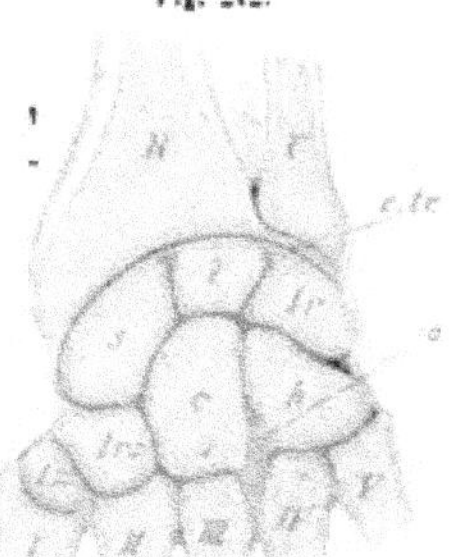

Frontalschnitt durch die Handwurzel und das Radio-carpal-Gelenk.

Die Gelenkhöhle (Fig. 212) setzt sich in Spalten zwischen den Knochen sowohl der proximalen als auch der distalen Reihe fort. Zwischen den proximalen Carpusknochen findet sich ihre Grenze an den oben erwähnten *Ligamenta intercarpalia* (*Ligg carpi interossea*, *Lig. interosseum intermedio-radiale* (*lunato-scaphoideum*) und *intermedio-ulnare* (*lunato-triquetrum*)). An der distalen Knochenreihe setzt sich die intercarpale Gelenkhöhle zwischen Carpale 1 und 2, dann 2 und 3 fort, und an letzterer Stelle auch in die Höhle der Articulatio carpo-metacarpalis. Zwischen Carpale 3 und 4 bietet ein ansehnliches Intercarpalband der Fortsetzung der Gelenkhöhle eine Schranke. Dieses *Lig. interosseum* (Fig. 212 *l. io.*) ist aber nicht nur zwischen den benachbarten Carpalien vorhanden, sondern verläuft auch mit longitudinalen Zügen zwischen die Metacarpalia 3 und 4, an denen es sich befestigt.

Die Bewegungen im Intercarpal-Gelenk sind vorwiegend Streck- und Beugebewegungen, deren Antheil an seitlichen Bewegungen S. 280 erörtert ward.

Verbindung des Pisiforme. Das Erbsenbein articulirt mit dem Ulnare (Triquetrum) mittels planer oder doch nur wenig gekrümmter Gelenkfläche, wobei die Articulation von einem ziemlich schlaffen Kapselbande umfasst wird.

Carpo-metacarpal-Verbindungen (Articulatio carpo-metacarpalis).

Wir unterscheiden die Carpal-Verbindung des Daumens und jene der Finger.

Die *Carpo-metacarpal-Verbindung des Daumens* geschieht in einem Sattelgelenk, welches das Carpale 1 (Trapezium) mit dem Metacarpale pollicis bildet. Das Kapselband erstreckt sich vom Umfange der Gelenkfläche des Carpale 1 etwas über den Umfang jener des Metacarpale I hinaus.

Bei der Opposition des Daumens, bei welcher der Daumen, gegen die Hohlhand bewegt, sich dem Kleinfinger nähert, liegt die Achse transversal im Carpale 1, etwas volarwärts geneigt, bei der Abduction und Adduction geht sie dorso-volarwärts, und zwar in schräg ulnarer Richtung durch die Basis des Metacarpale I.

Carpo-metacarpal-Verbindung der vier Finger. Die vier Finger sind in verschieden straffer Gelenkverbindung den vier Carpalien angefügt. Die Gelenkhöhle ist bei größerer Ausdehnung des Lig. interosseum für je die zwei ersten und die zwei letzten Finger gemeinsam und erstreckt sich proximal zwischen Carpale 1 und 2, distal zwischen die Basen der Metacarpalia II u. III, und IV und V (vergl. Fig. 212).

Das Carpale 2 und noch ein kleiner Theil des Carpale 1 trägt das Metacarpale des Zeigefingers, das Carpale 3 und ein kleiner Theil des zweiten das Metacarpale dig. medii, das Carpale 4 und ein Theil vom Carp. 3 das Metacarpale dig. IV, während jenes des kleinen Fingers ausschließlich dem Carpale 4 zugetheilt ist. Die drei mittleren Finger articuliren also mit je zwei Carpalien, und zwar sämmtlich mittelst schräger, auf einem vorspringenden Theile der Metacarpalbasis liegender Flächen, mit denen sie in einspringende Winkel der distalen Endfläche der Carpalia eingreifen. Etwas geringer ist die straffe Zusammenfügung am Metacarpale IV, welche so den Übergang zur noch weniger straffen Verbindung des Metacarpale V vermittelt. Mit dieser Zunahme der Beweglichkeit nach dem Ulnarrande der Hand zu steht auch die Abnahme der lateralen Berührungsflächen der Metacarpalia im Zusammenhang. Die nach der Ulnarseite zunehmende Beweglichkeit des Metacarpus gestattet diesem Abschnitte der Hand beim Greifen, Fassen mit thätig zu sein, steht also mit der Function der Hand in demselben Zusammenhange, wie die festere Verbindung der dem Daumen benachbarten Metacarpalia die Leistung des Daumens begünstigt, indem sie dem vorwiegend mit dem Daumen zusammen operirenden zweiten und dritten Finger festere metacarpale Stützen bietet.

Bandapparat der Hand.

§ 130.

Von den distalen Enden der Vorderarmknochen erstreckt sich über den Carpus zu den Basen der Metacarpalia der vier Finger ein theilweise mehrfachen Gelenkcomplexen angehöriger Bandapparat. Wir scheiden das **Kapselband** von den ihm aufgelagerten Verstärkungsbändern. Das erstere theilt sich in zwei Strecken; die eine umschließt das Radio-carpal-Gelenk, die andere das Intercarpal-Gelenk und setzt sich über die Carpo-metacarpal-Gelenke der vier Finger fort. Wie das Kapselband in eine dorsale und eine volare Strecke unterschieden werden kann, so theilt man hiernach auch die Verstärkungsbänder ein.

Nach Maßgabe der Excursionen der durch das Kapselband verbundenen Theile ist es mehr oder minder straff gespannt. Mit ihm sind die **Verstärkungsbänder** eng verbunden, nur durch den Verlauf der Faserzüge unterscheidbar.

Dorsal erstreckt sich eine solche Bandmasse von den Enden der Vorderarmknochen über den Carpus auf die Basen der Metacarpalia der Finger. In ihr erkennt man einen breiten Faserzug, der vom Radius aus schräg ulnarwärts convergirt: das *Ligamentum rhomboides* (Fig. 213). Sonst bestehen meist kürzere Bandpartien, welche theils die einzelnen Carpalia untereinander, theils dieselben mit den Metacarpalia verbinden, und dazu kommen endlich solche, welche die Metacarpalia der vier Finger unter einander in Verbindung setzen.

Fig. 213.

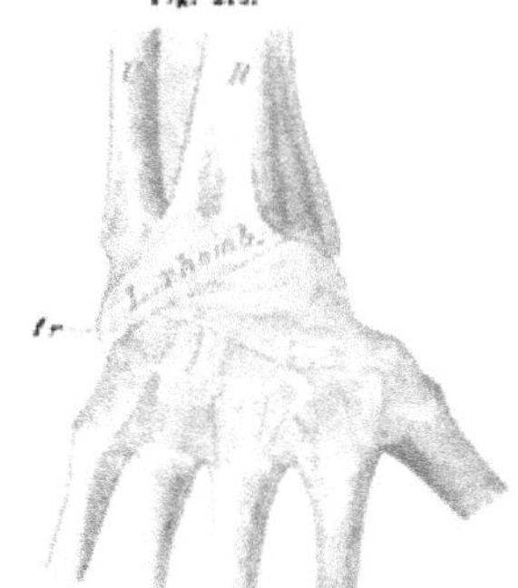

Bänder des Rückens der Handwurzel.

Volar ist eine ähnliche zusammenhängende Bandmasse vorhanden. Sie kleidet als eine ziemlich mächtige Schichte die Tiefe der Hohlhand aus und wird aus einzelnen, durch den Faserverlauf unterscheidbaren Zügen (*Ligamenta carpi volaria profunda*) zusammengesetzt. Es sind vorwaltend transversale Züge, welche zur Wölbung der Hohlhand beitragen. (Fig. 214.)

Solcher Züge unterscheidet Henle folgende drei:

1. Das *Lig. arcuatum* nimmt den proximalen Theil ein. Es besteht aus bogenförmigen Faserzügen, welche vom Radius ausgehen und über den Carpus hinweg ulnarwärts verlaufen. Die proximalen sind am Intermedium (Lunatum), die distalen größtentheils am Ulnare befestigt, zu welchen auch Züge von der Ulna kommen können.

2. *Lig. radiatum.* Dieses schließt sich distal an das vorige an und wird durch Faserzüge vorgestellt, welche vom Carpale 3 aus in die Nachbarschaft ausstrahlen. Die schrägen und queren Züge sind am deutlichsten ausgeprägt.

3. *Lig. transversum* wird die vom Carpus auf die Basis des 2.—5. Metacarpale übergehende Fortsetzung der tiefen Bandmasse benannt, in welcher die transversale Faserrichtung vorwaltet.

Fig. 214.

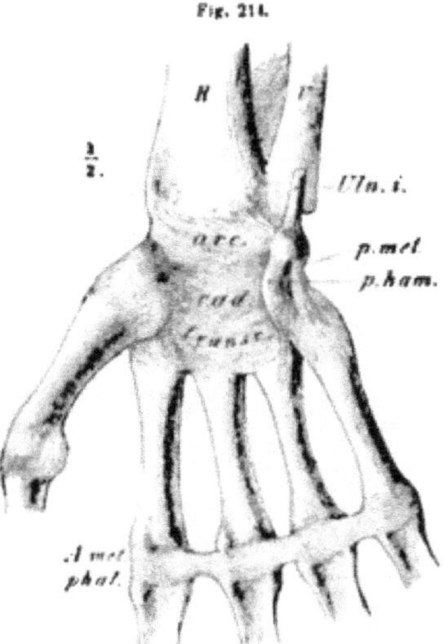

Volare Bänder der Hand.

Diese Bänder erscheinen mehr als Faserzüge einer gemeinsamen Bandmasse und können wie die dorsalen nur künstlich in eine größere Anzahl zerlegt werden.

Am dorsalen wie am volaren Bandapparat ist bemerkenswerth, dass die proximalen Verstärkungszüge (*Lig. rhomboides* und *Lig. arcuatum*) vom *Radius* kommen und einen *schrägen* Verlauf nehmen. Dadurch erhält der Ausschluss der Ulna von der Handverbindung einen neuen Ausdruck, und auch die ulnaren Partien des Carpus werden mit dem Radius in innigeren Zusammenhang gebracht.

Von *Seitenbändern* an den Rändern des Carpus geht ein im Kapselband des Radio-carpal-Gelenkes liegender kurzer Faserstrang vom Griffel der Ulna zum Ulnare. Vom Griffel des Radius aus verlaufen starke Züge zum Radiale. Dorsal schließen sie an die schrägen Züge des Lig. rhomboides an, volar an das Lig. arcuatum. Dorsal, volar und lateral sind auch Verstärkungsbänder der Kapsel des Carpo-metacarpal-Gelenkes des Daumens unterscheidbar.

Viel selbständiger als diese Bandzüge gehen vom Pisiforme Ligamente aus (Fig. 214). 1. *Lig. piso-hamatum* vom Erbsenbeine zum Hamulus des Carpale 4. 2. *Lig. piso-metacarpeum* zur Volarfläche der Basis des Metacarpale V. Diese Stränge erscheinen als Fortsetzungen der Endsehne des am Pisiforme befestigten M. ulnaris internus (Fig. 203 *Uln. i.*).

Die volare, den Carpus deckende Bandmasse setzt sich seitlich auf die Vorsprünge fort, welche den Carpus rinnenförmig gestalten; hier gehen sie in mächtige transversale Züge über, die vom Radialrande nach dem Ulnarrande ziehen. Diese stehen mit der Fascie des Vorderarmes im Zusammenhang, erhalten die Wölbung des Carpus und schließen dessen Rinne zu einem Canale ab. Dieses *Lig. carpi volare transversum* ist radial an der Tuberositas des Radiale (Scaphoid) und dem Vorsprung des Carpale 1 (Trapezium) befestigt; ulnar am Hamulus des Carpale 4 (Hamatum) und am Pisiforme.

Die von der tiefen Bandmasse zum Lig. carpi transversum an der radialen Wand jenes Canales emportretenden Faserzüge überbrücken auch die Rinne am Carpale 1 (Trapezium) und bilden so einen kleineren Canal für die Endsehne des M. radialis internus.

Metacarpo-phalangeal-Verbindung.

Die Basen der Grundphalangen der vier Finger gleiten auf den Köpfchen der Metacarpalia. Die geringe Größe der Pfannen in Vergleichung mit der Ausdehnung der Gelenkflächen jener Capitula gestattet größere Excursionen, die, der volaren Ausdehnung jener Capitula gemäß, vorwiegend nach dieser Richtung Platz greifen. Die Kapsel ist dorsal von den Sehnen der Fingerstrecker bedeckt und besitzt seitlich sowie volar Verstärkungsbänder. Eine Ausnahme bildet auch hier der Daumen; dessen Articulatio metacarpo-phalangea ist ein Winkelgelenk, verhält sich somit einem Interphalangeal-Gelenke gleich. Dadurch erhält der Daumen schon vom Carpus an die Beweglichkeit eines dreigliedrigen Fingers.

Starke *Ligamenta lateralia* entspringen aus den Gruben zu beiden Seiten der Metacarpalköpfchen und inseriren sich an die Seiten der Phalangen-Basen in volarer Ausdehnung. Ein Theil ihrer Fasern tritt in mehr transversale Richtung und hilft das *volare Verstärkungsband* bilden. Dieses ist eine Verdickung der Kapselwand, auf welche sich die sehnige Auskleidung der für die Beugesehnen der Finger gebildeten Rinne (s. Muskelsystem) fortsetzt. Die Verdickung der Kapsel schließt sich enger an die Basis der Phalange und vergrößert deren Pfanne volarwärts (Fig. 215). Von ebendaher erstrecken sich quere Faserzüge zwischen die Metacarpalia der vier Finger und verbinden die Capitula der vier Metacarpalia unter einander (*Ligamenta transversa capitulorum metacarpi*) (Fig. 214).

Am Metacarpo-phalangeal-Gelenk des Daumens besteht ein ähnliches Verhalten der Kapsel. Die quere Entfaltung der beiderseitigen Gelenkflächen lässt hier nur Streck- und Beugebewegungen zu.

An den Fingern ist die Gelenkpfanne flacher als die Wölbung des Metacarpalköpfchens, welche Incongruenz durch eine Synovialfalte ausgeglichen wird.

In der volaren Verdickung des Kapselbandes des Daumens finden sich allgemein zwei *Sesambeine*. Sie grenzen mit kleiner überknorpelter Fläche an die Gelenkhöhle. Auch am Kleinfinger ist in der Regel ein kleines ulnares Sesambein vorhanden, etwas weniger häufig ein solches auch an der Radialseite des Zeigefingers.

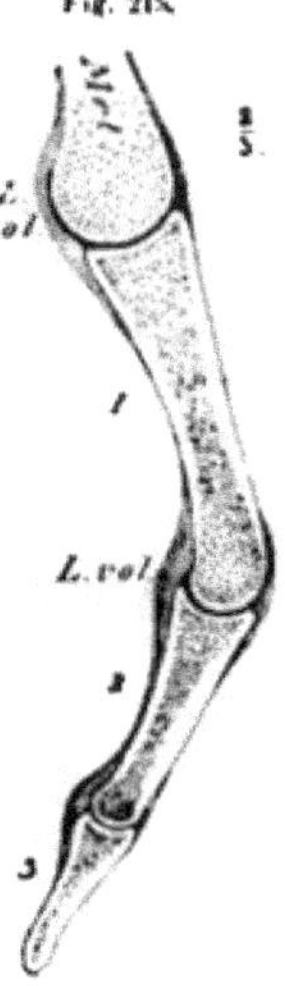

Sagittaldurchschnitt durch die Gelenke eines Fingers.

Interphalangeal-Verbindung, *Articulatio digitorum* (Fingergelenke).

Die Phalangen der Finger sind durch Winkelgelenke verbunden, in welchen Streckung und Beugung ausgeführt wird. Der querstehenden Gelenkrolle des Phalangenköpfchens ist die Articulationsfläche der Basis der nächst folgenden Phalange angepasst. Die volare Ausdehnung der Rollen (Fig. 214) entspricht wieder der größeren, in dieser Richtung vor sich gehenden Excursion. Bei voller Streckung bleibt der volare Abschnitt der Rolle von der Pfanne unbedeckt, und bei starker Beugung tritt die obere und distale Fläche der Rolle vor.

Die Gelenkkapsel enthält wie am Metacarpo-phalangeal-Gelenke seitliche Verstärkungsbänder. Die *Ligg. lateralia* gehen von den Grübchen zur Seite der Capitula aus, an die Seite der Basis der folgenden Phalange. Die *volare Verstärkung* ergänzt die Pfanne, indem sie inniger an deren Rand sich anschließt, sie also ähnlich wie an der Metacarpo-phalangeal-Verbindung vergrößert.

B. Untere Gliedmaßen.

a. Beckengürtel.

§ 131.

Der Beckengürtel verbindet die untere Gliedmaße mit dem Stamme des Körpers. Er wird jederseits durch einen einzigen Knochen gebildet, das *Hüftbein*, welches sich vorne mit dem anderseitigen median in der Schamfuge verbindet und hinten dem Kreuzbein angefügt ist. Dieser Complex von Knochen bildet das *Becken*. Darin ist die Gürtelform vollständiger als am Schultergürtel ausgeprägt und in der Verbindung mit dem Sacrum besteht noch eine andere Eigenthümlichkeit, da ein directer Zusammenhang mit der Wirbelsäule gegeben scheint. Es ist jedoch oben (S. 172) gezeigt worden, wie gerade der das Hüftbein tragende Theil des Sacrum nicht der Wirbelsäule angehört, sondern durch Rippenrudimente vorgestellt wird, die mit den Kreuzbeinwirbeln verschmelzen.

Demnach ist auch der Beckengürtel nur mit Anhangsgebilden der Wirbelsäule im Zusammenhang, und darin vom Schultergürtel principiell nicht verschieden. Die bedeutendere Festigkeit dieser Verbindung entspricht der, in Vergleichung mit den oberen, geringeren Freiheit der Bewegung der Untergliedmaßen, wie es deren Function als Stütz- und Locomotionsorgane des Körpers erfordert.

Hüftbein (*Os coxae, Os innominatum*).

Das **Hüftbein** lässt, wie der primitive Schultergürtel, einen dorsalen und einen ventralen Abschnitt unterscheiden. Beide sind ansehnlich verbreitert und gehen an einer schmaleren Stelle, die der Verbindung mit der freien Gliedmaße dient, in einander über. Hier liegt die Pfanne des Hüftgelenks. Die beiden verbreiterten Theile dienen der Muskulatur der freien Gliedmaße zu Ursprungsstellen. Der dorsale Theil ist massiv, der ventrale Theil von einer großen, ovalen Öffnung (**Hüftbeinloch**, *Foramen obturatum*) durchbrochen, welche bis auf eine beschränkte Stelle von einer Membran (*Membrana obturatoria*) verschlossen wird.

Mit der Ossification der knorpeligen Anlage gehen aus derselben drei, längere Zeit hindurch getrennte Stücke hervor, die sich in der lateral gelegenen Pfanne vereinigen (Fig. 216). Das größte, dorsale Stück ist das *Ilium, Darmbein*; von den zwei ventralen ist das vor dem Hüftbeinloch gelegene das *Schambein* (*Os pubis*). Die hintere Abgrenzung des Loches bildet das *Sitzbein* (*Os ischii*).

Fig. 216.

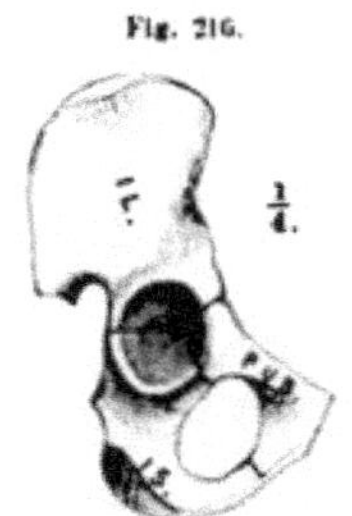

Hüftbein eines 11jährigen Knaben in seitlicher Ansicht.

1. **Das Darmbein**, *Os ilei, Ilium*, ist der breiteste Theil des Hüftbeins. Sein oberer, bogenförmiger Rand wulstet sich zum Hüftbeinkamm (*Crista*), auf welchem man, nicht immer deutlich, drei Facetten als *Labium externum, medium* und *internum* unterscheiden kann. Vorne läuft die Crista in die *Spina il. anterior superior* aus, welche durch einen schwachen Ausschnitt von der *Spina il. anterior inferior* getrennt wird. Hinten geht die Crista wieder in eine Spina (*posterior sup.*) über, unter der gleichfalls eine zweite Spina (*posterior inferior*) sich vorfindet. Unterhalb der Spina anterior inferior, etwas nach hinten über dem Rande der Pfanne dient ein rauher Vorsprung einem Theile der Ursprungssehne des M. rectus femoris zur Befestigung.

Am vorderen Drittel der Länge des Hüftbeinkammes ist derselbe am massivsten und springt lateral vor. Die äußere Fläche (Fig. 217) ist vorne unterhalb jenes Vorsprunges des Kammes etwas gewölbt. Vor und hinter dieser Wölbung liegen flache Vertiefungen. Eine Reihe von Rauhigkeiten, die äußere Ursprungsgrenze des M. glutaeus minimus, bildet häufig eine gebogene Linie, welche vorne und unter der Spina anterior superior beginnt und zum hinteren unteren Rande sich hinzieht, *Linea glutaea anterior*. Eine zweite viel kürzere Linie verläuft parallel und hinter der genannten, ein kleines hinteres Stück der äußeren Fläche abgrenzend: *Linea glutaea posterior*. Unterhalb der Linea glutaea ant. ist zuweilen eine dritte gekrümmte Linie bemerkbar, die innere Ursprungsgrenze des M. glutaeus minimus, *Linea glutaea inferior*.

Die innere oder mediale Fläche (Fig. 218) zerfällt in einen vorderen größeren glatten, und einen hinteren kleinen, rauhen oder unebenen Theil. An letzterem machen sich wieder zwei Einschnitte bemerkbar. Ein vorderer, ohrförmig gestalteter, mit einem Knorpelüberzug versehener, *Facies auricularis*, bildet die Gelenkverbindung mit dem Sacrum, während die dahinter gelegene *Tuberositas* Bändern zum Ansatze dient. Der vordere glatte Abschnitt der Innenfläche des Ilium wird durch eine am Vorderrande der Facies auricularis beginnende, bis zur Darmbeingrenze verlaufende Erhebung, *Linea ileo-pectinea* (*innominata*), in einen oberen und unteren Theil geschieden. Der erstere bildet die flache *Fossa iliaca*, in deren Grund die Substanz des Knochens beträchtlich verdünnt, im Alter durchscheinend ist. Hinten und unten liegt ein Ernährungsloch. Nach vorne läuft die Fossa iliaca auf den oberen Pfannenrand aus. Diese Stelle wird lateral von der Spina anterior inferior abgegrenzt und ist nicht selten rinnenförmig vertieft. In der Rinne lagert der M. ileopsoas.

Fig. 217.

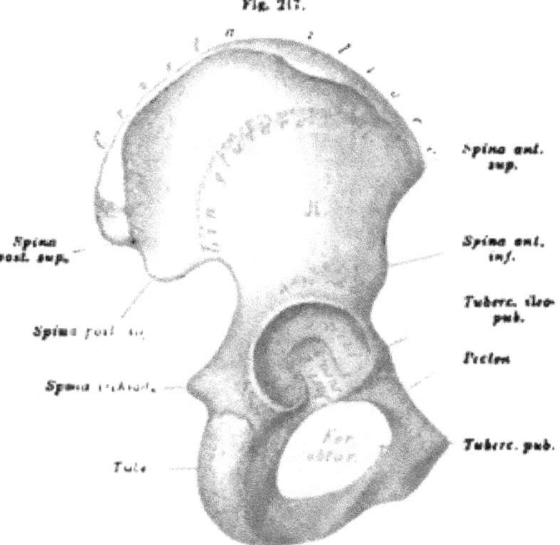

Hüftbein von der Außenseite.

Fig. 218.

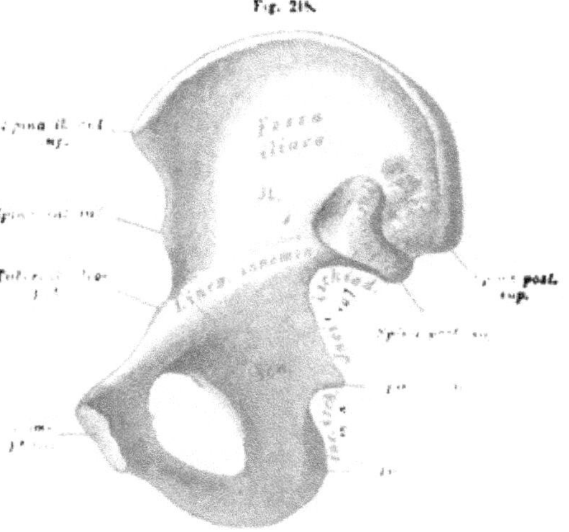

Hüftbein von der Innenseite.

2. Das **Sitzbein**, *Os ischii*, schließt sich am hinteren Abschnitt der Pfanne an das Darmbein an. Dieser als »Körper« bezeichnete massivere Theil des Knochens grenzt nach vorne an das Foramen obturatum und besitzt dort nach oben zu nicht selten einen Vorsprung, *Tuberculum obturatorium posterius*. An der hinteren Fläche erstreckt sich etwas lateral der flache Sitzhöcker, *Tuber ossis ischii*, dessen oberer Abschnitt meist mit zwei Facetten zu Muskelursprüngen dient, indes nur der untere Abschnitt als Sitzfläche verwendet wird. Dieser Sitzhöcker ist vom unteren Pfannen-

rande durch eine Rinne geschieden, in welche der Bauch des M. obturator externus sich einbettet. Die hintere Fläche des Sitzbeins trägt die starke, medial und nach hinten sehende *Spina ischiadica*. Sie trennt zwei Incisuren, eine größere obere, die *Incisura ischiadica major*, die zum hinteren Darmbeinrande führt, und eine kleinere untere, die *Incisura ischiadica minor*. In der unteren Begrenzung des Foramen obturatum verläuft das Sitzbein zum Schambein. Dieser Theil des Sitzbeins ward früher als aufsteigender Sitzbeinast bezeichnet, nimmt aber im stehenden Körper eine fast horizontale Lage ein.

3. Das Schambein, *Os pubis*, bildet die vordere Begrenzung der Pfanne. Es erstreckt sich von da vor- und medianwärts und vereint sich mit dem anderseitigen in der Schamfuge. Von da aus tritt es in der Begrenzung des Foramen obturatum mit dem Sitzbeinaste zusammen. Die Verbindungsstelle mit dem Ilium bezeichnet eine meist ganz unansehnliche Rauhigkeit, *Eminentia ileo-pectinea*. Von ihr aus erstreckt sich eine niedrige und schmale, aber scharfe Leiste schräg über die Oberfläche des Schambeins, der Schambeinkamm, *Pecten pubicus*. Er endet am *Tuberculum pubicum*, lateral vom oberen Rande der Symphyse. Vorne trägt der Pfannentheil des Schambeins das *Tuberculum ileo-pubicum*. Es grenzt die Rinne für den M. ileo-psoas medial ab. Unterhalb erstreckt sich am Schambein ein schräger Ausschnitt. Er hilft den *Canalis obturatorius* bilden, welcher in der oberen Begrenzung des Foramen obturatum besteht.

Gegen die Symphyse ist das Schambein verbreitert. An der Symphyse besitzt es eine längsovale Fläche, lateral sieht es mit scharfem Rande (*Crista obturatoria*) gegen das Foramen obturatum und zeigt dort das *Tuberculum obturatorium anterius*. Die Fortsetzung des Schambeins zu der medialen Begrenzung des Foramen obturatum, früher als Ramus descendens bezeichnet, vereinigt sich mit dem Sitzbeine, welche Stelle durch auswärts gekrümmten Rand, zuweilen durch eine Rauhigkeit, ausgezeichnet ist.

Die von den drei Theilen des Hüftbeins gebildete *Pfanne* (*Acetabulum*) bietet eine halbkugelig vertiefte Fläche, deren verdünnten Boden die *Fossa acetabuli* einnimmt. Von ihr führt die gegen das Sitzbein vertiefte *Incisura acetabuli* abwärts. Die übrige Pfannenfläche ist von Halbmondform und überknorpelt (Fig. 217). Von den drei Stücken des Hüftbeines hat das Ilium den größten, das Schambein den geringsten Antheil an der Gelenkfläche des Acetabulum, dessen Grube zum bei weitem größten Theile vom Sitzbein gebildet wird. Der Rand der Pfanne ist lateral von dem Tuberculum ileo-pubicum (durch den hier verlaufenden M. ileo-psoas) etwas eingebogen oder mit einem seichten Einschnitte versehen, dann trifft er oben mit der unter der Spina ilei anterior inf. liegenden Tuberosität zusammen, und bildet von da an nach hinten und unten einen stärkeren, bis zur Incisura acetabuli etwas zugeschärften Vorsprung.

Die Membrana obturatoria (Fig. 220) wird von vorwiegend quer verlaufenden sehnigen Zügen gebildet, welche ins Periost des Scham- und Sitzbeines übergehen; unterhalb der Incisura obturatoria bleibt ein Raum frei, der oben vom Scham- und Sitzbein begrenzt, unten von Zügen der Membrana obturatoria zum *Canalis obturatorius* abgeschlossen ist.

Die Verknöcherung beginnt perichondral am Ilium und später an den beiden anderen Abschnitten, an den der Pfanne näher gelegenen Theilen. Bei der Geburt ist ein großer Theil der Peripherie des Darmbeins, dann der Pfannenrand, sowie die ganze untere Begrenzung des Foramen obturatum, vom Tuberculum pubicum bis zum Tuber ischii knorpelig. Am Boden der Pfanne rückt die Ossification allmählich von den drei Theilen aus vor, so dass diese in einer dreitheiligen Figur aneinander grenzen. Im 8.—9. Jahre sind Scham- und Sitzbein distal verschmolzen. Erst mit der Pubertät synostosiren die drei Knochen an der Pfanne. In dem knorpelig gebliebenen Theilen treten Knochenkerne auf. So im Tuber ischii, im Symphysenende des Schambeins, in der Crista des Darmbeins, in der Spina iliaca ant. inf. Die Verschmelzung dieser Kerne mit dem Hauptstück erfolgt erst gegen das 24. Jahr.

Verbindungen des Hüftbeins.

a. Verbindungen mit der Wirbelsäule.

§ 132.

Das Hüftbein ist mittels seiner Facies auricularis der gleichnamigen Fläche des Sacrum angefügt, und bildet damit die Articulatio sacro-iliaca, eine Amphiarthrose. Die beiderseitigen unebenen Oberflächen tragen einen Knorpelüberzug. In die Vertiefungen der einen Fläche greifen Erhebungen der anderen ein. Eine straffe Kapsel umschließt das Gelenk und wird von Verstärkungsbändern überlagert. Diese begründen mit anderen, entfernter vom Gelenke bestehenden Bändern die feste Vereinigung. Von den Unebenheiten der Gelenkflächen ist eine, nahe dem Vorderrande befindliche, beachtenswerth. Eine Vertiefung der sacralen Fläche nimmt jenen Vorsprung der Darmbeinfläche auf, so dass bei dem durch die Verstärkungsbänder geleisteten engen Zusammenschluss das Kreuzbein hier einen Stützpunkt findet und auf dem Hüftbeine ruht.

Die Verstärkungsbänder bilden an der vorderen Fläche nur eine dünne Lage, *Ligamenta ileo-sacralia antica*. Dorsal sind sie dagegen mächtig entwickelt. Zwischen der Tuberositas ilei und der entsprechenden Fläche des Sacrum bestehen zahlreiche Bandstränge, zuweilen von Fett oder lockerem Bindegewebe durchsetzt, *Ligamenta ileo-sacralia postica* (Fig. 219 *il. s. p.*). Oberflächlich mehr in continuirlicher Lage stehen sie mit Muskelursprüngen im Zusammenhang. Von der Spina iliaca posterior superior aus setzt sich dieser Bandapparat in längere Bänder fort, welche lateral an die Hinterfläche des Sacrum verlaufen (*Ligamenta ileo-sacralia postica longa*).

Fig. 219.

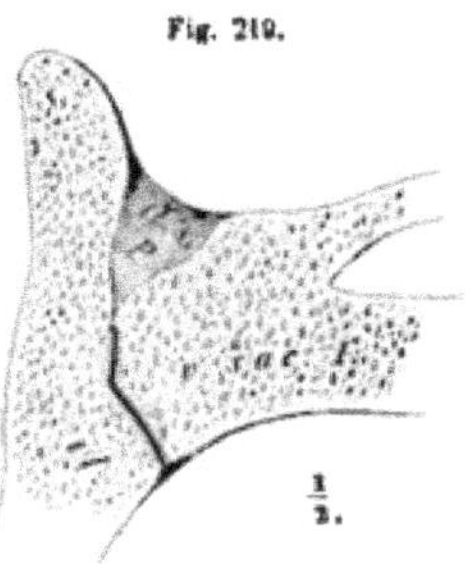

Horizontalschnitt durch die Ileo-sacral-Verbindung.

Die längsten Züge gehen bis zum vierten Sacralwirbel, daran reihen sich medial kürzere, die an höheren Sacralwirbeln befestigt sind und so den Übergang zu den Ligg. ileo-sacralia post. brevia bilden.

Entfernter vom Ileo-sacral-Gelenk gelagerte Bänder bilden das *Ligamentum ileo-lumbale*. Es geht vom Querfortsatze der Vertebra lumbalis V, theils zum Darmbeinkamme, theils zum oberen Theile der Articulatio sacro-iliaca.

Die *Ligamenta ischio-sacralia* (Fig. 220) scheiden sich nach ihrer Befestigung am Sitzbein in das Ligamentum tuberoso-sacrum und spinoso-sacrum.

a. Das oberflächlichere *Lig. tuberoso-sacrum* erstreckt sich breit vom Tuber ischii nach dem Seitenrande des Sacrum, zum Theil in die Ligg. ileo-sacralia postica longa fortgesetzt. Am medialen Rande des Tuber ischii läuft es verschmälert in den *Processus falciformis* aus, welcher dem aufsteigenden Aste des Sitzbeins folgt. Dessen freier Rand sieht medial und aufwärts. In dem von diesem Sehnenblatte nach unten abgegrenzten Raume verläuft die Arteria pudenda communis.

Fig. 220.

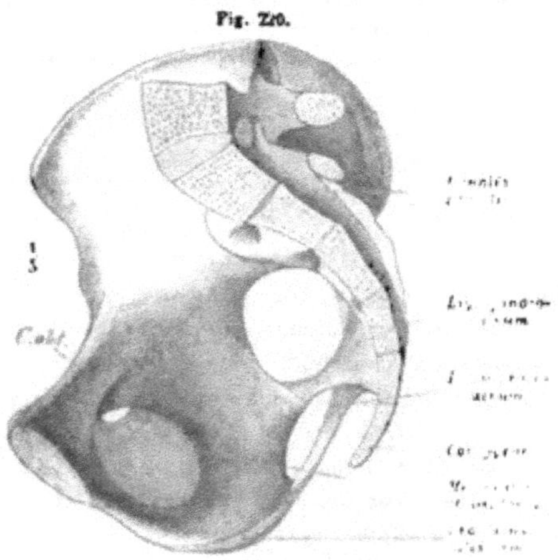

Medianschnitt durch das Becken.

b. Das *Ligamentum spinoso-sacrum* erstreckt sich von der Spina ischiadica unterhalb des Lig. tuberoso-sacrum zum Kreuzbein. Es schließt das *Foramen ischiadicum majus* ab und hilft mit dem Lig. tuberoso-sacrum das *Foramen ischiadicum minus* begrenzen, welches vorn von der Incisura ischiadica minor begrenzt wird.

b. Verbindung der beiderseitigen Hüftbeine unter sich.

Diese kommt durch die Schambeine in der Scham- oder Schoßfuge zu Stande. Die »*Symphysis ossium pubis*« wird durch eine mächtige Faserknorpelschichte dargestellt, welche sich beiderseits an die überknorpelten, gegen einander gekehrten Schambeinflächen anschließt und in dieselben fortgesetzt ist.

Fig. 221.

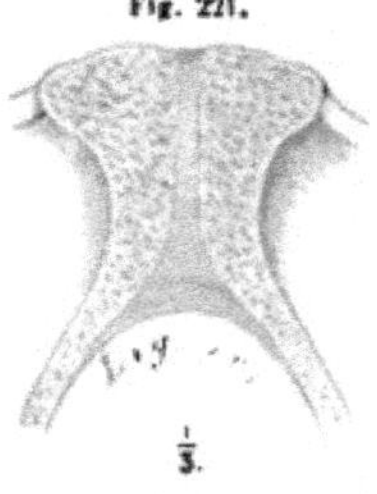

Frontalschnitt durch die Schambeinfuge.

Im Inneren ist das Gewebe der Symphyse lockerer und lässt zuweilen auch einen spaltförmigen, unregelmäßigen Hohlraum unterscheiden, der als Gelenkhöhle gedeutet wurde. Sehnige Querfaserzüge verstärken äußerlich die Symphyse und laufen im Periost der Schambeine aus. Von besonderer Mächtigkeit sind sie am Arcus pubis, wo sie das *Ligamentum arcuatum* (L. arc. inferius) darstellen.

Das Becken als Ganzes.

§ 133.

Das aus der Verbindung der beiden Hüftbeine mit dem Sacrum gebildete *Becken* (*Pelvis*) lässt einen oberen, von beiden Darmbeinen lateral begrenzten Raum unterscheiden, das *große Becken*. Der letzte Lumbalwirbel bildet die hintere Wand desselben, während die vordere Wand von der Bauchwand gebildet wird, wie denn der ganze Raum des großen Beckens der Bauchhöhle angehört. Daran schließt sich das *kleine Becken*, dessen hintere Wand vom Sacrum und Steißbeine, die vordere Wand von der Schamfuge und dem Schambein, endlich die seitliche Wand hauptsächlich vom Sitzbein gebildet wird. Nur an der oberen Öffnung ist das kleine Becken continuirlich von Knochen umwandet; diese Stelle bildet den *Beckeneingang*. Eine von Promontorium ausgehende Linie, *L. terminalis*, die über die Seitentheile des ersten Sacralwirbels und des Ilium nach dem Pecten ossis pubis und von da zur Schamfuge verläuft, also zum größten Theile von der *Linea ileo-pectinea* (*L. innominata*) vorgestellt wird, bildet die Grenze zwischen großer und kleiner Beckenhöhle.

Auf die Gestaltung des Beckeneingangs hat das Promontorium bedeutenden Einfluss. Man unterscheidet Becken mit hochstehendem, andere mit tiefstehendem Promontorium (A. Frorief); die ersteren repräsentiren die primitive Form, die noch im Becken der Neugeborenen zu erkennen ist. Sie entspricht der noch nicht vollständigen Ausbildung des ersten Sacralwirbels (Vergl. S. 174).

Die Wandung des kleinen Beckens ist beiderseits zwischen Kreuzbein und Sitzbein durch einen großen Ausschnitt ausgezeichnet, welcher distal von den Ligamenta ischio-sacralia abgeschlossen wird. In der vorderen Wand liegen seitlich die beiden Foramina obturata. Die vorne, zwischen beiden absteigenden Schambein- und aufsteigenden Sitzbeinästen befindliche Lücke gehört dagegen nicht mehr der Beckenwand, sondern der *unteren Öffnung* des Beckens an, dem *Beckenausgang*. Diesen begrenzen lateral die Sitzbeinhöcker, gegen welche von vorneher der *Arcus pubis* ausläuft. Weiter nach hinten an der seitlichen Wand begrenzt das Lig. tuberoso-sacrum den Beckenausgang, und daran schließt sich median das Ende des Sacrum mit dem Steißbein an.

Da die hintere Wand des kleinen Bekens vom Kreuz- und Steißbeine, die vordere von der Schamfuge und ihrer Nachbarschaft gebildet wird, so ergiebt sich für die hintere Wand eine viel bedeutendere Höhe, und die Ebenen, in welchen Becken-Ein- und -Ausgang liegen, convergiren nach vorne zu.

Die Gestaltung des Beckens findet in den *Durchmessern* ihren Ausdruck, welche sich zwischen verschiedenen Punkten darbieten. Die Wichtigkeit dieser Verhältnisse für praktische Zwecke, vorzüglich in der Geburtshilfe, macht eine kurze Darstellung nöthig. Am *großen* Becken wird ein Querdurchmesser durch den größten Abstand der beiden Darmbeincristen, dann der beiden vorderen oberen Darmbeinspinen statuirt. Im *kleinen Becken* werden zahlreichere Durchmesser unterschieden. Sagittale Durchmesser, welche die vordere und hintere Beckenwand unter einander verbinden, nennt man *Conjugatae*. Außerdem bestehen *quere* und *schräge Durchmesser*.

a) Am *Beckeneingange* erstreckt sich die Conjugata von der Mitte des Promontorium zum nächsten Theile der Schamfuge (Eingangsconjugata, Conjugata vera). Der Querdurchmesser wird zwischen den beiden entferntesten Punkten der Linea innominata genommen. Der schräge Durchmesser erstreckt sich von der Ileo-sacral-Verbindung der einen zur Eminentia ileo-pectinea der anderen Seite.

b) Im *Raume* des kleinen Beckens wird der sagittale Durchmesser von der Mitte der Schamfuge zur Verbindungsstelle des 2. und 3. Sacralwirbels genommen. Als *Normalconjugata* (H. v. Meyer) wird der Durchmesser von der meist eingeknickten Mitte des 3. Sacralwirbels bis zum oberen Rande der Schamfuge aufgefasst (Fig. 222 N). Als *Diagonalconjugata* der vom Lig. arcuatum zum Promontorium sich erstreckende Durchmesser, der am Lebenden gefunden wird. Der quere Durchmesser vereinigt die Mittelpunkte beider Pfannen.

c) Am *Beckenausgange* verbindet der gerade Durchmesser den unteren Rand der Schamfuge mit der Steißbeinspitze; da diese beweglich, die Linie also veränderlich ist, ward auch die Verbindung des Sacrum mit dem Steißbein als hinterer Punkt gewählt (Ausgangsconjugata) (c'). Der Querdurchmesser verbindet beide Sitzbeinhöcker.

Fig. 222.

Medianschnittfläche eines weiblichen Beckens.

Stellt man sich zahlreiche Conjugaten vor, und dieselben durch eine Linie untereinander verbunden, welche jede Conjugata halbirt, so erscheint diese Linie als eine gekrümmte. Sie entspricht der *Beckenachse* und wird *Führungslinie* benannt (Fig. 222 *ax*). In ihrer Richtung bewegt sich beim Gebäracte der Kopf des Kindes.

Die Stellung des Beckens im Körper ist derart, dass die Eingangsebene des kleinen Beckens sich stark nach vorne senkt. Der hinten offene Winkel der Eingangsconjugata (*C*) mit einer Horizontalen (Fig. 222 *h*) beträgt 60—64°. Er drückt die *Neigung* des Beckens aus. Das Becken ist also der aufrechten Stellung des Körpers des Menschen nicht vollständig gefolgt und hat in seiner Neigung eine Lage bewahrt, die an jene von Thieren erinnert. Dieses Verhalten wird compensirt durch die Bildung des Promontorium. Durch die in diesem bestehende Winkelkrümmung der Wirbelsäule wird die Neigung in den Dienst des Körpers gebracht, und erfüllt auch bei der aufrechten Stellung des Menschen ihre mechanische Aufgabe, indem dadurch der Schwerpunkt der Körperlast zwischen die beiden Hüftgelenke (etwas nach hinten) fällt, mit denen die unteren Gliedmaßen als Stützen des Körpers sich verbinden. Vergl. § 98.

Wie nach dem Alter, bietet das Becken auch zahlreiche Verschiedenheiten nach dem Geschlechte und selbst nach den Rassen des Menschengeschlechts. Hinsichtlich der sexuellen Unterschiede kommt die Anpassung in Betracht, welche beim weiblichen Becken in Bezug auf die Geschlechtsfunction beim Gebäracte besteht und in einer relativ größeren Weite sich kundgiebt.

Am großen Becken erscheinen die Darmbeine beim Weibe flacher als beim Manne, der Beckeneingang bietet eine mehr querovale Gestalt, indes er beim Manne durch das in ihn vorspringende Promontorium mehr oder minder herzförmig sich darstellt. Die kleine Beckenhöhle selbst ist niederer, aber weiter, die Schamfuge kürzer. Die Sitzbeine sind mehr parallel gestellt, indes sie beim Manne etwas convergiren. Der Arcus pubis öffnet sich in größerem Winkel, und dadurch kommt auch dem Foramen obturatum eine weniger längliche Gestalt als beim Manne zu. Bei relativ größerer Breite des Kreuzbeins ist dasselbe niederer als beim Manne.

Diese Verhältnisse finden in Zahlen ihren Ausdruck, welche für die hauptsächlichsten Maße in Folgendem angegeben sind. Diese Zahlen repräsentiren Mittelwerthe; wie an allen anderen Körpertheilen bestehen auch hier Schwankungen, und die sexuellen Merkmale sind keineswegs in allen Fällen gleichmäßig ausgeprägt, vielmehr giebt es ebenso männliche Becken mit einzelnen weiblichen Charakteren, wie es weibliche mit männlichem Habitus giebt.

Fig. 223.

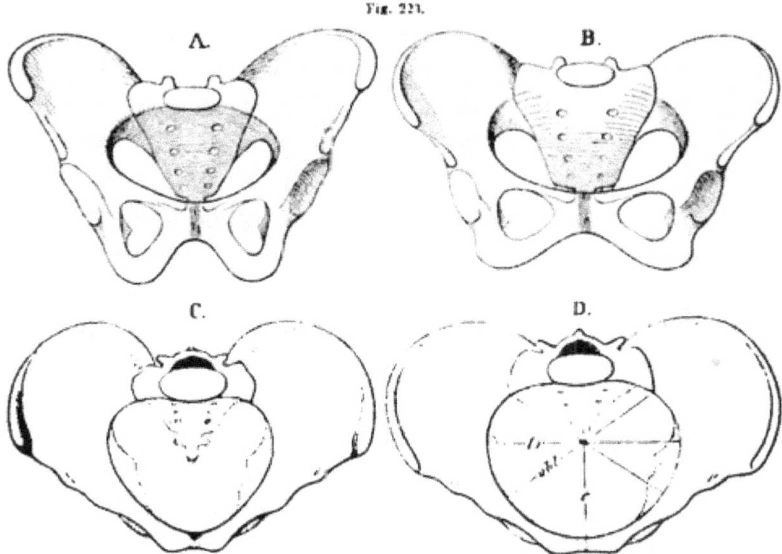

Becken eines Mannes. Becken eines Weibes.
AB Beide Becken von vorn und etwas von unten. CD von oben, senkrecht auf den Beckeneingang.

Großes Becken.

	M.	W.	
Querdurchmesser zwischen den Labia int. der beiderseitigen Cristae ilei	257	257	mm
" " den Spinae iliacae ant. sup.	241	244	

Kleines Becken.

		M.	W.
Eingang.	Conjugata	108	116
	Querdurchmesser	128	135
	Schräger Durchmesser	122	127
Binnenraum.	Conjugata	108	122
	Querdurchmesser	122	135
	Durchmesser zwischen den Spinae ischiad.	85	110
Ausgang.	Conjugata zur Steißbeinspitze (veränderlich)	75	90
	Conjugata zur Synchondrosis sacro-coccygea	95	115
	Querdurchmesser	81	110
Ferner:			
	Diagonalconjugata	122	129
	Höhe der Schamfuge	54	45
	Winkel des Schambogens	75	95

Wie Sacrum und Hüftbeine im fötalen Zustande in ihrer Gestaltung an niedere, bei den Quadrumanen bestehende Verhältnisse erinnern, so ergiebt sich solches auch an ihrem Complexe, dem Becken. Das fötale Becken bietet einen größeren Neigungswinkel dar, als das des Erwachsenen. Beim Neugeborenen ist in Vergleichung mit den im 6. bis 7. Monate noch bestehenden Verhältnissen eine bedeutende Annäherung an den definitiven Zustand erfolgt, indem das Schambein mit dem Darmbein einen minder offenen Winkel bildet als vorher, und damit den Neigungswinkel des Beckeneinganges verringert. Eine andere Eigenthümlichkeit des fötalen Beckens betrifft die Schamfuge, deren Längsachse mit dem Horizonte einen nach vorne offenen, sehr stumpfen Winkel bildet, während dieser beim Erwachsenen ein spitzer ist. Alle diese Verhältnisse erfahren durch die Erwerbung des aufrechten Ganges die davon abhängige Umwandlung.

Skelet der freien Extremität.

§ 134.

Das dem Beckengürtel angefügte Skelet der unteren Extremität ist gleich jenem der oberen in drei Abschnitte gesondert, die dem Oberschenkel, Unterschenkel und dem Fuße zu Grunde liegen. Wir unterscheiden darnach die Knochen dieser Abschnitte. Wie die massivere Gestaltung und festere Verbindung des Beckengürtels der Function der unteren Gliedmaßen angepasst war, so spricht sich dieses auch in den Verhältnissen des Skeletes der freien Gliedmaße aus, die dem Körper als Stütze und als Organ der Ortsbewegung dient.

1. Oberschenkelknochen (Os femoris, Femur).

An diesem längsten Knochen des Körpers besitzt das starke Mittelstück nur wenige Eigenthümlichkeiten. Seine Markhöhle ist von dicker compacter Substanz umschlossen, welche dem Knochen hier bedeutende Festigkeit verleiht. An beiden Enden finden sich charakteristische Bildungen. Das proximale Ende ist durch einen medial und wenig nach vorn gerichteten Gelenkkopf ausgezeichnet, der etwas mehr als die Hälfte einer Kugel bildet und unterhalb der Mitte seiner Oberfläche die *Fovea capitis* als Insertionsstelle des Lig. teres trägt.

Der Kopf steht durch den schlankeren *Hals* mit der Diaphyse in Verbindung. Er bildet mit dieser einen Winkel von 120—130°. Jenseits des Halses inserirt eine große Anzahl von Muskeln, daher das Relief sich hier complicirter gestaltet. Lateral wird der Hals überragt von einer mächtigen Apophyse, dem großen Rollhügel, *Trochanter major*, welcher hinten meist etwas medial gebogen die *Fossa trochanterica* unter sich hat. Ein zweiter Höcker liegt tiefer herab, medial und nach hinten gerichtet, der kleine Rollhügel, *Trochanter minor* (Fig. 225). Unter ihm läuft vom Trochanter major her die rauhe *Linea obliqua* schräg nach hinten und abwärts (Fig. 221), und hinten sind beide Trochanteren durch die bedeutend vorspringende *Linea intertrochanterica* verbunden. Von da aus verschmälert sich der Körper wenig, um distal bedeutend an Breite zu gewinnen. Er ist dabei etwas gekrümmt, so dass er in seiner Länge eine vordere Convexität darbietet. An der hinteren Fläche tritt, an der Mitte am bedeutendsten entwickelt, die *Linea aspera* herab. Sie wird durch zwei dicht nebeneinander verlaufende Vorsprünge, Lippen (*Labia*), gebildet, welche nach oben wie abwärts divergiren. Das *Labium laterale* läuft aufwärts gegen den Trochanter major zu in die rauhe *Tuberositas glutaealis* aus, welche zuweilen einen kammartigen Vorsprung bildet (Dritter Trochanter vieler Säugethiere). Das *Labium mediale* steigt gegen den Trochanter minor empor, um unterhalb desselben in die oben erwähnte Linea obliqua nach vorne umzubiegen. Distal divergiren beide Labien zur seitlichen Umgrenzung des *Planum popliteum*.

Am distalen Ende beeinflusst die Gelenkverbindung die Gestalt. Zwei starke überknorpelte Gelenkhöcker, *Condyli femoris*, sind nach hinten entfaltet, wo die *Fossa intercondylea* sich zwischen sie einsenkt (Fig. 226). Diese Grube ist durch

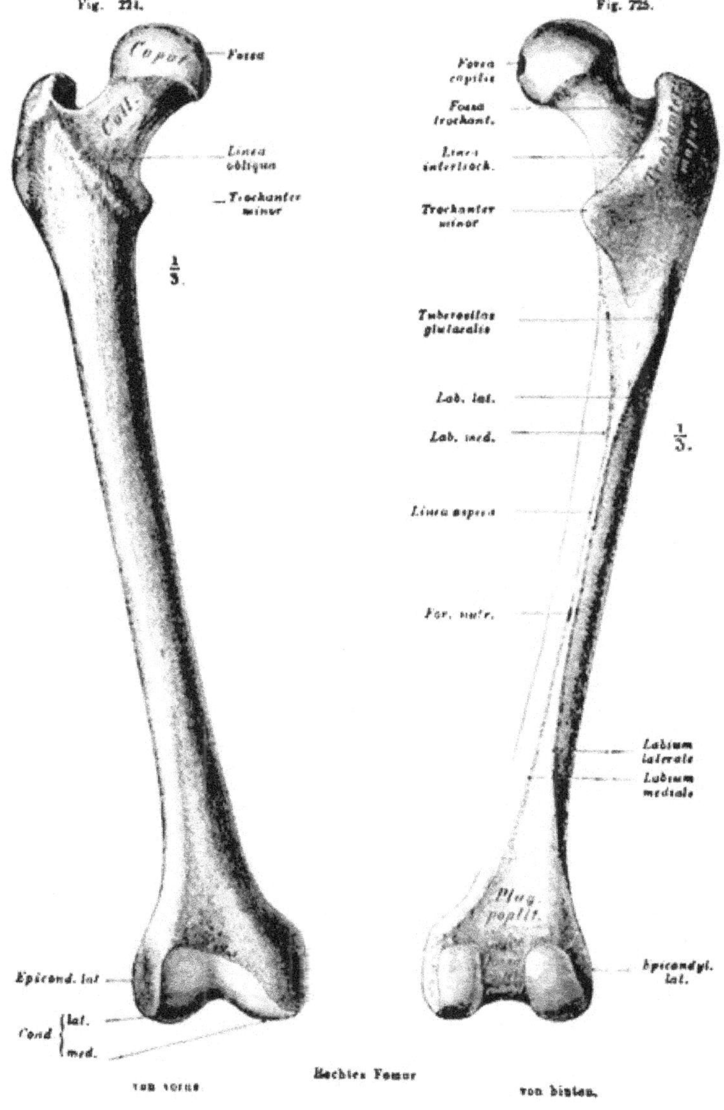

Fig. 224. Fig. 225.

Rechtes Femur

von vorne von hinten.

die *Linea intercondylea* vom Planum popliteum getrennt. Vorne gehen die überknorpelten Flächen der Condylen in einander über, in einer sanften Einsenkung, welche auch hier beide Condylen trennt. Am lateralen Condylus tritt die überknorpelte Vorderfläche stärker vor und erstreckt sich auch höher empor als am medialen. Auch in der Krümmung der Gelenkflächen beider Condylen bestehen Verschiedenheiten. Seitlich sind die Condylen von je einem stumpfen Vorsprunge (*Epicondylus*) überragt. Unter dem lateralen Epicondylus hinterwärts findet sich eine Grube, aus welcher der M. popliteus entspringt. Bei senkrechter Stellung des Femur reicht der Condylus medialis tiefer herab als der Condylus lateralis. Dies wird durch die Convergenz der beiden Femora wieder ausgeglichen.

Fig. 226.

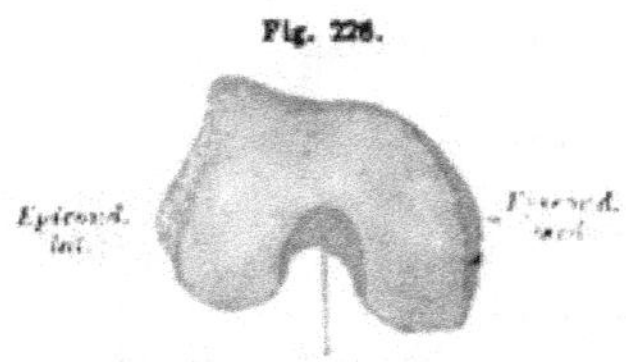

Distales Ende des Femur, terminal gesehen.

Am knorpeligen Femur beginnt die perichondrale Ossification in der 7. Woche. Bis zum 8. Monat sind beide Enden, das proximale außer dem Kopf und Hals auch den Trochanter major umfassend, noch knorpelig. Die Ossification hat sich aber auf den medialen Theil des Halses erstreckt. Kurz vor der Geburt erscheint im distalen Endstücke ein Knochenkern (Fig. 90). Er gilt als Zeichen der Reife des Kindes. Von ihm aus ossificiren die Condylen. Im ersten Lebensjahre tritt ein Kern im Caput femoris auf, dessen Hals vom Körper aus verknöchert. Im 5. Lebensjahre beginnt der Trochanter major, und im 13.—14. der Trochanter minor, jeder mit einem Kerne zu ossificiren. In der Verschmelzung der Epiphysen mit der Diaphyse bleibt die distale am längsten zurück (20.—25. Jahr).

Der von der Längsachse des Körpers des Femur und jener des Halses gebildete Winkel ist beim Neugeborenen offener als beim Erwachsenen; in höherem Lebensalter nähert er sich einem Rechten, was beim weiblichen Geschlechte schon in früheren Lebensperioden der Fall ist. Der Hals ist der am spätesten deutlich werdende Theil des Femur. Noch beim Neugeborenen bildet er einen ganz unansehnlichen Abschnitt, so dass der Kopf fast unmittelbar dem Körper angefügt ist und das proximale Ende des Femur dadurch große Ähnlichkeit mit dem Humerus besitzt (vergl. Fig. 90).

Die Ernährungslöcher des Femur befinden sich auf oder doch in der Nähe der Linea aspera. Sie führen in proximaler Richtung. Zuweilen kommt nur ein einziges größeres vor, etwas unterhalb der Mitte der Länge des Femur (Fig. 225).

Verbindung des Femur mit dem Becken (Hüftgelenk).

§ 135.

Die im Hüftgelenk (Articulatio coxae) bestehende Verbindung der unteren Extremität mit dem Rumpfe bildet eine *Enarthrose*. Der Kopf des Femur greift in die Pfanne des Hüftbeins ein und wird mehr als zur Hälfte einer Kugel von der Pfanne umschlossen. Die Pfanne wird nämlich vertieft durch eine Erhöhung ihres Randes mittels des faserknorpeligen *Labrum glenoidale*, welches als *Ligamentum transversum* auch die Incisura acetabuli überbrückt. Unter dieser Brücke ziehen Blutgefäße in die Fossa acetabuli. Das breit aufsitzende Labrum springt mit verschmälertem Rande vor und legt sich damit eng dem Gelenkkopf an, so dass es die Pfannenfläche vergrößert (Fig. 227 *Lab.*). Die halbmondförmige Gelenkfläche der Pfanne umzieht die nicht überknorpelte *Fossa acetabuli*, an der die Synovialmembran ein Fettpolster (*Pulvinar*) bedeckt. Gegen die Incisur zu geht die Synovialmembran in einen platten, großentheils vom Ligamentum transversum ausgehenden Strang über, welcher sich verjüngt zur Grube des Femurkopfes begiebt und daselbst befestigt ist. Man hat ihn als *Ligamentum teres* bezeichnet, er ist aber wesentlich ein Gebilde der Synovialmembran, in welchem Blutgefäße zum Schenkelkopfe verlaufen. Bei den Bewegungen des Kopfes in der Pfanne folgt das Ligamentum teres ohne mechanische Bedeutung. Es bettet sich dabei in das weiche Polster der Fossa acetabuli (Fig. 227).

Fig. 227.

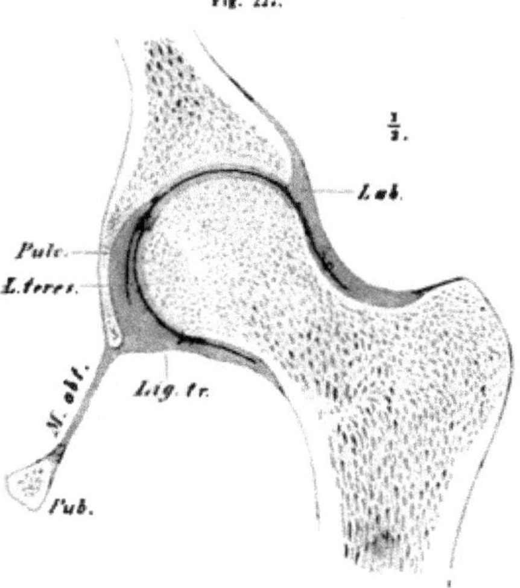

Frontalschnitt durch das Hüftgelenk.

Die *Gelenkkapsel* ist außerhalb des Labrum glenoidale am knöchernen Umfange der Pfanne befestigt. An der Stelle des Pfannenausschnittes entspringt sie vom Ligamentum transversum. Sie tritt über den Hals des Femur, hinten bis nahe zur Linea intertrochanterica und vorne bis zur Linea obliqua.

Das Kapselband wird durch schräge, vom Hüftbein ausgehende Züge verstärkt. Von diesen ist ein von der Spina iliaca ant. inferior in die vordere Kapselwand eingefügter breiter Zug als *Lig. ileo-femorale Lig. Bertini* hervorzuheben. Dieses Band (Fig. 228) verläuft zur Linea obliqua, wo es sich befestigt. Eine zweites Verstärkungsband ist das *Lig. pubo-femorale*, welches am Schambein medial bis zum Tuberculum pubicum entspringt und seine Faserzüge zur medialen und hinteren Fläche der Kapsel entsendet. In Fig. 228 ist es sichtbar. Es läuft mit Zügen, die vom Sitzbein entspringen, fort, welche theilweise mit Ringfasern des Kapselbandes den Schenkelhals umgreifen (*Zona orbicularis*) und mehr nach innen als nach außen sichtbar werden. Das Lig. ileofemorale hemmt die Streckung und auch die Rotation.

Fig. 228.

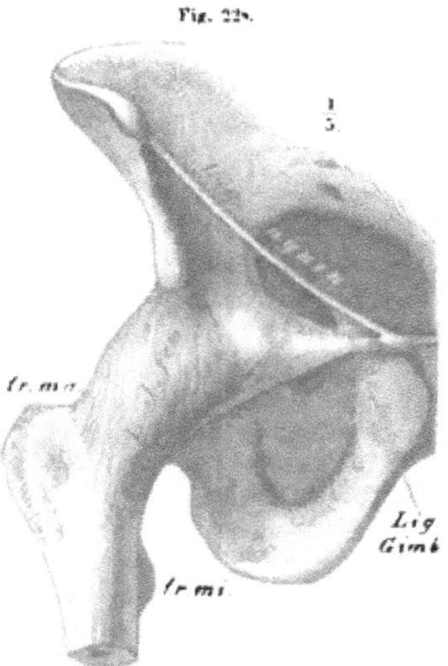

Hüftgelenk von vorn und unten.

Das *Lig. teres* ist ursprünglich ein außerhalb des Gelenkes liegender Apparat, der mit der erst bei den Vögeln und Säugethieren verlorenen annähernd transversalen Stellung des Femur in das Gelenk mit einbezogen wird und sich, wohl unter dem Einflusse der Rotationsbewegungen des Femur, aus dem parietalen Zusammenhange löst. Bei manchen Säugethieren fließt die Insertionsstelle am Femur mit dem Rande der Gelenkfläche zusammen (Tapirus, Dasypus). Zuweilen ist sie auch nur wenig davon entfernt. Bei anderen Säugethieren ist das Band sehr schwach (Dasyprocta), oder es fehlt völlig, wie regelmäßig beim Orang und zuweilen beim Menschen (WELCKER).

Die Einrichtung des Hüftgelenkes als Nussgelenk erlaubt sowohl Winkelbewegungen in verschiedenen Ebenen als auch Rotationen. Der Drehpunkt liegt selbstverständlich im Kopfe des Femur. Eine von diesem Punkte zur Incisura intercondylea femoris gezogene Linie bildet den Excursionsradius, mit dem das Femur einen Kegelmantel beschreiben und innerhalb desselben Rotations- und Winkelbewegungen ausführen kann. Die Basis des Kegels liegt unten, vorne und seitlich. Demgemäß findet sich bei aufrechter Stellung des Körpers der Excursionsradius bereits in einer extremen Lage, während die halbe Beugestellung des Oberschenkels seiner Mittellage entspricht. Wie im ersteren Falle die Mannigfaltigkeit der Bewegungen gemindert ist, ebenso wie die Excursionsgröße einzelner, z. B. der Streckbewegung und der Adduction, so gewinnt der Oberschenkel im zweiten Falle eine größere Freiheit. So kann der Excursionsumfang bei der Ad- und Abduction bis zu 90° sich ausdehnen (LANGER).

2. Knochen des Unterschenkels.

§ 136.

Das Skelet des Unterschenkels bilden zwei lange Knochen: *Tibia* und *Fibula*. In niederen Zuständen, auch noch beim Menschen in einem frühen Entwickelungsstadium, sind sie von ziemlich gleicher Stärke, beide dem Femur angefügt. Allmählich macht sich an ihnen eine Differenzirung geltend, indem die mediale Tibia sich voluminöser gestaltet, indes die laterale Fibula zurückbleibt und durch die Tibia vom Femur abgedrängt wird. Die Tibia gestaltet sich so zum Hauptstück, dem allein die Verbindung mit dem Femur zukommt. Die Fibula verliert also ihren ursprünglich dem der Tibia gleichen functionellen Werth, während die Tibia an Bedeutung in gleichem Maße zunimmt. Indem sie den Hauptknochen des Unterschenkels bildet, gewinnt das Unterschenkelskelet größere Solidität, und in der Verbindung mit dem Oberschenkel — im Kniegelenk — werden mannigfaltigere Bewegungen möglich. Die Reduction der Fibula steht also mit einer Vervollkommnung der Beweglichkeit im Connex.

Von den beiden Knochen des Unterschenkels ist die Tibia dem Radius, die Fibula der Ulna homolog. Was hiegegen durch die Stellung der Vorderarmknochen zum Humerus als Einwand erscheint, findet seine Lösung durch die am Humerus aufgetretene Torsion (S. 267), welche den Radius an die laterale, die Ulna an die mediale Seite bringt. Denkt man sich die Torsion rückläufig, so erhält man die primitive Stellung der Vorderarmknochen, in welcher sie den Unterschenkelknochen entsprechen.

Die **Tibia** (Schienbein) lässt an ihrem *proximalen* Ende die Anpassung an die Verbindung mit dem Femur erkennen. Hier bestehen zwei überknorpelte Gelenkflächen, die laterale häufig etwas breiter, stets weniger vertieft, die mediale tiefer und sagittal verlängert. Sie entsprechen den beiden Condylen des Femur. Zwischen ihnen tritt von vorne wie von hinten her eine unebene und vertiefte Stelle (*Fossa* *intercondylea anterior* und *posterior* auf, und eine Erhebung, auf welche die beiderseitigen Gelenkflächen eine Strecke weit fortgesetzt sind. Diese *Eminentia intercondylea* besitzt demnach jederseits einen Vorsprung. Der die Gelenkflächen umgebende Rand (*Margo infraglenoidalis*) fällt ziemlich senkrecht ab und geht vorne allmählich auf die *Tuberositas tibiae* über, an welcher das Ligamentum patellae befestigt ist. Hinten ist der Margo infraglenoidalis durch die Absenkung der Fossa intercondylea unterbrochen. Unterhalb des lateralen Randes liegt hinten eine kleine ebene Gelenkfläche *Superficies fibularis* zur Verbindung mit der Fibula.

Von der Tuberositas an verjüngt sich der Körper der Tibia und gewinnt eine dreiseitig prismatische Gestalt. Von ebenda abwärts erstreckt sich die vordere scharfe *Crista tibiae* herab, distal in medialer Richtung ablenkend. Zwei minder vorspringende Kanten finden sich mehr nach hinten. Eine mediale wird erst an der unteren Hälfte deutlicher, während die laterale anfangs zwar schwach, aber doch in der ganzen Länge der Diaphyse, distal sogar sehr deutlich erkennbar ist. Dadurch werden drei Flächen abgegrenzt. An der hinteren tritt die rauhe *Linea poplitea* (l. obliqua schräg zur medialen Kante herab. Unterhalb derselben senkt sich in distaler Richtung das Ernährungsloch ein.

Fig. 229. Fig. 230.

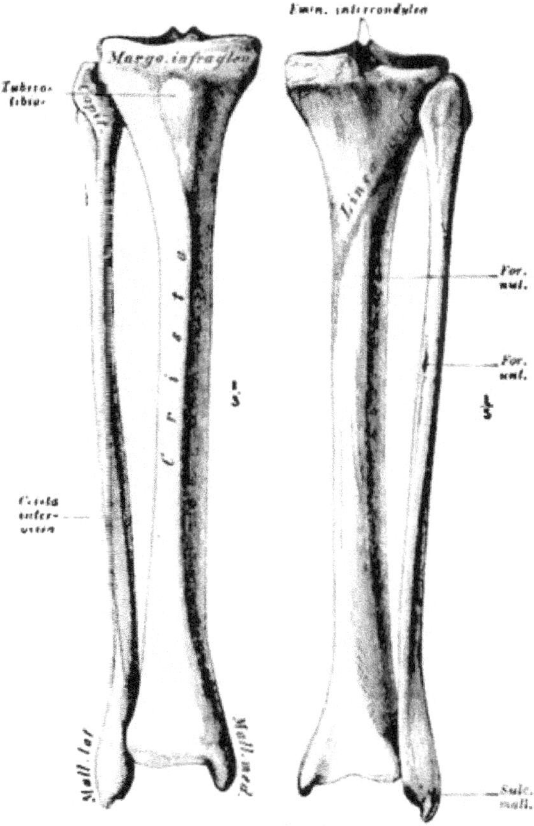

Unterschenkelknochen von vorne. von hinten.

Das *distale Ende* trägt die Gelenkfläche zur Verbindung mit dem Fußskelet. Medial wird sie von dem medialen Knöchel (*Malleolus medialis*) überragt (Fig. 230), auf dessen Innenseite die Gelenkfläche sich fortsetzt. Lateral ist die gleichfalls überknorpelte *Incisura fibularis* wahrzunehmen.

In der Nähe des Ernährungsloches zieht sich von der Linea poplitea aus eine zuweilen sehr deutliche Längskante herab. Sie scheidet die Ursprünge des M.

flexor dig. longus und des M. tibialis posticus. Ein Vorsprung hinter und über dem Malleolus grenzt eine glatte, schräg abwärts verlaufende Rinne ab, *Sulcus malleolaris*, für die Sehnen des M. tib. post. und flexor digitorum longus.

Die *Ossification* der Tibia beginnt gleichzeitig mit jener des Femur. Um die Zeit der Geburt erscheint der Knochenkern in der proximalen Epiphyse, jener der distalen im zweiten Lebensjahre. Die untere Epiphyse verschmilzt früher mit der Diaphyse als die obere.

Fibula (*Perone*, Wadenbein). Dieser schlanke, an beiden Enden verdickte Knochen lässt an seinem *Mittelstück* drei Kanten und eben so viele Flächen unterscheiden. Die schärfste Kante sieht vorwärts, oben etwas medial gewendet, und läuft gegen die vordere Fläche des distalen Endes aus, wo sie sich in zwei schwächere Kanten spaltet, welche jene Fläche zwischen sich fassen. Von beiden hinteren Kanten ist die laterale die längste. Sie wird erst am mittleren Drittheil deutlich und nimmt im distalen Verlaufe eine rein hintere Lage ein. Dabei gewinnt sie ihre schärfste Strecke und läuft distal in die hintere Fläche aus. Die mediale Kante ist die kürzeste, in der Mitte des Knochens springt sie am bedeutendsten vor. An der medialen Fläche tritt wie eine vierte Kante die sehr variable *Crista interossea* auf. Proximal verläuft sie parallel mit der vorderen Kante. In der Mitte des Knochens entfernt sie sich weiter nach hinten, und fließt mit der medialen hinteren Kante zusammen. Der hinter der Crista interossea liegende hintere Theil der medialen Fläche ist häufig rinnenförmig vertieft.

Das *proximale Ende* (*Capitulum*) setzt sich durch einen der Kanten fast entbehrenden Hals vom Mittelstück ab; zuweilen beginnen die beiden hinteren Kanten schon am Capitulum. Eine vorne und medial abgeschrägte, zuweilen etwas vertiefte Gelenkfläche verbindet sich mit der Tibia. Von drei verschieden deutlichen Vorsprüngen dient der längste dem M. biceps femoris zur Insertion.

Das *distale Ende* der Fibula bildet den lateralen Knöchel, *Malleolus lateralis*. An dessen medialer Fläche findet sich eine meist dreiseitig begrenzte, nahezu plane Gelenkfläche zur Articulation mit dem Talus. Oberhalb der Gelenkfläche macht sich eine größere unebene, gleichfalls dreiseitige Fläche bemerkbar, gegen welche die Crista interossea ausläuft. Hier ist die Fibula mit der Tibia durch Ligament in Verbindung. Lateral bildet der Malleolus einen Vorsprung, an welchem hinten der schwache *Sulcus malleolaris* für die Sehnen der Mm. peronei bemerkbar ist.

Die den *Sulcus malleolaris* lateral abgrenzende Kante tritt über den Malleolus proximal nach vorne zur vorderen Kante der Fibula und schneidet einen Theil der lateralen Fläche der Fibula ab. Diese Fläche scheidet sich demnach gegen den Malleolus in eine vordere und hintere Strecke, von welcher die letztere die Bahn für die zum Sulcus verlaufenden Sehnen der Mm. peronei bildet. Eine medial zwischen dem Sulcus und der Gelenkfläche liegende Grube dient Bändern zur Insertion.

Die Ossification der Fibula beginnt etwas später als die der Tibia. Der Knochenkern in der distalen Epiphyse tritt im zweiten Jahre oder später auf, jener der oberen erst vom dritten bis sechsten. Die Verschmelzung der unteren Epiphyse findet vor jener der oberen statt. In diesem Gange erscheint wieder die Unterordnung der functionellen Bedeutung der Fibula in Vergleichung mit der Tibia ausgedrückt, aber auch der verschiedene Werth beider Endstücke, von denen das distale für das Sprunggelenk wichtig ist, indes das proximale nur der Tibia anlagernd keine wichtige Gelenk-Function besitzt.

Als ein Bestandtheil des Skelets der unteren Extremität pflegt die Patella (*Rotula*), Kniescheibe, aufgeführt zu werden, obschon sie nicht zu den typischen Skelettheilen gehört. Sie ist ein *in der Endsehne* des M. extensor cruris quadriceps entstandenes Sesambein.

An diesem Knochen ist eine vordere, etwas gewölbte (Fig. 231), und eine hintere, überknorpelte Fläche unterscheidbar. Die letztere ist durch eine mittlere Erhebung in zwei Facetten geschieden, davon die breitere lateral, die schmalere medial liegt, beide der Configuration der Gelenkflächen der Condyli femoris angepasst, auf welchen die Patella bei der Streckung und Beugung des Unterschenkels gleitet. Der untere Rand ist in eine Spitze (*Apex patellae*) ausgezogen, von der das als *Ligamentum patellae* bezeichnete Endstück der genannten Strecksehne ausgeht, um sich an die *Tuberositas tibiae* zu befestigen, indes dem oberen Rande (*Basis*) der obere Theil der Strecksehne sich anfügt. Das Verhalten zum Ligamentum patellae wie zum Femur siehe unten in Fig. 234.

Fig. 231.

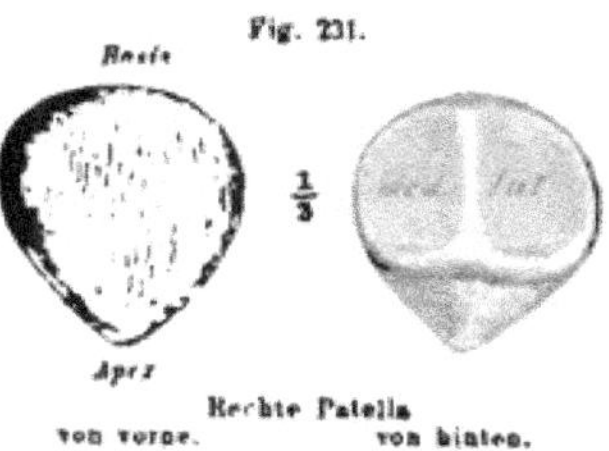

Rechte Patella
von vorne. von hinten.

Die Differenzirung der knorpeligen Patella erfolgt erst in der 9.—10. Woche und im dritten Jahre beginnt die Ossification.

Verbindung der Tibia mit dem Femur (Kniegelenk, *Art. genu*).

§ 137.

Durch die mächtigere Ausbildung der Tibia wird die Fibula von der Articulation mit dem Femur ausgeschlossen (S. 298), und die Tibia allein bildet mit letzterem das Kniegelenk. Die in diesem Gelenke stattfindenden Bewegungen sind sowohl Streckung und Beugung (Winkelbewegung) des Unterschenkels als auch Drehbewegungen desselben. Es ist also ein Trocho-ginglymus.

Die Gelenkflächen der Condylen des Femur sind den ihnen correspondirenden Flächen der Tibia nicht congruent (Fig. 232). Die Congruenz wird hergestellt durch zwei aus Faserknorpel bestehende halbmondförmige Bandscheiben, die zwischen Femur und Tibia lagern. Beide Knochen sind äußerlich durch die Kapsel und ihre Verstärkungsbänder im Zusammenhang, wozu noch die scheinbar im Innern des Kniegelenkes angebrachten Kreuzbänder kommen.

Fig. 232.

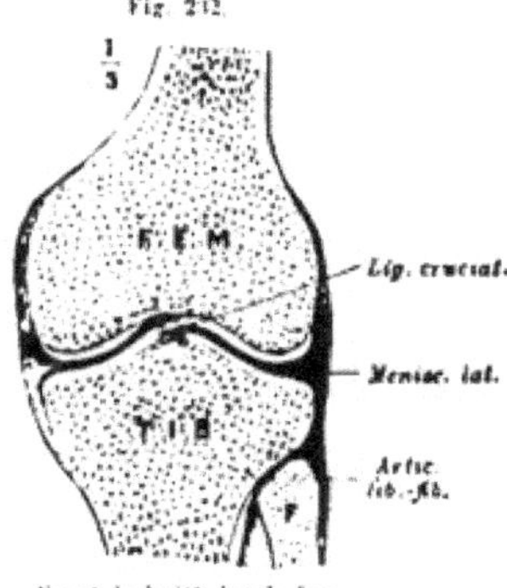

Frontalschnitt durch das Kniegelenk.

Die Bandscheiben, *Menisci* (halbmondförmige Zwischenknorpel), sind zwei an der Tibia befestigte, in der Fläche gekrümmte Platten mit höherem convexen Rande, deren Gestalt je einer Gelenkfläche der Tibia angepasst ist. Der innere concave Rand läuft zugeschärft aus. Mit dem äußeren Rande sind sie der Kapsel verbunden. An der Tibia befestigen sich beide Menisci vor und hinter der Eminentia intercondylea. Der *laterale Meniscus* (Fig. 233) beschreibt einen kleineren aber vollständigeren Kreis und ist breiter als der andere. Sein vorderer Schenkel ist vor der Eminentia intercondylea befestigt, mit dem hinteren Schenkel tritt er theils an die beiden Vorsprünge der Eminentia intercondylea von hinten heran, theils setzt er sich in einen starken Strang fort, der sich in der Fossa intercondylea femoris am medialen Condylus befestigt. Der *mediale Meniscus* ist mehr halbmondförmig, schmal; vorne, vor der bezüglichen Gelenkfläche der Tibia, dicht am Rande der Vorderfläche dieses Knochens befestigt, hinten fügt er sich verbreitert in die Fossa intercondylea posterior tibiae hinter die Eminenz.

Die Kreuzbänder, *Ligamenta cruciata* stellen einen mit der Synovialkapsel im Zusammenhang stehenden, von hinten her gegen das Innere des Kniegelenkes eingetretenen Bandapparat vor, der von der Fossa intercondylea femoris zur Fossa intercondylea ant. und post. tibiae sich erstreckt. Sie werden nach Ursprung und Insertion unterschieden. Das *vordere Kreuzband* (Fig. 233) entspringt an der inneren Fläche des lateralen Condylus femoris und befestigt sich an der Fossa intercondylea tibiae anterior, wobei Faserzüge an den vorderen Schenkel des medialen Meniscus auslaufen. Das stärkere *hintere Kreuzband* entspringt an der Innenfläche des medialen Condylus fem. und nimmt an der Fossa intercondylea posterior tibiae weit herab übergreifend seine Insertion (Fig. 233). Diese Anordnung beider Bänder bedingt den gekreuzten Verlauf.

Fig. 233.

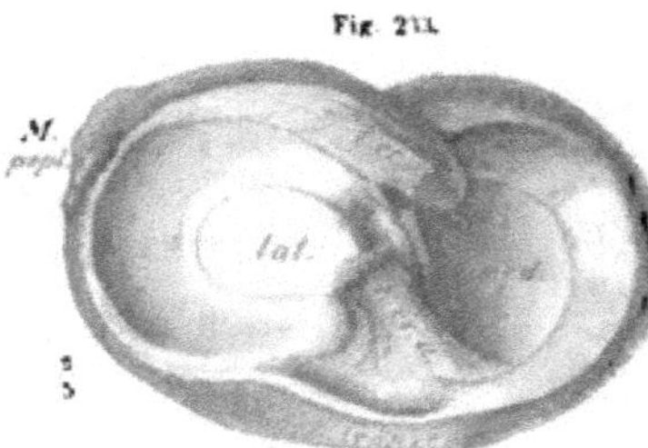

Proximale Gelenkfläche der Tibia mit den halbmondförmigen Zwischenknorpeln.

Die *Gelenkkapsel* ist am Femur vorne und seitlich oberhalb der überknorpelten Flächen befestigt, reicht vorne am höchsten empor und ist an den Seiten bis unter die Epicondylen herab mehr dem Knorpelrand genähert. Die Ausdehnung der Kapselhöhle auf die vordere Fläche des Femur wird durch ihre Vereinigung mit einem Schleimbeutel (*Bursa subfemoralis*) bedingt, welcher oberhalb der Patella, zwischen der Endsehne des Extensor cruris quadriceps und dem Femur sich findet. Hinten geht die Kapsel oberhalb der Condylen hinweg und setzt sich mit ihrer Synovialmembran auf die Kreuzbänder und mit diesen zur Tibia fort, während äußerlich mehr straffes Gewebe die hintere Kapselwand vorstellt (Fig. 235). An der Tibia ist die Kapsel seitlich und hinten unterhalb des Margo infraglenoidalis befestigt; vorne an der Tuberositas tibiae, indem das *Lig. patellae* in die fibröse Kapselwand eingetreten ist. Unter ihm befindet sich ein Schleimbeutel (*B. subpatellaris*). Da das Lig. patellae sammt der Endsehne des M. extensor cruris quadriceps die vordere Wand der Gelenkkapsel bildet, kommt auch die Patella mit ihrer überknorpelten, hinteren Fläche zur Begrenzung der Gelenkhöhle (Fig. 231). Unterhalb dieser Patellenfläche bildet die *Synovialhaut*

Fig. 234.

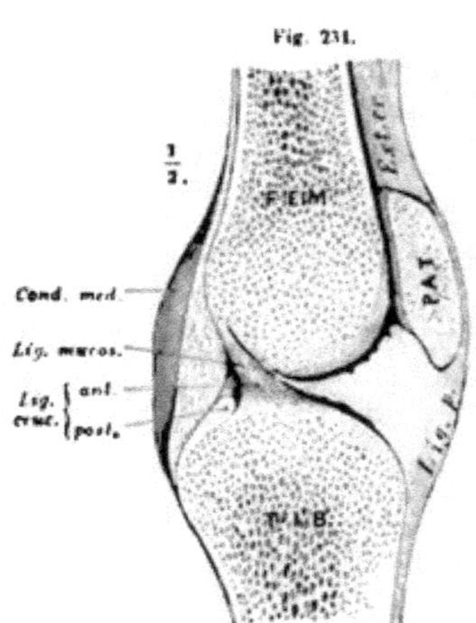

Medianschnitt durch das Kniegelenk.

er Kapsel durch Fetteinlagerung stark vorspringende Falten. Diese setzen sich ursprünglich mit einer medianen Falte über dem vorderen Kreuzband bis zur Fossa intercondylea femoris fort, so dass sie mit der die Kreuzbänder umschließenden, von hinten her eindringenden verticalen Scheidewand der Gelenkhöhle zusammenfließen. In diesem Zustande ist die Gelenkhöhle in zwei, den beiden Condylen entsprechende Cavitäten geschieden, die nur vorne zwischen Patella und Femur unter einander zusammenhängen. Zuweilen erhält sich dieser Zustand beim Erwachsenen. Während der hintere Theil dieser Scheidewand mit den Kreuzbändern bestehen bleibt, schwindet der vordere in der Regel bis auf einen mehr oder minder dünnen Strang, das *Ligamentum mucosum*, welches jene mächtigen Synovialfalten (*Plicae adiposae, Ligamenta alaria, Marsupium*) mit dem vorderen Rande der Fossa intercondylea femoris in Verbindung setzt (Fig. 231).

Von *Verstärkungsbändern* der Kapsel sind die Seitenbänder (Fig. 232) die wichtigsten. Das innere, *Lig. mediale* (Fig. 235), entspringt breit vom Epicondylus medialis und erstreckt sich mit seiner vorderen stärkeren Partie zur Seite der Tibia, an der es weit unterhalb des Margo infraglenoidalis herab sich befestigt. Der hintere dünnere Theil dieses Bandes erreicht nur den Rand des medialen Meniscus, wo er sich inserirt. Das äußere Seitenband, *Lig. laterale*, ist von der fibrösen Kapselwand schärfer gesondert. Es entspringt vom lateralen Epicondylus und befestigt sich an der äußeren Fläche des Köpfchens der Fibula. Eine hinter diesem Strange liegende Fasermasse der Kapsel verläuft zum oberen Theil des Capitulum fibulae (*Lig. tibiofibulare posticum*).

Fig. 235.

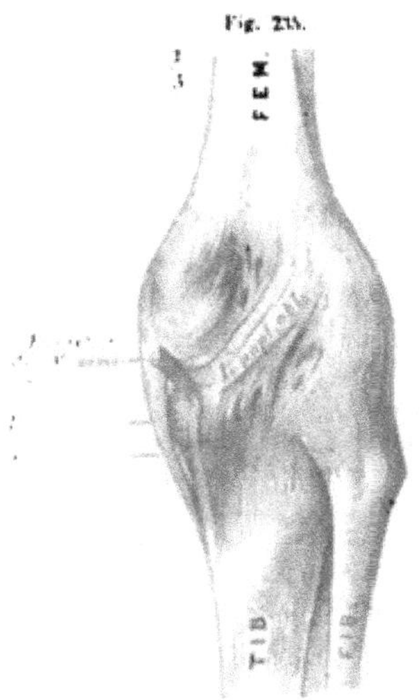

Kniegelenk von hinten.

An der hinteren fibrösen Wand der Kapsel strahlt ein Theil der Endsehne des M. semimembranosus als *Lig. popliteum obliquum* aus. Von der Gegend des Condylus medialis tibiae aus verläuft jener Sehnenzipfel compact, oder auch nach anderen Richtungen ausstrahlend, in der Kapselwand zum Condylus lateralis femoris (Fig. 235). Ein anderer Zipfel derselben Endsehne legt sich unter dem medialen Seitenbande dem Margo infraglenoidalis tibiae an und verschmilzt mit ihm.

Die Höhle des Kniegelenkes communicirt mit einigen synovialen Nebenhöhlen. Außer der Bursa mucosa subfemoralis besteht noch lateral ein Schleimbeutel unterhalb der Ursprungssehne des M. popliteus. Er setzt sich auch in die Höhle des oberen Tibio-fibular-Gelenkes fort, die dadurch mit dem Kniegelenk communicirt. Ähnlich setzt sich die Gelenkhöhle unter dem Sehnenzipfel des M. semimembranosus fort, welcher um den Margo infraglenoidalis des medialen Condylus tibiae verläuft. Diese Communicationen sind jedoch keineswegs beständig, am wenigsten häufig ist die zuletzt aufgeführte.

Für das Verständnis des Mechanismus des Kniegelenkes kommen vor Allem die beiden Menisci in Betracht. Sie zerlegen das Kniegelenk in einen oberen und einen unteren Abschnitt. Im proximalen Abschnitt oder Meniscofemoral-Gelenke findet die Winkelbewegung statt. Die Menisci bilden Pfannen, in denen die Condyli femoris sich bewegen. Die Menisci verändern dabei ihre Form, indem sie sich der verschiedenen Gestaltung der auf ihnen gleitenden Condylenflächen anpassen. Insofern dabei unter leichten Drehbewegungen der Tibia die Menisci ihre Gestalt ändern, ist auch der distale Gelenkabschnitt betheiligt. Bei der Beugung findet nur anfänglich eine leichte Drehung der Tibia nach der medialen Seite, beim Beginne der Streckung eine Drehung in lateraler Richtung statt. In diesem distalen Gelenkabschnitte, dem Menisco-tibial-Gelenke, vollzieht sich die Drehbewegung des Unterschenkels. Diese ist nur bei der Beugestellung des letzteren ausführbar, indem dann die Seitenbänder erschlaffen. Bei gestrecktem Unterschenkel finden sie sich in Spannung, und lassen Oberschenkel und Unterschenkel als Einheit erscheinen, so dass die Gliederung der Extremität deren Stützfunction bei der aufrechten Stellung des Körpers nicht beeinträchtigt. Ober- und Unterschenkel repräsentiren zusammen eine Säule, auf der beim Stehen die Körperlast ruht. Der Fuß ergänzt diese Säule, indem er ihre Basis bildet, deren Verbindung mit dem Unterschenkel während des Stehens ihn mit den oberen Abschnitten in einheitlicher Function darstellt. Die Erschlaffung der Seitenbänder bei gebeugtem Knie, also dann, wenn Ober- und Unterschenkel ihre Stützfunction sistiren, geschieht durch Annäherung der proximalen und distalen Befestigungsstellen der *Seitenbänder*. Am meisten äußert sich das am lateralen Seitenbande, so dass dem lateralen Condylus tibiae bei der Rotation ein freierer Spielraum wird. Damit hängt zusammen, dass die Rotationsachse durch den medialen Condylus geht.

Denkt man sich die Krümmungsebene der Gelenkflächen der Condylen als eine Spirale (an welcher der Krümmungshalbmesser jedoch mehrmals wechselt), und stellt man sich den Ausgang der Spirale an der Befestigungsstelle der Seitenbänder vor, so werden von diesem Punkte aus auf die Spirale gezogene Radien um so länger sein, je weiter von ihrem Ausgange entfernt sie die Spirale treffen. Auf diese Radien stellen sich die Seitenbänder bei den Winkelbewegungen im Kniegelenk ein. Sie fallen auf kürzere Radien bei der Beugung, auf längere bei der Streckung, und endlich bilden sie bei fortgesetzter Streckung eine Hemmung.

Den Kreuzbändern kommen verschiedene Leistungen zu; zunächst besteht in ihnen ein mächtiger Apparat der Vereinigung von Femur und Tibia, durch ihre Lage in der Fossa intercondylea femoris, wie durch ihre Anordnung gestatten sie die Bewegung im Gelenke. Sie hemmen vorzugsweise die mediale Rotation, besitzen aber noch Einfluss bei Streckung und Beugung, indem das vordere Band bei der mit jener Rotation verbundenen Beugung die größte Spannung erlangt und das hintere mit seinen vorderen Fasern die Beugung, mit seinen hinteren die Streckung hemmt (LANGER).

Das unterhalb der Patella in die Gelenkhöhle vortretende Synovialpolster sammt dem es an den Vorderrand der Fossa intercondylea befestigenden Strang (*Ligg. alaria* und *Lig. mucosum*) ist am Mechanismus des Kniegelenks nicht direct betheiligt. Jene Falten bilden einen Ausfüllapparat der Gelenkhöhle, der sich der bei Streckung und Beugung verschiedenen Gestaltung der Höhle anpasst. Dabei werden die Falten durch den zur Fossa intercondylea gehenden Strang jeweils dirigirt: bei der Streckung wagrecht zwischen die Condylen des Femur (vergl. Fig. 234), bei der Beugung senkrecht vor die Condylen. Dadurch wird die Straffheit der von einer Strecksehne gebildeten vorderen Kapselwand, welche der Änderung der Gestalt der Gelenkhöhle nicht zu folgen vermag, compensirt, und die ganze Einrichtung erscheint von der in die vordere Kapselwand eingetretenen Strecksehne abhängig, insofern durch diese die Anpassungsfähigkeit der Kapsel an die Gestaltveränderung der Gelenkhöhle aufgehört hat.

Tibio-fibular-Verbindung.

Die beiden Knochen des Unterschenkels stehen ihrer Länge nach durch eine Membran unter einander im Zusammenhang, und überdies noch proximal und distal mittels Amphiarthrosen.

Das Zwischenknochenband, *Ligamentum interosseum* (*Membrana interossea cruris*) verhält sich ähnlich jenem des Vorderarmes. Es besitzt am Beginne eine Lücke zum Durchlasse von Blutgefäßen. Am distalen Ende werden die Faserzüge von Fett durchsetzt, so dass die Membran über dem distalen Tibio-fibular-Gelenk zwar dicker aber minder straff sich darstellt.

Das proximale Tibio-fibular-Gelenk besitzt nahezu plane Gelenkflächen (Fig. 32). Nach oben zu ist die tibiale Fläche etwas gewölbt, die fibulare entsprechend vertieft. Die im Ganzen sehr mannigfache Configuration lehrt, dass wir es mit einer untergeordneten Gelenkbildung zu thun haben. Des Zusammenhanges der Gelenkhöhle mit der Bursa mucosa poplitea ist beim Kniegelenk Erwähnung geschehen. Häufiger ist eine directe, die erste nicht ausschließende Communication. An die Kapsel schließt sich ein vorderes und ein hinteres Verstärkungsband, *Lig. capituli fibulae* oder *tibio-fibulare anterius et posterius* an.

Das distale Tibio-fibular-Gelenk fließt mit seiner Höhle mit dem Fußgelenk (Talo-crural-Gelenk) zusammen, und kann somit als ein Theil des letzteren gelten (Fig. 242). Die Befestigung des Malleolus fibulae an die Tibia bewerkstelligen zwei, die Gelenkkapsel des Talo-crural-Gelenkes verstärkende Bänder, das *Lig. malleoli fibulae* (tibio-fibulare) *anterius* und *posterius*. Beide sind straffe, von der Tibia schräg zum Mall. fibularis sich herab erstreckende breite Faserzüge (Fig. 244). Über die Beziehung dieser Verbindung zum Talo-crural-Gelenk s. bei diesem.

3. Skelet des Fußes.

§ 138.

Im Fußskelet wiederholen sich im Ganzen die bei der Hand unterschiedenen Abschnitte mit Modificationen, welche aus der Verschiedenheit der Function dieser Theile entsprungen sind. Diese Function beherrscht auch die Stellung des Fußes zum Unterschenkel. Während bei der Mittelstellung der Hand deren Längsachse eine Verlängerung der Längsachse des Vorderarms ist, befindet sich der Fuß in einer Winkelstellung zum Unterschenkel. Diese entspricht einer Dorsalflexion. So kommt die der Volarfläche der Hand entsprechende Sohlfläche in Berührung mit dem Boden. Der Mensch ist *plantigrad*.

Am Skelete unterscheiden wir die Fußwurzel, *Tarsus*, den Mittelfuß, *Metatarsus*, und die *Phalangen* der Zehen.

Wie an der Hand kommen auch am Fuße und an seinen Bestandtheilen verschiedene Lagebeziehungen in Betracht. Die an die Vorderfläche des Unterschenkels sich anschließende Fläche wird *dorsale* benannt. Die entgegengesetzte ist die *Sohl-* oder *Plantarfläche* (Planta pedis). Der äußere oder *laterale* Rand entspricht der Fibula (Fibularrand), der innere, *mediale* der Tibia (Tibialrand).

Unterschiede des Fußes in Vergleichung mit der Hand bestehen in der mächtigen Entfaltung des Tarsus und der Rückbildung der Phalangen, welche distal verkümmert sind. Der Metatarsus hält sich auch bezüglich des Volums seiner Theile zwischen inne. Die voluminösere Ausbildung des Tarsus betrifft vorwiegend die beiden ersten Knochen desselben. Der eine vermittelt die Verbindung mit dem Unterschenkel und auf ihm, wie auch auf dem zweiten, ruht die Körperlast. Der zweite ist überdies noch durch seine Verbindung mit der Achillessehne nach hinten ausgedehnt. Er bildet den hinteren Theil eines Gewölbes, dessen vorderen die Capitula der Metatarsalien vorstellen. Dies Gewölbe trägt den Körper. So steht das Volum jener Tarsaltheile mit dem Ganzen im Zusammenhang, und dieser durch die ausschließliche Bedeutung des Fußes als Stütz- und Bewegungsorgan erworbene Werth der einzelnen Theile lässt auch die an den Phalangen der Zehen ersichtliche Rückbildung leicht begreiflich erscheinen.

Fig. 236.

Fußskelet des Orang. ½. *ta* Tarsus.

Diese Verhältnisse treten deutlicher hervor bei der Vergleichung des menschlichen Fußes mit dem anderer Primaten, bei denen er noch nicht ausschließlich Körperstütze geworden ist und seine Function auch als Greiforgan äußert. Dies bringt die nebenstehende Figur (Fig. 236) zur Vorstellung. Die Länge der Phalangen steht hier zu dem Verhalten beim Menschen in auffallendem Contraste.

Die beim Menschen verloren gegangene Anpassung des Zehenskeletes an complicirtere Leistungen lässt diese Theile bei den Quadrumanen handartig erscheinen, und das Fehlen der ausschließlichen Stützfunction giebt der Fußwurzel eine minder massive Gestaltung. Siehe über die Umbildung des Fußes auch beim Muskelsystem.

a. Tarsus.

Die sieben Knochen der Fußwurzel stellen, mit jenen der Handwurzel verglichen, nicht blos ansehnlichere Stücke dar, sondern besitzen auch eine andere Anordnung. Zwei größere, *Talus* und *Calcaneus*, repräsentiren die proximale Reihe und entsprechen zusammen den drei Knochen derselben Reihe des Carpus. Auf den Talus folgt distal das *Naviculare*, welches einem der menschlichen Hand in der Regel fehlenden Knochen, dem *Centrale* entspricht; ihm folgen drei, ebensoviele Metatarsalia tragende Tarsalia, das Tarsale 1, 2, 3, die man als Keilbeine, *Cuneiformia*, zu bezeichnen pflegt. An den Calcaneus fügt sich distal als Tarsale 4: das *Cuboid*, welches mit den 3 Cuneiformia die distale Reihe der Tarsusknochen bildet und, wie das Carpale 4 (Hamatum) zwei Mittelhandknochen, so zwei Metatarsusknochen trägt.

Durch das Fortbestehen des Centrale (als Naviculare) erhalten sich im Tarsus primitivere Zustände als im Carpus.

Talus, *Astragalus*, *Würfelbein* oder *Sprungbein*. Der einzige, die Verbindung mit dem Unterschenkel vermittelnde Knochen. Sein Körper trägt auf der obern, proximalen Fläche (Fig. 237) eine von vorne nach hinten gewölbte und zugleich in dieser Richtung sich verschmälernde Gelenkfläche, welche auf die mediale und auf die laterale Seite sich fortsetzt. Die breitere laterale Gelenkfläche ist schärfer als die mediale von der oberen abgesetzt. Ihr legt sich der Malleolus der Fibula an, während die Tibia und ihr Malleolus der oberen, sowie der schmalen medialen Fläche angepasst sind. An der hinteren Seite des Knochens besteht eine Furche für die

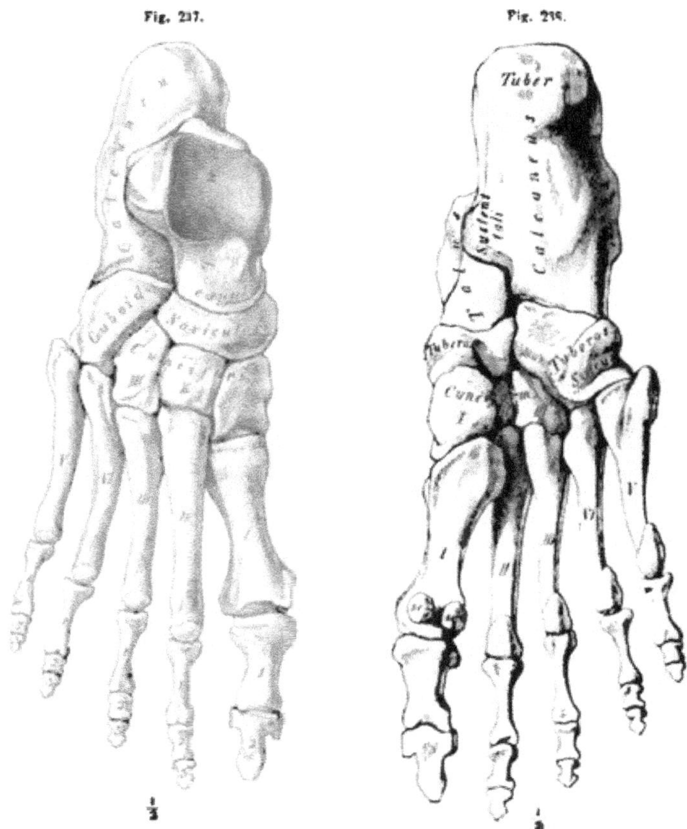

Fig. 237. — $\frac{1}{2}$ — Fußskelet von der Dorsalfläche.

Fig. 238. — $\frac{1}{2}$ — Fußskelet von der Plantarfläche.

Sehne des M. flexor hallucis longus. Vorne setzt sich vom Körper des Talus ein abgerundeter Vorsprung ab, *Caput tali*, dessen überknorpelte convexe Oberfläche drei, zuweilen wenig scharf begrenzte Abschnitte unterscheiden lässt. Der vorderste fügt sich an das Naviculare, daran grenzt plantar eine hinten und lateral ziehende Fläche, welche von einem Bandapparate (*Lig. calcaneo-nav. plant.*) bedeckt wird, und an diese stößt eine schräg gerichtete ganz plantare Facette (Fig. 239), welche durch eine unebene Rinne *Sulcus interarticularis* (*Sulc. i. a.*) von einer dahinter liegenden größeren Gelenkfläche der Plantarseite des Knochens geschieden wird. Die zuletzt erwähnte Gelenkfläche ist concav und tritt mit der hinteren Fläche in einem scharfen Rande zusammen; sie articulirt, wie die von ihr durch den Sulcus geschiedene, mit dem Calcaneus und bildet den hinteren Abschnitt der Articulatio talo-calcanea.

Fig. 239.

Talus von unten.

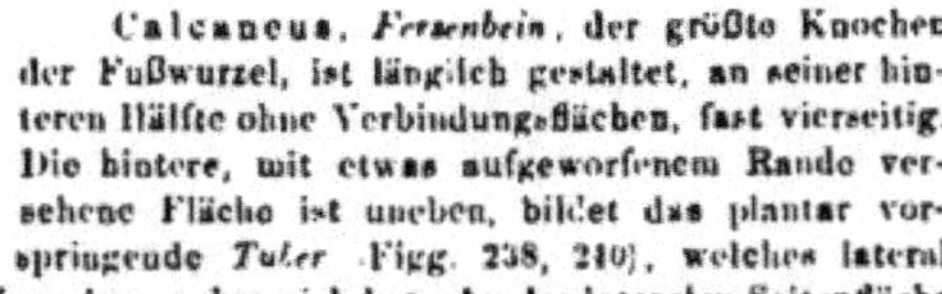

Der hintere Theil des Talus, neben dem die Rinne für die Sehne des Flexor hallucis l. liegt, ist zuweilen vom Körper abgetrennt. Ob man in ihm einen selbständigen Skelettheil zu erkennen habe, ist in hohem Grade zweifelhaft.

Calcaneus, *Fersenbein*, der größte Knochen der Fußwurzel, ist länglich gestaltet, an seiner hinteren Hälfte ohne Verbindungsflächen, fast vierseitig. Die hintere, mit etwas aufgeworfenem Rande versehene Fläche ist uneben, bildet das plantar vorspringende *Tuber* (Figg. 238, 240), welches lateral einen kleineren Vorsprung, *Tuberculum*, neben sich hat. An der lateralen Seitenfläche ist zuweilen ein von einer flachen Rinne abgegrenzter Vorsprung vorhanden, *Processus trochlearis*. An der vorderen, minder massiven Hälfte des Calcaneus zeigt sich das bedeutend medial vorspringende *Sustentaculum tali* (Fig. 240), an dessen plantarer Fläche der *Sulcus M. flexoris hall.* verläuft. Die obere Fläche des Sustentaculum ist mit einer schmalen Gelenkfläche ausgestattet. Lateral davon verbreitert sich eine Rinne zu einer Bucht, welche die obere Fläche des vorderen Endes einnimmt, *Sulcus interarticularis*. Die Rinne scheidet die auf dem Sustentaculum tali liegende Gelenkfläche von einer größeren, welche schräg und nach vorne zu schwach gewölbt auf den Körper des Calcaneus herabzieht. Diese und die erwähnte Gelenkfläche wird von dem Talus bedeckt. Die auf beiden Knochen angebrachten Sulci interarticulares correspondiren einander und bilden einen zwischen Talus und Calcaneus schräg von innen lateralwärts ziehenden Canal, welcher vorne in den *Sinus tarsi* sich erweitert (Fig. 237). Der unter ihm noch weiter sich fortsetzende Theil des Knochens endet mit einer Verbindungsfläche für das Cuboid.

Fig. 240.

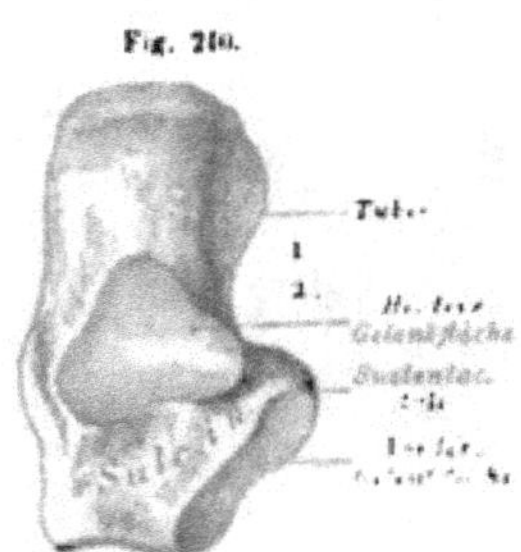

Calcaneus von oben.

Naviculare (Centrale), *Kahnbein*, kurz, aber breit, mit einer an das Caput tali sich anschließenden Gelenkpfanne versehen. Dieser entspricht die distale, etwas gewölbte Endfläche mit drei Gelenkfacetten zur Verbindung mit den drei Cuneiformia. Die dorsale Fläche wölbt sich medial abwärts und endet mit der am medialen Fußrande liegenden *Tuberositas ossis navicularis* (Fig. 238).

Fig. 241.

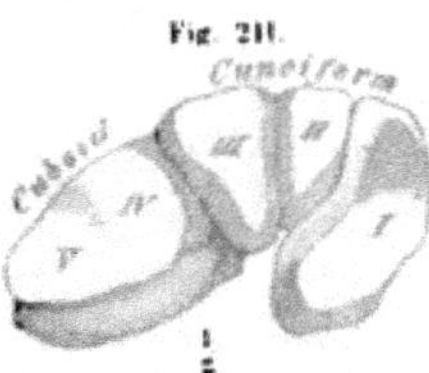

Distale Endfläche des Tarsus.

Cuneiformia (Tarsale 1—3), *Keilbeine*. Sie tragen durch ihre Form zur Wölbung des Fußrückens bei (Fig. 241). Das *erste* (I) größte ist plantar verdickt (Fig. 241), dorsal verschmälert, die proximale Gelenkfläche liegt der ersten Facette des Naviculare an. Eine viel höhere aber schmälere distale trägt das erste Metatarsale. Die laterale Seite zeigt zwei kleinere Gelenkflächen, eine hintere, am oberen Rande hinziehende längere, zur Verbindung mit dem zweiten Keilbein, und eine vordere, unansehnliche, an welche das zweite Metatarsale sich anschließt. Das *zweite Keilbein* ist das kleinste und kürzeste, so dass es von den beiden anderen distal überragt wird. Es ist rein keilförmig gestaltet, mit breiter Dorsalfläche und schmaler plantarer Kante. Es verbindet sich der zweiten Facette des Naviculare, hat medial eine längliche, vom oberen Rande sich erstreckende Gelenkfläche für das Cuneiforme 1, und lateral eine solche längs des Hinterrandes für das Cuneiforme 3. Distal trägt es das Metatarsale II. Das *dritte Keilbein* ist größer als das zweite, ragt plantar bedeutender vor, verbindet sich proximal der dritten Facette des Naviculare, lateral dem Cuboid, sowie der Basis des Metatarsale IV; seine distale Endfläche trägt das Metatarsale III.

Die distale Endfläche des ersten Keilbeins ist bei jungen Embryonen medial abgeschrägt, was mit der zugleich bestehenden abducirten Stellung der Großzehe an das Verhalten bei Quadrumanen erinnert (Fig. 236) (Leboucq).

Cuboides (Tarsale 4). Das *Würfelbein* besitzt eine annähernd kubische Gestalt. Da die mediale Seite höher ist als die laterale, nähert sich die Gestalt einem dreiseitigen Prisma. Die kürzeste, laterale Fläche bietet einen Einschnitt, der sich plantar als *Sulcus* für die Sehne des M. peroneus longus fortsetzt (Fig. 238). Hinten wird der Sulcus von einer Tuberosität überragt. Die proximale Fläche des Cuboid ist schwach convex und articulirt mit dem Fersenbein. An der medialen Seite findet sich fast in der Mitte der Länge und nahe am oberen Rande eine größere Gelenkfläche für das Cuneiforme 3. Dahinter besteht häufig eine zweite kleinere für das Naviculare. Die distale Fläche (Fig. 241) correspondirt den Metatarsalia IV und V.

Die *Ossification* des *Tarsus* beginnt im 6. Fötalmonat mit einem Knochenkerne im Calcaneus. Bald darauf tritt ein solcher im Talus auf. Vor der Geburt erhält das Cuboid einen Knochenkern; während der ersten Lebensjahre das Tarsale 3 (Cuneiforme 3), dann das Tarsale 1, endlich das Tarsale 2, so dass im dritten oder vierten Lebensjahre die drei Keilbeine mit Knochenkernen versehen sind. Das Naviculare schließt sich ihnen an, soll aber auch schon im ersten Jahre die Ossification beginnen. Vom Calcaneus erhält sich das Tuber sehr lange knorpelig. Zwischen dem 6.—10. Jahre tritt in ihm ein besonderer Kern auf, der in der Pubertätszeit mit dem Hauptstück synostosirt.

b. Metatarsus (Mittelfuß).

Dieser auf den Tarsus folgende Abschnitt des Fußskeletes besteht aus fünf, eine Querreihe bildenden Knochen, davon der erste der kürzeste, aber der stärkste ist (Figg. 237, 238). Die folgenden 4 sind schlanker und nehmen an Länge ab. Das proximale Ende (*Basis*) schließt sich mit fast planer Gelenkfläche dem Tarsus an. Das distale Ende trägt ein stark gewölbtes, plantarwärts ausgedehntes *Capitulum* zur Articulation mit dem ersten Gliedstück der Zehen.

Die Basis des ersten besitzt eine in dorso plantarer Richtung ausgedehnte schwach concave Gelenkfläche zur Verbindung mit dem 1. Keilbein. Am lateralen Rande findet sich zuweilen eine kleine Articulationsfläche für das Metatarsale II. An diesem ist die Basis keilförmig, dorsal breiter, plantar verschmälert, die proximale Fläche entspricht dem Cuneiforme 2, ist wenig concav und medial abgeschrägt. Lateral ist eine Gelenkfläche für das 3. Keilbein, und davor sind zwei kleinere für das Metatarsale 3, medial eine für das 1. Keilbein bemerkbar.

Am dritten Metatarsale besitzt die Basis, der des zweiten ähnlich, eine schräge proximale Endfläche, die dem Cuneiforme entspricht. An der medialen Seite der

Basis entsprechen zwei kleine Gelenkflächen dem zweiten, an der lateralen Seite eine größere dem vierten Metatarsale. Am vierten ist die Keilform weniger deutlich. An jeder Seite dient eine Gelenkfläche zur Verbindung mit den Basen der benachbarten Metatarsalia. Die Basis des fünften Metatarsale ist lateral in eine *Tuberosität* ausgezogen und trägt eine schräge Gelenkfläche, an welche eine andere an der medialen Seite sich anschließt.

Die Mittelstücke der Metatarsalien sind im Allgemeinen dreikantig gestaltet mit einer für die einzelnen Knochen verschiedenen Richtung der Flächen.

Die Capitula sind beträchtlich plantarwärts ausgedehnt und besitzen hinter der gewölbten Gelenkfläche seitliche Grübchen zur Befestigung von Bändern. Am ersten wird die Gelenkfläche plantar durch eine longitudinale Erhebung in zwei seitliche rinnenförmige Abschnitte geschieden, denen zwei im Bandapparate entstandene Sesambeine (Fig. 238) auflagern.

Die *Verknöcherung* des Metatarsus findet im Allgemeinen nach dem beim Metacarpus beschriebenen Modus statt, und auch für die zeitlichen Verhältnisse bestehen Übereinstimmungen. Auch das oben beim Metacarpus bezüglich der Abweichung des Metacarpale I von den übrigen Dargelegte hat für das Metatarsale I Geltung.

c. Phalangen.

Den Zehen des Fußes kommen im Allgemeinen die gleichen Skelettheile zu. Auch die dem Daumen entsprechende Großzehe (*Hallux*) besitzt nur zwei Phalangen. Aber die Zehen bilden den mindest voluminösen Theil des Fußes und an ihren Phalangen bestehen in Vergleichung mit den Fingern der Hand bedeutende Reductionen.

Darin zeigt sich ein Gegensatz zu den Affen, bei denen die Ausbildung der Phalangen der Function des Fußes als Greiforgan entspricht und damit auch wieder die beim Menschen bestehende Reduction erläutert (S. 306, Fig. 236).

An den vier äußeren Zehen ist nur die Grundphalange von einiger Länge, die Mittelphalange ist von der zweiten Zehe an bedeutend reducirt, so dass sie an der fünften häufig breiter als lang erscheint. Auch die Endphalangen bieten diese Erscheinung der Reduction. Bezüglich des speciellen Verhaltens der Basen und der Capitula werden dieselben Befunde wie an den Fingern unterschieden, aber dieses Verhalten ist in dem Maße undeutlich, als die Phalange selbst reducirt ist.

In der *Verknöcherung* besteht eine Übereinstimmung mit den Phalangen der Finger. Sie erfolgt nur etwas später.

Das charakteristische Bild der *Reduction* der Phalangen der Zehen wird aus den functionellen Verhältnissen des Fußes verständlich. Indem der Fuß als Stützorgan wesentlich mit dem hinteren Theile des Tarsus (Calcaneus) sowie mit den Metatarsophalangeal-Gelenken sich auf den Boden stützt, sind die Zehen für jene Hauptfunction von geringerer Bedeutung und haben sich, man möchte fast sagen, zu Anhangsgebilden des activen Abschnittes des Fußes umgewandelt. Die Ausbildung kommt dagegen eben diesem aus Tarsus und Metatarsus zusammengesetzten Abschnitte zu, der dadurch, dass er schon von vorne herein ein compacteres Ganzes bildet, für die Verwendung zur Stütze geeigneter sein musste, als die unter sich freien, von der Crural-Verbindung entfernteren Endglieder des Fußes, die Zehen. Der Reductionszustand der Zehen setzt aber einen anderen, nicht reducirten, nothwendig voraus, einen solchen, in welchem die Zehen in Function standen, die jener der Finger der Hand ähnlich gewesen sein wird. (S. oben S. 306 Anm.)

Verbindungen des Fußskeletes.

§ 139.

Wir unterscheiden die Verbindungen nach den Hauptabschnitten, zwischen denen sie bestehen: also die Verbindung des Fußes mit dem Unterschenkel, die Verbindungen innerhalb des Tarsus, dann jene zwischen Tarsus und Metatarsus, Metatarsus und Phalangen, endlich jene zwischen den Phalangen der Zehen.

Die Bewegungsverhältnisse des Fußes resultiren aus dessen functionellen Beziehungen und sind demgemäß von jenen der Hand verschieden, wenn auch in manchen Punkten an die Bewegungen der Hand erinnert wird. Die erste, mit den übrigen im Zusammenhang stehende Eigenthümlichkeit findet sich in der *Winkelstellung* des Fußes zum Unterschenkel. Beim Senken der Fußspitze wird der nach vorn offene Winkel vergrößert, der Fuß wird gestreckt. Heben der Fußspitze verkleinert jenen Winkel, der Fuß wird gebeugt. Streckung und Beugung sind also Bewegungen, welche innerhalb der Grenzen der bei der Hand durch Dorsalflexion und Streckung geäußerten Excursion liegen. Eine Plantarflexion des Fußes, die der Volarflexion der Hand entspräche, existirt nicht. Eine zweite Bewegung geht seitlich: *Adduction* und *Abduction*. Die erstere nähert den Fuß der Fortsetzung der Medianebene des Körpers, die letztere entfernt ihn davon. Endlich bestehen noch Rotationsbewegungen, die in einem Heben des lateralen oder des medialen Fußrandes bestehen und als *Pronation* und *Supination* bezeichnet werden, indem sie den gleichnamigen Bewegungen der Hand annähernd entsprechen. Diese Ähnlichkeit darf aber die totale Verschiedenheit der anatomischen Bedingungen jener Bewegungen nicht übersehen lassen. Während sie für die Hand durch die Rotation des Radius geleistet werden, also bereits am Vorderarm sich vollziehen, werden sie für den Fuß in dessen eigenen Gelenken ausgeführt, und der Unterschenkel ist nicht direct daran betheiligt.

Diese Bewegungen des Fußes leiten sich von einem Zustande größerer Beweglichkeit ab, welcher in manchen Säugethierabtheilungen (einem Theile der Marsupialia, dann bei Prosimiern und Quadrumanen) existirt und den Fuß als Greiforgan nach Analogie der Hand fungiren lässt. Einen diesem ähnlichen Zustand bietet auch der Fuß des Menschen in einem früheren Entwickelungsstadium (5.—6. Woche), in welchem der Talus zwischen Tibia und Fibula sich einschiebt und in dieser seiner Gestaltung mit jener stimmt, die er bei Phalangista besitzt (HENKE und REYHER l. c.). Auch die abducirte Stellung des Hallux ist in gleichem Sinne bemerkenswerth.

Articulatio pedis, Art. talo-cruralis (oberes Sprunggelenk).

Die distalen Enden der beiden Knochen des Unterschenkels umfassen den Talus (Fig. 242). Der Talus und mit ihm der Fuß bewegt sich zwischen beiden Malleolen wie in einem Charniergelenk. Von dem Umfange der von der Tibia und vom Malleolus fibulae dargebotenen Gelenkfläche entspringt die Gelenkkapsel und begiebt sich, vorn und hinten schlaff, seitlich straff zum Talus. Vorne verbindet sie sich erst mit dem Halse des Talus, während sie hinten dicht an der

Grenze des Gelenkknorpels sich anfügt. An den Seiten wird die straffe Kapsel noch durch accessorische Bänder verstärkt.

Medial findet sich das Ligamentum deltoides. Es entspringt breit vom Malleolus tibiae, verbreitert sich abwärts mit divergenten Faserzügen und ist theils an der medialen Seite des Talus befestigt, theils über den Talus herab am Sustentaculum tali des Calcaneus und vorwärts bis zum Naviculare. Man hat es nach den verschiedenen Insertionsstellen in mehrere Bänder zerlegt. Diesem Bande entsprechen an der lateralen Seite drei völlig gesonderte Bänder. Das *Ligamentum talo-fibulare anticum* (Fig. 244) geht vom Vorderrande des Malleolus fibularis medial und vorwärts und befestigt sich am Körper des Talus. Das *Lig. calcaneo-fibulare* (Fig. 244) geht von der Spitze des Malleolus abwärts zur Seite des Calcaneus. Endlich entspringt das *Lig. talo-fibulare posticum* hinter der Gelenkfläche der Fibula und verläuft transversal einwärts zum Talus, an dessen hinterer Fläche es sich befestigt (Fig. 243).

Fig. 242.

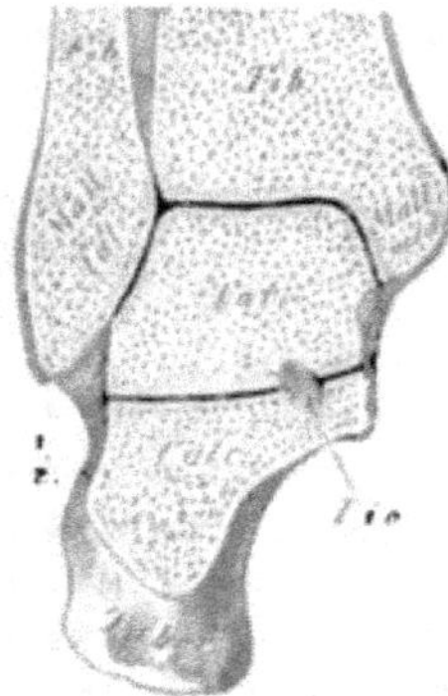

Frontalschnitt durch das Talo-crural-Gelenk. Vordere Ansicht.

Beim Stehen wird der Talus von den Unterschenkelknochen derart umfasst, dass die Gelenkflächen völlig congruent erscheinen. Beim Heben der Fußspitze tritt der vordere breitere Theil der Talusgelenkfläche zwischen die Malleoli. Der Mall. lateralis weicht daher etwas aus seinem Gelenke. Beim Senken der Fußspitze (Strecken des Fußes) gleitet die Pfanne auf den hinteren schmäleren Theil des Talus, daher hiebei kleine seitliche Bewegungen (um eine durch den Malleolus lateralis gehende Achse) ausführbar sind. Beim Aufrechtstehen ergiebt sich somit eine festere Verbindung und der Fuß schließt sich dem Unterschenkel unmittelbar an, während beim Heben des letzteren, wie es beim Gehen stattfindet, die dann größere Beweglichkeit des Fußes aus einer Minderung jener festen Verbindung hervorgeht. Die beim Stehen einheitlich wirkenden Untergliedmaßen lösen sich somit beim Gehen in ihre drei Hauptabschnitte auf.

C. Langer, Über das Sprunggelenk. Denkschr. der K. Acad. zu Wien. Bd. XII.

Articulatio talo-calcaneo-navicularis (unteres Sprunggelenk).

Diese Gelenkverbindung repräsentirt einen Complex von einzelnen Gelenken, welche zusammen eine functionelle Einheit bilden. Die einzelnen Articulationen sind: die Articulatio talo-calcanea und die Art. talo-navicularis.

Die Art. talo-calcanea zerfällt in zwei, durch den Sinus tarsi getrennte Abschnitte, einen hinteren und einen vorderen, welch' letzterer mit der Art. talo-navicularis zu Einem Gelenke sich vereinigt. An dem hinteren Gelenke betheiligen sich die hinteren Gelenkflächen beider Knochen. Die gewölbte, annähernd einen Theil eines schräg liegenden Kegelmantels darstellende Gelenkfläche des Calcaneus gleitet in der auf der Unterfläche des Taluskörpers befindlichen breiten und schräg gerichteten Rinne.

Die besonders hinten und lateral schlaffere Kapsel ist an der Peripherie der Gelenkflächen befestigt und besitzt ein laterales Verstärkungsband, *Lig. talo-calcaneum laterale* (Fig. 246). Ein vorderes Verstärkungsband wird durch das den Sinus tarsi durchsetzende *Ligamentum talo-calcaneum interosseum* gebildet. Dieser Bandapparat bildet eine feste Vereinigung der Knochen, ist aber derart gelagert, dass er dabei die Beweglichkeit nicht ausschließt. Er besteht aus einem äußeren oberflächlichen und einem inneren, diesen kreuzenden Abschnitte. Ein hinteres Verstärkungsband bildet das *Lig. talo-calcaneum posticum*, welches von einem Vorsprunge des Talus, lateral vom Sulcus flexoris hallucis longi zum Calcaneus sich erstreckt (Fig. 243).

Fig. 243.

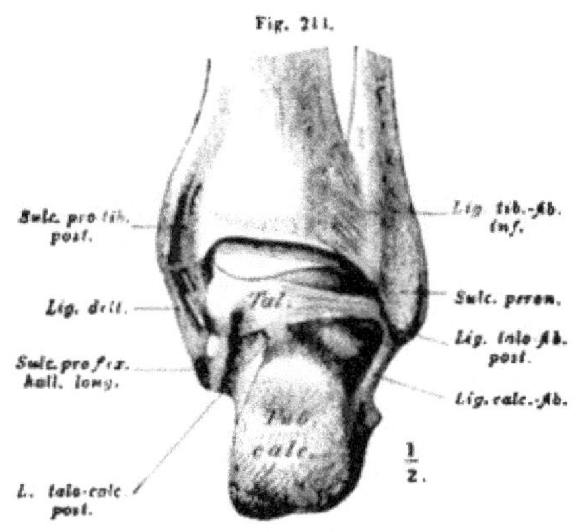

Fußgelenk von hinten.

Im Talo-calcaneo-navicular-Gelenk verläuft die Bewegungsachse vom oberen Vorderrande des Talus-Kopfes durch letzteren in den Sinus tarsi, welchen sie kreuzt, um dann ins Fersenbein zu treten, wo sie hinter der Befestigungsstelle des Lig. talo-calcaneum laterale ihren Endpunkt findet. Diese Linie ist also in jeder Beziehung eine schräge. Die in diesem Gelenke sich vollziehende Beugung (Dorsalflexion) des Fußes bewirkt Abduction und Pronation, während die Streckung Adduction und Supination zur Folge hat. Bezüglich der Pronation und Supination ist das S. 311 Bemerkte zu beachten. Bei diesen Bewegungen ist die Articulatio calcaneo-cuboidea' in ergänzender Weise betheiligt, indem bei der Supination und Adduction das Cuboid an dem Calcaneus abwärts gleitet und bei der Pronation und Abduction sich aufwärts bewegt.

Fig. 244.

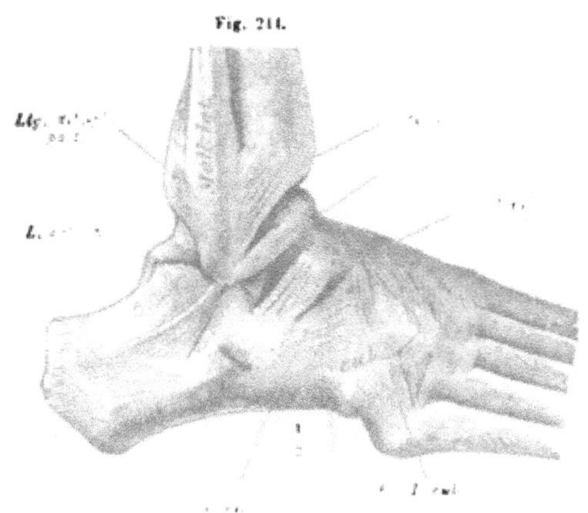

Bänder des Fußes lateral gesehen.

Das *Ligamentum talo-calcaneum laterale* steht an seiner Befestigungsstelle am Fersenbein mit dem Lig. calcaneo-fibulare (Fig. 244) im Zusammenhang, divergirt aber von diesem vor- und medialwärts, und befestigt sich unterhalb der lateralen Gelenkfläche des Talus, wo es meist mit dem Lig. talo-fibulare anticum zusammenfließt.

Das *Ligamentum talo-calcaneum interosseum* bildet an seinem hinteren, in der Tiefe des Sulcus interosseus befindlichen Abschnitte zuweilen einen einzigen Strang und zeigt auch sonst viele Verschiedenheiten. Wenn es durch die zwei oben aufgeführten gekreuzten

Bänder gebildet wird, so entspringt das hinterste vom Calcaneus und verläuft schräg vor- und aufwärts zur lateralen Fläche des Caput tali. Dieses wird von einem zweiten gekreuzt, welches lateral vom vorigen unmittelbar am Vorderrande der Gelenkfläche des Calcaneus entspringt und, schräg medianwärts aufsteigend, sich vor der Gelenkfläche des Talus befestigt. Der äußere Abschnitt des Bandcomplexes wird durch mehrere, breit vom Calcaneus am Eingange in den Sinus entspringende Bänder gebildet, welche nach der lateralen Seite des Caput tali convergiren und hier hinter dem Talo-navicular-Gelenk befestigt sind. Die hinteren Züge verlaufen schräg nach vorne, die vorderen mehr in querer Richtung. Der äußere Theil des Lig. talo-calcaneum gehört den dorsalen Bändern des Tarsus an. Der schräge Verlauf dieser Bänder ist den Drehbewegungen des Fußes im unteren Sprunggelenk günstig. Ein *Lig. talo-calcaneum mediale* ist ein schwacher, vom hinteren Ende des Sustentaculum tali zum Talus verlaufender, theilweise den Sulcus flexoris hallucis longi begrenzender Strang.

Der vordere Abschnitt der Articulatio talo-calcanea ist mit der Art. talo-navicularis vereinigt. Der Gelenkkopf des Talus liegt in der vom Naviculare gebildeten Pfanne, die sich durch das *Lig. calcaneo-naviculare plantare* zum Calcaneus fortsetzt. Dieses Band vervollständigt mit überknorpelter Fläche die Pfanne für das Caput tali. Nicht selten enthält es eine Ossification.

Die Articulatio calcaneo-cuboidea

gestattet vermöge der schwach sattelförmigen Gelenkflächen beider Knochen nur wenig ergiebige Bewegungen, wie denn auch die Kapsel von den Rändern der Gelenkfläche des einen Knochens unmittelbar zu jenen des andern sich erstreckt. Dorsale und plantare Bänder verstärken sie. Die Articulatio calcaneo-cuboidea bildet mit der Art. talo-navicularis die CHOPART'sche*) Gelenklinie.

Die *Articulatio cuneo-navicularis* umfasst die Verbindung des Naviculare mit den drei Keilbeinen, nicht selten auch noch eine Gelenkverbindung zwischen Naviculare und Cuboid. Die Gelenkhöhle setzt sich eine Strecke zwischen die Cuneiformia fort und wird von einer straffen Kapsel abgeschlossen. Durch die geringe Krümmung der Gelenkflächen sowie durch starke, vorzüglich plantar entfaltete accessorische Bänder wird die Verbindung zu einer Amphiarthrose. So verhalten sich auch die *Articulationes intertarseae* zwischen den distalen Tarsalien, von denen die erste sich in die Articulation zwischen dem Tarsale I und der Basis des Metatarsale II fortsetzt.

Ligamenta interossea füllen größtentheils den Raum außerhalb der einander zugekehrten Gelenkflächen der vier distalen Tarsalia, welche dadurch fest verbunden sind.

Articulationes tarso-metatarseae. In dieser Verbindung bestehen gleichfalls nur schwach gekrümmte Gelenkflächen, doch ist dem Metatarsale I und M. V größere Beweglichkeit gestattet. Fester ist das Metatarsale II und III angefügt. Die erste Tarso-metatarsal-Verbindung besitzt eine selbständige Gelenkhöhle, ebenso in der Regel je die zweite und dritte sowie die vierte und fünfte, doch sind diese beiden Gelenkhöhlen zuweilen auf einer Strecke vereinigt.

*) FR. CH. CHOPART, Chirurg zu Paris, geb. 1743, † 1795.

Gewöhnlich besteht auch zwischen der zweiten Tarso-metatarsal-Articulation und der Art. cuneo-navicularis ein Zusammenhang zwischen den beiden ersten Tarsalien hindurch.

Die Gelenkhöhlen setzen sich zum Theil zwischen die Basen der Metatarsalia fort, und stehen so mit *Intermetatarsal-Gelenken* im Zusammenhang. Ein solcher fehlt nur zwischen Metatars. I u. II. Die gesammte tarso-metatarsale Verbindung wird auch LISFRANC-sches Gelenk genannt.

Metatarso-phalangeal- und Interphalangeal-Verbindungen. Articulatio digitorum pedis (Zehengelenke).

Diese Verbindungen wiederholen im Wesentlichen die bei der Hand geschilderten Einrichtungen. In den Articulationen der Grundphalangen mit den Metatarsalien treffen wir eine bedeutende dorsale Ausdehnung der Gelenkflächen der metatarsalen Capitula und gerade da ist die Congruenz mit den Pfannen der Grundphalangen am vollständigsten. Diesem Umstande entspricht die an der Grundphalange der 2.—5. Zehe in der Regel bestehende Streckstellung (Dorsalflexion) (vergl. Fig. 248 *B*), welche mit der Gewölbestructur des Fußes im Zusammenhang steht. Die Zehen sind an dieser nicht mehr betheiligt und der Fuß stützt sich vorne wesentlich auf die metatarsalen Capitula, während die Zehen dorsalwärts verschoben sind. Bei dem Versuche einer jener der Finger ähnlichen Beugung der Zehen gleiten die Grundphalangen auf incongruenten Flächen und lassen, wenn auch die Kapsel eine Congruenz herstellt, eine Irregularität erkennen, die aus der beim Menschen eingetretenen Außergebrauchstellung der Zehen erklärbar wird.

Fig. 245.

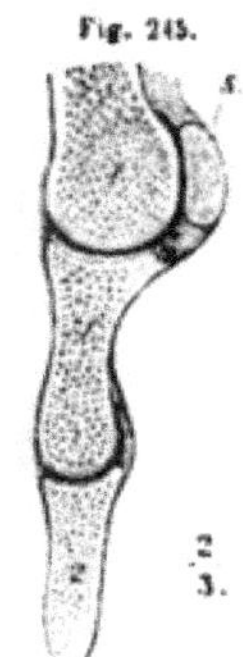

Artic. metatarso-phalangea et interphalangea hallucis. Sect. long.

Die Kapsel der Metatarso-phalangeal-Gelenke besitzt eine bedeutende plantare Verstärkung, welche an der Großzehe (Fig. 245) regelmäßig zwei Sesambeine (*s*) enthält. Diese articuliren direct mit dem Metatarsal-Köpfchen. Auch in der Gelenkkapsel der fünften Zehe findet sich zuweilen ein Sesambein.

Bänder des Fußes (Tarsus und Metatarsus).

Außer den bei der Articulatio talo-cruralis aufgeführten Bändern, sowie den verschiedenen Zwischenknochenbändern kommen dem Fuße sowohl dorsal als auch plantar noch besondere Bänder zu. Wir behandeln diese hier im Zusammenhange, da sie sich zum Theil über mehrere Knochenverbindungen hinweg erstrecken. Die Vertheilung dieser Bänder geht mit der am Fuße ausgesprochenen Gewölbestructur Hand in Hand. Dieses zeigt sich in der geringeren Stärke der dorsalen und der bedeutenden Mächtigkeit der plantaren Bänder.

a. Dorsale Bänder:

Hier sind ebensoviele Bänder unterscheidbar, als Knochenflächen mit einander in Gelenkverbindung treten. Zwischen den größeren Tarsalien sind diese Verstärkungsbänder wieder in mehrere, auch wohl besonders beschriebene Züge getrennt. Von diesen Bändern führen wir an:

1. Die im Anschlusse an die Ligg. talo-calcanea interossea stehenden *Ligg. talo-calcanea dorsalia* (Fig. 246) (*Lig. talo-calc. lateralia*). Es sind starke, in mehrere Schichten geordnete Faserzüge, welche den Sinus tarsi schräg nach vorn durchsetzen. Sie entspringen von der oberen Fläche des Calcaneus und sind an der Seitenfläche des Caput tali häufig divergirend inserirt.

Fig. 246.

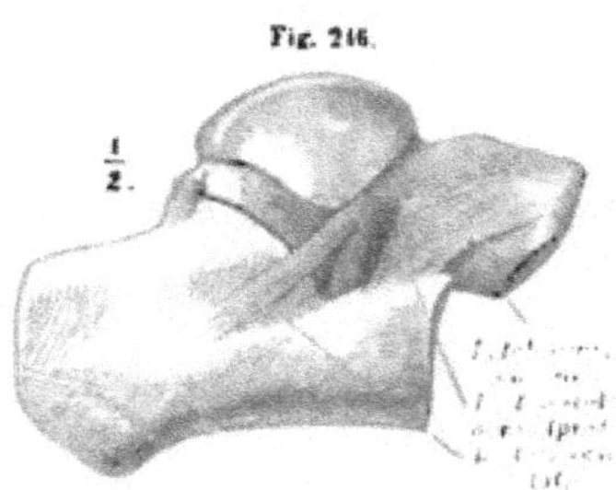

Articulatio talo-calcaneo-navicularis, lateral gesehen.

2. Das *Lig. talo-naviculare dorsale* (Fig. 246) erstreckt sich von der lateralen Fläche des Caput tali schräg zur oberen Fläche des Naviculare. In dieses Band setzen sich auch Züge aus der tiefen Schichte des vorgenannten Bandes fort.

3. Das *Lig. calcaneo-cuboideum dorsale* (Fig. 244) entspringt von dem Höcker über der distalen Endfläche des Calcaneus und läuft schräg medianwärts zum Cuboid. Von seinem medialen Rande zweigen sich platte Züge zum Naviculare ab (*Lig. cub.-navic. dorsale*).

4. *Ligg. naviculare-cuneiformia dorsalia* verlaufen vom Naviculare zu den drei Keilbeinen.

5. *Ligg. intermetatarsea dorsalia* erstrecken sich zwischen den Basen der Metatarsalia. Endlich verlaufen von den Tarsalien bald gerade, bald schräg angeordnete Züge zu dem Rücken der Metatarsalbasen. Von diesen verdient nur das *Lig. cuboideo-metatarsale* zum Metatarsale V besondere Erwähnung.

Fig. 247.

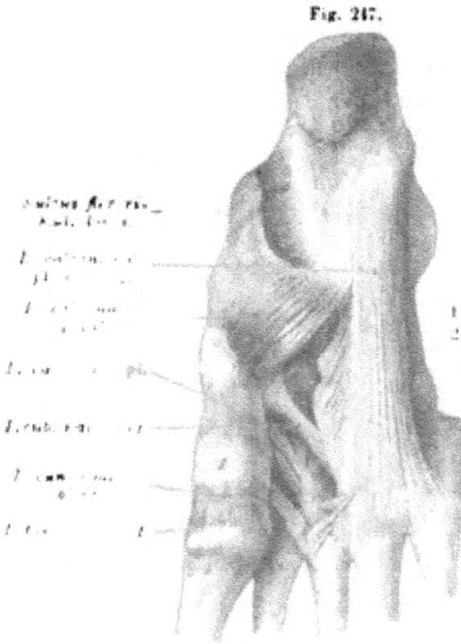

Plantare Bänder.

b. Plantare Bänder.

Diese erhalten die am Skelet ausgesprochene doppelte Wölbung der Sohlfläche des Fußes. Die wichtigsten sind folgende:

1. *Lig. calcaneo-cuboideum plantare* (Fig. 247) ist das mächtigste Band des Fußes. Es verläuft von der Plantarfläche des Fersenbeins zum Cuboid, überbrückt mit seiner oberflächlichen Schichte (*Lig. calc.-cub. plant. longum*) den Sulcus peroneus und strahlt nach den Basen des Metatarsale III—V aus. Mit einer tiefen Lage (*Lig. calcaneo-cuboideum plant. breve*) endigt es an dem hinteren Rande jenes Sulcus.

2. *Lig. calcaneo-naviculare plantare*. Erstreckt sich vom Sustentaculum tali zum Naviculare und ergänzt damit die den Gelenkkopf des Talus aufnehmende Pfanne (s. oben), daher es an jener Fläche überknorpelt ist (*Lig. cartilagineum*).

Lateral trägt dieses Band gleichfalls eine glatte, häufig überknorpelte, aber rinnenförmige Fläche, auf welcher die Endsehne des M. tibialis post. gleitet, während jene des M. flex. dig. longus etwas tiefer herab, dicht über dem Rand des Sustentaculum tali vorüber zieht.

3. *Lig. cuboideo-naviculare obliquum* erstreckt sich schräg vom Cuboid nach hinten und aufwärts zum Naviculare.

4. *Lig. cuneo-metatarsale obliquum* geht von der lateralen Fläche des Cuneiforme 1 zur Basis des Metatarsale III. Wie das vorige dient es der lateralen Wölbung.

5. *Lig. tarso-metatarsale I* erstreckt sich vom ersten Keilbein zur Basis des Metatarsale I.

6. *Lig. metatarsale transversum plantare* können jene starken Faserzüge benannt werden, welche die Basen des 2., 3., 4. und 5. Metatarsale unter einander verbinden. Sie setzen sich zum Theile zwischen die bezüglichen Metatarsalia fort und nehmen oberflächliche Faserzüge von anderen Richtungen auf.

Außer diesen bestehen noch kleinere Bandzüge. So ist der plantare Vorsprung des Cuneiforme 3 (Tarsale 3) der Sammelpunkt mehrerer zur Spannung der Querwölbung beitragenden Bänder, die man als *Ligg. radiata* zusammenfassen kann. Es besteht darin eine Ähnlichkeit mit dem Verhalten des Capitatum (Carpale 3) (s. oben S. 283). Die geringe plantare Ausdehnung des Tarsale 2 (Cuneiforme 2) begünstigt die Fortsetzung dieser Züge zum ersten Tarsale.

Zwischen den Capitula der Metatarsalia, und zwar im plantaren Zusammenhange mit der Verstärkung der Gelenkkapsel verlaufen quere Faserzüge, *Ligg. capitulorum metatarsi*, welche, verschieden vom Verhalten ähnlicher Bänder der Hand, auch auf die Großzehe übergehen.

Bei den meisten kleineren Bändern ergeben sich viele individuelle Schwankungen der Stärke und selbständigen Ausprägung und nur die Verlaufsrichtung der Züge ist constant. Endlich gewinnen manche der plantaren Bänder durch Ausstrahlung der Endsehnen von Muskeln (s. diese) an Mächtigkeit.

Auch der Plantar-Aponeurose (s. unten) ist für die Erhaltung der Spannung der Längswölbung des Fußes die Bedeutung eines Ligamentes beizumessen.

§ 140.

Durch die Wölbung des Fußes, welche die Sohlfläche concav erscheinen lässt, wird demselben ohne Beeinträchtigung seiner Bedeutung als Stütze ein gewisser Grad von Elasticität zu Theil, die bei der Locomotion auf den Gang sich überträgt. Beim Stehen vertheilt sich der Druck der Körperlast auf mehrere Punkte, die durch die Wölbungsverhältnisse bestimmt sind.

Die Längswölbung ist medial am bedeutendsten (Fig. 218 *A*). Lateral verkürzt sich ihr Bogen, indem er vom Fersenbeinhöcker meist nur bis zur Basis des Metatarsale V reicht. Lateral stützt sich das Fußgewölbe also mit einer längeren Strecke des Mittelfußes auf den Boden als medial, wo erst das Capitulum des Metatarsale I den vorderen Stützpunkt zu bilden scheint. Da aber dieses Metatarsale weniger fest mit dem Tarsus verbunden ist, als das zweite, dessen Basis in den Tarsus sich einkeilt, hat man den vorderen Stützpunkt am Capitulum des zweiten Metatarsale zu suchen (F. ARNOLD), wenn er nicht dem dritten Metatarsale entspricht (H. v. MEYER). Sonst stellt sich die Großzehe in einen ähnlichen Gegensatz zu den übrigen Zehen, wie dies an der Hand bei dem Daumen und den Fingern bestand. Eine zweite Wölbung besteht in transversaler Richtung. Sie beginnt bereits proximal, indem der Calcaneus mit seinem Sustentaculum tali eine longitudinale Höhlung von oben her begrenzt. Weiter vorne wird die Wölbung durch Cuboid und Naviculare gebildet, die plantarwärts am medialen und lateralen Rande vorspringen, und distal nimmt die Wölbung durch die Keilbeine zu (vergl. Fig. 241). Sie besteht auch noch am Metatarsus, dessen Randstücke tiefer als die mittleren liegen.

Fig. 218.

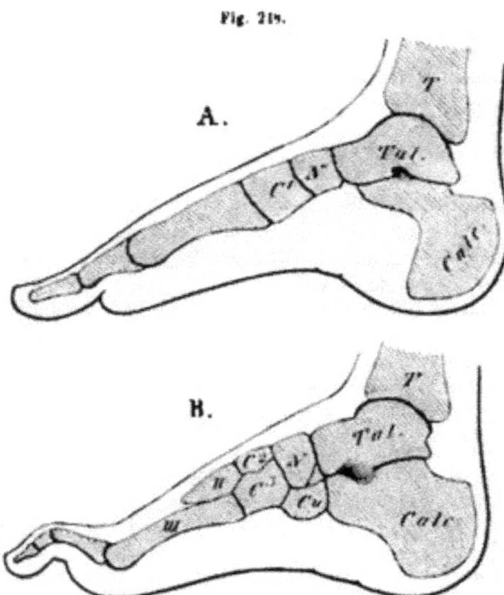

Senkrechte Längsdurchschnitte durch einen rechten Fuß. Der Schnitt *B* ist etwas weniger schräg gerichtet.

Wie sich aus der Beschaffenheit der Gelenke ergiebt, ist die mediale Portion des Fußes mit Talus, Naviculare und den drei Keilbeinen beweglicher als die laterale mit Calcaneus und Cuboid. An den Bewegungen des Fußes betheiligen sich nicht nur alle proximalen Tarsalgelenke, sondern auch das Talo-tibial-Gelenk. Auch an der vorwiegend in letzterem Gelenke vor sich gehenden Streckung und Beugung des Fußes nehmen die Tarsalgelenke nach Maßgabe der in ihnen gestatteten Beweglichkeit Theil.

H. v. Meyer, Statik und Mechanik des menschl. Fußes. Jena 1886.

Dritter Abschnitt.

Vom Muskelsystem.

Allgemeines.

§ 141.

Das Muskelsystem besteht aus einer großen Anzahl im Wesentlichen gleichartig gebauter Organe, den **Muskeln**, deren jeder eine Vereinigung charakteristischer, contractiler Formelemente — *quergestreifter Muskelfasern* — darbietet (S. 123). Mit diesen seinen Bestandtheilen überkleidet das Muskelsystem das Skelet, von welchem es nur wenige Theile freiläßt, und trägt zur bestimmten Gestaltung des Reliefs der Körperoberfläche in hohem Grade bei. Die Summe von Muskeln, welche einem Körpertheile oder auch dem ganzen Körper zukommt, bildet dessen *Muskulatur*. Das Muskelsystem begreift also die gesammte Muskulatur des Körpers in sich. Soweit diese aus jenen contractilen Fasern zusammengesetzt ist, bildet sie das *Fleisch*, die Fleischtheile des Körpers.

Regionale Eintheilung der Oberfläche des Körperstammes.

Da die Körperoberfläche ihr Relief größtentheils von der Muskulatur empfängt, ist hier der Ort, die regionale Betrachtung dieser Oberfläche anzuschließen, zumal die Unterscheidung jener Regionen von praktischer Bedeutung ist.

Am Körperstamme unterscheiden wir die Vorder- und Hinterseite als *dorsale* und *ventrale* Oberfläche.

Die gesammte **Rückenfläche** des Körperstammes wird oben von der Nackenlinie des Hinterhauptes, unten von den Darmbeincristen abgegrenzt. Lateral kann eine Linie vom Zitzenfortsatze zur Schulterhöhe den obersten Abschnitt des Rückens als *Nackenregion*, Regio cervicalis posterior oder Regio nuchalis (*Cervix*, *Nucha*), von der vorderen Halsregion scheiden. Weiter abwärts dient die Scapula zur Unterscheidung einer *Schulterblattregion* von einer mittleren *Thoracalregion* (*Regio interscapularis*), an diese schließt sich abwärts die *Lendenregion*, und endlich die *Sacralregion* an. Die erstere grenzt sich durch eine am Ende der letzten Rippe zum Darmbeinkamme gezogene senkrechte Linie von der ventralen Oberfläche ab. An die Sacralregion schließt sich seitlich die Gesäßregion (*R. glutaealis*) an, welche bereits den Untergliedmaßen angehört.

Fig. 219.

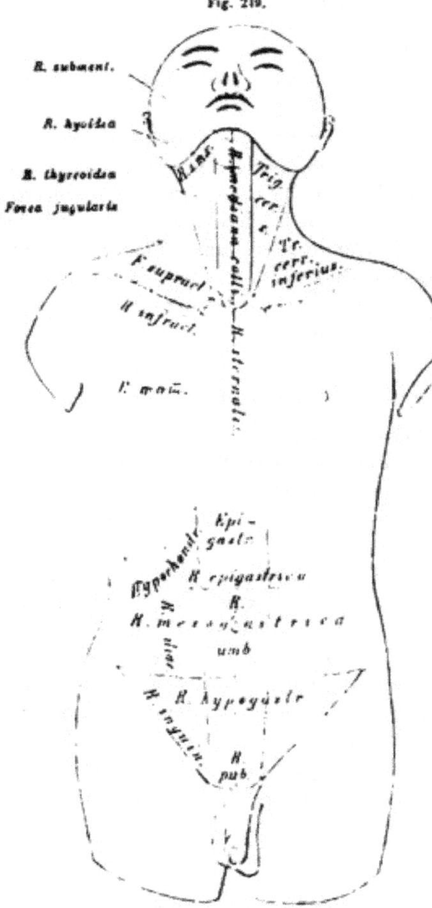

Körperstamm mit Eintheilung in einzelne Regionen.

Wie am Skelet des Stammes der vorwärts gerichtete Theil eine reichere Gliederung in mehrfache Abschnitte kund gab, so bietet auch die vordere oder ventrale Oberfläche des Stammes eine Anzahl größerer, von einander zu unterscheidender Abschnitte. Am Kopfe kommt der Antlitztheil in Betracht. Einzelne Regionen werden hier nach den Organen unterschieden, welche das Antlitz einnehmen.

Am Halse wird die vordere *Halsregion* (*R. cervicalis anterior*, *R. colli*) durch die oben aufgeführte Linie von der hinteren oder Nackenregion geschieden. Ihre untere Grenze bildet die Clavicula und das Manubrium sterni.

Man rechnet zur Halsregion auch eine streng genommen dem Kopfe zukommende Strecke, indem man die obere Grenze des Halses zum Rande des Unterkiefers legt. Der regionalen Orientirung thut das keinen Eintrag, zumal bei der Muskulatur auf eine schärfere Unterscheidung Rücksicht genommen wird.

An der vorderen Halsregion scheidet man einen mittleren Abschnitt von den beiden seitlichen, indem man von jedem Sterno-clavicular-Gelenk eine Linie bis zur Seite des Kinnes sich gezogen denkt. Die zwischen diesen beiden parallelen Linien befindliche *Regio mediana colli* zeigt zu unterst eine Vertiefung über dem Manubrium sterni, die *Fovea jugularis*. Weiter oben bildet der Kehlkopf

(Cart. thyreoides) einen beim Manne mehr, beim Weibe kaum bemerkbaren Vorsprung: *Prominentia laryngea.* Über dieser liegt das Zungenbein, nach welchem die bezügliche Gegend *Regio hyoidea* heißt. Von da erstreckt sich die schon zum Kopfe gehörige Halsfläche zum Unterkieferrande, und wird als *Regio submentalis* unterschieden. Die beiden seitlichen Halsregionen sind durch einen schräg von unten und medial aufwärts und lateral ziehenden Wulst, den der M. sterno-cleido-mastoideus bildet, in zwei Dreiecke geschieden. Das *Trigonum cervicale inferius* hat seine Basis an der Clavicula, seine Spitze sieht nach oben. Über der Clavicula erscheint, besonders bei mageren Individuen ausgeprägt, die *Fovea supraclavicularis.* Der oberflächlich meist nicht sichtbare hintere Bauch des M. omohyoideus grenzt diese Grube nach hinten und oben ab. Das *Trigonum cervicale superius* lässt seinen oberen, vom Unterkiefer abgegrenzten Theil als *Regio submaxillaris* unterscheiden. An das obere Halsdreieck schließt sich, dem hinteren oberen Winkel folgend, die *Regio retromandibularis* (*retromaxillaris*) an, welche eigentlich dem Gebiete des Kopfes angehört. Sie bildet eine Vertiefung hinter dem Unterkiefer bis zum Ohre, wo ihr Ende auch als *Fossa parotidea* bezeichnet wird.

Auf den Hals folgt abwärts die *Brustregion.* Die in der Oberfläche der Brust (*Regio thoracica*) gegebene Körperregion scheidet sich in eine vordere, eine seitliche und eine hintere. Letztere fällt mit dem thoracalen Abschnitte der Rückenregion zusammen. Die vordere Brustregion (*R. thoracica anterior*) theilt sich wieder in eine mediane und in seitliche Gegenden. Zwei von den Sternoclavicular-Gelenken senkrecht herabgezogene Linien fassen die *Regio sternalis* zwischen sich. Die lateral von diesen Linien gelegenen Regionen sondern sich wieder in drei Bezirke. Den obersten bildet die *Regio infraclavicularis,* unterhalb welcher die *R. mammaria* die beim Weibe voluminöse, beim Manne rückgebildete Brustdrüse (Mamma) trägt. An diese Region schließt sich die *R. inframammaria* an, welche ihre obere Abgrenzung beim Weibe vom unteren Rande der Mamma empfängt: beim Manne liegt diese Grenze in der Höhe des knöchernen Endes der 6. Rippe. Der Rippenbogen (S. 193) bildet hierzu immer die unterste Grenzlinie. Die seitliche Brustregion (*R. thoracica lateralis*) beginnt mit der unter der Verbindung der oberen Gliedmaße mit dem Körperstamme befindlichen *Achselhöhle* (*Fovea axillaris*), welche hinten durch den lateralen Rand des M. latissimus dorsi, vorne durch denselben Rand des großen Brustmuskels abgegrenzt wird. Die in der Achselhöhle bestehende Einsenkung gründet sich auf die innige Verbindung des Integumentes mit Faserzügen, welche zwischen den Endsehnen der vorgenannten Muskeln ausgespannt sind. Diese Züge verstärken das Bindegewebe, welches vom Oberarm, resp. von dessen Fascie her zur Umhüllung verschiedener Theile (Blutgefäße, Nerven) aufwärts sich fortsetzt.

Die Wichtigkeit der Contenta der Thoraxcavität hat zur Bestimmung der Lageverhältnisse derselben und ihrer Veränderungen gewisse Linien aufstellen lassen, die man sich von gewissen, als fest angenommenen Punkten aus, senkrecht am Thorax gezogen denkt. Es sind folgende: 1. *Linea sternalis* entspricht der Medianlinie des

Sternum; 2. *L. parasternalis* geht lateral der vorgenannten und parallel mit ihr. Sie beginnt am Übergange des mittleren Drittels der Länge der Clavicula ins mediale Drittel (Sternalende der Clav.) und trifft an der zweiten Rippe in der Regel mit deren Verbindungsstelle mit dem Knorpel zusammen. In der gleichen Entfernung von der Parasternallinie, wie diese von der Sternallinie entfernt ist, erstreckt sich 3. die *Linea papillaris* (*L. mamillaris*). Sie zieht parallel mit der vorigen über die Brustwarze abwärts. 4. Die *Linea axillaris* zieht man vom Grunde der Achselhöhle aus senkrecht herab; in gleicher Weise 5. die *Linea scapularis* vom unteren Winkel der Scapula aus parallel mit der Wirbelsäule. Sie entspricht ziemlich genau der von der achten Rippe an durch den Angulus costae gebildeten Linie.

Die untere Grenze der Brustregion bildet die obere für die *Bauchregion* (*Regio abdominalis*). Die hier gegebene Fläche wird wieder in einzelne *Regionen* unterschieden. Eine horizontale Linie, welche man sich vom Ende der letzten Rippe der einen zu der der anderen Seite gezogen denkt, und eine zweite, welche die beiden vorderen oberen Spinae iliacae oberflächlich unter einander verbindet, dient zur Scheidung von drei Bauchregionen: der R. epigastrica, mesogastrica und hypogastrica (Fig. 249).

Die *Oberbauchgegend* (*Regio epigastrica*) wird in eine mediane und in seitliche Regionen getrennt. Die erstere, gegen welche der Schwertfortsatz des Brustbeins ausläuft, ist meist etwas vertieft, sie bildet das *Epigastrium*, und wird Magengrube (unpassend auch wohl Herzgrube, *Scrobiculus cordis*) benannt. Die lateralen Regionen erstrecken sich unter den Rippenknorpeln hin und repräsentiren die *Hypochondrien*. Die *Mittelbauchgegend* (*Regio mesogastrica*) erstreckt sich weiter nach hinten als die anderen, sie umfasst den lateral ausgedehntesten Theil der Bauchoberfläche. In ihrer Mittellinie liegt der Nabel, von dem beim Fötus der Nabelstrang fortgesetzt war. Die Umgebung dieser eingezogenen, eine Narbe repräsentirenden Stelle wird als *Regio umbilicalis* unterschieden. Seitlich davon setzt man die *Regio iliaca* (Weiche, Darmweiche), welche man sich durch eine von der Spitze der letzten Rippe zum Darmbeinkamme gezogene Senkrechte von der dahinter folgenden *Regio lumbalis*, die schon bei der dorsalen Körperoberfläche erwähnt ist, abgegrenzt denkt. Von ihr fällt nur der seitlich von der langen Muskulatur des Rückens liegende Theil als *R. lumbalis lateralis* (Lendenweiche) der Bauchgegend zu. Die *Unterbauchgegend* (*Regio hypogastrica*) wird wieder in einen medianen Theil und in seitliche Theile abgegrenzt. Der erstere läuft gegen die Schambeinfuge in die *Regio pubica* aus, die durch den Schamberg, *Mons Veneris*, eingenommen wird. Die seitliche erhält ihre untere Abgrenzung durch die Beugefalte des Oberschenkels und stellt die Leistengegend (*Regio inguinalis*) vor.

Sonderung des Muskelsystemes.

§ 142.

In primitiven Zuständen der Wirbelthiere besteht das gesammte Muskelsystem aus gleichartigen, die Metamerie des Körpers ausdrückenden Abschnitten. Die Muskelsegmente (Metameren des Muskelsystems oder *Myomeren*) gehen aus den Muskelplatten der Urwirbel (S. 68) hervor und bieten, wie diese, eine ursprünglich gleichartige Anordnung. Dieses metamere Verhalten gilt auch von einem anderen Theile des Muskelsystems, welcher der Wandung der Kopfdarmhöhle angehört, und nicht, oder wenigstens nicht direct aus jenen Urwirbeln hervorgeht. Für's Allgemeine der hier zu betrachtenden Sonderung genügt die Beschränkung auf die aus den Urwirbeln hervorgehende Muskulatur. Da die Urwirbel dorsal lagern, gelangen die Muskelplatten erst durch Auswachsen in den ventralen Bereich. Die Myomeren sind durch senkrechte Bindegewebsschichten von einander getrennt, die wie Scheidewände das längs des Körpers sich erstreckende Muskelsystem durchsetzen. Sie dienen zugleich den contractilen Formelementen der einzelnen Segmente zur Befestigung. So findet sich jederseits eine in Metameren oder Segmente getheilte Schichte längs des gesammten Körpers verbreitet, beide Schichten in der Medianebene dorsal und ventral von einander getrennt. Diese Muskulatur (*Seitenrumpfmuskeln*) wirkt als Bewegungsorgan des Körpers, entbehrt aber in ihrem einfacheren Verhalten noch des Zusammenhanges mit einem Skeletsystem. In dieser Einrichtung erscheint das Muskelsystem auch bei den höheren Vertebraten in früheren ontogenetischen Stadien.

Allmählich beginnt die Differenzirung. Dieser ontogenetisch rasch verlaufende, zeitlich zusammengedrängte Vorgang ist in der Wirbelthierreihe in zahlreiche einzelne Stadien vertheilt, die ihn hier deutlicher wahrnehmen lassen. *Die Differenzirung des Muskelsystems ist vorwiegend an die Ausbildung des Skeletes geknüpft.* Mit dem Erscheinen des Skeletes gehen die einzelnen Muskelsegmente Verbindungen mit ihm ein, verlieren theilweise ihre frühere Selbständigkeit, indem sie unter einander sich vereinigen, oder lösen sich in einzelne Partien auf, je nach dem speciellen Verhalten, welches aus dem gewonnenen Zusammenhange mit dem Skelete ihnen zugewiesen ist. Die erste Verbindung mit dem Skelete zeigt den Weg, auf welchem diese Veränderung des Muskelsystems vor sich ging. Sie wird durch die Fortsatzbildungen der Wirbel eingeleitet. Diese Fortsätze wachsen in die bindegewebigen Septa des bis dahin gleichartigen Muskelsystems. Vorher je an einem hinteren Septum beginnende und je an einem vorderen endigende Muskelfasern sind also später mit Wirbelfortsätzen im Zusammenhang. Sie haben damit eine andere Beziehung und eine neue Function gewonnen, verschieden von jenen Theilen desselben Muskelabschnittes, welche etwa die oberflächlichen Schichten bilden, und nicht in jene Verbindung mit Wirbelfortsätzen traten. Dieses Beispiel giebt von dem Einflusse des Skeletes auf die erste Sonderung im Muskelsysteme eine Vorstellung, aber bald ruft die Entstehung der Gliedmaßen neue Veränderungen hervor.

Im weiteren Fortschreiten treten mit neuen Factoren für die Sonderung neue Complicationen auf, von denen nur das Wichtigste dargelegt werden kann. Hieher gehört vor Allem die größere oder geringere Freiheit der Bewegung der zur Befestigung von Muskeln dienenden Skelettheile. Wenn wir auch annehmen müssen, dass die bewegliche Verbindung der Skelettheile in dem erworbenen Zusammenhange mit dem Muskelsystem ihre Ursache hat, dass also das Muskelsystem die primitiven Skeletbildungen »gliedert«, in einzelne beweglich mit einander verbundene Theile zerlegt, so wirkt doch dieser Zustand wieder auf das Muskelsystem zurück und führt zu dessen Ausbildung. In dem Maße als letzterem mit der Sonderung einzelner Skelettheile eine selbständigere Function möglich wird, leitet sich eine Sonderung von der benachbarten Muskulatur ein: eine einheitliche Muskelmasse zerlegt sich in Schichten, und in diesen gestalten sich wieder einzelne Partien nach ihrer Wirkungsweise zu selbständigeren, von benachbarten räumlich abgegrenzten Gebilden, welche dann die einzelnen *Muskeln* — *Muskelindividuen* — sind.

§ 113.

Das, was wir »Muskeln« nennen, sind also keineswegs von vorne herein selbständige Bildungen, sondern die Producte einer Differenzirung, hervorgegangen aus einem indifferenten Zustande des Muskelsystems, der seinen Ausgangspunkt in den einander gleichartigen Myomeren besaß. In den so entstandenen Muskeln ist die Sonderung nicht zu einer überall gleichmäßigen Höhe gelangt. Sie bietet bedeutende graduelle Verschiedenheiten. Wo Muskulatur leicht beweglichen Gebilden, z. B. dem Integumente zugetheilt ist, erfährt sie eine viel geringere Sonderung als jene, welche Skelettheile bewegt. Die an die Gelenke sich knüpfende größere Regelmäßigkeit der Bewegung der Skelettheile wirkt auch auf die vollständigere Sonderung der Skeletmuskeln.

Die in den Skelettheilen liegenden Bedingungen der individuellen Ausbildung eines Muskels sind unter sich selbst wieder sehr verschieden. Daraus ergiebt sich eine bedeutende Verschiedenheit des individuellen Werthes der einzelnen Muskeln. Bei einem Theile von ihnen ist die Sonderung unterblieben, sie bilden zusammenhängende Muskelmassen, an denen sogar die ursprüngliche Metamerie besteht. Bei anderen ist die letztere zwar gleichfalls noch zu erkennen, aber die einzelnen Abschnitte sind zu größerer Selbständigkeit gelangt. Bei wieder anderen ist von der Metamerie nichts mehr vorhanden und es geht auch aus dem Baue des Muskels nicht hervor, ob ein oder mehrere Metamere ihn zusammensetzten. An solchen Muskeln tritt wieder ein verschiedenes Maß der Differenzirung auf: der Muskel ist mehr oder minder vollständig in einzelne Theile zerlegt, die entweder einer Verschiedenartigkeit der Wirkung durch Verbindung mit verschiedenen Skelettheilen, oder der Selbständigkeit ihrer Function ihre Entstehung verdanken. Man pflegt die meisten solcher Muskeln als durch Verschmelzung mehrerer ursprünglich selbständiger Muskeln entstanden anzusehen, in der Wirklichkeit aber repräsentiren sie Differenzirungsstadien eines in niederen Zuständen einheitlichen Muskels, dessen Zerlegung in einzelne nicht zu vollständiger Ausführung gelangt ist. Endlich begegnen wir vollkommen einheitlichen Muskelgebilden. Dass solche sich unter einander verbinden und zu mehreren einen anscheinend einheitlichen Muskel vorstellen können, das lehren gewisse Muskeln, die man von den oben erwähnten, unvollständig von einander gesonderten, wohl zu unterscheiden hat.

Der verschiedene Grad der individuellen Differenzirung der Muskeln wird zugleich zu einer Quelle, aus der die außerordentliche Mannigfaltigkeit der Muskeln entspringt. Neben der Differenzirung hat auch die functionelle Ausbildung der morphologisch in verschiedenem Maße gesonderten Muskeln großen Einfluss auf die Gestaltung derselben, indem sie deren Volum, deren Verbindungsweise an den Skelettheilen, zumal die größere oder geringere Ausdehnung dieses Zusammenhanges beherrscht.

Durch die Verbindung der Muskeln mit dem Skelet wird das Muskelsystem zum *activen Bewegungsapparat* des Körpers. Nur ein sehr kleiner Theil der Muskeln entbehrt dieser Beziehungen theilweise oder vollständig und zeigt Verbindungen mit dem Integumente. Solche Muskeln werden als *Hautmuskeln* von jenen des Skeletes unterschieden.

Außer der dem Skelet zukommenden und demselben aufgelagerten Muskulatur besteht noch eine große Anzahl mit jener im Baue übereinstimmender, aber zu anderen Organen nähere Beziehungen besitzender Muskeln, die bei jenen Organsystemen ihre Vorführung finden. So die Muskeln des äußeren Ohres und der Gehörknöchelchen, des Augapfels, der Zunge, des Gaumens, des Schlund- und Kehlkopfes, ferner jene des Afters und der äußeren Genitalien. Diese Muskeln sind theils Umbildungen der Muskulatur des Rumpfes, theils jener des Visceralskeletes.

A. Vom Baue der Muskeln.

§ 144.

In jedem einzelnen Muskel verbinden sich die Muskelfasern (vergl. S. 120) nicht unmittelbar mit den zu bewegenden Theilen, sondern mittelst Faserzüge straffen Bindegewebes, welches an beiden Enden des Muskels vorkommt. Sehnen desselben bildet. Man hat also am Muskel den aus Muskelfasern bestehenden, *fleischigen* Theil, der auch den voluminöseren bildet, als *Muskelbauch*, und mit diesem im Zusammenhang die *Sehnen* zu unterscheiden. Der Bauch ist der activ wirksame Theil. Er ist durch im Allgemeinen rothbraune Färbung ausgezeichnet. Diese bietet mancherlei Abstufungen. Manche Muskeln sind dunkler, andere heller an Farbe, abgesehen von individuellen Befunden des ganzen Muskelsystems.

Im Muskelbauche sind die Muskelelemente zu Bündeln (Fleischfasern) vereinigt. Eine Anzahl von Muskelfasern wird durch Bindegewebe zu einem Bündel erster Ordnung zusammengeschlossen. Von diesen ist wieder eine Summe zu secundären Bündeln vereinigt, deren eine Anzahl ein stärkeres Bündel bildet. Solche schon dem bloßen Auge wahrnehmbare Bündel setzen, wieder durch Bindegewebe vereinigt, den gesammten Muskel zusammen.

Es bestehen also im Muskel *Bündel verschiedener Ordnung*. Sie werden von einander gesondert und unter einander verbunden durch lockeres Bindegewebe, welches auch an der Oberfläche des Muskels hervortritt und denselben äußerlich mit einer dünnen Lage bedeckt. Dieses Bindegewebe wird als *Perimysium* bezeichnet und, soweit es oberflächlich liegt, als *äußeres Perimysium* (Fig. 250), in seiner Vertheilung im Innern des Muskels als *inneres Perimysium* unterschieden. Das letztere ist reichlicher zwischen den gröberen Bündeln, spärlicher zwischen den feineren. Es führt Gefäße, die in dem Muskel sich verbreiten, und bietet auch die Bahnen für die im Muskel sich vertheilenden Nerven.

Fig. 250.

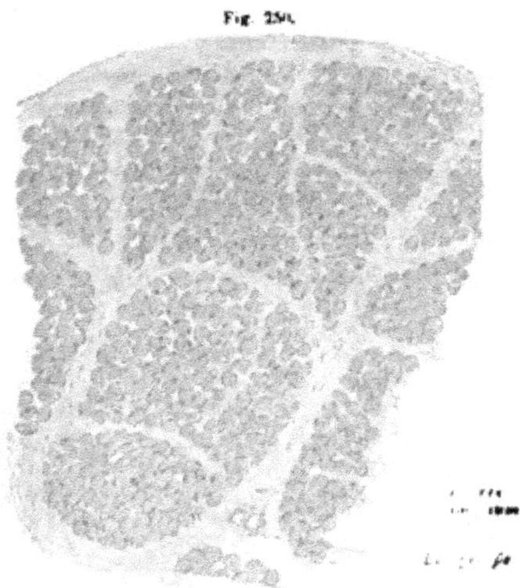

Ein Stück eines Muskelquerschnittes. Man sieht die Muskelfasern in Bündel gruppirt.

Die *Blutgefäße* im Muskel verlaufen zwischen den gröberen Bündeln, und senden von da zwischen die feinen Bündel Capillarnetze mit langgezogenen Maschen. Von *Nerven* sind außer den motorischen noch solche in den Bahnen jener verlaufende Fasern beobachtet, welche nicht zu den Muskelfasern treten und als sensible gedeutet wurden.

Die aus dem Muskel hervorgehende *Sehne* ist, wie alles straffe Bindegewebe, durch atlasglänzendes Aussehen von dem Fleische des Muskelbauches ausgezeichnet. Sie besitzt ein festeres, aber doch mit dem Muskelbauche übereinstimmendes Gefüge, indem auch hier die Fasern in Bündel verschiedener Ordnung durch lockeres Bindegewebe von einander getrennt sind (Fig. 251). Das letztere verhält sich ähnlich dem Perimysium, ist aber spärlicher als dieses und führt viel weniger Blutgefäße. Auch Nervenfasern sind in Sehnen beobachtet.

Fig. 251.

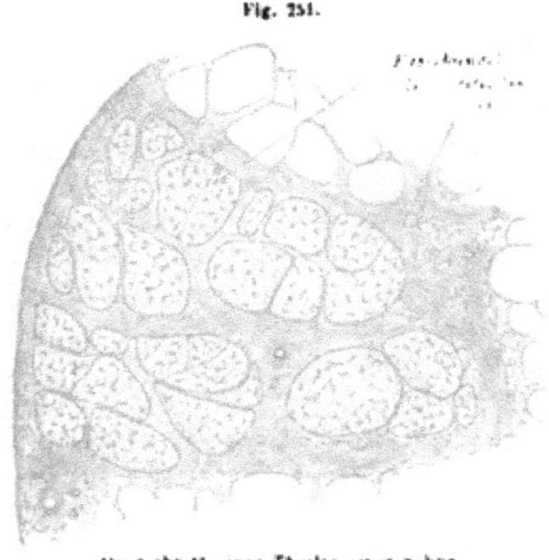

Querschnitt eines Theiles einer Sehne.

Besondere Structur-Verhältnisse einzelner Muskeln treten erst mit der Sonderung auf. Sie zeigen sich dann außerordentlich verschieden, zum Theile noch dem früheren Zustand nahe, zum Theile weit davon entfernt. Letzteres an den Gliedmaßen, welche die am meisten differenzirten Muskeln besitzen.

Die Gestaltung der Muskelbäuche wie die ihrer Sehnen ist sehr mannigfaltig und für die einzelnen Muskeln charakteristisch. Bald ist der Bauch cylindrisch, verschieden lang, bald mehr spindelförmig, bald in die Breite entfaltet. Im Allgemeinen zeigt sich darin eine Anpassung an den Körpertheil, dem er angehört. So sind Muskeln mit mehr in die Fläche entfalteten Bäuchen vorwiegend dem Stamme des Körpers zugetheilt, während schlankere Formen in der Muskulatur der Gliedmaßen Vertretung finden. Ebenso stellen die Sehnen bald kürzere, bald längere Gebilde vor, die im letzteren Falle wieder strangartig sind oder flächenhaft ausgebreitet erscheinen (*Aponeurosen*). Die Verbindung der Sehne mit dem Skelete erfolgt durch den Übergang der Sehne in das Gewebe des Skelettheiles, wobei das Periost an jenen Stellen Modificationen seiner Textur aufweist. Die Verbindung mit knorpeligen Skelettheilen wird dagegen durch das Perichondrium vermittelt.

Manche Sehnen erfahren in ihrem Verlaufe eine gewebliche Veränderung. An Sehnen, die im Winkel über Knochen hinwegtreten, erscheint die betreffende Sehnenstrecke nicht nur etwas verbreitert, sondern auch faserknorpelig modificirt. Solche Stellen verknöchern zuweilen, es entsteht ein *Sesambein*. Auch unter andern Verhältnissen bilden sich *Sesambeine* in den Sehnen von Muskeln.

§ 145.

Die Anfügestellen der Muskeln an das Skelet mittels ihrer Sehnen sind für die Function der Muskeln von Wichtigkeit. Sie liegen für je einen Muskel an differenten Skelettheilen, so dass aus der Muskelaction eine *Lageveränderung der beiden Skelettheile* zu einander resultirt. Indem der Muskelbauch sich verkürzt, wird der eine Befestigungspunkt dem andern genähert. Es findet also eine Zugwirkung statt. Für die Befestigungsstellen des Muskels am Skelet geht daraus die Unterscheidung eines *Punctum fixum* und eines *Punctum mobile* hervor. Ersteres liegt an der Befestigungsstelle des Muskels, gegen welche die Bewegung stattfindet. Das Punctum mobile dagegen liegt an dem durch die Muskelaction bewegten Skelettheile.

Danach unterscheidet man die doppelte Verbindung des Muskels in Ursprung (Origo) und Ansatz, Ende (Insertio), und die bezüglichen Sehnen als *Ursprungs-* und *Endsehnen*, wobei die Ursprungsstelle an dem das Punctum fixum tragenden Skelettheile, die Insertionsstelle an jenem Skelettheile, an dem das Punctum mobile liegt, angenommen wird.

Da der feste Punkt der am Stamme des Körpers befindlichen Muskeln gewöhnlich der Medianebene des Körpers näher liegt, ebenso wie er für die Muskeln der Gliedmaßen in der Regel an den näher dem Stamme befindlichen Skelettheilen sich trifft, so kann man, wenigstens für den größten Theil der Muskulatur, als Ursprung die der Medianlinie des Stammes näher gelegene, an den Gliedmaßen die proximale Befestigungsstelle ansehen, und die je davon entferntere, an den Gliedmaßen distale Befestigungsstelle als Insertion auffassen. Für Muskeln, welche rein parallel mit der Medianebene verlaufen, hat jene Unterscheidungsweise der Verbindungsstellen keine Geltung, daher hier das bei der Wirkung unterscheidbare Verhalten eines festen und eines beweglichen Punktes ausschließlich maßgebend wird.

Da *Punctum fixum* und *Punctum mobile* sich aus dem größeren oder geringeren Widerstand bestimmen, welcher der Wirkung eines Muskels an der einen oder der anderen Stelle seiner Befestigung sich entgegenstellt, so können jene Punkte auch vertauscht werden, wenn andere Bedingungen eintreten. Das Punctum fixum wird zum P. mobile und umgekehrt. Denkt man sich in *a b* (Fig. 252) zwei Skelettheile, die durch einen Muskel gegen einander bewegt werden, so wird *b* gegen *a* bewegt, wenn in *a* das Punctum fixum liegt, d. h. hier der größere Widerstand sich findet. Dagegen wird *a* gegen *b* bewegt, wenn auf *b* das Punctum fixum übertragen wird, und beide Knochen werden gleichmäßig gegen einander bewegt, wenn für beide der durch die Muskelaction zu überwindende Widerstand der gleiche ist. Man kann dieses Beispiel sich ins Praktische übersetzen, wenn man *a* als Oberarm, *b* als Vorderarm gelten, und die Fälle des gleichen oder des größeren Widerstandes für *b* durch Fixirung des Vorderarmes mittels Festhaltens der Hand eintreten lässt. Da aber solche Fälle die Wirkung anderer Muskeln voraussetzen (wie in dem angenommenen die Wirkung jener der Hand), so wird dadurch nur die Möglichkeit einer Umsetzung des Punctum fixum und des Punctum mobile erwiesen und zwar für Ausnahmefälle, da eben eine Mitwirkung anderer Muskeln dabei nöthig wird. Die Gültigkeit der Kriterien für jene beiden Punkte erleidet also dadurch keine Beeinträchtigung.

Fig. 252.

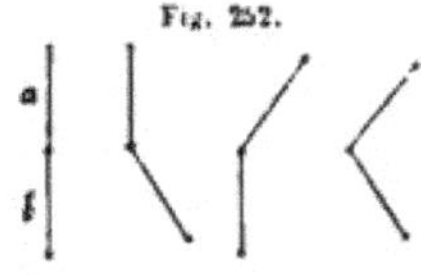

§ 116.

Der dem Ursprung zunächst befindliche Theil des Muskels wird als *Kopf* bezeichnet. Er geht ohne Grenze in den *Bauch* über. Ist ein Muskel in seinem Ursprunge in mehrere einzelne Abschnitte gesondert, welche früher oder später zu einem gemeinsamen Bauche sich vereinigen, so wird ein solcher Muskel als mehrköpfiger (Biceps, Triceps, Quadriceps) bezeichnet. Dabei ist in der Insertion die Einheit des Muskels erhalten.

Bei Concrescenz mehrerer Muskeln wird der dadurch gebildete Bauch durch *Zwischensehnen* unterbrochen und damit in mehrere Bäuche zerlegt. Die Endsehne des einen Bauches ist zugleich Ursprungssehne für den andern. So entsteht z. B. der zweibäuchige Muskel (M. digastricus, biventer). Bei unbedeutender Länge der Zwischensehne kommt ihr kein oder nur ein geringer Einfluss auf die Gestaltung des Muskels zu. Derselbe erscheint in seinem Bauche einheitlich, und die, letzteren unregelmäßig unterbrechenden Zwischensehnen bilden sogenannte *Inscriptiones tendineae*. Eine solche (Inscriptio) ist also der Rest eines primitiv gesonderten Zustandes eines Muskels in mehrere (zunächst in zwei) Abschnitte. In der Regel entsprechen diese Abschnitte metameren Muskeln, d. h. Muskeln, an denen die primitive Metamerie der gesammten Muskulatur des Körpers sich erhalten hat.

Die betrachteten Zustände der Muskeln boten im Verhalten des Muskelbauches zur Ursprungs- wie zur Endsehne einfachere Zustände. So erscheint die Mehrzahl der Muskeln des Stammes. Anders verhalten sich die Muskeln der Gliedmaßen. Die langgestreckten Skeletstücke der Gliedmaßen bieten für die Anordnung der Muskulatur, vorzüglich für den Ursprung größerer Muskelmassen einen relativ geringen Raum, und in Anpassung an die Function der Gliedmaßen mussten für die Muskelbäuche manche Complicationen eintreten. Vielmals handelt es sich hierbei um eine *Raumersparnis in der Entfaltung des Muskelbauches*, um eine Vermehrung der Fasern unter Beschränkung des Volums des Muskels. Stellen wir uns in nebenstehender Fig. 253 *a* einen Muskel vor, der oben die Ursprungs-, unten die Endsehne hat. Eine Ausdehnung dieser beiden Sehnen über den Muskelbauch, wie er in *b* auf dem Durchschnitte dargestellt ist, wird von einer Vermehrung der Fasern begleitet sein, ohne dass dadurch das Volum des Muskels zugenommen hätte. Je mehr dieser Zuwachs an contractilen Elementen sich steigert, desto mehr treten die Sehnen, und zwar die proximale distalwärts und die distale proximalwärts auf den Muskelbauch über, und desto mehr wird auch ein *schräger Verlauf der Fasern* von der einen Sehne zur andern nothwendig. Nach diesem Typus gebaute Muskeln, bei denen die in einer langen schmalen Reihe entspringenden Faserbündel nach und nach an eine weit sich erstreckende Endsehne treten, werden als *halbgefiederte Muskeln* bezeichnet.

Fig. 253.

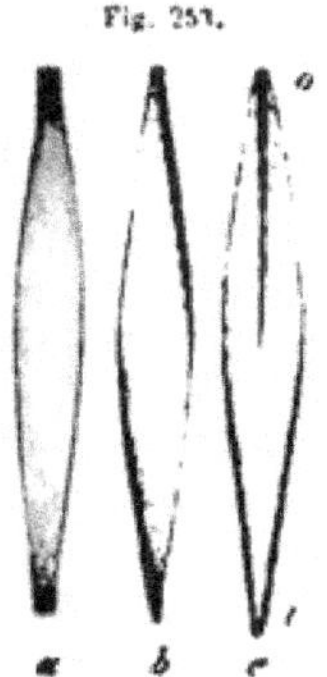

Schema zur Darstellung des verschiedenen Verhaltens der Sehnen zum Muskelbauche.

Eine fernere Vermehrung der Summe der Muskelfasern entsteht dadurch, dass an beiden Flächen der Ursprungssehne Muskelfasern sich befestigen, sodass die Sehne sich in den Muskelbauch erstreckt, während die Endsehne sich auf beiden Seiten der Oberfläche des Muskelbauches entfaltet (Fig. 253 *c*), oder dieses Verhältnis ist umgekehrt. Muskeln mit sehr platten, nach diesem Typus gebauten Bäuchen werden *gefiederte* benannt. Durch mehrfache Wiederholung dieser Einrichtung in einem und demselben Muskel entstehen für den Bauch desselben neue Complicationen. Wir begegnen dieser Muskelstructur da, wo es sich um Herstellung kräftig wirkender Muskeln in relativ beschränktem Raume handelt, und wo zugleich gemäß den Insertionsverhältnissen sowie den Einrichtungen der bezüglichen Gelenke, bei geringer Verkürzung des Muskelbauches ergiebige Excursionen der zu bewegenden Teile möglich sind.

Muskel und Nerv.

§ 147.

Die Thätigkeit eines Muskels beruht zunächst in einer Contraction des Muskelbauches. In dieser löst sich der Reiz aus, den der Muskel durch den ihm zugetheilten Nerven empfängt. Außerhalb dieser Erregung ist der Muskel unthätig, im Zustande der Ruhe. Nach Vernichtung des Nerven tritt Lähmung des Muskels ein. Der Muskel ist also in seiner Function abhängig vom Nerven, das Muskelsystem vom Nervensystem. Der motorische Nerv ist Voraussetzung für die wirksame Existenz des Muskels. Wie die Formelemente beider unter einander continuirlich verbunden sind (S. 122), so gehören auch Muskel und Nerv zusammen, wobei ersterer den E n d a p p a r a t des letzteren vorstellt. Dieser Auffassung gemäß können die Muskeln nach den Nerven gruppirt werden. Von gleichen Nervenstämmen versorgte Muskeln gehören zusammen. Daraus ergeben sich Muskelgebiete von verschiedener Rangordnung.

Die Auffassung der Zugehörigkeit der motorischen Nerven zu den Muskeln ermöglicht einen Einblick in die Veränderungen, welche das Muskelsystem von seinen niedersten Anfängen an bis zu der hohen Complication, wie sie sich beim Menschen darbietet, erfahren hat. In der Beziehung zum Nerven hat der Muskel vielfach eine Eigenthümlichkeit bewahrt, die ihn einem bestimmten Körperabschnitte zutheilen lässt und zwar mit tieferer Begründung, als es durch die bloße Berücksichtigung der Lage des Muskels möglich ist. Der Nerv bietet minder wechselvolle Befunde als der Muskel, der in Gestalt, Umfang und Lage sich vielen Veränderungen unterzogen hat, je nach den Leistungen, welche die Körpertheile übernahmen, denen er zukommt.

Von den in Vergleichung mit niederen Zuständen sich ergebenden Veränderungen der Muskeln sind außer der Differenzirung die *Lageveränderungen* die bedeutendsten. Sie brachten Umgestaltungen des Muskelsystems hervor, welche nur noch in den Nervenbahnen ein Zeugnis für ein primitiveres Verhalten besitzen. Das ist so zu verstehen, dass der Nerv mit dem Muskel zwar gleichfalls seine Lage, aber nur peripherisch, verändert; dass er länger wird nach Maßgabe der Entfernung des Muskels von seiner ursprünglichen Stätte, dass er aber durch seinen Ursprung vom Centralnervensystem, und auch meist für die erste Strecke seines Verlaufes das primitive Verhalten bewahren muss. Die Nervenbahnen zeigen also den Weg für das Verständnis des Muskelsystems.

Ein Muskel empfängt bald nur einen einzigen Nervenzweig, bald deren mehrere; dies ist vom Baue des Muskels abhängig und von der Art und Weise seiner Entstehung. Aus mehrfachen Myomeren entstandene Muskeln empfangen mehrfache Nerven. Complicationen bestehen an den Gliedmaßen, deren Muskeln zwar gleichfalls von Myomeren abstammen, bezüglich ihrer speziellen Genese aber noch unbekannt sind.

Obwohl der Vorgang der *Lageveränderung der Muskeln, ein Wandern derselben*, großentheils nur beim Verfolge durch die Reihe der Wirbelthiere nachgewiesen werden kann, diese Frage also wesentlich ein Thema der vergleichenden Anatomie bildet, so ist sie doch auch für unsere Zwecke von größter Bedeutung. Denn auch im Muskelsystem des Menschen liegt ein Product jener Veränderung vor, welches wissenschaftlich beurtheilt, nicht blos »beschrieben« sein will. Für manche Muskeln ist auch ontogenetisch der Nachweis einer Wanderung geliefert worden.

Die Beziehungen der Muskeln zu Nerven erfahren bei jenen Veränderungen gleichfalls mehr oder minder intensive Modificationen, so dass man zwar die oben dargelegten Gesichtspunkte festhalten, aber sie nicht als exclusive betrachten darf. Im Laufe solcher Veränderungen und beim Übergange eines Muskels auf ein anderes Gebiet treten neue Nervenbahnen auf, die den älteren sich zugesellen. Dann ist nicht mehr das primitive Verhalten gegeben, sondern ein neues, welches noch weiter sich umgestalten kann. Es liegen also durchaus nicht überall in dem Verhalten zum Nerven ursprüngliche Befunde vor, und es bedarf der sorgfältigen Prüfung vieler, durch die vergleichende Anatomie eruirter Thatsachen, um das Verhältnis des Muskels im einzelnen Falle ins richtige Licht zu setzen.

Wirkung der Muskeln.

§ 118.

Die Wirkung der Muskeln des Skelets äußert sich in der Bewegung der Skelettheile. Durch die Verkürzung des Muskelbauches wird die Insertion dem Ursprung genähert, oder auch umgekehrt (S. 328 Anm.).

Das Maß der Wirkung wird, soweit es nur vom Muskel abhängt, durch *zwei* im letzteren gegebene Factoren bestimmt. Der Summe der in einem Muskelbauche sich complicirenden Fasern, wie sie im Querschnitte eines Muskels sich ausdrückt, entspricht somit die Kraft der Wirkung, die man sich in der Überwindung des Widerstandes, wie ihn ein zu hebendes Gewicht bietet, vorstellen kann. Von der Länge des Muskelbauches hängt dagegen der Umfang der Excursion der geleisteten Bewegung ab, diese repräsentirt die Hubhöhe jenes Gewichtes. Aus beiden Factoren setzt sich die Arbeitsleistung eines Muskels zusammen.

Vermöge des Verhaltens des Ursprungs und der Insertion sowie unter dem Einflusse der Verbindungsart der betreffenden Skelettheile kommt jedem eine bestimmte Wirkung zu. Insofern diese für ihr Zustandekommen nicht die vorausgegangene oder gleichzeitige Thätigkeit anderer Muskeln voraussetzt, erscheint sie als *Hauptwirkung*. Sie repräsentirt den prägnantesten Effect einer Muskelaction, gegen den andere, gleichzeitig erfolgte Bewegungserscheinungen zurücktreten. Dadurch unterscheidet sie sich von der *Nebenwirkung*. Diese hat zu ihrer Äußerung die Wirkung anderer Muskeln zur Vorbedingung, oder stellt in Vergleichung zur Hauptwirkung eine untergeordnete Bewegungserscheinung vor. Die Beurtheilung der Wirkungsart eines Muskels ist um so leichter, je einfacher das Verhalten des Ursprungs und der Insertion ist. Wird eine dieser beiden Stellen durch eine ausgedehntere Linie repräsentirt, so dass der Muskelbauch aus convergirenden oder divergirenden Bündeln besteht, so bestimmt sich die Richtung der Wirkung in der Diagonale des Parallelogramms der Kräfte. Die mächtigere oder geringere Entfaltung des Muskelbauches an der einen oder der anderen Stelle complicirt das einfache Exempel.

Von größter Bedeutung für die Wirksamkeit der Muskeln sind die *Gelenke*. Wie sie durch die Wirkung der Muskeln phylogenetisch entstanden (S. 152) und unter demselben Einflusse ontogenetisch sich ausbildeten, so stehen sie auch bezüglich ihrer Formen in engstem Zusammenhange mit dem Muskelsysteme. Sie erleichtern dessen Arbeit und wirken dadurch wieder auf die Form der Muskeln zurück. Sowohl dem Ursprunge als auch der Insertion eines Muskels kommt hierbei große Bedeutung zu. Die Entfernung des *Ursprungs* vom Gelenke gestattet eine längere Entfaltung des Muskelbauches und damit eine bedeutendere Excursion des zu bewegenden Skelettheiles. Aber auch eine größere Complication des Baues der Muskeln ist dadurch ermöglicht, und die Verwendung einer größeren Summe von Muskelfasern (gefiederte Muskeln), woraus eine größere Energie der Leistung entspringt. Die Insertion ist von nicht minderem Belange. Je näher sie dem Gelenke liegt, eine desto geringere Verkürzung des Muskels ist zur Bewirkung einer umfänglicheren Excursion erforderlich. Aber mit der Nähe der Insertion am Gelenke verkürzt sich der Hebelarm, auf welchen der Muskel zu wirken hat, und dadurch wächst der zu überwindende Widerstand. Diesen Umstand compensirt die Zunahme des Muskelquerschnittes. Die Muskeln der am freiesten beweglichen Körpertheile, der Gliedmaßen, zeigen diese Verhältnisse ausgebildet.

Die Wirkungsart ist für viele Muskeln maßgebend für deren Benennung. Man unterscheidet so Beuger und Strecker, Anzieher und Abzieher u. s. w.

Die Bezeichnung der Bewegungsart ist durch die Richtung der Bewegung bestimmt. Die nach der Ventralfläche vor sich gehende Bewegung ist *Beugung*, jene nach der dorsalen Seite ist *Streckung*, am Stamme wie an den Gliedmaßen. An den letzteren wird die Entfernung von der Medianebene des Stammes *Abduction*, die Annäherung an dieselbe *Adduction* genannt. Beide Bewegungen werden auch an Hand und Fuß, sowie an Fingern und Zehen unterschieden. Im letzteren Falle beziehen sich die Bewegungen auf eine durch die Hand oder den Fuß gelegte Medianlinie.

Der einzelne Muskel ist nur selten in isolirter Thätigkeit. In der Regel wirken mehrere bei einer bestimmten Bewegung zusammen. Sie bilden *Socii* oder *Synergisten*. Dadurch wird die Wirkung des einzelnen Muskels entweder blos verstärkt oder sie wird modificirt, so sehr sogar, dass eine neue Wirkung erscheint, für deren Ausführung kein einzelner Muskel existirt. Das Zusammenwirken der Muskeln vermannigfacht also die Bewegungen. Jeder von einem einzelnen Muskel oder von einer Muskelgruppe ausgeführten Bewegung stellt sich eine andere gegenüber, die in entgegengesetzter Richtung sich äußert. Die solche ausführenden Muskeln sind die Gegner, *Antagonisten*. So sind die Flexoren die Antagonisten der Extensoren und umgekehrt.

Wechselseitige Antagonisten können auch in gleichzeitige Action treten, wenn es sich darum handelt, den Skelettheil, zu dem sie treten, in einer bestimmten Lage zu fixiren. Dies geschieht dadurch, dass sie sich gegenseitig in ihrer Wirkung das Gleichgewicht halten. Diese Thätigkeit besteht bei den *coordinirten Bewegungen*, bei denen die Action eines Muskels die Fixirung seiner Ursprungsstelle durch andere Muskeln voraussetzt. Die Mehrzahl der Muskelactionen ist von einer solchen Coordination der Bewegungen begleitet und bei jeder ist eine größere Anzahl von Muskeln betheiligt. Es ist also das Resultat einer Muskelwirkung keineswegs immer eine sichtbare Lageveränderung eines Körpertheils, eine Bewegung, sondern hier gerade ist Unbeweglichkeit das Ziel.

Die *Nebenwirkungen der Muskeln* sind vielfältiger Art. Sie scheiden sich in bedingte und unbedingte. Die *unbedingte* Nebenwirkung ist an ein gewisses Verhalten des Muskels selbst geknüpft und kommt unter allen Umständen mit der Hauptwirkung zur Ausführung. So ist das Spannen der Gelenkkapseln bei vielen Muskeln unbedingte Nebenwirkung, ebenso werden von manchen Muskeln die Fascien gespannt, indem ein Theil der Muskelsehne oder auch einzelne Bündel des Muskels in oberflächliche Fascien inseriren. *Bedingt* ist eine Nebenwirkung, wenn sie eine andere Muskelthätigkeit zur Voraussetzung hat. Diese andere Muskelaction muss entweder vorausgegangen sein oder muss die erste begleiten. Der erstere Fall besteht z. B. dann, wenn ein Muskel, der seiner Hauptwirkung nach Beuger ist, noch eine Drehbewegung einleiten hilft, die auszuführen bereits eine bestimmte Stellung des betreffenden Skelettheils voraussetzt, jene, von der aus die Drehbewegung in gewisser Richtung erfolgen kann. Im anderen Falle ist der Muskel ein Synergist. Er producirt mit seiner Hauptwirkung noch eine Bewegung, welche durch die Mitwirkung eines anderen Muskels hervorgerufen wird.

Auch die *Hauptwirkung* eines Muskels ist Modificationen unterworfen, und bietet zahlreiche, aus combinirten Actionen entspringende Verschiedenheiten. Das trifft sich vorwiegend für die Muskeln der Gliedmaßen. Bei den von einem Skelettheil zum nächsten gehenden, nur *Ein* Gelenk überspringenden Muskeln (*eingelenkige Muskeln*) bestehen einfachere Verhältnisse. Mit dem Verlaufe des Muskels über mehrere Gelenke (*mehrgelenkige Muskeln*) bilden sich Complicationen dadurch, dass der Muskel nicht blos auf den Skelettheil wirkt, an dem er inserirt, sondern auch auf die vom Verlaufe der Endsehne übersprungenen Skelettheile. Nach Maßgabe der Mitwirkung der Muskulatur *dieser* Skelettheile wird die Bewegung des distalen Skelettheiles in der verschiedensten Weise beeinflusst.

Fig. 251. (Nach H. v. Meyer.)

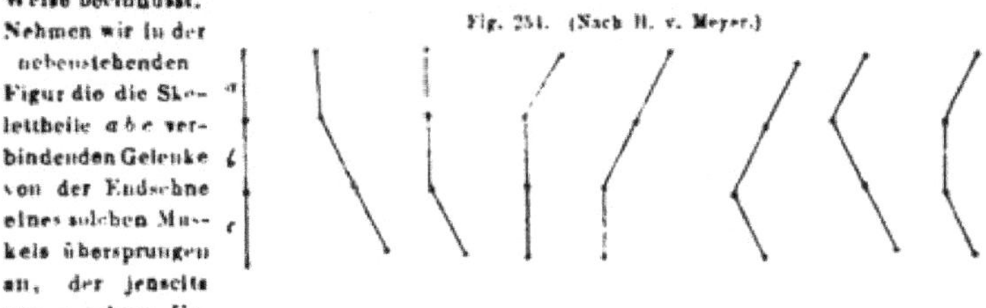

Nehmen wir in der nebenstehenden Figur die die Skelettheile *a b c* verbindenden Gelenke von der Endsehne eines solchen Muskels übersprungen an, der jenseits von *a* seinen Ursprung besitzt, und sich an *c* inserirt, so wird durch die Fixirung einzelner der drei Skelettheile durch andere zu ihnen verlaufende Muskeln eine ganze Reihe verschiedener Stellungen der drei Skelettheile zu einander durch jene mehrgelenkigen Muskeln ermöglicht werden, wie sie aus der Abbildung zu ersehen ist. Durch den Verlauf von Muskeln resp. deren Sehnen über mehrere Gelenke entsteht also eine neue Quelle, aus der ein großer Theil des unendlichen Reichthums der Bewegungen jener Körpertheile entspringt.

Obwohl die Beziehung der Muskulatur zum Skelete als hauptsächlichste gilt, leistet dieselbe Skeletmuskulatur auch durch Verbindung mit Fascien und mit den Kapselbändern der Gelenke Functionen für den Mechanismus der Bewegung. Siehe S. 154.

B. Von den Hilfsapparaten des Muskelsystems.

§ 119.

Die Muskeln schaffen sich aus ihrer Umgebung Hilfsapparate, welche ihre Arbeit erleichtern. Wie alle Organe des Körpers durch Bindegewebe mit ihrer Nachbarschaft im Zusammenhang stehen, so treffen wir dieses Gewebe auch zwischen den einzelnen Muskeln. Es füllt hier Lücken aus, bildet Abgrenzungen der Muskelindividuen und zugleich die Bahn, auf welcher Gefäße und Nerven zu den Muskeln ihren Weg nehmen. Es besteht somit hierin ein ganz ähnliches Verhalten wie bei dem Perimysium, welches als äußeres und inneres jedem einzelnen Muskel angehört (S. 325). Dieses stellt im Kleinen sich in derselben Weise dar, wie das *interstitielle Bindegewebe* der gesammten Muskulatur. Aber es besteht in dem Verhalten der umschlossenen Theile eine beachtenswerthe Verschiedenheit. Während die Bündel eines Muskelindividuums gleichzeitig zur Action gelangen, entspricht es dem individuellen Sonderungszustande der einzelnen Muskeln, dass sie unabhängig von ihrer Nachbarschaft, nicht mit den neben, darüber oder darunter lagernden anderen Muskeln gleichzeitig oder doch nicht beständig mit diesen gleichzeitig fungiren. Diese Selbständigkeit der Function influenzirt das umgebende Bindegewebe. Der Muskel kann mit seiner äußeren Perimysiumschichte nicht in demselben innigen Zusammenhange mit dem umgebenden, ihn von anderen Muskeln trennenden Bindegewebe bleiben, wie es bei den Bündeln eines und desselben Muskels dem inneren Perimysium gegenüber der Fall ist. Die Contraction des Muskelbauches in ihrem wechselnden Auftreten muss eine *Lockerung* im umgebenden Gewebe erzeugen. Dieses gilt auch für die unter gewissen Umständen (vorzüglich bei den mehrgelenkigen Muskeln) durch die Bewegung des Muskelbauches auf- und abgleitende Endsehne. In dem Maße als der Muskel seine Selbständigkeit bekundet und er sich damit von jenem interstitiellen Gewebe löst, tritt auch für letzteres ein gewisser Grad von Selbständigkeit ein. Die Lockerung führt zur Sonderung. Daraus entstehen die Hilfsapparate des Muskelsystems. Es sind vornehmlich die *Fascien*, *Sehnenscheiden* und *Schleimbeutel*, die alle gemeinsamen Ursprungs sind, Producte der Thätigkeit der Muskeln.

1. Fascien. Die *Fascien* (*Muskelbinden*) sind Schichten interstitiellen Bindegewebes, welche die Muskeln umgeben, sie zu Gruppen verbinden und schließlich die Muskelgruppen an Stamm und Gliedmaßen auch oberflächlich bedecken und sie gegen das Integumentum commune abgrenzen. Man unterscheidet somit oberflächliche und tiefe Fascien, von denen die letzteren aus den Fascien der Muskelgruppen und der einzelnen Muskeln bestehen. Die tiefen sind je nach dem Grade der selbständigen Action der von ihnen umschlossenen Muskeln verschieden ausgebildet, stehen aber immer mit den benachbarten in continuirlichem Zusammenhange. Ihre Formverhältnisse sind von den Muskeln abhängig, denen sie zugehören. Auf größeren Oberflächen von Muskeln stellen sie Blätter, Lamellen vor, die aber da ihren lamellösen Charakter verlieren, wo sie in die Nachbarschaft anderer Fascien gelangen, mit denen sie zusammenfließen. Dieses trifft sich also da, wo eine Mehrzahl von Muskeln an einander grenzt.

So hat man sich denn die Fascien keineswegs als allseitig räumlich abgegrenzte »Organe« vorzustellen, sondern als *interstitielles Bindegewebe*, welches in Anpassung an die Gestaltung der Muskeln zum Theil in der Fläche geschichtet erscheint. In Anpassung an die Function des Muskels hängt es mit dem Muskelbauche nur lose zusammen, und nur in der flächenhaften Entfaltung und lamellösen Beschaffenheit gewinnt es den Anschein einer gewissen Selbständigkeit.

Der Grad der Ausbildung der Fascien ist somit an mechanische Bedingungen geknüpft. Da die Anpassung an Form und Umfang des Muskels ihre Gestalt bedingt, so werden sie um so selbständiger als Lamellen erscheinen, je mehr ein Muskel flächenhaft entfaltet ist. Andererseits besteht aber auch an manchen anderen Organen eine flächenhafte erbreitung von Bindegewebe, welches auch unter den Begriff der Fascie gebracht wird, wenn es auch nicht immer deren Structur theilt. Von dem zu Fascien geschichteten Bindegewebe ist vielfach ein Übergang in rein interstitielles Bindegewebe vorhanden, an welchem eine lamellöse Structur entweder nur künstlich dargestellt werden kann, oder gänzlich fehlt. Wo außer Muskeln noch andere Organe; große Gefäßstämme u. s. w. verlaufen, nimmt das diese begleitende Bindegewebe in der Regel keine lamellöse Structur an, verhält sich rein interstitiell und kann daher auch nicht unter den Begriff der Fascien fallen. Wir unterscheiden daher außer den Fascien auch noch interstitielles Bindegewebe, welches nicht die Gestaltung von Fascien gewinnt.

Die oberflächlichen wie die tieferen Fascien sind bezüglich ihrer *Textur* an gewisse durch das Muskelsystem bedingte Verhältnisse angepasst, und hieraus entspringen mehrfache bedeutende Modificationen. Im Allgemeinen bildet lockeres Bindegewebe, wie es überall als interstitielles Gewebe auftritt, die Grundlage der Fascien. Es führt reiche elastische Fasern an den die Muskelbäuche überkleidenden Strecken. Dadurch erleichtert es die Anpassung der Fascie an die Gestaltveränderung des Muskelbauches bei seiner Contraction.

Dieses Verhalten der Fascie ändert sich an vielen Localitäten, und daraus gehen neue Einrichtungen hervor. Als solche sind die folgenden hervorzuheben:

a) Unter Verschwinden des elastischen Gewebes nimmt straffes Bindegewebe die Stelle des lockeren ein und gestaltet die Fascie *aponeurotisch*. Sehnige Faserzüge verlaufen in bestimmter Richtung und können sogar auf größeren Strecken die Fascie in eine Sehnenhaut, *Aponeurose* (*Membrana aponeurotica*) verwandeln. In der Regel gewinnen oberflächliche Fascien diese Beschaffenheit, wo sie an Skeletvorsprünge befestigt sind. Diese aponeurotische Umwandlung der Fascie überträgt ihnen eine andere Function. Auf die sehnig modificirte Fascie treten Muskelursprünge und *dadurch werden solche in den Dienst des Muskelsystems gezogene Fascienstrecken zu Ursprungssehnen von Muskeln*. Die oberflächlichen Muskeln der Gliedmaßen bieten hiefür viele Beispiele.

b) Erstrecken sich oberflächliche Fascien zwischen Muskelgruppen in die Tiefe zu Knochen, so gehen daraus die sogenannten *Ligamenta intermuscularia* (*Membranae intermusculares*) hervor, die gleichfalls eine sehnige Beschaffenheit besitzen. Sie vergrößern die Ursprungsflächen des Knochens, an dem sie befestigt sind.

c) Eine mehr partielle Umwandlung der Fascie in Sehnengewebe entsteht bei dem Übertritte von Muskelursprüngen auf die Oberfläche anderer Muskeln. Die Fascie der letzteren bildet dann an solchen Stellen sehnige Streifen, *Sehnenbogen* (*Arcus tendinei*), von denen Muskelursprünge abgehen. Diese Sehnenbogen sind jenseits des Muskels, in dessen Fascie sie liegen, direct an Skelettheile befestigt. An dieses Verhalten der Muskelursprünge knüpft sich eine Lageveränderung des betreffenden Muskels, ein stattgefundenes Wandern seines Ursprungs. Muskeln oder Muskelportionen können sich auch an Fascien inseriren und dadurch zu Fascienspannern werden. Solche Fascien sind gleichfalls aponeurotisch modificirt. Es sind vornehmlich oberflächliche Fascien, denen dadurch eine besondere Function zu Theil wird (s. darüber beim Venensystem).

d) Durch die Ausbildung von Sehnengewebe gewinnen die Fascien auch die Bedeutung von *Bändern*. Durch manche Fascien werden einzelne Muskeln oder auch Muskelgruppen inniger an die Knochen gefügt, die aponeurotische Fascie sichert die Selbständigkeit der Action der unter ihr sich bewegenden Muskeln. In höherem Grade tritt diese Function an oberflächlichen Fascien hervor. Schräge oder ringförmige Sehnenzüge der Fascie sind an Vorsprüngen des Skeletes befestigt und stellen sich als im Verlaufe der Fascie entstandene Bänder dar, zum Festhalten der unter ihnen verlaufenden Sehnen. Für diese bilden sie sogar einzelne, ihnen eine bestimmte Verlaufsrichtung anweisende Fächer. Solche Bänder finden sich da, wo Sehnen im Winkelverlaufe vom vorletzten Abschnitt der Gliedmaßen auf den letzten (Hand oder Fuß) übergehen.

Aponeurose = sehnige Ausbreitung, das was von einer Sehne herkommt, da νεῦρον sowohl Nerv als auch Sehne, Band etc. bedeutet.

Die Differenzirung dieser Ligamente aus der indifferenten Fascie entspricht einer Anpassung an die an jenen Stellen gesteigerten functionellen Ansprüche an die Fascien, welche hier den unter ihnen verlaufenden Sehnen bedeutenden Widerstand entgegenzusetzen haben. Indem diese Bänder an jenen Stellen regelmäßig angeordnete Canäle zum Sehnendurchlass überbrücken, tritt die Fascie durch die von ihr gelieferten Bänder in erneute Beziehungen zum Mechanismus des Muskelsystems.

2. Sehnenscheiden (*Vaginae tendinum*). Diese sind gleichfalls aus interstitiellem Bindegewebe entstandene membranöse Umhüllungen der Sehnen, die von ihnen auf längeren oder kürzeren Strecken begleitet sind. Sie sind insofern viel selbständiger als die Muskelfascien, als ihre Membran von der Sehne fast vollständig gesondert ist, so dass letztere frei in der Scheide gleitet. Diese Bewegung der Sehne ist das Causalmoment für die Genese der Sehnenscheide. Demgemäß finden sie sich wesentlich an den langen Sehnen solcher Muskeln, die ergiebigere Excursionen hervorbringen. Bei isolirtem Verlauf einer Sehne bildet die Sehnenscheide deren Bahn, wo mehrere Sehnen gemeinsam verlaufen, sind die Scheiden häufig ganz oder doch streckenweise gemeinschaftlich. Die Innenfläche der Sehnenscheide trägt den Charakter einer Synovialhaut, die durch abgesonderte Synovia den Weg der Sehne glatt erhält. Fortsetzungen der Sehnenscheide zur Sehne bilden das *Mesotenon*.

3. Schleimbeutel (*Bursae mucosae, B. synoviales*). Da wo Muskeln oder deren Sehnen über Skelettheile hinwegverlaufen, tritt eine eben durch die Bewegungen jener Theile bedingte bedeutendere Lockerung des interstitiellen Bindegewebes ein, die bis zur vollständigen Trennung der Gewebsschichten sich ausbildet. Den ganz ähnlich wie bei den Sehnenscheiden entstandenen Zwischenraum füllt eine geringe Quantität von Synovia, welche bei der Bewegung des Muskels oder der Sehne die Friction vermindert. Solche an bestimmten Stellen auftretende Räume sind die *Schleimbeutel*, welche man nach der Örtlichkeit ihres Vorkommens unterscheidet. Ebenso wechselnd ist ihre Ausdehnung. Bald sind sie einfach (*Bursae simplices*), bald in mehrfache untereinander zusammenhängende Fächer geschieden (*B. multiloculares*), oder mit Ausbuchtungen versehen. Die Synovialflüssigkeit ist in der Regel nur in geringer Quantität vorhanden, so

dass sie die sich berührenden Wandflächen der Bursa glatt und schlüpfrig erhält. Größere Ansammlungen sind indes nicht selten. Da das ursächliche Moment der Entstehung der Schleimbeutel in der Bewegung der Muskeln liegt, diese Action aber am vollständigsten an dem dem Punctum mobile zunächst befindlichen Theile des Muskels zum Ausschlag kommt, wird das vorwaltende Vorkommen der Schleimbeutel unter den *Endsehnen* der Muskeln begreiflich.

Außer den mit Muskeln im Zusammenhang stehenden finden sich auch subcutane Schleimbeutel, über welche beim Integumente zu verhandeln ist. An manchen Stellen communiciren Bursae synoviales mit Gelenkhöhlen, erscheinen als Ausbuchtungen derselben. Darin liegt nichts Auffallendes, da auch die Gelenke durch Trennung ursprünglich continuirlichen Gewebes entstehen (§ 82). Dasselbe mechanische Moment, welches bei der Genese der Gelenke aktiv ist, wird auch für die Entstehung der Schleimbeutel wirksam. Daraus wird verständlich, dass in beiden Fällen einander sehr ähnliche Einrichtungen zur Entfaltung kommen, und dass auch die Schleimbeutel eine der Synovialhaut der Gelenke ähnliche Auskleidung erhalten.

Über die Schleimbeutel s. A. Monro, A Description of all the bursae mucosae of the human body. Edinb. 1788. Heineke, Die Anatomie und Pathologie der Schleimbeutel und Sehnenscheiden. Erlangen 1868. W. Gruber in einzelnen Mittheilungen.

Nicht blos durch Differenzirung interstitiellen Bindegewebes, wie in den Fascien und Schleimbeuteln, bilden sich die Muskeln Hilfsapparate aus, sondern sie nehmen auch Skelettheile in Angriff und bewirken an diesen Modificationen, welche die Muskelaction unterstützen. Der Verlauf von Sehnen über Knochen prägt diesen rinnenförmige Vertiefungen als Leitbahnen ein und die Knochenoberfläche überzieht sich hier mit einer Knorpelschichte, welche der Sehne eine glatte Gleitefläche bietet. Solche Stellen werden als *Trochleae*, Sehnenrollen, bezeichnet.

Mancherlei andere Einrichtungen, welche in ähnlicher Weise der Muskelwirkung dienen, durch die sie auch entstanden sind, werden bei den bezüglichen Muskeln behandelt.

C. Von der Anordnung des Muskelsystems.

§ 150.

Die Vertheilung der Muskulatur am Körper lässt bei der ersten Betrachtung wenig Momente wahrnehmen, welche zu einer rationellen Eintheilung und systematischen Gliederung der Menge der Muskeln geeignet sind. Wir begegnen fast überall mehrfachen Schichten und innerhalb dieser wieder besonderen Gruppen different geformter und auch nach der Wirkung verschiedener Muskelgebilde, zu deren didaktischer Bewältigung man von jeher die regionale Behandlung und Darstellung als die scheinbar naturgemäßeste gewählt hat. In der That stellen sich auch an den einzelnen Regionen des Körpers zusammengehörende Abtheilungen von Muskeln dar; dieses ergiebt sich nicht blos aus deren Beziehungen zu den Skelettheilen, sondern auch aus deren Innervation. Aber an vielen Localitäten treffen wir ungleichwerthige Muskeln in localer Vereinigung. Die Würdigung der Zusammengehörigkeit von Muskel und Nerv (S. 329) lehrt dann das Verschiedenartige scheiden.

Der Versuch einer Ordnung der mannigfaltigen Erscheinungsweisen der Muskeln hat mit dem primitiven Zustande zu beginnen. Dieser bietet sich uns in den *Myomeren* (S. 322) dar. Solche finden sich beiderseits längs der Dorsalseite angelegt und erstrecken sich vom Rumpfe sogar auf die Anlage des Kopfes, bis zu der Anlage des Gehörorganes. Wir unterscheiden diese als Rumpfmyomeren, denn auch die vordersten, der Kopfregion zugetheilten, sind secundär in diese Region gelangt, wie aus der Innervation der aus ihnen hervorgehenden, sich ventralwärts verschiebenden Muskeln, denen wir bei der Zunge begegnen, hervorgeht. Zu den Rumpfmyomeren kommen bei niederen Wirbelthieren noch Andeutungen eigentlicher Kopfmyomeren, welche vor der Gehörorgan-Anlage ihre Stelle finden. Sie sind nur in niederen Abtheilungen (Selachiern) beobachtet und lassen zu dreien die Muskulatur des Augapfels entstehen. Somit besteht Grund zu der Annahme, dass dorsal in der ganzen Länge des Körpers eine metamere Anlage der Muskulatur vorhanden war, welche in der Kopfregion — wohl mit der Entstehung des Kopfes — sich nur soweit erhielt, als sie zu Muskeln des Augapfels Verwendung fand. In der Kopfregion kommt es aber auch ventral zur Bildung einer Muskulatur, welche den Wandungen der Kopfdarmhöhle angehört. Sie setzt sich mit dem Kiemen- oder Visceralskelete in Verbindung und erhält sich an diesem, soweit es selbst fortbesteht, während sie an dem Abschnitte der Kopfdarmhöhle, der sein Skelet verloren hat, in deren Wandung übergeht. Woher diese Muskulatur stammt, ist noch ungewiss, wenn auch im Allgemeinen ihre mesodermale Genese feststeht.

Als Ausgangspunkt für das *gesammte Muskelsystem* haben wir also eine Doppelreihe dorsal angelegter Myomeren, und Muskelsonderungen an der Kopfdarmhöhle, die ursprünglich dem Bogen des Kiemen- oder Visceralskeletes angehören. Von dieser Gesammtmuskulatur behandeln wir bei dem Muskelsystem die Abkömmlinge der dorsalen Myomeren bis auf jene, welche dem Auge und der Zunge zugetheilt werden. Von der Muskulatur des Visceralskeletes ziehen wir nur jene Muskeln hieher, welche mit dem Skelete ihre Beziehungen behalten, oder sich solche erworben haben, während die anderen beim Darmsystem zweckmäßigere Darstellung finden.

Die bedeutenden Veränderungen, welche das primitive Verhalten dem späteren gegenüber darbietet, sind aus den bedeutenden Umgestaltungen zu erklären, welche der Organismus auf dem Wege der Phylogenese erfahren hat. Schon die Entstehung des Kopfes aus wahrscheinlich einer großen Anzahl von Körpermetameren, wie es durch die Vergleichung der niedersten Wirbelthiere (Amphioxus) mit höheren begründet wird, hat große Umwandlungen zur Folge, indem die dorsalen Myomeren nicht mehr alle zur Anlage gelangen, in den höheren Abtheilungen überhaupt nicht mehr erkennbar sind, wenn auch vielleicht aus ihren Resten die Augenmuskeln hervorgehen. Mit diesem Schwinden von Myomeren am Kopfe steht vielleicht auch das scheinbar frühzeitige Auftreten der Muskulatur des Visceralskeletes im Zusammenhange.

§ 151.

Aus den Rumpfmyomeren geht, wie wir oben schon bemerkten (§ 142), die Muskulatur des Körperstammes hervor. Indem sie von ihrer ursprünglichen Bildungsstätte aus sich allmählich lateral und dann ventral entfalten, entsteht jener als Seitenrumpfmuskel bezeichnete Complex, an welchem die Metamerie in niederen Zuständen noch erhalten bleibt. Jeder der beiden Seitenrumpfmuskeln sondert sich wieder in zwei Abschnitte, einen dorsalen und einen ventralen (Fig. 255 *d*, *v*). Jeder derselben wird von einem Aste eines Spinalnerven versorgt, die obere, dorsale (*d*) Seitenrumpfmuskulatur vom Ramus dorsalis oder posterior, die untere, ventrale (*v*) vom Ramus ventralis oder anterior. Diese Theilung der Spinalnerven liefert einen Anhaltepunkt für die Beurtheilung der Muskulatur. Wir vermögen somit an einem Theile der differenzirten Muskulatur frühere, ontogenetisch sich wiederholende Zustände zu erkennen, in denen die Muskeln eine metamere Anordnung kund geben und zugleich in dorsale und ventrale unterscheidbar sind. Wenn auch die einfacheren Einrichtungen schon durch die Differenzirung der Wirbelsäule in einzelne größere Abschnitte mehr oder minder aufgelöst sind, oder durch Veränderungen in Ursprung und Insertion viele Umgestaltungen erfuhren, so hat doch die dem Stamme angehörige Muskulatur größtentheils ihren metameren Charakter bewahrt. Selbst da finden sich noch Spuren davon, wo Verschmelzung einer Summe metamerer Muskeln zur Herstellung größerer Muskelcomplexe führte.

Fig. 255.

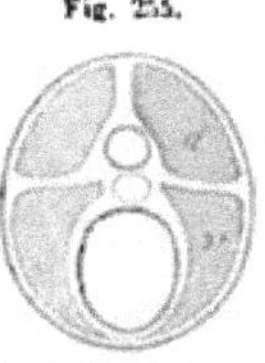

Querschnittschema durch den Wirbelthierkörper.

Von den ventralen Seitenrumpfmuskeln entsteht die *Muskulatur der Gliedmaßen*, die also der Natur der Gliedmaßen gemäß eine spätere Sonderung ist. Von der ventralen Stammesmuskulatur erstrecken sich Fortsätze auf die Anlage der Gliedmaßen. Daraus sondert sich allmählich die Muskulatur derselben. An dieser Muskulatur geht jedoch der metamere Charakter rasch verloren. Dagegen treffen wir sie nur von ventralen Nervenästen versorgt, und finden darin die Ableitung von ventralen Muskeln bestätigt. Jene der vorderen Extremität bilden einen Hauptbestandtheil der Muskulatur des Rumpfes, an welchem sie die demselben eigene Muskulatur überlagern und an mehreren Abschnitten im entschiedenen Übergewichte über die eigentlichen Stammesmuskeln sind. Dieses Übergewicht kommt jenen Muskeln sowohl durch ihre Zahl, als auch durch die mächtige Volumentfaltung zu, die sie durch Ausbreitung ihrer Ursprungsstellen am Rumpfskelet sich erwarben.

Unter Zugrundelegung dieser Gesichtspunkte theilen wir die gesammte Skelet-Muskulatur nach Abzug der bereits oben ausgeschiedenen Bestandtheile in die *primäre oder metamere Muskulatur des Körperstammes*, welche wieder in die *dorsale* und *ventrale* zerfällt, dann in die *secundäre, oder Muskulatur der Gliedmaßen*, die ein Abkömmling der ventralen primären ist. Sie hat durch Wanderung der Muskeln ihre ursprüngliche Lage verändert und erscheint auch durch hochgradige Differenzirung in zahlreiche einzelne Muskeln am bedeutendsten umgebildet. Damit geht Hand in Hand die relativ größere Beweglichkeit der Skelettheile der Gliedmaßen.

Bei der Darstellung des Muskelsystems behalten wir die regionale Eintheilung aus Gründen der Zweckmäßigkeit bei, zugleich mit Berücksichtigung der Gesichtspunkte, nach welchen die heterogene Muskulatur der einzelnen Gegenden des Körperstammes zu ordnen ist.

Das Vorwalten der zur Bewegung der Gliedmaßen dienenden Muskulatur begreift sich aus dem functionellen Werthe jener. Ein Blick auf das Verhalten des Muskelsystems in der Reihe der Wirbelthiere bringt jene Verhältnisse zu klarem Verständnis. Bei den niedersten Wirbelthieren ist die metamere Stammesmuskulatur fast die einzige des gesammten Körpers, der durch sie die Locomotion vollzieht (Cyclostomen). Die Seitenrumpfmuskeln sind die hauptsächlichsten Bewegungsorgane, selbst da, wo schon Gliedmaßen an der Locomotion betheiligt sind, wie bei den Fischen. Auch bei den Amphibien (wenigstens den geschwänzten) und den meisten Reptilien (Eidechsen, Schlangen, Crocodile) spielt jene Muskulatur eine große Rolle, wenn auch bei den meisten die höhere Ausbildung der Gliedmaßen ihr einen Theil dieser Function abgenommen hat, und dadurch eine theilweise Rückbildung jener primären Muskulatur veranlasste. Diese Rückbildung knüpft sich aber an die Ausbildung der Muskulatur der Gliedmaßen. Auf diese hat sich schon bei den Fischen ein Theil der Stammesmuskulatur fortgesetzt und eine selbständige Entfaltung eingeschlagen. Diese steigert sich mit der höheren Ausbildung der Gliedmaßen. Indem endlich bei den Säugethieren (abgesehen von den Cetaceen und Robben) die Ortsbewegung ausschließlich durch die Gliedmaßen vollzogen wird, hat die dem Stamme gebliebene Muskulatur ihre erste und hauptsächlichste Function eingebüßt, oder sie ist nur durch coordinirte Bewegungen bei der Locomotion noch in Thätigkeit. Im Übrigen ist sie auf andere Leistungen speciellerer Art beschränkt.

Von den für diese Veränderungen wirksamen Causalmomenten ist also die Entfaltung der Gliedmaßen das bedeutendste. In dem Maße, als diese die Function der Ortsbewegung übernommen haben, tritt die dem Rumpfe zukommende Muskulatur zurück. Sie ist an den meisten Regionen nur reducirt vorhanden, an manchen nur in Spuren erkennbar. Mit der vollständigeren Ausbildung einer Verschiedenartigkeit der Leistung von vorderen und hinteren Gliedmaßen gewinnt auch deren Muskulatur einen differenten Ausdruck. So ist es die mit größerer Freiheit der Bewegung ausgestattete obere Extremität, deren Muskulatur einen großen Theil des Stammes einnimmt. Die Ausdehnung des Ursprunges solcher Muskeln auf den Stamm des Körpers äußert ihre Rückwirkung auf die Minderung der Beweglichkeit der bezüglichen Skelettheile, ja auf die Ausbildung der letzteren selbst. Bei der richtigen Würdigung der Muskulatur ist also auch die stete Wechselbeziehung zu beachten, welche zwischen ihr und dem Skelet sich kundgiebt.

§ 152.

Indem wir die Anordnung der Muskulatur nicht blos als etwas Bestehendes, sondern auch als etwas Gewordenes betrachten, als das Ergebnis eines Umgestaltungsprocesses, der einen anderen Zustand nothwendig voraussetzt, überträgt sich diese Auffassung von selbst auch auf die häufigen Abweichungen von dem als Regel bestehenden: die sogenannten *Muskel-Varietäten* erscheinen als Variationen. Sie ergeben sich bei genauerer Prüfung als wichtige Thatsachen, in denen sich vielfältig noch der Weg zu erkennen giebt, der den Muskel zu dem, was als Norm gilt, geführt hat. So hat sich auf dem, freilich bis jetzt noch sehr wenig wissenschaftlich durchforschten Gebiete der Muskelvarietäten ein reiches Material erhalten für die Erkenntnis der allmählichen Bildung des Muskelsystems.

Wichtigste Literatur des Muskelsystems:

Albinus, B. S., Historia musculorum hom. Lugd. Bat. 1734. 4. Ejusdem: Tabulae sceleti et musculorum corp. hum. Lugd. Bat. 1747. fol. Günther, G. B., und Milde, J., Die chirurg. Muskellehre in Abbildungen. Hamburg 1839. 4. Theile in S. Th. v. Sömmerring, Vom Baue des menschl. Körpers. Bd. III. Abth. 1. Leipzig 1841.

Eine sorgfältige Zusammenstellung der Muskelvarietäten giebt:

Macalister, A., Additional observations on Muscular Anomalies in Human Anatomy, with a Catalogue of the Principal Muscular Variations hitherto published. Transact. of the Royal Irish Acad. Vol. XXV, Sc. P. I. 1872. Auch zahlreiche Mittheilungen von W. Gruber sind zu nennen. — Ferner: Testut, L., Les anomalies musculaires chez l'homme expliquées par l'anatomie comparée. Paris 1884.

A. Muskeln des Stammes.

§ 153.

Wie das Skelet des Körperstammes sich dorsal in den Bogen der Wirbel und ihren Fortsätzen minder differenzirt hat als ventral, an den Rippen und deren Äquivalenten, so zeigt sich auch das, was am Stamme von der primären Muskulatur fortbesteht, dorsal in mehr gleichartigem Verhalten als ventral. Am Rumpfe werden diese Verhältnisse von der Ausbildung oder dem Mangel der Rippen beherrscht, und am Kopfe ist es die Ausbildung des Unterkiefers und des Zungenbeins sowie die Reduction der anderen Bogen des Visceralskeletes, woraus differente und eigenartige Einrichtungen der Muskulatur entspringen. Auch die Complication des Kopfes durch Sinnesorgane macht sich in Bezug auf das Muskelsystem geltend.

Indem wir die Muskulatur des Stammes in eine dorsale und ventrale theilen, vermögen wir die erstere einheitlich zu behandeln, indes die letztere in einzelne, den Regionen des Stammes entsprechende Abschnitte, in Muskeln des Kopfes, des Halses, der Brust und des Bauches zu sondern ist.

I. Dorsale Muskeln des Stammes (Rückenmuskeln).

§ 154.

Die Rückenfläche des Körpers wird von einer ansehnlichen Muskelmasse eingenommen, welche in zwei sehr differente Gruppen zu scheiden ist. Die *oberflächliche Gruppe* wird aus meist flächenhaft entfalteten Muskeln gebildet, welche sämmtlich der oberen Gliedmaße zugetheilt sind. Sie entspringen größtentheils von der Wirbelsäule, und zwar meist von den Wirbeldornen, und gestatten der darunter befindlichen *tiefen Gruppe* nähere Beziehungen zur Wirbelsäule und zu den Rippen einzugehen. Wir bezeichnen die erste Gruppe als spino-humerale, indem wir Humerus in weiterem Sinne fassen.

Diese **spino-humeralen** Muskeln sind sämmtlich nicht mehr in ihrer primitiven Lage, wie aus ihren Nerven hervorgeht. Sie empfangen diese von Cervicalnerven, und zwar von ventralen Ästen derselben, nicht von dorsalen, wie die Lage der Muskeln zu bedingen scheinen möchte. Auch ein Kopfnerv ist betheiligt. Es werden also diese Muskeln als nicht ursprünglich dem Rücken zukommende zu beurtheilen sein, sondern als solche, die von oben und vorne her rückwärts und abwärts sich entfalten. Gewinnung von Ursprüngen an der Wirbelsäule ist der die Leistung erhöhende Erwerb dieser Wanderung.

Die *tiefe Gruppe* dagegen ist der Rückenregion des Körpers eigenthümlich, denn sie wird von Muskeln gebildet, welche ihre Nerven aus den ihrer Lage entsprechenden Spinalnerven beziehen. Sie sind also in ihrer ursprünglichen Lagerung und zeigen einen metameren Bau, indem sie nach den Wirbelsegmenten mehr oder minder deutlich in einzelne Abschnitte gesondert sind. Eine Abtheilung, welche sich an den Rippen inserirt, wird von ventralen Ästen der Thoracalnerven versorgt, ist also von der ventralen Muskulatur abzuleiten. Die übrigen sind *rein dorsal*, stellen *die langen Rückenmuskeln* vor, die ihre Nerven von dorsalen Ästen der Spinalnerven empfangen.

Die gesammte Rückenfläche bis zum Sacrum herab deckt eine derbe *Fascie*, die vom Nacken in die oberflächliche Halsfascie, an der Schulter in jene des Oberarms, weiter unten in die Brust- und Bauchfascie, vom Sacrum in die Gesäßfascie übergeht. Der Nackentheil der Rückenfascie wird als *F. nuchae* unterschieden.

In der Lendenregion liegt unter der lockeren oberflächlichen Schichte der Rückenfascie eine starke *aponeurotische* Membran, die an den Dornfortsätzen des Sacrum sowie am Darmbeinkamme befestigt ist. Sie bildet das oberflächliche Blatt der **Fascia lumbo-dorsalis** und deckt die unteren Ursprünge langer Rückenmuskeln. Mehreren Rückenmuskeln dient sie als Ursprungssehne.

a. Gliedmafsenmuskeln des Rückens (Spino-humerale Muskeln).

α. Erste Schichte.

§ 155.

M. trapezius (*Cucullaris*) (Fig. 256). Repräsentirt für sich eine Schichte, welche den größten Theil des Rückens bis zur Lendengegend einnimmt. Er entspringt am Hinterhaupte mit einer meist schmalen Portion von der Linea nuchae superior, daran im Anschlusse vom Nackenband, von den Dornfortsätzen des letzten Halswirbels und sämmtlicher Brustwirbel, sowie von den Ligamenta interspinalia dieser Wirbel. Von dieser Ursprungslinie aus convergiren die Fasern zur Schulter. An der Schädelportion ist die Ursprungssehne dünn und schmal, ähnlich weiter abwärts am Nackenbande. An dessen unterem Abschnitte verbreitert sie sich und stellt bis zum zweiten Brustwirbeldorn ein lateralwärts ausgedehntes Sehnenblatt vor. Die vom Hinterhaupte und von dem oberen Theile der Linea nuchae entspringenden Portionen des Muskels gelangen schräg nach vorn herab zur Pars acromialis claviculae, die folgenden inseriren am Acromion und an der

Spina scapulae. Weiter abwärts treten Muskelfasern mit den übrigen schräg aufsteigenden gleichfalls gegen die Spina scapulae. Sie sammeln sich in eine gemeinsame Endsehne, welche über den Anfang der Spina sich hinweg erstreckt und von hinten und unten her an die Spina sich inserirt.

Fig. 256

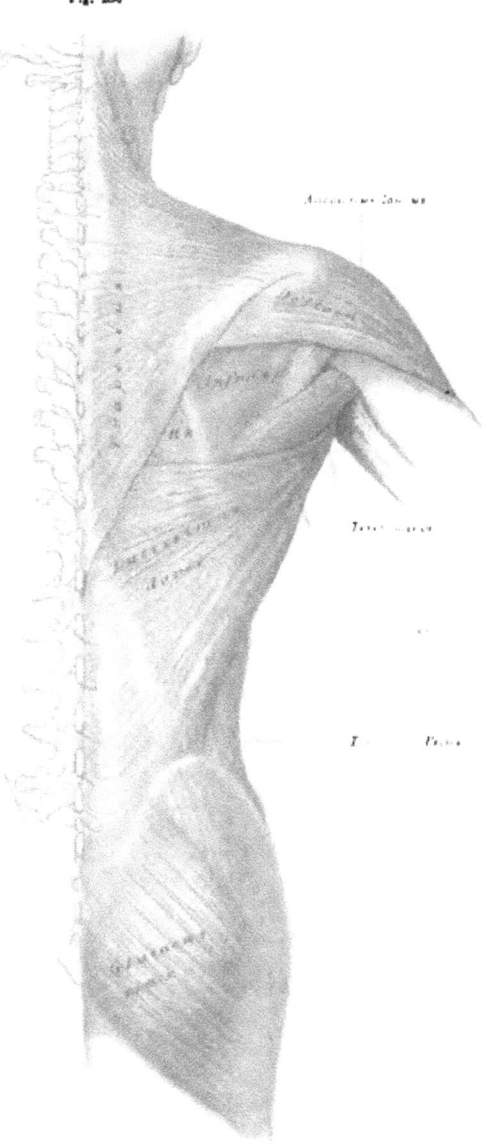

Oberflächliche Muskulatur des Rückens.
Die Schulter ist etwas nach der Seite gezogen

Der thoracale Ursprung des Muskels endet nicht selten am 11., 10. oder einem noch höher gelegenen Brustwirbeldorn, zuweilen beiderseits verschieden. Der occipitale Ursprung bietet gleichfalls verschiedene Grade der Ausdehnung; zuweilen ist er der Insertion des Sterno-cleido-mastoideus bedeutend genähert. Am vorderen Rande des Muskels treten zuweilen von der Schädelursprungsportion abgelöste Bündel auf, die gegen den Rand des Sterno-cleido-mastoideus verlaufen, um in der Regel der Clavicularinsertion dieses Muskels sich anzuschließen. Diese Bündel deuten auf die *Zusammengehörigkeit des Muskels mit dem* Sterno-cleido-mastoideus (s. unten). Innervirt wird der Trapezius vom N. accessorius und mit diesem sich verbindenden Cervicalnerven.

Der Muskel zieht das Schulterblatt nach hinten und nähert die Basis scapulae der Medianlinie.

b. Zweite Schichte.

M. latissimus dorsi. Ein sehr breiter, platter Muskel, der den unteren Theil der Rückenfläche einnimmt und an seinem oberen Ursprunge vom Trapezius bedeckt wird. Er entspringt mit sehr dünner Sehne von Dornfortsätzen der unteren Brustwirbel bis zum siebenten oder fünften hinauf. Am Lendentheile ist die breite Ursprungssehne mit dem oberflächlichen Blatte der *Fascia lumbo-dorsalis* verschmolzen und mit dieser zur Sacralregion verfolgbar; dann tritt der Ursprung auf den hinteren Theil des Darmbeinkammes. Fleischige, von den letzten drei Rippen kommende Zacken, die mit den unteren Ursprungszacken des M. obliquus abdominis externus alterniren, fügen sich als letzter Ursprungstheil an. Sämmtliche Fasern des Muskels convergiren lateral und aufwärts gegen den Oberarm. (Fig. 256.)

Der oberste Theil des Muskels wendet sich quer lateralwärts und bedeckt den unteren Winkel der Scapula. An der folgenden Strecke treten die Fasern schräger aufwärts, die untersten in ziemlich steilem Verlaufe. Alle zusammen bilden einen, dem M. teres major sich anlegenden starken, abgeplatteten Bauch, der um den letztgenannten Muskel sich vorwärts wendet und mit platter Endsehne, gemeinsam mit dem Teres major, an der *Spina tuberculi minoris humeri* inserirt.

Der von der Brustwand lateral sich abhebende Theil des Muskelbauches bildet die hintere Wand der Achselhöhle. Der Ursprung von der Brustwirbelsäule schwankt bezüglich seiner oberen Grenze bedeutend, er kann auf 4—5 Brustwirbel beschränkt sein. Die Endsehne kommt vor der des Teres major zur Insertion und ist zuweilen mit der letzteren verschmolzen. Bei bestehender Trennung findet sich zwischen beiden ein Schleimbeutel. — Von der Endsehne des Muskels löst sich nicht selten ein Bündel los, welches in der Achselhöhle nach vorne tritt und sich dem Coracoid verbindet, oder in die Fascie der Achselhöhle sich auflöst. Die costale Ursprungsportion kann auch ganz in den die Blutgefäße und Nervenstämme der Achselhöhle überbrückenden Anfang der Oberarmfascie, den sogenannten *Achselbogen* sich inseriren, oder der letztere wird von einer Portion des Muskels selbst dargestellt, was an Befunde bei Affen erinnert. Auch Verbindungen mit der Endsehne des Pect. minor wie des P. major bestehen. Die den Achselbogen darstellenden Sehnenzüge können auch durch Fleischfasern vertreten sein, welche verschiedene Beziehungen darbieten. Über den Achselbogen s. BIRMINGHAM Journ. of Anat. and Phys. Vol. XXIII. — In die Haut ausstrahlende Ursprungstheile des Muskels stellen bei Säugethieren den *Panniculus carnosus* vor.

Ein zuweilen vom unteren Winkel der Scapula her in den Latissimus dorsi eintretender accessorischer Kopf des Lat. dorsi erläutert die Zusammengehörigkeit mit dem Teres major. — Wirkung: Adducirt den Arm nach hinten.

Innervirt vom N. subscapularis.

M. rhomboides (Fig. 256). Dieser Muskel wird vom Trapezius bedeckt. Er entspringt vom unteren Abschnitte des Ligamentum nuchae und von den Dornen des siebenten Hals- und der vier ersten Brustwirbel mit kurzer, aber sehr dünner Sehne. Die Muskelfasern bilden einen platten, rautenförmigen Bauch, der schräg zur Basis scapulae verläuft, an der er sich etwas unterhalb des oberen Winkels der Scapula bis zum unteren Winkel herab inserirt.

Der Muskelbauch wird an der Grenze seines oberen Drittels von Blutgefäßen durchsetzt. In der Regel gestaltet sich daraus eine Spalte, welche einen oberen kleineren Theil des Muskels als M. rh. minor vom unteren größeren, M. rh. major oft sehr deutlich abgrenzt.

Der Ursprung bietet sowohl an seiner oberen als auch an seiner unteren Grenze wechselnde Verhältnisse. Die Insertion des Muskels findet an sehnigen Fasern statt, welche längs der Basis scapulae verlaufen und als Sehnenbogen von ihr abgelöst werden können. Unter diesem Bogen treten Blutgefäße durch. Beschränkungen im Umfange des Muskels zeigen sich in der Regel von oben her.

Innervirt vom N. dorsalis scapulae. — Bewegt die Scapula aufwärts gegen die Wirbelsäule.

Fig. 257.

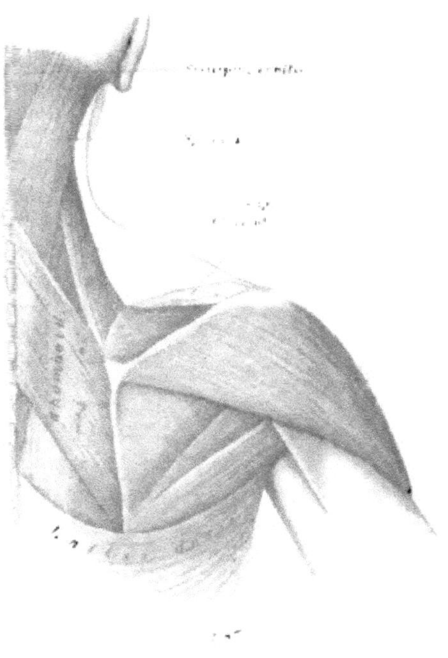

Zweite Schichte der Gliedmaßenmuskeln des Rückens nach Entfernung des Trapezius.

M. levator scapulae (Fig. 257). Er liegt zur Seite des Halses an der Nackengrenze und steigt zur Scapula herab. Entspringt gewöhnlich mit vier Bündeln von den hinteren Zacken der Querfortsätze der vier obersten Halswirbel. Die Atlas-Portion ist die mächtigste und constanteste. Die übrigen, schwächeren besitzen schlanke Ursprungssehnen. Die einzelnen Bündel vereinigen sich zu einem hinter dem Scalenus posticus herabsteigenden Bauche, der am oberen Winkel der Scapula kurzsehnig sich inserirt.

Innervirt vom 2.—3. N. cerv. und von dem N. dorsalis scap. — Hebt die Scapula. Eine Vermehrung der Ursprünge ist seltener als eine Reduction. Meist sind die Ursprungszacken mit den Insertionszacken des Splenius cervicis verwachsen. Die Vermehrung der Ursprungsportionen lässt den Muskel mehr an den M. serratus anticus major sich anschließen, mit dem er bei manchen Säugethieren (vielen Nagern, Prosimii) einen einheitlichen Muskel vorstellt. Bei den Affen ist er gesondert und viele Säugethiere besitzen ihn nur auf eine Portion reducirt.

b. Spino-costale Muskeln.

§ 156.

Sie sind mit ihren Ursprungssehnen zu Dornfortsätzen verfolgbar und inseriren sich an Rippen. Zweige von Intercostalnerven (also Rami ventrales) innerviren ihre einzelnen Portionen und lassen sie als metamere Muskeln von den vorhergehenden ebenso unterscheiden, wie sie von den folgenden eben durch die Beziehung zu ventralen Nervenästen zu sondern sind.

Fig. 258.

Spino-costale Muskeln.

M. serratus posticus inferior (Fig. 258). Ein platter, breiter Muskel, vom Latissimus völlig bedeckt. Mittels einer sehr dünnen Ursprungssehne entsteht der Muskel aus dem Lumbaltheile der Fascia lumbo-dorsalis bis etwa in der Höhe des 11. oder 12. Brustwirbeldorns herauf.

Die lateralwärts allmählich freiwerdende Ursprungssehne lässt einen dünnen, platten Bauch mit schräge nach außen und oben verlaufenden Fasern hervorgehen. Dieser spaltet sich meist in vier hinter einander liegende, nach oben an Breite zunehmende Zacken und inserirt mit diesen an den vier letzten Rippen.

Die einzelnen Zacken sind zuweilen schon an der Ursprungssehne getrennt. Häufig ist deren Zahl vermindert. Die obere Grenze des Muskels ist selten scharf, sondern zeigt sehnige, in der Richtung des Muskels verlaufende Fasern angeschlossen, die wie eine Fortsetzung der Ursprungssehne erscheinen. Dieses Verhalten erstreckt sich nicht selten weit aufwärts und erreicht den unteren Rand des Serrat. post. sup. Zuweilen bestehen noch einige kleine platte Muskelbäuche, welche den M. intercostalis externus überlagern, vor der obersten Zacke. Ihre Ursprungssehnen sind zu jenen Sehnenstreifen verfolgbar.

Wirkung: Zieht die vier letzten Rippen herab.

M. serratus posticus superior (Fig. 258). Ähnlich dem vorigen, aber lateral- und abwärts verlaufend. Er wird vom Rhomboides fast völlig bedeckt. Mit breiter dünner Sehne entspringt er vom unteren Theile des Nackenbandes und von den Dornen des 7. Hals- und der zwei oder drei ersten Brustwirbel. Die schräg zur Seite und abwärts verlaufende Sehne lässt einen platten, in gleicher Richtung gelagerten Muskelbauch entstehen, der mit vier fleischigen Zacken an die 2.—5. Rippe lateralwärts vom Rippenwinkel inserirt.

Zuweilen besteht eine Zacke zur 6. Rippe oder die zur 2. fehlt. Die Ursprungssehne setzt sich nicht ganz selten gegen den unteren Serratus fort, oder zeigt sich für einzelne Zacken gesondert.

Wirkung: Hebt die oberen Rippen.

Beide Serrati postici müssen als Theile eines einzigen Muskels betrachtet werden, dessen mittlerer Abschnitt rudimentär ward und nur durch die beim Serratus posticus inferior erwähnten sehnigen Züge angedeutet ist.

Bei Nagern (Kaninchen) und Prosimiern (Tarsius) besteht ein noch einheitlicher Muskel, an dem aber schon die Sonderung sich andeutet, da die mittleren Zacken schwächer sind. Bei anderen Prosimiern ist die Scheidung vollzogen. Die Verschiedenheit des Verlaufs entspricht der durch die Trennung erworbenen Selbständigkeit jeder Portion. Ein einheitliches Moment ist aber noch in der Function erkennbar, indem beide Muskeln den Thorax erweitern und damit die Inspiration fördern. — Beide Muskeln sind ein Rest der bei niederen Wirbelthieren (Fischen) bestehenden ventralen Seitenrumpfmuskeln, soweit diese nicht in die Intercostalmuskeln und breiten Bauchmuskeln übergegangen sind. Ihre ventrale Natur erhellt aus der Innervation.

c. Spino-dorsale Muskeln.

§ 157.

Es sind aus der dorsalen Seitenrumpfmuskelmasse hervorgegangene Muskeln, die ihre ursprüngliche Lage behielten. In den oberflächlichen Schichten bedeutend gesondert, haben sie in den tiefen durch den Verlauf der Bündel von Metamer zu Metamer noch einen Rest der primitiven Anordnung bewahrt. Zu diesen tiefen findet ein allmählicher Übergang statt. Man unterscheidet sie als *kurze* von den oberflächlicheren *langen*.

1. Lange Muskeln der Wirbelsäule.

Diese bilden eine größtentheils auf die Wirbelsäule beschränkte Gruppe, die vom Sacrum bis zum Schädel sich erstreckt. Nach Ursprung und Insertion sowie nach dem Faserverlauf ist diese Gruppe in mehrere, zum Theil einander deckende Schichten zerlegbar, deren jede aus einer größeren Zahl gleichartiger Ursprünge und Insertionen sich zusammensetzt. In jeder dieser Schichten wiederholt sich also das gleiche Verhalten und stellt einen bestimmten Typus dar, welcher der Gliederung des Achsenskeletes entspricht. Alle werden von dorsalen Ästen der Spinalnerven versorgt.

In Anpassung an die Skeletverhältnisse erscheint an den einzelnen Abschnitten eine größere oder geringere Sonderung der Schichten, sowie eine Verschiedenheit des Volums derselben. Die vom Sacrum und von den benachbarten Theilen des Darmbeines entspringenden Muskelmassen sind mächtiger als ihre Fortsetzungen zu den höher gelegenen Strecken der Wirbelsäule, welche beschränktere Ursprungs- und Insertionsflächen darbieten. An dem Dorso-lumbal-Abschnitte sind die Schichten minder gesondert als in der Cervicalregion, wogegen die von diesen Muskelschichten zum Schädel emporsteigenden Portionen mit bedeutender Sonderung auch ein ansehnlicheres Volum gewonnen haben. Dies entspricht sowohl der freieren Beweglichkeit des Kopfes als dessen größerer Masse, deren Bewegung mächtigere Muskulatur erfordert.

Diese Differenzirung besteht theilweise schon an den zur Halswirbelsäule gelangenden Portionen und wandelt die oberen Abschnitte der langen Rückenmuskeln zu anscheinend selbständigen Muskeln um. So sind sie auch aufgefasst und benannt worden. Die Gleichartigkeit in Ursprung und Insertion, sowie der Zusammenhang mit den indifferenteren, über Lenden- und Brustregion der Wirbelsäule sich erstreckenden Abschnitten lehren, dass jene Muskeln nur Hals- oder Schädelportionen mehr oder minder weit an der Wirbelsäule sich heraberstreckender Muskel-Complexe sind.

Fig. 259.

Fascia lumbo-dors. sup.

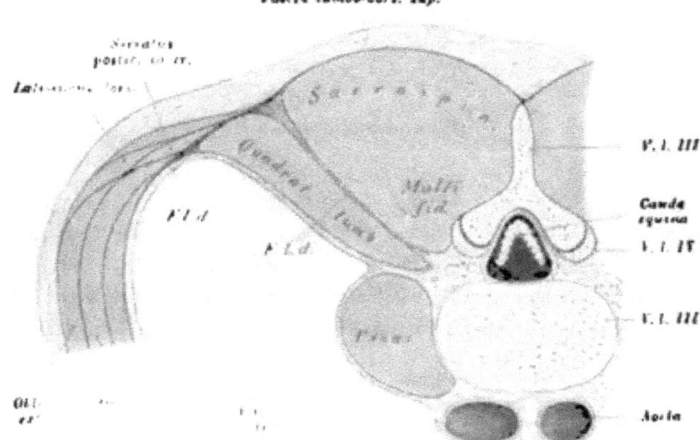

Querschnitt des Rückentheils des Rumpfes durch den dritten Lendenwirbel.

Die größere oder geringere Sonderung dieser Muskeln steht mit Fascien in enger Beziehung. Zwischen unvollständig gesonderten Muskeln fehlen die Fascien, während sie bei selbständigeren und somit gesonderten als umhüllende Bindegewebsschichten vorkommen, die mit der selbständigeren Action der Muskeln auch selbständiger sich darstellen. Die von der Hinterfläche des Kreuzbeins sowie vom Darmbeinkamme aus auf die Lendenwirbelsäule sich erstreckende Muskelmasse wird äußerlich von einer starken Fascie (Fig. 259 *F. l. d. sup.*) umhüllt, einem Blatte der *Fascia lumbo-dorsalis*. Diese besitzt auch ein tiefes Blatt (*F. l. d'.*), welches die Vorderfläche jener Muskulatur von den Querfortsätzen der Lendenwirbel an bekleidet, und am lateralen Rande des Lendenabschnittes jener Muskelmasse mit dem oberflächlichen, die hintere Fläche überziehenden Blatte verschmilzt. Dieser oberflächliche Theil der Lumbo-dorsal-Fascie stellt eine vom Kreuzbein in die Lendengegend sich erstreckende Aponeurose vor, die an den Wirbeldornen wie an dem hinteren Theil des Darmbeinkammes befestigt ist. Aufwärts verdünnt sie sich allmählich und besitzt über dem Thorax nur selten stärkere Sehnenfaserzüge. In dem Maße als aus der von der Fascia lumbo-dorsalis umschlossenen, gemeinsamen Fleischmasse oder von der Fascie selbst allmählich einzelne Muskeln aufwärts hervorgehen, treten trennende Bindegewebsschichten als Fascienblätter zwischen sie, und gewinnen am Nacken und gegen das Hinterhaupt hin eine immer größere Entfaltung.

Die Muskeln, welche einen und denselben Typus darbieten, betrachten wir als einzelne Abschnitte oder Strecken je eines und desselben Systemes, die mit den aus ihnen gesonderten Muskeln in Folgendem zu unterscheiden sind.

1. Spino-transversalis (Splenius).

Der M. splenius (Fig. 258) bildet eine der oberen Brustregion und dem Nacken zukommende Schichte, vom Trapezius, Rhomboides und Serratus post. sup. bedeckt. Er entspringt von den Dornen der oberen sechs Brustwirbel, des 7. Halswirbels und dem unteren Abschnitte des Ligamentum nuchae. Der platte Muskelbauch steigt schräg auf- und lateralwärts, wobei er sich in zwei Portionen sondert. Die zu unterst, von zwei bis fünf Wirbeln entspringende schlägt sich um den lateralen Rand der oberen, die übrigen Ursprünge enthaltenden Portion herum, und theilt sich dabei in 2—3 Zipfel. Diese inseriren sich an den hinteren Zacken der Querfortsätze des 1.—3. Halswirbels und bilden den Splenius cervicis (*colli*). Die andere Portion verläuft zum Schädel, wo sie an der Linea nuchae sup. lateral vom Trapezius-Ursprunge, und an dem hinteren Rande des Zitzenfortsatzes breit inserirt: Splenius capitis.

Die untere Ursprungsgrenze des Muskels reicht häufig nur zum 5. oder 4. Brustwirbel. Der Splenius cervicis ist dann um eine oder auch zwei Insertionszacken verkümmert. Von ihm gehen zuweilen Muskelbündel in den Splen. capitis über.

Wirkung: Beiderseitige Splenii strecken den Kopf mit der Halswirbelsäule. Bei einseitiger Action wirkt der Splenius capitis auf die Drehbewegung des Kopfes.

Innervirt wird der Muskel vom N. occipitalis magnus.

Über dem Splenius, aber von ihm durch die Ursprungssehne des Serratus post. sup. getrennt, findet sich zuweilen ein schmaler Muskelbauch, der von einem oder einigen Dornen unterer Hals- oder oberer Brustwirbel entspringt und zum Querfortsatz des Atlas verläuft. Auch mit der Ursprungssehne des Rhomboides ist er im Zusammenhang. Diesen *Rhombo-atloides* nach MACALISTER sehe ich als ein dem Splenius cervicis angehöriges Bündel an, welches sich durch den Serratus post. superior von der Hauptmasse abtrennte und über letzteren Muskel zu liegen kam. Dies ist daraus zu verstehen, dass der Serratus post. superior bezüglich seiner Ursprungssehne der Dorsalregion fremd ist. Sein spinaler Ursprung ist daher etwas Secundäres. Wie in sehr seltenen Fällen der Serrat. post. sup. mit seiner Ursprungssehne sich zwischen Splen. capitis und Splen. cervicis eingeschoben hatte, so dass der Ursprung des Splenius cervicis über ihm lag (WOOD), so ist ein ähnliches Verhalten auch bezüglich des Rhombo-atloides anzunehmen.

2. Sacro-spinalis.

Diese Muskelmasse besitzt ihre tiefsten Ursprünge an der hinteren Fläche des Kreuzbeins und am hinteren Theile der Darmbeincrista auch von der über

Fig. 260.

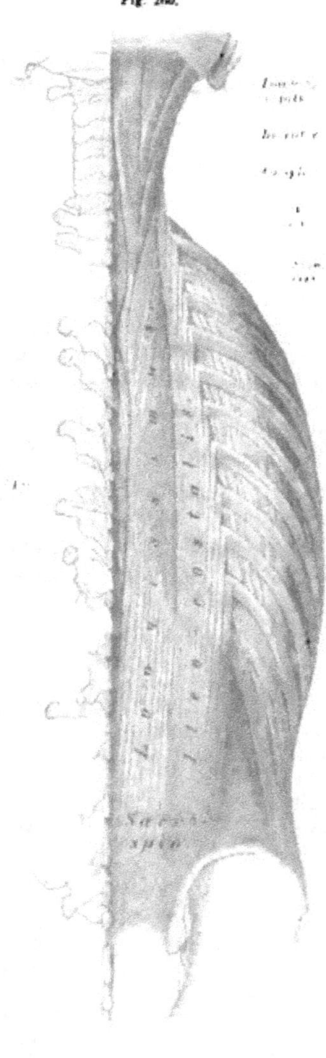

Sacro-spinalis.

das Sacrum ausgedehnten Fascia lumbo-dorsalis, welche die untersten Ursprungsportionen des Transverso-spinalis bedeckt. Die Muskelmasse bildet eine oberflächliche, am thoracalen Theile des Rückens von der Wirbelsäule lateralwärts sich entfernende Schichte, welche zum Hals und zum Schädel emporsteigt. Aus dem sacralen Abschnitte des oberflächlichen Blattes der Fascia lumbo-dorsalis treten breite, sehnige Streifen auf sie hin und bilden mächtige Ursprungssehnen.

Im Lendenabschnitte sondert sich der Sacro-spinalis in eine *laterale* und eine *mediale* Portion. Die erstere bildet sich aus den vom Darmbeinkamm entspringenden Fleischmassen und von solchen, die von Sehnenstreifen entstehen, welche in die gemeinsame Muskelmasse sich einsenken. Sie repräsentirt den *M. ileo-costalis*, die übrige, mediale Muskelmasse, die von der Fascia lumbo-dorsalis entspringt, den *M. longissimus*. Die Scheidung beider Theile des Sacro-spinalis wird durch Blutgefäße und Nerven vervollständigt, welche zwischen ihnen aus der Tiefe emportreten.

M. ileo-costalis (Fig. 259). Am Ursprunge mit dem Longissimus vereint, umfasst er die vom hinteren Theile des Darmbeinkammes mit starker Sehne entspringende laterale Portion des Sacro-spinalis. Längs der Rippen erstreckt er sich medial von deren Winkel aufwärts bis zum unteren Theile der Halswirbelsäule. Die lateral aus dem Muskel aufsteigenden Insertionszacken verlaufen zu den Rippenwinkeln am Thorax und zu den hinteren Zacken der Querfortsätze von 3—4 unteren Halswirbeln. Die untersten Insertionen sind breit und fleischig, die oberen werden sehnig und nach und nach dünner und länger.

Der am Darmbein entspringende Muskelbauch reicht zur Abgabe all' dieser

Insertionen nicht aus. Von ihm treten nur die für die unteren 6 oder 7 Rippen bestimmten Insertionen ab. Diese Lendenportion des Ileo-costalis wird daher als besonderer Abschnitt: Ileo-costalis lumborum aufgefasst. Die Fortsetzung des Muskels wird durch accessorische Ursprünge gebildet, welchen noch ein Bündel aus der Lendenportion sich zugesellt. Mit diesen vereinigen sich die von den 5—7 unteren Rippen kommenden, medial von den Insertionen entspringenden accessorischen Bündel zum Ileo-costalis dorsi, dessen Bauch die Insertionen an die oberen 5—6 Rippen abgiebt. Die oberste oder Halsportion des Muskels sammelt sich endlich aus den von 6—7 oberen Rippen kommenden accessorischen Ursprüngen und sendet ihre Insertionen zu den Querfortsätzen des 4.—6. Halswirbels als Ileo-costalis cervicis.

Lenden- und Rückenportion des Muskels werden auch als *M. lumbo-costalis* oder *Sacro-lumbalis* zusammengefasst. Eine Unterbrechung in der Continuität der accessorischen Ursprünge deutet ihre Sonderung an. Am meisten ist die Halsportion gesondert, deren accessorische Ursprünge selten über die dritte Rippe hinaufreichen. Man hatte sie als besonderen Muskel (M. cervicalis ascendens s. descendens) unterschieden. Ihre Insertionen erstrecken sich selten bis zum 3 Halswirbel, zuweilen nur zum 5. und 6.

M. longissimus (*Transversalis*, z. Th.) (Fig. 260). Sein gemeinsamer Bauch ist zum größten Theile die von der Fascia lumbo-dorsalis kommende Muskelmasse. Er ist in der Tiefe dem Transverso-spinalis (Multifidus) enge angeschlossen. Starke, von den Dornfortsätzen der Lendenwirbel kommende Sehnenbänder, die sich weit über ihn hinauferstrecken, dienen ihm als fernere Ursprungssehnen. Am medialen Rande des Ileo-costalis tritt er bis zum Kopf empor. Seine Insertionen sind wiederum unten mächtiger als oben, und bilden unten fleischige Zacken, während sie weiter aufwärts allmählich schlankere, in schmale Sehnen endigende Bündel vorstellen. Am Lenden- und Brusttheile besitzt der Muskel *doppelte* Insertionen: *mediale*, die am Lendentheile an die accessorischen Fortsätze der Wirbel und am Brusttheile an die Querfortsätze inserirt sind; *laterale*, welche am Lendentheile zu den Querfortsätzen der Wirbel, am Brusttheile zu den Rippen treten, medial von den accessorischen Ursprüngen des Ileo-costalis.

Am Halstheile bestehen *einfache* Insertionen zu den hinteren Zacken der Querfortsätze des 2. bis 6. Halswirbels. Sie sind meist verschmolzen mit den Insertionen des Ileo-costalis cervicis. Die Schädelportion endlich steigt zum Zitzenfortsatze empor, an dessen hinterem Rande sie inserirt ist, bedeckt vom Splenius capitis.

Die vom Sacrum aus emporsteigende Ursprungsportion ist zur Abgabe dieser Insertionen unzureichend. Durch die Lenden- und Brustinsertionen ist sie erschöpft. Damit repräsentirt sie einen besonderen Abschnitt des Longissimus, der als L. dorsi (*Transversalis dorsi*) unterschieden wird. Die Fortsetzung zum Halse bedingen *accessorische Ursprünge*, die mit langen Sehnen von den Querfortsätzen der Brustwirbel, unten meist vereinzelt, oben mehr in continuirlicher Reihe hervorkommen. Die unteren verstärken auch den L. dorsi. Die Mehrzahl dieser Ursprünge setzt sich in die Halsportion des Muskels fort, in die auch ein

Bündel des L. dorsi eingeht. Diese erscheint damit wieder als ein gesonderter Abschnitt: L. cervicis (*Transversalis cervicis*).

Die Kopfportion des Longissimus, Longissimus capitis, setzt sich aus einem, vom L. cervicis abgelösten Bündel, sowie gleichfalls aus accessorischen Ursprüngen zusammen, die theils von den Querfortsätzen oberer Brustwirbel (oft mit den in den L. cervicis tretenden Ursprungssehnen verwachsen), theils von den Querfortsätzen und den Gelenkfortsätzen der unteren Halswirbel kommen (*Trachelo-mastoideus, Transversalis capitis, Complexus minor*).

Im Lendentheile des Longissimus dorsi besteht die geringste Sonderung der Insertionen, die hier vom Muskelbauche völlig bedeckt sind. Die lateralen Insertionen erstrecken sich zuweilen über die Querfortsatzenden hinaus in das an diese befestigte tiefe Blatt der Fascia lumbo-dorsalis. Sehr variabel sind die accessorischen Ursprünge des L. cervicis und capitis.

3. Spinalis.

Das System des Spinalis wird durch Muskelbündel gebildet, die von Dornfortsätzen entspringen und an solche sich inseriren, mit Überspringen mindestens Eines Wirbels. Eine Reihe von Ursprüngen bildet einen zur Seite der Dornfortsätze verlaufenden Muskelbauch, aus welchem nach und nach emporsteigende Insertionsbündel sich ablösen. Ein so gearteter Muskel findet sich am Brusttheile des Rückens, Spinalis dorsi, ein anderer am Halstheile, Spinalis cervicis; beide ohne Zusammenhang unter einander (Fig. 260).

M. spinalis dorsi. Von den langen Ursprungssehnen, welche von Dornfortsätzen einiger Lendenwirbel (2, 3) auf den Longissimus dorsi übergehen, entspringen oberflächlich verlaufende, zur Seite der Dornen der Brustwirbel hinziehende Fleischbündel, welche einen dünnen, platten Muskelbauch vorstellen. Im Aufsteigen löst er sich in einzelne Insertionen auf, die meist schlanke Sehnen besitzen. Mit den Insertionen des darunterliegenden Semispinalis dorsi verwachsen, setzen sie sich an den Dornen der oberen Brustwirbel, vom 2. bis zum 8. an.

Die Zahl der Insertionen ist sehr wechselnd, häufig sehr beschränkt, selten ist der ganze Muskel reducirt. Da er von Ursprungssehnen des Longissimus hervorgeht, ward er von ARNOLD mit diesem und dem Ileo-costalis zu Einem Muskel, *Extensor dorsi communis*, zusammengefasst.

M. spinalis cervicis. Liegt seitlich vom Nackenband an den Dornfortsätzen der unteren Halswirbel. Entspringt fleischig meist von den Dornfortsätzen der zwei obersten Brust- und der zwei oder drei untersten Halswirbel, zuweilen noch tiefer (Fig. 260), und inserirt sich an den Dornfortsätzen des 2.—4. Halswirbels, wobei er mit Insertionen des Semispinalis cervicis vereinigt ist.

Nicht selten ist die Reihe der Ursprünge nicht continuirlich. Auch die Insertionen schwanken bedeutend. Der ganze Muskel fehlt zuweilen.

Ein *Spinalis capitis* wird durch einige Bündel repräsentirt, die von den Dornfortsätzen der Hals- oder der oberen Brustwirbel entspringen und sich dem Semispinalis capitis anfügen.

4. Transverso-spinalis.

Dieses ist ein theilweise vom Longissimus bedeckter, an Brust und Hals medial von ihm zum Vorschein kommender Muskelcomplex, welcher bis zum Kopfe emporsteigt; in verschiedenen Schichten, wie in einzelnen Abschnitten bietet er eine verschiedenartige Ausbildung. Als allgemeiner Charakter erscheint die Zusammensetzung des Transverso-spinalis aus schräg aufsteigenden Fasern, die *von Querfortsätzen entspringen und an Dornfortsätzen inserirt* sind, also transverso-spinalen Verlauf besitzen. Für die einzelnen Schichten macht sich als Eigenthümlichkeit bemerkbar, dass oberflächlich ein steiler ansteigender Verlauf besteht, indem von den einzelnen Bündeln 4—6 Wirbel und mehr übersprungen werden. In den tieferen Schichten tritt ein minder steiler, mehr schräger Verlauf der Fasern auf. Es werden nur 2—3 Wirbel übersprungen. Daran reihen sich dann die tiefsten Schichten, in denen die Fasern der queren Richtung sich nähern, so dass entweder nur Ein Wirbel von ihnen übersprungen wird, oder der Verlauf von Wirbel zu Wirbel stattfindet. Diese Schichten sind am Lenden- und Brusttheile nur durch die angegebene Faserrichtung von einander unterscheidbar und entbehren der trennenden Fascien. Erst an der Schädelportion entfalten sie sich und scheiden dieselbe von der Nackenportion. Jener Faserrichtung entsprechend werden drei Schichten des Transverso-spinalis unterschieden, als M. semispinalis, multifidus und Mm. rotatores.

1. M. semispinalis. Dieser oberflächlichste Theil des transverso-spinalen Systems besitzt den steilsten Faserverlauf und lässt nach den Regionen seiner Verbreitung drei Portionen unterscheiden.

a. Semispinalis dorsi. Entspringt von den Querfortsätzen der 6—7 unteren Brustwirbel und bildet einen vielfach von Ursprungs- und Endsehnen durchsetzten Bauch, der schräg medianwärts emporsteigt und sich mit einzelnen meist sehnigen Bündeln an die Dornfortsätze von 5—6 oberen Brustwirbeln und der beiden letzten Halswirbel inserirt. Die Insertionen sind häufig an Zahl vermindert.

b. Semispinalis cervicis. Nimmt die obere Brust- und die Halsregion ein. Entspringt von den Querfortsätzen der 5—6 oberen Brustwirbel und inserirt sich an den Dornfortsätzen des 2.—5., zuweilen auch des 6. Halswirbels. An den 2. Halswirbel geht die mächtigste Insertionszacke. Eine Fascie trennt ihn von dem folgenden Muskel, der ihn größtentheils überlagert.

c. Semispinalis capitis (Fig. 258). Die Kopfportion des Semispinalis entspringt größtentheils mit den Ursprüngen des Semispinalis cervicis gemeinsam, meist vom 5. oder 6. Brustwirbel an aufwärts bis zum 4. Halswirbel. Der daraus geformte platte Muskelbauch steigt über den Semispinalis cervicis zum Schädel empor und inserirt, sich verschmälernd aber dicker werdend, unterhalb der Linea nuchae superior bis gegen die Medianlinie hin.

Im Muskel besteht eine Zwischensehne, welche, besonders mächtig und constant, dem medialen, am tiefsten abwärts entspringenden Theile des gemeinsamen

Bauches angehört, sich aber auch sehr häufig in den lateralen Theil des Bauches fortsetzt. Da diese beiden Theile des Muskelbauches nicht selten auch longitudinal von einander gesondert sind, oder sich leicht so darstellen lassen, hat man sie als besondere Muskeln, den medialen als *Biventer cervicis*, den lateralen als *Complexus* (Compl. major) unterschieden.

Ich finde die Verschmelzung beider Theile des Semispinalis capitis oder vielmehr das Bestehen eines einzigen Bauches häufiger als das Gesondertsein. — In den Ursprüngen des Semispinalis bestehen viele Schwankungen bezüglich der Zahl der den einzelnen Portionen des Muskels zugetheilten Zacken. Semisp. dorsi und cervicis gehen häufig ohne Grenze in einander über. Auch bezüglich der Insertionen bestehen sehr variable Verhältnisse.

2. M. multifidus. Als zweite Schichte des Transverso-spinalis erstreckt sich dieser Muskel von der hinteren Fläche des Kreuzbeins bis zum 2. Halswirbel. Er ist durch minder steilen Faserverlauf vom Semispinalis unterschieden, indem die einzelnen Ursprungszacken nur über 2—3 Wirbel hinwegziehen. Der am Sacrum entspringende, auf die Lendengegend sich fortsetzende Abschnitt des Muskels ist der mächtigste und erhält noch Zuwachs von dem hintersten Theile der Darmbeincrista, auch von der ihn deckenden Fortsetzung der Fascia lumbodorsalis. Der obere, schwächere Abschnitt wird von Ursprungs- und Endsehnen vielfach durchsetzt. Brust- und Nackentheil des Muskels sind mit dem Semispinalis dorsi und cervicis in unmittelbarem Zusammenhange und nur durch den Faserverlauf davon verschieden. Wie sich die Richtung des Faserverlaufes im Semispinalis derart ändert, dass in den tieferen Lagen minder steil aufsteigende Züge auftreten, die allmählich in den Multifidus übergehen, so ist auch im letzteren eine fernere Abnahme des Aufsteigens bemerkbar, und die tiefsten Züge des Muskels laufen nur über 2 Wirbel hinweg.

Am Kreuzbein entspringen die Bündel des Multifidus von den verschmolzenen Gelenkfortsätzen und dem Lig. ileo-sacrale post., an Lenden- und unteren Brustwirbeln von den Mamillarfortsätzen, an den oberen Brust- wie an den vier unteren Halswirbeln von den Querfortsätzen. Die Insertion findet an den Dornfortsätzen und zwar an deren Basis bis gegen die Spitze hin statt.

3. Mm. rotatores bilden die tiefste, vom Multifidus nur künstlich trennbare Schichte des Transverso-spinalis. Es sind platte Muskelbündel, welche an der Brustwirbelsäule entweder nur einen Wirbel überspringend, vom oberen Rande der Querfortsatzwurzeln zur Basis der Dornfortsätze verlaufen (*Rotatores longi*), oder vom Querfortsatz zum nächst höher gelegenen Wirbelbogen ziehen (*R. breves*). In den letzteren ist der schräge Verlauf fast zum queren geworden.

Die Wirkung der langen Rückenmuskeln äußert sich theils an der Wirbelsäule, theils am Kopfe; an letzterem selbständiger durch die gesonderten Kopfportionen. Bei der Wirkung auf die Wirbelsäule kommen vorzüglich die mit längeren Endsehnen ausgestatteten Systeme in Betracht, deren einzelne Abschnitte mehrere Wirbel überspringen, und deren Wirksamkeit um so bedeutender ist, je näher der Ursprung dem Becken liegt. Daher spielt hierbei der Sacro-spinalis die wichtigste Rolle als *Opisthothenar*, Rückenstrecker; während der Transverso-spinalis bei beiderseitiger Wirkung diese Function theilt, aber bei einseitiger Wirkung mehr als der Sacro-spinalis die Drehbewegungen beeinflusst. Am Kopfe bewirken die bezüglichen Muskeln bei beiderseitiger Action Streckbewegungen, bei einseitiger Wirkung seitliche Bewegungen in dem Maße, als sie laterale Insertionen besitzen; in ähnlicher Weise sind sie an den Drehbewegungen des Kopfes betheiligt. Allen kommt eine höchst wichtige Rolle bei den coordinirten Bewegungen zu, indem sie den Körperstamm oder Abschnitte desselben bei der Thätigkeit vom Stamme entspringender Muskeln fixiren.

2. Kurze Muskeln der Wirbelsäule.

§ 158.

In den Rotatores sind die oberflächlich über größere Abschnitte der Wirbelsäule hinziehenden Muskelmassen in einzelne, von Wirbel zu Wirbel sich erstreckende Muskelchen aufgelöst. Solche bestehen auch zwischen den Fortsätzen der Wirbel, und finden eine mächtigere Ausbildung zwischen dem Hinterhaupt und den beiden ersten Halswirbeln.

Mm. interspinales. Liegen zwischen den Dornen je zweier Wirbel zur Seite der Ligg. interspinalia. In der Lendengegend sind sie mächtiger entwickelt, der unterste, zwischen letztem Lenden- und erstem Sacralwirbel fehlt in der Regel. An der Brustwirbelsäule kommen sie meist nur zwischen den zwei untersten Wirbeln vor, dann wieder am ersten, indes sie an der Halswirbelsäule vom 2.—7. vorkommen und deutlich paarig sind (Fig. 261).

Mm. intertransversarii. Gemäß der verschiedenen Bedeutung der Querfortsätze in den einzelnen Abschnitten der Wirbelsäule besitzen die hierher gerechneten Muskeln einen verschiedenen Werth. Am Lendentheile der Wirbelsäule kommen doppelte Intertransversarii vor: *mediale*, vom Proc. mamillaris entspringende, und an den Proc. accessorius des nächst höheren Wirbels oder auch an dessen Mamillarfortsatz sich inserirende Bündelchen; *laterale*, welche als breitere Muskeln zwischen je zwei Querfortsätzen gelagert sind. An der Brustwirbelsäule fehlen die lateralen, und die medialen werden durch sehnige Theile vertreten. Doch an den obersten Brustwirbeln treten wieder Muskelchen zwischen den Querfortsätzen auf und erscheinen ebenso zwischen den hinteren Zacken der Querfortsätze der Halswirbel, als *Intertransversarii posteriores*. Ähnliche finden sich zwischen den vorderen Zacken der Halswirbelquerfortsätze: *Intertransversarii anteriores*.

Die Intertransversarii mediales der Lendenregion entsprechen den Intertransvers. post. des Halses und gehören damit der dorsalen Muskulatur an. Die Intertransversarii anteriores des Halses sind dagegen Homologa intercostaler Muskeln. Von einer besonderen Function dieser unbedeutenden Muskelchen kann kaum eine Rede sein.

Die Muskulatur des Rückens findet in der Regel ihre unterste Grenze auf der hinteren Kreuzbeinfläche, in auf die Caudalwirbel fortgesetzten sehnigen Zügen. Zuweilen findet sich auch am letzten Abschnitte der Wirbelsäule ein Rest dorsaler Muskulatur, der am Schlusse der Stammesmuskulatur Erwähnung findet.

3. Muskeln zwischen Hinterhaupt und den ersten Halswirbeln.

§ 159.

Eine Gruppe kleiner, aber im Verhältnis zu ihrer geringen Länge starker Muskeln lagert in der Tiefe des Nackens und erstreckt sich von den beiden letzten Halswirbeln zum Hinterhaupt (Fig. 261). Sie sind nicht alle auf bereits aufgeführte Systeme der Rückenmuskeln beziehbar, stellen Differenzirungen des obersten Theiles der tiefen Rückenmuskulatur vor, die in Anpassung an die mächtigere Entfaltung der Insertionsfläche am Hinterhaupt, wie an die größere Beweglichkeit des Kopfes und des ersten Halswirbels in etwas anderer Art als bei den übrigen Rückenmuskeln erfolgte.

Fig. 261.

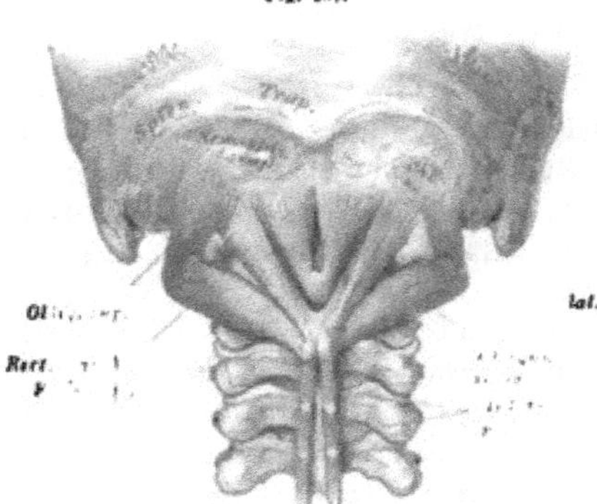

Muskeln zwischen Hinterhaupt und den ersten Halswirbeln.

M. rectus capitis major (R. cap. posticus major). Entspringt von der Spitze des Dorns des Epistropheus, wobei er auch auf den oberen Rand dieses Fortsatzes übergeht, und steigt unter allmählicher Verbreiterung in etwas seitlicher Richtung aufwärts, um am mittleren Drittheil der Linea nuchae inferior sich breit zu inseriren.

Wirkt beim Strecken des Kopfes.

M. rectus capitis minor (R. cap. posticus min.). Entspringt vom Tuberculum atlantis posticum und tritt verbreitert zum Hinterhaupte, wo er sich unterhalb des medialen Drittels der Linea nuchae inferior, lateral vom vorhergehenden Muskel bedeckt, inserirt.

Er unterstützt die Wirkung der Strecker.

M. rectus capitis lateralis. Entspringt vom Querfortsatze des Atlas und zwar von der vorderen Spange desselben, zuweilen recht ansehnlich, oft aber schwach, und verläuft gerade empor zum Hinterhauptbein, wo er seitlich und hinter dem Foramen jugulare inserirt.

Der Muskel repräsentirt einen Intertransversarius. Die Insertionsstelle trägt zuweilen einen kurzen Fortsatz (vgl. S. 201 Anm.).

M. obliquus capitis superior. Dieser Muskel entspringt von dem hinteren Höcker des Querfortsatzes des Atlas und verläuft unter allmählicher Verbreiterung schräg medianwärts empor zum Hinterhaupte, wo er sich über dem Rectus capitis major, zwischen der Insertion des Semispinalis capitis und der Linea nuchae inferior inserirt.

M. obliquus capitis inferior. Er entspringt vom Dorn des Epistropheus gegen die Wurzel desselben herab, und verläuft lateralwärts empor zum Querfortsatz des Atlas, an dessen hinterer Spange er sich inserirt.

Bei einseitiger Wirkung hilft er den Kopf drehen. — Die ganze Muskelgruppe wird vom N. suboccipitalis (Ramus posterior N. cerv. I) innervirt.

Die Differenzirung dieser Muskelgruppe geht von einer bei Reptilien noch gemeinsamen, größtentheils von den oberen Halswirbeln entspringenden Muskelmasse aus, in welche der Ramus posterior des ersten Cervicalnerven tritt. Eine Abgrenzung erhält diese Muskelmasse vom Ramus dorsalis des zweiten Cervicalnerven, der lateral an ihr emportritt. Der Eintritt des erstgenannten Nerven scheidet die Muskelmasse in eine *mediale* und eine *laterale* Portion. Die erstere lässt bei den Säugethieren den Rectus capitis major und minor hervorgehen. Die laterale Portion gewinnt mit der Ausbildung des Querfortsatzes des Atlas Befestigung an diesem und zerfällt dadurch, dass immer mehr Muskeltheile vom Atlas aufgenommen werden, in zwei auf einander folgende Abschnitte, deren Verlaufsrichtung durch die weiter lateral verlegte Befestigungsstelle am Atlas bestimmt wird. So entstehen aus der lateralen Portion die beiden Musculi obliqui. (CHAPUIS.)

II. Muskeln der Ventralseite des Stammes.

a. Muskeln des Kopfes.

§ 160.

Die Muskeln des Kopfes sondern sich genetisch nach den beiden, am Kopfskelete unterschiedenen Abschnitten, in dorsale Muskeln und in ventrale, oder Muskeln des zum Kopf gehörigen Visceralskeletes, von welch' letzterem außer den Gehörknöchelchen Unterkiefer und Zungenbein sich erhalten haben. Da wir die dorsalen, als welche die Augenmuskeln sich darstellen, anderwärts behandeln, bleiben für den Kopf nur ventrale übrig, solche, die dem Visceralskelete zugetheilt waren. Sie stellen außerordentlich verschiedene Gebilde dar. Erstlich begegnet uns eine am Kopfe weit verbreitete, mit dem Integumente in Zusammenhang stehende und daher mehr oberflächliche Muskulatur, die sich auch auf den Hals als dünne Lage heraberstreckt. Zweitens besteht eine Anzahl tiefer gelegener Muskeln, welche mit den aus dem Visceralskelete hervorgegangenen Skelettheilen verbunden sind. Die bedeutende Verschiedenheit, welche diese beiden großen Abtheilungen der dem Kopfe angehörigen Muskulatur darbieten, gründet sich auf ihre Beziehungen, die bei der einen im Integumente, bei der anderen in Skelettheilen gegeben sind.

Die Verschiedenheit der beiden Abtheilungen ist keine ursprüngliche, denn auch die oberflächliche Muskulatur leitet sich von einem viel einfacheren Zustande ab, in welchem sie einem Visceralbogen zugetheilt war. Es liegt also hier nicht etwas absolut Fremdes vor.

Von der übrigen dem Kopfe ursprünglich zukommenden ventralen Muskulatur wird die in die Wand der Kopfdarmhöhle übergegangene beim Pharynx behandelt, die den Gehörknöchelchen zugetheilte beim Gehörorgan.

α. Oberflächliche Muskulatur und ihre Sonderung.

Die Antlitz- oder Gesichtsmuskeln besitzen das Gemeinsame, dass sie, soweit sie oberflächlich gelagert sind, großentheils einer deutlichen Fascienumhüllung entbehren. Sie lagern unmittelbar unter dem Integumente, mit dem sich ihre Insertionen verbinden, sind also Hautmuskeln. Da es sich bei dieser Verbindung mit Integumentstrecken um leicht bewegliche Theile handelt, stellen die einzelnen Muskeln wenig voluminöse, meist platte Gebilde vor. Ihre wenig scharfe Abgrenzung unter sich, wie die Untermischung einzelner Muskelpartien mit Bindegewebe und Fett, gestattet der Willkür in der Aufstellung einzelner Muskeln einen größeren Spielraum. Sie bewirken die Veränderlichkeit des physiognomischen Ausdruckes, leiten das Mienenspiel, gehören daher auch functionell zusammen, wenn sie auch noch manche andere Leistungen darbieten.

Sie werden sämmtlich vom N. facialis innervirt, der ebenso einen subcutanen Muskel des Halses versorgt. Mit diesem zum Gesichte emportretenden und sich auch da verbreitenden Hautmuskel stehen die sämmtlichen Muskeln dieser Gruppe in näherer oder entfernterer Verbindung. Einzelne, scheinbar aberrirende Faserzüge, die man früher als Abnormitäten auffasste, bewerkstelligen jene Verbindung. Wir sehen darin ein Zeugnis für den ursprünglichen Zusammenhang. Jener subcutane Hautmuskel entsteht in der Nachbarschaft des Zungenbeinbogens (RABL), dem auch der Nerv angehört. Von da aus hat sich diese Muskulatur sowohl aufwärts, über den Kopf, als auch abwärts auf den Hals entfaltet.

Diese Hautmuskelschichte wird ursprünglich aus zwei sich kreuzenden Schichten gebildet, die bei den Halbaffen noch bestehen. Die *tiefere*, aus quer verlaufenden Zügen dargestellte (*Sphincter colli*), setzt sich am Kopfe in die Umgebung des Mundes und der Nase fort, wo sie die tiefere Muskulatur entstehen lässt. Am Halse verschwindet sie in den höheren Abtheilungen. Wir begegnen daher hier nur der *oberflächlichen* Hautmuskulatur. Sie bildet das **Platysma myoides**. Der auf den Kopf übertretende Theil des Platysma geht mannigfache Veränderungen ein, indem er den verschiedenen Öffnungen sich anpasst, welche hier von Hautgebilden umgeben sich vorfinden, und auch sonst manche neue Beziehungen gewinnt. Dadurch sondert sich der Kopftheil des Platysma in einzelne Muskeln. Wir betrachten zuerst diese Sonderungsvorgänge, die von großer Wichtigkeit sind, da sie uns die mannigfachen Befunde aufklären: die Verbindungen der einzelnen Muskeln unter sich und zahllose individuelle Variationen, die sonst unverstanden bleiben.

Am Kopftheile des Platysma unterscheiden wir den hinter das Ohr gelangenden Theil (Fig. 262 *I*) von dem Gesichtstheile. Der erstere behält nur selten seinen ursprünglichen Zusammenhang mit dem Platysma bei. Er bildet vom Hinterhaupte zum Ohre verlaufende Züge. Daraus gehen verschiedene in jener Region angeordnete Muskeln hervor (Fig. 262). Eine auf dem Hinterhaupte sich entfaltende Schichte bildet den *M. occipitalis* (*Ia*), zum Ohre sich erstreckende Bündel stellen den *M. auricularis posterior* (*b*) vor, und auf die Ohrmuschel verbreitete die *Mm. transversus* und *obliquus auriculae*. Ein Rest dieser Platysmaportion ist auch der *M. transversus nuchae* (*c*).

Der vor dem Ohre zum Gesichte emporsteigende Theil des Platysma (Fig. 262 *II*), *M. subcutaneus faciei* begiebt sich theils zum Kinn und zur Unterlippe. Seine Abkömmlinge sind der *M. quadratus labii inf.* (*a*) und *M. mentalis*. Theils erstreckt er sich weiter empor, bildet Züge, die vom Ohre aus zu den Lippen verlaufen (Fig. 262 *III*) und als *M. auriculo-labialis* (*inferior* und *superior*) in ihren primitiven Befunden zu unterscheiden sind. Endlich entfaltet sich noch eine Schichte weiter hinauf, vom Ohre zur Stirne, *M. auriculo-frontalis* (Fig. 262 *IV*).

Fig. 262.

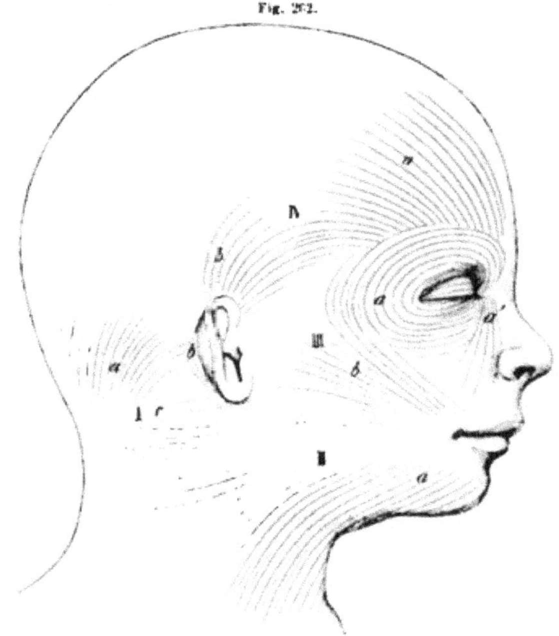

Schema der Differenzirung des *Platysma* am Kopfe.
Die größeren Gebiete sind mit römischen Ziffern, die kleineren mit Buchstaben bezeichnet.

Die als *Auriculo-labialis inferior* bezeichnete Portion ist beim Menschen nur an der Ohrmuschel ausgebildet, hier lässt sie die *Mm. tragicus* und *antitragicus* entstehen.

Der *Auriculo-labialis superior* giebt am Ohre den *M. helicis* ab, bildet mit Bündeln, die am Jochbeine sich befestigen, den zum Mundwinkel verlaufenden *M. zygomaticus* (*III b*) und entfaltet seine höher gelegenen Theile in der Umgebung des Auges. Sie schlagen hier kreisförmige Bahnen ein, indem sie dem medialen Augenwinkel zustreben, woselbst sie sich befestigen. So entsteht daraus der *Orbicularis oculi* (*IIIa*). Von dessen medialer Befestigung zweigt sich eine Portion wieder nach unten ab, und verläuft zu Nasenflügel und Unterlippe (*Levator labii superioris alaeque nasi*) (*III a'*).

Der *Auriculo-frontalis* endlich geht in zwei Theile auseinander, der eine erhält sich an der Stirne als *M. frontalis* (*IVa*), der andere bildet eine vor und über dem Ohre liegende Muskelschichte, deren obere Portion den *M. auricularis superior* (*IVb*), die untere den *M. auricularis anterior* darstellt.

Die tiefe Schichte des Platysma, bei Säugethieren auch am Halse entfaltet, Sphincter colli, besteht beim Menschen nur im Gesichte, in der Umgebung des Mundes. Sie formt hier den Mundwinkel umkreisende Züge den *M. orbicularis* oder *sphincter oris*, setzt sich auch gegen die Nase fort und nimmt mit einzelnen Portionen Befestigung an den benachbarten Knochen. Eine dann am Oberkiefer entspringende Zacke bildet den *M. caninus* (Fig. 263). Eine andere am Infraorbitalrand befestigte den *M. levator labii superioris proprius*. Ferner nach hinten zu theils am Oberkiefer, theils am Unterkiefer sich befestigende Theile

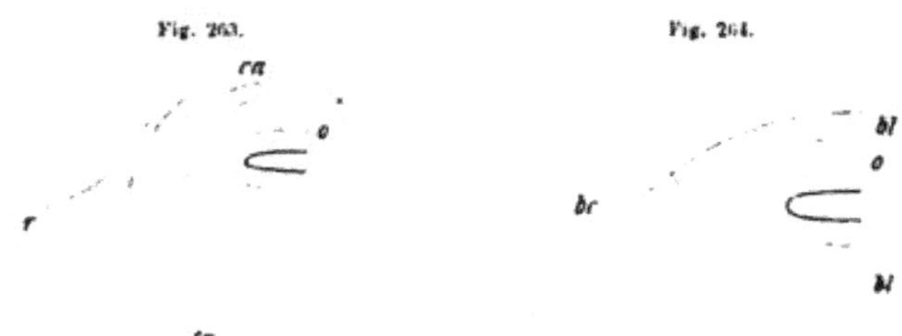

Schema für die Ableitung des Triangularis, Caninus und Risorius.

Schema für die Ableitung des Buccinator.

lassen den *M. buccinator* (Fig. 264) hervorgehen. Medial von der Befestigung des Caninus, theilweise gleichfalls am Oberkiefer entspringende platte Züge verlaufen nach der Nase: *M. nasalis*. Endlich bilden Bündel, welche am Mundwinkel eine Spalte der oberflächlichen Platysmaschichte, des Subcutaneus faciei durchsetzen, eine auf diese ausstrahlende Muskellage. Der größere Theil davon wendet sich zum Rande des Unterkiefers herab, wo er sich befestigt, *M. triangularis labii inferioris*. Lateral davon in die Haut der Wange sich abzweigende Bündelchen lassen den *M. risorius Santorini* entstehen (Fig. 263, *r*).

Durch diese Veränderungen tritt die Muskulatur in neue Beziehungen, in welchen wir sie näher betrachten werden.

Die vergleichend-anatomische Begründung der oben gegebenen Darstellung siehe bei G. Ruge, Untersuchungen über die Gesichtsmuskulatur der Primaten, Leipzig 1887.

§ 161.

aa. Platysma myoides (*Latissimus colli*, *Subcutaneus colli*).

Ein dünner, platter, meist aus blassen Bündeln bestehender Hautmuskel (Fig. 265, 274), der am Gesicht als Subcutaneus faciei theils in der Wangenregion theils am Unterkiefer beginnt. Eine Reihe von Bündeln ist am Unterkieferrande bis gegen das Kinn zu befestigt. Am Kinne kreuzen sich zuweilen die beiderseitigen. Vom Gesichte aus begiebt sich der Muskel abwärts. Im Verlauf am Halse tritt in der Regel eine Divergenz beider Muskeln ein; so dass die Regio mediana colli von ihnen unbedeckt bleibt (Fig. 274). Ein dünnes Fascienblatt bedeckt den Muskel, während er eine stärkere Fascie (oberflächliche Halsfascie) unter sich hat Nach unten gewinnt der Muskel größere Breite, tritt über die Clavicula (medial nahe an der Articulatio sterno-clavicularis) in die obere Brustgegend, mit seinen lateralen Bündeln in die Schulterregion. An diesen Orten findet ein Ausstrahlen der Bündel statt, die zum Theil in der Haut inseriren.

Beim Verlauf im Gesichte setzt sich das Platysma in manche Muskeln des Mundes fort (M. quadratus labii inferioris); seine lateralen Bündel können im Gesicht außerordentlich verschiedene Bahnen einschlagen.

Über die Verbindung des Muskels mit der Haut der Brust s. WALDEYER, Zeitschrift f. Anat. und Entwickelungsgesch. Bd. I. S. 198. Außer den zahlreichen Variationen seines Verlaufes im Gesichte sind noch Abzweigungen nach der hinteren Kopfregion beachtenswerth. Auch ein von mir in einem Falle beobachtetes *Fehlen der ganzen unteren Hälfte* des Muskels ist wichtig, da damit der obere Theil des Muskels, zu dem auch der Nerv sich verbreitet, als der ursprünglichere erscheint. In diesem doppelseitigen Falle war der Gesichtstheil des Muskels normal und erstreckte sich so bis zur Hälfte des Halses herab, wo die Züge, wie sonst auf der Brust, auseinandergingen. In einem zweiten Falle strahlte der Muskel dicht oberhalb des Schlüsselbeins aus.

Das Verhalten des Muskels bei Säugethieren ist für das Verständnis des oben dargestellten Zusammenhanges mit den mimischen Gesichtsmuskeln von größter Bedeutung. Er besitzt hier in den verschiedenen Abtheilungen eine sehr verschiedene Verbreitung an Brust, Hals und Nacken, bei den meisten dagegen eine viel bedeutendere Ausdehnung über den Kopf als beim Menschen, so dass der Zusammenhang mit der Gesichtsmuskulatur sich viel vollständiger darstellt. Beim Menschen bildet er den Rest einer bei Säugethieren zur Bewegung des Integumentes dienenden Hautmuskulatur, die als »*Panniculus carnosus*« auch von anderen Muskeln ausgeht.

β. Muskeln der Mundöffnung.

Diese treten sämmtlich zu den Lippen und sind theils in radiärer, theils in circulärer Anordnung in mehrere Schichten vertheilt. Sie gehören theils dem Platysma, theils der tieferen Schichte des primitiven Hautmuskels an.

Erste Schichte.

M. orbicularis s. sphincter oris. Eine die Mundöffnung ringförmig umziehende Muskulatur ist nur zum Theile einigermaßen selbständig, insofern sie aus der tiefen primitiven Schichte hervorgeht. Zum großen Theil laufen in die Lippen übergehende Züge anderer, auch radiär angeordneter Muskeln streckenweise in Kreisbahnen fort, und verstärken dieselben. Da ein Theil der Züge in den M. buccinator verfolgbar ist, stellt die Lippenmuskulatur einen *M. bucco-labialis* vor.

M. triangularis (*Depressor anguli oris*) (Fig. 265). Geht mit breiter Basis vom Unterkieferrande, aufwärts verschmälert, zum Mundwinkel. Er entspringt vorne seitlich vom Kinne und erstreckt sich mit seiner zuweilen unterbrochenen Ursprungslinie bis gegen die Mitte des Kieferrandes, wo sich Fasern des Platysma dem Muskel beimischen. Der durch die Convergenz aller Fasern gebildete Muskelbauch tritt aufwärts zum Mundwinkel und inserirt theils in der Haut, theils tritt er mit dem Caninus in den *Orbicularis* der Oberlippe.

Der Muskel zieht den Mundwinkel herab.

Ungeachtet seiner größtentheils oberflächlichen Lage ist der Muskel aus der tiefen Schichte hervorgegangen, indem er sich von der Oberlippe aus abwärts entfaltete. Bei den Affen hat er noch nicht den Kieferrand erreicht. Bei starker Ausprägung des Triangularis treten die Ursprünge der vordersten Bündel über den Kieferrand herab und vereinigen sich mit denen der anderen Seite zu einem quer unter dem Kinn hinziehenden Muskelbauch: *M. transversus menti*, der also vom Triangularis sich ableitet.

Fig. 265.

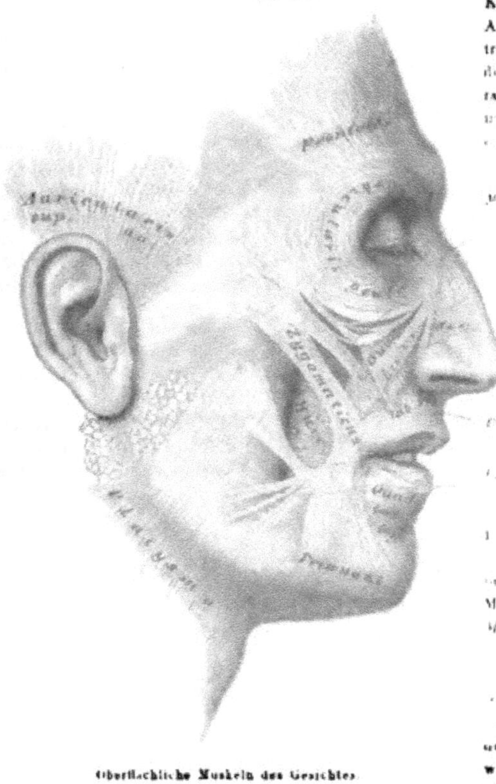

Oberflächliche Muskeln des Gesichtes.

An den lateralen Rand des Triangularis schließen sich nicht selten Muskelzüge an, die genetisch mit dem letzteren zusammengehören. Sie treten in mehr transversalem Verlaufe auf die Fascia masseterica, auch an die Haut der Wange. Bei mächtiger Entfaltung bilden sie einen breit entspringenden, mit convergirenden Fasern zum Mundwinkel laufenden Muskel: *M. risorius Santorini*. Er erzeugt das Grübchen der Wange, durch seine Lage über dem Platysma ist er von einem anderen Muskelzuge unterschieden, welcher durch Platysmafasern gebildet wird, die gegen den Mund convergiren. Er zieht den Mundwinkel lateralwärts.

M. zygomaticus (*Zyg. major*) (Fig. 265). Dieser Muskel entspringt vom Jochbeine dicht an dessen Verbindung mit dem Processus jugalis des Schläfenbeins. Er verläuft, meist vom Fett der Wange umgeben, mit seinem Bauche schräg vor- und abwärts zum Mundwinkel. Theilweise kreuzt er sich mit den

Fasern des Triangularis und strahlt vorzugsweise in der Haut am Mundwinkel aus. Auch zu den Lippen sendet er Bündel.

Sehr häufig wird er durch laterale Faserzüge des Orbicularis oculi, die sich seinem vorderen Rande anschließen, bedeutend verbreitert. — Unter dem Zygomaticus liegt eine mit Fett gefüllte Grube, deren Boden der M. buccinator bildet; die hintere äußere Begrenzung dieser Grube bildet der Vorderrand des M. masseter, unter welchem die Vertiefung sich noch etwas nach hinten erstreckt.

Der Zygomaticus zieht den Mundwinkel nach hinten und aufwärts. Mit einzelnen Faserzügen schließt er sich zuweilen dem folgenden an, oder ist gegen den Risorius zu ausgedehnt.

M. quadratus labii superioris (Fig. 265). Geht von oben herab zur Oberlippe. Er entspringt längs des Margo infraorbitalis, medial am Stirnfortsatz des Oberkiefers bis gegen den inneren Augenwinkel, lateral am Jochbein bis in die Nähe des Zygomaticus-Ursprungs. Ein Theil des Ursprungs wird vom M. orbicularis oculi bedeckt. Der Quadratus sendet seine Fasern, die medialen senkrecht, die lateralen etwas schräg vorwärts zur Oberlippe, ein Theil des am Augenwinkel entspringenden Abschnitts geht zum Nasenflügel.

Der Muskel besitzt nicht selten Ursprungs-Unterbrechungen, welche eine Zusammensetzung aus verschiedenen Portionen ausdrücken. Eine laterale Portion gehört eigentlich der tiefen Schichte an (*Levator labii superioris proprius*). Eine mediale Portion ist vom Orbicularis oculi abgezweigt (*Levator labii superioris alaeque nasi*).

Er hebt die Oberlippe und den Nasenflügel.

Die einzelnen Ursprungsfascikel schließen sich im Verlauf etwas an einander. Ein lateral vom *Levator lab. sup. proprius* von der Außenfläche des Jochbeins entspringendes Fascikel ist ein vom Zygomaticus stammender Theil, welcher als *Zygomaticus minor* bezeichnet wird.

Zweite Schichte.

M. quadratus labii inferioris (*Depressor labii inferioris*) (Fig. 265). Ein dünner, rhomboidal gestalteter Muskel, theilweise vom Triangularis bedeckt. Er entspringt vom Unterkiefer unterhalb des Foramen mentale, und von da mit einzelnen Bündeln lateralwärts, von Ursprüngen des Triangularis durchsetzt. Seine Fasern verlaufen in der Richtung des Platysma, von dem der Muskel eine zum Theile an den Unterkiefer befestigte Fortsetzung vorstellt. Er endigt in der Unterlippe.

Der Antheil des Platysma an der Bildung des Quadratus ist sehr verschieden. Am häufigsten besteht ein unmittelbarer Übergang im lateralen Theil des Muskels.

Der Quadratus zieht die Unterlippe herab.

M. caninus (*Levator anguli oris*) (Fig. 266). Wird vom Quadratus labii sup. so bedeckt, dass an dessen seitlichem Rande nur ein kleiner Theil zum Vorschein kommt. Er entspringt breit aus der Fossa canina des Oberkiefers, unterhalb des Foramen infraorbitale und verläuft schräg lateral herab zum Mundwinkel. Hier kann er sich mit Fasern des Triangularis kreuzen, geht aber hauptsächlich in den Triangularis über. Ein anderer Theil tritt direct zur Haut, auch in die Unterlippe.

Zuweilen schließt sich sein Ursprung lateral an den Buccinator an, so dass er mit diesem Einen Muskel vorstellt. — Er zieht den Mundwinkel in die Höhe.

Dritte Schichte.

M. buccinator (Fig. 266). Dieser breite, platte Muskel liegt in der Tiefe der Wange und giebt die Grundlage der Wandung der Wange ab, von wo aus er sich in die Lippen fortsetzt. Seine äußere Fläche ist von der Fascia buccalis bedeckt, die sich gegen die Lippen verliert. Hinten ist diese Fascie straffer zwischen dem Hamulus des Flügelfortsatzes des Keilbeins und dem Unterkiefer ausgespannt (*Ligamentum pterygo-mandibulare* oder *pterygo-maxillare*) und bietet daselbst für einen Theil des Muskels Ursprünge. Hinten setzt sie sich auf die Fascie des Pharynx fort (*F. bucco-pharyngea*).

Fig. 266.

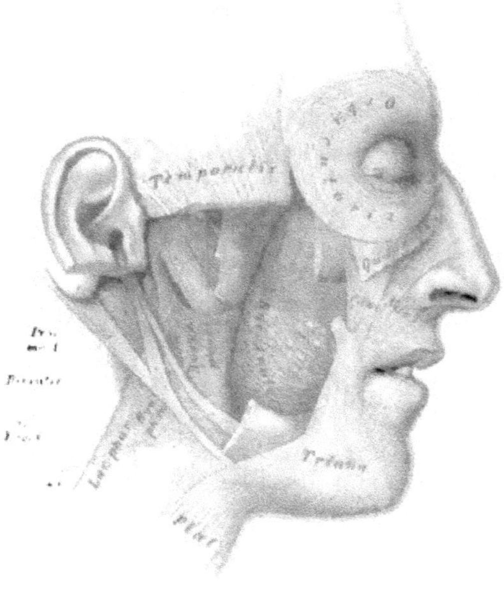

Tiefe Schichte der Gesichtsmuskeln mit der Muskulatur des Pharynx und den vom Proc. styloides entspringenden Muskeln.

Die Ursprungslinie des Muskels ist hufeisenförmig gebogen. Der obere Schenkel dieser Linie beginnt am Alveolarfortsatze des Oberkiefers über dem 2. Molarzahne. Er erstreckt sich zum Hamulus pterygoideus, geht dann senkrecht auf das Ligamentum pterygo-mandibulare über und von da herab in den unteren Schenkel auf die äußere Fläche des Alveolarfortsatzes des Unterkiefers bis in die Gegend des 2. Molarzahns. Die an dieser Linie entspringenden Fasern verlaufen vorwärts, so zwar, dass die oberen schräg abwärts, die unteren schräg aufwärts gelangen, wie die Fig. 261 schematisch darstellt. Am Mundwinkel wird eine Durchkreuzung bemerkt. Die Fasern des Buccinator treten von den radiär angeordneten Muskeln durchsetzt in die Lippen als Bucco-labialis, so dass obere Fasern zur Unterlippe, untere zur Oberlippe verfolgbar sind. Sie verbinden sich daselbst mit den Zügen des Orbicularis oris.

In den Lippen, und zwar auf der Mitte des Wulstes derselben, findet eine Durchkreuzung von Fasern statt, indem aus den oberflächlichen Zügen derselben Bündel nach der Kante der anderen Seite ausstrahlen. Sie sollen oben dem Triangularis, unten dem Caninus entstammen.

Durch die Verbindung der queren Faserzüge des Buccinator und des Orbicularis mit der radialen Muskulatur der Lippen entsteht der Wulst der letzteren.

Mm. incisivi. Diese sind kleine, sehr variable Muskelchen von geringer Bedeutung. Sie entspringen lateral von den Juga alveolaria der äußeren Schneidezähne des Ober- wie des Unterkiefers und verlaufen schräg lateralwärts zum Mundwinkel. Die oberen stehen mit dem Caninus, die unteren mit dem Buccinator im Zusammenhange.

Sie werden als *Incisivi labii superioris* und *inferioris* unterschieden und verbinden sich häufig schon vor dem Mundwinkel mit der Muskulatur der betreffenden Lippe.

Einen besonderen Muskel ohne Beziehungen zu den Lippen repräsentirt der **M. mentalis** (*Levator menti*). Zum großen Theile vom Quadratus labii inferioris bedeckt, entspringt der Muskel vom Jugum alveolare des äußeren Schneidezahnes des Unterkiefers, oder etwas lateral davon und verläuft abwärts gegen das Kinn. Seine zuweilen getrennten Fasern divergiren und endigen in der Haut des Kinnes.

Der Incisivus lab. inf. hat seinen Ursprung dicht über dem Mentalis, zuweilen ist letzterer etwas lateral davon. Der tiefere Theil des Mentalis convergirt mit dem anderseitigen und verbindet sich mit ihm in einem sehnigen Zwischenstreifen. Der Hautinsertion des Muskels entspricht das vielen Individuen zukommende Grübchen am Kinne. Die Wirkung des Muskels vertieft diese Grube und hebt das Kinn.

γγ. Muskeln der Nase.

Die äußeren Nasenöffnungen besitzen eine sie verengende oder erweiternde Muskulatur. Sie wird einerseits durch zur Nase verlaufende Theile anderer Muskeln vorgestellt, andererseits ist sie der äußeren Nase eigenthümlich. Erstere repräsentirt der zum Nasenflügel verlaufende Theil des Quadratus labii superioris (*Levator labii sup. alaeque nasi*). Der Nase selbst gehört ausschließlich an der **M. nasalis** (Fig. 266). Dieser bildet eine platte, dünne, vom Oberkiefer entspringende Muskellage, die sich aufwärts erstreckt. Die Ursprünge sind in der Regel mit denen des Incisivus labii superioris verbunden und werden vom Quadratus labii superioris bedeckt, mit dem sie zuweilen zusammenhängen. Sie gehen am Oberkiefer vom Jugum alveolare des Eckzahns und des äußeren Schneidezahns aus und steigen zur Nase empor, wobei der lateralen Portion zuweilen ein Bündel aus dem Caninus sich beilegt. Die laterale Portion begiebt sich mit einer dünnen Aponeurose zum Rücken der knorpeligen Nase und steht mit dem anderseitigen Muskel in Verbindung. Sie wird als *Compressor narium* unterschieden. Die mediale Portion verläuft mehr oder minder an die vorhergehende angeschlossen zum Nasenflügel und bildet den *Depressor alae nasi*. Daran reiht sich in der Regel noch eine Fortsetzung zur häutigen Nasenscheidewand, wohin auch von der Muskulatur der Oberlippe Bündel gelangen — *Depressor septi mobilis nasi.*

Vom Nasalis gelangen auch Bündel auf die knöcherne Nase und können dann in den *M. procerus nasi* sich fortsetzen (s. unten).

δδ. Muskeln in der Umgebung des Auges.

Eine in der Umgebung der Orbita entfaltete Muskelschichte (vergl. Fig. 262) setzt sich auch in die über das Auge sich erstreckenden Hautduplicaturen, die Augenlider, fort.

Sie bildet für letztere einen Bewegungsapparat, welchen ein in der Orbita gelagerter Muskel (s. bei den Sinnesorganen) vervollständigt. Die erstgenannte Muskelschichte bildet der

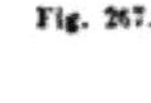
Fig. 267.

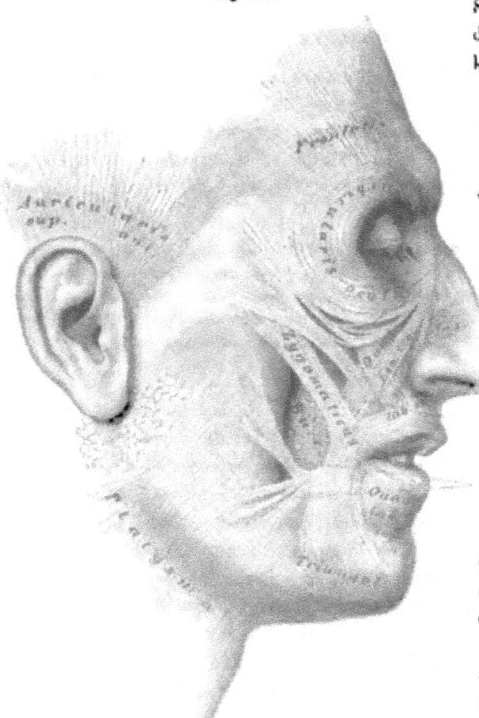
Oberflächliche Muskeln des Gesichtes.

M. orbicularis oculi (Fig. 267). Eine dünne, platte, die Augenlidspalte umziehende Schichte, welche sich breit über den Orbitalrand hinaus auf die benachbarten Flächen des Schädels erstreckt. Der Ursprung der Bündel dieses Muskels findet sich medial, dem innern Augenwinkel benachbart, theils am Ligamentum palpebrale mediale, theils an der knöchernen Orbitalwand. Von da treten sie in bogenförmigen Zügen theils in das obere und untere Augenlid, theils darüber hinaus auf die benachbarte Schädeloberfläche.

Der Muskel lässt zwei Abschnitte unterscheiden, einen inneren, *Pars palpebralis*, und einen äußeren, *Pars orbitalis* oder *P. ecto-orbitalis*. Erstere ist eine sehr dünne, blasse, aus feinen Bündeln gebildete Schichte, welche den Augenlidern angehört und über die Stützknorpel derselben sich hinwegzieht.

Die Pars orbitalis dagegen ist dicker, lebhafter gefärbt und besteht aus gröberen Bündeln. In ihrer Circumferenz erscheint sie selten scharf abgegrenzt, sondern steht mit verschiedenen benachbarten Muskeln (Zygomaticus, Frontalis, Quadratus labii sup.) in Verbindung.

Die *Pars palpebralis* entspringt sowohl von der Crista des Thränenbeins, als auch von dem Lig. palpebrale mediale, welches mit seinem medialen Ende den oberen Theil des Thränensackes umgreift. Auf diesem Bande setzt sich der Ursprung bis zum inneren Augenwinkel fort. Der vom Thränenbein an dessen Crista, aber auch hinter derselben entspringende tiefe Theil läuft am Thränensack vorüber und ist als HORNER'scher *Muskel* (*Compressor sacci lacrymalis*) beschrieben worden. Er setzt sich mehr gegen die Augenlidränder fort, während die vom Lig. palp. med. ausgehenden Bündel auf die Flächen der Lidknorpel sich ausbreiten und erst in dem Maße, als ihre Ursprünge dem Augenwinkel sich nähern, den Lidrändern sich anschließen. Die im oberen und unteren Augenlide flach ausgebreiteten Muskelschichten convergiren am äußeren Augenwinkel und gehen hier theilweise in Bindegewebszüge über, welche vom lateralen Ende der »Lidknorpel« zum lateralen Rande der Orbita sich erstrecken (Ligamentum palpebrale laterale). Von der dem unteren Augenlide zugetheilten Schichte zweigt ein Bündel sich schon vom inneren Augenwinkel zur Haut der Wange ab (MERKEL).

Die *Pars orbitalis* entsteht mit mehrfachen gesonderten Ursprüngen theils an der medialen Orbitalwand, theils außerhalb derselben. Die oberen Portionen stehen mit Ursprüngen des M. frontalis im Zusammenhang und gehen theils vom Thränenbeine, theils vom Stirnbeine ab, einige Bündel noch vom Lig. palp. mediale.

Vom oberen medialen Theile des Muskels pflegt eine Portion einen gesonderten Muskel darzustellen, welcher sich in die Haut der Augenbraue inserirt. Er bildet einen *Depressor supercilii*. Andere, gleichfalls nicht in die orbiculäre Bahn sich fortsetzende Bündel entspringen medial am Margo supraorbitalis und bilden eine meist tiefe Lage, die gegen die Haut der Stirne ausstrahlt.

Endlich gehen mediale Bündel auf den Nasenrücken über, als *M. procerus nasi*, mit welchen sich übrigens auch Züge aus anderen Gebieten häufig vermischen.

Vom Lig. palp. med. wie vom Saccus lacrymalis und vom Infraorbitalrande geht der Ursprung der unteren Portion hervor und setzt sich auf dem Stirnfortsatz des Oberkiefers mit Ursprüngen in Verbindung, die gegen die Wange und Oberlippe hin abzweigen. Mit anderen, von der lateralen Peripherie der Pars orbitalis aus dem Zygomaticusgebiete an die Haut der Wange tretenden Bündeln wurden sie als *Musc. malaris* (Fig. 267) aufgefasst. Beide Portionen sind ebenso wenig selbständig wie andere dieser Muskeln.

Die *Wirkung* der beiden Haupttheile des Orbicularis oculi ist verschieden. Den Schluss der Augenlider vollführt die Pars palpebralis, während die Pars orbitalis Faltungen der Haut in der Umgebung der Orbita hervorbringt, vorzüglich mit ihrer oberen Portion senkrechte Faltung der Stirnhaut erzeugt (Corrugator).

a. Muskeln des äußeren Ohres.

Diese sind sehr verschiedener Abstammung und haben nur die Beziehung zum äußeren Ohre gemein. Es sind theils solche, welche, der knorpeligen Ohrmuschel aufgelagert, Theile derselben bewegen, theils solche, durch welche die Ohrmuschel als Ganzes bewegt wird. Erstere werden beim Gehörorgan behandelt. Zur Bewegung des ganzen äußeren Ohres dienende Muskeln entspringen sämmtlich vom Kopfe und inseriren am Ohrknorpel. Da sie nur bei manchen Individuen eine Wirkung besitzen, auch in ihrer Ausbildung zahlreichen Schwankungen unterworfen sind, dürfen sie den rudimentären Muskeln zugezählt werden.

M. auricularis anterior (*Attrahens auris*) (Fig. 268). Ein platter, dünner Muskel von variabler Ausdehnung lagert auf der Schläfenfascie und verläuft gegen das äußere Ohr. Hier befestigt er sich entweder am Ohrknorpel oder er erreicht denselben gar nicht und läuft schon vor dem Ohre in Bindegewebe aus. Zuweilen geht er in den folgenden über. Nicht selten wird er durch wenige Züge vertreten.

Wenn der Muskel in zwei Lagen gesondert ist, erreicht nur die tiefere das Ohr. Zuweilen schließt er sich mit einigen Bündeln an den M. frontalis an, welch' primitiveren Zustand er bei manchen Säugethieren (Prosimiern, auch manchen Affen) als M. auriculo-frontalis in ausgesprochener Weise besitzt.

M. auricularis superior (*Attollens auris*) (Fig. 268). Constanter als der vorige Muskel, mit dem er eine einzige Schichte bilden kann (s. Fig. 268). Er liegt über dem Ohre, entspringt ausgebreitet von der Galea oder der Fascia temporalis und verläuft convergirend zum Ohr herab, an dem er jedoch nicht immer eine deutliche Insertion gewinnt.

M. auricularis posterior (*Retrahens auris*) (Fig. 268). Liegt hinter dem Ohre und wird meist durch ein oder mehrere kurze, aber starke Bündel vorgestellt. Entspringt vom Schläfenbein an der Basis des Zitzenfortsatzes, über der Insertion des Sterno-cleido-mastoideus, und verläuft horizontal nach vorne, wo er kurzsehnig an der medialen Fläche der Concha inserirt.

2. Muskeln des Schädeldaches.

Über das Schädeldach erstreckt sich, locker mit dem darunter gelegenen dünnschichtigen Perioste, aber sehr innig mit der behaarten Kopfhaut verbunden und schwer von ihr trennbar, eine zwar dünne aber feste Aponeurose, die Sehnenhaube, *Galea aponeurotica*. Sie gehört dem Integumente an.

Sie liegt vom oberen Theile der Stirn an, über den Scheitel bis zum Hinterhaupte ausgebreitet, und setzt sich lateral an der äußeren Schläfenlinie in die oberflächliche Fascia temporalis fort. Von jener Schläfenlinie an geht der innige Zusammenhang mit der Kopfhaut allmählich verloren, und die Fascie erscheint daselbst mit dem Schädeldache in Verbindung.

Diese Galea steht in Verbindung mit zwei Muskeln, die von vorne und von hinten in sie übergehen und sie sammt der Kopfhaut bewegen. Sie erscheint damit wie eine breite Zwischensehne zweier Muskelbäuche, die mit ihr zusammen als Ein Muskel: M. epicranius aufgefasst werden können. Die beiden in den Epicranius eingehenden Muskelbäuche sind: der *M. frontalis* und der *M. occipitalis*.

M. frontalis (Fig. 267, 268). Der frontale Bauch des Epicranius nimmt als eine dünne Muskelschichte die Stirnregion ein. Er entspringt von der Nasenwurzel, am Augenwinkel vom Stirnfortsatze des Oberkiefers, mit tieferen Bündeln auch vom Stirnbein am medialen Orbitalrand, wobei er Ursprungsportionen der Pars orbitalis des Orbicularis oculi durchsetzt, dann vom Arcus superciliaris, und auch noch vom Margo supraorbitalis. Seine Fasern verlaufen auf- und etwas lateralwärts, so dass zwischen beiderseitigen, am Ursprunge median sich berührenden Muskeln ein Theil der Stirnfläche frei bleibt (*Glabella*). Am schrägsten läuft der laterale Theil des Muskels, der auch in die Mm. auricularis anterior und superior übergehen kann. Auf der Stirne geht der Muskel meist in der Höhe des Tuber frontale allmählich in die Galea über.

Am Ursprunge finden sich Verbindungen mit benachbarten Muskeln, so mit der Pars orbitalis des Orbicularis oculi, dann mit der medialen Portion des Quadratus lab. superioris. Auf dem Nasenrücken setzt er sich medial in den *M. procerus nasi* fort. (Vergl. S. 366 Anm.).

Wirkung: Legt die Stirnhaut in Querfalten, hebt die Augenbrauen.

Fig. 268.

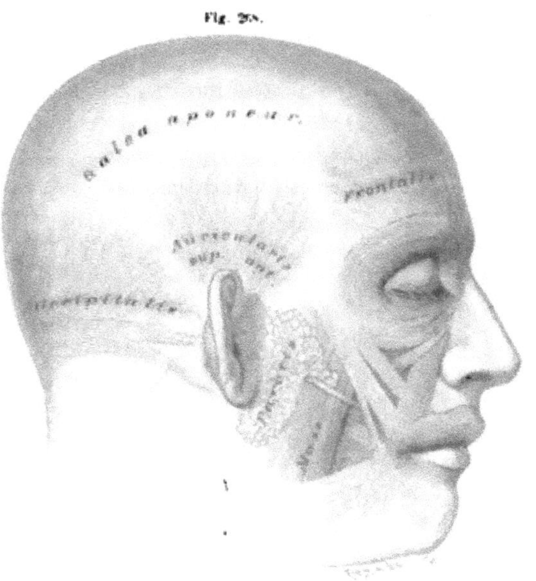

Muskeln des Schädeldaches.

M. occipitalis Fig. 268). Der occipitale Bauch des Epicranius nimmt die laterale Hinterhauptgegend ein, wo er eine meist dünne Muskellage vorstellt. Er entspringt am Hinterhauptbeine über der Linea nuchae suprema bis über die Wurzel des Zitzenfortsatzes. Seine Fasern verlaufen schräg auf- und lateralwärts und gehen mit meist unregelmäßiger Grenzlinie in eine deutliche Sehne über, welche sich in die Galea fortsetzt.

Die laterale Portion des Muskels ist meist durch schrägere Verlaufsrichtung ausgezeichnet. Einzelne Bündel können sogar nahe an den Auricularis post. gelangen.

Der Occipitalis zieht die Galea nach hinten, glättet die Stirne.

Dass dem Epicranius die Mm. auriculares nicht beigezählt werden dürfen, geht daraus hervor, dass diese Muskeln die Galea nicht bewegen, wie denn wenigstens der Auricularis post. auch nicht die mindeste anatomische Beziehung zur Galea besitzt.

Sehr häufig kommt ein

M. transversus nuchae vor Fig. 268). Er bildet einen dünnen, von der Protuberantia occipit. externa und der Linea nuchae sup. entspringenden Bauch, welcher lateral verläuft, mit vielfachen Variationen seiner Endigungsweise.

γ. Tiefe Muskulatur. Muskeln des Visceralskelets.

§ 162.

Hier begegnen wir Muskeln, welche vom Cranium aus zum Unterkiefer und zum Zungenbein gehen, so wie solchen, die zwischen Unterkiefer und Zungenbein sich finden. Die Gruppe begreift somit Muskeln für Skelettheile, die aus den Kiemenbogen sich hervorgebildet haben.

Demzufolge gehören auch die Muskeln der Gehörknöchelchen hieher, die jedoch aus Zweckmäßigkeitsgründen mit dem Gehörorgane beschrieben werden.

αα. Muskeln des Unterkiefers (Kaumuskeln).

§ 163.

Diese Muskulatur stellt bei niederen Wirbelthieren einen einheitlichen Muskel vor, der allmählich in mehrere Portionen und in daraus hervorgehende Muskeln mit verschiedener Wirkung sich sondert. Spuren jenes ursprünglichen Zustandes erhalten sich in manchen Verbindungen der gesonderten Muskeln.

Fig. 269.

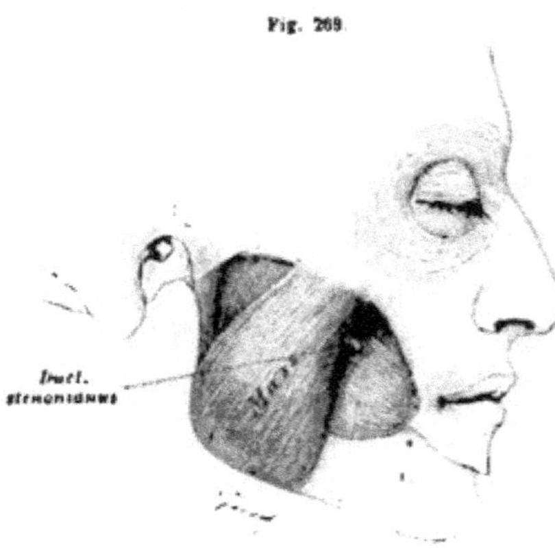

Masseter mit seinen beiden Lagen.

Diese besitzen das Gemeinsame des Ursprungs vom Schädel und der Insertion am Unterkiefer, zu dessen Bewegung sie dienen. Ihre bedeutendste Leistung vollziehen sie beim Kaugeschäfte. Zwei besitzen eine oberflächliche Lage, der *M. masseter* und der *M. temporalis*, zwei eine tiefe, medial vom Unterkiefer, die beiden *Mm. pterygoidei*, welche durch zwischen ihnen hindurch ziehende Nervenstämme (Ram. III. N. trig.) derart von einander getrennt werden, dass der eine (Pterygoideus externus) sich enger an die beiden oberflächlichen Muskeln anschließt. Alle werden von Zweigen des dritten Astes des N. trigeminus innervirt.

M. masseter (Fig. 269). Liegt unterhalb des Jochbogens der Außenfläche des Unterkiefers an. Er besteht aus zwei Lagen. Eine oberflächliche entspringt mit weit auf den Muskelbauch sich herab erstreckender Sehne vom unteren Rande des Jochbeins und daran anschließend vom Jochfortsatze des Oberkiefers, verläuft schräg nach hinten und abwärts und inserirt sich breit an der Außenfläche des Unterkieferwinkels. Eine tiefe Schichte, von der oberflächlichen bis auf den hintersten vom Jochfortsatze des Schläfenbeins entspringenden Abschnitt bedeckt, wird aus fast senkrecht herabsteigenden Fasern gebildet. Diese inseriren sich in einer ausgedehnten, von der Außenfläche des Gelenkfortsatzes schräg bis vor die Insertion der oberflächlichen Lage verlaufenden Linie. Beide Schichten des Muskels gehen vorne in einander über.

Wirkung: Zieht den abgezogenen Unterkiefer an.

M. temporalis (*M. crotaphites*) (Fig. 270). Dieser platte, dem Planum temporale des Schädels anfliegende Muskel wird von der Fascia temporalis bedeckt. Er entspringt vom Planum temporale bis herab gegen die untere Grenze der Schläfengrube und nimmt dabei nach vorne nicht ganz die Schläfenfläche des großen Keilbeinflügels ein. Die Muskelfasern convergiren sämmtlich gegen die Schläfengrube und gehen in eine starke Endsehne über. Die hintersten Fasern verlaufen fast horizontal über die Wurzel des Jochfortsatzes vorwärts, die folgenden schräg vor- und abwärts, bis allmählich die vordersten ziemlich steil abwärts verlaufen. Zu diesen vom Schädel entspringenden Fasern treten noch solche, die von der tiefen Fascia temporalis entspringen, welche dem Muskel selbst angehört. Sie bilden eine dünne Lage und gehen an die Außenfläche der fächerförmig ausgebreiteten Endsehne über. Diese befindet sich also im Inneren des Muskels und kommt gegen die Schläfengrube zu mehr in oberflächliche Lage. Sie inserirt sich endlich am Processus temporalis (coronoides) des Unterkiefers, wobei sie denselben umschließt.

Fig. 270.

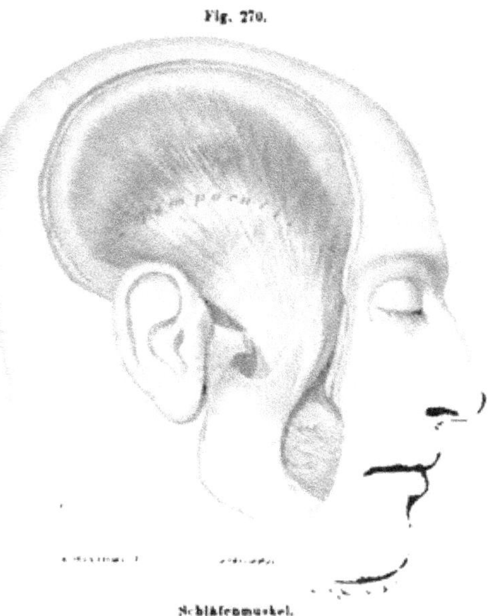

Schläfenmuskel.

Da auch noch vom mittleren Theile des Jochbogens, zum Theil gemeinsam mit Masseter-Ursprüngen, Muskelfasern zum Temporalis verlaufen, besteht zwischen diesem Muskel und dem Masseter ein oft sehr inniger Zusammenhang. — Der vorderste, nicht von Muskelursprüngen eingenommene, von der lateralen Orbitalwand begrenzte Raum der Schläfengrube, wird gewöhnlich von fettreichem Bindegewebe angefüllt. Schwund des Fettes bedingt Einsinken dieses Theiles der Schläfengrube.

Die an der Linea temporalis inferior entspringende, dort mit dem Perioste des Schädeldaches zusammenhängende tiefe *Schläfenfascie* verlauft wie die oberflächliche zu dem oberen Jochbogenrande, wo sie befestigt ist. Sie ist dünn, aber aponeurotisch, da der Muskel theilweise von ihr entspringt. Dicker aber lockerer gefügt ist die Fascia temp. superficialis, welche mit der Galea in Verbindung steht.

Wirkung: Zieht den abgezogenen Unterkiefer an und unterstützt dadurch die Masseterfunction. Zieht aber auch den aus der Gelenkpfanne auf das Tuberculum articulare getretenen Gelenkkopf des Unterkiefers in die Pfanne zurück.

M. pterygoideus externus (Fig. 271). Liegt medial vom Unterkiefer. Er entspringt mit zwei Portionen, einer größeren von der Außenfläche der lateralen Lamelle des Flügelfortsatzes des Keilbeins und einer kleineren, darüber liegenden, vom Planum infratemporale. Die daraus gebildeten beiden Bäuche convergiren lateral und nach hinten zum Processus articularis des Unterkiefers. Sie inseriren sich theils an den Hals dieses Fortsatzes, meist in einer vorwärts und medial gerichteten Grube unterhalb des Gelenkkopfes, theils an die Kapsel des Unterkiefergelenkes.

Fig. 271.

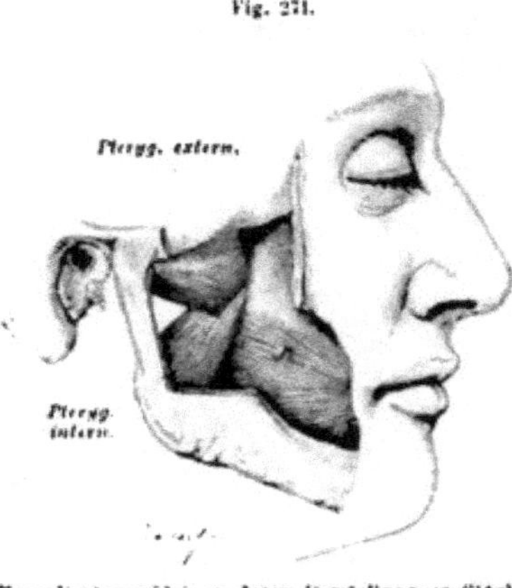

Musculi pterygoidei, zu deren Darstellung ein Stück des Unterkiefers ausgesägt ist.

M. pterygoideus internus (Fig. 271). Liegt ähnlich wie der vorige medial vom Unterkieferaste. Er entspringt von der ganzen Fossa pterygoidea und bildet einen etwas abgeplatteten, abwärts und lateralwärts nach hinten verlaufenden Bauch, der sich der medialen Fläche des Unterkiefers nähert und daselbst am Unterkieferwinkel, gegenüber der Masseter-Insertion sich festsetzt.

Nicht selten geht eine accessorische Portion in den Muskelbauch über. Diese liegt vor der unteren Portion des M. pterygoideus externus und entspringt unterhalb des Tuber maxillare, auch von einer schmalen Stelle der Außenfläche der äußeren Lamelle des Flügelfortsatzes. (Siehe Fig. 271).

Wirkung der Pterygoidei. Der *äußere Flügelmuskel* zieht den Unterkiefer vorwärts aus der Pfanne auf das Tuberculum articulare, und bewegt dabei auch den Zwischenknorpel des Kiefergelenkes in dieser Richtung, da er sich auch an die Gelenkkapsel, speciell an jenen Theil inserirt, welchem der Knorpel eingefügt ist. Die beiderseitige Wirkung der Pterygoidei externi schiebt den Unterkiefer vorwärts, so dass die Schneidezähne desselben vor jene des Oberkiefers treten. Bei einseitiger Wirkung kommt eine mehr schräge Stellung des Unterkiefers zu Stande, und durch Alterniren der Action, wobei der Unterkiefer gleichzeitig einerseits vorgezogen, anderseits durch den Temporalis in die Pfanne zurückgezogen wird, entsteht die Mahlbewegung. Auch beim Abziehen des Unterkiefers (Öffnen des Mundes) ist der Pteryg. externus betheiligt, da hierbei jedesmal der Gelenkkopf auf das Tuberculum articulare tritt. Der *innere Flügelmuskel* hat als Hauptwirkung Anziehen des Unterkiefers, unterstützt aber auch den äußeren in der Vorwärtsbewegung des Unterkiefers, da er vor dem Kiefergelenke entspringt.

b. Muskeln des Zungenbeins.

§ 164.

Obere Zungenbeinmuskeln.

Die hierher gehörigen Muskeln bilden eine in nächster Beziehung zum Unterkiefer stehende Gruppe, welche zum Theil Bewegungen desselben bewirkt. Außer ihrer Lage hinter und unter dem Unterkiefer ist es ihre Innervation, die sie der Muskulatur des Kopfes anschließen lässt. Sie erhalten sämmtlich von Gehirnnerven Zweige und scheiden sich in eine laterale und eine mediale Gruppe. Da man die unterhalb des Unterkieferrandes befindliche Region dem Halse zuzutheilen pflegt, greift diese Muskulatur in die Halsregion über.

1. Laterale Gruppe.

M. biventer maxillae inferioris (*Digastricus*) (Fig. 272). Er repräsentirt eine oberflächliche Lage der über dem Zungenbein befindlichen Muskeln. Sein hinterer Bauch entspringt aus der Incisura mastoidea des Schläfenbeins und tritt, von der Insertion des M. sterno-cleido-mastoideus bedeckt, schräg vor- und abwärts, um allmählich verschmälert in eine starke, cylindrische Sehne überzugehen. Diese läuft über dem großen Zungenbeinhorne hinweg und lässt den zweiten Bauch entspringen. Dieser vordere, zweite Bauch verläuft vorwärts zum Unterkiefer, wo er sich kurzsehnig in der Fossa digastrica inserirt (Fig. 274).

Fig. 272.

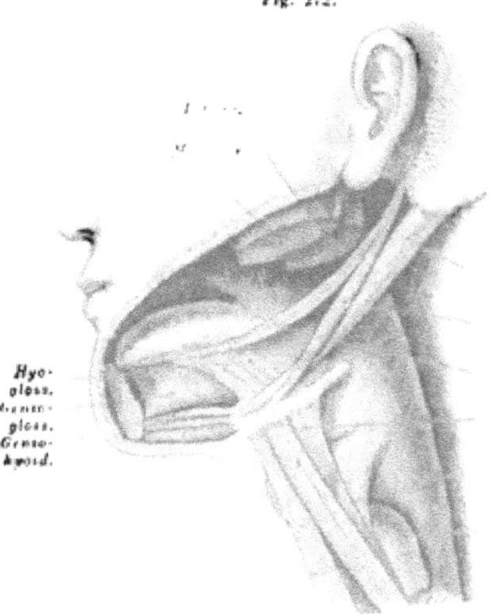

Muskeln des Zungenbeins.

Der Muskel beschreibt einen abwärts convexen Bogen, welcher die Glandula submaxillaris umzieht. Durch den die Zwischensehne umgreifenden Stylohyoideus wird er in seiner Lage gehalten, aber nicht eigentlich fixirt. Dieses kommt vielmehr auf andere Art zu Stande, entweder dadurch, dass der vordere Bauch nur theilweise aus der Zwischensehne hervorgeht, zum anderen Theile sehnig vom Körper des Zungenbeins entspringt, oder dass von der Zwischensehne her eine Abzweigung zum Zungenbein tritt, oder es findet von der Fascie des Biventer eine aponeurotische Fortsetzung zum Zungenbein statt. Auch ein Ausstrahlen eines

Theiles dieses Bauches nach der Medianlinie kommt nicht selten vor, und bildet eine quere, dem M. mylo-hyoideus ähnliche Muskellage.

Der Zungenbeinursprung des vorderen Bauches deutet auf eine ursprüngliche Selbständigkeit dieses Abschnittes, die quere oder schräge, zuweilen sogar zu Durchkreuzungen der Bündel beiderseitiger Muskeln führende Verlaufsrichtung der Fasern, lässt etwas Primitives erkennen, welches den Muskel aus einer Querschichte entstanden sich vorstellen lässt. Die Zugehörigkeit zum Mylo-hyoideus erweist sich auch aus der Innervirung. Der beschriebene quere Verlauf entspräche dann einem ersten Zustande. Auf diesen verweist auch eine sehr selten von mir beobachtete Varietät, die in accessorischen vom Unterkiefer entspringenden, quer zum Muskelbauche verlaufenden Bündeln sich aussprach. Ein zweiter Zustand wird durch die Ausbildung der Zungenbeinursprünge, und damit der mehr sagittalen Richtung des Bauches repräsentirt, woran dann die allmähliche Ablösung des Muskels und seine Verbindung mit dem hinteren Bauche als dritter, die gegenwärtige Norm bildender sich anschließt.

Wirkung: Zieht bei abwärts fixirtem Zungenbeine den Unterkiefer herab.

Innervirt: Der hintere Bauch von N. facialis, der vordere vom N. mylo-hyoideus (Ramus III. N. trig.). Auch dadurch wird die Zusammensetzung des M. biventer aus zwei besonderen Muskeln bekundet. Bei fast allen Vertebraten wird der M. biventer durch einen nur dem hinteren Bauche unseres Muskels entsprechenden Muskel (Depressor maxillae inferioris) vertreten, der verschiedene Ursprungsstellen am Schädel besitzt, und an dem hinteren Winkel des Unterkiefers befestigt ist. Mit Ausnahme des Orang kommt dagegen den Affen wie manchen anderen Säugethieren ein wahrer »Biventer« zu.

M. stylo-hyoideus (Fig. 272). Ein schlanker, spindelförmiger Muskel, der medial vom hinteren Bauche des Biventer herabsteigt. Entspringt vom oberen äußeren Theile des Proc. styloides des Schläfenbeins und verläuft schräg abwärts und vorwärts gegen das kleine Zungenbeinhorn. Gegen das Ende spaltet sich in der Regel sein Bauch in zwei, die Zwischensehne des Biventer umfassende Bündel, deren platte Endsehnen sich am großen Zungenbeinhorne nahe am Körper des Zungenbeins inseriren (vergl. auch Figg. 266 u. 276).

Die Beziehung zum Biventer ist mannigfaltig, indem beide, dessen Sehne umfassende Portionen oft sehr ungleich sind. Zuweilen läuft der ganze Muskel an der Sehne des Biventer vorüber, dann wird diese durch eine Fascie am Zungenbein festgehalten. Ein Insertionsbündel des Stylo-hyoideus zum kleinen Zungenbeinhorne erscheint selten als besonderer Muskel ausgebildet.

Wirkung: Zieht das Zungenbein auf- und rückwärts.

Innervirt vom N. facialis.

2. Mediale Gruppe.

M. mylo-hyoideus. Ein breiter, platter, vorne zwischen beiden Hälften des Unterkiefers liegender Muskel, der von unten her vom vorderen Bauche des Biventer bedeckt wird (Fig. 273). Er entspringt von der Linea mylo-hyoidea des Unterkiefers, und sendet seine Fasern medianwärts: die hinteren zum Körper des Zungenbeins, die vorderen zu einem vom letzteren aus sich nach vorne zur Spina mentalis interna erstreckenden bindegewebigen Streifen (*Raphe*), welcher nicht selten durch Übertreten der Muskelbündel von der einen nach der andern Seite unterbrochen ist. Der Muskel bildet den Boden der Mundhöhle, daher auch *Diaphragma oris* benannt.

Wirkung: Hebt das Zungenbein, wenn es herabgezogen war.
Innervirt durch den N. mylo-hyoideus (Trig. III).

M. genio-hyoideus. Liegt über dem Mylo-hyoideus gegen die Zunge zu. Entspringt mit kurzer Sehne von der Spina mentalis interna und gewinnt im Verlaufe nach hinten, unmittelbar dem anderseitigen angelagert, eine breitere Gestalt. Er inserirt sich am Körper des Zungenbeins, greift aber zuweilen noch etwas auf das große Horn desselben über.

Über dem Muskel liegt der in die Zunge tretende M. genio-glossus, der mit den übrigen Muskeln der Zunge bei diesem Organe beschrieben wird.
Wirkung: Zieht das Zungenbein vorwärts. — Innervirt vom N. hypoglossus.

b. Muskeln des Halses.

§ 165.

Die hier topographisch vereinigte Muskulatur besteht aus dreierlei sehr verschiedenwerthigen Theilen. Eine oberflächliche dünne Muskelschichte stellt einen Hautmuskel vor, das Platysma myoides (M. latissimus colli). Dieser gehört nicht dem Halse, sondern vielmehr dem Kopfe an, von wo er über den Hals sich ausdehnt (S. 360). Ein zweiter, unter jenem liegender Muskel (M. sterno-cleido-mastoideus) ist gleichfalls ein Fremdling am Halse, indem er ursprünglich der Muskulatur der oberen Gliedmaße angehört. Erst die unterhalb dieses Muskels folgenden Schichten sind dem Halsabschnitte des Rumpfes eigenthümlich und sprechen dieses sowohl durch ihre Innervation als auch durch ihre zuweilen deutliche Metamerie aus. Diese eigentlichen Halsmuskeln werden durch die vom Kopfe zur Brust ziehenden Luft- und Speisewege, sowie durch die sie begleitenden großen Gefäßstämme in eine mehr oberflächliche und eine tiefe Gruppe geschieden. Die ersteren bilden die vorderen, die zweite die hinteren Halsmuskeln.

Für die *Fascien* des Halses ist das im Allgemeinen über die Fascien Bemerkte im Auge zu behalten. Eine oberflächliche Fascie setzt sich bis zum Gesichte fort. Eine tiefere erstreckt sich zwischen die Muskeln und erscheint als interstitielles Bindegewebe überall da reichlicher, wo andere vom Kopfe zur Brusthöhle verlaufende Organe bei einander lagern, und wo Lücken zwischen diesen auszufüllen sind. Die in der Umhüllung der Muskeln bedingte lamellöse Beschaffenheit jenes Gewebes geht dann verloren, und die Schichten fließen in der Umgebung jener Organe mit dem sich indifferenter verhaltenden, jene Theile umhüllenden Gewebe zusammen.

Über die Fascien s. DITTEL, Die Topographie der Halsfascien. Wien 1857.

1. Vordere Halsmuskeln.

Sie werden durch Muskeln dargestellt, welche mehr oder minder vollständig von dem Platysma überlagert sind. Unter diesem begegnen wir einem vorn von Sternum und Clavicula zum Kopfe emporsteigenden Muskel, M. sterno-cleido-mastoideus, der eine besondere Schichte repräsentirt. Dann folgen zum Zungenbein gelangende Muskeln, welche eine tiefere Schichte vorstellen.

M. sterno-cleido-mastoideus (Fig. 273). Nimmt den seitlichen Theil des Halses ein, indem er vom Thorax schräg zum Kopfe emporsteigt. Er entspringt mit zwei mehr oder minder getrennten Portionen vom Manubrium sterni und von der Clavicula. Die *sternale Portion* beginnt mit starker Ursprungssehne unterhalb des Sterno-clavicular-Gelenkes und bildet einen erst abgerundeten, im schrägen Verlaufe nach hinten und aufwärts sich abplattenden Bauch, der gegen den Zitzenfortsatz des Schläfenbeines gelangt und sich an der Außenfläche desselben sowie längs der Linea nuchae superior inserirt. Die *claviculare Portion* entspringt breit von der Pars sternalis claviculae, bildet einen platten, minder schräg emporsteigenden Bauch, der sich allmählich unter die sternale Portion schiebt und mit ihr sich vereinigend am Zitzenfortsatze seine Insertion findet.

Fig. 273.

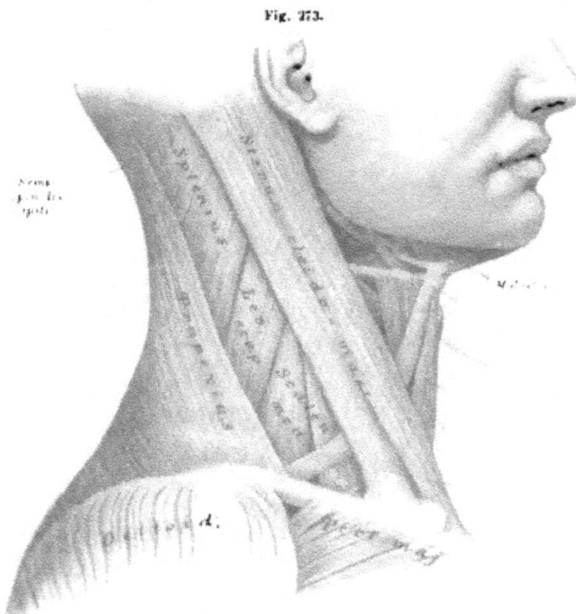

Seitliche Halsmuskeln nach Entfernung des Platysma.

Die Sonderung des Muskels in die beiden Portionen ist sehr verschiedengradig ausgeprägt. Sie zeigt sich am deutlichsten an den Ursprüngen und entspricht bei vollkommener Ausführung einer Scheidung des Muskels in einen Sterno-mastoideus und einen Cleido-mastoideus, die bei manchen Säugethieren vorkommen. Die am Ursprunge bestehende Sonderung ist an der Insertion minder deutlich, da sternale Elemente des Muskels sich den clavicularen, tieferen Insertionen am Zitzenfortsatze beimischen und claviculare auch zur oberflächlichen Insertion an der Linea nuchae gelangen. — *Der Muskel gehört mit dem bei den Rückenmuskeln aufgeführten M. trapezius zusammen,* stellt eine vordere von diesem abgelöste Portion vor. Die zwischen dem vorderen oberen Rande des Trapezius und der hinteren Grenze des Sterno-cleido-mastoideus befindliche Lücke wird zuweilen durch eine Verbreiterung der clavicularen Ursprungsportion des letzteren bedeutend schmal, und beide Muskeln treten dadurch einander näher. Ein nicht selten in dieser Lücke liegender, von der Clavicula entspringender, platter Muskel, der zum Hinterhaupt emporsteigt — *M. cleido-occipitalis* — dient als Beleg für die erwähnte Beziehung zum Trapezius.

Die sternale Ursprungsportion greift zuweilen weiter auf das Sternum herab.

Die *Wirkung* des Sterno-cleido-mastoideus hatte man in einer Vorwärtsbewegung des Kopfes gesucht, wenn beide Muskeln thätig sind. Daher »Kopfnicker«. Indem die Insertion des Muskels am Hinterhaupte *hinter* den Condylen des Schädels liegt, kann er an der Nickbewegung nicht betheiligt sein. Nach HENLE hebt er den Kopf bei gestreckter Körperlage. Bei einseitiger Wirkung wird jene Bewegung von einer Rotation nach der anderen Seite begleitet. Bei fixirter Insertionsstelle wird der Muskel auch bei der Inspiration thätig angesehen, wobei der Sterno-mastoideus am meisten ins Gewicht fällt.

MAUBRAC, Rech. anat. et phys. sur le muscle Sterno-cleido-mastoïdien. Paris 1883.

Innervirt vom N. accessorius Willisii und von einigen Cervicalnervenzweigen.

Untere Zungenbeinmuskeln.

Die Muskeln dieser Schichte haben sämmtlich Beziehungen zum Zungenbein. Die Mehrzahl derselben steigt von der Brust zum Zungenbein empor. Sie gehören einem gerade verlaufenden Systeme an, das am Abdomen durch den M. rectus repräsentirt wird. Diese Muskulatur ist am Halse in zwei Lagen angeordnet, von denen die tiefere unterwegs durch Befestigung am Schildknorpel des Kehlkopfes eine Gliederung empfängt. Die ganze Gruppe wird von oberen Cervicalnerven innervirt, die zum Theile in der Bahn des N. hypoglossus verlaufen.

a. Erste Lage.

M. sterno-hyoideus (Fig. 271). Ein platter, meist schmaler Muskel, der vom Sternum zum Zungenbein emportritt. Er entspringt an der hinteren Fläche des Manubrium sterni und des Sterno-clavicular-Gelenkes, sowie des sternalen Endes der Clavicula. Vom Sterno-cleido-mastoideus gedeckt, verschmälert er sich im Aufwärtssteigen etwas und convergirt mit dem anderseitigen, so dass beide Muskeln an der Basis ossis hyoidei einander nahe zur Insertion gelangen.

Zwischen beiden Muskeln ragt oben der Schildknorpel des Kehlkopfes vor. Nicht weit vom Ursprunge besteht im Muskelbauche nicht selten eine Inscriptio tendinea.

Wirkung: Zieht das Zungenbein herab.

Der Clavicular-Ursprung des Muskels ist zuweilen ziemlich verbreitert, in seltenen Fällen ist eine laterale Portion vom Muskel abgelöst und verläuft als gesonderter Muskel zum Zungenbein. Minder selten findet ein oberer Anschluss dieser Portion an den übrigen Muskel statt. Diese Fälle zeigen den Beginn einer ähnlichen Wanderung wie sie für den Omo-hyoideus anzunehmen ist, und führen, fortgesetzt, zu einem ähnlichen Befunde. Zwischen dem M. sterno-hyoideus und der Membrana thyreo-hyoidea kommt ein Schleimbeutel vor, der median auch an die Halsfascie grenzt und zuweilen mit dem anderseitigen zusammenfließt.

M. omo-hyoideus (Fig. 274). Ist in der Regel ein zweibäuchiger Muskel, der in seinem Verlaufe den ihn theilweise deckenden Sterno-cleido-mastoideus kreuzt. Der Ursprung des hinteren Bauches befindet sich am oberen Rande der Scapula, nahe am Ligamentum transversum oder an letzterem, und greift von da auf den Processus coracoides über. Er verläuft, etwas verschmälert, schräg vor- und aufwärts, hinter der Clavicula empor und wird durch straffes Bindegewebe

Fig. 274.

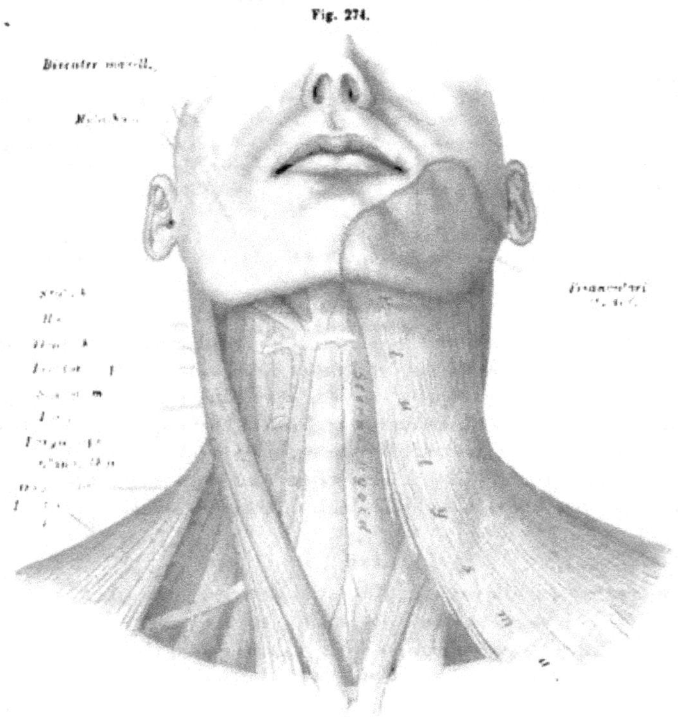

Vordere Halsmuskeln. Auf der rechten Seite ist das Platysma entfernt.

an diese befestigt. Unter dem Sterno-cleido-mastoideus geht aus dem hinteren Bauche eine Zwischensehne hervor, aus welcher sich der zweite Bauch in steilerem Verlaufe gegen den lateralen Rand des Sterno-hyoideus zur Insertion begiebt; diese findet sich am Körper des Zungenbeins lateral von der des vorerwähnten Muskels. Die Zwischensehne des Muskels liegt da, wo der Muskel die großen Blutgefäßstämme des Halses kreuzt. Der Omo-hyoideus empfängt nicht selten einen accessorischen Kopf vom Schlüsselbein, an Stelle der Fascie, die den Muskel sonst an diesen Knochen befestigt, oder der hintere Bauch entspringt nur vom Schlüsselbein. Der Muskel ist dann ein *Cleido-hyoideus*, der an seinem Ursprunge Anschluss an den Sterno-hyoideus haben kann. Eine Verschmelzung des vorderen Bauches mit dem Sterno-hyoideus ist gleichfalls nicht selten.

Aus diesen Varietäten ergiebt sich der Omo-hyoideus als die laterale Portion eines mit dem Sterno-hyoideus zusammengehörigen Muskels, der an seinem Ursprunge sich längs der Clavicula bis zum Coracoid und zur Scapula ausgebreitet hat. Der am meisten lateral entspringende Theil davon blieb bestehen, indes der mehr mediale entweder zu einer dann den hinteren Bauch an die Clavicula befestigenden Fascie sich rückbildete oder, weiter medianwärts, vollständig verschwand. Bei Negern soll der Clavicular-Ursprung des Muskels häufiger sein. Auch Verdoppelung des Muskels ist beobachtet, sie leitet sich wieder vom Sterno-hyoideus ab (s. diesen). Über die Bedeutung der Varietäten des Muskels s. meine Mittheil. im Morphol. Jahrb. Bd. I. S. 97.

Wirkung: Zieht das Zungenbein abwärts, zugleich etwas nach hinten.

β. Zweite Lage.

M. sterno-thyreoideus (Fig. 274). Wird zum größten Theile vom Sterno-hyoideus bedeckt. Er entspringt etwas tiefer als der letztere von der Innenfläche des Manubrium, dicht an der Medianlinie beginnend, so dass die breiten, platten Bäuche der beiderseitigen Sterno-thyreoidei zwischen den Sterno-hyoidei zum Vorschein kommen. Der Muskel verläuft über die Schilddrüse hinweg, zum Schildknorpel des Kehlkopfs und setzt sich mit seinem größeren Theile an der Seitenfläche des Knorpels an einer schräg von hinten und oben nach unten und vorne gerichteten Linie fest. Eine schmale hintere Portion geht theils in den M. thyreo-hyoideus, theils in die Muskulatur des Pharynx (Constrictor pharyngis inferior) über.

Bei Vergrößerung der Schilddrüse gewinnt der Muskel an Breite und wird dabei oft beträchtlich dünn. Sein Ursprung kann bei lateraler Ausdehnung auch auf die zweite Rippe übergreifen. Eine Sonderung des Muskels in mehrere longitudinale Bäuche ist zuweilen vorhanden; häufig besteht am unteren Abschnitte eine Inscriptio tendinea oder auch deren zwei. Nicht selten ist der Muskel mit einer größeren Portion in den Thyreo-hyoideus fortgesetzt.

Wirkung: Zieht den Kehlkopf herab.

M. thyreo-hyoideus (Fig. 273). Liegt nicht nur in der Fortsetzung des Sterno-thyreoideus, sondern nimmt in der Regel noch laterale Bündel des letzteren auf. Der übrige Theil des Muskels nimmt von der Insertionsstelle des M. sterno-thyreoideus seinen Ursprung. Der platte Bauch inserirt am seitlichen Theile des Körpers und am großen Horne des Zungenbeins.

Median vom Thyreo-hyoideus verläuft zuweilen ein muskulöser Strang vom Körper des Zungenbeins herab zur Schilddrüse, M. levator glandulae thyreoideae. Er bietet viele Variationen; kann auch vom Schildknorpel selbst entspringen, und scheint eine Abzweigung des M. thyreo-hyoideus zu sein.

Der M. thyreo-hyoideus ist mit dem Sterno-thyreoideus zusammen als ein Muskel zu betrachten, der auf seinem Verlaufe vom Sternum zum Zungenbein durch die Insertion am Schildknorpel unterbrochen ist.

Wirkung: Herabziehen des Zungenbeins oder, bei Fixirung desselben, auch Heben des Larynx.

2. Hintere Halsmuskeln.

Sie werden von den vorderen durch die vom Kopfe zur Brust verlaufenden Speise- und Luftwege sowie durch die großen Halsgefäßstämme getrennt, und bilden eine vorne und seitlich unmittelbar der Halswirbelsäule angeschlossene Muskulatur. Sie zerfällt in eine *mediale* und eine *laterale* Gruppe.

a. Mediale Gruppe.

Diese liegt an der Vorderfläche der Halswirbelsäule. Sie beginnt an der Brustwirbelsäule, erstreckt sich bis zur Schädelbasis und stellt ein System in drei verschiedenen Richtungen verlaufender Muskelzüge dar. Einmal nehmen Muskelzüge einen geraden Weg auf den Wirbelkörpern, derart, dass die am tiefsten entspringenden am weitesten aufwärts inserirt sind. Dann treten von Wirbelkörpern entspringende Muskelzüge schräg lateralwärts zu Querfortsätzen der Halswirbel empor, endlich verlaufen von Querfortsätzen entspringende Muskelbündel schräg medianwärts zu Wirbelkörpern.

Längs der minder beweglichen Wirbel ist diese Muskulatur wenig voluminös, und die einzelnen Abschnitte sind nicht scharf von einander gesondert. Dagegen ist die zur Schädelbasis gelangende Portion mächtiger und selbständiger entfaltet. Es wiederholen sich damit Verhältnisse wie bei den langen Rückenmuskeln, wie denn auch die Gliederung in einzelne auf einander folgende Bündel an die Metamerie jener Rückenmuskeln erinnert. Diese Muskulatur zerfällt in zwei Hauptabschnitte, die als M. longus colli und M. longus capitis unterschieden sind.

Innervirt wird diese Muskelgruppe von vorderen Ästen der Cervicalnerven.

M. longus colli (Fig. 275). Stellt ein langgezogenes Dreieck vor, dessen Basis längs der Wirbelsäule sich erstreckt und in zwei spitze Winkel sich fortsetzt, während ein stumpfer Winkel lateral gerichtet ist. Die drei vorhin für die ganze Gruppe unterschiedenen Portionen sind in verschiedenem Maße nachweisbar. 1) Der auf die Wirbelkörper beschränkte Theil entspringt mit einzelnen Bündeln von der Vorder- und Seitenfläche der 3 ersten Brust- und der 2—3 untersten Halswirbel, und giebt Insertionen an die Körper der ersten 3 oder 4 Halswirbel ab, zum Atlas an dessen Tuberculum. 2) Von dem untersten Ursprunge des Muskelbauches an zweigen sich lateral aufsteigende Bündel ab, welche an die vorderen Zacken der Querfortsätze unterer Halswirbel (des 6., 7. oder des 5. und 6., auch des 4.) inseriren. 3) Endlich besteht ein Abschnitt aus Bündeln, die von den Querfortsätzen des 2.—5. Halswirbels entspringen und medial zu der Wirbelkörperportion emporsteigen.

Die zum Tuberculum atlantis gehende, mit einer medialen Zacke verbundene Portion ist häufig etwas stärker und ward als *Longus atlantis* aufgeführt (HENLE). Eine besondere Function besitzt sie kaum, da ihre Bündel ziemlich steil zum Atlas sich begeben.

Die drei Theile des Muskels werden nicht selten von sehnigen Zügen durchsetzt. Abänderungen bestehen vorzüglich in den lateralen Insertionen und Ursprüngen.

Wirkung: Beugt die Halswirbelsäule und unterstützt bei einseitiger Wirkung die Drehbewegung.

M. longus capitis (*Rectus capitis anticus major*). Dieser Theil des Longus entspringt mit 4 Zipfeln von den vorderen Querfortsatz-Höckern des 3.—6. Halswirbels. Der daraus geformte gemeinsame Bauch deckt den oberen Theil des Longus colli, aus dem zuweilen noch ein Bündel in ihn übergeht, und verläuft schräg empor zur Basis des Hinterhauptbeins. An diesem inserirt er sich kurzsehnig seitlich vom Tuberculum pharyngeum.

Wirkung: Beugt den Kopf vorwärts.

Der gesammte Longus wird innervirt von Nervenzweigen aus dem Plexus cervicalis et brachialis.

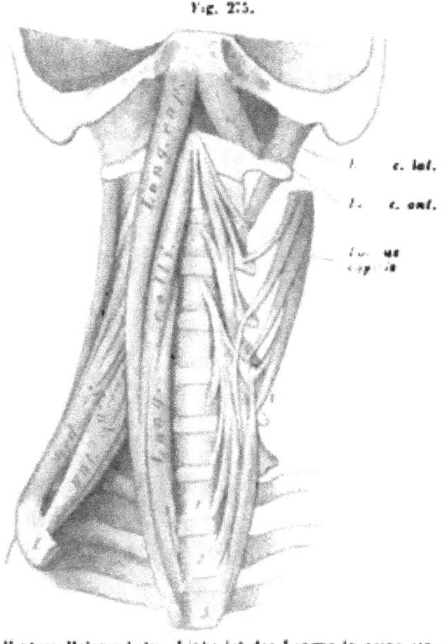

Fig. 275.

Hintere Halsmuskeln. Links ist der Longus in seine einzelnen Portionen aufgelöst und der L. cap. durchschnitten.

M. rectus capitis anticus (*R. c. a. minor*) (Fig. 275). Wird vom Ende des Bauches des Longus cap. bedeckt. Entspringt von der vorderen Fläche des Seitentheiles des Atlas, zuweilen dem R. cap. lateralis angeschlossen, und verläuft etwas schräg zur Basis des Hinterhauptbeines empor, wo er sich unmittelbar hinter der Insertion des Longus capitis vor dem Foramen magnum festheftet.

Einen ähnlichen Muskel sah ich auch vom Epistropheus zum Atlas gehen, wo er sich entfernt vom Tub. atlantis anterius inserirte, so dass er nicht etwa eine Portion des Longus colli vorstellte.

3. Laterale Gruppe.

Diese erstreckt sich von den Querfortsätzen der Halswirbel zu den oberen Rippen. Sie wird gebildet durch die

Mm. scaleni.*) Diese repräsentiren einen ungleich dreiseitigen Muskelcomplex, welcher von den Halswirbelquerfortsätzen zur Umgrenzung der oberen Thoraxapertur verläuft. Indem ihre Insertionen eine Bogenlinie beschreiben, stellen sie die Hälfte eines Kegelmantels dar, unter welchem die jederseitige Pleurahöhle eine Strecke weit aufwärts sich fortsetzt. Nach Ursprung und Insertion werden drei Scaleni unterschieden.

1) **M. scalenus anticus** (Fig. 276). Liegt am weitesten nach vorne, mit seinem oberen Theile am lateralen Rande des M. longus. Entspringt von den

*) Von σκαληνός: schief, ungleichseitig.

vorderen Höckern der Querfortsätze des 3.—6. Halswirbels. Sein kurzer, etwas abgeplatteter Bauch steigt lateral und vorwärts herab und inserirt an der Oberfläche der ersten Rippe (Tuberculum scaleni) bis nahe an den Rippenknorpel. Zuweilen besitzt er nur drei Ursprungszacken, selten ist deren Zahl vermehrt.

Fig. 276.

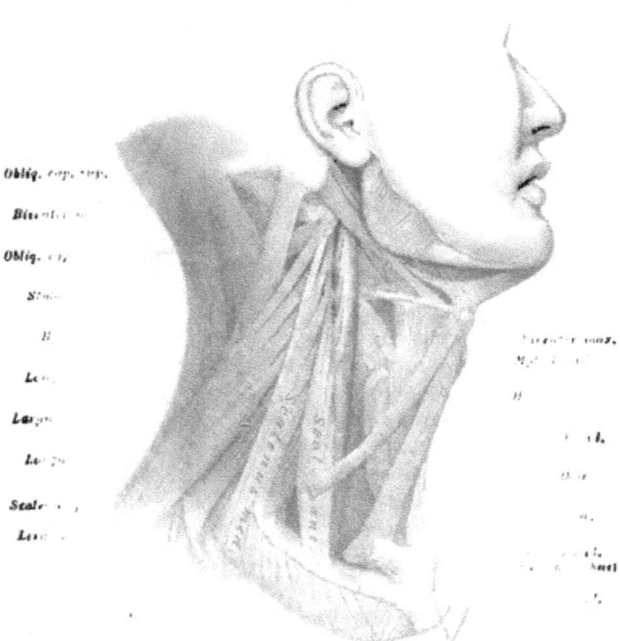

Halsmuskeln von der Seite, nach Entfernung der oberflächlichen und Abtragung der Clavicula bis ans Sternalende.

2) M. scalenus medius (Fig. 276). Entspringt mit 6—7 Zipfeln von eben so vielen Halswirbeln, meist nahe an dem vorderen Höcker der Querfortsätze. In seinem Verlaufe nach abwärts divergirt er vom Scalenus anticus, so dass zwischen beiden ein dreieckiger, zum Durchlasse der Arteria subclavia und des Plexus brachialis dienender Raum entsteht. Seine Insertion nimmt der Muskel an der oberen Fläche der ersten Rippe, nach hinten zu, selten auch zur zweiten (s. Fig. 276).

Die oberste Ursprungszacke des Muskels ist in der Regel fleischig und gelangt nicht in den gemeinsamen Bauch, sondern läuft in die Ursprungssehne der folgenden Zacke. Das ist noch eine Andeutung der Metamerie dieses Muskels, die zuweilen auch für die zweite und dritte Ursprungszacke sich wiederholt.

3. **M. scalenus posticus** (Fig. 276). Schließt sich hinten dicht an den Scalenus medius an, mit dem er zusammengehört. Entspringt mit zwei oder drei Zipfeln von den hinteren Zacken der Querfortsätze der zwei oder drei untersten Halswirbel, verläuft über die erste Rippe herab und inserirt sich an dem oberen Rande und der Außenfläche der zweiten Rippe. Zuweilen erstreckt er sich auch zur dritten Rippe, oder zu beiden. Häufig ist er mit dem Sc. medius innig verbunden, so dass er nur künstlich getrennt werden kann.

Je nach ihren Ursprüngen von den vorderen oder hinteren Höckern der Querfortsätze der Halswirbel (S. 163) gehören die Scaleni verschiedenen Systemen an. Der vordere schließt sich, wie auch der mittlere, dem System der Intercostalmuskeln an, der hintere dagegen entspricht den Levatores costarum (S. 388). Aus der Rückbildung der Rippen der Halsregion wird verständlich, wie an der Halswirbelsäule entspringende Muskeln ihre Insertionsbezirke weiter abwärts auf die bleibenden Rippen verlegten.

Außer den angegebenen Variationen der Ursprünge in Vermehrung oder Verminderung der Ursprungszipfel bestehen noch zahlreiche andere. Auch bezüglich der Insertion ergeben sich Schwankungen, welche jedoch nur höchst selten den Sc. anticus betreffen. Zwischen den drei normalen vorkommende überzählige Scaleni erscheinen als gesonderte Portionen der ersteren.

Wirkung: Heben die Rippen und erweitern dadurch den Thorax.

Innervirt von Zweigen der vorderen Cervicalnervenäste.

Der lateralen Gruppe werden auch die schon oben (S. 355) beschriebenen *Mm. intertransversarii anteriores* zuzurechnen sein, ebenso wie der *Rectus capitis lateralis* (S. 366). Durch die Austrittsstellen der Spinalnerven werden sie von der dorsalen Muskulatur getrennt.

c. Muskeln der Brust.

§ 166.

Die Muskulatur der Brust theilt sich in Muskeln, welche die vordere und die seitliche Brustwand nur bedecken, und in solche, die dem Brustkorbe eigen sind. Die ersteren nehmen sämmtlich ihre Insertionen an der oberen Gliedmaße (Schultergürtel und Oberarmbein): sie sind **Gliedmaßenmuskeln**, welche in ganz ähnlicher Weise, wie dies von denen des Rückens dargestellt ward, einen Theil des Thorax überlagern, obschon sie einem viel weiter oben gelegenen Innervationsgebiete angehören. Die Nerven dieser Muskeln kommen aus den vorderen Ästen unterer Cervicalnerven. Ganz verschieden hievon verhält sich die andere Abtheilung, die wieder aus zwei Unterabtheilungen besteht. Die eine zeigt sich in primitiverem Verhalten und bildet einen Theil der metameren Muskulatur des Körpers, indem sie großentheils in einzelne aufeinanderfolgende Abschnitte gegliedert ist. Diese empfangen ihre Nerven unmittelbar von den vorderen Ästen jener Körpersegmente, denen sie durch ihre Lage zugetheilt sind. Als zweite Unterabtheilung der Thoraxmuskeln rechnen wir die muskulöse Scheidewand zwischen Brust- und Bauchhöhle, das *Zwerchfell* hieher.

Die oberflächliche Muskellage wird von der *Brustfascie* bedeckt, welche in die Bauchfascie sich fortsetzt und ebenso in das oberflächliche Blatt der Halsfascie übergeht.

Lateral setzt sich die Brustfascie theils zum Rücken, theils in die Achselhöhle fort, mit deren lockerem, sie theilweise füllendem Bindegewebe sie zusammenhängt. — In der Umgebung der Brustdrüse (Mamma) ist das Bindegewebe reichlicher (s. beim Integumente).

1. Gliedmaßenmuskeln der Brust.

Diese bedecken die vordere und seitliche Region des Thorax, entspringen von Sternum und Rippen, und liegen in mehreren Schichten. Sie werden gewöhnlich als »Brustmuskeln« im engeren Sinne aufgefasst. Außer ihrer am Schultergürtel und an der Gliedmaße sich äußernden Hauptwirkung können sie bei Fixirung ihrer Insertionsstellen auch die Theile des Brustkorbes bewegen, von welchen sie entspringen.

Der Medianlinie benachbart findet sich zuweilen ein plattes Muskelbündel von verschiedener Breite und Länge, und auch in verschiedener Richtung seines Verlaufes. Es hat seine Lage über dem Pectoralis major und wird als *M. sternalis* bezeichnet. Bald trifft sich dieser Muskel doppelseitig, bald nur einseitig, bald in geradem, bald in schrägem Verlaufe. In letzterem Falle kann der Muskel die Medianlinie überschreiten, auch mit dem anderseitigen sich kreuzen. In einen solchen Muskel ist zuweilen die sternale Ursprungssehne des M. sterno-cleido-mastoideus verfolgbar, so dass der letztere für die Ableitung des Sternalis in Betracht kommen kann. In dieser Hinsicht kann nur die Innervation entscheiden. In einem Falle ging diese von einem Zweige des N. thoracicus anterior aus, welcher den M. pectoralis major durchsetzte (Cunningham). — Über Vorkommen des Sternalis s. Turner, Journal of Anat. Vol. I.

Fig. 277.

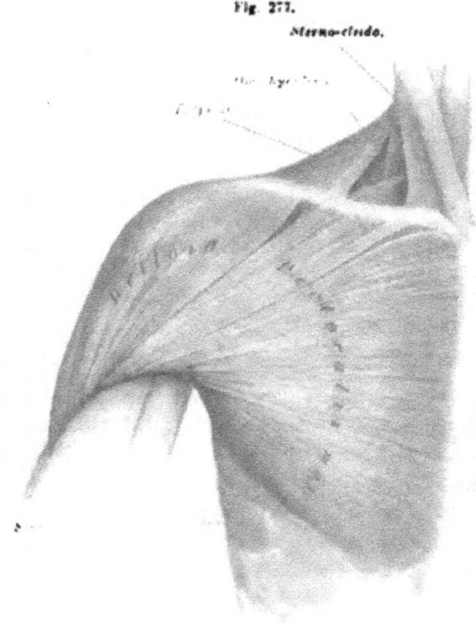

Muskeln der Brust. Oberflächliche Schichte.

α. Erste Schichte.

M. pectoralis major Fig. 277). Er überlagert den größten Theil der Vorderfläche des Thorax. Sein Ursprung geht von der Pars sternalis claviculae aus vom Clavicularursprunge des Deltamuskels häufig durch eine Lücke geschieden', dann auf das Sternum über, nahe der Medianlinie an der vorderen Fläche herab. Unten empfängt er noch eine meist breite Ursprungszacke von der aponeurotischen Scheide des M. rectus abdominis. Endlich finden sich lateral von dem sternalen Ursprunge von den Knorpeln der Rippen noch mehrere tiefe Ursprungszacken (Fig. 278), die sich den sternalen anschließen.

Danach unterscheidet man eine clavicular e und eine sterno-costale Portion, welche zuweilen vom Ursprunge an etwas von einander getrennt sind. Die von diesen Ursprungsstellen lateralwärts ziehenden Muskelmassen convergiren gegen den Humerus. Die claviculare Portion sendet ihre Bündel abwärts, die lateralsten dem medialen Rande des Deltamuskels angeschlossen. Je weiter der Ursprung gegen das Sterno-clavicular-Gelenk liegt, desto schräger ist der Verlauf nach außen und abwärts gerichtet. An der sterno-costalen Portion gehen die oberen Bündel gleichfalls schräg nach außen und abwärts, die mittleren quer nach außen und die unteren schräg nach außen und aufwärts.

Die Insertion findet mittels einer an der Hinterfläche des Muskels sich entwickelnden Endsehne an der *Spina tuberculi majoris* statt. Indem die claviculare Portion des Muskels ihre Insertion weiter abwärts nimmt als die sterno-costale, deren Bündel sich immer unter die vorhergehenden aufwärts schieben, kommt ein eigenthümliches Verhalten der Endsehne zu Stande. Diese bildet eine aufwärts offene Tasche (Fig. 278), an deren vordere Wand die claviculare Portion tritt, indes die hintere Wand die sterno-costale Portion aufnimmt.

Fig. 278.

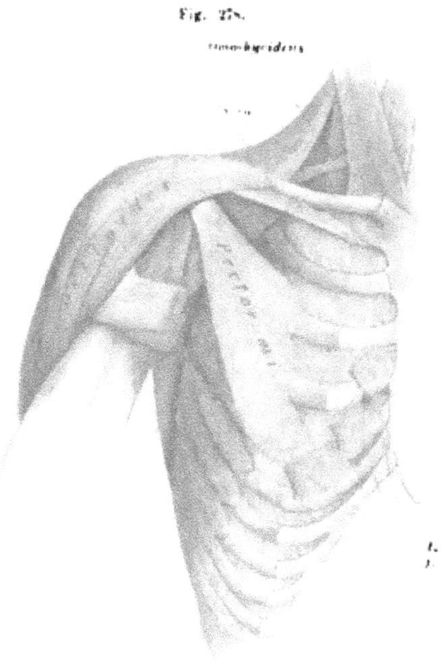

Brustmuskeln. Tiefe Schichte.

Der vom Thorax sich abhebende Theil des Muskelbauches bildet die vordere Wand der Achselhöhle. — Die Lücke zwischen der clavicularen Portion und dem M. deltoides (Mohrenheim'sche Grube) zeigt sehr verschiedene Ausbildungsgrade. In der sich darstellenden Vertiefung senkt sich die Vena *cephalica* zur Vena subclavia ein. Die Scheidung der clavicularen und sterno-costalen Portion ist zuweilen sehr vollständig. Bei kräftiger Ausbildung des Muskels treten die beiderseitigen sternalen Ursprungsportionen unmittelbar an einander. Von den untersten Bündeln des Muskels zweigt sich eines zuweilen vor deren Übergang in die Endsehne zur Endsehne des M. latissimus dorsi ab. Einige Faserzüge der Endsehne gelangen regelmäßig in die Fascie des Oberarms. (S. Achselbogen S. 344.) Der oberste Theil der Endsehne setzt sich in steil aufsteigende Züge fort, welche den Sulcus intertubercularis begleiten und in die Kapsel des Schultergelenkes übergehen; ein anderer Theil verläuft von der Spina tuberculi majoris in den Sulcus intertubercularis, der dadurch eine sehnige Auskleidung empfängt, die auf der anderen Seite mit Zügen von der Endsehne des Latissimus dorsi in Verbindung steht.

Bei den meisten Saugethieren besteht eine viel vollständigere Sonderung des Muskels in die einzelnen, beim Menschen nur noch angedeuteten Portionen, welche dann noch vermehrt und discrete Muskeln vorstellen. S. B. WINDLE, Tr. Roy. Irisch. Acad. Vol. XXIX.

Der Muskel adducirt den Arm mit der Richtung nach vorne.

Innervirt wird er durch die Nn. thoracici anteriores.

Zweite Schichte.

M. pectoralis minor (*Serratus anticus minor*) (Fig. 278). Wird vom M. pectoralis major vollständig bedeckt. Setzt sich aus drei, mit dünnen Sehnen an der 3.—5. Rippe entspringenden Zacken zusammen, die aufwärts und etwas lateral convergirend einen gemeinsamen platten Bauch herstellen. Dieser nimmt erst gegen sein schmales Ende etwas an Dicke zu, und befestigt sich mit kurzer Endsehne am *Processus coracoides*. Häufig empfängt der Muskel noch eine Zacke von der 6. Rippe, zuweilen auch von der zweiten.

Die Ursprünge liegen am Ende der knöchernen Rippen, greifen aber meist noch auf den Knorpel über. Von der Endsehne des Muskels geht häufig ein aponeurotisches Blatt zu der den Subclavius deckenden Fascie. Mit der Ursprungssehne des kurzen Biceps-Kopfes steht die Insertion nicht selten in innigem Zusammenhang.

Wirkung: Zieht den Schultergürtel an und herab.

Innervirt von einem N. thoracicus anterior.

M. subclavius (Fig. 278). Liegt zwischen Schlüsselbein und der ersten Rippe, von einem derben Fascienblatte bedeckt. Er entspringt mit einer starken Sehne von der oberen Fläche der ersten Rippe an einer dem Rippenknorpel nahe liegenden Rauhigkeit. Seine Fasern steigen schräg lateralwärts zur unteren Fläche der *Pars acromialis claviculae* empor, wo sie ihre Insertion finden. Im Verlaufe zur Insertion findet eine fächerförmige Ausbreitung der Fasern statt.

Selten geht die Insertion des Muskels auf das Acromion über. Die den Muskel deckende aponeurotische Fascie setzt sich bis zum Proc. coracoides fort, als dünnere Schichte auch gegen den M. pectoralis minor (*Fascia coraco-clavicularis*).

Wirkung: Er fixirt das Schlüsselbein im Sterno-clavicular-Gelenk.

Innervirt vom N. subclavius aus dem Pl. brachialis.

Dritte Schichte.

M. serratus anticus (*Serr. ant. major*) (Fig. 278). Nimmt die seitliche Fläche des Thorax ein und entspringt mit einzelnen Zacken von der ersten bis neunten Rippe. Die oberen Zacken sind von dem Ursprunge des M. pectoralis minor bedeckt, die vier letzten, immer weiter nach hinten rückenden Zacken alterniren mit den oberen Ursprungszacken des M. obliquus abdominis externus (Fig. 281). Aus den Ursprüngen formt sich ein platter, der seitlichen Thoraxwand aufgelagerter Bauch, der unter dem Schulterblatte nach hinten zur *Basis scapulae* tritt, wo er sich inserirt.

An dem Muskel sind meist drei Portionen wohl unterscheidbar. Eine obere nimmt die Ursprungszacken von den zwei ersten Rippen auf und bezieht auch Ursprünge von einem, zwischen der ersten und zweiten Rippe ausgespannten Sehnenbogen. Die Fasern dieser Portion verlaufen *parallel*, bilden einen stark gewulsteten Abschnitt des Muskels, und inseriren am oberen Winkel der Basis scapulae. Die an die erste anschließende zweite Portion des Muskels bildet sich in der Regel aus einer noch von der zweiten Rippe entspringenden Portion und nimmt meist noch die Zacke von der dritten, zuweilen auch die von der vierten Rippe auf. Ihre Fasern *divergiren*, und inseriren an dem größten Theile der Länge der Basis scapulae. Die übrigen Ursprungszacken bilden die *convergirende* Portion, welche am unteren Winkel der Scapula befestigt ist. Diese Portion umfasst somit den größten Theil des gesammten Muskels und stellt zugleich den längsten Abschnitt vor; beidem entspricht das Verhalten der Insertion, die an dem Theile der Scapula stattfindet, welcher bedeutendere Excursionen ausführt.

Der Muskel bildet die mediale Wand der Achselhöhle. Das Verhalten der mittleren Portion ist mannigfaltig; zuweilen ist sie sehr schwach. Variabel sind die untersten Zacken der dritten Portion. Die *Wirkung* des Muskels besteht in Vorwärtsbewegung der Scapula, was vorwiegend an deren unterem Winkel sich äußern muss, da die Scapula oben durch die Verbindung mit der Clavicula fixirt ist. Dadurch wird die vom M. serratus ausgeführte Bewegung der Scapula zu einer rotirenden.

Innervirt von N. thorac. longus aus dem Pl. brachialis.

3. Muskeln des Thorax.

§ 167.

Bei den dem Brustkorbe eigenen Muskeln sind die Muskeln der Rippen von dem Zwerchfellmuskel zu scheiden. Die ersten dienen der Bewegung der Rippen. Wenn auch noch andere Muskeln — die von den Rippen entspringenden Muskeln der oberen Gliedmaßen — die Rippen bewegen können, so geschieht solches doch nur als Nebenwirkung dieser Muskeln, die bereits als besondere Gruppe betrachtet sind. Andere auf die Rippen wirkende Muskeln (Scaleni) sind bei der Halsmuskulatur aufgeführt.

Die Muskeln der Rippen entspringen theils von den Querfortsätzen der Wirbel, theils von Rippen selbst. Wir theilen sie in zwei Gruppen, die *Mm. levatores costarum* und die *Mm. intercostales*. An beiden ist der metamere Charakter deutlich ausgedrückt. Ihnen rechnen wir noch einen dritten Muskel zu, den *M. transversus thoracis*.

Die eigentliche Muskulatur des Thorax ist somit eine dem Volum nach sehr beschränkte, was vor Allem aus der durch die Entfaltung der Gliedmaßen bedingten Reduction der Seitenrumpfmuskeln (S. 340 Anm.) sich erklärt. Es sind also nur die zur Bewegung der Rippen dienenden Partien jener Muskeln erhalten.

Mm. levatores costarum. Diese reihen sich lateral an die tiefen Schichten des Transverso-spinalis und werden vom Sacro-spinalis bedeckt. Es sind platte Muskeln, welche von den Querfortsätzen des letzten Halswirbels und der Brustwirbel, bis zum 11. herab entspringen. Sie breiten sich lateral und abwärts fächerförmig aus und inseriren an jeder nächstfolgenden Rippe bis gegen den Angulus costae hin. Vom 9.—11. Levator erstrecken sich die medialen Portionen über die je nächste Rippe zur zweitnächsten herab; man hat diese *Levatores longi* von den übrigen, *Levatores breves*, unterschieden. Zuweilen trifft sich dieses Verhalten auch an höher gelegenen Levatores.

Die Levatores costarum gehen theils mit sehnigen Ausbreitungen, theils auch mit Fleischfasern unmittelbar in die äußeren Zwischenrippenmuskeln über.

Innervirt werden die Mm. levatores costarum von Zweigen der Intercostalnerven, der erste vom letzten Cervicalnerven.

Mm. intercostales. Diese die Zwischenrippenräume einnehmende Muskulatur ist in zwei Lagen gesondert, die in der Richtung des Faserverlaufs differiren. Sie entspringen vom unteren Rande je einer Rippe und treten zum oberen Rande der nächstfolgenden herab. Mit ihrem Ursprung fassen sie den Sulcus costalis zwischen sich.

a) Mm. intercostales externi. Stehen im Anschlusse an die Levatores costarum, indem sie an deren lateralem Rande beginnen. Sie erstrecken sich in jedem Intercostalraum schräg von oben und hinten nach unten und vorne, unter allmählicher Abnahme ihrer Mächtigkeit, bis an die Vorderfläche des Thorax, wo sie am Beginne der Rippenknorpel enden und fernerhin nur durch sehnige Züge repräsentirt sind (*Ligg. intercostalia externa*). Sehnenfasern sind dem Verlaufe der Muskeln beigemischt. An den oberen Rippen gelangen sie nicht ganz zum Ende der knöchernen Rippe, an den mittleren endet die Insertion mit der knöchernen Rippe, an den unteren dagegen der Ursprung, indes die Insertion noch auf eine Strecke des Rippenknorpels übertritt. Im schrägen Faserverlaufe zeigt sich eine Zunahme von oben nach unten.

b) Mm. intercostales interni. In der Richtung ihres Faserverlaufes kreuzen sie die Intercostales externi, indem ihre Fasern von oben und vorn schräg nach hinten und abwärts treten. Sie beginnen hinten meist in der Gegend des Rippenwinkels, schwächer als die äußeren, und verlaufen von den äußeren bedeckt bis zum vorderen Ende des Intercostalraumes, so dass sie daselbst weiter als die äußeren sich erstrecken. In diesem Verlaufe ist eine Zunahme ihres Volums erfolgt: zwischen den Rippenknorpeln sind sie am mächtigsten. Der schräge Faserverlauf ist im Allgemeinen nicht so bedeutend als bei den äußeren Intercostalmuskeln und nimmt von oben nach unten zu ab.

Die beiden letzten Intercostales interni gehen zuweilen continuirlich in den M. obliquus internus über, wenn nämlich der Muskelbauch desselben sich bis über die Knorpel der beiden letzten Rippen hinaus erstreckt. Dass hierin eine innigere Beziehung zu jenem Bauchmuskel sich ausspricht, belegen auch jene Fälle, in denen von dem Ende einer der beiden letzten Rippen aus ein Sehnenstreif in den fleischigen Theil des Obliquus internus sich erstreckt und, eine Rippenverlängerung vorstellend, einem Theile des Obliquus int. eine intercostale Bedeutung giebt. Ein zuweilen vorkommendes Knorpelstück in jenem Sehnenstreif bestätigt diese Auffassung.

Die hintersten Strecken der Intercostales interni beschränken sich in Ursprung und Insertion in der Regel nicht auf die Rippenränder, sondern erstrecken sich, bald mit vereinzelten Bündeln, bald in größerer Ausdehnung über die Innenfläche der bezüglichen Rippen. Dabei ist die Richtung des Faserverlaufs gar nicht oder nur wenig geändert. Bei größerer Ausbildung dieses Übergreifens setzen sich breitere Muskelzüge über die Innenfläche je einer Rippe hinweg in einen höher gelegenen Intercostalis internus fort. Dadurch entsteht eine continuirliche Muskelschichte, welche hinten und seitlich die Innenfläche des Thorax, unten meist breiter, nach oben sich verschmälernd bedeckt. Diese Schichte besteht dann aus platten, schräg lateralwärts gerichteten Muskelbäuchen, welche, häufig von Sehnen durchsetzt, sowohl lateral als medial in den reinen Intercostalis internus übergehen. Man hat diese Schichte als M. subcostalis, oder M. transversus thoracis post. aufgeführt.

Die Nervi intercostales versorgen die Muskeln.

Die *Wirkung der Intercostalmuskeln* wird als für beide Muskeln verschieden angegeben. Die Intercostales externi gelten als Heber der Rippen, die Int. interni sollen diese Wirkung mit ihren vorderen, zwischen den Knorpeln liegenden Abschnitten unterstützen, im Übrigen sollen sie Senker der Rippen sein. Wie für alle Muskeln ist aber auch hier zur Beurtheilung der Wirkung maßgebend, wo das Punctum fixum besteht. Liegt es über dem Thorax, ist der Thorax oben fixirt, wie dies durch die Mm. scaleni geschieht, so werden nur die Heber der Rippen fungiren und auf die Erweiterung des Thorax wirken. Den äußeren kommt noch in ihren hinteren, stärkeren Strecken ein Einfluss auf die Drehbewegung der Rippen zu, die durch die Art der Rippenverbindung mit deren Hebung combinirt ist. Es scheint sich aber die ältere Ansicht, derzufolge die Wirkung beider Muskeln die gleiche ist (HALLER), wieder geltend zu machen. Vergl. J. M. HOBSON, Journal of Anat. Vol. XV. S. 331. Die leicht zu begründende Annahme, dass beide Intercostales bei coordinirter Wirkung der Fixirung der Rippen dienen, vereinigt beiderlei Meinungen.

Den Thoraxmuskeln schließe ich noch den Transversus thoracis an, der nur eine weiter aufwärts an der vorderen Brustwand liegende und durch die Zwerchfellursprünge vom *M. transversus abdominis* geschiedene Portion dieses Muskels ist (vergl. S. 399).

M. transversus thoracis (*Triangularis sterni*). Liegt an der Innenfläche der vorderen Thoraxwand. Er wird durch platte Muskelzüge zusammengesetzt, welche von der Innenfläche der Knorpel der 3.—6. Rippe entspringen. Die oberen verlaufen mehr schräg, die unteren mehr quer zum Sternum. Die einzelnen Zacken dieses Muskels convergiren medianwärts und abwärts und befestigen sich mit dünnen, platten Sehnen an den Rand des unteren Theiles des Sternum, sowie an dessen Schwertfortsatz, auch an die Hinterfläche dieser Theile.

Die Ausbildung der Ursprungszacken sowie ihre Zahl ist sehr wechselnd. Auch von der 7. Rippe kann eine Zacke hinzukommen. Der Muskel reiht sich dann mit jener Ursprungszacke an die Ursprünge des *Transversus abdominis* an, von denen er nur durch ein Ursprungsbündel des Zwerchfelles getrennt wird. Innervirt wird der Muskel von Intercostalnerven.

3. Zwerchfellmuskel (Diaphragma).

§ 168.

Das Zwerchfell bildet die untere Begrenzung der Brusthöhle, die dadurch von der Bauchhöhle geschieden wird. Dargestellt wird es durch einen platten, rings von dem Umfange der unteren Thoraxapertur meist kurzsehnig entspringenden Muskel, der aufwärts sich erhebt und gewölbt in den Thorax einragt, so dass der Raum der Bauchhöhle in diesem Maße auf Kosten der Thoraxhöhle vergrößert wird. Die gegen die Wölbung des Zwerchfells emportretenden Muskelmassen gehen dort in eine central liegende platte Sehne über: das *Centrum tendineum*.

Fig. 279.

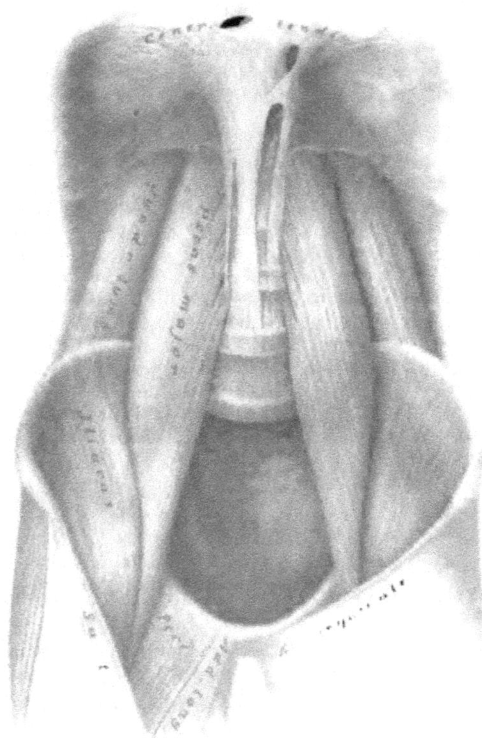

Pars lumbalis des Zwerchfells mit der hinteren Bauchwand.

Nach den Ursprungsstellen des muskulösen Theils des Zwerchfells werden drei Strecken unterschieden: Pars lumbalis, Pars costalis und Pars sternalis.

1. Die Pars lumbalis (Fig. 279) des Zwerchfellmuskels ist in eine *mediale* (*P. vertebralis*) und eine *laterale* Portion gesondert. Die *mediale* besitzt an der Vorderfläche der Lendenwirbelsäule eine mit dem Lig. longitudinale anterius verbundene Ursprungssehne, die rechts etwas tiefer (3.—4. Lendenwirbel) herabsteigt als links. Aus beiderseitigen Sehnen entfalten sich (rechts in der Höhe des 2. oder 3. Lendenwirbels) pfeilerartig emporstrebende Muskelmassen. Sie fassen auf dem Körper des ersten Lendenwirbels eine spaltförmige Öffnung zwischen sich, welche höher emportritt und dabei von der Wirbelsäule sich nach

vorne zu entfernt. Durch diese Öffnung, *Hiatus aorticus*, tritt die große Körperarterie (Aorta) von der Brusthöhle zur Bauchhöhle. Eine Fortsetzung der Ursprungssehne dieser Zwerchfellportion umrahmt die Öffnung und dient fernerem Ursprunge von Muskelfasern. Rechterseits ist diese am bedeutendsten ausgeprägt. Weiterhin verstärkt wird der Muskelpfeiler durch Ursprünge vom 2. Lumbalwirbelkörper, dann durch solche, die vom 1. Lumbalwirbel, auch von dessen Querfortsatz kommen. Über dem Aortaschlitze vereinigen sich die medialen Theile der beiden vertebralen Muskelpfeiler zu einer Durchkreuzung ihrer Bündel, um dann zur Begrenzung eines zweiten Schlitzes auseinanderzuweichen. Diese Öffnung (*Hiatus oesophageus*) dient dem Durchtritte der Speiseröhre, und liegt ganz nahe am Centrum tendineum, gegen welches der mediale Abschnitt der Pars vertebralis von hinten her sich ausbreitet.

Nach den Ursprungsverhältnissen hat man die Vertebralportion der Pars lumbalis wieder in drei *Crura* geschieden, die insofern Berechtigung besitzen, als zwischen ihnen Nerven hindurchgelangen. Zwischen dem inneren und dem mittleren Schenkel tritt der N. splanchnicus major und rechterseits die Vena azygos hindurch, links die Vena hemiazygos. Zwischen dem mittleren und äußeren Schenkel nimmt der Grenzstrang des Sympathicus seinen Weg. Der N. splanchnicus minor tritt, bald mit dem major vereinigt, bald für sich, und dann häufig durch den inneren Schenkel. Mit der Aorta tritt auch das sie begleitende Sympathicus-Geflecht und der Ductus thoracicus durch den Hiatus aorticus. Durch den Hiatus oesophageus auch die Nn. vagi.

Die *laterale Portion* reiht sich fast unmittelbar an die mediale an. Sie entspringt von einem in der Fascie des M. psoas entwickelten Sehnenbogen. Von da setzt sich der Ursprung auf einen zweiten Sehnenbogen fort, der in ähnlicher Weise den M. quadratus lumborum überbrückt und an der letzten Rippe befestigt ist. Die hiervon ausgehenden Muskelmassen bilden gleich von ihrem Ursprunge an eine platte Schichte, welche in den seitlichen Theil des Centrum tendineum von hinten her übergeht.

2. Die Pars costalis entspringt in mehr oder minder continuirlichem Anschlusse an den lateralen Rand der Pars lumbalis von den Knorpeln der sechs unteren Rippen, derart, dass die Ursprünge von hinten nach vorne zu auf höhere Rippen übertreten. Die Ursprungszacken greifen zwischen jene des M. transversus abdominis ein. Die hinten und seitlich steil an der Innenfläche des Thorax emporsteigende platte Muskelschichte wölbt sich zum seitlichen und vorderen Rande des Centrum tendineum hin. Nach vorne zu verliert die costale Portion an Höhe und schließt sich endlich an die sternale Ursprungsportion an.

3. Die Pars sternalis ist die unansehnlichste. Sie besteht aus einem Paar von der hinteren Fläche des Processus xiphoides sterni entspringender kurzer Zacken, welche in das Centrum tendineum von vorne her eingehen.

Die Ursprungsportionen des Zwerchfells reihen sich in der Regel nicht sämmtlich unmittelbar aneinander. Die laterale Portion der Pars lumbalis ist von der costalen durch eine dreiseitige Spalte getrennt, indem der über den Quadratus lumborum gebrückte Sehnenbogen an seinem costalen Ende keine Muskelfasern entspringen lässt. Die serösen Auskleidungen der Brust- und Bauchhöhle bilden dann den Verschluss. Ähnlich verhält es sich vorne zwischen costaler und sternaler Ursprungsportion. Selten ergeben sich Unterbrechungen innerhalb der costalen Ursprungsportion.

Das Centrum tendineum oder der *sehnige Theil* des Zwerchfells nimmt die ringsum an ihn herantretenden fleischigen Ursprungsportionen auf und bildet eine derbe, glänzende Membran, in welcher die Züge der Sehnenfasern in verschiedener Richtung sich durchkreuzen. Die Gestalt dieses Centrum tendineum erscheint in die Quere gezogen und durch die weiter einspringende Übergangsstelle der medialen Portion von hinten her eingebuchtet. Zu den dadurch unterscheidbaren, in der Mitte zusammenhängenden seitlichen Theilen des Centrum tendineum tritt mehr oder minder deutlich noch eine mittlere Ausbreitung nach vorne zu, wodurch dem ganzen Gebilde eine Kleeblattform zu Theil wird.

An der Grenze des etwas größeren rechten und des mittleren Abschnittes, rechterseits von dem Schlitze für die Speiseröhre, findet sich das ovale *Foramen pro vena cava* (*F. quadrilaterum*), durch welches die untere Hohlvene emportritt. Der hintere Rand dieses Loches ist von starken Sehnenbündeln umzogen, welche sowohl im rechtseitigen als auch im mittleren Abschnitte ausstrahlen.

Die von dem Centrum tendineum eingenommene *Wölbung des Zwerchfells* ist hinten steiler, aber von einem minder ansehnlichen Theile des Centrum tendineum gebildet als vorne. Sie ist assymmetrisch, indem sie in die rechte Brusthöhlenhälfte höher emportritt als linkerseits, in Anpassung an den unter jener Wölbung liegenden größeren rechten Leberlappen. Eine nach vorne gerichtete schwache Einsenkung trennt den rechtseitig höheren Theil der Wölbung von dem minder hohen linken.

Da der Stand des Zwerchfells von der Athmung abhängig ist, die es durch seine Bewegungen leitet, ergeben sich am Lebenden verschiedene Zustände für In- und Exspiration. Im Zustande der Exspiration, der in der Regel dem Befunde an der Leiche entspricht, reicht die Höhe der Wölbung an eine dicht über dem Sternalende des Knorpels der vierten Rippe gelegte Horizontalebene. Das höchste Maß soll einer solchen Ebene durch das Sternalende des Knorpels der dritten Rippe entsprechen, und im tiefsten Stande reicht die Kuppel der Wölbung an eine durch das Sternalende des fünften Intercostalraums gelegte Ebene (Luschka).

Der mediane Theil des Zwerchfelles, in sterno-vertebraler Richtung, ist der minder bewegliche. Ihn nimmt ein großer Theil des Centrum tendineum ein, zu welchem von vorne her die kürzesten Ursprungsportionen herantreten. Er wird überdies noch fixirt durch den ihm aufgelagerten Herzbeutel mit dem Herzen, welches bei seinem Übergreifen nach der linken Seite auch die linksseitige Neigung jenes medialen Zwerchfelltheiles bedingt. Dieser tritt erst nach hinten zu tiefer herab, wo die medialen Portionen der Muskelpfeiler in den hinteren Ausschnitt des Centrum tendineum ausstrahlen. Zu beiden Seiten dieses medianen Theiles finden sich die bei der Athmung in ihrer Lage veränderlichsten Strecken, welche jederseits gewölbt in eine Thoraxhälfte einragen, rechts höher als links.

Innervirt wird das Zwerchfell durch den N. phrenicus (vom. 3. und 4. Cervicalnerven).

Die *Wirkung* des Zwerchfells erweitert den Thoraxraum, indem die Wölbung beiderseits sich abflacht. Daher besitzt der Muskel für die Inspiration größte Bedeutung. Dass das Zwerchfell bei der mit seiner Contraction zusammenfallenden Inspiration die Verkürzung seines Muskelbauches unter Beibehaltung eines gebogenen Verlaufs seiner Fasern ausführt, dürfte aus der Beschaffenheit der Leber hervorgehen, die doch in ihrer Wölbung nicht hochgradig alterirt werden kann.

Unter allen Muskeln nimmt das Zwerchfell durch seine Anordnung nicht nur, sondern auch durch seine Innervation die eigenthümlichste Stelle ein. Die große Entfernung des Muskels von der Abgangsstelle des Nervus phrenicus vom Rückenmarke lässt das Zwerchfell als einen keinenfalls an seinem späteren Orte entstandenen Muskel gelten und verweist auf eine stattgefundene Wanderung des Muskels. Die wenigen für diesen Vorgang bekannt gewordenen Thatsachen lassen in der Entwickelung und Lageveränderung des Zwerchfell-Muskels einen Zusammenhang mit dem Herabsteigen des Herzens und dessen Einlagerung in die Brusthöhle wahrnehmen, so dass darin vielleicht ein Causalmoment zu suchen ist. Der frühest erkannte Zustand des Zwerchfells weist ihm seine Entstehung im vorderen Theile einer zwischen Herz- und Leberanlage sich findenden Gewebsschichte, dem Septum transversum (His) an. Der vordere Theil des Zwerchfells würde demnach den ältesten vorstellen, der allmählich mit der Entwickelung des Thorax sich an dessen Innenwand ausbreitete und zuletzt auch einen lumbalen Abschnitt gewann. An diese Entfaltung knüpft sich secundär die Beziehung zu den anderen Organen der Brusthöhle, vor allem zu den Lungen, deren Pleurahöhlen es erst mit vollendeter Ausbreitung nach hinten zu von der Peritonealhöhle trennte. Der verschiedene Ausbildungsgrad zwischen dem ältesten vorderen und dem jüngsten hinteren Abschnitte des Zwerchfell-Muskels erscheint dann als Folge des günstigeren Ursprungs, welcher dem Muskel in seinem lumbalen Theile zukommt. Dieser findet sich im functionellen Übergewichte über die von minder fest gefügten Skelettheilen entspringenden, älteren sternocostalen Ursprungsportionen. Auch die Bahn des N. phrenicus, indem sie vor Herz und Lungen verläuft und so von vorne her zum Zwerchfell herantritt, lässt noch einen Rest des primitiven Zustandes des Muskels erkennen, und zeigt zugleich, wie wichtig für das Verständnis der Muskeln deren Nervenbahnen sind.

Über die erste Anlage des Zwerchfells s. His, Anatomie menschlicher Embryonen. Leipz. I. 1880. S. 126. Über die Beziehungen des Zwerchfelles zu den über und unter ihm liegenden Organen s. C. Gerhardt, Der Stand des Diaphragma. Tübingen 1860.

d. Muskeln der Bauchwand.

§ 169.

Die vorne und seitlich die Bauchhöhle umschließende Wand wird von Muskeln gebildet, welche von Skelettheilen in der Umgrenzung des Bauches entspringen. Da die Rippen sich auf den Thorax beschränken, besteht die Muskulatur der Bauchwand aus scheinbar gar nicht, oder nur andeutungsweise in Metameren gesonderten Muskeln, die aber größtentheils aus den diesem Theile des Körpers ursprünglich zukommenden Muskelsegmenten entstanden sind. Ein Zeugnis hierfür geben die Nerven ab (Fortsetzungen der unteren Intercostalnerven und der ersten Lumbalnerven). Auch sonst bestehen noch manche Zeugnisse einer ursprünglichen Metamerie.

Die Muskulatur wird von einer lockeren aber ziemlich mächtigen Fascie, der *F. superficialis abdominis* überkleidet, welche sich oben in die Brustfascie fortsetzt. Sie lässt sich besonders am unteren Abschnitte in mehrere Lamellen zerlegen, von denen die oberflächlichen sich allmählich ins Unterhautbindegewebe verlieren und bei beleibten Individuen reichlich mit Fett durchsetzt sind. Bei solchen zeigt auch das Unterhautbindegewebe in der Unterbauchgegend eine mächtige Fettschichte.

Wir sondern die Muskeln der Bauchwand in *vordere* und in *hintere*, von denen die ersteren auch über die seitliche Bauchregion verbreitet sind.

1. Vordere Bauchmuskeln.

Diese Muskulatur setzt sich theils aus schräg oder quer verlaufenden breiten, theils aus longitudinal verlaufenden Muskeln zusammen. Die letzteren liegen in der vorderen Bauchwand, sind platte, vom Brustkorb zum Becken gerade herabsteigende Bäuche. Indem die Endsehnen (Aponeurosen) der breiten Bauchmuskeln in der Medianlinie zusammentreten, bilden sie einen die Scheiden der geraden Bauchmuskeln verbindenden sehnigen Strang, der vom Schwertfortsatz bis zur Schambeinfuge sich herabstreckt — die *Linea alba abdominis*. In ihr liegt der Nabel. Diese Stelle bezeichnet der Nabelring.

Die *Linea alba* erstreckt sich vom Schwertfortsatz bis zur Schamfuge. Vom ersteren bis zum Nabel nimmt sie an Breite zu (bis zu 25 mm), von da an verschmälert sie sich bedeutend (bis zu 3 mm), wächst aber im sagittalen Durchmesser. An der Vergrößerung des Umfanges der Bauchhöhle (bei Gravidität und bei krankhaften Processen) betheiligt sich die Linea alba durch Verbreiterung.

Die *breiten Bauchmuskeln* müssen als mächtigere Entfaltungen derselben Muskulatur gelten, welche am Thorax nur spärlich vorhanden ist. Die an dem letzteren größtentheils in einzelne Abschnitte zerlegte Muskulatur bildet an der Bauchwand zusammenhängende Massen. Dass auch diese aus einzelnen Muskelmetameren hervorgingen, lehren die Befunde bei niederen Wirbelthieren, bei denen die breiten Bauchmuskeln durch Zwischensehnen in zahlreiche, den Metameren entsprechende Abschnitte getheilt sind (Reptilien). Auch beim Menschen finden sich noch Andeutungen solcher Beziehungen. Wie jene Thoraxmuskulatur sind sie als Differenzirung der primitiven ventralen Seitenrumpfmuskelmassen anzusehen.

Einen medialen, selbständig gesonderten, aber die Metamerie noch deutlich aufweisenden Abschnitt stellt der gerade Bauchmuskel vor.

α. Bauchmuskeln mit longitudinalem Verlaufe (gerade Bauchmuskeln).

M. rectus abdominis (Fig. 280). Dieser Muskel gehört einem Systeme ventraler Muskeln an, welches, am Brustkorbe unterbrochen, erst am Halse sich wiederfindet. Seine Fasern verlaufen in longitudinaler Richtung.

Der Rectus liegt in einer von den Aponeurosen der breiten Bauchmuskeln gebildeten *Scheide* zur Seite der *Linea alba*. Er entspringt breit an der Außenfläche des Thorax mit drei, mehr oder minder deutlich unterscheidbaren Zacken, von den Knorpeln der 5.—7. Rippe. Die laterale Ursprungszacke liegt am weitesten oben, die mediale am meisten abwärts und bedeckt den Schwertfortsatz. Der breite Muskelbauch verläuft gerade herab, verschmälert sich etwas und gelangt an seinem letzten Viertel bedeutend verschmälert mit einer kurzen starken

Endsehne zur Insertion am oberen Rande des Schambeines zwischen *Tuberculum pubicum* und *Schamfuge*.

Der Verlauf der Muskelfasern des Rectus wird unterbrochen durch quere *Inscriptiones tendineae*, die ihn oberflächlich in 4—5 Bäuche scheiden. Drei dieser unregelmäßig gestalteten Zwischensehnen liegen oberhalb des Nabels, eine unterhalb desselben. Diese fehlt nicht selten. Mit der Vorderwand der Scheide des Rectus sind die Zwischensehnen verwachsen. An der hinteren Fläche des Muskels treten sie nur theilweise hervor, so dass der Faserverlauf hier größtentheils ununterbrochen ist.

Fig. 280.

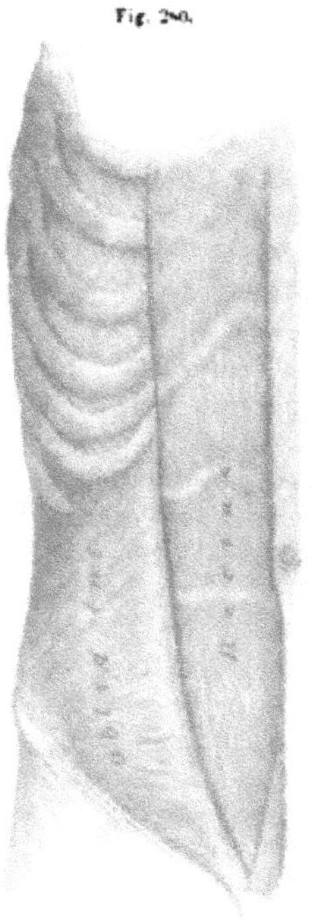

Vordere Bauchwand nach Entfernung des M. obliquus externus und der vorderen Wand der Scheide des M. rectus.

Die *Inscriptiones tendineae* und die dadurch gegebene Zerlegung des Rectus in einzelne Bauche drücken die gleiche Metamerie aus, wie sie ähnlich auch an den vorderen Halsmuskeln angedeutet und von der primitiven Metamerie der Stammesmuskeln ableitbar ist. Selten gewinnt der Muskel beim Menschen eine höhere Ursprungsstelle auf dem Thorax. Dagegen erstreckt er sich bei den meisten Säugethieren über die vordere Thoraxfläche bis zur ersten Rippe und nähert sich damit der Halsmuskulatur. Auch bei den Affen besteht dieses Verhältnis, aber der obere Theil des Muskels ist aponeurotisch, und nur die Anthropoiden besitzen den Muskel in ähnlichem Verhalten wie der Mensch. Dabei ist er vom M. pectoralis major überlagert, vom welchem Verhalten auch beim Menschen noch eine Spur sich erhält in der von der Scheide des Rectus entspringenden Portion des Pectoralis major. Dass jene Ausdehnung des Rectus über die vordere Thoraxwand sein ursprüngliches Verhalten ausdrückt, geht aus der größeren Zahl von Inscriptiones tendineae hervor, die er in jenen Fällen besitzt. Die Andeutung eines höheren Ursprunges ist auch beim Menschen zuweilen in gerade verlaufenden sehnigen Zügen vorhanden, welche auf den Rippenknorpeln liegen, nicht zu verwechseln mit den schrägen Faserzügen der sogenannten Ligamenta intercostalia.

Die *Endsehne des Rectus* giebt noch ein Bündel ab, welches sich vor der Schamfuge mit dem anderseitigen kreuzt und mit Fasern aus der Linea alba zum Penisrücken (beim Weibe zur Clitoris) tritt: *Lig. suspensorium penis*. S. 398. — Bezüglich der Scheide des Rectus siehe die breiten Bauchmuskeln.

M. pyramidalis (Fig. 280). Liegt in der Scheide des Rectus, am unteren Ende des letzteren. Er entspringt breit am Schambein vor der Insertion des Rectus und verläuft neben der Linea alba aufwärts, unter Verschmälerung seines Bauches, um sich schräg an der Linea alba zu inseriren. Er fehlt nicht selten, und dann nimmt die Insertion des Rectus eine größere Fläche ein.

Auch in den höheren Ordnungen der Säugethiere ist er unansehnlich und fehlt bei vielen gänzlich, indes er bei Monotremen und Beutelthieren mächtig ausgebildet ist. Er ist hier ein Muskel des Beutelknochens dieser Thiere, entspringt an diesem Knochen und verlauft entweder längs des ganzen Abdomens bis zum Brustbein, oder verbindet sich mit dem anderseitigen in der Mittellinie durch eine sehnige Membran. Mit dem Verschwinden des Beutelknochens tritt der Ursprung des Muskels auf das Schambein über, und der Muskel verliert seine Bedeutung.

4. Bauchmuskeln mit schrägem oder querem Verlaufe (breite Bauchmuskeln).

M. obliquus abdominis externus (Fig. 281, 282). Der oberflächlichste der breiten Bauchmuskeln mit von oben und hinten nach unten und vorne gerichtetem Faserverlaufe (daher *M. oblique descendens*). Mit 7—8 Zacken entspringt er von der Außenfläche ebensovieler Rippen. Die oberen vier Zacken greifen zwischen die unteren Ursprungszacken des M. serratus anticus major ein, während die unteren Zacken mit Ursprungszacken des M. latissimus dorsi alterniren. Die Reihe dieser Ursprünge bildet eine schräge, unten und vorne auf der Brustwand seitlich nach hinten zur letzten Rippe ziehende Linie. Der so entspringende breite Muskelbauch deckt oben und vorne einen Abschnitt der Thoraxwand, indes er sich hinten direct zur Bauchwand begiebt. Die hintersten von der Spitze der letzten Rippe entspringenden Fasern verlaufen senkrecht zum Darmbeinkamm herab, die nach vorne zu folgenden schlagen allmählich einen schrägen Verlauf ein, der dann am übrigen größeren Theile des Muskels obwaltet. Der Muskelbauch geht oben an dem lateralen Rande des geraden Bauchmuskels, weiter unten in einer allmählich von diesem Rande lateral sich entfernenden Linie in seine breite Endsehne über. Diese Übergangslinie des Muskels in die Sehne tritt unten, in der Höhe der Spina iliaca anterior superior in bogenförmiger, abwärts gerichteter Rundung noch mehr zur Seite und erreicht den Anfang des Darmbeinkammes, an dessen Labium externum die kurzsehnige Insertion des hinteren Theiles des Muskels stattfindet.

Die breite Endsehne oder *Aponeurose* des M. obliquus externus tritt von oben an über den geraden Bauchmuskel herab, hilft die vordere Wand von dessen Scheide bilden und endigt in der Linea alba. An der Aponeurose sind schräge, in der Richtung der Muskelfasern fortgesetzte Sehnenfasern unterscheidbar, die von anderen gekreuzt werden. Die ersteren nehmen gegen das untere Ende der Aponeurose zu, und schließen dieselbe mit einem schrägen sehnigen Strange ab. Dieser ist von der Spina iliaca anterior superior zum Tuberculum pubicum straff ausgespannt und bildet das Leistenband (*Lig. inguinale*, *Lig. Pouparti**) (Fig. 228). Ein Theil der im Leistenbande verlaufenden Sehnenfasern gelangt nicht bis zum Tuberculum pubicum, sondern zweigt sich vorher als eine dreieckige, horizontale Platte zum medialen Ende des Pecten ossis pubis ab: Gimbernat'sches Band**) (Fig. 228).

*) François Poupart, Arzt in Paris, geb. 1616, † 1708.

**) Antonio de Gimbernat, Ende vorigen Jahrhunderts, Anatom in Barcelona, dann Chirurg in Madrid.

Unmittelbar über der Stelle, wo die Abzweigung des Gimbernat'schen Bandes vom Leistenbande stattfindet, ist die Aponeurose des M. obliquus abd. externus von einer schräg gerichteten ovalen Spalte durchbrochen, die beim Weibe unansehnlich, bedeutender beim Manne ist (*Äußerer Leistenring*, Annulus inguinalis externus (Fig. 282). Diese Öffnung wird durch Auseinanderweichen der schräg herabziehenden Sehnenfasern der Aponeurose bedingt. Am äußeren oberen Winkel der Spalte treten Sehnenbündel schräg aufwärts, während andere steiler abwärts zur medialen Endstrecke des Leistenbandes treten. Die ersteren (*Crus superius*) bilden mindestens theilweise die obere Umrandung des äußeren Leistenringes, die unteren (*Crus inferius*) stellen deren unteren Rand her. Dieser äußere Leistenring ist die Mündung des die Bauchwand schräg durchsetzenden *Leisten-Canales*, durch welchen beim Manne der Samenstrang, beim Weibe das runde Mutterband verläuft.

Die durch den Verlauf der Sehnenfasern ausgedrückte Spalte ist in der Anlage durch dasselbe Gewebe verschlossen, welches die

Fig. 281.

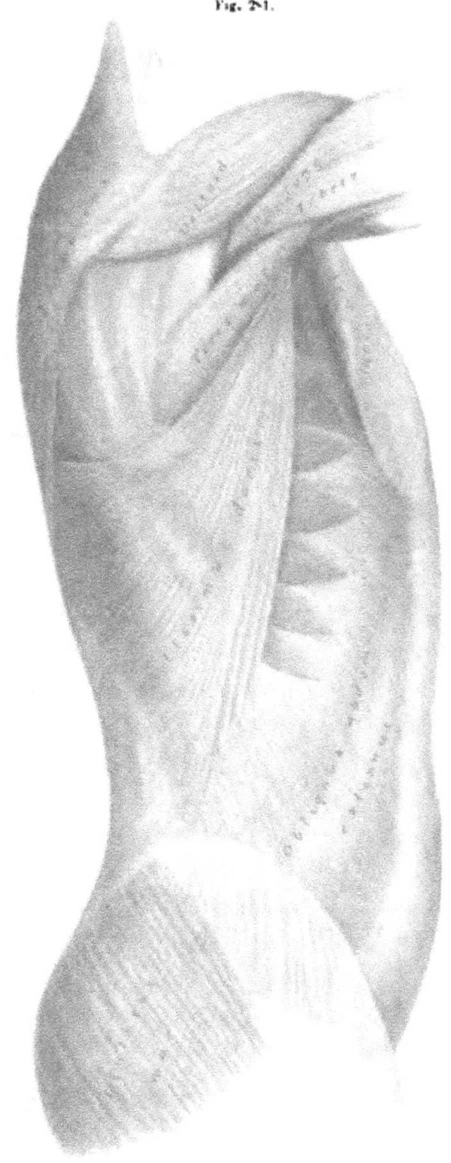

Seitliche Ansicht des Rumpfes.

Sehnen hervorgehen lässt, und besteht auch später noch als eine an die Ränder der Spalte verfolgbare Bindegewebsschichte, die beim Manne zur Überkleidung des Samenstranges resp. Hodens sich fortsetzt (Cooper'sche Fascie).

Die in die Linea alba auslaufenden Fasern der Aponeurose des Obliquus externus durchkreuzen sich daselbst, besonders deutlich am unteren Ende der Linea. Die aus dem oberen Schenkel des äußeren Leistenringes zur Linea alba herabsteigenden Fasern setzen sich über die Schamfuge zum Rücken des Penis fort und helfen das *Ligamentum suspensorium* des *Penis* bilden.

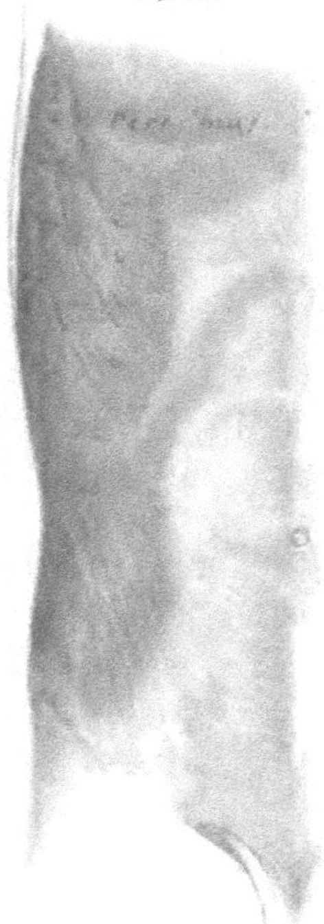

Oberflächliche Schichte der Bauchwand.

Das *Leistenband* ist durch die Bauchdecken als ein leistenartiger Vorsprung fühlbar. Es erstreckt sich nicht vollkommen gerade, sondern verläuft etwas abwärts und vorwärts gebogen. Noch bevor es das Gimbernat'sche Band entsendet, hat es sich verbreitert und bildet den Boden des Leistencanals.

In der Verlaufsrichtung seiner Fasern entspricht der M. obliquus externus dem *Intercostalis externus* mit dem er jedoch nicht unmittelbar im Zusammenhange steht. Der Obliquus externus hat bei vielen Säugethieren eine viel bedeutendere Ausdehnung über den Thorax, indem er mit seinen Ursprungszacken bis zu den vorderen Rippen sich erstreckt. Man wird ihn daher ebenso wie den Rectus abdominis (s. oben) als auch der Thoracalregion zugehörig betrachten dürfen.

Der hinterste, an den Darmbeinkamm sich inserirende Theil des Muskels lässt gegen den Darmbeinursprung des M. latissimus dorsi häufig eine Stelle frei, an welcher der M. obliquus internus zum Vorschein kommt. Diese Stelle erscheint in Gestalt eines Dreiecks, dessen Basis der Darmbeinkamm vorstellt (*Trigonum Petiti*)*). Sein Vorkommen ist an eine geringere Ausdehnung jenes Ursprungs des M. latissimus dorsi geknüpft, der in der Regel noch den hinteren Rand des M. obliquus externus überlagert.

M. obliquus abdominis internus (Fig. 283). Wird vom äußeren schrägen Bauchmuskel fast vollständig bedeckt. Seine Fasern verfolgen zumeist eine schräg von unten nach oben verlaufende Richtung, daher *M. oblique ascendens*. Der Ursprung des Muskels beginnt am Labium medium des Darmbeinkammes, hinten am Ende der Linea glut. posterior, und verläuft zur Spina iliaca anterior superior. Hinten greift der Ursprung noch auf das tiefe Blatt der Fascia lumbo-dorsalis über, während er vorne auf die laterale Hälfte der Länge des Leistenbandes fortgesetzt ist. Die hintersten Fasern verlaufen ziemlich steil aufwärts zum knorpeligen Ende der letzten Rippe. Die folgenden Insertionen treten um weniges schräger zu den Knorpeln der 11., oder auch noch der 10. Rippe.

*) Jean Louis Petit, Chirurg zu Paris, geb. 1674, † 1760.

Weiter nach vorne entspringende Fasern nehmen noch schrägeren Verlauf, bis in der Nähe der Spina iliaca entspringende eine rein quere Bahn einschlagen. Daran reihen sich die Ursprünge vom Leistenbande, schräg abwärts gerichtet. Der Übergang des Muskelbauches in die breite Endsehne beginnt meist in der Höhe des Knorpels der 11. oder 10. Rippe und setzt sich im ersteren Falle von da etwas nach vorne zu, dann in einiger Entfernung vom lateralen Rande des geraden Bauchmuskels in senkrechter Linie nach unten fort.

Fig. 284.

Vordere Bauchwand nach Entfernung des M. obliquus externus und der vorderen Wand der Scheide des M. rectus.

Der M. obliquus int. entspricht nicht nur in seinem Faserverlaufe dem M. intercostalis internus, sondern er setzt sich auch nicht selten direct in diesen Muskel fort. Wenn der Bauch des Obliquus internus erst weiter vorne in die Aponeurose übergeht, so dass der letzte oder der vorletzte Intercostalraum an ihrem vorderen Ende der Aponeurose nicht begegnen, dann trifft man den M. intercostalis internus mit dem Obliquus internus in unmittelbarem Zusammenhang (Fig. 283). In der Verlängerung des Knorpelendes der 11. Rippe zeigt der Obliquus internus dann häufig eine *Inscriptio tendinea*, oder es umschließt eine solche sogar noch ein Knorpelstück, als Fragment einer in den Muskel eingeschlossenen Fortsetzung der 11. Rippe (vgl. S. 388).

Die Aponeurose des inneren schrägen Bauchmuskels ist oben am Rippenbogen befestigt und tritt zum lateralen Rande des geraden Bauchmuskels, wo sie sich in *zwei Lamellen* spaltet, eine *vordere* und eine *hintere*. Die *vordere* Lamelle verbindet sich mit der Aponeurose des Obliquus externus zur vorderen Wand der Scheide des geraden Bauchmuskels. Die *hintere* Lamelle geht hinter den letzteren, hilft die hintere Wand der Scheide desselben zusammensetzen. Sie reicht jedoch nur bis zu einer queren oder abwärts concaven Linie unterhalb des Nabels (*Linea Douglasii*). Diese bildet den unteren Rand der hinteren Wand der von Aponeurosen der breiten Bauchmuskeln gebildeten Scheide des geraden Bauchmuskels (Fig. 284). Median vereinigen sich beide Lamellen wieder in der Linea alba.

Die unteren, vom Leistenbande entspringenden Muskelbündel weichen auseinander und treten beim Manne zum Theil auf den Samenstrang über. Mit diesem gelangen sie zum Hoden herab, auf dessen äußerer Scheidenhaut sie schleifenförmige Züge bilden. Dieser Theil des Obliquus internus bildet so einen besonderen Muskel: den M. cremaster (Aufhängemuskel des Hodens, von κρεμάννυμι).

Ein Theil der schleifenförmigen Bündel läuft wieder aufwärts und endigt in sehnigen Zügen.

Dem *Cremaster* des Mannes entsprechende Fasern gehen beim Weibe aus dem Obliquus internus auf das runde Mutterband über.

Die als *Linea Douglasii* bezeichnete untere Grenze der aponeurotischen hinteren Lamelle der Rectusscheide ist sehr häufig undeutlich und in einzelne sehnige Züge aufgelöst.

M. transversus abdominis (Fig. 284). Liegt unter dem Obliquus internus und ist durch den queren Verlauf seiner Fasern ausgezeichnet. Er bildet die abdominale Fortsetzung des oben (S. 389) beschriebenen M. transversus thoracis, von dem er nur durch Ursprungszacken des Diaphragma getrennt ist. Wie der M. transversus thoracis entspringt er von der Innenfläche der Knorpel von Rippen und zwar der 6 unteren, geht dann mit dem Ursprunge auf das tiefe Blatt der Fascia lumbodorsalis über und gewinnt dadurch Beziehungen zu den Querfortsätzen der Lendenwirbel. Endlich setzt sich der Ursprung auf das Labium internum des Darmbeinkammes fort und endet am mittleren Drittel der Länge des Leistenbandes. Der Übergang des platten, an seinem Lendentheile breiten Muskelbauches in seine aponeurotische Endsehne erfolgt in einer medianwärts concaven Linie (*Linea Spigelii*).

Fig. 284.

Tiefste Schichte der vorderen Bauchwand mit dem M. transversus abdominis.

Die an der Spiegel'schen Linie beginnende Aponeurose scheidet sich in ihren Beziehungen zum Rectus in einen oberen und einen unteren Abschnitt. Der *obere* Abschnitt der Aponeurose hilft die hintere Wand der Scheide des Rectus bilden, der auch die von der 7.—9. Rippe entspringenden Muskelzacken angehören. Mit diesem Abschnitte verschmilzt die hintere Lamelle der Aponeurose des M. obliquus internus. Beide zusammen endigen unten mit einem mehr oder minder scharfen, concaven Rande, der oben erwähnten *Linea Douglasii*. Der *untere* Abschnitt der Aponeurose verbindet sich mit der vorderen Lamelle der Aponeurose des Obliquus internus und hilft damit die vordere Wand der Scheide des Rectus bilden.

Die costalen Ursprünge des Muskels alterniren mit Ursprungszacken des Zwerchfells. — Die untersten Ursprünge vom Leistenbande sind mit den untersten Bündeln des Obliquus internus enger verbunden, und biegen mit einem Theile der letzteren bogenförmig aus, indem sie den Samenstrang oder das runde Mutterband unter sich durchtreten lassen. Medianwärts ziehen jene Muskelbündel mit sehniger Insertion zum Schambein herab.

Die Innenfläche des Transversus wird von der *Fascia transversa* bedeckt, welche vom Peritoneum überkleidet wird. Diese Fascie setzt sich unterhalb der Linea Douglasii abwärts bis zum Schambein fort und stellt hier mit dem Peritoneum den einzigen Bestandtheil der hinteren Wand der Scheide des M. rectus vor. Die gesammte *Scheide des M. rectus abdominis* zeigt also sehr verschiedene Befunde, je nachdem man sie oberhalb oder unterhalb der Douglas'schen Linie untersucht. *Oberhalb* dieser Linie (Fig. 285 *A*) findet sich in der vorderen Wand der Scheide 1) die Aponeurose des M. obliquus abdominis externus, 2) die vordere Lamelle der Aponeurose des M. obliquus abd. internus; die hintere Wand der Scheide besitzt dagegen 1) die hintere Lamelle des M. obliquus abd. internus und 2) den oberen Theil der Aponeurose des M. transversus abdominis und den oberen Theil des Bauches dieses Muskels. *Unterhalb* der Douglas'schen Linie (Fig. 285 *B*) treffen wir die vordere Wand 1) von der Aponeurose des M. obliquus abd. externus, 2) der vorderen Lamelle des M. obliq. abd. internus und 3) vom unteren Abschnitte der Aponeurose des M. transversus abdominis dargestellt. Die Aponeurosen sind auf diesen Strecken innig mit einander verschmolzen. Der untere Abschnitt der Aponeurose des M. transversus, der mit dem vorderen Blatte der Aponeurose des M. obliquus internus verschmilzt, wird nur durch ganz kurze Sehnenzüge vorgestellt, die unmittelbar in jenes übergehen.

Fig. 285.

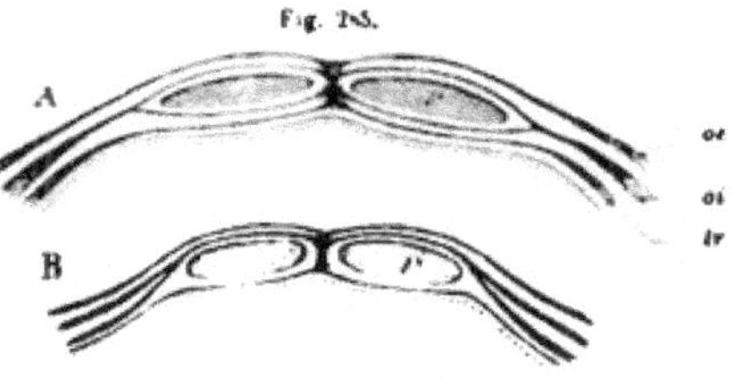

Querschnitt-Schemata der breiten Bauchmuskeln im Verhältnis ihrer Aponeurosen zur Rectus-Scheide. *r* Rectus.

Die Wirkung dieser Muskeln hat man sich synergistisch vorzustellen. Sie bilden damit die *Bauchpresse* (*Prelum abdominale*). Bei gleichzeitiger Wirkung der Bauchmuskeln verstärkt das Zwerchfell die Bauchpresse, insofern es nach vorhergegangener Inspiration in einer tieferen Stellung erhalten wird, es kann also nicht einfach synergistisch mit den Bauchmuskeln gelten.

Der Übergang der Aponeurosen in die Rectusscheide ist nicht eine bloße Aneinanderlagerung getrennter Sehnenlamellen, denn die Aponeurosen können in der Scheide auch künstlich nicht mehr getrennt werden. Es bestehen vielmehr innige, zum Theil auf Durchflechtung beruhende Verschmelzungen.

Das eigenthümliche Verhalten der Aponeurosen zur Zusammensetzung der *Scheide des M. rectus* ist auf verschiedene Weise erklärt worden, aber, wie mir scheint, nicht in befriedigender Weise. Wenn man die unterhalb der Douglas'schen Linie befindliche hintere Fläche der Bauchwand, an der keine aponeurotischen Theile die Scheide des Rectus bilden, in früheren Zuständen, z. B. beim Neugeborenen untersucht, so findet sich dieselbe von der Harnblase eingenommen, die erst später in die kleine Beckenhöhle herabrückt. Die Harnblase steht an dieser Fläche mit der vorderen Bauchwand in Verbindung, ist auch in entleertem Zustande derselben eingelagert. Diese Beziehung zur Bauchwand geht allmählich verloren und tritt nur unter Umständen ein, wenn nämlich bei übermäßiger Füllung der Blase ein Emporsteigen derselben bis zu der später, nicht blos relativ, sondern absolut viel höher gelegenen Linea Douglasii erfolgt. (HYRTL.) Dieser Zustand kann nicht als die Ursache des Defectes der Rectus-Scheide gelten, da die Blase normal jene Ausdehnung nie gewinnt, aber *das frühere Verhalten der Blase* ist als ein solches Moment anzusehen. Die Blase liegt in gewissem Sinne noch *in der vorderen Bauchwand*. Längs der von ihr eingenommenen Stelle findet die Sehne des M. transversus ihre Verbindung mit dem vorderen Blatte der Endsehne des M. obliquus internus, deren hinteres Blatt hier fehlt. Mit der erst später stattfindenden schärferen Ausprägung jener Grenzlinie treten Beziehungen derselben zu den Vasa epigastrica hervor, welche unter ihr zum M. rectus sich verzweigen.

2. Hintere Bauchmuskeln.

M. quadratus lumborum (Fig. 279). Ein vierseitiger platter Muskel, der den Raum zwischen der letzten Rippe und dem Darmbeinkamme zur Seite der Lendenwirbelsäule einnimmt und hinten an das tiefe oder mittlere Blatt der Fascia lumbo-dorsalis grenzt. Er zerfällt in zwei oft wenig gesonderte Theile, die ursprünglich selbständige Muskeln sind. Ein Abschnitt entspringt von dem unteren Rande der letzten Rippe und verläuft, durch Ursprungszacken von den Querfortsätzen der ersten vier Lendenwirbel verstärkt, abwärts zum Darmbeinkamme (auch zum Lig. ileo-lumbale), wo er sich mit breiter Sehne inserirt. Ein zweiter Abschnitt liegt der hinteren Fläche des vorigen innig an und besteht aus Zügen, die von den Querfortsätzen des letzten sowie einiger höherer Lendenwirbel ausgehen und lateralwärts bogenförmig ausweichend zur letzten Rippe emporsteigen. Ein Theil dieser Bündel tritt medial zum Querfortsatze des ersten Lendenwirbels. Auch manche andere Anordnungen der Bündel kommen vor.

Die zweite Portion ist mit Recht als besonderer Muskel — *Transversalis lumborum* — aufgeführt worden. Da sie in der Regel aus dem eigentlichen Quadratus lumborum Bündel aufnimmt und somit innig mit ihm verbunden erscheint, ist die gemeinsame Betrachtung geboten. Die vordere Fläche des gesammten Muskels, dessen medialen Theil der Psoas major bedeckt, ist von der *Fascia lumbalis* bekleidet, welche für den Ursprung der lateralen Portion der Pars lumbalis des Zwerchfells zu einem bogenförmigen Sehnenstreif verdichtet ist. Diese Fascie wird auch als tiefstes Blatt der Fascia lumbo-dorsalis bezeichnet, mit deren mittlerem Blatte sie am seitlichen Rande des Quadratus lumborum zusammenhängt. (S. Fig. 259.)

Leistencanal (Canalis inguinalis) und Innenfläche der vorderen Bauchwand.

§ 170.

Der Leistencanal stellt den beim Manne vom Samenstrang, beim Weibe vom Ligamentum uteri teres durchzogenen schrägen Canal vor, der zwischen dem inneren und äußeren Leistenringe liegt und die von Muskeln und deren Aponeurosen gebildete Bauchwand durchsetzt. Die innere Mündung des Canals ist der *innere Leistenring* (Annulus inguinalis internus), die äußere Mündung bildet den *äußeren Leistenring* (Annulus inguinalis externus), der oben bei der Aponeurose des M. obliquus abdominis externus beschrieben ist. Unter normalen Verhältnissen geht die Peritonealauskleidung der Bauchhöhle an der Innenfläche der Bauchwand über den inneren Leistenring hinweg, medial davon bildet sie eine senkrechte Falte, nach der in derselben emporsteigenden Arteria epigastrica *Plica epigastrica* benannt. Durch diese sowie eine verschiedengradig ausgeprägte trichterförmige Einsenkung der Fascia transversa in den inneren Leistenring wird die dem Ann. inguinalis internus entsprechende Stelle zu einer Vertiefung — *Fovea inguinalis lateralis*. Ein ähnliches Grübchen ist medial von der Plica epigastrica bemerkbar — *Fovea inguinalis medialis*. Diese entspricht in der Lage dem äußeren Leistenringe. Eine mediale Abgrenzung empfängt die Fovea inguinalis medialis durch einen von der Seite der Blase her unter dem Peritoneum zum Nabel emporziehenden Strang, das *Ligamentum vesico-umbilicale laterale*. Dieses bildet gleichfalls eine vom Peritoneum überkleidete Falte, welche mit der anderseitigen zum Nabel convergirt. Zwischen diesen beiden Falten verläuft eine mediane dritte, welcher das vom Scheitel der Blase kommende *Lig. vesico-umbilicale medium* zu Grunde liegt.

Der am inneren Leistenringe beginnende Canal hat eine Länge von 3—5 cm, die sich aus dem Abstande des inneren vom äußeren Leistenringe ergiebt. Der die Richtung des Canals bestimmende Boden wird durch das Leistenband gebildet, welches hier durch seinen Zusammenhang mit der Aponeurose des M. obliquus externus und durch die Verbindung mit der Fascia transversa sich rinnenförmig darstellt. Züge des M. transversus wie des M. obliquus internus, die über den Samenstrang hinwegtreten, bilden eine Art von oberer Wand des Canals, dessen vordere Wand die Aponeurose des M. obliquus externus bildet. Da aber vom M. obliquus internus die Abzweigung des dem Samenstrang folgenden M. cremaster stattfindet, erscheint die obere Wand nicht von gleicher Selbständigkeit mit der unteren. Die hintere Wand wird von der Fascia transversa gebildet. Diese Wand ist in der Gegend des äußeren Leistenringes noch durch Theile des M. obliquus internus und transversus verstärkt, während der letztere Muskel in der Gegend des inneren Leistenringes die vordere Wand verstärken hilft.

Durch den schrägen Verlauf des Leistencanals durch die Bauchwand besitzt die letztere an zwei Stellen Unterbrechungen ihrer Schichten. Diese entsprechen den beiden vorbeschriebenen Leistengruben, die wieder den beiden Leistenringen correspondiren. Sie disponiren als loci minoris resistentiae unter Umständen zur Entstehung von sogenannten Brüchen oder Hernien (Herniae inguinales), die nach ihrer Beziehung zu den beiden Leistengruben als äußere (laterale) und innere (mediale) Leistenhernien unterschieden werden. Die ersteren nehmen ihre Bahn durch den Leistencanal, die letzteren treten von der medialen Leistengrube aus, unmittelbar durch den äußeren Leistenring hervor. Über den Leistencanal in Beziehung zu den Geschlechtsorganen s. bei diesen.

Übersicht über die ventrale Stammesmuskulatur.

§ 171.

Der verschiedenartigen Sonderung der ventralen Theile des Rumpfskeletes und den daraus hervorgegangenen Regionen entspricht auch die Verschiedenartigkeit der Muskulatur jener Regionen. Die beim ersten Blicke an letzteren sich eigenartig darstellenden Muskeln bieten bei genauerer Prüfung Übereinstimmungen, wie sie denn auch von einer ursprünglich gleichartigen Muskulatur, den ventralen Seitenrumpfmuskeln hervorgingen. Das Gleichartige liegt theils in der

Anordnung und Lage, theils in der Richtung des Faserverlaufes, wenn auch bezüglich des letzteren manche Abweichung sich ausgebildet hat. Die folgende Tabelle soll den Beziehungen der Muskeln der verschiedenen Regionen Ausdruck geben. Wir sondern die gesammte hierher gehörige Muskulatur in eine mediale mit geradem und eine laterale mit schrägem oder querem Faserverlauf.

Abtheilung der Muskeln		Regionen: Hals	Brust	Bauch
Mediale (gerade)		Sterno- } hyoideus Omo- } hyoideus Sterno-thyreo- } hyoideus		Rectus abdominis (Pyramidalis)
Laterale	schräge	Scalenus ant.	Intercostalis ext.	Obliquus externus
			Intercostalis int.	Obliquus internus
		Scalenus med. et post.	Levatores costarum	
	quere		Transversus thoracis	Transversus abdom.

Als bezüglich des Faserverlaufes indifferent gebliebene Reste der ventralen Stammesmuskulatur haben die zwischen Wirbelfortsätzen befindlichen Muskelchen zu gelten, von denen die *Intertransversarii anteriores* an der Halsregion, sowie die *Intertransversarii laterales* der Lendenregion wohl auch dem Systeme der Intercostales anzureihen sind.

Muskeln des caudalen Abschnittes der Wirbelsäule.

§ 172.

Die Verkümmerung der Caudalregion des menschlichen Körpers, wie sie in der Reduction der letzten Sacralwirbel und der Steißbeinwirbel ausgedrückt ist, wird auch von einer Rückbildung der Muskulatur begleitet, die an diesem Theile nur durch wenige und unansehnliche Muskeln vertreten ist. Die bei geschwänzten Säugethieren den Schwanz bewegenden, meist ansehnlichen Muskeln sind auf geringe Reste reducirt, die aber von morphologischer Wichtigkeit sind, weil sie uns jene Beziehungen kennen lehren. Sie lassen sich in dorsale (hintere) und ventrale (vordere) scheiden, die jenen beiden großen Abtheilungen der Stammesmuskulatur entsprechen. Da sie aber mit dieser keinen anatomischen Zusammenhang aufweisen, wird ihre gemeinsame Vorführung zweckmäßig. Von diesen Muskeln gehört der dorsalen Rumpfmuskulatur an: der

M. extensor coccygis. Dieser Muskel findet sich als dünne Schichte auf der hinteren Fläche der Caudalwirbel. Er entspringt vom letzten Sacral- oder vom ersten Caudalwirbel, und setzt sich an einem der letzten Caudalwirbel an. Der Ursprung kann sogar weiter aufwärts gegen das Lig. tuberoso-sacrum ausgedehnt sein. Häufig wird der Muskel völlig vermisst.

Der Muskel ist das Rudiment eines bei geschwänzten Säugethieren ausgebildeten *M. extensor s. levator caudae*.

Der ventralen Rumpfmuskulatur ist zuzurechnen:

1. M. abductor coccygis (M. coccygeus). Entspringt, mit sehnigen Zügen untermischt, von der Spina ischiadica und verläuft unter fächerförmiger Ausbreitung zum Steißbein, an dessen Seitenrand er inserirt. Dabei ist er dem Ligamentum spinoso-sacrum angeschlossen. Häufig ist er so von Sehnenfasern durchsetzt, dass er einen Theil jenes Bandes vorzustellen scheint, und nicht selten ist er ganz in eine sehnige Masse verwandelt, oder er fehlt.

Bei Säugethieren repräsentirt er einen Seitwärtsbeweger des Schwanzes.

2. M. curvator coccygis. Ein sehr selten vorkommender Muskel, der an der Vorderfläche der Seitentheile der letzten Sacralwirbel entspringt und entweder schon am 5. Sacralwirbel endet oder mit dem anderseitigen convergirend sich an der Vorderfläche des Körpers des 1. Caudalwirbels inserirt.

Er ist homolog dem Depressor caudae der Säugethiere, fehlt übrigens den anthropoiden Affen gänzlich.

B. Muskeln der Gliedmaßen.

§ 173.

Während an allen Regionen der Muskulatur des Stammes auf die primitive Körpermuskulatur beziehbare Einrichtungen, sei es im Bau und in der Anordnung der Muskeln, sei es in dem Verhalten der Innervation, zu erkennen waren, giebt sich in der Muskulatur der Gliedmaßen nichts mehr von solchen Verhältnissen kund. Ihre Ableitung von den ventralen Seitenrumpfmuskeln ergiebt sich aus der Innervation. Die Muskeln erscheinen in Anpassung an neue, mit dem Skelet der Gliedmaßen harmonirende Leistungen, und entsprechen diesen durch Anordnung und Bau. Damit zeigt sich eine größere Individualisirung, besonders an den Sehnen. Die schon beim Skelete hervortretende allgemeine Übereinstimmung der oberen und unteren Gliedmaßen zeigt sich auch in deren Muskulatur. Ebenso bedingt die functionelle Differenz von beiderlei Gliedmaßen auch in der Muskulatur mancherlei Verschiedenheiten.

Auch das Verhalten der Fascien ist von jenem des Stammes verschieden. Dort waren es meist lockere Schichten, hier treten in ihnen mehr aponeurotische Strecken auf, und der ganze oben (§ 148) beschriebene Hilfsapparat des Muskelsystems erhält eine bedeutende Ausprägung.

I. Muskeln der oberen Gliedmaßen.

Ein Theil der die oberen Gliedmaßen bewegenden Muskeln bildet mehrfache, Brust- und Rückenfläche des Thorax bedeckende Schichten und ist bei jenen Gegenden behandelt. Sie stehen zum größten Theile den Bewegungen des Schultergürtels vor, dessen Beweglichkeit mit der größeren Freiheit der Bewegungen und dadurch mit der Mannigfaltigkeit der Verrichtungen der oberen Gliedmaße im Zusammenhang steht. Ein anderer Theil entspringt vom Schultergürtel und setzt sich zur Gliedmaße fort, während wieder andere Muskeln ihr auch mit dem Ursprunge angehören. So unterscheiden wir Muskeln der Schulter, dann solche, die am Oberarm, am Vorderarm und an der Hand ihre Lage haben.

a. Muskeln der Schulter.

§ 174.

Diese bedecken das Schultergelenk, über dem sie die Wölbung der Schultergegend bilden. Sie überlagern die Scapula derart, dass nur deren Spina mit dem Acromion frei bleibt.

1. Oberflächliche Schichte.

M. deltoïdes. Deltaförmiger Schultermuskel (Fig. 290). Entspringt kurzsehnig am acromialen Drittheil der Clavicula, vom Clavicularursprunge des Pectoralis major meist durch eine deutliche Lücke geschieden (S. 385 u. Fig. 277). Sein Ursprung geht dann lateralwärts auf den Rand des Acromion über, von da auf den unteren Rand der Spina scapulae, unter allmählicher Entfaltung einer besonders am hintersten Theile der Spina scapulae deutlichen Ursprungssehne, welche zuweilen mit der Fascie des darunterliegenden M. infraspinatus verschmolzen ist. Häufig ist auch der acromiale Theil der Ursprungssehne ansehnlich. Aus der Ursprungssehne entsteht ein das Schultergelenk bedeckender Bauch, dessen Muskelbündel gegen eine starke, an der Innenfläche des Muskels entfaltete Endsehne convergiren, die an der *Tuberositas humeri* inserirt. Ein Theil der oberflächlichen Bündel tritt früher in die Tiefe zur Endsehne, indes benachbarte sich weiter herab erstrecken.

Der Muskel abducirt (hebt) den Oberarm. Ein großer Schleimbeutel liegt zwischen dem Muskel und dem Tuberculum majus humeri und ist oft in einen unter dem Acromion liegenden Schleimbeutel fortgesetzt. Er gehört zu den frühest sich entwickelnden. — Der Muskel wird innervirt vom N. axillaris.

2. Tiefe Schichte.

Wir treffen hier Muskeln, welche nur vom Schulterblatt entspringen. Sie scheiden sich in solche, welche an der hinteren, und solche, die an der vorderen Fläche des Schulterblattes ihre Ursprünge haben.

α. Von der hinteren Fläche der Scapula entspringen:

M. supraspinatus (Fig. 286). Ein die Fossa supraspinata der Scapula einnehmender Muskel, der vom größern Theile der genannten Grube, häufig auch von einer hinteren aponeurotischen Strecke seiner Fascie entspringt. Seine Bündel convergiren lateralwärts und bilden einen unter dem Acromion hinwegziehenden Bauch, dessen Endsehne in die Kapsel des Schultergelenkes sich abzweigt, um dann, darüber hinweg gelangend, an der obersten Facette des *Tuberculum majus humeri* sich zu inseriren.

Der Muskel unterstützt die Wirkung des Deltoides und spannt dabei die Kapsel. Eine an der Spina scapulae sich festheftende Fascie gleichen Namens bedeckt ihn.
Innervation vom N. suprascapularis.

M. infraspinatus (Fig. 286). Entspringt von der Fossa infraspinata, von der er nur den lateralen Rand, sowie die hintere Fläche des unteren Winkels frei lässt. Er kann in drei Portionen geschieden werden. Die ansehnlichste, *mittlere Portion* nimmt den größten Theil der Untergrätengrube ein. Von der Basis scapulae an lateralwärts convergirend entwickelt sie an ihrer Oberfläche, meist jenseits der Mitte ihrer Länge eine Endsehne. An diese legt sich eine von der unteren Fläche der Spina scapulae entspringende *obere Portion* des Muskels an und bedeckt sie von oben her. Die von einem Theile des lateralen Randes der Scapula entspringende *untere Portion* legt sich von unten her über die Endsehne, die somit größtentheils von Muskelmassen bedeckt ist, die in sie übergehen. Die starke Endsehne wird theilweise vom Acromion überragt und gelangt über die Kapsel des Schultergelenkes, mit der sie sich verbindet, zur mittleren Facette des *Tuberculum majus humeri*.

Fig. 286.

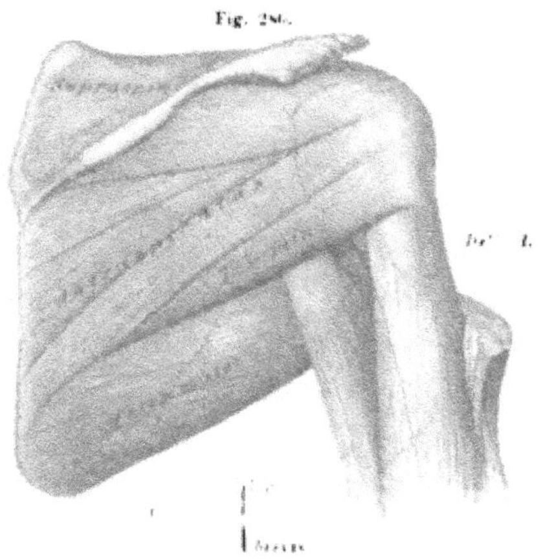

Hintere Muskeln des Schulterblattes.

Der Muskel rollt den Arm auswärts, spannt dabei die Kapsel des Schultergelenkes. Die den Muskel bedeckende Fascie (*F. infraspinata*) ist durch Befestigung an der Basis und an der Spina scapulae ziemlich straff gespannt und besitzt aponeurotische Einlagerungen, die sich zum Theil in die Ursprungssehne des Deltoides fortsetzen. Selten findet sich zwischen der Endsehne des Muskels und der Gelenkkapsel in der Nähe der Scapula ein Schleimbeutel.
Innervirt vom N. suprascapularis.

M. teres minor (Fig. 286). Entspringt im Anschluss an die untere Portion des Infraspinatus vom lateralen Rande der Scapula bis zum Halse derselben.

Die nahezu parallel verlaufenden Bündel des Muskels ziehen lateral aufwärts, und treten theils in die Kapsel des Schultergelenkes, theils inseriren sie an der untersten (hinteren) Facette des *Tuberculum majus humeri*.

Häufig ist der Ursprung auf ein den M. infraspinatus von ihm sonderndes Aponeurosenblatt übergetreten; zuweilen ist er mit der unteren Portion des Infraspinatus verschmolzen.

Unterstützt die Wirkung des Infraspinatus und spannt dabei die Gelenkkapsel.
Innervation vom N. axillaris.

M. teres major (Fig. 286). Der Ursprung des Muskels findet sich am unteren Winkel der hinteren Fläche der **Scapula**, schräg aufwärts gegen den lateralen Rand zu erstreckt. Von da aus tritt der von vorn nach hinten abgeplattete Bauch, anfänglich an den Unterrand des Teres minor angeschlossen, aber allmählich von ihm nach vorne zu divergirend, in eine platte Endsehne über, die an der *Spina tuberculi minoris* inserirt. Die Endsehne verbindet sich mit ihrem unteren Rande mit jener des Latissimus dorsi. Zwischen beiden Sehnen trifft sich ein Schleimbeutel. Durch jene Verbindung erscheint der Teres major als ein accessorischer Kopf des Latissimus dorsi, mit dem er die Wirkung theilt.

Innervirt durch einen N. subscapularis.

β. Von der vorderen Fläche der Scapula entspringt:

M. subscapularis (Fig. 287). Dieser kräftige Muskel nimmt die gleichnamige Grube ein, von der er bis auf je eine schmale, den unteren und den oberen medialen Winkel abgrenzende Strecke entspringt. Die Ursprungsfläche dehnt sich über die Scapula gegen das Collum hin aus bis zur Incisura scapulae und zur Tuberositas infraglenoidalis. Mehrere an den sogenannten Costae scapulae befestigte Ursprungssehnen erstrecken sich in den Muskel, und zwischen ihnen entstehen lateral convergirende Endsehnen, so dass der Subscapularis einen mehrfach gefiederten Muskel vorstellt. Die gegen das Schultergelenk convergirende Muskelmasse tritt oben um die Wurzel des Coracoid-Fortsatzes, unten und seitlich springt sie bedeutend über den lateralen Rand der Scapula vor. Die starke Endsehne inserirt sich theils an der Gelenkkapsel, zum größeren Theil am *Tuberculum minus humeri*.

Fig. 287.

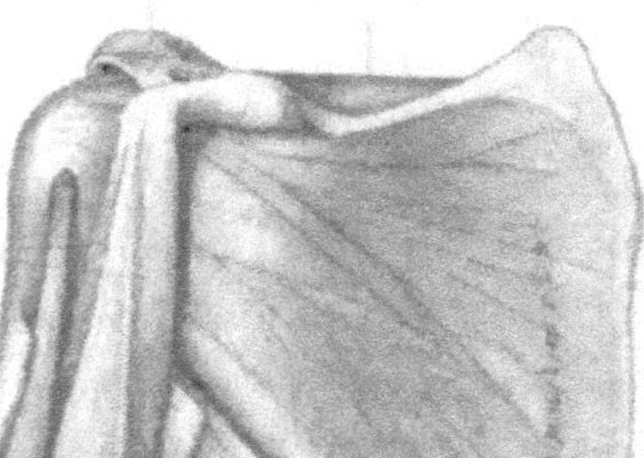

Vordere Muskeln des Schulterblattes.

Der lateral in der Nähe des unteren Winkels der Scapula entspringende Theil des Muskels tritt in der Regel auf eine zwischen ihn und den Teres major eingeschaltete, an dem lateralen Rand der Scapula befestigte Aponeurose über. Ein der Basis scapulae verbundenes Fascienblatt (*F. subscapularis*) erstreckt sich hie und da sehnig verstärkt über den Muskel. — Unter der Endsehne bildet die Gelenkkapsel eine Ausstülpung oder es findet sich ein Schleimbeutel zwischen Endsehne und Collum scapulae.

Der Muskel rollt den Arm einwärts — Innervirt von den Nn. subscapulares.

b. Muskeln des Oberarmes.

§ 175.

Die Muskulatur des Oberarmes ist größtentheils für die Bewegung des Vorderarmes im Ellbogengelenke bestimmt. Sie ist in zwei, den Humerus vorne und hinten umlagernde, aber ihn auch an beiden Seiten bedeckende Gruppen gesondert, welche man als *vordere*, oder *Beugemuskeln*, und als *hintere*, oder *Streckmuskeln* unterscheidet. Beide Gruppen werden an ihrem obersten Abschnitte von dem M. pectoralis major und M. deltoides bedeckt, von wo aus die oberflächliche Fascie der Gliedmaße sich über sie fortsetzt.

Diese Fascie ist hin und wieder durch ringförmig eingewebte Sehnenfasern verstärkt. Sie setzt sich distal an den Epicondylen des Humerus fest, und verbindet sich jederseits mit einer über der Mitte der Länge des Humerus beginnenden, an dessen beiden seitlichen Kanten befestigten Membran. Diese besteht vorzüglich aus sehnigen Längsfasern, beginnt schmal, verbreitert sich gegen den Epicondylus, und ist vorwiegend an der medialen Seite entwickelt. Sie trennt die vordere Muskelgruppe von der hinteren (daher Membrana intermuscularis s. Ligamentum intermusculare), wobei sie vorzugsweise zur Vergrößerung der Ursprungsflächen einiger Muskeln dient.

1. Vordere Muskeln des Oberarmes.

Die Muskeln dieser Gruppe versorgt der N. musculo-cutaneus.

M. biceps brachii (Fig. 288). Dieser Muskel setzt sich aus zwei Köpfen zusammen. Der *lange Kopf* entspringt mit einer langen, theilweise abgeplatteten Sehne von der *Tuberositas supraglenoidalis scapulae*. Die Sehne läuft innerhalb der Kapsel des Schultergelenkes über den Gelenkkopf des Humerus, tritt dann, von einer dünnhäutigen Fortsetzung der Kapsel umscheidet, in den Sulcus intertubercularis und geht am Ende desselben in einen Muskelbauch über. Der *kurze Kopf* nimmt vom Ende des *Coracoidfortsatzes* gleichfalls sehnigen Ursprung, gemeinsam mit dem M. coraco-brachialis, der mit jener Ursprungssehne verbunden ist. In ziemlich gleicher Höhe mit dem langen Kopfe entwickelt sich aus der Ursprungssehne ein Muskelbauch, der mit jenem des anderen Kopfes verschmilzt und den gemeinsamen Bauch des Muskels bilden hilft. Die im Inneren des gemeinsamen Bauches sich bildende Endsehne tritt über den M. brachialis internus herab in die Ellbogenbeuge und inserirt sich etwas verbreitert an der *Tuberositas radii*, und zwar an dem hinteren, kantenartig erhabenen Theile derselben. Vor der Einsenkung in die Tiefe zweigt sich vom Anfange der Sehne ein breites aponeurotisches Bündel (*Lacertus fibrosus*) ulnarwärts ab und verliert sich in der Fascie des Vorderarmes, die es verstärken hilft.

Der Bauch des Biceps setzt sich meist von den unter ihm liegenden Theilen derart ab, dass zu beiden Seiten eine Längsfurche gebildet wird: *Sulcus bicipitalis medialis* und *lateralis*. In der ansehnlicheren medialen Furche verlaufen die Armgefäße.

Der Muskel bietet zahlreiche Varietäten, von denen das Vorkommen eines dritten Kopfes die häufigste (1 : 10) ist. Dieser Kopf entspringt dann meist zwischen der Insertion des M. coraco-brachialis und dem Ursprunge des Brachialis internus, seltener an der lateralen Seite des Humerus. Auch ein vierter Kopf kann vorkommen, indem die beiden erwähnten gleichzeitig bestehen, oder auch auf andere Weise. Vom Lacertus fibrosus entspringt zuweilen eine kleine Portion des Pronator teres oder des Flexor carpi radialis, oder auch beider Muskeln. Ein Schleimbeutel liegt regelmäßig zwischen der Endsehne des Muskels und der medialen Seite der Vorderfläche des Radius gegen dessen Tuberositas hin. Beim Erwachsenen kommt nicht selten noch ein zweiter zwischen der Insertionsstelle des Biceps und der Ulna hinzu.

Fig. 288.

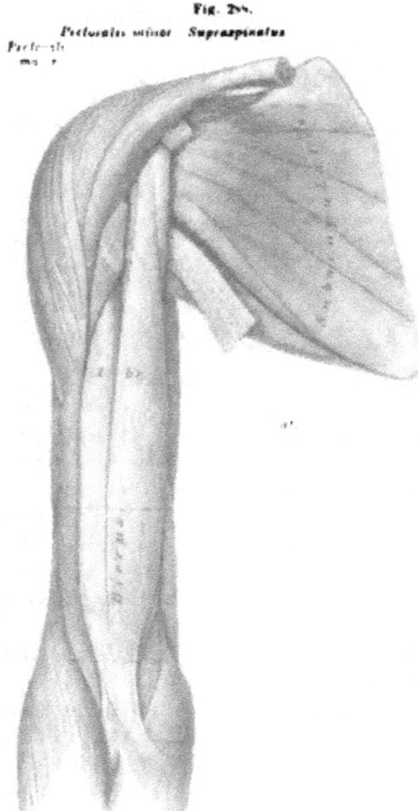

Vordere Muskeln des Oberarmes.

Der Muskel beugt den Vorderarm; der in die Fascie übergehende Zipfel seiner Sehne giebt ihm den Angriffspunkt am gesammten Vorderarme. Als Nebenwirkung vermag er zu supiniren, wobei der Verlauf der Endsehne über den vorderen glatten Theil der Tuberositas die Wirkung erhöht, indem jener Theil eine Rolle bildet, von der die Endsehne sich abwickelt. Auch bei dem Heben des Oberarmes unter Streckung des Vorderarmes kommt der Muskel durch seinen Ursprung an der Scapula in Betracht.

Der Verlauf der Ursprungssehne des langen Kopfes durch die Höhle des Schultergelenkes ist das Ergebnis einer allmählichen Einwanderung, die bei den Säugethieren in verschiedenen Stadien besteht. Auch bei menschlichen Embryonen liegt die Sehne noch nicht frei in der Gelenkhöhle, sondern ist mit deren Wand durch eine Fortsetzung der Synovialmembran verbunden (WELCKER).

M. coraco-brachialis (Fig. 288). Entspringt theils mit eigener kurzer Sehne, theils mit der Ursprungssehne des kurzen Kopfes des Biceps verbunden, vom *Processus coracoides*. Er bildet einen schlanken, dem kurzen Kopfe des Biceps hinten angelagerten Bauch, der sich am medialen Rande des Humerus, in der Mitte der Länge desselben inserirt.

Zuweilen findet die Insertion an einem Sehnenstreifen statt, welcher aus dem medialen Zwischenmuskelbande sich aufwärts fortsetzt. Er läuft über die Insertion des M. latissimus dorsi und M. teres major hinweg und ist oberhalb derselben, unter dem Tuberculum minus befestigt.

Der Coraco-brachialis wirkt, indem er die Hebemuskeln unterstützt. Er wird vom

N. musculo-cutaneus schräg lateral und abwärts durchbohrt (daher N. perforans) und in zwei Portionen gesondert.

M. brachialis internus (Fig. 289). Dieser unter dem Biceps gelegene Muskel entspringt mit zwei, die Insertion des Deltoides umfassenden Zacken vom Humerus. Er setzt seinen Ursprung auf die abwärts liegende Vorderfläche des Humerus bis zur Kapsel des Ellbogengelenkes fort, und dehnt ihn oben auch auf die Membrana intermuscularis lateralis, unten bedeutender auf die Membrana intermuscularis medialis aus. Sein abwärts stärker werdender Bauch entwickelt eine oberflächliche Endsehne, welche an die *Tuberositas ulnae* inserirt. Die untersten, tiefsten Bündel des Muskels treten zuweilen an die Gelenkkapsel, welche dem Muskel eng verbunden ist.

Fig. 289.

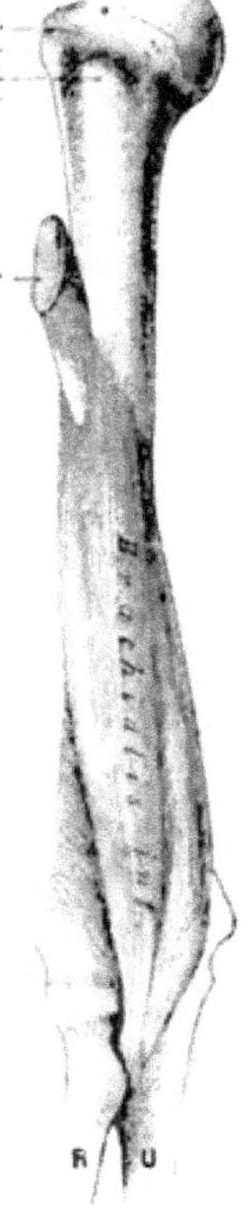

M. brachialis internus.

Der Muskel ist reiner Beuger des Vorderarmes. Die lateral vom distalen Ende des Humerus entspringende Portion bildet mit der Hauptmasse des Muskels eine Rinne, in welche der Bauch des M. brachio-radialis sich einbettet. Jene Portion wird häufig vom N. radialis versorgt. Ihre oberflächlichste Schichte geht in die Fascie des Brachio-radialis über, setzt sich auch zuweilen als eine dünne Muskellage in jenen fort.

2. Hintere Muskeln des Oberarmes.

M. extensor brachii triceps (Fig. 290). Besteht aus drei, an ihrem Ursprunge gesonderten Köpfen, welche in eine gemeinsame, am Olecranon inserirte Endsehne übergehen. Die einzelnen Köpfe werden auch als ebenso viele Muskeln aufgeführt. Der N. radialis versorgt sie mit Zweigen.

Das **Caput longum** (**Anconaeus longus**) entspringt mit einer breiten, medial an seinem Bauche herab verlaufenden Sehne von der *Tuberositas infraglenoidalis scapulae*. Es geht zwischen Teres minor und major hindurch in einen starken Bauch über, welcher an die gemeinsame Endsehne von der Medialseite her sich befestigt.

Das **Caput breve** (**Anconaeus brevis** oder **externus**) beginnt seinen Ursprung meist kurzsehnig an der hinteren Seite des Humerus, unterhalb der unteren Facette des Tuberculum majus humeri. Von da geht der Ursprung senkrecht herab auf den oberen Abschnitt der Membrana intermuscularis lateralis bis unter die äußere Ursprungszacke des Brachialis internus. Häufig rückt er noch weiter. Der so entstandene ziemlich breite Bauch sendet seine Bündel schräg über den äußeren Theil des Kopfes hinweg zur gemeinschaftlichen Endsehne.

Das **Caput internum** (**Anconaeus internus**) beginnt seinen

Ursprung an der Innenseite des Humerus, unter oder hinter der Insertion des Teres major, verbreitert seine Ursprungsfläche abwärts längs des unteren Randes des *Sulcus radialis humeri*, und erstreckt sich von da auf der ganzen hinteren Fläche des genannten Knochen herab. Auf der inneren Zwischenmuskelmembran tritt der Ursprung nahe an den Epicondylus ulnaris. Die oberen Bündel verlaufen steil, die unteren schräg oder fast quer zu der gemeinsamen Endsehne, welche den unteren Theil des Muskels bedeckt.

Fig. 290.

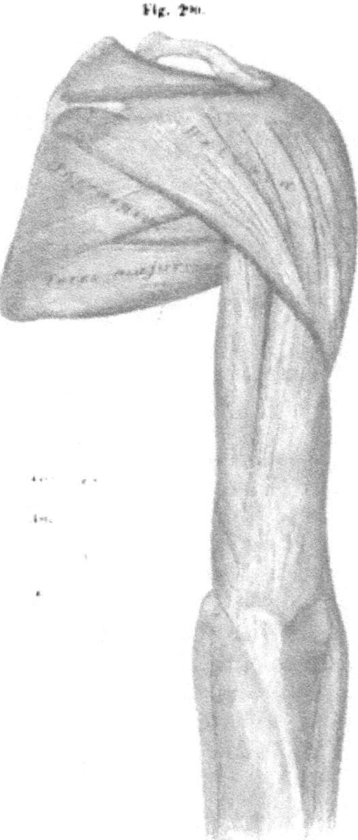

Hintere Muskeln des Oberarmes.

Die gemeinsame Endsehne befestigt sich am *Olecranon*. Am lateralen Rande des letzteren setzt sie sich in eine aponeurotische Fascie fort, welche in die Fascie des Vorderarmes übergeht. Sie bedeckt dabei auch den Anconaeus quartus, an dessen medialem Rande sie an die Ulna befestigt ist.

Die Lagerung der Muskeln am Oberarme lässt medial eine dem Sulcus bicipitalis medialis entsprechende Lücke übrig, in welcher Blutgefäß- und Nervenstämme verlaufen (s. Fig. 291). Distal verläuft diese Stelle nach der Ellbogenbeuge aus. Dadurch werden die Beugemuskeln medial vollständiger als lateral von den Streckmuskeln geschieden.

Die Endsehne des Extensor triceps liegt nicht ausschließlich oberflächlich, sie kommt vielmehr da, wo das Caput longum an sie sich anfügt, unter diesen Muskelbauch zu liegen, und setzt sich zwischen ihm und dem Caput internum abwärts fort. — Da das Caput internum mit seinem Ursprung sich abwärts erstreckt, lateral bis gegen den Epicondylus radialis hin, kommt ein Theil dieses Muskels unterhalb des unteren Randes des Caput breve zum Vorschein und kann, bei oberflächlicher Betrachtung, wie eine Fortsetzung des letzteren Muskels erscheinen.

Einige tiefe Bündel des Anconaeus internus gelangen nicht zur gemeinsamen Endsehne, sondern inseriren sich, als *M. subanconaeus* unterschieden, an die Kapsel des Ellbogengelenkes (Kapselspanner).

Mit dem Extensor triceps steht noch ein Muskel in morphologischem wie physiologischem Zusammenhange, der bereits am Vorderarm liegt. Es ist der

Anconaeus quartus (*A. parvus*) (Fig. 290). Er entspringt von der hinteren Seite des Epicondylus radialis humeri mit einer kurzen, sich theilweise auf die Oberfläche des Muskels erstreckenden Sehne. Dann breitet er sich fächerförmig aus und inserirt an der lateralen Fläche des proximalen Endes der Ulna. Die unteren Bündel des Muskels sind schräg abwärts gerichtet, die oberen verlaufen quer zum Olecranon, und schließen sich nicht selten unmittelbar an die untersten queren Bündel des Anconaeus internus an.

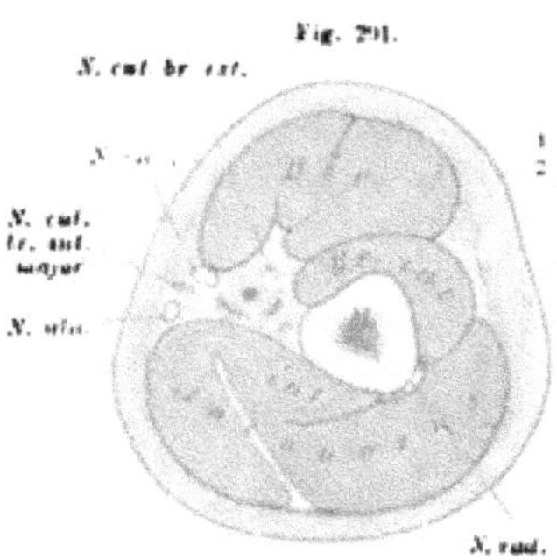

Querschnitt durch den Oberarm unterhalb der Insertion des Coraco-brachialis.

Die Wirkung des Extensor triceps — sammt Anconaeus quartus — ist Streckung des Vorderarmes. Das Caput longum vermag noch als Anzieher des gesammten Armes zu wirken. Der den M. anconaeus quartus innervirende Zweig des N. radialis ist eine Fortsetzung des in den M. anconaeus internus eingetretenen Nerven, der in diesem Muskel sich unmittelbar zum Anconaeus quartus begibt, und letzteren als eine zur Ulna sich erstreckende Portion des Anconaeus internus erscheinen lässt.

c. Muskeln des Vorderarmes.

§ 176.

Die dem Vorderarm angelagerten Muskeln sind nur zum geringsten Theile zur Bewegung des Vorderarmes, zum größeren zur Bewegung der Hand und ihrer Finger bestimmt. Sie nehmen demnach einen vorwiegend longitudinalen Verlauf. Da ihre Bäuche größtentheils proximal liegen, sogar noch am Humerus entspringen, indes die langen Sehnen distalwärts sich entwickeln, gewinnt der Vorderarm eine distal verjüngte Gestalt.

Außer den noch am Humerus befindlichen Ursprüngen finden sich auch solche an den Vorderarmknochen. Diese verhalten sich aber sehr ungleichartig und sind fast alle auf die Ulna verlegt, während der Radius sich nur mit untergeordneten Portionen daran betheiligt. Dieses leitet sich von der Rotation des Radius ab, der dadurch für Muskelsprünge minder günstige Verhältnisse bietet.

Die *Fascie* setzt sich vom Oberarm her, vorne über die Ellbogenbeuge hinweg, hinten am Olecranon befestigt, auf den Vorderarm fort und heftet sich, durch sehnige Einlagerungen verstärkt, vom Olecranon aus abwärts an die hintere Kante der Ulna. Von den beiden Epicondylen aus erstrecken sich gleichfalls sehnige Verstärkungen in die Fascie des Vorderarmes. Bedeutenden Zuwachs von schräg verlaufenden oder queren Sehnenfasern empfängt die Fascie in der Nähe des Handgelenkes. An der vorderen Fläche setzt sie sich zur Hand fort; an der hinteren, dorsalen dagegen heftet sie sich, ebenso wie zu beiden Seiten, durch die erwähnten transversalen Sehnenfasern verstärkt, an Vorsprünge der distalen Enden der Vorderarmknochen, und bildet dadurch für die zwischen jenen Vorsprüngen verlaufenden Sehnen der Streckmuskeln des Vorderarmes bestimmte, den Sehnenverlauf und ihre Action sichernde Bahnen (Lig. carpi dorsale).

Die zur Bewegung der Hand bestimmte größere Zahl von Muskeln im Zusammenhalte mit der geringen vom Skelet gebotenen Oberfläche lässt eine Ökonomie des Ursprungs zum Ausdruck kommen, welcher auch in der Verwendung der Fascie zu Muskelursprüngen erkennbar ist. Der an den Epicondylen festgeheftete Theil der Fascie ist großentheils zugleich Ursprungssehne, daher ist er aponeurotisch. Für die tieferen Theile der Muskeln wird dasselbe durch sehnige Streifen geleistet, die von Skelettheilen entspringen, sich zwischen Muskelbäuche fortsetzen und diesen beiderseits Ursprungsstellen abgeben.

Die Muskulatur ist in zwei größere Abtheilungen gesondert. Die eine entspringt vorwiegend in der Nähe des Epicondylus ulnaris und verläuft an der Vorderfläche des Vorderarmes. Dieses sind größtentheils Beugemuskeln, die Vorderfläche ist daher *Beugefläche*. Über und am Epicondylus radialis entspringt eine zweite Gruppe. Sie nimmt mit ihrer tieferen Schichte auch die Rückenfläche des Vorderarmes ein und besteht vorwiegend aus Streckern, daher jene Fläche *Streckfläche* benannt wird.

Diese Anordnung lässt also die Strecker und Beuger erst auf ihrem Verlaufe die Streck- und Beugefläche des Vorderarmes gewinnen. Dieses ist bedingt durch die Insertionen der Muskeln des Oberarmes, die mit ihren Bäuchen hinten wie vorne über den Humerus herablaufen und so distal am Humerus entspringende Vorderarmmuskeln nach beiden, durch die Epicondylen ausgezeichneten Seiten jenes Knochens drängen müssen.

1. Muskeln der Beugefläche des Vorderarmes.

Sie sind in zwei über einander liegenden Abtheilungen angeordnet, durch Nerven- und Blutgefäßstämme von einander getrennt. Theils sind es Beuger der Hand, theils Beuger der Finger, theils Muskeln, welche, den Radius und damit die an ihm befestigte Hand vorwärts drehend, die Pronation vollziehen. Ihre Nerven erhalten sie theils vom N. medianus, theils vom N. ulnaris.

Erste Gruppe.

Die Muskeln dieser Gruppe entspringen mit einer gemeinsamen Masse am Epicondylus ulnaris humeri, theils direct, theils von Sehnenblättern, die am Epicondylus befestigt, in die Muskulatur eindringen, oder Verstärkungen der oberflächlichen Fascie sind. Diese Muskelmasse sondert sich distal in einzelne, in zwei übereinander liegende Schichten angeordnete Bäuche.

Oberflächliche Schichte.

M. pronator teres (Fig. 292). Am meisten radialwärts gelagert verläuft der erst mit seiner distalen Hälfte frei werdende Muskel schräg über den Vorderarm zum Radius. Er begrenzt mit seinem oberen Rande die Ellbogenbeuge. Die oberflächlich hervortretende Endsehne inserirt an einer in der Mitte des Außenrandes des Radius gelegenen Rauhigkeit.

Beugt den Vorderarm und dreht den Radius (pronirt damit die Hand). Da er bei aufwärts gewendeter Hand der Vorderfläche des Radius frei auflagert, löst er sich bei der Pronation von dieser Stelle: wickelt sich ab.

Innervirt vom N. medianus.

Beim Vorkommen eines Processus supracondyloideus humeri (S. 267 Anm.) erstreckt sich der Muskelursprung auf diesen Fortsatz.

Eine tiefe Ursprungsportion des Muskels geht von der Seite des Coronoidfortsatzes der Ulna aus. Zwischen dieser und der oberflächlichen Portion nimmt der Medianerv seinen Weg. Die tiefe Portion erscheint häufig nur sehnig, in andern Fällen ist sie selbständiger. Dieser Theil des Pronator teres gehört einer tiefen Muskelschichte an, welche bei manchen Beutelthieren (Perameles) und Carnivoren sich längs der ganzen Volarfläche des Vorderarmes erstreckt und mit ihrer untersten Portion den Pronator quadratus vorstellt (MACALISTER).

M. flexor carpi radialis (*Radialis internus* (Fig 292). Am Ursprunge mit dem Pronator teres wie mit dem folgenden Muskel verbunden, tritt der schlanke Muskelbauch vom Pronator divergirend gegen die Radialseite zu. Die Endsehne kommt schon weit oben am Bauche oberflächlich zum Vorschein und tritt an der Basis des Daumenballens in einen Canal, welcher theilweise vom Scaphoides und von einer Rinne des Trapezium begrenzt ist und sehnig überbrückt wird. Die Insertion findet an der Volarfläche der *Basis des Metacarpale II* statt.

Auf dem Wege durch die Hohlhand verbindet sich die Endsehne mit der radialen Wandfläche des von ihr durchsetzten Canales. Eine Sehnenscheide umgiebt die Endstrecke der Sehne und ist an der oberen Fläche des Canales befestigt.

Beugt die Hand nach der Radialseite. — Innervirt vom N. medianus.

M. palmaris longus (Fig. 292). Löst sich zumeist mit einem schlanken, spindelförmigen Bauche aus der gemeinsamen Muskelmasse ab und geht in eine schmale, abgeplattete Sehne über, welche zum Handgelenk verläuft. Sie liegt dabei oberflächlicher als jene des Flexor carpi radialis, mit dem sie parallel angeordnet ist. Am Handgelenke verbreitert sich die Endsehne und geht, der Radialseite genähert, zum größten Theil in die Palmar-Aponeurose der Hand, zum geringeren in die Ursprungssehnen der Muskeln des Daumenballens über.

Fig. 292.

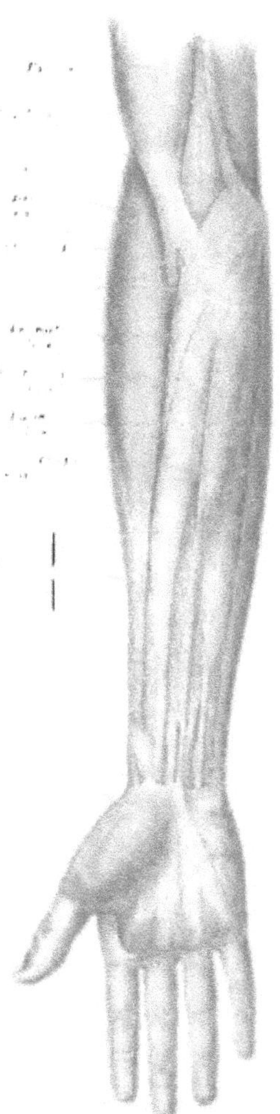

Erste Gruppe der Beugemuskeln des Vorderarmes. Oberflächliche Schichte.

Der Palmaris longus ist der variabelste Muskel des Vorderarmes. Zuweilen fehlt er ganz. Der Muskelbauch besitzt hin und wieder eine lange Ursprungssehne und ist dann unter

Verkürzung der Endsehne weiter hinabgerückt. Auch Verdoppelungen des Muskels sind zu bemerken, welche besonders die Endsehne betreffen, endlich Verschiedenheiten in der Insertion. — Die Endsehne tritt nicht selten schon am Vorderarm durch die Fascie und gewinnt damit eine oberflächliche Lage.

Er ist ein Beuger der Hand.

Innervirt vom N. medianus.

Fig. 291.

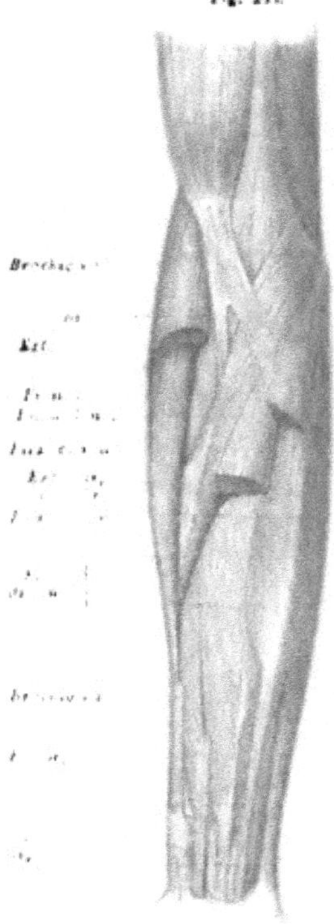

Tiefe Schichte der oberflächlichen Beugemuskelgruppe.

M. flexor carpi ulnaris (*Ulnaris internus*) (Fig. 292). Nimmt den ganzen ulnaren Rand der Volarfläche ein. Entspringt oben theils vom Epicondylus ulnaris, theils von der Ulna, und geht dann mit dem Ursprunge auf eine an der hinteren Kante der Ulna befestigte Aponeurose über, die den Muskel auch oberflächlich theilweise bedeckt. Der platte Muskelbauch tritt bis zum Handgelenke herab, nachdem seine Endsehne schon an der oberen Hälfte zum Vorschein kam. Sie inserirt am *Os pisiforme*, von wo durch das *Lig. piso-metacarpeum* und *piso-hamatum* der Angriffspunkt auf Carpus und Mittelhand verlegt wird. Das Pisiforme spielt damit die Rolle eines in der Sehne des Muskels befindlichen Sesambeines.

Die vom Epicondylus ulnaris entspringende Muskelportion ist von dem übrigen Ursprung durch eine den N. ulnaris durchlassende Spalte getrennt. Die Ursprungsaponeurose ist Vorderarmfascie und deckt zugleich einen Theil der tieferen Muskelschichte (M. flex. dig. prof.) ulnarwärts, da der Bauch des Muskels durch diese von der Ulna abgedrängt wird.

Der Muskel beugt die Hand nach der Ulnarseite. — Innervirt vom N. ulnaris.

Dieser Muskelschichte reihe ich noch einen ziemlich häufig vorkommenden kleinen Muskel an, den M. epitrochleo-anconaeus. Er entspringt vom Epicondylus ulnaris humeri und verläuft, die Rinne für den N. ulnaris überbrückend, zur Ulna an die mediale Seite des Olecranon. Er bietet viele Varietäten. Die Innervation durch den N. ulnaris lehrt, dass der Muskel dem Extensor brachii triceps fremd ist, wenn er auch eine gewisse Ähnlichkeit mit dem Anconaeus quartus besitzt.

Tiefe Schichte.

Diese wird durch Einen Muskel vorgestellt, den M. flexor digitorum sublimis (*Perforatus*). Der aus der gemeinsamen Beugemuskelmasse sich sondernde Bauch theilt sich in vier Portionen, die allmählich schlanke Endsehnen hervorgehen lassen, welche für die Finger, mit Ausschluss des Daumens, bestimmt sind. Unter dem Muskelbauche verläuft der N. medianus. Ein tiefes Blatt der Vorderarmfascie entfaltet sich distalwärts zwischen den Endsehnen der oberflächlichen Schichte einerseits und dem Flexor digitorum sublimis andererseits. Gegen das Handgelenk gewinnt diese Fascie eine ziemliche Stärke und bedingt eine schärfere Trennung der bezüglichen Muskelschichten.

Die vier Portionen des Flexor sublimis sind in *zwei Lagen* geordnet; die der *oberflächlichen Lage* senden die Beugesehnen für den *dritten* und *vierten* Finger ab, die der *tiefen* jene für den *zweiten* und *fünften* Finger. Die dem dritten Finger zukommende Portion empfängt vom Radius einen accessorischen Kopf, welcher nach innen und aufwärts von der Insertion des Pronator teres entspringt.

Die vier Sehnen des oberflächlichen Fingerbeugers treten, von ihren Scheiden umhüllt, unter dem Ligamentum carpi transversum in die Hohlhand und verlaufen dort unter der Palmar-Aponeurose zu den Fingern (Fig. 301). Jede Sehne des oberflächlichen Beugers tritt mit einer Sehne des tiefen Fingerbeugers in einen an der Volarfläche der Finger befindlichen Canal (s. unten bei der Muskulatur der Hand). Auf dem Verlaufe an der Grundphalange spaltet sich jede Sehne des oberflächlichen Beugers in zwei breite, platte Schenkel (Fig. 291 A.). Auseinander weichend begrenzen sie eine schlitzförmige Öffnung, durch welche die Sehne des tiefen Beugers hindurchtritt. Daher ward der Muskel auch als Flexor perforatus bezeichnet. Nach Umfassung der Profundussehne convergiren die beiden Schenkel der Sublimis-Sehne und vereinigen sich wieder unterhalb der Profundussehne gegen das Ende der Grundphalange. Hier tauschen sie einen Theil ihrer Fasern aus (*Chiasma tendinum*) (Fig. 291 *B.*) und inseriren an der Volarfläche der Basis der *Mittelphalange*.

Fig. 291.

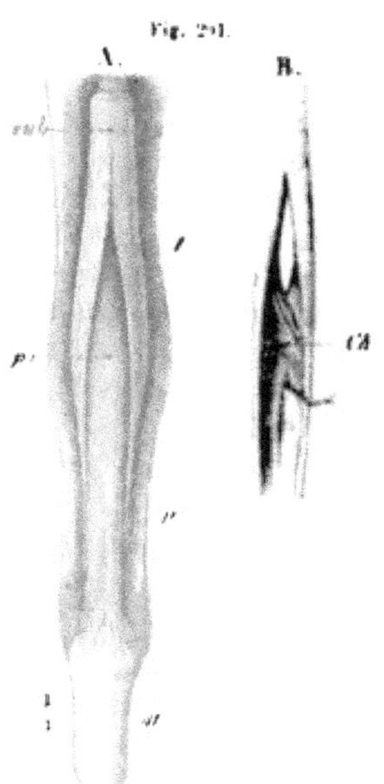

Verhalten der Beugesehnen an den Fingern.

Der Flexor sublimis tritt distal am Vorderarme durch die Divergenz des Palmaris longus und des Flexor carpi ulnaris in oberflächliche Lagerung (Fig. 292). Die Portionen beider Lagen des Muskels tauschen zuweilen Muskelbündel aus.

Vom Boden des Canals, in welchem die Sehnen an der Volarfläche der Phalangen gleiten, erstrecken sich bindegewebige Züge zu den Sehnen. So ist jede Sublimissehne schon am Ende der Grundphalange in Verbindung mit dem Canal. Längere Sehnenfäden treten meist schon vor jener Stelle an die Sublimissehne und gelangen, am regelmäßigsten von dem Sehnen-Chiasma aus, an die von da an oberflächlich liegende Profundussehne.

Es sind die *Vincula* oder *Retinacula tendinum*, deren Bedeutung nur darin liegen dürfte, dass durch sie Blutgefäße zu den Beugesehnen gelangen.

Die Wirkung des Muskels ist die eines Fingerbeugers mit dem Angriffspunkte an der Mittelphalange. — Innervirt wird der Muskel durch den N. medianus.

Zweite Gruppe.

Diese repräsentirt die tiefste Muskulatur der Volarfläche des Vorderarmes. Sie ist von jener der ersten Gruppe fast vollständig gesondert, da zwischen beiden Nerven- und Blutgefäßstämme hindurchziehen. Wir unterscheiden auch in dieser Gruppe zwei Schichten, eine oberflächliche und eine tiefe.

Oberflächliche Schichte.

M. flexor digitorum profundus (*Perforans*) (Fig. 295). Ein breiter, auf der Ulna und dem Zwischenknochenbande zur Hand herabziehender Muskel. Entspringt im Anschlusse an den oberen Ursprung des Flexor carpi ulnaris von der Ulna, sowie von der ihn ulnarwärts deckenden aponeurotischen Fascie des Vorderarmes. Auf der Vorderfläche der Ulna geht der Ursprung bis zum distalen Drittel der Länge herab und greift auch auf die Membrana interossea über, nach abwärts bis gegen den Radius.

Die gemeinsame Muskelmasse sondert sich in vier neben einander liegende Portionen, aus deren Oberfläche ebensoviele Sehnen hervorgehen, die unter denen des oberflächlichen Beugers zur Hohlhand gelangen. Von da verlaufen sie zu den vier Fingern. Am proximalen Theile der Grundphalange liegen sie noch unter den Sublimissehnen, durchbohren dann dieselben (s. oben) und inseriren sich an der *Basis der Endphalange* (Fig. 294 *A*.).

In den Flexor profundus geht zuweilen auch ein vom Bauche des Sublimis abgelöstes Bündel über, welches sich mit seiner Endsehne der für den Index bestimmten Sehne anschließt.

Von den vier Portionen des Muskels ist die für den Zeigefinger die selbständigste. Ihren Ursprung trennt die Insertion des Brachialis internus vom übrigen Muskelbauche; auch die Sehne ist vollständiger gesondert. Ulnarwärts besteht meist ein inniger Zusammenhang und die gleichfalls zusammenhängenden Endsehnen sind in mehrere Stränge gespalten, die erst in der Hohlhand sich zu je einer Sehne zusammenfügen.

Bezüglich der Vincula tendinum s. oben. Die von den Profundussehnen entspringenden Mm. lumbricales werden bei der Hand aufgeführt. — Der Muskel beugt die Finger mit dem Angriffspunkte an der Endphalange.

Die Innervation der die drei ulnaren Finger versorgenden Portion geschieht durch den N. ulnaris. Zu der Zeigefingerportion tritt ein Zweig des N. medianus, der auch die beiden nächsten Bäuche, sogar noch den vierten innerviren kann.

Bei den Prosimiern ist die Endsehne des Flexor dig. profundus noch einheitlich und spaltet sich erst in der Hand in die einzelnen Sehnen für die Finger, wie hier auch eine Sehne mit der des Flexor pollicis longus sich verbindet. Die niederen Affen besitzen gleichfalls noch eine gemeinsame Endsehne des Flexor dig. profundus, erst bei den Anthropoiden tritt eine Sonderung der Sehnen und der Beginn einer Auflösung des Muskelbauches auf. Damit steigert sich die Selbständigkeit des Gebrauches der einzelnen Finger.

M. flexor pollicis longus (Fig. 295). Liegt der Vorderfläche des Radius auf, von dem er entspringt. Er behält daher bei der Rotation des Radius dieselbe Lage. Sein Ursprung beginnt oben nicht weit unterhalb der Tuberositas radii, erstreckt sich verbreitert, und dann wieder sich verschmälernd bis gegen das Ende herab, wobei er auch auf die Membrana interossea übergreift. Die weit oben entstehende Sehne lässt den Muskel halbgefiedert erscheinen. Sie verläuft mit den Sehnen der Fingerbeuger in die Hohlhand, legt sich zwischen den kurzen Daumenbeuger und den Adductor, und tritt an der Volarfläche der Grundphalange des Daumens, unter sehnigen Querbrücken, ähnlich wie die Beugesehnen der Finger zur Basis der Endphalange.

Nicht selten empfängt der Muskel ein Bündel vom Flexor dig. sublimis. Er beugt den Daumen mit der Wirkung auf die Endphalange.

Innervirt vom N. medianus.

Der Flexor pollicis longus ist bei den Prosimiern ein ansehnlicher Muskel, welcher seine Endsehne mit der des Flexor digit. profundus verbunden zeigt und somit eine wenig selbständige Wirkung ausübt. Bei den Affen ist er noch eine Portion des Flexor dig. profundus, indem dieser Muskel eine, wenn auch schwache Sehne zu dem Daumen sendet. (Sie soll dem Orang fehlen.) Bei manchen Anthropoiden (Hylobates) hat dagegen eine Differenzirung begonnen, insoferne die dem Daumen zugetheilte Sehne selbständiger geworden ist. Eine Verbindung mit dem Flexor prof. kommt beim Menschen nicht ganz selten vor, häufiger soll sie bei der schwarzen Rasse bestehen.

Die Sehnenscheiden der Fingerbeuger bilden unter dem Ligamentum carpi transversum zwei Synovialsäcke, die proximal und distal nur wenig (2 cm) über die Grenze des Bandes sich ausdehnen. Der radiale Sack umfasst die Sehne des langen Daumenbeugers, der ulnare jene der Beuger des 4. und 5. Fingers. An allen 5 Fingern sind beim Neugebornen die Sehnenscheiden längs der Phalangen von den carpalen Synovialsäcken getrennt. Beim Erwachsenen verbindet sich jene des Daumens mit dem radialen Sacke, die des Kleinfingers mit dem ulnaren Sacke, während die des 2.—4. Fingers ohne Verbindung bleiben. Zuweilen besteht zwischen den beiden Carpalsäcken ein dritter, aus dem Septum der beiden regulären Säcke entstanden.

Fig. 295.

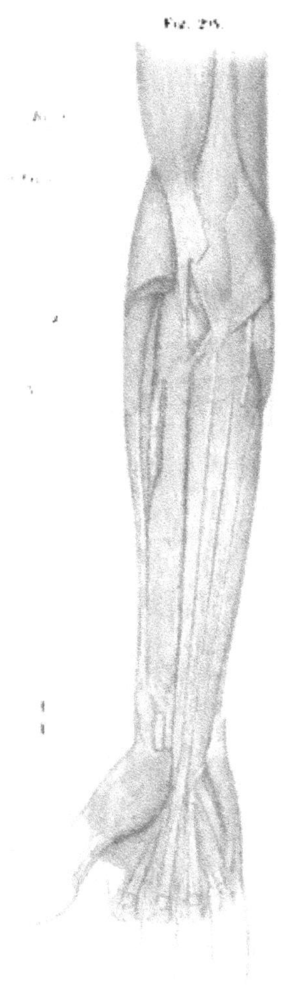

Zweite Gruppe der Beugemuskeln des Vorderarmes. Oberflächliche Schicht.

Bei bedeutenderer distaler und proximaler Ausdehnung nimmt dieser intermediäre Sack die Sehne des tiefen Beugers für den Zeigefinger auf (A. v. ROSTHORN).

Zahlreiche Variationen im Verhalten der Beugesehnen beschreibt TURNER, Transact. of the Royal Soc. of Edinburgh. Vol. XXIV.

Tiefe Schichte.

Diese wird nur durch einen einzigen Muskel repräsentirt, welcher von den Endsehnen des M. flexor digitorum profundus und fl. pollicis longus bedeckt wird.

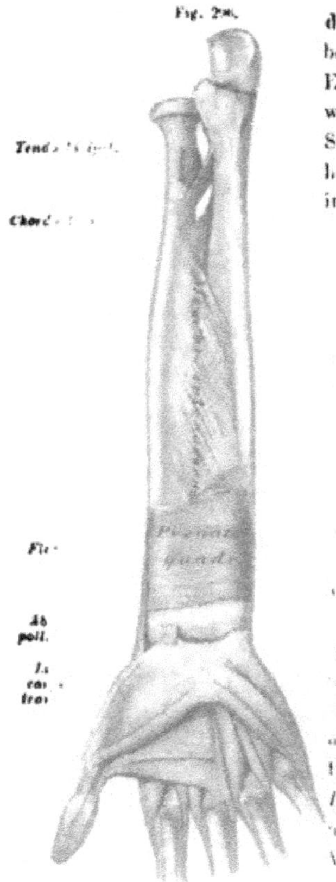

Fig. 296.

Zweite Gruppe der Beugemuskeln des Oberarmes. Tiefe Schichte.

M. pronator quadratus. Dieser nimmt das distale Viertel des Vorderarmes ein und besitzt vorwiegend transversalen Faserverlauf. Er entspringt am medialen Rande der Ulna sowie von einer da beginnenden oberflächlichen Sehne, und läuft in der Regel quer zum Radius herüber, an dessen vorderer Fläche er sich breit inserirt (Fig. 296).

Er zeigt sehr häufig schräg verlaufende Partien, die bei selbständiger Ausbildung zu einer Theilung des Muskels in zwei Lagen führen. Er ist die unterste Portion einer bei manchen Säugethieren über den Vorderarm ausgedehnten tiefen Muskelschichte. Siehe die Bemerkung beim Pronator teres S. 415.

Dreht den Radius in die Pronation und wickelt sich dabei von der Ulna ab.

Innervirt vom N. medianus.

2. Muskeln der Streckfläche des Vorderarmes.

Diese Muskeln bilden eine, theils über und an dem radialen Epicondylus (*Epicondylus extensorius*), theils tiefer am Vorderarme entspringende Masse, deren Bäuche den Radius lateral und nach hinten zu bedecken. Die schlanken Endsehnen verlaufen größtentheils über das Ende des Vorderarmrückens zur Hand. In diesem Verlaufe wird den Sehnen durch das *Ligamentum carpi dorsale* eine bestimmte Lage und Richtung angewiesen. Indem jenes Band an Vorsprüngen des Radius und der Ulna befestigt ist, werden dadurch *sechs Fächer* gebildet (Fig. 300), welche den Sehnen zum Durchlasse dienen. Sämmtliche Muskeln versorgt der N. radialis. In der Anordnung der Muskeln besteht eine oberflächliche und eine tiefe Schichte. Die erstere trennen wir in Muskeln, welche am Oberarme entspringen und ihren Verlauf längs des Radius nehmen. Sie bilden oben einen die Ellbogenbeuge lateral begrenzenden Muskelbauch. Eine zweite Gruppe liegt mehr ulnarwärts.

Fig. 297.

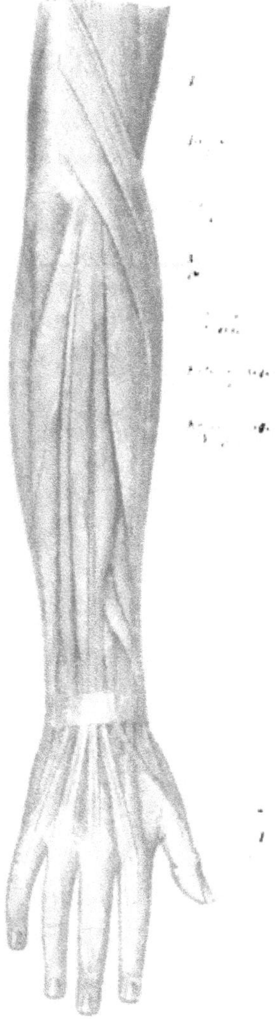

Oberflächliche Schichte.

a. Radiale Gruppe.

M. brachio-radialis (*Supinator longus*) (Fig. 297, 298). Entspringt von der lateralen Kante des Humerus mit einem langen, platten Bauch, der, dem M. brachialis internus angelagert, am radialen Rande des Vorderarmes über den Bauch des folgenden Muskels sich herab erstreckt. An der unteren Hälfte der Länge des Radius kommt seine sich verschmälernde Endsehne näher an den Radius, an dem sie sich oberhalb des *Processus styloides* inserirt.

Der Muskel begrenzt mit seinem Bauche die Ellbogenbeuge an ihrem radialen Rande und kreuzt dann das Ende des Pronator teres.

Er wirkt bei der Supination, dreht aber auch den Radius in pronirender Richtung. Im Übrigen ist er ein Beuger des Vorderarmes (WELCKER).

Ziemlich selten greift der Ursprung des Muskels ins Bereich des Brachialis internus über, eine Variation, die wohl mit dem oben bei jenem Muskel beschriebenen Verhalten des Überganges der oberflächlichen radialen Faserlage des Brachialis internus in den Brachio-radialis in einem Zusammenhange steht.

M. extensor carpi radialis longus (*Radialis externus longus*) (Fig 297). Er entspringt im Anschlusse an den Ursprung des Brachio-radialis von der lateralen Kante des Humerus bis zum radialen Epicondylus herab. Der etwas abgeplattete Bauch lässt noch an der proximalen Hälfte des Vorderarmes eine lange Endsehne oberflächlich hervorgehen. Diese verläuft am Radius herab und tritt gemeinsam mit der Sehne des folgenden Muskels durch das *zweite Fach* des Ligamentum carpi dorsale zum Handrücken, wo sie an der Dorsalfläche der Basis des *Metacarpale II* inserirt.

Die Wirkung des Muskels äußert sich in Streckung und Dorsalflexion der Hand nach der Radialseite.

Oberflächliche Schichte der Streckmuskeln des Vorderarmes. (Supination.)

Ein aus dem Bauche nicht selten sich ablösendes Bündel lässt eine dünne

Sehne entstehen, die sich distal der Sehne des nächsten Muskels anschließt, eine Andeutung ursprünglicher Einheit beider Muskeln.

M. extensor carpi radialis brevis (*Radialis externus brevis*). Der großentheils vom vorhergehenden Muskel bedeckte Bauch entspringt vom radialen Epicondylus, theilweise noch vom Lig. annulare radii und einem Sehnenblatte, welches ihn vom folgenden Muskel scheidet und sich an der Innenfläche des Bauches herab erstreckt. Er entwickelt seine Endsehne mehr distal als der Extensor longus und lässt sie neben derselben am Radius herabverlaufen und mit ihr durch dasselbe Fach des Lig. carpi dorsale zum Handrücken gelangen. Insertion an der Basis des *Metacarpale III*.

Fig. 296.

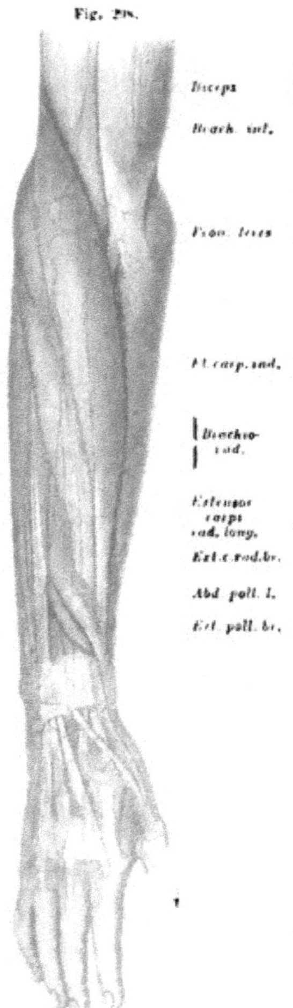

Oberflächliche Muskeln des Vorderarmes in der Pronation mit eingezeichnetem Skelet.

Wirkung der des Extensor longus ähnlich. Beide Extensores c. radiales produciren mit dem Flexor c. radialis eine neue Bewegung: Abduction der Hand nach der Radialseite. — An der Insertion liegt ein Schleimbeutel.

b. Ulnare Gruppe.

Diese schließt sich zwar, am Ursprunge von der Ulna entfernt, unmittelbar an die radiale Gruppe an, liegt aber mehr ulnarwärts als diese und wird im weiteren Verlaufe schärfer von ihr getrennt, indem zwischen beiden einige Muskelbäuche aus der tiefen Schichte zu oberflächlichem Verlaufe emportreten.

M. extensor digitorum communis (Fig. 297). Radial mit dem Ursprunge des M. extensor c. radialis brevis verbunden, entspringt er vom Epicondylus radialis sowie von einem dort befestigten, auf dem Muskelbauche sich heraberstreckenden aponeurotischen Theile der Vorderarmfascie. An der proximalen Hälfte des Vorderarmes sondert er sich in drei parallele Portionen, von denen die beiden ersten je eine, die letzte dagegen zwei Sehnen hervorgehen lassen. Alle diese Sehnen treten durch das *vierte Fach* des Ligamentum carpi dorsale zum Handrücken. Hier divergiren sie und verlaufen verbreitert zum 2.—5. Finger, wo sie eine breite, den Rücken der Finger deckende Sehnenhaut, die *Dorsalaponeurose* der Finger, bilden helfen (s. über diese Membran bei der Hand).

Die Sehne für den fünften Finger fehlt häufig, sie wird dann durch ein von der Sehne des vierten Fingers zur Dorsalaponeurose des fünften Fingers ziehendes Sehnenbündel ersetzt. Ein ähnlicher Sehnenstreif begiebt sich von der Sehne des vierten Fingers zu jener des dritten, und auch zwischen den Sehnen des dritten und zweiten Fingers besteht eine solche Verbindung, bald mehr in querer, bald in schräger Weise. Nach Maßgabe der auf dem Mittelhandrücken bestehenden Verbindungen der Strecksehnen wird die Selbständigkeit der Streckbewegungen der Finger modificirt. Diese Verbindungen sind die Reste der ursprünglichen Einheit der Strecksehne, die sich bei Säugethieren nach den Fingern vertheilt.

Durch die Befestigung der Dorsalaponeurose der Finger an der Basis der Mittel- wie der Endphalange ist der Angriffspunkt auf diese Theile verlegt.

M. extensor digiti quinti proprius (Fig. 297). Der schlanke, spindelförmige Bauch dieses Muskels ist der Ulnarseite des vorgenannten angeschlossen, indem ein beiden Muskeln Ursprünge lieferndes Sehnenblatt sich zwischen sie herab erstreckt. Die an der distalen Hälfte des Vorderarmes zum Vorschein kommende Endsehne verläuft selbständig herab, tritt durch das *fünfte* Fach des Lig. carpi dorsale und verläuft ulnarwärts zum Handrücken und in die Dorsalaponeurose des fünften Fingers.

Wirkung wie beim vorhergehenden Muskel.

M. extensor carpi ulnaris (*Ulnaris externus*) (Fig. 297). Der längs der Dorsalseite der Ulna verlaufende Muskel entspringt von einer mit dem Extensor dig. communis gemeinsamen Ursprungssehne. Dieselbe erstreckt sich sowohl oberflächlich, besonders aber in der Tiefe weit über den Muskel herab. Der obere Theil des Muskelbauches grenzt ulnarwärts an den Anconaeus quartus. Die der Ulna folgende Endsehne tritt durch das *sechste Fach* des Ligamentum carpi dorsale, am Capitulum ulnae vorüber zum Handrücken, wo sie am Ulnarrande der Basis des *Metacarpale* V inserirt.

Jenseits des Anconaeus quartus gewinnt der Muskel nicht selten noch eine Reihe ulnarer Ursprünge, die sich weit am Knochen herab erstrecken können.

Wirkung: Streckung und Dorsalflexion der Hand nach der Ulnarseite. Mit dem M. flexor carpi ulnaris ulnare Abduction der Hand.

Tiefe Schichte.

Die Drehbarkeit des Radius verweist die Ursprünge der meisten Muskeln dieser Schichte auf die Ulna oder die dieser benachbarte Strecke der Membrana interossea. Daraus resultirt der schräge Verlauf dieser Muskeln von der Ulnar- nach der Radialseite. Wir unterscheiden in dieser Schichte einen proximalen Muskel und vier distale.

a. Proximaler Muskel.

M. supinator (*Supinator brevis*) (Fig. 299). Dieser platte, den oberen Theil des Radius umfassende Muskel entspringt theils vom oberen Abschnitte der lateralen Kante der Ulna, neben der Insertion des Anconaeus quartus, theils vom Lig. annulare radii. Die Fasern des Muskels divergiren, indem die oberen schräg, die unteren steiler abwärts gerichtet sind. Die Insertion findet am Radius statt, und zwar mit den tiefer liegenden Partien, theils über der Tuberositas radii, theils nach außen von derselben, mit der oberflächlichen Partie mehr distal an einer unterhalb der Tuberositas radii beginnenden, gegen die Insertion des Pronator teres verlaufenden rauhen Fläche.

Fig. 299.

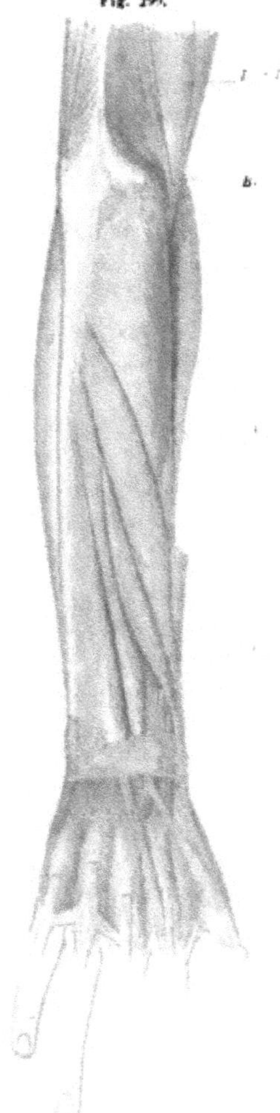

Tiefe Schichte der Streckmuskeln des Vorderarmes.

Die Ursprungssehne des Muskels erstreckt sich über einen großen Theil der Oberfläche. Der Durchtritt des R. prof. des N. radialis durch den Muskel theilt denselben in zwei Schichten.

Wirkung: Dreht den Radius in die Supination.

b. Distale Muskeln.

Sie entspringen unterhalb der distalen Grenze des M. supinator. Ihre Endsehnen durchsetzen die Muskeln der oberflächlichen Schichte.

M. abductor pollicis longus (Fig. 299). Schließt mit seinem Ursprunge an den Ulnarursprung des Supinator an, setzt sich aber von da aus auf die Membrana interossea und längs des unteren Randes des Supinator auf den Radius fort. Der schlanke Bauch läuft schräg über die Endsehnen der Extensores carpi radiales nach außen. Die schon weit oben hervortretende Endsehne begiebt sich über der Insertion des Brachioradialis durch das *erste Fach* des Lig. carpi dorsale und inserirt an der Basis des *Metacarpale I.* Die Endsehne ist sehr häufig gespalten; ein Zipfel derselben setzt sich in den Ursprung des Abductor pollicis brevis fort, einer kann auch zum Carpus gehen.

Häufig geht der Ursprung des Muskels noch auf einen an den Radius befestigten und die Sehnen der Extensores carpi radiales überbrückenden Sehnenstreif über.

Abducirt den Daumen.

M. extensor pollicis brevis (Fig. 299). Wird am Ursprung theils vom vorhergehenden, theils vom nachfolgenden überlagert. Er geht sowohl direct von der Ulna, als auch von einem an dieser befestigten Sehnenblatte hervor, und bezieht dann noch Ursprünge von der Membrana interossea schräg bis zum Radius herüber. Der ulnare Ursprung liegt in der Fortsetzung des Ursprunges des Abductor poll. longus. Der Bauch des Muskels verläuft über den Radius, dem Abductor pollicis longus angeschlossen, kreuzt wie dieser die Sehnen der Extensores carpi radiales schräg und gelangt durch das *erste Fach* des Lig. carpi dorsale zur Hand. Dort tritt die Endsehne der Rückenfläche des Mittelhandknochens des Daumens entlang zur Basis der Grundphalange des letzteren, wo sie ganz oder theilweise inserirt, oder sie geht, mit der Endsehne des langen Daumenstreckers eine Dorsalaponeurose bildend, zur Endphalange.

Die schräg über den Radius hinwegtretenden Bäuche des Abductor poll. longus und Extensor poll. brev. sind daselbst während der Wirkung leicht zu beobachten.

Streckt den Daumen.

Abductor poll. longus und *Ext. pollicis brevis* sind als Sonderungen eines einzigen Muskels anzusehen, wie er bei den meisten Säugethieren mit verschiedener Insertion vorkommt. Die nicht seltene Verbindung der stets bei einander befindlichen Endsehnen giebt dafür noch Zeugnis ab. Wie die bestehende Sonderung einen Fortschritt ausdrückt, so liegt ein solcher auch in der am Abd. poll. l. bestehenden Sonderung der Endsehne.

M. extensor pollicis longus (Fig. 299). Deckt den Ursprung des vorhergehenden, indem er sich mit seinem Ursprung an den Abductor poll. longus anschließt. Er gewinnt theils von der Ulna, theils vom Zwischenknochenbande Ursprünge, die wieder einen schlanken Bauch zusammensetzen. Mit seinem frei gewordenen Abschnitte liegt er dem Radius an und lässt seine Endsehne am radialen Rande des ihn sonst bedeckenden Extensor digitorum communis (aus der oberflächlichen Schichte) zum Vorschein kommen. Durch das *dritte Fach* des Lig. carpi dorsale schlägt die Endsehne eine schräg zur Radialseite der Hand verlaufende Richtung ein und kreuzt dabei die Sehnen der Extensores carpi radiales. Sie tritt zum Mittelhandknochen des Daumens, bildet an der Grundphalange desselben mit der Sehne des kurzen Streckers meist eine Dorsalaponeurose und befestigt sich an der Basis der Endphalange.

Bei gestrecktem und abducirtem Daumen ist die über die Handwurzel verlaufende Strecke der Endsehne durch das Integument hindurch leicht wahrnehmbar.

M. extensor indicis proprius (*M. indicator*) (Fig. 299). Von allen Muskeln der zweiten Schichte am meisten distal gelegen, entspringt er von der Ulna, mit einigen Bündeln auch vom Zwischenknochenbande. Der schlanke Bauch gelangt unter den Sehnen des gemeinsamen Fingerstreckers durch das *vierte Fach* des Lig. carpi dorsale, und die während des Durchtrittes frei gewordene Endsehne begleitet jene des Extensor dig. com. für den Zeigefinger. Am Rücken des Zeigefingers endet die Sehne in dessen Dorsalaponeurose.

Die distale Gruppe der zweiten Schichte der Muskulatur des Rückens des Vorderarmes repräsentirt einen tiefliegenden Strecker der Finger, welcher sich in einzelne, eine selbständigere Bewegung der Finger bedingende Muskeln gesondert hat. Manche Varietäten im Bereiche dieser Muskulatur erscheinen als Anklänge an ein solches Verhalten, wie es am Fuße in dem Extensor digitorum communis brevis noch ungemindert fortbesteht.

Bei den Prosimiern und den Affen besteht in der Versorgung der einzelnen Finger mit einer zweiten, aus der tiefen Muskelschichte kommenden Strecksehne größere

Vollständigkeit als beim Menschen, indem die Endsehne des Extensor indicis sich in der Regel noch an den Mittelfinger verzweigt, bei manchen sogar noch an den vierten Finger, oder es bestehen für diese gesonderte Muskeln. Auch von der Sehne des Extensor pollicis longus findet bei Affen eine Abzweigung an den nächsten oder die beiden nächsten Finger statt.

Von diesem Gesichtspunkte sind auch die Fälle zu beurtheilen, in welchen beim Menschen Abzweigungen der Endsehnen bestehen. Das gilt auch für die Abzweigung des Extensor indicis zum Daumen, woraus sogar ein besonderer Ext. pollicis et indicis hervorgeht, wie er bei den Nagern vorkommt (W. GRUBER).

Die sechs unterhalb des *Lig. carpi dorsale* liegenden, zum Durchlasse der Strecksehnen dienenden *Fächer* sind, von der Radialseite gezählt, folgende: 1) für Abduct. pollicis longus und Extensor pollicis brevis. 2) Extensor carpi radialis longus et brevis. 3) Ext. pollicis longus. 4) Ext. dig. communis und Ext. indicis proprius. 5) Ext. dig. V propr. und 6) Ext. carpi ulnaris. Bei dem Verlaufe durch diese Fächer sind die *Sehnenscheiden* am vollständigsten entfaltet. Die für Extensores carpi rad. longus et brevis erstrecken sich nur wenig über das Ligament hervor. Weiter reichen die Zipfel der Scheiden des vierten Faches und des dritten. Dieses communicirt zuweilen mit jener des zweiten Faches. Am weitesten, zuweilen bis zum Capitulum metacarpi, erstreckt sich die Scheide des Ext. dig. V propr. Kleine Ausstülpungen der Sehnenscheiden drängen sich nicht selten zwischen den Faserzügen des Lig. carpi dorsale hervor. Größere derartige mit Synovia gefüllte Ausstülpungen bilden die sogenannten »Ganglien« oder vulgär »Überbeine«.

Fig. 300.

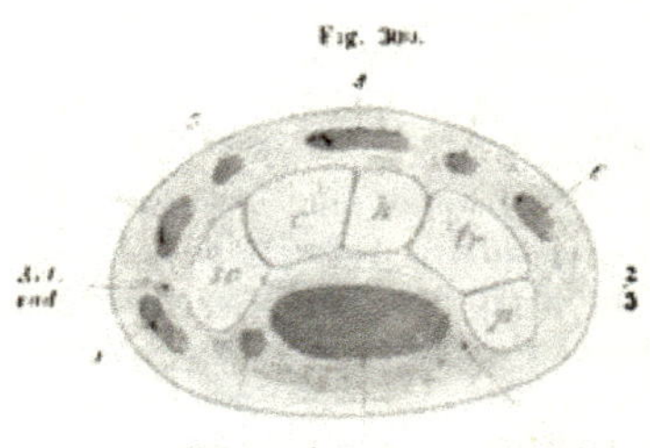

Querschnitt durch die Handwurzel.

Außer den von den einzelnen Muskeln ausgeführten Bewegungen der Hand und ihrer Theile kommen noch Bewegungen in Betracht, die durch combinirte Action verschiedener Muskeln ausgeführt werden. Dadurch entstehen Actionen, für die kein einzelner Muskel vorhanden ist. Solche Bewegungen sind reine Streckung und Beugung, oder Dorsal- und Volarflexion der Hand, dann Adduction und Abduction. Die Combination zeigt folgendes Schema:

	Extension		
Adduction	Extensor carpi rad. long. et brev.	Ext. carpi ulnaris.	*Abduction*
	Flexor carpi rad.	Flexor carpi ulnaris	
	Flexion		

Bemerkenswerth ist, dass, ebenso wie Adduction und Abduction durch combinirte Muskelactionen entstehen, bei diesen Bewegungen auch verschiedene Gelenke der Hand in combinirter Function betheiligt sind. Vergl. hierüber S. 280.

d. Muskeln der Hand.

§ 177.

Die durch die Vorderarmmuskeln vermittelte hochgradige Beweglichkeit des Endabschnittes der Obergliedmaße wird durch eine der Hand selbst angehörige reiche Muskulatur noch erhöht. Diese dient vorwiegend zur Bewegung der einzelnen Finger und findet ihre Anordnung an der Volarfläche der Hand. Die an den beiden Rändern gelegenen, also auf einer Seite freien, und damit selbständiger agirenden Finger besitzen die bedeutendste Muskulatur. Diese bildet zu beiden Seiten der Mittelhand einen polsterartigen Vorsprung, welcher als Daumen-Ballen (*Thenar*) und Kleinfinger-Ballen (*Hypothenar*) unterschieden wird. Die dazwischen liegende Fläche gestaltet sich dadurch zu einer Vertiefung (Hohlhand, *Palma* oder *Vola manus*), nachdem die schon am Skelet sich darstellende Hohlfläche durch Muskeln und Sehnen ausgefüllt ist.

Die Fascie des Vorderarmes setzt sich auf die Hand fort. An der Volarfläche ist sie als lockere Schichte über die beiden Ballen ausgebreitet und geht von da sowohl in die Tiefe der Hohlhand als auch in ein Sehnenblatt über, welches den Raum zwischen beiden Ballen einnimmt und gegen die Finger zu sich verbreitert: die *Palmar-Aponeurose* (Fig. 292), in welche die Endsehne des Palmaris longus ausstrahlt. An den 4 Fingern setzt sich diese Aponeurose mit einzelnen Zipfeln in die *Ligg. vaginalia* fort, den die Beugesehnen an die Volarfläche der Phalangen festhaltenden Bandapparat. Mit dem Integumente ist die Aponeurosis palmaris durch straffes, kurzfaseriges Gewebe im Zusammenhang, welches das subcutane Gewebe durchsetzt.

Die Aponeurosis palmaris zeigt außer den radiär verlaufenden Längsfasern noch eine quere Faserlage, die proximal mit den Faserzügen des *Ligamentum carpi transversum* in Verbindung steht, und erst distal, wo sich die Aponeurose in vier Zipfel spaltet, oberflächlich hervortritt. Dieses Sehnenblatt deckt die unter ihm zu den Fingern verlaufenden Beugesehnen, sowie die zu jenen sich vertheilenden Nerven und Blutgefäße.

Das Ligamentum carpi transversum ist eine aus dem tiefen Blatte der Vorderarmfascie, unterhalb der oberflächlichsten Muskelschichte zur Hand fortgesetzte sehnige Verstärkung, die beiderseits an die volaren Vorsprünge des Carpus befestigt ist. Sie bildet eine derbe Faserlage, welche die vom Carpus gebildete Rinne volar zu einem Canale abschließt, in welchem die Beugesehnen der Finger verlaufen.

Die Ligamenta vaginalia bilden an den Fingern sehnig überbrückte Durchlässe für die Beugesehnen und erstrecken sich von der Basis der Grundphalange bis zur Insertion der Sehne des tiefen Beugers an der Endphalange. Jedes wird durch eine sehnige Membran vorgestellt, welche von dem einen Seitenrande der Phalange zum anderen herüber tritt und dabei die Beugesehne umgreift. An den Gelenkstellen ist die Membran dünner. Am stärksten ist sie an der Grundphalange. Die Faserzüge sind theils quer, theils schräg gerichtet, und erscheinen dann in Kreuzung. Je nach der Ausbildung der einen oder der anderen Anordnung hat man Strecken eines Lig. vaginale als *Ligg. annularia* und *cruciata* unterschieden.

Am Handrücken geht die Fascie des Vorderarmes nach der Bildung des Lig. carpi dorsale (S. 420) in ein oberflächliches, mehr oder minder mit den Strecksehnen zusammenhängendes Blatt über; ein tieferes überbrückt die Interstitia interossea und ist mit den Dorsalflächen der Metacarpalia verbunden.

Die Muskeln der Hand sondern sich in jene der beiden Ballen und jene der Hohlhand; dazu kommt noch ein oberflächlicher Muskel, der als *Hautmuskel* eine exceptionelle Stellung einnimmt. Dies ist der

M. palmaris brevis. Er liegt unmittelbar unter der Fettschichte des Kleinfingerballens, entspringt vom Ulnarrande der Palmar-Aponeurose mit mehreren quer nach außen verlaufenden parallelen Bündeln, und befestigt sich mit diesen am Ulnarrande des Kleinfingerballens an die Haut (s. Fig. 292). Zuweilen ist der Muskel durch zwischenlagerndes Fett in mehrere Portionen getrennt oder er besitzt auch schräge Bündel, besonders deutlich nach vorne zu.

Er wölbt durch Einziehen der Haut den Kleinfingerballen. Bei energischem Beugen der Finger wird die Wirkung des Muskels leicht sichtbar, indem die Insertionsstelle sich durch eine Grübchenreihe am Integumente kundgiebt. — Innervirt vom N. ulnaris.

α. Muskeln des Daumenballens.

M. abductor pollicis brevis (Fig. 301). Entspringt vom Lig. carpi transversum und vom Kahnbeinvorsprung, auch von der Endsehne des Abductor longus und bildet einen oberflächlich gelegenen, lateral ziehenden Bauch, der mit einer kurzen Endsehne zum Seitenrande der Basis der Grundphalange des Daumens tritt.

Abducirt den Daumen. — Innervirt vom N. medianus.

Fig. 301.

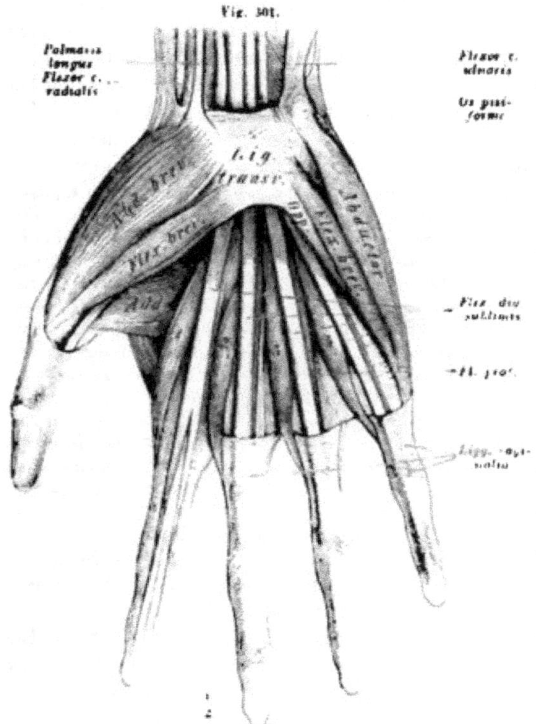

Muskeln der Volarfläche der Hand nach Entfernung der Palmaraponeurose. Öffnung des Lig. vaginale des Zeigefingers.

M. flexor pollicis brevis (Fig. 301, 302). Dieser Muskel liegt dem Abductor brevis gegen die Hohlhand hin an. Er entspringt vom Ligamentum carpi transversum, sowie von dessen Fortsetzung in das tiefe Band der Hohlhand. Sein Bauch verläuft zum radialen Sesambein der Articulatio metacarpo-phalangea des Daumens, wo er inserirt. Aus der Tiefe der Hohlhand tritt in der Regel ein zweiter schwächerer Bauch hinzu, der ursprünglich wohl dem Adductor angehörte.

Beugt die Grundphalange des Daumens und wird vom N. medianus innervirt.

Diesem Muskel wird eine sehr verschiedene Auffassung zu Theil, je nachdem Portionen von der Nachbarschaft ihm zu- oder abgerechnet werden. So ein tiefer Kopf, der am ulnaren Sesambein inserirt, und den ich ebenso dem Adductor beizähle, wie eine mit dem accessorischen Kopfe gleichfalls in der Tiefe entspringende Portion, welche zum ulnaren Sesambeine tritt. Die Innervation geschieht durch den N. medianus und den N. ulnaris. Näheres bei BROOKS, Journ. of Anat. and Phys. Vol. XX.

M. opponens pollicis (Fig. 302). Wird vom Abductor brevis, theilweise auch vom Flexor pollicis brevis bedeckt. Entspringt vom Lig. carpi transversum sowie vom Os trapezium, und verläuft mit schräg nach außen gerichteten Fasern zum Metacarpale des Daumens, wo er sich längs des ganzen seitlichen Randes inserirt.

Bewegt den Daumen gegen die Hohlhand und bringt ihn in Gegenstellung zu den übrigen Fingern. — Innervirt vom N. medianus.

M. adductor pollicis (Fig. 302). Liegt zum großen Theile in der Hohlhand, wo er in der ganzen Länge der Volarfläche des Metacarpale III sowie vom Lig. carpi volare profundum entspringt. Seine Fasern convergiren nach der Radialseite zu und treten mit einer im Innern des Muskels sich bildenden Endsehne an das innere Sesambein der Articulatio metacarpo-phalangea, theilweise auch an die Innenseite der Basis der Grundphalange des Daumens.

Fig. 302.

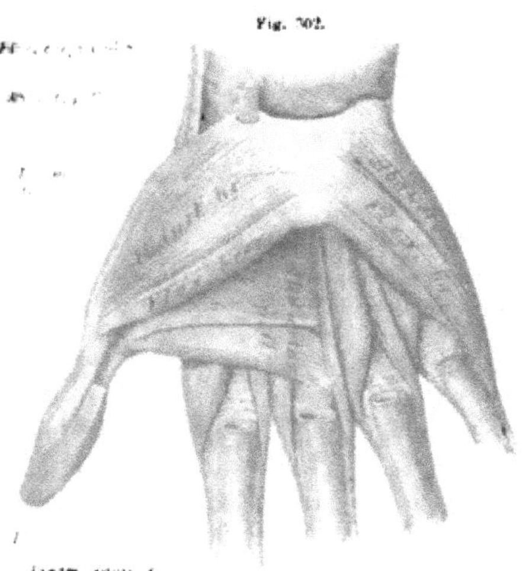

Muskeln der Volarfläche der Hand nach Entfernung der Beugesehnen.

Am Muskel sind in der Regel zwei Portionen unterscheidbar: Ein *Caput obliquum*, welches vom Ligamentum carpi profundum entspringt, und ein *Caput transversum*, welches die metacarpale Ursprungsportion umfasst. Das Caput obliquum wird häufig als tiefer Kopf des Flexor brevis betrachtet. Das Volum sowie die Verschmelzung oder die Sonderung der beiden Portionen bietet verschiedene Stufen dar. Der Ursprung erstreckt sich nicht selten weiter: auf das Os capitatum, auf die Basis des zweiten, oder aufs Köpfchen des zweiten oder des vierten Metacarpale.

Dem Flexor pollicis brevis zugerechnete Portionen des Muskels sind bei jenem erwähnt. Es ist vorzüglich die Insertion am ulnaren Sesambeine, die uns zu einer Trennung vom Flexor brevis veranlasst.

Zieht den Daumen an. — Innervirt vom N. ulnaris.

β. Muskeln des Kleinfingerballens.

M. abductor digiti quinti (Fig. 301). Nimmt den Ulnarrand des Kleinfingerballens ein. Entspringt vom Pisiforme, theilweise auch von der Endsehne des Flexor carpi ulnaris und verläuft zur Ulnarseite der Basis der Grundphalange des fünften Fingers, wo er sich inserirt.

Der Ursprung kann auch mit einer Portion proximal auf die Vorderarmfascie sich erstrecken.

Abducirt den fünften Finger. — Innervirt vom N. ulnaris.

M. flexor brevis digiti quinti (Fig. 302). Liegt weiter gegen die Hohlhand zu. Entspringt theils vom Lig. carpi transversum, theils vom Hamulus des Hakenbeines, und verläuft mit dem Abductor convergirend zur Basis der Grundphalange des Kleinfingers, wo er sich ulnarwärts an der Volarfläche inserirt.

Am Ursprunge ist er vom Abd. dig. V durch einen breiten Schlitz getrennt, durch welchen der Ramus prof. nervi ulnaris hindurchtritt. Auf seinem Verlaufe ist er häufig enge mit dem Opponens desselben Fingers verbunden, stellt mit ihm einen einzigen Muskel dar. Er fehlt zuweilen.

Beugt den Kleinfinger. — Innervirt vom N. ulnaris.

M. opponens dig. quinti (Fig. 303). Wird von den beiden vorhergehenden bedeckt. Entspringt vom Hamulus des Hakenbeins, sowie vom Lig. carpi transversum und zieht mit schrägem Faserverlauf zum Metacarpale V, an dessen Ulnarrand er inserirt.

Zuweilen erstreckt sich die Ursprungssehne weit über den Bauch des Muskels, und dann ist er vom Flexor brevis vollständig getrennt.

Bewegt den Kleinfinger gegen den Daumen. — Innervirt vom N. ulnaris.

Über die kurzen Muskeln der Hand: s. Bischoff, Sitzungsber. d. K. b. Acad. 1870.

γ. Muskeln der Hohlhand.

Zu diesen gehört theilweise auch der Adductor pollicis. Die übrigen werden durch die Mm. lumbricales und Mm. interossei repräsentirt.

Musculi lumbricales (Spulwurmmuskeln). Die vier Lumbricalmuskeln sind lange und dünne, drehrunde, nur am Ursprunge und Ende abgeplattete Muskelchen, welche in der Hohlhand von den Sehnen des Flexor digitorum profundus entspringen. Der zweite entspringt zuweilen, der dritte und vierte in der Regel von je zwei jener Sehnen, ist somit zweiköpfig. Jeder dieser Muskeln verläuft mit den Beugesehnen gegen die Basen der Finger, wo sie zwischen den Zipfeln der Palmaraponeurose zum Vorschein kommen (Fig. 301, *1*, *2*, *3*, *4*). An der Radialseite jedes der vier Finger gehen sie in dünne Endsehnen über, welche zur Dorsalaponeurose der Finger emportreten und in diese fächerförmig ausstrahlen.

Der Lumbricalis I und II spaltet sich nicht selten in zwei Bäuche, von denen je einer auch an die Ulnarseite des benachbarten Fingers tritt. — Wegen des Ursprungs von den Sehnen des tiefen Fingerbeugers ist die Wirkung der Lumbricales von der Wirkung des letzteren Muskels abhängig. Sie beugen die Finger an der Grundphalange.

Innervirt wird der Lumbr. I und II vom N. medianus, der III. und IV. vom N. ulnaris, der III. auch ganz oder theilweise vom N. med. (S. Brooks l. c.).

Musculi interossei (Fig. 303). Sie füllen die Räume zwischen den Metacarpalien aus, dringen sämmtlich mit ihren Bäuchen gegen die Hohlhand vor, und dienen der seitlichen Bewegung der Finger, soweit diese Wirkung nicht schon von den Ballenmuskeln am Daumen und Kleinfinger besorgt wird. Sie werden in äußere oder dorsale, und innere oder volare unterschieden.

Mm. interossei externi (*dorsales*). Sie dringen in die Spatia interossea zur Dorsalseite, wo sie, vom tiefen Blatte der Rückenfascie der Hand bedeckt, sämmtlich sichtbar sind. Ihr Ursprung ist zweiköpfig von den gegen einander gekehrten Rändern je zweier Metacarpalien. Der erste ist der mächtigste, sein vom Metacarpale I entspringender Kopf ist besonders stark.

Fig. 303.

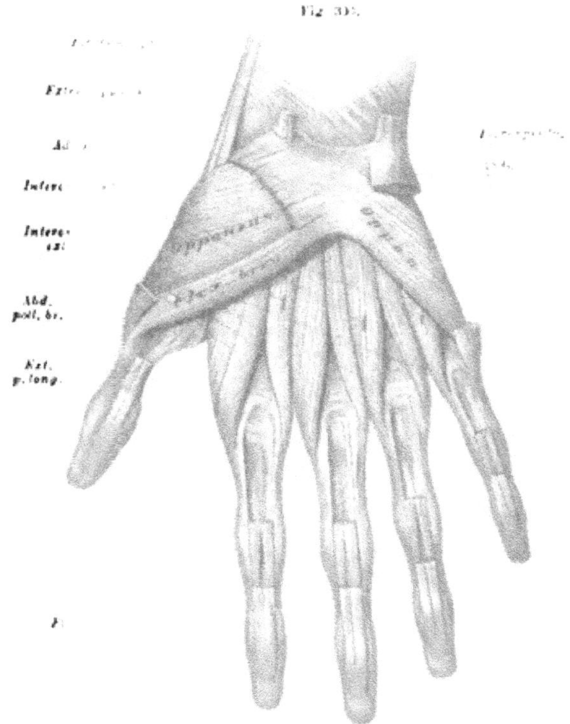

Muskeln der Hand. Nach Entfernung des Abd. u. Add. pollicis, des Abd. u. Flex. br. dig. V.

Die Endsehne des ersten geht zur Radialseite der Basis der Grundphalange des Zeigefingers, theilweise auch in die Dorsalaponeurose; der zweite inserirt sich in ähnlicher Weise an der Radialseite des Mittelfingers, der dritte an der Ulnarseite desselben Fingers, und der vierte an der Ulnarseite des vierten. Der Mittelfinger empfängt somit zwei Interossei dorsales.

Die Interossei externi sind Abductoren der Finger, indem sie den zweiten und vierten vom Mittelfinger, und diesen selbst von einer durch sein Metacarpale gezogen gedachten und distal verlängerten Linie abziehen. Mit der beim Spreizen der Finger sich äußernden Wirkung erfolgt als Nebenwirkung Streckung der Finger.

Innervirt vom N. ulnaris.

Mm. interossei interni (*volares*). Deren bestehen drei, die nur an der Volarfläche sichtbar sind. Sie sind einköpfig und entspringen von je einem Metacarpale, an dessen Finger sie inseriren, und zwar, wie die externi, theils an der Seite der Basis der Grundphalange, theils an der Dorsalaponeurose des Fingers. — Der erste Interosseus internus liegt im zweiten Interstitium interosseum, und inserirt am Zeigefinger von der Ulnarseite her. Der zweite liegt im dritten Interstitium und inserirt an dem vierten Finger von der Radialseite her. Der dritte Interosseus internus endlich liegt im vierten Interstitium und inserirt am fünften Finger gleichfalls von der Radialseite her.

Fig. 304.

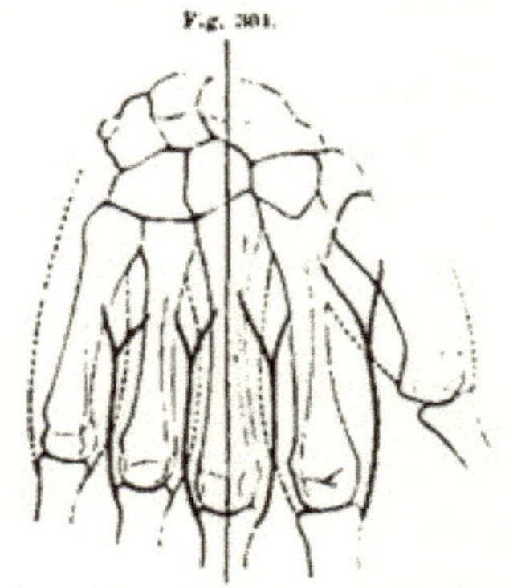

Schema der Mm. interossei. Die starken Linien stellen die Inteross. externi, die punktirten Linien die interni dar. Die die Interossei ergänzenden Muskeln des Daumen- und Kleinfinger-Ballen sind gleichfalls durch Punktlinien angedeutet. Die Senkrechte bedeutet die Abductionslinie.

Die volaren Interossei bewegen die Finger, an denen sie inseriren, gegen den Mittelfinger zu, sind somit Adductoren, Antagonisten der Externi. Als Nebenwirkung beugen sie die Finger.

Innervirt vom N. ulnaris.

Fig. 305.

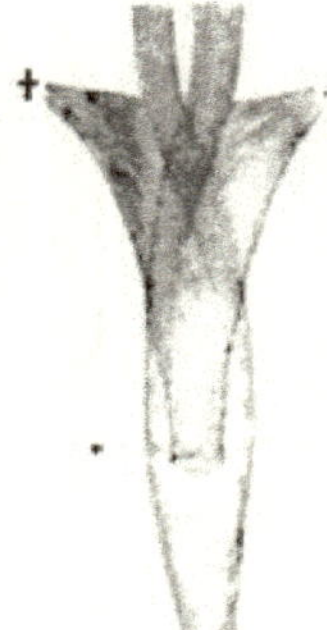

Dorsal-Aponeurose eines Fingers von der Innenseite.

Dorsalaponeurose der Finger.

Die Rückenfläche der vier Finger ist von einer sehnigen Membran (Aponeurose) bedeckt, welche durch die Vereinigung der Endsehnen verschiedener Muskeln entsteht.

Die Endsehnen der Lumbricales, sowie Theile der Endsehnen der Interossei bilden an der Seite der Grundphalangen der vier Finger je ein dreieckiges Sehnenblatt (Fig. 305 †), dessen Basis gegen den Fingerrücken gerichtet, dort mit der verbreiterten Strecksehne sich zur dorsalen Aponeurose verbindet. Der von den Strecksehnen dargestellte Theil bildet am Ende der Grundphalange zwei, nach beiden Seiten auseinanderweichende Faserzüge, die erst auf der Mitte der Mittelphalange wieder zusammenschließen und damit an der Basis der Endphalange zur Insertion gelangen (**). An der durch das Auseinanderweichen der Längsfaserzüge entstehenden Lücke treten die aus den Endsehnen der Lumbricales und Interossei stammenden Sehnenfasern, mit longitudinalen gemischt, zusammen und füllen damit nicht nur jene Lücke aus, sondern setzen sich auch an die Basis der Mittelphalange zur Insertion fort (*). Die Dorsalaponeurose der Finger ist also am

Mittel- und Endgliede inserirt. Auf der Grundphalange besitzt sie eine nur lockere Befestigung.

II. Muskeln der unteren Gliedmaßen.

§ 178.

Wie die functionelle Bedeutung der unteren Extremität sich in der innigeren Verbindung des Beckengürtels mit dem Skelete des Körperstammes aussprach, so ergiebt sich Ähnliches auch für die Muskulatur. Die Articulatio sacro-iliaca schließt als Amphiarthrose den Beckengürtel selbständig bewegende Muskeln aus. Das Becken ist daher hauptsächlich von Muskeln umlagert, die von ihm selbst entspringen und zur freien Gliedmaße übergehen. Sie entsprechen den Muskeln der Schulter. Auch an den übrigen Abschnitten bestehen Verhältnisse, welche an die obere Extremität erinnern. Man theilt diese Muskulatur in Muskeln der Hüfte, des Ober- und des Unterschenkels und des Fußes.

a. Muskeln der Hüfte.

§ 179.

Sie nehmen mit wenigen Ausnahmen vom Becken ihren Ursprung und bedecken dasselbe zum großen Theile derart, dass nur einige Stellen desselben von außen her zugängig bleiben.

Von den *Fascien* erstreckt sich ein oberflächliches Blatt von der Rückenfläche her über das Gesäß und deckt locker, nur durch wenige schräge Sehnenfasern verstärkt, den großen Gesäßmuskel, dessen unterer freier Rand die Glutäalfalte von oben begrenzt, und damit zugleich die obere Grenze der hinteren Oberschenkelregion abgiebt. Wo sich die Fascie oben vom Muskelbauche entfernt, tritt sie zur Darmbeincrista, nimmt an derselben bis zur Spina anterior superior ihre Anheftung, und geht von da nach vorne an das Poupart'sche Band über. Von jener Befestigungsstelle an der Darmbeincrista aus ändert sie ihre Beschaffenheit, sie wird zur Aponeurose und erstreckt sich als solche längs der ganzen äußeren Seite des Oberschenkels zum Kniegelenk herab. Man nennt sie *Fascia lata*; bei der Muskulatur des Oberschenkels wird sie genauer betrachtet. Der aponeurotischen Beschaffenheit der Oberschenkelbinde entspricht deren Beziehung zu manchen Muskeln, denen sie theils Ursprungs-, theils Endsehne ist.

Die Hüftmuskeln theilen sich in äußere und innere.

1. Innere Hüftmuskeln.

M. ileo-psoas (Fig. 312). Setzt sich aus zwei, auch als getrennte Muskeln aufgefassten Portionen zusammen, einem Lenden- und einem Darmbeintheil.

Die Darmbeinportion, M. iliacus, nimmt die Fossa iliaca ein. Sie entspringt vom Rande dieser Grube und der angrenzenden Strecke der Fläche derselben medial bis zur Linea innominata, vorne bis zur Spina iliaca ant. inferior herab. Der medial vor- und abwärts convergirende Bauch formt eine Rinne zur Aufnahme des Psoas, und begiebt sich über die Eminentia ileo-pectinea, auch die Spina iliaca anterior inferior bedeckend, unter dem Poupart'schen Bande hervor.

Von da geht er längs der vorderen Fläche der Kapsel des Hüftgelenkes herab, auf welchem Wege er mit dem Psoas sich vereinigt.

Der Lendentheil des Muskels, M. **psoas major** (ψόα, Lende) liegt als ein ansehnlicher Muskelbauch zur Seite des Lendenabschnittes der Wirbelsäule (Fig. 312). Er entspringt von der Seite des letzten Brustwirbelkörpers, sowie von den Seitenflächen der Körper und von den Querfortsätzen des ersten bis vierten Lendenwirbels, auch noch vom Querfortsatze des fünften. Der daraus gebildete cylindrische Bauch tritt über die Ileo-sacral-Verbindung herab, legt sich der anderen Portion an und begiebt sich über der lateralen Grenze der kleinen Beckenhöhle unter das Poupart'sche Band.

Die im Innern des Psoas sich entwickelnde Endsehne tritt in der Nähe des Poupart'schen Bandes zu Tage, nimmt an ihrem lateralen Rand einen großen Theil des Iliacus auf, und setzt sich als gemeinsame Endsehne, in der Tiefe verbreitert und vom Iliacus bedeckt, zur Insertion am *Trochanter minor* fort. Beim Austritt aus dem Becken verläuft der Muskelbauch in der Rinne des Darmbeins, welche medial vom Tuberculum ileo-pubicum abgegrenzt wird.

Die vorderen Ursprungsportionen des M. iliacus sind nicht selten bedeutend verstärkt durch außerhalb des Beckens von der Spina iliaca anterior inferior auf die Hüftgelenkkapsel sich erstreckende Ursprünge.

Den Iliacus bedeckt die ziemlich straffe *Fascia iliaca*. Sie tritt mit dem Muskel nur mit einem tiefen Blatte unter dem Poupart'schen Bande herab, indes ihr oberflächliches sich mit jenem Bande verbindet.

Zwischen dem am Schambein befestigten Theil der Kapsel des Hüftgelenkes und dem Ileo-psoas liegt ein großer Schleimbeutel, ein zweiter kleinerer liegt unter der Endsehne dicht vor dem Trochanter minor.

Der Muskel hebt den Oberschenkel und rollt ihn zugleich auswärts. Der von der Kapsel des Hüftgelenks entspringenden Portion des Iliacus kommt eine Wirkung auf die erstere zu. — Innervirt wird der Ileo-psoas aus dem Plexus lumbalis.

M. **psoas minor** (Fig. 312). Erscheint als eine aus dem oberen Theile des Psoas major sich ablösende Portion, aus welcher eine platte Endsehne hervorgeht, die auf dem Bauche des letzteren herabläuft. Die Endsehne wendet sich nach der medialen Fläche des Psoas major und inserirt sich bald an den Pecten ossis pubis, bald in die Beckenfascie, bald geht sie in die Fascie des Psoas major über.

Der Muskel ist beim Menschen inconstant und ohne Bedeutung, dagegen ist er bei Carnivoren, Nagern u. a. mächtig entfaltet, und dient zur Bewegung des Beckens.

2. Äußere Hüftmuskeln.

Erste Schichte.

M. **glutaeus maximus** (Fig. 306). Ein mächtiger, aus groben Bündeln zusammengesetzter Muskel, der der Gesäßregion zu Grunde liegt. Er entspringt von einer kleinen Fläche des Darmbeins außerhalb der Linea glutaea posterior, über der Spina posterior superior, tritt dann mit dem Ursprunge auf den hinteren

Seitenrand des Sacrum, soweit dieses das Foramen ischiadicum majus begrenzt, und steht hier mit dem oberflächlichen Blatte der Fascia lumbo-dorsalis im Zusammenhang, dann setzt er sich auf das Ligamentum tuberoso-sacrum fort, zuweilen noch auf den ersten Caudalwirbel. Aus kurzsehnigem Ursprunge verlaufen die Muskelbündel einander parallel, lateral und abwärts, und gehen an der Außenseite des Oberschenkels in eine breite Endsehne über. Der obere Theil dieser Endsehne läuft über den Trochanter major hinweg in die Fascia lata aus, der untere Theil tritt zu einer, unterhalb des Trochanter major gelegenen rauhen Stelle, der *Tuberositas glutaealis*. Auch für diesen Theil der Endsehne besteht noch ein Zusammenhang mit der Fascia lata.

Fig. 306.

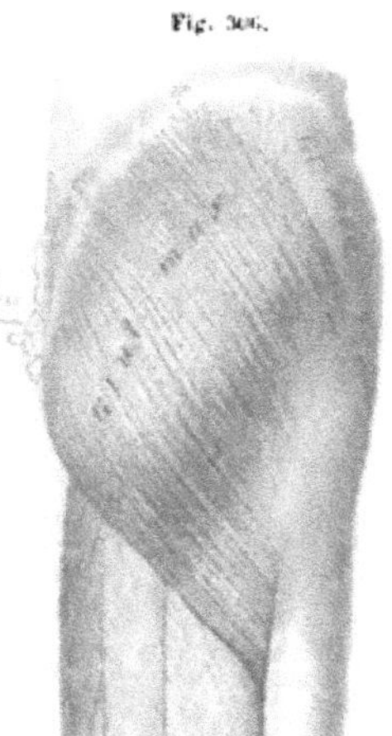

Oberflächliche äußere Hüftmuskeln von hinten.

Beim Stehen deckt der Muskel den Sitzbeinknorren, zieht sich aber beim Heben des Oberschenkels über den Sitzbeinknorren aufwärts hinweg.

Vom Trochanter major ist der Muskel durch einen großen Schleimbeutel getrennt (Bursa trochanterica), der sich verschieden weit auf die Ursprungssehne des Vastus lateralis herabersteckt. Der Muskel dreht den Oberschenkel im Hüftgelenk. Seine Entfaltung steht mit der aufrechten Stellung des Menschen im Zusammenhang, daher er bei allen Affen bei weitem schwächer ist.

Innervirt vom N. glutaeus inferior.

M. tensor fasciae latae (Fig. 309). Liegt an der Seite der Hüfte. Entspringt am Darmbeinkamme, unmittelbar nach außen von der Spina anterior superior und bildet einen mit fast parallelen Fasern abwärts verlaufenden, oberflächlich platten Bauch. Die Fascia lata bedeckt den Muskel mit einem oberflächlichen Blatte, während ein tiefes Blatt sich unter den Muskel fortsetzt. In dieselbe Fascie läuft der Muskel vor dem Trochanter major aus. Die Fascia lata ist damit zugleich Endsehne des Muskels und entspricht diesem Verhältnis durch ihre aponeurotische Modification an der lateralen Seite des Oberschenkels.

Bei der Wirkung des Muskels als Spanner der Fascia lata wird der Angriffspunkt durch die Fortsetzung der Fascie über das Kniegelenk hinweg auf den Unterschenkel verlegt. Der Muskel wird deshalb auch bei der Streckung des Unterschenkels und bei der Abduction der unteren Extremität mitwirken.

Innervirt vom N. glutaeus superior.

Beachtenswerth ist auch die Convergenz der in die Fascia lata sich inserirenden oberen Theile des Glutaeus maximus mit dem Tensor. — Mehrere Male sah ich vom Tensor fasciae eine starke Partie sich ablösen und dem Gl. medius sich anfügen, gegen welchen Muskel der Ursprung des Tensor fasciae nicht selten sehr wenig abgegrenzt ist.

Zweite Schichte.

M. glutaeus medius (Fig. 307). An seinem hinteren Abschnitte bedeckt ihn der Glutaeus maximus. Er entspringt von der äußeren Fläche des Darmbeines am hinteren oberen Abschnitte desselben, zwischen der Linea glut. ant. und post. und erstreckt sich mit dem Ursprunge unterhalb der Darmbeincrista nach vorne bis zum Ursprunge des Tensor fasciae. Der den Muskel überlagernde, an der Darmbeincrista befestigte Theil der Fascia lata bietet fernere Ursprünge. Der Muskelbauch setzt sich aus convergirenden Bündeln zusammen und lässt eine starke Endsehne hervorgehen, die sich am *Trochanter major* befestigt, an dessen äußerer Fläche sie vorne tiefer herabreicht.

Fig. 307.

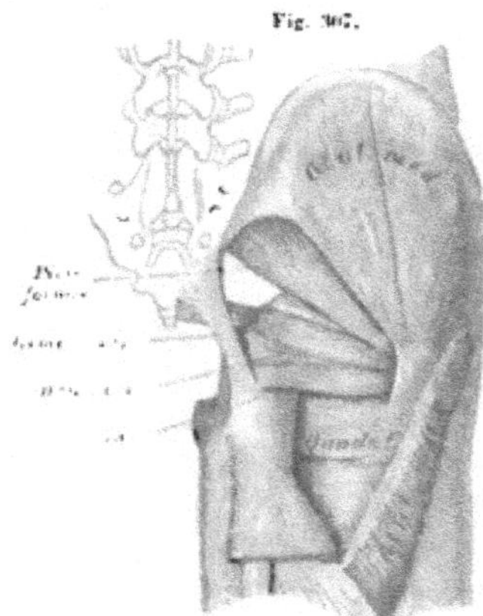

Tiefe äußere Hüftmuskeln von hinten. Der Glut. max. bis auf das Insertionsende entfernt.

Die Endsehne ist vom oberen Theil des Trochanter major durch einen Schleimbeutel getrennt. — Zuweilen geht der Muskel in den tiefen Theil des Tensor fasciae über.

Die Wirkung besteht in Abduction des Oberschenkels. — Innervirt wird der Muskel vom N. glutaeus superior.

Dritte Schichte.

M. glutaeus minimus (Fig. 308). Liegt vollständig unter dem vorhergehenden Muskel. Entspringt an der Außenfläche des Darmbeins unterhalb der Linea glutaea anterior, und erstreckt sich da bis zu dem gegen den Pfannenrand sich erhebenden Theil jener Fläche herab. Hinten grenzt der Ursprung an die Incisura ischiadica major, vorne nahe an die Spina ant. sup. Die Bündel des Muskels convergiren und gehen in eine oberflächlich entstehende Endsehne über, die in einer Grube an der medialen Fläche des *Trochanter major* inserirt.

Die vorderen Ursprungsportionen des Glutaeus minimus stehen nicht selten mit dem Glut. medius im Zusammenhang. Beide Muskeln sind hier unvollständig gesondert. Darin spricht sich die auch aus der Insertion hervorgehende Zusammengehörigkeit aus. Sie bilden mit dem Tensor fasciae eine Gruppe.

Auf dem Verlaufe über die Kapsel des Hüftgelenkes ist die Sehne des Glut. minimus mit der Kapsel durch straffes Gewebe in Zusammenhang, der Muskel spannt daher die Kapsel. Außerdem ist die Wirkung jener des Glut. medius gleich.

Innervation vom N. glutaeus superior.

Die folgenden Muskeln dieser Schichte kommen zwar schon nach Entfernung des Glutaeus maximus zum Vorscheine, aber die Insertion einiger von ihnen wird erst nach Entfernung des Glutaeus medius übersichtlich. Ihrer Function gemäß bezeichnet man sie als **Rollmuskeln des Oberschenkels**.

M. piriformis (Fig. 308). Schließt sich an den unteren Rand des M. glutaeus medius an. Entspringt im kleinen Becken von der Seite des Kreuzbeines, und zwar von der Vorderfläche der Seitenfortsätze des 2.—4. Sacralwirbels und dem lateralen Umfange des 2.—4. Foramen sacrale anterius. Die etwas convergirenden Fasern bilden einen platten, durch das Foramen ischiadicum majus nach außen gelangenden Bauch, der in der Regel noch durch eine Ursprungsportion vom oberen Rande der Incisura ischiadica verstärkt wird. Der unter Entwickelung der Endsehne sich verschmälernde Bauch verläuft nach außen und inserirt an der medialen Fläche des *Trochanter major*.

Der Muskel theilt das Foramen ischiadicum majus in einen oberen und einen unteren Abschnitt, durch welche Blutgefäße und Nerven die kleine Beckenhöhle verlassen. Zuweilen tritt der N. peroneus durch ihn hindurch und theilt ihn in zwei Bäuche.

Die Endsehne verschmilzt mit der Kapsel des Hüftgelenkes, zuweilen auch mit der des Glut. minimus. Der Muskel rollt den Oberschenkel nach außen.

Innervirt aus dem Pl. ischiadicus.

M. obturator internus (Fig. 308). Besteht aus einem größeren, im kleinen Becken entspringenden Bauche und zwei außerhalb desselben liegenden accessorischen Köpfen, den beiden *Gemelli*. Er entspringt an der Innenfläche der Umgebung des Foramen obturatum, theils vom Schambein an der medialen Umgrenzung jener Öffnung, und von da an von der Membrana obturatoria bis gegen den Canalis obturatorius hin, theils an dem vorderen und oberen Abschnitte der Innenfläche des Sitzbeines bis zur großen Incisur. Die Muskelbündel convergiren nach der *Incisura ischiadica minor* und liegen dabei der Innenfläche des Sitzbeines auf. Die hier sich entfaltende Endsehne tritt mit einem Theile des Muskelbauches über die überknorpelte Incisura ischiadica minor nach außen und inserirt sich an der Innenfläche des *Trochanter major*.

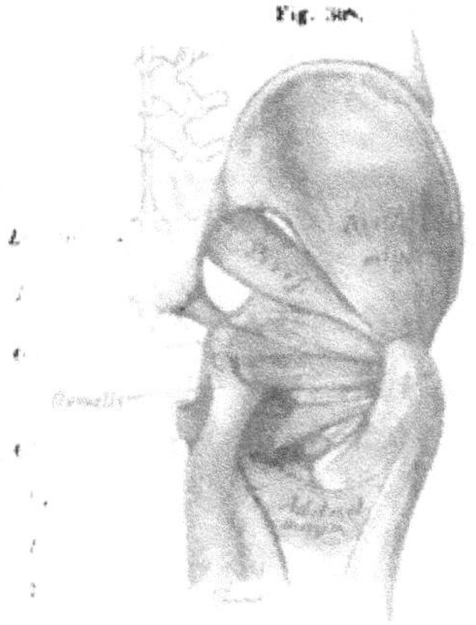

Fig. 308.

Tiefe äußere Hüftmuskeln. Das Ligamentum tuberoso-sacrum ist entfernt, ebenso der Quadratus femoris.

Beim Austritte aus dem Foramen ischiadicum minus nimmt die Endsehne die beiden Gemelli auf, die als außen liegen gebliebene Portionen des mit seinem Ursprunge in die Beckenhöhle eingewanderten Muskels anzusehen sind. Der Gemellus superior entspringt von der Außenfläche der Spina ossis ischii, tritt lateralwärts und verbindet sich mit der Endsehne des Obturator internus. Der Gemellus inferior nimmt seinen Ursprung von der unteren und äußeren Begrenzung der überknorpelten Fläche der Incisura ischiadica minor und geht von da auf den Sitzbeinhöcker über. Er legt sich von unten her an die gemeinsame Endsehne, die er theilweise überlagert.

Die über die Incisura isch. minor verlaufende Endsehne des Obturator internus hat einen Schleimbeutel unter sich, der sich gegen die Innenfläche des Sitzbeines erstreckt. Der Ursprung der beiden Gemelli stößt zuweilen zusammen und bildet eine Rinne für die Endsehne des Obturator int. Nicht selten fehlt ein Gemellus oder die gemeinsame Endsehne ist getheilt; häufig verschmilzt sie mit der Endsehne des Piriformis. Die Wirkung ist jener des Piriformis gleich.

Innervirt aus dem Pl. ischiadicus.

M. quadratus femoris (Fig. 307). Liegt unmittelbar unter dem unteren Rande des Gemellus inferior. Entspringt lateral am Sitzbeinknorren und erstreckt sich mit parallelen Bündeln quer über das Femur, wo er sich meist nach außen von der Linea intertrochanterica inserirt.

Dicht am unteren Rande des Muskels findet sich der Trochanter minor. Der Muskel dreht gleichfalls den Oberschenkel nach außen. Innervirt aus dem Pl. ischiadicus.

b. Muskeln des Oberschenkels.

§ 180.

Die den Oberschenkel bekleidende Muskulatur umhüllt denselben derart, dass nur am distalen Ende Theile des Knochens — die Seiten der Condylen des Femur — in oberflächliche Lage kommen. Die Muskeln dienen theils der Bewegung des Oberschenkels, theils nehmen sie am Unterschenkel ihren Ansatz und wirken auf diesen Abschnitt der Gliedmaße.

Die Muskeln scheiden sich in drei Gruppen: *Vordere*, *mediale* und *hintere*.

Die straffe Oberschenkelfascie, Fascia lata, längs der ganzen Außenfläche des Oberschenkels aponeurotisch, ist oben und außen, wie bereits bei der Hüfte erwähnt, an der Crista ossis ilei festgeheftet, vorne dagegen verbindet sie sich mit dem Leistenbande.

An der vorderen wie an der medialen Fläche hat sie den aponeurotischen Charakter aufgegeben und bietet nur leichte sehnige Einwebungen dar. An der Patella ist sie mit dieser verbunden. Hier bildet sie einen Schleimbeutel (Bursa praepatellaris).

Am Kniegelenke setzt sich ein Theil der Fascie in die seitlichen Theile der Kapsel fort und steht mit den Seitenbändern im Zusammenhang. — Der vom Darmbeinkamm entspringende Theil der Fascia lata, von der Spina ossis ilei anterior superior bis zu dem größten seitlichen Vorsprung der Crista, bildet einen sehr derben, bis zum Unterschenkel herab sich erstreckenden Abschnitt der Fascie, den *Tractus ileo-tibialis*. Der vorderste Abschnitt nimmt oben den Bauch des M. tensor fasciae latae auf, so dass die Fascia lata eine Scheide für diesen Muskel abgiebt. Das oberflächliche etwas dünnere Blatt bedeckt die Oberfläche des Muskels, indes das tiefe Blatt hinter dem Muskel emporzieht und, mit sehr starken Fasermassen zur Spina ilei anterior inferior abgezweigt auch hier einen Befestigungspunkt für die Fascia lata gewinnt. Dieser doppelten Befestigung der aponeurotischen Strecke der Fascia lata am Becken kommt eine mechanische Wirkung beim Stehen auf einem Beine zu (Welcker).

Bezüglich besonderer Einrichtungen an der Fascie s. S. 448.

1. Vordere Muskeln des Oberschenkels.

Sie gehören sämmtlich dem Gebiete des N. femoralis an.

Erste Schichte.

M. sartorius (Fig. 309). Ein langer Muskel, der von zwei Lamellen der Fascia lata umschlossen, schräg von oben und lateral nach unten und medial über den Oberschenkel herabzieht. Er entspringt unter der Spina iliaca ant. sup. und bildet bald einen platten Bauch, der medial gegen den unter dem Leistenbande hervortretenden Ileopsoas sich anlegt, über die tiefere Schichte hinweg, in die zwischen dieser und den Adductoren des Oberschenkels befindliche Rinne sich einbettet, und mit dieser an die mediale Fläche des Oberschenkels gelangt. Hier tritt der breite Muskelbauch an die mediale und etwas nach hinten gewendete Fläche des Condylus und geht allmählich verschmälert in die Endsehne über, die schon während des Verlaufs über den Condylus am vorderen Rande und an der inneren Fläche des Muskels sichtbar wird. Am Condylus medialis tibiae verbreitert sich die anfänglich schmale Endsehne in eine ausgedehnte Aponeurose, welche nach vorn und abwärts verläuft, und sich an der medialen Fläche der *Tibia* bis zu deren *Crista* inserirt (vergl. Fig. 310).

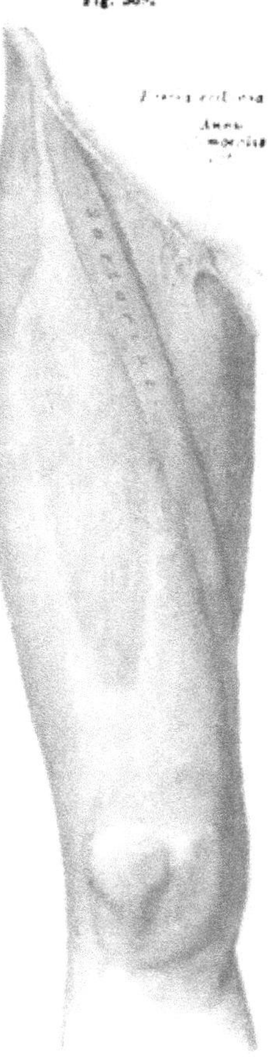

Fig. 309.

Vordere Ansicht des Oberschenkels.

Unter der Endsehne befindet sich ein Schleimbeutel, der sich häufig auch unter die Endsehne des M. gracilis und semitendinosus erstreckt. Die obersten Fasern der sich ausbreitenden Endsehne sind bis zur Tuberositas tibiae verfolgbar. — Zuweilen besteht im Sartorius eine Zwischensehne. — Die Wirkung des Sartorius ist bei dem unbedeutenden Querschnitte des Muskels im Verhältnisse zu seiner Länge eine wenig mächtige. Der ihm ehemals zugeschriebenen Function des Hebens des Unterschenkels beim Übereinanderschlagen der Beine — daher der Name — kann er in keiner Weise entsprechen. Seine Wirkung scheint bei gebogenem Knie auf Rotation des Unterschenkels beschränkt zu sein, bei gestrecktem Knie auch bei der Rotation des Oberschenkels betheiligt.

Eine besondere Function mit Bezug auf die Fascia lata, in die er eingeschlossen ist, und in Bezug auf die unter ihm verlaufenden großen Schenkelgefäße schreibt ihm Welcker zu. Jedenfalls hat er beim Menschen die ihm bei den meisten Säugethieren zukommenden Verhältnisse aufgegeben, wie er denn auch gegen jene als in seinem Volum reducirt erscheint. Selbst bei den anthropoiden Affen ist er viel ansehnlicher als beim Menschen, wo er übrigens beim Neugeborenen gleichfalls voluminös ist. Im Allgemeinen besitzt er bei den Säugethieren einen geraderen Verlauf am vorderen Rande des Oberschenkels und inserirt sich breit an die mediale Seite der Tibia, zuweilen sogar weit an derselben herab.

Zweite Schichte.

M. extensor cruris quadriceps (Fig. 312). Dieser den größten Theil des Oberschenkelknochens vorne und seitlich deckende Muskel (Fig. 311) besteht aus vier mehr oder minder discreten Köpfen, die zu einer gemeinsamen Endsehne zusammentreten. Diese inserirt sich an der Basis patellae und lässt den Muskel durch das zur Tuberositas tibiae tretende Lig. patellae auf das Schienbein wirken. Man muss daher das Lig. patellae als eine Fortsetzung der Endsehne betrachten, wobei die Patella ein in der gemeinsamen Endsehne liegendes Sesambein vorstellt. Die vier Köpfe sind:

Fig. 310.

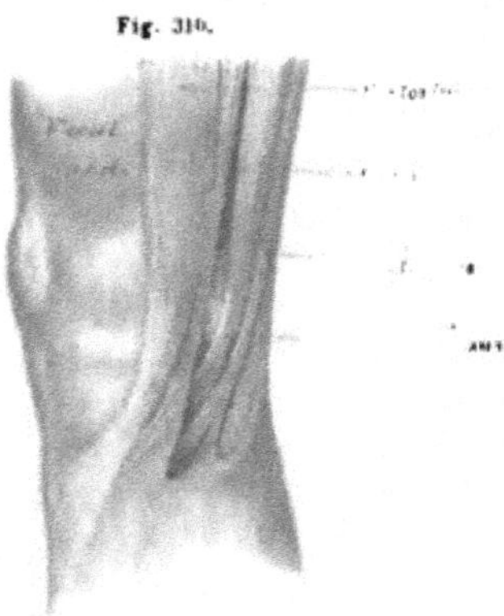

Mediale Fläche des Knies mit den Insertionen des M. sartorius, gracilis und semitendinosus.

a. **M. rectus femoris** (Fig. 312). Der oberflächlichste und selbständigste Kopf entspringt mit einer aus zwei Zipfeln sich zusammensetzenden Sehne, theils von der Spina iliaca anterior inferior, theils vom oberen Rande der Hüftgelenkpfanne, wo sie noch auf die Gelenkkapsel zu verfolgen ist. Die Ursprungssehne setzt sich auf die Oberfläche des sich allmählich etwas verbreiternden Muskelbauches fort, sendet auch einen starken Strang in's Innere des Muskels und lässt die Bündel schräg nach beiden Seiten zu der an der hinteren Fläche des Muskels weit emporsteigenden Endsehne treten. Diese wird ziemlich entfernt von der Patella frei und verbindet sich allmählich mit der gemeinsamen Streckschne.

Fig. 311.

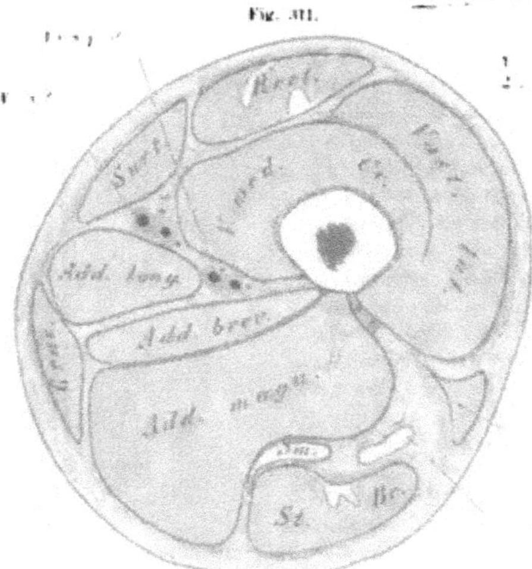

Querschnitt des Oberschenkels am oberen Drittel der Länge.

b. **M. femoralis** (*Cruralis, Vastus medius*) (Fig. 313). Liegt unmittelbar unter dem Rectus. Er entspringt an der vorderen und der lateralen Fläche des Femur, unterhalb der Linea obliqua, wo er von dem medial sich ihm verbindenden Vastus medialis noch am vollständigsten gesondert ist. Die oberen Bündel verlaufen gerade herab, die lateralen und medialen schräge zu der auf der

Vorderfläche des Muskels herabsteigenden breiten Endsehne, welche über der Patella in die gemeinsame Strecksehne übergeht.

c. M. vastus medialis (V. internus). Schließt sich medial an den Femoralis an, mit dem er zuweilen so innig vereinigt ist (vergl. Fig. 311), dass zur Auffassung beider Muskeln als eines einzigen einiges Recht besteht. Er entspringt von der Linea obliqua und geht von da auf das Labium mediale der Linea aspera femoris über, wobei die aus schräg abwärts und vorwärts gerichteten Fasern gebildete Ursprungssehne an der hinteren und medialen Fläche des Muskels sichtbar wird. Am unteren Drittheile des Oberschenkels tritt der Ursprung auf die Endsehne des Adductor magnus, bis nahe an deren Befestigungsstelle am Condylus medialis femoris. Die Bündel des Muskels verlaufen sämmtlich schräg von hinten und oben nach vorne und unten. Am oberen Abschnitte des Muskels gehen sie entweder in eine an der Innenfläche des Muskels sich entwickelnde Endsehne über, die erst am unteren Drittel sich mit der Endsehne des Femoralis verbindet, oder sie inseriren sich sogleich an die Endsehne des Femoralis, und dann sind beide Muskeln innig verschmolzen. Die unterste Partie des Muskels sendet ihre Fasern zum medialen Rande der gemeinsamen Strecksehne.

d. M. vastus lateralis (V. externus). Lagert an der Außenseite des Femoralis. Entspringt am Trochanter major und an einer von da weit über den Muskelbauch sich erstreckenden Sehne, dann geht der Ursprung vom Trochanter aus auf den zum Femur tretenden Abschnitt der Endsehne des Glutaeus maximus über, dann auf das Labium laterale der Linea aspera femoris, bis nahe zum Condylus herab. Ein sehniges Blatt, welches vom mittleren Drittel an von der Linea aspera sich bis zum Condylus lateralis herab erstreckt (einer *Membrana intermuscularis* ähnlich), dient einem Zuwachs des Muskels. Der mächtige Muskelbauch bedeckt zum größten Theil den Femoralis (*Cruralis*) (Fig. 312) und

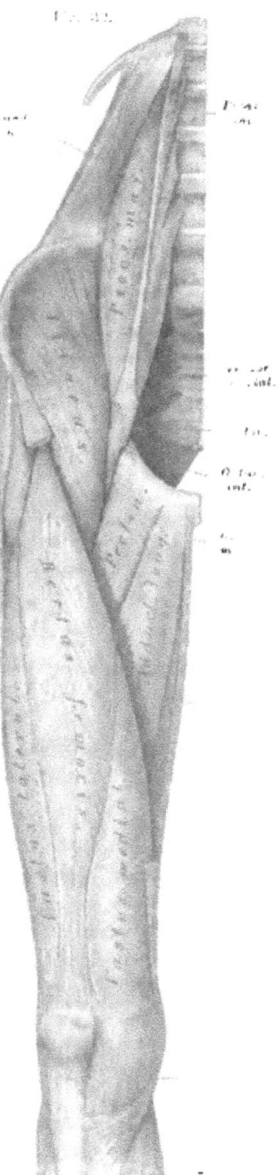

Innere Hüftmuskeln und vordere Muskeln des Oberschenkels nach Entfernung des M. sartorius.

entwickelt an der, letzterem zugewendeten Fläche eine breite Endsehne, die erst mit jener des Rectus, dann mit der gemeinsamen Strecksehne verschmilzt.

Die tiefsten Ursprungsportionen des Femoralis treten nicht in die gemeinsame Endsehne, verlaufen vielmehr gewöhnlich als zwei platte Bündel zur Kapsel des Kniegelenkes herab. Sie werden als M. subfemoralis (*Subcruralis*) bezeichnet und spannen die Kapsel. Eine ähnliche Wirkung auf die Kapsel des Hüftgelenkes hat der laterale Zipfel der Ursprungssehne des Rectus. — Unterhalb des M. femoralis gegen das Knie zu liegt ein Schleimbeutel (B. muc. subfemoralis), welcher häufig mit der Kniegelenkhöhle communicirt.

Der Vastus lateralis bietet zahlreiche Verschiedenheiten in dem Verhalten seiner Endsehne und der Beziehung zum Femoralis. Die Endsehne des Muskels ist nämlich häufig in eine Anzahl (2—4) Sehnenblätter gesondert, von denen jedes eine Schichte von Muskelbündeln aufnimmt, so dass dem Muskel ein lamellöser Bau zukommt. Dieser steht mit der Verzweigung der Art. und Vena circumflexa femoris externa in Zusammenhang, so dass man sagen könnte: der Muskel wird durch jene Blutgefäße in Lamellen aufgelöst. Von jenen Sehnenblättern treten einzelne unter sich wieder zusammen, oder sie verbinden sich mit der Femoralis-Endsehne, die tieferen weiter oben, die oberflächlichen weiter unten. Ein Theil des Vastus lateralis kann so mit dem Femoralis zusammenhängen, indes ein anderer, oberflächlicherer sich darüber hinwegschlägt.

Der Muskel streckt den Unterschenkel im Kniegelenk. Die in die Endsehne eingeschaltete Patella verlängert den Hebelarm, an welchem der Muskel seinen Angriffspunkt besitzt, und erleichtert damit die Arbeit. Durch den Ursprung des Rectus fem. oberhalb des Femur betheiligt derselbe sich auch beim Heben des Oberschenkels.

2. Mediale Muskeln des Oberschenkels.

Sie füllen den Raum zwischen dem unteren Abschnitte des Beckens und dem Femur, und lassen bei aneinandergeschlossenen Oberschenkeln zwischen denselben keine Lücke. Da sie den abgezogenen Oberschenkel gegen die Medianlinie oder darüber hinaus bewegen, repräsentiren sie die *Adductorengruppe*. Dieselbe wird in mehrere Schichten zerlegt. Der *N. obturatorius* verzweigt sich an sie.

Erste Schichte.

M. pectineus (Fig. 312). Liegt dem medialen Rande des Endabschnittes des Ileo-psoas an. Entspringt am Pecten ossis pubis bis zum Tuberculum pubicum hin, zuweilen noch etwas tiefer gegen das Foramen obturatum zu. Er bildet einen platten, lateral nach unten verlaufenden Bauch, der sich kurzsehnig unterhalb des Trochanter minor an die mediale Lippe der *Linea aspera femoris* inserirt, auch häufig hinter dem Trochanter höher hinauf greift.

Obwohl der Muskel in der Regel vom Femoralis versorgt wird, erhält er doch auch nicht selten vom N. obturatorius einen Zweig. Er kann nach dieser Innervation auch in zwei Portionen getheilt sein. — Mit dem Ileo-psoas bildet er den Boden der Fossa ileopectinea.

M. adduct. longus (Fig. 312). Liegt medial vom vorigen, den er an seinem Ursprunge unterhalb des Tuberculum pubicum berührt. Der gleichfalls abwärts und lateral tretende Bauch nimmt allmählich an Dicke ab, aber an Breite zu und tritt am mittleren Drittel der *Linea aspera femoris* an die mediale Lippe derselben zur Insertion. Die Endsehne ist mehr oder minder innig mit der des dahinterliegenden Adductor magnus im Zusammenhang.

Adducirt den Oberschenkel.

M. gracilis. Verläuft längs der medialen Fläche des Oberschenkels. Entspringt mit einer platten Sehne vom Schambein, zur Seite der unteren Hälfte der Symphyse bis an die Seite des Arcus pubis herab. Der anfänglich platte Muskelbauch grenzt vorne an den Adductor longus, divergirt aber dann von ihm, und setzt sich verschmälert in eine lange cylindrische Endsehne fort, die hinter dem Condylus medialis über das Kniegelenk verläuft. Sie geht hinter der Sehne des Sartorius und vor jener des Semitendinosus, ersterer näher als letzterer, um den Condylus medialis tibiae herum in eine aponeurotische Ausbreitung über, welche von der gleichen Sehnenausbreitung des Sartorius bedeckt wird und weiter nach vorne auch mit ihr verbunden bis zur *Crista tibiae* verläuft (vergl. Fig. 310).

Wie die Sartorius-Endsehne schickt auch jene des Gracilis am Beginne ihrer Endverbreiterung ein Fascikel abwärts zur Fascie des Unterschenkels. Beim Neugebornen erinnert der Muskel durch sein bedeutendes Volum an den Befund bei den Affen.

Die Adductionswirkung des Muskels trifft sich nur bei gestrecktem Knie. Nebenwirkung ist bei gebogtem Knie Rotation des Unterschenkels nach einwärts.

Zweite Schichte.

M. adductor brevis (Fig. 313). Entspringt, vom Adductor longus bedeckt, vom Schambein in einer Linie, welche lateral vom Ursprunge des Adductor longus beginnt und neben der Ursprungsstelle des Gracilis sich heraberstreckt. Der am Beginne platte Muskelbauch verbreitert sich weiterhin, kommt dabei in der Lücke zwischen Pectineus und Adductor longus zum Vorschein, und inserirt sich an der *Linea aspera femoris* zwischen den genannten Muskeln. Die Insertion tritt oben meist hinter jene des Pectineus und unten hinter die des Adductor longus, so dass nicht der ganze Adductor brevis im genannten Interstitium sichtbar wird.

An der Insertion verbindet sich der Muskel mit dem Adductor magnus. Die Ausdehnung der Insertion ist sehr wechselnd. Meist reicht sie weiter hinter dem Pectineus hinauf, als hinter dem Adductor longus herab und zuweilen schließt der untere Endpunkt sogar an den Anfang der Insertion des Adductor longus.

Adducirt den Oberschenkel.

Dritte Schichte.

M. adductor magnus (Fig. 313). Als der mächtigste der Adductoren erstreckt sich der Muskel hinter denen der oberflächlichen Schichten, vom Scham- und Sitzbeine aus längs des ganzen Oberschenkels. Er entspringt schmal vom Schambeine, dicht neben dem Adductor brevis und Gracilis; von da geht der Ursprung wenig breiter auf den Sitzbeinast über, verbreitert sich aber allmählich gegen den Tuber ischii unterhalb der Ursprungsstelle des Quadratus femoris. Vom Ursprunge aus divergiren die Muskelbündel. Die am weitesten oben und vorne entspringende Portion bedeckt den unteren Abschnitt des M. obturator externus von vorne und verläuft fast quer lateralwärts; hinten grenzt sie mit ihrem oberen Rande an den unteren des Quadratus femoris und inserirt in einer unterhalb der Linea intertrochanterica beginnenden, senkrecht zur Linea aspera fem. herabsteigenden Rauhigkeit. Die folgenden Portionen treten im Anschlusse an die vorhergehende gegen die Linea aspera femoris, und zwar um so weiter an dieser herab, je weiter abwärts sie vom Sitzbeine an der Seite des Tuber entspringen. Die Insertion an der *Linea aspera* reicht bis gegen das untere Drittel der Länge derselben. Aber die am meisten medial entspringende Portion des Muskels entwickelt ihre nach vorne gelagerte Endsehne zu einem mächtigen Sehnenbogen, der von der Linea aspera zum *Condylus medialis fem.* verläuft. Er umspannt eine Lücke, durch welche die Schenkelgefäße von der vorderen Fläche des Oberschenkels zur Kniekehle gelangen.

Fig. 313.

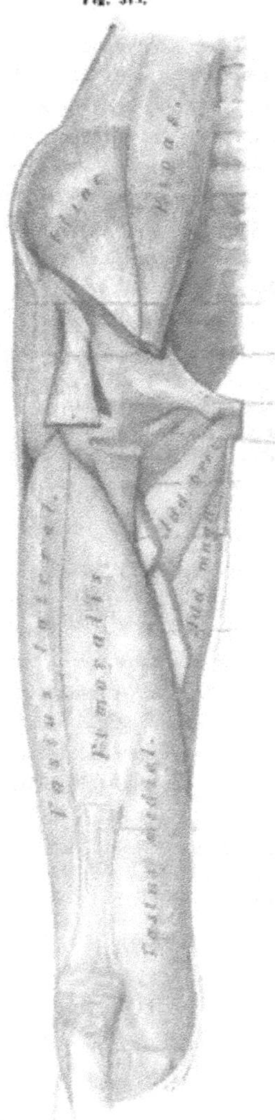

Muskeln des Oberschenkels von vorne. Ileo-psoas, Rectus, Pectineus und Adductor longus sind theilweise abgetragen.

Die Sonderung einzelner Portionen des Muskels von einander ist zuweilen so deutlich ausgeprägt, dass die oberste Portion als besonderer Muskel, *Adductor minimus*, beschrieben ward. Dem Ursprunge des Adductor magnus gehört eine sehr starke, an der hinteren Fläche des Muskels sichtbare, vom Tuber ischii schräg in den Muskelbauch eintretende Sehne an, von deren medialem Rande die zu dem Sehnenbogen herabtretende Portion des Muskelbauches hervorgeht.

Die Insertion der ansehnlichen, zur Linea aspera tretenden Masse des Adductor magnus wird durch ein System sich interferirender Sehnenbogen vermittelt, die an der Linea aspera befestigt sind. Sie werden durch dünne Sehnenzüge verstärkt, welche aus dem Muskel kommen. An jeden dieser Bogen tritt je eine Lage von Muskelbündeln. Dadurch wird die Insertion mächtiger Massen an beschränkter Stelle ermöglicht. Die vom

Femur sich abhebenden Bogen dienen theilweise auch zum Durchlasse von Arterien (A. perforantes aus der A. profunda fem.), stellen somit im Kleinen vor, was durch den Sehnenbogen am Ende des Adductor größer ausgeführt ist.

An der Vorderfläche des Adductor magnus sind breite Züge der Endsehne häufig mit den Endsehnen des Adductor longus und brevis verschmolzen. Auch mit der Ursprungssehne des Vastus medialis bestehen solche Verschmelzungen, wie denn die untere Strecke jenes Muskels zum Theile vom Sehnenbogen des Adductor magnus entspringt.

Der Muskel adducirt den Oberschenkel.

Die am nächsten den Beugemuskeln entspringende Portion empfängt in der Regel vom N. ischiadicus Zweige.

Vierte Schichte.

M. obturator externus. Dieser Muskel liegt unter den Adductoren des Oberschenkels und bedeckt die äußere Fläche des Foramen obturatum. Er entspringt vom Sitzbeine und vom Schambeine in der unteren und medialen Begrenzung des Foramen obturatum, vom Körper des Schambeins bis gegen den Canalis obturatorius, endlich von der Außenfläche der Membrana obturatoria. Die Bündel des Muskels convergiren nach hinten und unten zu einem kegelförmigen, etwas abgeplatteten Bauch. Die daraus hervorgehende Endsehne inserirt sich in der *Fossa trochanterica* (Fig. 308).

Die Endsehne ist von hinten her zwischen dem Gemellus inferior und Quadratus femoris zugängig. Sie verbindet sich auch mit der Hüftgelenkkapsel. Der Muskel schließt sich functionell den Rollmuskeln des Oberschenkels an, wir glauben ihn aber mit den Adductoren vereinigen zu sollen, da er nicht nur vom N. obturatorius versorgt wird, sondern auch topographisch mit den eigentlichen Adductoren eine einheitliche Gruppe bilden hilft.

3. Hintere Muskeln des Oberschenkels.

Sie sind die Antagonisten des Extensor cruris quadriceps und beugen den Unterschenkel im Kniegelenk. Gemeinsamen Ursprungs am Tuber ossis ischii ziehen sie an der hinteren Fläche des Oberschenkels herab und sondern sich am unteren Drittel nach beiden Seiten, so dass zwischen ihren Bäuchen die *Kniekehle* (*Fossa poplitea*) gebildet wird. Deren Boden stellt das Planum popliteum femoris vor. Obgleich die Oberschenkelfascie sich über die Grube und zwar mit reich eingewebten queren Sehnenfasern fortsetzt, treten doch die Muskelbäuche zur Seite der Grube hervor, lateral der Biceps femoris, medial der Semitendinosus und Semimembranosus. Sie werden mit Ausnahme des kurzen Kopfes des Biceps vom N. tibialis aus dem N. ischiadicus versorgt.

M. biceps femoris (Fig. 314). Entspringt mit seinem langen Kopfe mittels einer ansehnlichen, auf der Innenfläche des Muskelbauches sich herab erstreckenden Sehne von der hinteren Fläche des Tuber ischii. Der spindelförmige Bauch tritt erst neben dem des Semitendinosus herab, mit dem er am Ursprunge zusammenhängt (vergl. Fig. 315), divergirt dann von diesem, und nimmt am unteren Viertel der Länge des Oberschenkels den kurzen Kopf auf (Fig. 315). Dieser hat seinen Ursprung am mittleren Drittel der Linea aspera femoris, lässt einen meist platten Bauch entstehen und begiebt sich an die auf der Außenfläche des langen Kopfes entwickelte Endsehne. Diese inserirt sich am *Capitulum fibulae*, entsendet auch einen Lacertus fibrosus zur Fascie des Unterschenkels.

Fig. 314.

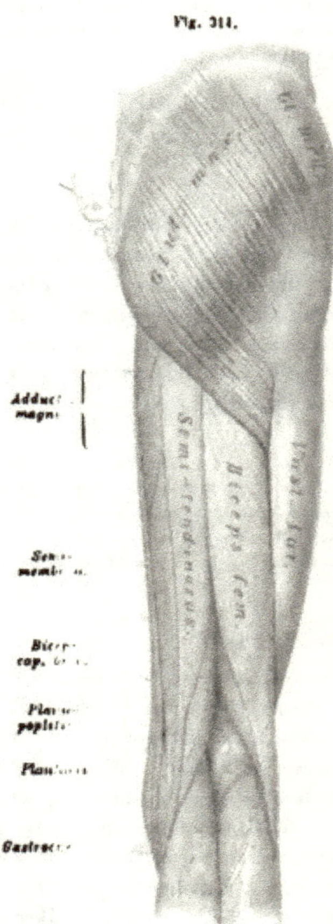

Oberflächliche Schichte der äußeren Hüftmuskeln u. hintere Muskeln des Oberschenkels.

Mit der Ursprungssehne des langen Kopfes ist ein großer Theil des Ursprungs des Semitendinosus in Verbindung. Der kurze Kopf, dessen Ursprung sich nicht selten weiter herab erstreckt, steht mit dem beim Vastus lateralis aufgeführten Sehnenblatte in Verbindung. Er erhält seinen Nerven aus dem N. peroneus.

Außer der Beugung bewirkt der Muskel (bei schon gebeugtem Knie) noch eine Rotation des Unterschenkels nach außen.

M. semitendinosus (Fig. 314). Am Ursprung ist dieser schlanke Muskel mit dem langen Kopfe des Biceps verbunden, mit dem er herabläuft, um allmählich eine mediale Richtung einzuschlagen. Der anfangs platte Bauch wird dabei mehr drehrund und liegt in einer von der Ursprungssehne des Semimembranosus gebildeten Halbrinne. Die schon weit oben an dem bedeutend verjüngten Bauche sichtbare Endsehne wird noch oberhalb des Condylus med. femoris frei, und tritt hinter diesem auf dem Bauche des Semimembranosus über das Kniegelenk, am medialen Condylus der Tibia in ihre terminale Ausbreitung über, welche mit der des Sartorius und Gracilis verschmilzt. Die Insertion liegt an der medialen Fläche der *Tibia* bis zur *Crista* hin (Fig. 310). Der Bauch des Muskels wird durch eine schräg von oben und medial, lateral und abwärts verlaufende Inscriptio tendinea in zwei Theile geschieden.

Die Endsehne tritt unterhalb jener des Gracilis zu der Insertions-Ausbreitung (Fig. 310). Ein bedeutender, abwärts verlaufender Theil dieser Aponeurose begiebt sich zur Fascie des Unterschenkels.

Außer der Beugung im Kniegelenk kommt dem Muskel noch eine Nebenwirkung zu: den Unterschenkel bei gebeugtem Knie einwärts zu rotiren.

M. semimembranosus (Fig. 315). Entspringt über dem vorhergehenden Muskel, völlig von ihm getrennt und etwas mehr lateral vom Tuber ischii. Die anfänglich schmale, platte Sehne verbreitert sich bald und bildet mit dem aus ihr hervorgehenden Bauche eine Halbrinne zur Aufnahme des Bauches des Semitendinosus. Die an der vorderen Fläche des Muskels verlaufende Endsehne ist noch bis zum Kniegelenke vom Muskelbauche begleitet, der hier die Fossa poplitea medial begrenzt. Über die Wölbung des Condylus medialis femoris hinweg tritt die Endsehne zur Tibia, und theilt sich daselbst in *drei Fascikel* (vergl. Fig. 235 auf S. 303). Einer davon tritt am infraglenoidalen Rande des Condylus medialis tibiae herum, unter dem medialen Seitenbande des Kniegelenkes, und inserirt dann an der Tibia. Ein zweiter Fascikel verläuft gerade abwärts an die Tibia und ein dritter gelangt unterhalb des Condylus medialis fem. zur Kapsel des Kniegelenkes. Hier verlaufen seine Fasern schräg auf- und auswärts in der hinteren Kapselwand und enden als *Ligamentum popliteum obliquum* an der medialen Fläche des Condylus lateralis.

An der Theilungsstelle der Endsehne des Semimembranosus findet sich ein Schleimbeutel, welcher als eine Fortsetzung des unter dem medialen Gastrocnemius-Kopfe gelegenen sich darstellt und bei bedeutender Ausdehnung mit der Gelenkhöhle communicirt. Außer der Beugewirkung kommt dem Muskel die mit dem Semitendinosus gemeinsame rotirende Nebenwirkung zu. Der in die hintere Wand der Kapsel des Kniegelenkes eintretende Sehnenzipfel spannt die bei der Beugung im Knie erschlaffende Wand des Gelenkes.

Der Ursprung der drei Beugemuskeln vom Tuber ischii gestattet diesen Muskeln auch ein Heben des Oberschenkels nach hinten.

Fig. 315.

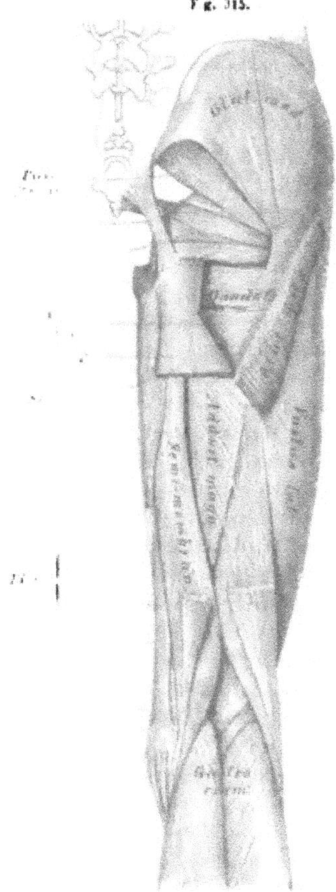

Tiefe Schichte der äußeren Hüftmuskeln und hintere Muskeln des Oberschenkels. Glut. maximus bis auf den Insertionstheil abgetragen. Cap. longum bicipitis und Semitendinosus größtentheils entfernt.

Fossa ileo-pectinea und Schenkelringe.

§ 181.

Durch die Anordnung der Muskulatur an der Vorderfläche des Oberschenkels wird eine die Fascien in Betheiligung ziehende Einrichtung hervorgerufen, die durch manche andere Beziehungen von Wichtigkeit ist. Indem der Pectineus vom Schambeine aus abwärts und nach hinten zum Oberschenkel sich begiebt und der Ileo-psoas einen gleichen Weg einschlägt, kommt es an der medialen Vorderfläche des Oberschenkels zur Bildung einer Grube, unterhalb des medialen Abschnittes des Leistenbandes. Der Boden dieser Grube wird vom Ileo-psoas und Pectineus vorgestellt, ihre distale Abgrenzung bildet oberflächlich der über den Rectus verlaufende Sartorius. Während die durch den Ileo-psoas gebildete laterale Begrenzungsfläche dieser Fossa ileo-pectinea ziemlich steil sich gegen die tiefste Stelle vor dem Trochanter minor absenkt, streicht die mediale Begrenzung sanft auf den Pectineus und, von da auf den Adductor longus übergehend, zur medialen Oberfläche des Schenkels empor.

Die Grube empfängt eine Fascienauskleidung; ein Blatt der Fascia iliaca erstreckt sich vom Leistenbande aus in sie herab, und ebenso senkt sich die Oberschenkelfascie von der medialen Oberfläche des Schenkels her über die Adductoren in die Tiefe der Grube. Vom medialen Rande des Sartorius tritt die Fascia lata oberflächlich über die Grube hinweg, heftet sich oben am Leistenbande fest und verbindet sich medianwärts mit der über die Adductoren her ziehenden Fascie. Sie deckt somit die Grube. In der Grube lagern die an der medialen Seite des Ileo-psoas unter dem Leistenbande hindurchtretenden Vasa femoralia, gemeinsam von einer bindegewebigen Scheide umschlossen; sie füllen einen Theil des Raumes, der im Übrigen von Lymphdrüsen, Nerven und interstitiellem Bindegewebe eingenommen wird. Eine distale Abgrenzung fehlt der Grube, denn wenn auch durch den schräg vorbeiziehenden M. sartorius eine solche Grenze gebildet scheint, so setzt sich doch die Tiefe der Grube in distaler Richtung unter dem M. sartorius fort, als eine Rinne, welche von der Ursprungssehne des Vastus medialis und den Endsehnen der Adductoren begrenzt wird. Dieser Raum erstreckt sich bis zum Schlitze unter der Sehne des Adductor magnus und bildet den *Hunter*'schen *Canal*, der die großen Schenkelgefäße beherbergt. Er ist gegen den ihn sonst bedeckenden M. sartorius abgeschlossen durch schräge, sehnige Züge, welche von den Adductoren zum Vastus medialis ziehen.

Das die Fossa ileo-pectinea deckende Blatt der Oberschenkelbinde wird von zahlreichen Blutgefäßen durchsetzt, die theils von der Arteria femoralis stammen, theils zur gleichnamigen Vene treten. Von den Venen ist eine von besonderer Mächtigkeit, die *V. saphena magna*. Sie tritt an der medialen Fläche des Oberschenkels aufwärts mit etwas schräg lateraler Richtung und senkt sich dem tiefen Blatte der Oberschenkelfascie entlang zur Vena femoralis ein. Über der Einsenkestelle ist das Gewebe des oberflächlichen Fascienblattes lockerer, gleichfalls von Gefäßen durchsetzt (*Fascia cribrosa*). Da aber die Einsenkung der V. saphena auf dem die Fossa ileo-pectinea deckenden Theile der Fascia lata stattfindet und das oberflächliche Blatt derselben durchsetzt, so wird nach Entfernung der V. saphena an jener Stelle eine Lücke sich zeigen, die durch ihre Größe von anderen hier bestehenden Durchbrechungen der Fascie sich auszeichnet. Den oberen und lateralen Rand dieser Lücke umziehende sehnige Fasern bilden in der Regel eine schärfere Abgrenzung. Die je nach der größeren oder geringeren Entfernung des scharfen Randes von der Vene verschieden große Lücke bildet die *Fovea ovalis*, oder den *Annulus femoralis (cruralis) externus*, dessen sehnige Umrandung als *Processus falciformis* bezeichnet wird. Der obere Schenkel dieses Theiles der Fascie schließt sich an das Leistenband an, und geht theilweise in das Gimbernat'sche Band über. Der untere Schenkel verbindet sich unter der V. saphena mit dem in die Fossa ileo-pectinea tretenden, medialen Theile der Fascie des Oberschenkels.

Diese im Einzelnen verschieden gestaltete Einrichtung beruht also wesentlich auf dem Durchtritte einer großen Vene durch die Fascie. Der Processus falciformis bildet für jene Durchtrittsstelle eine sehnige Begrenzung, wie sie auch sonst beim Durchtritte von Venen durch oberflächliche Fascien vorkommen.

Die Verhältnisse des äußeren Schenkelringes sind nicht immer deutlich ausgeprägt, und statt der scharfrandigen sehnigen Abgrenzung kommen sehr häufig irregulär verlaufende Faserzüge vor. Besonders bei beleibten Individuen, wo Fetteinlagerungen in den Fascien bestehen, ist auch jenes oberflächliche Blatt der Fascia lata in der Umgebung der Durchtrittsstelle der Vene oftmals so von Fett durchsetzt, dass man die Darstellung einer *Fovea ovalis* nur künstlich gewinnen kann.

Der Annulus femoralis externus bietet gewisse Beziehungen zu einer als *Annulus femoralis internus* bezeichneten anderen Einrichtung. Der zwischen dem Leistenbande und dem Rande des Beckens befindliche Raum wird lateral durch den austretenden Ileo-psoas eingenommen (*Lacuna muscularis*). Daran schließen sich medial die großen Schenkelgefäße mit ihrer Scheide, durch einen am Leistenband und Schambein befestigten Theil der Beckenfascie von dem Muskel getrennt (*Lacuna vasorum*). Noch weiter medial, bevor das Leistenband das Gimbernat'sche entsendet, bleibt eine kleine Lücke unterhalb des Leistenbandes übrig, welche medial das Gimbernat'sche Band, lateral die Scheide der Schenkelgefäße, und abwärts, resp. nach hinten (das Becken in natürlicher Stellung gedacht) das Schambein zur Begrenzung hat. Diese Lücke wird von einer Fortsetzung der inneren Bauchwandfascie zur Beckenfascie und dem diese überziehenden Bauchfelle bedeckt. In der Regel findet sich nach außen zu eine Lymphdrüse. Diese so beschaffene Stelle ist der innere Schenkelring, *Annulus femoralis internus*. Beide Schenkelringe entbehren normal jeglicher Beziehung zu einander.

Gegen andrängende Eingeweidetheile bildet der Annulus femoralis internus einen Locus minoris resistentiae, da ihn nur dünne und dehnbare Membranen verschließen. Hier stattfindende Hernien heißen Schenkelhernien (Herniae femorales), sie nehmen ihren Weg medial von den Femoralgefäßen und gelangen an der Fovea ovalis, als der einzigen Stelle, an der die Fascien kein Hindernis darbieten, nach außen. Durch die herabgetretene Hernie sind dann äußerer und innerer Schenkelring unter einander in Zusammenhang, indem sie die innere und die äußere Öffnung eines Canals bilden, des Schenkelcanals, *Canalis femoralis*. Auf diese Weise wird also die Beziehung beider Ringe zu einander hergestellt.

Von dieser Darstellung weicht jene ab, welche den ganzen unterhalb des Leistenbandes medial vom Ileo-psoas gelegenen Raum als inneren Schenkelring betrachtet und die Schenkelgefäße durch den inneren Schenkelring treten lässt. Man spricht dann wohl auch von einem Verlaufe der Schenkelgefäße »durch den Schenkelcanal«. Da sie aber nicht zum äußeren Schenkelring austreten, könnte derselbe auch nicht als äußere Mündung eines Schenkelcanals gelten. Nach unserer Auffassung *existirt also normal kein Schenkelcanal*, wohl aber bildet sich ein solcher mit der Entstehung einer Schenkelhernie, und dann treten die beiden Ringe in ihre Bedeutung als innere und äußere Öffnung jenes Canals ein.

c. Muskeln des Unterschenkels.

§ 182.

Ähnlich wie am Vorderarme sind die Muskeln des Unterschenkels proximal mit starken Bäuchen versehen, indes sie distal schlanke Sehnen entsenden; daraus entspringt die gegen das Sprunggelenk zu sich verjüngende Gestalt des Unterschenkels. Die an der Hinterfläche mächtiger entwickelten Muskelmassen tragen daselbst eine gewölbte Vorragung auf, die Wade (*Sura*).

An der Vorderfläche des Oberschenkels setzt sich die Fascie vom Kniegelenke her auf die Crista tibiae fort und ist daselbst, wie an der ganzen medialen Fläche dieses Knochens festgeheftet. Oben verlaufen in ihr sehnige Längszüge, die auch zu Muskelursprüngen dienen. Dabei empfängt sie Verstärkungen von Abzweigungen der verbreiterten Endsehnen des Sartorius, Gracilis und Semimembranosus, und lateral strahlen von der Endsehne des Biceps femoris Fasern in sie aus.

Unten treten allmählich quere Faserzüge auf. Oberhalb der beiden, Befestigungsstellen für die Fascie darbietenden Malleoli werden diese Züge sehr mächtig und bilden einen die vorderen Muskeln mit ihren Sehnen an den Unterschenkel anschließenden Halteapparat: *Ligamentum annulare* (Fig. 316). Medial setzt sich die Fascie vom Malleolus aus theils zur medialen Seite des Calcaneus, theils zur Fußsohle fort. Sie ist dabei in mehrere Blätter gespalten und bildet als *Ligamentum laciniatum* Durchlässe für die hier zur Fußsohle ziehenden Sehnen, Nerven und Blutgefäße.

In dem zum Fußrücken tretenden Theil der Fascie verlaufen sehnige Faserzüge vom medialen Malleolus schräg über den Fußrücken zum äußeren Fußrand. Sie kreuzen sich mit Faserzügen, welche vom inneren Fußrande an in der Fascie schräg auf- und lateralwärts auf den Malleolus lateralis sich fortsetzen. Diese Faserzüge stellen das *Ligamentum cruciatum* dar (Fig. 316). Es bildet Fächer für die vom Unterschenkel zum Fußrücken verlaufenden Sehnen. Der vom Malleolus lat. kommende Schenkel des Bandes ist häufig nur schwach entwickelt. An der lateralen Seite des Unterschenkels begiebt sich die Fascie über die Muskulatur der Fibula hinweg zur hintern Fläche, gewinnt an der Fibula Befestigung, und überzieht dann die Wadenmuskeln. An der Achillessehne ist sie mit deren Seitenrändern verbunden; an der Kniekehle steht sie mit der Fortsetzung der Fascie des Oberschenkels im Zusammenhang.

Die Muskulatur des Unterschenkels ist in Vergleichung mit dem Vorderarme durch eine nur geringe Anzahl von Muskeln vertreten, was der geminderten Mannigfaltigkeit der Bewegungen des Fußes entspricht. Die Muskeln zerfallen in drei Gruppen: 1. vordere, 2. laterale und 3. hintere Muskeln.

1. Vordere Muskeln des Unterschenkels.

Sie füllen den Raum zwischen Tibia und Fibula, welcher in der Tiefe vom Zwischenknochenbande abgegrenzt ist, und verlaufen sämmtlich zum Fuße. Der N. peroneus prof. versorgt sie.

M. tibialis anticus (Fig. 316). Liegt unmittelbar der Tibia an. Entspringt von derselben unterhalb ihres Condylus lateralis, und von da abwärts von der oberen Hälfte der lateralen Fläche, ferner von der Membrana interossea bis gegen das untere Drittel herab. Oberflächliche Ursprünge bezieht der Muskel noch von dem aponeurotischen Theile der Fascie. Der der Tibia angelagerte Muskelbauch entfaltet an seiner vorderen Fläche eine starke Endsehne, welche unter dem oben erwähnten Bandapparate hindurch, und über die vordere Fläche des Endes der Tibia hinweg zum medialen Fußrande tritt. Sie inserirt da verbreitert an Cuneiforme I und Metatarsale I.

Auf ihrem Verlaufe zum Fußrücken wird die Endsehne von einem Schleimbeutel umgeben. Ein zweiter findet sich vor der Insertionsstelle am Cuneif. I, welchen Knochen meist ein die Sehne aufnehmender flacher Eindruck an der vorderen Grenze der medialen Seite auszeichnet. Am Durchtritt unter dem *Lig. cruciatum* nimmt die Sehne ein besonderes Fach ein.

Der Muskel hebt den inneren Fußrand (Supination).

M. extensor digitorum longus (Fig. 316). Liegt lateral vom Tibialis anticus. Entspringt theils noch vom Condylus lateralis tibiae, theils von der vorderen Kante der Fibula und der aponeurotischen Fascie; distal tritt der Ursprung auch auf die Membrana interossea über. An der vorderen Fläche des Muskels erscheint die Endsehne, welche sich noch am Unterschenkel in vier oder fünf Sehnen spaltet. Diese treten durch ein besonderes Fach des Ligamentum cruciatum zum Fußrücken und verlaufen zur 2.—5. Zehe, wo sie die Grundlage einer Dorsalaponeurose abgeben. Besteht noch eine fünfte Sehne, so tritt diese schräg lateralwärts und inserirt sich an den Rücken der Basis des Metatarsale V. Dieses Verhalten ist das erste Stadium der Sonderung eines neuen Muskels: *Peroneus tertius*.

Fig. 316.

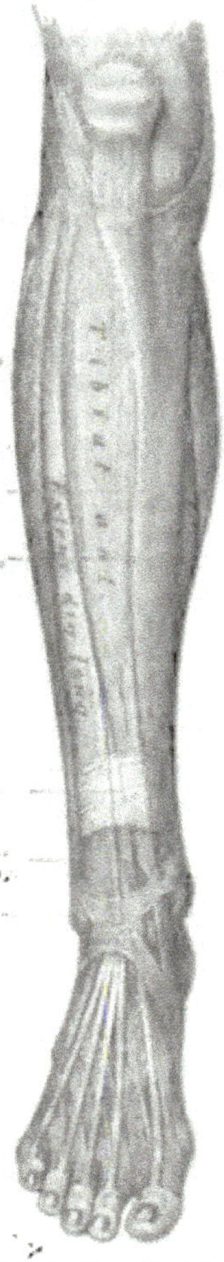

Vordere Muskeln des Unterschenkels.

Der Ursprung des Extensor dig. longus ist oben mit jenem des Peroneus longus durch ein zwischen beide sich einsenkendes Sehnenblatt im Zusammenhang.

Außer der Beziehung zum Peroneus tertius bietet der Extensor digitorum longus wechselnde Verhältnisse zu seinen Endsehnen, bezüglich der früheren oder späteren Theilung derselben, und die den einzelnen Sehnen zukommenden Muskelportionen besitzen zuweilen eine große Selbständigkeit.

Wirkung: streckt die 4 Zehen.

M. peroneus tertius. Obwohl ziemlich regelmäßig vorkommend, erscheint er doch nur als eine selbständig gewordene Portion des Extensor digit. comm. longus, und wird in allen Übergangsstadien von völliger Verbindung mit jenem bis zu größter Selbständigkeit angetroffen. Im letzteren Falle entspringt sein Bauch von der unteren Hälfte der Fibula, bis weit herab, mit einzelnen Fasern auch noch von der Membrana interossea. Er legt sich aber stets dem Ext. dig. comm. an und tritt mit ihm durch das gleiche Fach unter dem Kreuzbande zum Fußrücken. Die Endsehne verläuft zum lateralen Fußrande und inserirt an der Basis des Metatarsale V an der Grenze gegen das Metatarsale IV (Fig. 317); nicht selten greift sie auf dieses über oder nimmt an diesem allein ihre Insertion.

Der obere Theil des Ursprunges des Perон. tertius tritt wie jener des Ext. dig. comm. von der Fibula aus auf ein auch den Wadenbeinmuskeln (Peron. longus und brevis) Ursprungsstellen darbietendes Sehnenblatt.

Die Endsehne des Muskels sendet in der Regel noch einen Sehnenstreifen zum vierten Interstitium interosseum, oder weiter nach vorne zum Rücken der vierten oder fünften Zehe. Den Affen fehlt der Muskel.

Die Wirkung ist jener des Peroneus brevis und longus ähnlich.

Die Endsehne des Ext. digit. longus sammt jener des Peroneus tertius wird bei ihrem Durchtritte unter dem Lig. cruciatum (S. 450) durch einen besonderen Apparat in situ erhalten. Aus dem vorderen Theile des Sinus tarsi entspringen vom Calcaneus Bandzüge, welche ins Lig. cruciatum übergehen, medial die Sehnen umgreifen und sie wie in einer Schlinge gegen den Fußrücken halten (Schleuderband, *Lig. fundiforme*).

M. extensor hallucis longus. Liegt zwischen dem Tibialis anticus und Extensor digit. comm. longus, von beiden am Ursprunge bedeckt. Der Ursprung beginnt an der Fibula, etwas über dem mittleren Drittel der Länge, erstreckt sich dann an diesem Knochen herab und geht allmählich auf die Membrana interossea über, mit einzelnen Bündeln auch auf die Tibia. Die an der Oberfläche des halbgefiederten Muskelbauches frei werdende Endsehne verläuft zwischen den Sehnen des Tibialis anticus und Ext. dig. comm. longus zum Fußrücken. Sie tritt durch ein besonderes Fach des Lig. cruciatum über Tarsus und Metatarsus zur großen Zehe, an deren Endphalange sie sich festheftet, nachdem sie auch an der Grundphalange sich befestigt hat.

Ein von der Endsehne in verschiedener Höhe sich ablösender Sehnenstreif tritt sehr häufig zur Grundphalange der Großzehe, oder an deren Metatarsale.

Wirkung: streckt die Großzehe.

2. Laterale Muskeln des Unterschenkels.

Bedecken das Wadenbein, von dem sie entspringen, bis gegen das distale Ende herab. Der N. peroneus versorgt sie.

M. peroneus longus (Fig. 316). Entspringt mit zwei nahe bei einander liegenden Portionen, zwischen welchen der Nervus peroneus hindurchtritt. Die vordere Portion entspringt theils vom lateralen Condylus der Tibia, vom oberen Tibio-fibular-Gelenke und vom Köpfchen der Fibula, theils von einem zwischen dem Muskel und dem Extensor dig. longus gelegenen Sehnenblatte und erstreckt sich längs der vorderen Kante der Fibula an deren oberem Drittel herab. Die hintere Portion beginnt ihren Ursprung meist unterhalb des Capitulum fibulae, erstreckt sich aber weiter herab, bis gegen das untere Drittel der Fibula. Zwischen beiden Portionen ist eine schlitzförmige Öffnung darstellbar, die von Bündeln der Ursprungssehne umrandet wird. Die im Inneren der vorderen Portion weit oben auftretende Endsehne tritt allmählich verbreitert auf der äußeren Fläche des Muskels hervor und läuft dann über den Peroneus brevis herab, hinter den Malleolus lateralis, wo sie mit der Sehne jenes Muskels durch einen Bandapparat festgehalten wird. Sie tritt dann an der Außenseite des Calcaneus schräg vorwärts zum Cuboides, bettet sich in dessen Sulcus, kreuzt schräg die Fußsohle und inserirt an der Basis des *Metatarsale I* (Fig. 328).

Fig. 317.

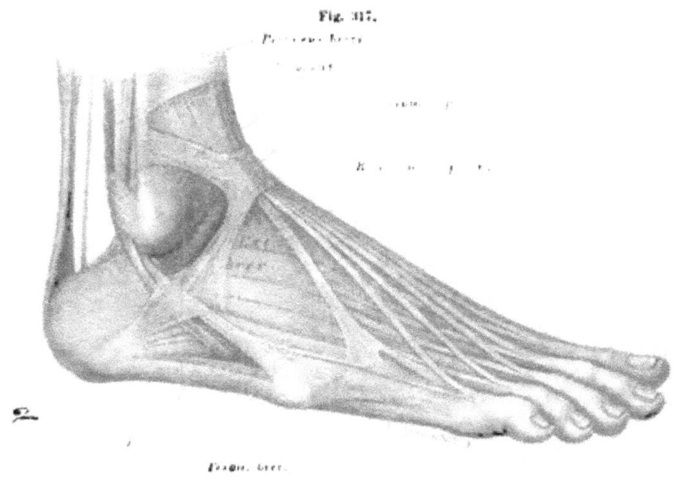

Laterale Ansicht des Fußes mit den Endsehnen der Musculi peronei.

Der von den beiden Portionen des Muskels umschlossene Canal wird medial von der Fibula begrenzt. Er öffnet sich unten mit dem distalen Ende der vorderen Portion des Muskels. Beim Eintritte in die vom Cuboid gebildete Rinne läuft die etwas verbreiterte und faserknorpelig modificirte Sehne über den die Rinne hinten begrenzenden Vorsprung des Cuboid. Die Insertion erstreckt sich meist auch noch an das Cuneiforme I, sowie an die Basis des Metatarsale II.

Wirkung: hebt den äußeren Fußrand und bewirkt die »Pronation« des Fußes.

M. peroneus brevis (Fig. 316). Liegt tiefer und weiter abwärts an der Fibula. Er entspringt in der Fortsetzung des Ursprungs der vorderen Portion des Peroneus longus. Von da erstreckt sich der Ursprung über die hintere Fläche der Fibula weiter abwärts, und geht bis in die Nähe des Malleolus der Fibula auf deren hintere Kante über. Die auf der Außenfläche des Muskels entwickelte Endsehne verläuft anfänglich hinter jener des Peroneus longus herab, zu der an der Hinterfläche des Malleolus befindlichen Furche. Von da tritt sie vor der Endsehne des Peroneus longus schräg zum lateralen Fußrande, wo sie an der *Tuberositas metatarsi V* meist dorsalwärts verbreitert inserirt (Fig. 317).

Fig. 318.

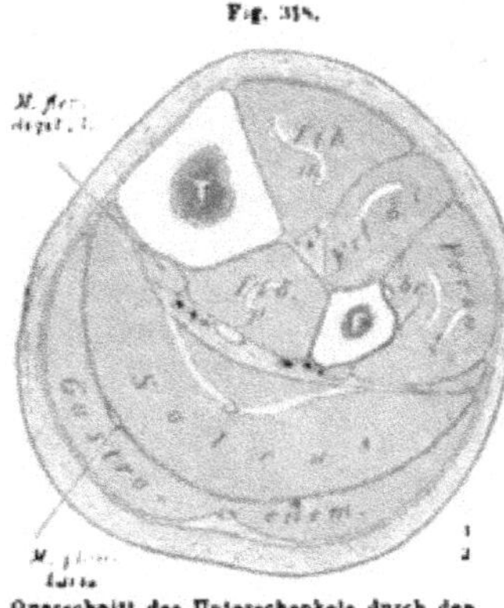

Querschnitt des Unterschenkels durch den Wadenbauch.

In der Regel läuft von der Endsehne des Muskels ein dünner Strang nach vorne, welcher entweder in die Strecksehne der fünften Zehe übergeht, oder an der Dorsalfläche des Metatarsale V endet. Dieses Verhalten deutet im Allgemeinen auf die primitive Zusammengehörigkeit der Mm. peronei zu den Extensoren. Im Besonderen aber wird durch diesen Befund an einen *M. peron. parvus* erinnert, der bei den Affen (mit Ausschluss der Anthropoiden) vorkommt und zwischen Peroneus longus und brevis an der Fibula entspringt. Er geht schon am Unterschenkel in eine dünne Sehne über, welche am lateralen Fußrande bis zur Grundphalange der kleinen Zehe verläuft, und sich hier mit der betreffenden Sehne des Extensor dig. comm. longus verbindet (Bischoff). Jene Sehne repräsentirt einen Extensor brevis digiti V und ist der einzige Rest eines vom Unterschenkel entspringenden Ext. dig. communis brevis, welcher Muskel in seinem Herabrücken auf den Fuß bei Säugethieren in verschiedenen Stadien zu beobachten ist. (G. Ruge, Morphol. Jahrb. Bd. IV.) Ein ähnlicher Muskel kommt zuweilen auch beim Menschen vor.

Beide Mm. peronei erhalten den Verlauf ihrer Endsehnen durch den Bandapparat (*Retinaculum peroneorum*) in bestimmter Richtung fixirt. Ein Abschnitt dieses Apparates findet sich schon am Unterschenkel und hält die Sehne hinter dem Malleol. fibularis fest (*Ret. peron. superius*). Der andere Theil liegt lateral am Calcaneus (*Ret. per. inferius* Henle). Hier besteht für jede Sehne ein besonderer Canal, die beide von gemeinsamen Sehnenzügen umschlossen sind. In die, beide Canäle trennende Scheidewand erstreckt sich, wo er vorkommt, der *Processus trochlearis*.

Eine Vermehrung der Mm. peronei betrifft vorwiegend Muskeln, welche als selbständig gewordene Theile des Per. brevis erscheinen.

Die Wirkung des Per. brevis ist jener des Per. longus ähnlich.

3. Hintere Muskeln des Unterschenkels.

Diese Gruppe zerfällt in 2 Abtheilungen, welche eine schichtenweise Anordnung zeigen. Die oberflächlichen, die tieferen größtentheils deckenden Muskeln bilden den *Bauch der Wade* (Fig. 318) und setzen sich mit einer gemeinsamen mächtigen Sehne (Tendo Achillis) am Tuber calcanei fest. Der N. tibialis sendet ihnen Zweige.

Oberflächliche Schichte (Wadenbauchmuskeln).

M. gastrocnemius (Fig. 319). Dieser oberflächliche Wadenbauchmuskel entspringt mit zwei Köpfen von der hinteren oberen Fläche der Condyli femoris. Aus den Köpfen gehen zwei Bäuche hervor, auf deren hinterer seitlicher Fläche je die Ursprungssehne sich weit herab erstreckt. Die seitliche Lage dieser Sehnen deckt zugleich den Muskelbauch gegen die Endsehnen der Beugemuskeln, die hier auf ihnen spielen. Der laterale Kopf nimmt seinen Ursprung etwas tiefer als der mediale, wenig stärkere. Beide zwischen den Endsehnen der Beugemuskeln des Unterschenkels an der hinteren Fläche des Oberschenkels hervortretende Köpfe begrenzen die *Fossa poplitea* von unten her. Beide Bäuche verlaufen einander parallel und eng an einander geschlossen bis zur halben Länge des Unterschenkels. Sie gehen in eine breite, an ihrer Vorderfläche weit hinaufreichende Endsehne über, welche distal verschmälert die *Achillessehne* bilden hilft.

Fig. 319.

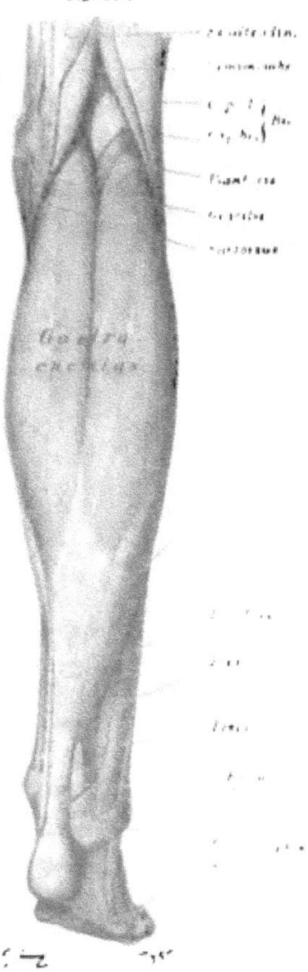

Wadenbauchmuskeln.

In der Ursprungssehne des lateralen Kopfes des Gastrocnemius kommt ziemlich häufig ein Sesambein (Favella) vor, unter jener des medialen sehr regelmäßig ein Schleimbeutel. Ein accessorischer Kopf, meist höher entspringend, schließt sich nicht ganz selten dem einen der beiden normalen Köpfe an. Zwischen den beiden normalen Köpfen erstreckt sich von der Kniekehle her eine schmale Rinne herab, in der ein Nerv seinen Weg nimmt (N. suralis).

M. soleus (Schollenmuskel) (Fig. 320). Wird fast vollständig vom Gastrocnemius bedeckt. Er entspringt vom Capitulum fibulae und von da herab vom oberen Drittel dieses Knochens, dann von einem von der Fibula her schräg zur Tibia herab verlaufenden Sehnenstreif, der unterhalb der Linea poplitea befestigt ist. Von da an erstreckt sich der Ursprung auf die Linea poplitea und tritt über das zweite Viertel der Länge der Tibia herab. Der aus diesen Ursprüngen gebildete ansehnliche Muskelbauch tritt unter den Seitenrändern der Gastrocnemius-Bäuche etwas hervor, erstreckt sich auch weiter als diese abwärts und fügt sich allmählich in die, auf seiner Oberfläche weit aufwärts ausgedehnte Endsehne ein. Diese verbindet sich dann mit jener des Gastrocnemius zur Achillessehne.

Von dem tibialen Ursprunge her setzt sich eine Sehne auch in den freien Theil des Muskelbauches fort. Auch die Endsehne senkt sich ins Innere des Bauches und kommt, mit einem starken Streifen bis in die Nähe des Capitulum fibulae aufwärts steigend, auch an der Vorderfläche zum Vorschein. Durch diesen Streif wird der Muskelbauch in zwei Portionen getheilt und erscheint an der Vorderfläche gefiedert.

Fig. 320.

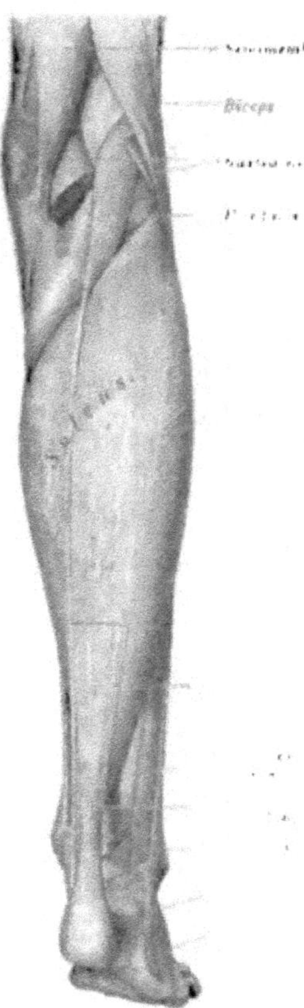

Tiefe Schichte der Wadenmuskeln.

Durch die Vereinigung der Endsehnen des Gastrocnemius und Soleus zur Tendo Achillis bilden beide Muskeln einen Einzigen: den M. triceps surae.

Da die Achillessehne von den tiefer gelegenen Muskeln sich abhebt (vergl. Fig. 324), entsteht unter ihr ein Raum, der von lockerem Bindegewebe und Fett ausgefüllt wird. Die Sehne tritt am Calcaneus, über der hinteren Fläche desselben, etwas verbreitert herab und nimmt am unteren Rande dieser Fläche, da wo letztere rauh zu werden beginnt, ihre Insertion. Zwischen dem oberen, glatten Theile des Tuber und der Achillessehne befindet sich ein Schleimbeutel.

Der Triceps surae streckt den Fuß. Durch den Ursprung des Gastrocnemius oberhalb des Kniegelenkes kann er auch zur Flexion des Unterschenkels im Kniegelenk beitragen.

M. plantaris. Der unansehnliche Muskel entspringt über dem lateralen Kopfe des Gastrocnemius, theils über dem Condylus lateralis femoris, theils von der Kapsel, und verläuft schräg gegen die Kniekehle herab, wo sein kurzer, rasch verjüngter Bauch in eine schmale, platte Endsehne übergeht. Dieselbe verläuft zwischen Gastrocnemius und Soleus medialwärts herab und verschmilzt entweder mit der Achillessehne, oder tritt medial hervor, um früher oder später in der Fascie zu endigen oder die mediale Fläche des Calcaneus zu erreichen, wo sie Befestigung gewinnt (Fig. 320).

Der Muskel ist den rudimentären zuzuzählen, deren Function und Ausbildung zurückgetreten ist. Sein Vorkommen ist sehr unbeständig. Sein Ursprung wird zuweilen vom Gastrocnemius-Kopfe bedeckt. Den Anthropoiden fehlt er. Dagegen ist er bei den andern Affen, wie auch bei manchen Prosimiern ein sehr ansehnlicher Muskel und zeigt innigeren Zusammenhang seines Bauches mit dem lateralen Kopfe des Gastrocnemius. Seine Endsehne geht über den Calcaneus weg in die Plantaraponeurose über, verhält sich also ähnlich wie die Endsehne des M. palmaris longus zur Aponeurosis palmaris der Hand. Die Befestigung der Plantaraponeurose am Calcaneus musste dem Muskel seine Function entziehen und kann so als Ursache der Rückbildung des Muskels gelten (siehe hierüber auch die Bemerkung bei der Plantar-Aponeurose).

Tiefe Schichte.

Diese zum größten Theile vom Soleus bedeckte Schichte besteht aus vier Muskeln, welche den Unterschenkelknochen unmittelbar aufgelagert sind. Einer liegt proximal und nimmt die über dem Ursprung des Soleus befindliche Fläche unterhalb der Kniekehle ein (M. popliteus), drei liegen distal in longitudinaler Richtung und verlaufen abwärts zur Fußsohle. Zwei davon sind Antagonisten von zweien der vorderen Unterschenkelmuskeln. Sie werden sämmtlich vom N. tibialis (ischiad.) versorgt.

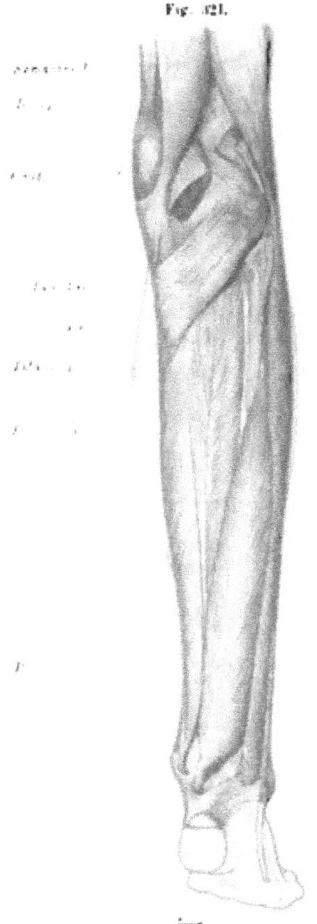

Fig. 321.

Tiefe hintere Muskeln des Unterschenkels. Von dem Wadenbauche sind die Conturen beiderseits angegeben.

M. popliteus (Fig. 321). Der Kniekehlenmuskel liegt am meisten proximal und bildet mit seinem platten dreiseitigen Bauche einen sehr geringen Theil des Bodens der Kniekehle, da er größtentheils von den beiden Köpfen des Gastrocnemius überlagert wird. Er entspringt mit einer starken Sehne aus einer queren Grube an der äußeren Seite des lateralen Condylus femoris, bedeckt vom lateralen Seitenbande des Kniegelenkes, empfängt Verstärkungen durch Ursprünge von der Kapsel des Kniegelenkes und verläuft schräg medial und abwärts. Die Insertion findet an der Tibia statt, unterhalb des medialen Condylus bis herab zur Linea obliqua.

Unter der Ursprungssehne befindet sich eine Ausstülpung der Synovialmembran des Kniegelenkes. Der Ursprung von der Kapsel entspricht z. Th. dem Bande des lateralen Zwischenknorpels. Zur Insertion dient auch die aponeurotische Fascie des Muskels.

Wirkung: spannt die Kapsel des Kniegelenkes bei der Beugung und unterstützt die Rotation der Tibia nach innen.

M. tibialis posticus (Fig. 321). Ist der mittlere der drei longitudinalen Muskeln dieser Schichte und nimmt größtentheils den Raum zwischen beiden Knochen ein. Er entspringt theils von der Tibia, unterhalb der Insertion des Popliteus, theils von der Fibula und der Membrana interossea. Der obere Ursprungsrand bildet einen Ausschnitt, welchem die zum Durchlass von Gefäßen dienende Lücke des Zwischenknochenbandes entspricht. Der fibulare Ursprung erstreckt sich weiter herab, und ebenso jener vom Zwischenknochenbande, indes der tibiale Ursprung bald dem folgenden Muskel Platz macht. Die schon oben zwischen beiden Köpfen beginnende Endsehne legt sich mit dem unteren Theile des Muskelbauches allmählich an die Tibia an. Am medialen Malleolus zieht sie an dessen hinterer Fläche in einer Rinne zum Innenrande des Fußes. Hier heftet sie sich an der *Tuberosität des Kahnbeins*, sowie an der *Plantarfläche des Cuneiforme I* fest, und sendet auch noch einen schwächeren, lateralen Sehnenzipfel schräg in die Tiefe der Planta zu den beiden anderen Keilbeinen. Der obere Abschnitt des Muskels erscheint gefiedert.

Der fibulare Ursprung des Muskels geht abwärts auf einen Sehnenstreif über, welcher lateral auch dem Flexor hallucis longus als Ursprungssehne dient. Die Endsehne des Tibialis posticus wird auf ihrem Wege hinter dem Knöchel von der oberflächlicher liegenden Endsehne des Flexor digitorum longus gekreuzt. Fixirt wird die Endsehne hinter dem Malleolus durch ein sie scheidenförmig umschließendes Band. Die Lage des Muskelbauches zu beiden Unterschenkelknochen ersehe man aus Fig. 318.

Wirkung: streckt den Fuß und adducirt ihn, mit Heben des medialen Fußrandes, in letzterer Beziehung ähnlich wie der Tibialis anticus.

M. flexor digitorum pedis longus (Fig. 321). Liegt an der medialen Seite des Tibialis posticus. Entspringt von der Tibia unterhalb der Insertion des Popliteus und erstreckt sich halbgefiedert bis unter die Hälfte der Länge der Tibia herab. Von da läuft der Muskelbauch frei der Tibia entlang, dem Tibialis posticus angeschlossen, tritt aber allmählich über die Endsehne des letzteren und sendet seine hinter dem Fußgelenke frei gewordene Endsehne zur Fußsohle. Sie liegt dabei etwas tiefer und lateralwärts, sowie durch eine besondere Scheide hinter dem Malleolus befestigt, von wo sie am Sustentac. tali zur Fußsohle tritt (Fig. 328). Hier nimmt die Sehne eine laterale Richtung, kreuzt sich dabei mit der tiefer liegenden Endsehne des Flexor hallucis longus und verbindet sich mit einem accessorischen Kopfe, der von der Plantarfläche des Fersenbeines entspringt. An der Stelle dieser Verbindung theilt sie sich in vier zu den Zehen verlaufende Sehnen, denen dasselbe Verhalten wie den Sehnen des Flexor digitorum profundus der Hand zukommt. Sie durchbohren jene des kurzen Zehen-Beugers und inseriren sich an der Endphalange (*Fl. perforans*).

Fig. 322.

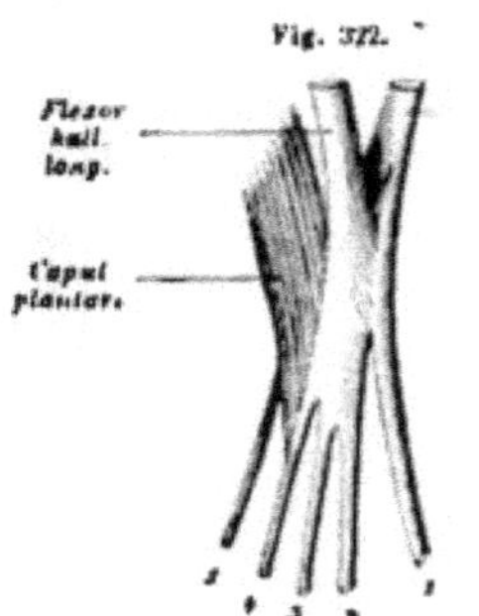

Verhalten der Endsehne des Flexor digitorum longus und Flexor hallucis longus von der oberen Fläche.

Das Verhalten des accessorischen Kopfes wird beim Fuße aufgeführt.

Häufig erstreckt sich vom Ursprungsanfang des Flexor digitorum longus eine Sehne über den Muskelbauch herab, die unten auf verschiedene Weise sich festheftet und meist mit einem dem Tibialis posticus angehörigen Sehnenblatte verbindet. Von ihr gehen Muskelfasern in den Flexor digit. longus über. Der Sehnenstrang tritt zuweilen auch fibularwärts und verbindet sich mit der Ursprungssehne des Flexor hallucis longus. Die dadurch gebildete Spalte lässt die Art. peronea durchtreten. Accessorische Ursprungsportionen treten nicht selten selbständiger auf, zuweilen kommt ein Kopf von der Fibula zur Endsehne und ersetzt sogar den accessorischen Plantarkopf.

Wirkung: beugt die Zehen.

M. flexor hallucis longus. Findet sich lateral vom Tibialis posticus an der unteren Hälfte des Unterschenkels. Sein Ursprung an der medialen Fläche der Fibula beginnt meist über der Mitte der Länge dieses Knochens und reicht zuweilen weiter hinauf. Abwärts bezieht der Muskel noch Ursprünge von einem zwischen ihm und dem Tibialis posticus eingeschalteten Sehnenblatte, sowie von der Membrana interossea. Der allmählich sehr bedeutend werdende Muskelbauch erstreckt sich bis zum Sprunggelenk herab, und lässt hier die schon weit oben an seiner medialen Fläche beginnende Endsehne frei werden. Diese verläuft in einer am Talus wie am Calcaneus ausgeprägten Rinne zur Fußsohle, kreuzt sich mit der Sehne des Flexor digitorum longus, wobei sie Verbindungen mit derselben eingeht, und tritt zur großen Zehe, an deren Endphalange sie befestigt ist. Über die Verbindung mit dem Flexor dig. longus siehe unten.

Fig. 324.

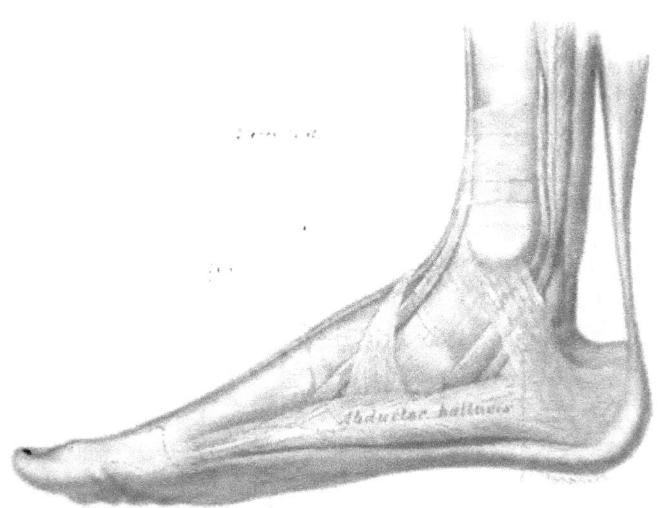

Flexor brevis hall. *Lig. laciniatum*

Mediale Seite des Fußes mit den Endsehnen von Unterschenkelmuskeln.

Beim Verlaufe in der Knochenrinne des Talus und Calcaneus wird die Sehne von einer weiten Synovialscheide begleitet.

Bei den Affen giebt der bedeutend ansehnlichere Muskel meist noch die perforirenden Sehnen für die 3. und 4., bei Hylobates auch die für die 2. Zehe ab und ergänzt damit den Flexor dig. longus, der hier nur die 2. und 5., oder nur die 2. Zehe versorgt.

Die große Zehe empfängt dagegen meist nur eine schwache Sehne, die beim Orang sogar ganz fehlt (BISCHOFF). Daraus erhellt die Zusammengehörigkeit des Flex. hall. longus zum Flex. dig. longus, die auch die Verbindung der Sehnen beider Muskeln in der Fußsohle erklärt.

Das Verhalten der sich kreuzenden Endsehnen des *Flexor digit. longus* und des *Flexor hall. longus* zu der Fußsohle ist derart, dass in der Mehrzahl der Fälle die Flexor hallucis-Sehne an der Kreuzungsstelle einen lateralen Zweig entsendet, welcher sich wieder in zwei Sehnen spaltet, die sich den Sehnen des Flexor digitorum longus der 2. und 3. Zehe zugesellen. Seltener geht auch zur 4. Zehe eine Sehne ab (ein solcher Fall ist in Fig. 322 dargestellt; häufig dagegen geht die abgezweigte Sehne nur zur 2. Zehe. Nie erhält die 5. Zehe einen Zweig vom Flexor hallucis. Der Flexor digit. longus wird also durch die Abzweigungen des Flexor hallucis longus verstärkt und letzterer tritt dadurch mehr als ein zweiter Flexor digit. longus (als *Flexor fibularis* von dem *tibialen Flexor* (Fl. digitorum long.) unterscheidbar) denn als bloßer Flexor hallucis auf. Dieser empfängt übrigens sehr häufig noch ein Sehnenbündel vom Flexor digitorum longus, welches an der Kreuzungsstelle an den medialen Rand seiner Sehne sich anlegt. (Vergl. Fig. 322).

Zuweilen fehlt jede Verbindung, und die Sehnen beider Muskeln verlaufen, wenn auch durch die bezüglichen Sehnenscheiden an der Kreuzungsstelle vereinigt, an einander vorüber. Über beide Muskeln s. vorzüglich W. TURNER, Transact. of the Royal Soc. of Edinburgh. Vol. XXIV. S. 181.

Zwischen der oberflächlichen und der tiefen Gruppe der hinteren Unterschenkelmuskeln verlaufen Blutgefäßstämme und Nerven, wodurch eine vollständigere Scheidung dieser Gruppen (vergl. Fig. 318) bedingt wird. Diese Trennung nimmt abwärts in dem Maße zu, als die Endsehnen von Gastrocnemius und Soleus sich zur Achillessehne vereinigt haben, die sich, um den Calcaneus zu erreichen, von der tiefen Gruppe abhebt. Mit der Bildung der Achillessehne entfaltet die gemeinsame Fascie der tiefen Gruppe immer mehr sehnige Fasern in transversaler Anordnung und umschließt damit enger jene Muskeln. Sie lässt dadurch allmählich einen Bandapparat entstehen, der gegen die Malleoli zu sich bedeutender verstärkt und endlich in die an jedem Malleolus vorhandenen Haltebänder der Sehnen übergeht (S. 450, 451). Die Anordnung der Muskeln und ihrer Sehnen am distalen Ende des Unterschenkels bietet der in obenstehender Figur dargestellte Querschnitt.

Fig. 321.

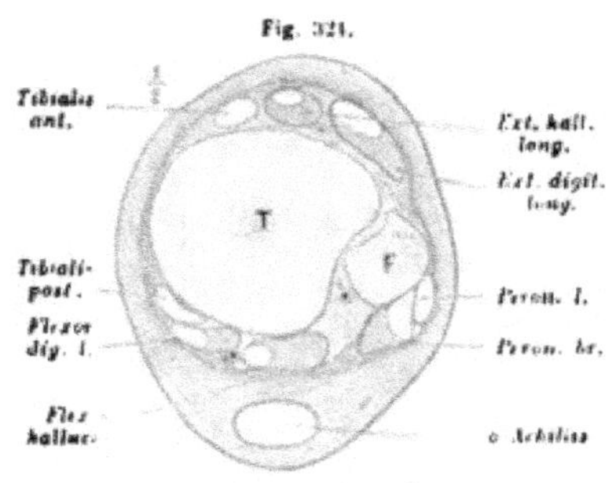

Querschnitt des Unterschenkels in der Höhe der Malleolen.

d. Muskeln des Fußes.

§ 183.

Während die vom Unterschenkel entspringenden und zum Fuße gelangenden Muskeln zum größeren Theile der Bewegung des ganzen Fußes dienen und nur zum geringen Theile zur Bewegung der Zehen (Extensoren und Flexoren), ist die dem Fuße selbst angehörige Muskulatur ausschließlich den Zehen zugetheilt. In allen wesentlichen Punkten ist in der Anordnung der Muskeln eine Übereinstimmung mit der Hand nicht verkennbar, dem entspricht aber keineswegs der Grad der Leistungen dieser Muskulatur, und für Manche ist die Function fast auf Null reducirt. Diese auch in der Verkümmerung der Phalangen sich aussprechende Rückbildung einer größeren Beweglichkeit, welche durch die Anordnung der Muskeln vorausgesetzt werden könnte, erklärt sich aus der Verschiedenheit der Function des ganzen Fußes in Vergleichung mit der Hand. Als letzter Abschnitt der unteren, dem Körper zur Stütze beim Stehen wie bei der Ortsbewegung dienenden Gliedmaßen hat derselbe nichts von den mannigfaltigen Leistungen der Hand zu besorgen, seine Leistung ist bedeutend vereinfacht. Geht daraus aber nur hervor, dass die vorhandene Muskulatur nicht in dem Maße wirksam ist, wie jene der Hand, so ist damit nichts weniger als ein Grund zur Existenz jener Muskulatur gegeben. Ein solcher ergiebt sich nur in der Voraussetzung einer ursprünglichen Gleichartigkeit der Verrichtungen des Fußes mit jenen der Hand. Darauf verweist uns die Übereinstimmung der Muskeln beider Theile, sowie die Vergleichung der Muskulatur des Fußes des Menschen mit jener von manchen Säugethieren (Prosimiern und Quadrumanen), deren Fuß in ähnlicher Weise wie die Hand fungirt.

Auch der menschliche Fuß erfreut sich übrigens gleichfalls eines größeren Reichthums selbständiger Actionen, so lange er nämlich noch nicht zum Gehen verwendet und ausschließlich Stütz- und Locomotionsorgan geworden ist. So besteht beim Kinde bis zu der Zeit, da es das Gehen lernt, ein viel mannigfaltigeres Spiel der Zehenbewegungen, als später ausführbar ist. Wir sehen in der Einwärtswendung der Großzehe sogar Greifbewegungen dargestellt, die an jene der Hand lebhaft erinnern. Infolge dieser Bewegungen, die einen mannigfaltigeren Gebrauch des Fußes auszudrücken scheinen, sind zu jener Zeit auf der Haut der Plantarfläche ähnliche Furchen ausgeprägt, wie sie an der Palmarfläche der Hand bestehen. Diese verschwinden am Fuße mit dem Beginne seiner späteren einseitigen Verwendung. Ein Theil der Rückbildung der anfänglich freieren Beweglichkeit des Fußes kommt auch auf Rechnung der Fußbekleidung, welche jenem Körpertheile die selbständige Bewegung benimmt, jedenfalls das Spiel der Zehen im höchsten Grade beeinträchtigt. Bei Individuen, die jenes hemmenden Einflusses der Beschuhung entbehren, bleibt daher selbst noch mit der Function des Fußes als Stützorgan des Körpers ein guter Theil der freieren Beweglichkeit erhalten und bei darin Geübten kann man selbst die Action des Greifens, Fassens ausführen sehen. Manche Rassen bieten darin sogar besondere Geschicklichkeit.

Auf die *Rückenfläche* setzt sich die Fascie des Unterschenkels fort und bildet dort ein oberflächliches Blatt, in welchem das *Ligamentum cruciatum* eingewebt ist. (Vergl. S. 450.)

An der *Sohlfläche* wird der Fuß von einer aponeurotischen Fascie bedeckt, welche am Tuber calcanei befestigt ist und sich distal bis zu den Zehen erstreckt. Diese *Aponeurosis plantaris* bildet gewöhnlich zwei Portionen: die mediale oder der Haupttheil geht vom medialen Vorsprung des Tuber nach vorne und erstreckt sich mit fünf Zipfeln bis zu den Zehen. Die laterale Portion entspringt vom lateralen Tuberculum und läuft gegen den lateralen Fußrand aus, an der Tuberosität des Metatarsale V befestigt. Beide Aponeurosentheile sind zuweilen vollständig von einander getrennt. Zu beiden Seiten der Plantaraponeurose treten die nur von dünner Fascie bedeckten Bäuche der Ballenmuskeln der Großzehe wie der kleinen Zehe hervor. Durch das Ausstrahlen der Plantaraponeurose an sämmtliche Zehen wird eine Verschiedenheit von der Palmaraponeurose gebildet. und die Großzehe erscheint nicht in einem dem Daumen der Hand gleichen Befunde, stellt sich hierin vielmehr den übrigen Zehen gleich.

Die *Plantaraponeurose* ist insofern jedoch der Palmaraponeurose ähnlich, als auch sie Beziehungen zu einem Muskel besessen hat. Die Existenz des *M. plantaris* verweist auf eine ursprüngliche Function, welche er verlor und damit die Reduction antrat, in der wir ihn finden. Jene Function besteht aber, wie uns manche Säugethiere lehren, bei denen er sehr ausgebildet vorkommt, in seinem Verhalten zur Plantaraponeurose, in die er seine Endsehne überziehen lässt. so dass er dadurch als ein die Plantarflexion des Fußes bewirkender Muskel erscheint. Es ist begreiflich, dass nach der vom Menschen erreichten exclusiven Verwendung des Fußes als Stützorgan, wobei die ganze Sohlfläche den Boden berührt und dadurch der Fuß in Winkelstellung zum Unterschenkel tritt, die Plantaraponeurose durch erworbene Befestigung am Calcaneus für den Fuß eine wichtige Function dadurch erfüllt, dass sie zur Erhaltung der Wölbung des Fußes beiträgt. Indem sie in diesen Zustand gelangte, ward der zu ihr gehende Muskel überflüssig und ging demgemäß Rückbildung ein, während seine Function, soweit sie sich auf den ganzen Fuß erstreckte, von dem mächtiger sich entfaltenden Extensor triceps übernommen ward. (S. 456.)

Die Muskeln scheiden sich in Muskeln des Rückens und in Muskeln der Sohlfläche des Fußes.

1. Dorsale Muskeln.

M. extensor hallucis brevis. Entspringt von der oberen Fläche des Calcaneus vor dem Eingange in den Sinus tarsi, theils selbständig, theils gemeinsam mit dem Extensor digitorum brevis, der mit ihm zusammen auch als ein einziger Muskel betrachtet wird. Er bildet einen platten, mehr oder minder deutlich gefiederten Bauch, der an seiner unteren Fläche die zur Großzehe verlaufende Endsehne hervorgehen lässt. Diese inserirt an der Basis der Grundphalange des Rückens der Großzehe.

Wirkung: streckt die Grundphalange der Großzehe.
Innervirt vom N. peron. prof.

M. extensor digitorum brevis (Fig. 317). Liegt lateral vom vorhergehenden, neben dem er am Calcaneus entspringt: dabei greift er bedeutend auf die laterale Fläche des vorderen, den Eingang zum Sinus tarsi begrenzenden Theiles dieses Knochens über. Der oberflächlich meist einheitlich erscheinende Bauch sondert sich nach vorne zu in 3 Bäuche, aus denen drei schlanke Sehnen hervorgehen. Diese verlaufen, wie jene des Extensor hallucis brevis, in schräger Richtung über den Rücken des Metatarsus nach vorne und medial, werden dabei von den über ihnen verlaufenden Endsehnen des Extensor digitorum longus gekreuzt und begeben sich zum Rücken der 2., 3. und 4. Zehe. Daselbst verbinden sie sich abgeplattet je mit dem lateralen Rande der Sehnen des langen Streckers und stellen für die genannten Zehen eine Dorsalaponeurose her, die sich im Wesentlichen jener der Finger gleich verhält.

Seltener soll auch noch eine Sehne für die kleine Zehe hinzukommen.

Wirkung: streckt die 2.—4. Zehe. — Innervirt vom N. peron. prof.

2. Plantare Muskeln.

Wie an der Volarfläche der Hand bestehen Muskeln in der Sohlfläche in bedeutender Anzahl und ähnlicher Gruppirung. Sie ordnen sich in Muskeln des lateralen und des medialen Fußrandes, dann in solche der Mitte der Sohle, welche wieder in mehrere Schichten gesondert sind.

α. Muskeln des medialen Randes (Großzehenseite).

M. abductor hallucis (Fig. 325, 327). Nimmt die ganze Länge des medialen Fußrandes bis zur Grundphalange der Großzehe ein. Entspringt theils von dem medialen Höcker des Calcaneus, theils noch vom Beginn der Plantaraponeurose, theils von dem Lig. laciniatum.

Der vorwärts verlaufende Muskelbauch entfaltet sehr bald eine starke oberflächliche Endsehne, welche längs des medialen Fußrandes zur Basis der Grundphalange der großen Zehe tritt. Nach Verschmelzung mit dem medialen Kopfe des Flexor brevis hallucis inserirt sie sich theils an der Gelenkkapsel, theils an der Grundphalange.

Wirkung: abducirt die Großzehe. — Innervirt vom N. plantaris medialis.

M. flexor brevis hallucis (Fig. 325, 327). Entspringt sehnig in der Tiefe der Sohlfläche, theils von der Plantarfläche des Cuneiforme I, theils von dem benachbarten Bandapparate, auch noch vom Ligamentum calcaneo-cuboideum plantare und von einem lateralen Zipfel der Endsehne des M. tibialis posticus. Der Muskel sondert sich bald in zwei etwas divergirende Bäuche, welche die Endsehne des Flexor hallucis longus zwischen sich fassen. Der mediale Bauch legt sich an die Endsehne des Abductor hallucis, verbindet sich theilweise mit ihr und tritt dann zum medialen Sesambeine der Articulatio metatarso-phalangea der Großzehe. Der laterale Bauch gelangt dagegen am lateralen Sesambein zur Insertion, mehr oder minder mit dem Adductor verschmolzen. Er gehört auch seiner Innervation gemäß zum Adductor, bildet eine selbständiger gewordene Portion desselben, während der mediale Bauch den eigentlichen Flexor brevis vorstellt.

Wirkung: beugt die Großzehe an der Grundphalange.

Innervirt vom N. plant. medialis (int.); der laterale Bauch vom tiefen Endaste des N. plant. lateralis. — Der am Daumen der Hand vorhandene *Opponens* fehlt am Fuße, kommt aber da einigen Affen zu (Orang, Cercopithecus).

M. adductor hallucis (Fig. 327). Ist in zwei Portionen gesondert, die erst an der Insertion zusammentreten. Die eine Portion (*Caput obliquum*) liegt in der Tiefe der Fußsohle, wo sie theils vom Lig. calcaneo-cuboideum plantare longum, von der plantaren Wand des Canals für die Endsehne des M. peron. longus, theils vom Cuneif. III und den Basen des Metatarsale II und III entspringt. Schräg vorwärts zur Großzehe verlaufend nimmt sie die zweite Portion auf und inserirt sich mit dieser theils am lateralen Sesambein, theils an der Basis der Grundphalange der Großzehe. Die zweite Portion (*Caput transversum*) entspringt meist mit drei getrennten Köpfen von der Plantarfläche des Kapselbandes der Art. metatarsophalangea der 3.—5. Zehe, und verläuft quer nach innen zur Großzehe.

Fig. 325.

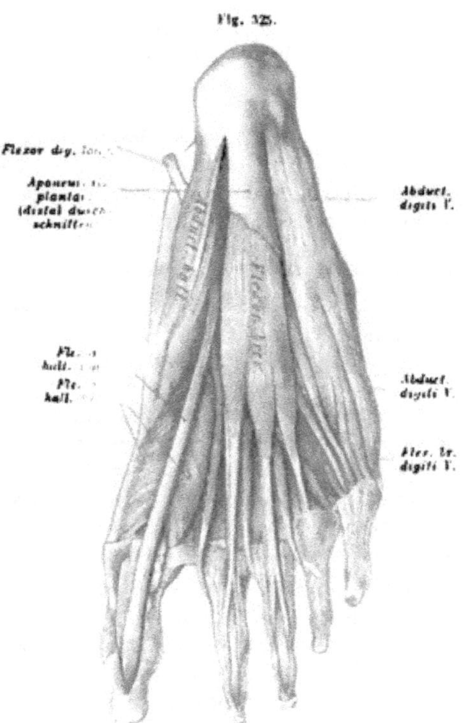

Muskeln der Fußsohle. Nach Entfernung der Plantaraponeurose. Die Ligg. vaginalia der 1.—3. Zehe sind aufgeschnitten.

Der Adductor transversus wird auch als gesonderter Muskel betrachtet — *M. transversalis plantae*. Zuweilen fehlt der Kopf von der fünften Zehe. Beide Portionen zusammen entsprechen dem Adductor pollicis, und bilden wie dieser, auch bei manchen Affen (Troglodytes, Pithecia), einen einzigen Muskel. Die transversale Portion ist eine Sonderung aus der longitudinalen (dem Caput obliquum) und bietet anfänglich eine fächerförmige, dem Cap. obliquum lateral angeschlossene Anordnung. Erst allmählich rückt der Ursprung distal gegen die Capitula der Metatarsalia und gewinnt mit dieser Portion eine transversale Verlaufsrichtung und eine Trennung des Ursprungs vom Caput obliquum. Bemerkenswerth ist die in gewissen embryonalen Stadien relativ mächtige Ausbildung dieses Muskels und die später erfolgende Reduction (G. Ruge). In manchen Fällen erhält sich auch später der Anschluss des Ursprungs des Caput transversum an's Cap. obliquum, wodurch der Muskel einheitlich erscheint.

Wirkung: adducirt die Großzehe. Innervirt vom R. prof. des N. plant. lateralis.

β. Muskeln des lateralen Randes (Kleinzehenseite).

M. abductor digiti quinti (Fig. 327). Nimmt ähnlich dem Abductor hallucis den ganzen Kleinzehenrand der Fußsohle ein. Entspringt breit von der Unterfläche des Calcaneus, theilweise mit der Plantaraponeurose verbunden. Er verläuft schräg gegen die Tuberositas ossis metatarsi V, wo er mit einem Theile sich inserirt, indes der übrige Theil des Muskelbauches, meist durch einen von der Tuberositas ossis metatarsi V entspringenden Bauch verstärkt, sich mit seiner Endsehne zur Basis der Grundphalange der fünften Zehe begiebt.

Die Verbindung mit der Tuberositas ossis metatarsi V kommt auf mannigfaltige Weise zu Stande. Häufig ist es ein Theil der an der Oberfläche des Muskels liegenden Ursprungssehne, welche vom Calcaneus zur Tub. metatarsi V zieht. In anderen Fällen nimmt noch ein Theil des Muskelbauches daselbst seine Befestigung, oder die Endsehne läuft über die Tuberositas weg, ohne dass hier eine Befestigung stattfände. Die Endsehne entfaltet sich an der Innenfläche des Muskels und erscheint nur auf kurzer Strecke frei.

Wirkung: abducirt die fünfte Zehe. — Innervirt vom N. plantaris lateralis.

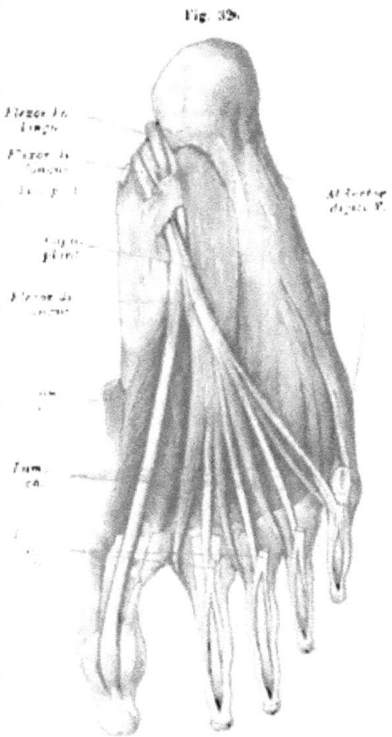

Fig. 328.

Muskeln der Fußsohle. Nach Entfernung des Flexor hallucis.

M. flexor brevis digiti V (Fig. 327). Dieser Muskel kommt am medialen Rande des Abductor zum Vorschein. Er entspringt vom Lig. calcaneocuboideum plantare sowie von der Basis des Metatarsale V und läuft gerade vorwärts zur fünften Zehe, wo er sich an der Basis der Grundphalange inserirt.

Er ist häufig von ansehnlicher Breite und inserirt dann nicht selten auch an dem Metatarsale V, wodurch er zugleich einen in diesem Falle als selbständigen Muskel fehlenden Opponens dig. V repräsentirt.

Wirkung: beugt die fünfte Zehe. — Innervirt wie der vorige.

M. opponens digiti V. Entspringt gemeinsam mit dem vorhergehenden, der ihn theilweise bedeckt, und verläuft schräg zum vorderen Theile des Seitenrandes des Metatarsale V, wo er sich inserirt. Seine Entstehung aus einer tieferen Portion des Flexor brevis lehren die häufig vorkommende Verbindung mit diesem, sowie auch mannigfaltige Zwischenstufen.

Er fehlt nicht selten. Zuweilen ist er sehr selbständig.

Wirkung: jener des Opp. dig. V der Hand ähnlich. — Innervirt wie der vorige.

γ. Muskeln der Mitte der Fußsohle.

Zwischen den Muskeln des medialen und des lateralen Fußrandes lagern, außer den mit den gleichnamigen Muskeln der Hohlhand homologen Lumbricales und Interossei, noch dem Fuße eigenthümliche Muskeln unter der Plantaraponeurose.

Fig. 325.

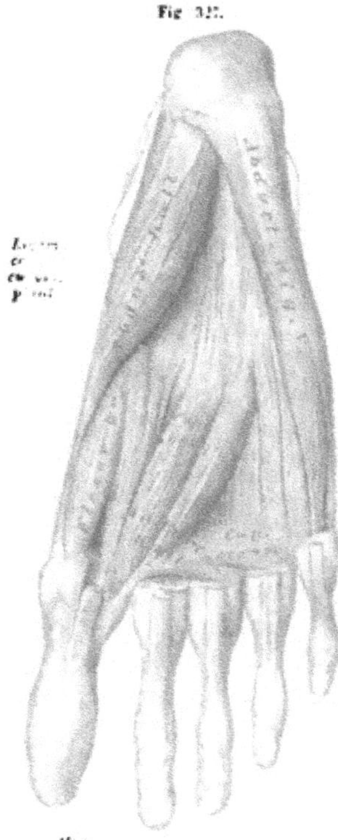

Muskeln der Fußsohle.

M. flexor digitorum brevis. Liegt unmittelbar unter der Plantaraponeurose. Entspringt vom hinteren Abschnitte der letzteren sowie vom medialen Höcker des Calcaneus, und spaltet sich allmählich in drei bis vier Bäuche, aus denen eben so viele Sehnen hervorgehen. Diese verlaufen zur 2.—4. oder 5. Zehe und liegen über den Sehnen des langen Zehenbeugers, mit denen sie in den von den Ligamenta vaginalia an der Plantarfläche der Zehen gebildeten Canal eintreten. Daselbst spaltet sich jede Sehne des Flexor brevis in zwei Zipfel, welche einen die Sehne des Flexor longus durchlassenden Schlitz umfassen und sich an die Basis der Mittelphalange inseriren. Das Verhalten der Endsehnen des Flexor brevis ist daher jenem des Flexor dig. sublimis an der Hand völlig gleich, der Muskel ist ein *Flexor perforatus* (Fig. 325).

Die Sehne für die fünfte Zehe ist häufig nur rudimentär vorhanden und ihr Bauch geht auch nicht in gleicher Reihe mit den übrigen hervor. (s. Fig. 325). Diese Rückbildung geht bei den anthropoiden Affen noch weiter, indem hier der Muskel nur die zweite und dritte (Gorilla, Orang, Chimpanse), oder sogar nur die zweite Zehe (Hylobates) versorgt. — Innervirt wird der Muskel vom N. plant. medialis.

Caput plantare flexoris dig. longi (*Caro quadrata Sylvii*) (Fig. 326). Die Sehne des langen Zehenbeugers empfängt in der Fußsohle einen accessorischen Kopf. Dieser entspringt von der medialen und unteren Fläche des Calcaneus meist mit getrennten Fleischmassen, die auf ihrem Verlaufe nach vorne zu sich vereinigen. Lateral von der Kreuzung des Flex. hallucis longus und Flex. dig. longus inserirt sich der Muskel an die schräg verlaufende Sehne des langen Zehenbeugers, da wo dieselbe in ihre vier Enden sich theilt. Die mächtigste Portion des Caput plantare geht zu den Sehnen für die 3. und 4. Zehe. Eine geringere Fasermasse empfängt die Sehne für die 2. Zehe, noch weniger oder gar nichts die fünfte.

Der Muskel tritt mit seinem Ursprung häufig auf das Lig. calc. cuboid. plantare über, oder ist mit der Ursprungssehne des Abductor hallucis im Zusammenhang. Die Verbindung mit der Sehne des Flexor longus findet bei einer Theilung des Muskels in mehrere Bündel, für das mediale Bündel an der oberen Fläche der Sehne statt.

Den Anthropoiden fehlt der Muskel, ebenso manchen anderen Affen, indem er bei anderen sich mit dem Flexor hallucis verbindet. — Der Muskel erscheint als eine herabgerückte Ursprungsportion eines auch den Flexor hallucis longus (*Flexor fibularis*) mit begreifenden Flexor digit. longus, die ihre Continuität mit der Unterschenkelportion verlor. Nicht selten reicht der Ursprung an der medialen Fläche des Calcaneus höher hinauf, oder er erreicht noch den Unterschenkel.

Das Caput plantare verstärkt die Wirkung des Flex. longus und giebt derselben eine andere Direction. — Innervirt vom N. plantaris lateralis.

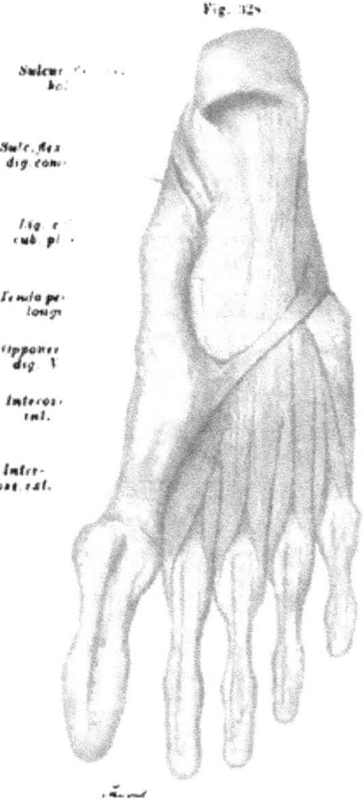

Fig. 328.

Muskeln der Fußsohle.

Mm. lumbricales (Fig. 326). Sind in der Regel wie an der Hand zu vieren vorhanden und entspringen von der Theilungsstelle der Sehne des Flexor digit. longus in ihre vier Zipfel, so zwar, dass die drei äußeren von je zwei einander benachbarten Sehnen hervorgehen. Sie verlaufen medial von den betreffenden Sehnen vorwärts und gehen an der Articulatio metatarso-phalangea in Endsehnen über, mit denen sie am Großzehenrande der 2.—5. Zehe emportreten und in die Dorsalaponeurose dieser Zehen sich fortsetzen.

Sehr häufig ist die Insertion der Lumbricales, oder einzelner von ihnen, an der Kapsel des oben genannten Gelenkes oder auch direct an der Seite der Grundphalange.

Innervirt werden in der Regel die zwei ersten vom N. plant. medialis, die zwei letzten vom N. plant. lateralis.

Mm. interossei. Obwohl im Allgemeinen mit jenen der Hand übereinstimmend, und wie jene in äußere (dorsale) und in innere (plantare) zu scheiden, bieten sie doch in Manchem bemerkenswerthe Abweichungen dar.

Die Mm. interossei externi (*dorsales*) nehmen die Spatia interossea gegen die Dorsalseite ein, dringen dabei aber auch gegen die Fußsohle vor. Sie entspringen von den gegen einander gerichteten Flächen je zweier Metatarsalia; nur der erste ist auf die Großzehenseite des Metatars. II beschränkt und bezieht seinen zweiten Kopf gewöhnlich nicht vom Metatars. I, sondern als schwaches Bündel von der Dorsalfläche des Cuneiforme I. Er inserirt sich an dem medialen

Rand der Basis der Grundphalange der 2. Zehe. Die übrigen drei Interossei externi inseriren sich an der lateralen Seite der Grundphalange der 2., 3. und 4. Zehe (Fig. 328 u. 329).

Alle sind Abductoren, deren also die 2. Zehe zwei empfängt.

Mm. interossei interni (*plantares*). **Sind zu dreien vorhanden und nur an der Plantarfläche sichtbar. Sie entspringen einköpfig je von dem Metatarsale, an dessen Zehe sie sich inseriren. Der erste liegt im zweiten, der zweite im dritten, der dritte im vierten Interstitium interosseum. Sie inseriren an der medialen Seite der Basis der Grundphalange der 3., 4. und 5. Zehe (Fig. 328 u. 329).**

Fig. 328.

Schema der Mm interossei. Die dorsalen sind durch dunklere Linien, die plantaren durch punktirte Linien dargestellt, ebenso die ergänzenden Muskeln des Groß- und Kleinzehenrandes des Fußes. Die Senkrechte bedeutet die Abductionslinie.

Sie adduciren die 3. bis 5. Zehe gegen die 2. Zehe.

Sämmtliche Interossei wirken also auf die seitliche Bewegung der Zehen und werden durch die bereits an den Fußrändern beschriebenen Muskeln dahin ergänzt, dass jeder der Zehen zwei je die Adduction oder Abduction bewirkende Muskeln zukommen.

Die dorsalen sind gleichfalls ursprünglich in plantarer Lage und rücken erst allmählich in die Interstitien empor, wobei die plantaren ihnen folgen. Daraus erklärt sich auch die Versorgung der dorsalen durch Nerven von der Plantarseite. — Von M. extensor dig. brevis her treten nicht selten abgelöste Bündel zu den Interossei dorsales, was bei den letzteren auch wie ein Übergreifen des Ursprungs auf den Fußrücken sich darstellt. In diesen Fällen sind die betreffenden Mm. interossei dorsales keine einheitlichen Muskeln mehr, sondern sie sind aus zwei, einander sehr fremden Bestandtheilen zusammengesetzt. Diese lassen sich eben so wohl nach ihrem Innervationsgebiete sondern, als auch durch Beachtung der Zwischenstufen, welche die dem Extensor brevis zugehörigen, den Interossei sich anschließenden Portionen nicht selten deutlich erkennen lassen. Indem so die Mm. interossei dorsales, und zwar zumeist der zweite, aus einem ihnen ursprünglich fremden Gebiete einen Zuwachs erhalten können, erklärt sich die Angabe von der Innervation dieser Muskeln durch Zweige des N. peroneus profundus.

Vergl. G. Ruge, Morph. Jahrb. IV. Suppl. S. 117.

Wenn es möglich ist, am Skelete der Gliedmaßen nicht nur die größeren Abschnitte, sondern auch die Bestandtheile derselben in ihren Homodynamien zu erkennen, so ergeben sich in dieser Hinsicht viel bedeutendere Schwierigkeiten für die Muskulatur. Hier ist nur eine allgemeine Übereinstimmung mancher Gruppen erkennbar, auf welche oben an verschiedenen Stellen aufmerksam gemacht wurde, aber weder für alle, noch weniger für die einzelnen Muskeln ist die Vergleichung streng durchführbar. Wo eine Homodynamie zu bestehen scheint, wird diese durch die Verschiedenartigkeit der Innervation gestört, oder die Vergleichung begegnet noch größeren Schwierigkeiten. Darin spricht sich die Selbständigkeit aus, welche obere wie untere Gliedmaßen mit der Verschiedenheit ihrer Functionen gewonnen.

www.ingramcontent.com/pod-product-compliance
Lightning Source LLC
Chambersburg PA
CBHW020900210326
41598CB00018B/1736

* 9 7 8 3 7 4 3 4 7 3 1 3 3 *